中文版
CorelDRAW X7
完全自学教程
孟俊宏 吴双琴 编著
U0347813
人民邮电出版社
北京

图书在版编目（CIP）数据

中文版CorelDRAW X7完全自学教程 / 孟俊宏，吴双琴编著. -- 北京 : 人民邮电出版社，2015.8（2019.1重印）
ISBN 978-7-115-39330-2

Ⅰ. ①中… Ⅱ. ①孟… ②吴… Ⅲ. ①图形软件－教材 Ⅳ. ①TP391.41

中国版本图书馆CIP数据核字(2015)第127410号

内 容 提 要

这是一本全面介绍中文版 CorelDRAW X7 基本功能及实际运用的书。本书完全针对零基础读者而开发，是入门级读者快速而全面掌握 CorelDRAW X7 的必备参考书。

本书从 CorelDRAW X7 的基本操作入手，结合大量的可操作性实例（74 个实战+28 个综合实例），全面而深入地阐述了 CorelDRAW X7 的矢量绘图、文本编排、Logo 设计、字体设计及工业设计等方面的技术，向读者展示了如何运用 CorelDRAW X7 制作出精美的平面设计作品，让读者学以致用。

本书共 19 章，每章分别介绍一个技术板块的内容，讲解过程细腻，实例数量丰富。通过丰富的实战练习，读者可以轻松而有效地掌握软件技术，避免被密集、枯燥的理论轰炸。本书附带丰富的学习资源（扫描封底“资源下载”二维码即可获得下载方法，如需资源下载技术支持，请致函 szys@ptpress.com.cn），内容包括本书所有实例的实例文件、素材文件与多媒体教学录像。同时，作者还准备了 40 个稀有笔触、40 个背景素材、40 个矢量花纹素材、50 个贴图素材和 35 个图案素材赠送读者。另外，本书的最后还提供了用于查询软件功能、实例、疑难问答和技术专题的索引。

本书非常适合作为初、中级读者的入门及提高参考书，尤其是零基础读者。同时，本书也适合高等院校和相关专业培训班的教师、学生和学员作为教材参考阅读。本书所有内容均采用中文版 CorelDRAW X7 进行编写，请读者注意。

◆ 编　著　孟俊宏　吴双琴
责任编辑　张丹丹
责任印制　程彦红
◆ 人民邮电出版社出版发行　北京市丰台区成寿寺路 11 号
邮编　100164　电子邮件　315@ptpress.com.cn
网址　http://www.ptpress.com.cn
河北画中画印刷科技有限公司印刷
◆ 开本：880 × 1092　1/16
印张：32.5
字数：1220 千字　2015 年 8 月第 1 版
印数：15 201-17 400 册　2019 年 1 月河北第 8 次印刷

定价：99.00 元

读者服务热线：(010)81055410　印装质量热线：(010)81055316
反盗版热线：(010)81055315

18.3 综合实例：精通概念跑车设计（491页）
视频位置：多媒体教学>CH18>综合实例：精通概念跑车设计.flv

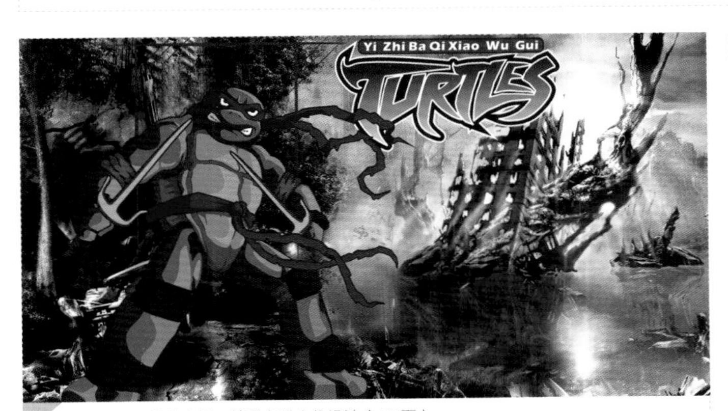

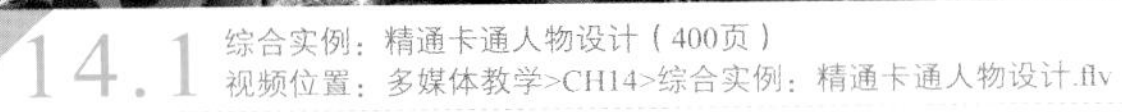

14.1 综合实例：精通卡通人物设计（400页）
视频位置：多媒体教学>CH14>综合实例：精通卡通人物设计.flv

14.3 综合实例：精通人物插画设计（405页）
视频位置：多媒体教学>CH14>综合实例：精通人物插画设计.flv

15.4 综合实例：精通炫光文字设计（418页）
视频位置：多媒体教学>CH15>综合实例：精通炫光文字设计.flv

15.7 综合实例：精通彩钻文字设计（428页）
视频位置：多媒体教学>CH15>综合实例：精通彩钻文字设计.flv

18.1 综合实例：精通保温壶设计（478页）
视频位置：多媒体教学>CH18>综合实例：精通保温壶设计.flv

实　　战：用立体化绘制立体字（303页）
视频位置：多媒体教学>CH10>实战：用立体化绘制立体字.flv

实　　战：用透明度绘制油漆广告（310页）
视频位置：多媒体教学>CH10>实战：用透明度绘制油漆广告.flv

实　　战：用轮廓宽度绘制生日贺卡（246页）
视频位置：多媒体教学>CH08>实战：用轮廓宽度绘制生日贺卡.flv

实　　战：绘制卡通画（229页）
视频位置：多媒体教学>CH07>实战：绘制卡通画.flv

18.2 综合实例：精通单反相机设计（484页）
视频位置：多媒体教学>CH18>综合实例：精通单反相机设计.flv

15.3 综合实例：精通封面文字设计（415页）
视频位置：多媒体教学>CH15>综合实例：精通封面文字设计.flv

16.5 综合实例：精通地产招贴设计（442页）
视频位置：多媒体教学>CH16>综合实例：精通地产招贴设计.flv

17.1 综合实例：精通男士夹克设计（456页）
视频位置：多媒体教学>CH17>综合实例：精通男士夹克设计.flv

17.2 综合实例：精通牛仔衬衫设计（461页）
视频位置：多媒体教学>CH17>综合实例：精通牛仔衬衫设计.flv

17.3 综合实例：精通男士休闲裤设计（466页）
视频位置：多媒体教学>CH17>综合实例：精通男士休闲裤设计.flv

16.6 综合实例：精通站台广告设计（445页）
视频位置：多媒体教学>CH16>综合实例：精通站台广告设计.flv

17.4 综合实例：精通休闲鞋设计（471页）
视频位置：多媒体教学>CH17>综合实例：精通休闲鞋设计.flv

16.1 综合实例：精通咖啡卡片设计（432页）
视频位置：多媒体教学>CH16>综合实例：精通咖啡卡片设计.flv

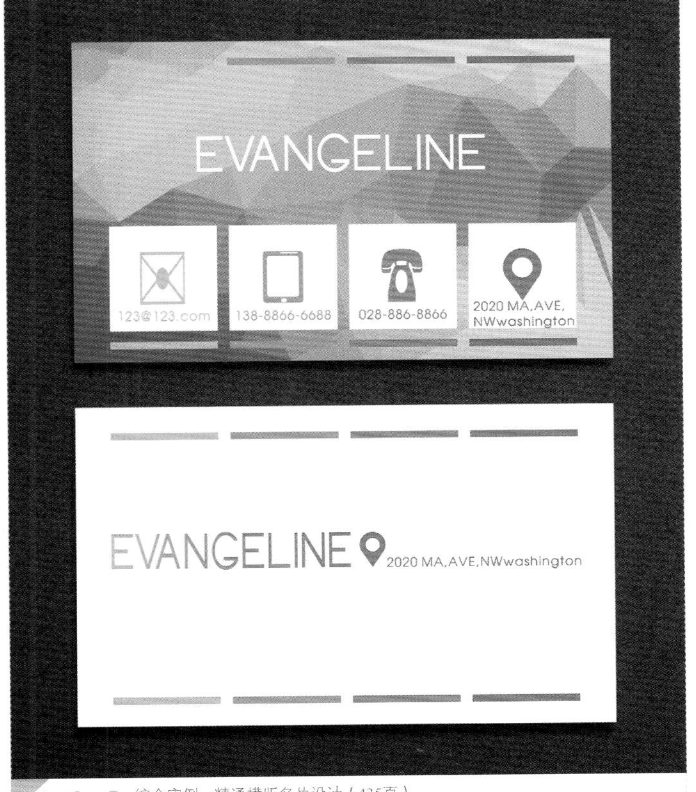

16.2 综合实例：精通横版名片设计（435页）
视频位置：多媒体教学>CH16>综合实例：精通横版名片设计.flv

15.5 综合实例：精通发光文字设计（422页）
视频位置：多媒体教学>CH15>综合实例：精通发光文字设计.flv

15.1 综合实例：精通折纸文字设计（408页）
视频位置：多媒体教学>CH15>综合实例：精通折纸文字设计.flv

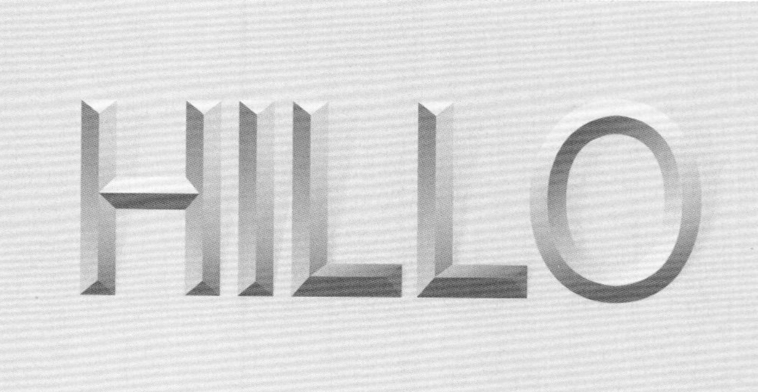

15.2 综合实例：精通立体文字设计（412页）
视频位置：多媒体教学>CH15>综合实例：精通立体文字设计.flv

19.3 综合实例：精通荷花山庄标志设计（513页）
视频位置：多媒体教学>CH19>综合实例：精通荷花山庄标志设计.flv

15.6 综合实例：精通荧光文字设计（424页）
视频位置：多媒体教学>CH15>综合实例：精通荧光文字设计.flv

Christian
A girl should be two things: classy and fabulous

A girl needs to wear two things to look great : Confidence and Smile

16.3 综合实例：精通杂志内页设计（437页）
视频位置：多媒体教学>CH16>综合实例：精通杂志内页设计.flv

16.4 综合实例：精通跨版式内页设计（440页）
视频位置：多媒体教学>CH16>综合实例：精通跨版式内页设计.flv

● HEALTH
A Hypochondriac's Guide of What Not to Do During Flu Season
It's important to learn the best tips for keeping healthy and avoiding the flu. >>

● COOKING
9 Easy Ways to Make Pancakes More Delicious
We've kept these decadent pancake recipe ideas to three steps max, because you shouldn't have to think... >>

● HOME
5 Universal Design Needs for Aging in Place
If you'd like to grow older at home (known as aging in place), you'll need to consider these universal... >>

作品展示

实　战：用旋转制作扇子（54页）
视频位置：多媒体教学>CH03>实战：用旋转制作扇子.flv

16.7 综合实例：精通摄影网页设计（450页）
视频位置：多媒体教学>CH16>综合实例：精通摄影网页设计.flv

ALL KINDS OF
women's clothing

19.4 综合实例：精通女装服饰标志设计（515页）
视频位置：多媒体教学>CH19>综合实例：精通女装服饰标志设计.flv

19.2 综合实例：精通花卉商场标志设计（508页）
视频位置：多媒体教学>CH19>综合实例：精通花卉商场标志设计.flv

19.1 综合实例：精通儿童家居标志设计（506页）
视频位置：多媒体教学>CH19>综合实例：精通儿童家居标志设计.flv

14.2 综合实例：精通时尚插画设计（403页）
视频位置：多媒体教学>CH14>综合实例：精通时尚插画设计.flv

实战：用贝塞尔绘制卡通壁纸（90页）
视频位置：多媒体教学>CH04>实战：用贝塞尔绘制卡通壁纸.flv

实战：POP海报制作（98页）
视频位置：多媒体教学>CH04>实战：POP海报制作.flv

实战：用矩形绘制图标（116页）
视频位置：多媒体教学>CH05>实战：用矩形绘制图标.flv

实战：用矩形绘制手机（119页）
视频位置：多媒体教学>CH05>实战：用矩形绘制手机.flv

实战：用矩形绘制液晶电视广告（122页）
视频位置：多媒体教学>CH05>实战：用矩形绘制液晶电视.flv

实战：用椭圆形绘制流行音乐海报（131页）
视频位置：多媒体教学>CH05>实战：用椭圆形绘制流行音乐海报.flv

实战：用星形绘制桌面背景（139页）
视频位置：多媒体教学>CH05>实战：用星形绘制桌面背景.flv

实战：用星形绘制促销单（141页）
视频位置：多媒体教学>CH05>实战：用星形绘制促销单.flv

实战：用图纸绘制象棋盘（147页）
视频位置：多媒体教学>CH05>实战：用图纸绘制象棋盘.flv

实战：用心形绘制梦幻壁纸（151页）
视频位置：多媒体教学>CH05>实战：用心形绘制梦幻壁纸.flv

实战：用几何工具绘制七巧板（153页）
视频位置：
多媒体教学>CH05>实战：用几何工具绘制七巧板.flv

实战：用轮廓宽度绘制打靶游戏（250页）
视频位置：
多媒体教学>CH08>实战：用轮廓宽度绘制打靶游戏.flv

实战：用大小制作玩偶淘宝图片（57页）
视频位置：
多媒体教学>CH03>实战：用大小制作玩偶淘宝图片.flv

实战：用轮廓转换绘制渐变字（258页）
视频位置：
多媒体教学>CH08>实战：用轮廓转换绘制渐变字.flv

实战：用轮廓图绘制电影字体（287页）
视频位置：
多媒体教学>CH10>实战：用轮廓图绘制电影字体.flv

实战：用阴影绘制甜品宣传海报（294页）
视频位置：
多媒体教学>CH10>实战：用阴影绘制甜品宣传海报.flv

实战：用立体化绘制海报字（302页）
视频位置：
多媒体教学>CH10>实战：用立体化绘制海报字.flv

实战：用轮廓图绘制粘液字（285页）
视频位置：
多媒体教学>CH10>实战：用轮廓图绘制粘液字.flv

实战：用透明度绘制唯美效果（311页）
视频位置：
多媒体教学>CH10>实战：用透明度绘制唯美效果.flv

实战：用调和绘制国画（280页）
视频位置：
多媒体教学>CH10>实战：用调和绘制国画.flv

实战：用倾斜制作飞鸟挂钟（58页）

视频位置：多媒体教学>CH03>实战：用倾斜制作飞鸟挂钟.flv

实战：用镜像制作复古金属图标（56页）

视频位置：多媒体教学>CH03>实战：用镜像制作复古金属图标.flv

实战：用矩形绘制日历（126页）

视频位置：多媒体教学>CH05>实战：用矩形绘制日历.flv

实战：用合并制作仿古印章（64页）

视频位置：多媒体教学>CH03>实战：用合并制作仿古印章.flv

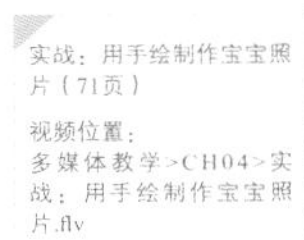

实战：用手绘制作宝宝照片（71页）

视频位置：多媒体教学>CH04>实战：用手绘制作宝宝照片.flv

实战：用线条设置手绘藏宝图（74页）

视频位置：多媒体教学>CH04>实战：用线条设置手绘藏宝图.flv

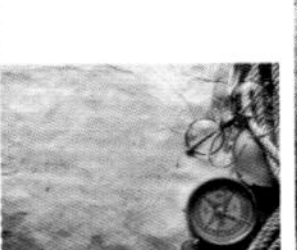

实战：绘制卡通插画（78页）

视频位置：多媒体教学>CH04>实战：绘制卡通插画.flv

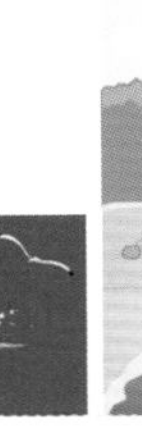

实战：用贝塞尔绘制鼠标（87页）

视频位置：多媒体教学>CH04>实战：用贝塞尔绘制鼠标.flv

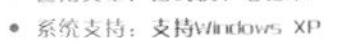
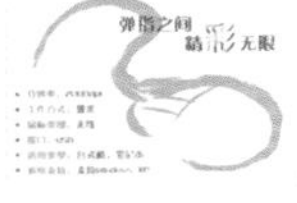

实战：用钢笔绘制T恤（102页）

视频位置：多媒体教学>CH04>实战：用钢笔绘制T恤.flv

实战：用钢笔工具制作纸模型（105页）

视频位置：多媒体教学>CH04>实战：用钢笔工具制作纸模型.flv

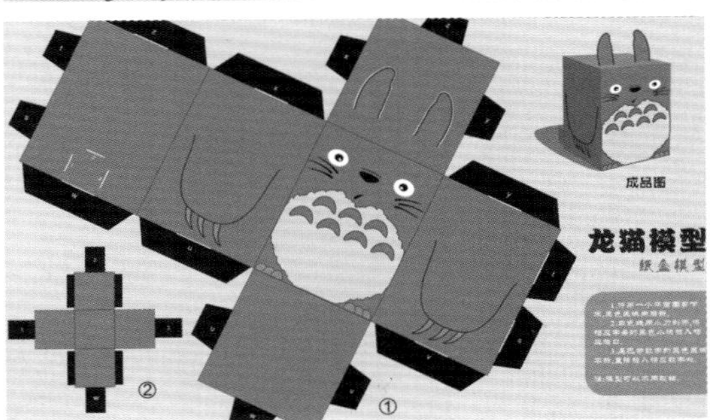

实战：用轮廓样式绘制鞋子（255页）

视频位置：
多媒体教学>CH08>实战：用轮廓样式绘制鞋子.flv

实战：用椭圆形绘制时尚图案（129页）

视频位置：
多媒体教学>CH05>实战：用椭圆形绘制时尚图案.flv

实战：用涂抹笔刷绘制鳄鱼（160页）

视频位置：
多媒体教学>CH06>实战：用涂抹笔刷绘制鳄鱼.flv

实战：用修剪制作焊接拼图游戏（173页）

视频位置：
多媒体教学>CH06>实战：用修剪制作焊接拼图游戏.flv

实战：用造型制作闹钟（179页）

视频位置：
多媒体教学>CH06>实战：用造型制作闹钟.flv

实战：用裁剪制作照片桌面（182页）

视频位置：
多媒体教学>CH06>实战：用裁剪制作照片桌面.flv

实战：绘制红酒瓶（214页）

视频位置：
多媒体教学>CH07>实战：绘制红酒瓶.flv

实战：绘制时尚日历（396页）

视频位置：
多媒体教学>CH13>实战：绘制时尚日历.flv

实战：用粗糙制作蛋挞招贴（164页）

视频位置：
多媒体教学>CH06>实战：用粗糙制作蛋挞招贴.flv

实战：绘制音乐CD（198页）

视频位置：
多媒体教学>CH07>实战：绘制音乐CD.flv

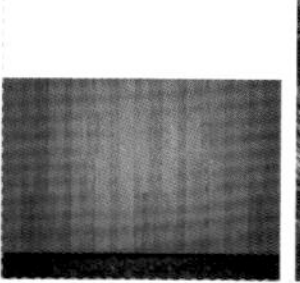

实战：组合文字设计（386页）
视频位置：
多媒体教学>CH12>实战：组合文字设计.flv

实战：制作下沉文字效果（355页）
视频位置：
多媒体教学>CH12>实战：制作下沉文字效果.flv

实战：绘制邀请函（381页）
视频位置：
多媒体教学>CH12>实战：绘制邀请函.flv

实战：用刻刀制作明信片（185页）
视频位置：
多媒体教学>CH06>实战：用刻刀制作明信片.flv

实战：用B样条制作篮球（110页）
视频位置：
多媒体教学>CH04>实战：用B样条制作篮球.flv

实战：用椭圆形绘制MP3（134页）
视频位置：
多媒体教学>CH05>实战：用椭圆形绘制MP3.flv

实战：绘制明信片（392页）
视频位置：
多媒体教学>CH13>实战：绘制明信片.flv

实战：用轮廓颜色绘制杯垫（253页）
视频位置：
多媒体教学>CH08>实战：用轮廓颜色绘制杯垫.flv

实战：用平行或垂直度量绘制Logo制作图（265页）
视频位置：
多媒体教学>CH09>实战：用平行或垂直度量绘制logo制作图.flv

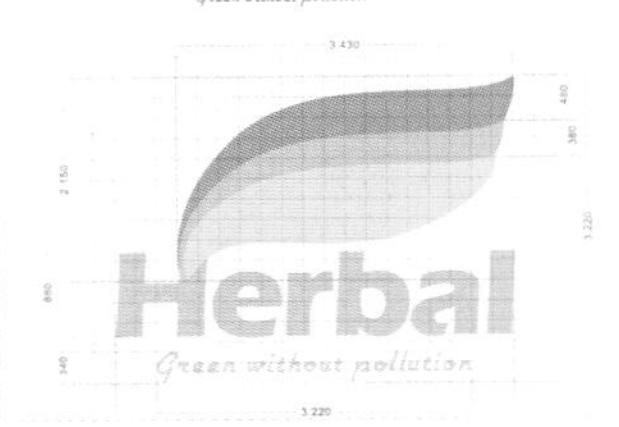

实战：用标注绘制相机说明图（268页）
视频位置：
多媒体教学>CH09>实战：用标注绘制相机说明图.flv

实战：制作精美信纸（68页）

视频位置：
多媒体教学>CH03>实战：制作精美信纸.flv

实战：绘制音乐海报（202页）

视频位置：
多媒体教学>CH07>实战：绘制音乐海报.flv

实战：绘制茶叶包装（207页）

视频位置：
多媒体教学>CH07>实战：绘制茶叶包装.flv

实战：绘制请柬（233页）

视频位置：
多媒体教学>CH07>实战：绘制请柬.flv

实战：绘制玻璃瓶（235页）

视频位置：
多媒体教学>CH07>实战：绘制玻璃瓶.flv

实战：绘制诗歌卡片（365页）

视频位置：
多媒体教学>CH12>实战：绘制诗歌卡片.flv

实战：绘制饭店胸针（382页）

视频位置：
多媒体教学>CH12>实战：绘制饭店胸针.flv

实战：绘制杂志内页（369页）

视频位置：
多媒体教学>CH12>实战：绘制杂志内页.flv

实战：绘制书籍封套（385页）

视频位置：
多媒体教学>CH12>实战：绘制书籍封套.flv

实战：绘制圣诞贺卡（373页）

视频位置：
多媒体教学>CH12>实战：绘制圣诞贺卡.flv

实战：绘制杂志封面（367页）

视频位置：
多媒体教学>CH12>实战：绘制杂志封面.flv

实战：绘制梦幻信纸（393页）

视频位置：
多媒体教学>CH13>实战：绘制复古信纸.flv

中国市场的拓展是Corel公司全球发展战略的一个重要组成部分。随着中国用户版权意识的提高，在Corel重新进入中国市场这八年多的时间里，我们欣喜地看到Corel公司业务的快速成长和中国用户群的扩大。CorelDRAW产品在中国已经有近20年的使用历史，拥有无数的爱好者和忠实的用户。他们对CorelDRAW产品的热爱和期望，激励着Corel中国公司和我们的合作伙伴共同编写了本书，希望通过这本书来帮助用户更好地发挥和实现他们的创意。

这是一本全面介绍CorelDRAW X7基本功能及实际运用的书，非常适合初学者阅读使用。本书从CorelDRAW X7的基本操作入手，结合大量的可操作性实例，全面而深入地阐述了CorelDRAW X7的矢量绘图、文本编排、Logo设计、字体设计及工业设计等方面的技术，向读者展示了如何运用CorelDRAW X7制作出精美的平面设计作品。

Corel公司产品系列教材是我们的一次新的尝试，我们期望能够把更多的专家见解和行业技术，通过具有实战的例子来详细展示给大家。我们的目标是让更多的设计师了解和熟悉Corel公司产品的强大功能和简单易用，最终的目的是释放设计师的灵感。

希望您能喜欢这本书，登录我们的网站www.corel.com，了解更多的关于CorelDRAW X7的信息，并给我们提出您的宝贵意见。

Corel公司中国区经理

张勇

前 言

Corel公司的CorelDRAW X7是世界顶级的矢量绘图软件之一，由于CorelDRAW的强大功能，使其从诞生以来就一直受到平面设计师的喜爱。CorelDRAW在矢量绘图、文本编排、Logo设计、字体设计及工业产品设计等方面都能制作出高品质的对象，这也使其在平面设计、商业插画、VI设计和工业设计等领域中占据着非常重要的地位，成为全球最受欢迎的矢量绘图软件之一。

本书是初学者自学中文版CorelDRAW X7的经典图书。全书从实用角度出发，全面、系统地讲解了中文版CorelDRAW X7的所有应用功能，基本上涵盖了中文版CorelDRAW X7的全部工具、面板、对话框和菜单命令。书中在介绍软件功能的同时，还精心安排了74个非常具有针对性的实战实例和28个综合实例，帮助读者轻松掌握软件的使用技巧和具体应用，以做到学用结合，并且全部实例都配有多媒体有声视频教学录像，详细演示了实例的制作过程。此外，还提供了用于查询软件功能、实例、疑难问答、技术专题的索引，并为初学者配备了附赠资源进行深入练习。

本书的结构与内容

本书共19章，从最基础的CorelDRAW应用领域开始讲起，先介绍软件的界面和基本操作方法，然后讲软件的功能，包含CorelDRAW X7的基本操作、对象的基本操作、绘图工具的使用、形状修饰操作、智能填充技术、轮廓线运用、文本编辑和表格设置，再到图像效果和位图操作等高级功能。内容涉及各种实用设计，包括绘图技术、文本编排、Logo设计、字体设计、服装设计和工业设计等。另外，在介绍软件功能的同时，还对相关应用领域进行了深入剖析。

本书的版面结构说明

为了达到让读者轻松自学，及深入地了解软件功能的目的，本书专门设计了“实战”、“技巧与提示”、“疑难问答”、“技术专题”、“知识链接”、“综合实例”等项目，简要介绍如下。

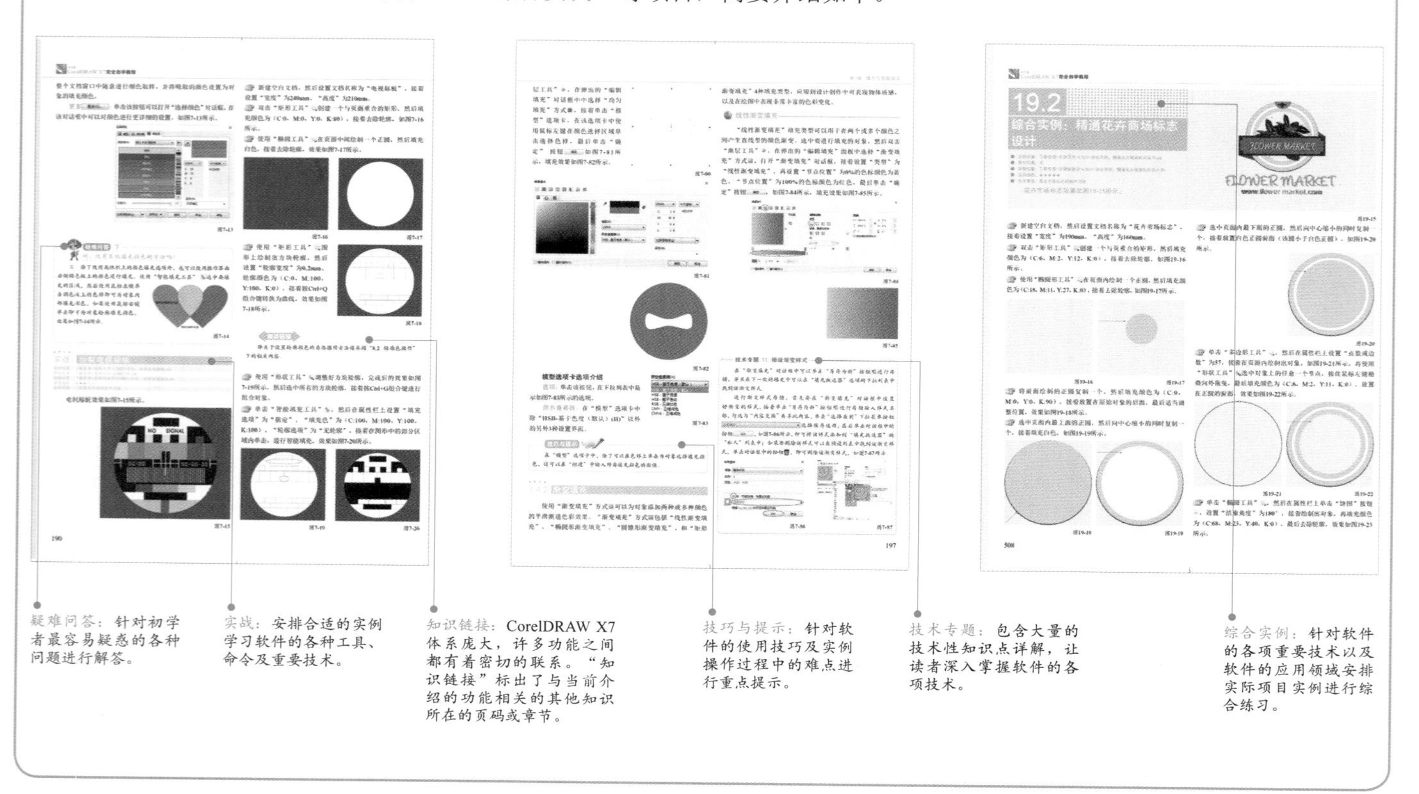

本书检索说明

为了让读者更加方便地学习CorelDRAW X7，同时在学习本书内容时能轻松查找到本书的重要内容，我们在本书的最后制作了1个附录，包含“CorelDRAW X7快捷键索引”、“本书实战速查表”、“本书综合实例速查表”、“本书疑难问题速查表”和“本书技术专题速查表”，如下所示。

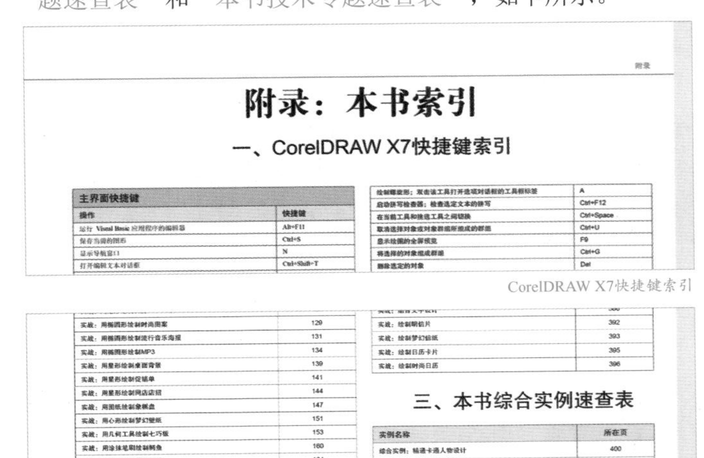

附录

附录：本书索引

一、CorelDRAW X7快捷键索引

主界面快捷键	
操作	快捷键
运行 Visual Basic 应用程序的编辑器	Alt+F11
保存当前的图形	Ctrl+S
显示导航窗口	N
打开编辑文本对话框	Ctrl+Shift+T

绘制螺旋形：双击该工具打开选项对话框的工具框标签	A
启动拼写检查器：检查选定文本的拼写	Ctrl+F12
在当前工具和挑选工具之间切换	Ctrl+Space
取消选择对象或对象群组所组成的群组	Ctrl+U
显示绘图的全屏预览	F9
将选择的对象组成群组	Ctrl+G
删除选定的对象	Del

CorelDRAW X7快捷键索引

二、本书实战速查表

本书实战速查表

三、本书综合实例速查表

本书综合实例速查表

四、本书疑难问答速查表

五、本书技术专题速查表

本书疑难问题速查表与本书技术专题速查表

本书学习资源附赠内容说明

● 超值附赠40个稀有笔触

为了方便大家在实际工作中更加灵活地绘图，我们在学习资源包中附赠了40个.cmx格式的稀有笔触（包含20个普通笔触和20个非常稀有的墨迹笔触）。使用“艺术笔工具”配合这些笔触可以快速绘制出需要的形状，并且具有很高的灵活性和可编辑性，在矢量绘图和效果运用中是不可缺少的元素。

资源位置：学习资源>附赠资源>附赠笔触文件夹。

使用说明：单击“工具箱”中的“艺术笔工具”，然后在属性栏上单击“预览”按钮打开“预览文件夹”对话框，接着找到“附赠笔触”文件夹，单击“确定”按钮导入到软件中。

超值附赠40个绚丽背景素材

为了方便大家在创作作品时更加节省时间，我们附赠了40个.cdr格式的绚丽矢量背景素材，大家可以直接导入这些背景素材进行编辑使用。

资源位置：学习资源>附赠资源>附赠素材>背景素材文件夹。

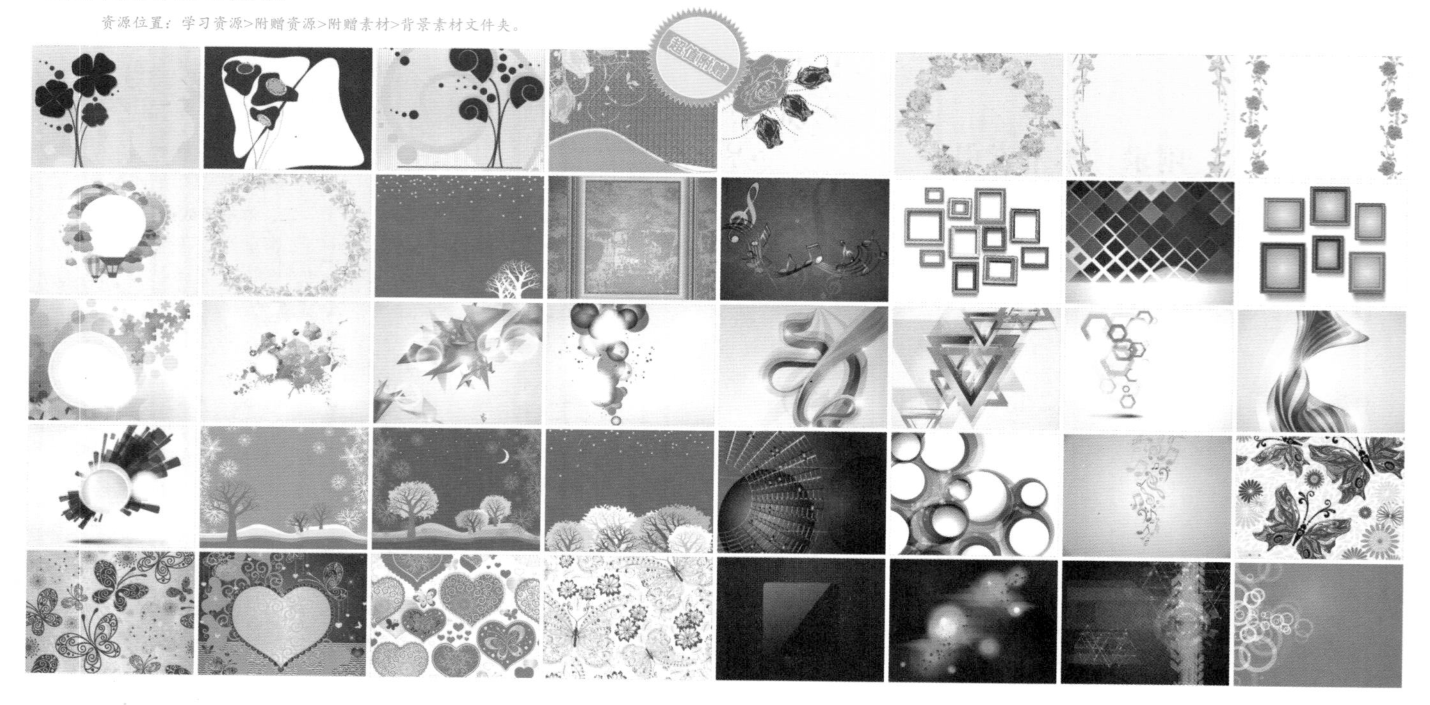

超值附赠40个矢量花纹素材

对于一幅成功的作品，不仅要有引人注目的主题元素，还要有合适的搭配元素，如背景和装饰花纹。我们不仅赠送了大家40个背景素材，还赠送了40个非常稀有的.cdr格式欧美花纹素材，这些素材不仅可以应用合成背景，还可以用于前景装饰。

资源位置：学习资源>附赠资源>附赠素材>矢量花纹文件夹。

超值附赠50个贴图素材

在工业产品设计和服饰设计中，通常需要为绘制的产品添加材质，因此我们特别赠送了大家50个.jpg格式高清位图素材，大家可以直接导入这些材质贴图素材进行编辑使用。

资源位置：学习资源>附赠资源>附赠素材>贴图素材文件夹。

超值附赠35个图案素材

在制作海报招贴或卡通插画的背景时，通常需要用到一些矢量插画素材和图案素材，因此我们赠送了大家35个.cdr格式的这类素材，大家可以直接导入这些素材进行编辑使用。

资源位置：学习资源>附赠资源>附赠素材>图案素材文件夹。

策划/编辑

策划编辑	王祥
执行编辑	孟俊宏 吴双琴
美术编辑	李梅霞 向虹燕

售后服务

我们衷心地希望能够为广大读者和老师提供力所能及的学习和教学服务，尽可能地帮大家解决一些实际问题，如果大家在使用图书的过程中需要我们的支持，请通过以下方式与我们联系。

官方网站：www. iread360.com（请登录读者社区与编辑、作者互动）。

电子邮件：press@iread360.com（将您的问题以邮件形式发给我们）。

新浪微博：http://weibo.com/iread2014（了解出版动态，关注新书资讯）。

用微信扫一扫，获取售后支持及更多图书资讯！

时代印象

2015年5月

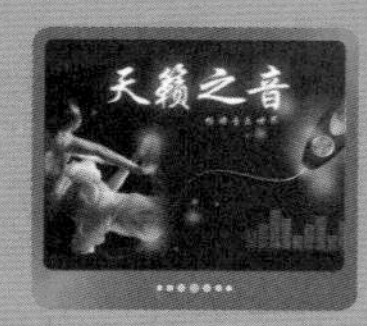

目 录

注：★重点 为CorelDRAW X7的软件技术重点（读者必须完全掌握） ★重点 为重点实战（读者必须多加练习） 为实战和综合实例

FASHION

FLOWER MARKET

夹克

第1章 CorelDRAW X7 简介

Learning Objectives 学习要点

Employment direction 从业方向

版面设计

插画设计

服装设计

平面设计

品牌设计

产品设计

1.1 CorelDRAW X7的应用领域

CorelDRAW是一款通用且功能强大的图形设计软件，已广泛运用于商标设计、图标制作、模型绘制、插图绘制、排版、网页及分色输出等诸多领域，是当今设计、创意过程中不可或缺的有力助手。为了适应设计领域的不断发展，Corel公司着力于软件的完善与升级，现在已经将版本更新为CorelDRAW X7。

1.1.1 绘制矢量图形

CorelDRAW X7是一款顶级的矢量图制作软件，它在矢量图制作中有很强的灵活性，是任何软件不可比拟的。

应用于插画设计

用CorelDRAW绘制的矢量插画具有很强的形式美感，可以分解为层重新编辑，在放大与缩小时仍然清晰无比，如图1-1所示。

图1-1

应用于字体设计

CorelDRAW非常适合用于设计美工字体，用其制作出来的字体具有图灵活性、千变万化的强大效果，如图1-2所示。

图1-2

应用于Logo设计

使用CorelDRAW制作的Logo易于识别，且趣味性很高，如图1-3所示。

图1-3

1.1.2 页面排版

由于文字设计在页面排版中非常重要，而CorelDRAW的文字设计功能又非常强大，因此在实际工作中，设计师经常使用CorelDRAW来排版单页面，如图1-4所示。另外，CorelDRAW还可以进行多页面排版，比如画册设计、杂志内页设计等，如图1-5所示。

图1-4

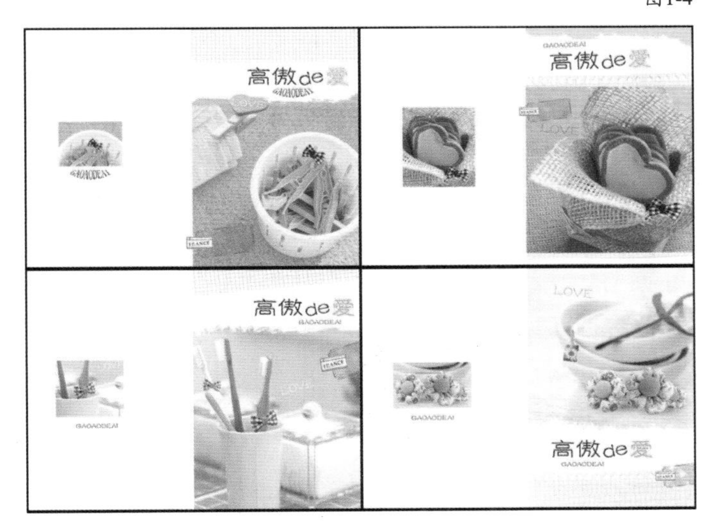

图1-5

疑难问答

问：InDesign、Illustrator 和CorelDRAW之间有什么区别？

答：InDesign主要用于书籍的专业排版，但它的文字设计功能没有CorelDRAW强大；Illustrator的文字设计功能比较强大，但是基本不用该软件进行排版；而CorelDRAW集合了这两大软件的优势于一身，既能排版页面，又能在排版过程中设计特殊的文字效果。

1.1.3 位图处理

作为专业的图像处理软件，CorelDRAW X7除了针对位图增加了很多新的特效功能外，还增加了一款辅助软件Corel PHOTO-PAINT X7，在处理位图时可以让特效更全面且更丰富，如图1-6所示。

图1-6

1.1.4 色彩处理

CorelDRAW为我们进行图形设计时提供了很全面的色彩编辑功能，利用各种颜色填充工具或面板，可以轻松快捷地为图形编辑丰富的色彩效果，甚至可以进行对象间色彩属性的复制，提高了图形编辑的效率，如图1-7所示。

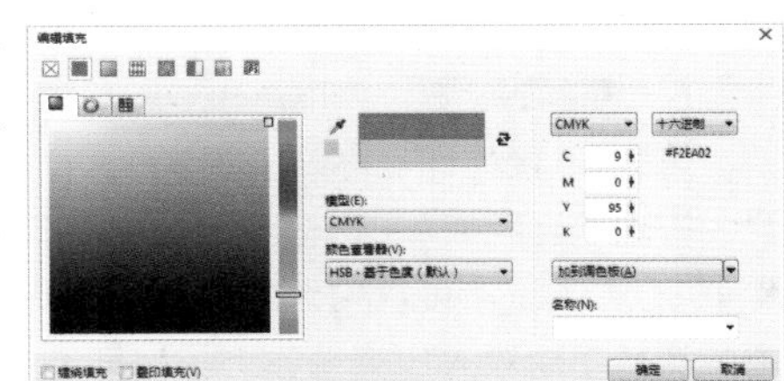

图1-7

1.2 CorelDRAW的兼容性

平面领域涉及的软件很多，因此文件格式也非常多，CorelDRAW X7可以兼容使用多种格式的文件，方便我们导入文件素材和进行编辑。当然，CorelDRAW X7还支持将编辑好的内容以多种格式进行输出，方便我们导入其他设计软件（如Photoshop、Flash）中进行编辑。

1.3 安装CorelDRAW X7

在正式讲解CorelDRAW的强大功能之前，我们首先需要做的就是安装CorelDRAW X7。由于设计行业对软件的需求很严格，因此建议用户购买官方正版CorelDRAW X7。下面就对CorelDRAW X7的安装方法进行详细讲解。

第1步：根据当前计算机配置32位版本或64位版本来选择合适的软件版本，如果电脑的版本是32位，就选用相应的32位版本的软件进行安装，这里我们使用64位版本进行安装讲解。单击安装程序进入安装对话框，等待程序初始化，如图1-8所示。

图1-8

技巧与提示

注意，在安装CorelDRAW X7的时候，必须确保没有其他版本的CorelDRAW正在运行，否则将无法继续进行安装。

第2步：等待初始化完毕以后，进入到用户许可协议界面，然后勾选“我接受该许可证协议中的条款”，接着单击“下一步”按钮，如图1-9所示。

第3步：接受许可协议后，会进入产品注册界面。对于“用户名”选项，我们可以不用更改；如果已经购买了CorelDRAW X7的正式产品，可以勾选“我有一个序列号或订阅代码”选项，然后手动输入序列号即可；如果没有序列号或订阅代码，可以选择“我没有序列号，想试用该产品”选项。选择完相应选项以后，单击“下一步”按钮，如图1-10所示。

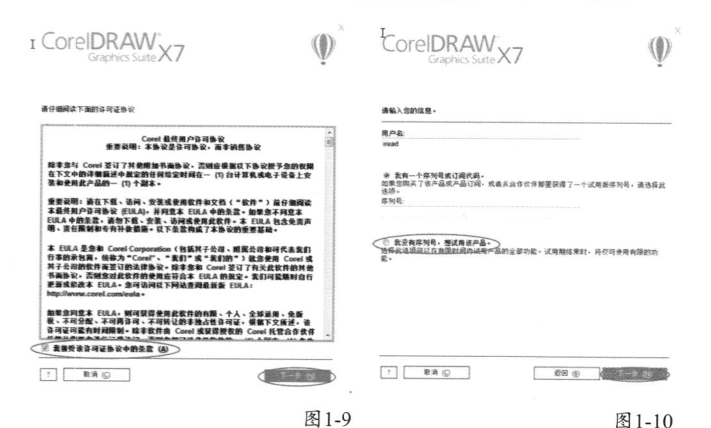

图1-9　　图1-10

技巧与提示

注意，如果选择“我没有序列号，想试用该产品”选项，只能对CorelDRAW X7试用30天，30天以后会提醒用户进行注册。

第4步：进入到安装选项界面以后，我们可以选择“典型安装”或者“自定义安装”两种方式（这里推荐使用“典型安装”方式），如图1-11所示。然后在弹出的界面中勾选想要安装的插件，最后单击“下一步”按钮，如图1-12所示。

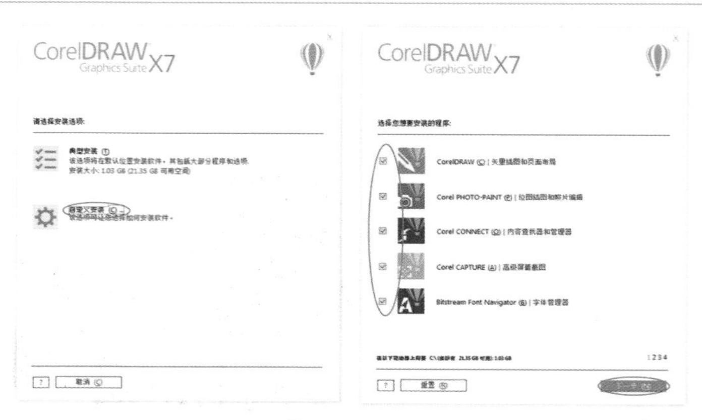

图1-11　　图1-12

技巧与提示

注意，所选择的安装盘必须要留有足够的空间，否则安装将会自动终止。

第5步：选择好安装方式以后，在弹出的界面中根据自己的需要更改软件安装的路径，如图1-13所示，然后单击“立即安装”按钮，软件会自动进行安装，安装完成后单击“完成”按钮退出安装界面，如图1-14所示。

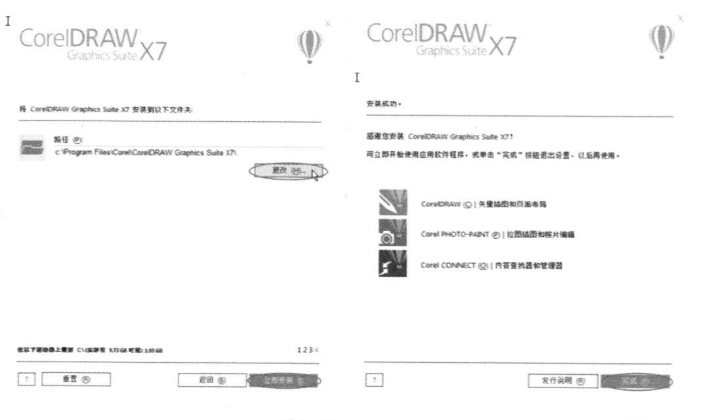

图1-13　　图1-14

第6步：单击桌面上的快捷图标，启用CorelDRAW X7，如图1-15所示是启动画面。

图1-15

疑难问答

问：如果在桌面上找不到快捷图标该怎么办?

答：在一般情况下，安装完CorelDRAW X7以后，会自动在桌面上添加一个软件的快捷图标。如果不小心误删了这个图标，可以执行“开始>程序>CorelDRAW Graphics Suite X7”命令，然后在弹出的CorelDRAW X7启动选项上单击鼠标右键，接着在弹出的菜单中选择“发送到>桌面快捷方式”命令，如图1-16所示。

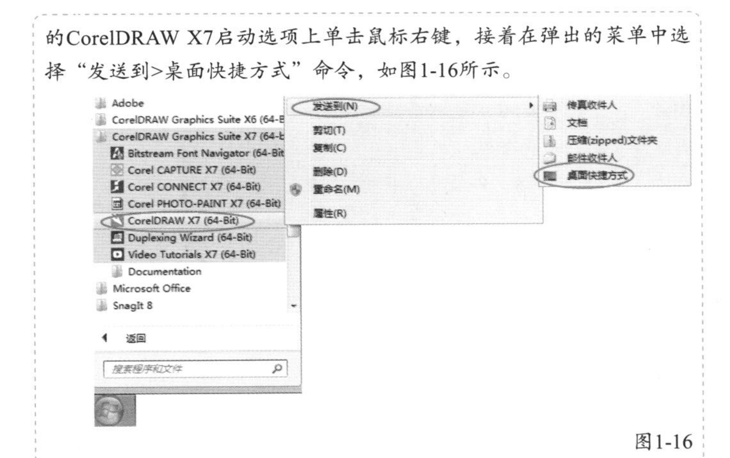

图1-16

1.4 卸载CorelDRAW X7

对于CorelDRAW X7的卸载方法，我们可以采用常规卸载，也可以采用专业的卸载软件进行卸载，这里介绍一下常规卸载方法。执行“开始>控制面板”命令，打开“控制面板”对话框，然后单击“卸载程序”选项，如图1-17所示，接着在弹出的“卸载或更改程序”对话框中选择CorelDRAW X7的安装程序，最后单击鼠标右键进行卸载即可，如图1-18所示。

图1-17 图1-18

1.5 矢量图与位图

在CorelDRAW中，可以进行编辑的图像包括矢量图和位图两种，在特定情况下二者可以进行相互转换，但是转换后的对象与原图会有一定的偏差。

1.5.1 矢量图

CorelDRAW软件主要以矢量图形为基础进行创作，矢量图也称为“矢量形状”或“矢量对象”，在数学上定义为一系列由线连接的点。矢量文件中的每个对象都是一个自成一体的实体，它具有颜色、形状、轮廓、大小和屏幕位置等属性，可以直接进行轮廓修饰、颜色填充和效果添加等操作。

矢量图与分辨率无关，因此在进行任意移动或修改时都不会丢失细节或影响其清晰度。当调整矢量图形的大小、将矢量图形打印到任何尺寸的介质上、在PDF文件中保存矢量图形或将矢量图形导入到基于矢量的图形应用程序中时，矢量图形都将保持清晰的边缘。打开一个矢量图形文件，如图1-19所示，将其放大到200%，图像上不会出现锯齿（通常称为“马赛克”），如图1-20所示，继续放大，同样也不会出现锯齿，如图1-21所示。

图1-19

图1-20 图1-21

1.5.2 位图

位图也称为“栅格图像”。位图由众多像素组成，每个像素都会被分配一个特定位置和颜色值，在编辑位图图像时只针对图像像素而无法直接编辑形状或填充颜色。将位图放大后，图像会“发虚”，并且可以清晰地观察到图像中有很多像素小方块，这些小方块就是构成图像的像素。打开一张位图图像，如图1-22所示，将其放大到200%显示，可以发现图像已经开始变得模糊，如图1-23所示，继续放大到400%，就会出现非常严重的马赛克现象，如图1-24所示。

图1-22

图1-23 图1-24

第2章 基本操作与工作环境

Learning Objectives
学习要点

Employment direction
从业方向

版面设计 插画设计
服装设计 平面设计
品牌设计 产品设计

工具名称	工具图标	工具作用	重要程度
缩放工具	🔍	放大或缩小视图的显示比例	高
平移工具	✋	平移视图位置（不改变对象在视图中的位置）	中

2.1 基本操作

为了方便用户高效率操作，CorelDRAW X7的工作界面布局很具有人性化。启动CorelDRAW X7后可以观察到其工作界面。

在默认情况下，CorelDRAW X7的界面组成元素包括标题栏、菜单栏、常用工具栏、属性栏、文档标题栏、工具箱、页面、工作区、标尺、导航栏、状态栏、调色板、泊坞窗、视图导航器、滚动条和用户登录，如图2-1所示。

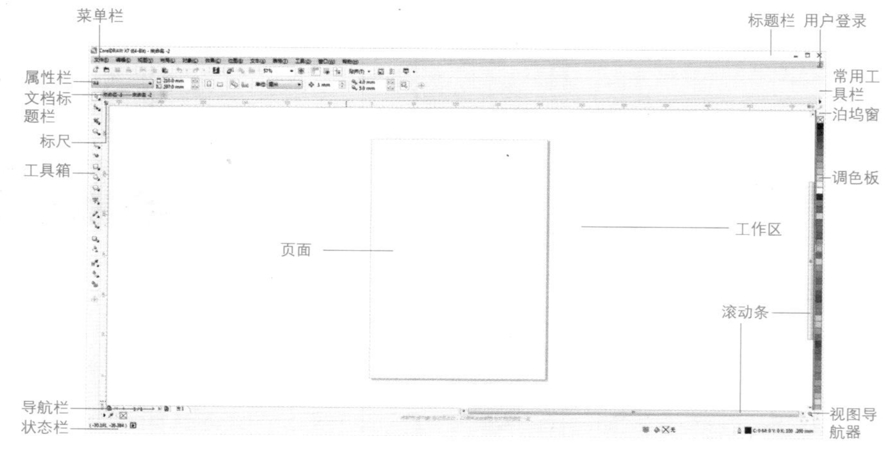

图2-1

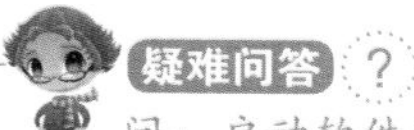

疑难问答

问：启动软件后为什么没有显示泊坞窗？

答：CorelDRAW X7在最初启动时，泊坞窗是没有显示出来的，可以执行“窗口>泊坞窗”菜单命令调出泊坞窗。

2.1.1 启动与关闭软件

确认安装无误后，我们来学习启动与关闭CorelDRAW X7软件。

启动软件

在一般情况下，可以采用以下两种方法来启动CorelDRAW X7。

第1种：执行“开始>程序>CorelDRAW Graphics Suite X7（64-Bit）”命令，如图2-2所示。

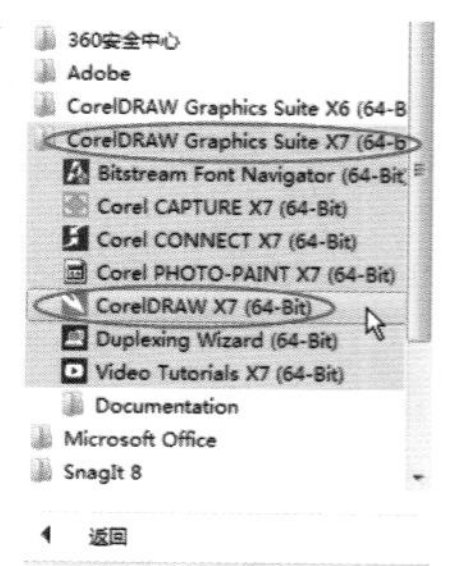

图2-2

    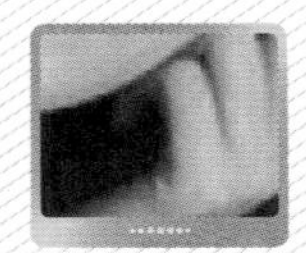  

第2种：在桌面上双击CorelDRAW X7快捷图标，启动CorelDRAW X7后会弹出“欢迎屏幕”对话框，在“立即开始”对话框中，可以快速新建文档、从模板新建和打开最近使用过的文档。欢迎屏幕的导航使得浏览和查找大量可用资源变得更加容易，包括工作区选择、新增功能、启发用户灵感的作品库、应用程序更新、提示与技巧、视频教程、CorelDRAW.com以及成员和订阅信息，如图2-3所示。

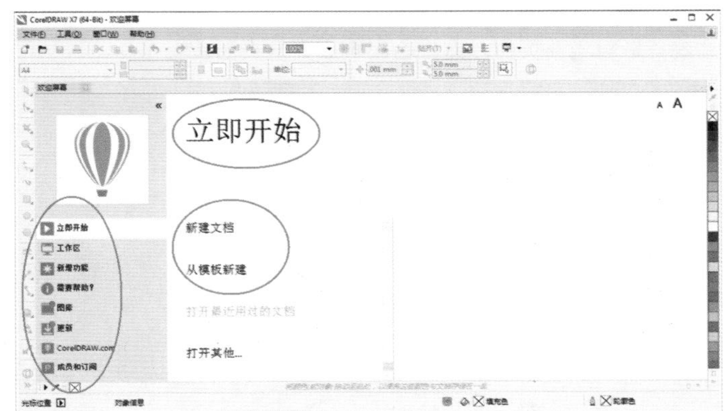

图2-3

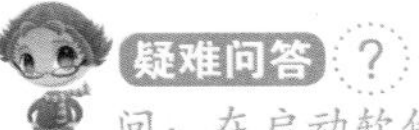

问：在启动软件时如何去掉欢迎屏幕？

答：在“欢迎屏幕”对话框的左下角有一个选项，关闭其中的“启动时始终显示欢迎屏幕”选项，便可以在下次启动软件时不显示“欢迎屏幕”对话框。如果要重新调出“欢迎屏幕”对话框，可以在常用工具栏上单击“欢迎屏幕”按钮。

关闭软件

在一般情况下，可以采用以下两种方法来关闭CorelDRAW X7。

第1种：在标题栏的最右侧单击“关闭”按钮×。

第2种：执行“文件>退出”菜单命令，如图2-4所示。

图2-4

技巧与提示

在运行CorelDRAW X7时，如果没有对文档进行任何操作，可以直接关闭软件；如果对文档进行了编辑或修改等操作，那么在关闭软件时会弹出一个提示用户是否进行保存的对话框，如图2-5所示。单击“是”按钮可以对当前文档进行保存；单击“否”按钮不对文档进行保存；单击“取消”按钮表示不关闭软件。

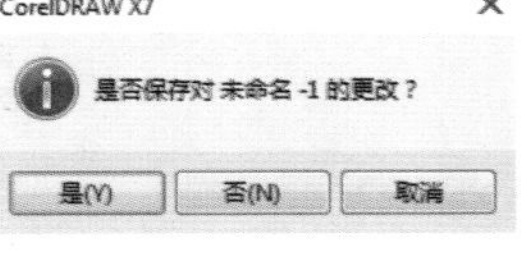

图2-5

2.1.2 创建与设置新文档

启动CorelDRAW X7后，编辑界面是浅灰色的，如图2-6所示。如果要进行更深入的操作，就需要新建一个编辑用的文档。

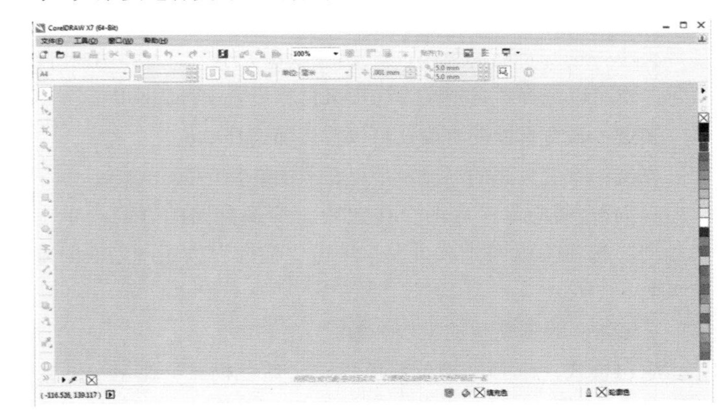

图2-6

新建文档

新建文档的方法有以下3种。

第1种：在“欢迎屏幕”对话框中单击“新建文档”或“从模板新建”选项。

第2种：执行“文件>新建”菜单命令或直接按 Ctrl+N组合键。

第3种：在常用工具栏上单击“新建”按钮。

第4种：在文档标题栏上单击“新建”按钮 未命名 -1。

设置新文档

在“常用工具栏”上单击“新建”按钮打开“创建新文档”对话框，如图2-7所示。在该对话框中可以详细设置文档的相关参数。

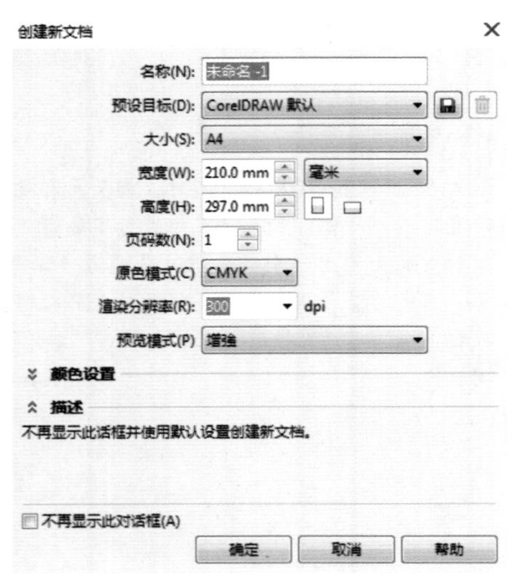

图2-7

创建新文档选项介绍

名称：设置文档的名称。

预设目标：设置编辑图形的类型，包含5种，分别是“CorelDRAW默认”、“默认CMYK”、“Web”、“默认RGB”和“自定义”。

大小：选择页面的大小，如A4（默认大小）、A3、B2和网页等，也可以选择“自定义”选项来自行设置文档大小。

宽度：设置页面的宽度，可以在后面选择单位。

高度：设置页面的高度，可以在后面选择单位。

纵向/横向：这两个按钮用于切换页面的方向。单击“纵向”按钮为纵向排放页面；单击“横向”按钮为横向排放页面。

页码数：设置新建的文档页数。

原色模式：选择文档的原色模式（原色模式会影响一些效果中颜色的混合方式，如填充、透明和混合等），一般情况下都选择CMYK或RGB模式。

渲染分辨率：选择光栅化图形后的分辨率。默认RGB模式的分辨率为72dpi；默认CMYK模式的分辨率为300dpi。

疑难问答 问：什么是光栅化图形？

答：在CorelDRAW中，编辑的对象分为位图和矢量图形两种，同时输出对象也分为这两种。当将文档中的位图和矢量图形输出为位图格式（如JPG和PNG格式）时，其中的矢量图形就会转换为位图，这个转换过程就称为“光栅化”。光栅化后的图像在输出为位图时的单位是“渲染分辨率”，这个数值设置得越大，位图效果就越清晰，反之越模糊。

预览模式：选择图像在操作界面中的预览模式（预览模式不影响最终的输出效果），包含“简单线框”、“线框”、“草稿”、“常规”、“增强”和“像素”6种，其中“增强”的效果最好。

2.1.3 页面操作

设置页面尺寸

除了在新建文档时可以设置页面外，还可以在编辑过程中重新进行设置，其设置方法有以下两种。

第1种：执行“布局>页面设置”菜单命令，打开“选项”对话框，如图2-8所示，在该对话框中可以对页面的尺寸以及分辨率进行重新设置。在“页面尺寸”选项组下有一个“只将大小应用到当前页面”选项，如果勾选该选项，那么所修改的尺寸就只针对当前页面，而不会影响到其他页面。

图2-8

疑难问答 问：“出血”有何作用？

答：“出血”是排版设计的专用词，意思是文本的配图在页面显示为溢出状态，超出页边的距离为出血，如图2-9所示。出血区域在打印装帧时可能会被切掉，以确保在装订时应该占满页面的文字或图像不会留白。

图2-9

第2种：单击页面或其他空白处，可以切换到页面的设置属性栏，如图2-10所示。在属性栏中可以对页面的尺寸、方向以及应用方式进行调整。调整相关数值以后，单击“当前页”按钮可以将设置仅应用于当前页；单击“所有页面”按钮可以将设置应用于所有页面。

图2-10

知识链接

关于页面的更多设置方法请参阅“12.3　文本编排”下的相关内容。

添加页面

如果页面不够，还可以在原有页面上快速添加页面。在页面下方的导航器上有页数显示与添加页面的相关按钮，如图2-11所示。添加页面的方法有以下4种。

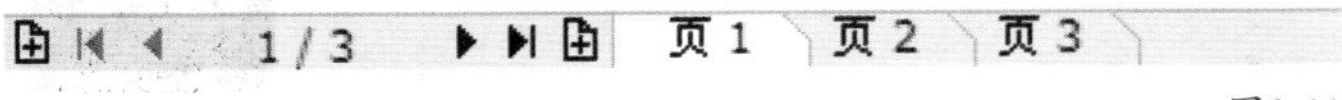

图2-11

第1种：单击页面导航器前后的“添加页”按钮，可以在当前页的前后添加一个或多个页面。这种方法适用于在当前页前后快速添加多个连续的页面。

第2种：选中要插入页的页面标签，然后单击鼠标右键，接着在弹出的菜单中选择“在后面插入页面”命令或“在前面插入页面”命令，如图2-12所示。注意，这种方法适用于在当前页面的前后添加一个页面。

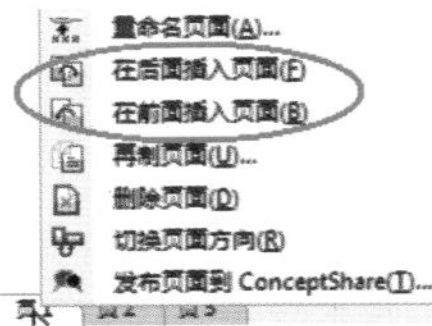

图2-12

第3种：在当前页面上单击鼠标右键，然后在弹出的菜单中选择“再制页面”命令，打开“再制页面”对话框，如图2-13所示。在该对话框中可以插入页面，同时还可以选择插入页面的前后顺序。另外，如果在插入页面的同时勾选“仅复制图层”选项，那么插入的页面将保持与当前页面相同的设置；如果勾选“复制图层及其内容”选项，那么不仅可以复制当前页面的设置，还会将当前页面上的所有内容也复制到插入的页面上。

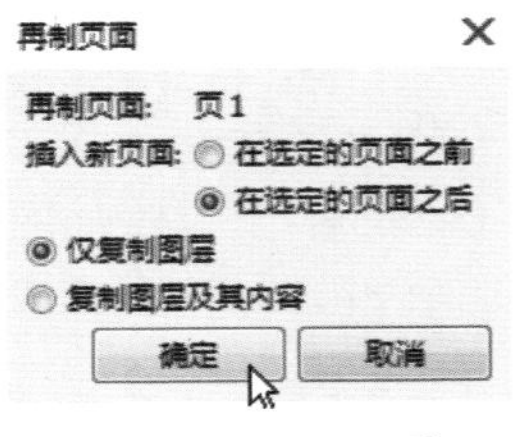

图2-13

第4种：在“布局”菜单下执行相关的命令。

切换页面

如果需要切换到其他的页面进行编辑，可以单击页面导航器上的页面标签进行快速切换，或者单击◀和▶按钮进行跳页操作。如果要切换到起始页或结束页，可以单击⏮按钮和⏭按钮。

疑难问答

问：编辑的页数太多，切换页面不方便该怎么办？

答：如果当前文档的页面过多，不易执行页面切换操作，可以在页面导航器的页数上单击鼠标左键，如图2-14所示，然后在弹出的“转到某页”对话框中输入要转到的页码，如图2-15所示。

图2-14

图2-15

2.1.4 打开文件

如果计算机中有CorelDRAW的保存文件，可以采用以下5种方法将其打开进行继续编辑。

第1种：执行“文件>打开”菜单命令，然后在弹出的“打开绘图”对话框中找到要打开的CorelDRAW文件（标准格式为.cdr），如图2-16所示。在“打开绘图”单击右上角的预览图标按钮，还可以查看文件的缩略图效果。

图2-16

第2种：在常用工具栏中单击“打开”图标，也可以打开“打开绘图”对话框。

第3种：在“欢迎屏幕”对话框中单击最近使用过的文档（最近使用过的文档会以列表的形式排列在“打开最近用过的文档”下面）。

第4种：在文件夹中找到要打开的CorelDRAW文件，然后双击鼠标左键将其打开。

第5种：在文件夹里找到要打开的CorelDRAW文件，然后使用鼠标左键将其拖曳到CorelDRAW 的操作界面中的灰色区域将其打开，如图2-17所示。

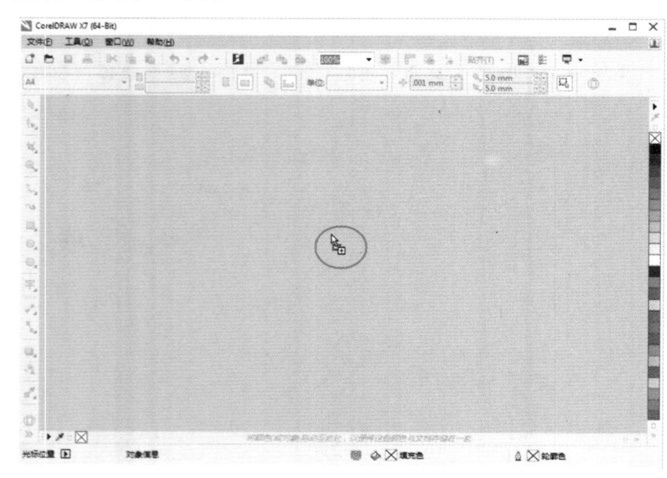

图2-17

技巧与提示

注意，使用拖曳方法打开文件时，如果将文件拖曳到非灰色区域，会出现非鼠标指示，提醒用户应拖曳到灰色区域才能将其打开，如图2-18所示。

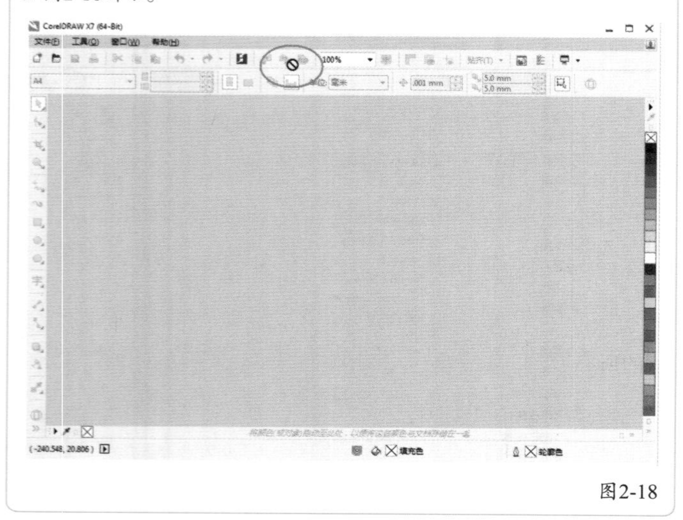

图2-18

★重点★

2.1.5 在文档内导入其他文件

在实际工作中，经常需要将其他文件导入到文档中进行编辑，比如JPG、AI和TIF格式的素材文件，可以采用以下3种方法将文件导入到文档中。

第1种：执行“文件>导入”菜单命令，然后在弹出的“导入”对话框中选择需要导入的文件，如图2-19所示，接着单击“导入”按钮准备好导入，待光标变为直角形状时单击鼠标左键进行导入，如图2-20所示。

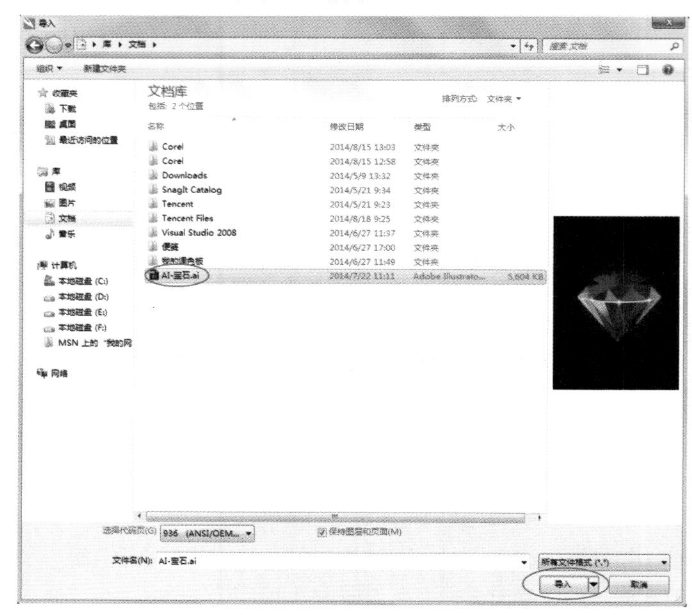

图2-19

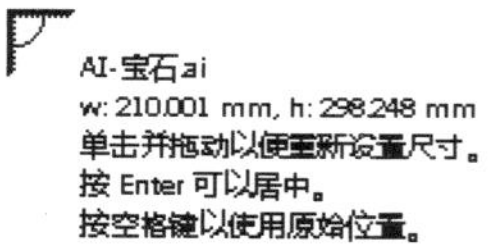

AI-宝石.ai
w: 210.001 mm, h: 298.248 mm
单击并拖动以便重新设置尺寸。
按 Enter 可以居中。
按空格键以使用原始位置。

图2-20

技术专题 01 确定导入文件的位置与大小

在确定导入文件后，可以选用以下3种方式来确定导入文件的位置与大小。

第1种：移动到适当的位置单击鼠标左键进行导入，导入的文件为原始大小，导入位置在鼠标单击点处。

第2种：移动到适当的位置使用鼠标左键拖曳出一个范围，然后松开鼠标左键，导入的文件将以定义的大小进行导入。这种方法常用于页面排版。

第3种：直接按Enter键，可以将文件以原始大小导入到文档中，同时导入的文件会以居中的方式放在页面中。

第2种：在常用工具栏上单击“导入”按钮，也可以打开“导入”对话框。

第3种：在文件夹中找到要导入的文件，然后将其拖曳到编辑的文档中。采用这种方法导入的文件会按原比例大小进行显示。

2.1.6 视图的缩放与移动

在CorelDRAW X7中编辑文件时，经常会将页面进行放大或缩小来查看图像的细节或整体效果。

视图的缩放

缩放视图的方法有以下3种。

第1种：在“工具箱”中单击“缩放工具”，光标会变成形状，此时在图像上单击鼠标左键，可以放大图像的显示比例；如果要缩小显示比例，可以单击鼠标右键，或按住Shift键待光标变成形状时单击鼠标左键进行缩小显示比例的操作。

> 技巧与提示
>
> 如果要让所有编辑内容都显示在工作区内，可以直接双击“缩放工具”。

第2种：单击“缩放工具”，然后在该工具的属性栏上进行相关操作，如图2-21所示。

200%

图2-21

缩放选项介绍

放大：放大显示比例。

缩小：缩小显示比例。

缩放选定对象：选中某个对象后，单击该按钮可以将选中的对象完全显示在工作区中。

缩放全部对象：单击该按钮可以将所有编辑内容都显示在工作区内。

显示页面：单击该按钮可以显示页面内的编辑内容，超出页面边框太多的内容将无法显示。

按页宽显示：单击该按钮将以页面的宽度值最大化自适应显示在工作区内。

按页高显示：单击该按钮将以页面的高度值最大化自适应显示在工作区内。

第3种：滚动鼠标中键（滑轮）进行放大或缩小操作。如果按住Shift键滚动，则可以微调显示比例。

> 技巧与提示
>
> 在全页面显示或最大化全界面显示时，文档内容并不会紧靠工作区边缘标尺，而是会留出出血范围，方便进行选择编辑和查看边缘。

视图的移动

在编辑过程中，移动视图位置的方法有以下3种。

第1种：在“工具箱”中“缩放工具”的位置按住鼠标左键拖动打开下拉工具组，然后单击“平移工具”，再按住鼠标左键平移视图位置，如图2-22所示。在使用“平移工具”时不会移动编辑对象的位置，也不会改变视图的比例。

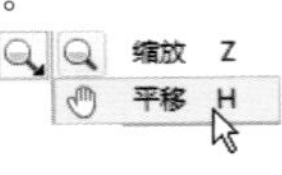

图2-22

第2种：使用鼠标左键在导航器上拖曳滚动条进行视图平移。

第3种：按住Ctrl键滚动鼠标中键（滑轮）可以左右平移视图；按住Alt键滚动鼠标中键（滑轮）可以上下平移视图。

> 技巧与提示
>
> 在使用滚动鼠标中键（滑轮）进行视图缩放或平移时，如果滚动频率不太合适，可以执行“工具>选项”菜单命令，打开“选项”对话框，然后选择“工作区>显示”选项，调出“显示”面板，接着调整“渐变步长预览”的数值即可，如图2-23所示。

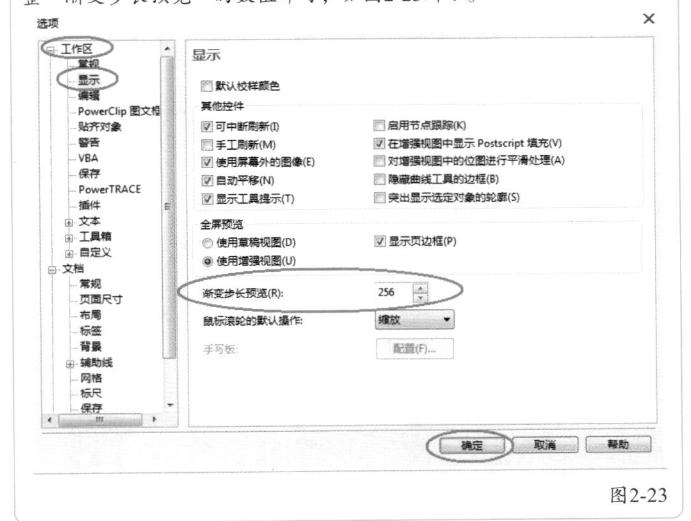

图2-23

2.1.7 撤销与重做

在编辑对象的过程中，如果前面的任意操作步骤出错时，我们可以使用“撤销”命令和“重做”命令进行撤销重做，撤销与重做的使用方法有以下2种。

第1种：执行“编辑>撤销”菜单命令可以撤销前一步的编辑操作，或者按Ctrl+Z组合键进行快速操作；执行“编辑>重做”菜单命令可以重做当前撤销的操作步骤，或者按Ctrl+Shift+Z组合键进行快速操作。

第2种：在“常用工具栏”中单击“撤销”后面的按钮打开可撤销的步骤选项，单击撤销的步骤名称可以快速撤销该步骤与之后的所有步骤；单击“重做”后面的按钮打开可重做的步骤选项，单击重做的步骤名称可以快速重做该步骤与之前的所有步骤。

2.1.8 预览模式的切换

在编辑对象时，用户可以隐藏掉所有界面内容进行全屏幕显示预览。

> 知识链接
>
> 关于视图的预览模式，请参阅本章“2.3.3 视图菜单”的介绍。

2.1.9 导出文件

编辑完成的文档可以导出为不同的保存格式，方便用户导入其他软件中进行编辑，导出方法有以下2种。

第1种：执行"文件>导出"菜单命令打开"导出"对话框，然后选择保存路径，在"文件名"后面的文本框中输入名称，接着设置文件的"保存类型"（如：AI、BMP、GIF、JPG），最后单击"导出"按钮，如图2-24所示。

图2-24

当选择的"保存类型"为JPG时，会弹出"导出到JPEG"对话框，然后设置"颜色模式"（CMYK、RGB、灰度），再设置"质量"调整图片输出的显示效果（通常情况下选择高），其他的默认即可，如图2-25所示。

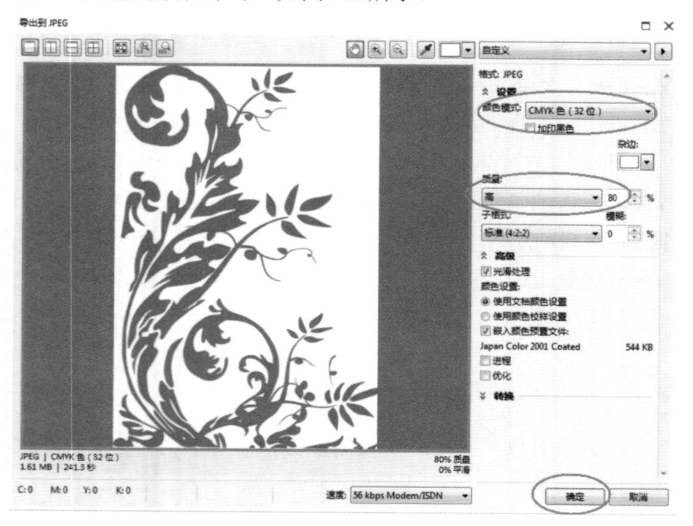

图2-25

第2种：在"常用工具栏"上单击"导出"按钮，打开"导出"对话框进行操作。

技巧与提示

导出时有两种导出方式，第一种为导出页面内编辑的内容，是默认的导出方式；第二种是在导出时勾选"只是选定的"复选框，导出的内容为选中的目标对象。

2.1.10 关闭与保存文档

关闭文档

关闭文档的方法有以下两种。

第1种：单击菜单栏末尾的×按钮进行快速关闭。在关闭文档时，未进行编辑的文档可以直接关闭；编辑后的文档关闭时会弹出提示用户是否进行保存的对话框，如图2-26所示。单击取消按钮取消关闭；单击否(N)按钮，关闭时不保存文档；单击是(Y)按钮，关闭文档时弹出"保存绘图"对话框设置保存文档。

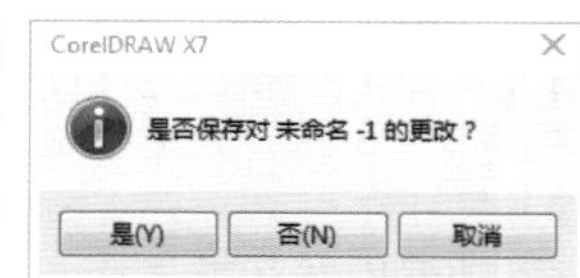

图2-26

第2种：执行"文件>关闭"菜单命令可以关闭当前编辑文档；执行"文件>全部关闭"菜单命令可以关闭打开的所有文档，如果关闭的文档都编辑过，那么，在关闭时会依次弹出提醒是否保存的对话框。

直接保存文档

文档保存的方法有3种。

第1种：执行"文件>保存"菜单命令进行保存，打开后设置保存路径，然后在"文件名"后面的文本框中输入名称，再选择"保存类型"，接着单击"保存"按钮进行保存，如图2-27所示。注意，首次进行保存才会打开"保存绘图"对话框，以后就可以直接覆盖保存。

图2-27

执行“文件>另存为”菜单命令，弹出“保存绘图”对话框，然后在“文件名”后面的文本框中修改当前名称，接着单击“保存”按钮，保存的文件不会覆盖原文件，如图2-28所示。

图2-28

执行“文件>保存为模板”菜单命令，弹出“保存绘图”对话框，注意，保存为模板时，默认保存路径为默认模板位置Corel>Core Content>Templates，“保存类型”为CDT-CorelDRAW Template，如图2-29所示。

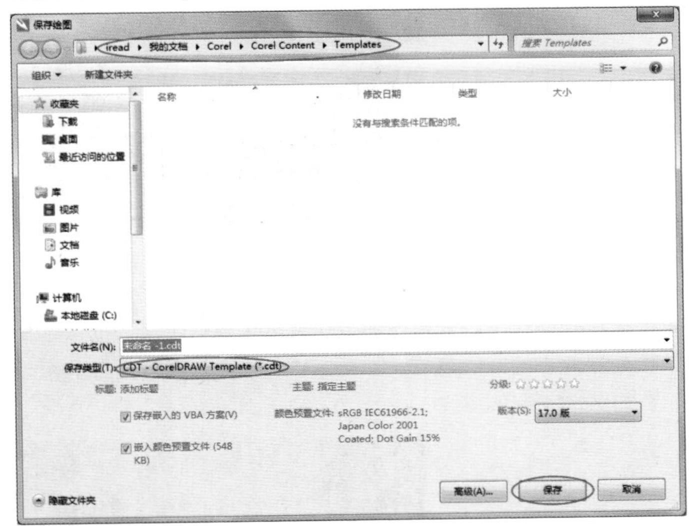

图2-29

第2种：在“常用工具栏”中单击“保存”按钮进行快速保存。

第3种：按Ctrl+S组合键进行快速保存。

在文档编辑过程中，难免会发生断电、死机等意外状况，所以要习惯利用Ctrl+S组合键随时保存。

2.2 标题栏

标题栏位于界面的最上方，标注软件名称CorelDRAW X7（64-Bit）和当前编辑文档的名称，如图2-30所示。标题显示黑色为激活状态。

图2-30

2.3 菜单栏

菜单栏包含CorelDRAW X7中常用的各种菜单命令，包括“文件”、“编辑”、“视图”、“布局”、“对象”、“效果”、“位图”、“文本”、“表格”、“工具”、“窗口”和“帮助”12组菜单，如图2-31所示。

图2-31

2.3.1 文件菜单

“文件”菜单可以对文档进行基本操作。选择相应的菜单命令可以进行页面的新建、打开、关闭、保存等操作，也可以进行导入、导出或执行打印设置、退出等操作，如图2-32所示。

图2-32

知识链接

关于“文件”菜单的内容，我们在前面“2.1 基本操作”中已经进行分类讲解。

2.3.2 编辑菜单

“编辑”菜单用于进行对象的编辑操作。选择相应的菜单命令可以进行步骤的撤销与重做，也可以进行对象的剪切、复制、粘贴、选择性粘贴、删除，还可以再制、克隆、复制属性、步长和重复、全选、查找并替换，如图2-33所示。

图2-33

知识链接

有关对象的操作，我们会在“第3章 对象操作”里详细介绍。

★重点★

2.3.3 视图菜单

“视图”菜单用于进行文档的视图操作。选择相应的菜单命令，可以对文档视图模式进行切换、调整视图预览模式和界面显示操作，如图2-34所示。

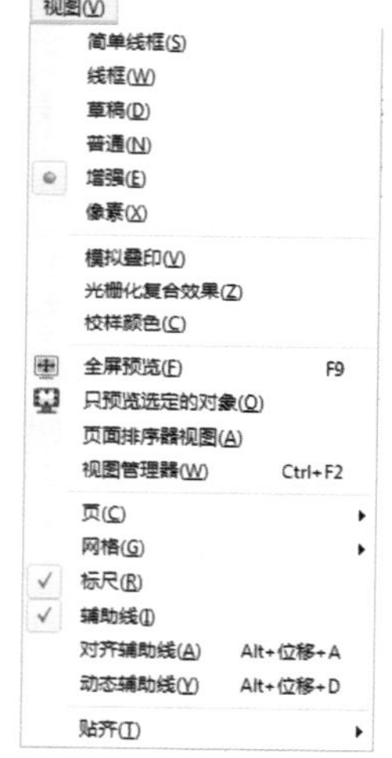

图2-34

视图菜单命令介绍

简单线框：单击该命令可以将编辑界面中的对象显示为轮廓线框。在这种视图模式下，矢量图形将隐藏所有效果（渐变、立体化等），只显示轮廓线，如图2-35和图2-36所示；位图将颜色统一显示为灰度，如图2-37和图2-38所示。

图2-35

图2-36

图2-37

图2-38

线框：线框和简单线框相似，区别在于，位图是以单色进行显示。

草稿：单击该命令可以将编辑界面中的对象显示为低分辨率图像，使打开文件和编辑文件的速度变快。在这种模式下，矢量图边线粗糙，填色与效果以基图案显示，如图2-39所示；位图则会出现明显的马赛克，如图2-40所示。

图2-39

图2-40

普通：单击该命令可以将编辑界面中的对象正常显示（以原分辨率显示），如图2-41和图2-42所示。

图2-41

图2-42

增强：单击该命令可以将编辑界面中的对象显示为最佳效果。在这种模式下，矢量图的边缘会尽可能的平滑，图像越复杂，处理效果的时间越长，如图2-43所示；位图以高分辨率显示，如图2-44所示。

图2-43

图2-44

像素：单击该命令可以将编辑界面中的对象显示为像素格效果，放大对象比例可以看见每个像素格，如图2-45和图2-46所示。

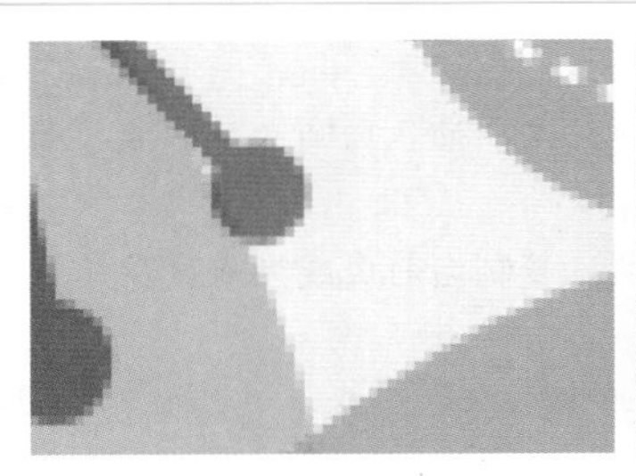

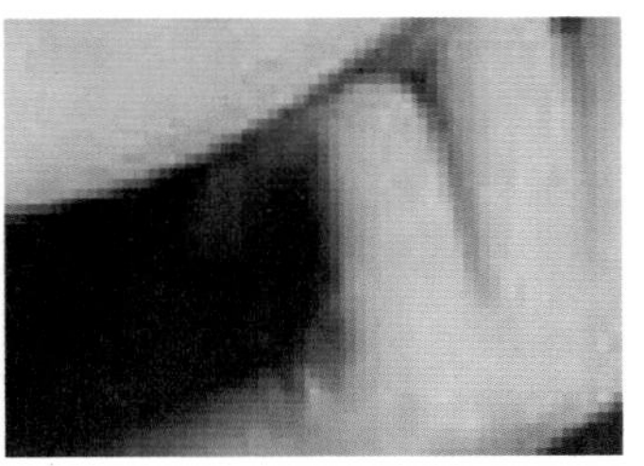

图2-45 图2-46

模拟叠印：单击该命令可以将图像直接模拟叠印效果。

光栅化复合效果：将图像分割成小像素块，可以和光栅插件配合使用更换图片的颜色。

校样颜色：单击该命令将图像快速校对位图的颜色，可减小显示颜色或输出的颜色偏差。

全屏预览：将所有编辑对象进行全屏预览，按F9键可以进行快速切换，这种方法并不会将所有编辑的内容显示，如图2-47所示。

图2-47

只预览选定的对象：将选中的对象进行预览，没有被选中的对象被隐藏，如图2-48所示。

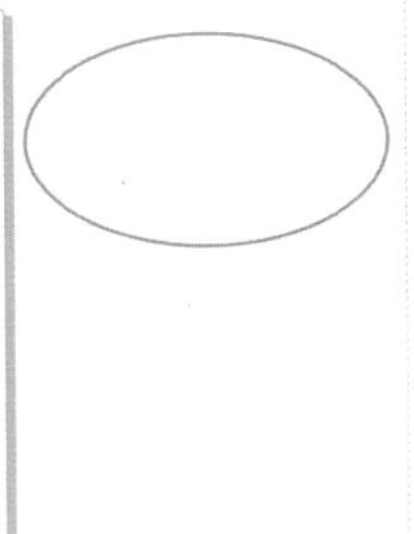

图2-48

页面排序器视图：将文档内编辑的所有页面以平铺手法进行预览，方便在书籍、画册编排时进行查看和调整，如图2-49所示。

视图管理器：以泊坞窗的形式进行视图查看。

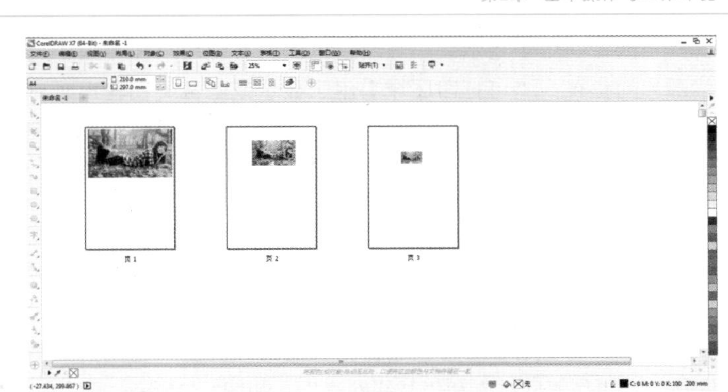

图2-49

技术专题 02 视图管理器的基本操作

打开一个图形文件，然后执行“视图>视图管理器”菜单命令，打开“视图管理器”对话框，如图2-50所示。

图2-50

缩放一次：快捷键为F2键，按F2键并使用鼠标左键单击，可以放大一次绘图区域；使用鼠标右键单击，可以缩小一次绘图区域。如果在操作过程中一直按住F2键，再使用鼠标左键或右键在绘图区域拉出一个区域，可以对该区域进行放大或缩小操作。

放大：单击该图标为放大图像。

缩小：单击该图标为缩小图像。

缩放选定对象：单击该图标为缩放已选定的对象，也可以按Shift+F2复合键进行操作。

缩放所有对象：单击该图标为显示所有编辑对象，快捷键为F4键。

添加当前的视图：单击该图标为保存当前显示的视图样式。

删除当前的视图：单击该图标为删除保存的视图样式。

单击“放大”按钮将文件进行缩放，单击“添加当前的视图”按钮添加当前的视图样式，选中样式单击鼠标左键可以进行名称修改，如图2-51所示，在编辑过程中可以单击相应样式切换到保存的视图样式中。

选中保存的视图样式，然后单击“删除当前视图”按钮可以删除保存的视图样式。

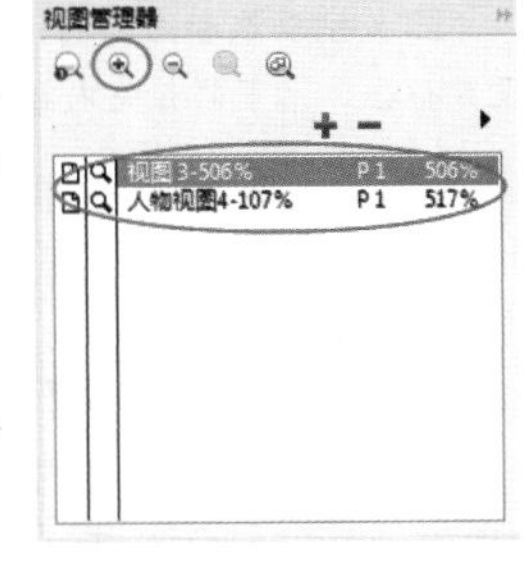

图2-51

在“视图管理器”对话框中，单击视图样式前的图标，灰色显示为禁用状态，只显示缩放级别不切换页面；单击图标，灰色显示为禁用状态，只显示页面不显示缩放级别。

页：在子菜单中可以选择需要的页面类型，“页边框”用于显示或隐藏页面边框，在隐藏页边框时可以进行全工作区编辑；“出血”用于显示或隐藏出血范围，方便用户在排版中调整图片的位置；“可打印区域”用于显示或隐藏文档输出时可以打印的区域，出血区域会被隐藏，方便我们在排版过程中浏览版式，如图2-52所示。

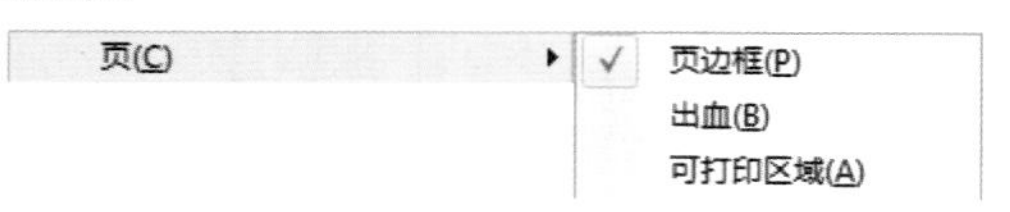

图2-52

网格：在子菜单中可以选择添加的网格类型，包括“文档网格”、“像素网格”和“基线网格”，如图2-53所示。

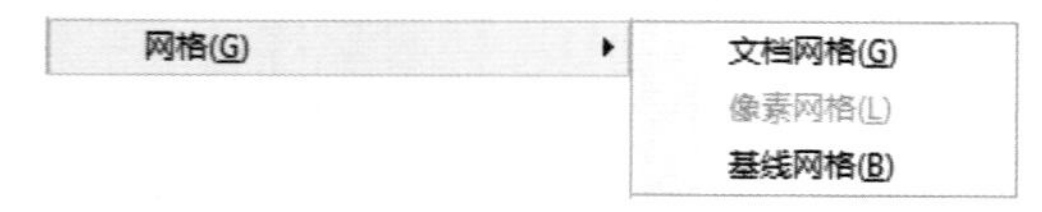

图2-53

标尺：单击该命令可以进行标尺的显示或隐藏。

辅助线：单击该命令可以进行辅助线的显示或隐藏，在隐藏辅助线时不会将其删除。

对齐辅助线：单击该命令可以在编辑对象时进行自动对齐。

动态辅助线：单击该命令开启动态辅助线，在编辑对象时将会自动贴齐物件的节点、边缘、中心或文字的基准线。

贴齐：在子菜单中可以选取相应对象类型进行贴齐，使用贴齐后，当对象移动到目标吸引范围就会自动贴靠。该命令可以配合网格、辅助线、基线等辅助工具进行使用，如图2-54所示。

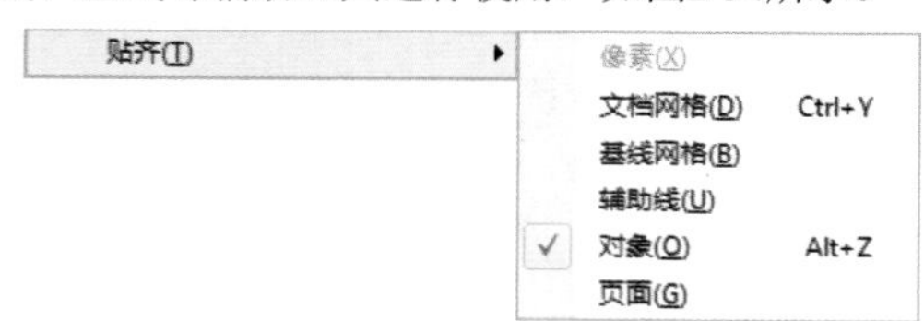

图2-54

知识链接

有关辅助线和网格的详细操作与设置，请参阅本章“2.7.2标尺的设置与移位”下的相关内容。

2.3.4 布局菜单

“布局”菜单用于文本编排时的操作。在该菜单下可以执行页面和页码的基本操作，如图2-55所示。

图2-55

布局菜单命令介绍

插入页面：单击该命令可以打开“插入页面”对话框，进行插入新页面的操作。

再制页面：在当前页前或后，复制当前页或当前页及其页面内容。

重命名页面：重新命名页面名称。

删除页面：删除已有的页面，可以输入删除页面的范围。

转到某页：快速跳转至文档中某一页。

插入页码：在子菜单中可以选择插入页码的方式进行操作，包括“位于活动图层”、“位于所有页”、“位于所有奇数页”和“位于所有偶数页”，如图2-56所示。

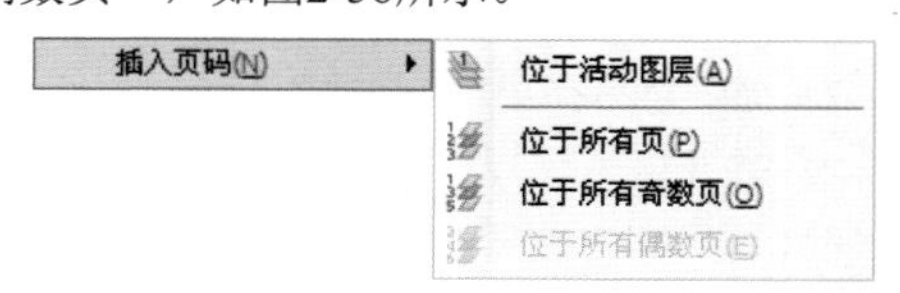

图2-56

技巧与提示

注意，插入的页码可以自动生成，具有流动性，如果删除或移动中间的任意页面，页码会自动流动更新，不用重新进行输入编辑。

页码设置：执行“布局>页码设置”菜单命令，打开“页码设置”对话框，在该对话框中可以设置“起始编号”和“起始页”的数值，同时还可以设置页码的“样式”，如图2-57所示。

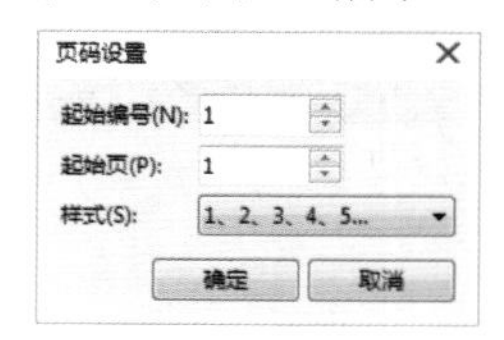

图2-57

切换页面方向：切换页面的横向或纵向。

页面设置：可以打开“选项”菜单设置页面的基础参数。

页面背景：在菜单栏执行“布局>页面背景”命令，打开“选项”对话框，如图2-58所示。默认为无背景；勾选纯色背景后，在下拉颜色选项中可以选择背景颜色；勾选位图后，可以载入图片作为背景。勾选“打印和导出背景”选项，可以在输出时显示填充的背景。

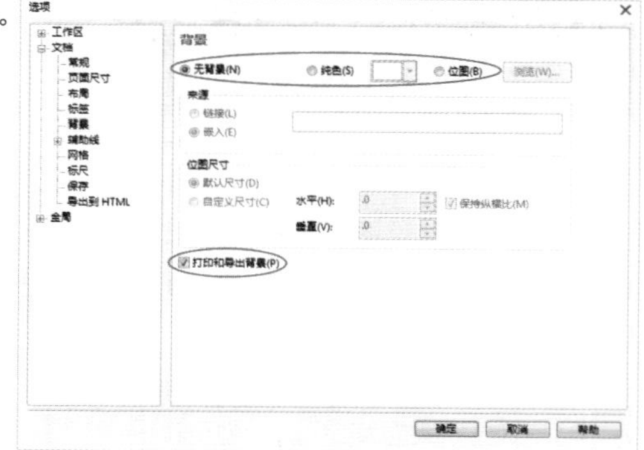

图2-58

页面布局：可以打开“选项”菜单设置，启用“对开页”复选框，内容将合并到一页中。

2.3.5 对象菜单

“对象”菜单用于对象编辑的辅助操作。在该菜单下可以对对象进行插入条码、插入QR码、验证条形码、插入新对象、链接、符号、图框精确剪裁，可以对对象进行形状变换、排放、组合、锁定、造形，也可以进行将轮廓转换为对象、连接曲线、叠印填充、叠印轮廓、叠印位图、对象提示的操作，还可以对对象属性、对象管理器进行对象批量处理等操作，如图2-59所示。

图2-59

> **知识链接**
>
> 关于对象的详细操作，我们会在“第3章 对象操作”中详细讲解。

2.3.6 效果菜单

“效果”菜单用于图像的效果编辑。在该菜单下可以进行位图的颜色校正调节，以及矢量图的材质效果的加载，如图2-60所示。

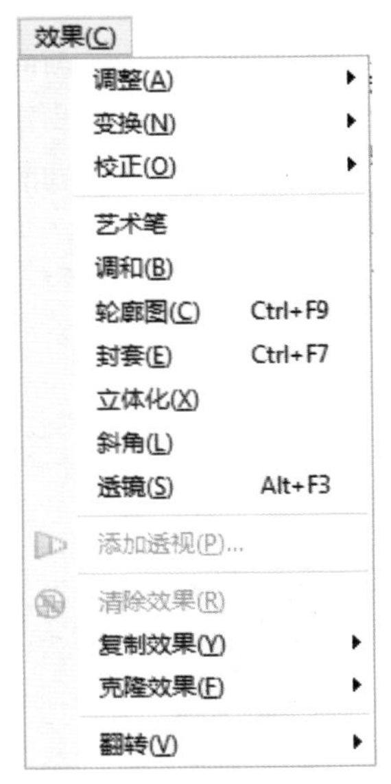

图2-60

> **知识链接**
>
> 效果菜单主要进行图像效果的添加，详细讲解请参阅“第10章 图像效果操作”的内容。

2.3.7 位图菜单

“位图”菜单可以进行位图的编辑和调整，也可以为位图添加特殊效果，如图2-61所示。

图2-61

> **知识链接**
>
> 关于位图的详细操作，请参阅“第11章 位图操作”的内容。

2.3.8 文本菜单

“文本”菜单用于文本的编辑与设置。在该菜单下可以进行文本的段落设置、路径设置和查询操作，如图2-62所示。

图2-62

知识链接

关于文本的详细操作，请参阅“第12章 文本操作”的内容。

2.3.9 表格菜单

“表格”菜单用于文本中表格的创建与设置。在该菜单栏下可以进行表格的创建和编辑，也可以进行文本与表格的转换操作，如图2-63所示。

图2-63

知识链接

关于表格的详细操作，请参阅“第13章 表格操作”的内容。

2.3.10 工具菜单

“工具”菜单用于打开样式管理器进行对象的批量处理，如图2-64所示。

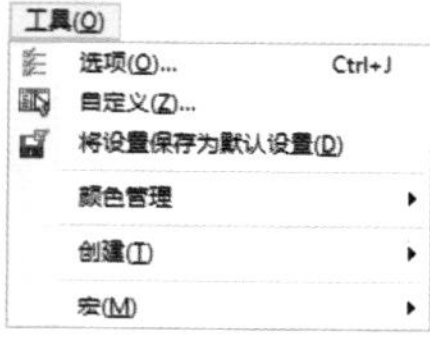

工具(O)
选项(O)... Ctrl+J
自定义(Z)...
将设置保存为默认设置(D)
颜色管理
创建(T)
宏(M)

图2-64

工具菜单命令介绍

选项：打开“选项”对话框进行参数设置，可以对“工作区”、“文档”和“全局”进行分项目设置，如图2-65所示。

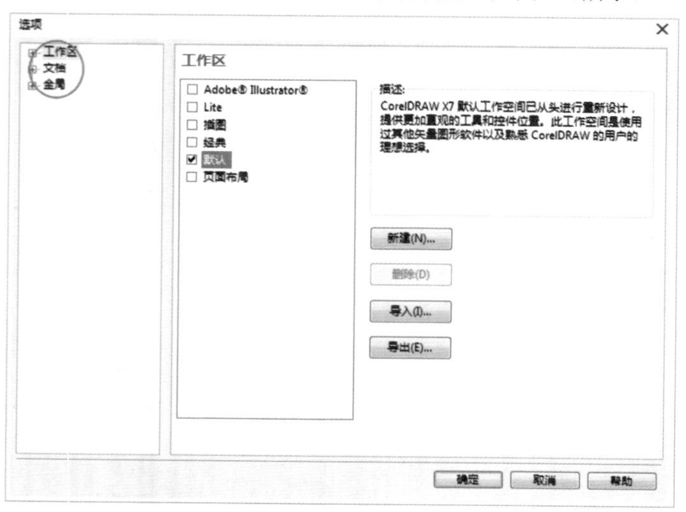

图2-65

自定义：在“选项”对话框中设置自定义选项。

将设置保存为默认设置：可以将设定好的数值保存为软件默认设置，即使再次重启软件也不会变。

颜色管理：在下拉菜单中可以选择相应的设置类型，包括“默认设置”和“文档设置”两个命令，如图2-66所示。

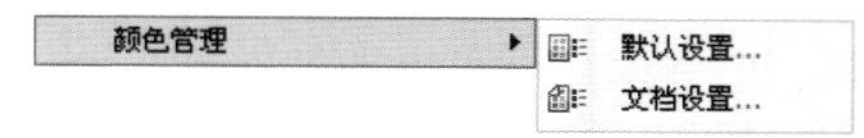

图2-66

创建：在下拉菜单中可以创建相应的图样类型，包括“箭头”、“字符”和“图样填充”3个命令，如图2-67所示。

图2-67

箭头：用于创建新的箭头样式。

技术专题 03 创建箭头样式

绘制一个指向右边的箭头形状，如图2-68所示，然后执行“工具>创建>箭头”命令，打开“创建箭头”对话框，接着在“大小”中输入“长度”为123.288、“宽度”为200，最后单击“确定”按钮 确定 完成，如图2-69所示。

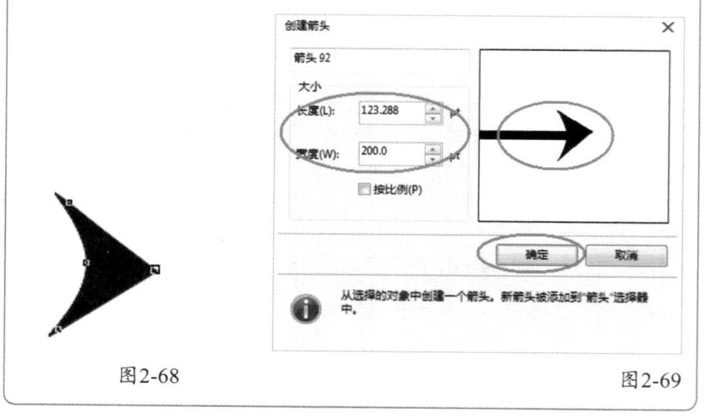

图2-68 图2-69

字符：用于创建新的字符样式。

图样填充：用于创建新的图案样式。

技术专题 04 创建图样填充

绘制一幅图案，然后调整其外形为正方形，如图2-70所示，接着执行“工具>创建>图样填充”命令，打开“创建图案”对话框，再设置“类型”为“双色”、“分辨率”为“低”，最后单击“确定” 确定 完成，如图2-71所示。

图2-70

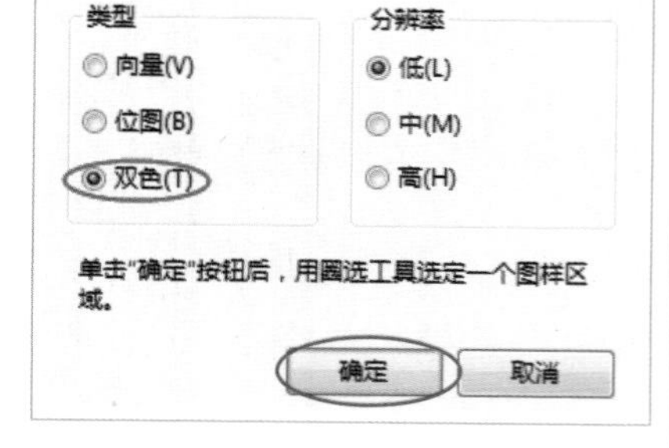

图2-71

宏：用于快速建立批量处理动作，并进行批量处理。执行“工具>宏>开始记录”菜单命令，如图2-72所示，弹出“记录宏”对话框，然后在“宏名”框中输入名称，在“将宏保存至”框中选择保存宏的模板或文档，再在“描述”框中输入对宏的描述，接着单击确定按钮进行开始记录，如图2-73所示。

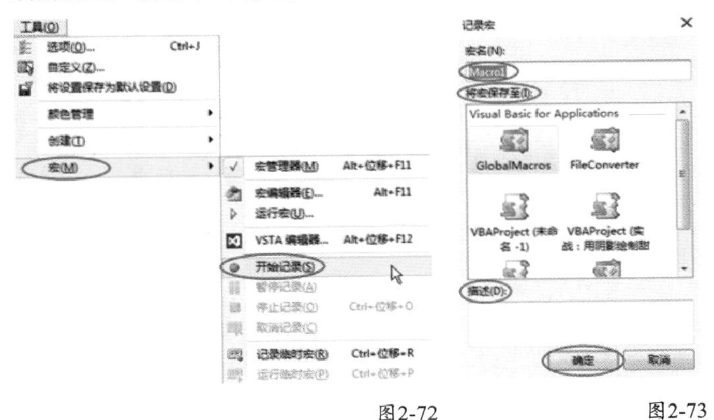

图2-72　　图2-73

2.3.11 窗口菜单

“窗口”菜单用于调整窗口文档视图和切换编辑窗口。在该菜单下可以进行文档窗口的添加、排放和关闭，如图2-74所示。注意，打开的多个文档窗口在菜单最下方显示；正在编辑的文档前方显示对钩；单击选择相应的文档可以进行快速切换编辑。

图2-74

窗口菜单命令介绍

新建窗口：用于新建一个文档窗口。

刷新窗口：刷新当前窗口。

关闭窗口：关闭当前文档窗口。

全部关闭：将打开的所有文档窗口关闭。

层叠：将所有文档窗口进行叠加预览，如图2-75所示。

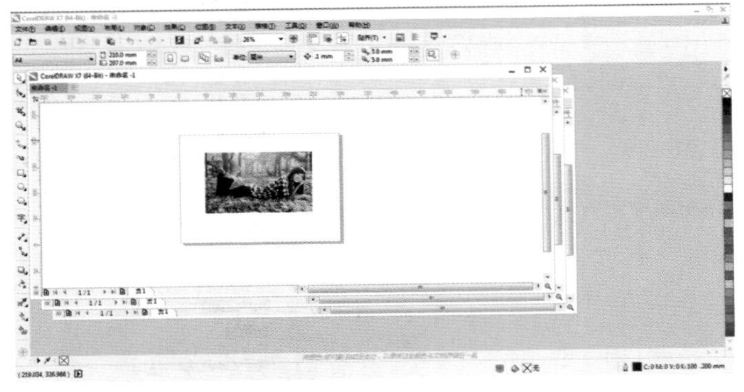

图2-75

水平平铺：将所有文档窗口在水平方向进行平铺预览，如图2-76所示。

图2-76

垂直平铺：将所有文档窗口在垂直方向进行平铺预览，如图2-77所示。

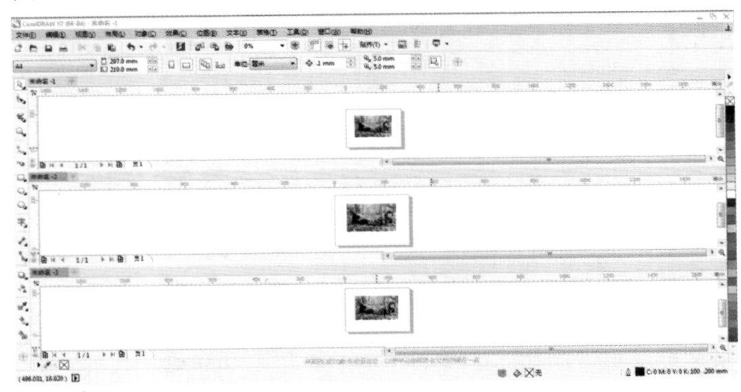

图2-77

合并窗口：将所有窗口以正常的方式进行排列预览，如图2-78所示。

图2-78

停靠窗口：将所有窗口以前后停靠的方式进行预览，如图2-79所示。

工作区：引入了各种针对具体工作量身制定的工作区，可以帮助新用户更快、更轻松地掌握该套件。

Lite工作区：用于帮助用户更快地掌握此套件。

经典工作区：留了套件原来的“经典”的外观。

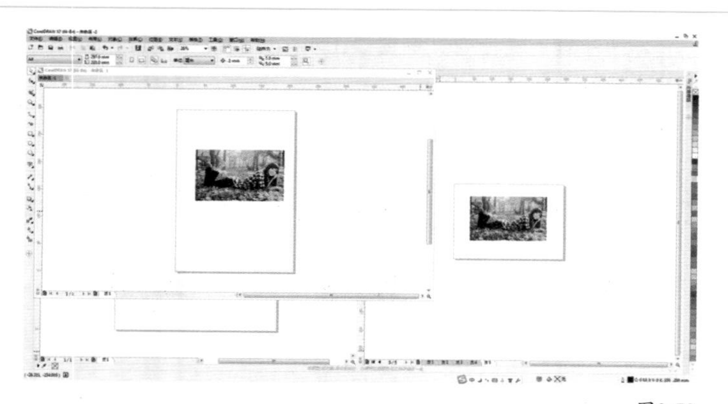

图2-79

默认工作区：可对工具、菜单、状态栏和对话框进行更加直观、高效的配置。

高级工作区：该工作区设计了“页面布局”和“插图”工作区，以更好地展示特定的应用程序功能。

泊坞窗：在子菜单可以单击添加相应的泊坞窗，如图2-80所示。

图2-80

工具栏：在子菜单可以单击添加界面的相应工作区，如图2-81所示。

调色板：在下拉菜单可以单击载入相应的调色板，默认状态下显示“文档调色板”和“默认调色板”，如图2-82所示。

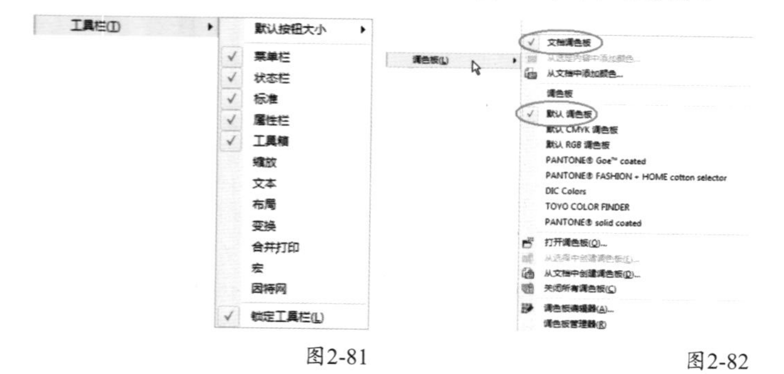

图2-81　　图2-82

疑难问答

问：误将菜单栏关掉怎么复原？

答：关掉菜单栏后无法调出“窗口”菜单进行重新显示菜单栏，这时我们可以在标题栏下方的任意工具栏上单击鼠标右键，然后在弹出的下拉菜单中勾选打开误删的菜单栏，如图2-83所示。

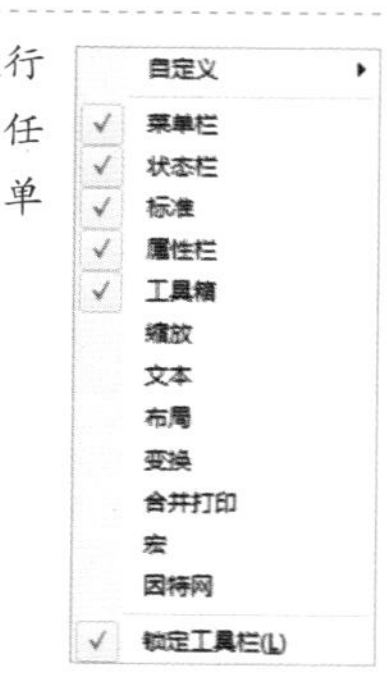

图2-83

如果工作界面中的所有工作栏都关闭掉，无法进行右键恢复时，可以按Ctrl+J组合键打开“选项”对话框，然后选择“工作区”选项，接着勾选“X7默认工作区”选项，最后单击“确定”按钮 确定 复原默认工作区，如图2-84所示。

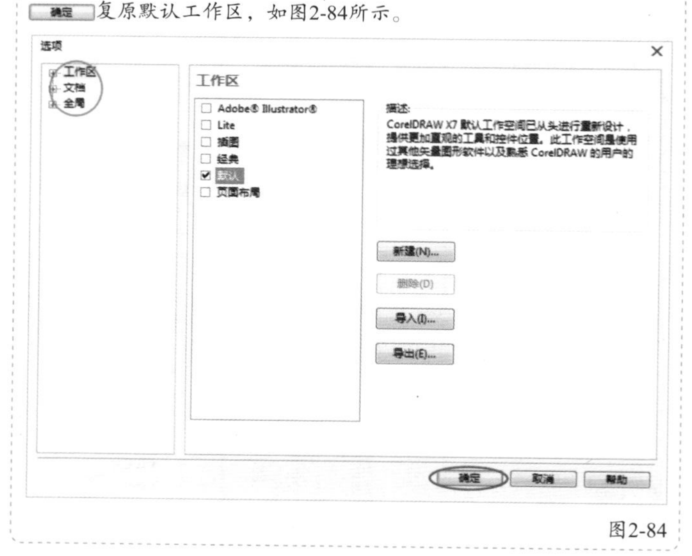

图2-84

2.3.12 帮助菜单

“帮助”菜单用于新手入门学习和查看CorelDRAW X7软件的信息，如图2-85所示。

图2-85

帮助菜单命令介绍

产品帮助：在会员登陆的状态下，单击可打开在线帮助文本。

欢迎屏幕：用于打开“快速入门”的欢迎屏幕。

视频教程：在会员登陆的状态下，单击可打开在线视频教程。

提示：单击打开“提示”泊坞窗，当使用“工具箱”中的工具时可以提示该工具的作用和使用方法。

快速开始指南：可以打开CorelDRAW X7软件自带的入门指南。

专家见解：可以进行部分工具的学习使用。

新增功能：单击打开“新增功能”欢迎屏幕，可以对新增加的功能进行了解。

突出显示新增功能：单击打开下拉子菜单，然后选择相应做对比的以往CorelDRAW版本，选择“无突出显示”命令可以关闭突出显示，如图2-86所示。

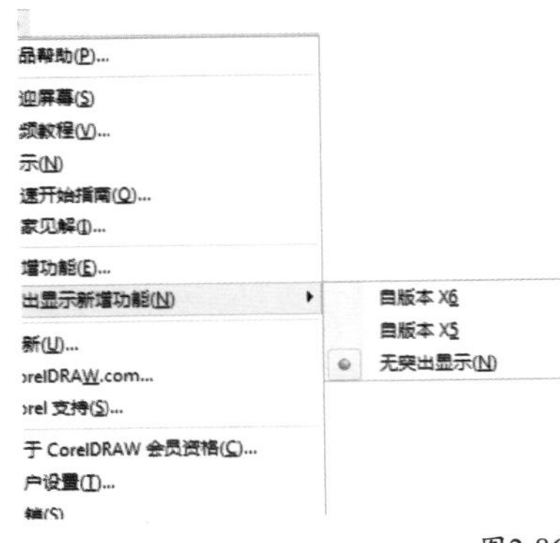

图2-86

更新：单击该命令可以开始在线更新软件。

CorelDRAW.com：单击该命令，访问CorelDRAW社区网站，用户可以联系、学习和分享在线世界。

Corel支持：单击打开可在线帮助了解版本与格式的支持。

关于CorelDRAW会员资格：单击打开介绍窗口，介绍CorelDRAW会员资格，如图2-87所示。

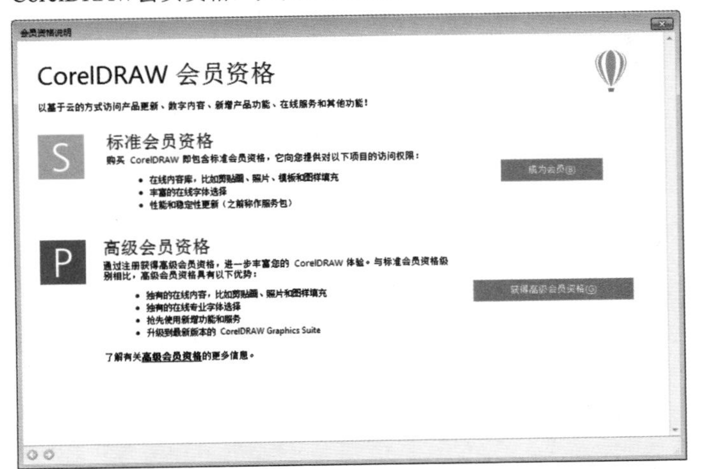

图2-87

账户设置：单击该命令可以打开“登录”对话框，如果有账户就输入登录，没有可以创建，如图2-88所示。只有登录了会员，才有资格查看高级在线内容。

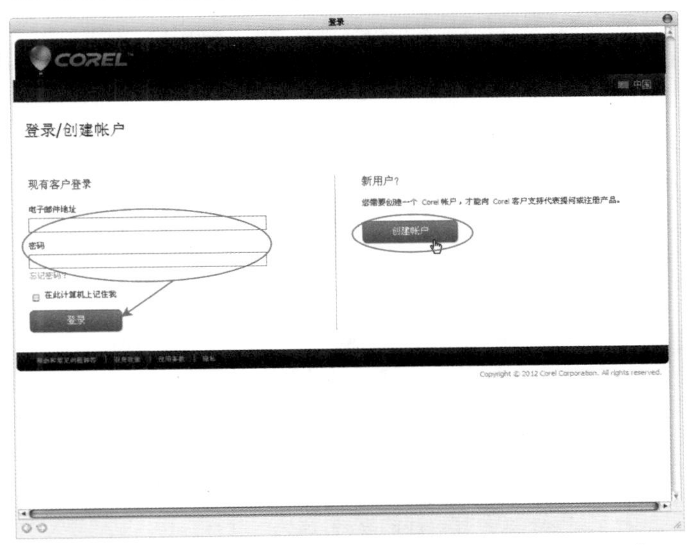

图2-88

关于CorelDRAW：用于开启CorelDRAW X7的软件信息，如图2-89所示。

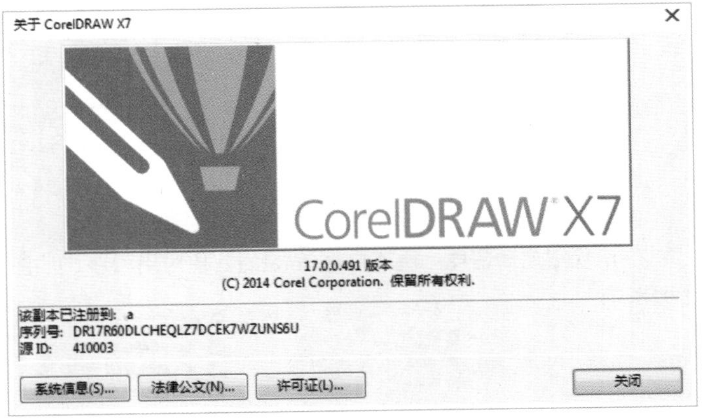

图2-89

2.4 常用工具栏

“常用工具栏”包含CorelDRAW X7软件的常用基本工具图标，方便我们直接单击使用，如图2-90所示。

图2-90

常用工具栏选项介绍

新建：开始创建一个新文档。

打开：打开已有的cdr文档。

保存：保存编辑的内容。

打印：将当前文档打印输出。

剪切：剪切选中的对象。

复制：复制选中的对象。

粘贴：从剪切板中粘贴对象。

撤销：取消前面的操作（在下拉面板中可以选择撤销的详细步骤）。

重做：重新执行撤销的步骤（在下拉面板中可以选择重做的详细步骤）。

搜索内容：使用Corel CONNECT X7泊坞窗进行搜索字体、图片等连接。

导入：将文件导入正在编辑的文档。

导出：将编辑好的文件另存为其他格式进行输出。

发布为PDF：将文件导出为PDF格式。

缩放级别 68%：输入数值来指定当前视图的缩放比例。

全屏预览：显示文档的全屏预览。

显示网格：显示或隐藏文档网格。

显示辅助线：显示或隐藏辅助线。

贴齐 贴齐(T)：在下拉选项中可以选择页面中对象的贴齐方式，如图2-91所示。

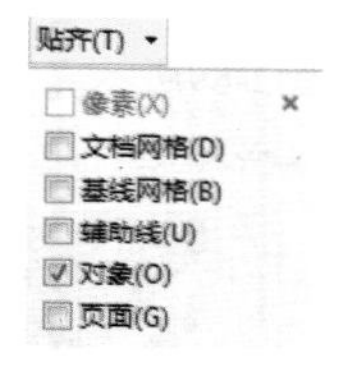

图2-91

欢迎屏幕：快速开启“立即开始”对话框。

选项：快速开启“选项”对话框进行相关设置。

应用程序启动器：快速启动Corel的其他应用程序，如图2-92所示。

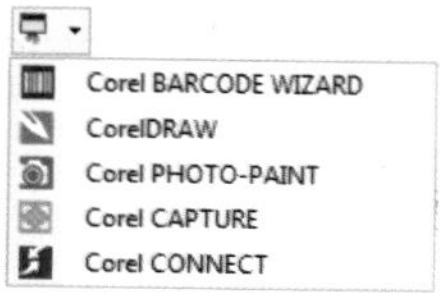

Corel BARCODE WIZARD
CorelDRAW
Corel PHOTO-PAINT
Corel CAPTURE
Corel CONNECT

图2-92

2.5 属性栏

单击“工具箱”中的工具时，属性栏上就会显示该工具的属性设置。属性栏在默认情况下为页面属性设置，如图2-93所示。如果单击矩形工具，则切换为矩形属性设置，如图2-94所示。

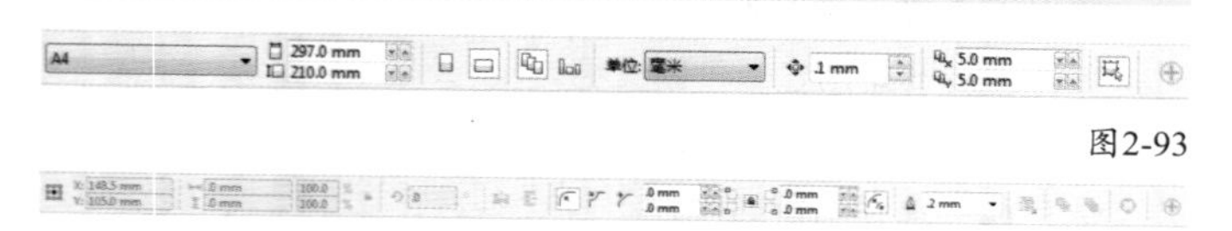

图2-93

图2-94

2.6 工具箱

“工具箱”包含文档编辑的常用基本工具，以工具的用途进行分类，如图2-95所示。按住左键拖动工具右下角的下拉箭头，可以打开隐藏的工具组；单击可以更换需要的工具，如图2-96所示。

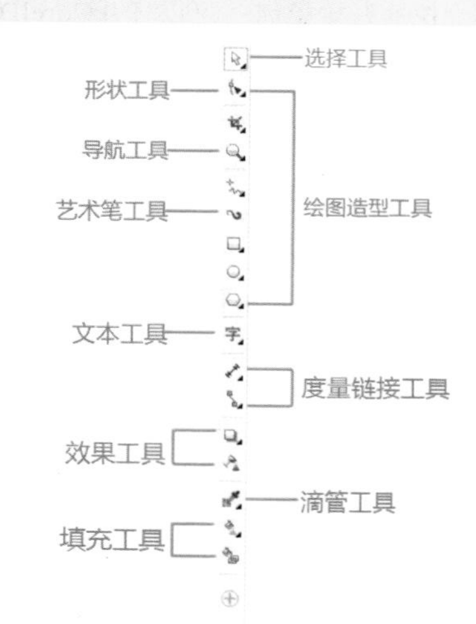

图2-95

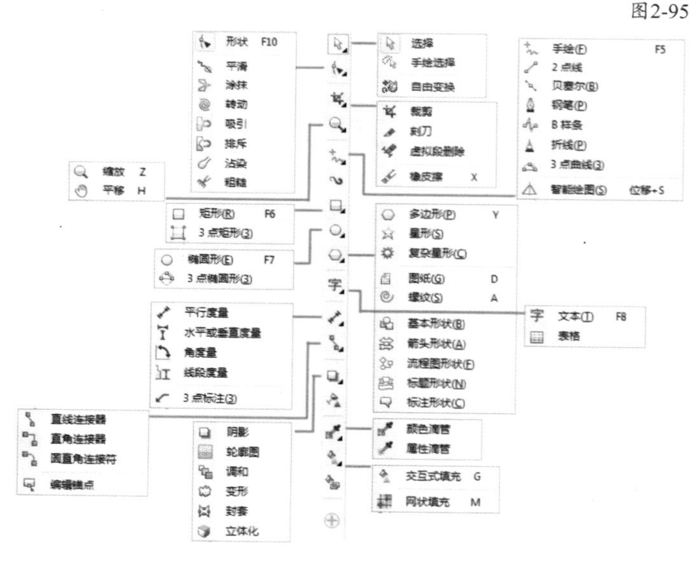

图2-96

知识链接

关于工具箱中工具的使用方法，我们将在后面的章节中进行详细讲解。

2.7 标尺

标尺起到辅助精确制图和缩放对象的作用。默认情况下，原点坐标位于页面左下角，如图2-97所示，在标尺交叉处拖曳可以移动原点的位置，回到默认原点需要双击标尺交叉点。

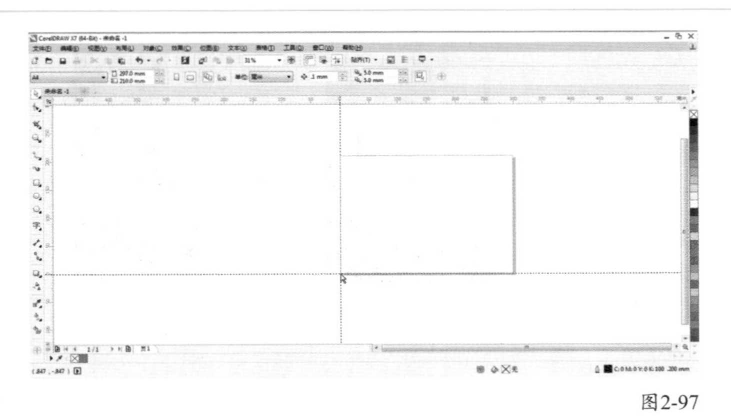
图2-97

2.7.1 辅助线的操作

辅助线是帮助用户进行准确定位的虚线。辅助线可以位于绘图窗口的任何地方，不会在文件输出时显示。使用鼠标左键拖曳，可以添加或移动平行辅助线、垂直辅助线和倾斜辅助线。

辅助线的设置

设置辅助线的方法有以下两种。

第1种：将光标移动到水平或垂直标尺上，然后按住鼠标左键直接拖曳设置辅助线。如果设置倾斜辅助线，可以选中垂直或水平辅助线，接着使用逐渐单击进行旋转角度。这种方法用于大概定位。

第2种：在“选项”对话框中进行辅助线设置添加辅助线。这种方法用于精确定位。

辅助线设置介绍

水平辅助线：在“选项”对话框中选择“辅助线>水平”选项，设置好数值后单击“添加”、“移动”、“删除”或“清除”按钮进行操作，如图2-98所示。

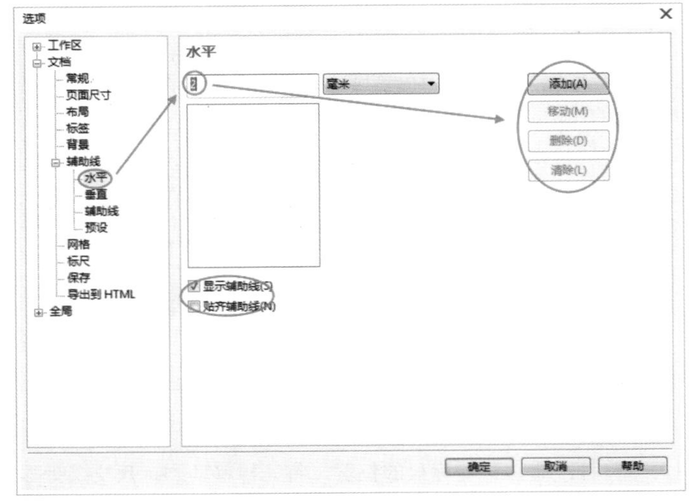

图2-98

垂直辅助线：在“选项”对话框中选择“辅助线>垂直”选项，设置好数值后单击“添加”、“移动”、“删除”或“清除”按钮进行操作，如图2-99所示。

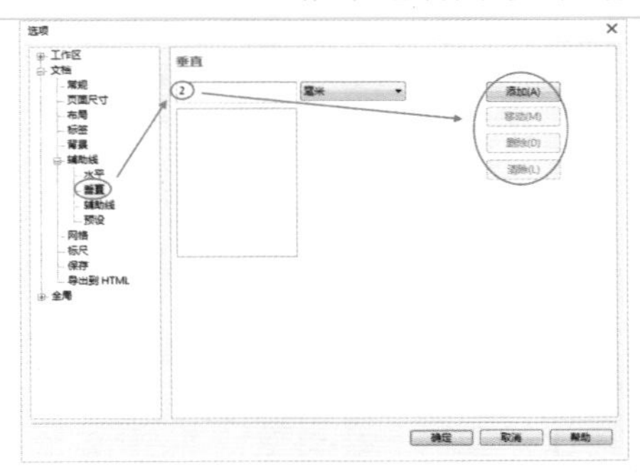
图2-99

倾斜辅助线：在“选项”对话框中选择“辅助线>辅助线”选项，设置好旋转角度后单击“添加”、“移动”、“删除”或“清除”按钮进行操作，如图2-100所示。“2点”选项表示x、y轴上的两点，可以分别输入数值精确定位，如图2-101所示；“角度和1点”选项表示某一点与某角度，可以精确设定角度，如图2-102所示。

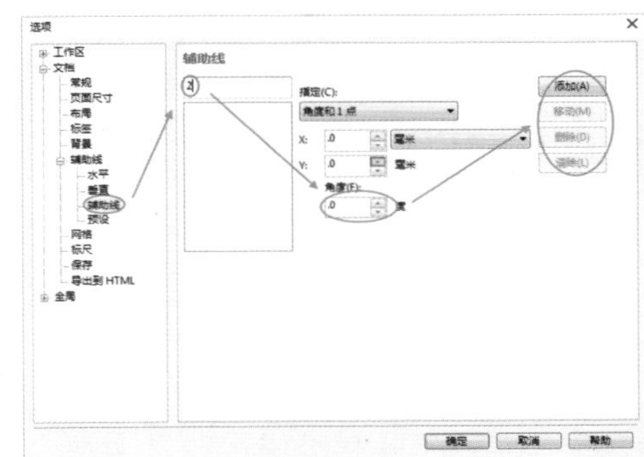
图2-100

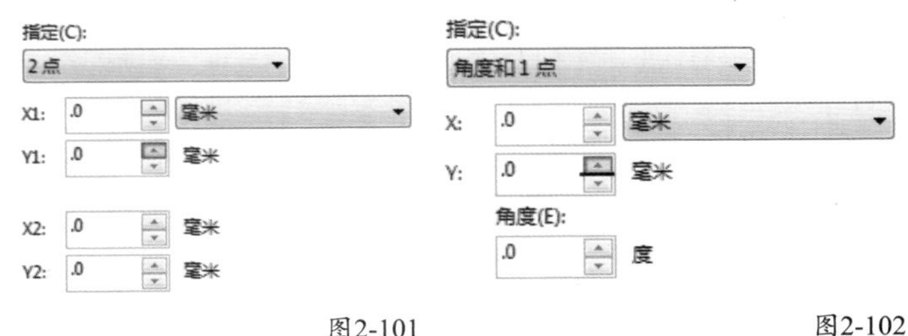

图2-101 图2-102

辅助线的预设：在“选项”对话框中选择“辅助线>预设”选项，然后勾选“Corel预设”或“用户定义预设”进行设置（默认为“Corel预设”），根据需要勾选“一厘米页边距”、“出血区域”、“页边框”、“可打印区域”、“三栏通讯”、“基本网格”和“左上网格”进行预设，如图2-103所示；选择“用户定义预设”可以自定义设置，如图2-104所示。

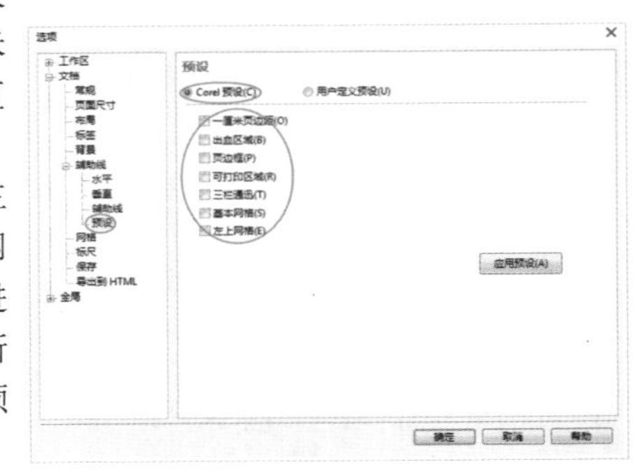
图2-103

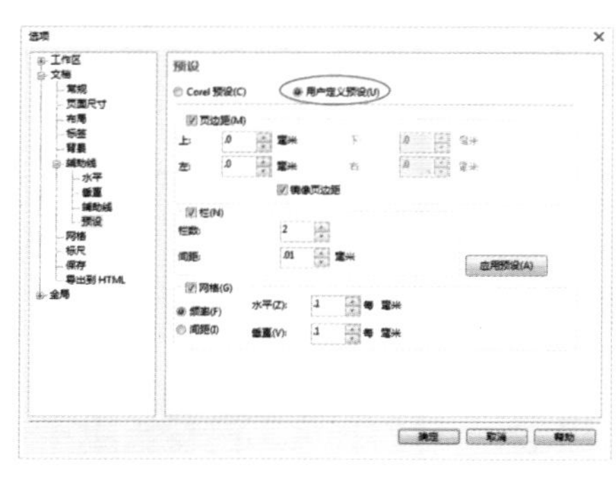

图2-104

显示和隐藏辅助线

在“选项”对话框中选择“文档>辅助线”选项，勾选“显示辅助线”复选框为显示辅助线，反之为隐藏辅助线。为了分辨辅助线，我们还可以设置显示辅助线的颜色，如图2-105所示。

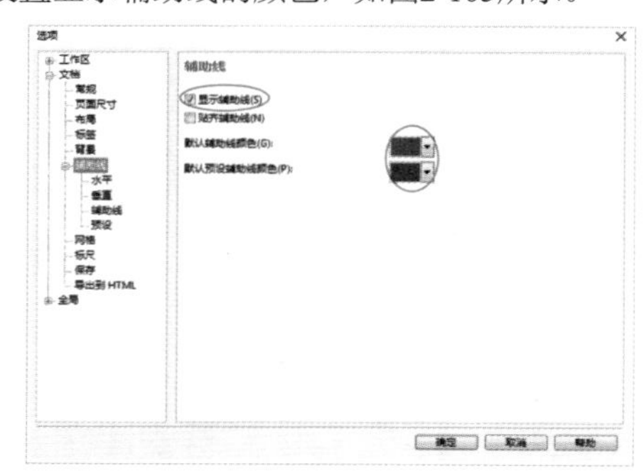

图2-105

技术专题 05 辅助线的使用技巧

为了方便用户使用辅助线进行制图，我们介绍以下使用技巧。

选择单挑辅助线：单击辅助线，显示为红色为选中，可以进行相关的编辑。

选择全部辅助线：执行“编辑>全选>辅助线”菜单命令，可以将绘图区内所有未锁定的辅助线选中，方便用户进行整体删除、移动、变色和锁定等操作，如图2-106所示。

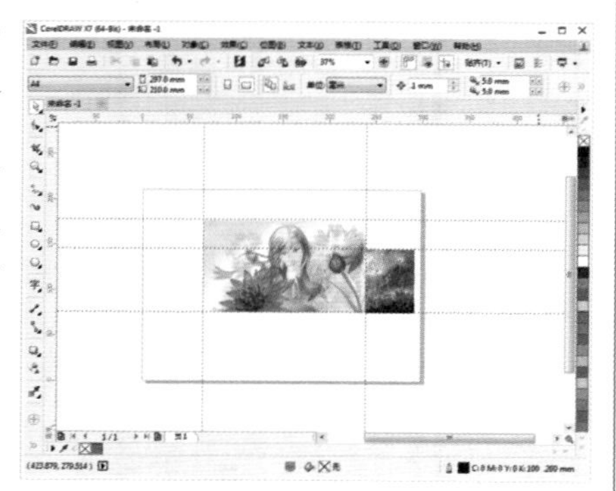

图2-106

锁定与解锁辅助线：选中需要锁定的辅助线，然后执行“对象>锁定>锁定对象”菜单命令进行锁定；执行“对象>锁定>解锁对象”菜单命令进行解锁。单击鼠标右键，在下拉菜单中执行“锁定对象”和“解锁对象”命令也可进行操作。

贴齐辅助线：在没有使用贴齐时，编辑对象无法精确贴靠在辅助线上，如图2-107所示；执行“视图>贴齐>辅助线”菜单命令后，移动对象就可以进行吸附贴靠，如图2-108所示。

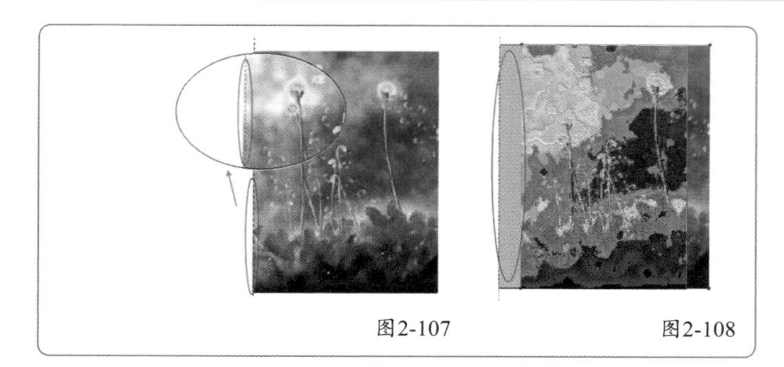

图2-107　图2-108

2.7.2 标尺的设置与移位

设置标尺

在“选项”对话框中选择“标尺”选项，可以进行标尺的相关设置，如图2-109所示。

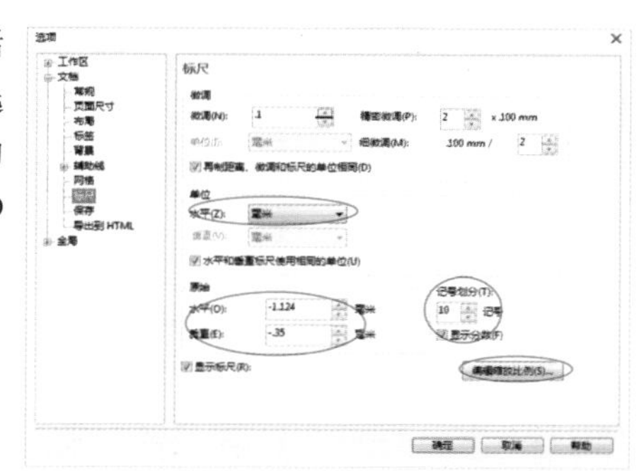

图2-109

标尺选项介绍

微调：在下面的“微调”、“精密微调”和“细微调”下拉列表选项中输入数值，可以进行精确调整。

单位：设置标尺的单位。

原始：在下面的“水平”和“垂直”文本框内输入数值，可以确定原点的位置。

记号划分：输入数值可以设置标尺的刻度记号，范围最大为20，最小为2。

编辑缩放比例：单击“编辑缩放比例”按钮，弹出“绘图比例”对话框，在“典型比例”下拉列表选项中可以选择不同的比例，如图2-110所示。

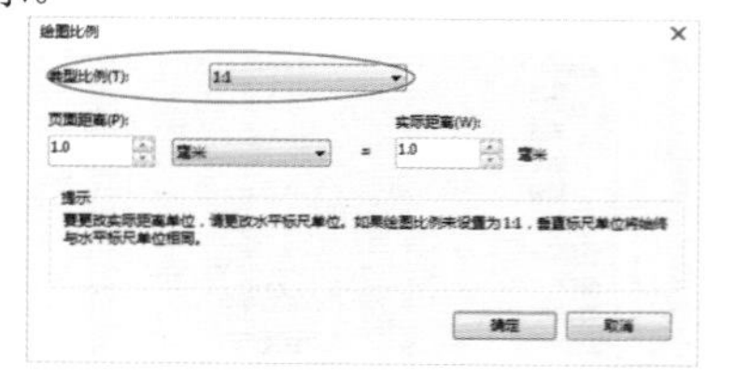

图2-110

移动标尺位置

移动标尺位置的方法有以下两种。

第1种：整体移动标尺的位置。将光标移动到标尺交叉处原点上，按住Shift键同时按住鼠标左键移动标尺交叉点，如图2-111所示。

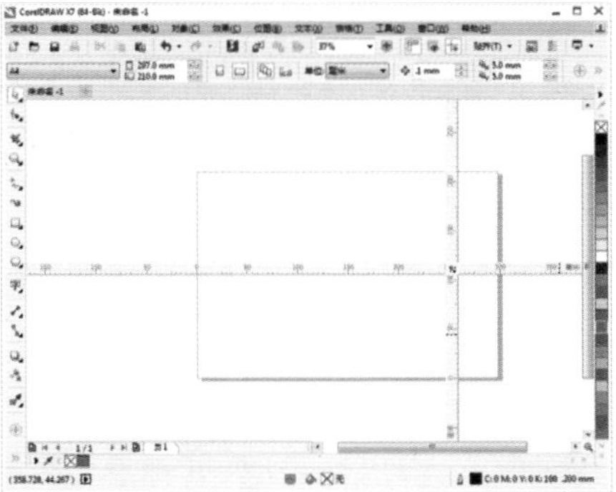

图2-111

第2种：分别移动水平或垂直标尺。将光标移动到水平或垂直标尺上，按住Shift键的同时按住鼠标左键移动标尺的位置，如图2-112和图2-113所示。

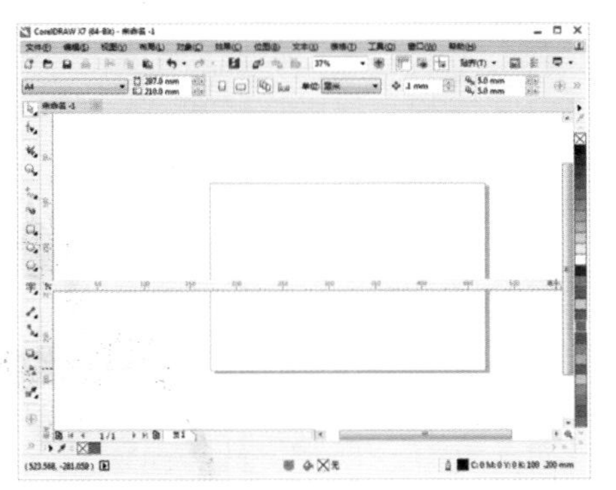

图2-112

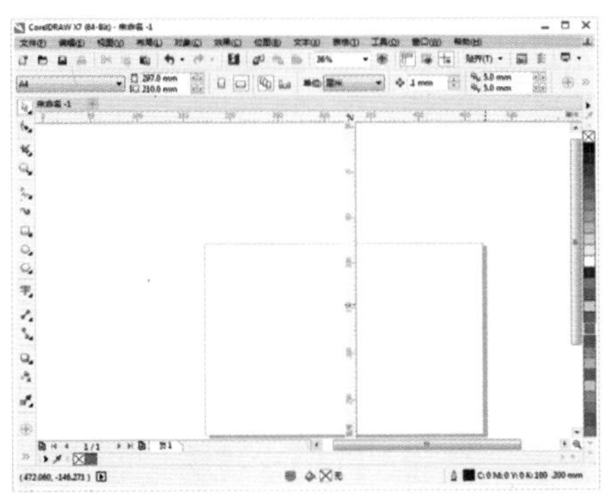

图2-113

2.8 页面

页面指工作区中的矩形区域，表示会被输出显示的内容，页面外的内容不会进行输出。编辑时可以自定页面大小和页面方向，也可以建立多个页面进行操作。

2.9 导航器

导航器可以进行视图和页面的定位引导，还可以执行跳页和视图移动定位等操作，如图2-114所示。

图2-114

2.10 状态栏

状态栏可以显示当前鼠标所在位置、文档信息，如图2-115所示。

图2-115

2.11 调色板

调色板方便用户进行快速便捷的颜色填充，在色样上单击鼠标左键可以填充对象颜色，单击鼠标右键可以填充轮廓线颜色。用户可以根据相应的菜单栏操作进行调色板颜色的重置和调色板的载入。

技巧与提示

文档调色板位于导航器下方，显示文档编辑过程中使用过的颜色，方便用户进行文档用色预览和重复填充对象，如图2-116所示。

图2-116

2.12 泊坞窗

泊坞窗主要是用来放置管理器和选项面板的，使用切换可以单击图标激活展开相应的选项面板，如图2-117所示，执行“窗口>泊坞窗”菜单命令可以添加相应的泊坞窗。

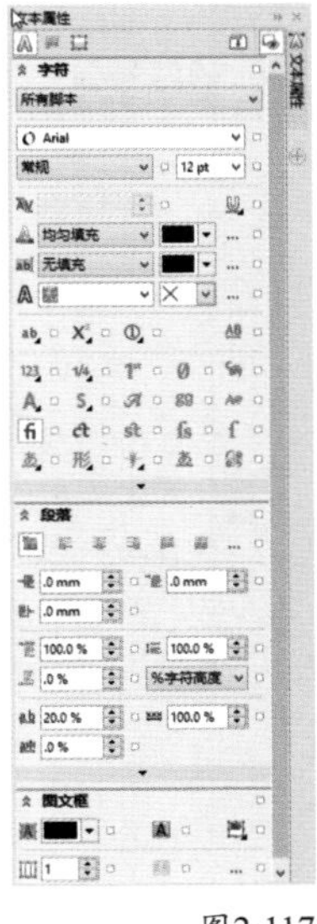

图2-117

第3章 对象操作

Learning Objectives 学习要点

Employment direction 从业方向

版面设计

插画设计

服装设计

平面设计

品牌设计

产品设计

工具名称	工具图标	工具作用	重要程度
选择工具		单击或绘制几何范围来选择对象	高
手绘选择工具		单击或手绘范围来选择对象	中

3.1 选择对象

在文档编辑过程中需要选取单个或多个对象进行编辑操作，下面进行详细的学习。

3.1.1 选择单个对象

单击“工具栏”上的“选择工具”，然后单击要选择的对象，当该对象四周出现黑色控制点时，表示对象被选中，选中后可以对其进行移动和变换等操作，如图3-1所示。

图3-1

3.1.2 选择多个对象

选择多个对象的方法有两种。

第1种：单击“工具栏”上的“选择工具”，然后按住鼠标左键在空白处拖动出虚线矩形范围，如图3-2所示，松开鼠标后，该范围内的对象全部被选中，如图3-3所示。

图3-2

图3-3

疑难问答

问：多选后出现乱排的白色方块是什么？

答：当我们进行多选时会出现对象重叠的现象，因此用白色方块表示选择的对象位置，一个白色方块代表一个对象。

第2种：单击“手绘选择工具”，然后按住鼠标左键在空白处绘制一个不规则范围，如图3-4所示，该范围内的对象即被全部选择。

图3-4

3.1.3 选择多个不相连的对象

单击“选择工具”，然后按住Shift键再逐个单击不相连的对象进行加选。

3.1.4 按顺序选择

单击“选择工具”，然后选中最上面的对象，接着按Tab键按照从前到后的顺序依次选择编辑的对象。

3.1.5 全选对象

全选对象的方法有3种。

第1种：单击“选择工具”，然后按住鼠标左键在所有对象外围拖动出虚线矩形，再松开鼠标，即将所有对象全选。

第2种：双击“选择工具”可以快速全选编辑的内容。

第3种：执行“编辑>全选”菜单命令，在子菜单选择相应的类型，可以全选该类型所有的对象，如图3-5所示。

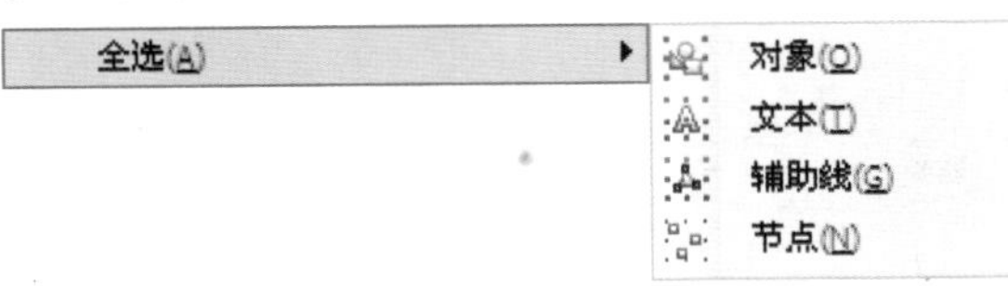

图3-5

全选命令介绍

对象：选取绘图窗口中所有的对象。

文本：选取绘图窗口中所有的文本。

辅助线：选取绘图窗口中所有的辅助线，选中的辅助线以红色显示。

节点：选取当前选中对象的所有节点。

> **技巧与提示**
>
> 在执行“编辑>全选”菜单命令时，锁定的对象、文本或辅助线将不会被选中；双击“选择工具” 进行全选时，全选类型不包含辅助线和节点。

3.1.6 选择覆盖对象

选择被覆盖的对象时，可以在使用“选择工具”选中上方对象后，按住Alt键同时再单击鼠标左键，即可选中下面被覆盖的对象。

3.2 对象基本变换

在编辑对象时，选中对象可以进行简单快捷的变换或辅助操作，使对象效果更丰富。下面进行详细的学习。

3.2.1 移动对象

移动对象的方法有3种。

第1种：选中对象，当光标变为✣时，按住鼠标左键进行拖曳移动（不精确）。

第2种：选中对象，然后利用键盘上的方向键进行移动（相对精确）。

第3种：选中对象，然后执行“对象>变换>位置”菜单命令，打开“变换”面板，接着在x轴和y轴后面的文本框中输入数值，再选择移动的相对位置，最后单击“应用”按钮完成，如图3-6所示。

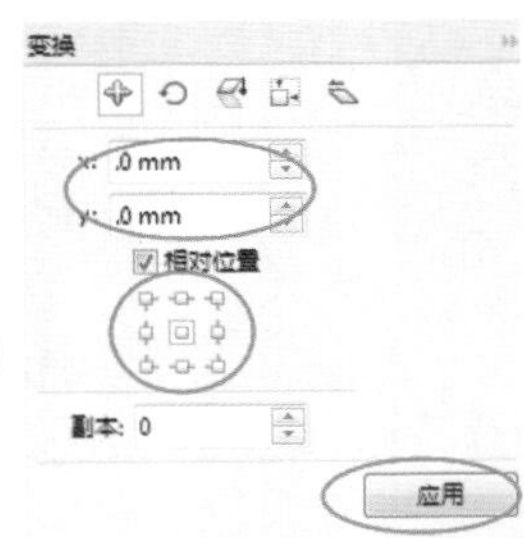

图3-6

> **技巧与提示**
>
> “相对位置”选项以原始对象相对应的锚点作为坐标原点，沿设定的方向和距离进行位移。

3.2.2 旋转对象

旋转对象的方法有3种。

第1种：双击需要旋转的对象，注意出现旋转箭头后才可以进行旋转，如图3-7所示，然后将光标移动到标有曲线箭头的锚点上，按住鼠标左键拖动旋转，如图3-8所示。另外，可以按住鼠标左键移动旋转的中心点。

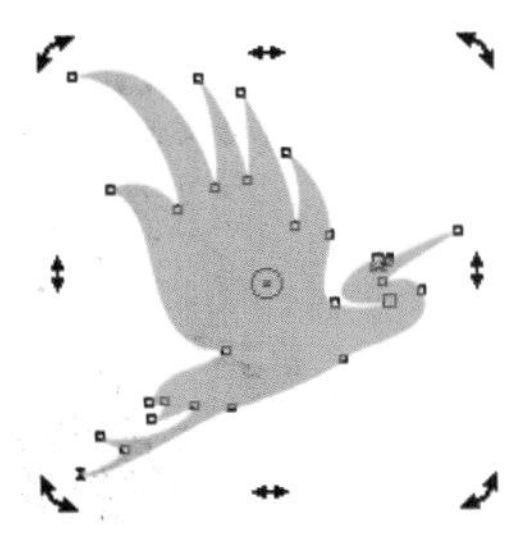

图3-7

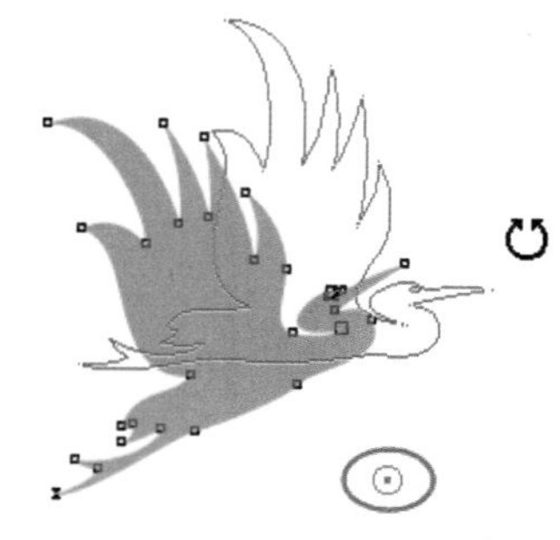

图3-8

第2种：选中对象后，在属性栏上“旋转角度”后面的文本框中输入数值进行旋转，如图3-9所示。

图3-9

第3种：选中对象后，然后执行“对象>变换>旋转”菜单命令，打开“变换”面板，接着设置“旋转角度”的数值，并选择相对旋转中心，最后单击“应用”按钮 应用 完成，如图3-10所示。

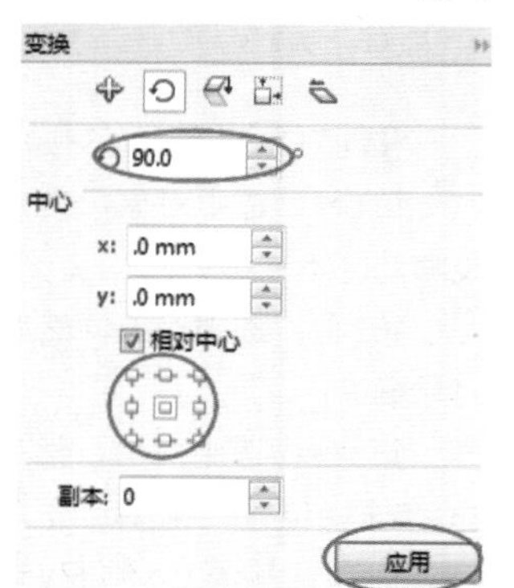

图3-10

技巧与提示

旋转时在副本上打上复制数值，可以进行旋转复制形成图案。

★ 重点 ★

实战：用旋转制作扇子

实例位置 下载资源>实例文件>CH03>实战：用旋转制作扇子.cdr
素材位置 下载资源>素材文件>CH03>01.cdr、02.cdr、03.psd、04.jpg、05.cdr
视频位置 下载资源>多媒体教学>CH03>实战：用旋转制作扇子.flv
实用指数 ★★★☆☆
技术掌握 旋转的运用方法

扇子效果如图3-11所示。

图3-11

01 在菜单栏下执行“文件>新建”命令，打开“创建新文档”对话框，然后在该对话框中将文本名称改为“扇子”，设置大小为“A4”，方向为“横向”，最后单击“确定”按钮 确定 建立新文档。

02 单击“导入”图标打开对话框，导入下载资源中的“素材文件>CH03>01.cdr”文件，然后在属性栏中单击“取消组合对象”图标，将花纹解散为独立个体，接着选中扇骨，在属性栏上“旋转”后的文本框中输入数值78.0°进行旋转，如图3-12所示，最后将旋转后的扇骨移动到扇面左边缘。

03 使用鼠标左键拖曳一条扇面中心的垂直辅助线，然后双击扇骨，将旋转中心单击定位于垂直中心的扇柄处，如图3-13所示。

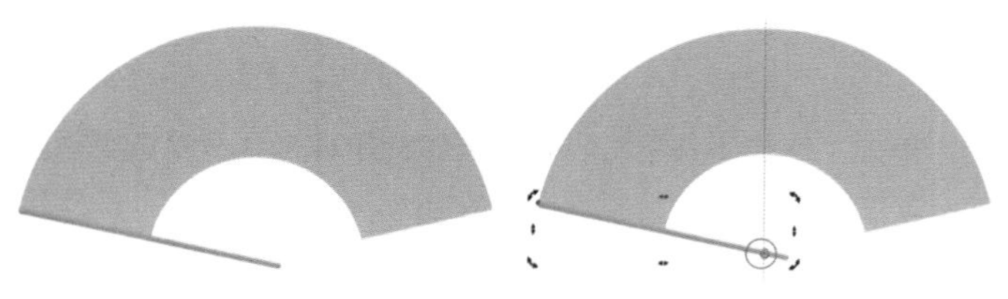

图3-12　图3-13

04 执行“对象>变换>旋转”菜单命令，打开“变换”泊坞窗，然后设置旋转角度为-11.9°，在“副本”处设置复制数为13，接着单击“应用”按钮 应用 ，如图3-14所示，现在扇子的基本形状已经展现出来，如图3-15所示。

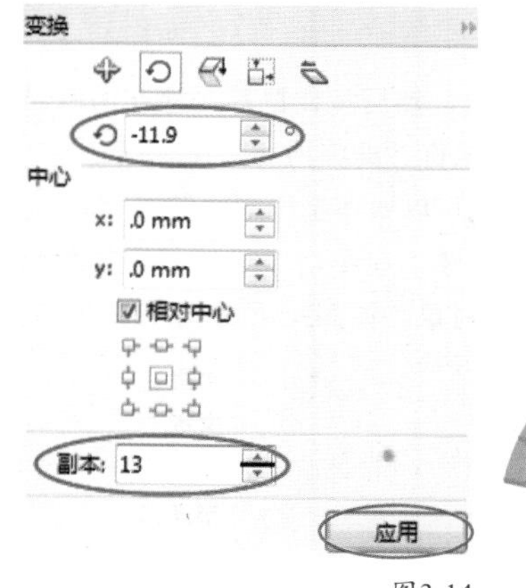

图3-14

图3-15

05 下面为扇面加图案。导入下载资源中的“素材文件>CH03>02.cdr”文件，然后将图案拖曳到扇面进行缩放，再单击鼠标左键进行手动旋转，如图3-16所示，接着用鼠标右键单击调色板⊠去掉轮廓线的颜色，如图3-17所示。

图3-16

图3-17

06 选中白色图案，然后执行“对象>图框精确剪裁>置于图文框内部”菜单命令，当光标变成直箭头形状时单击扇面，将图案放置在扇面内，如图3-18所示。

07 导入下载资源中的“素材文件>CH03>03.psd”文件，然后将其拖曳到扇柄处缩放到合适的大小，接着全选对象单击属性栏上的“组合对象”图标进行组合，如图3-19所示。

图3-18

图3-19

08 导入下载资源中的“素材文件>CH03>04.jpg”文件，然后将其拖曳到页面内进行缩放，并按P键置于页面中心位置，接着按Shift+PageDown组合键使背景图置于底层，效果如图3-20所示。

09 双击“矩形工具”创建与页面等大的矩形，然后在调色板的棕色上单击鼠标左键填充矩形，接着右键单击调色板☒去边框，如图3-21所示。

图3-20

图3-21

10 导入下载资源中的“素材文件>CH03>05.cdr”文件，将其放置在页面左上角，然后将扇子缩放拖曳到页面右边，最终效果如图3-22所示。

图3-22

3.2.3 缩放对象

缩放对象的方法有两种。

第1种：选中对象后，将光标移动到锚点上，按住鼠标左键拖动缩放，蓝色线框为缩放大小的预览效果，如图3-23所示。从顶点开始进行缩放为等比例缩放；在水平或垂直锚点开始进行缩放会改变对象的形状。

图3-23

进行缩放时，按住Shift键可以进行中心缩放。

第2种：选中对象，然后执行“对象>变换>缩放和镜像”菜单命令，打开“变换”面板，在x轴和y轴后面的文本框中设置缩放比例，接着选择相对缩放中心，最后单击“应用”按钮完成，如图3-24所示。

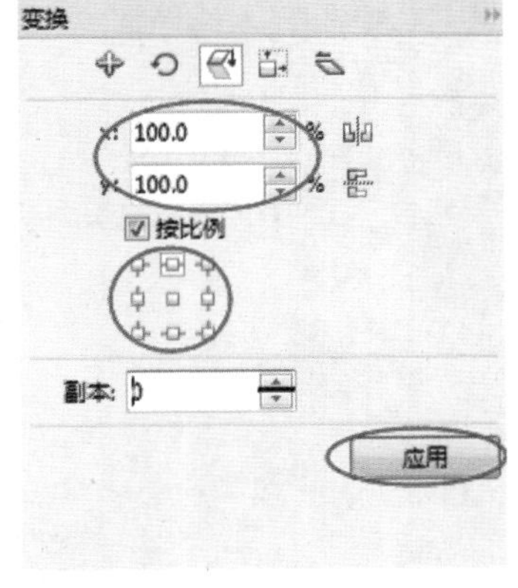

图3-24

3.2.4 镜像对象

镜像对象的方法有3种。

第1种：选中对象，按住Ctrl键同时按住鼠标左键在锚点上进行拖动，松开鼠标完成镜像操作。向上或向下拖动为垂直镜像；向左或向右拖动为水平镜像。

第2种：选中对象，然后在属性面板上单击“水平镜像”按钮或“垂直镜像”按钮进行操作。

第3种：选中对象，然后执行“对象>变换>缩放和镜像”菜单命令，打开“变换”面板，再选择相对中心，接着单击“水平镜像”按钮或“垂直镜像”按钮进行操作，如图3-25所示。

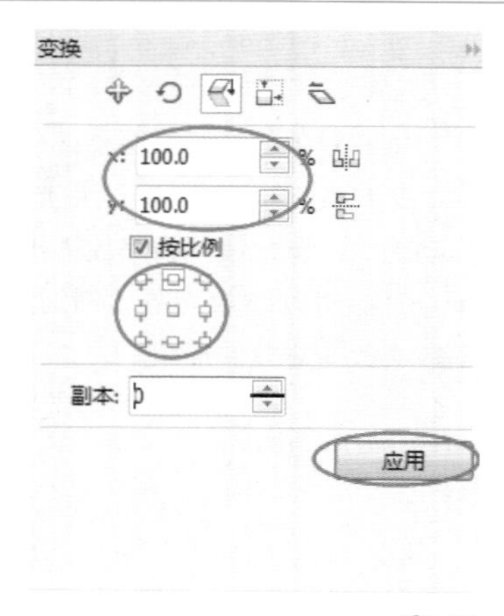

图3-25

★ 重点 ★

实战：用镜像制作复古金属图标

实例位置　下载资源>实例文件>CH03>实战：用镜像制作复古金属图标.cdr
素材位置　下载资源>素材文件>CH03>06.cdr、07.cdr、08.cdr
视频位置　下载资源>多媒体教学>CH03>实战：用镜像制作复古金属图标.flv
实用指数　★★★☆☆
技术掌握　镜像的运用方法

复古金属图标效果如图3-26所示。

图3-26

01 在菜单栏下执行“文件>新建”命令，打开“创建新文档”对话框，如图3-27所示，然后在该对话框中将文本名称改为“复古金属图标”，再设置页面大小为“自定义”，输入数值“宽度”为210、“高度”为220，接着单击“确定”按钮 确定 建立新文档。

02 导入下载资源中的“素材文件>CH03>06.cdr”文件，然后将其拖曳到页面内，接着利用左键拖动调整到与页面等大小，如图3-28所示。

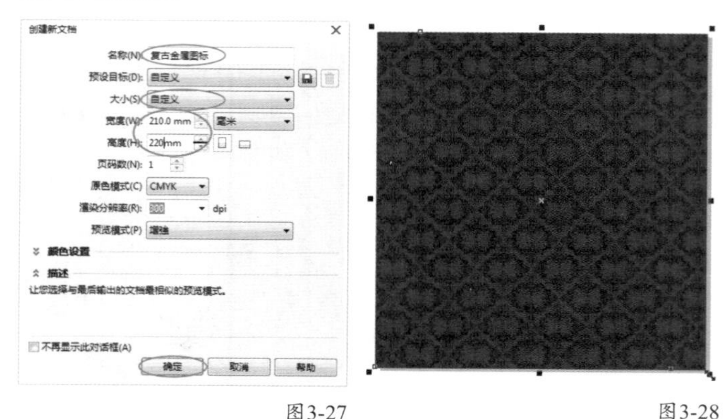

图3-27　　图3-28

03 导入下载资源中的“素材文件>CH03>07.cdr”文件，然后将其缩放到适当的大小，并移动到背景上，如图3-29所示。

图3-29

04 导入下载资源中的“素材文件>CH03>08.cdr”文件，然后在属性栏上单击“取消组合对象”图标，将花纹解散为独立个体，接着依次选中花纹，执行“对象>变换>缩放和镜像”菜单命令，打开“变换”面板，最后选择“水平镜像”图标，并选择左边缘锚点为镜像中心，在“副本”位置输入数值1，如图3-30所示，镜像后的效果如图3-31所示。

图3-30　　图3-31

05 分别选中镜像后的两组细边花纹，然后单击属性栏上的“组合对象”图标进行组合，接着将小的细边花纹拖动到金属圆盘正上方，将另一组细花边放置于金属圆盘正下方，如图3-32所示。

06 选中粗边花纹，然后分别拖放在细边花纹的间隙，接着调整位置使纹饰更加丰富，最终效果如图3-33所示。

图3-32

图3-33

3.2.5 设置大小

设置对象大小的方法有两种。

第1种：选中对象，在属性面板的 “对象大小”里输入数值进行操作，如图3-34所示。

图3-34

第2种：选中对象，然后执行“对象>变换>大小”菜单命令，打开“变换”面板，接着在x轴和y轴后面的文本框中输入大小，再选择相对缩放中心，最后单击“应用”按钮 应用 完成，如图3-35所示。

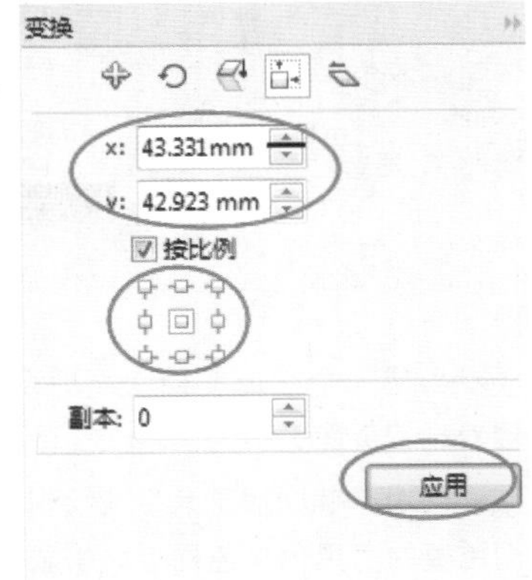

图3-35

★ 重点 ★

实战：用大小制作玩偶淘宝图片

实例位置 下载资源>实例文件>CH03>实战：用大小制作玩偶淘宝图片cdr
素材位置 下载资源>素材文件>CH03> 09.psd、10.jpg、11.cdr
视频位置 下载资源>多媒体教学>CH03>实战：用大小制作玩偶淘宝图片.flv
实用指数 ★★★★☆
技术掌握 大小的运用方法

玩偶淘宝图片效果如图3-36所示。

图3-36

01 新建一个空白文档，然后设置文档名称为“玩偶淘宝图片”，接着设置页面大小为“A4”、页面方向为“横向”。

02 导入下载资源中的“素材文件>CH03>09.psd”文件，将其拖入页面中，然后执行“对象>变换>大小”菜单命令，打开“变换”对话框，接着在显示的对象实际高度y轴上输入120，并勾选“按比例”复选框，再设置“副本”数为4，最后单击“应用”按钮 应用 ，如图3-37所示。

03 将复制好的对象按从大到小的顺序进行排列，如图3-38所示。

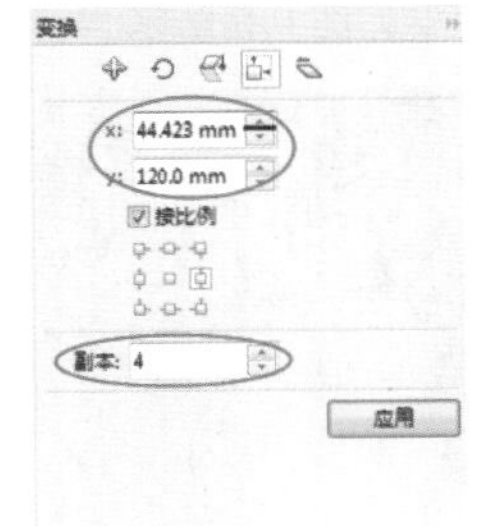

图3-37

图3-38

04 依次选中玩偶，然后使用 “阴影工具”在玩偶底部向左拖动一个阴影，如图3-39所示，接着在属性栏中的“阴影羽化”处设置数值为30，最后选中全部娃娃，单击属性栏上的“组合对象”图标进行组合，如图3-40所示。

图3-39

图3-40

05 下面编辑背景。导入下载资源中的“素材文件>CH03>

10.jpg”文件，然后将图片拖曳到页面中，并按P键置于页面中心，如图3-41所示。

图3-41

06 双击“矩形工具”创建与页面等大的矩形，然后单击“颜色滴管工具”，当光标变为“吸管”时，移动到背景浅色上面单击左键吸取，如图3-42所示，接着当光标变为“桶”时，移动到矩形上单击左键填色，如图3-43所示。

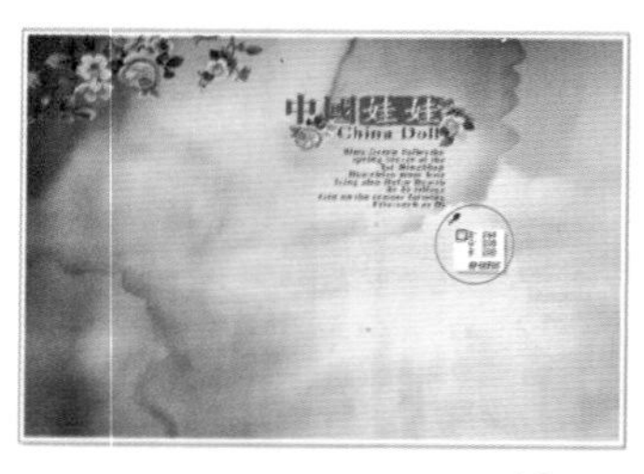

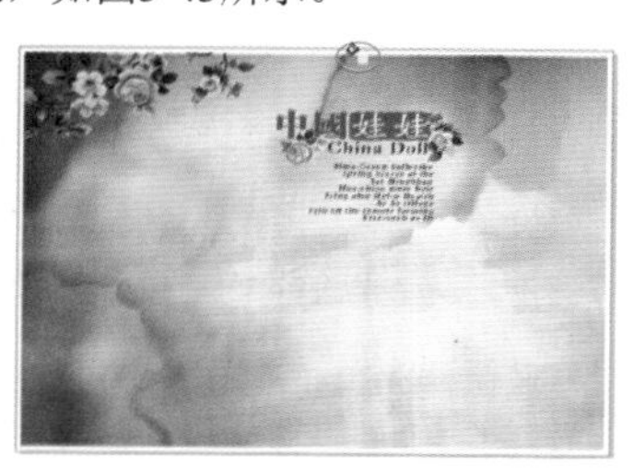

图3-42 图3-43

07 导入下载资源中的“素材文件>CH03>11.cdr”文件，然后将其拖曳到页面右上角并调整大小，接着将编辑好的娃娃拖曳到页面下方，并调整到合适的大小，最终效果如图3-44所示。

图3-44

3.2.6 倾斜处理

倾斜的方法有2种。

第1种：双击需要倾斜的对象，当对象周围出现旋转/倾斜箭头后，将光标移动到水平直线上的倾斜锚点上，按住鼠标左键拖曳倾斜程度，如图3-45所示。

第2种：选中对象，然后执行“对象>变换>倾斜”菜单命令，打开“变换”面板，接着设置x轴和y轴的数值，再选择“使用锚点”的位置，最后单击“应用”按钮完成，如图3-46所示。

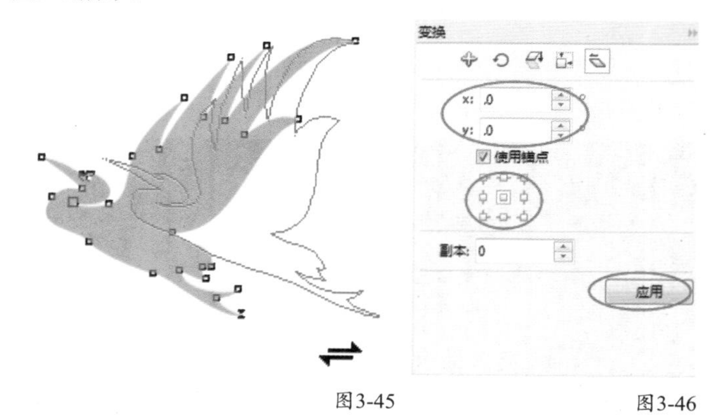

图3-45 图3-46

★重点★

实战：用倾斜制作飞鸟挂钟

实例位置 下载资源>实例文件>CH03>实战：用倾斜制作飞鸟挂钟.cdr
素材位置 下载资源>素材文件>CH03>12.cdr、13.cdr、14.jpg
视频位置 下载资源>多媒体教学>CH03>实战：用倾斜制作飞鸟挂钟.flv
实用指数 ★★
技术掌握 倾斜的运用方法

飞鸟挂钟效果如图3-47所示。

图3-47

01 新建一个空白文档，然后设置文档名称为“飞鸟挂钟”，接着设置页面大小为“A4”、页面方向为“横向”。

02 使用“椭圆形工具”绘制一个椭圆，然后在调色板的“黑色”色样上单击鼠标左键填充椭圆，如图3-48所示。

图3-48

03 选中黑色椭圆，执行“对象>变换>倾斜”菜单命令，打开“变换”面板，然后设置x轴数值为15、y轴数值为10、“副本”数值为11，接着单击“应用”按钮，如图3-49所示，最后全选对象进行组合，效果如图3-50所示。

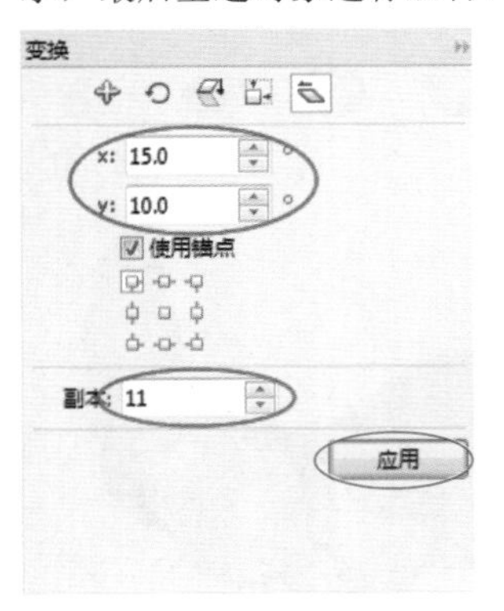

图3-49　图3-50

04 导入下载资源中的“素材文件>CH03>12.cdr”文件，然后将翅膀拖曳到鸟身上进行旋转缩放，接着全选进行组合，如图3-51所示。

05 导入下载资源中的“素材文件>CH03>13.cdr”文件，然后将其拖曳到页面内缩放至合适的大小，并将飞鸟缩放合适的大小拖曳到钟摆位置，接着全选对象进行组合，效果如图3-52所示。

图3-51　图3-52

06 下面添加背景环境。导入下载资源中的“素材文件>CH03>14.jpg”文件，然后拖曳到页面中缩放大小，接着执行“对象>顺序>到页面后面”菜单命令，将背景置于最下面，最后调整挂钟的大小，最终效果如图3-53所示。

图3-53

3.3 复制对象

CorelDRAW X7为用户提供了两种复制的类型，一种为对象的复制，另一种是对象属性的复制。下面我们将进行具体讲解。

3.3.1 对象基础复制

对象复制的方法有以下6种。

第1种：选中对象，然后执行“编辑>复制”菜单命令，接着执行“编辑>粘贴”菜单命令，在原始对象上进行覆盖复制。

第2种：选中对象，然后单击鼠标右键，在下拉菜单中执行“复制”命令，接着将光标移动到需要粘贴的位置，再单击鼠标右键，在下拉菜单中执行“粘贴”命令完成。

第3种：选中对象，然后按Ctrl+C复合键将对象复制在剪切板上，再按Ctrl+V复合键进行原位置粘贴。

第4种：选中对象，然后按键盘上的加号键“+”，在原位置上进行复制。

第5种：选中对象，然后在“常用工具栏”上单击“复制”按钮，再单击“粘贴”按钮进行原位置复制。

第6种：选中对象，然后按住左键拖动到空白处，出现蓝色线框进行预览，如图3-54所示，接着在释放鼠标左键前单击鼠标右键，完成复制。

图3-54

3.3.2 对象的再制

我们在制图过程中，会利用再制进行花边、底纹的制作。对象再制可以将对象按一定规律复制为多个对象，再制的方法有两种。

第1种：选中对象，然后按住鼠标左键将对象拖动一定距离，接着执行“编辑>重复再制”菜单命令，即可按前面移动的规律进行相同的再制。

第2种：在默认页面的属性栏里，调整位移的“单位”类型（默认为毫米），然后调整“微调距离”的偏离数值，接着在“再制距离”上输入准确的数值，如图3-55所示，最后选中需要再制的对象，按Ctrl+D复合键进行再制。

图3-55

技术专题 06 使用“再制”做效果

平移效果绘制：选中素材花纹，然后按住Shift键同时按住鼠标左键进行平行拖动，在释放鼠标左键前单击右键进行复制，如图3-56所示，接着按Ctrl+D复合键进行重复再制，效果如图3-57所示。

图3-56

图3-57

旋转效果绘制：选中素材椭圆形，然后按住鼠标左键拖动，再单击鼠标右键进行复制，接着直接单击旋转一定的角度，如图3-58所示，最后按Ctrl+D复合键进行再制，如图3-59所示，再制对象将以一定的角度进行旋转。

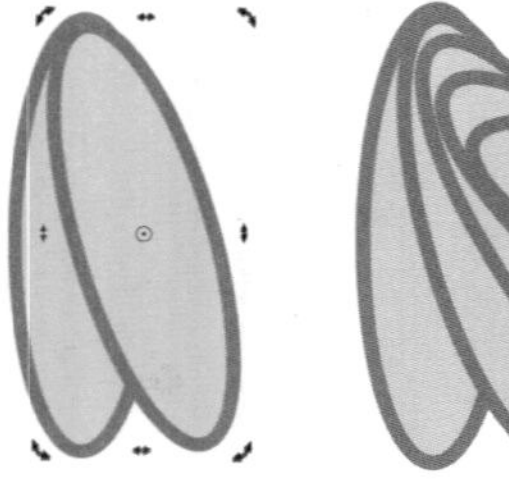

图3-58

图3-59

缩放效果绘制：选中素材球，然后按住鼠标左键拖动，再单击鼠标右键进行复制，再进行缩小，如图3-60所示，接着按Ctrl+D复合键进行再制，如图3-61所示，再制对象将以一定的比例进行缩小。如果在再制过程中调整间距效果，就可以产生更好的效果，如图3-62所示。

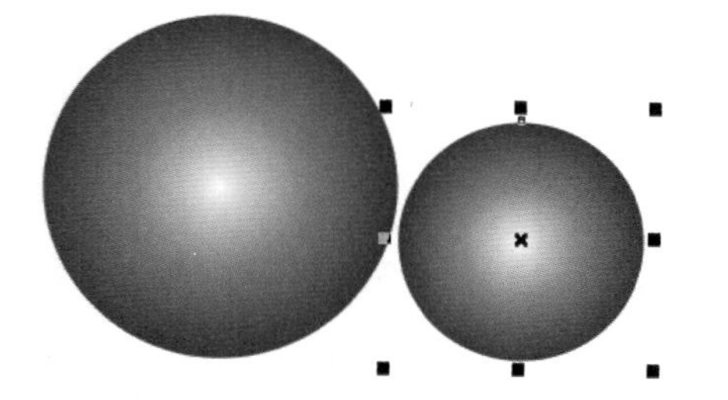

图3-60

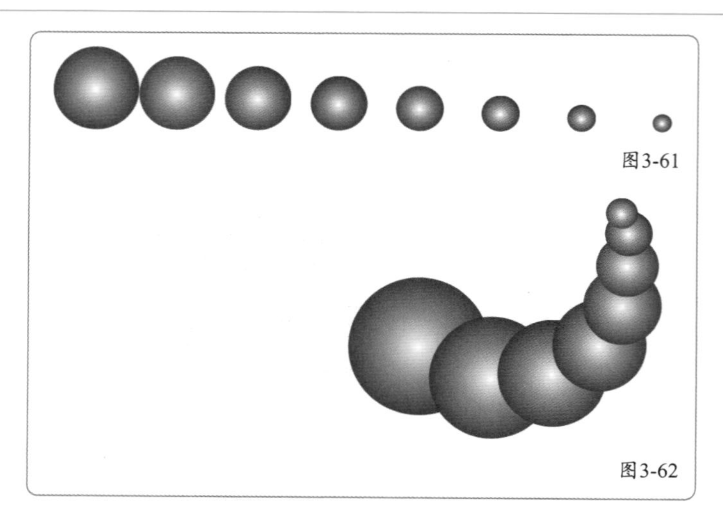

图3-61

图3-62

3.3.3 对象属性的复制

单击“选择工具”选中要赋予属性的对象，然后执行“编辑>复制属性自”菜单命令，打开“复制属性”对话框，勾选要复制的属性类型，接着单击“确定”按钮，如图3-63所示。

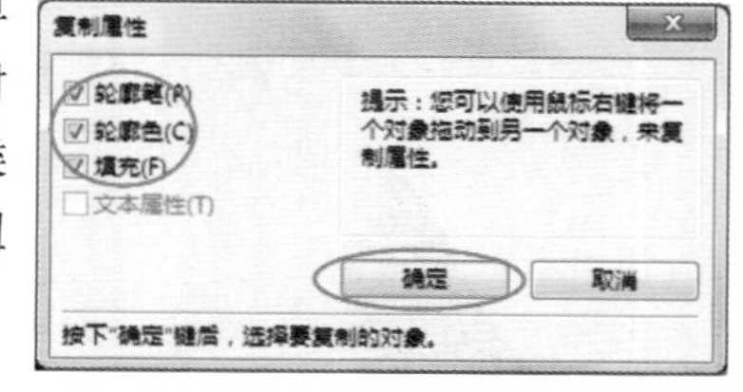

图3-63

复制属性选项介绍

轮廓笔：复制轮廓线的宽度和样式。

轮廓色：复制轮廓线使用的颜色属性。

填充：复制对象的填充颜色和样式。

文本属性：复制文本对象的字符属性。

当光标变为➡时，移动到源文件位置单击左键，可以完成属性的复制，如图3-64所示，复制后的效果如图3-65所示。

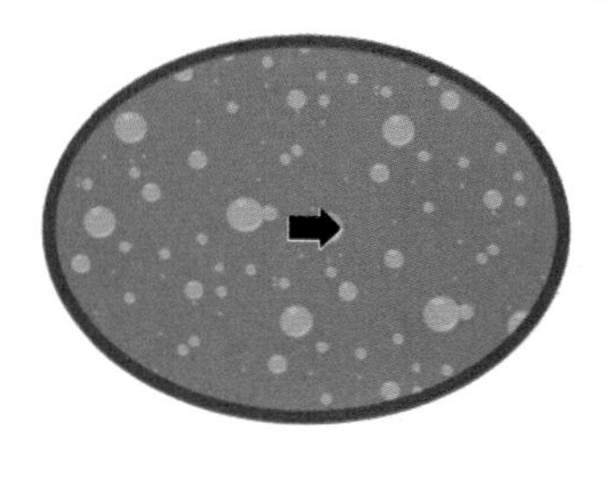

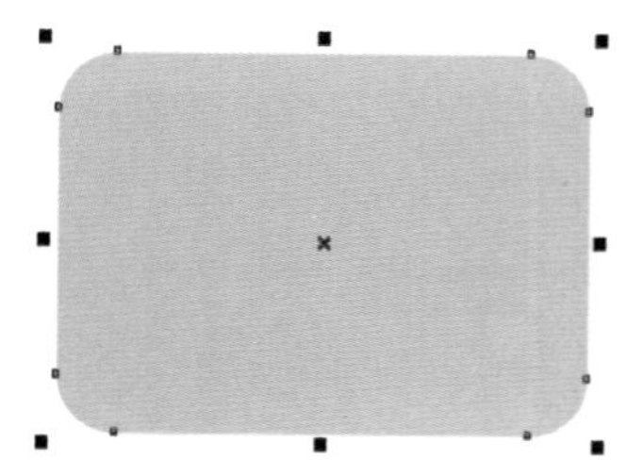

图3-64

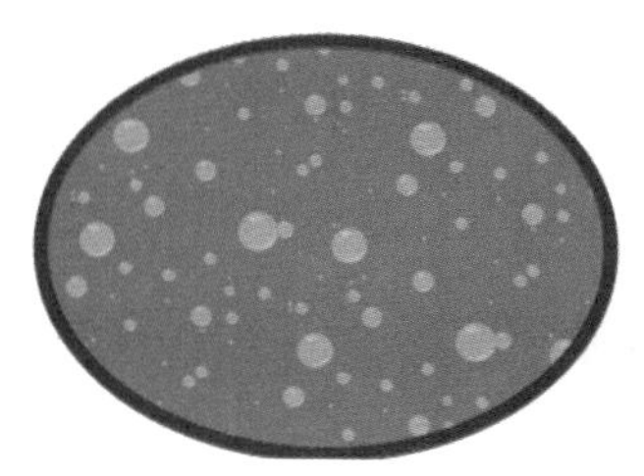

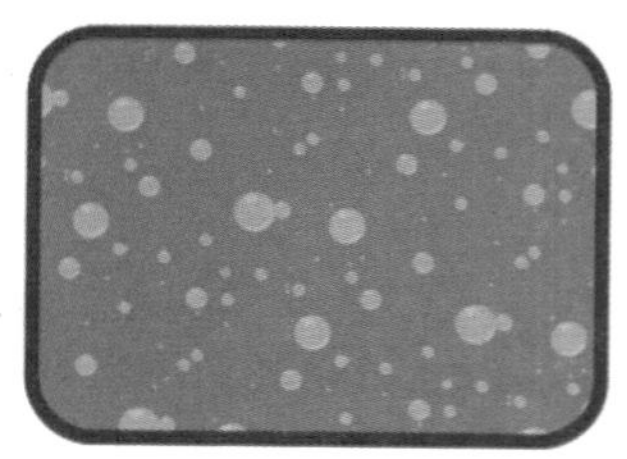

图3-65

技巧与提示

将填充有颜色属性的对象按住鼠标右键拖曳到空白对象上，如图3-66所示，然后松开鼠标，在弹出的下拉菜单中选择“复制所有属性”命令进行复制，如图3-67所示，复制后的效果如图3-68所示。

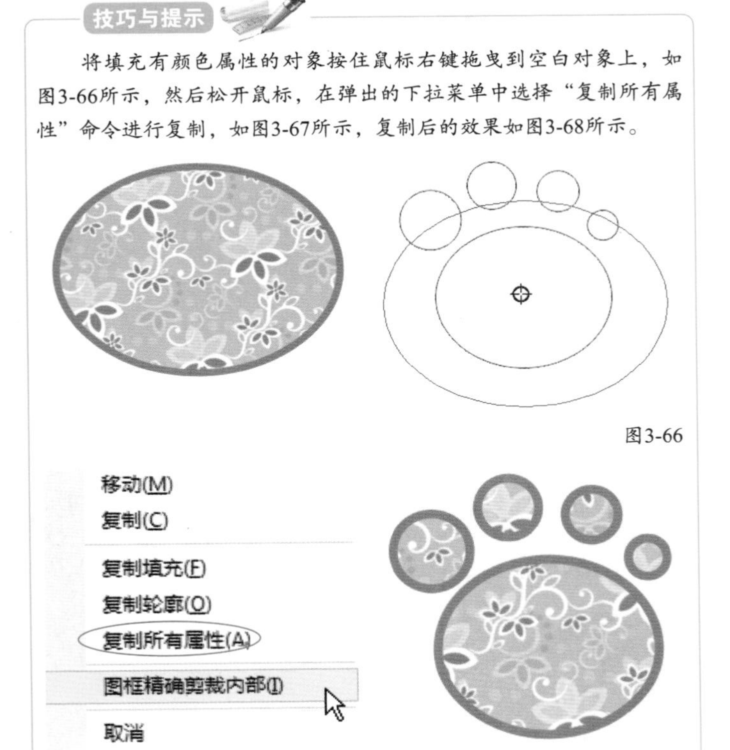

图3-66

图3-67

图3-68

3.4 对象的控制

在对象编辑的过程中，用户可以进行对象的各种控制和运用，包括对象的锁定与解锁、组合与取消组合对象、合并与拆分和排列顺序。

3.4.1 锁定和解锁

在文档编辑的过程中，为了避免操作失误，可以将编辑完毕或不需要编辑的对象锁定。锁定的对象无法进行编辑，也不会被误删，继续编辑则需要解锁对象。

锁定对象

锁定对象的方法有两种。

第1种：选中需要锁定的对象，然后单击鼠标右键，在弹出的下拉菜单中执行“锁定对象”命令完成锁定，如图3-69所示，锁定后的对象锚点变为小锁，如图3-70所示。

第2种：选中需要锁定的对象，然后执行“对象>锁定对象”菜单命令进行锁定。选择多个对象进行同样的操作可以同时进行锁定。

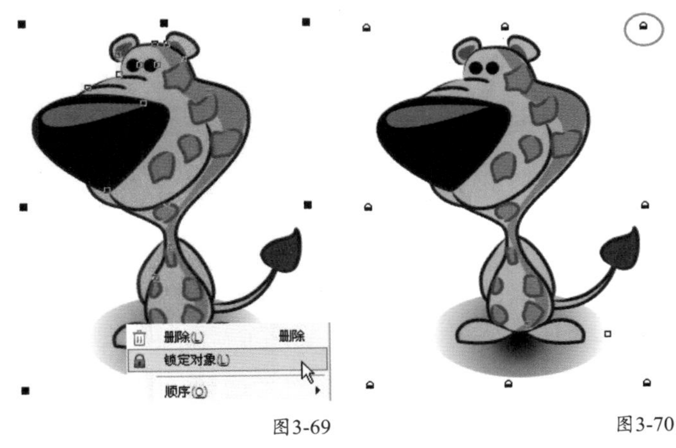

图3-69

图3-70

解锁对象

解锁对象的方法有两种。

第1种：选中需要解锁的对象，然后单击鼠标右键，在弹出的下拉菜单中执行“解锁对象”命令完成解锁，如图3-71所示。

图3-71

第2种：选中需要解锁的对象，然后执行“对象>解锁对象”菜单命令进行解锁。

疑难问答

问：无法全选锁定对象时，只能逐个解锁么？

答：执行“对象>解除锁定全部对象”菜单命令，可以同时解锁所有锁定对象。

3.4.2 组合对象与取消组合对象

在编辑复杂图像时，图像由很多独立对象组成，用户可以利用对象之间的编组进行统一操作，也可以解开组合对象进行单个对象操作。

组合对象

组合对象的方法有以下3种。

第1种：选中需要组合的所有对象，然后单击鼠标右键，在弹出的下拉菜单中选择“组合对象”命令，如图3-72所示，或者按Ctrl+G组合键进行快速组合对象。

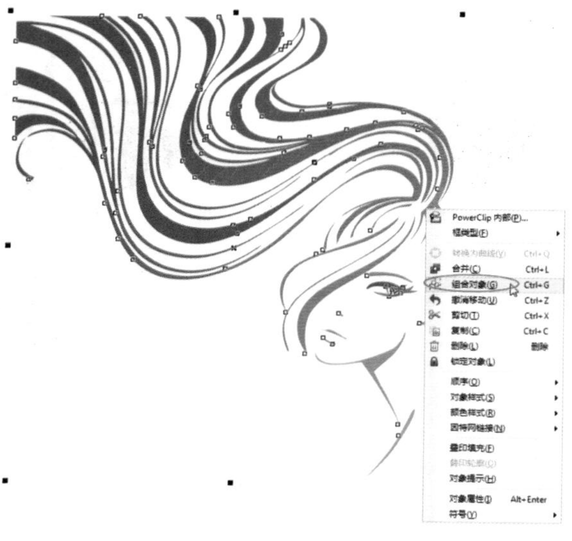

图3-72

第2种：选中需要组合的所有对象，然后执行“对象>组合对象”菜单命令进行组合。

第3种：选中需要组合的所有对象，在属性栏上单击“组合对象”图标进行快速组合。

技巧与提示

组合对象不仅可以用于单个对象之间，组与组之间也可以进行组合，并且组合后的对象将成为一个整体，显示为一个图层。

取消组合对象

取消组合对象的方法有以下3种。

第1种：选中组合对象，然后单击鼠标右键，在弹出的下拉菜单中执行“取消组合对象”命令，如图3-73所示，或者按住Ctrl+U组合键进行快速解散。

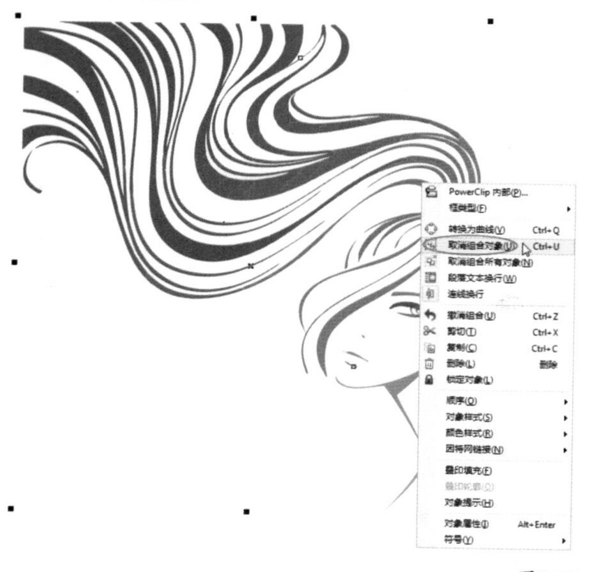

图3-73

第2种：选中组合对象，然后执行“对象>取消组合对象”菜单命令进行解组。

第3种：选中组合对象，然后在属性栏上单击“取消组合对象”图标进行快速解组。

技巧与提示

执行“取消组合对象”可以撤销前面进行的操作，如果上一步组合对象的操作是组与组之间的，那么，执行后就变为独立的组。

取消组合所有对象

使用“取消组合所有对象”命令，可以将组合对象进行彻底解组，变为最基本的独立对象。取消全部组合对象的方法有以下3种。

第1种：选中组合对象，然后单击鼠标右键，在弹出的下拉菜单中执行“取消组合所有对象”命令，解开所有的组合对象，如图3-74所示（图中标出独立的两个组）。

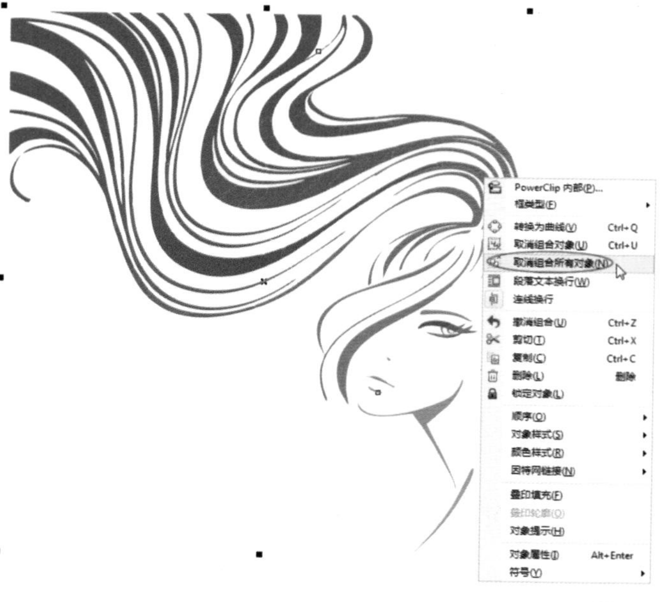

图3-74

第2种：选中组合对象，然后执行“对象>取消组合所有对象”菜单命令进行解散。

第3种：选中组合对象，然后在属性栏上单击“取消组合所有对象”图标进行快速解散。

3.4.3 对象的排序

在编辑图像时，通常利用图层的叠加组成图案或体现效果。我们可以把独立对象和群组的对象看为一个图层，如图3-75所示。排序方法有以下3种。

第1种：选中相应的图层单击鼠标右键，然后在弹出的下拉菜单上单击“顺序”命令，在子菜单选择相应的命令进行操作，如图3-76所示。

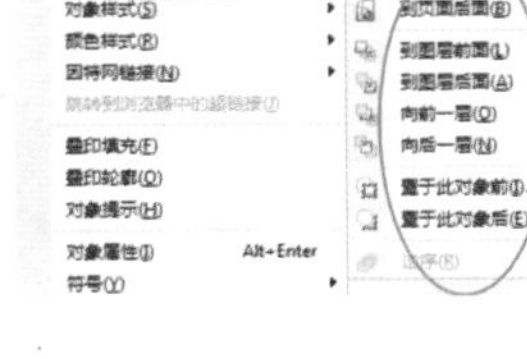

图3-75

图3-76

顺序命令介绍

到页面前面/后面：将所选对象调整到当前页面的最前面或最后面，如图3-77所示狮子鬃毛的位置。

图3-77

到图层前面/后面：将所选对象调整到当前页所有对象的最前面或最后面。

向前/后一层：将所选对象调整到当前所在图层的上面或下面，如图3-78所示，狮子的鬃毛逐步进行向下一层或向上一层。

图3-78

置于此对象前/后：单击该命令后，当光标变为➡形状时单击目标对象，如图3-79所示，可以将所选对象置于该对象的前面或后面，如图3-80所示狮子鬃毛的位置。

图3-79

图3-80

逆序：选中需要颠倒顺序的对象，单击该按钮后对象将按相反的顺序进行排列，如图3-81所示，狮子转身了。

图3-81

第2种：选中相应的图层后，执行“对象>顺序”菜单命令，然后在子菜单中选择操作。

第3种：按Ctrl+Home组合键可以将对象置于顶层；按Ctrl+End组合键可以将对象置于底层；按Ctrl+PageUp组合键可以将对象往上移一层；按Ctrl+PageDown组合键可以将对象往下移一层。

3.4.4 合并与拆分

合并与组合对象不同，组合对象是将两个或多个对象编成一个组，内部还是独立的对象，对象属性不变；合并是将两个或多个对象合并为一个全新的对象，其对象的属性也会随之变化。

合并与拆分的方法有以下3种。

第1种：选中要合并的对象，如图3-82所示，然后在属性面板上单击“合并”按钮合并为一个对象（属性改变），如图3-83所示；单击“拆分”按钮可以将合并对象拆分为单个对象（属性维持改变后的），排放顺序为由大到小排放。

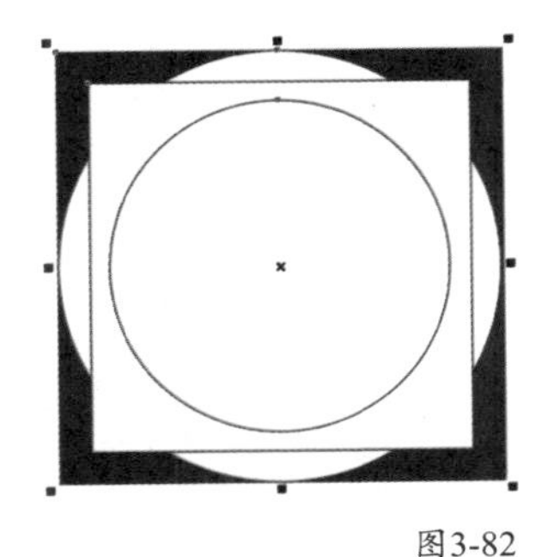

图3-82

图3-83

第2种：选中要合并的对象，然后单击鼠标右键，在弹出的下拉菜单中执行“合并”或“拆分”命令进行操作。

第3种：选中要合并的对象，然后执行“对象>合并”或“对象>拆分”菜单命令进行操作。

技巧与提示

合并后对象的属性会同合并前最底层对象的属性保持一致，拆分后属性无法恢复。

★ 重点 ★

实战：用合并制作仿古印章

实例位置	下载资源>实例文件>CH03>实战：用合并制作仿古印章.cdr
素材位置	下载资源>素材文件>CH03> 15.cdr、16.cdr、17.jpg、18.cdr
视频位置	下载资源>多媒体教学>CH03>实战：用合并制作仿古印章.flv
实用指数	★★★☆☆
技术掌握	合并的巧用

仿古印章效果如图3-84所示。

图3-84

01 新建一个空白文档，然后设置文档名称为“仿古印章”，接着设置页面大小为“A4”、页面方向为“横向”。

02 导入下载资源中的“素材文件>CH03>15.cdr”文件，然后选中方块按Ctrl+C组合键进行复制，再按Ctrl+V组合键进行原位置复制，接着按住Shift键同时按住鼠标左键向内进行中心缩放，如图3-85所示。

03 导入下载资源中的“素材文件>CH03>16.cdr”文件，然后将其拖曳到方块内部进行缩放，接着调整位置，如图3-86所示。

图3-85

图3-86

04 将对象全选，然后执行“对象>合并”菜单命令，得到完成的印章效果，如图3-87所示。

05 下面为印章添加背景。导入下载资源中的“素材文件>CH03>17.jpg”和“素材文件>CH03>18.cdr”文件，然后将水墨画背景图拖曳到页面进行缩放，接着把书法字拖曳到水墨画的右上角，如图3-88所示。

图3-87

图3-88

06 将印章拖曳到书法字下方的空白位置，然后缩放到合适的大小，最终效果如图3-89所示。

图3-89

3.5 对齐与分布

在编辑过程中可以进行很准确的对齐或分布操作，方法有以下两种。

第1种：选中对象，然后单击“对象>对齐和分布”菜单命令，在子菜单中选择相应的命令进行操作，如图3-90所示。

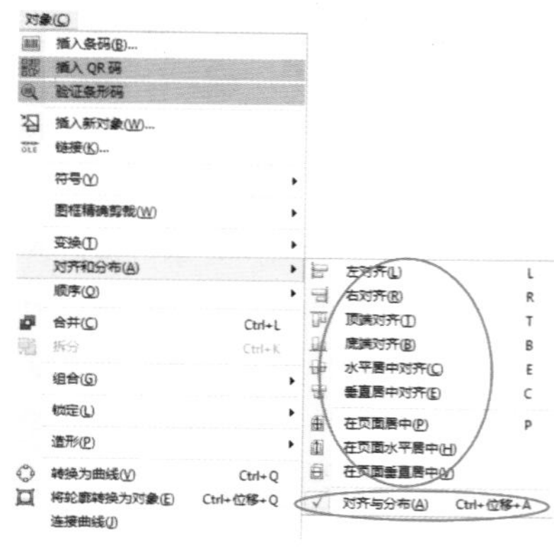

图3-90

第2种：选中对象，然后在属性栏上单击“对齐与分布”按钮▤，打开“对齐与分布”面板进行单击操作。

下面我们就“对齐与分布”面板进行详细学习对齐与分布的相关操作。

3.5.1 对齐对象

在“对齐与分布”面板可以进行对齐的相关操作，如图3-91所示。

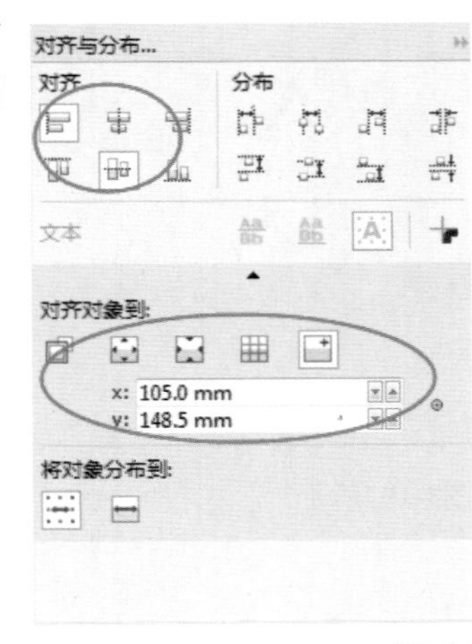

图3-91

单独使用

对齐按钮介绍

左对齐▤：将所有对象向最左边进行对齐，如图3-92所示。

水平居中对齐▤：将所有对象向水平方向的中心点进行对齐，如图3-93所示。

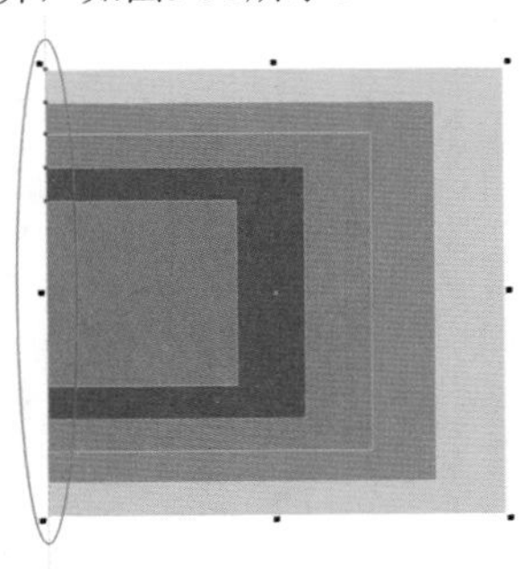

图3-92

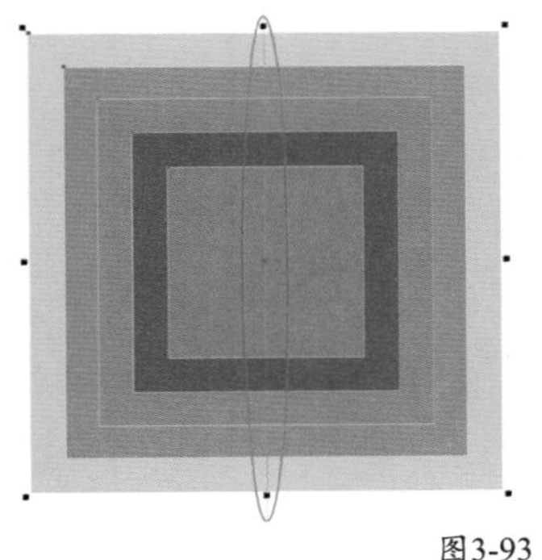

图3-93

右对齐▤：将所有对象向最右边进行对齐，如图3-94所示。

上对齐▤：将所有对象向最上边进行对齐，如图3-95所示。

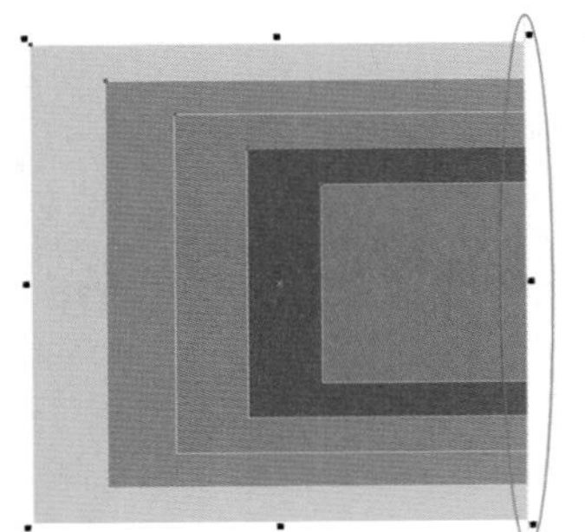

图3-94

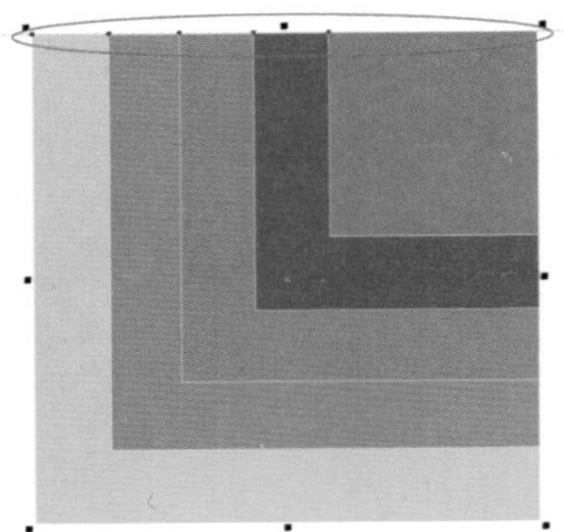

图3-95

垂直居中对齐▤：将所有对象向垂直方向的中心点进行对齐，如图3-96所示。

下对齐▤：将所有对象向最下边进行对齐，如图3-97所示。

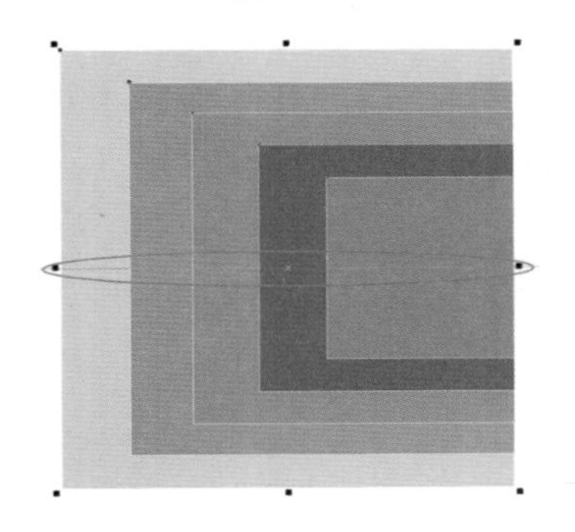

图3-96

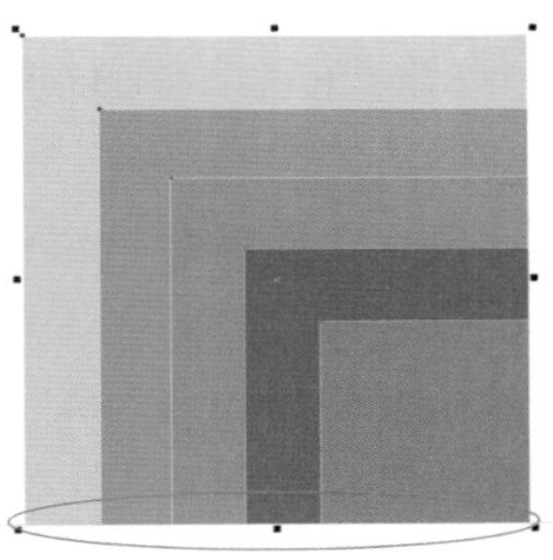

图3-97

混合使用

在进行对齐操作的时候，除了分别单独进行操作外，也可以进行组合使用，具体操作方法有以下5种。

第1种：选中对象，然后单击“左对齐”按钮▤，再单击“上对齐”按钮▤，可以将所有对象向左上角进行对齐，如图3-98所示。

第2种：选中对象，然后单击“左对齐”按钮▤，再单击“下对齐”按钮▤，可以将所有对象向左下角进行对齐，如图3-99所示。

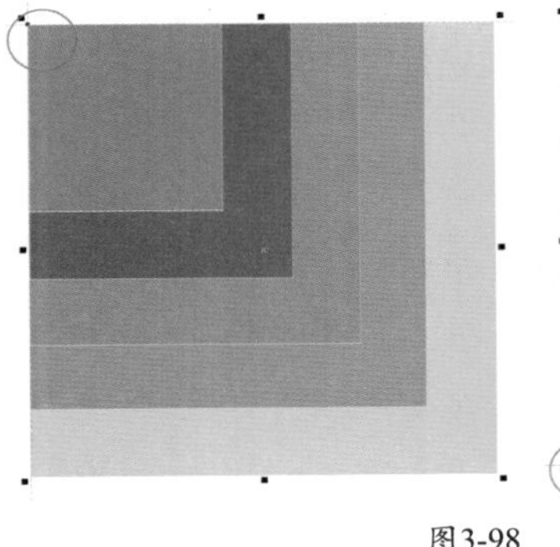

图3-98

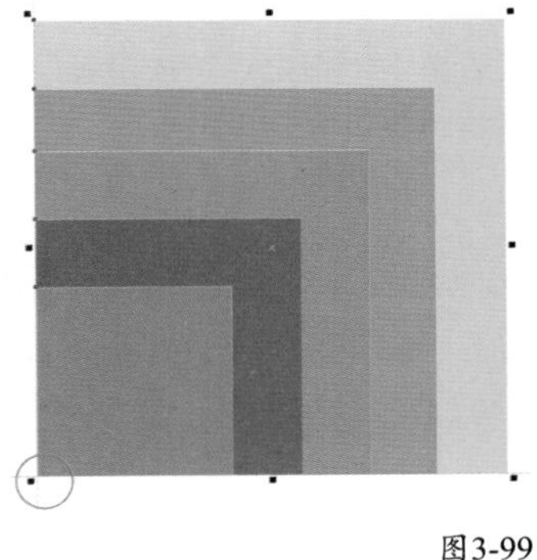

图3-99

第3种：选中对象，然后单击“水平居中对齐”按钮▤，再单击“垂直居中对齐”按钮▤，可以将所有对象向正中心进行对齐，如图3-100所示。

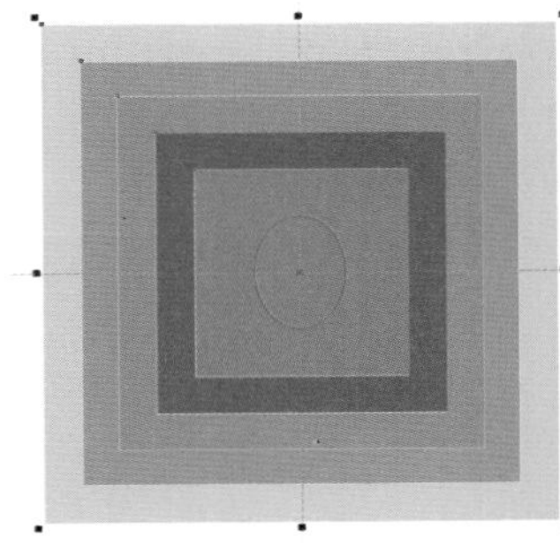

图3-100

第4种：选中对象，然后单击“右对齐”按钮，再单击“上对齐”按钮，可以将所有对象向右上角进行对齐，如图3-101所示。

第5种：选中对象，然后单击“右对齐”按钮，再单击“下对齐”按钮，可以将所有对象向右下角进行对齐，如图3-102所示。

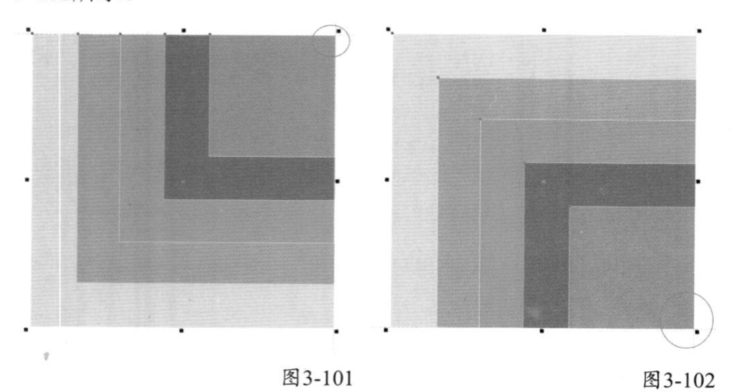

图3-101　　图3-102

对齐位置

对齐选项介绍

活动对象：将对象对齐到选中的活动对象。

页面边缘：将对象对齐到页面的边缘。

页面中心：将对象对齐到页面中心。

网格：将对象对齐到网格。

指定点：在横纵坐标上进行数值输入，如图3-103所示，或者单击“指定点”按钮，在页面定点，如图3-104所示，可以将对象对齐到设定点上。

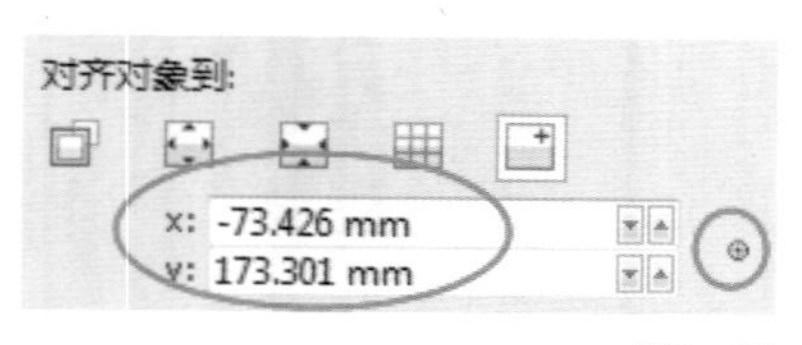

图3-103　　图3-104

3.5.2 对齐分布

在“对齐与分布”面板可以进行分布的相关操作，如图3-105所示。

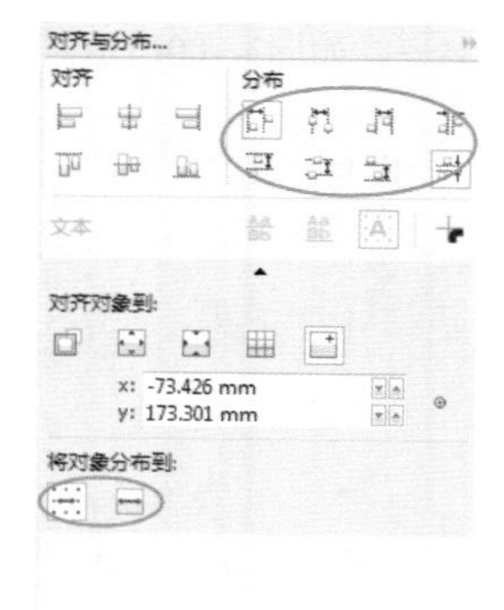

图3-105

分布类型

分布按钮介绍

左分散排列：平均设置对象左边缘的间距，如图3-106所示。

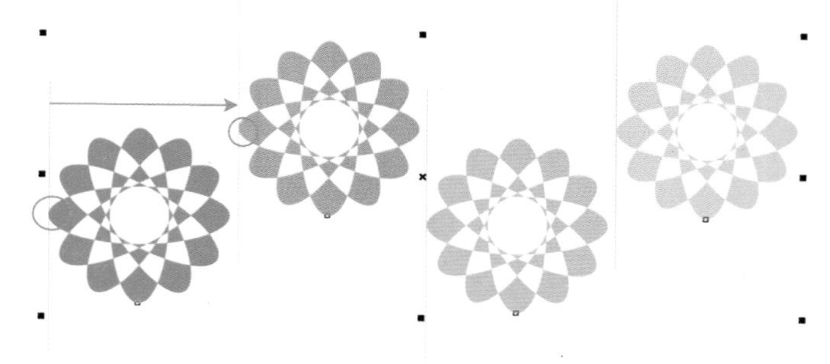

图3-106

水平分散排列中心：平均设置对象水平中心的间距，如图3-107所示。

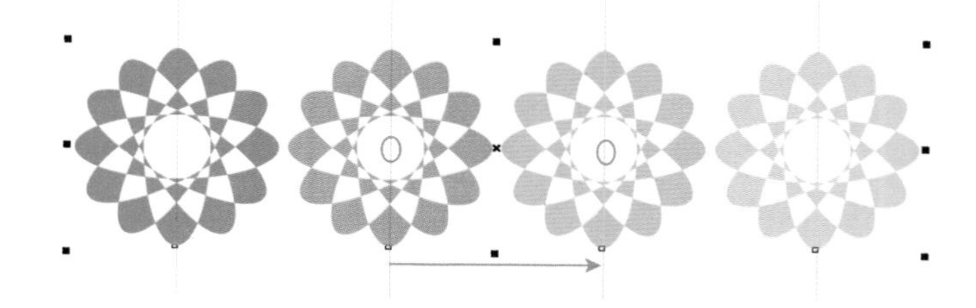

图3-107

右分散排列：平均设置对象右边缘的间距，如图3-108所示。

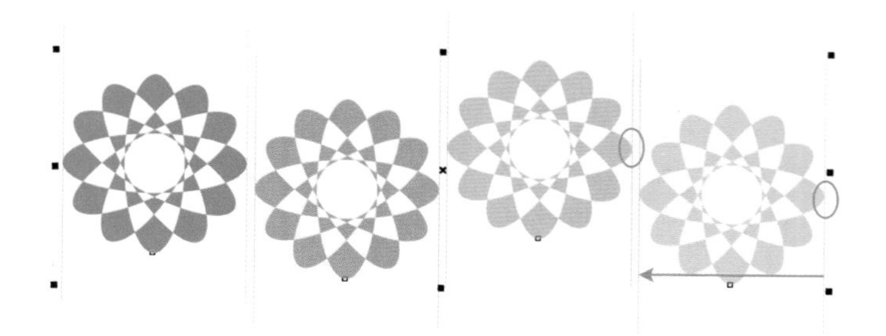

图3-108

水平分散排列间距：平均设置对象水平的间距，如图3-109所示。

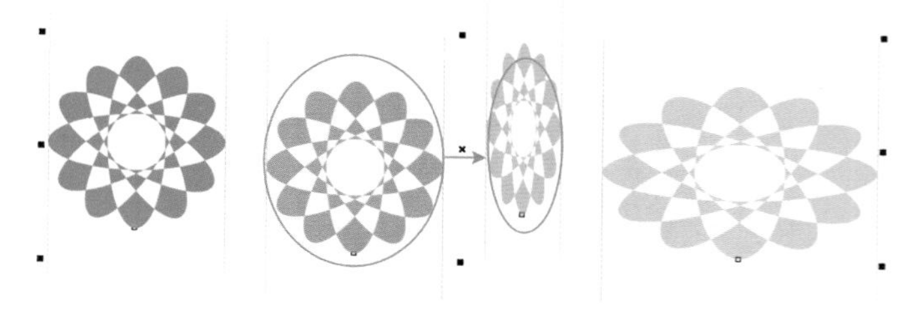

图3-109

顶部分散排列：平均设置对象上边缘的间距，如图3-110所示。

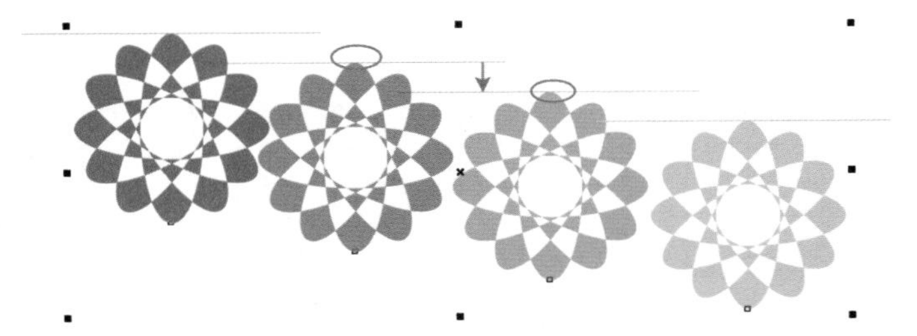

图3-110

垂直分散排列中心：平均设置对象垂直中心的间距，如图3-111所示。

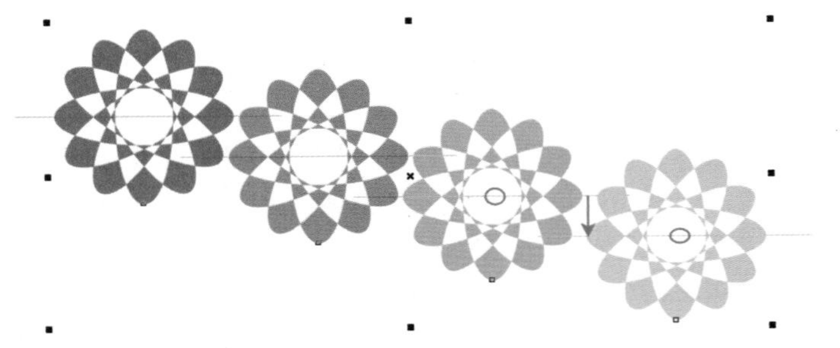

图3-111

底部分散排列：平均设置对象下边缘的间距，如图3-112所示。

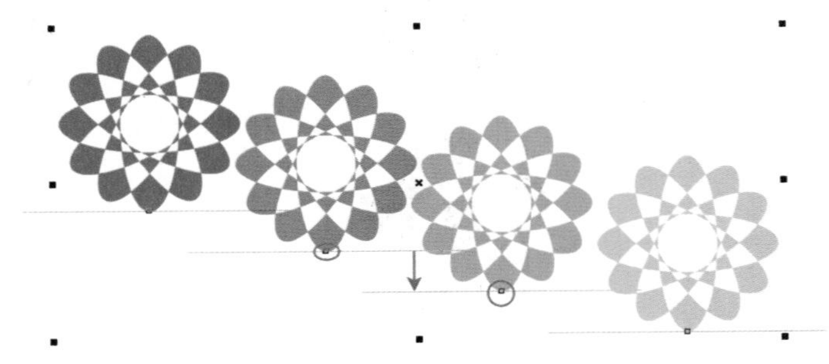

图3-112

垂直分散排列间距：平均设置对象垂直的间距，如图3-113所示。

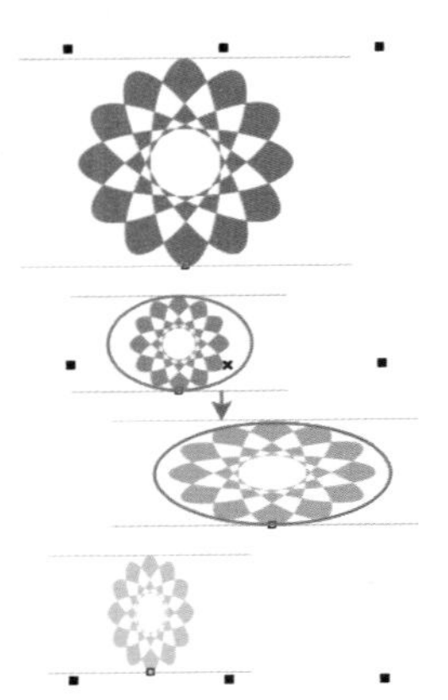

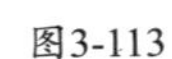

图3-113

分布也可以进行混合使用，可以使分布更精确。

分布到位置

我们在进行分布时，可以设置分布的位置。

分布选项介绍

选定的范围：在选定的对象范围内进行分布，如图3-114所示。

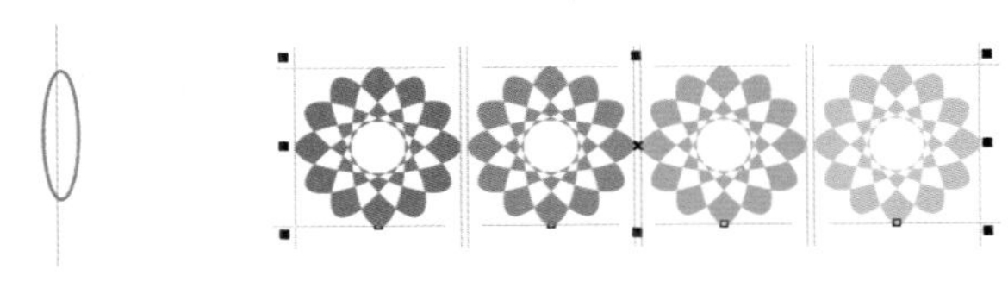

图3-114

页面范围：将对象以页边距为定点平均分布在页面范围内，如图3-115所示。

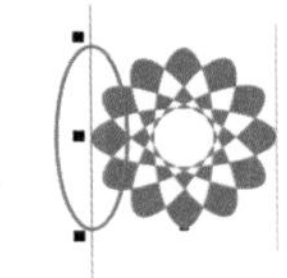

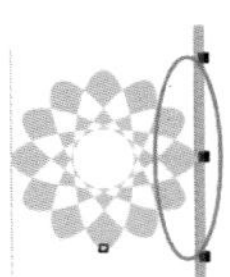

图3-115

3.6 步长与重复

在编辑过程中可以利用“步长和重复”进行水平、垂直和角度再制。执行“编辑>步长和重复”菜单命令，打开“步长和重复”对话框，如图3-116所示。

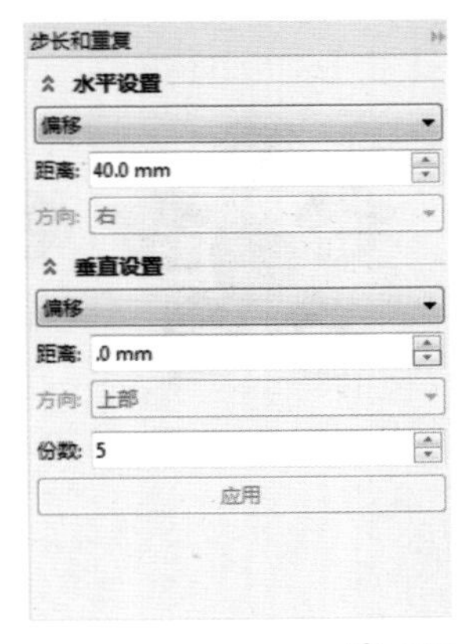

图3-116

步长和重复选项介绍

水平设置：在水平方向进行再制，可以设置“类型”、“距离”和“方向”，在类型里可以选择“无偏移”、“偏移”和“对象之间的间距”，如图3-117所示。

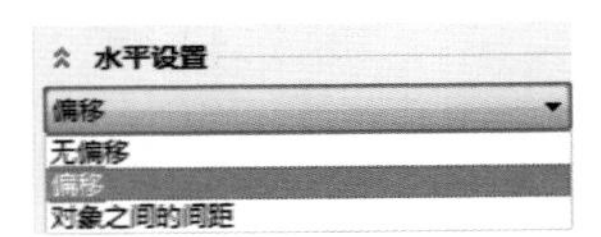

图3-117

无偏移：是指不进行任何偏移。选择“无偏移”后，下面的“距离”和“方向”将无法进行设置，在份数输入数值后单击“应用”按钮 应用 ，则是在原位置进行再制。

偏移：是指以对象为准进行水平偏移。选择“偏移”后，下面的“距离”和“方向”被激活，在“距离”输入数值，可以在水平位置进行重复再制。当“距离”数值为0时，为原位置重复再制。

疑难问答 ？

问：如何控制再制的间距？

答：在属性栏中可以查看所选对象宽和高的数值，然后在“步长和重复”对话框里输入数值，小于对象的宽度，对象重复效果为重叠，如图3-118所示；输入数值与对象宽度相同，对象重复效果为边缘重合，如图3-119所示；输入数值大于对象宽度，对象重复有间距，如图3-120所示。

图3-118

图3-119

图3-120

对象之间的间距：是指以对象之间的间距进行再制。单击该选项可以激活“方向”选项，选择相应的方向，然后在份数输入数值进行再制。当“距离”数值为0时，为水平边缘重合的再制效果，如图3-121所示。

图3-121

距离：在后面的文本框里输入数值，可以进行精确偏移。

方向：可以在下拉选项中选择方向“左”或“右”。

垂直设置：在垂直方向进行重复再制，可以设置“类型”、“距离”和“方向”，在类型里可以选择“无偏移”、“偏移”和“对象之间的间距”。

无偏移：是指不进行任何偏移，在原位置进行重复再制。

偏移：是指以对象为准进行垂直偏移，如图3-122所示。当“距离”数值为0时，为原位置重复再制。

对象之间的间距：是指以对象之间的间距为准进行垂直偏移。当“距离”数值为0时，重复效果为垂直边缘重合复制，如图3-123所示。

图3-122　　图3-123

份数：设置再制的份数。

★ 重点 ★

实战：制作精美信纸

实例位置　下载资源>实例文件>CH03>实战：制作精美信纸.cdr

素材位置　下载资源>素材文件>CH03>19.cdr、20.jpg、21.cdr、22.cdr

视频位置　下载资源>多媒体教学>CH03>实战：制作精美信纸.flv

实用指数　★★★★☆

技术掌握　再制、组合对象、排放、对齐与分布功能的巧用

精美信纸效果如图3-124所示。

图3-124

01 新建一个空白文档，然后设置文档名称为“精美信纸”，接着设置页面大小为A4。

02 导入下载资源中的“素材文件>CH03>19.cdr”文件，然后将其拖曳到页面左上角进行缩放，如图3-125所示。

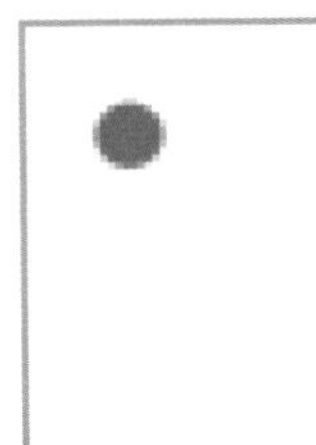

图3-125

03 选中圆形，然后按住Shift键同时按住鼠标左键进行水平拖动，确定好位置后单击鼠标右键复制一份，接着按Ctrl+D组合键复制到页面另一边，如图3-126所示。

图3-126

04 全选圆形，然后在属性栏中单击“对齐与分布”按钮，打开“对齐与分布”面板，接着单击“水平分散排列间距”按钮调整间距，再单击“页面范围”按钮，如图3-127所示。

图3-127

05 全选圆形进行组合对象，然后以组的形式向下进行复制，接着在“对齐与分布”面板中单击“垂直分散排列间距”按钮调整间距，再单击“页面范围”按钮，使对象平均分布在页面中，如图3-128所示，最后全选进行组合。

06 导入下载资源中的“素材文件>CH03>20.jpg”文件，然后将其拖曳到页面中调整大小，再按Ctrl+End组合键将图片放置在底层，接着选中点状背景，单击鼠标左键填充颜色为白色，最后全选进行组合对象，如图3-129所示。

图3-128

图3-129

07 导入下载资源中的“素材文件>CH03>21.cdr”文件，然后单击属性栏上的“取消组合对象”图标解散组合，再将透明矩形分别拖曳到页面，接着选中两个矩形，单击“对齐与分布”面板中的“左对齐”按钮对齐后进行群组，最后全选单击“水平居中对齐”按钮进行整体对齐，对齐后去掉轮廓线，如图3-130所示。

08 导入下载资源中的“素材文件>CH03>22.cdr”文件，将线条进行垂直再制，然后执行“对象>对齐与分布>左对齐”菜单命令进行对齐，接着组合后拖曳到透明矩形中，最后全选执行“对象>对齐与分布>水平居中对齐”菜单命令进行对齐，最终效果如图3-131所示。

图3-130

图3-131

第4章 线型工具的使用

Learning Objectives 学习要点

Employment direction 从业方向

版面设计

插画设计

服装设计

平面设计

品牌设计

产品设计

工具名称	工具按钮	工具作用	重要程度
手绘工具		绘制自由性很强的直线和曲线，可以擦除笔迹	高
2点线工具		直线绘制工具，创建与对象垂直或相切的直线	中
贝塞尔工具		创建精确的直线和曲线，通过节点修改	高
艺术笔工具		快速建立系统提供的图案、笔触和纹饰，可填充颜色	高
钢笔工具		通过节点的调节绘制可预览的流畅的直线和曲线	高
B样条工具		通过建立控制点来轻松创建连续且平滑的曲线	中
折线工具		创建多节点连接的复杂几何形和折线	中
3点曲线工具		以3点创建曲线，准确地确定曲线的弧度和方向	中

4.1 线条工具简介

线条是两个点之间的路径，线条由多条曲线或直线线段组成，线段间通过节点连接，以小方块节点表示，我们可以用线条进行各种形状的绘制和修饰。CorelDRAW X7为我们提供了各种线条工具，通过这些工具可以绘制曲线和直线，以及同时包含曲线段和直线段的线条。

4.2 手绘工具

“手绘工具”具有很强的自由性，就像我们在纸上用铅笔绘画一样，同时兼顾直线和曲线，并且会在绘制过程中将毛糙的边缘进行自动修复，使绘制更流畅、更自然。

4.2.1 基本绘制方法

单击“工具箱”中的“手绘工具”，进行以下基本的绘制方法学习。

绘制直线线段

单击“手绘工具”，然后在页面内的空白处单击鼠标左键，如图4-1所示，接着移动光标确定另外一点的位置，再单击左键形成一条线段，如图4-2所示。

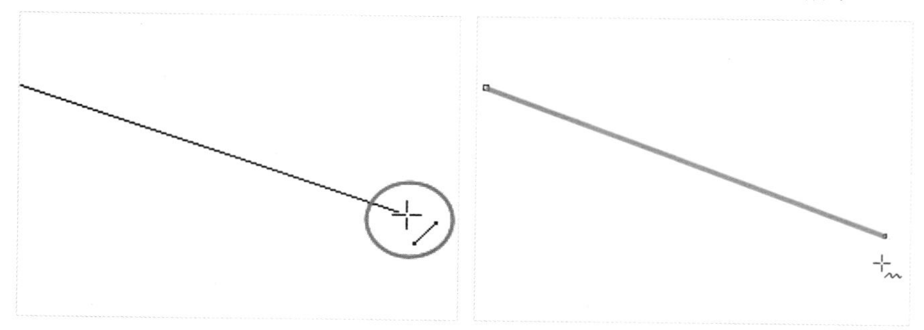

图4-1　　图4-2

线段的长短与我们鼠标移动的位置长短相同，结尾端点的位置也相对随意。如果我们需要一条水平或垂直的直线，在移动时按住Shift键就可以快速建立。

连续绘制线段

使用“手绘工具”绘制一条直线线段，然后将光标移动到线段末尾的节点上，当光标变为时单击左键，如图4-3所示，移动光标到空白位置单击左键创建折线，如图4-4所示，以此类推可以绘制连续线段，如图4-5所示。

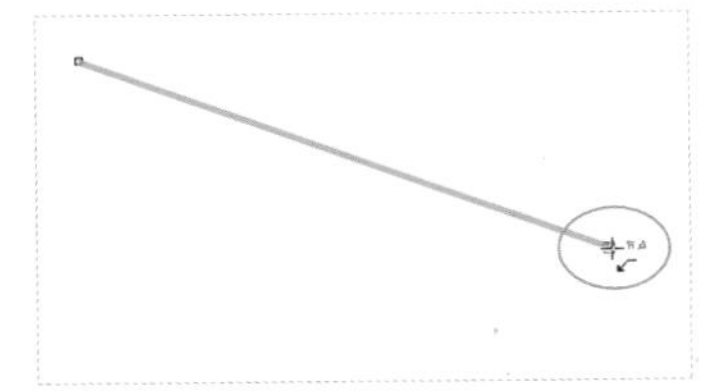

图4-3

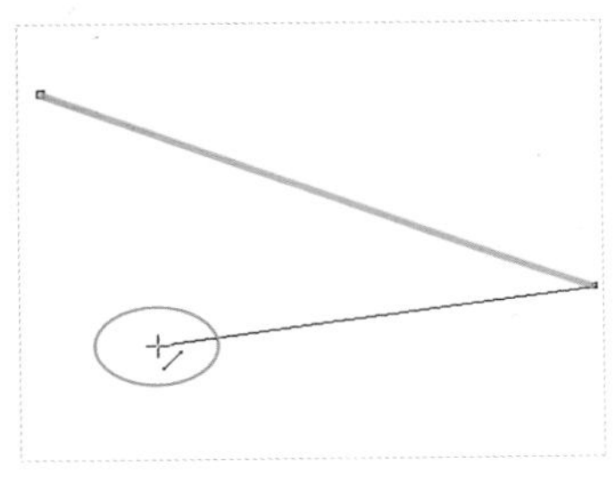

图4-4

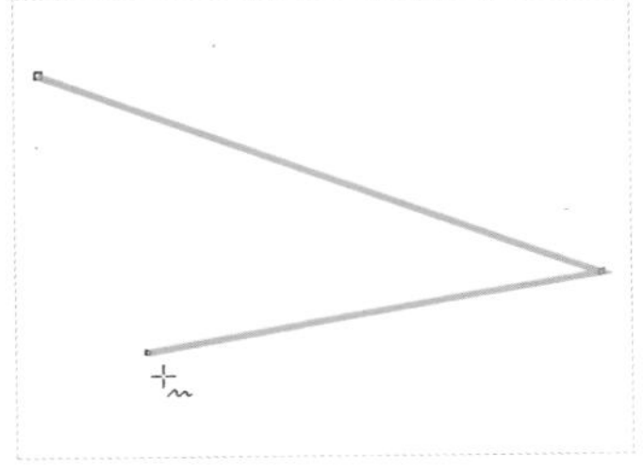

图4-5

在进行连续绘制时，起始点和结束点在一点重合时，会形成一个面，可以进行颜色填充和效果添加等操作。利用这种方式，我们可以绘制各种抽象的几何形状。

绘制曲线

在“工具箱”上单击“手绘工具”，然后在页面的空白处按住左键进行拖动绘制，松开鼠标形成曲线，如图4-6和图4-7所示。

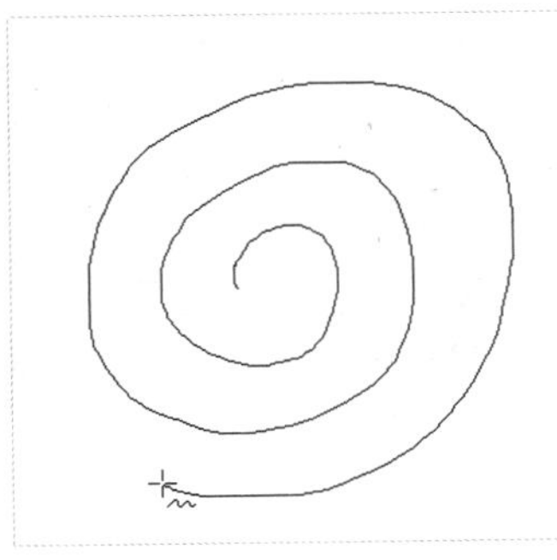

图4-6

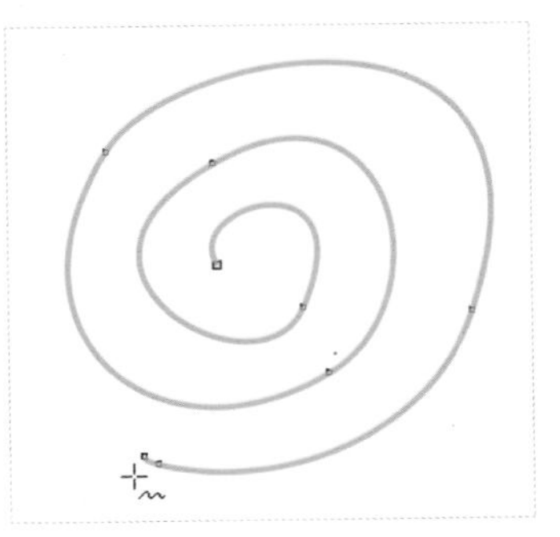

图4-7

在绘制曲线的过程中，线条会呈现有毛边或手抖的感觉，可以在属性栏上调节“手动平滑”数值，进行自动平滑线条。

进行绘制时，每次松开左键都会形成独立的曲线，以一个图层显示，所以我们可以通过像画素描一样，一层层盖出想要的效果。

在线段上绘制曲线

在工具箱上单击“手绘工具”，然后在页面的空白处单击移动绘制一条直线线段，如图4-8所示，接着将光标拖曳到线段末尾的节点上，当光标变为时按住左键拖动绘制，如图4-9所示，可以连续穿插绘制。

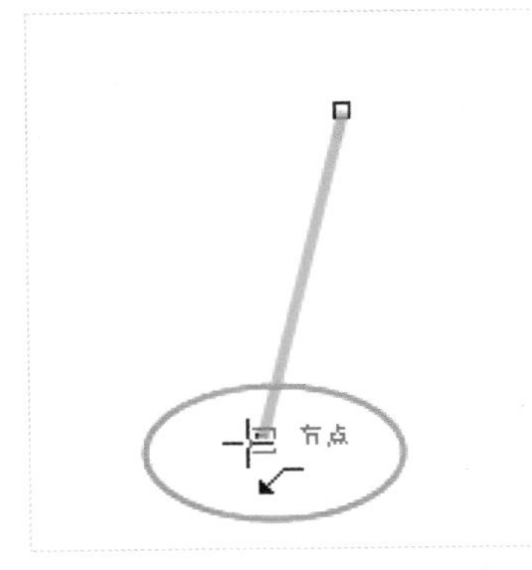

图4-8

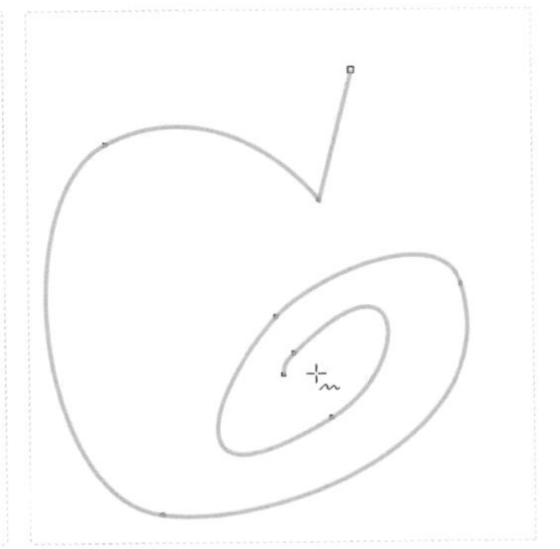

图4-9

在综合使用时，可以在直线线段上接连绘制曲线，也可以在曲线上绘制曲线，穿插使用，灵活性很强。

在使用“手绘工具”时，按住鼠标左键进行拖动绘制对象，如果出错，可以在没松开左键前按住Shift键往回拖动鼠标，当绘制的线条变为红色时，松开鼠标即可进行擦除。

★ 重点 ★

实战：用手绘制作宝宝照片

实例位置　下载资源>实例文件>CH04>实战：用手绘制作宝宝照片.cdr

素材位置　下载资源>素材文件>CH04>01.jpg、02.cdr、03.cdr

视频位置　下载资源>多媒体教学>CH04>实战：用手绘制作宝宝照片.flv

实用指数　★★★★☆

技术掌握　手绘工具的使用方法

宝宝照片效果如图4-10所示。

图4-10

01 新建一个空白文档，然后设置文档名称为“宝宝照片”，接着设置页面大小为“A4”、页面方向为“横向”。

02 导入下载资源中的“素材文件>CH04> 01.jpg”文件，然后将其拖曳到页面上方进行缩放，注意，图片以页面上方贴齐，页面下方是留白的，如图4-11所示。

图4-11

03 双击“矩形工具”创建与页面等大的矩形，并填充颜色为（C:35，M:73，Y:100，K:0），如图4-12所示，然后双击创建第2个矩形，再设置轮廓线“宽度”为10mm，轮廓线颜色为（C:35，M:73，Y:100，K:0），接着在属性栏中设置“圆角”为5mm，如图4-13所示。

图4-12

图4-13

04 下面绘制边框内角。使用“矩形工具”绘制一个正方形，并填充与边框相同的颜色，如图4-14所示，然后单击“转曲”按钮将正方形转为自由编辑对象，接着单击“形状工具”双击去掉右下角的节点，如图4-15所示，再选中斜线单击鼠标右键，在下拉菜单中执行“到曲线”命令，最后拖动斜线得到均匀的曲线，如图4-16所示。

05 将绘制好的对象拖曳到页面左上角，进行缩放调整，如图4-17所示，然后复制一份拖动到右上角，接着单击“水平镜像”按钮进行水平反转，效果如图4-18所示。

图4-14

图4-15

图4-16

图4-17

图4-18

06 下面添加外框装饰。导入下载资源中的“素材文件>CH04>02.cdr”文件，然后选中小鸡执行“编辑>步长和重复”菜单命令，在“步长和重复”面板中设置“水平设置”的“类型”为“对象之间的间距”、“距离”为0mm、“方向”为“右”，“垂直设置”的“类型”为“无偏移”，再设置“份数”为8，接着单击“应用”按钮 应用 进行复制，如图4-19所示，最后将小鸡群组拖曳到照片与边框的交界线上居中对齐，效果如图4-20所示。

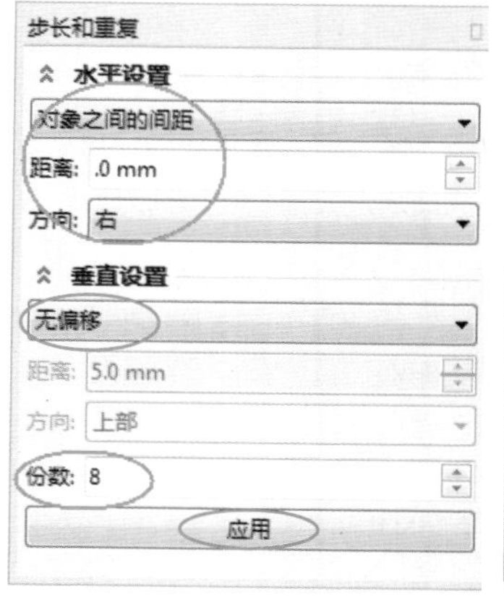

图4-19

图4-20

07 使用“手绘工具”绘制翅膀形状，然后双击对象选中相应节点，再单击右键，在下拉菜单中执行“尖突”命令进行移动修改，如图4-21所示。

图4-21

08 双击状态栏下的“渐层工具”◈，然后在弹出的“编辑填充”对话框中选择“均匀填充”方式■，设置填充颜色为（C:7，M:16，Y:53，K:0），再单击“确定”按钮 确定 完成填充，填充完成后再设置轮廓线“宽度”为3mm、轮廓线颜色为白色，最后单击“透明度工具”，在属性栏中设置“透明度类型”为“均匀透明度”、“透明度”为20，效果如图4-22所示。

09 将绘制的翅膀拖曳到宝宝照片上，然后复制一份双击进行透视角度的微调，再拖曳到相应的宝宝后背上，如图4-23所示。

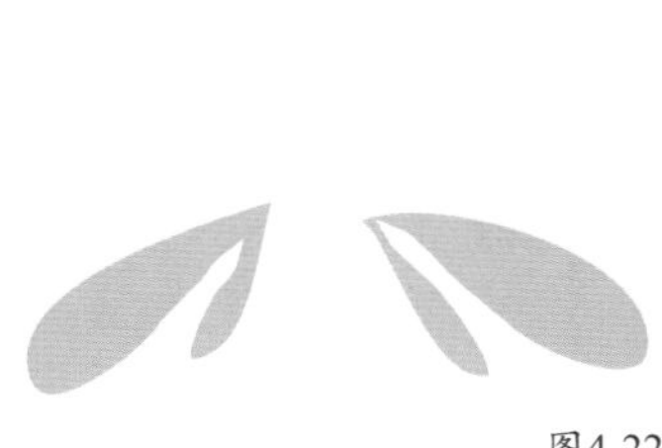

图4-22

图4-23

10 下面绘制鸡蛋的表情。使用“手绘工具”绘制鸡蛋的表情，然后填充嘴巴颜色为白色，再填充轮廓线颜色为（C:48，M:100，Y:100，K:25），接着设置眼睛的轮廓线“宽度”为1.5mm、嘴巴的轮廓线“宽度”为1mm，效果如图4-24所示。

11 使用“手绘工具”绘制脸部红晕形状，然后填充颜色为（C:0，M:100，Y:0，K: 0），再右键去掉轮廓线，接着单击“透明度工具”，在属性栏中设置“透明度类型”为“均匀透明度”、“透明度”为40，效果如图4-25所示。

图4-24

图4-25

12 使用“手绘工具”在脸部红晕上绘制几条线段，然后设置轮廓线“宽度”为0.2mm、颜色为（C:48，M:100，Y:100，K:25），效果如图4-26所示。

13 导入下载资源中的“素材文件>CH04>03.cdr”文件，然后将文字取消组合对象，排放在相应的鸡蛋中，最终效果如图4-27所示。

图4-26

图4-27

4.2.2 线条设置

“手绘工具”的属性栏如图4-28所示。

图4-28

手绘工具选项介绍

起始箭头：用于设置线条起始箭头符号，可以在下拉箭头样式面板中进行选择，如图4-29所示。起始箭头并不代表是设置指向左边的箭头，而是起始端点的箭头，如图4-30所示。

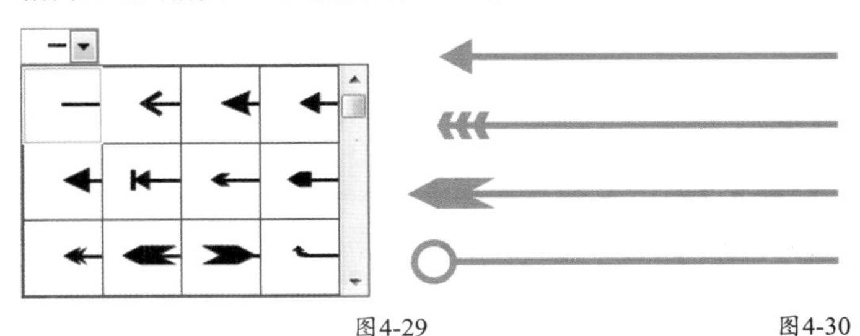

图4-29　图4-30

线条样式：设置绘制线条的样式，可以在下拉线条样式面板里进行选择，如图4-31所示，添加效果如图4-32所示。

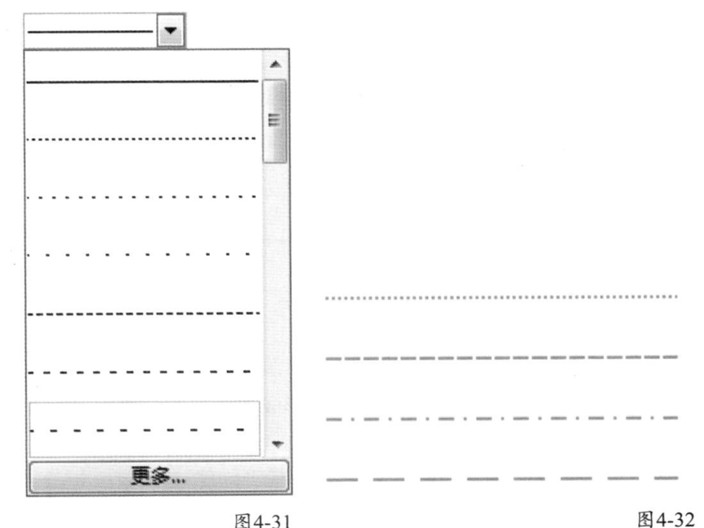

图4-31　图4-32

技术专题 07 自定义编辑线条样式

在添加线条样式时，如果没有我们想要的样式，我们可以单击“更多”按钮 更多... ，打开“编辑线条样式”对话框进行自定义编辑，如图4-33所示。

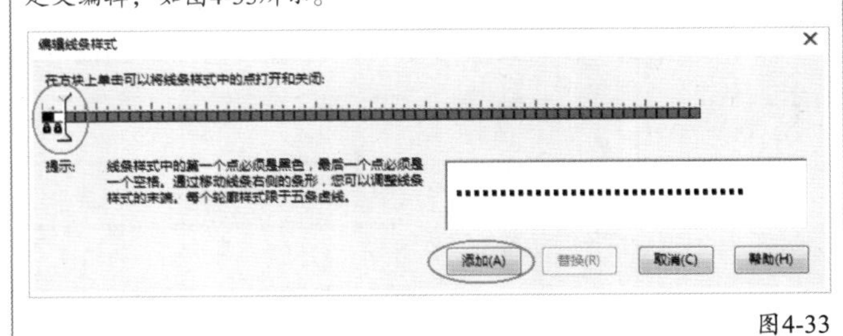

图4-33

拖动滑轨上的点设置虚线点的间距，如图4-34所示，可以在下方预览间距效果。

编辑线条样式

在方块上单击可以将线条样式中的点打开和关闭:

提示: 线条样式中的第一个点必须是黑色，最后一个点必须是一个空格。通过移动线条右侧的条形，您可以调整线条样式的末端。每个轮廓样式限于五条虚线。

添加(A) 替换(R) 取消(C) 帮助(H)

图4-34

单击相应的白色方格，将其切换为黑色，可以设定虚线点的长短样式，如图4-35所示。

编辑线条样式

在方块上单击可以将线条样式中的点打开和关闭:

提示: 线条样式中的第一个点必须是黑色，最后一个点必须是一个空格。通过移动线条右侧的条形，您可以调整线条样式的末端。每个轮廓样式限于五条虚线。

添加(A) 替换(R) 取消(C) 帮助(H)

图4-35

编辑完成后，单击“添加”按钮添加(A)进行添加。

终止箭头：设置线条结尾箭头符号，可以在下拉箭头样式面板里进行选择，添加箭头样式后，效果如图4-36所示。

图4-36

闭合曲线：选中绘制的未合并曲线，如图4-37所示，单击将起始节点和终止节点进行闭合，即形成面，如图4-38所示。

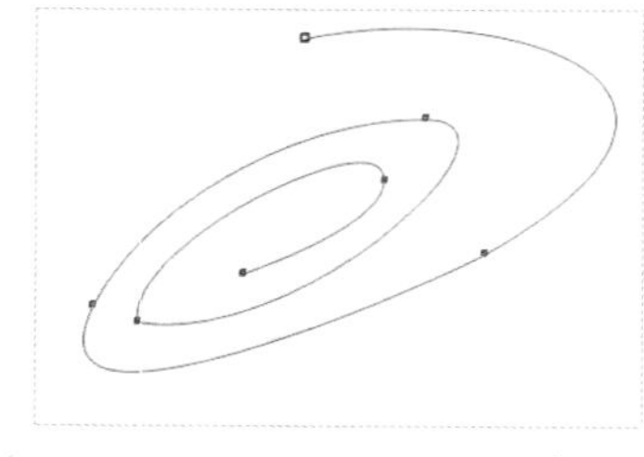

图4-37

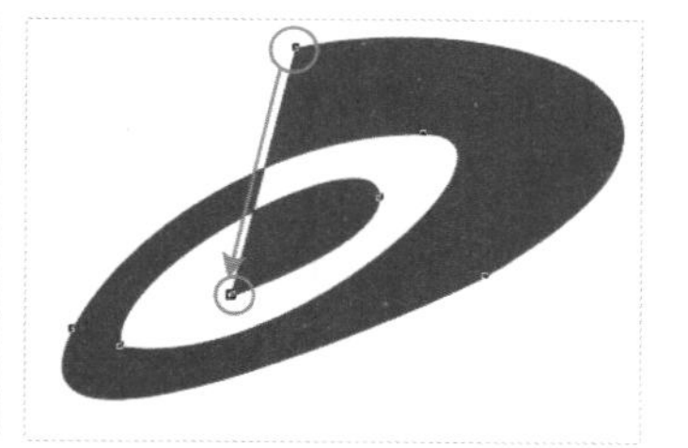

图4-38

轮廓宽度：输入数值可以调整线条的粗细，如图4-39所示。

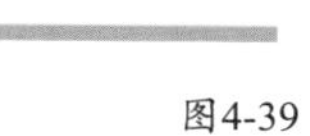

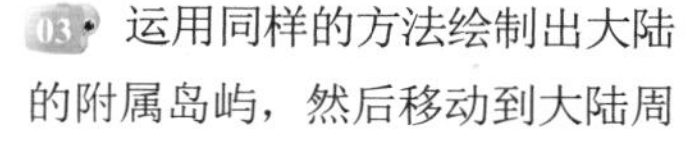

图4-39

手绘平滑：设置手绘时自动平滑的程度，最大为100，最小为0，默认为50。

边框：激活该按钮为隐藏边框，如图4-40所示；默认情况下边框为显示的，如图4-41所示，可以根据用户的绘图习惯来设置。

图4-40

图4-41

★ 重点 ★

实战：用线条设置手绘藏宝图

实例位置 下载资源>实例文件>CH04>实战：用线条设置手绘藏宝图.cdr
素材位置 下载资源>素材文件>CH04>04.jpg、05.cdr、06.psd、07.cdr
视频位置 下载资源>多媒体教学>CH04>实战：用线条设置手绘藏宝图.flv
实用指数 ★★★☆☆
技术掌握 手绘工具的使用和线条设置的运用

藏宝图效果如图4-42所示。

图4-42

01 新建一个空白文档，然后设置文档名称为“藏宝图”，接着设置页面大小为“A4”、页面方向为“横向”。

02 使用“手绘工具”按住鼠标左键绘制大陆外轮廓，注意，如果曲线断了，就在结束节点上单击继续绘制直至完成，如图4-43所示，接着设置“轮廓宽度”为1mm、颜色为（C:60，M:90，Y:100，K:55），如图4-44所示。

图4-43

03 运用同样的方法绘制出大陆的附属岛屿，然后移动到大陆周围进行缩放和旋转，如图4-45所示，这样地图的外轮廓就画好了。

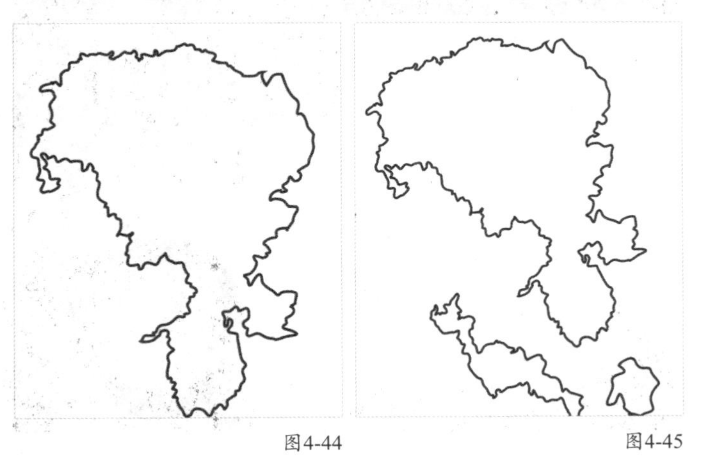

图4-44　　图4-45

04 下面绘制大陆分布的细节。使用“手绘工具”绘制山峦，然后设置“轮廓宽度”为0.5mm、颜色为（C:80，M:90，Y:90，K:70），如图4-46所示，接着在山峦的接口处绘制河流与湖泊，再设置轮廓线“宽度”为0.5mm、颜色为（C:50，M:80，Y:100，K:30），最后选中绘制的对象进行组合，拖曳到大陆相应的位置进行缩放，如图4-47所示。

图4-46　　图4-47

05 使用“手绘工具”绘制鱼的外形，然后使用“椭圆形工具”绘制鱼的眼睛，接着选中绘制的两个对象执行“对象>造形>修剪”菜单命令，将鱼变为独立对象后再填充颜色为（C:70，M:90，Y:90，K:65），最后复制一份缩放并进行群组，如图4-48所示。

图4-48

06 使用“手绘工具”绘制卡通版骷髅头，然后设置“轮廓宽度”为0.5mm、颜色为（C:50，M:100，Y:100，K:15），效果如图4-49所示，接着绘制登录标志，再设置轮廓线“宽度”为0.75mm、颜色为（C:90，M:90，Y:80，K:80），效果如图4-50所示。

图4-49

图4-50

07 下面绘制椰子树。使用“手绘工具”绘制叶子和树干，然后填充树干颜色为（C:67，M:86，Y:100，K: 62），接着绘制树干上的曲线纹理，再全选椰子树进行组合对象，最后设置“轮廓宽度”为0.2mm、颜色为（C:50，M:80，Y:100，K:30），效果如图4-51所示。

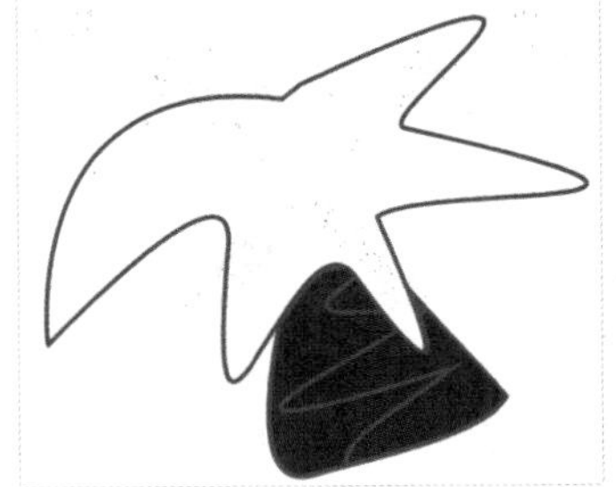

图4-51

08 将之前绘制的图案复制拖曳到地图的相应位置，效果如图4-52所示。然后使用“手绘工具”绘制地图上板块的区分线，再设置“轮廓宽度”为0.5mm、颜色为（C:50，M:80，Y:100，K:30），接着绘制寻宝路线，设置“轮廓宽度”为2mm、颜色为（C:50，M:100，Y:100，K:15），效果如图4-53所示。

图4-52

图4-53

09 导入下载资源中的“素材文件>CH04>0.4.jpg”文件，然后将背景缩放至页面大小，再按P键置于页面居中位置，接着按Ctrl+End组合键置于对象最下面，最后双击“矩形工具”创建矩形，填充颜色为黑色，效果如图4-54所示。

图4-54

10 导入下载资源中的“素材文件>CH04>05.cdr、06.psd”文件，然后将枪素材旋转48°，复制一份进行水平镜像，如图4-55所示，接着将文字放置在枪的中间，按Ctrl+Home组合键置于顶层，如图4-56所示。

图4-55

图4-56

11 绘制一个矩形，然后在属性栏中设置“扇形角”为5mm，再设置“轮廓宽度”为3mm、颜色为（C:80，M:90，Y:90，K:70），接着填充矩形颜色为（C:25，M:45，Y:75，K:0），最后将矩形放置在文字上方，居中对齐后按Ctrl+End组合键置于底层，效果如图4-57所示。

图4-57

12 导入下载资源中的“素材文件>CH04>07.cdr”文件，然后单击“透明度工具”，在属性栏上选择“类型”为“均匀透明度”、“合并模式”为“减少”、“透明度”为50，接着使用同样的方法为大陆和岛屿的地图轮廓添加透明度效果。

13 将指南针和标题文字缩放，然后拖曳到背景的相应位置，最终效果如图4-58所示。

图4-58

4.3 2点线工具

“2点线工具”是专门绘制直线线段的，使用该工具还可直接创建与对象垂直或相切的直线。

4.3.1 基本绘制方法

接下来我们进行“2点线工具”的基本绘制学习。

绘制一条线段

单击工具箱上的“2点线工具”，将光标移动到页面内的空白处，然后按住鼠标左键不放拖动一段距离，松开左键完成绘制，如图4-59所示。

图4-59

绘制连续线段

单击工具箱上的“2点线工具”，在绘制一条直线后不移开光标，光标会变为↙，如图4-60所示，然后再按住鼠标左键拖动绘制，如图4-61所示。

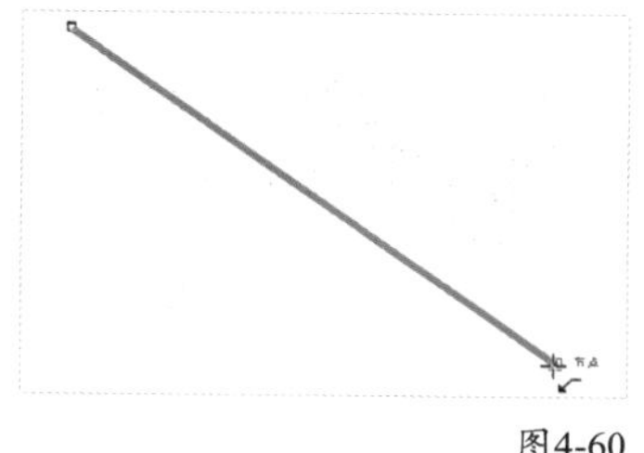

图4-60

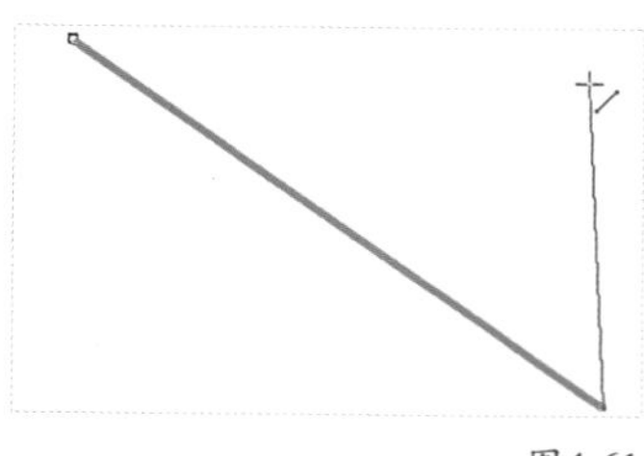

图4-61

连续绘制到首尾节点合并，可以形成面，如图4-62所示。

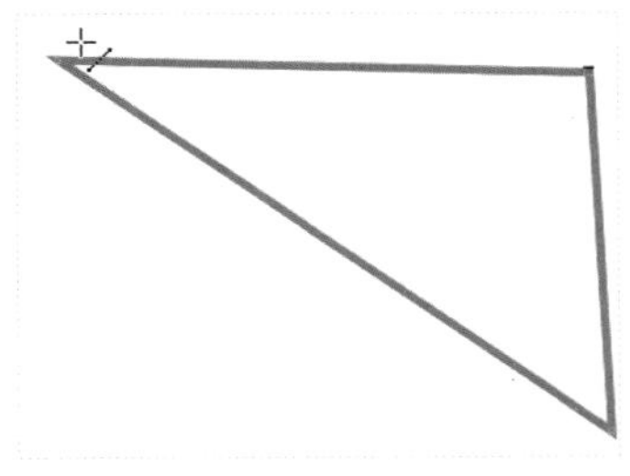

图4-62

4.3.2 设置绘制类型

在“2点线工具”的属性栏里可以切换绘制的2点线的类型，如图4-63所示。

图4-63

2点线工具选项介绍

2点线工具：连接起点和终点绘制一条直线。

垂直2点线：绘制一条与现有对象或线段垂直的2点线，如图4-64所示。

相切2点线：绘制一条与现有对象或线段相切的2点线，如图4-65所示。

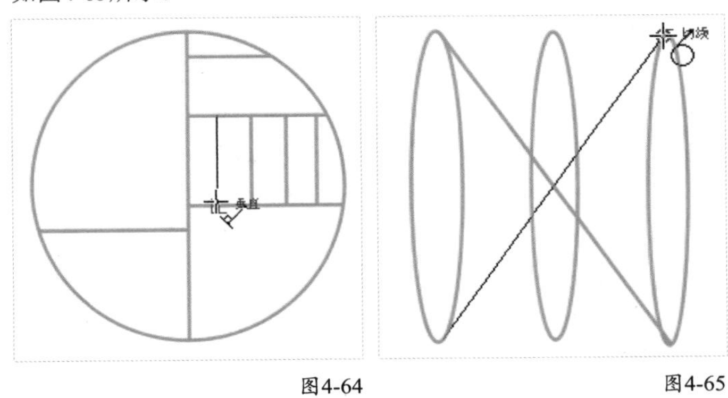

图4-64　图4-65

4.4 贝塞尔工具

“贝塞尔工具”是所有绘图类软件中最为重要的工具之一，用它可以创建更为精确的直线和对称流畅的曲线，我们可以通过改变节点和控制其位置来变化曲线弯度。在绘制完成后，可以通过节点进行曲线和直线的修改。

4.4.1 直线的绘制方法

单击“工具箱”上的“贝塞尔工具”，将光标移动到页面的空白处，单击鼠标左键确定起始节点，然后移动光标单击鼠标左键确定下一个点，此时两点间将出现一条直线，如图4-66所示，按住Shift键可以创建水平与垂直线。

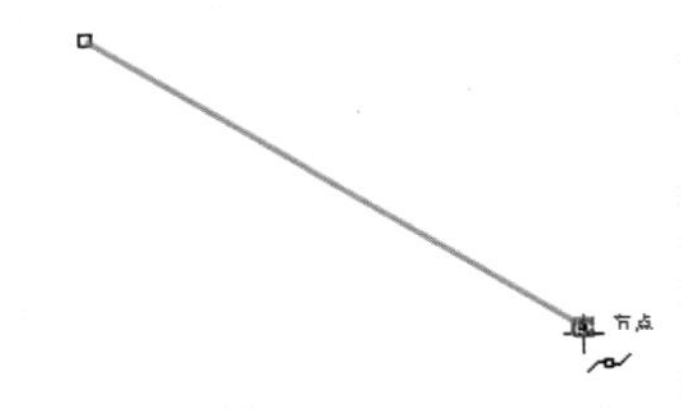

图4-66

与手绘工具的绘制方法不同，使用“贝塞尔工具”只需要继续移动光标，单击左键添加节点就可以进行连续绘制，如图4-67所示，停止绘制可以按“空格”键或者单击“选择工具”完成编辑。首尾两个节点相接可以形成一个面，可以进行编辑与填充，如图4-68所示。

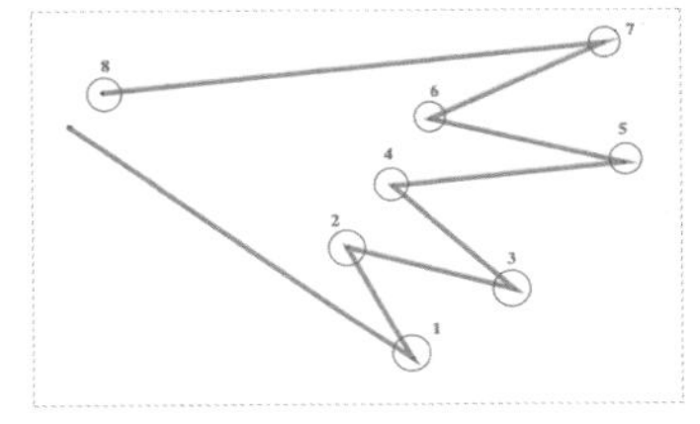

图4-67

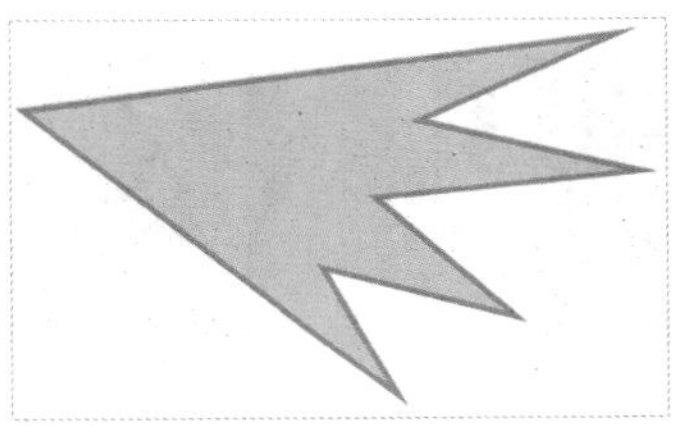

图4-68

4.4.2 曲线的绘制方法

在绘制贝塞尔曲线之前，我们要先对贝塞尔曲线的类型进行了解。

认识贝塞尔曲线

“贝塞尔曲线”是由可编辑节点连接而成的直线或曲线，每个节点都有两个控制点，允许修改线条的形状。

在曲线段上每选中一个节点，都会显示其相邻节点的一条或两条方向线，如图4-69所示。方向线以方向点结束，方向线与方向点的长短和位置决定曲线线段的大小和弧度形状，移动方向线则改变曲线的形状，如图4-70所示。方向线也可以叫“控制线”，方向点叫“控制点”。

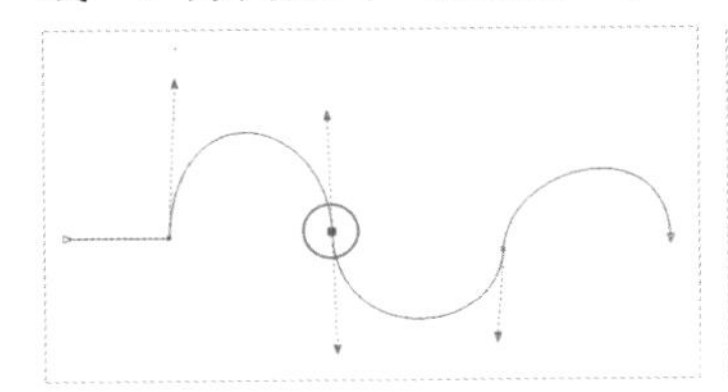

图4-69

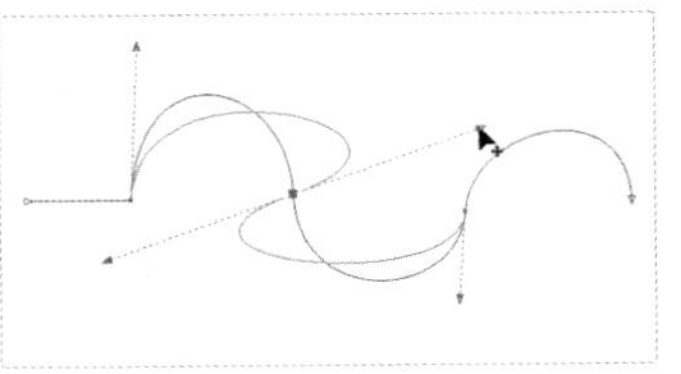

图4-70

贝塞尔曲线分为“对称曲线”和“尖突曲线”两种。

对称曲线：在使用对称时，调节“控制线”可以使当前节点两端的曲线端等比例进行调整，如图4-71所示。

尖突曲线：在使用尖突时，调节“控制线”只会调节节点一端的曲线，如图4-72所示。

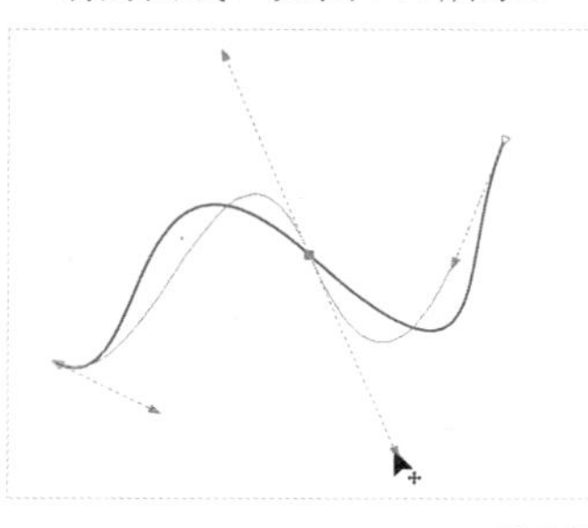

图4-71

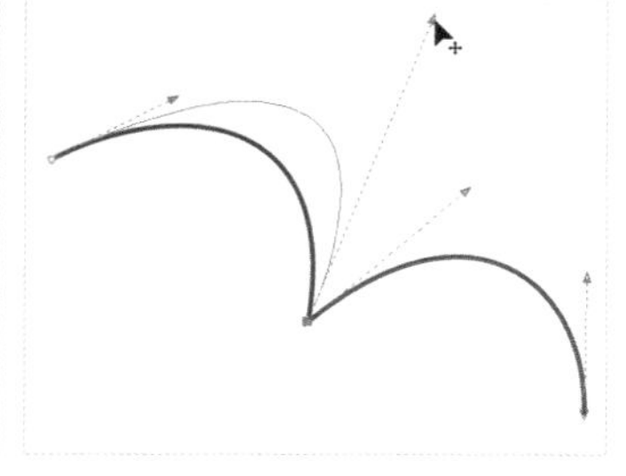

图4-72

贝塞尔曲线可以是没有闭合的线段，也可以是闭合的图形。我们可以利用贝塞尔绘制矢量图案，单独绘制的线段和图案都以图层的形式存在，经过排放可以绘制各种简单和复杂的图案，如图4-73所示。如果变为线稿，可以看出曲线的痕迹，如图4-74所示。

图4-73

图4-74

绘制曲线

单击“工具箱”上的“贝塞尔工具”，然后将光标移动到页面空白处，按住鼠标左键并拖曳，确定第一个起始节点，此时节点两端出现蓝色控制线，如图4-75所示，调节“控制线”可控制曲线的弧度和大小，节点在选中时以实色方块显示，所以也可以叫作“锚点”。

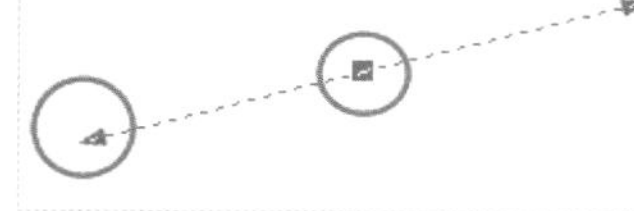

图4-75

技巧与提示

在调整节点时，按住Ctrl键再拖动鼠标，可以设置增量为15°调整曲线的弧度大小。

调整第一个节点后松开鼠标，然后移动光标到下一个位置上，按住鼠标左键拖曳控制线调整节点间曲线的形状，如图4-76所示。

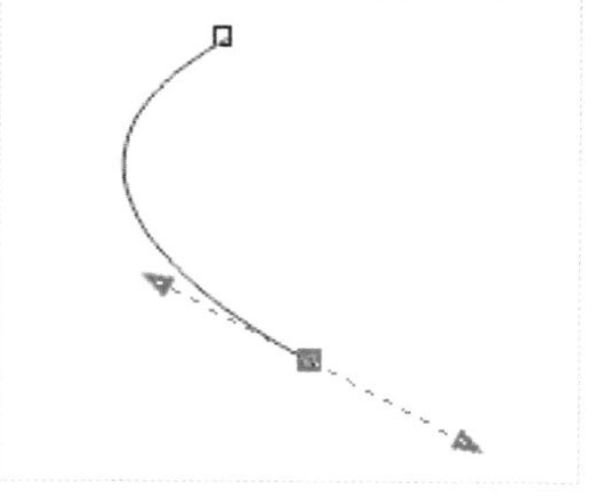

图4-76

在空白处继续进行拖曳控制线调整曲线，可以进行连续绘制，绘制完成后按“空格”键或者单击“选择工具”完成编辑。如果绘制闭合路径，那么，在起始节点和结束节点闭合时自动完成编辑，不需要按空格键，闭合路径可以进行颜色填充，如图4-77和图4-78所示。

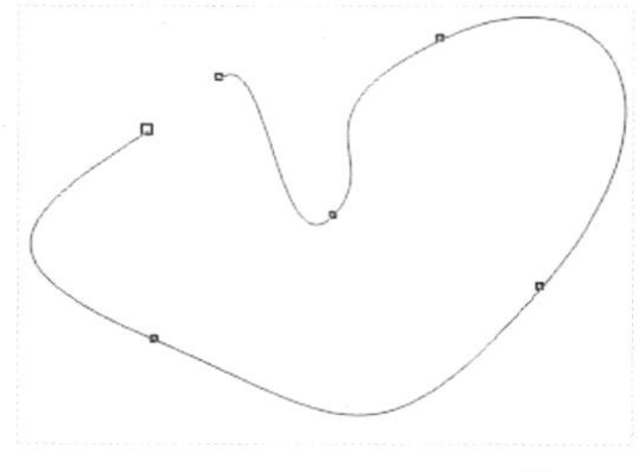

图4-77

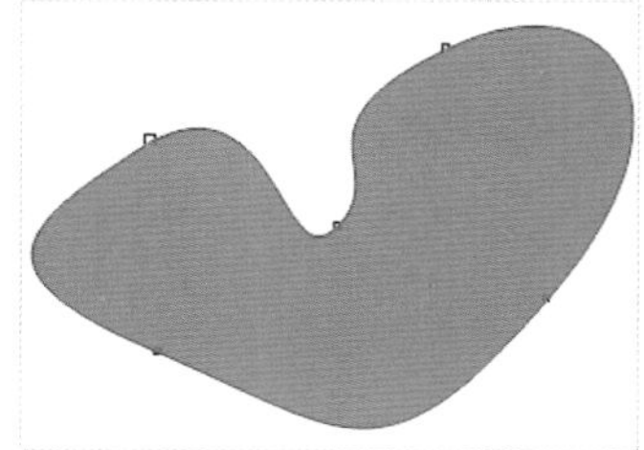

图4-78

疑难问答

问：节点位置定错了，但是已经拉动“控制线”了怎么办？

答：这时候，按住Alt键不放，将节点移动到需要的位置即可，这种方法适用于编辑过程中的节点位移。我们也可以在编辑完成后按“空格”键结束，配合“形状工具”进行位移节点修正。

★ 重点 ★

实战：绘制卡通插画

实例位置　下载资源>实例文件>CH04>实战：绘制卡通插画.cdr
素材位置　下载资源>素材文件>CH04>08.cdr、09.cdr
视频位置　下载资源>多媒体教学>CH04>实战：绘制卡通插画.flv
实用指数　★★★★☆
技术掌握　贝塞尔工具的使用方法

卡通插画效果如图4-79所示。

图4-79

01 新建一个空白文档，然后设置文档名称为“卡通插画”，接着设置“宽度”为205mm、“高度”为150mm。

02 使用“矩形工具”绘制一个矩形，然后单击“交互式填充工具”，接着在属性栏上设置“填充类型”为“线性”、两个节点的填充颜色为白色和（C:68，M:11，Y:0，K:0）、“填充中心点宽度”为94.787%、“旋转”为87.9°，效果如图

4-80所示。

图4-80

知识链接

有关“交互式填充工具” 的具体操作方法，请参阅“7.7交互式填充工具”下的相关内容。

03 使用“贝塞尔工具” 绘制出天空左边云彩的轮廓，如图4-81所示，然后填充白色，接着去除轮廓，效果如图4-82所示。

图4-81

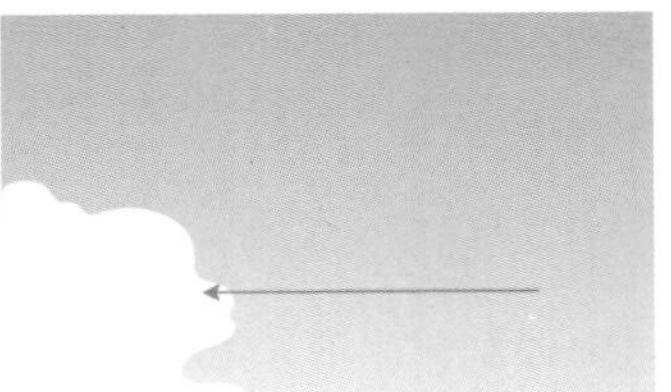

图4-82

04 使用“贝塞尔工具” 绘制页面左边的第2个云彩轮廓，如图4-83所示，然后填充颜色为（C:7，M:0，Y:2，K:0），接着去除轮廓，效果如图4-84所示。

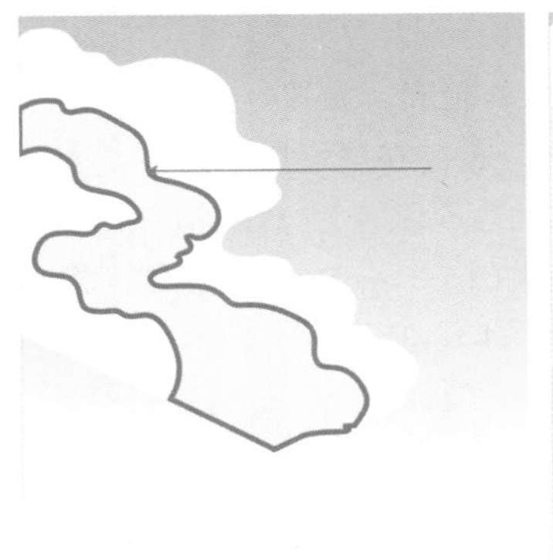

图4-83

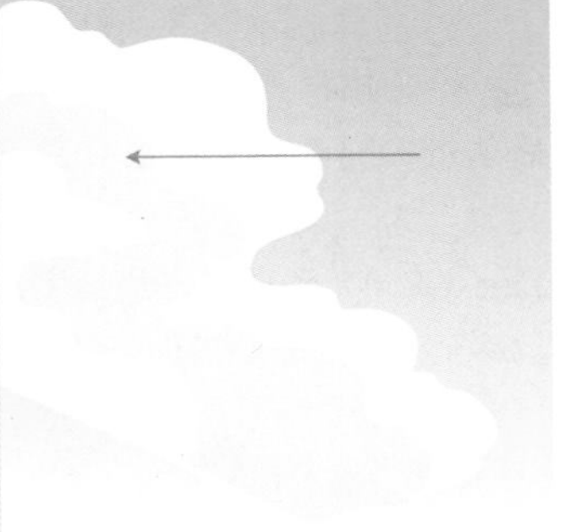

图4-84

在填充以上的云朵图形时，因为颜色的色差很小，所以肉眼不容易观察到，但绘制完成后，图形间颜色的过渡会更加自然。

05 绘制出左边第3个云彩的轮廓，如图4-85所示，然后填充颜色为（C:13，M:0，Y:2，K:0），接着去除轮廓，再选中左边的所有云彩，按Ctrl+G组合键进行对象组合，效果如图4-86所示。

06 按照上面的方法绘制出天空右边的第1个云彩轮廓，如图4-87所示，然后填充白色，接着去除轮廓，效果如图4-88所示。

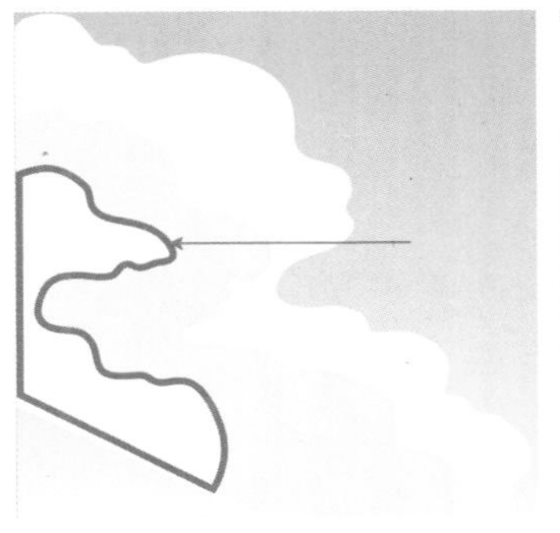

图4-85

图4-86

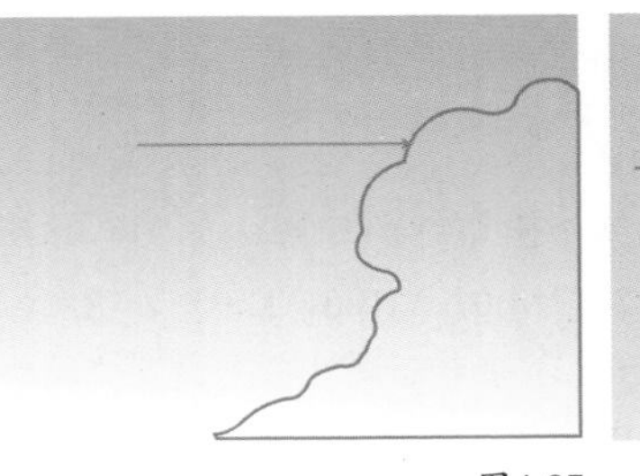

图4-87

图4-88

07 绘制出右边第2个云彩的轮廓，如图4-89所示，然后填充颜色为（C:7，M:0，Y:2，K:0），接着去除轮廓，效果如图4-90所示。

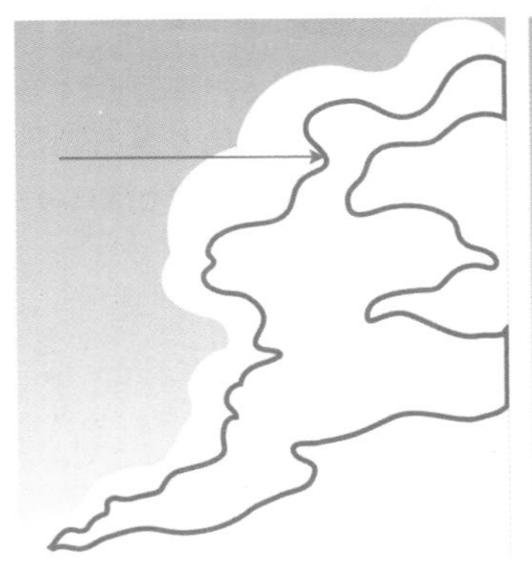

图4-89

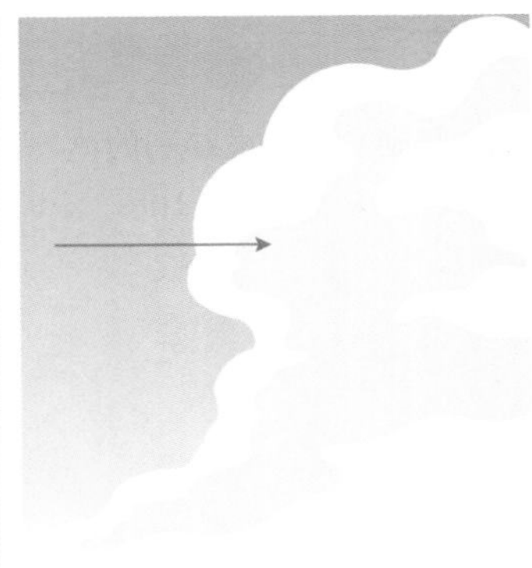

图4-90

08 绘制出右边第3个云彩的轮廓，如图4-91所示，然后填充颜色为（C:13，M:0，Y:2，K:0），接着去除轮廓，效果如图4-92所示。

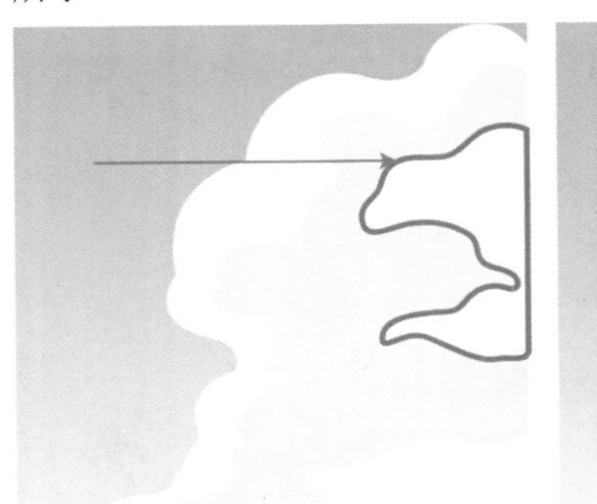

图4-91

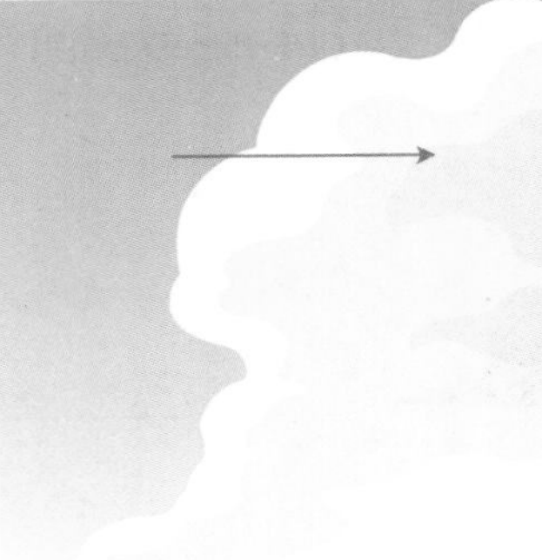

图4-92

09 绘制出右边第4个云彩的轮廓，如图4-93所示，然后填充颜色为（C:13，M:0，Y:2，K:0），接着去除轮廓，再选中右边的所有云彩，按Ctrl+G组合键进行对象组合，效果如图4-94所示。

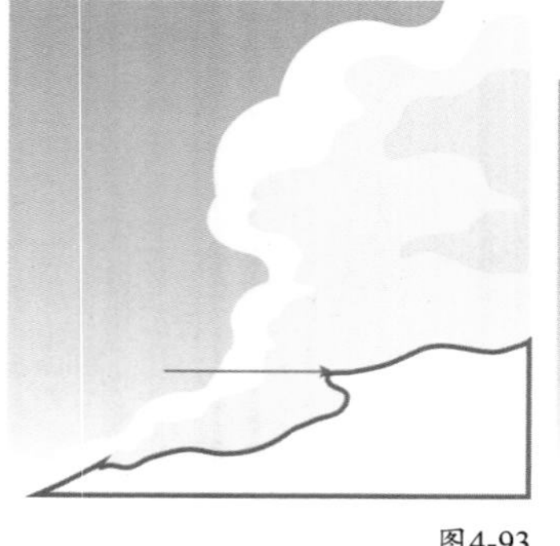
图4-93

图4-94

10 使用“贝塞尔工具” 绘制出草坪的轮廓，如图4-95所示，然后填充草坪颜色为（C:27，M:0，Y:100，K:0）、轮廓颜色为（C:54，M:0，Y:100，K:0），接着在属性栏上设置“轮廓宽度”为0.35mm，效果如图4-96所示。

图4-95

图4-96

11 复制一个前面绘制的草坪，然后适当缩小，接着填充颜色为（C:54，M:0，Y:100，K:0），再去除轮廓，效果如图4-97所示。

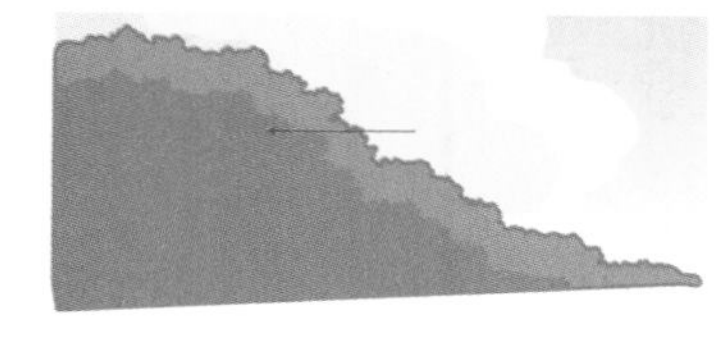
图4-97

12 使用“贝塞尔工具” 绘制出河面的外轮廓，如图4-98所示，然后单击“交互式填充工具” ，接着在属性栏上设置“填充类型”为“线性”、两个节点的填充颜色为（C:25，M:0，Y:1，K:0）和（C:91，M:67，Y:0，K:0），再去除轮廓，最后多次按Ctrl+PageDown组合键将对象放在云朵后面，效果如图4-99所示。

图4-98

图4-99

13 绘制出河岸的外轮廓，如图4-100所示，然后填充颜色为（C:11，M:9，Y:5，K:0），接着去除轮廓，效果如图4-101所示。

图4-100

图4-101

14 选中前面绘制的河岸图形，然后复制一份，接着稍微缩小，再填充颜色为（C:24，M:16，Y:13，K:0），效果如图4-102所示。

图4-102

15 绘制河岸下方泥土的外轮廓，如图4-103所示，然后填充颜色为（C:0，M:22，Y:45，K:0），接着去除轮廓，效果如图4-104所示。

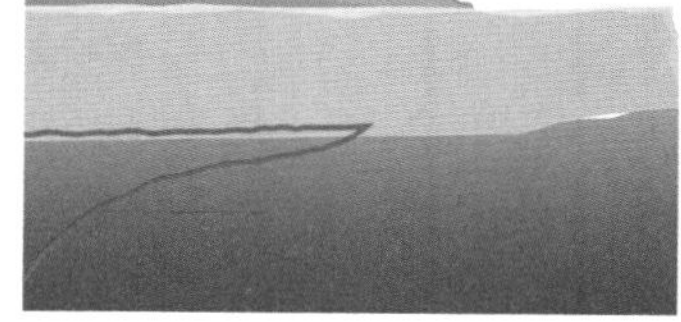
图4-103

图4-104

16 绘制出河面上第1个波浪的外轮廓，如图4-105所示，然后单击”交互式填充工具” ，接着在属性栏上设置“填充类型”为“线性”、两个节点的填充颜色为（C:18，M:42，Y:65，K:0）和白色，最后多次按Ctrl+PageDown组合键，将对象移至河岸对象的后面，效果如图4-106所示。

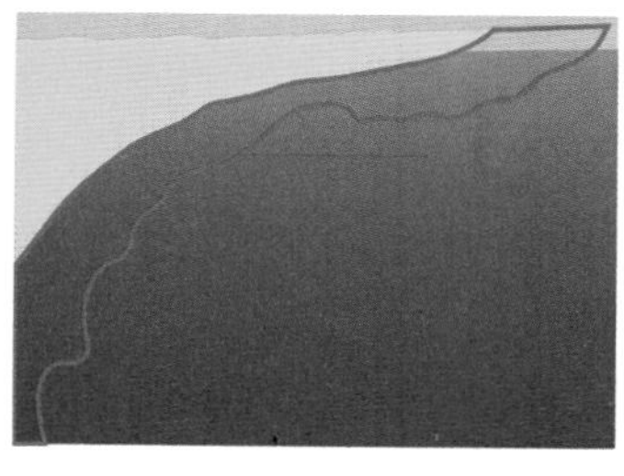
图4-105

图4-106

17 选中第1个波浪图形，然后单击“透明度工具” ，接着在属性栏上设置“透明度类型”为“均匀透明度”、“合并模式”为“常规”、“透明度”为82，设置后的效果如图4-107所示。

有关“透明度工具” 的具体使用方法，请参阅“10.7 透明效果”下的相关内容。

图4-107

18 绘制第2个波浪的外轮廓，如图4-108所示，然后填充颜色为（C:16，M:4，Y:0，K:0），接着去除轮廓，效果如图4-109所示。

图4-108

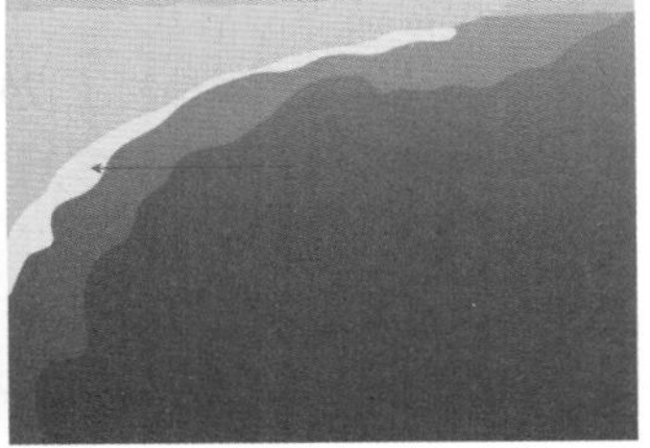

图4-109

19 绘制第3个波浪的外轮廓，如4-110所示，然后单击“交互式填充工具”，接着在属性栏上设置“填充类型”为“线性”、两个节点的填充颜色为白色和浅蓝色（C:69，M:16，Y:0，K:0），再去除轮廓，最后多次按Ctrl+PageDown组合键，将对象移至河岸对象的后面，效果如图4-111所示。

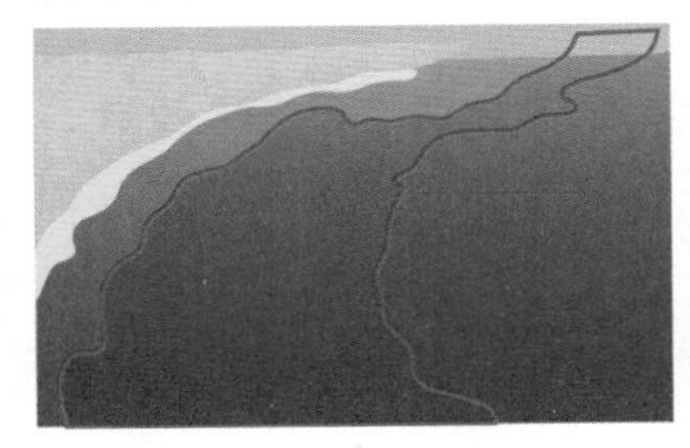

图4-110

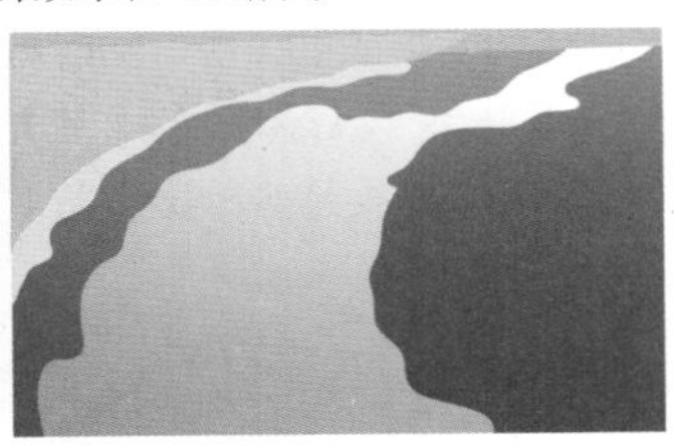

图4-111

20 选中第3个波浪图形，然后单击“透明度工具”，接着在属性栏上设置“透明度类型”为“均匀透明度”、“合并模式”为“常规”、“透明度”为72，效果如图4-112所示。

图4-112

21 绘制第4个波浪的外轮廓，如图4-113所示，然后单击“交互式填充工具”，接着在属性栏上设置“填充类型”为“线性”、两个节点的填充颜色为（C:0，M:0，Y:0，K:0）和（C:69，M:16，Y:0，K:0），最后去除轮廓，效果如图4-114所示。

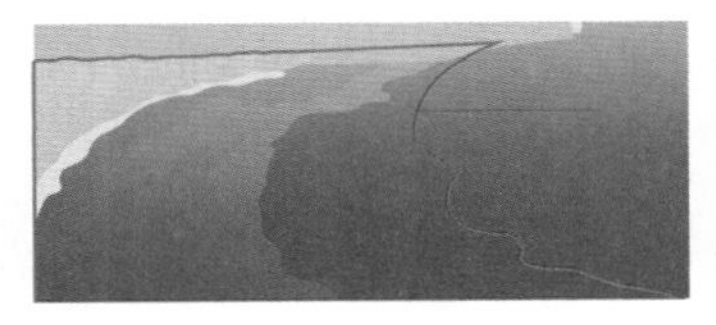

图4-113

图4-114

22 选中第4个波浪图形，然后单击“透明度工具”，接着在属性栏上设置“透明度类型”为“均匀透明度”、“合并模式”为“常规”、“透明度”为72，最后多次按Ctrl+PageDown组合键，将对象放在第3个波浪图形的下面，效果如图4-115所示。

图4-115

23 绘制第5个波浪的外轮廓，如图4-116所示，然后单击“交互式填充工具”，接着在属性栏上设置“填充类型”为“线性”、两个节点的填充颜色为白色和蓝色（C:82，M:51，Y:0，K:0），最后去除轮廓，效果如图4-117所示。

图4-116

图4-117

24 选中第5个波浪图形，然后单击“透明度工具”，接着在属性栏上设置“透明度类型”为“均匀透明度”、“合并模式”为“常规”、“透明度”为72，最后多次按Ctrl+PageDown组合键，将对象放在泥土对象的下面，效果如图4-118所示。

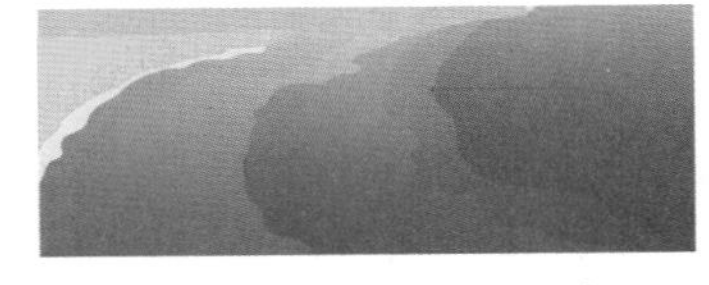

图4-118

25 绘制第6个波浪的外轮廓，如图4-119所示，然后单击“交互式填充工具”，接着在属性栏上设置“填充类型”为“线性”、两个节点的填充颜色为白色和（C:84，M:60，Y:0，K:0），最后去除轮廓，效果如图4-120所示。

图4-119

图4-120

26 选中第6个波浪图形，然后单击“透明度工具”，接着在属性栏上设置“透明度类型”为“均匀透明度”、“合并模式”为“常规”、“透明度”为72，最后多次按Ctrl+PageDown

组合键，将对象放在河岸对象的下面，效果如图4-121所示。

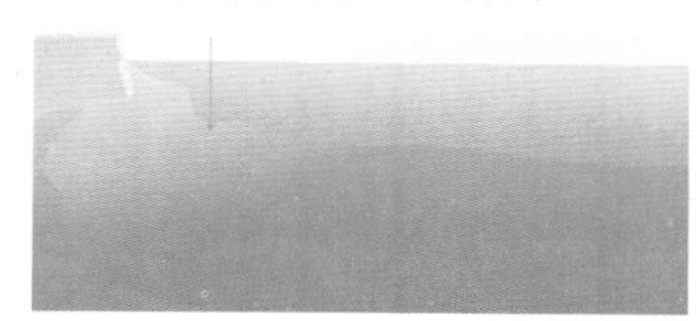

图4-121

27 绘制第7个波浪的外轮廓，如图4-122所示，然后单击“交互式填充工具”，接着在属性栏上设置“填充类型”为“线性”、两个节点的填充颜色为白色和（C:84，M:60，Y:0，K:0），效果如图4-123所示。

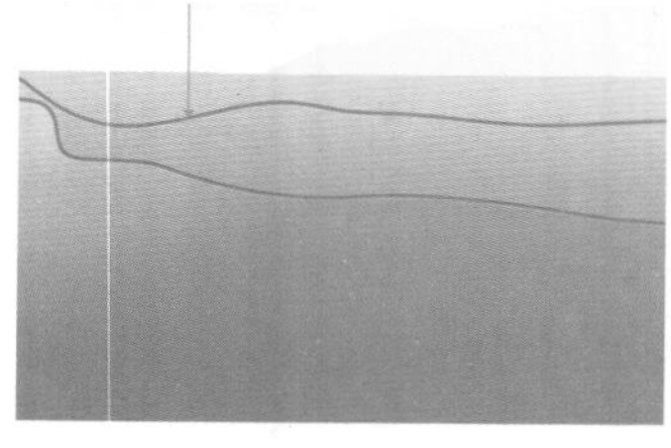

图4-122

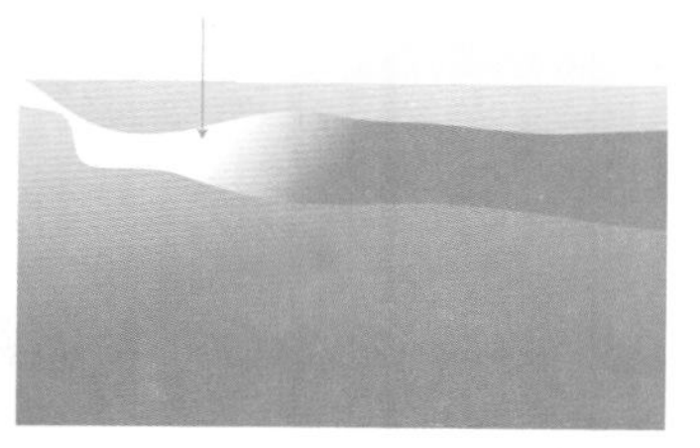

图4-123

28 选中第7个波浪图形，然后单击“透明度工具”，接着在属性栏上设置“透明度类型”为“均匀透明度”、“合并模式”为“常规”、“透明度”为72，效果如图4-124所示。

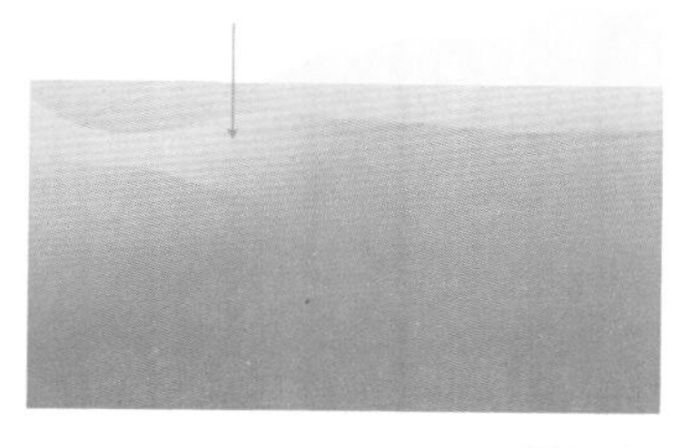

图4-124

29 绘制第8个波浪的外轮廓，如图4-125所示，然后单击“交互式填充工具”，接着在属性栏上设置“填充类型”为“线性”、两个节点的填充颜色为白色和（C:82，M:53，Y:0，K:0），最后去除轮廓，效果如图4-126所示。

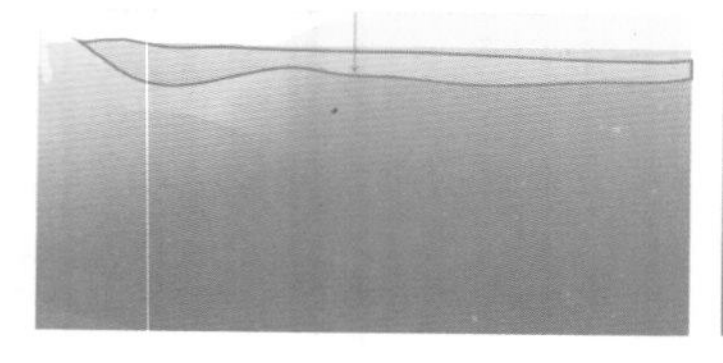

图4-125

图4-126

30 选中第8个波浪图形，然后单击“透明度工具”，接着在属性栏上设置“透明度类型”为“均匀透明度”、“合并模式”为“常规”、“透明度”为67，效果如图4-127所示。

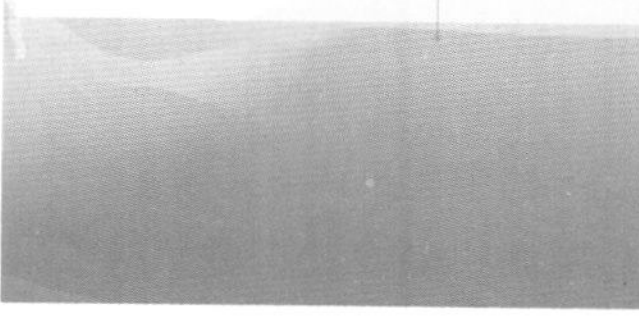

图4-127

31 使用“贝塞尔工具”绘制出河面反光区域的轮廓，如图4-128所示，然后填充颜色为（C:16，M:4，Y:0，K:0），接着去除轮廓，如图4-129所示。

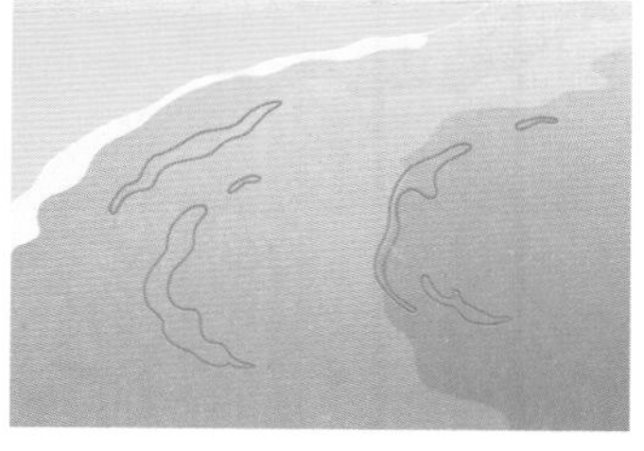

图4-128

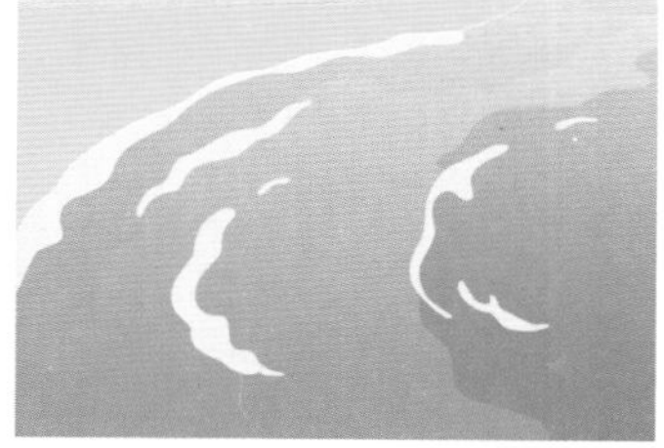

图4-129

32 选中前面绘制的几个反光区域轮廓，然后单击“透明度工具”，接着在属性栏上设置“透明度类型”为“均匀透明度”、“合并模式”为“常规”、“透明度”为57，效果如图4-130所示。

33 导入下载资源中的“素材文件>CH04>08.cdr”文件，然后适当调整大小，接着将其放在河面上方，如图4-131所示。

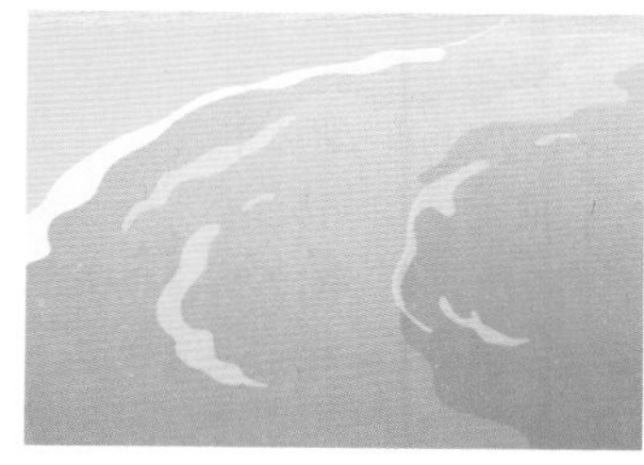

图4-130

图4-131

34 导入下载资源中的“素材文件>CH04>09.cdr”文件，然后适当调整大小，接着将其放在河面上方，最终效果如图4-132所示。

图4-132

4.4.3 贝塞尔的设置

双击“贝塞尔工具”打开“选项”面板，在“手绘/贝塞尔工具”选项组进行设置，如图4-133所示。

图4-133

手绘/贝塞尔工具选项介绍

手绘平滑：设置自动平滑程度和范围。

边角阈值：设置边角平滑的范围。

直线阈值：设置在进行调节时线条平滑的范围。

自动连结：设置节点之间自动吸附连接的范围。

4.4.4 贝塞尔的修饰

在使用贝塞尔进行绘制时，无法一次性得到需要的图案，所以需要在绘制后进行线条修饰，我们配合“形状工具”和属性栏，可以对绘制的贝塞尔线条进行修改，如图4-134所示。

图4-134

知识链接

这里在进行贝塞尔曲线相关的修形处理时，会讲解到“形状工具”的使用，我们可以参考“第6章 图形的修饰”的内容。

曲线转直线

在“工具箱”中单击“形状工具”，然后单击选中对象，在要变为直线的那条曲线上单击鼠标左键，出现黑色小点为选中，如图4-135所示。

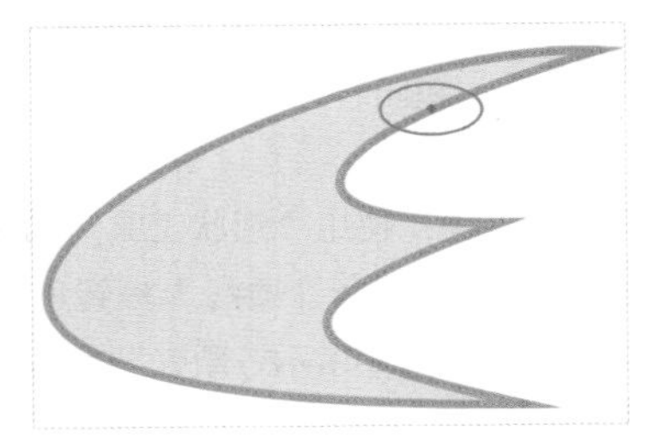

图4-135

在属性栏上单击“转换为线条”按钮，该线条即变为直线，如图4-136所示。另外，选中曲线单击鼠标右键，在弹出的下拉菜单中执行“到直线”命令，也可将曲线转变为直线，如图4-137所示。

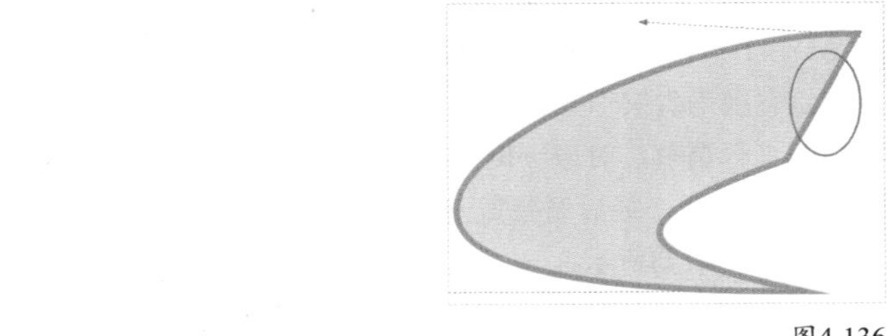

图4-136

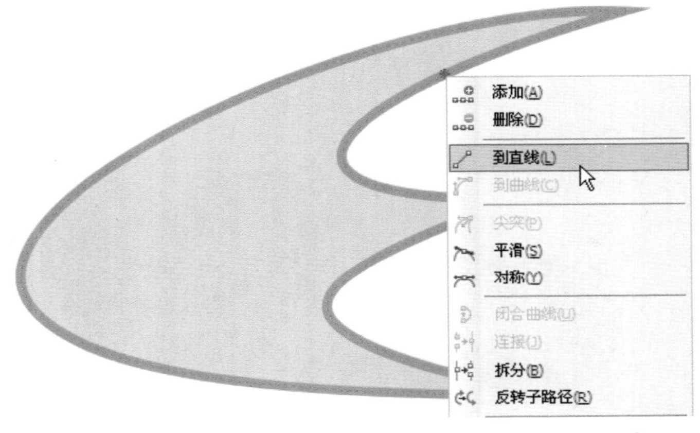

图4-137

直线转曲线

选中要变为曲线的直线，如图4-138所示，然后在属性栏上单击“转换为曲线”按钮，即可将直线转换为曲线，如图4-139所示，接着将光标移动到转换后的曲线上，当光标变为时，按住鼠标左键进行拖动调节曲线，最后双击增加节点，调节“控制点”使曲线变得更有节奏，如图4-140所示。

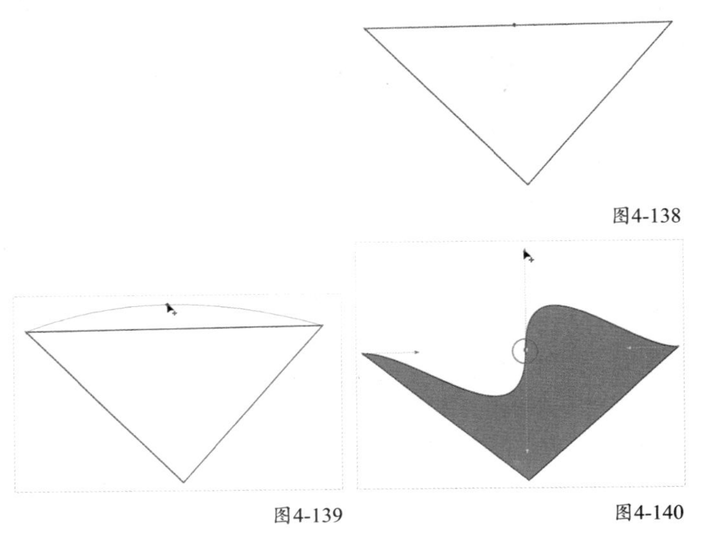

图4-138

图4-139

图4-140

对称节点转尖突节点

这项操作是针对节点的调节，它会影响节点与它两端曲线的变化。

单击“形状工具”，然后在节点上单击左键将其选中，如图4-141所示，接着在属性栏上单击“尖突节点”按钮，将该节点转换为尖突节点，再拖动其中一个“控制点”，将同侧的曲线进行调节，对应一侧的曲线和“控制线”并没有变化，如图4-142所示，最后调整另一边的“控制点”，可以得到一个心形，如图4-143所示。

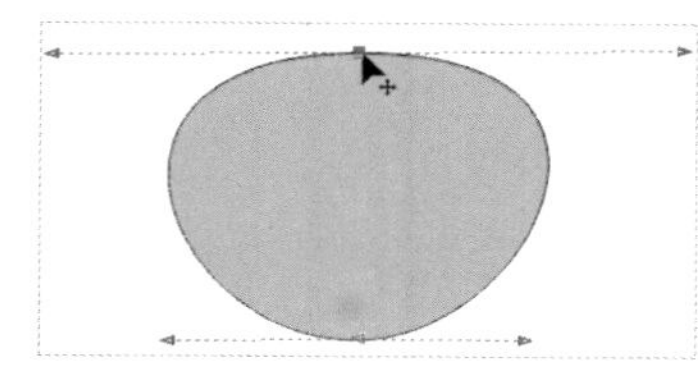
图4-141

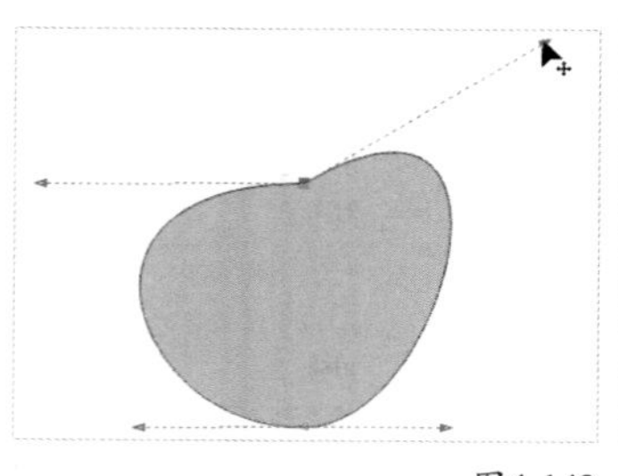
图4-142

图4-143

尖突节点转对称节点

单击“形状工具”，然后在节点上单击鼠标左键将其选中，如图4-144所示，接着在属性栏上单击“对称节点”按钮，将该节点变为对称节点，再拖动 “控制点”，同时调整两端的曲线，如图4-145所示。

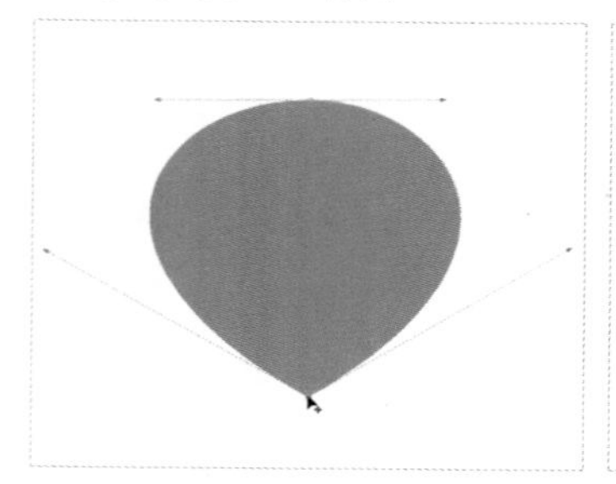
图4-144

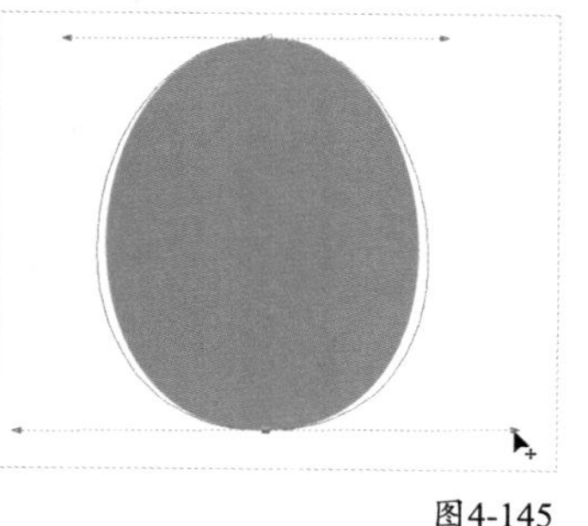
图4-145

闭合曲线

在使用“贝塞尔工具” 绘制曲线时，没有闭合起点和终点就不会形成封闭的路径，不能进行填充处理。闭合是针对节点进行操作的，方法有以下6种。

第1种：单击“形状工具”，然后选中结束节点，按住鼠标左键拖曳到起始节点，可以自动吸附闭合为封闭式路径，如图4-146所示。

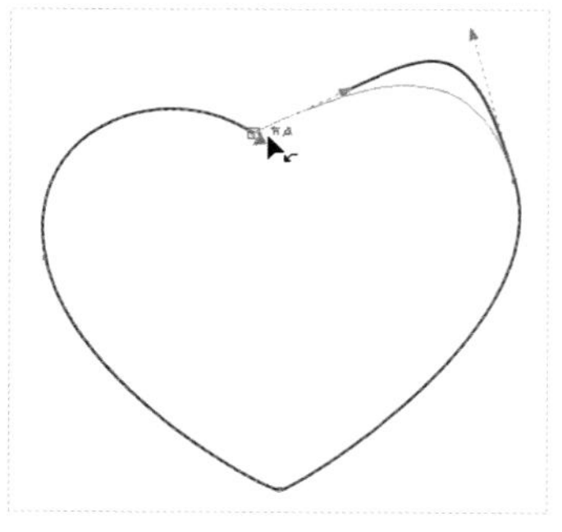
图4-146

第2种：使用“贝塞尔工具” 选中未闭合的线条，然后将光标移动到结束节点上，当光标出现时单击鼠标左键，接着将光标移动到开始节点，如图4-147所示，当光标出现时单击鼠标左键完成封闭路径，如图4-148所示。

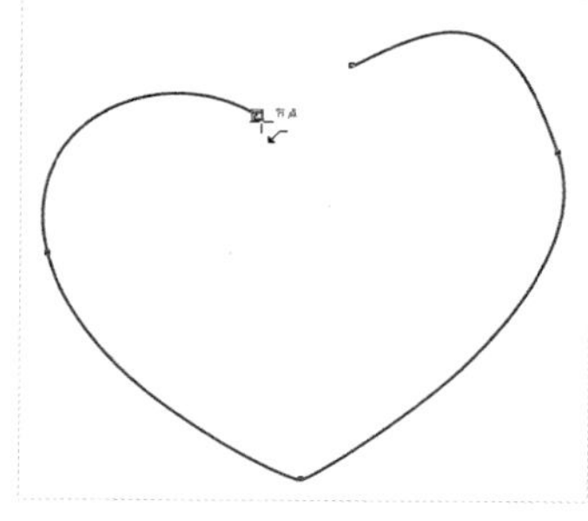
图4-147

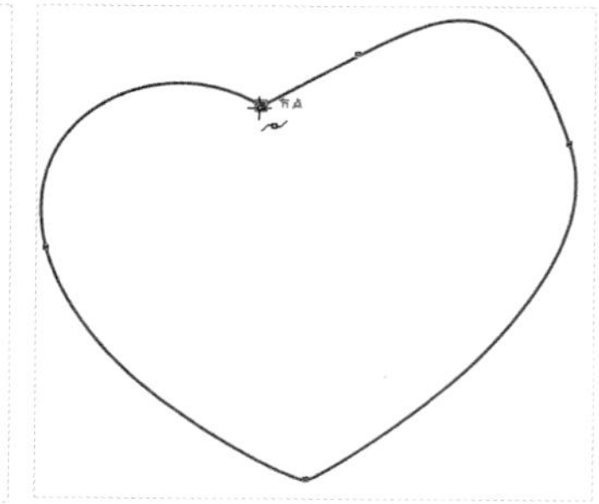
图4-148

第3种：使用“形状工具”选中未闭合的线条，然后在属性栏上单击“闭合曲线”按钮完成闭合。

第4种：使用“形状工具”选中未闭合的线条，然后单击鼠标右键，在下拉菜单中执行“闭合曲线”命令完成闭合曲线。

第5种：使用“形状工具”选中未闭合的线条，然后在属性栏上单击“延长曲线使之闭合”按钮，添加一条曲线完成闭合。

第6种：使用“形状工具”选中未闭合的起始和结束节点，然后在属性栏上单击“连接两个节点”按钮，将两个节点连接重合完成闭合。

断开节点

在编辑好的路径中可以进行断开操作，将路径分解为单独的线段。和闭合一样，断开操作也是针对节点进行的，方法有两种。

第1种：使用“形状工具”选中要断开的节点，然后在属性栏上单击“断开曲线”按钮，断开当前节点的连接，如图4-149和图4-150所示，断开节点后，闭合路径中的填充将消失。

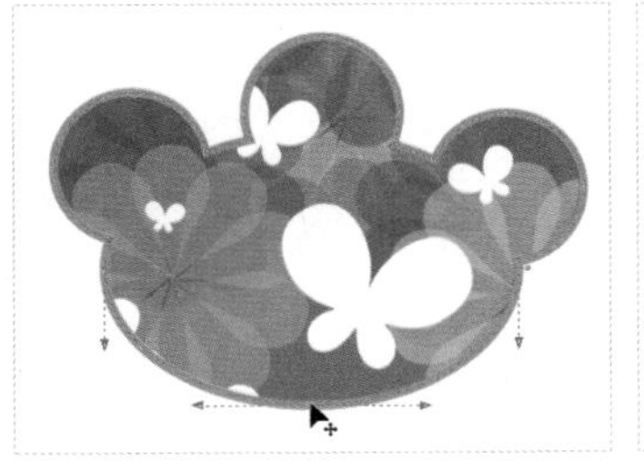

图4-149

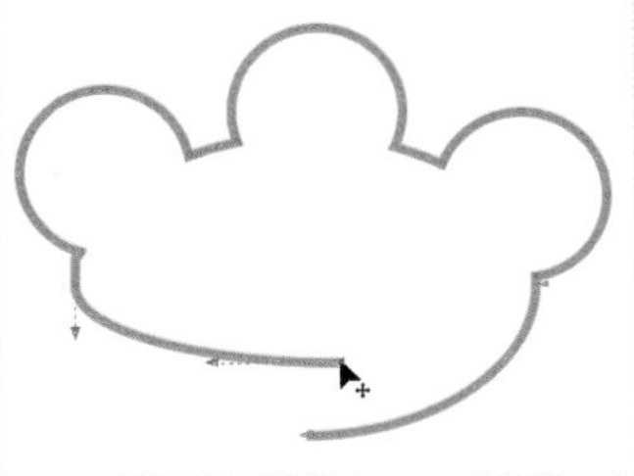

图4-150

当节点断开时，无法形成封闭路径，那么原图形的填充就无法显示了，将路径重新闭合后会重新显示填充。

第2种：使用“形状工具”选中要断开的节点，然后单击鼠标右键，在下拉菜单上执行“拆分”命令，进行断开节点。

闭合的路径可以进行断开，线段也可以进行分别断开。全选线段节点，然后在属性栏上单击“断开曲线”按钮，就可以分别移开节点，如图4-151所示。

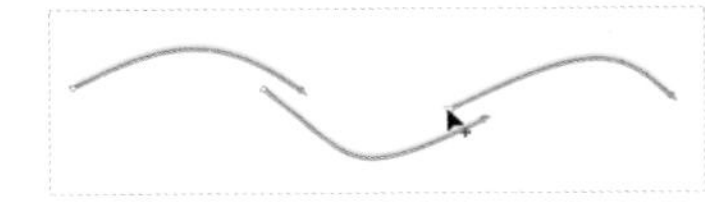

图4-151

选取节点

线段与线段之间的节点可以和对象一样被选取，单击“形状工具”，可以进行多选、单选、节选等操作。

选取操作介绍

选择单独节点：逐个单击进行选择编辑。

选择全部节点：按住鼠标左键在空白处拖动范围进行全选；按Ctrl+A组合键全选节点；在属性栏上单击“选择所有节点”按钮进行全选。

选择相连的多个节点：在空白处拖动范围进行选择。

选择不相连的多个节点：按住Shift键进行单击选择。

添加和删除节点

在使用“贝塞尔工具”进行编辑时，为了使编辑更加细致，我们会在调整时进行添加与删除节点。添加与删除节点的方法有以下4种。

第1种：选中线条上要加入节点的位置，如图4-152所示，然后在属性栏上单击“添加节点”按钮进行添加，如图4-153所示；单击“删除节点”按钮进行删除，如图4-154所示。

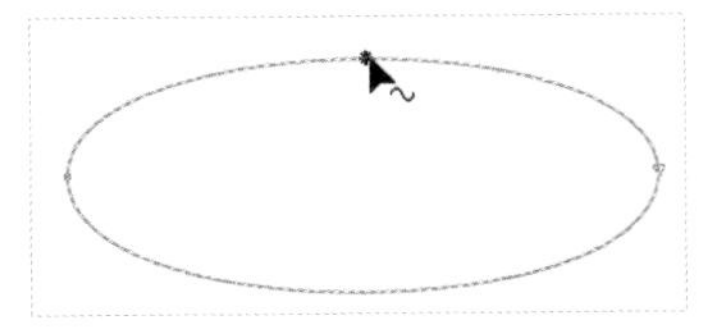

图4-152

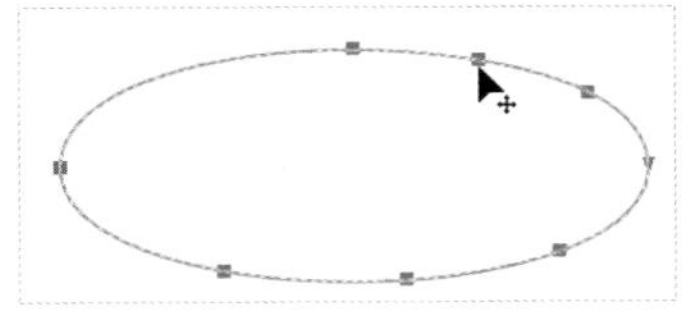

图4-153

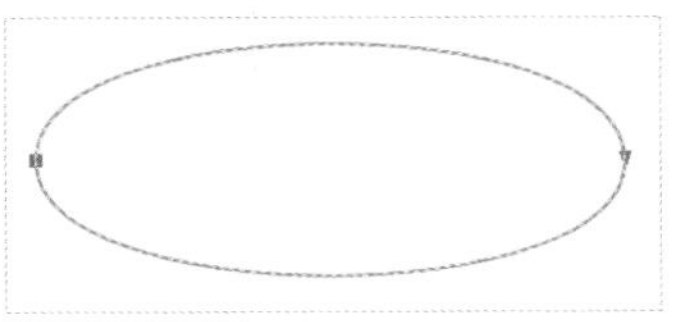

图4-154

第2种：选中线条上要加入节点的位置，然后单击鼠标右键，在下拉菜单中执行“添加”命令进行添加节点；执行“删除”命令进行删除节点。

第3种：在需要增加节点的地方，双击鼠标左键添加节点；双击已有节点进行删除。

第4种：选中线条上要加入节点的位置，按+键可以添加节点；按-键可以删除节点。

翻转曲线方向

曲线的起始节点到终止节点中所有的节点，由开始到结束是一个顺序，就算首尾相接，也是有方向的，如图4-155所示，在起始和结尾的节点都有箭头表示方向。

选中线条，然后在属性栏上单击“反转方向”按钮，可以变更起始和结束节点的位置，翻转方向，如图4-156所示。

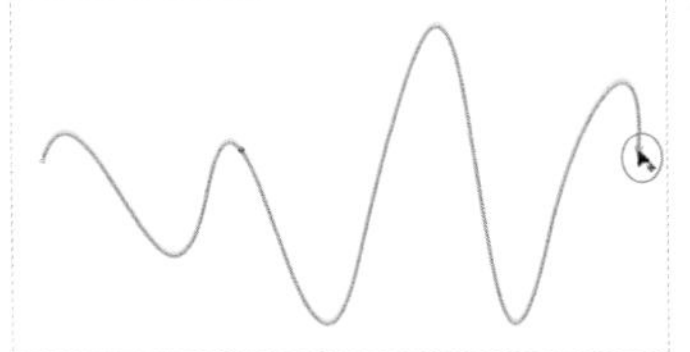

图4-155

图4-156

提取子路

一个复杂的封闭图形路径中包含很多子路径，在最外面的轮廓路径是“主路径”，其余所有在“主路径”内部的路径都是“子路径”，如图4-157所示，为了方便区分，可以标为“子路径1”，“子路径2”，依此类推。

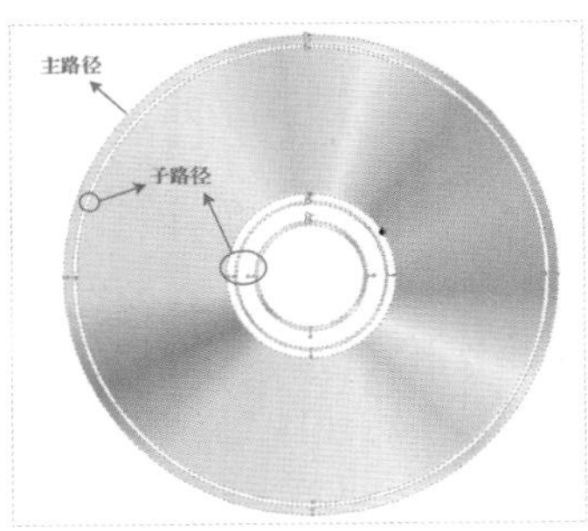

图4-157

我们可以提取出主路径内部的子路径做其他用处。单击“形状工具”，然后在要提取的子路径上单击任选一个点，如图4-158所示，接着在属性栏上单击“提取子路径”按钮进行提取，提取出的子路径以红色虚线显示，如图4-159所示，我们可以将提取的路径移出进行单独编辑，如图4-160所示。

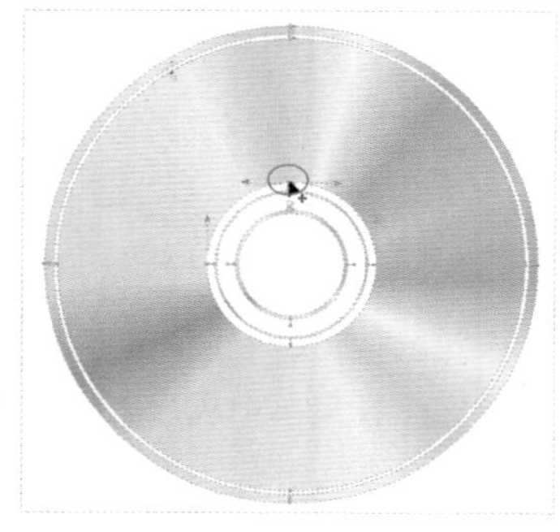
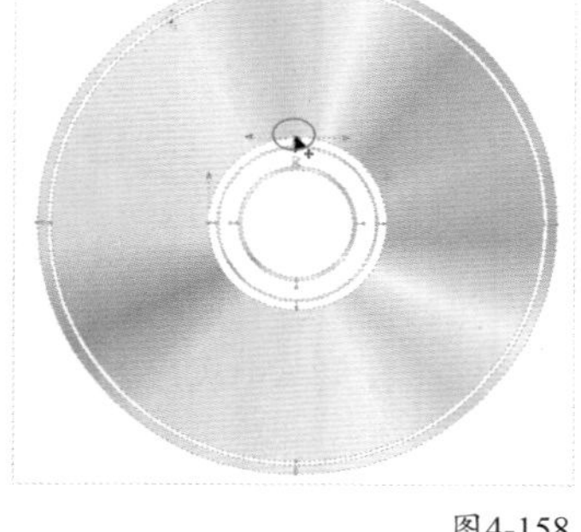
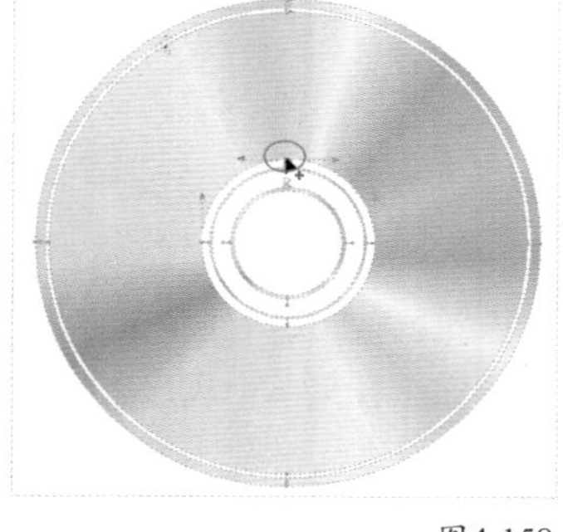

图4-158

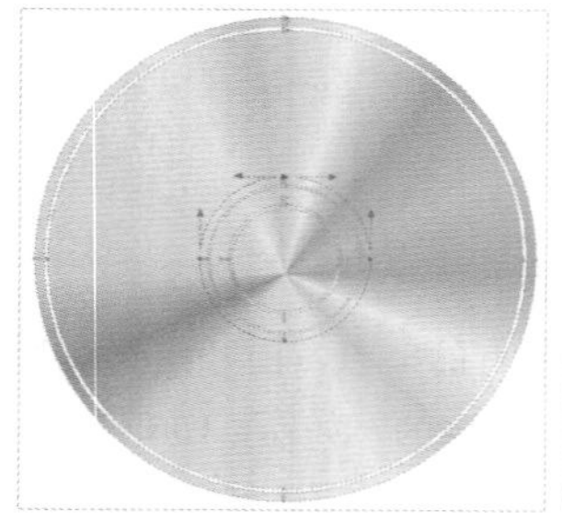

图4-159

图4-160

延展与缩放节点

单击“形状工具”，按住鼠标左键拖动一个范围将光盘中间的圆圈子路径全选中，然后单击属性栏上的“延展与缩放节点”按钮，显示8个缩放控制点，如图4-161所示，接着将光标移动到控制点上按住鼠标左键进行缩放，在缩放时按住Shift键可以中心缩放，如图4-162所示。

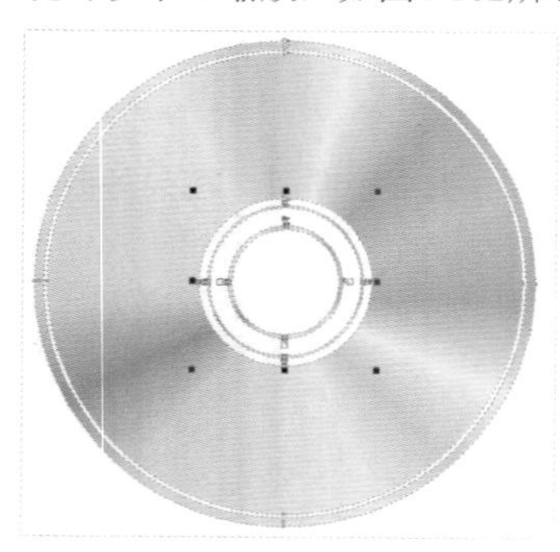

图4-161

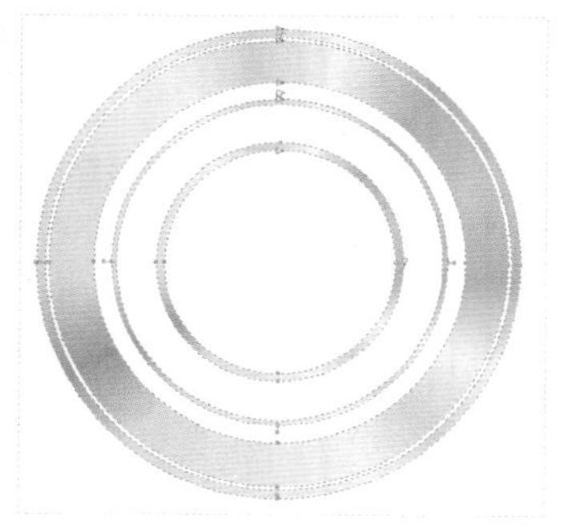

图4-162

旋转和倾斜节点

使用“形状工具”将光盘中间的圆圈子路径全选中，然后单击属性栏上的“旋转与倾斜节点”按钮，显示8个旋转控制点，如图4-163所示，接着将光标移动到旋转控制点上，按住鼠标左键可以进行旋转，如图4-164所示；移动到倾斜控制点上，按住鼠标左键可以进行倾斜，如图4-165所示。

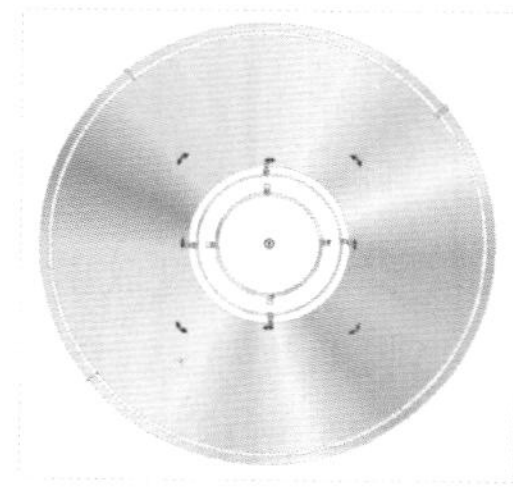

图4-163

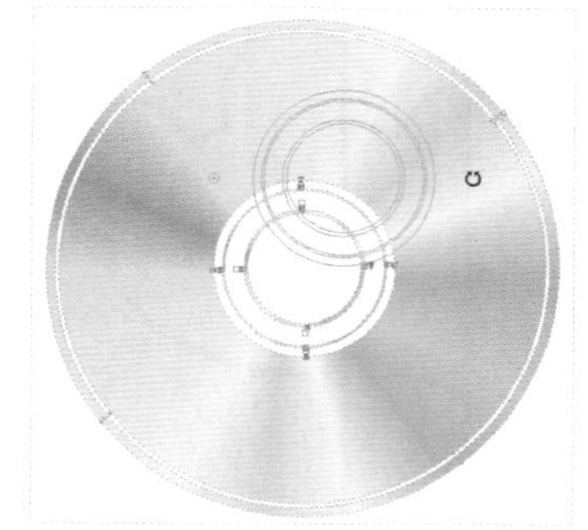

图4-164

图4-165

反射节点

反射节点用于在镜像作用下选中双方同一个点，按相反的方向发生相同的编辑。选中两个镜像的对象，单击“形状工具”，然后选中对应的两个节点，如图4-166所示，接着在属性栏上单击选中“水平反射节点”按钮或“垂直反射节点”按钮，最后将光标移动到其中一个选中的节点上进行移动或拖动“控制线”，相对的另一边的节点也会进行相同且方向相对的操作，如图4-167所示。

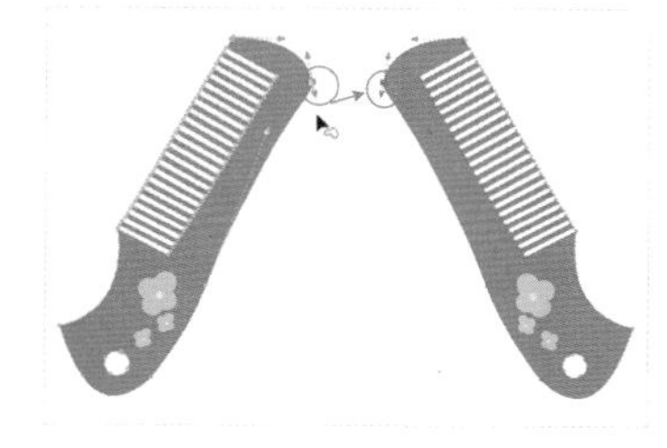

图4-166

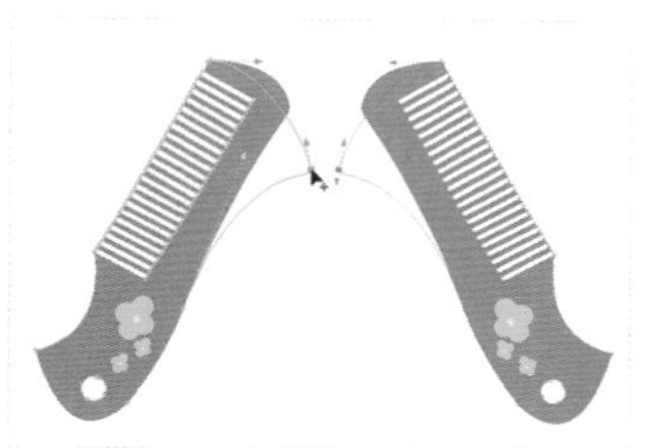

图4-167

节点的对齐

使用对齐节点的命令可以将节点对齐在一条平行或垂直线上。使用“形状工具”选中对象，然后单击属性栏上的“选择所有节点”按钮选中所有节点，如图4-168所示，接着单击属性栏上的“对齐节点”按钮，打开“节点对齐”对话框进行选择操作，如图4-169所示。

图4-168

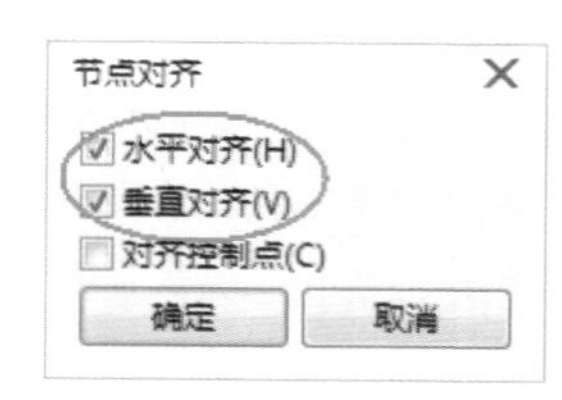

图4-169

节点对齐选项介绍

水平对齐：将两个或多个节点水平对齐，如图4-170所示，也可以全选节点进行对齐，如图4-171所示。

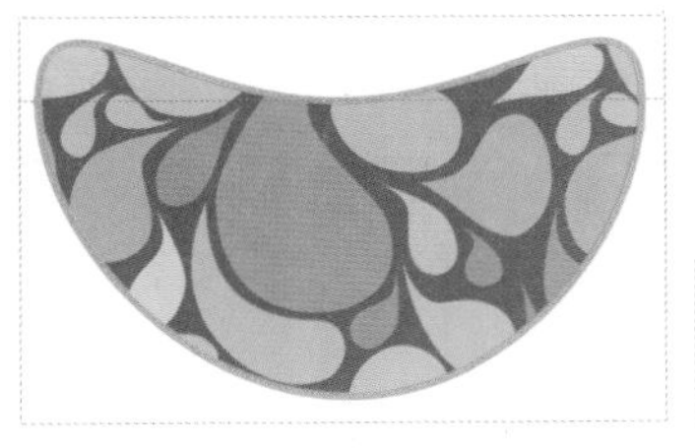

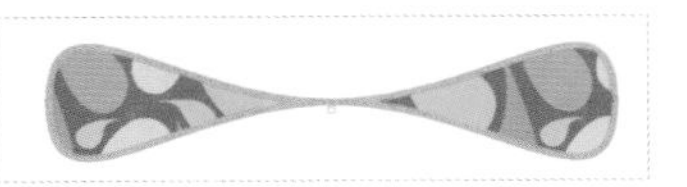

图4-170　　图4-171

垂直对齐：将两个或多个节点垂直对齐，如图4-172所示，也可以全选节点进行对齐。

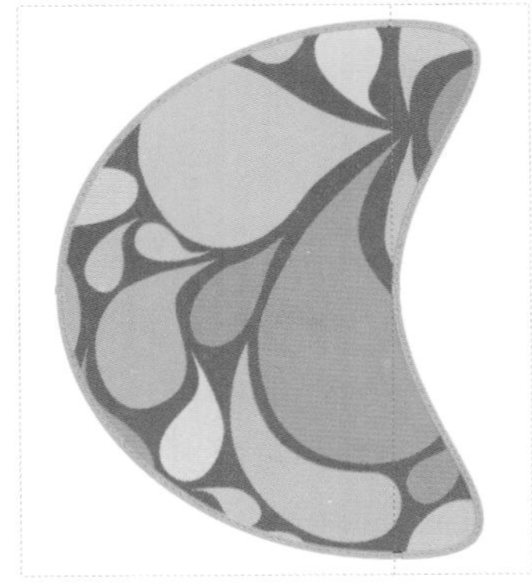

图4-172

同时勾选“水平对齐”和“垂直对齐”复选框，可以将两个或多个节点居中对齐，如图4-173所示，也可以全选节点进行对齐，如图4-174所示。

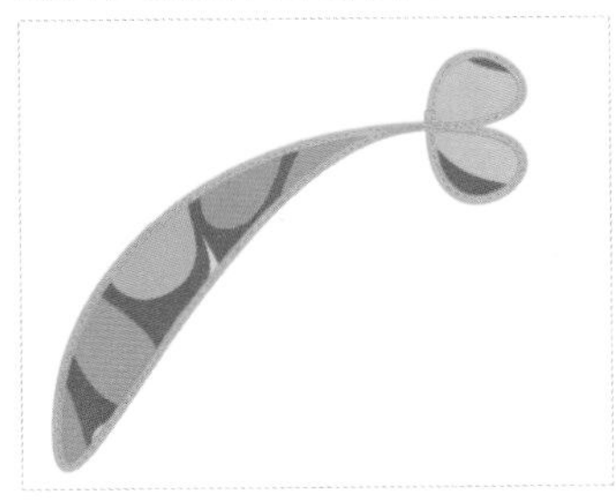

图4-173　　图4-174

对齐控制点：将两个节点重合并将以控制点为基准进行对齐，如图4-175所示。

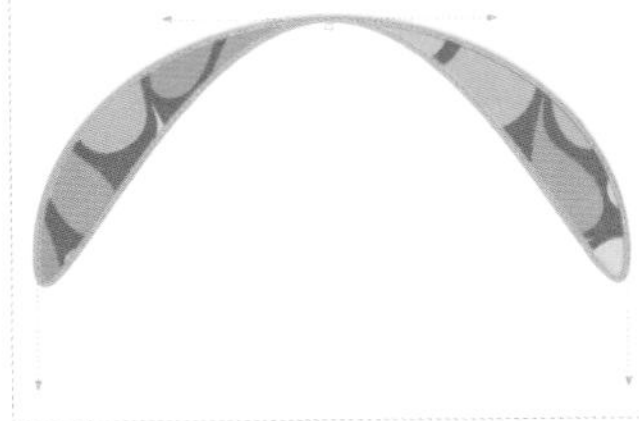

图4-175

★ 重点 ★

实战：用贝塞尔绘制鼠标

实例位置　下载资源>实例文件>CH04>实战：用贝塞尔绘制鼠标.cdr
素材位置　下载资源>素材文件>CH04>10.cdr、13.cdr
视频位置　下载资源>多媒体教学>CH04>实战：用贝塞尔绘制鼠标.flv
实用指数　★★★★☆
技术掌握　贝塞尔工具的运用方法

鼠标广告效果如图4-176所示。

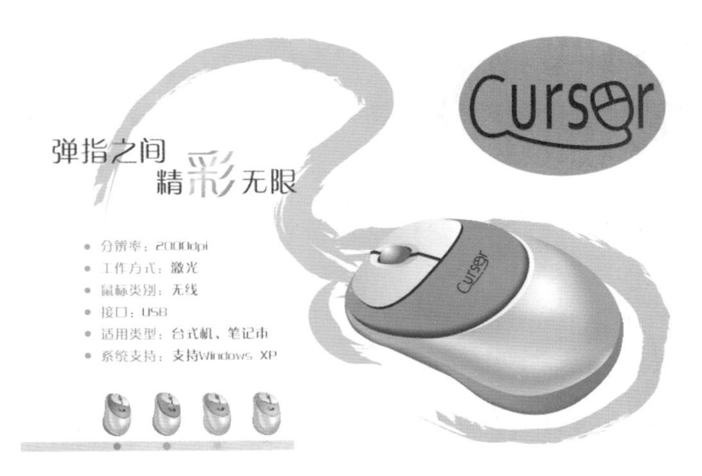

图4-176

01 新建一个空白文档，然后设置文档名称为“鼠标广告”，接着设置页面大小“宽”为250mm、“高”为180mm。

02 使用“贝塞尔工具”绘制鼠标底座，如图4-177所示，然后在状态栏上双击“渐层工具”，打开“编辑填充”对话框，在弹出的工具选项面板中选择“渐变填充”方式，设置从左到右的颜色为（C:14，M:70，Y:0，K:0）、（C:44，M:100，Y:33，K:0），接着设置“类型”为“线性渐变填充”、“镜像、重复和反转”为“默认渐变填充”、“填充宽度”为“73.219”、“水平偏移”为“14.922”、“垂直偏移”为“-14.256”、“旋转”为“-59.1”，最后单击“确定”按钮完成填充，如图4-178所示。填充完后单击去掉轮廓线，效果如图4-179所示。

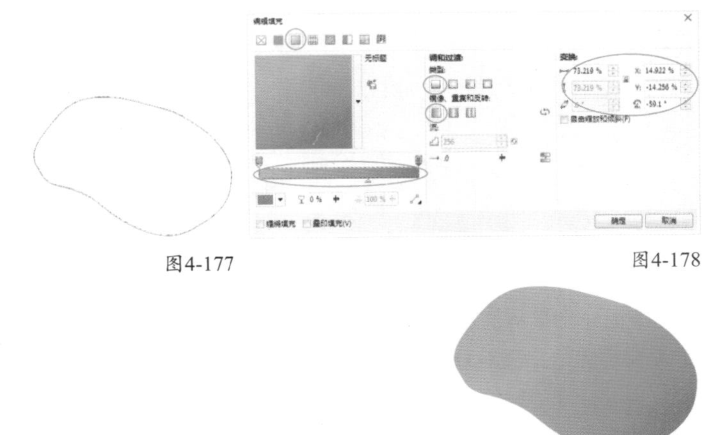

图4-177　　图4-178

图4-179

03 选中底座复制一份，然后填充下面对象的颜色为（C:58，M:100，Y:43，K:3），如图4-180所示，接着使用“调和工具”按住左键从上层往下层进行拖动调和，松开鼠标完成调和，如图4-181和图4-182所示，最后移动顶层对象调整位置，效果如图4-183所示。

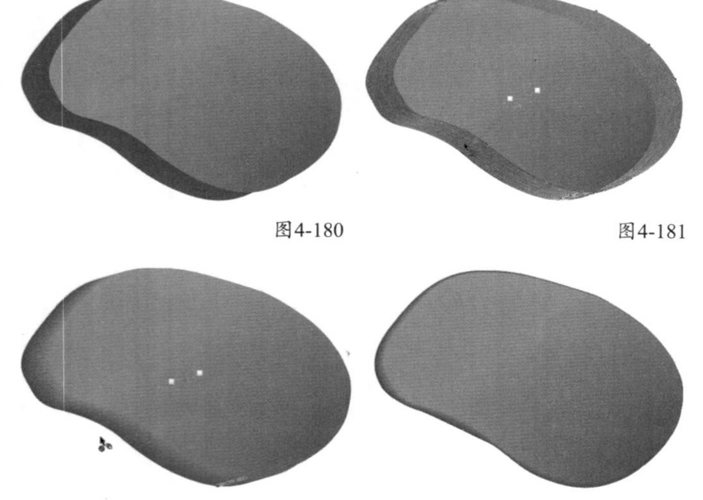

图4-180　图4-181

图4-182　图4-183

04 使用“贝塞尔工具”绘制鼠标身，然后导入光盘中的“素材文件>CH04>10.cdr”文件，接着按住鼠标右键将颜色样式拖到鼠标上，松开右键，在弹出的菜单中执行“复制填充”命令，如图4-184和图4-185所示，填充后的效果如图4-186所示。

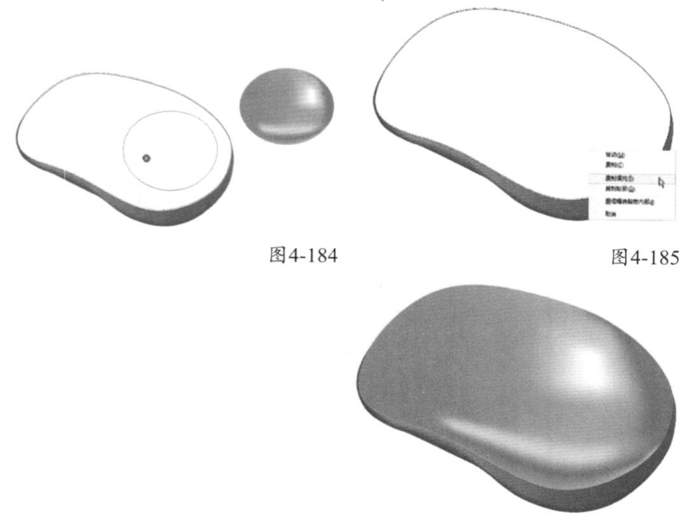

图4-184　图4-185

图4-186

05 下面绘制鼠标的彩色部分。使用“贝塞尔工具”绘制高光区域轮廓，如图4-187所示，然后双击状态栏上的“渐层工具”，打开“编辑填充”对话框，在弹出的工具选项面板中选择“渐变填充”方式，设置从左到右的颜色为（C:34，M:3，Y:24，K:0）、（C:0，M:0，Y:0，K:0），接着设置“类型”为“线性渐变填充”、“镜像、重复和反转”为“默认渐变填充”、“填充宽度”为“108.012”、“水平偏移”为“0”、“垂直偏移”为“0”、“旋转”为“10.6”，最后单击“确定”按钮完成填充，如图4-188所示。填充后去掉轮廓线，效果如图4-189所示。

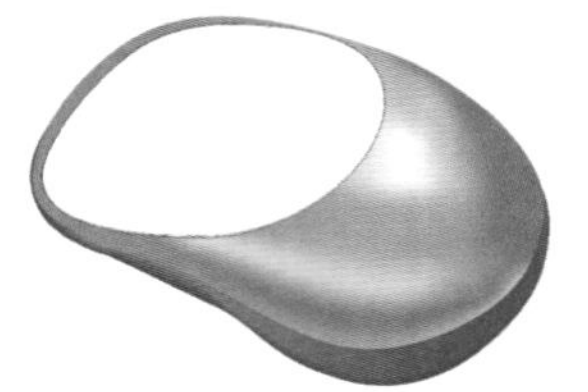

图4-187　图4-188

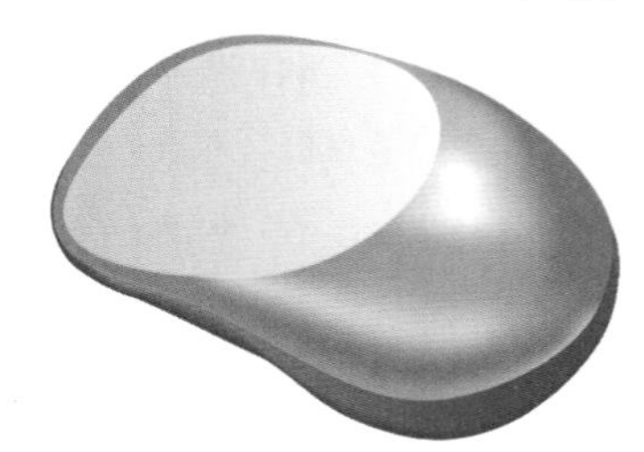

图4-189

06 使用“贝塞尔工具”绘制彩色区域轮廓，如图4-190所示，然后双击状态栏上的“渐层工具”，打开“编辑填充”对话框，在弹出的工具选项面板中选择“渐变填充”方式，设置从左到右的颜色为（C:20，M:80，Y:0，K:20）、（C:0，M:100，Y:0，K:0），接着设置“类型”为“椭圆形渐变填充”、“镜像、重复和反转”为“默认渐变填充”、“填充宽度”为“121.83”、“水平偏移”为“34.999”、“垂直偏移”为“4.314”，最后单击“确定”按钮完成填充，如图4-191所示。填充完后单击去掉轮廓线，效果如图4-192所示。

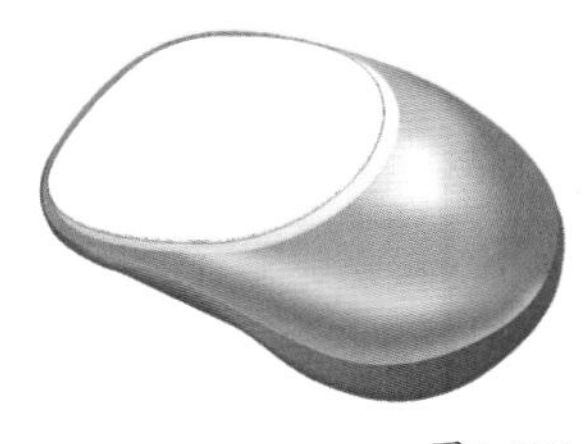

图4-190　图4-191

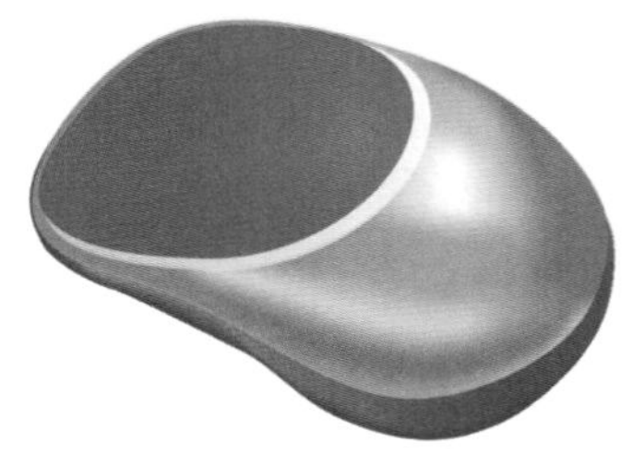

图4-192

07 将彩色区域复制一份，然后填充颜色为（C:69，M:100，Y:60，K:44），如图4-193所示，接着使用“调和工具”按住鼠标左键拖动调和效果，如图4-194所示，最后移动顶层对象调整位置，效果如图4-195所示。

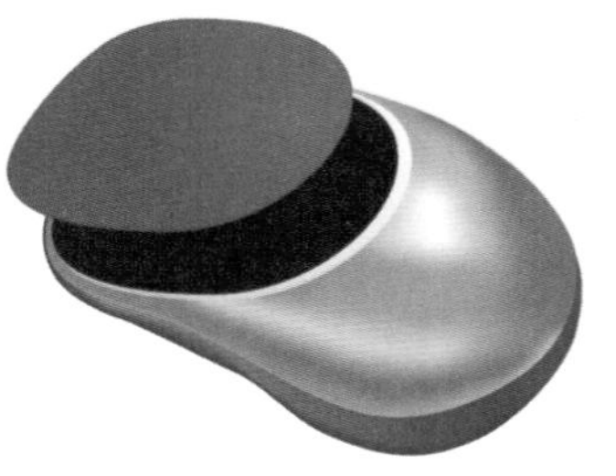

图4-193

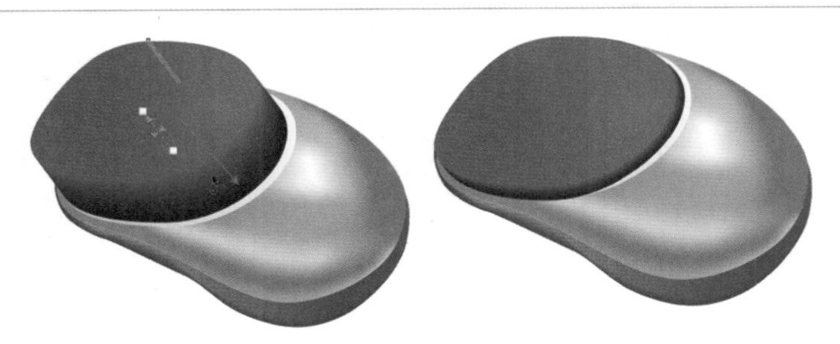

图4-194　　图4-195

08 使用“贝塞尔工具”绘制按键凹陷区域，然后填充颜色为（C:54，M:100，Y:100，K:44），如图4-196所示，接着复制一份，再更改颜色为（C:67，M:93，Y:91，K:64），如图4-197所示，并排放好位置。

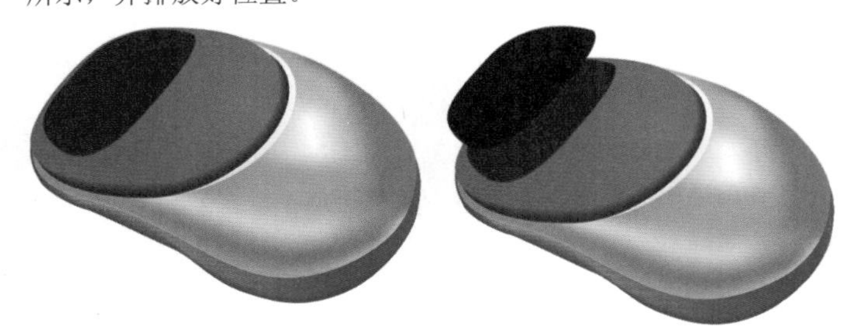

图4-196　　图4-197

09 下面绘制按键。使用“贝塞尔工具”绘制按键的大轮廓，先去掉轮廓线，然后在“编辑填充”对话框中选择“渐变填充”方式，设置“类型”为“线性渐变填充”、“镜像、重复和反转”为“默认渐变填充”，再设置“节点位置”为0%的色标颜色为（C:38，M:30，Y:28，K:0）、“节点位置”为100%的色标颜色为白色，接着单击“确定”按钮完成填充，效果如图4-198所示。

图4-198

10 使用“贝塞尔工具”绘制鼠标滚轮的凹陷区域，然后双击状态栏上的“渐层工具”，打开“编辑填充”对话框，在弹出的工具选项面板中选择“渐变填充”方式，设置从左到右的颜色为（C:0，M:0，Y:0，K:0）、（C:0，M:0，Y:0，K:50），接着设置“类型”为“椭圆形渐变填充”、“镜像、重复和反转”为“默认渐变填充”、“填充宽度”为“162.879”、“水平偏移”为“24.94”、“垂直偏移”为“-7.384”，最后单击“确定”按钮完成填充，如图4-199所示。填充完后去掉轮廓线，效果如图4-200所示。

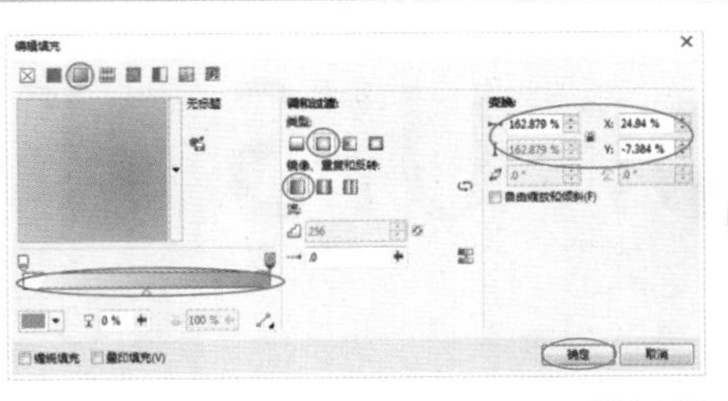

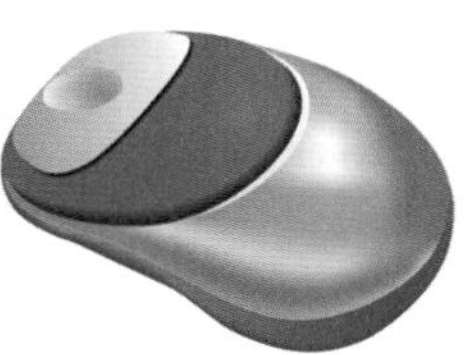

图4-199　　图4-200

11 使用“贝塞尔工具”绘制折线，复制一份，然后设置“轮廓宽度”为0.5mm，接着填充上方折线颜色为（C:67，M:93，Y:91，K:64），再填充下方折线颜色为（C:54，M:100，Y:100，K:44），如图4-201所示。

12 使用“贝塞尔工具”绘制滚轮挖空区域，然后双击“渐层工具”，在弹出的工具选项面板中选择“均匀填充”方式，打开“均匀填充”对话框，接着设置填充颜色为（C:67，M:93，Y:91，K:64），最后单击“确定”按钮完成填充，如图4-202所示。

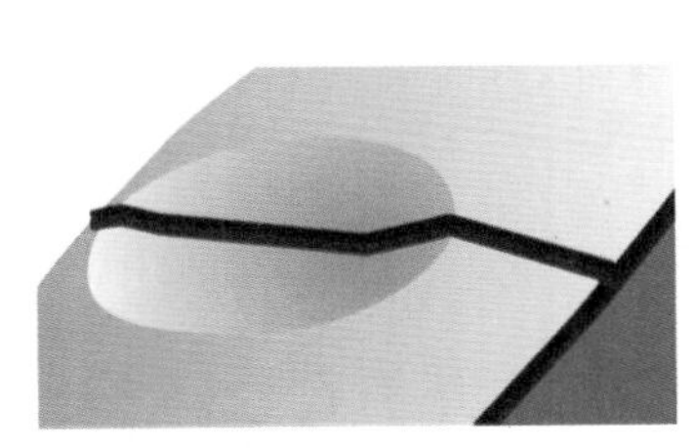

图4-201　　图4-202

13 使用“贝塞尔工具”绘制滚轮，然后双击状态栏上的“渐层工具”，打开“编辑填充”对话框，在弹出的工具选项面板中选择“渐变填充”方式，设置从左到右的颜色为（C:58，M:100，Y:43，K:3）、（C:0，M:0，Y:0，K:0），接着设置“类型”为“椭圆形渐变填充”、“镜像、重复和反转”为“默认渐变填充”、“填充宽度”为“104.237”、“水平偏移”为“-26.199”、“垂直偏移”为“30.849”，最后单击“确定”按钮完成填充，如图4-203所示。填充完后去掉轮廓线，效果如图4-204所示。

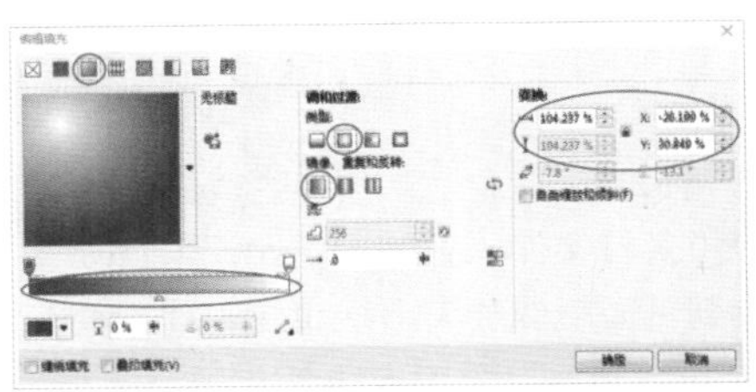

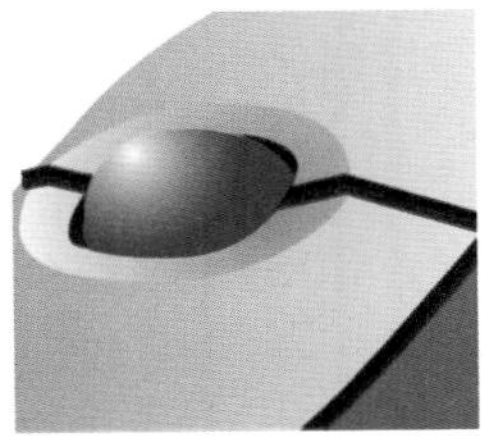

图4-203　　图4-204

14 导入下载资源中的“素材文件>CH04>11.cdr”文件，然后选中素材单击鼠标右键，在弹出的菜单中执行“拆分曲线”命令，拆分后效果如图4-205所示，接着将字母C和O删除，如图4-206所示。

图4-205 　图4-206

15 使用“贝塞尔工具”绘制鼠标形状，然后设置“轮廓宽度”为1.8mm，接着绘制鼠标线，并调整角度和位置，如图4-207和图4-208所示。

图4-207 　图4-208

16 使用“椭圆形工具”绘制一个椭圆，然后填充颜色为洋红，再右键去掉轮廓线，拖曳到logo文字后方，效果如图4-209所示，接着将logo文字复制一份，双击“轮廓笔”工具，在弹出的工具选项面板中选择“轮廓笔”方式，打开“轮廓笔”对话框，勾选“随对象缩放”复选框，如图4-210所示，最后将logo文字缩小拖曳到鼠标的彩色位置，并进行旋转调整，效果如图4-211所示。

图4-209

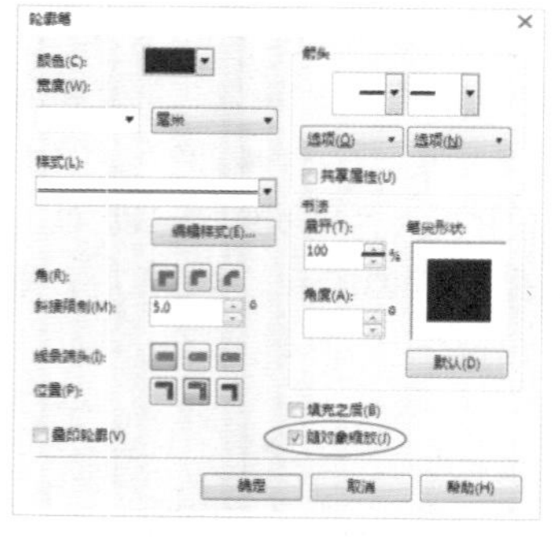

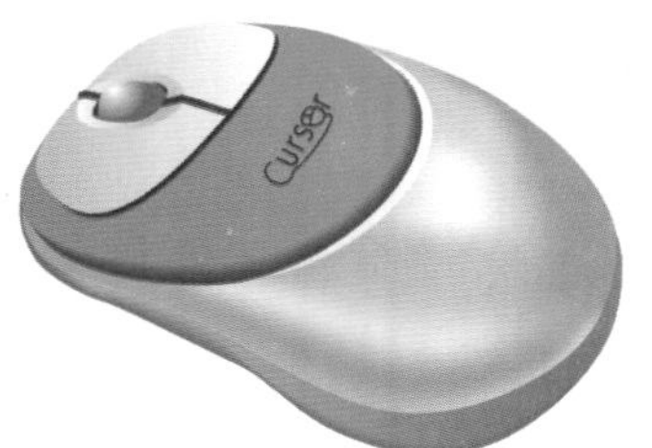

图4-210　图4-211

17 导入下载资源中的“素材文件>CH04>12.cdr”文件，然后将水墨鼠标元素拖曳到页面中调整大小，如图4-212所示，接着把之前绘制的鼠标和logo拖曳到页面内置于顶层，如图4-213所示。

18 将鼠标元素拖曳到页面左下方，并调整大小和位置，如图4-214所示，然后使用“矩形工具”绘制一个矩形，再填充颜色为（C:0，M:0，Y:0，K:30），接着按Ctrl+End组合键将矩形置于最下方，效果如图4-215所示。

图4-212　图4-213

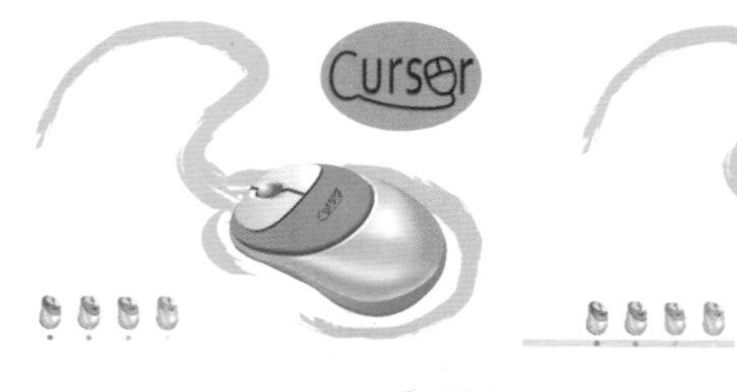

图4-214 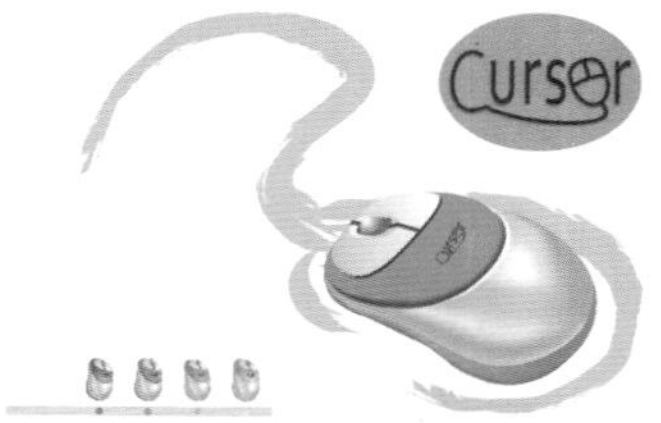　图4-215

19 导入下载资源中的“素材文件>CH04>13.cdr”文件，然后取消组合对象拖曳到页面空白处进行排放，最终效果如图4-216所示。

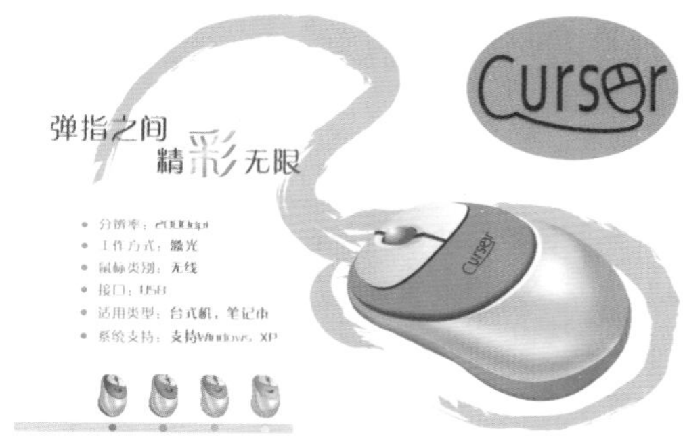

图4-216

★ 重点 ★

实战：用贝塞尔绘制卡通壁纸

实例位置　下载资源>实例文件>CH04>实战：用贝塞尔绘制卡通壁纸.cdr
素材位置　下载资源>素材文件>CH04>14.jpg、15.psd、16.psd、17.cdr
视频位置　下载资源>多媒体教学>CH04>实战：用贝塞尔绘制卡通壁纸.flv
实用指数　★★★☆☆
技术掌握　贝塞尔工具的使用方法

卡通壁纸效果如图4-217所示。

图4-217

01 新建一个空白文档，然后设置文档名称为“漫画壁纸”，接着设置页面大小“宽”为195mm、“高”为145mm。

02 首先绘制帽子。使用“贝塞尔工具”绘制帽子的轮廓，注意，绘制相接的位置时，绘制范围要超出边线，如图4-218所示，然后填充颜色为（C:5，M:73，Y:40，K:0），接着设置“轮廓宽度”为1mm，效果如图4-219所示。

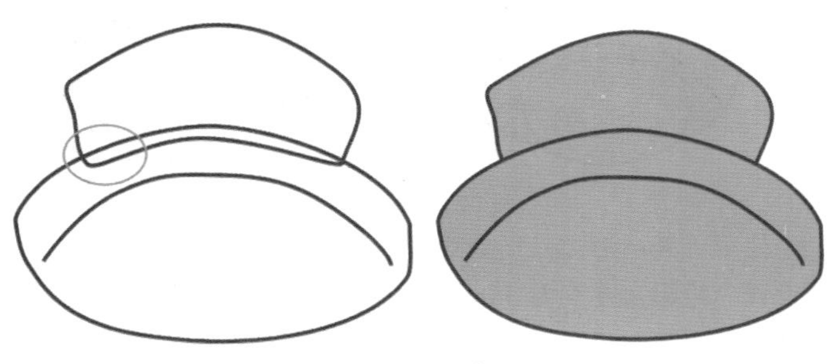

图4-218　图4-219

技巧与提示

本例主要针对“贝塞尔工具”的使用方法进行练习，因此均使用该工具进行绘制。

03 绘制帽子的暗部轮廓，如图4-220所示，然后设置填充颜色为（C:27，M:84，Y:50，K:0），再去掉轮廓线，效果如图4-221所示，接着绘制帽子的褶皱线，设置“轮廓宽度”为0.5mm，最后填充浅色轮廓线为（C:27，M:84，Y:50，K:0）、深色轮廓线为（C:53，M:93，Y:73，K:25），效果如图4-222所示。

04 下面绘制鹿角。绘制麋鹿的鹿角轮廓，然后设置填充颜色为（C:47，M:63，Y:90，K:5），接着设置“轮廓宽度”为1mm、轮廓线颜色为黑色，如图4-223所示。

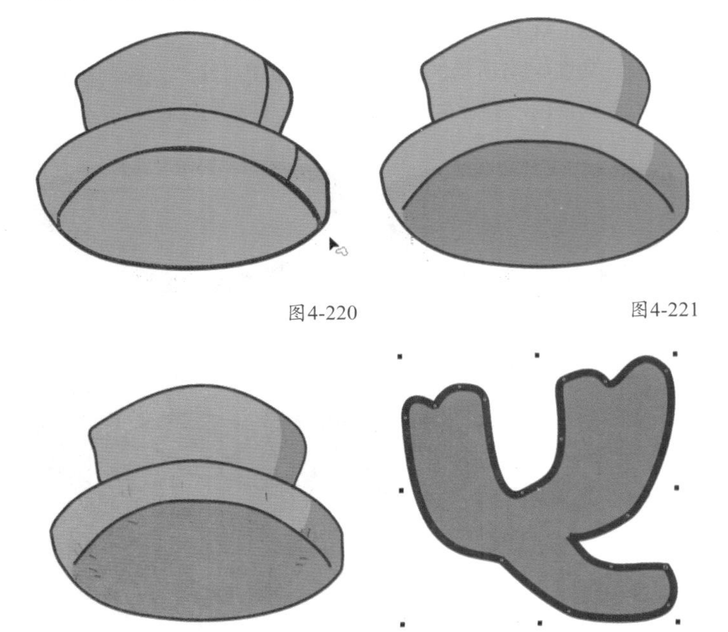

图4-220　图4-221

图4-222　图4-223

05 绘制两条弧线修饰鹿角，然后设置“轮廓宽度”为1mm、轮廓线颜色为（C:57，M:77，Y:95，K:34），如图4-224所示，接着绘制鹿角的阴影轮廓，填充颜色为（C:57，M:67，Y:100，K:22），最后去掉轮廓线，效果如图4-225所示。

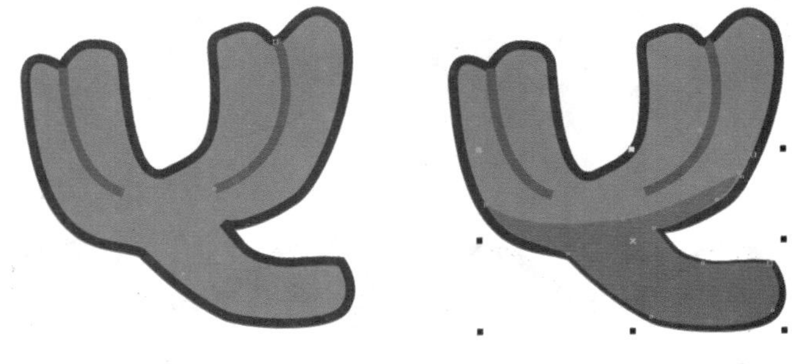

图4-224　图4-225

06 绘制鹿角上的装饰品，然后填充颜色为（C:0，M:0，Y:0，K:40），填充完毕后再设置“轮廓宽度”为1mm、轮廓线颜色为黑色，效果如图4-226所示。

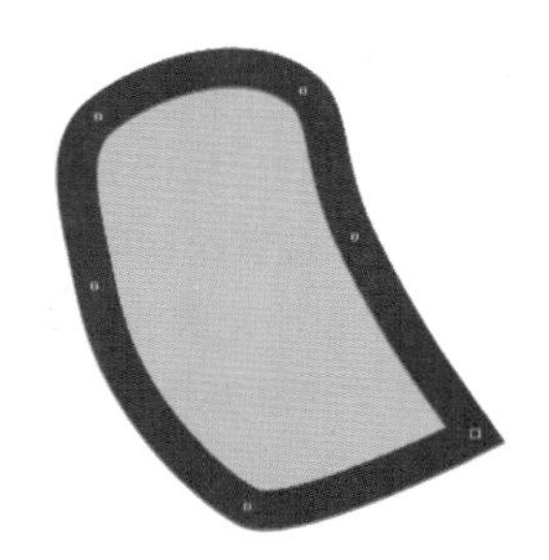

图4-226

07 绘制装饰品的高光，然后填充颜色为白色，再右键去掉轮廓线，如图4-227所示，接着使用“椭圆形工具”绘制两个椭圆，去掉轮廓线再填充颜色为黑色，最后将绘制好的鹿角饰物全选组合对象，效果如图4-228所示。

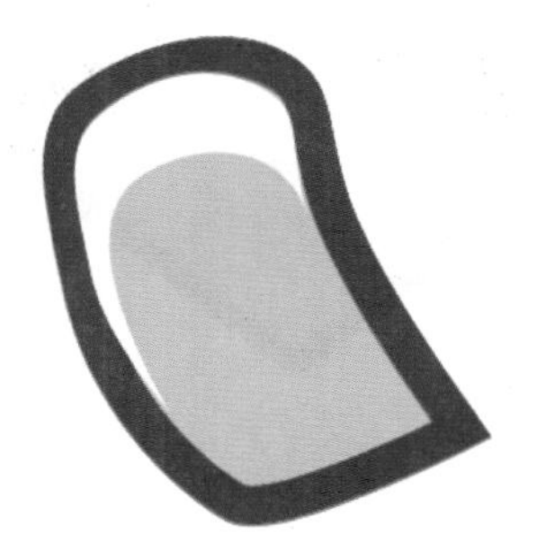

图4-227 　图4-228

08 将绘制好的鹿角复制一份，再进行水平镜像，然后将装饰物拖曳到鹿角上，如图4-229所示，接着将鹿角拼在帽子上，并调整前后位置，效果如图4-230所示。

09 绘制帽子上的十字星装饰，然后填充颜色为白色，再设置“轮廓宽度”为1mm、轮廓线颜色为黑色，效果如图4-231所示，接着绘制装饰的阴影区域轮廓，填充颜色为（C:0，M:0，

Y:0，K:40），最后去掉阴影轮廓并调整位置，效果如图4-232所示。

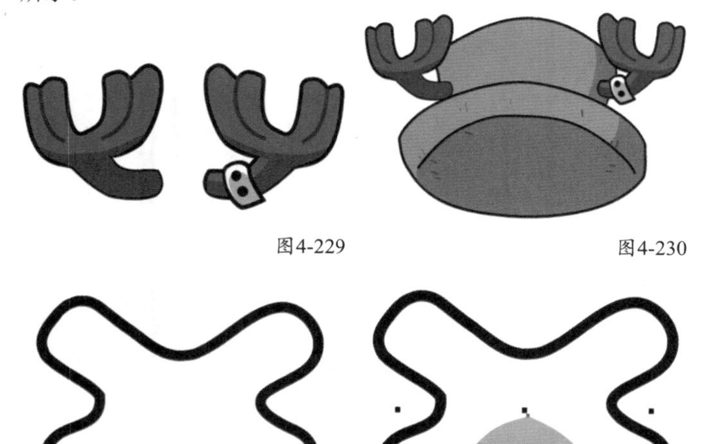

图4-229　　图4-230

图4-231　　图4-232

10 绘制耳朵的轮廓，然后填充颜色为（C:16，M:36，Y:57，K:0），再设置“轮廓宽度”为1mm、轮廓线颜色为黑色，如图4-233所示，接着绘制阴影，填充颜色为（C:41，M:55，Y:60，K:0），并去掉轮廓线，效果如图4-234所示，最后绘制一条曲线，设置“轮廓宽度”为1mm、轮廓线颜色为（C:47，M:64，Y:80，K:5），效果如图4-235所示。

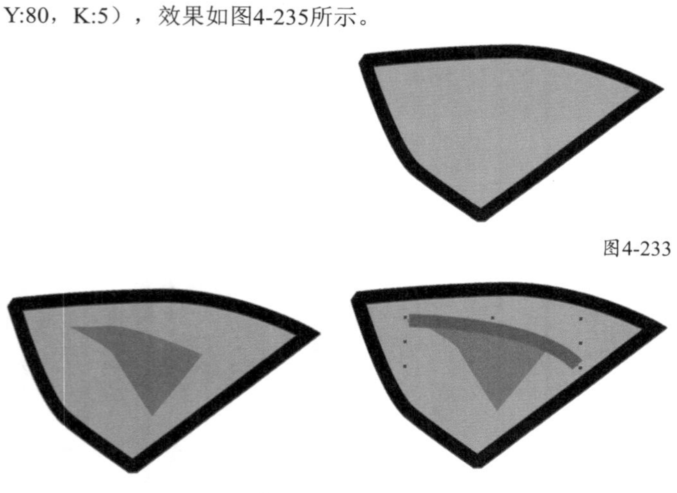

图4-233

图4-234　　图4-235

11 将绘制好的耳朵全选组合对象，然后复制一份，在属性栏上单击“水平镜像”按钮进行水平翻转，接着将耳朵和前面绘制的帽子装饰拖曳到相应的位置上，效果如图4-236所示。

图4-236

12 下面绘制人物面部。在帽子的阴影上绘制脸部，然后填充与耳朵相同的颜色，再设置“轮廓宽度”为1mm、轮廓线颜色为黑色，如图4-237所示，接着绘制脸部阴影，最后填充与耳朵阴影相同的颜色，填充完后去掉轮廓线，效果如图4-238所示。

图4-237　　图4-238

13 使用“椭圆形工具”绘制眼白，然后填充颜色为白色，再设置“轮廓宽度”为1mm、颜色为黑色，接着将眼白向内进行复制，填充颜色为黑色，最后组合眼睛，并水平复制到另一边，效果如图4-239所示。

14 绘制鼻子的轮廓，然后在“均匀填充”对话框中设置填充颜色为（C:89，M:73，Y:11，K:0），接着单击“确定”按钮完成填充，最后设置“轮廓宽度”为1mm、轮廓线颜色为黑色，如图4-240所示。

图4-239　　图4-240

15 绘制鼻子的反光，然后在“均匀填充”对话框中设置填充颜色为（C:38，M:30，Y:0，K:0），再单击“确定”按钮完成填充，如图4-241所示，接着使用“椭圆形工具”绘制高光，填充颜色为白色，最后右键去掉轮廓线，效果如图4-242所示。

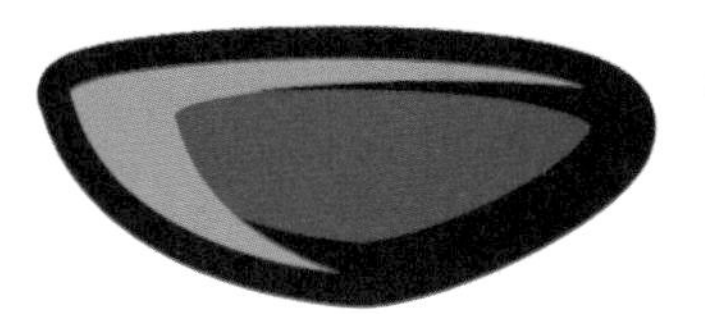

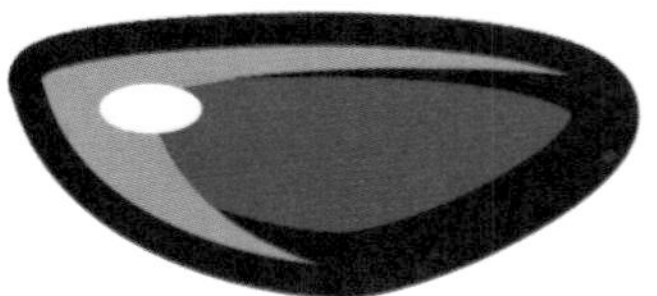

图4-241　　图4-242

16 将绘制好的鼻子群组，然后拖曳到人物面部，如图4-243所示，接着绘制眉毛和嘴巴的轮廓，再设置“轮廓宽度”为1mm、轮廓线颜色为黑色，如图4-244所示，最后填充嘴巴颜色为（C:0，M:56，Y:24，K:0），效果如图4-245所示。

图4-243

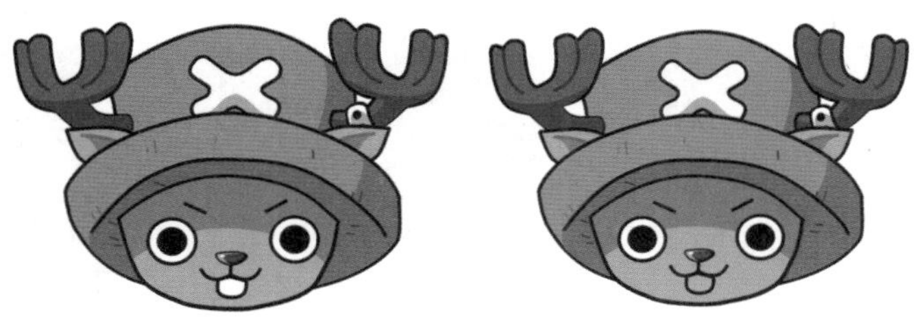

图4-244　　图4-245

17 下面绘制人物上半身。绘制身体和双臂的外轮廓，然后双击“渐层工具”，接着在弹出的工具选项面板中选择“均匀填充”方式■，打开“均匀填充”对话框，设置填充颜色为（C:16，M:36，Y:57，K:0），再单击“确定”按钮完成填充，最后设置“轮廓宽度”为1mm，如图4-246所示。

图4-246

18 绘制身体的分割线，然后设置“轮廓宽度”为1mm、轮廓线颜色为黑色，如图4-247所示，接着绘制身体的阴影，再全选绘制的阴影填充颜色为（C:41，M:55，Y:60，K:0），最后去掉轮廓线，效果如图4-248所示。

图4-247　　图4-248

19 下面绘制裤子。使用“贝塞尔工具”绘制裤子的轮廓，然后填充颜色为（C:58，M:93，Y:58，K:18），接着设置“轮廓宽度”为1mm、轮廓线颜色为黑色，效果如图4-249所示。

图4-249

技巧与提示

在对齐拼接绘制的对象时，如果手动调整无法对齐边线，可以在绘制的时候用“刻刀工具”进行切割，或者将对象视图放大用键盘上的方向键进行微调。

20 绘制裤子的阴影，然后填充颜色为（C:65，M:91，Y:68，K:42），接着去掉轮廓线，并调整形状和位置，如图4-250所示。

图4-250

21 绘制人物腿脚的轮廓，然后将光标移动到身体上，再按右键拖曳到腿上，松开右键，在弹出的下拉菜单中执行“复制所有属性”命令，将填充属性复制在腿上，如图4-251和图4-252所示，接着绘制阴影，以同样的方法将身体上的阴影属性复制在腿部阴影上，最后将编辑好的腿脚组合复制一份，镜像后拖曳到另一边的裤管里，效果如图4-253所示。

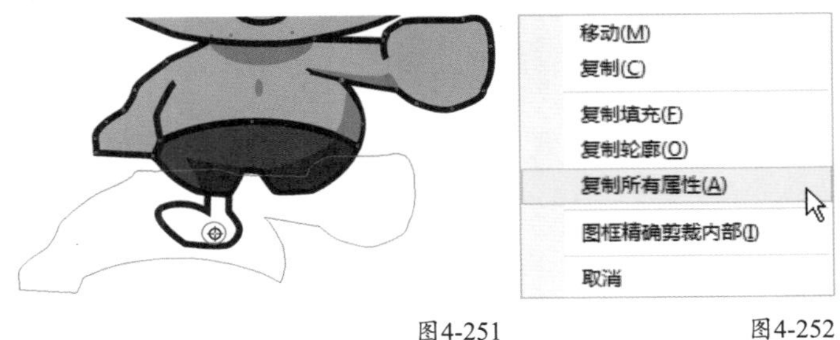

图4-251　　图4-252

图4-253

22 绘制手指和脚趾，先将手指和脚趾选中，然后填充颜色为（C:69，M:53，Y:56，K:3），再设置“轮廓宽度”为1mm、轮廓线颜色为黑色，如图4-254所示，接着选中排放在后面的脚趾，将填充的颜色更改为（C:69，M:53，Y:56，K:50），最后复制一份脚趾，水平镜像后拖曳到脚背上，效果如图4-255所示。

图4-254 图4-255

23 使用“椭圆形工具”在手心处绘制两个椭圆，然后填充颜色为黑色，再全选人物进行组合对象，效果如图4-256所示，接着在人物脚下绘制一个椭圆，填充颜色为黑色，最后单击“透明度工具”，在属性栏设置“透明度类型”为“均匀透明度”、“合并模式”为“常规”、“透明度”为60，将人物和阴影合并模式，效果如图4-257所示。

图4-256 图4-257

24 导入下载资源中的“素材文件>CH04>14.jpg”文件，然后将图片拖曳到页面中调整大小，接着按Ctrl+End组合键置于底层，如图4-258所示。

图4-258

25 将绘制的人物拖曳到页面外备用，然后导入下载资源中的“素材文件>CH04>15.psd”文件，再拖曳到背景上进行缩放，接着单击“透明度工具”，在属性栏设置“透明度类型”为“均匀透明度”、“合并模式”为“常规”、“透明度”为70，如图4-259所示，最后将绘制的人物拖曳到背景中，如图4-260所示。

26 导入下载资源中的“素材文件>CH04>16.psd”文件，然后将素材缩放在背景的右上角，如图4-261所示，接着导入光盘中的“素材文件>CH04>17.cdr”文件，将其拖曳到人物下方，最终效果如图4-262所示。

图4-259

图4-260

图4-261

图4-262

4.5 艺术笔工具

“艺术笔工具”是所有绘画工具中最灵活多变的，不但可以绘制各种图形，也可以绘制各种笔触和底纹，为矢量绘画添加丰富的效果，达到复杂的做画要求。可以通过笔触路径节点来调整形状。

“艺术笔工具”可以快速创建系统提供的图案或笔触效果，并且绘制出的对象为封闭路径，可以单击进行填充编辑，如图4-263所示。艺术笔类型分为“预设”、“笔刷”、“喷涂”、“书法”和“压力”五种，在属性栏上通过单击选择，可以更改后面的参数选项。

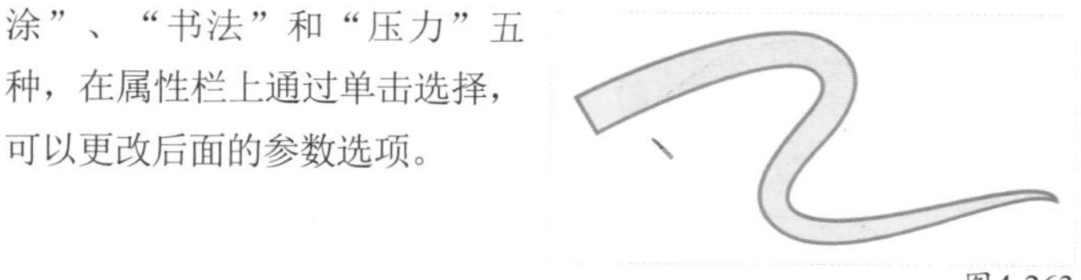
图4-263

单击“艺术笔工具”，然后将光标移动到页面内，按住鼠标左键拖动绘制路径，如图4-264所示，松开左键即可完成绘制，如图4-265所示。

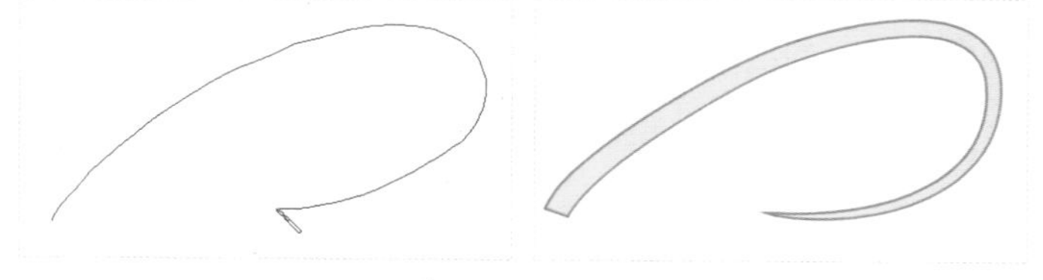
图4-264 图4-265

4.5.1 预设

“预设”是指使用预设的矢量图形来绘制曲线。

在“艺术笔工具”的属性栏上单击“预设”按钮，将属性栏变为预设属性，如图4-266所示。

图4-266

预设选项介绍

手绘平滑：在文本框内设置数值可以调整线条的平滑度，最高平滑度为100。

笔触宽度：设置数值可以调整绘制笔触的宽度，值越大笔触越宽，反之越小，如图4-267所示。

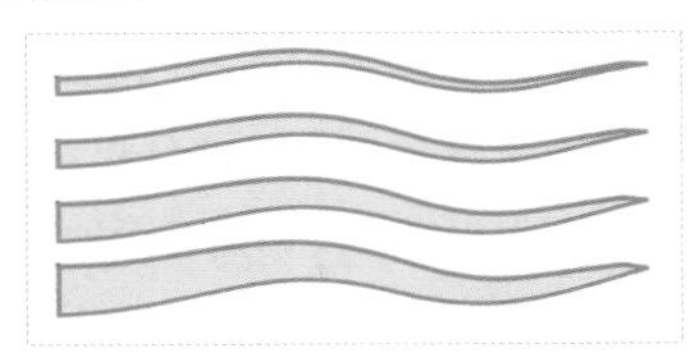

图4-267

预设笔触：单击后面的按钮，打开下拉样式列表，如图4-268所示，可以选取相应的笔触样式进行创建，如图4-269所示。

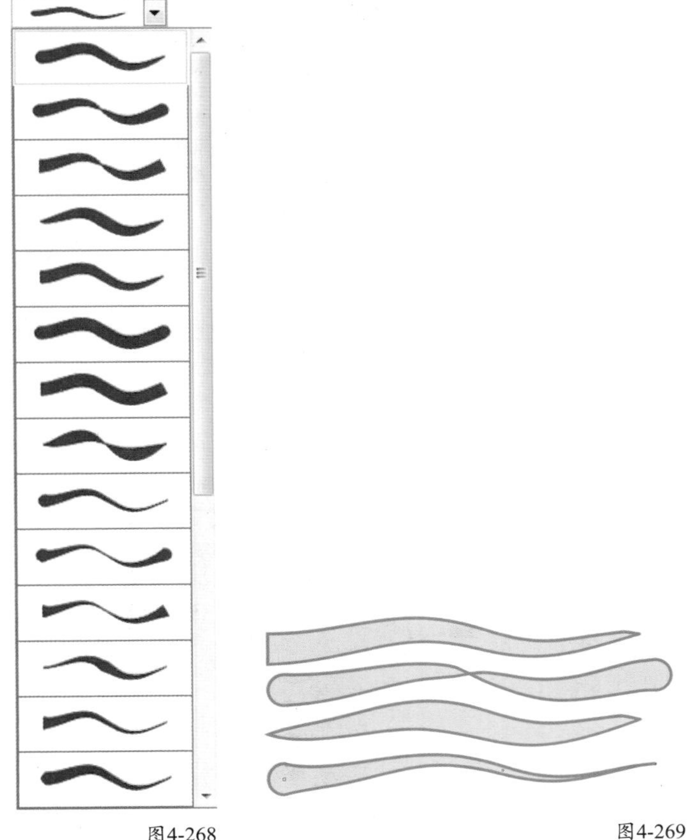

图4-268　　图4-269

随对象一起缩放笔触：单击该按钮后，缩放笔触时，笔触线条的宽度会随着缩放改变。

边框：单击后会隐藏或显示边框。

4.5.2 笔刷

“笔刷”是指绘制与笔刷笔触相似的曲线，我们可以利用“笔刷”绘制出仿真效果的笔触。

在“艺术笔工具”的属性栏上单击“笔刷”按钮，将属性栏变为笔刷属性，如图4-270所示。

图4-270

笔刷选项介绍

类别：单击后面的按钮，在下拉列表中可以选择要使用的笔刷类型，如图4-271所示。

笔刷笔触：在其下拉列表中可以选择相应笔刷类型的笔刷样式。

浏览：可以浏览硬盘中的艺术笔刷文件夹，选取艺术笔刷可以进行导入使用，如图4-272所示。

图4-271　　图4-272

保存艺术笔触：确定好自定义的笔触后，使用该命令保存到笔触列表，如图4-273所示，文件格式为.cmx，位置在默认的艺术笔刷文件夹。

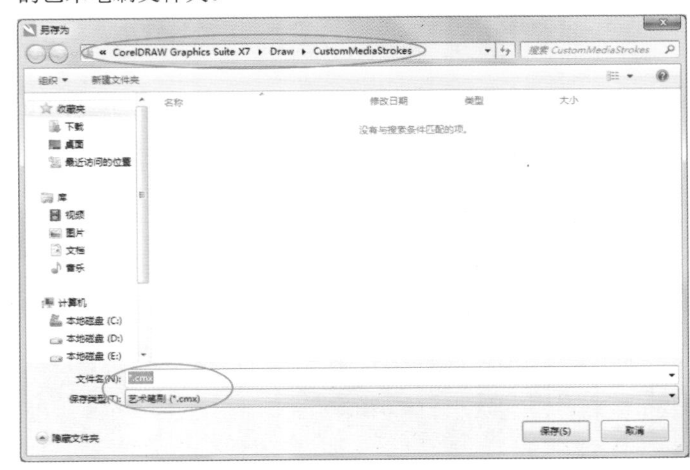

图4-273

删除：删除已有的笔触。

技术专题 08 创建自定义笔触

在CorelDRAW X7中，我们可以用一组矢量图或者单一的路径对象制作自定义的笔触，下面我们就进行讲解。

第1步：绘制或者导入需要定义成笔触的对象，如图4-274所示。

图4-274

第2步：选中该对象，然后在工具箱中单击“艺术笔工具”，在属性栏上单击“笔刷”按钮，接着单击“保存艺术笔触”按钮，弹出“另存为”对话框，如图4-275所示，我们在“文件名”处输入“墨迹效果”，最后单击“保存”按钮进行保存。

图4-275

第3步：在“类别”的下拉列表中会出现自定义，如图4-276所示，之前我们自定义的笔触会显示在后面的“笔刷笔触”列表中，此时我们就可以用自定义的笔触进行绘制了，如图4-277所示。

图4-276

图4-277

★★★★

4.5.3 喷涂

“喷涂”是指通过喷涂一组预设图案进行绘制。

在“艺术笔工具”的属性栏上单击“喷涂”按钮，将属性栏变为喷涂属性，如图4-278所示。

图4-278

喷涂选项介绍

喷涂对象大小：在上方的数值框中将喷射对象的大小统一调整为特定的百分比，可以手动调整数值。

递增按比例放缩：单击锁头激活下方的数值框，在下方的数值框输入百分比可以将每一个喷射对象的大小调整为前一个对象大小的某一特定百分比，如图4-279所示。

类别：在下拉列表中可以选择要使用的喷射的类别，如图4-280所示。

图4-279　　图4-280

喷涂图样：在其下拉列表中可以选择相应喷涂类别的图案样式，可以是矢量的图案组。

喷涂顺序：在下拉列表中提供有“随机”、“顺序”和“按方向”3种，如图4-281所示，这三种顺序要参考播放列表的顺序，如图4-282所示。

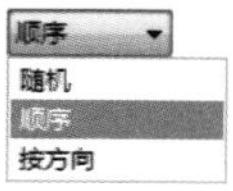

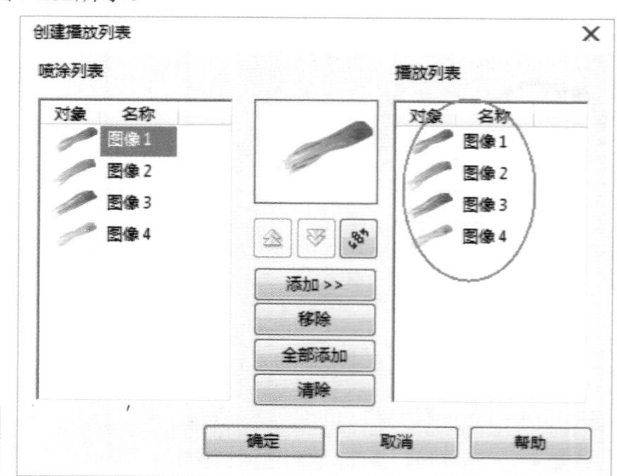

图4-281　　图4-282

随机：在创建喷涂时随机出现播放列表中的图案，如图4-283所示。

图4-283

顺序：在创建喷涂时按顺序出现播放列表中的图案，如图4-284所示。

按方向：在创建喷涂时处在同一方向的图案在绘制时重复出现，如图4-285所示。

图4-284

图4-285

添加到喷涂列表：添加一个或多个对象到喷涂列表。

喷涂列表选项：可以打开“创建播放列表”对话框，用来设置喷涂对象的顺序和对象的数目。

每个色块中的图案像素和图像间距：在上方的文字框中输入数值，可以设置每个色块中的图像数；在下方的文字框中输入数值，可以调整笔触长度中各色块之间的距离。

旋转：在下拉“旋转”选项面板中可设置喷涂对象的旋转角度，如图4-286所示。

偏移：在下拉“偏移”选项面板中可设置喷涂对象的偏移方向和距离，如图4-287所示。

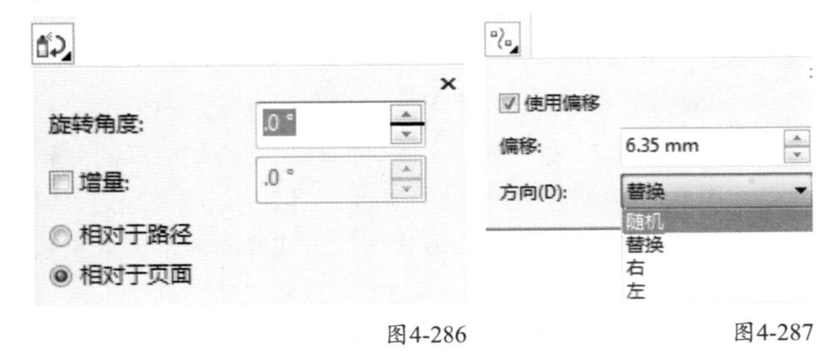

图4-286 图4-287

4.5.4 书法

“书法”是指通过笔锋角度的变化绘制与书法笔笔触相似的效果。

在“艺术笔工具”的属性栏上单击“书法”按钮，将属性栏变为书法属性，如图4-288所示。

图4-288

书法选项介绍

书法角度：输入数值可以设置笔尖的倾斜角度，范围最小是0度，最大是360度，如图4-289所示。

图4-289

4.5.5 压力

“压力”是指模拟使用压感画笔的效果进行绘制，我们可以配合数位板进行使用。

在工具箱中单击“艺术笔工具”，然后在属性栏上单击“压力”按钮，如图4-290所示，将属性栏变为压力基本属性。绘制压力线条和在Adobe Photoshop软件里用数位板进行绘画感觉相似，模拟压感进行绘制，如图4-291所示，绘制出的线条很流畅。

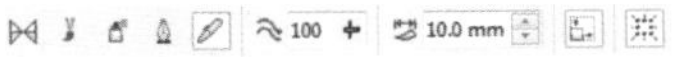

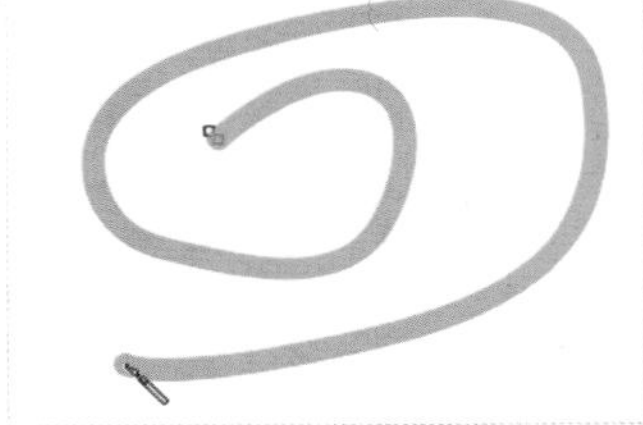

图4-290 图4-291

4.6 钢笔工具

“钢笔工具”和“贝塞尔工具”很相似，也是通过节点的连接绘制直线和曲线，在绘制之后通过“形状工具”进行修饰。

4.6.1 绘制方法

在绘制过程中，“钢笔工具”可以使我们预览到绘制拉伸的状态，方便进行移动修改。

绘制直线和折线

在“工具箱”上单击“钢笔工具”，然后将光标移动到页面内的空白处，单击鼠标左键定下起始节点，接着移动光标出现蓝色预览线条进行查看，如图4-292所示。

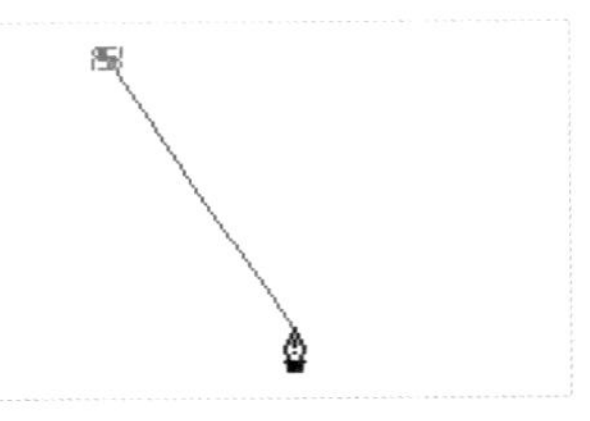

图4-292

选择好结束节点的位置后，单击左键将线条变为实线，完成编辑就双击鼠标左键，如图4-293所示。

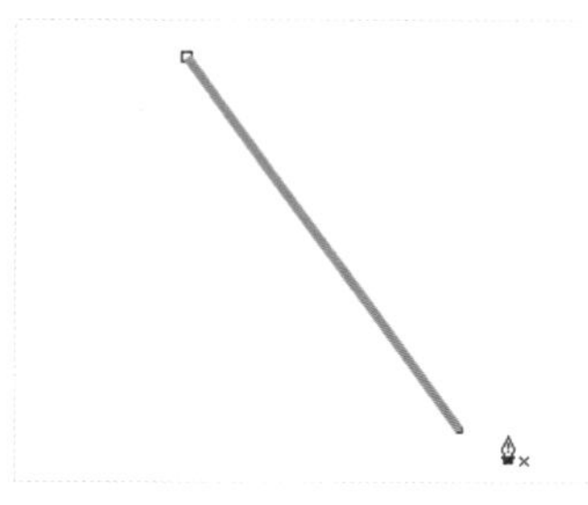

图4-293

绘制连续折线时，将光标移动到结束节点上，当光标变为时单击左键，然后继续移动光标单击进行定节点，如图4-294所示，当起始节点和结束节点重合时形成闭合路径，此时可以进行填充操作，如图4-295所示。

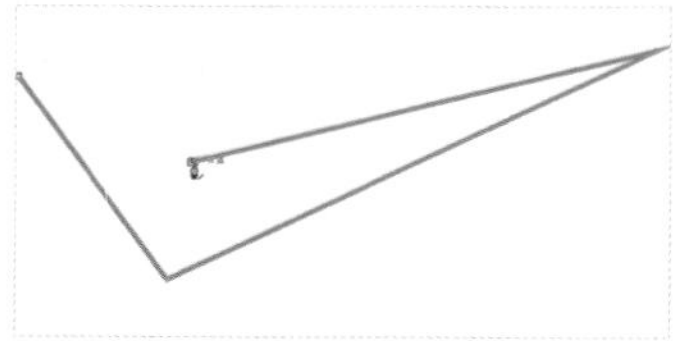

图4-294

图4-295

技巧与提示

在绘制直线的时候，按住Shift键可以绘制水平线段、垂直线段或以15° 递进的线段。

绘制曲线

单击“钢笔工具”，然后将光标移动到页面内的空白处，单击鼠标左键定下起始节点，接着移动光标到下一位置，按着左键不放拖动“控制线”，如图4-296所示，松开左键移动光标会有蓝色弧线进行预览，如图4-297所示。

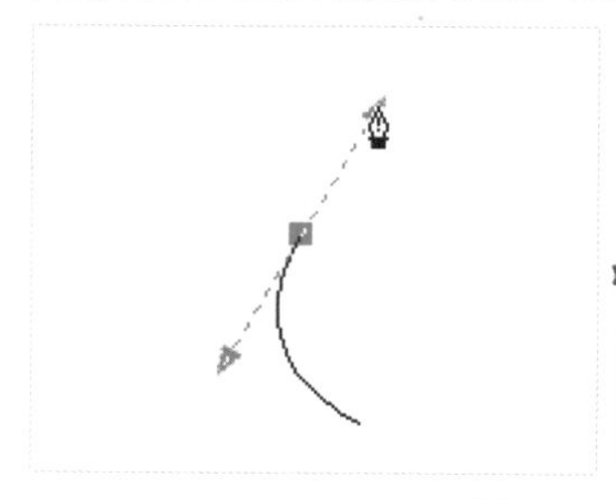

图4-296

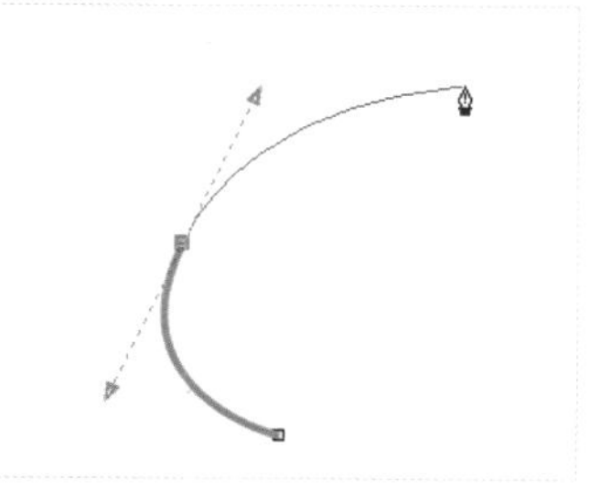

图4-297

绘制连续的曲线要考虑到曲线的转折。“钢笔工具”可以生成预览线进行查看，所以在确定节点之前，可以进行修正，如果位置不合适，可以及时调整，如图4-298所示。起始节点和结束节点重合可以形成闭合路径，进行填充操作，如图4-299所示，在路径上方绘制一个圆形，可以绘制一朵小花。

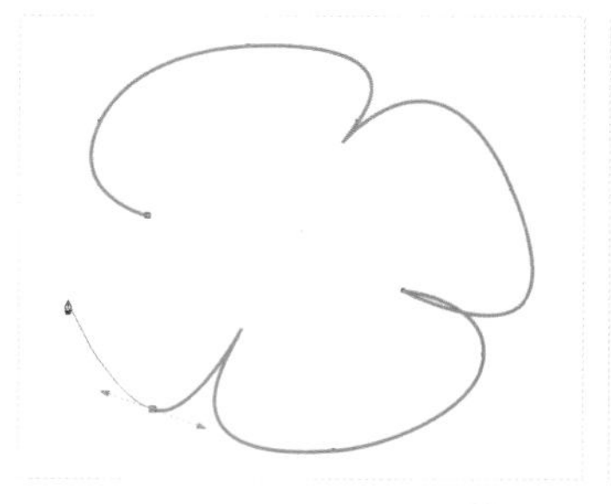

图4-298

图4-299

★ 重点 ★

实战：POP海报制作

实例位置 下载资源>实例文件>CH04>实战：POP海报制作.cdr
素材位置 下载资源>素材文件>CH04>18.cdr、19.cdr、20.psd、21.cdr
视频位置 下载资源>多媒体教学>CH04>实战：POP海报制作.flv
实用指数 ★★★★☆
技术掌握 线条工具的综合使用方法

万圣节海报效果如图4-300所示。

图4-300

01 新建一个空白文档，然后设置文档名称为“万圣节海报”，接着设置页面大小为“A4”、页面方向为“横向”。

02 首先绘制南瓜头。使用“钢笔工具”绘制南瓜的外轮廓，如图4-301所示，然后双击“渐层工具”，在弹出的“编辑填充”对话框中选择“均匀填充”方式，再设置填充颜色为（C:41，M:75，Y:100，K:4），接着单击“确定”按钮 确定 完成填充，最后去掉轮廓线，效果如图4-302所示。

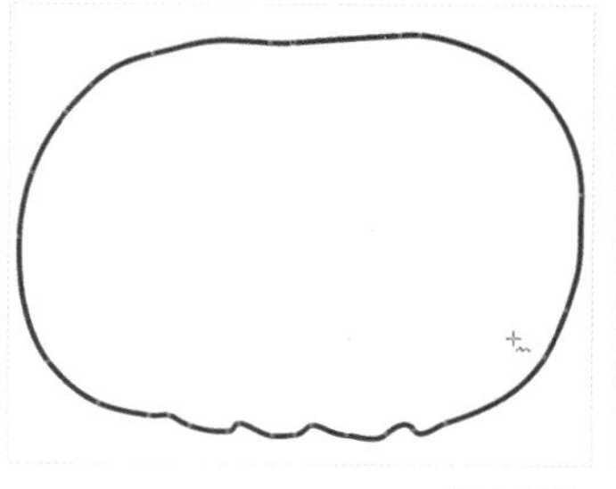

图4-301

图4-302

技巧与提示

本例主要针对“钢笔工具” 的使用方法进行练习，因此后面的绘制均使用该工具。

03 绘制南瓜的分瓣，如图4-303所示，然后设置“轮廓宽度”为1.5mm、轮廓线颜色为（C:41，M:75，Y:100，K:4），接着在“均匀填充”对话框中设置填充瓜瓣的3种颜色，第1种颜色为（C:0，M:56，Y:98，K:0）、第2种颜色为（C:5，M:44，Y:98，K:0）、第3种颜色为（C:5，M:37，Y:96，K:0），再单击“确定”按钮 按如图4-304所示的进行填充，最后将对象进行组合。

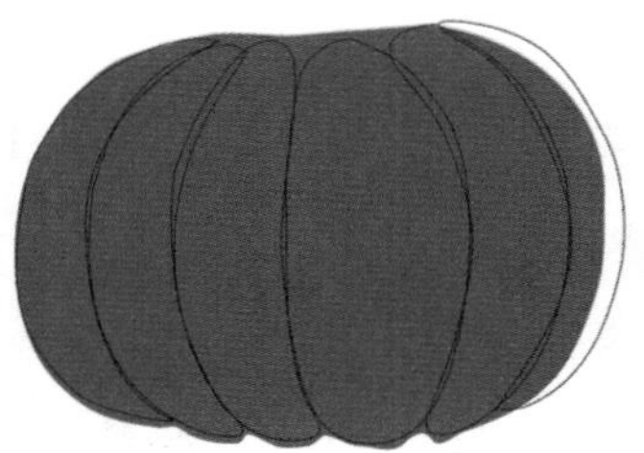

图4-303

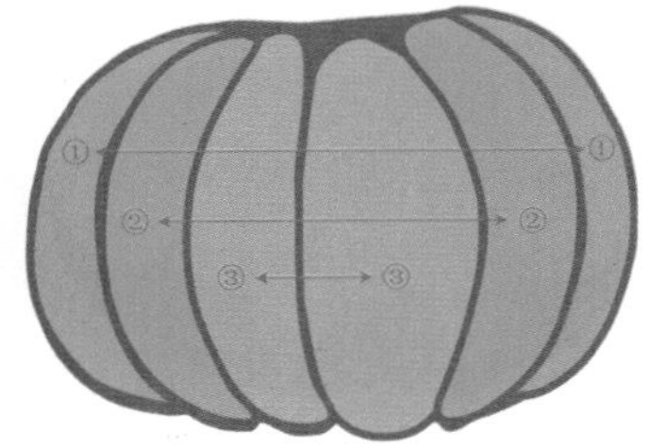

图4-304

04 绘制南瓜底部的阴影，如图4-305所示，然后填充颜色为（C:25，M:66，Y:100，K:0），接着去掉轮廓线并调整位置，效果如图4-306所示。

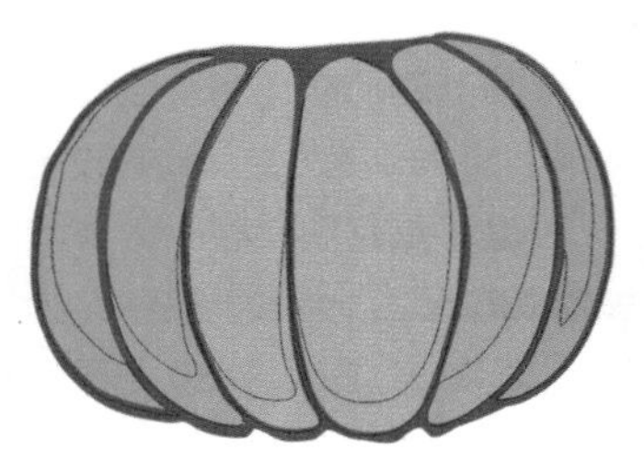

图4-305

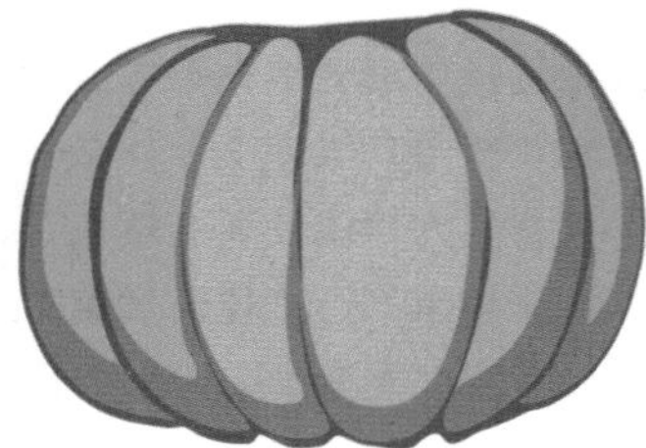

图4-306

05 绘制南瓜阴影的过渡，如图4-307所示，然后在“均匀填充”对话框中设置填充颜色为（C:0，M:54，Y:98，K:0），接着单击“确定”按钮 完成填充，最后去掉轮廓线，效果如图4-308所示。

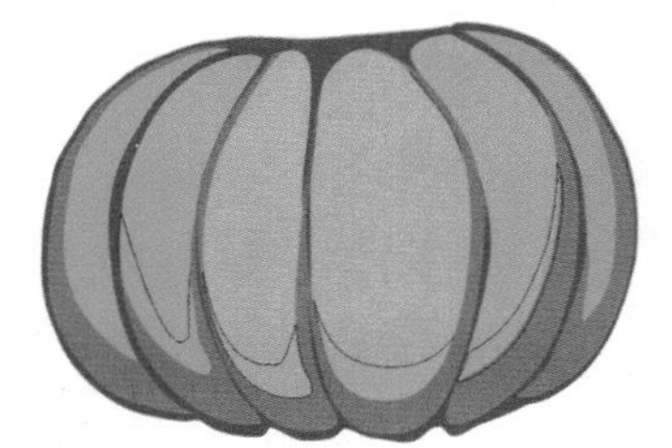

图4-307

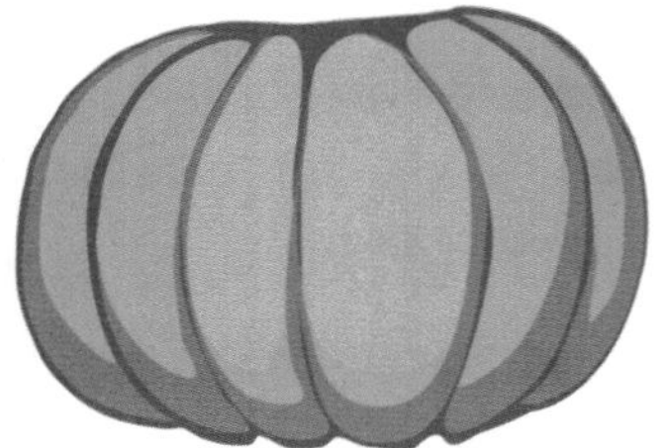

图4-308

06 绘制南瓜的高光，如图4-309所示，然后填充颜色为（C:3，M:0，Y:88，K:0），接着去掉轮廓线，效果如图4-310所示。

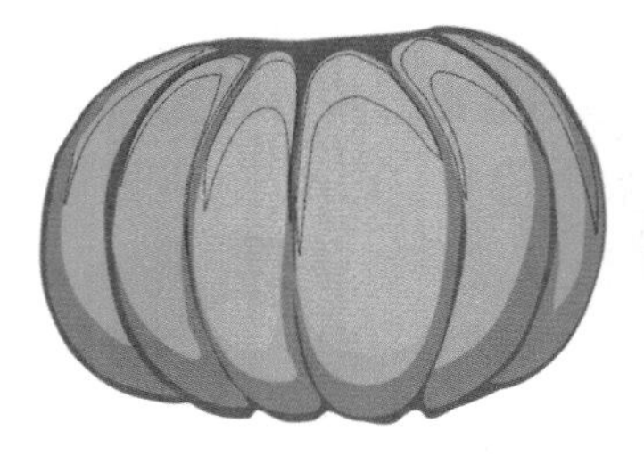

图4-309

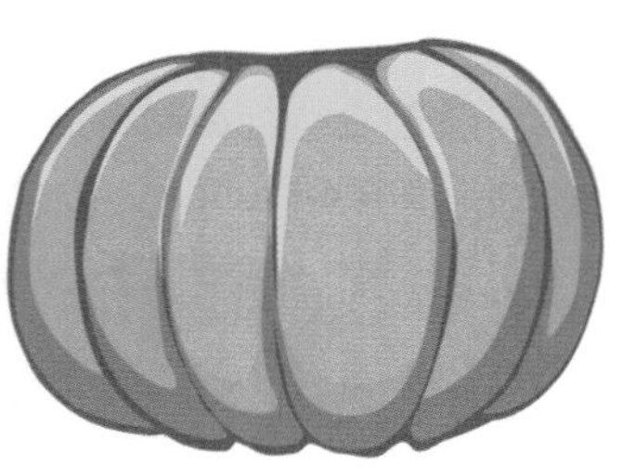

图4-310

07 绘制南瓜的叶子和柄，如图4-311所示，然后填充颜色为（C:70，M:38，Y:100，K:0），接着去掉轮廓线，效果如图4-312所示。

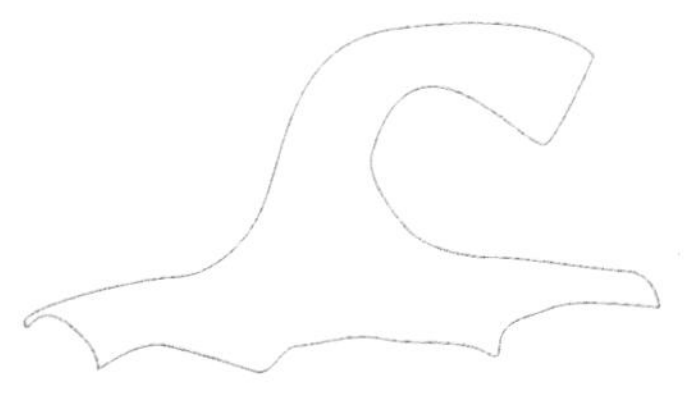

图4-311

图4-312

08 将叶柄复制两份，然后填充第2层颜色为（C:74，M:52，Y:100，K:15），接着填充第3层颜色为（C:81，M:62，Y:100，K:42），如图4-313所示，最后将对象排列起来，效果如图4-314所示。

图4-313

图4-314

09 绘制叶柄的阴影，如图4-315所示，然后填充颜色为（C:81，M:62，Y:100，K:42），调整位置后进行对象组合，效果如图4-316所示，接着绘制叶柄的过渡面，如图4-317所示，再填充颜色为（C:61，M:17，Y:93，K:0），最后将组合对象去掉轮廓线，效果如图4-318所示。

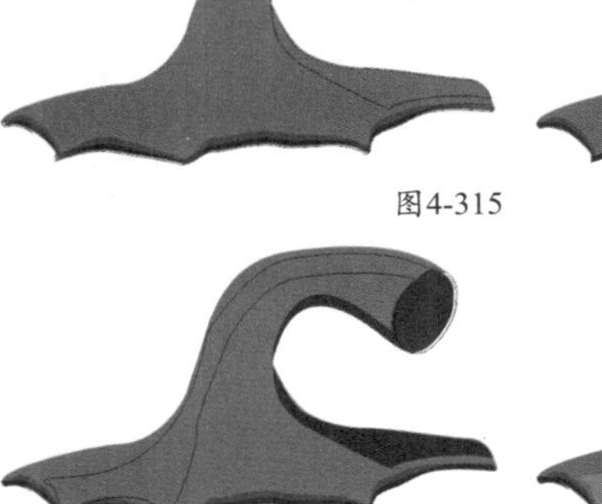

图4-315

图4-316

图4-317

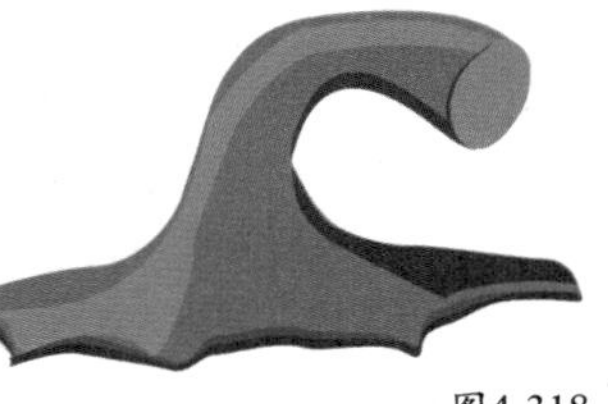

图4-318

10 使用“钢笔工具”绘制南瓜藤的高光，如图4-319所示，然后填充颜色为（C:42，M:9，Y:80，K:0），接着去掉轮廓线，效果如图4-320所示。

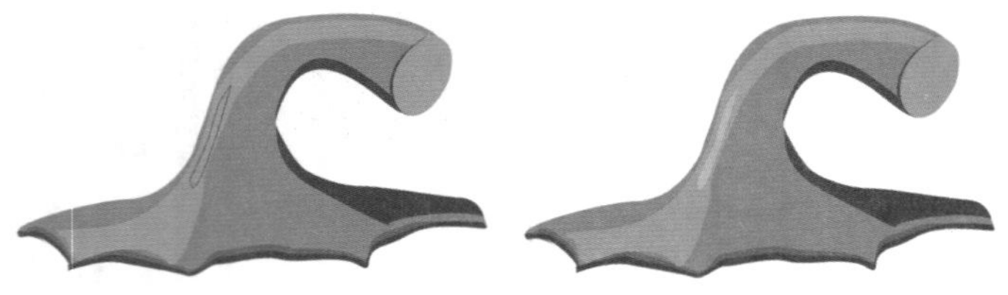

图4-319　　图4-320

11 下面绘制南瓜面部。使用“钢笔工具”绘制南瓜的眼睛，然后填充颜色为（C:3，M:0，Y:88，K:0），如图4-321所示，接着将对象向内复制两份，填充第2层颜色为（C:0，M:54，Y:98，K:0）、第1层颜色为（C:74，M:93，Y:95，K:71），填充后将对象排列起来，效果如图4-322所示，最后将排列好的眼睛组合复制1份，在属性栏上单击“水平镜像”按钮进行水平翻转，效果如图4-323所示。

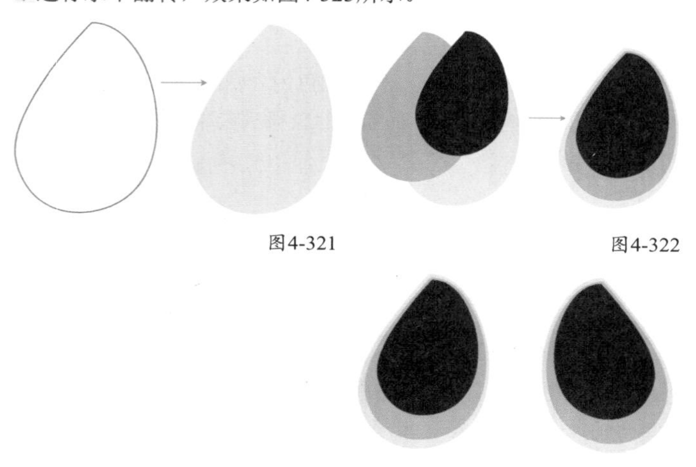

图4-321　　图4-322

图4-323

12 绘制鼻孔的轮廓，然后填充颜色为（C:3，M:0，Y:88，K:0），如图4-324所示，接着将对象向内复制两份，填充第2层颜色为（C:0，M:54，Y:98，K:0）、第1层颜色为（C:74，M:93，Y:95，K:71），填充后将对象排列起来，最后全选将轮廓线去掉，效果如图4-325所示。

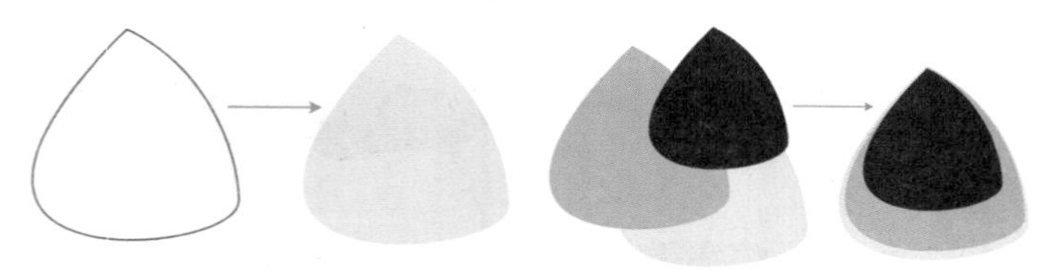

图4-324　　图4-325

13 绘制嘴巴的轮廓，然后填充颜色为（C:74，M:93，Y:95，K:71），如图4-326所示，接着绘制嘴的外围高光区域，再填充颜色为（C:3，M:0，Y:88，K:0），如图4-327所示。

图4-326　　图4-327

14 绘制嘴巴的厚度，然后填充颜色为（C:0，M:54，Y:98，K:0），效果如图4-328所示，接着全选去掉轮廓线。

15 将绘制的南瓜头局部分别进行群组，然后拖曳到南瓜上调整位置，如图4-329所示，接着全选对象进行组合，最后拖放在页面外备用。

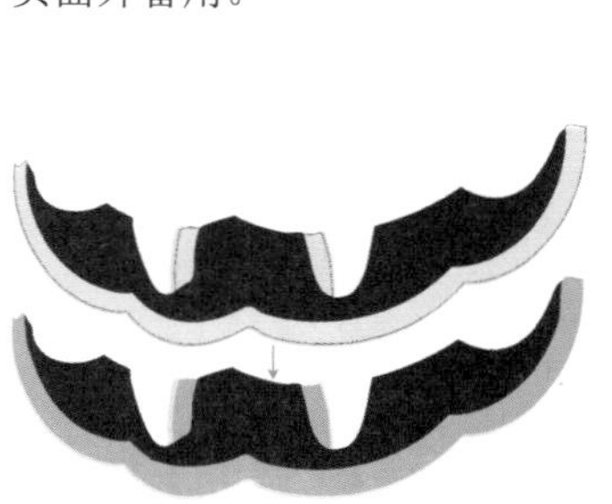

图4-328 　　图4-329

16 双击“矩形工具”创建与页面等大的矩形，然后双击“渐层工具”，打开“编辑填充”对话框，在弹出的工具选项面板中选择“渐变填充”方式，设置从左到右的颜色为（C:61，M:80，Y:100，K:47）、（C:0，M:60，Y:100，K:0），接着设置“类型”为“线性渐变填充”、“镜像、重复和反转”为“默认渐变填充”、“填充宽度”为“72.775”、“水平偏移”为“114”、“垂直偏移”为“13.612”、“旋转”为“-89.8”，最后单击“确定”按钮进行填充，如图4-330和图4-331所示。

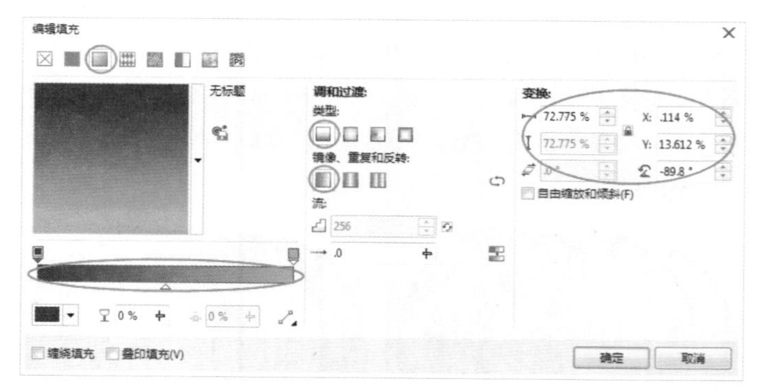

图4-330

图4-331

17 使用“钢笔工具”绘制一条曲线，如图4-332所示，然后将矩形和曲线全选执行“对象>造形>修剪”菜单命令，接着单击曲线按Delete键将其删除。

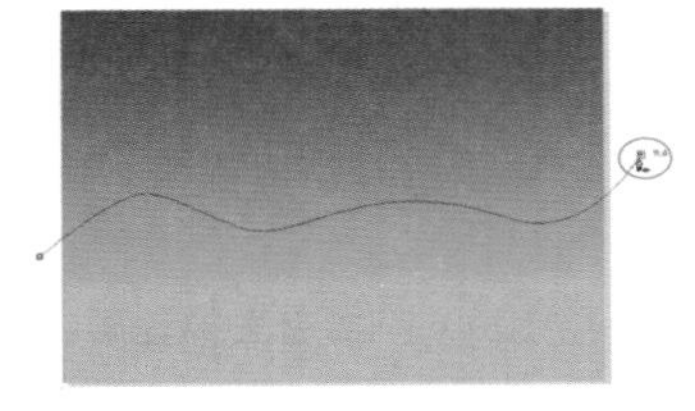

图4-332

18 选中矩形单击右键，在弹出的菜单中执行“拆分曲线”命令，将矩形拆分为两个独立图形，如图4-333所示，然后删除下面的部分，接着调整填充效果，如图4-334所示。

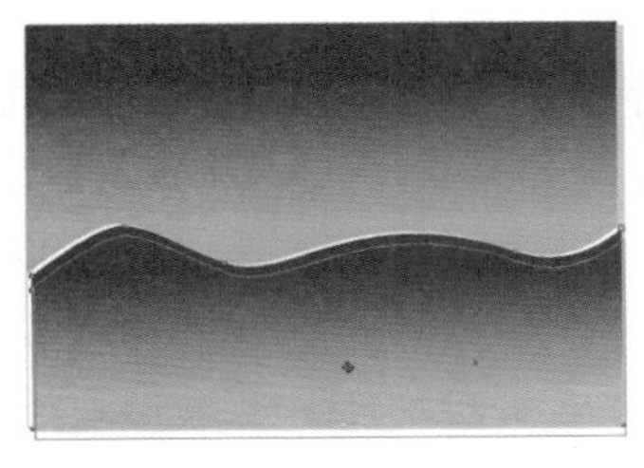

图4-333

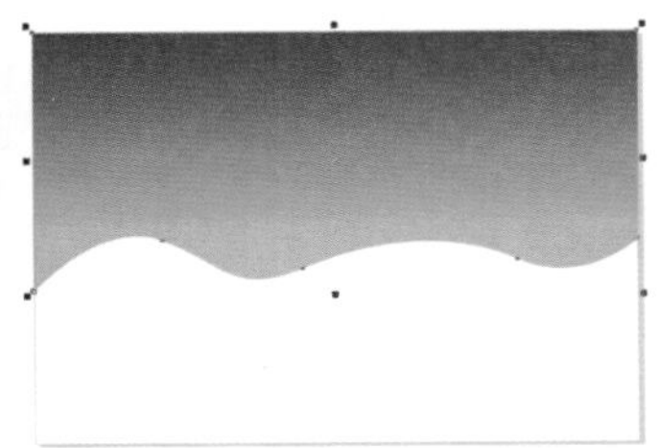

图4-334

19 双击“矩形工具”创建矩形，然后填充颜色为（C:74，M:93，Y:95，K:71），接着去掉轮廓线，效果如图4-335所示。

图4-335

20 单击“艺术笔工具”，然后在属性栏设置“艺术笔”为“笔刷”、“类别”为“底纹”，接着选取适当的纹理沿着曲线绘制曲线，如图4-336所示，最后选中绘制的笔触，填充颜色为（C:0，M:60，Y:100，K:0），效果如图4-337所示。

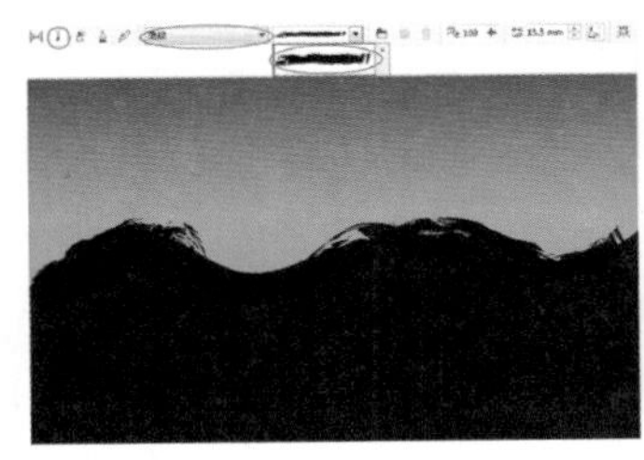

图4-336

图4-337

21 运用同样的方法绘制云，然后依次填充浅色为（C:0，M:55，Y:99，K:0）、过渡色为（C:25，M:66，Y:100，K:0）、深色为（C:62，M:80，Y:100，K:49），效果如图4-338所示。

图4-338

22 运用同样的方法，选取点状纹理绘制雾气，然后将天空上的雾气选中，填充颜色为（C:74，M:93，Y:95，K:71），接着选中地面上的雾气，填充颜色为（C:60，M:82，Y:100，K:46），效果如图4-339所示。

23 导入下载资源中的“素材文件>CH04>18.cdr”文件，然后取消组合对象，再将标志拖曳到页面左上角，接着将圆形线条拖曳到页面右边，并调整前后位置，效果如图4-340所示。

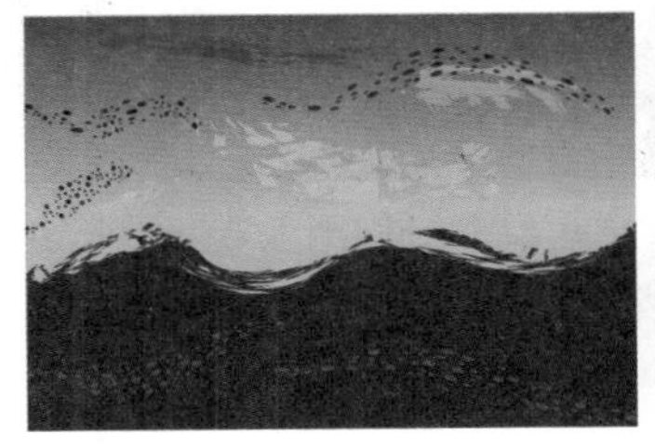

图4-339

图4-340

24 导入下载资源中的“素材文件>CH04>19.cdr”文件，然后解散群组拖曳到陆地与天空的交界处，注意不要留空白，如图4-341所示，接着导入下载资源中的“素材文件>CH04>20.psd”文件，再拖曳到页面右边，效果如图4-342所示。

图4-341

图4-342

25 导入下载资源中的“素材文件>CH04>21.cdr”文件，然后取消组合对象拖曳到相应位置，再进行旋转和前后位置的调整，效果如图4-343所示，接着将之前绘制的南瓜头拖曳到页面空白处，最后将树枝置于标卡上方，调整好位置，最终效果如图4-344所示。

图4-343

图4-344

★ 重 点 ★

实战：用钢笔绘制T恤

实例位置 下载资源>实例文件>CH04>实战：用钢笔绘制T恤.cdr
素材位置 下载资源>素材文件>CH04>22.cdr~25.cdr
视频位置 下载资源>多媒体教学>CH04>实战：用钢笔绘制T恤.flv
实用指数 ★★★☆☆
技术掌握 钢笔工具的使用方法

T恤效果如图4-345所示。

图4-345

01 新建一个空白文档，然后设置文档名称为“T恤图案”，接着设置页面大小“宽”为297mm、“高”为198mm。

02 使用“钢笔工具”绘制T恤的外形，然后填充颜色为白色，再设置“轮廓宽度”为0.6mm、轮廓线颜色为（C:0，M:0，Y:0，K:50），如图4-346所示，接着绘制T恤的领口，填充颜色为（C:0，M:0，Y:0，K:50），最后去掉轮廓线，如图4-347所示。

图4-346 图4-347

03 下面绘制肩的部位。使用“钢笔工具”绘制T恤领口的修饰线，然后设置“轮廓宽度”为0.6mm、轮廓线颜色为（C:0，M:0，Y:0，K:30），如图4-348所示，接着绘制肩部的修饰线，再设置轮廓线“宽度”为0.6mm、轮廓线颜色为（C:0，M:0，Y:0，K:20）、“线条样式”为虚线，如图4-349所示。

图4-348 图4-349

04 下面绘制T恤的褶皱。使用“钢笔工具”绘制T恤第1层褶皱的阴影，如图4-350所示，然后填充颜色为（C:11，M:9，Y:14，K:0），接着去掉轮廓线，效果如图4-351所示。

图4-350 图4-351

05 使用“钢笔工具”绘制T恤第2层褶皱的阴影，如图4-352所示，然后填充颜色为（C:26，M:20，Y:20，K:0），接着去掉轮廓线，效果如图4-353所示。

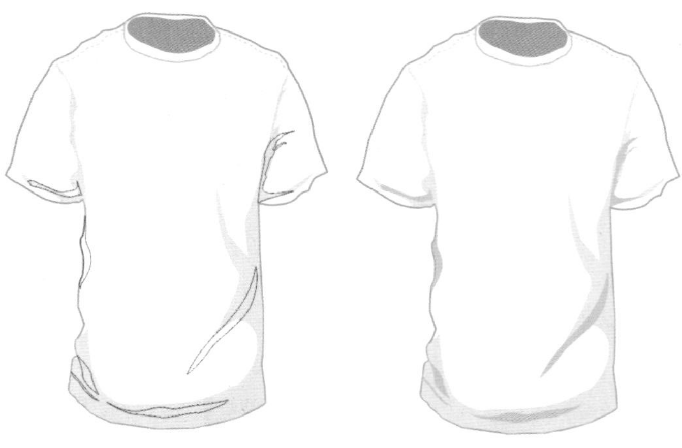

图4-352 图4-353

06 使用“钢笔工具”绘制T恤第3层褶皱的阴影，然后填充颜色为（C:0，M:0，Y:0，K:60），接着设置“轮廓宽度”为0.65mm、轮廓线颜色为（C:0，M:0，Y:0，K:60），如图4-354所示，最后全选进行组合。

07 下面绘制T恤的图案。使用“钢笔工具”绘制头部的轮廓，可以使用“形状工具”进行修形，如图4-355所示，然后填充颜色为黑色，如图4-356所示。

图4-354

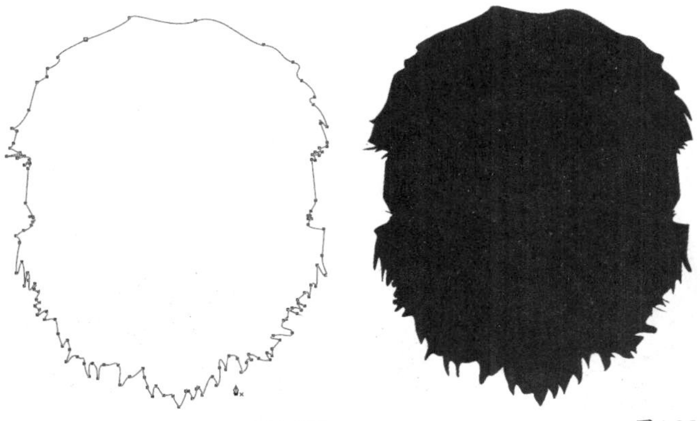

图4-355　　图4-356

08 绘制面部和耳朵的轮廓，并调整位置，如图4-357所示，然后填充颜色为（C:0，M:15，Y:38，K:0），接着选中耳朵，再设置“轮廓宽度”为0.9mm，效果如图4-358所示。

图4-357　　图4-358

问：调色板上黑的深度不够怎么办？

答：调色板上的黑为K:100，直接单击左键进行填充即可。如果需要更黑的效果，可以在“均匀填充”模式下调整颜色为（C:100，M:100，Y:100，K:100），调整后会比默认的K:100更黑。

在本案例中，图案使用的黑色就是（C:100，M:100，Y:100，K:100）的黑色。

09 下面绘制眼部。使用“钢笔工具”绘制眼眶的轮廓，并调整眼睛的间距及位置，如图4-359所示，然后填充颜色为黑色，再右键去掉轮廓线，如图4-360所示。

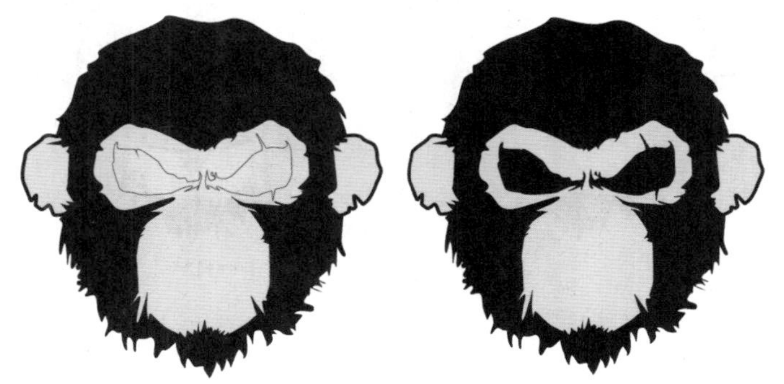

图4-359　　图4-360

10 使用“椭圆形工具”绘制眼球，如图4-361所示，然后填充瞳仁颜色为红色、瞳孔颜色为黑色，效果如图4-362所示。

图4-361　　图4-362

11 使用“钢笔工具”绘制毛发的光泽区域，可以先绘制一面的，再复制到另一边，如图4-363所示，然后填充颜色为（C:0，M:20，Y:20，K:60），效果如图4-364所示。

图4-363　　图4-364

12 使用“钢笔工具”绘制面部褶皱和嘴巴的轮廓，如图4-365所示，然后全选绘制的区域填充为黑色，效果如图4-366所示。

图4-365　　图4-366

13 绘制猩猩的獠牙，如图4-367所示，然后填充牙齿颜色为白色，再填充内部纹理颜色为黑色，接着将牙齿群组，最后复制到另一边，并调整大小和位置，效果如图4-368所示。

图4-367　　图4-368

14 使用“椭圆形工具”在左面耳朵上绘制耳钉，如图4-369所示，然后选中外层圆填充颜色为（C:51，M:80，Y:100，K:24），再设置“轮廓宽度”为0.5mm，接着填充内部高光颜色为（C:20，M:73，Y:89，K:0），最后去掉轮廓线，效果如图4-370所示。

图4-369

图4-370

15 使用“钢笔工具”绘制角的轮廓，如图4-371所示，然后填充颜色为（C:0，M:20，Y:20，K:60），再设置“轮廓宽度”为1mm，如图4-372所示。

图4-371

图4-372

16 绘制角的内部纹理，然后填充颜色为黑色，效果如图4-373所示，接着将绘制好的角组合对象，复制到另一边进行水平镜像，如图4-374所示。

图4-373　　图4-374

17 将绘制好的图案全选组合对象，然后导入下载资源中的“素材文件>CH04>22.cdr”文件，接着将锁链复制拖曳到图案上进行旋转缩放，如图4-375所示，最后将文字拖曳到图案下方，全选对象进行组合，效果如图4-376所示。

图4-375

图4-376

18 导入下载资源中的“素材文件>CH04>23.cdr”文件，然后将背景拖曳到页面内，接着双击“矩形工具”□创建矩形，并填充颜色为黑色，效果如图4-377所示。

图4-377

19 将绘制好的图案复制拖曳到T恤上，并缩放到合适的大小，如图4-378所示，然后组合对象，再旋转10°，效果如图4-379所示。

图4-378　　图4-379

20 把T恤和图案拖曳到页面上，然后使用“矩形工具”□在图案位置绘制一个矩形，填充颜色为白色，接着在属性栏设置“圆角”数值为3.5mm，再单击“透明度工具”，在属性栏设置“透明度类型”为“均匀透明度”、“透明度”为38，最后将矩形置于图案下方，效果如图4-380所示。

21 导入下载资源中的“素材文件>CH04>24.cdr”文件，然后将文字取消组合对象拖曳到相应位置，再将位于黑色底图的文字填充为白色，如图4-381所示。

图4-380　　图4-381

22 导入下载资源中的“素材文件>CH04>25.cdr”文件，然后将素材拖曳到页面右下角，接着缩放合适的大小，最终效果如图4-382所示。

图4-382

★ 重点 ★

实战：用钢笔工具制作纸模型

实例位置　下载资源>实例文件>CH04>实战：用钢笔工具制作纸模型.cdr
素材位置　下载资源>素材文件>CH04>26.cdr、27.cdr
视频位置　下载资源>多媒体教学>CH04>实战：用钢笔工具制作纸模型.flv
实用指数　★★★★☆
技术掌握　线条工具的综合使用方法

龙猫纸模型效果如图4-383所示。

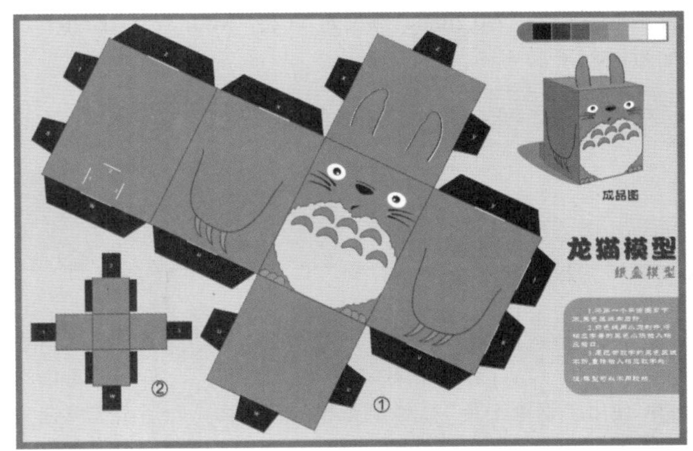

图4-383

01 新建一个空白文档，然后设置文档名称为“龙猫纸模型”，接着设置页面大小“宽”为360mm、“高”为240mm。

02 首先绘制纸模的外轮廓。使用“矩形工具”□绘制宽为65mm、高为85mm的矩形，然后执行“编辑>步长和重复”菜单命令，打开“步长和重复”面板，接着设置“水平设置”为“对象之间的间距”、“距离”为0mm、“方向”为“右”，“垂直设置”为“无偏移”，再设置“份数”为3，最后单击“应用”按钮［应用］完成，如图4-384所示，复制后的效果如图4-385所示。

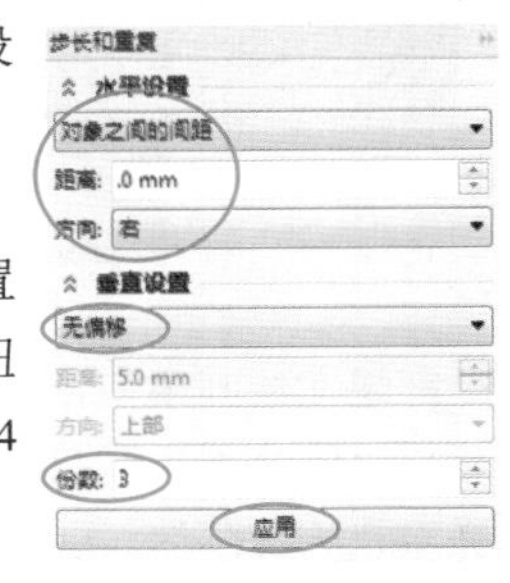

图4-384

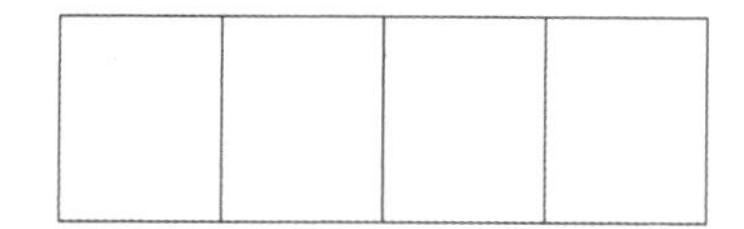

图4-385

03 选中右边第2个矩形，然后打开“步长和重复”面板，再设置“水平设置”为“无偏移”，“垂直设置”为“对象之间的间距”、“距离”为0mm、“方向”为“上部”，“份数”为1，接着单击“应用”按钮 应用 复制顶端矩形，最后在属性栏上将对象原点定在底部，再将高度变为65mm，如图4-386所示。

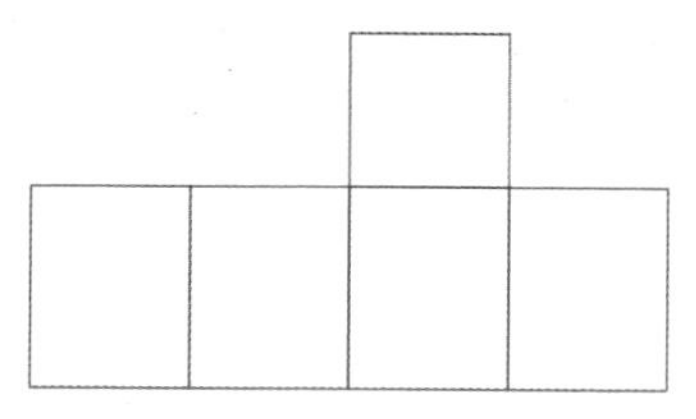

图4-386

04 以同样的方法复制另一边的矩形，效果如图4-387所示，然后将矩形全选填充颜色为（C:55，M:50，Y:55，K:0），接着设置“轮廓宽度”为0.2mm、颜色为（C:0，M:0，Y:0，K:90），如图4-388所示。

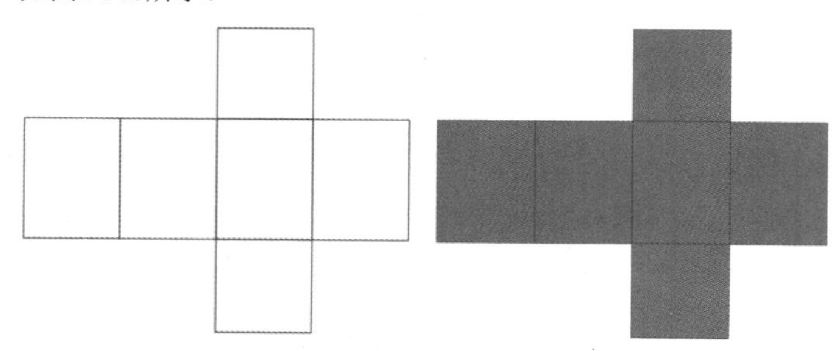

图4-387　　图4-388

05 使用“钢笔工具”绘制纸模的粘贴面，然后全选填充颜色为黑色，接着去掉轮廓线，如图4-389所示，最后将对象复制到另一边，全选对象进行组合，效果如图4-390所示。

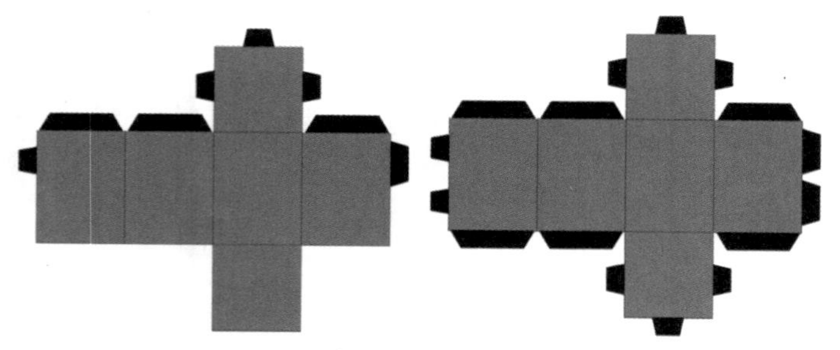

图4-389　　图4-390

06 现在绘制模型正面的图案。复制一个矩形在空白处，然后使用“钢笔工具”绘制龙猫的肚子，如图4-391所示，接着填充颜色为（C:15，M:9，Y:35，K:0），最后设置“轮廓宽度”为0.5mm、轮廓线颜色为（C:0，M:0，Y:0，K:80），效果如图4-392所示。

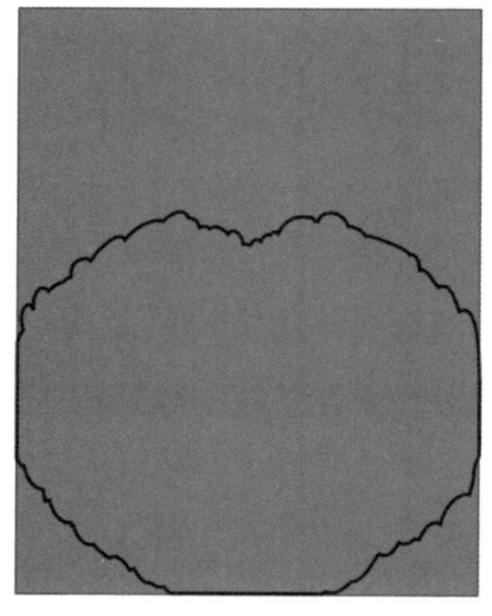

图4-391

图4-392

07 使用“钢笔工具”绘制龙猫胸口的斑纹，然后填充颜色为（C:55，M:50，Y:55，K:0），效果如图4-393所示，接着将绘制好的对象进行复制，份数为第1排3个、第2排4个，对齐后进行对象组合，效果如图4-394所示，最后将绘制好的斑纹排放在龙猫的肚子上，如图4-395所示。

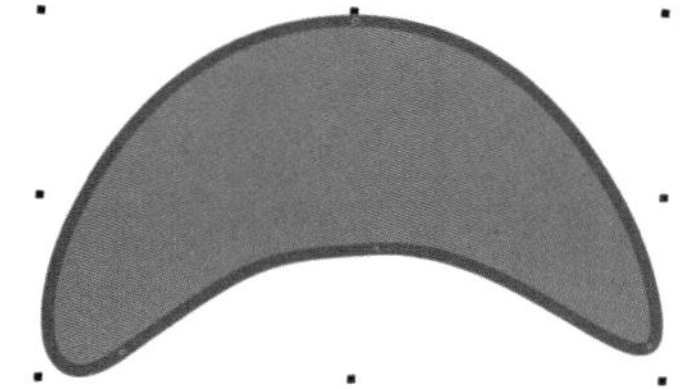

图4-393　　图4-394

图4-395

08 使用“椭圆形工具”绘制两个椭圆，先将轮廓线去掉，然后填充颜色为白色，如图4-396所示，接着绘制瞳孔，再填充颜色为黑色，最后绘制瞳孔的高光，填充颜色为白色，如图4-397所示。

09 使用“钢笔工具”绘制鼻子的轮廓，然后使用“形状工具”进行修饰，如图4-398所示，接着填充对象为黑色，再去掉轮廓线，效果如图4-399所示。

图4-396　　图4-397

图4-398　　图4-399

10 使用“钢笔工具”绘制胡子和嘴巴的形状，然后使用“形状工具”进行修饰，如图4-400所示，接着选中对象填充为黑色，再去掉轮廓线，效果如图4-401所示。

图4-400　　图4-401

11 下面绘制脚趾。使用“椭圆形工具”绘制一个椭圆，然后在属性栏上单击“饼图”，设置“起始角度”为0°、“结束角度”为180°，接着进行平行复制，如图4-402所示，最后填充颜色为（C:44，M:43，Y:51，K:0）、轮廓线颜色为（C:0，M:0，Y:0，K:80），效果如图4-403所示。

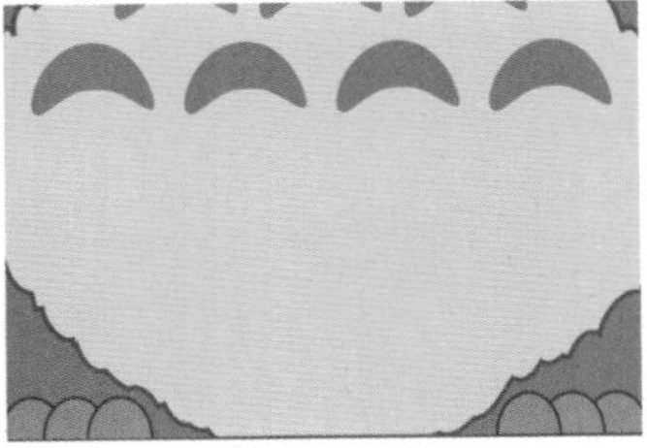

图4-402　　图4-403

12 将绘制好的正面图案拖曳到纸模型上，如图4-404所示，然后在上面的正方形上绘制耳朵的轮廓，再设置“轮廓宽度”为0.5mm、颜色为黑色，如图4-405所示。

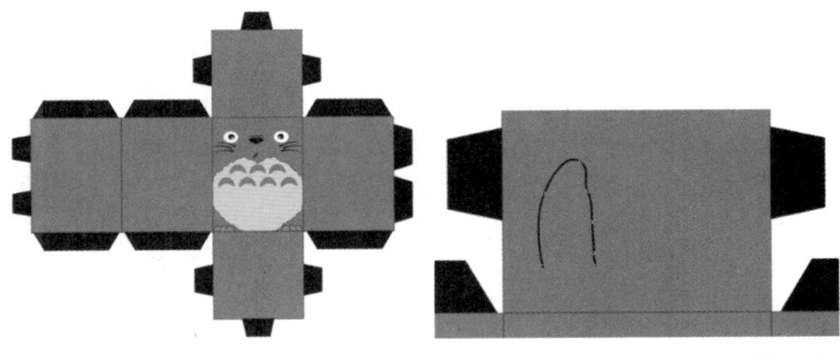

图4-404　　图4-405

13 将耳朵复制一份，然后将后面一层放大，再变更轮廓线颜色为白色，接着群组对象复制到另一边进行水平镜像，效果如图4-406所示。

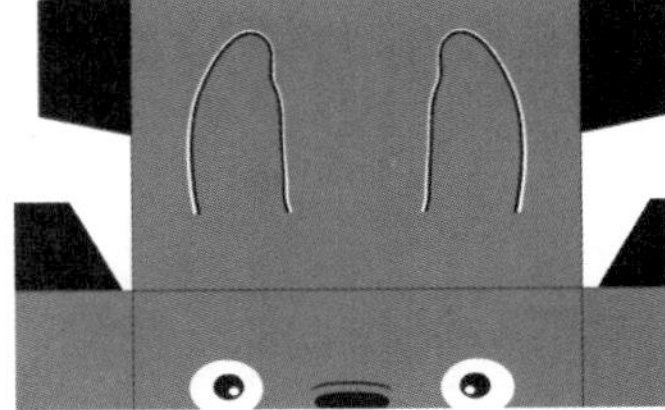

图4-406

14 下面绘制模型的侧面。使用“钢笔工具”绘制手臂和爪子，然后设置“轮廓宽度”为0.5mm、轮廓线颜色为（C:0，M:0，Y:0，K:80），再填充颜色为（C:44，M:43，Y:51，K:0），效果如图4-407所示，接着将手臂和爪子组合对象，最后复制一份进行水平镜像，如图4-408所示。

图4-407　　图4-408

15 使用“钢笔工具”绘制模型的穿插线，然后设置轮廓线颜色为白色，效果如图4-409所示。

图4-409

16 使用“矩形工具”绘制高为20mm的正方形，然后使用前面的方法进行复制，再填充颜色为（C:55，M:50，Y:55，K:0），效果如图4-410所示，接着绘制粘贴面，填充颜色为黑色，效果如图4-411所示。

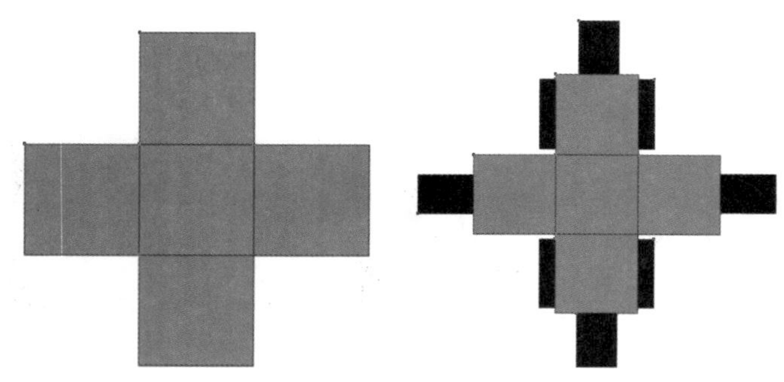

图4-410　图4-411

17 导入下载资源中的“素材文件>CH04>26.cdr”文件，然后按相应的穿插关系进行排放，如图4-412所示，接着分别群组两个纸模，再将纸模进行旋转，放置在页面内，注意在页面边缘要留间距，如图4-413所示。

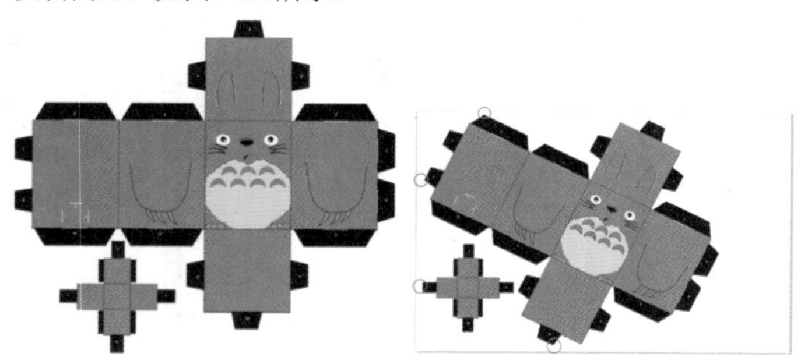

图4-412　图4-413

18 双击“矩形工具”□创建与页面等大的矩形，然后填充颜色为（C:15，M:15，Y:20，K:0），接着设置“轮廓宽度”为4mm、轮廓线颜色为（C:62，M:58，Y:64，K:7），如图4-414所示。

图4-414

19 下面绘制成品图。首先将正面、左侧面、上面的纸模进行复制，如图4-415所示，然后将正面的对象解散群组，再全选正面的图样进行群组，双击进行向上倾斜，如图4-416所示，接着双击选中矩形进行向上倾斜，如图4-417所示，最后用“形状工具”将矩形右上角的节点垂直向下移动，如图4-418所示，将编辑好的组合对象。

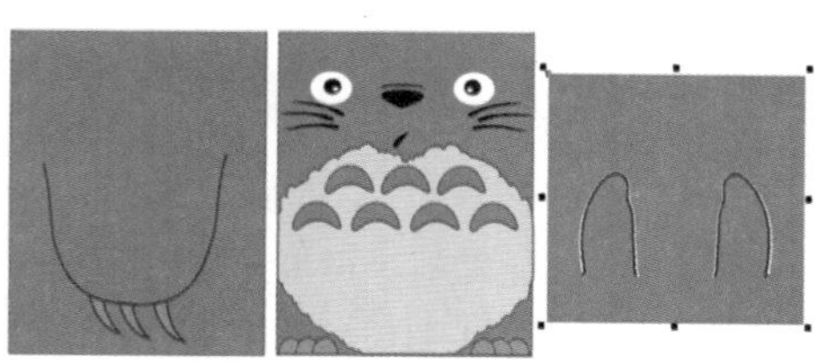

图4-415

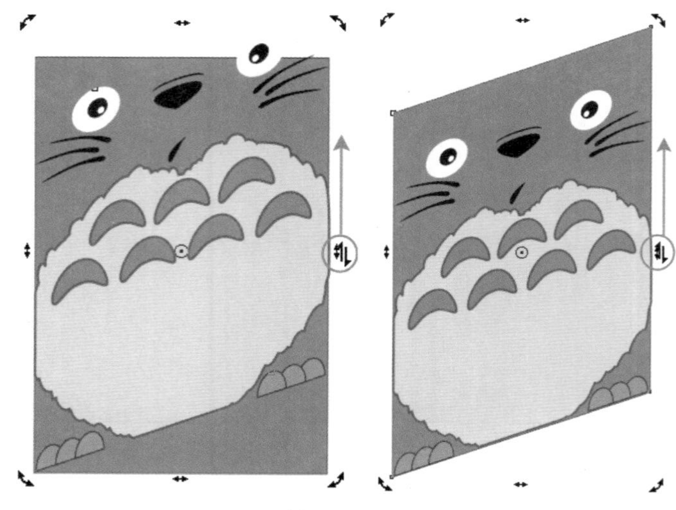

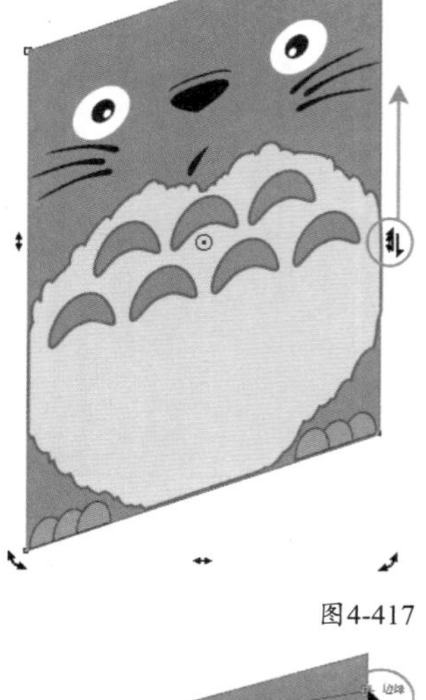

图4-416　图4-417

图4-418

20 将侧面的对象取消组合对象，然后全选侧面的图样进行组合对象，双击进行向上倾斜，如图4-419所示，接着双击选中矩形进行向下倾斜，再上下调整位置，如图4-420所示。

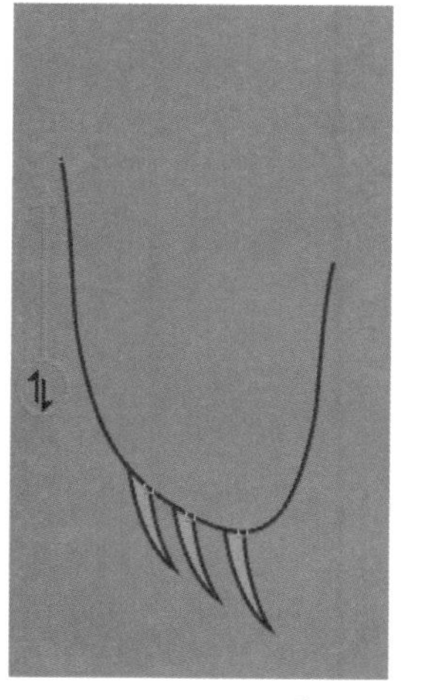

图4-419

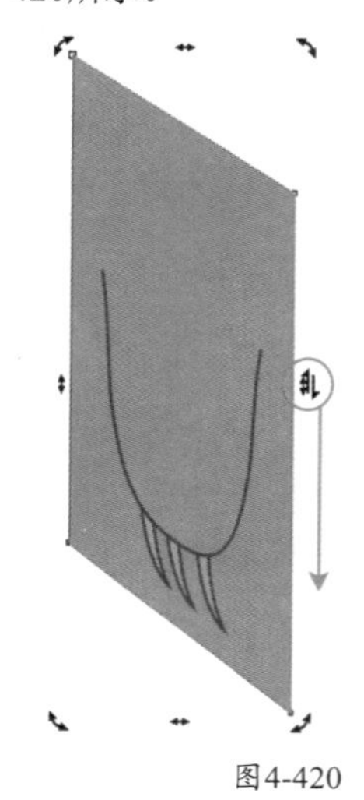

图4-420

21 将上面的对象取消组合对象，然后选中矩形进行向下压缩，如图4-421所示，接着双击向右倾斜，再调整矩形的位置，如图4-422所示，最后用“形状工具”调整矩形节点。

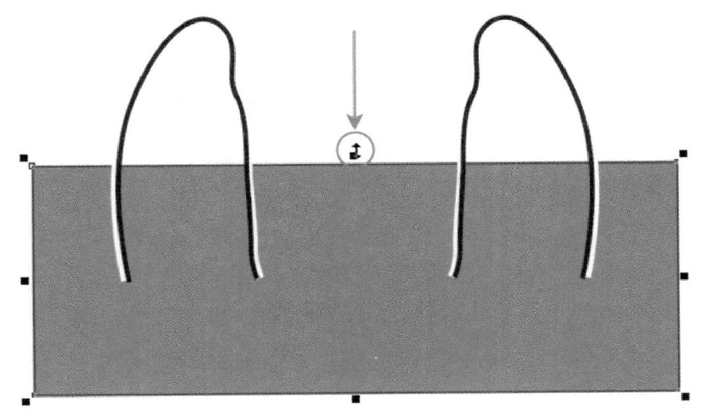
图4-421

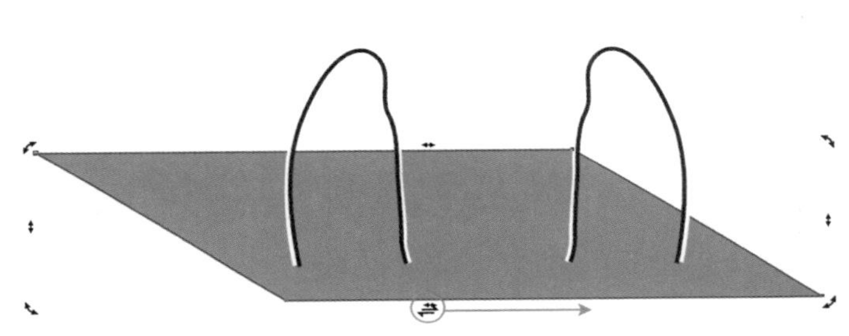
图4-422

22 使用“钢笔工具”沿着耳朵的轮廓线绘制耳朵，然后删除白色的轮廓线，再使用“颜色滴管工具”吸取矩形的颜色进行填充，接着将耳朵进行旋转，如图4-423所示，最后将矩形颜色调整为（C:49，M:44，Y:47，K:0），效果如图4-424所示。

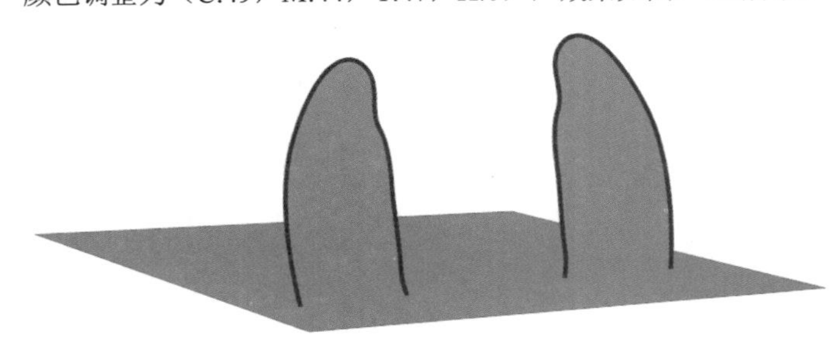
图4-423

图4-424

23 使用“钢笔工具”绘制尾巴的两个透视面，如图4-425所示，然后使用“颜色滴管工具”吸取相应方向的矩形颜色进行填充，效果如图4-426所示。

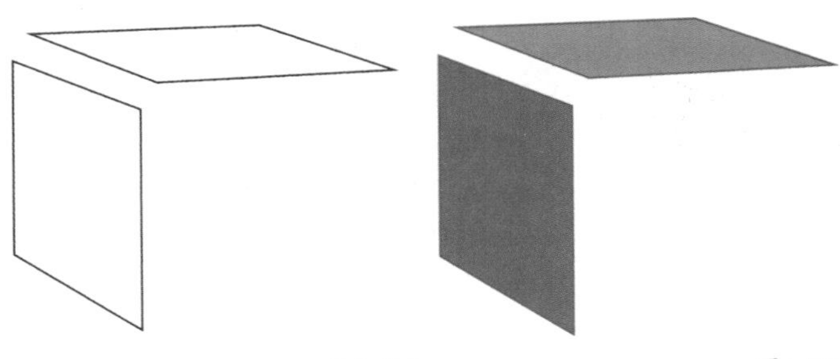
图4-425 图4-426

24 将添加透视后的面拼接在一起，然后全选进行组合对象，如图4-427所示，接着绘制投影，再填充颜色为黑色，最后按Ctrl+End组合键将投影放在最下面，如图4-428所示。

图4-427 图4-428

25 选中阴影单击“透明度工具”，然后在属性栏上设置“透明度类型”为“均匀透明度”、“透明度”为50，效果如图4-429所示，接着将成品图组合对象拖曳到页面中的空白位置，如图4-430所示。

图4-429

图4-430

26 使用“矩形工具”绘制一个矩形，然后水平复制6份，接着用“颜色滴管工具”吸取纸模型上使用过的颜色，再分别填充在矩形中，如图4-431所示。

27 绘制一个长条形的矩形，然后按Ctrl+End组合键置于最下面，接着设置左边的“圆角”为4mm，再填充颜色为（C:62，M:58，Y:64，K:7），最后全选进行群组，如图4-432所示。

图4-431

图4-432

28 将绘制的对象拖曳到页面右上方，如图4-433所示，然后导入光盘中的“素材文件>CH04>27.cdr”文件，接着取消组合对象放置在页面的相应位置，最终效果如图4-434所示。

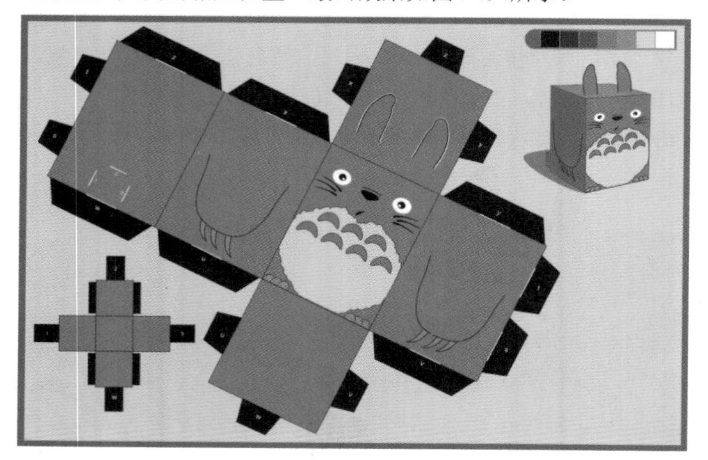

图4-433

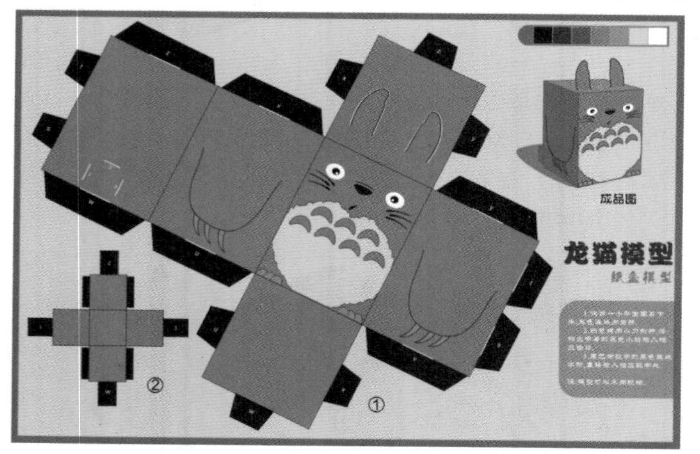

图4-434

4.6.2 属性栏设置

“钢笔工具”的属性栏如图4-435所示。

图4-435

钢笔工具选项介绍

预览模式：激活该按钮后，会在确定下一节点前自动生成一条预览当前曲线形状的蓝线；关掉就不显示预览线。

自动添加或删除节点：单击激活后，将光标移动到曲线上，当光标变为时单击左键添加节点，光标变为时单击左键删除节点；关掉就无法单击左键进行快速添加。

4.7 B样条工具

“B样条工具”是通过建造控制点来轻松创建连续平滑的曲线。

单击“工具箱”上的“B样条工具”，然后将光标移动到页面内的空白处，单击鼠标左键定下第1个控制点，接着移动光标，会拖动出一条实线与虚线重合的线段，如图4-436所示，单击确定第2个控制点。

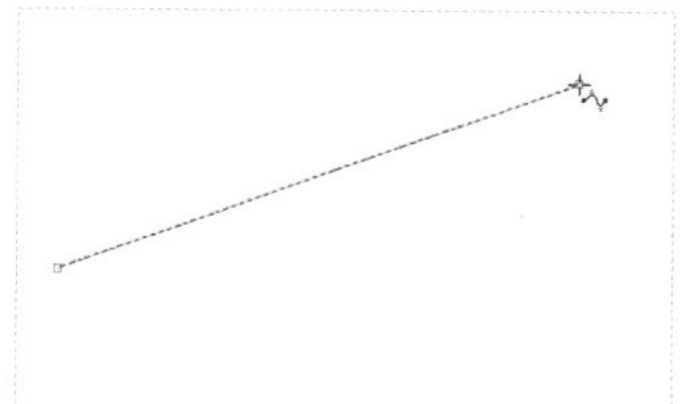

图4-436

在确定第2个控制点后，再移动光标时，实线就会被分离出来，如图4-437所示，此时可以看出实线为绘制的曲线，虚线为连接控制点的控制线，继续增加控制点直到闭合控制点，在闭合控制线时就会自动生成平滑曲线，如图4-438所示。

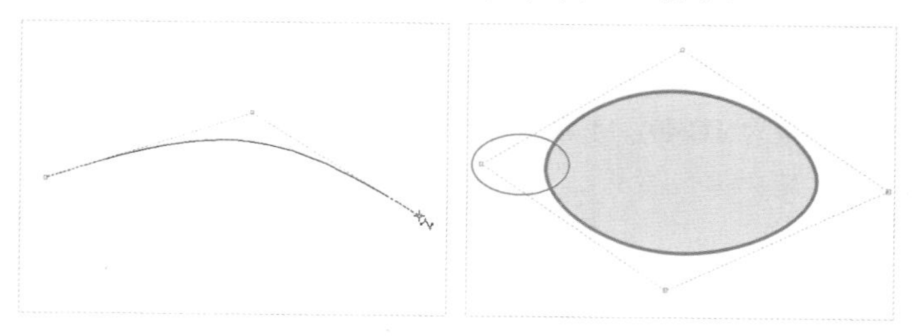

图4-437　　图4-438

在编辑完成后可以单击“形状工具”，通过修改控制点来轻松修改曲线。

技巧与提示

绘制曲线时，双击鼠标左键可以完成曲线编辑；绘制闭合曲线时，直接将控制点闭合完成编辑。

实战：用B样条制作篮球

实例位置　下载资源>实例文件>CH04>实战：用B样条制作篮球.cdr
素材位置　下载资源>素材文件>CH04>28.jpg、29.cdr、30.cdr、31.cdr
视频位置　下载资源>多媒体教学>CH04>实战：用B样条制作篮球.flv
实用指数　★★★☆☆
技术掌握　B样条工具的使用方法

热血篮球效果如图4-439所示。

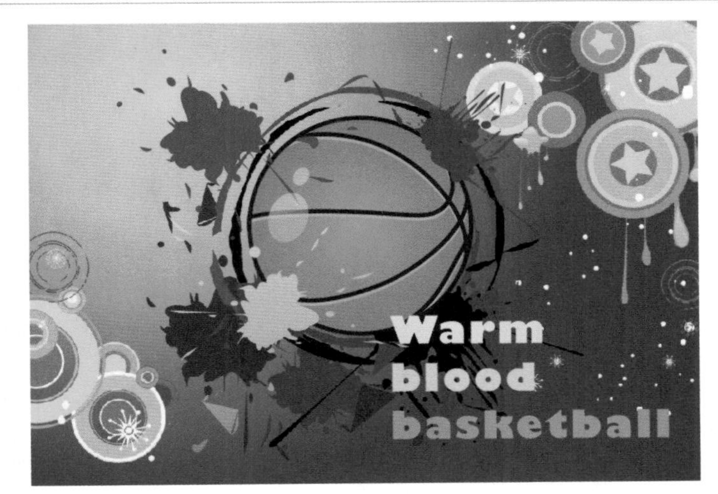

图4-439

01 新建一个空白文档，然后设置文档名称为“热血篮球”，接着设置页面大小为“A4”、页面方向为“横向”。

02 使用“椭圆形工具”按住Ctrl键绘制一个圆形，注意，在绘制时轮廓线什么颜色都可以，后面会进行修改，如图4-440所示。

图4-440

03 使用“B样条工具”在圆形上绘制篮球的球线，然后单击“轮廓笔”工具，将“轮廓宽度”设置为2mm，如图4-441所示。

图4-441

04 单击“形状工具”对之前的篮球线进行调整，使球线的弧度更平滑，如图4-442所示，调整完毕后将之前绘制的球身移到旁边。

05 下面进行球线的修饰。全选绘制的球线，然后执行“对象>将轮廓转换为对象”菜单命令，将球线转为可编辑对象，接着执行“对象>造形>合并”菜单命令，将对象焊接在一起，此时球线颜色变为黑色（双击显示很多可编辑节点），如图4-443所示。

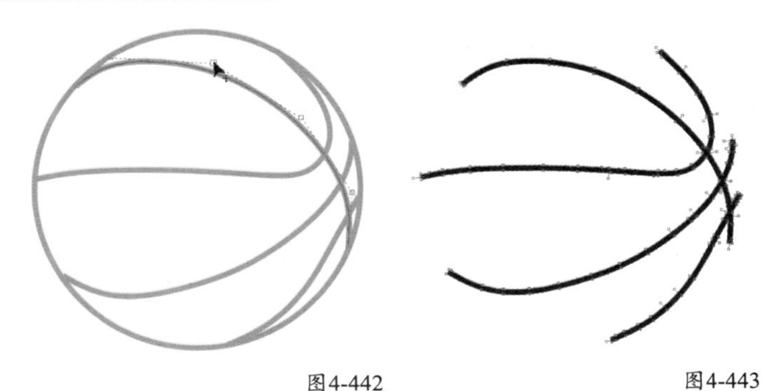

图4-442　　图4-443

技巧与提示

在将轮廓转换为对象后，我们就无法将对象进行修改轮廓宽度，所以，在本案例中，为了更加方便，我们要在转换前将轮廓线调整为合适的宽度。

另外，转换为对象后在进行缩放时，线条显示的是对象不是轮廓，可以相对放大，没有转换的则不会变化。

06 选中黑色球线复制一份，然后在状态栏里修改颜色，再设置下面的球线为（C:0、M:35、Y:75、K:0），如图4-444所示，接着将下面的对象微微错开排放，最后全选后群组，如图4-445所示。

图4-444

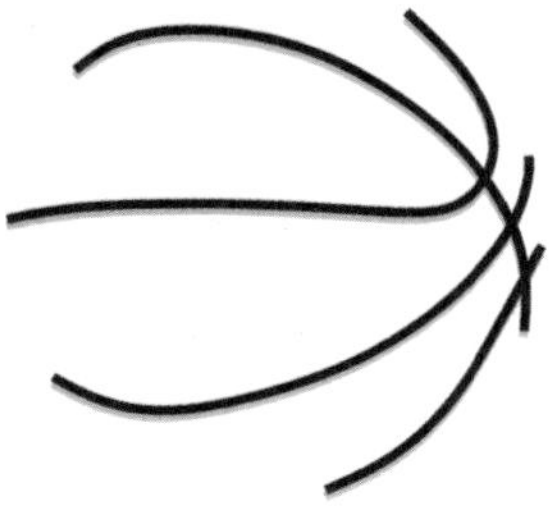

图4-445

07 下面进行球身的修饰。选中之前编辑的圆形，然后双击状态栏上的“渐层工具”，打开“编辑填充”对话框，在弹出的工具选项面板中选择“渐变填充”方式，设置从左到右的颜色为（C:30，M:70，Y:100，K:0）、（C:0，M:50，Y:100，K:0），接着设置“类型”为“椭圆形渐变填充”、“镜像、重复和反转”为“默认渐变填充”、“填充宽度”为“141.421”、“水平偏移”为“0”、“垂直偏移”为“0”，再单击“确定”按钮进行填充，如图4-446所示，最后设置“轮廓宽度”为2mm、颜色为黑色，效果如图4-447所示。

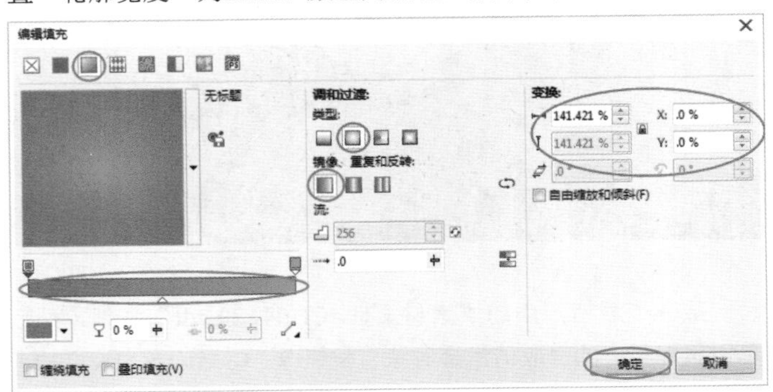

图4-446

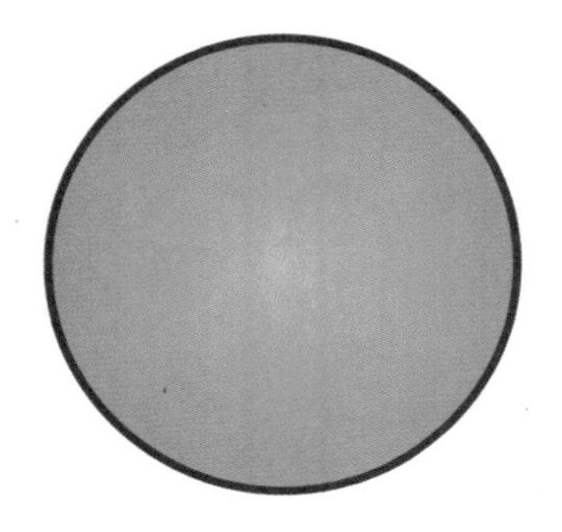

图4-447

08 将球线群组拖曳到球身上方，并调整位置，如图4-448所示，接着选中球线执行“效果>图框精确剪裁>置于图文框内部”菜单命令，将球线置于球身内，使球线融入球身中，效果如图4-449所示。

图4-448

图4-449

09 导入下载资源中的“素材文件>CH04>28.jpg”文件，将背景拖入页面内缩放至合适的大小，然后将篮球拖曳到页面上，再按Ctrl+Home组合键将篮球放置在顶层，接着调整大小放在背景中间的墨迹里，效果如图4-450所示。

图4-450

10 导入下载资源中的“素材文件>CH04>29.cdr”文件，然后单击属性栏上的“取消组合对象”按钮，将墨迹变为独立的个体，接着将墨迹分别拖曳到篮球的角落上，效果如图4-451所示。

图4-451

11 导入下载资源中的“素材文件>CH04>30.cdr”文件，调整至合适大小后拖曳到篮球上，再去掉轮廓线，接着导入下载资源中的“素材文件>CH04>31.cdr”文件，最后调整大小放置在右下角，最终效果如图4-452所示。

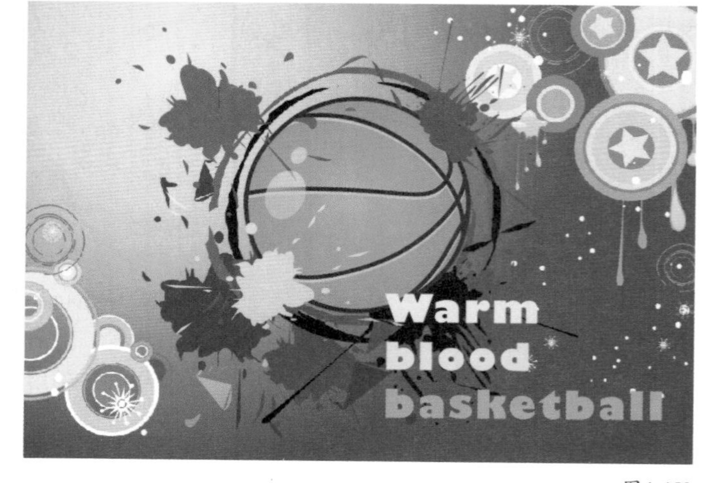

图4-452

4.8 折线工具

“折线工具”用于方便快捷地创建复杂几何形和折线。

在“工具箱”上单击“折线工具”，然后在页面的空白处单击鼠标左键定下起始节点，移动光标会出现一条线，如图4-453所示，接着单击左键定下第2个节点的位置，继续绘制形成复杂折线，最后双击左键结束编辑，如图4-454所示。

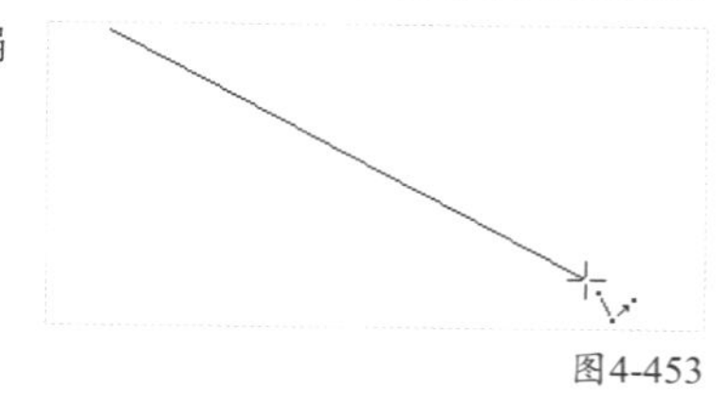

图4-453

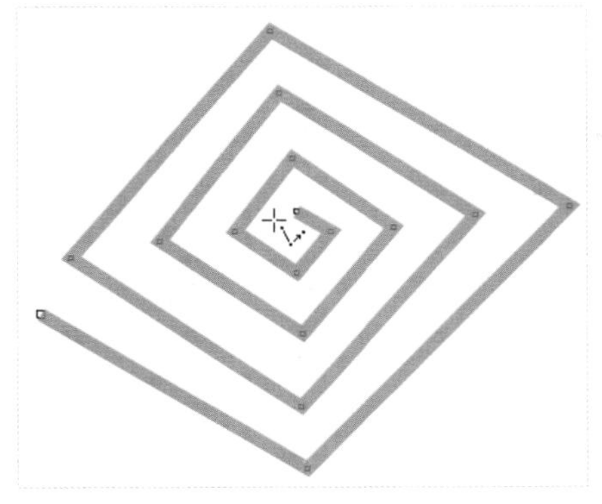

图4-454

除了绘制折线外，还可以绘制曲线。单击“折线工具”，然后在页面的空白处按住鼠标左键进行拖动绘制，松开鼠标后可以自动平滑曲线，如图4-455所示，双击左键可结束编辑。

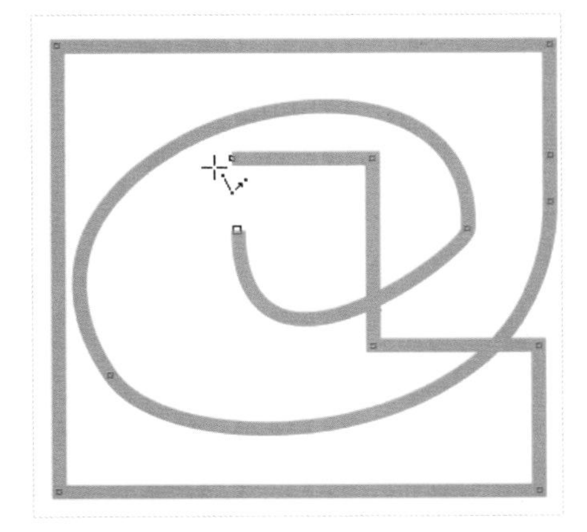

图4-455

4.9 3点曲线工具

“3点曲线工具”可以准确地确定曲线的弧度和方向。

在“工具箱”中单击“3点曲线工具”，然后将光标移动到页面内，按住鼠标左键进行拖动，出现一条直线进行预览，拖动到合适的位置后，松开左键并移动光标调整曲线的弧度，如图4-456所示，接着单击左键完成编辑，如图4-457所示。

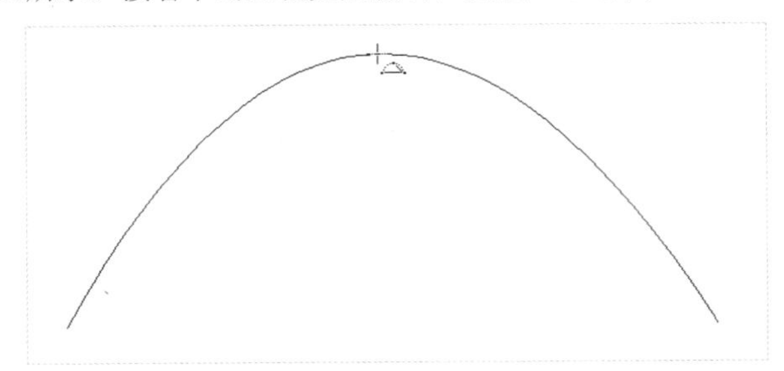

图4-456

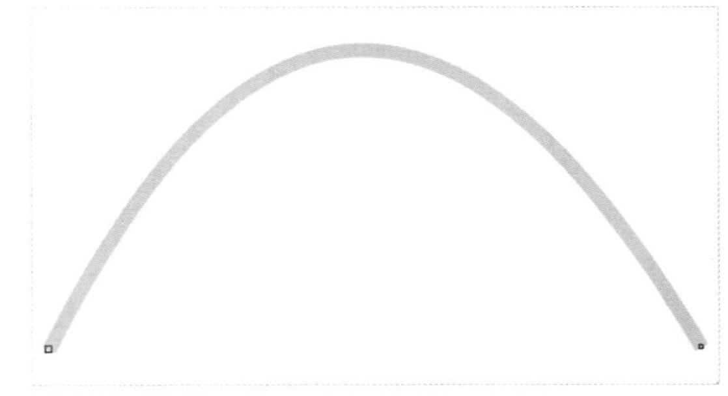

图4-457

熟练运用“3点曲线工具”可以快速制作流线造型的花纹，如图4-458所示，重复排列可以制作花边。

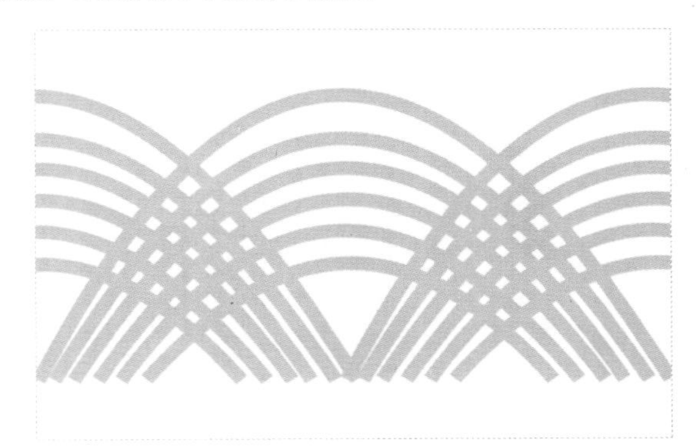

图4-458

第5章 几何图形工具的使用

Learning Objectives 学习要点

Employment direction 从业方向

版面设计 插画设计
服装设计 平面设计
品牌设计 产品设计

工具名称	工具图标	工具作用	重要程度
矩形工具		以斜角拖动来快速绘制矩形。	高
3点矩形工具		通过3个点以指定的高度和宽度绘制矩形。	中
椭圆形工具		以斜角拖动的方法快速绘制椭圆。	高
3点椭圆形工具		通过3个点以指定的高度和直径绘制椭圆形。	中
多边形工具		专门绘制多边形的工具，可以设置边数。	高
星形工具		绘制规则的星形，默认下星形的边数为12。	高
复杂星形工具		绘制有交叉边缘的星形。	中
图纸工具		绘制一组由矩形组成的网格，格数可以设置。	中
螺纹工具		直接绘制特殊的对称式和对数式的螺旋纹图形。	高
基本形状工具		绘制梯形、心形、圆柱体、水滴等基本型。	中
箭头形状工具		快速绘制路标、指示牌和方向引导等箭头形状。	中
流程图形状工具		快速绘制数据流程图和信息流程图。	中
标题形状工具		快速绘制标题栏、旗帜标语、爆炸形状。	中
标注形状工具		快速绘制补充说明和对话框形状。	中

5.1 矩形和3点矩形工具

矩形是图形绘制常用的基本图形，CorelDRAW X7软件提供了两种绘制工具，分别是“矩形工具”和“3点矩形工具”，用户可以使用这两种工具轻松地绘制出需要的矩形。

5.1.1 矩形工具

“矩形工具”主要以斜角拖动来快速绘制矩形，并且利用属性栏进行基本的修改变化。

绘制方法

单击工具箱中的“矩形工具”，然后将光标移动到页面空白处，按住鼠标左键以对角的方向进行拉伸，如图5-1所示，形成实线方形可以进行预览大小，在确定大小后松开左键完成编辑，如图5-2所示。

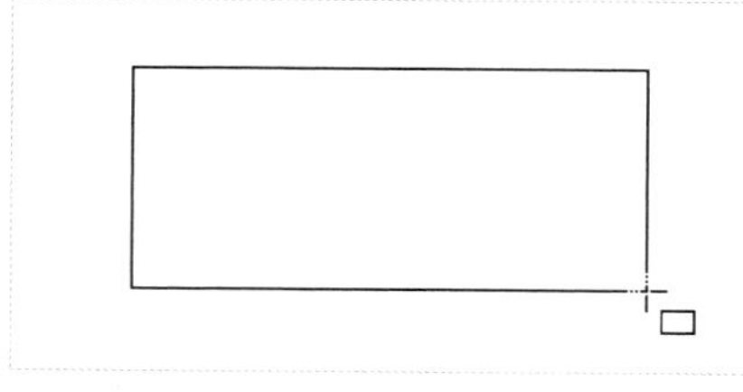
图5-1

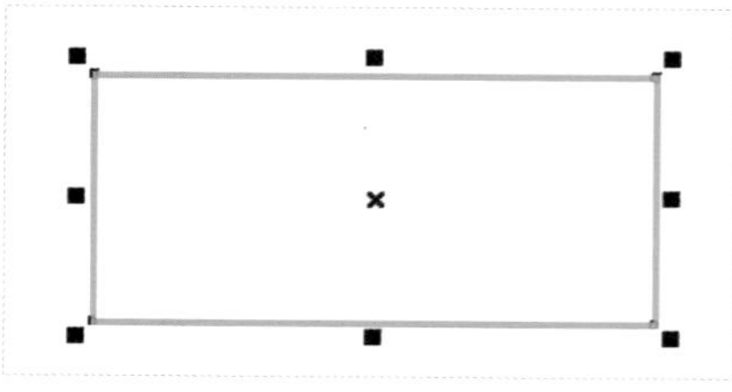
图5-2

在绘制矩形时，按住Ctrl键可以绘制一个正方形，如图5-3所示，也可以在属性栏上输入宽和高将原有的矩形变为正方形，如图5-4所示。

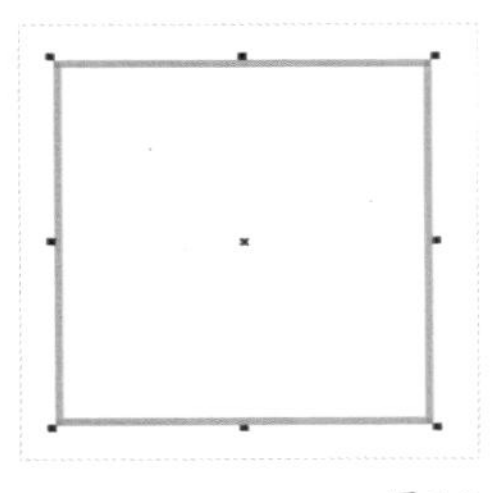

图5-3

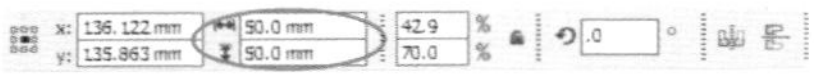

图5-4

在绘制时按住Shift键可以定起始点为中心开始绘制一个矩形，同时按住Shift键和Ctrl键则是以起始点为中心绘制正方形。

参数设置

“矩形工具”的属性栏如图5-5所示。

图5-5

矩形工具选项介绍

圆角：单击可以将角变为弯曲的圆弧角，如图5-6所示，数值可以在后面输入。

扇形角：单击可以将角变为扇形相切的角，形成曲线角，如图5-7所示。

图5-6

图5-7

倒棱角：单击可以将角变为直棱角，如图5-8所示。

圆角半径：在四个文本框中输入数值，可以分别设置边角样式的平滑度大小，如图5-9所示。

图5-8

图5-9

同时编辑所有角：单击激活后，在任意一个“圆角半径”文本框中输入数值，其他3个的数值将会统一进行变化；单击熄灭后，可以分别修改“圆角半径”的数值，如图5-10所示。

图5-10

相对的角缩放：单击激活后，边角在缩放时，“圆角半径”也会相对地进行缩放；单击熄灭后，缩放的同时“圆角半径”将不会缩放。

轮廓宽度：可以设置矩形边框的宽度。

转换为曲线：在没有转曲时，只能进行角上的变化，如图5-11所示；单击转曲后，可以进行自由变换和添加节点等操作，如图5-12所示。

图5-11

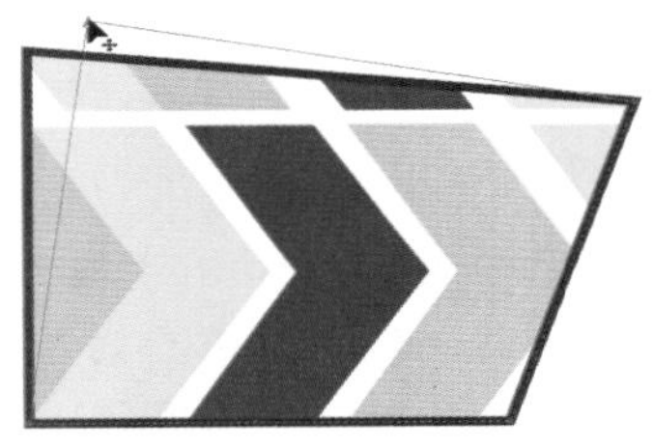

图5-12

5.1.2 3点矩形工具

“3点矩形工具”可以通过定3个点的位置，以指定的高度和宽度绘制矩形。

单击工具栏上的“3点矩形工具”，然后在页面空白处定下第1个点，并长按左键拖动，此时会出现一条实线进行预览，如图5-13所示，确定位置后松开左键定下第2个点，接着移动光标进行定位，如图5-14所示，确定后单击左键完成编辑，如图5-15所示，通过3个点确定了一个矩形。

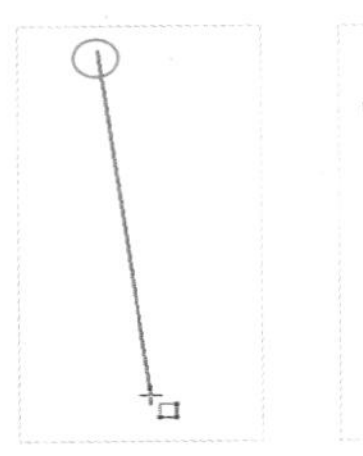

图5-13

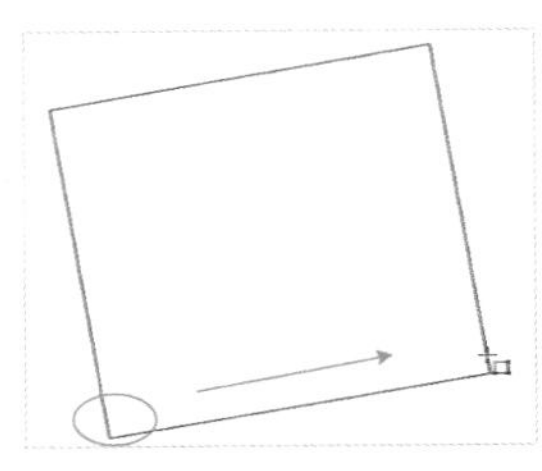

图5-14

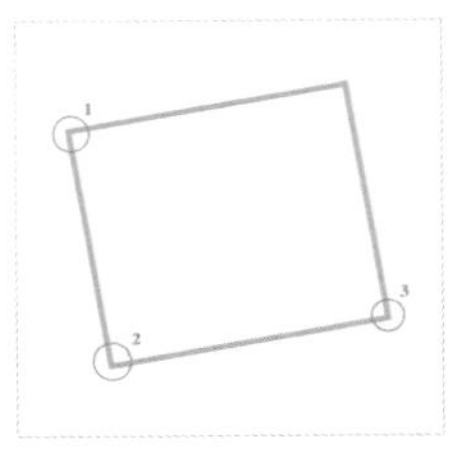

图5-15

★ 重点 ★

实战：用矩形绘制图标

实例位置　下载资源>实例文件>CH05>实战：用矩形绘制图标.cdr
素材位置　下载资源>素材文件>CH05>01.cdr、02.cdr、03.jpg、04.jpg、05.cdr、06.psd~08.psd
视频位置　下载资源>多媒体教学>CH05>实战：用矩形绘制图标.flv
实用指数　★★★★☆
技术掌握　矩形工具的运用方法

手机图标效果如图5-16所示。

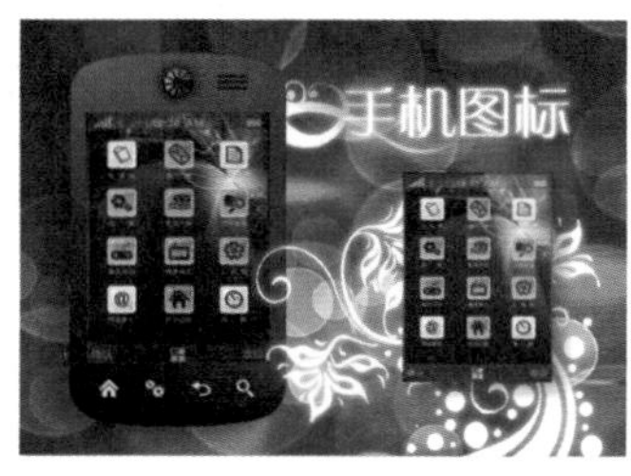

图5-16

01 新建一个空白文档，然后设置文档名称为“手机界面”，接着设置页面大小“宽”为258mm、“高”为192mm。

02 使用“矩形工具”绘制一个正方形，并在属性栏设置“圆角”为1.2mm，如图5-17所示。

图5-17

03 选中矩形，然后在“编辑填充”对话框中选择“渐变填充”方式，设置“类型”为“线性渐变填充”、“镜像、重复和反转”为“默认渐变填充”，再设置“节点位置”为22%的色标颜色为（C:0，M:0，Y:0，K:30）、“节点位置”为46%的色标颜色为（C:0，M:0，Y:0，K:10）、“节点位置”为70%的色标颜色为（C:0，Y:0，M:0，K:5），“填充宽度”为103.916、“水平偏移”为001、“垂直偏移”为0、“旋转”为92.3，接着单击“确定”按钮进行填充，如图5-18所示，最后设置“轮廓宽度”为“极细”、颜色填充为（C:0，M:0，Y:0，K:40），效果如图5-19所示。

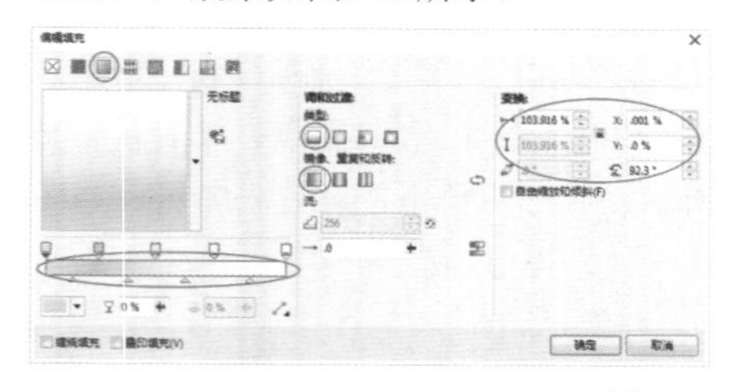

图5-18　图5-19

04 将编辑好的矩形按住Shift键向内进行缩放，如图5-20所示，然后在“编辑填充”对话框中选择“渐变填充”方式，设置“类型”为“线性渐变填充”、“镜像、重复和反转”为“默认渐变填充”，再设置“节点位置”为0%的色标颜色为（C:0，M:0，Y:0，K:20）、“节点位置”为100%的色标颜色为（C:0，M:0，Y:0，K:0），“旋转”为-48.1，接着单击“确定”按钮进行填充，并右键去掉轮廓线，效果如图5-21所示，最后将对象全选复制一份备用。

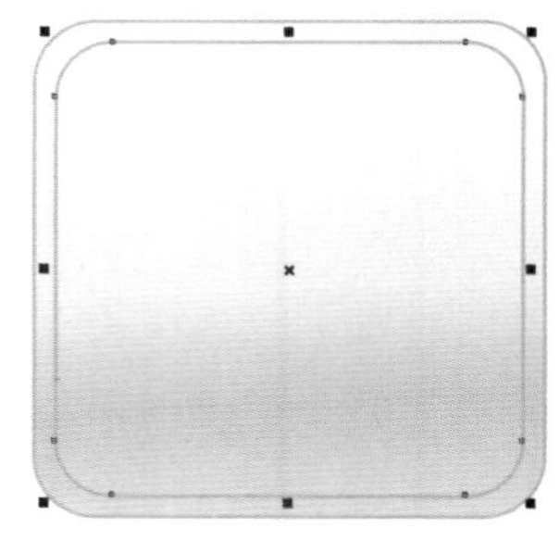

图5-20

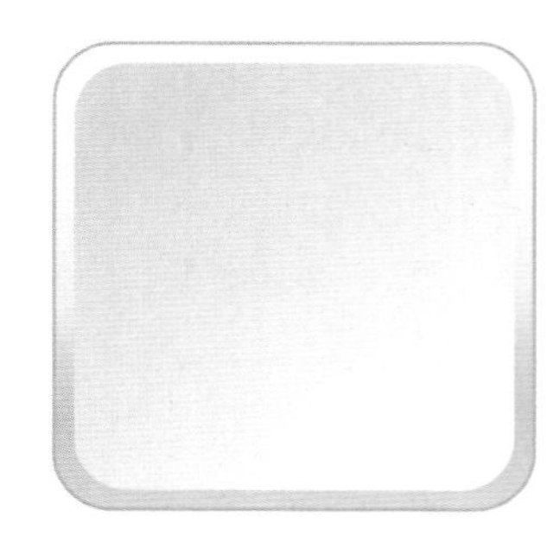

图5-21

05 选中外层矩形按住Shift键向内进行缩小，如图5-22所示，然后在“编辑填充”对话框中选择“渐变填充”方式，设置“节点位置”为0%的色标颜色为（C:0，M:0，Y:0，K:30）、“节点位置”为100%的色标颜色为（C:0，M:0，Y:0，K:0），再设置“类型”为“线性渐变填充”、“旋转”为127.3，接着单击“确定”按钮进行填充，填充完成后右键去掉轮廓线，效果如图5-23所示，最后全选对象进行对象组合。

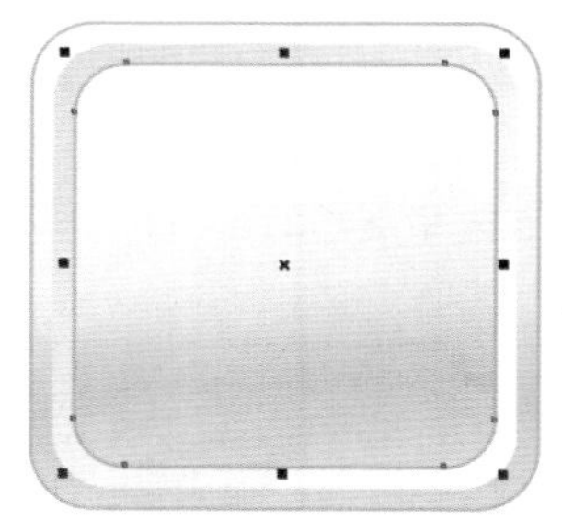

图5-22

图5-23

06 将前面复制备用的对象拖入页面，并选中内部的矩形，然后在“编辑填充”对话框中选择“渐变填充”方式，设置“类型”为“线性渐变填充”、“镜像、重复和反转”为“默认渐变填充”，再设置“节点位置”为0%的色标颜色为（C:29，M:0，Y:100，K:0）、“节点位置”为73%的色标颜色为（C:60，M:29，Y:100，K:3）、“节点位置”为100%的色标颜色为（C:71，M:45，Y:100，K:5），“填充宽度”为103.917、“水平偏移”为0、“垂直偏移”为0、“旋转”为91.8，接着单击“确定”按钮进行填充，如图5-24所示。填充完成后右键去掉轮廓线，效果如图5-25所示。

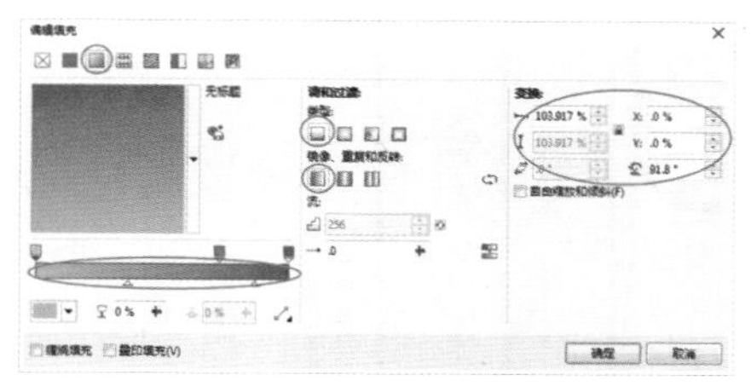

图5-24

图5-25

07 选中矩形按住Shift键向内进行缩小，然后填充颜色为白色，再使用“透明度工具”拖动渐变效果，如图5-26所示，接着选中透明矩形复制一份重新拖动渐变效果，如图5-27所示，最后全选进行组合对象。

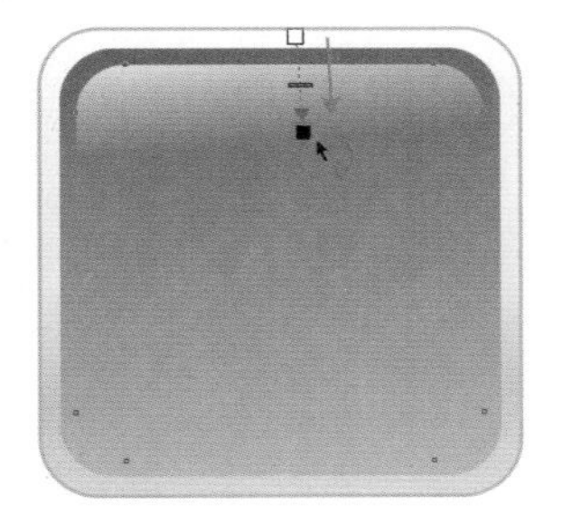

图5-26

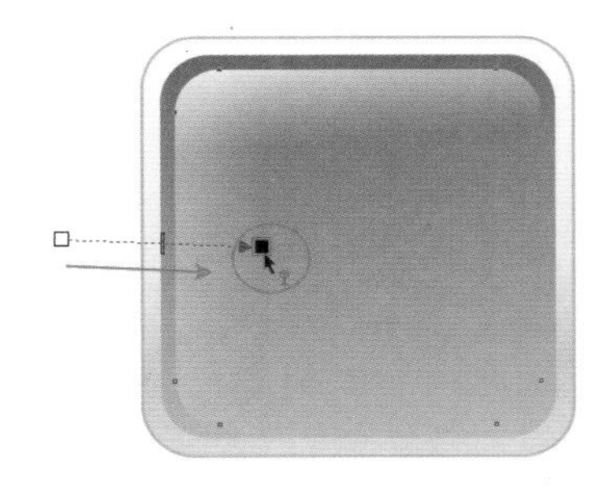

图5-27

08 导入下载资源中的“素材文件>CH05>01.cdr”文件，然后把之前绘制的两种图标框进行复制排列，如图5-28所示，接着将图标取消组合对象，分别拖曳到图标框中，效果如图5-29所示。

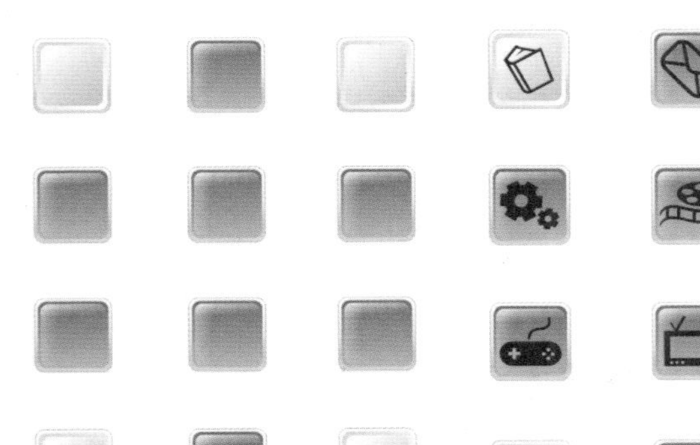

图5-28

图5-29

09 导入下载资源中的“素材文件>CH05>02.cdr”文件，然后将文字取消组合对象，再分别拖曳到相应的图标下方，接着填充文字颜色为（C:31，M:2，Y:100，K:0），如图5-30所示。

图5-30

10 下面绘制手机界面。使用“矩形工具”绘制一个矩形，然后在“编辑填充”对话框中选择“渐变填充”方式，设置“类型”为“椭圆形渐变填充”，再设置“节点位置”为0%的色标颜色为黑色、“节点位置”为100%的色标颜色为（C:20，M:0，Y:20，K:0），接着单击“确定”按钮完成填充，效果如图5-31所示。

图5-31

11 选中矩形按住Shift键向内进行缩小，然后设置轮廓线颜色为（C:20，M:0，Y:0，K:40），接着导入下载资源中的“素材文件>CH05>03.jpg”文件，选中图片执行“对象>图框精确剪裁>置于图文框内部”菜单命令，当光标变为“箭头”时单击矩形，将图片置入，如图5-32所示，效果如图5-33所示。

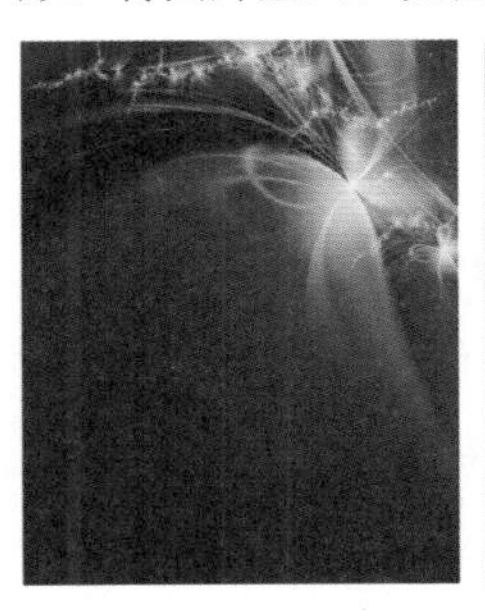

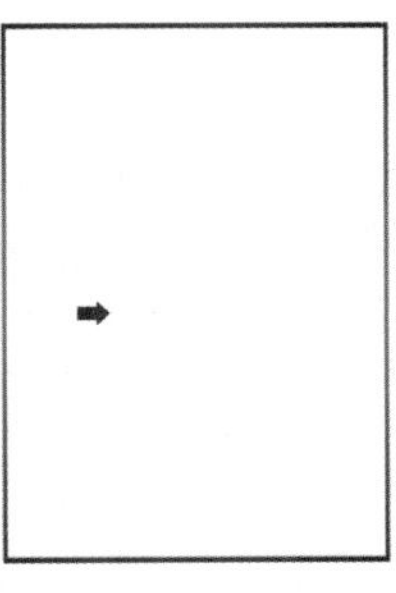

图5-32

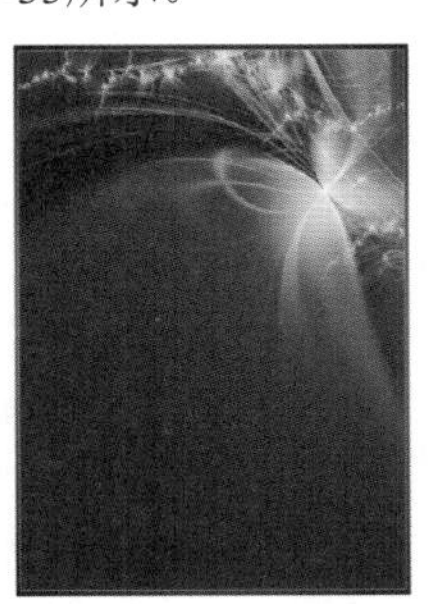

图5-33

12 使用“矩形工具”在屏幕壁纸下方绘制与底部重合的矩形，然后填充颜色为（C:0，M:0，Y:0，K:60），再右键去掉轮廓线，接着单击“透明度工具”，在属性栏设置“透明度类型”为“均匀透明度”、“透明度”为69，效果如图5-34所示。

13 将透明矩形原位置复制一份，然后向下压缩一点，填充颜色为黑色，再设置“轮廓宽度”为“细线”、颜色为白色，接着单击“透明度工具”，在属性栏设置“透明度类型”为“均匀透明度”、“透明度”为69，效果如图5-35所示。

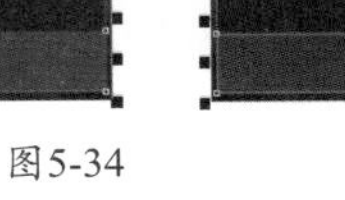

图5-34

图5-35

14 将前面绘制的矩形复制一份拖曳到屏幕壁纸上方，并右键去掉轮廓线，然后在“编辑填充”对话框中选择“渐变填充”方式，设置“类型”为“线性渐变填充”、“镜像、重复和反转”为“默认渐变填充”，再设置“节点位置”为0%的色标颜色为（C:20，M:0，Y: 0，K:80）、“节点位置”为100%的色标颜色为黑色，接着单击“确定”按钮 确定 完成，如图5-36所示。

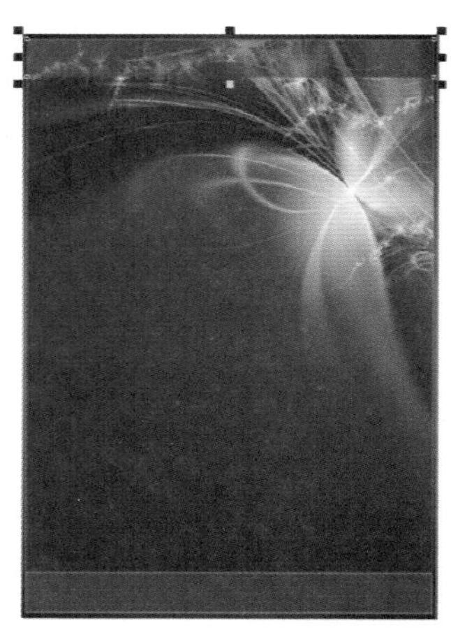

图5-36

15 将图标组合对象拖曳到屏幕背景上，然后调整位置和大小，如图5-37所示，接着将屏幕其他位置的文字拖曳到相应位置进行对齐，效果如图5-38所示。

图5-37

图5-38

16 下面绘制界面的细节。使用“矩形工具”绘制正方形，然后复制三份进行排列，如图5-39所示，接着选中后3个正方形填充颜色为（C:31，M:2，Y:100，K:0），再选中4个正方形填充轮廓线颜色为（C:31，M:2，Y:100，K:0），最后设置第1个正方形的“轮廓宽度”为0.5mm，如图5-40所示。

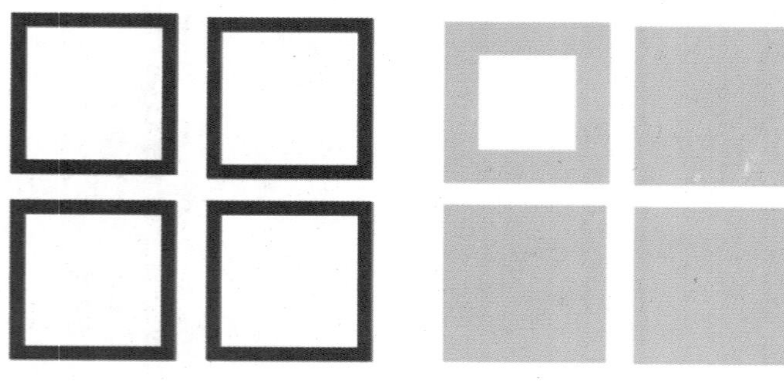

图5-39　　图5-40

17 分别选中正方形，然后在矩形属性栏设置相对“圆角”为0.54mm，接着调整大小和位置，最后进行组合对象，效果如图5-41所示。

图5-41

18 使用“矩形工具”绘制两个矩形，并重叠排放，如图5-42所示，然后全选执行“对象>造形>合并”菜单命令合成电池外形，如图5-43所示。

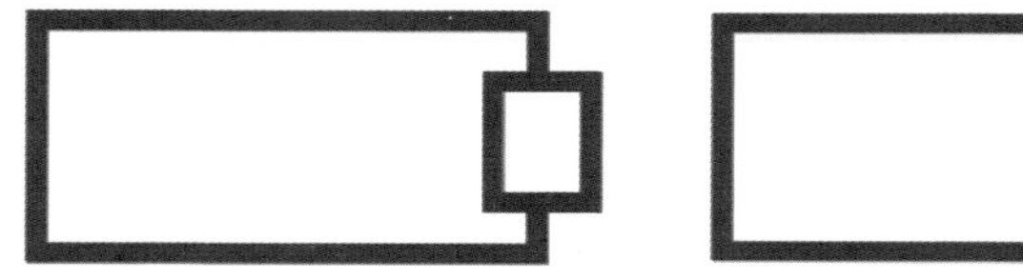

图5-42　　图5-43

19 使用“矩形工具”绘制电池内部电量格，如图5-44所示，然后填充内部矩形颜色为（C:31，M:2，Y:100，K:0），并右键去掉轮廓线，接着设置电池轮廓的“轮廓宽度”为0.2mm、颜色为（C:31，M:2，Y:100，K:0），最后全选组合对象，如图5-45所示。

图5-44　　图5-45

20 使用“矩形工具”绘制由小到大排列的矩形，然后调整间距和对齐，如图5-46所示，接着填充颜色为（C:31，M:2，Y:100，K:0），再右键去掉轮廓线，如图5-47所示，最后将绘制好的细节拖曳到屏幕背景的相应位置，效果如图5-48所示。

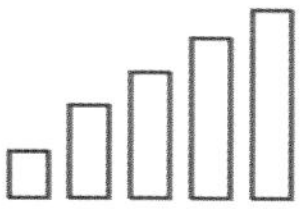

图5-46 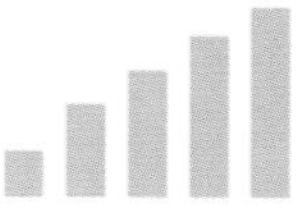　　图5-47

图5-48

21 将绘制好的界面全部组合复制一份备用，然后使用“钢笔工具”在其中一份上绘制反光，再填充颜色为白色，去掉轮廓线，如图5-49所示，接着单击“透明度工具”拖动渐变效果，并调节中间的滑块使渐变更完美，如图5-50所示。

图5-49

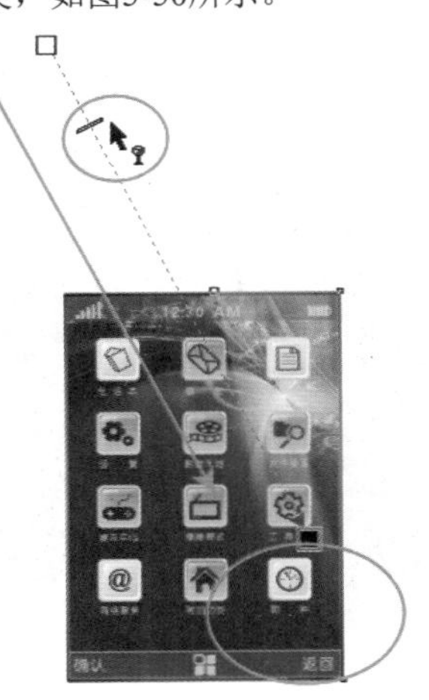

图5-50

22 导入下载资源中的“素材文件>CH05>04.jpg”文件，然后拖曳到页面中进行缩放，如图5-51所示，接着双击“矩形工具”创建矩形，再按Ctrl+Home组合键置于背景上方，并填充颜色为（C:87，M:72，Y:100，K:65），最后使用“透明度工具”拖动渐变透明效果，如图5-52所示。

图5-51

图5-52

23 导入下载资源中的“素材文件>CH05>05.cdr”文件，然后将手机素材取消组合对象，再选中前面复制的手机界面，执行“对象>图框精确剪裁>置于图文框内部”菜单命令，当光标变为“箭头”时单击手机屏幕矩形，将界面置入，如图5-53所示，接着全选进行组合对象，效果如图5-54所示。

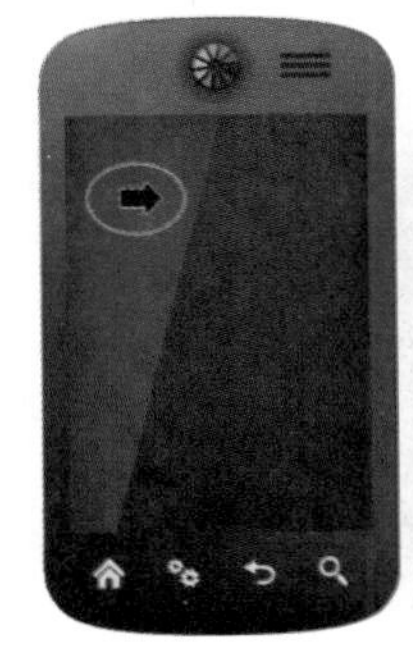

图5-53

图5-54

24 选中手机，然后使用“阴影工具”拖动阴影效果，并调整阴影的位置，效果如图5-55所示。

图5-55

25 导入下载资源中的“素材文件>CH05>06.psd、07.psd”文件，然后拖曳到页面右边进行缩放，如图5-56所示，接着将手机拖曳到页面左边置于下面花纹后方，效果如图5-57所示。

图5-56

图5-57

26 导入下载资源中的“素材文件>CH05>08.psd”文件，然后调整至合适大小后拖曳到页面右上方，如图5-58所示，接着将前面绘制的手机界面拖曳到页面右边，并调整位置，最终效果如图5-59所示。

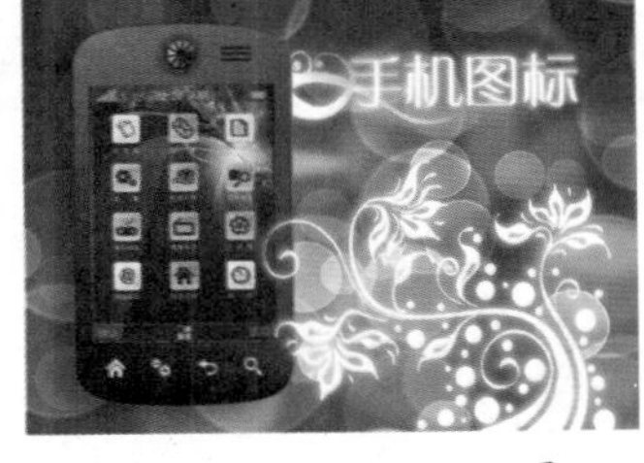

图5-58

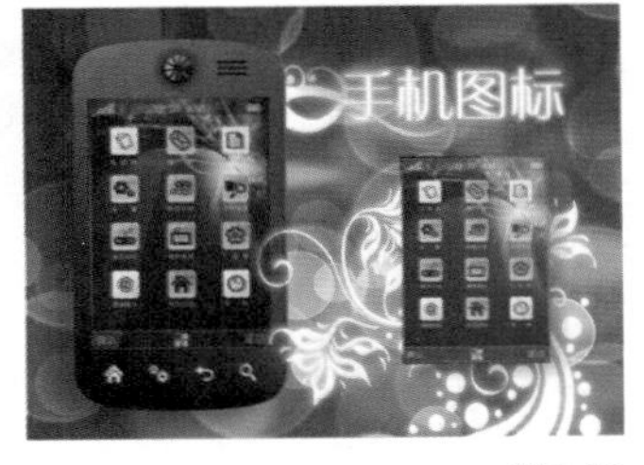

图5-59

★ 重点 ★

实战：用矩形绘制手机

实例位置　下载资源>实例文件>CH05>实战：用矩形绘制手机.cdr
素材位置　下载资源>素材文件>CH05>09.jpg、10.jpg、11.cdr、12.cdr
视频位置　下载资源>多媒体教学>CH05>实战：用矩形绘制手机.flv
实用指数　★★★☆☆
技术掌握　矩形工具的运用方法

智能手机效果如图5-60所示。

图5-60

01 新建一个空白文档，然后设置文档名称为“手机海报”，接着设置页面大小为“A4”、页面方向为“横向”。

02 使用“矩形工具”绘制矩形，然后在属性栏设置“圆角”为7.5mm，如图5-61所示，接着填充颜色为（C:84，M:36，Y:11，K:0），再右键去掉轮廓线，效果如图5-62所示。

图5-61

图5-62

03 原位置复制矩形，按Shift键等大小居中缩放，然后填充颜色为（C:68，M:9，Y:0，K:0），再右键去掉轮廓线，如图5-63所示。

04 选中浅色的矩形向内进行复制，然后删除轮廓线，接着在“编辑填充”对话框中选择“渐变填充”方式，设置“类型”为“线性渐变填充”、“镜像、重复和反转”为“默认渐变填充”，再设置“节点位置”为0%的色标颜色为（C:0，M:0，Y:0，K:60）、“节点位置”为100%的色标颜色为黑色，“旋转”为322.2，最后单击“确定”按钮完成填充，如图5-64所示。

图5-63

图5-64

05 使用“矩形工具”在手机界面内绘制矩形，然后设置“轮廓宽度”为0.5mm、颜色为（C:0，M:0，Y:0，K:50），如图5-65所示，接着原位置复制一份，填充颜色为黑色，最后设置“轮廓宽度”为0.2mm、颜色为（C:0，M:0，Y:0，K:90），如图5-66所示。

图5-65

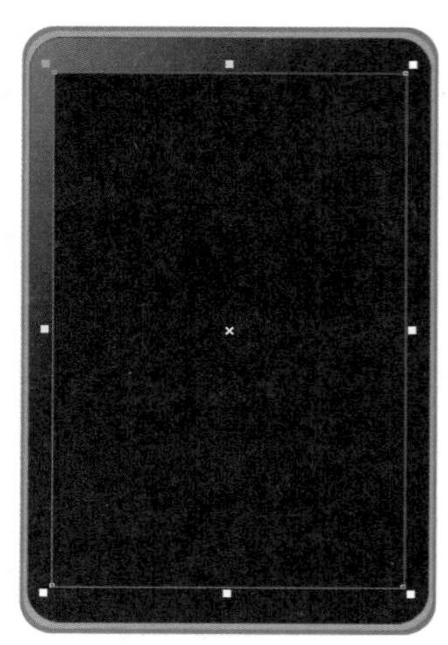

图5-66

06 下面绘制侧面的按键。使用“矩形工具”在手机侧面绘制矩形，然后在属性栏设置矩形左边“圆角”为3mm，如图5-67所示，接着填充颜色为（C:68，M:9，Y:0，K:0），再去掉轮廓线，如图5-68所示，最后复制一份向左边缩放，填充颜色为（C:84，M:36，Y:11，K:0），效果如图5-69所示。

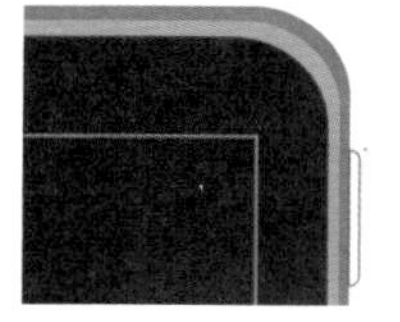

图5-67　图5-68　图5-69

07 将绘制的按键组合对象，然后垂直复制两份，并调整间距和位置，效果如图5-70所示。

08 使用“矩形工具”在屏幕上面绘制矩形，然后在“编辑填充”对话框中选择“渐变填充”方式，设置“类型”为“线性渐变填充”，再设置“节点位置”为0%的色标颜色为（C:20，M:0，Y:0，K:0）、“节点位置”为100%的色标颜色为白色，接着单击“确定”按钮，填充完成后删除轮廓线，最后使用“透明度工具”拖动渐变效果，如图5-71所示。

图5-70

图5-71

09 下面绘制关机图标。使用“椭圆形工具”绘制圆形，然后在属性栏设置“弧”的“起始和结尾度数”为105°和75°，如图5-72所示，接着在中间空白处绘制垂直线段，全选后按“合并”按钮进行合并，如图5-73所示，最后填充轮廓线颜色为（C:68，M:9，Y:0，K:0），效果如图5-74所示。

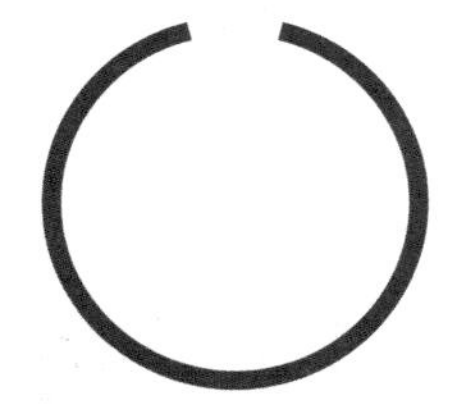
图5-72

图5-73

图5-74

10 导入下载资源中的“素材文件>CH05>09.jpg”文件，然后选中图片执行“对象>图框精确剪裁>置于图文框内部”菜单命令，把图片放置在矩形中，如图5-75和图5-76所示，接着把绘制好的关机符号拖曳到手机上，效果如图5-77所示。

图5-75

图5-76

图5-77

11 下面绘制反光。将第三层矩形原位置复制一份，然后使用“形状工具”进行修改，再填充颜色为（C:20，M:0，Y:0，K:0），如图5-78所示，接着使用“透明度工具”拖动一个渐变效果，如图5-79所示，最后将手机组合对象。

图5-78

图5-79

12 导入下载资源中的“素材文件>CH05>10.jpg”文件，调整至合适大小后拖曳到页面下方，如图5-80所示。

图5-80

13 使用“矩形工具”在页面空白处绘制矩形，然后删除轮廓线，接着在“编辑填充”对话框中选择“渐变填充”方式，设置“类型”为“线性渐变填充”、“镜像、重复和反转”为“默认渐变填充”，再设置“节点位置”为0%的色标颜色为（C:100，M:84，Y:40，K:3）、“节点位置”为100%的色标颜色为（C:69，M:12，Y:9，K:0），“填充宽度”为104.336、“水平偏移”为5.527、“垂直偏移”为-2.168、“旋转”为90.0，单击“确定”按钮完成填充，如图5-81所示，最后单击“透明度工具”拖动渐变效果，如图5-82所示。

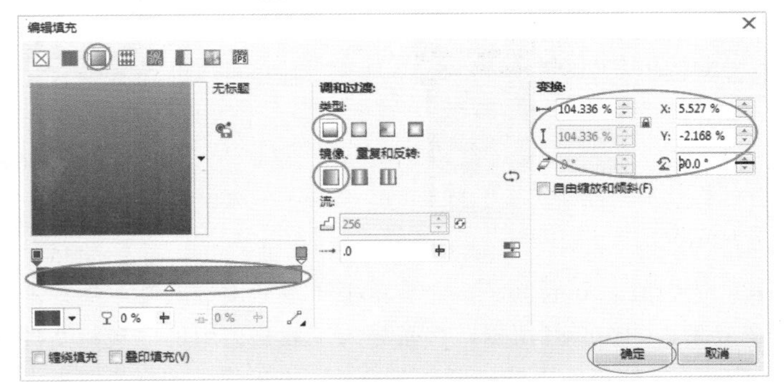

图5-81

图5-82

14 将前面绘制的手机拖曳到页面右边，如图5-83所示，然后使用“矩形工具”在页面左下方绘制矩形，并填充为白色，再设置矩形左边“圆角”为2.4mm，接着单击“透明度工具”拖动渐变效果，如图5-84所示。

图5-83

图5-84

15 导入下载资源中的“素材文件>CH05>11.cdr”文件，然后取消组合对象拖曳到页面中的相应位置，如图5-85所示。

图5-85

16 下面绘制手机倒影。选中手机复制一份，然后在属性栏单击“垂直镜像”图标进行镜像，再拖曳到手机下方，接着执行“位图>转换为位图”菜单命令，将图形转换为位图，如图5-86所示，最后绘制一个矩形，将倒影多余的位置修剪掉，如图5-87所示。

图5-86

图5-87

17 选中修剪好的倒影，然后单击“透明度工具”拖动渐变效果，如图5-88所示，接着导入下载资源中的“素材文件>CH05>12.cdr”文件，调整至合适大小后拖曳到白色矩形右边，最终效果如图5-89所示。

图5-88

图5-89

★ 重点 ★

实战：用矩形绘制液晶电视广告

实例位置　下载资源>实例文件>CH05>实战：用矩形绘制液晶电视.cdr
素材位置　下载资源>素材文件>CH05>13.jpg、14.jpg、15.psd、16.cdr
视频位置　下载资源>多媒体教学>CH05>实战：用矩形绘制液晶电视.flv
实用指数　★★★★☆
技术掌握　矩形的运用方法

液晶电视效果如图5-90所示。

图5-90

01 新建一个空白文档，然后设置文档名称为“3D彩电广告”，接着设置页面大小“宽”为297mm、“高”为180mm。

02 使用“矩形工具”绘制矩形，在属性栏设置“圆角”为2mm，如图5-91所示，然后在“编辑填充”对话框中选择“渐变填充”方式，设置“类型”为“矩形渐变填充”、“镜像、重复和反转”为“默认渐变填充”，再设置“节点位置”为0%的色标颜色为黑色、“节点位置”为100%的色标颜色为（C:0，M:0，Y:0，K:70），接着单击“确定”按钮完成填充，最后删除轮廓线，效果如图5-92所示。

图5-91

图5-92

03 把绘制好的矩形向内进行缩放，然后在“编辑填充”对话框中选择“渐变填充”方式，设置“变换”中的“水平偏移”为3%、“旋转”为210，再单击“确定”按钮完成填充，如图5-93所示。

04 下面绘制屏幕。选中矩形向内进行缩放，然后在“编辑填充”对话框中选择“渐变填充”方式，设置“类型”为“线性渐变填充”，再修改设置“水平偏移”为0%、“旋转”为0、颜色不变，接着单击“确定”按钮完成填充，最后右键删除轮廓线，效果如图5-94所示。

图5-93

图5-94

05 选中屏幕向内复制，然后在“编辑填充”对话框中选择“渐变填充”方式，设置“节点位置”为0%的色标颜色为K100的黑色、“节点位置”为100%的色标颜色为（C: 100，M:100，Y: 100，K:100）的黑色，接着单击“确定”按钮完成填充，如图5-95所示。

图5-95

06 下面绘制底座。使用“矩形工具”绘制矩形，然后进行转曲，再使用“形状工具”调整形状，如图5-96所示，接着填充颜色为黑色，最后右键去掉轮廓线，如图5-97所示。

图5-96　图5-97

07 将底座复制然后更改颜色为（C:0，M:0，Y:0，K:80），如图5-98所示，接着将复制后的底座向上拉伸，并使用“透明度工具”在底部拖动渐变效果，拖动方向如图5-99所示。

图5-98　图5-99

08 将灰色底座复制一份由下边界向上压缩，然后使用“形状工具”调整形状，接着在“编辑填充”对话框中选择“渐变填充”方式，设置“类型”为“线性渐变填充”、“镜像、重复和反转”为“默认渐变填充”、“旋转”为“274.6”，再设置“节点位置”为0%的色标颜色为黑色、“节点位置”为100%的色标颜色为（C:0，M:0，Y:0，K:40），最后单击“确定”按钮完成填充，如图5-100所示。

09 原位置复制一份，然后在“渐变填充”对话框中更改“类型”为“椭圆形渐变填充”，接着单击“确定”按钮完成填充，如图5-101所示，最后将底座组合。

图5-100 　图5-101

10 下面绘制支架。使用“矩形工具”绘制矩形，在属性栏设置“圆角”为0.3mm，然后在“编辑填充”对话框中选择“渐变填充”方式，设置“类型”为“线性渐变填充”、“镜像、重复和反转”为“默认渐变填充”，再设置“节点位置”为0%的色标颜色为黑色、“位置”为28%的色标颜色为（C:0，M:0，Y:0，K:10）、“位置”为78%的色标颜色为（C:0，M:0，Y:0，K:10）、“位置”为100%的色标颜色为黑色，接着单击“确定”按钮完成填充，如图5-102所示，最后右键去掉轮廓线，如图5-103所示。

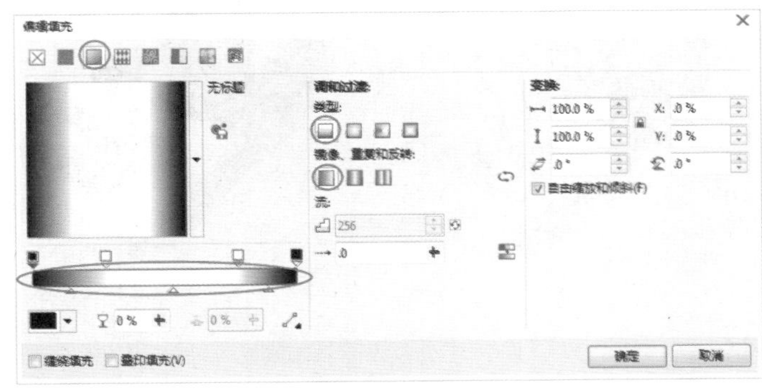

图5-102

图5-103

11 把矩形复制一份，缩放后使用“形状工具”调整形状，然后填充颜色为黑色，再单击“透明度工具”，在属性栏设置“透明度类型”为“均匀透明度”、“透明度”为50，效果如图5-104所示。

图5-104

12 将银色矩形复制一份，缩放后使用“形状工具”调整形状，然后在“编辑填充”对话框中选择“渐变填充”方式，设置“类型”为“线性渐变填充”、“镜像、重复和反转”为“默认渐变填充”，再设置“节点位置”为0%的色标颜色为黑色、“位置”为52%的色标颜色为（C:0，M:0，Y:0，K:90）、“位置”为100%的色标颜色为黑色，接着单击“确定”按钮完成填充，如图5-105和图5-106所示。

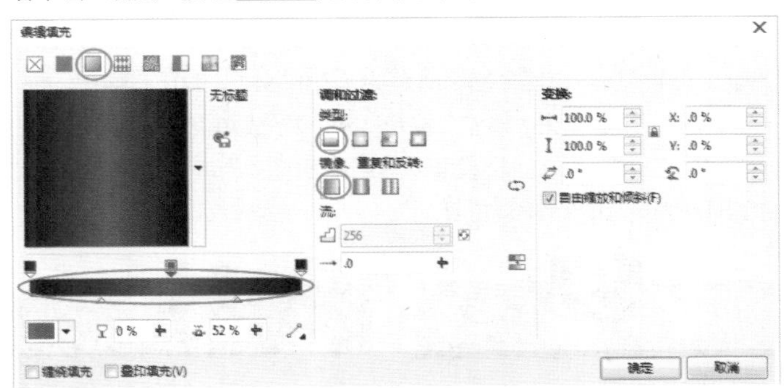

图5-105

图5-106

13 使用“矩形工具”绘制矩形，然后进行转曲，再使用“形状工具”调整形状，接着在“编辑填充”对话框中选择“渐变填充”方式，设置“类型”为“线性渐变填充”、“镜像、重复和反转”为“默认渐变填充”，再设置“节点位置”为0%的色标颜色为黑色、“位置”为20%的色标颜色为白色、“位置”为82%的色标颜色为白色、“位置”为100%的色标颜色为黑色，最后单击“确定”按钮完成，如图5-107所示，填充完成后删除轮廓线，效果如图5-108所示。

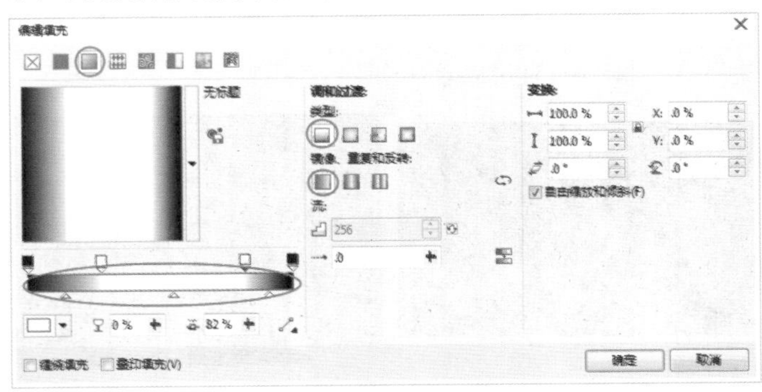

图5-107

图5-108

14 复制前面编辑的对象进行缩放，然后在“编辑填充”对话框中选择“渐变填充”方式，设置“节点位置”为0%的色标颜色为（C:0，M:0，Y:0，K:70）、“节点位置”为100%的色标颜色为白色，接着单击“确定”按钮 确定 完成填充，如图5-109所示。

15 使用“矩形工具”绘制矩形，并进行转曲，再使用“形状工具”调整形状，然后在“编辑填充”对话框中选择“渐变填充”方式，设置“类型”为“线性渐变填充”、“镜像、重复和反转”为“默认渐变填充”，再设置“节点位置”为0%的色标颜色为黑色、“节点位置”为100%的色标颜色为（C:0，M:0，Y:0，K:40），“旋转”为-90，接着单击“确定”按钮 确定 完成填充，最后单击“透明度工具”，在属性栏设置“透明度类型”为“均匀透明度”、“透明度”为50，如图5-110所示。

图5-109

图5-110

16 将电视的部件拼合好，如图5-111所示，然后把电视轮廓的矩形复制一份，填充颜色为白色，再使用“形状工具”调整形状，接着使用“透明度工具”拖动渐变效果，如图5-112所示。

图5-111

图5-112

17 将绘制好的电视复制两份，然后导入下载资源中的“素材文件>CH05>13.jpg~14. jpg”文件，接着分别选中图片执行“对象>图框精确剪裁>置于图文框内部”菜单命令，把图片放置在矩形中，如图5-113和图5-114所示。

图5-113

图5-114

知识链接

关于图像的效果处理和置入方法，我们会在后面“第10章 图像效果操作”中详细讲解。

18 下面制作立体特效。导入下载资源中的“素材文件>CH05>15.psd”文件，然后缩放到合适的大小，再取消组合对象将汽车拖放到旁边，如图5-115所示，接着选中图片执行“对象>图框精确剪裁>置于图文框内部”菜单命令，把图片放置在矩形中，如图5-116所示。

图5-115

图5-116

疑难问答

问：导入的psd透明人物图片出问题怎么办？

答：在导入psd格式的透明底文件时，会出现失真和透明现象，如图5-117所示。这时，选中透明底图片执行“位图>自动调整”菜单命令，可以修复调整图片，如图5-118所示。

图5-117

图5-118

知识链接

关于位图的处理方法，我们会在后面“第11章 位图操作”中详细讲解。

19 在下方的悬浮图标中单击“选择PowerClip内容”图标选中置入的图片，然后移动调整位置，如图5-119和图5-120所示，接着将人物拖曳到与电视内汽车重合的位置，效果如图5-121所示。

图5-119

图5-120

图5-121

问：怎么同步调整电视内图片和汽车的大小?

答：在制作特效时会出现大小不一和错位情况，我们可以在解散psd格式文件前，先进行缩放，在调整到合适的大小后再取消组合对象。

20 使用“阴影工具” 按左键在电视下拖动阴影效果，如图5-122所示，然后选中跃出电视的汽车，再按左键反方向拖动阴影效果，如图5-123所示。

图5-122

图5-123

21 把前面编辑好的两台电视组合进行排列，然后对齐组合对象，接着使用“阴影工具” 按左键在电视下拖动阴影效果，如图5-124所示，最后将所有电视进行排列，效果如图5-125所示。

图5-124

图5-125

22 下面绘制背景。双击“矩形工具” 创建与页面等大的矩形，然后在“编辑填充”对话框中选择“渐变填充”方式，设置“类型”为“线性渐变填充”、“镜像、重复和反转”为“默认渐变填充”，再设置“节点位置”为“自定义”，并调整出一种黑色到灰色的渐变色，“填充宽度”为100、“水平偏移”为0、“垂直偏移”为0、“旋转”为270，最后单击“确定”按钮 确定 ，如图5-126所示，填充完成后删除轮廓线，效果如图5-127所示。

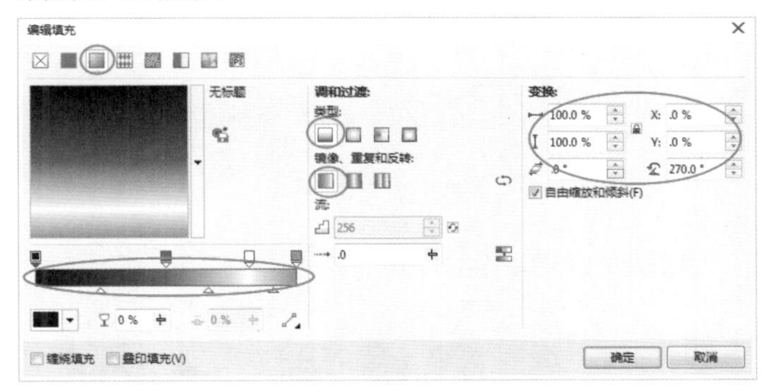

图5-126

图5-127

23 单击“艺术笔工具” ，在属性栏设置“艺术笔”为“笔刷”、“类别”为“底纹”，然后选取适当的纹理沿着曲线绘制曲线，再填充颜色为白色，如图5-128所示。

图5-128

24 使用“椭圆形工具” 绘制一组圆形，然后分别填充颜色为红色、黄色、绿色和蓝色，如图5-129所示，接着单击“透明度工具” ，在属性栏设置“透明度类型”为“均匀透明度”、“透明度”为76（可以自定义调整），如图5-130所示，最后将圆形组合对象复制几份排放在背景中，效果如图5-131所示。

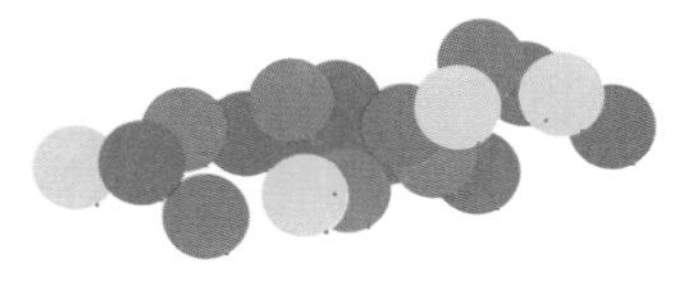

图5-129

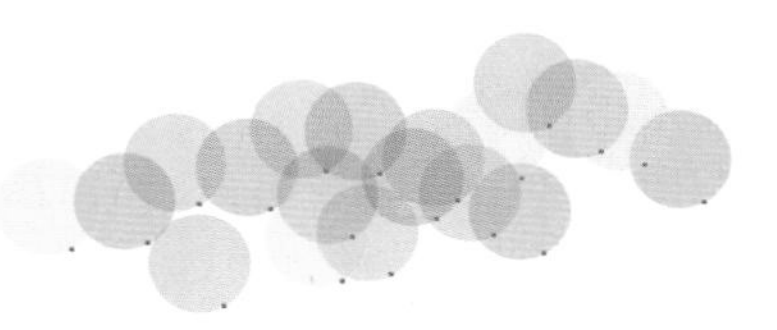

图5-130

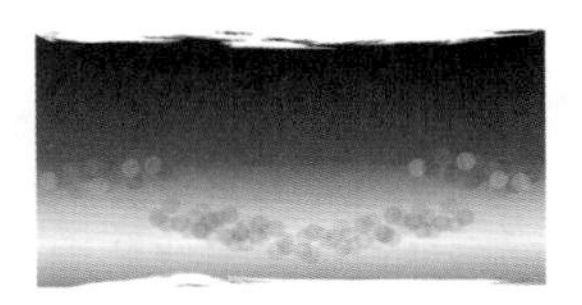

图5-131

25 将电视拖曳到背景中调整位置，如图5-132所示，然后导入下载资源中的“素材文件>CH05>16.cdr”文件，接着拖曳到页面右下角进行缩小排放，最终效果如图5-133所示。

图5-132

图5-133

★ 重点 ★

实战：用矩形绘制日历

实例位置　下载资源>实例文件>CH05>实战：用矩形绘制日历.cdr
素材位置　下载资源>素材文件>CH05>17.jpg、18.cdr、19.psd、20.psd、21.jpg、22.cdr
视频位置　下载资源>多媒体教学>CH05>实战：用矩形绘制日历.flv
实用指数　★★★☆☆
技术掌握　矩形工具的运用方法

日历效果如图5-134所示。

图5-134

01 新建一个空白文档，然后设置文档名称为“日历海报”，接着设置页面大小“宽”为128mm、“高”为100mm。

02 使用“矩形工具”在页面的上面绘制矩形，如图5-135所示，然后导入下载资源中的“素材文件>CH05>17.jpg”文件，接着调整至合适大小后放到页面右上角，最后旋转到与矩形底部重合的位置，如图5-136所示。

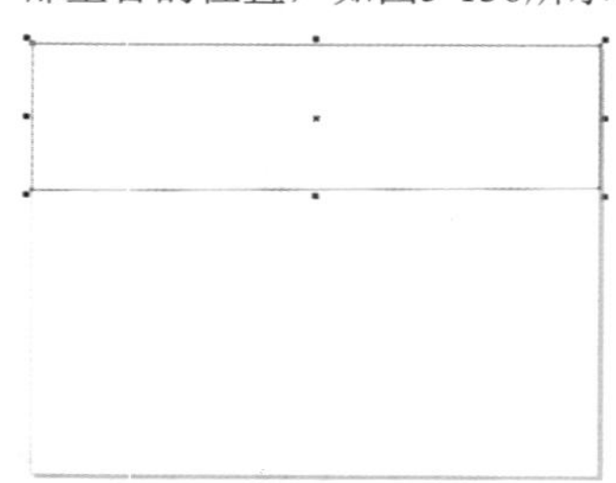

图5-135

图5-136

03 使用“形状工具”调整图片多出来的边缘，如图5-137所示，然后使用“透明度工具”在图片下面拖动渐变，使图片与页面融合得更自然，如图5-138所示。

图5-137

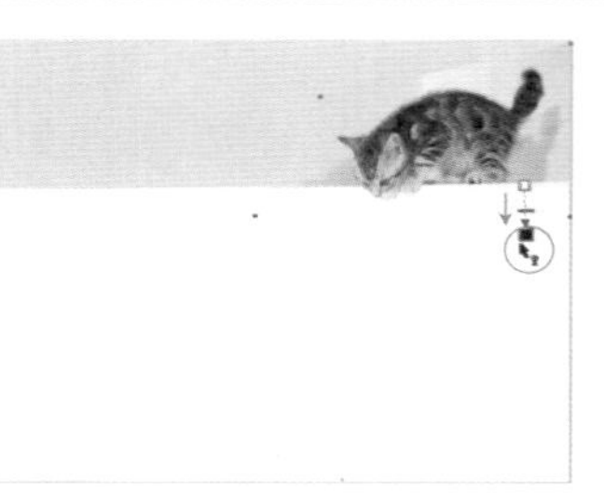

图5-138

04 导入下载资源中的“素材文件>CH05>18.cdr”文件，然后取消组合对象分别拖曳到猫咪上面，使背景过渡柔和，如图5-139所示。

05 使用“钢笔工具”绘制一条水平直线，然后设置“轮廓宽度”为0.2mm、颜色为（C:0，M:0，Y:0，K:40），接着使用“透明度工具”拖动渐变效果，如图5-140所示。

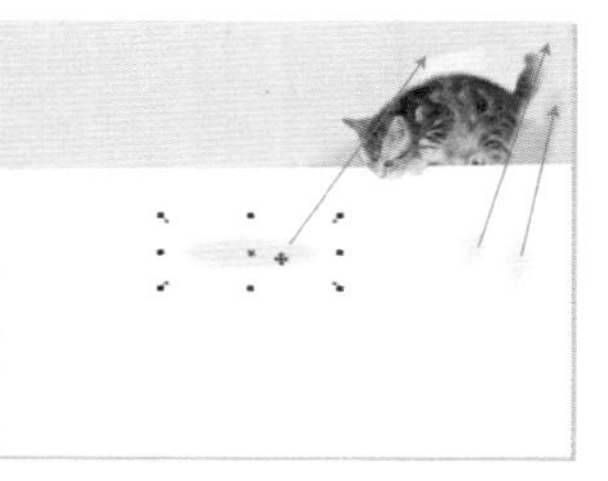

图5-139

图5-140

06 下面绘制相框。使用“矩形工具”绘制矩形，然后在“编辑填充”对话框中选择“渐变填充”方式，设置“类型”为“线性渐变填充”、“镜像、重复和反转”为“默认渐变填充”，再设置“节点位置”为0%的色标颜色为（C:0，M:0，Y:0，K:90）、“位置”为58%的色标颜色为（C:0，M:0，Y:0，K:50）、“位置”为100%的色标颜色为（C:0，M:0，Y:0，K:60），“填充宽度”为139.661、“水平偏移”为0、“垂直偏移”为0、“旋转”为-72.8，接着单击“确定”按钮完成，如图5-141所示，最后删除轮廓线，效果如图5-142所示。

07 将矩形向内复制一份，然后填充颜色为白色，再单击“透明度工具”，在属性栏设置“透明度类型”为“均匀透明度”、“透明度”为50，效果如图5-143所示。

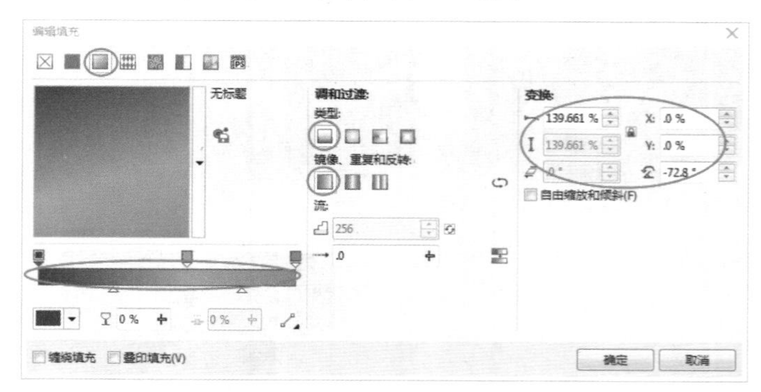

图5-141

图5-142

图5-143

08 使用“钢笔工具”绘制边缘的厚度，然后填充颜色为白色，再使用“透明度工具”拖动渐变效果，如图5-144所示，接着复制一份进行水平镜像，然后拖曳到另一边，并更改渐变方向，如图5-145所示。

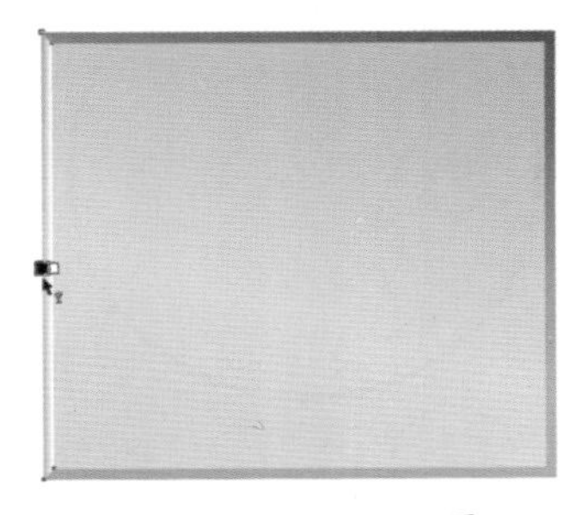

图5-144

图5-145

09 选中其中一条厚度，然后复制一份旋转-90°，再排放在矩形上边，并调整渐变方向，如图5-146所示，接着复制一份进行垂直镜像，排放在矩形下面，最后填充颜色为（C:0，M:0，Y:0，K:90），并调整渐变效果，如图5-147所示。

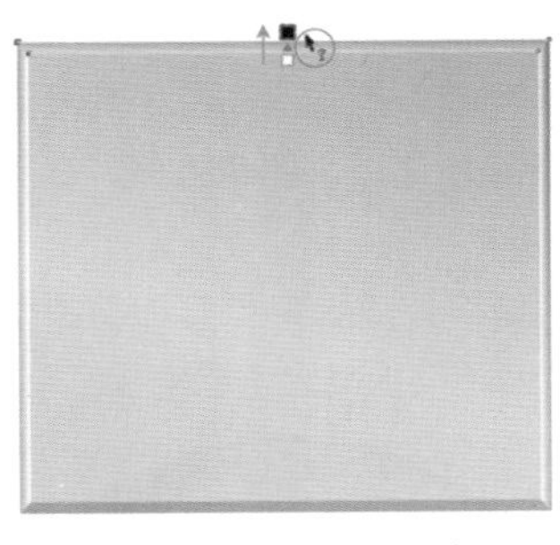

图5-146

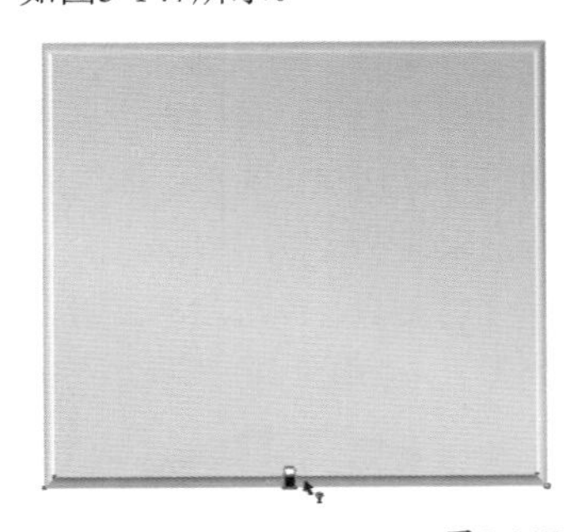

图5-147

10 将底部渐变矩形复制一份进行中心缩放，然后单击“透明度工具”，在属性栏设置“透明度类型”为“均匀透明度”、“透明度”为50，如图5-148所示，接着将外层厚度进行复制，再相应地排放在内部，注意复制时要考虑光照效果，效果如图5-149所示。

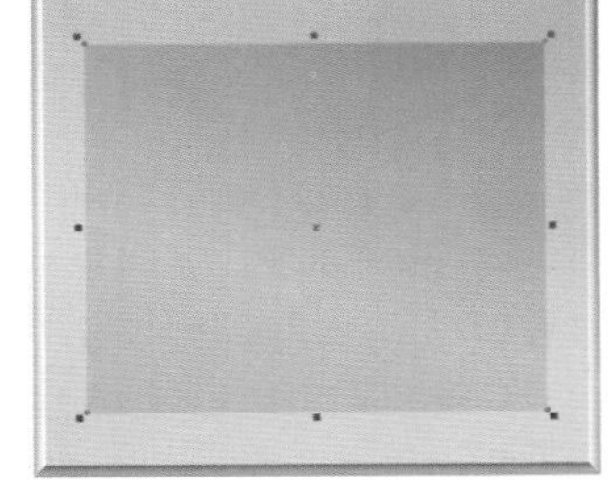

图5-148

图5-149

11 使用“矩形工具”在相框内绘制一个矩形，填充颜色为黑色，如图5-150所示，然后导入下载资源中的“素材文件>CH05>19.psd”文件，再取消组合对象进行缩放，接着选中图片执行“对象>图框精确剪裁>置于图文框内部”菜单命令，把图片放置在矩形中，如图5-151所示。

图5-150

图5-151

12 调整相框内图片的位置，然后将独立的鱼拖放在相框遮盖的相同位置，再调整位置，如图5-152所示，接着将相框组合对象拖曳到页面左下角，如图5-153所示。

图5-152

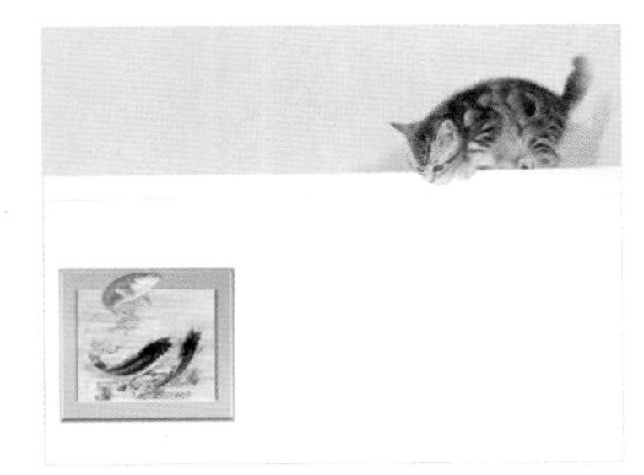

图5-153

13 导入下载资源中的“素材文件>CH05>20.psd”文件，然后取消组合对象拖曳到页面的相应位置，注意调整好鲤鱼和相框的位置关系，如图5-154所示。

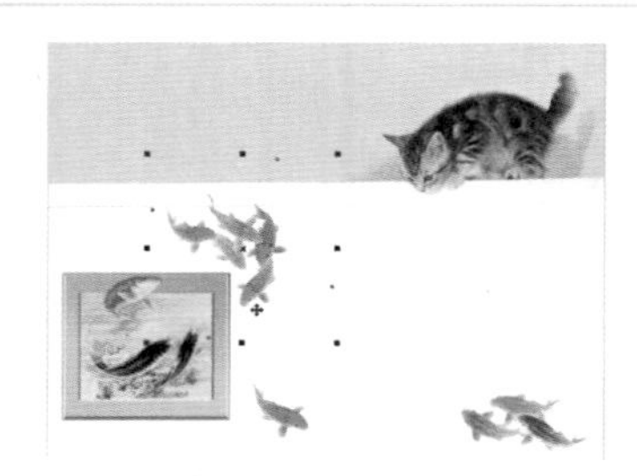

图5-154

14 导入下载资源中的“素材文件>CH05>21.jpg”文件，拖曳到鲤鱼环绕的空白处，调整到合适的大小和位置，如图5-155所示。

15 导入下载资源中的“素材文件>CH05>22.cdr”文件，然后选中纯色文字拖入页面上方，再复制三份更改颜色为红色、白色、灰色，接着缩放大小后排列在页面上，最后单击“透明度工具”，在属性栏设置“透明度类型”为“均匀透明度”、“透明度”为50，效果如图5-156所示。

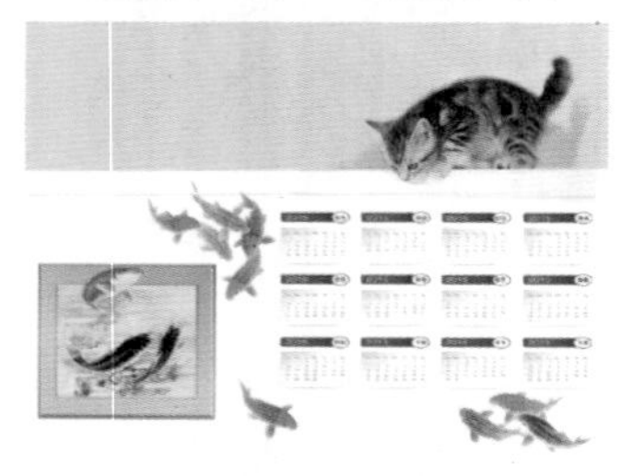

图5-155

图5-156

16 将文字和数字排放在页面内，最终效果如图5-157所示。

图5-157

5.2 椭圆形和3点椭圆形工具

椭圆形是图形绘制中除了矩形外另一个常用的基本图形，CorelDRAW X7软件同样为我们提供了2种绘制工具，即“椭圆形工具”和“3点椭圆形工具”。

5.2.1 椭圆形工具

“椭圆形工具”以斜角拖动的方法快速绘制椭圆，可以在属性栏进行基本设置。

椭圆基础绘制

单击工具箱中的“椭圆形工具”，然后将光标移动到页面空白处，按住鼠标左键以对角的方向进行拉伸，如图5-158所示，可以预览圆弧大小，在确定大小后松开左键完成编辑，如图5-159所示。

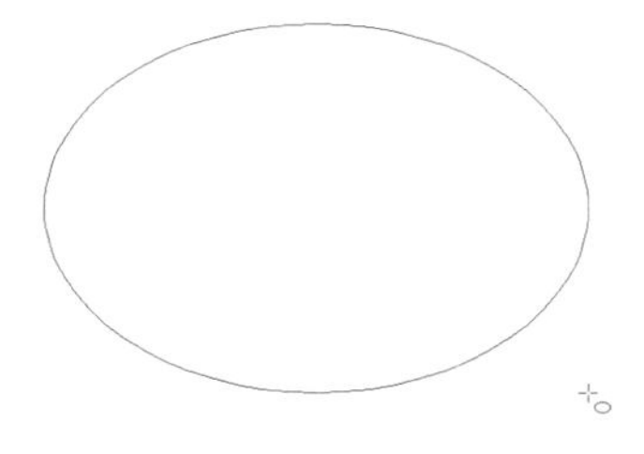

图5-158

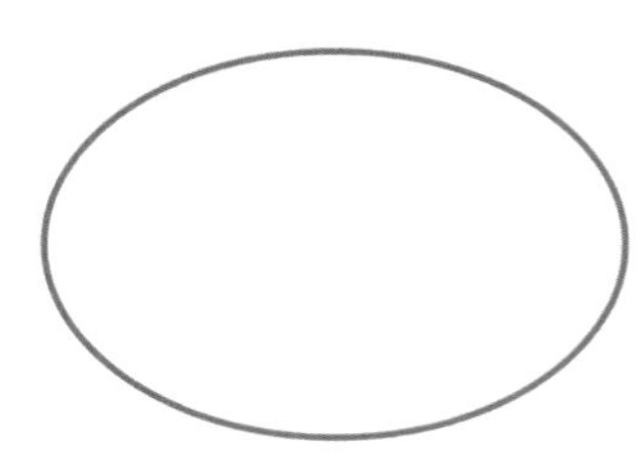

图5-159

在绘制椭圆形时按住Ctrl键可以绘制一个圆形，如图5-160所示，也可以在属性栏上输入宽和高将原有的椭圆变为圆形。按住Shift键可以定起始点为中心开始绘制一个椭圆形，同时按住Shift键和Ctrl键则是以起始点为中心绘制圆形。

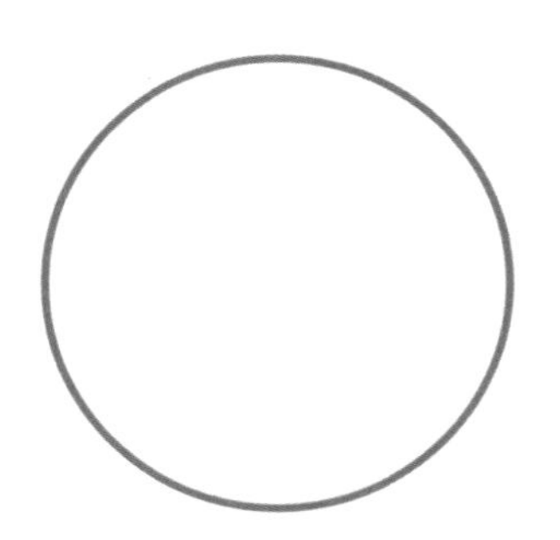

图5-160

属性设置

“椭圆形工具”的属性栏如图5-161所示。

图5-161

椭圆形工具选项介绍

椭圆形：在单击“椭圆工具”后，默认下该图标是激活的，可以绘制椭圆形，如图5-162所示。选择饼图和弧后，该图标为未选中状态。

饼图：单击激活后可以绘制圆饼，或者将已有的椭圆变为圆饼，如图5-163所示，点选其他两项则恢复为未选中状态。

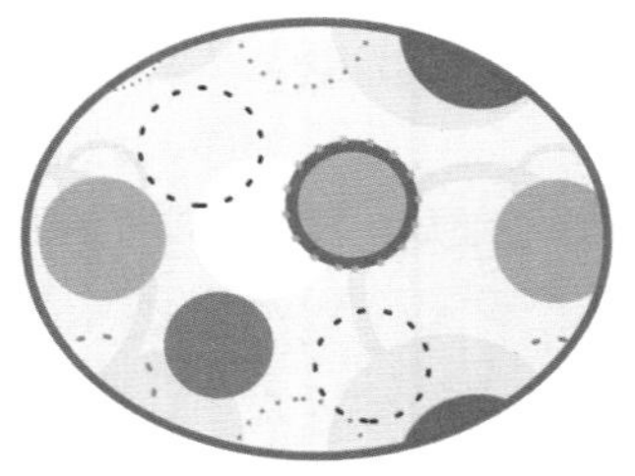

图5-162

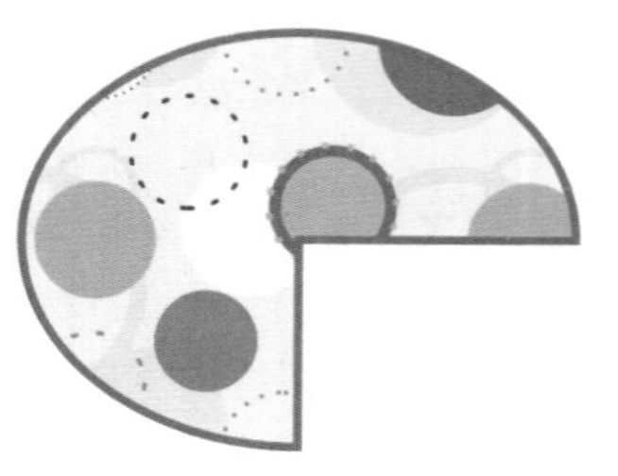

图5-163

弧：单击激活后可以绘制以椭圆为基础的弧线，或者将已有的椭圆或圆饼变为弧，如图5-164所示。变为弧后填充消失，只显示轮廓线，点选其他两项则恢复未选中状态。

起始和结束角度：用于设置“饼图”和“弧”的断开位置的起始角度与终止角度，范围是最大360度，最小0度。

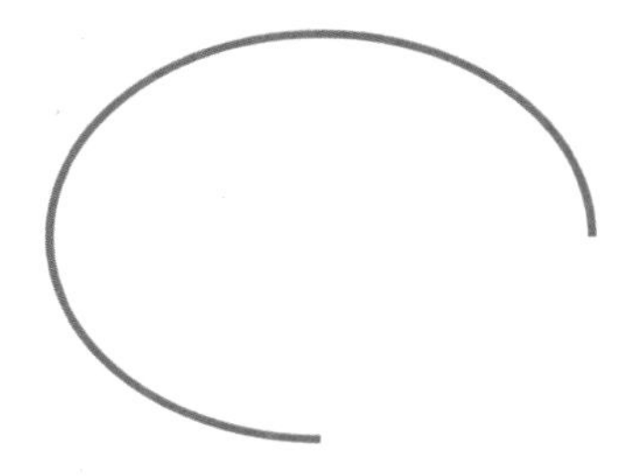

图5-164

更改方向：用于变更起始和终止的角度方向，也就是顺时针和逆时针的调换。

转曲：没有转曲进行“形状”编辑时，是以饼图或弧编辑的，如图5-165所示。转曲后可以进行曲线编辑，可以增减节点，如图5-166所示。

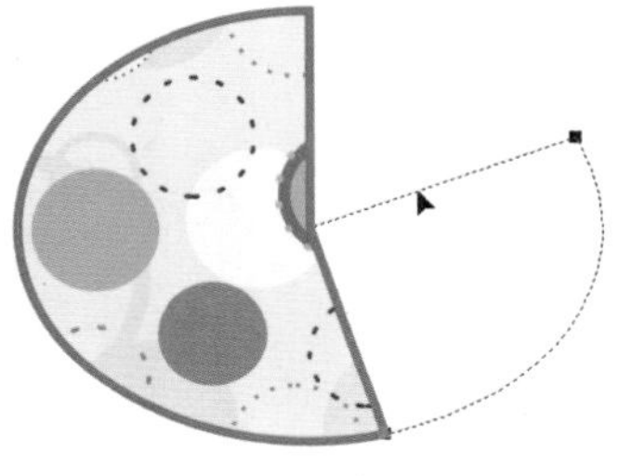

图5-165

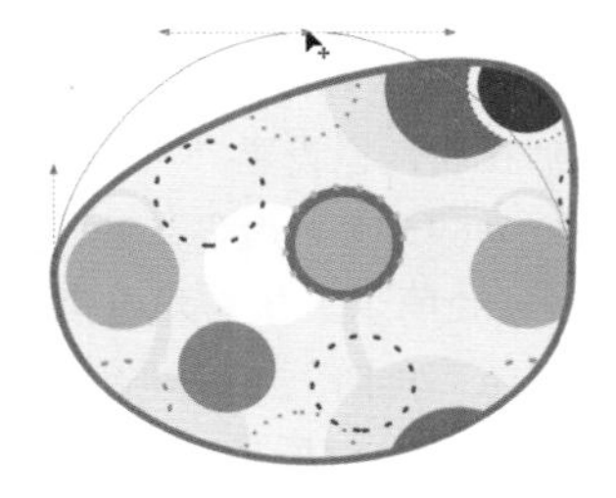

图5-166

5.2.2 3点椭圆形工具

“3点椭圆形工具”和“3点矩形工具”的绘制原理相同，都是定3个点来确定一个形，不同之处是矩形以高度和宽度定一个形，椭圆则是以高度和直径长度定一个形。

单击工具箱中的“3点椭圆形工具”，然后在页面空白处定下第1个点，长按左键拖动一条实线进行预览，如图5-167所示，确定位置后松开左键定下第2个点，接着移动光标进行定位，如图5-168所示，确定后单击左键完成编辑。

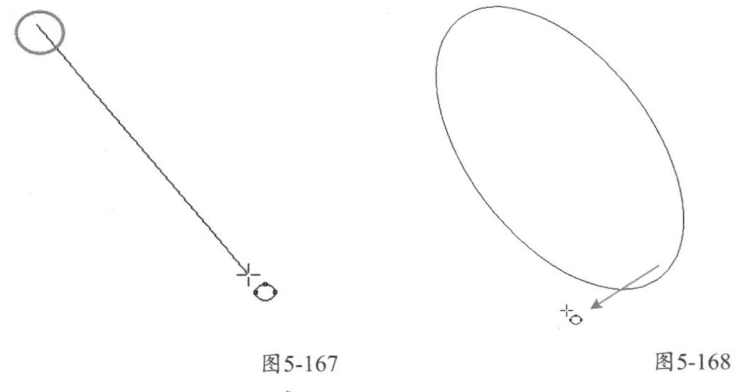

图5-167　　图5-168

技巧与提示

在用“3点椭圆形工具”绘制时，按Ctrl键进行拖动可以绘制一个圆形。

★ 重点 ★

实战：用椭圆形绘制时尚图案

实例位置	下载资源>实例文件>CH05>实战：用椭圆形绘制时尚图案.cdr
素材位置	下载资源>素材文件>CH05>23.cdr、24.psd、25.cdr
视频位置	下载资源>多媒体教学>CH05>实战：用椭圆形绘制时尚图案.flv
实用指数	★★★☆☆
技术掌握	椭圆形工具的运用方法

时尚图案效果如图5-169所示。

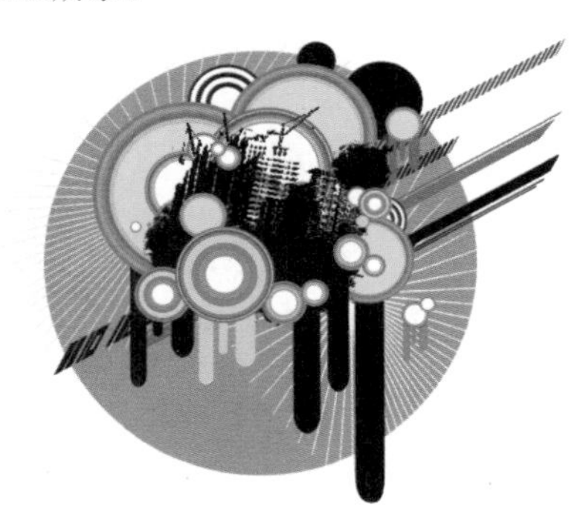

图5-169

01 新建一个空白文档，然后设置文档名称为“圆形图案”，接着设置页面大小为“A4”、页面方向为“横向”。

02 使用“椭圆形工具”绘制一个圆形，然后按住Shift键用左键拖动向中心缩放，接着单击右键进行复制，再松开左键完成复制，得到一组重叠圆环，如图5-170所示。

03 从外层到内层分别选中圆形，然后由外层到内层分别填充颜色为（C:74，M:28，Y:27，K:0）、（C:59，M:0，Y:31，K:0）、（C:74，M:28，Y:27，K:0）、（C:48，M:0，Y:43，K:0）、（C:31，M:0，Y:44，K:0）、（C:0，M:0，Y:70，K:0），接着去掉轮廓线，效果如图5-171所示。

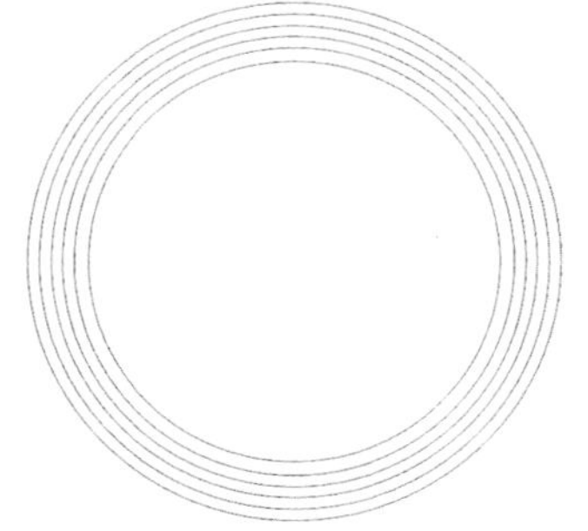

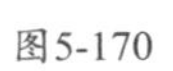

图5-170

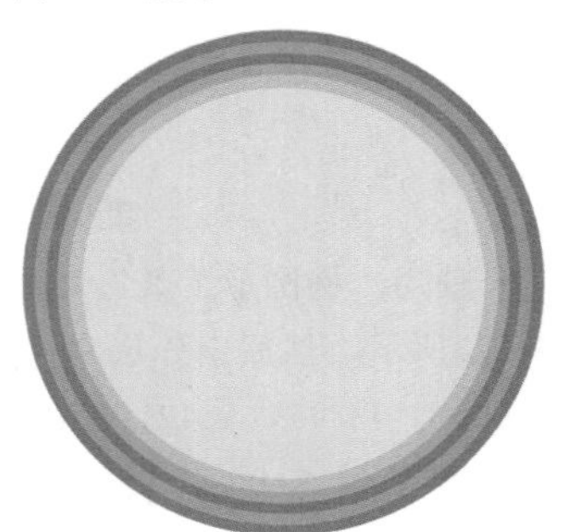

图5-171

04 复制一份，然后由外层到内层分别填充颜色为（C:74，M:28，Y:27，K:0）、（C:59，M:0，Y:31，K:0）、（C:100，M:0，Y:0，K:0）、绿色、（C:31，M:0，Y:44，K:0）、（C:0，M:0，Y:70，K:0），如图5-172所示。

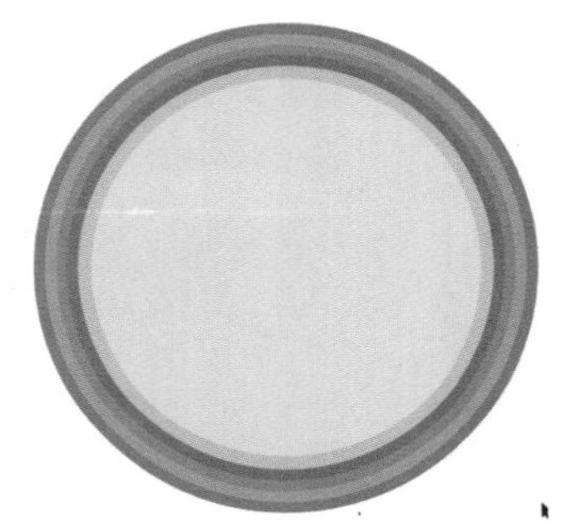

图5-172

05 使用“椭圆形工具”用同样的方法绘制一组圆环，如图5-173所示，然后由外层到内层分别填充颜色为绿色、白色、（C:58，M:93，Y:42，K:2）、洋红、（C:35，M:56，Y:35，K:0）、（C:4，M:26，Y:4，K:0）、（C:15，M:62，Y:13，K:0）、白色，接着去掉轮廓线，效果如图5-174所示。

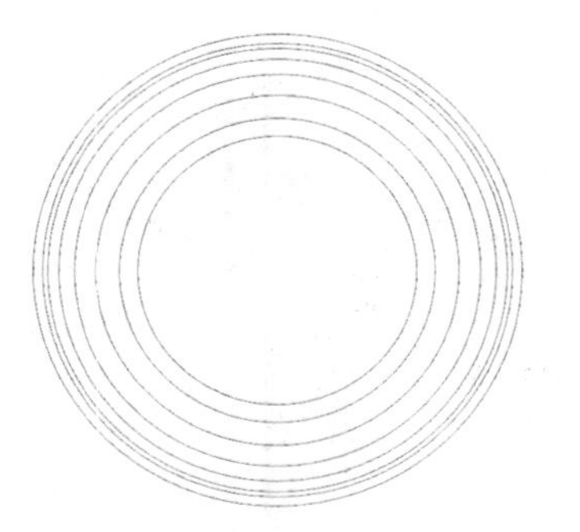
图5-173

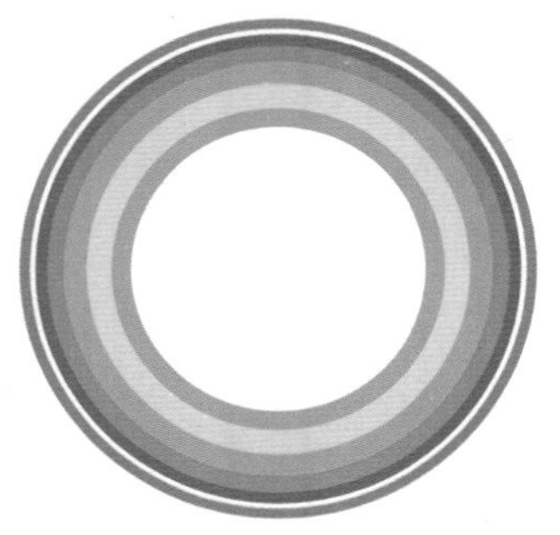
图5-174

06 使用“椭圆形工具”用同样的方法绘制一组圆环，如图5-175所示，然后由外层到内层分别填充颜色为绿色、白色、（C:58，M:93，Y:42，K:2）、洋红、（C:35，M:56，Y:35，K:0）、（C:4，M:26，Y:4，K:0）、洋红、白色，接着去掉轮廓线，效果如图5-176所示。

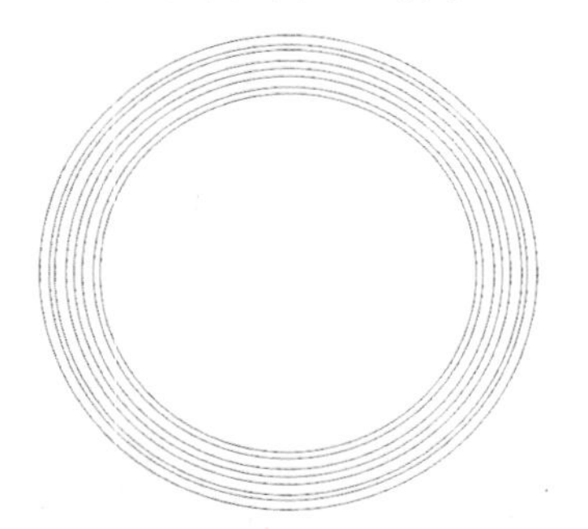
图5-175

图5-176

07 使用“椭圆形工具”用同样的方法绘制一组圆环，如图5-177所示，然后由外层到内层分别填充颜色为绿色、白色、（C:58，M:93，Y:42，K:2）、洋红、黄色、洋红、（C:4，M:26，Y:4，K:0）、白色，接着去掉轮廓线，效果如图5-178所示。

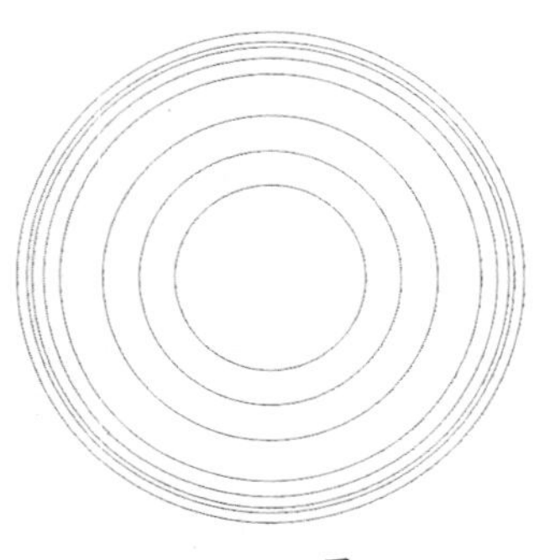
图5-177

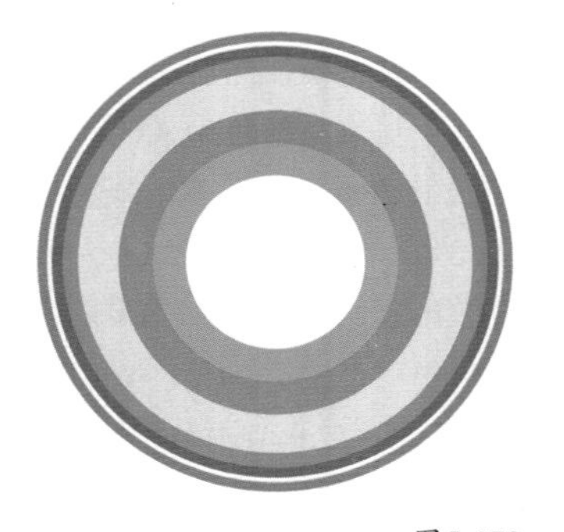
图5-178

08 使用“椭圆形工具”用同样的方法绘制一组圆环，如图5-179所示，然后由外层到内层分别填充颜色为黑色、白色、黑色、白色、黑色、白色，接着去掉轮廓线，效果如图5-180所示。

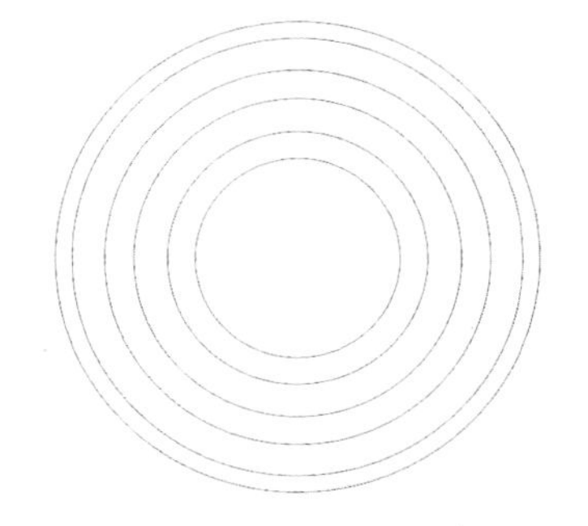
图5-179

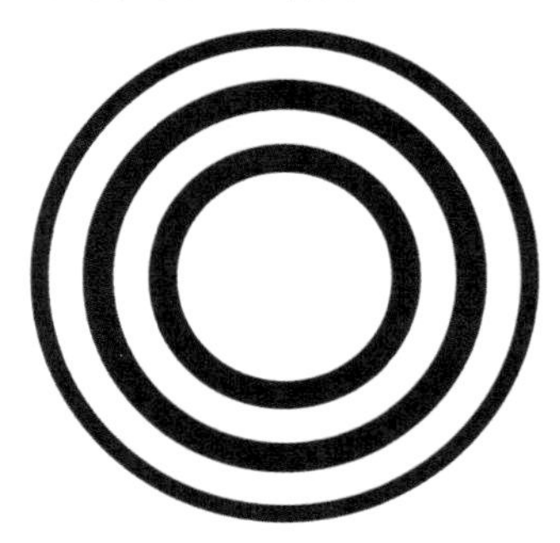
图5-180

09 使用“星形工具”绘制一个星形，如图5-181所示，然后在属性栏设置“点数或边数”为69、“锐度”为92，如图5-182所示，接着填充颜色为黑色，再向上压缩并进行倾斜，如图5-183所示。

图5-181

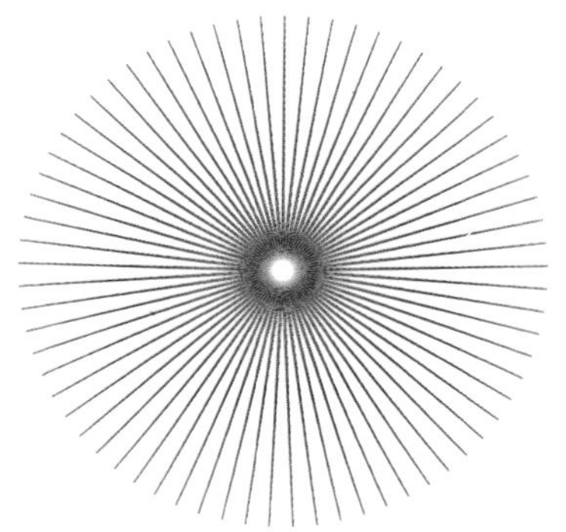
图5-182

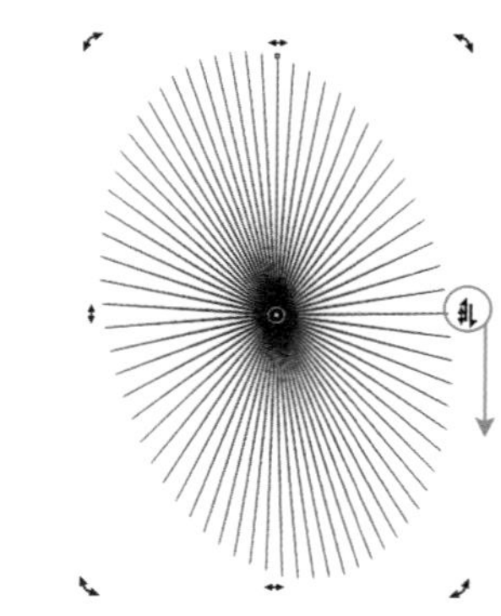
图5-183

10 使用“椭圆形工具”在页面绘制一个圆形，然后填充颜色为（C:0，M:0，Y:0，K:50），再右键去掉轮廓线，如图5-184所示，接着把前面绘制的星形拖放到圆上，填充对象和轮廓线颜色为白色，最后复制一份进行旋转调整，效果如图5-185所示。

图5-184

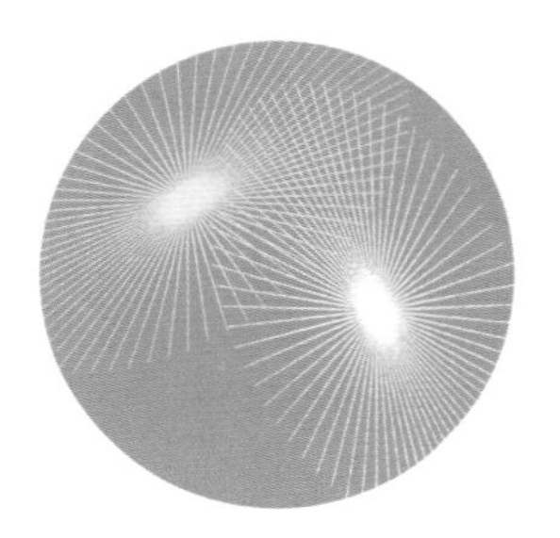
图5-185

11 导入下载资源中的“素材文件>CH05>23.cdr”文件，然后将蓝色元素复制一份填充为黑色，再排列在椭圆上，如图5-186所示。

12 将前面绘制的冷色圆环拖入页面进行复制组合，如图5-187所示，然后绘制一个圆形填充为黑色，再和黑白圆环一起排放在冷色圆环后面，如图5-188所示，接着把暖色的圆环复制排放在前面，如图5-189所示。

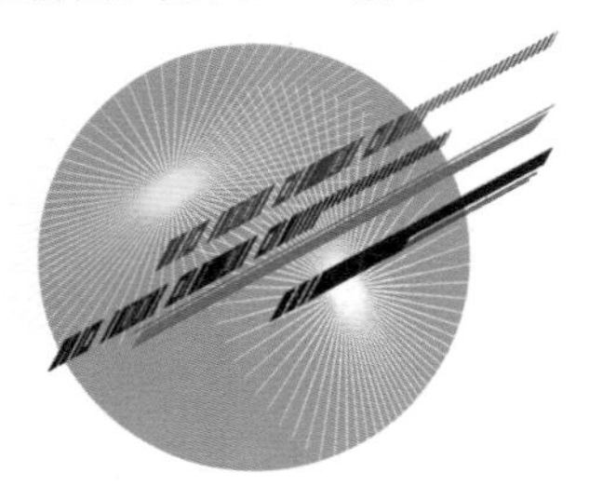

图5-186

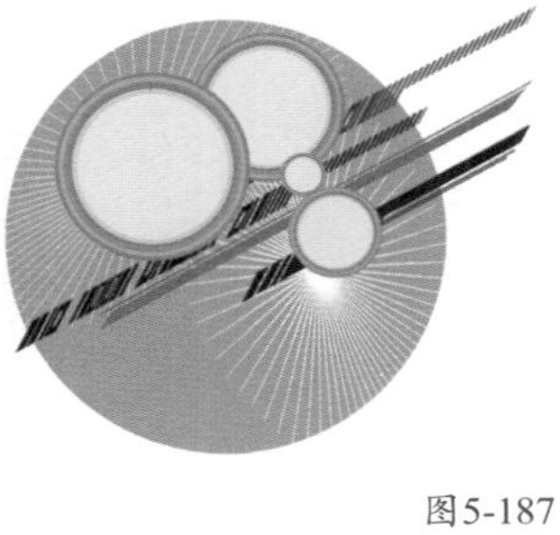

图5-187

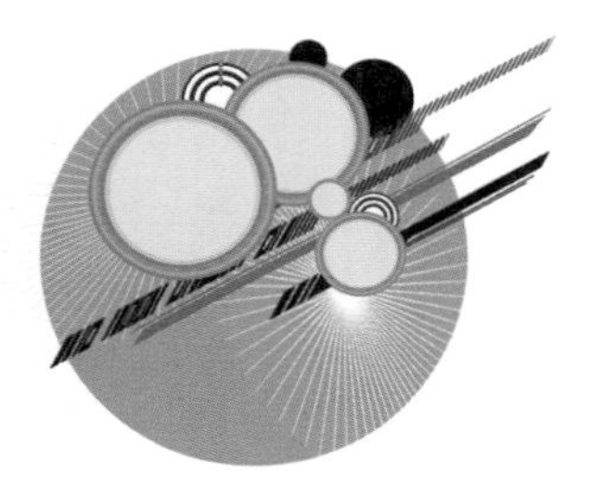

图5-188

图5-189

13 使用“矩形工具”绘制矩形，然后在属性栏设置下面“圆角”为6mm，再复制两个进行缩放，接着填充颜色为（C:82，M:29，Y:76，K:0），并右键去掉轮廓线，如图5-190所示，最后复制几份变更颜色为黑色和洋红，如图5-191所示。

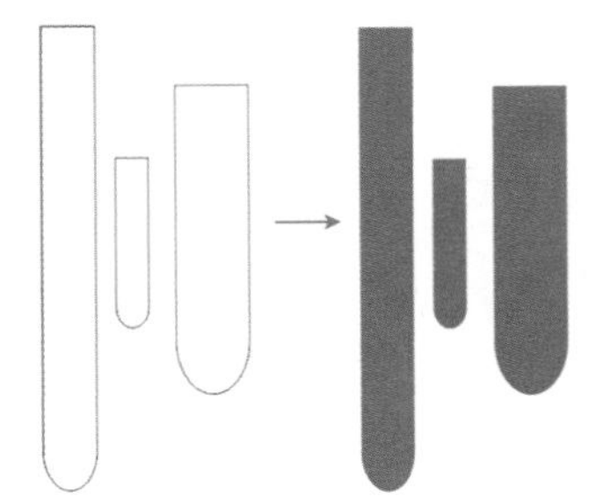

图5-190

图5-191

14 导入下载资源中的“素材文件>CH05>24.psd和25.cdr”文件，然后把城市素材拖曳到圆环上，再进行缩放旋转，如图5-192所示，接着将墨迹元素复制排放在城市下面，注意要遮盖住城市素材的下面，效果如图5-193所示。

图5-192

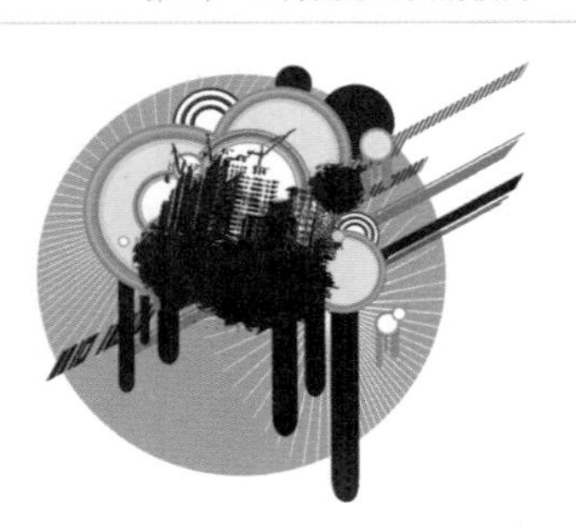

图5-193

15 在墨迹和城市剪影上面再排放几个圆环，并调整前后关系，然后复制一份圆角矩形，再填充颜色为黄色，接着排放在圆环后面，最终效果如图5-194所示。

图5-194

★ 重点 ★

实战：用椭圆形绘制流行音乐海报

实例位置 下载资源>实例文件>CH05>实战：用椭圆形绘制流行音乐海报.cdr
素材位置 下载资源>素材文件>CH05>26.cdr、27.psd、28.cdr
视频位置 下载资源>多媒体教学>CH05>实战：用椭圆形绘制流行音乐海报.flv
实用指数 ★★★★☆
技术掌握 椭圆形工具的运用方法

音乐海报效果如图5-195所示。

图5-195

01 新建一个空白文档，然后设置文档名称为“音乐海报”，接着设置页面大小为“A4”、页面方向为“横向”。

02 使用“椭圆形工具”绘制一个圆形，然后按住Shift键使用鼠标左键拖动向中心缩放，接着单击鼠标右键进行复制，再松开左键完成复制，得到一组重叠的圆，如图5-196所示。

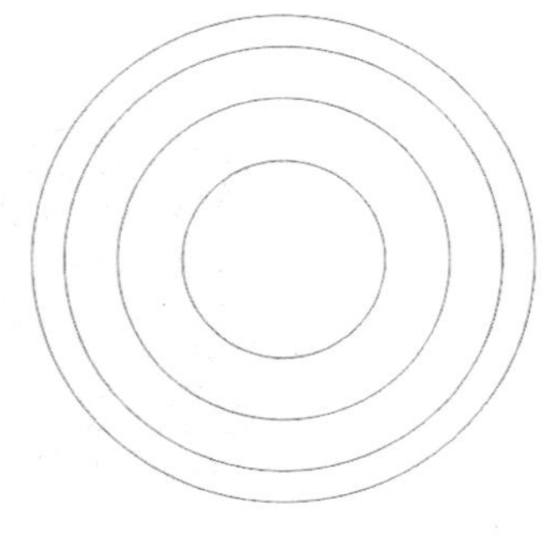

图5-196

03 选中圆形，然后由外层到内层分别填充颜色为（C:3，M:0，Y:87，K:0）、（C:53，M:100，Y:100，K:40）、（C:34，M:100，Y:100，K:2）、（C:3，M:0，Y:87，K:0），接着去掉轮廓线，效果如图5-197所示。

图5-197

04 下面绘制空心圆环。使用“椭圆形工具”用同样的方法绘制一组圆，如图5-198所示，然后设置轮廓线颜色从外到内分别为黄色、红色、（C:0，M:0，Y:0，K:20）、（C:55，M:100，Y:100，K:46），如图5-199所示。

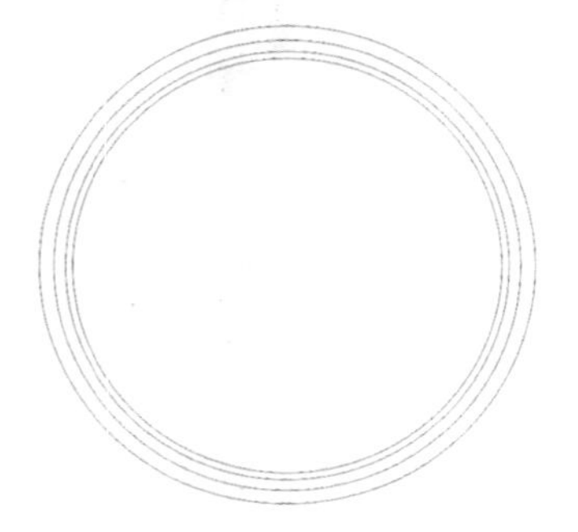

图5-198

图5-199

05 下面调整轮廓线。设置黄色“轮廓宽度”为5mm、红色“轮廓宽度”为3mm、灰色“轮廓宽度”为3mm、深红色“轮廓宽度”为4mm，然后全选对象填充颜色为黑色，如图5-200所示。

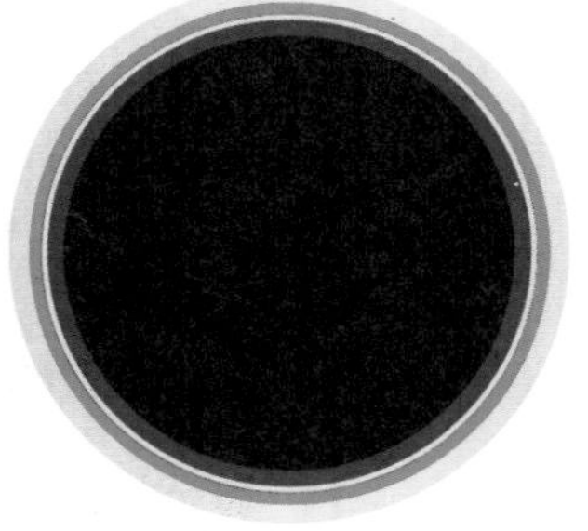

图5-200

06 全选对象执行“对象>将轮廓转换为对象”菜单命令，将轮廓线转换为可编辑对象，然后将黑色的填充移到一边进行删除，如图5-201和图5-202所示。

图5-201

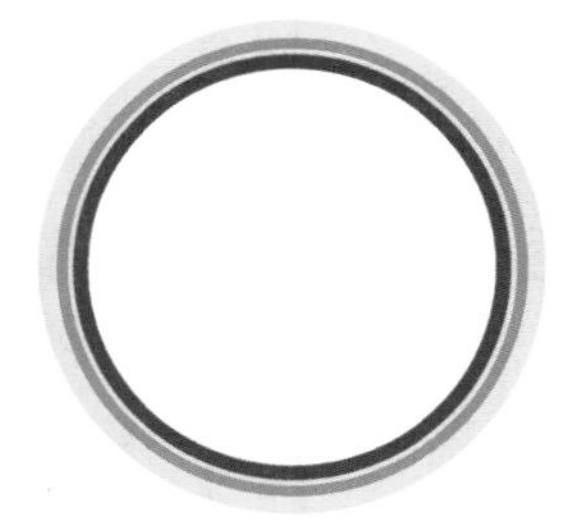

图5-202

07 双击“矩形工具”创建与页面等大的矩形，然后在“编辑填充”对话框中选择“渐变填充”方式，设置“类型”为“椭圆形渐变填充”、“镜像、重复和反转”为“默认渐变填充”，再设置“节点位置”为0%的色标颜色为（C:0，M:60，Y:100，K:0）、“位置”为46%的色标颜色为黄色、“位置”为100%的色标颜色为白色，“填充宽度”为155.508、“水平偏移”为2.0、“垂直偏移”为-10.0，接着单击“确定”按钮 确定 完成，如图5-203所示，填充完成后删除轮廓线，效果如图5-204所示。

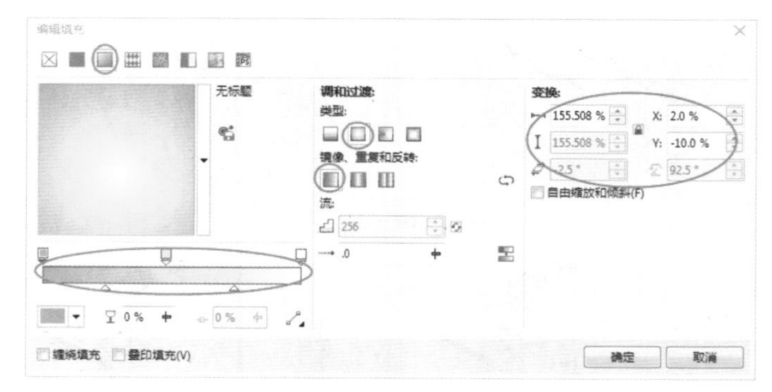

图5-203

图5-204

08 复制一份矩形将其上边框向下拖曳进行压缩，然后使用“形状工具”调整形状，再填充颜色为黑色，如图5-205和图5-206所示，接着将黑色路径复制一份填充为黄色，最后略微向下压缩一点，如图5-207所示。

图5-205

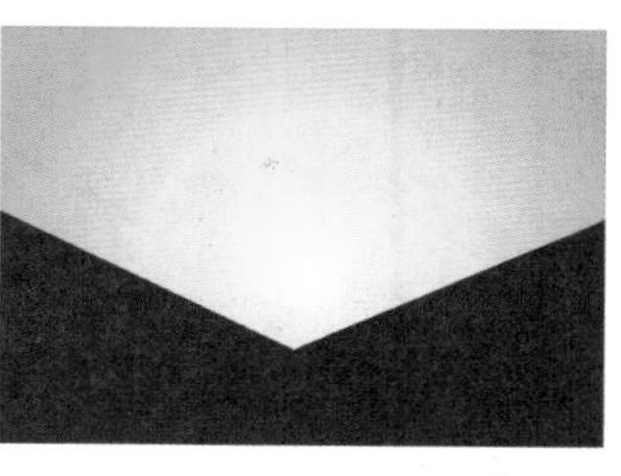

图5-206

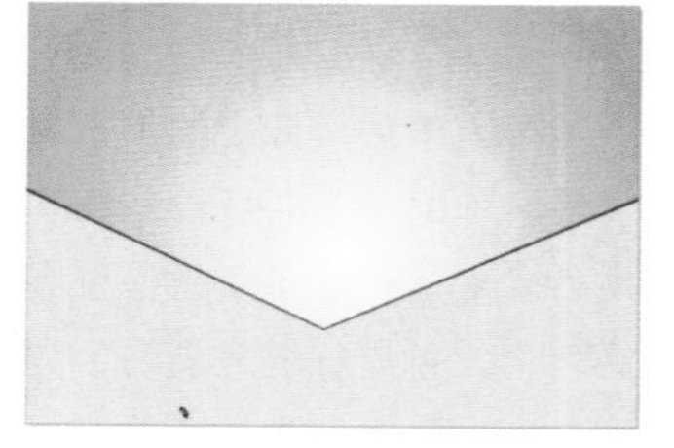

图5-207

09 将黄色路径复制一份向下压缩一点，然后选择“渐变填充”方式，接着设置“类型”为“椭圆形渐变填充”，再设置“节点位置”为0%的色标颜色为（C:43，M:100，Y:100，

K:14）、“节点位置”为100%的色标颜色为黄色，最后单击“确定”按钮完成填充，如图5-208所示。

图5-208

10 复制一份路径向下压缩，并填充颜色为白色，如图5-209所示，然后再复制一份向下压缩，接着在“编辑填充”对话框中选择“渐变填充”方式，设置“类型”为“线性渐变填充”、“镜像、重复和反转”为“默认渐变填充”，再设置“节点位置”为0%的色标颜色为（C:54，M:100，Y:100，K:44）、“节点位置”为100%的色标颜色为黑色，“填充宽度”为107.69、“水平偏移”为-1.0、“垂直偏移”为0、“旋转”为9.9，最后单击“确定”按钮完成填充，效果如图5-210所示。

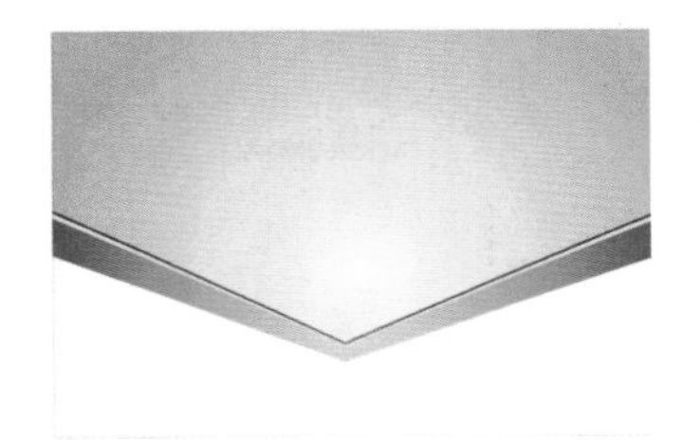

图5-209

图5-210

11 导入下载资源中的“素材文件>CH05>26.cdr”文件，然后将光芒拖曳到页面中，再放置在黑色路径后面，如图5-211所示，接着把前面绘制的圆环拖放在光芒上方，如图5-212所示。

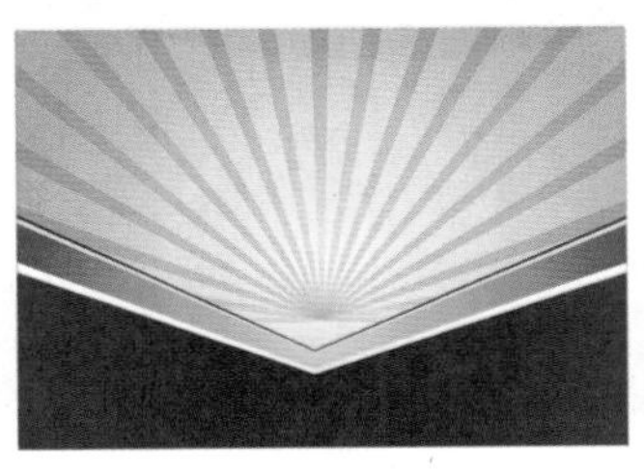

图5-211

图5-212

12 使用“星形工具”绘制一个正星形，如图5-213所示，然后在属性栏设置“点数或边数”为89、“锐度”为90，如图5-214所示。

图5-213

图5-214

13 把星形拖曳到圆环上方，然后填充颜色为白色，再设置轮廓线颜色为白色，如图5-215所示，接着复制一份圆环缩小放置在星形上方，如图5-216所示。

图5-215

图5-216

14 使用“椭圆形工具”绘制一个椭圆，然后填充颜色为白色，再右键去掉轮廓线，接着单击“透明度工具”，在属性栏设置“透明度类型”为“均匀透明度”、“透明度”为50，效果如图5-217所示。

图5-217

15 导入下载资源中的“素材文件>CH05>27.psd”文件，然后将吉他素材拖曳到页面中，并进行缩放和旋转，如图5-218所示，接着将前面绘制的圆复制排列在吉他下面，遮盖住吉他底部，如图5-219所示。

图5-218

图5-219

16 导入下载资源中的“素材文件>CH05>28.cdr”文件，然后将文字拖放在页面底部，并调整圆的排放位置，如图5-220所示，接着复制几个圆摆放在文字上方，最终效果如图5-221所示。

图5-220

图5-221

★ 重点 ★

实战：用椭圆形绘制MP3

实例位置 下载资源>实例文件>CH05>实战：用椭圆形绘制MP3.cdr
素材位置 下载资源>素材文件>CH05>29.cdr、30.jpg、31.cdr、32.cdr
视频位置 下载资源>多媒体教学>CH05>实战：用椭圆形绘制MP3.flv
实用指数 ★★★☆☆
技术掌握 椭圆形工具的运用方法

MP3效果如图5-222所示。

图5-222

01 新建一个空白文档，然后设置文档名称为“MP3海报”，接着设置页面大小“宽”为297mm、“高”为165mm。

02 使用“椭圆形工具”绘制两个椭圆，如图5-223所示，先去掉轮廓线，然后填充外圆颜色为（C:100，M:99，Y:69，K:63）、内圆颜色为（C:100，M:100，Y:0，K:0），接着使用“调和工具”拖动进行颜色调和，效果如图5-224和图5-225所示。

图5-223

图5-224　图5-225

03 使用“椭圆形工具”绘制一个椭圆，然后在“编辑填充”对话框中选择“渐变填充”方式，设置“类型”为“线性渐变填充”、“镜像、重复和反转”为“默认渐变填充”，再设置“节点位置”为0%的色标颜色为黑色、“节点位置”为100%的色标颜色为（C:84，M:60，Y: 0，K:0），“填充宽度”为144.472、“水平偏移”为21.293、“垂直偏移”为29.565、“旋转”为-78.7，最后单击“确定”按钮，如图5-226所示，填充完成后删除轮廓线，效果如图5-227所示。

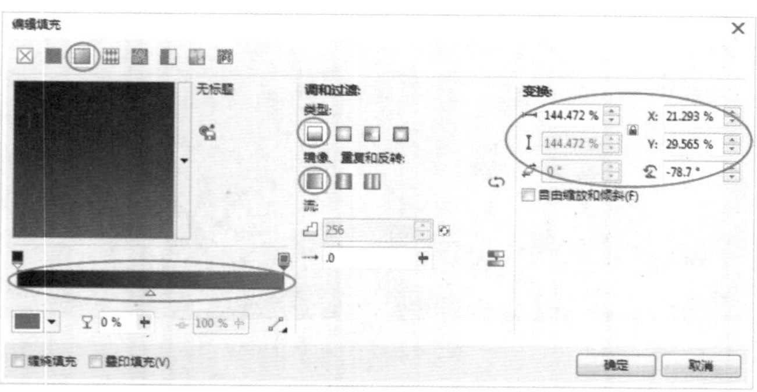

图5-226

图5-227

04 复制椭圆进行缩小，然后在“编辑填充”对话框中选择“渐变填充”方式，设置“类型”为“线性渐变填充”、“镜像、重复和反转”为“默认渐变填充”，再设置“节点位置”为0%的色标颜色为（C:48，M:25，Y:0，K:0）、“节点位置”为100%的色标颜色为（C:92，M:45，Y:100，K:11），“填充宽度”为78.957、“水平偏移”为3.813、“垂直偏移”为8.25、“旋转”为-37.4，接着单击“确定”按钮，如图5-228所示，效果如图5-229所示。

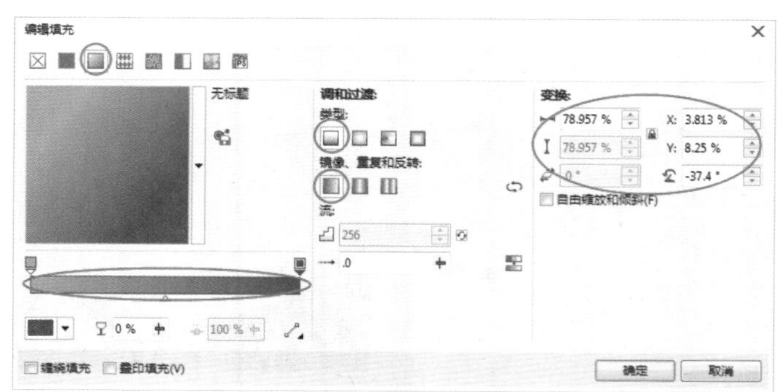

图5-228

图5-229

05 使用“矩形工具”绘制矩形，并原位置复制一个进行缩放，如图5-230所示，然后填充外层矩形颜色为（C:0，M:0，Y:0，K:90），再右键去掉轮廓线，如图5-231所示，接着使用“调和工具”拖动进行颜色调和，效果如图5-232所示。

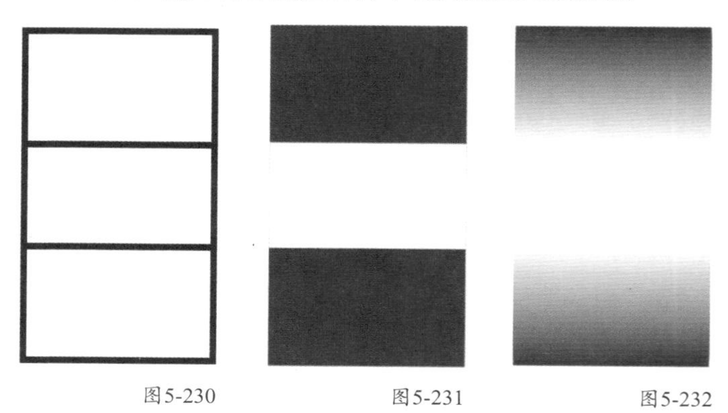

图5-230　图5-231　图5-232

06 使用“矩形工具”在渐变上绘制矩形，如图5-233所示，然后填充外层矩形颜色为（C:100，M:99，Y:69，K:63）、内层矩形颜色为（C:100，M:100，Y:0，K:0），再右键去掉轮廓线，如图5-234所示，接着使用“调和工具”拖动进行颜色调和，效果如图5-235所示，最后将对象全选群组拖曳到MP3机身上，如图5-236所示。

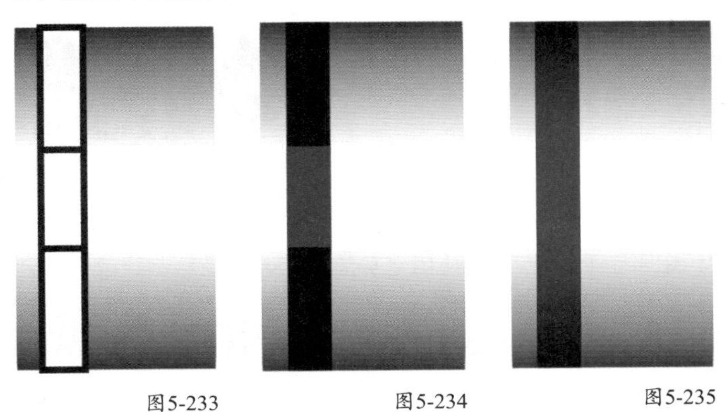

图5-233　图5-234　图5-235

图5-236

07 使用“矩形工具”绘制矩形，在属性栏设置上边“圆角”为3mm，并复制一份进行缩放，如图5-237所示，然后填充外层矩形颜色为黑色、内层矩形颜色为（C:100，M:100，Y:0，K:0），再右键去掉轮廓线，如图5-238所示，接着使用“调和工具”拖动进行颜色调和，效果如图5-239所示，最后组合对象复制在MP3机身上，如图5-240所示。

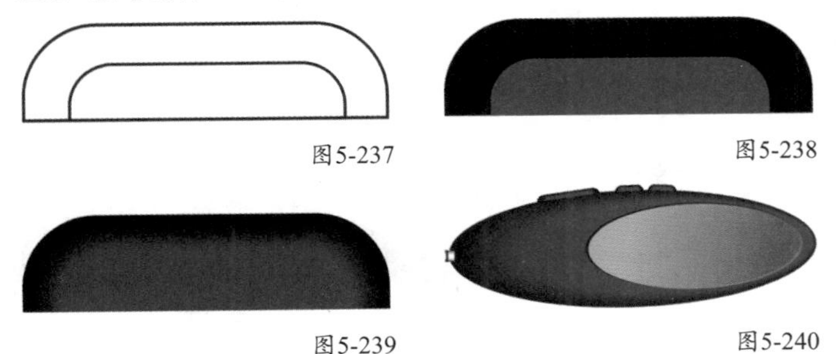

图5-237　图5-238

图5-239　图5-240

08 使用“椭圆形工具”绘制一个圆形，然后在“编辑填充”对话框中选择“渐变填充”方式，设置“类型”为“线性渐变填充”，再设置“节点位置”为0%的色标颜色为白色、“节点位置”为100%的色标颜色为（C:58，M:50，Y:47，K:0），接着单击“确定”按钮，最后删除轮廓线，效果如图5-241所示。

09 复制圆形进行缩放，然后在“编辑填充”对话框中选择“渐变填充”方式，设置“类型”为“线性渐变填充”，再设置“节点位置”为0%的色标颜色为（C:0，M:0，Y:0，K:30）、“节点位置”为100%的色标颜色为（C:0，M:0，Y:0，K:10），“填充宽度”为99.986、“水平偏移”为.879、“垂直偏移”为-.015、“旋转”为-91.0，最后单击“确定”按钮，如图5-242所示。

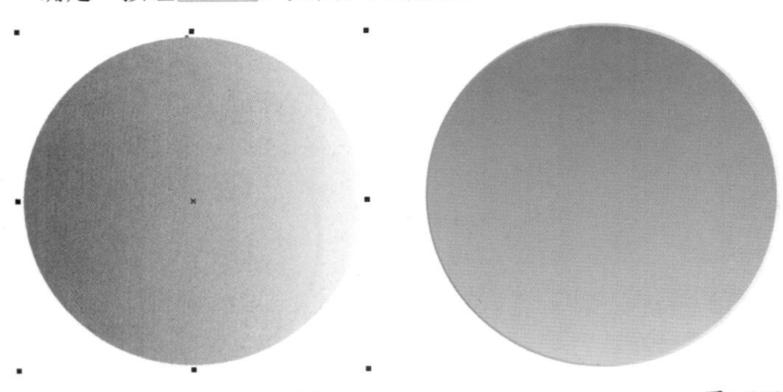

图5-241　图5-242

10 在圆形上方绘制椭圆，先填充颜色为白色，然后使用“透明度工具”拖动渐变效果，再右键去掉轮廓线，如图5-243所示，接着在椭圆下面绘制椭圆，执行“位图>转换为位图”菜单命令将椭圆转换为位图，最后执行“位图>模糊>高斯式模糊”菜单命令，弹出“高斯式模糊”对话框，设置“半径”为40像素，单击“确定”按钮完成模糊，如图5-244所示。

图5-243　图5-244

11 将圆形复制一份，然后选择“渐变填充”方式，设置“旋转”为354.8，再设置“节点位置”为0%的色标颜色为黑色、“节点位置”为100%的色标颜色为（C:0，M:0，Y:0，K:20），最后单击“确定”按钮，如图5-245所示。

12 将圆形复制一份进行缩放，然后在“编辑填充”对话框中选择“渐变填充”方式，设置“节点位置”为0%的色标颜色为白色、“节点位置”为100%的色标颜色为黑色，接着单击“确定”按钮，如图5-246所示。

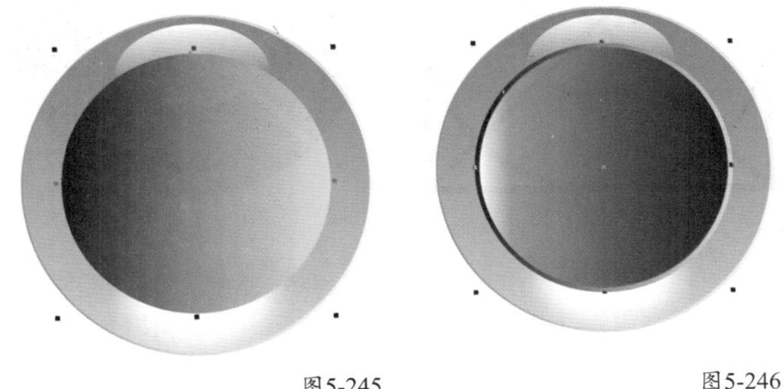

图5-245　图5-246

13 将圆形复制一份进行缩放，然后在“编辑填充”对话框中选择“渐变填充”方式，设置“节点位置”为0%的色标颜色为（C:0，M:0，Y:0，K:70）、“节点位置”为100%的色标颜色为（C:0，M:0，Y:0，K:20），“填充宽度”为99.998、“水平偏移”为0、“垂直偏移”为0、“旋转”为0，接着单击“确定”按钮 确定 ，如图5-247所示。

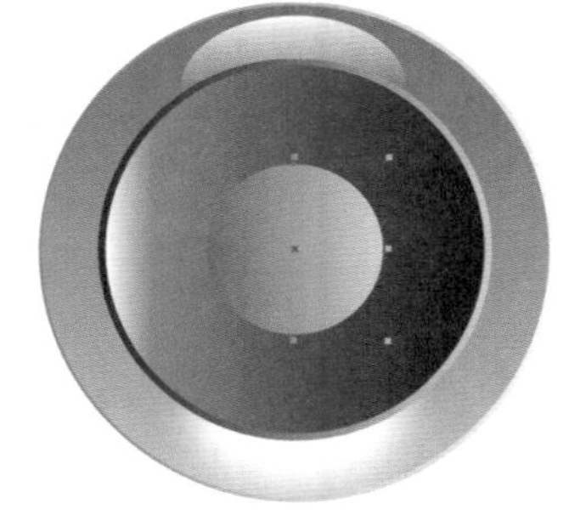

图5-247

14 将圆形复制一份进行缩放，然后选择“渐变填充”方式，设置“节点位置”为0%的色标颜色为黑色、“节点位置”为100%的色标颜色为白色，更改“旋转”为0，接着单击“确定”按钮 确定 ，如图5-248所示，最后将前面绘制的模糊椭圆复制一份进行缩放，并拖曳到中间，效果如图5-249所示。

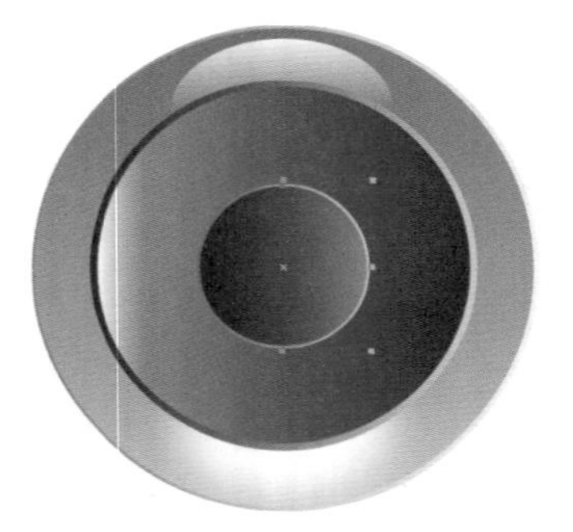

图5-248

图5-249

15 下面绘制按键。使用“椭圆形工具”绘制两个圆形，居中对齐，然后在圆形中心开始绘制一个正方形，再使用“2点线工具”绘制正方形的对角线，如图5-250所示，接着全选执行“对象>造形>修剪”菜单命令，得到修剪后的图形，如图5-251所示。

图5-250

图5-251

16 双击“渐层工具”，然后在“编辑填充”对话框中选择“渐变填充”方式，设置“类型”为“椭圆形渐变填充”，再设置“节点位置”为0%的色标颜色为黑色、“节点位置”为100%的色标颜色为（C: 0，M:0，Y: 0，K:20），最后单击“确定”按钮 确定 ，填充完成后删除轮廓线，效果如图5-252所示。

图5-252

17 将图形拆分，如图5-253所示，然后将按键拖曳到圆形上，如图5-254所示，然后使用“多边形工具”绘制播放箭头，接着单击“透明度工具”，在属性栏设置“透明度类型”为“均匀透明度”、“透明度”为50，如图5-255所示，最后将绘制好的圆形按键拖曳到MP3机身上，效果如图5-256所示。

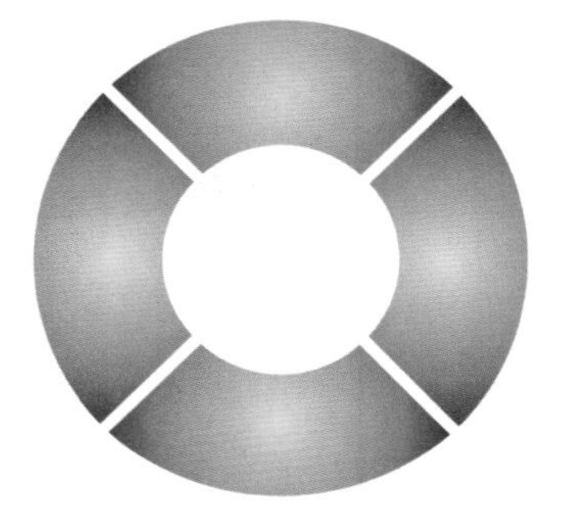

图5-253

图5-254

图5-255

图5-256

18 导入下载资源中的“素材文件>CH05>29.cdr”文件，然后将界面缩放拖曳到屏幕上，如图5-257所示，接着复制屏幕椭圆，使用“形状工具”修饰形状，再填充颜色为黑色，如图5-258所示，最后使用“透明度工具”拖动渐变效果，如图5-259所示。

图5-257

图5-258

图5-259

19 使用上述方法制作高光的轮廓，然后填充为白色，再使用“透明度工具”拖动渐变效果，如图5-260和图5-261所示。

图5-260

图5-261

20 双击“矩形工具”创建与页面等大的矩形，然后在“编辑填充”对话框中选择“渐变填充”方式，设置“类型”为“线性渐变填充”、“镜像、重复和反转”为“默认渐变填充”，再设置“节点位置”为0%的色标颜色为黑色、“节点位置”为100%的色标颜色为（C:100，M:100，Y: 0，K:0），“填充宽度”为“87.919”、“水平偏移”为“87.919”、“垂直偏移”为“13.12”、“旋转”为“57.0”，接着单击“确定”按钮完成，最后删除轮廓线，效果如图5-262所示。

图5-262

21 导入下载资源中的“素材文件>CH05>30.jpg”文件，然后把图片旋转放置在页面左边，如图5-263所示，接着把前面绘制的MP3拖曳到页面右边进行旋转，最后使用“钢笔工具”绘制耳机线，如图5-264所示。

图5-263

图5-264

22 导入下载资源中的“素材文件>CH05>31.cdr”文件，然后拖曳到人物耳朵上进行缩小旋转，接着将耳机线转曲进行修饰，注意线与耳机、MP3的接连处，如图5-265所示。

图5-265

23 将彩色音频元素拖曳到页面右下角，并调整大小，如图5-266所示，然后使用“椭圆形工具”绘制一个圆形，再执行“位图>转换为位图”菜单命令将椭圆转换为位图，接着执行“位图>模糊>高斯式模糊”菜单命令，在弹出的“高斯式模糊”对话框中设置“半径”为60像素，单击“确定”按钮完成模糊，最后复制排放在页面，效果如图5-267所示。

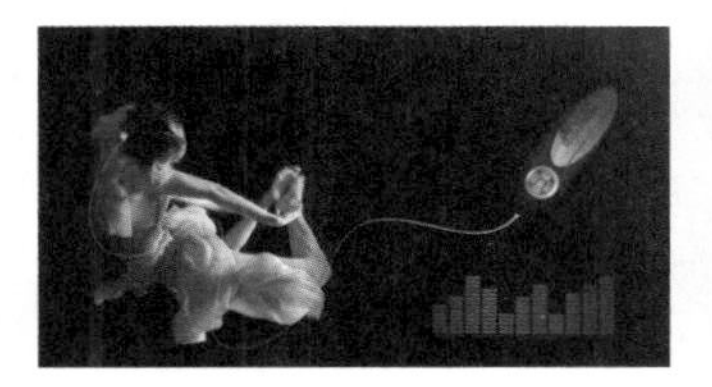

图5-266

图5-267

24 导入下载资源中的“素材文件>CH05>32.cdr”文件，先将黑色背景删掉，然后将文字拖曳到页面，最终效果如图5-268所示。

图5-268

5.3 多边形工具

“多边形工具”是专门用于绘制多边形的工具，可以自定义多边形的边数。

5.3.1 多边形的绘制方法

单击工具箱中的“多边形工具”，然后将光标移动到页面空白处，按住左键以对角的方向进行拉伸，如图5-269所示，可以预览多边形的大小，确定后松开左键完成编辑，如图5-270所示。在默认情况下，多边形的边数为5条。

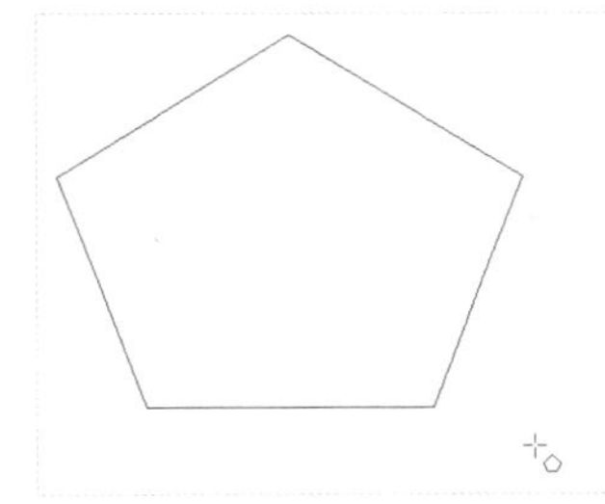

图5-269

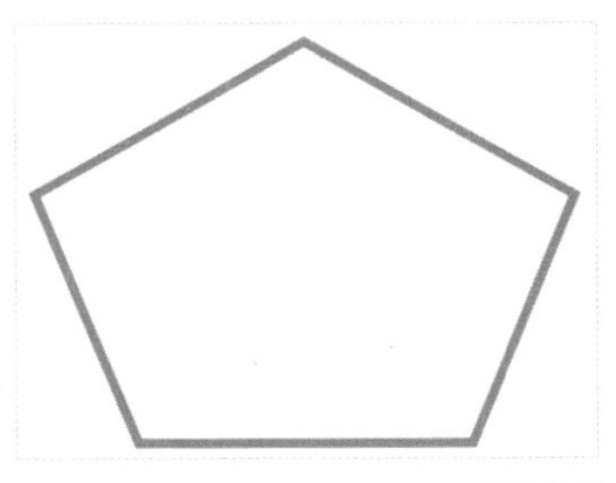

图5-270

在绘制多边形时按住Ctrl键可以绘制一个正多边形，如图5-271所示，也可以在属性栏上输入宽和高改为正多边形。按住Shift键可以以中心为起始点绘制一个多边形，按住Shift+Ctrl组合键则是以中心为起始点绘制正多边形。

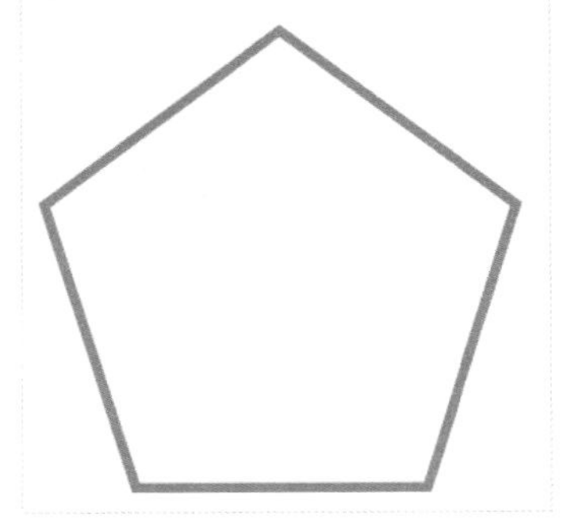

图5-271

5.3.2 多边形的设置

“多边形工具”的属性栏如图5-272所示。

图5-272

多边形工具选项介绍

点数或边数：在文本框中输入数值，可以设置多边形的边数。最少边数为3，边数越多越偏向圆，如图5-273所示，但是最多边数为500。

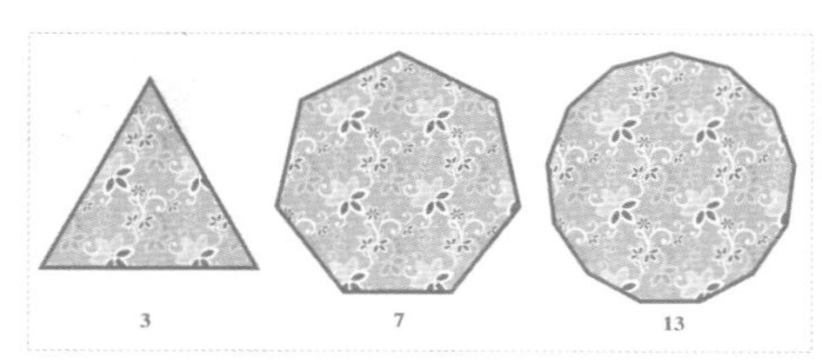

图5-273

5.3.3 多边形的修饰

多边形和星形、复杂星形都是息息相关的，我们可以利用增加边数和“形状工具”的修饰进行转化。

多边形转星形

在默认的5条边情况下，绘制一个正多边形。在工具箱中单击“形状工具”，然后选择在线段上的一个节点，长按左键按住Ctrl键向内进行拖动，如图5-274所示，松开左键即可得到一个五角星形，如图5-275所示。如果边数相对比较多，就可以做一个惊爆价效果的星形，如图5-276所示。我们还可以在此效果上加入旋转效果，在向内侧的节点上任选一个，按鼠标左键进行拖动，如图5-277所示。

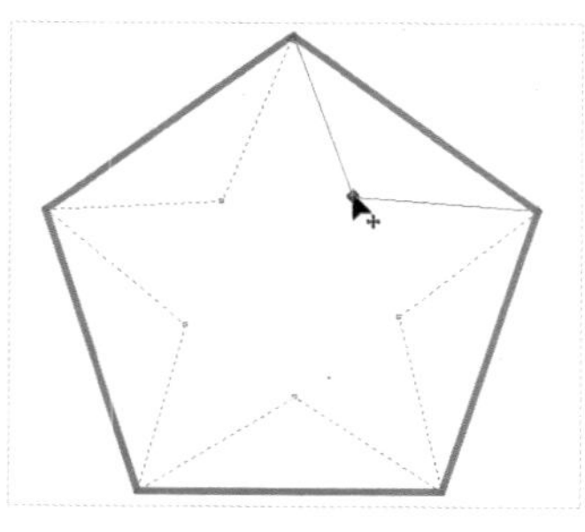

图5-274

图5-275

图5-276

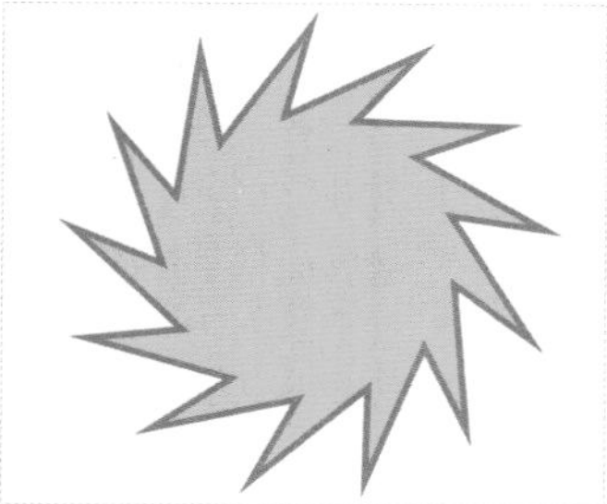

图5-277

多边形转复杂星形

选择工具箱中的“多边形工具”，在属性栏上将边数设置为9，然后按住Ctrl键绘制一个正多边形，接着单击“形状工具”，选择在线段上的一个节点，进行拖动至重叠，如图5-278所示，松开鼠标左键就得到一个复杂的重叠的星形，如图5-279所示。

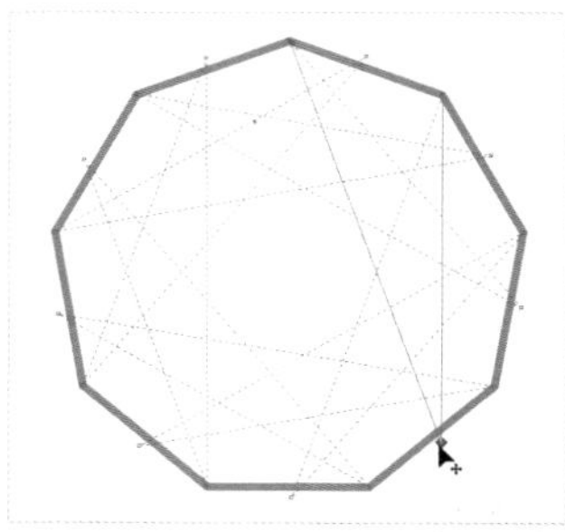

图5-278

图5-279

5.4 星形工具

“星形工具”用于绘制规则的星形，默认下星形的边数为12。

5.4.1 星形的绘制

单击工具箱中的“星形工具”，然后将光标移动到页面空白处，按住鼠标左键以对角的方向进行拖动，如图5-280所示，松开鼠标左键完成编辑，如图5-281所示。

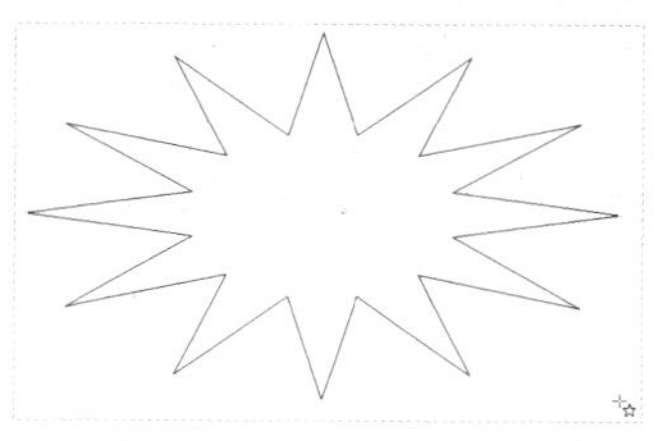

图5-280

图5-281

在绘制星形时按住Ctrl键可以绘制一个正星形，如图5-282所示，也可以在属性栏上输入宽和高进行修改。按住Shift键可以以中心为起始点绘制一个星形，按住Shift+Ctrl组合键则是以中心为起始点绘制正星形，与其他几何形的绘制方法相同。

图5-282

5.4.2 星形的参数设置

"星形工具"的属性栏如图5-283所示。

图5-283

星形工具选项介绍

锐度：调整角的锐度，可以在文本框内输入数值，数值越大角越尖，数值越小角越钝，如图5-284所示最大为99，角向内缩成线；如图5-285所示最小为1，角向外扩，几乎贴平；如图5-286所示值为50，这个数值比较适中。

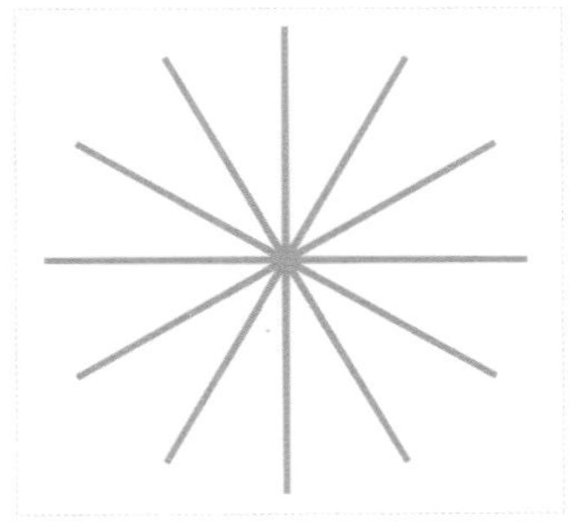

图5-284

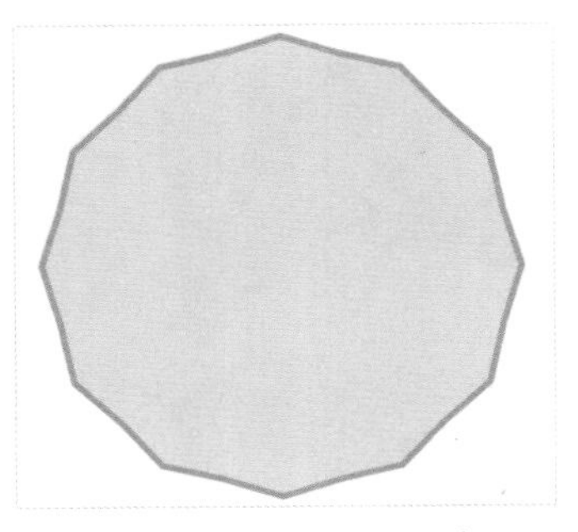

图5-285

图5-286

技术专题 09 利用星形制作光晕效果

星形在绘图制作中不仅可以大面积编辑，也可以利用层层覆盖堆积来形成效果，现在我们就针对星形的边角堆积效果来制作光晕。

使用"星形工具"绘制一个正星形，先删除轮廓线，然后在"编辑填充"对话框中选择"渐变填充"方式，设置"类型"为"椭圆形渐变填充"，再设置"节点位置"为0%的色标颜色为黄色、"节点位置"为100%的色标颜色为白色，接着单击"确定"按钮 确定 完成填充，效果如图5-287所示。

图5-287

在属性栏设置"点数或边数"为500、"锐度"为53，如图5-288和图5-289所示。

图5-288

图5-289

把星形放置在夜景图片中，用于表现月亮的光晕效果，效果如图5-290所示。

图5-290

实战：用星形绘制桌面背景

实例位置 下载资源>实例文件>CH05>实战：用星形绘制桌面背景.cdr
素材位置 下载资源>素材文件>CH05>33.cdr、34.cdr
视频位置 下载资源>多媒体教学>CH05>实战：用星形绘制桌面背景.flv
实用指数 ★★★☆☆
技术掌握 星形工具的运用方法

桌面背景效果如图5-291所示。

图5-291

01 新建一个空白文档，然后设置文档名称为"星星桌面"，接着设置页面大小为"A4"、页面方向为"横向"。

02 使用"星形工具"绘制一个正星形，然后在属性栏设置"点数或边数"为5、"锐度"为30，如图5-292所示，接着将星形转曲，再选中每条直线单击右键执行"到曲线"命令，最后调整锐角的弧度，如图5-293所示。

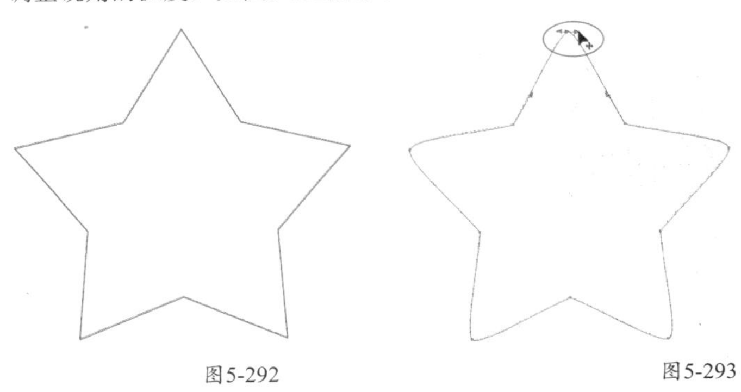

图5-292 图5-293

03 将星形向内复制三份，并调整大小和位置，如图5-294所示，然后设置“轮廓宽度”为1mm，再由外向内填充轮廓线颜色分别为（C:57，M:77，Y:100，K:34）、黄色、白色、洋红，效果如图5-295所示。

图5-294

图5-295

04 选中最外层的星形复制出一个，然后填充颜色为洋红，再设置“轮廓宽度”为1.5mm，如图5-296所示，接着向内复制一份，填充颜色为黑色、轮廓线颜色为白色，如图5-297所示。

图5-296

图5-297

05 将星形再向内复制一份，然后在“编辑填充”对话框中选择“渐变填充”方式，设置“类型”为“线性渐变填充”、“镜像、重复和反转”为“默认渐变填充”，再设置“节点位置”为0%的色标颜色为黑色、“节点位置”为100%的色标颜色为（C:56，M:100，Y:74，K:35），“填充宽度”为63.684、“水平偏移”为1.147、“垂直偏移”为-7.997、“旋转”为76.8，接着单击“确定”按钮 确定 完成，如图5-298所示，最后设置“轮廓宽度”为1mm，效果如图5-299所示。

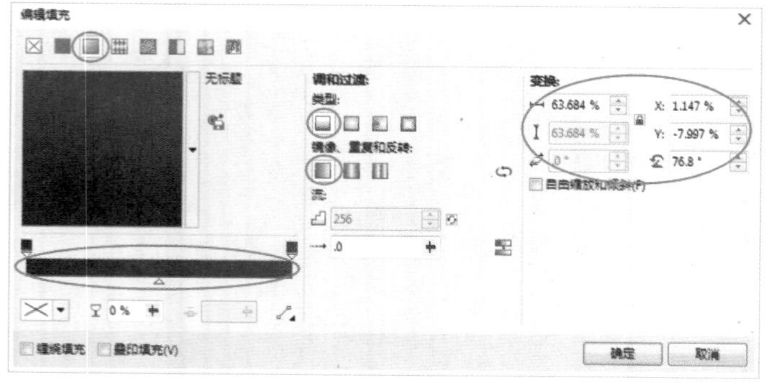

图5-298

图5-299

06 复制出一个星形，先去掉轮廓线，然后填充颜色为洋红，再旋转345°，如图5-300所示，接着复制三份，再分别填充颜色为（C:70，M:19，Y:0，K:0）、（C:62，M:0，Y:100，K:0）、（C:0，M:48，Y:78，K:0），最后单击“确定”按钮 确定 完成填充，如图5-301所示。

图5-300

图5-301

07 使用“椭圆形工具”绘制一个圆形，然后填充颜色为洋红，并去掉轮廓线，如图5-302所示，再复制一份进行缩放，移动到左边，接着选择“渐变填充”方式，设置“类型”为“线性渐变填充”，再设置“节点位置”为0%的色标颜色为洋红、“节点位置”为100%的色标颜色为白色，最后单击“确定”按钮 确定，如图5-303所示。

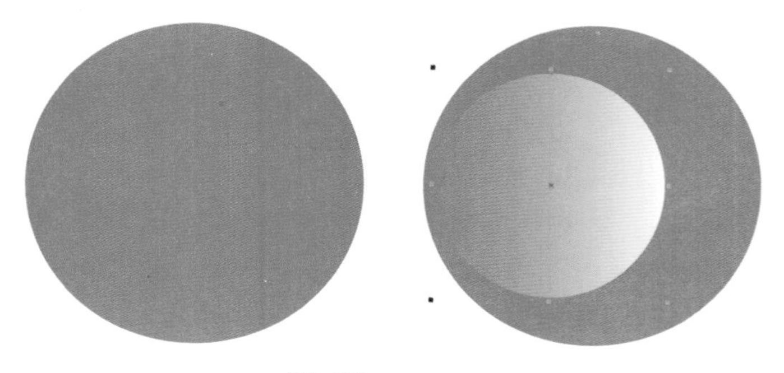
图5-302　　图5-303

08 复制渐变色的圆形，然后在“编辑填充”对话框中选择

"渐变填充"方式，更改"节点位置"为0%的色标颜色为（C:60，M:60，Y:0，K:0）、"节点位置"为100%的色标颜色为（C:100，M:20，Y:0，K:0），再单击"确定"按钮 确定 完成填充，如图5-304所示，接着复制一份进行缩放，选择"渐变填充"方式，更改"节点位置"为0%的色标颜色为（C:100，M:20，Y:0，K:0）、"节点位置"为100%的色标颜色为白色，最后单击"确定"按钮 确定 完成填充，如图5-305所示。

图5-304

图5-305

09 双击"矩形工具"□创建与页面等大的矩形，然后填充颜色为（C:100，M:100，Y:100，K:100）的黑色，再右键去掉轮廓线，如图5-306所示。

10 导入下载资源中的"素材文件>CH05>33.cdr"文件，然后解散对象排列在页面右边，注意元素之间的穿插关系，接着将绘制的洋红色圆复制排列在元素间隙，效果如图5-307所示。

图5-306

图5-307

11 导入下载资源中的"素材文件>CH05>34.cdr"文件，然后排放在页面上，如图5-308所示。

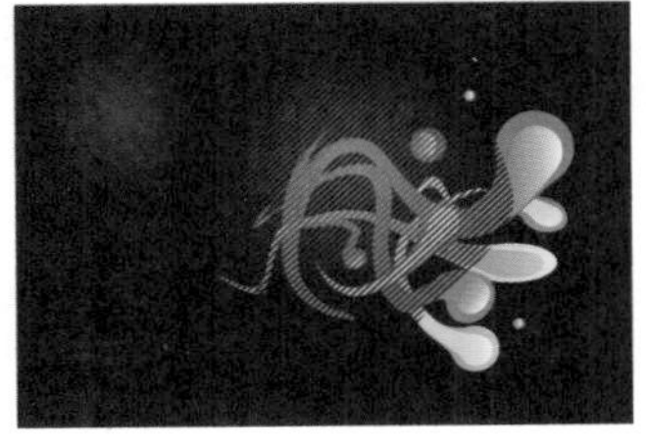

图5-308

12 把前面绘制的蓝色圆形拖曳到页面中进行缩放，然后在页面左下方使用"星形工具"☆绘制一个正星形，再右键去掉轮廓线，接着填充颜色为黄色，如图5-309所示，最后在属性栏设置"点数或边数"为60、"锐度"为93，如图5-310所示。

图5-309

图5-310

13 将之前绘制的两组星形分别群组，然后旋转角度排放在页面左上方，如图5-311所示，接着把最后一个素材排放在星形下面，可以覆盖在渐变星形上方，效果如图5-312所示。

图5-311

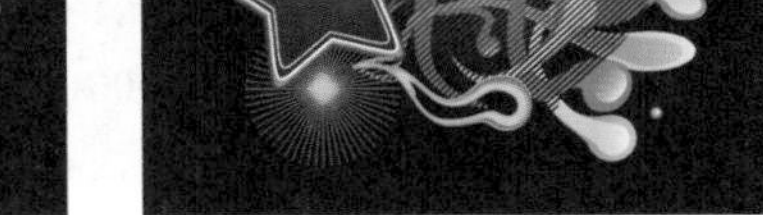

图5-312

14 把前面绘制的洋红色星形缩放排放在渐变星形上方，并调整位置，然后将其他颜色的星形缩小排放在左下角，最终效果如图5-313所示。

图5-313

★★★☆

实战：用星形绘制促销单

实例位置 下载资源>实例文件>CH05>实战：用星形绘制促销单.cdr
素材位置 下载资源>素材文件>CH05>35.cdr~37.cdr、38.psd~48.psd
视频位置 下载资源>多媒体教学>CH05>实战：用星形绘制促销单.flv
实用指数 ★★★☆☆
技术掌握 几何绘图工具的综合使用

促销单效果如图5-314所示。

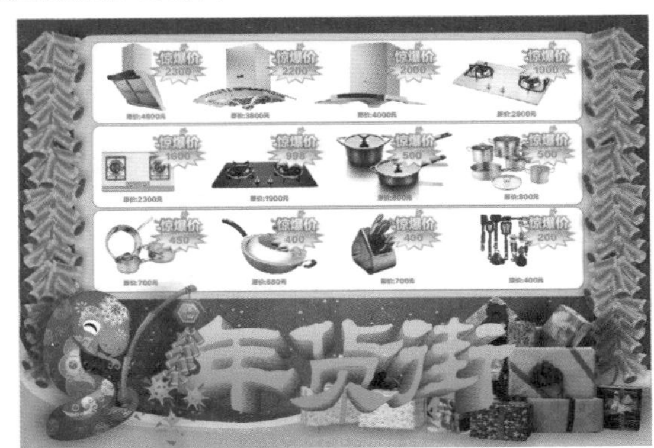

图5-314

01 新建一个空白文档，然后设置文档名称为"春节促销单"，接着设置页面大小为"A4"、页面方向为"横向"。

02 使用"星形工具"☆在页面绘制星形，然后在属性栏设置

“点数或边数”为13、“锐度”为30，如图5-315所示，接着设置“轮廓宽度”为4mm，如图5-316所示，最后选中星形执行“对象>将轮廓线转换为对象”菜单命令，将外框转换为对象，方便进行编辑。

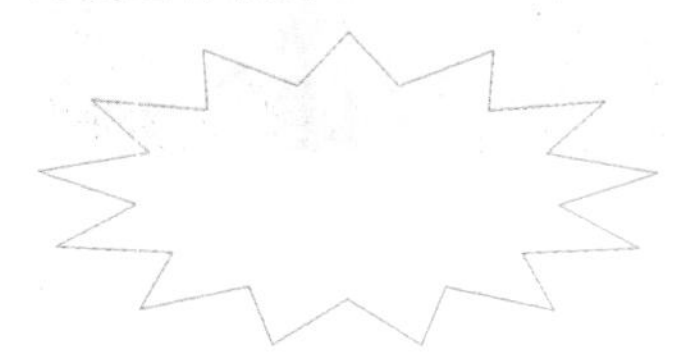
图5-315

图5-316

03 选中外框对象，然后在“编辑填充”对话框中选择“渐变填充”方式，设置“类型”为“线性渐变填充”、“镜像、重复和反转”为“默认渐变填充”，再设置“节点位置”为0%的色标颜色为（C:31，M:100，Y:100，K:1）、“位置”为18%的色标颜色为（C:0，M:60，Y:100，K:0）、“位置”为34%的色标颜色为（C:0，M:13，Y:100，K:0）、“位置”为53%的色标颜色为（C:6，M:68，Y:100，K:0）、“位置”为72%的色标颜色为（C:0，M:45，Y:100，K:0）、“位置”为85%的色标颜色为（C:6，M:68，Y:100，K:0）、“位置”为100%的色标颜色为（C:0，M:0，Y:100，K:0），勾选“缠绕填充”，“填充宽度”为100，最后单击“确定”按钮，如图5-317所示，填充后的效果如图5-318所示。

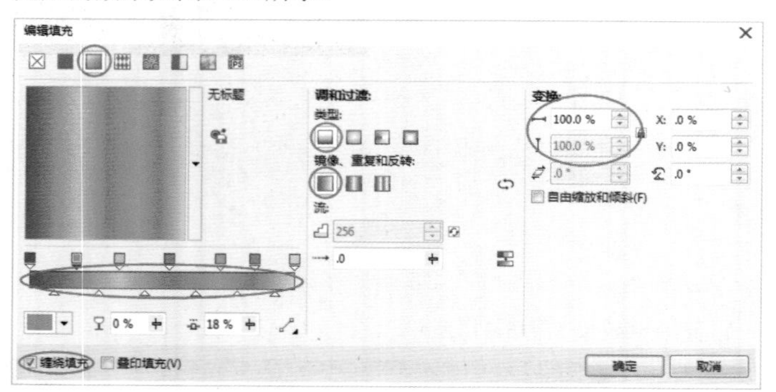
图5-317

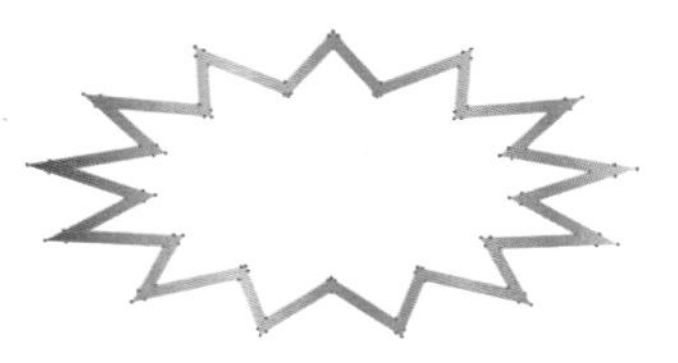
图5-318

04 选中内部对象，然后在“编辑填充”对话框中选择“渐变填充”方式，设置“类型”为“线性渐变填充”、“镜像、重复和反转”为“默认渐变填充”，再设置“节点位置”为0%的色标颜色为（C:0，M:60，Y:100，K:0）、“节点位置”为41%的色标颜色为（C:0，M:0，Y:100，K:0）、“节点位置”为100%的色标颜色为（C:0，M:0，Y:0，K:0），“填充宽度”为53.952、“水平偏移”为.958、“垂直偏移”为-6.599、“旋转”为-93.3，接着单击“确定”按钮，如图5-319所示，填充效果如图5-320所示。

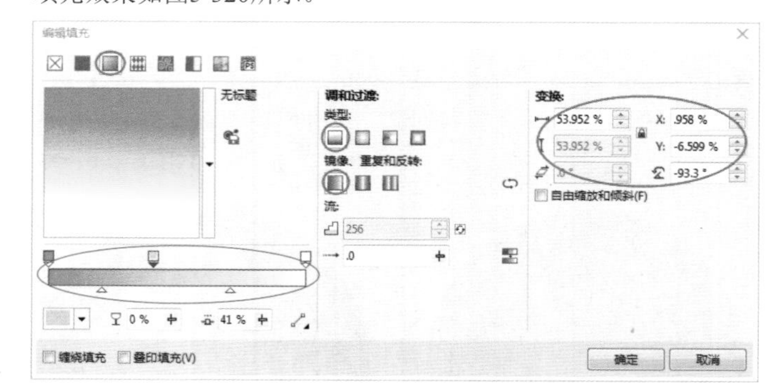
图5-319

图5-320

05 下面绘制反光。把星形原位置复制一份，然后将星形转曲，再使用“形状工具”调整形状，如图5-321所示，接着在“编辑填充”对话框中选择“渐变填充”方式，设置“填充宽度”为46.552、“水平偏移”为-25.034、“垂直偏移”为-9.551、“旋转”为-80.7，最后单击“确定”按钮完成填充，如图5-322和图5-323所示。

图5-321

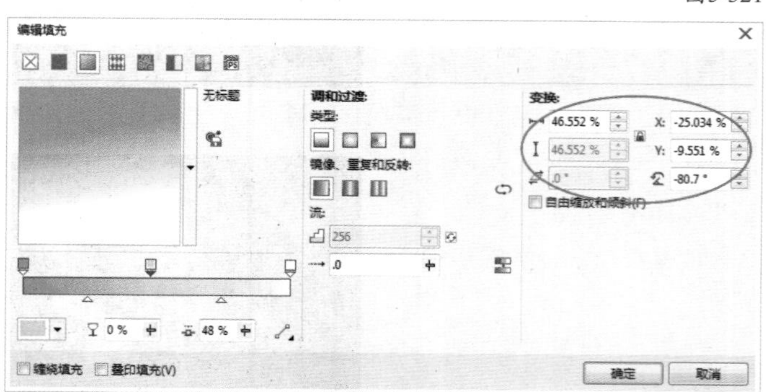
图5-322

图5-323

06 选中编辑的反光，然后单击“透明度工具”，在属性栏设置“透明度类型”为“均匀透明度”、“透明度”为50，效果如图5-324所示。

图5-324

07 导入下载资源中的“素材文件>CH05>35.cdr”文件，然后拖放在星形上方，如图5-325所示，接着导入下载资源中的“素材文件>CH05>36.cdr”文件，将星形立体图案拖曳到页面内，排放在文字后面，如图5-326所示。

图5-325

图5-326

08 导入下载资源中的“素材文件>CH05>37.cdr”文件，然后拖曳到页面中，如图5-327所示，接着使用“钢笔工具”绘制路径，最后填充颜色为黄色，并去掉轮廓线，如图5-328所示。

图5-327

图5-328

09 将路径复制一份向下缩放，然后在“编辑填充”对话框中选择“渐变填充”方式，设置“类型”为“线性渐变填充”，再设置“节点位置”为0%的色标颜色为（C:0，M:60，Y:100，K:0）、“节点位置”为100%的色标颜色为（C:0，M:0，Y:100，K:0），“旋转”为151，最后单击“确定”按钮，如图5-329所示。

10 将渐变路径复制一份向下缩放，然后在“渐变填充”对话框中更改“旋转”为41.6，接着单击“确定”按钮，如图5-330所示。

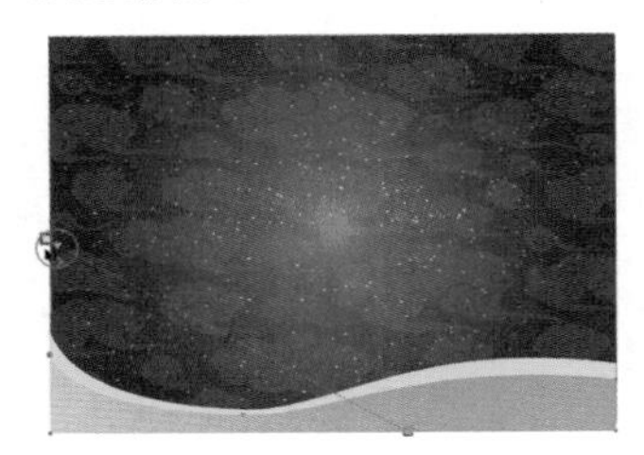

图5-329

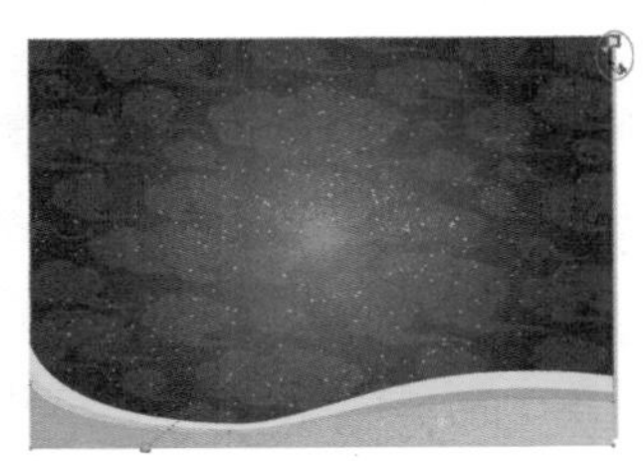

图5-330

11 下面绘制产品展示区。使用“矩形工具”绘制矩形，然后在属性栏设置“圆角”为10.5mm，如图5-331所示。

12 选中矩形在“编辑填充”对话框中选择“渐变填充”方式，设置“类型”为“椭圆形渐变填充”、“镜像、重复和反转”为“默认渐变填充”，再设置“节点位置”为0%的色标颜色为（C:0，M:20，Y:100，K:0）、“节点位置”为100%的色标颜色为（C:0，M:0，Y:60，K:0），“填充宽度”为112.609，接着单击“确定”按钮完成填充，最后删除轮廓线，效果如图5-332所示。

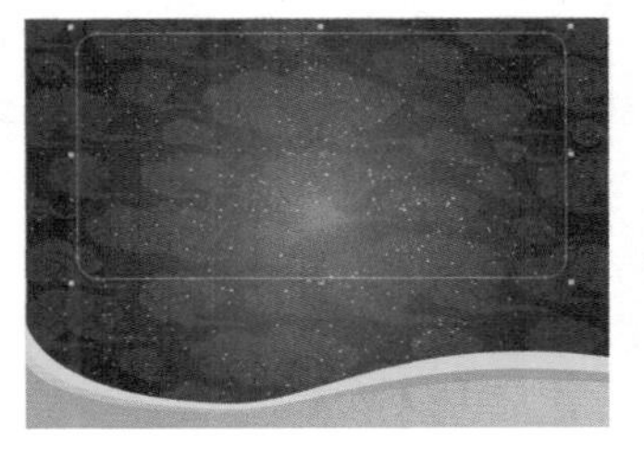

图5-331

图5-332

13 在黄色矩形中绘制一个矩形，然后在属性栏设置“圆角”为4mm，再复制两份进行排列，接着填充颜色为白色，最后设置“轮廓宽度”为0.25mm、颜色为红色，效果如图5-333所示。

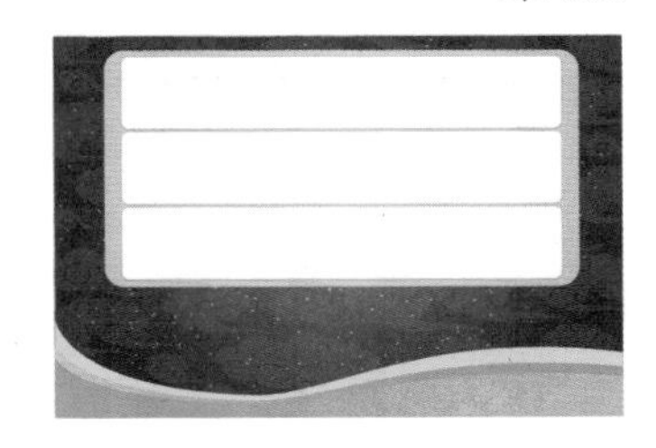

图5-333

14 将鞭炮素材排放在右边，然后使用“阴影工具”拖动阴影效果，如图5-334所示，接着将鞭炮复制一份到页面左边进行水平镜像，再拖动阴影效果，如图5-335所示。

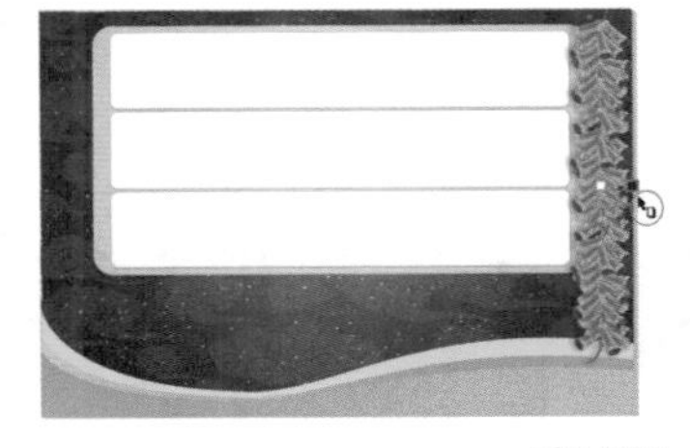

图5-334

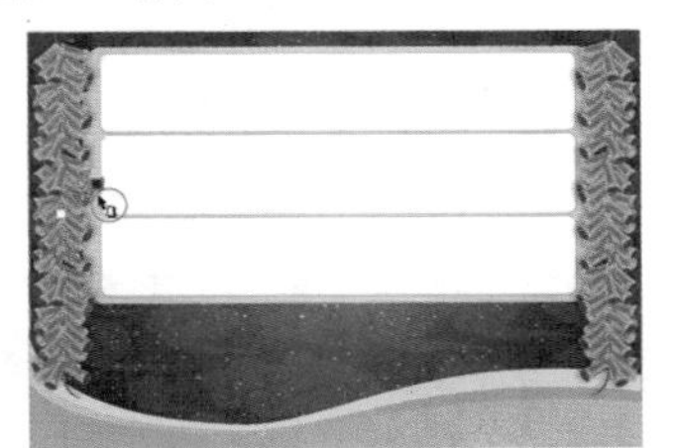

图5-335

15 导入下载资源中的“素材文件>CH05>38.psd”文件，然后将礼物缩放拖曳到页面右下角，再使用“阴影工具”拖动阴影效果，如图5-336所示。

16 导入下载资源中的“素材文件>CH05>39.psd”文件，然后将蛇缩放拖曳到页面左下角，再使用“阴影工具”拖动阴影效果，如图5-337所示。

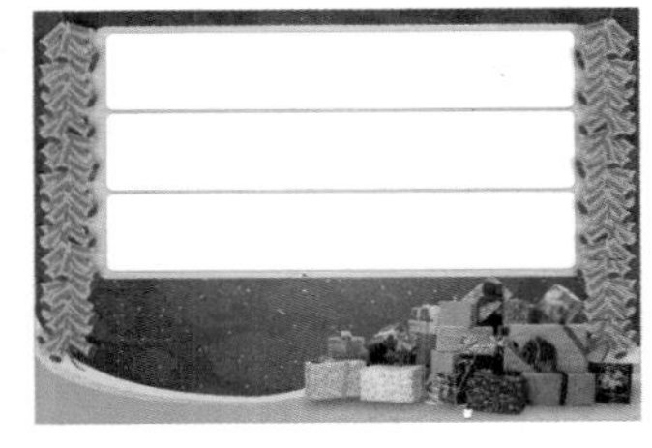

图5-336

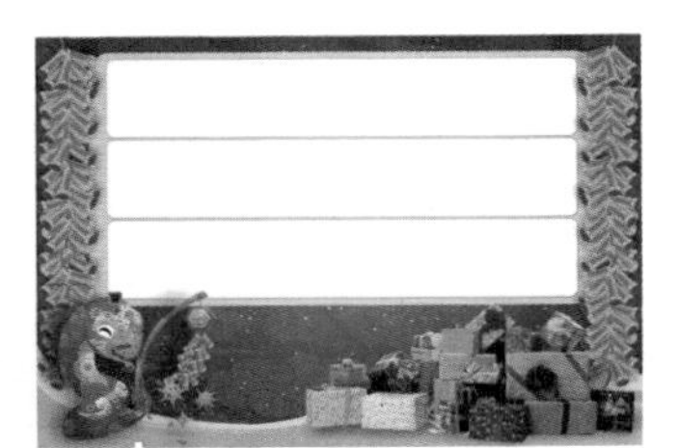

图5-337

17 将标题文字拖曳到页面中置于蛇元素下面，并调整位置与大小，如图5-338所示，然后导入下载资源中的“素材文件>CH05> 40.psd~48.psd”文件，接着将产品取消组合对象排放在展示区，每排4个产品，如图5-339所示。

图5-338

图5-339

18 将之前绘制的惊爆价缩小，然后复制拖曳到每个产品的右上角，如图5-340所示，接着把价格拖曳到惊爆价内，最后把原价拖曳到相应产品的下面，最终效果如图5-341所示。

图5-340

图5-341

实战：用星形绘制网店店招

实例位置 下载资源>实例文件>CH05>实战：用星形绘制网店店招.cdr
素材位置 下载资源>素材文件>CH05>49.jpg、50.jpg、51.cdr
视频位置 下载资源>多媒体教学>CH05>实战：用星形绘制网店店招.flv
实用指数 ★★★★☆
技术掌握 星形工具的运用方法

网店店招效果如图5-342所示。

图5-342

01 新建一个空白文档，然后设置文档名称为“网店店招”，接着设置页面大小“宽”为350mm、“高”为60mm。

02 双击“矩形工具”创建与页面等大的矩形，然后填充颜色为（C:7，M:44，Y:11，K:0），接着右键删除轮廓线，如图5-343所示。

图5-343

03 在矩形的上下两边绘制矩形，然后填充颜色为（C:50，M:78，Y:36，K:0），接着单击“确定”按钮完成填充，最后右键删除轮廓线，如图5-344所示。

图5-344

04 导入下载资源中的“素材文件>CH05>49.jpg和50.jpg”文件，然后拖曳到页面中缩放到合适的大小，如图5-345所示。

图5-345

05 在排放于前面的图片边缘绘制矩形，然后复制两份，再依次填充颜色为（C:0，M:15，Y:0，K:0）、（C:0，M:25，Y:0，K:0）、（C:0，M:35，Y:0，K:0），接着右键删除轮廓线，置于底层上面，如图5-346所示。

图5-346

06 使用“星形工具”绘制正星形，然后在属性栏设置“点数或边数”为5、“锐度”为30，如图5-347所示，接着向内缩放复制两份，如图5-348所示。

图5-347

图5-348

07 从外向内逐一选中星形，然后依次填充颜色为（C:25，M:53，Y:15，K:0）、（C:7，M:44，Y:11，K:0）、（C:0，M:35，Y:0，K:0），接着去掉轮廓线，如图5-349所示。

图5-349

08 复制一份星形，然后填充颜色为白色，再进行复制，对齐后排放在底图上方，如图5-350所示，接着将前面绘制的星形拖曳到页面中进行旋转缩放，最后复制一份进行“水平镜像”，如图5-351所示。

图5-350

图5-351

09 使用“矩形工具”绘制矩形，然后在属性栏设置右边“圆角”为3mm，再复制两份缩放排列，如图5-352所示，接着依次填充颜色为（C:25，M:53，Y:15，K:0）、（C:7，M:44，Y:11，K:0）、（C:0，M:35，Y:0，K:0），最后去掉轮廓线，如图5-353所示。

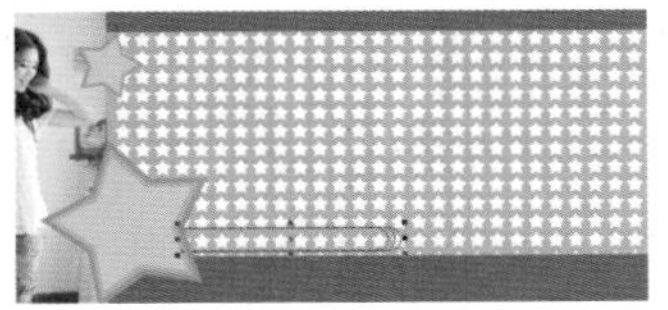

图5-352

图5-353

10 使用“矩形工具”绘制矩形，然后在属性栏设置左边“圆角”为2mm，再复制一份缩放排列，如图5-354所示。

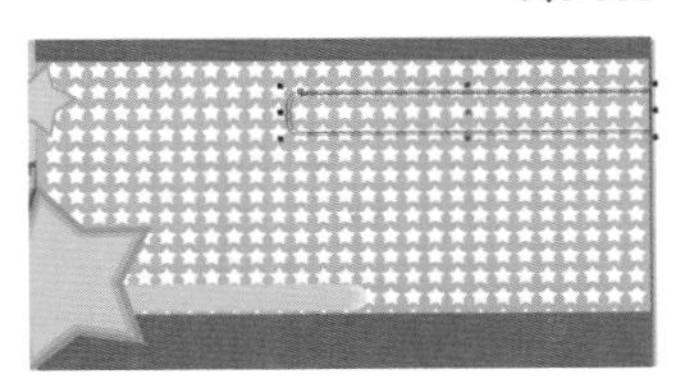

图5-354

11 从外向内逐一选中对象，然后依次填充颜色为白色、（C:50，M:78，Y:36，K:0），接着右键去掉轮廓线，如图5-355所示，最后复制排放在页面右边，如图5-356所示。

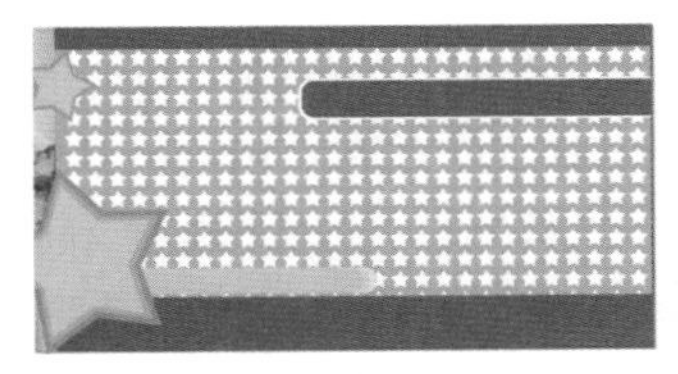

图5-355

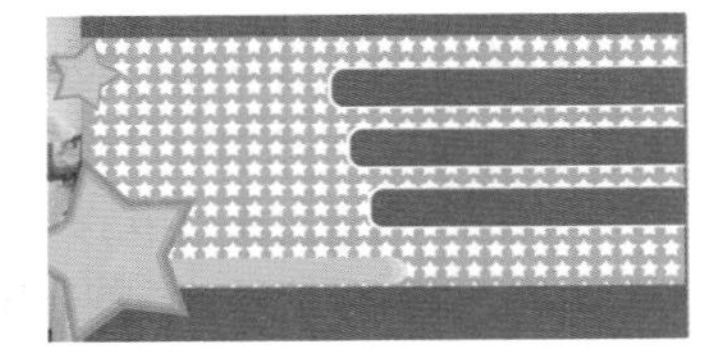

图5-356

12 导入下载资源中的“素材文件>CH05>51.cdr”文件，然后使用“矩形工具”绘制矩形，再填充颜色为黑色，接着将素材中的logo拖曳到矩形上，如图5-357所示。

图5-357

13 选中矩形和logo执行“对象>造形>相交”菜单命令，将相交部分提取出来，然后按Ctrl+Home组合键置于顶层，再填充颜色为白色，如图5-358所示，接着将宣传文字排放在logo下面，如图5-359所示。

图5-358

图5-359

14 使用“标注形状工具”绘制一个标注框，然后使用“形状工具”调整形状，再填充颜色为黄色，如图5-360所示，接着将文字缩放拖曳到标注框中，如图5-361所示。

图5-360

图5-361

15 将剩下的文字排放在页面内，然后选中类型文字填充为白色，如图5-362所示。

图5-362

16 使用“贝塞尔工具”绘制折线，然后在“轮廓线”对话框中设置“颜色”为（C:0，M:15，Y:0，K:0）、“宽度”为0.5mm、“角”为“圆角”、“线条端头”为“圆头”，接着单击“确定”按钮完成设置，如图5-363和图5-364所示。

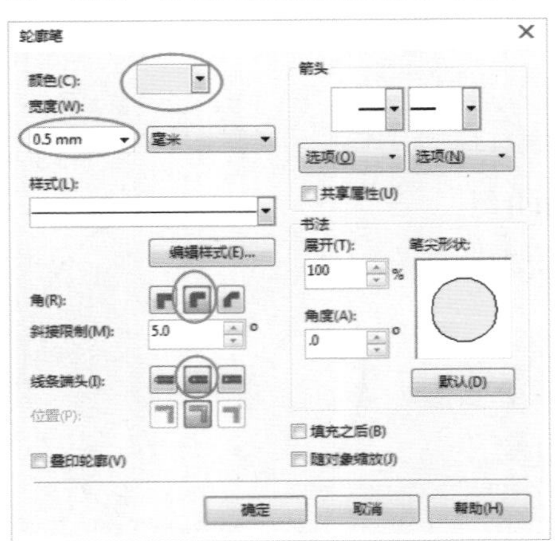

图5-363

图5-364

17 把绘制的折线水平复制，如图5-365所示，然后排放在类型文字后面，最终效果如图5-366所示。

图5-365

图5-366

5.5 复杂星形工具

"复杂星形工具"用于绘制有交叉边缘的星形，与星形的绘制方法一样。

5.5.1 绘制复杂星形

单击工具箱中的"复杂星形工具"，然后将光标移动到页面空白处，按住左键以对角的方向进行拖动，松开左键完成编辑，如图5-367所示。

按住Ctrl键可以绘制一个正星形，按住Shift键可以以中心为起始点绘制一个星形，按住Shift+ Ctrl组合键以中心为起始点绘制正星形，如图5-368所示。

图5-367

图5-368

5.5.2 复杂星形的设置

"复杂星形工具"的属性栏如图5-369所示。

图5-369

复杂星形工具选项介绍

点数或边数：最大数值为500（数值没有变化），如图5-370所示，则变为圆；最小数值为5（其他数值为3），如图5-371所示，为交叠五角星。

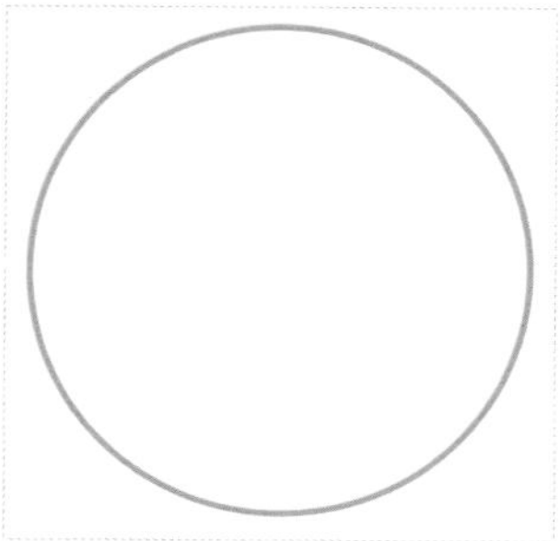

图5-370

图5-371

锐度：最小数值为1（数值没有变化），如图5-372所示，变数越大越偏向为圆。最大数值随着边数递增，如图5-373所示。

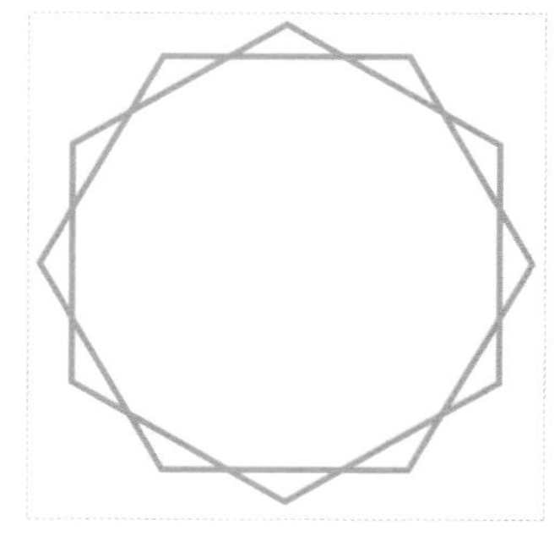

图5-372

图5-373

5.6 图纸工具

"图纸工具"可以绘制一组由矩形组成的网格，格子数值可以设置。

5.6.1 设置参数

在绘制图纸之前，我们需要设置网格的行数和列数，以便于我们在绘制时更加精确。设置行数和列数的方法有以下两种。

第1种：双击工具箱中的"图纸工具"，打开"选项"面板，如图5-374所示，然后在"图纸工具"选项下的"宽度方向单元格数"和"高度方向单元格数"后面输入数值设置行数和列数，接着单击"确定"按钮，这样就设置好了网格数值。

图5-374

第2种：选中工具箱中的“图纸工具”，然后在属性栏的“行数和列数”上输入数值，如图5-375所示，在“行”输入4、“列”输入5得到的网格图纸如图5-376所示。

图5-375

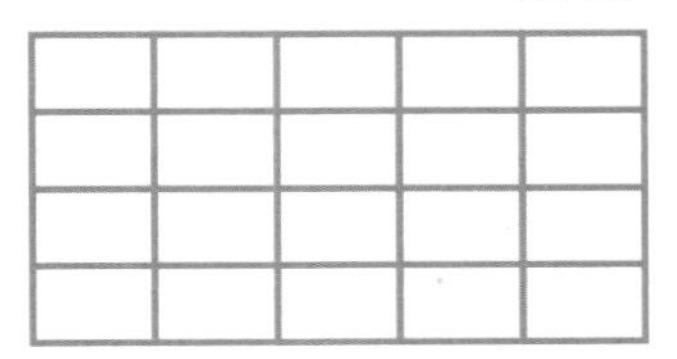
图5-376

5.6.2 绘制图纸

单击工具箱中的“图纸工具”，然后设置好网格的行数与列数，如图5-377所示，接着在页面空白处长按鼠标左键以对角进行拖动预览，松开左键完成绘制，如图5-378所示。按住Ctrl键可以绘制一个外框为正方形的图纸，按住Shift键以中心为起始点绘制一个图纸，按住Shift+Ctrl组合键以中心为起始点绘制外框为正方形的图纸，如图5-379所示。

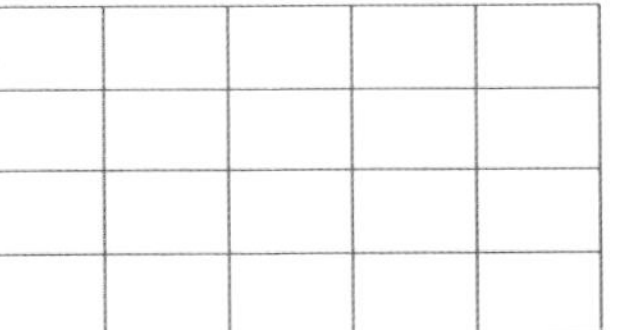
图5-377

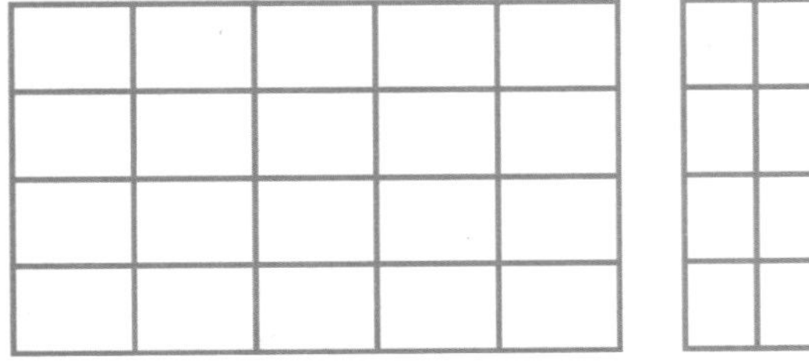
图5-378

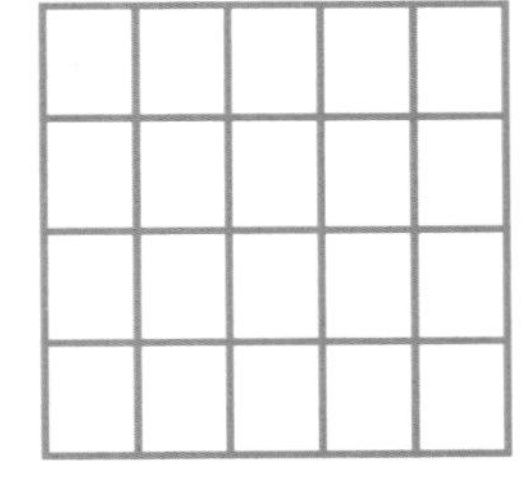
图5-379

★ 重 点 ★

实战：用图纸绘制象棋盘

实例位置	下载资源>实例文件>CH05>实战：用图纸绘制象棋盘.cdr
素材位置	下载资源>素材文件>CH05>52.cdr、53.jpg
视频位置	下载资源>多媒体教学>CH05>实战：用图纸绘制象棋盘.flv
实用指数	★★★☆☆
技术掌握	图纸工具的运用方法

象棋盘效果如图5-380所示。

图5-380

01 新建一个空白文档，然后设置文档名称为“象棋大师”，接着设置页面大小为“A4”、页面方向为“横向”。

02 首先绘制棋盘。单击“图纸工具”，在属性栏设置“行数和列数”为8、4，然后在页面绘制方格，如图5-381所示，接着使用“2点线工具”在左边中间的方格上绘制对角线，如图5-382所示。

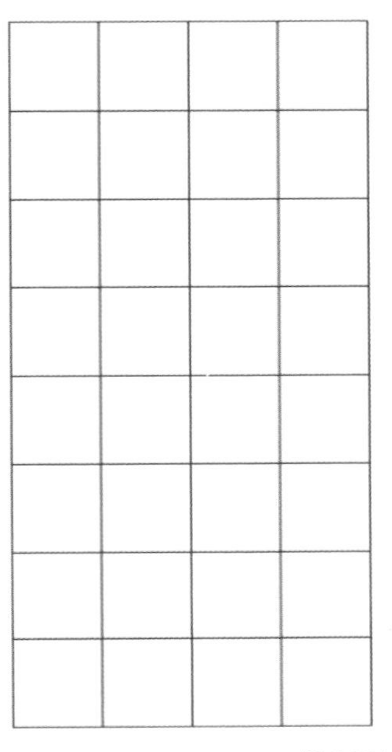
图5-381

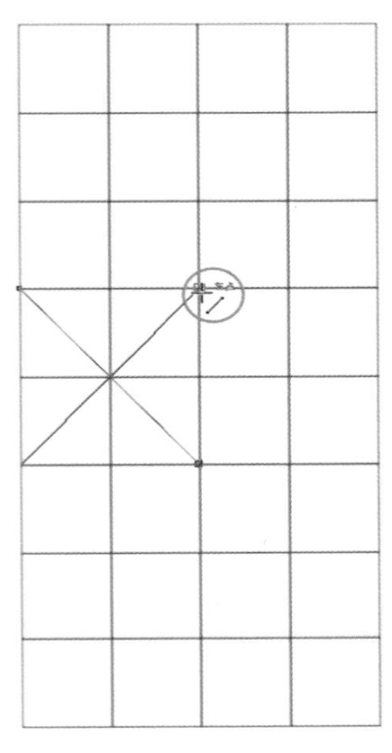
图5-382

03 使用“钢笔工具”在方格衔接处绘制直角折线，如图5-383所示，然后将折线组合对象复制在方格的相应位置上，如图5-384所示。

图5-383

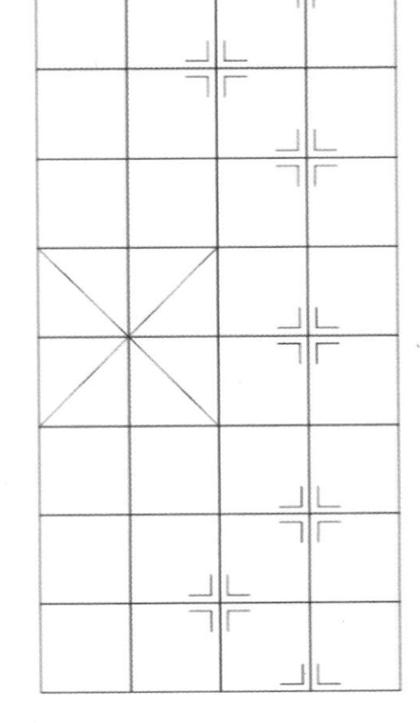
图5-384

04 使用“矩形工具”在方格外绘制矩形，如图5-385所示，然后将左边的棋盘格全选进行组合对象，再复制一份水平镜像拖放在右边的棋盘上，如图5-386所示，接着将棋盘全选进行组合对象。

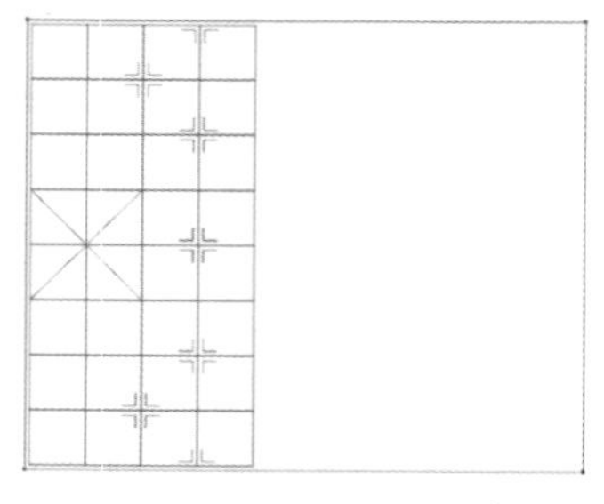

图5-385

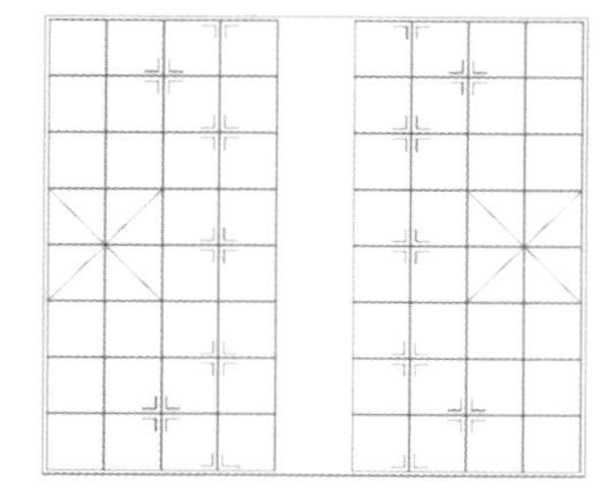

图5-386

05 选中棋盘双击"渐层工具"，然后填充颜色为（C:1，M:7，Y:9，K:0），接着设置"轮廓宽度"为0.5mm、颜色为（C:36，M:94，Y:100，K:4），如图5-387所示。

06 导入下载资源中的"素材文件>CH05>52.cdr"文件，然后将"楚河汉界"文字拖曳到棋盘中间的空白处，如图5-388所示，接着将对象全选进行组合。

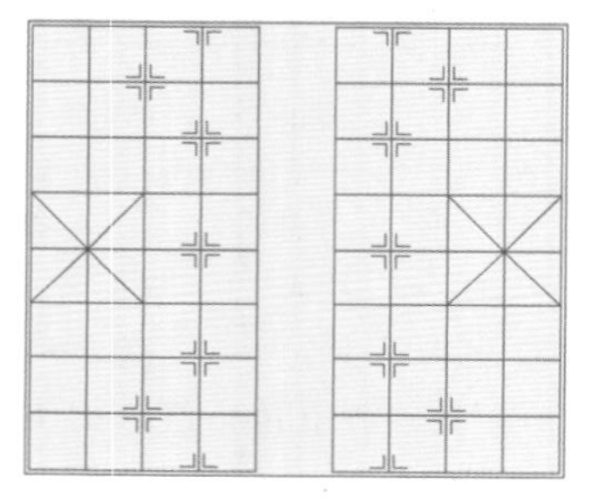

图5-387

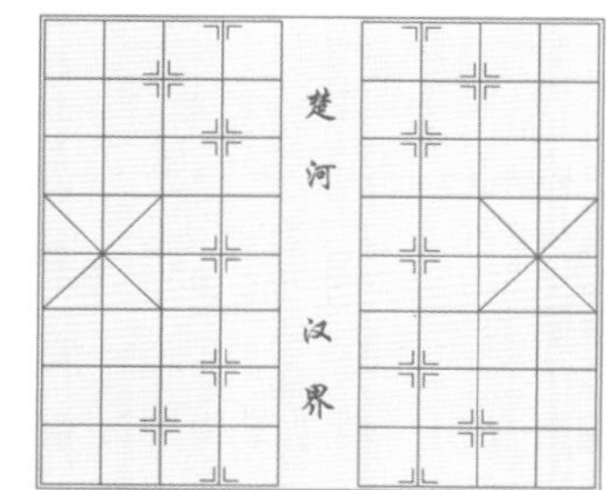

图5-388

07 导入下载资源中的"素材文件>CH05>53.jpg"文件，然后将图片拖曳到页面中进行缩放，如图5-389所示。

图5-389

08 选中前面绘制的棋盘，然后单击"透明度工具"，在属性栏设置"透明度类型"为"均匀透明度"、"合并模式"为"底纹化"、"透明度"为11，如图5-390所示，接着将棋盘旋转15.6°，再拖曳到背景图右边的墨迹处，如图5-391所示。

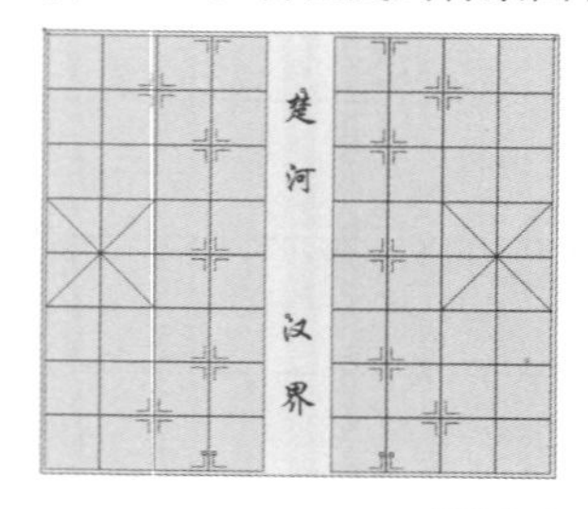

图5-390

图5-391

09 下面绘制象棋子。使用"椭圆形工具"绘制圆形，然后向内复制一个，如图5-392所示，接着填充大圆颜色为（C:69，M:59，Y:100，K:24）、小圆颜色为（C:19，M:32，Y:56，K:0），最后右键去掉轮廓线，如图5-393所示。

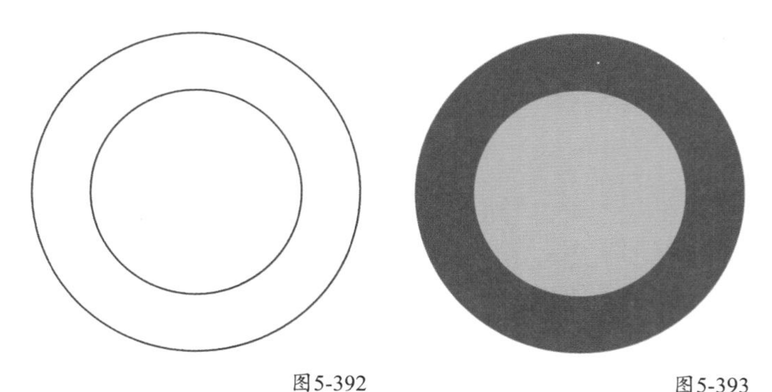

图5-392 图5-393

10 使用"调和工具"从内向外进行颜色调和，如图5-394和图5-395所示，然后选中进行组合对象，再复制几个，接着将文字拖放在棋子上，并选择红方的棋子将文字填充为红色，如图5-396所示。

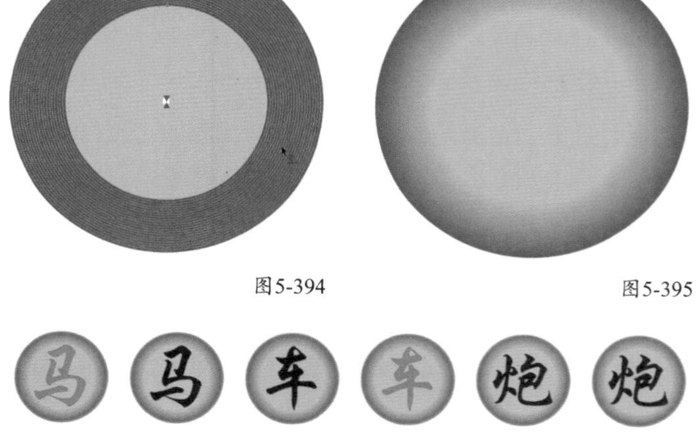

图5-394 图5-395

图5-396

11 将制作好的棋子拖曳到棋盘上，如图5-397所示，然后将标题拖曳到页面左边，再填充"象"字为白色，如图5-398所示。

图5-397

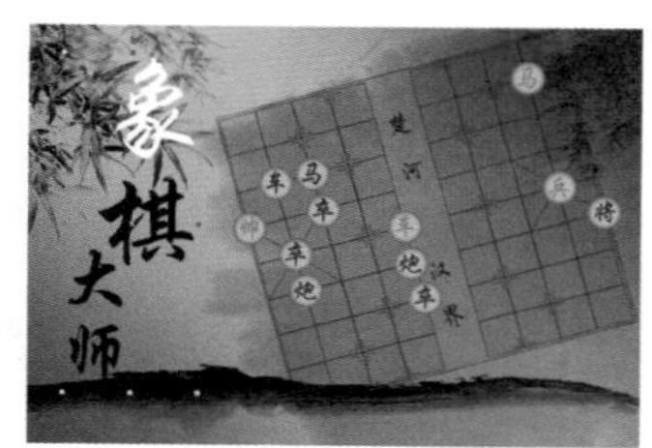

图5-398

12 在“象”字的位置绘制圆形，先右键去掉轮廓线，然后填充颜色为红色，再单击“透明度工具”，在属性栏设置“透明度类型”为“均匀透明度”、“透明度”为33，接着向内复制一个圆，在属性栏更改“合并模式”为“底纹化”，最后将两个圆形组合对象放置于“象”字后面，效果如图5-399所示。

13 将两行文字拖曳到页面右下角，错位排列，然后填充颜色为白色，最终效果如图5-400所示。

图5-399

图5-400

5.7 螺纹工具

“螺纹工具”可以直接绘制特殊的对称式和对数式的螺旋纹图形。

5.7.1 绘制螺纹

单击工具箱中的“螺纹工具”，然后在页面空白处长按鼠标左键以对角进行拖动预览，松开左键完成绘制，如图5-401所示。在绘制时按住Ctrl键可以绘制一个圆形螺纹，按住Shift键以中心开始绘制螺纹，按住Shift+Ctrl组合键以中心开始绘制圆形螺纹，如图5-402所示。

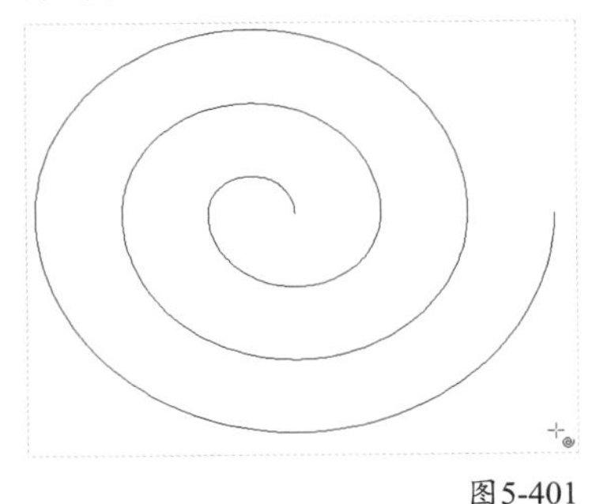
图5-401

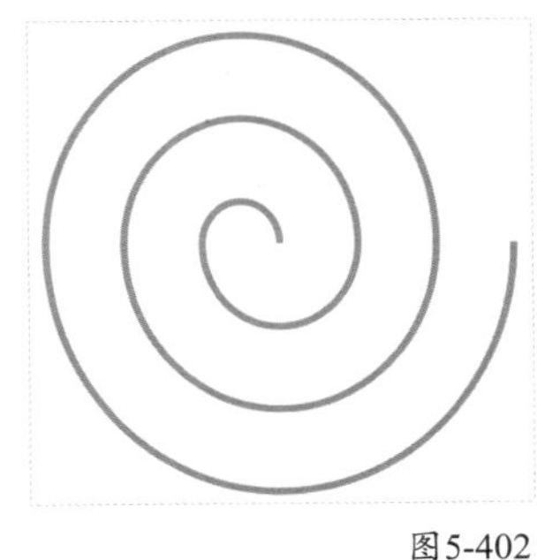
图5-402

5.7.2 螺纹的设置

“螺纹工具”的属性栏如图5-403所示。

图5-403

螺纹工具选项介绍

螺纹回圈：设置螺纹中完整圆形回圈的圈数，范围最小为1，最大为100，如图5-404所示，数值越大圈数越密。

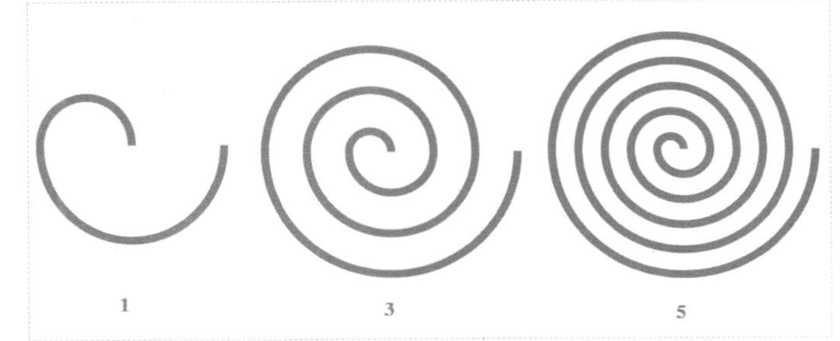

图5-404

对称式螺纹：单击激活后，螺纹的回圈间距是均匀的，如图5-405所示。

对数螺纹：单击激活后，螺纹的回圈间距是由内向外不断增大的，如图5-406所示。

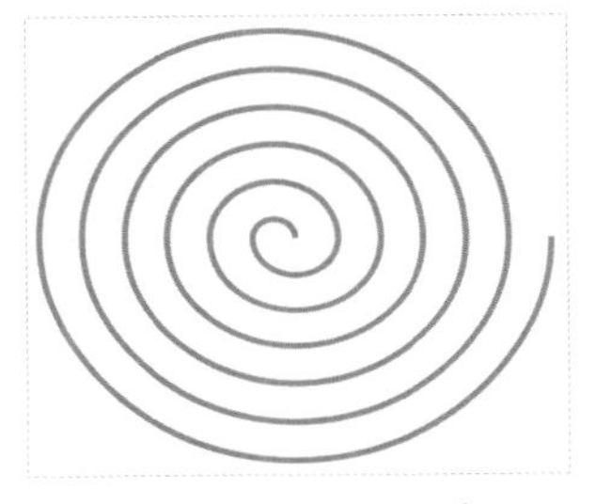
图5-405

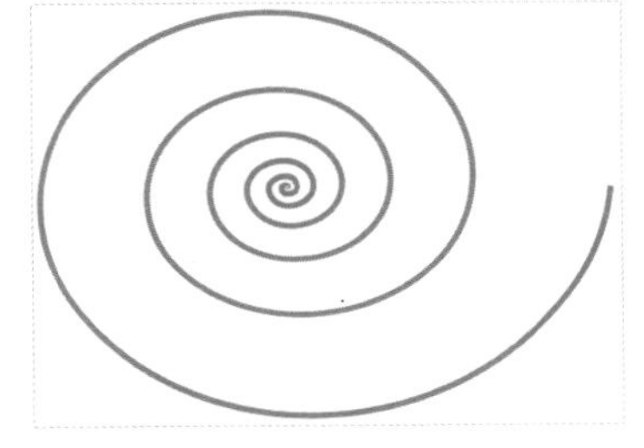
图5-406

螺纹扩展参数：设置对数螺纹激活时，向外扩展的速率，最小为1时，内圈间距为均匀显示，如图5-407所示；最大为100时，间距内圈最小，越往外越大，如图5-408所示。

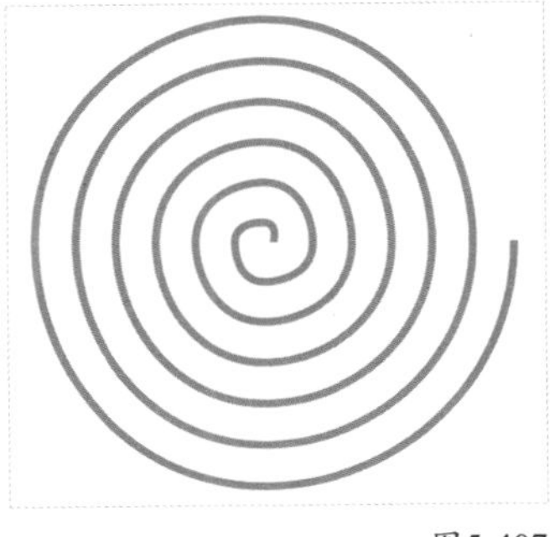
图5-407

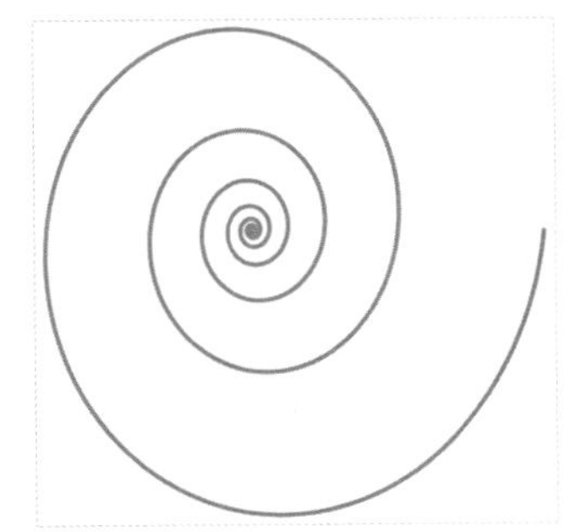
图5-408

5.8 形状工具组

CorelDRAW X7软件为了方便用户，在工具箱将一些常用的形状进行了编组，方便单击直接绘制。长按左键打开工具箱形状工具组，如图5-409所示，该形状工具组包括“基本形状工具”、“箭头形状工具”、“流程图形状工具”、“标题形状工具”和“标注形状工具”。

图5-409

5.8.1 基本形状工具

“基本形状工具”可以快速绘制梯形、心形、圆柱体和水滴等基本型，如图5-410所示。绘制方法和多边形的绘制方法一样，个别形状在绘制时会出现红色轮廓沟槽，通过轮廓沟槽可以修改造型的形状。

图5-410

单击工具箱中的“基本形状工具”，然后在属性栏上“完美形状”图标的下拉样式中进行选择，如图5-411所示，选择在页面空白处按住左键拖动，松开左键完成绘制，如图5-412所示。将光标放在红色轮廓沟槽上，按住左键可以进行修改形状，如图5-413所示将笑脸变为了怒容。

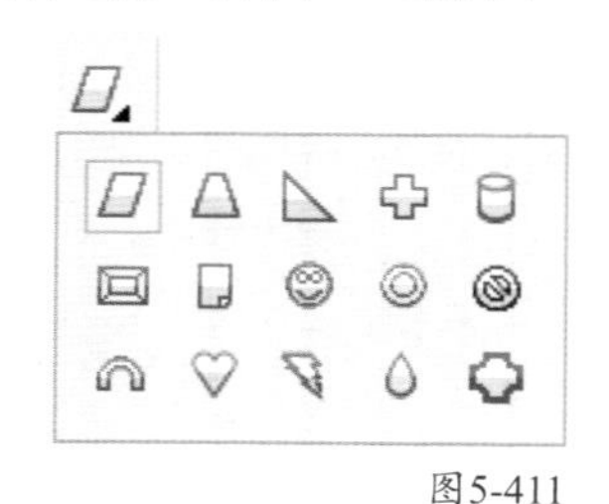

图5-411

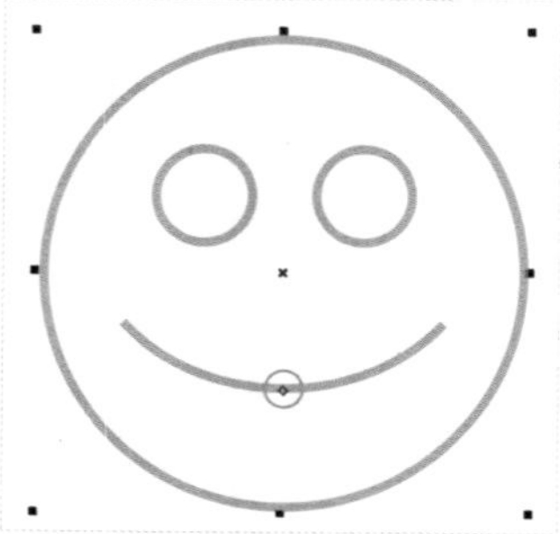

图5-412

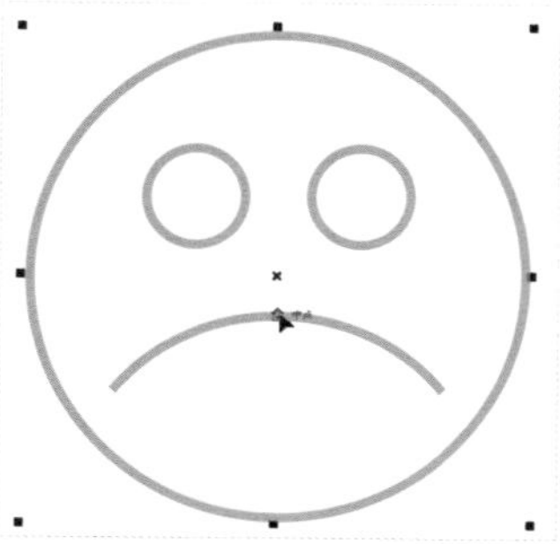

图5-413

5.8.2 箭头形状工具

“箭头形状工具”可以快速绘制路标、指示牌和方向引导标识，如图5-414所示，移动轮廓沟槽可以修改形状。

图5-414

单击工具箱中的“箭头形状工具”，然后在属性栏上“完美形状”图标的下拉样式中进行选择，如图5-415所示，选择在页面空白处按住左键拖动，松开左键完成绘制，如图5-416所示。

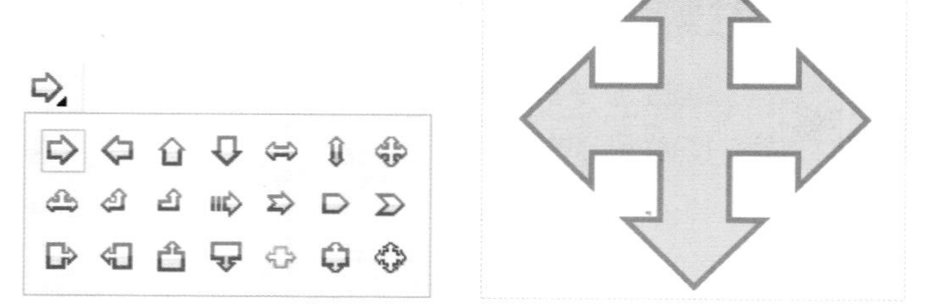

图5-415 图5-416

由于箭头相对比较复杂，所以变量也相对多，控制点为两个，黄色的轮廓沟槽控制十字干的粗细，如图5-417所示；红色的轮廓沟槽控制箭头的宽度，如图5-418所示。

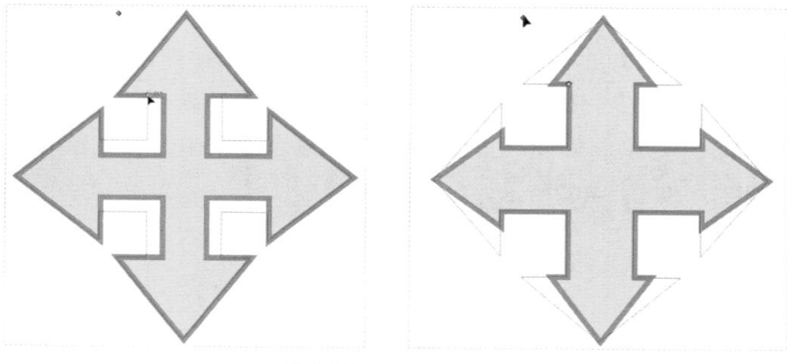

图5-417 图5-418

5.8.3 流程图形状工具

“流程图形状工具”可以快速绘制数据流程图和信息流程图，如图5-419所示，不能通过轮廓沟槽修改形状。

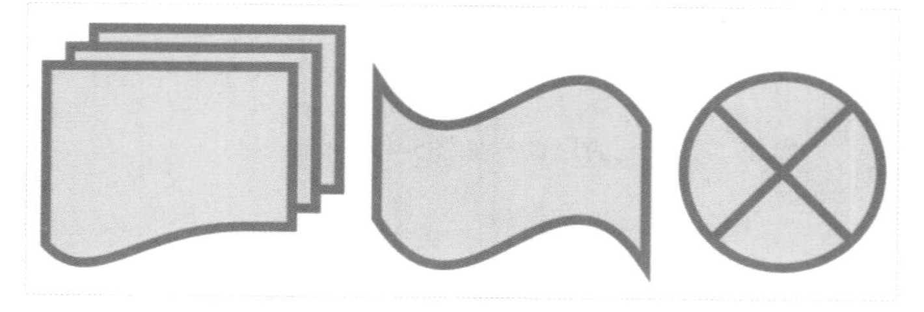

图5-419

单击工具箱中的“流程图形状工具”，然后在属性栏上

"完美形状"图标的下拉样式中进行选择，如图5-420所示，选择在页面空白处按住左键拖动，松开左键完成绘制，如图5-421所示。

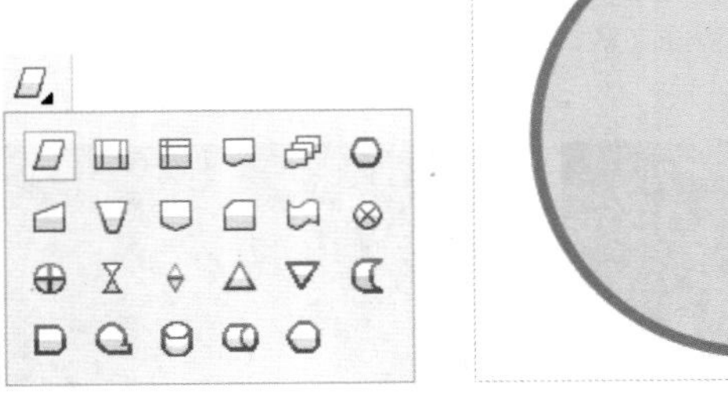

图5-420

图5-421

5.8.4 标题形状工具

"标题形状工具"可以快速绘制标题栏、旗帜标语和爆炸效果，如图5-422所示，可以通过轮廓沟槽修改形状。

图5-422

单击工具箱中的"标题形状工具"，然后在属性栏上"完美形状"图标的下拉样式中进行选择，如图5-423所示，选择在页面空白处按住左键拖动，松开左键完成绘制，如图5-424所示。红色的轮廓沟槽控制宽度；黄色的轮廓沟槽控制透视，如图5-425所示。

图5-423

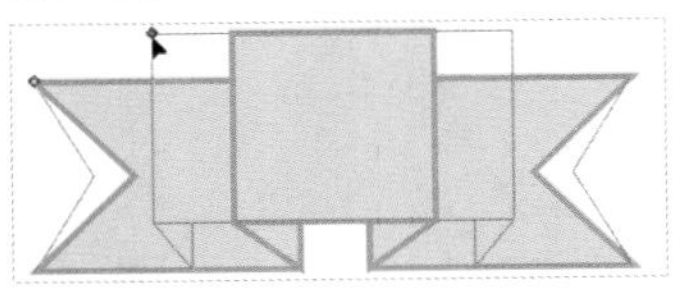

图5-424

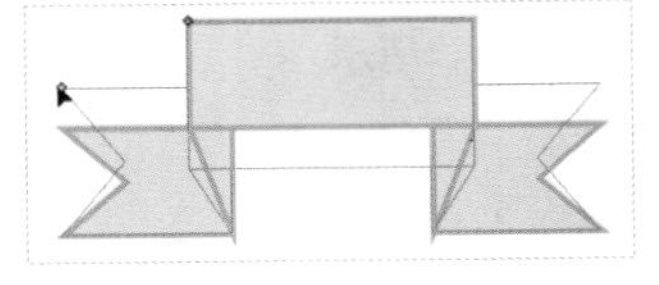

图5-425

5.8.5 标注形状工具

"标注形状工具"可以快速绘制补充说明和对话框，如图5-426所示，可以通过轮廓沟槽修改形状。

图5-426

单击工具箱中的"标注形状工具"，然后在属性栏上"完美形状"图标的下拉样式中进行选择，如图5-427所示，选择在页面空白处按住左键拖动，松开左键完成绘制，如图5-428所示。拖动轮廓沟槽修改标注的角，如图5-429所示。

图5-427

图5-428

图5-429

★ 重点 ★

实战：用心形绘制梦幻壁纸

实例位置　下载资源>实例文件>CH05>实战：用心形绘制梦幻壁纸.cdr
素材位置　下载资源>素材文件>CH05>54.cdr、55.cdr
视频位置　下载资源>多媒体教学>CH05>实战：用心形绘制梦幻壁纸.flv
实用指数　★★★☆☆
技术掌握　形状工具的运用方法

梦幻壁纸效果如图5-430所示。

图5-430

01 新建一个空白文档，然后设置文档名称为"梦幻壁纸"，接着设置页面大小"宽"为350mm、"高"为60mm。

02 双击"矩形工具"创建与页面等大的矩形，然后在"编辑填充"对话框中选择"渐变填充"方式，设置"类型"为"线性渐变填充"、"镜像、重复和反转"为"默认渐变填充"，再设置"节点位置"为0%的色标颜色为（C:100，M:100，Y:0，K:0）、"节点位置"为47%的色标颜色为（C:40，M:100，Y:0，K:0）、"节点位置"为100%的色标颜色为（C:100，M:100，Y:0，K:0），"填充宽度"为111.078、"水平偏移"为5.644、"垂直偏移"为-4.456、"旋转"为

-55.1，接着单击“确定”按钮 完成，如图5-431所示，最后删除轮廓线，效果如图5-432所示。

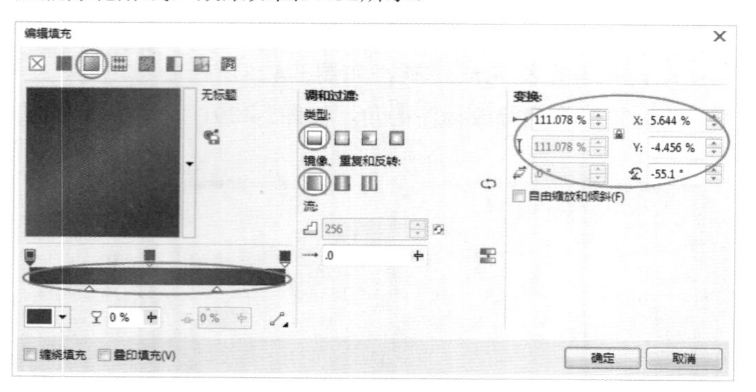

图5-431

图5-432

03 在渐变矩形的左边绘制矩形，并填充颜色为黑色，然后使用“透明度工具” 拖动渐变效果，如图5-433所示，接着复制一份到右边改变渐变方向，如图5-434所示，最后全选进行组合对象。

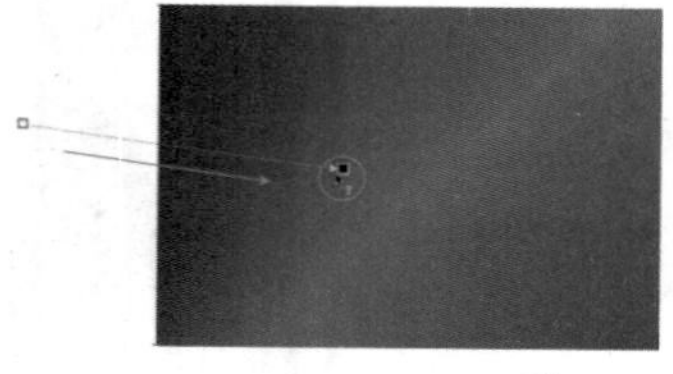

图5-433

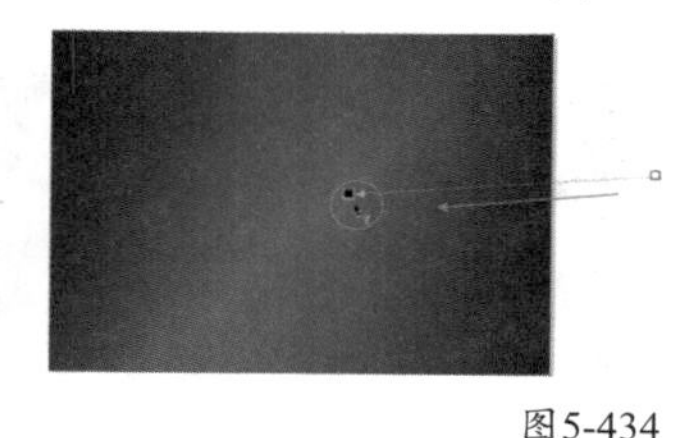

图5-434

04 使用“椭圆形工具” 绘制一个椭圆，然后填充颜色为白色，再右键去掉轮廓线，如图5-435所示，接着执行“位图>转换为位图”菜单命令，将椭圆转换为位图，最后执行“位图>模糊>高斯式模糊”菜单命令，弹出“高斯式模糊”对话框，设置“半径”为60像素，单击“确定”按钮 完成模糊，如图5-436和图5-437所示。

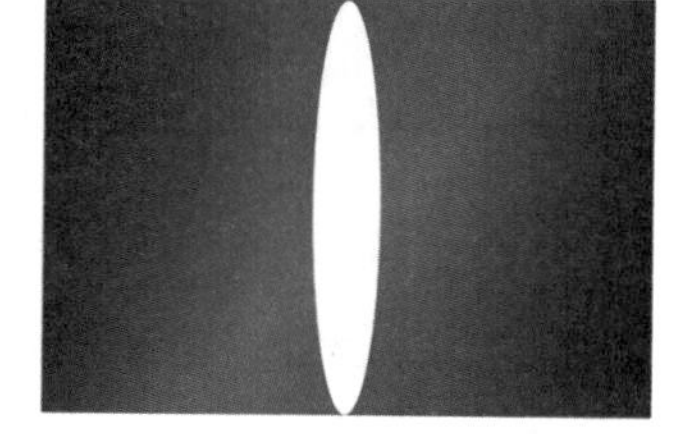

图5-435

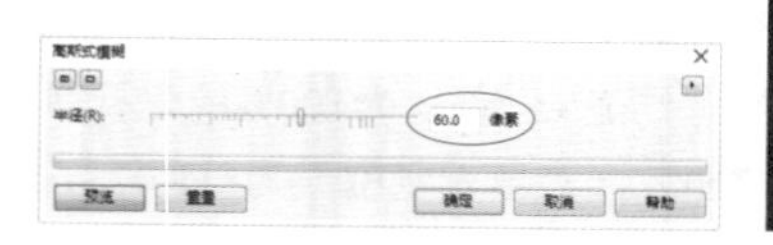

图5-436

图5-437

05 使用“椭圆形工具” 在渐变矩形下面绘制一个椭圆，然后修剪掉超出页面的多余部分，如图5-438所示，接着执行“位图>转换为位图”菜单命令，将椭圆转换为位图，最后执行“位图>模糊>高斯式模糊”菜单命令，弹出“高斯式模糊”对话框，设置“半径”为60像素，单击“确定”按钮 完成模糊，效果如图5-439所示。

图5-438

图5-439

06 导入下载资源中的“素材文件>CH05>54.cdr”文件，然后将圆形素材缩放拖曳到页面中，置于渐变矩形上面，如图5-440所示，接着把矩形素材复制一份排放在页面上，如图5-441所示。

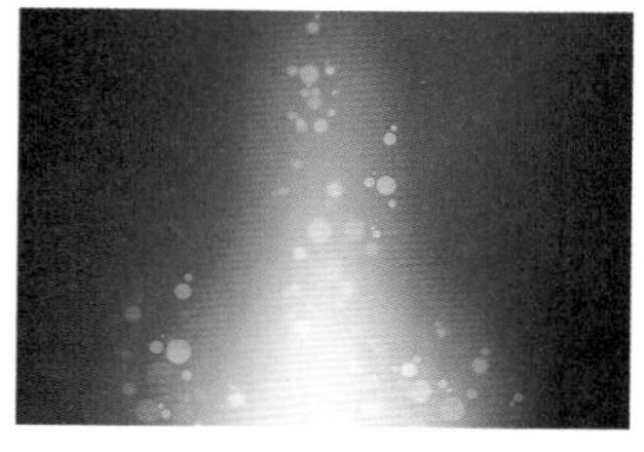

图5-440

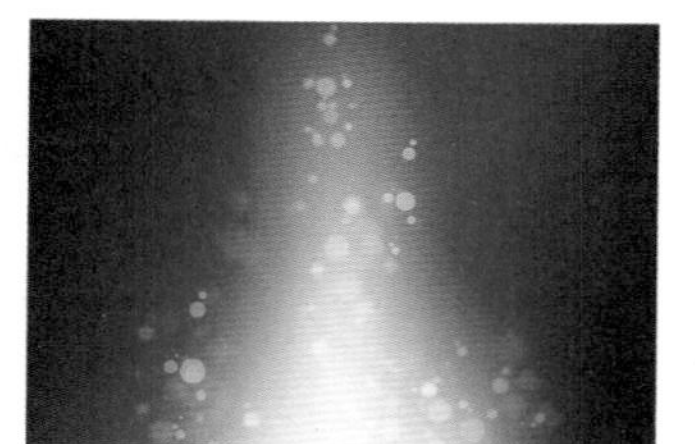

图5-441

07 单击“基本形状工具” ，然后在属性栏上“完美形状”的下拉样式中选择 ，在页面绘制两个心形，如图5-442所示，接着把里面的心形转曲，将两个节点拖动到与大心形节点重合，如图5-443所示，最后使用“形状工具” 调整形状，如图5-444所示。

图5-442

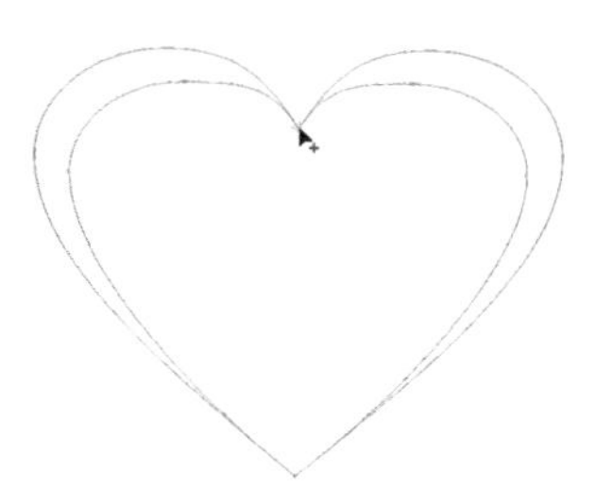

图5-443

图5-444

08 将心形拖曳到页面中，然后填充颜色为白色，再右键去掉轮廓线，接着复制三份，将中间的心形填充为（C:40，M:100，Y:0，K:0），如图5-445所示。

图5-445

09 分别选中后面的两个星形，然后执行“位图>转换为位图”菜单命令，将椭圆转换为位图，接着执行“位图>模糊>高斯式模糊”菜单命令，弹出“高斯式模糊”对话框，设置“半径”为15像素，最后单击“确定”按钮完成模糊，如图5-446和图5-447所示。

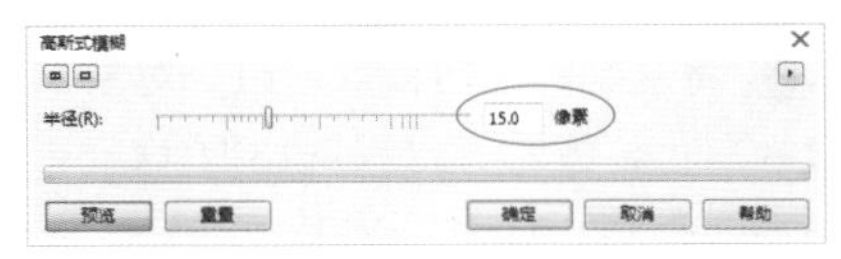

图5-446

图5-447

10 选中白色模糊心形，然后使用“透明度工具”拖动渐变效果，如图5-448所示，接着选中紫色模糊心形，再使用“透明度工具”拖动渐变效果，如图5-449所示，最后选中白色星形拖动渐变，如图5-450所示。

图5-448

图5-449

图5-450

11 使用“椭圆形工具”绘制一个圆形，然后执行“位图>转换为位图”菜单命令转换为位图，再执行“位图>模糊>高斯式模糊”菜单命令，弹出“高斯式模糊”对话框，设置“半径”为40像素，接着单击“确定”按钮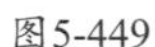完成模糊，最后复制排放在页面中，如图5-451所示。

图5-451

12 导入下载资源中的“素材文件>CH05>55.cdr”文件，然后填充颜色为白色，再复制一份按上述方法进行模糊，如图5-452所示，接着将白色文字拖放在模糊文字上面，最终效果如图5-453所示。

图5-452

图5-453

★ 重点 ★

实战：用几何工具绘制七巧板

实例位置 下载资源>实例文件>CH05>实战：用几何工具绘制七巧板.cdr
素材位置 下载资源>素材文件>CH05>56.jpg、57.jpg、58.psd、59.cdr
视频位置 下载资源>多媒体教学>CH05>实战：用几何工具绘制七巧板.flv
实用指数 ★★★☆☆
技术掌握 几何绘图的运用方法

七巧板效果如图5-454所示。

图5-454

01 新建一个空白文档，然后设置文档名称为“七巧板游戏”，接着设置页面大小为“A4”、页面方向为“横向”。

02 使用“矩形工具”绘制正方形，如图5-455所示，然后使用“手绘工具”绘制对角线，再全选进行组合对象，如图5-456所示。

图5-455

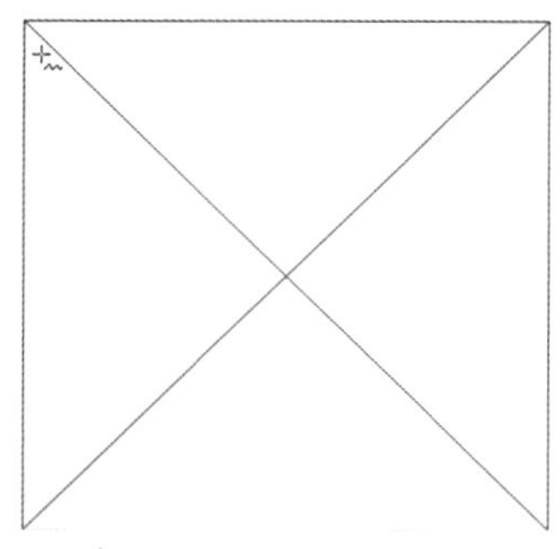

图5-456

03 将对象旋转45°，然后在中心使用“矩形工具”绘制正方形，如图5-457所示，接着全选旋转45°，再使用“手绘工具”绘制分割七巧板块面的线，如图5-458所示。

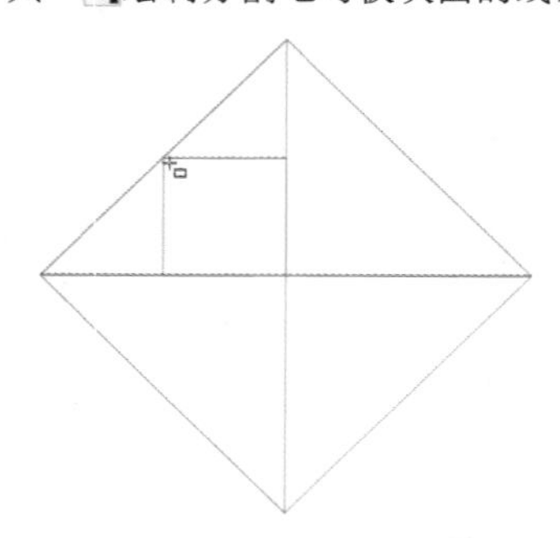

图5-457

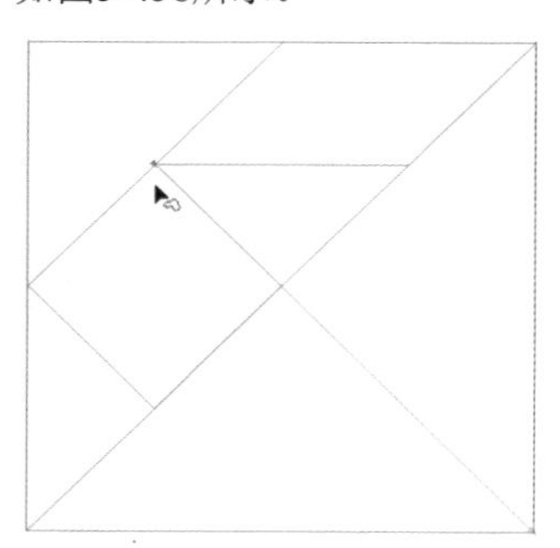

图5-458

04 使用“多边形工具”绘制多边形，然后在属性栏设置“点数或边数”为3，如图5-459所示，接着将多边形转曲，再选中直线上的节点进行删除，如图5-460所示，最后使用“形状工具”将三角形复制在七巧板里进行编辑，如图5-461所示。编辑好了就删掉矩形和线段。

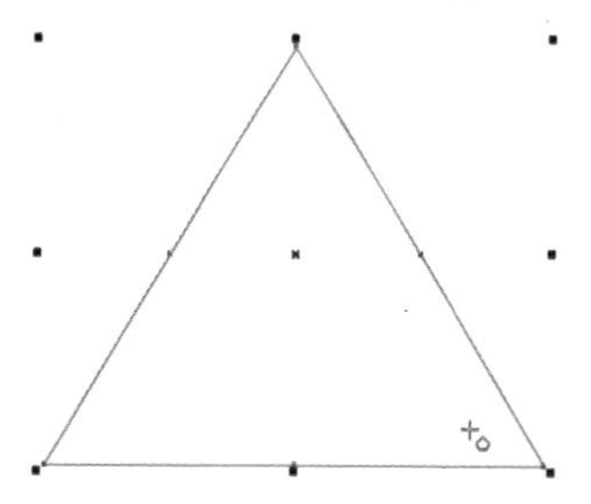

图5-459

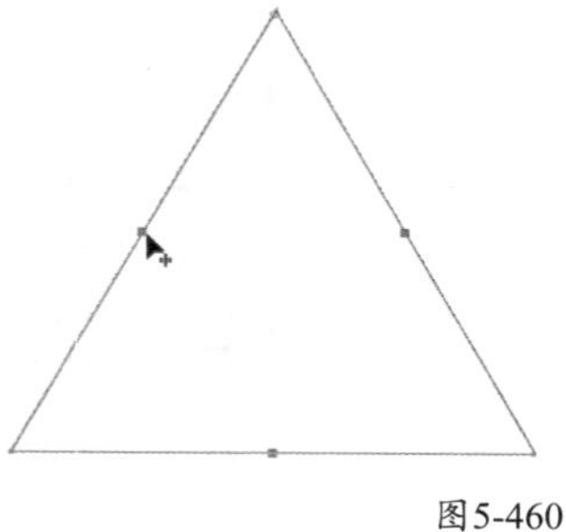

图5-460

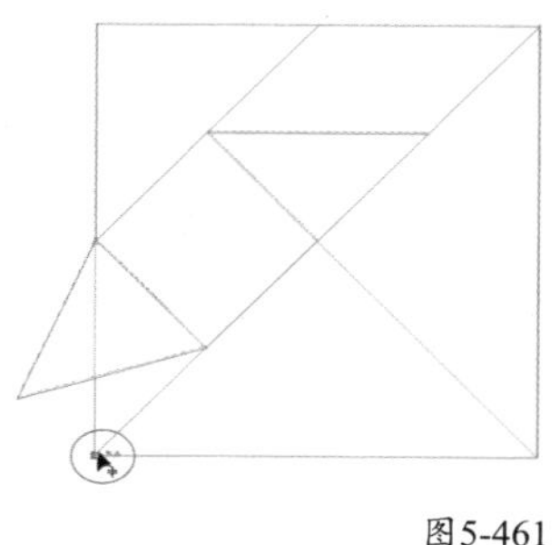

图5-461

在绘制七巧板时，可以用多边形进行拼合，也可以用线段切割。使用线段修剪时，注意线段要贯穿路径才可以进行修剪，这里我们使用形状工具进行贴合编辑。

05 将绘制的七巧板组合对象复制2份，然后导入下载资源中的“素材文件>CH05>56.jpg”文件，接着选中素材执行“对象>图框精确剪裁>置于图文框内部”菜单命令，把图片放置在正方形中，如图5-462所示。

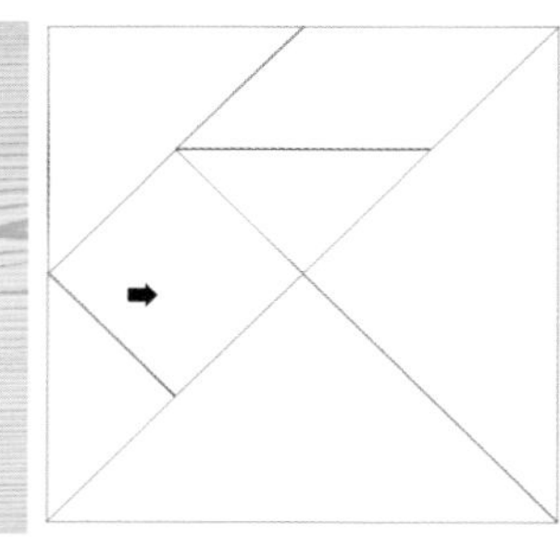

图5-462

06 将复制的七巧板取消组合对象，然后分别填充颜色为：板1为白色、板2为蓝色、板3为（C:6，M:55，Y:96，K:0）、板4为（C:56，M:88，Y:0，K:0）、板5为红色、板6为（C:40，M:0，Y:100，K:0）、板7为（C:4，M:0，Y:91，K:0），如图5-463所示。

07 将木纹七巧板和彩色七巧板重合在一起，分别进行组合对象，如图5-464所示。

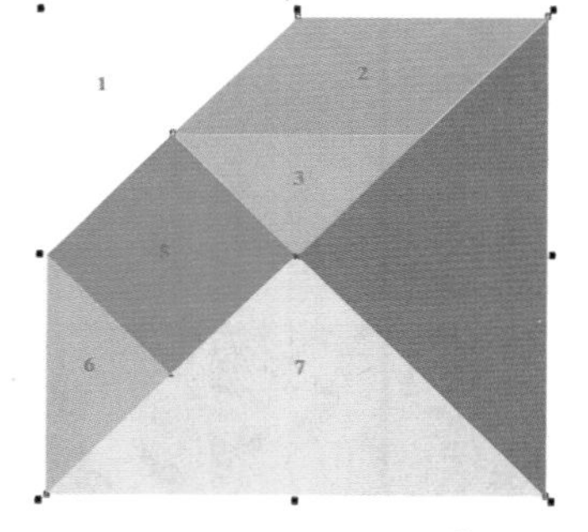

图5-463

图5-464

08 双击“矩形工具”创建与页面等大的矩形，然后填充颜色为（C:56，M:99，Y:100，K:47），接着右键去掉轮廓线，如图5-465所示。

09 导入下载资源中的“素材文件>CH05>57.jpg”文件，缩放到合适的大小，然后按P键置于页面的中心位置，如图5-466所示。

图5-465

图5-466

10 使用“矩形工具”绘制矩形，在属性栏设置“圆角”为5mm，然后去掉填充，再设置“轮廓宽度”为4mm、颜色为（C:56，M:99，Y:100，K:47），如图5-467所示，接着在左边绘制矩形，填充颜色为（C:56，M:99，Y:100，K:47），再右键去掉轮廓线，最后单击“透明度工具”，在属性栏设置“透明度类型”为“均匀透明度”、“透明度”为50，效果如图5-468所示。

图5-467

图5-468

11 导入下载资源中的“素材文件>CH05>58.psd”文件，然后缩放到合适的大小，再复制一份拖曳到页面左边，如图5-469所示。

图5-469

12 使用“矩形工具”绘制矩形，在属性栏设置“圆角”为5mm，然后填充颜色为（C:56，M:99，Y:100，K:47），再设置“轮廓宽度”为1mm、颜色为（C:0，M:40，Y:80，K:0），接着将编辑完的矩形复制2个进行排放，如图5-470所示。

图5-470

13 使用“矩形工具”在页面的右下边绘制矩形，在属性栏设置“圆角”为5mm，然后设置“轮廓宽度”为2mm、轮廓线颜色为（C:56，M:99，Y:100，K:47），接着左键去掉填充颜色，如图5-471所示。

图5-471

14 将左边的木框和矩形组合对象，然后使用“阴影工具”拖曳阴影效果，如图5-472所示，接着选中右下角的矩形拖曳阴影效果，如图5-473所示。

图5-472

图5-473

15 将前面绘制的七巧板拖曳到木框中，并调整位置，如图5-474所示，然后将复制出的七巧板取消组合对象，再拼接成“2”形状，接着将七巧板组合对象，填充颜色为（C:56，M:99，Y:100，K:47），最后单击“透明度工具”，在属性栏设置“透明度类型”为“均匀透明度”、“透明度”为80，效果如图5-475所示。

图5-474

图5-478

图5-475

图5-479

16 将前面排放的“2”形状全选，复制一份填充为黑色，如图5-476所示，然后将编辑好的“2”形状拖曳到页面中，如图5-477所示。

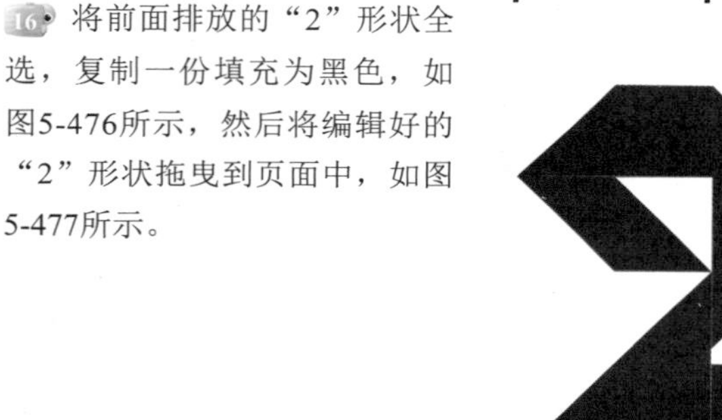

图5-476

图5-477

17 使用“透明度工具”给黑色“2”形状拖动阴影效果，如图5-478所示，然后选中透明的“2”形状拖动阴影效果，如图5-479所示。

18 使用“椭圆形工具”绘制圆形，然后在属性栏单击“弧”图标，将圆形变为弧线，如图5-480所示，接着设置“轮廓宽度”为1mm、“终止箭头”为样式3，如图5-481所示，最后以同样的参数绘制直线箭头，如图5-482所示。

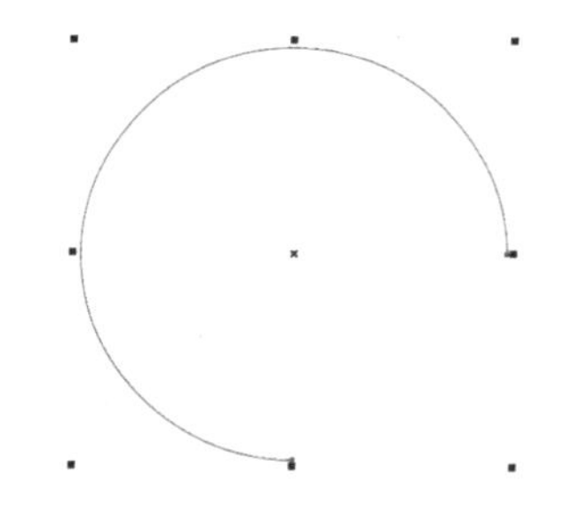

图5-480

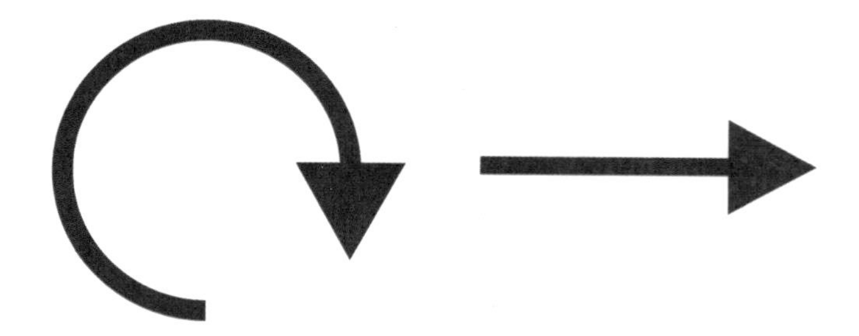

图5-481　图5-482

19 将绘制的箭头复制一份进行水平镜像，然后使用“椭圆形工具”绘制圆形，再将箭头拖曳到圆形中，如图5-483所示，接着将圆形填充为（C:56，M:99，Y:100，K:47），并右键去掉轮廓线，最后右键填充箭头颜色为（C:0，M:40，Y:80，K:0），如图5-484所示。

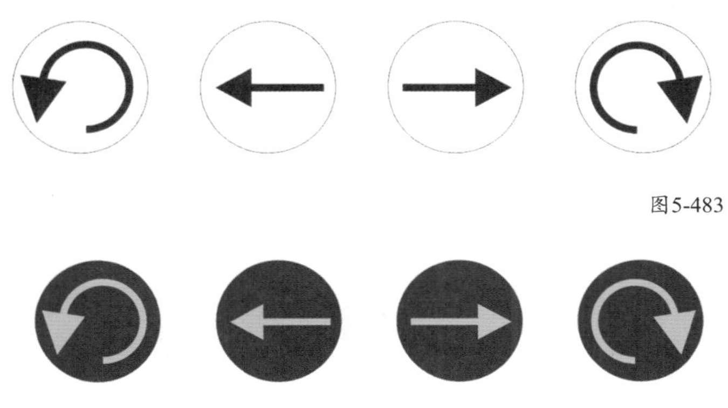

图5-483

图5-484

20 把绘制好的箭头组合对象，然后拖曳到页面右下角的矩形中，接着使用“透明度工具” 拖动阴影效果，如图5-485所示，最后将左上角的七巧板选几个拖曳到透明形状上，如图5-486所示。

图5-485

图5-486

21 导入下载资源中的“素材文件>CH05>59.cdr”文件，然后取消组合对象，再分别拖曳到页面中的相应位置，最终效果如图5-487所示。

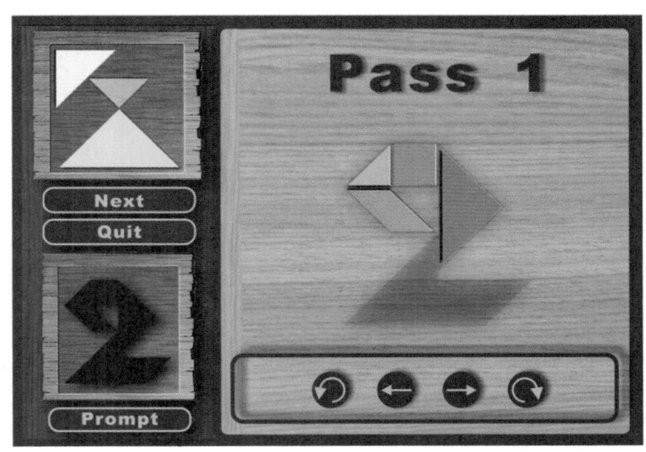

图5-487

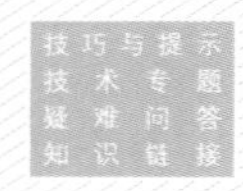

第6章 图形的修饰

Learning Objectives 学习要点

Employment direction 从业方向

版面设计

插画设计

服装设计

平面设计

品牌设计

产品设计

工具名称	工具图标	工具作用	重要程度
形状工具		编辑修饰曲线和转曲后的对象	高
沾染工具		使对象外轮廓产生凹凸变形	中
粗糙工具		使对象外轮廓产生尖突变形	中
自由变换工具		用于对象的自由变换对象操作	中
涂抹工具		修改边缘形状	高
转动工具		在单一或群组对象的轮廓边缘产生旋转形状	中
吸引工具		长按左键使边缘产生收缩涂抹效果	中
排斥工具		长按左键使边缘产生推挤涂抹效果	中
造型	无	对多个对象进行相应的造型操作	高
裁剪工具		裁剪掉对象或导入位图中不需要的部分	中
刻刀工具		由对象边缘沿直线或曲线绘制拆分为两个独立的对象	高
橡皮擦工具		擦除位图或矢量图中不需要的部分	中
虚拟段删除工具		移除对象中重叠不需要的线段	中

6.1 形状工具

“形状工具”可以直接编辑由“手绘”、“贝塞尔”、“钢笔”等曲线工具绘制的对象，对于“椭圆形”、“多边形”、“文本”等工具绘制的对象不能进行直接编辑，需要进行转曲后才能进行相关操作，通过增加与减少节点，移动控制节点来改变曲线。

“形状工具”的属性栏如图6-1所示。

图6-1

形状工具选项介绍

选取范围模式：切换选择节点的模式，包括“手绘”和“矩形”两种。

添加节点：单击增加节点，以增加可编辑线段的数量。

删除节点：单击删除节点，改变曲线形状，使之更加平滑，或重新修改。

连接两个节点：连接开放路径的起始和结束节点，使之创建闭合路径。

断开曲线：断开闭合或开放对象的路径。

转换为线条：使曲线转换为直线。

转换为曲线：将直线线段转换为曲线，可以调整曲线的形状。

尖突节点：通过将节点转换为尖突，制作一个锐角。

平滑节点：将节点转为平滑节点来提高曲线的平滑度。

对称节点：将节点的调整应用到两侧的曲线。

反转方向：反转起始与结束节点的方向。

延长曲线使之闭合：以直线连接起始与结束节点来闭合曲线。

提取子路径：在对象中提取出其子路径，创建两个独立的对象。

闭合曲线：连接曲线的结束节点，闭合曲线。

延展与缩放节点：放大或缩小选中节点相应的线段。

旋转与倾斜节点：旋转或倾斜选中节点相应的线段。

对齐节点：水平、垂直或以控制柄来对齐节点。

水平反射节点：激活编辑对象水平镜像的相应节点。

垂直反射节点：激活编辑对象垂直镜像的相应节点。

弹性模式：为曲线创建另一种具有弹性的形状。

选择所有节点：选中对象所有的节点。

减少节点：自动删减选定对象的节点来提高曲线的平滑度。

曲线平滑度：通过更改节点数量调整平滑度。

边框：激活去掉边框。

“形状工具”无法对组合的对象进行修改，只能逐个针对单个对象进行编辑。

知识链接

有关“形状工具”的具体介绍，请参阅前面“4.4.4 贝塞尔的修饰”的内容。

6.2 涂抹笔刷工具

“涂抹笔刷工具”可以在矢量对象的外轮廓上进行拖动使其变形。

6.2.1 涂抹修饰

涂抹工具不能用于组合对象，需要将对象解散后分别针对线和面进行涂抹修饰。

线的修饰

选中要涂抹修改的线条，然后单击“涂抹笔刷工具”，在线条上按住左键进行拖动，如图6-2所示，笔刷拖动的方向决定挤出的方向和长短。注意，在涂抹时重叠的位置会被修剪掉，如图6-3所示。

图6-2

图6-3

面的修饰

选中需要涂抹修改的闭合路径，然后单击“涂抹笔刷工具”，在对象的轮廓位置按住左键进行拖动，如图6-4所示，笔尖向外拖动为添加，拖动的方向和距离决定挤出的方向和长短，如图6-5所示；笔尖向内拖动为修剪，其方向和距离决定修剪的方向和长短。在涂抹过程中，重叠的位置会被修剪掉。

图6-4

图6-5

技巧与提示

在这里要注意，涂抹的修剪不是真正的修剪，如图6-6所示，如果向内涂抹的范围超出对象时，会有轮廓显示，不是修剪成两个独立的对象。

图6-6

6.2.2 涂抹的设置

“涂抹笔刷工具”的属性栏如图6-7所示。

图6-7

涂抹笔刷选项介绍

笔尖大小：调整涂抹笔刷的尖端大小，决定凸出和凹陷的大小。

水份浓度：在涂抹时调整加宽或缩小渐变效果的比率，范围在-10~10，值为0是不渐变的；数值为-10时，如图6-8所示，随着鼠标的移动而变大；数值为10时，笔刷随着移动而变小，如图6-9所示。

图6-8

图6-9

斜移：设置笔刷尖端的饱满程度，角度固定为15~90度，角度越大越圆，越小越尖，涂抹的效果也不同。

方位：以固定的数值更改涂抹笔刷的方位。

★ 重点 ★

实战：用涂抹笔刷绘制鳄鱼

实例位置　下载资源>实例文件>CH06>实战：用涂抹笔刷绘制鳄鱼.cdr
素材位置　下载资源>素材文件>CH06>01.cdr、02.jpg、03.cdr
视频位置　下载资源>多媒体教学>CH06>实战：用涂抹笔刷绘制鳄鱼.flv
实用指数　★★★☆☆
技术掌握　涂抹笔刷的运用方法

鳄鱼厨房效果如图6-10所示。

图6-10

01 新建一个空白文档，然后设置文档名称为“鳄鱼厨房”，接着设置页面大小“宽”为275mm，“高”为220mm。

02 使用“钢笔工具”绘制出鳄鱼的大致轮廓，如图6-11所示，尽量使路径的节点少一些，然后使用“形状工具”进行微调。

图6-11

问：为什么不直接绘制精确，而是使轮廓重叠呢？

答：在绘制矢量插画时，图像是以图层叠加或者拼接而成的，为了避免在拼接的边缘位置出现留白现象，因此我们会在接连处多绘制出一些，在拼接时采用排放位置来避免留白。

03 下面刻画鳄鱼的背部。单击“涂抹笔刷工具”，然后在属性栏中设置“笔尖大小”为15mm、“水份浓度”为9、“斜移”为50°，接着涂抹出鳄鱼的鼻子和眼睛，如图6-12所示，再设置“笔尖大小”为10mm、“水份浓度”为10、“斜移”为45°，最后涂抹出鳄鱼的背脊，如图6-13所示。

图6-12　　图6-13

04 下面为背部填充渐变色。双击“渐层工具”，然后在“编辑填充”对话框中选择“渐变填充”方式，设置“类型”为“椭圆形渐变填充”、“镜像、重复和反转”为“默认渐变填充”，再设置“节点位置”为0%的色标颜色为（C:87，M:57，Y:100，K:34）、“节点位置”为100%的色标颜色为（C:100，M:0，Y:100，K:0），“填充宽度”为144.821、“水平偏移”为-3.264、“垂直偏移”为3.881，接着单击“确定”按钮，如图6-14所示，最后删除轮廓线，效果如图6-15所示。

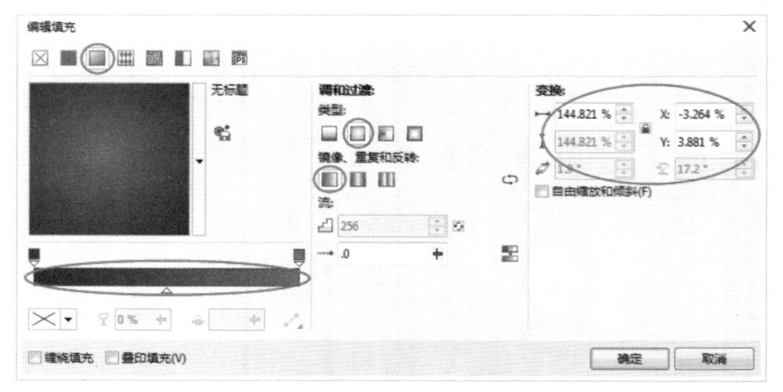

图6-14

图6-15

05 将鳄鱼的嘴拖曳到空白处，单击“涂抹笔刷工具”，然后在属性栏中设置“笔尖半径”为15mm、“干燥”为9、“笔倾斜”为45°，接着涂抹出鳄鱼的牙齿，涂抹完成后使用“形状工具”去掉多余的节点，使路径更加平滑，如图6-16所示。

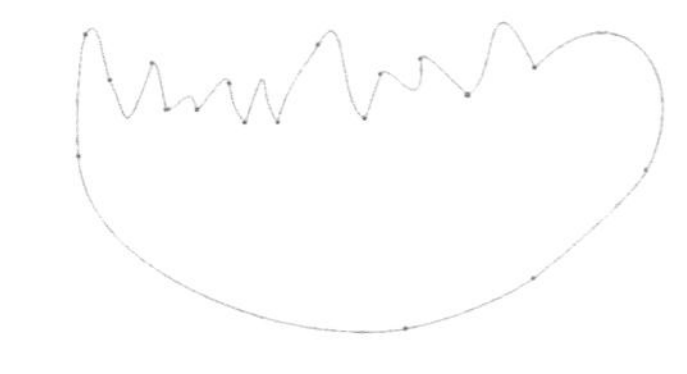

图6-16

06 下面为鳄鱼的嘴进行填充。双击“渐层工具”，然后在“编辑填充”对话框中选择“渐变填充”方式，设置“类型”为“椭圆形渐变填充”、“镜像、重复和反转”为“默认渐变填充”，再设置“节点位置”为0%的色标颜色为（C:47，M:60，Y:85，K:4）、“节点位置”为100%的色标颜色为（C:20，M:4，Y:40，K:0），“填充宽度”为235.286、“水平偏移”为-14.256、“垂直偏移”为44.827，接着单击“确定”按钮，如图6-17所示，最后去掉外轮廓线，效果如图6-18所示。

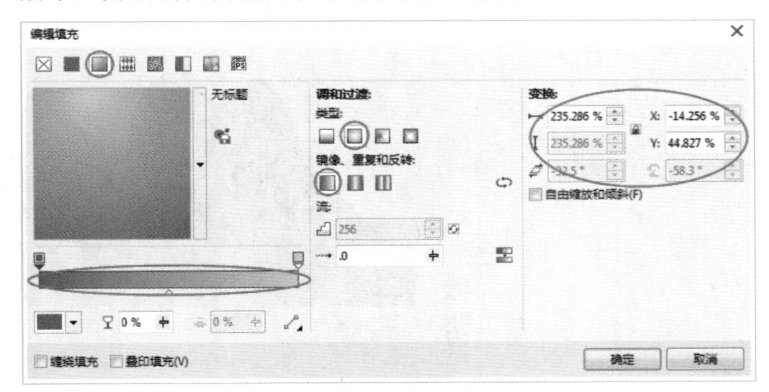

图6-17

图6-18

07 下面填充鳄鱼的肚子。双击“渐层工具”，然后在“编辑填充”对话框中选择“渐变填充”方式，设置“类型”为“椭圆形渐变填充”、“镜像、重复和反转”为“默认渐变填充”，再设置“节点位置”为0%的色标颜色为（C:60，M:49，Y:95，K:4）、“节点位置”为51%的色标颜色为（C:20，M:0，Y:25，K:0）、“节点位置”为100%的色标颜色为（C:47，M:60，Y:85，K:4），“填充宽度”为167.04、“水平偏移”为8.844、“垂直偏移”为28.8、接着单击“确定”按钮，如图6-19所示，最后将轮廓线去掉，效果如图6-20所示。

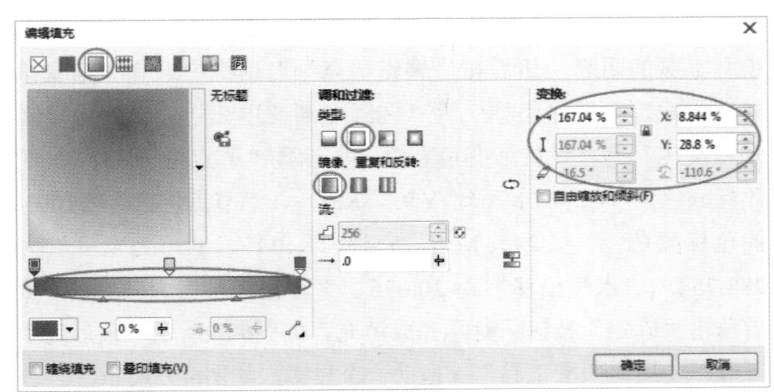

图6-19

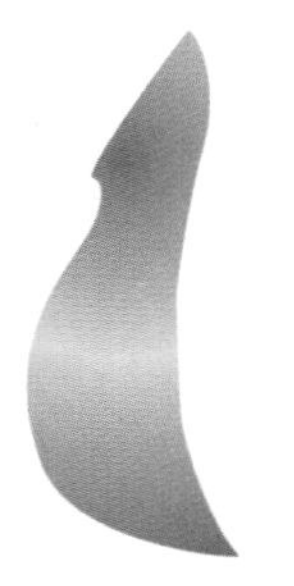

图6-20

08 下面填充鳄鱼的其他部分。单击选中鳄鱼的手，然后将光标移动到填充好的鳄鱼的背脊上，再长按右键拖动到鳄鱼手上，如图6-21所示，当光标变为瞄准形状时松开右键，弹出菜单列表，如图6-22所示，接着执行“复制所有属性”命令复制鳄鱼背脊的填充属性到手上，最后以同样的方式将填充属性复制在其他的手和脚对象上，如图6-23所示。

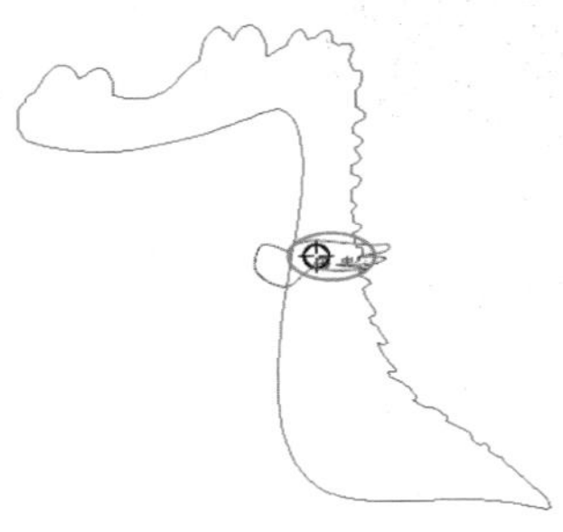

图6-21

图6-22

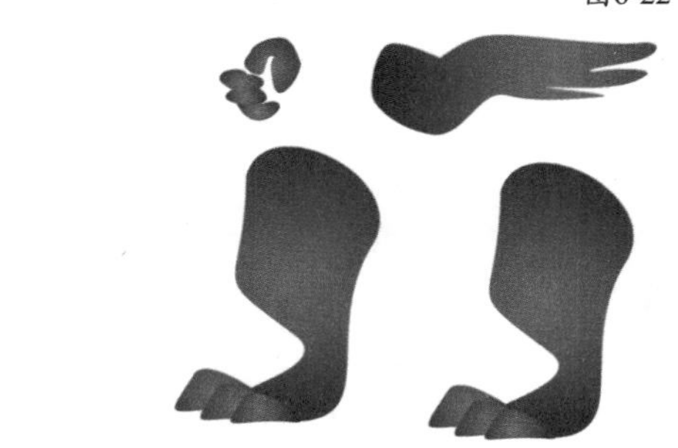

图6-23

09 将填充编辑好的各部件拼接起来，然后调整图层排放的位置，如图6-24所示，接着使用“手绘工具”在鼻子处绘制鼻孔，最后单击“涂抹笔刷工具”涂抹出凹陷，如图6-25所示。

图6-24

图6-25

10 双击“渐层工具”，然后在“编辑填充”对话框中选择“渐变填充”方式，设置“类型”为“椭圆形渐变填充”、“镜像、重复和反转”为“默认渐变填充”，再设置“节点位置”为0%的色标颜色为（C:91，M:69，Y:100，K:60）、“节点位置”为100%的色标颜色为（C:100，M:0，Y:100，K:0），“填充宽度”为133.675、“水平偏移”为9.482、“垂直偏移”为-47.745，最后单击“确定”按钮完成填充，如图6-26所示，完成填充后去掉轮廓线，效果如图6-27所示。

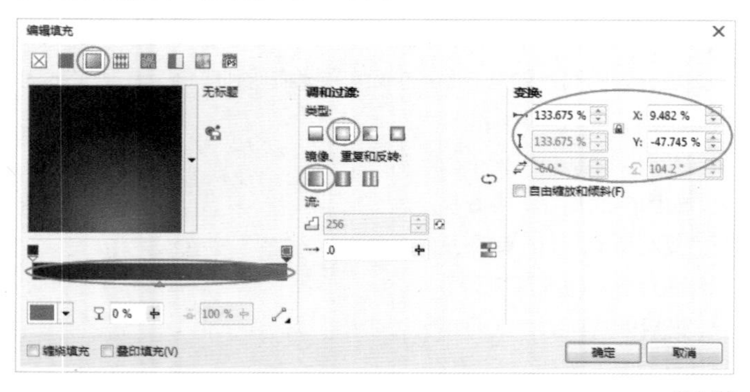

图6-26

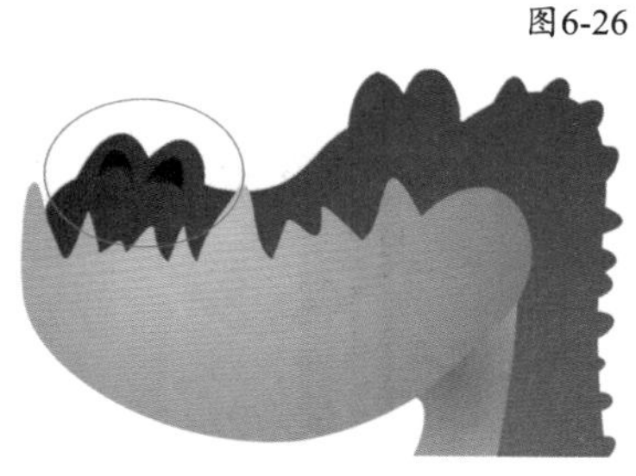

图6-27

11 使用“椭圆形工具”绘制眼皮，然后双击“渐层工具”，在“编辑填充”对话框中选择“渐变填充”方式，设置“类型”为“椭圆形渐变填充”、“镜像、重复和反转”为“默认渐变填充”，再设置“节点位置”为0%的色标颜色为（C:88，M:65，Y:96，K:51）、“节点位置”为100%的色标颜色为（C:100，M:0，Y:100，K:0），“填充宽度”为157.2、“水平偏移”为.259、“垂直偏移”为0，接着单击“确定”按钮完成填充，如图6-28所示。

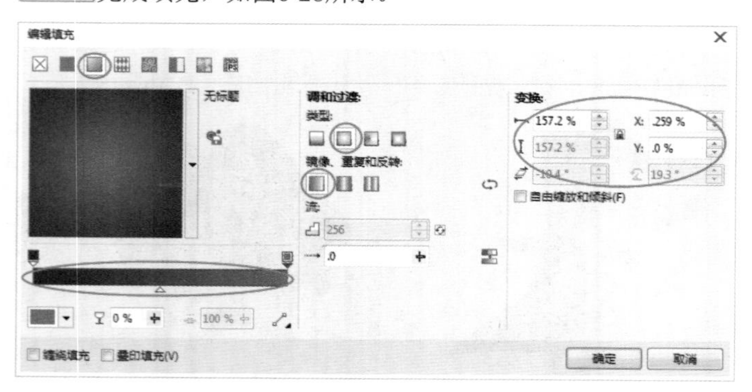

图6-28

12 绘制眼球，并用形状工具进行修饰，如图6-29所示，然后在“编辑填充”对话框中选择“渐变填充”方式，设置“类型”为“椭圆形渐变填充”、“镜像、重复和反转”为“默认渐变填充”，再设置“节点位置”为0%的色标颜色为（C:0，M:40，Y:80，K:0）、“节点位置”为100%的色标颜色为白色，“填充宽度”为-160.763、“水平偏移”为1.287、“垂直偏移”为4.355，接着单击“确定”按钮完成填充，如图6-30所示，最后绘制瞳孔，将对象填充为黑色，并去掉轮廓线，效果如图6-31所示。

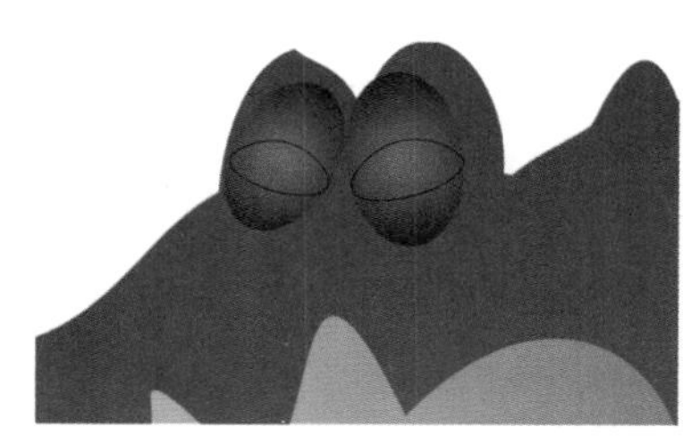

图6-29

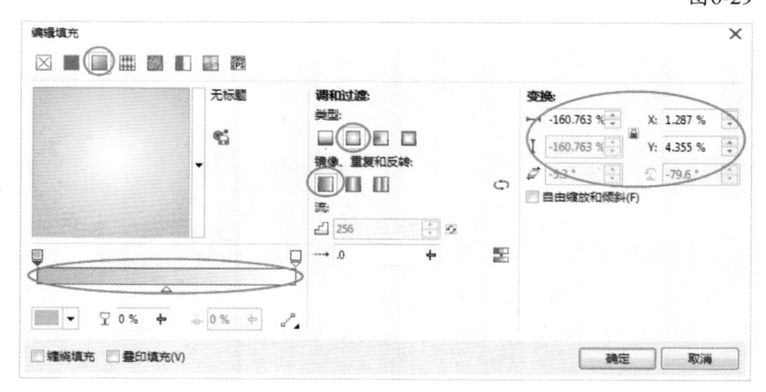

图6-30

图6-31

13 下面对鳄鱼的下颚效果进行修饰。使用“钢笔工具”绘制下颚的阴影，然后在“编辑填充”对话框中选择“渐变填充”方式，设置“类型”为“椭圆形渐变填充”、“镜像、重复和反转”为“默认渐变填充”，再设置“节点位置”为0%的色标颜色为（C:50，M:64，Y:97，K:9）、“节点位置”为100%的色标颜色为（C:21，M:6，Y:43，K:0），“填充宽度”为288.754、“水平偏移”为-20.075、“垂直偏移”为63.522，接着单击“确定”按钮完成填充，如图6-32所示，最后选中下颚，使用“阴影工具”拖动一个投影，如图6-33所示。

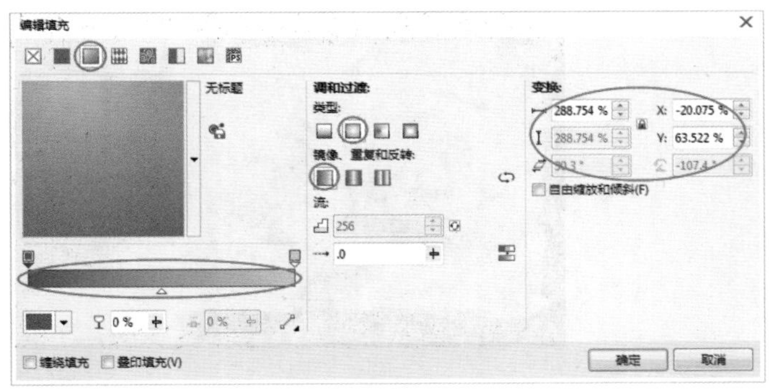

图6-32

图6-33

14 绘制脖子的阴影，然后颜色填充为（C:51，M:64，Y:98，K:9），再去掉轮廓线，接着使用“透明度工具”拖动渐变效果，如图6-34所示，完成效果如图6-35所示。

图6-34　　图6-35

15 导入下载资源中的“素材文件>CH06>01.cdr”文件，取消组合对象后，将锅铲对象拖曳到鳄鱼手上，按Ctrl+End组合键将锅铲置于所有对象的最后面，如图6-36所示，接着将一盘烤肉对象拖曳到鳄鱼的另一只手上，如图6-37所示。

图6-36　　图6-37

16 导入下载资源中的“素材文件>CH06>02.jpg”文件，然后拖曳到页面中等大小缩放到与页面等宽大小，如图6-38所示，接着将绘制好的鳄鱼全选后组合对象，拖曳到页面右下方，如图6-39所示。

图6-38　　图6-39

17 使用“椭圆形工具”绘制投影，然后双击“渐层工具”，在“编辑填充”对话框中选择“渐变填充”方式，并设置填充颜色为（C:64，M:69，Y:67，K:21），接着单击“确定”按钮，完成填充后去掉轮廓线，如图6-40所示，最后单击“透明度工具”，在属性栏上设置透明度“类型”为“均匀透明度”、“透明度”为50，效果如图6-41所示。

图6-40　　图6-41

18 导入下载资源中的“素材文件>CH06>03.cdr”文件，然后将文字拖曳到页面左下角，等比例缩放到合适的大小，接着进行旋转微调，最终效果如图6-42所示。

图6-42

6.3 粗糙笔刷工具

“粗糙笔刷工具”可以沿着对象的轮廓进行操作，将轮廓形状改变，但不能对组合对象进行操作。

6.3.1 粗糙修饰

单击“粗糙笔刷工具”，在对象的轮廓位置长按左键进行拖动，会形成细小且均匀的粗糙尖突效果，如图6-43所示。在相应的轮廓位置单击左键，则会形成单个的尖突效果，可以制作褶皱等效果，如图6-44所示。

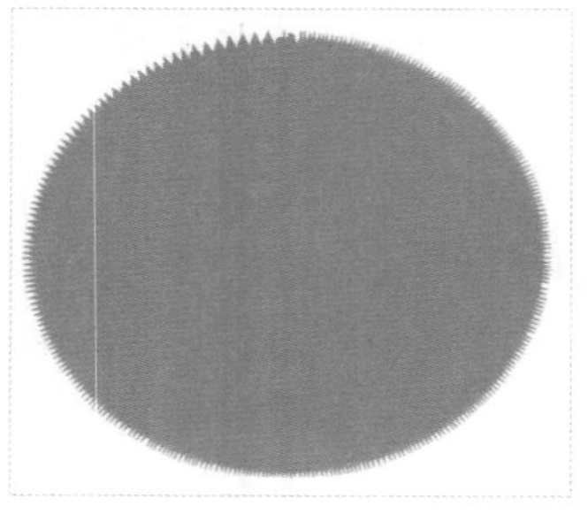
图6-43

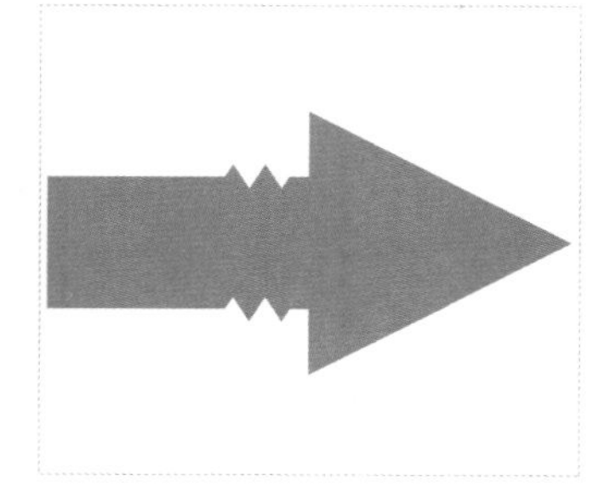
图6-44

6.3.2 粗糙的设置

“粗糙笔刷工具”的属性栏如图6-45所示。

图6-45

粗糙笔刷选项介绍

尖突频率：通过输入数值改变粗糙的尖突频率，范围最小为1，尖突比较缓，如图6-46所示；最大为10，尖突比较密集，像锯齿，如图6-47所示。

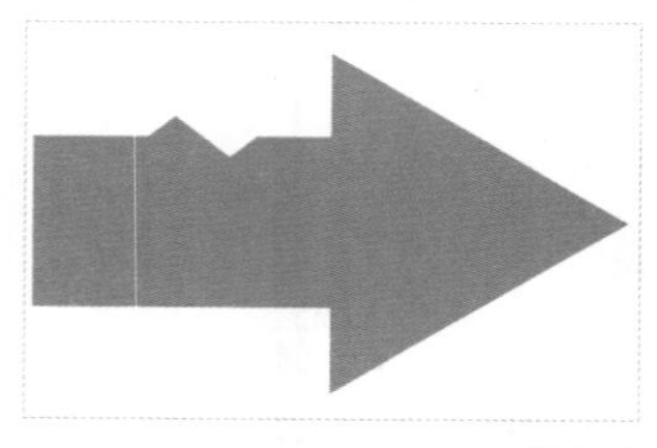
图6-46

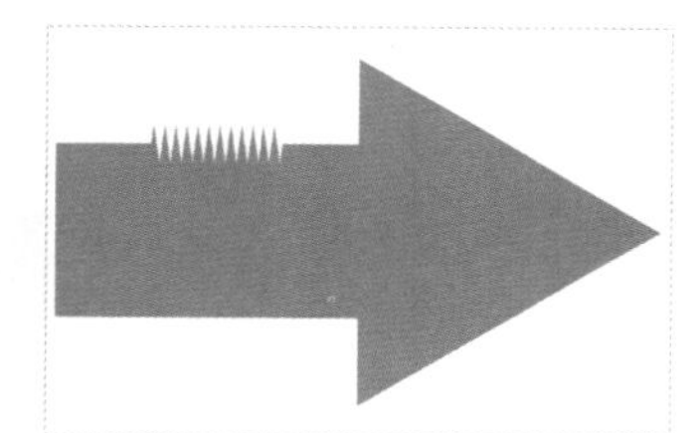
图6-47

尖突方向：可以更改粗糙尖突的方向。

疑难问答

问：为什么转曲后还是没办法使用粗糙工具？

答：在转曲之后，如果在对象上添加了效果，比如说变形、透视、封套之类的，那么，在使用“粗糙笔刷工具”之前还要再转曲一次，不然无法使用。

实战：用粗糙制作蛋挞招贴

实例位置 下载资源>实例文件>CH06>实战：用粗糙制作蛋挞招贴.cdr
素材位置 下载资源>素材文件>CH06>04.jpg、05.cdr、06.cdr
视频位置 下载资源>多媒体教学>CH06>实战：用粗糙制作蛋挞招贴.flv
实用指数 ★★★☆☆
技术掌握 粗糙的运用方法

蛋挞招贴效果如图6-48所示。

图6-48

01 新建一个空白文档，然后设置文档名称为“蛋挞招贴”，接着设置页面大小“宽”为230mm，“高”为150mm。

02 使用“椭圆形工具”绘制一个椭圆，如图6-49所示，然后填充颜色为（C:5，M:10，Y:90，K:0），接着设置“轮廓宽度”为“细线”、颜色为（C:20，M:40，Y:100，K:0），如图6-50所示。

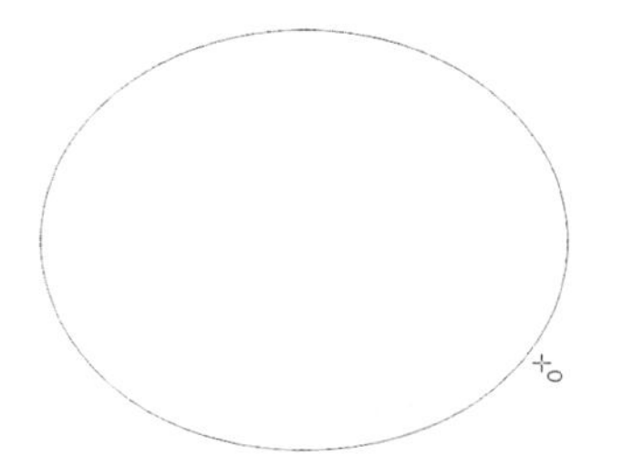
图6-49

图6-50

03 单击“粗糙笔刷工具”，然后在属性栏设置“笔尖半径”为9mm、“尖突频率”为6、“干燥”为2，接着在椭圆的轮廓线上长按左键进行反复涂抹，如图6-51所示，涂抹完成后形成类似绒毛的效果，如图6-52所示。

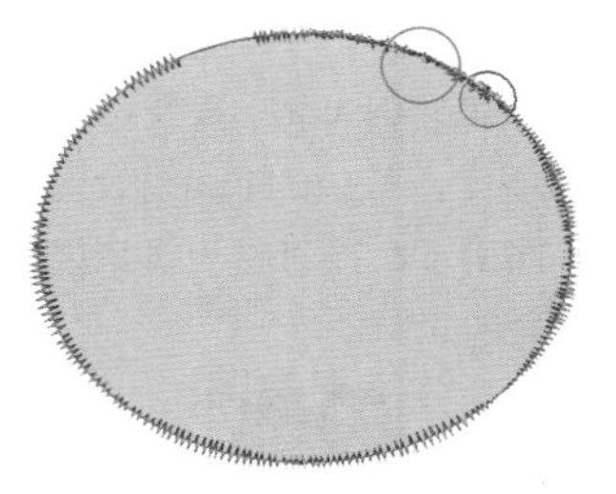
图6-51

图6-52

04 下面绘制眼睛。使用“椭圆形工具”绘制一个椭圆，填充为白色，然后设置“轮廓宽度”为0.5mm、颜色填充为（C:20，M:40，Y:100，K:0），如图6-53所示，接着绘制瞳孔，填充颜色为（C:0，M:0，Y:20，K:80），再去掉轮廓线，如图6-54所示，最后绘制瞳孔的反光，填充颜色为白色，并单击去掉边框，如图6-55所示。

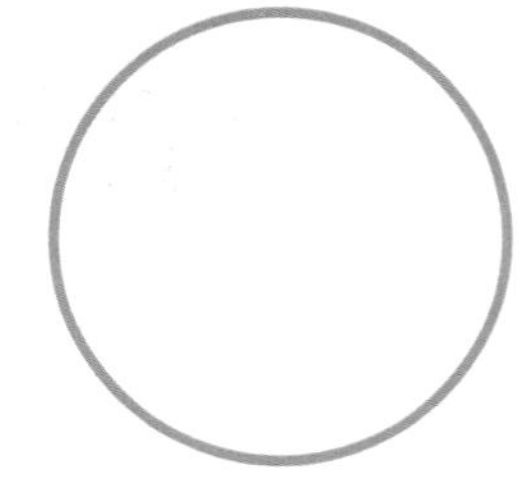
图6-53

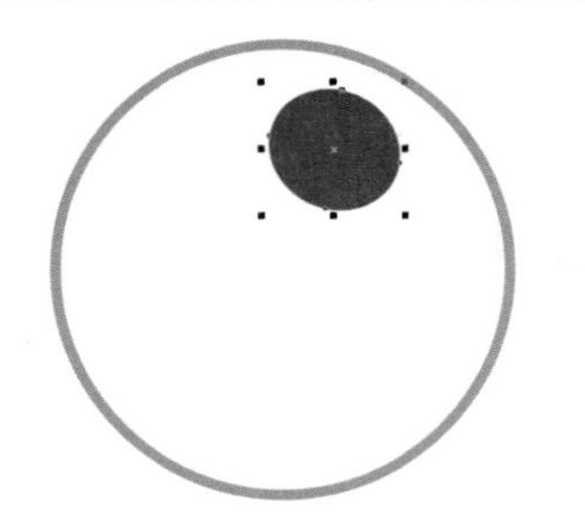

图6-54

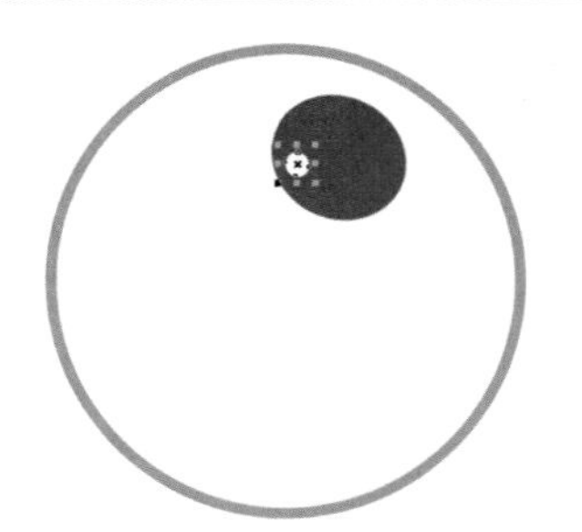

图6-55

05 将绘制完成的眼睛全选后进行群组，然后复制一份进行旋转，再移动调整到合适的位置，如图6-56所示，接着把眼睛拖曳到小鸡的身体上，并调整位置，如图6-57所示。

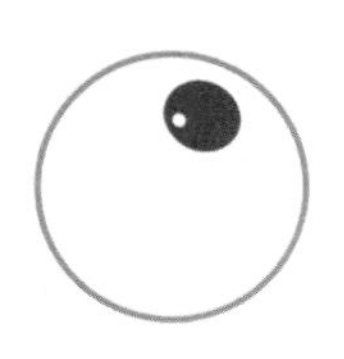

图6-56

图6-57

06 使用“矩形工具”按Ctrl键绘制一个正方形，然后在属性栏设置“圆角”数值为4mm，如图6-58所示，接着将正方形旋转45°，再向下进行缩放，如图6-59所示，最后使用“贝塞尔工具” 绘制一条折线，如图6-60所示。

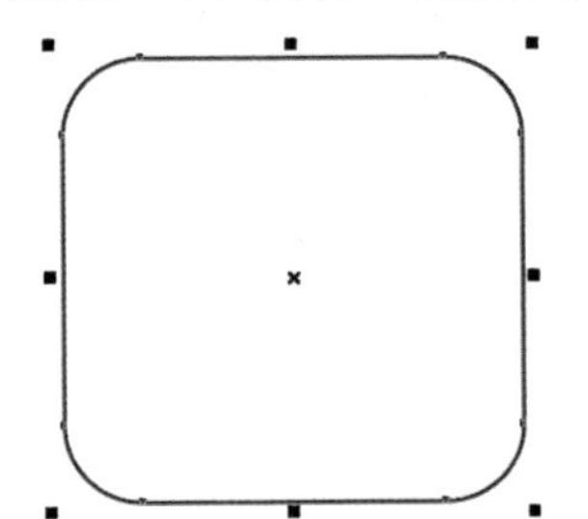

图6-58

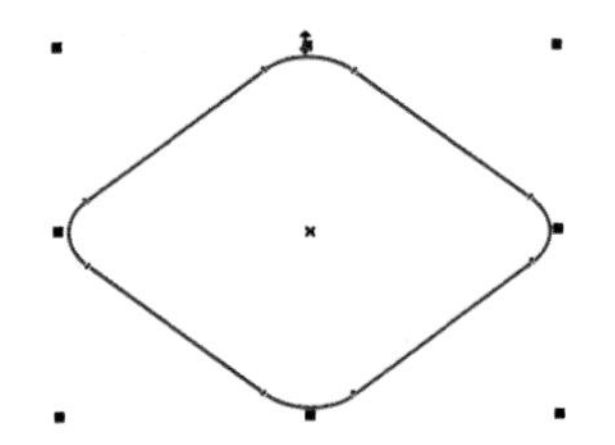

图6-59

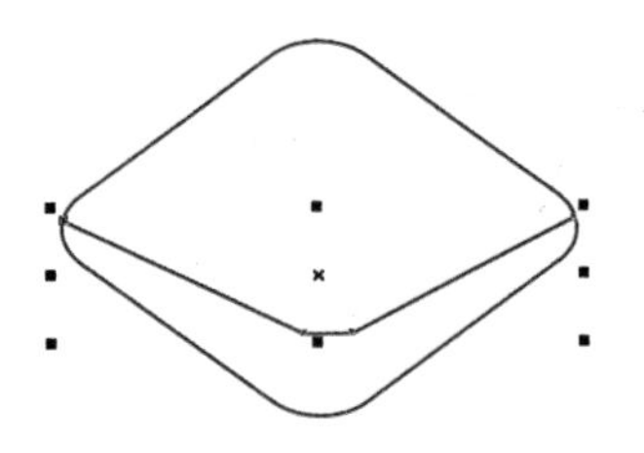

图6-60

07 下面为嘴巴填充颜色。双击“渐层工具”，然后在“编辑填充”对话框中选择“渐变填充”方式，设置“类型”为“圆锥形渐变填充”、“镜像、重复和反转”为“默认渐变填充”，再设置“节点位置”为0%的色标颜色为（C:0，M:60，Y:80，K:0）、“节点位置”为100%的色标颜色为（C:0，M:30，Y:95，K:0），“填充宽度”为-129.753、“水平偏移”为-14.877、“垂直偏移”为-25.503、“旋转”为0，最后单击“确定”按钮，如图6-61所示。填充完成后设置“轮廓宽度”为1mm，轮廓线“颜色”为（C:0，M:60，Y:60，K:40），如图6-62所示。

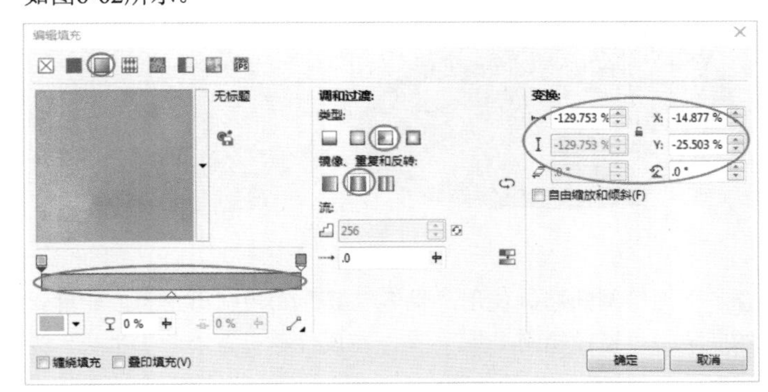

图6-61

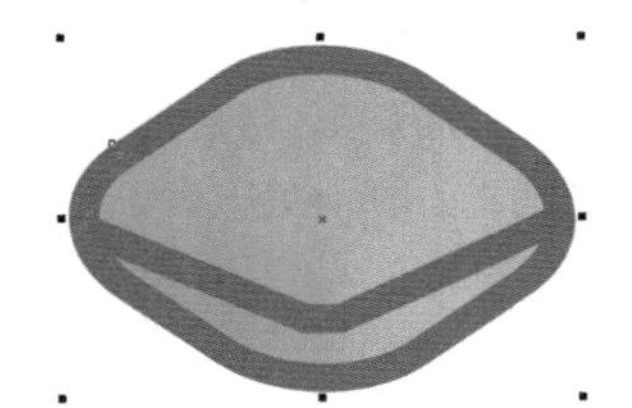

图6-62

08 选中绘制完成的嘴，执行“对象>将轮廓转换为对象”菜单命令，将轮廓转换为图形对象，接着进行对象组合，将嘴拖曳到小鸡的身体上，并调整位置，如图6-63所示。

09 使用“手绘工具”绘制小鸡的尾巴，然后填充颜色为（C:15，M:40，Y:100，K:0），如图6-64所示。

图6-63

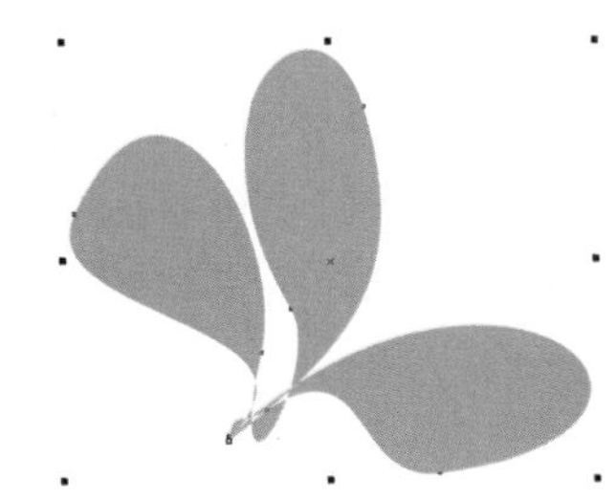

图6-64

10 下面绘制小鸡的脚。使用“钢笔工具”绘制出脚趾的形状，然后双击“渐层工具”，在“编辑填充”对话框中选择“均匀填充”方式，设置填充颜色为（C:0，M:60，Y:80，K:0），再单击“确定”按钮完成填充，接着设置“轮廓宽度”为1mm、颜色为（C:0，M:60，Y:60，K:40），如图6-65所示，将两个脚趾摆放在适当的位置，如图6-66所示，最后选中对象组合后复制一份，将尾巴和脚拖曳到相应的位置，如图6-67所示。

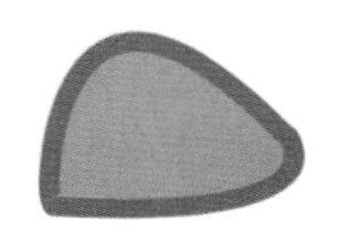

图6-65

图6-66

图6-67

11 下面绘制翅膀。使用“钢笔工具”绘制出翅膀的轮廓，然后单击“粗糙笔刷工具”，在属性栏设置“笔尖半径”为10mm、“尖突频率”为7、“干燥”为3，将轮廓涂抹出绒毛的效果，接着填充颜色为（C:7，M:25，Y:98，K:0），再设置“轮廓宽度”为0.2mm、颜色为（C:17，M:39，Y:100，K:0），如图6-68所示，最后将翅膀拖曳到相应位置，完成第一只小鸡的绘制，如图6-69所示。

图6-68

图6-69

12 下面绘制蛋壳。使用“椭圆工具”绘制一个椭圆，然后在属性栏上单击“扇形”按钮，将椭圆变为扇形，再设置“起始和结束角度”为0°和180°，如图6-70所示，接着单击“粗糙笔刷工具”，在属性栏设置“笔尖半径”为15mm、“尖突频率”为2、“干燥”为3，最后在直线上逐个单击形成折线，再单击“形状工具”调整折线尖突的参差大小，如图6-71所示。

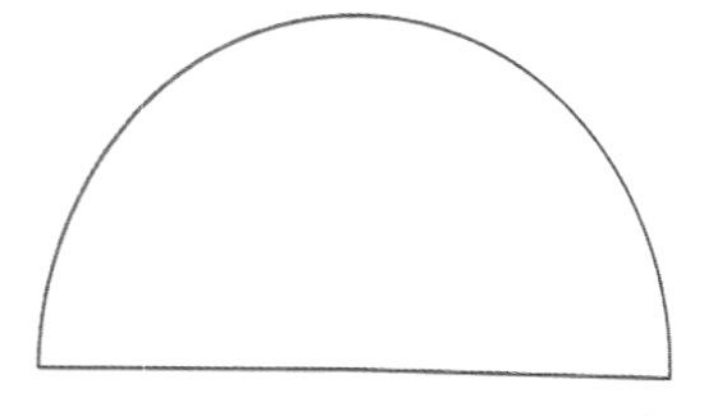

图6-70

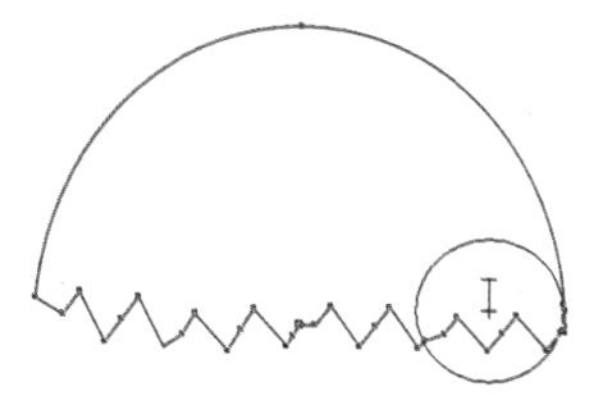

图6-71

13 选中蛋壳，双击“渐层工具”，然后在“编辑填充”对话框中选择“渐变填充”方式，设置“类型”为“椭圆形渐变填充”、“镜像、重复和反转”为“默认渐变填充”，再设置“节点位置”为0%的色标颜色为（C:44，M:44，Y:55，K:0）、“节点位置”为100%的色标颜色为白色，“填充宽度”为174.125、“水平偏移”为16.0、“垂直偏移”为.487，接着单击“确定”按钮完成填充，如图6-72所示，最后去掉蛋壳的轮廓线，效果如图6-73所示。

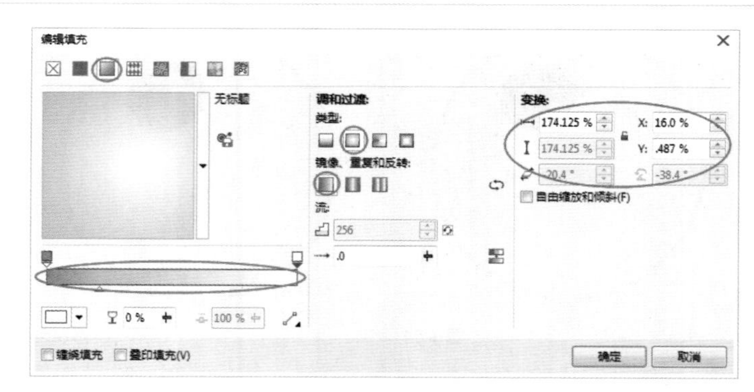

图6-72

图6-73

14 用上述绘制扇形的方法绘制两个扇形，将下方的扇形缩小一些，如图6-74所示，选中上方的扇形，然后填充颜色为（C:7，M:25，Y:98，K:0），接着单击“粗糙笔刷工具”，在属性栏设置“笔尖半径”为5mm、“尖突频率”为6、“干燥”为3，再将扇形轮廓线涂抹成毛绒效果，最后选中两个扇形，设置“轮廓宽度”为0.5mm、颜色为（C:17，M:39，Y:100，K:0），如图6-75所示。

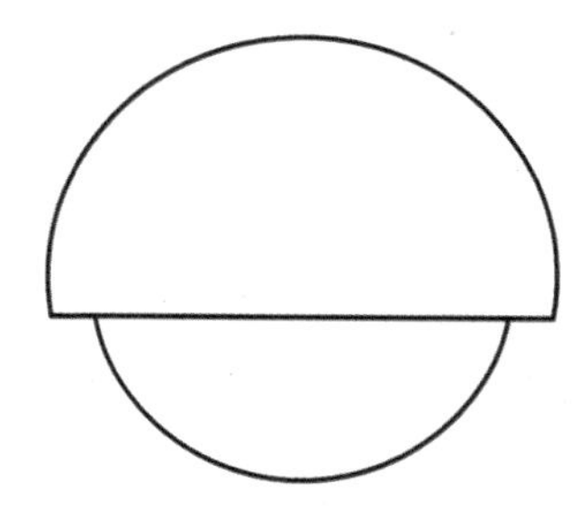

图6-74

图6-75

15 将之前绘制的瞳孔复制移动到扇形下，置于眼皮下方，全选组合对象后进行轻微的旋转，如图6-76所示，然后复制一只眼睛，在属性栏上单击“水平镜像”按钮镜像复制的眼睛，如图6-77所示。

图6-76

图6-77

16 复制之前绘制的小鸡元素，然后将第二只小鸡拼出来，再将小鸡组合对象，如图6-78所示，接着把两只小鸡排放在一起，调整位置、大小和错落后，进行组合对象，效果如图6-79所示。

图6-78

图6-79

17 双击“矩形工具”在页面创建等大的矩形，然后填充颜色为（C:63，M:87，Y:100，K:56），再去掉轮廓线，如图6-80所示，接着导入光盘中的“素材文件>CH06>04.jpg”文件，将图片拖入页面中缩放到合适的大小，如图6-81所示。

图6-80

图6-81

18 导入下载资源中的“素材文件>CH06>05.cdr”文件，将边框拖曳到图片上方，把图片边框覆盖，如图6-82所示，接着将小鸡拖曳到图片边框的右下角，覆盖一点边框后进行缩放，如图6-83所示。

图6-82

图6-83

疑难问答？

问：为什么组合对象的小鸡在缩放后轮廓线会变粗？

答：因为轮廓线并没有随着缩放而改变，所以在缩小的时候，轮廓线还保持着缩放前的宽度，解决办法有两种。

第1种：将小鸡取消组合对象，全选有轮廓线设置的对象后，执行“对象>将轮廓转换为对象”命令进行转换，此时，轮廓线变为对象，再次组合对象后进行缩放，轮廓线不会变粗。

第2种：选中小鸡，在“轮廓线”对话框中勾选“随对象缩放”复选框，单击“确定”按钮完成设置，此时，再进行缩放就不会出现轮廓线变粗的现象。

19 导入下载资源中的“素材文件>CH06>06.cdr”文件，取消组合对象后将文字拖动到相应的位置，最终效果如图6-84所示。

图6-84

6.4 自由变换工具

“自由变换工具”用于自由变换对象操作，可以针对组合对象进行操作。

选中对象，单击“自由变换工具”，然后利用属性栏进行操作，如图6-85所示。

图6-85

自由变换选项介绍

自由旋转：单击左键确定轴的位置，拖动旋转柄旋转对象，如图6-86所示。

自由角度反射：单击左键确定轴的位置，拖动旋转柄旋转来反射对象，如图6-87所示，松开左键完成，如图6-88所示。

自由缩放：单击左键确定中心的位置，拖动中心点改变对象的大小，如图6-89所示，松开左键完成。

图6-86

图6-87

图6-88

图6-89

自由倾斜：单击左键确定倾斜轴的位置，拖动轴来倾斜对象，如图6-90所示，松开左键完成，如图6-91所示。

图6-90

图6-91

应用到再制：将变换应用到再制的对象上。

应用于对象：根据对象应用变换，而不是根据x轴和y轴。

技巧与提示

我们也可以在属性栏的相应文字框中输入数值进行精确变换。

6.5 涂抹工具

"涂抹工具"沿着轮廓拖动修改边缘的形状，可以用于组合对象的涂抹操作。

6.5.1 单一对象修饰

选中要修饰的对象，然后单击"涂抹工具"，在边缘上按左键拖动进行微调，松开左键可以产生扭曲效果，如图6-92所示，利用这种效果可以制作海星，如图6-93所示；在边缘上按住左键进行拖动拉伸，如图6-94所示，松开左键可以产生拉伸或挤压效果，利用这种效果可以制作小鱼形状，如图6-95所示。

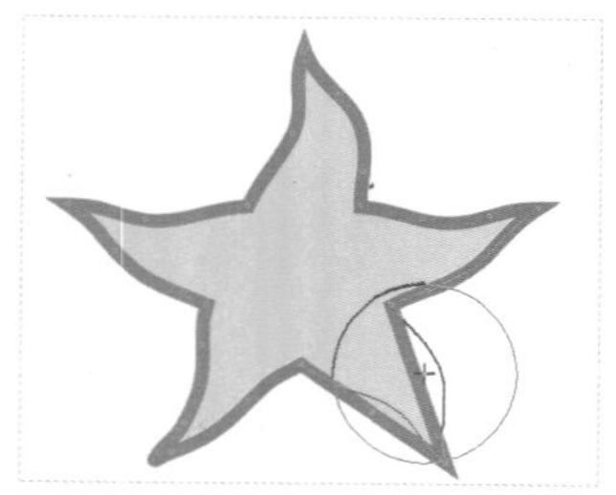

图6-92

图6-93

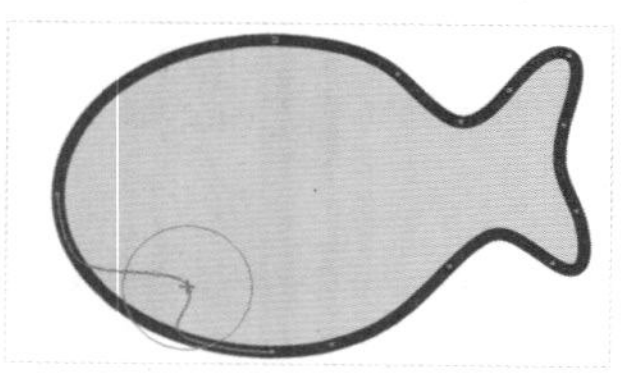

图6-94

图6-95

6.5.2 组对象修饰

选中要修饰的组合对象，该对象每一图层填充有不同颜色，然后单击"涂抹工具"，在边缘上按左键进行拖动，如图6-96所示，松开左键可以产生拉伸效果，群组中的每一层都将会被均匀拉伸。利用这种效果，我们可以制作酷炫的光速效果，如图6-97所示。

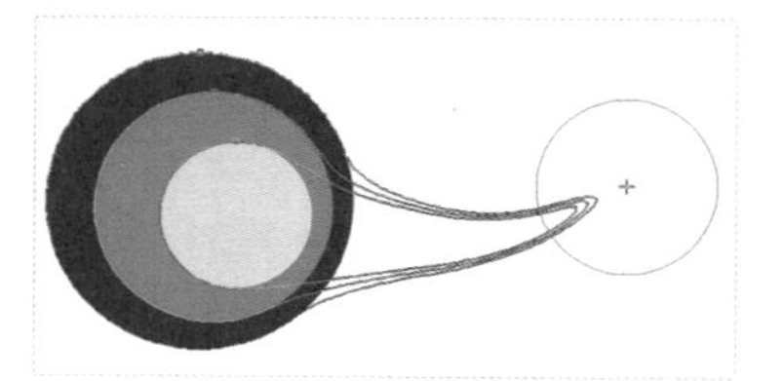

图6-96

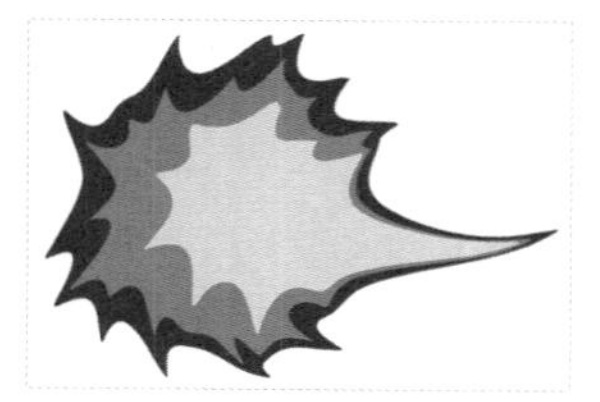

图6-97

技术专题 10 涂抹修饰插画

"涂抹工具"可以用于组合对象的涂抹修饰，所以这项工具广泛运用于矢量插画绘制后期的轻微修形处理，将需要修改的对象选中进行修改，未选中的则保持不变。

在绘制一些夸张搞笑的人物矢量插画时，我们可以用"涂抹工具"进行夸张变形的效果处理，如图6-98所示是人物面部原图。

图6-98

单击"涂抹工具"，然后按左键拖动将人物面部向下涂抹，如图6-99所示，人物面部轮廓改变，并且产生了幽默诙谐的效果。或者按左键往上面涂抹，如图6-100所示，人物面部变为小孩子。

图6-99

图6-100

6.5.3 涂抹的设置

"涂抹工具"的属性栏如图6-101所示。

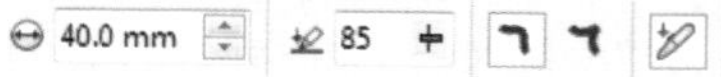

40.0 mm 85

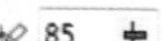
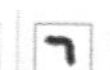
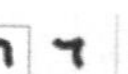

图6-101

涂抹选项介绍

笔尖半径：输入数值可以设置笔尖的半径大小。

压力：输入数值设置涂抹效果的强度，如图6-102所示，值越大拖动效果越强，值越小拖动效果越弱，值为1时不显示涂抹，值为100时涂抹效果最强。

笔压：激活可以运用数位板的笔压进行操作。

平滑涂抹：激活可以使用平滑的曲线进行涂抹，如图6-103所示。

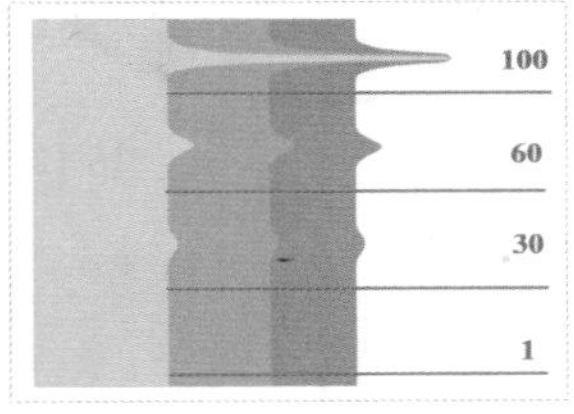

图6-102

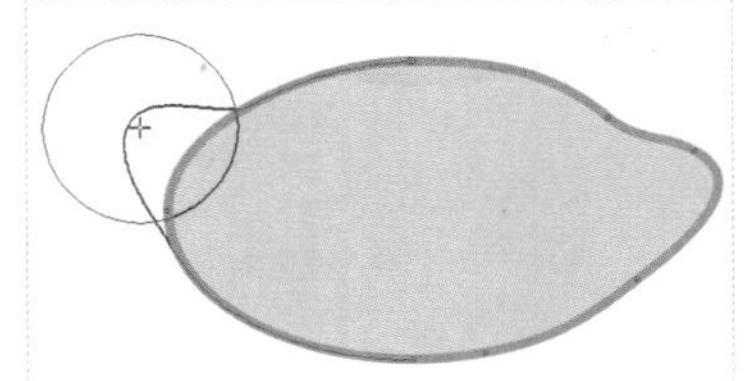

图6-103

尖状涂抹：激活可以使用带有尖角的曲线进行涂抹，如图6-104所示。

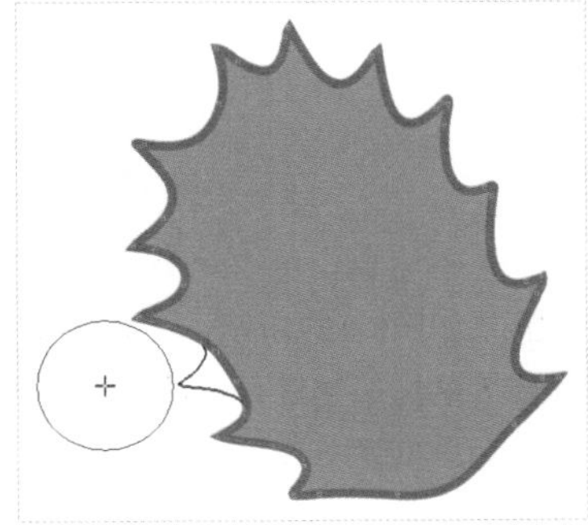

图6-104

6.6 转动工具

“转动工具”在轮廓处按左键使边缘产生旋转形状，群组对象也可以进行转动操作。

6.6.1 线段的转动

选中绘制的线段，然后单击“转动工具”，将光标移动到线段上，如图6-105所示，光标移动的位置会影响旋转的效果，接着根据想要的效果，按住鼠标左键，此时笔刷范围内出现转动的预览，如图6-106所示，达到想要的效果就可以松开左键完成编辑，如图6-107所示。我们可以利用线段转动的效果制作浪花纹样，如图6-108所示。

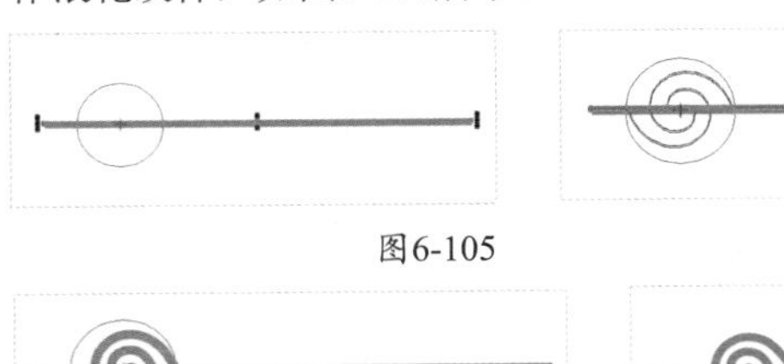

图6-105

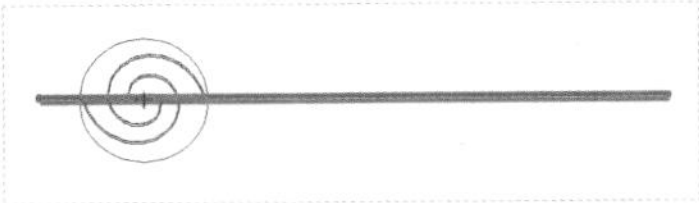

图6-106

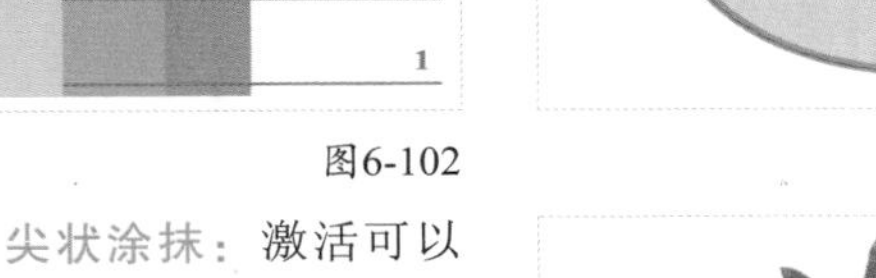

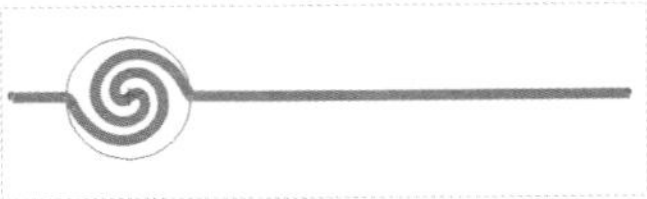

图6-107

图6-108

技巧与提示

在使用“转动工具”时，会根据按左键时间的长短来决定转动的圈数。长按左键时间越长，圈数越多；时间越短，圈数越少，如图6-109所示。

在使用“转动工具”进行涂抹时，光标所在的位置也会影响旋转的效果，但是不能离开画笔范围，如图6-110所示。

1.光标中心在线段外，如图6-111所示，涂抹效果为尖角，如图6-112所示。

2.光标中心在线段上，转动效果为圆角，如图6-113所示。

3.光标中心在节点上，转动效果为单线条螺旋纹，如图6-114所示。

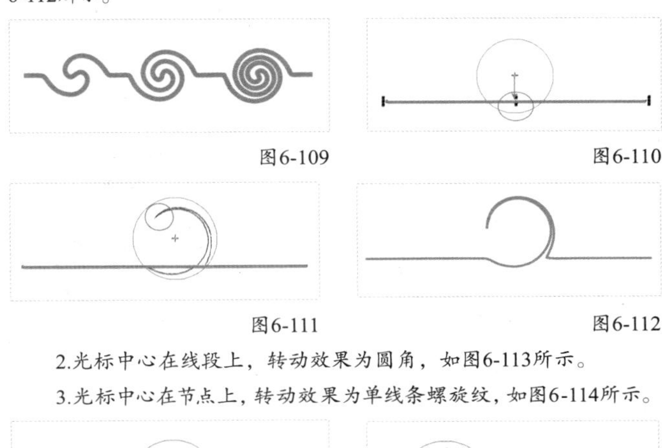

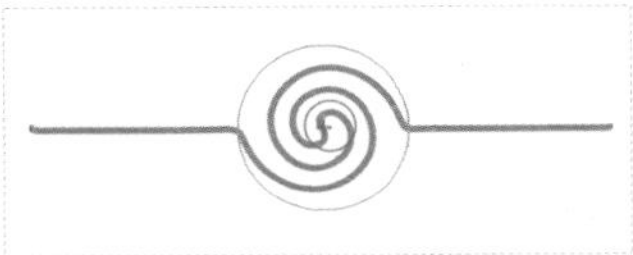

图6-109

图6-110

图6-111

图6-112

图6-113

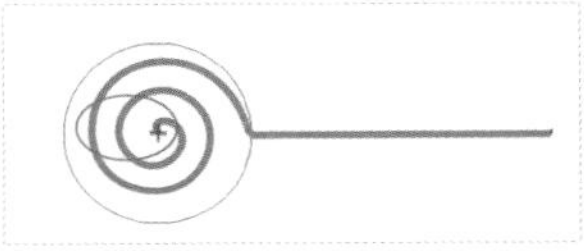

图6-114

6.6.2 面的转动

选中要涂抹的面，然后单击“转动工具”，将光标移动到面的边缘上，如图6-115所示，长按左键进行旋转，如图6-116所示。和线段转动不同，在封闭路径上进行转动可以进行填充编辑，并且也是闭合路径，如图6-117所示。

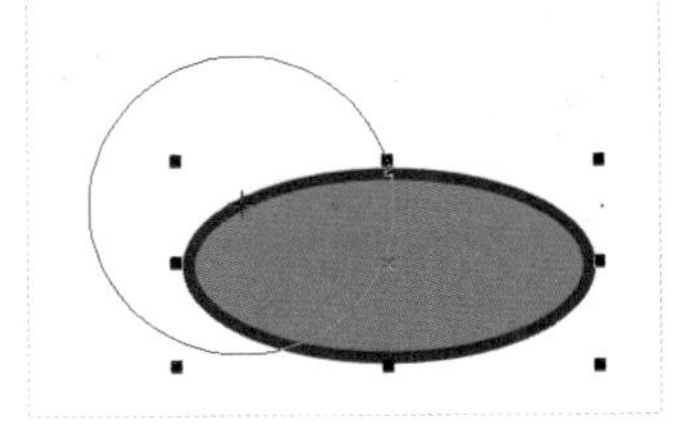

图6-115

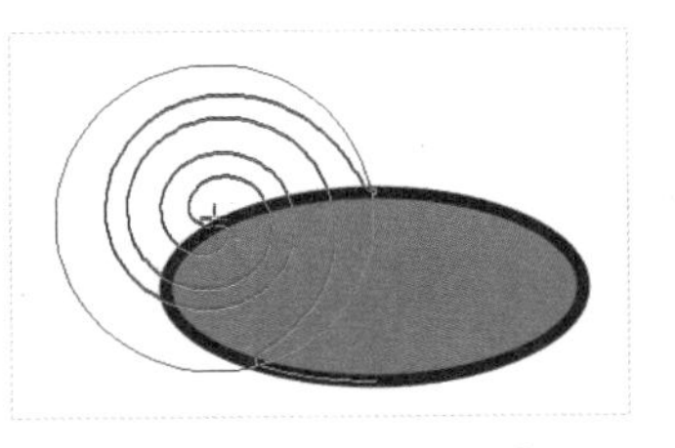

图6-116

图6-117

技巧与提示

在闭合路径中进行转动时，将光标中心移动到边缘线外，如图

6-118所示，旋转效果为封闭式的尖角，如图6-119所示；将光标移动到边线上，如图6-120所示，旋转效果为封闭的圆角，如图6-121所示。

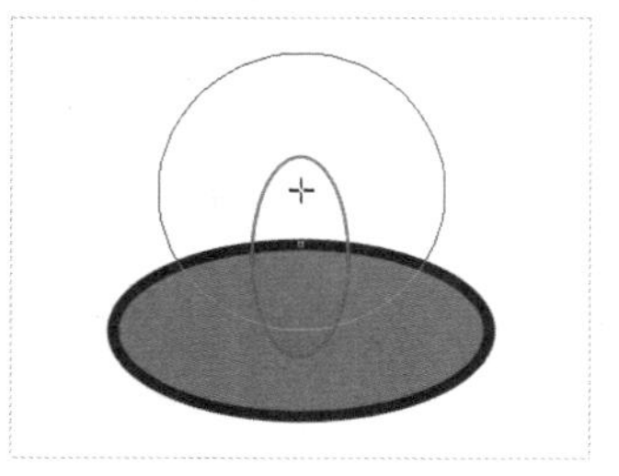
图6-118

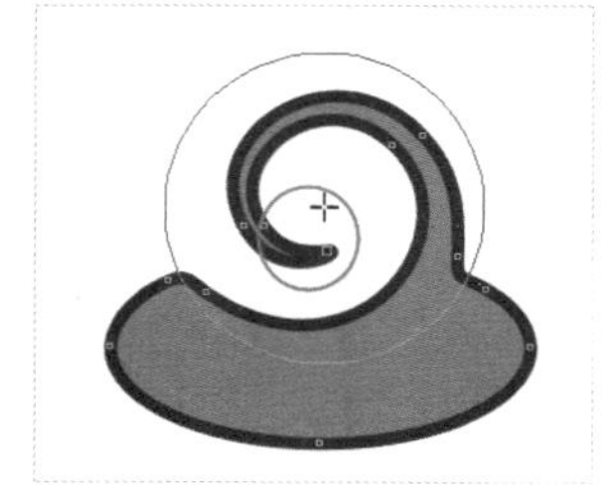
图6-119

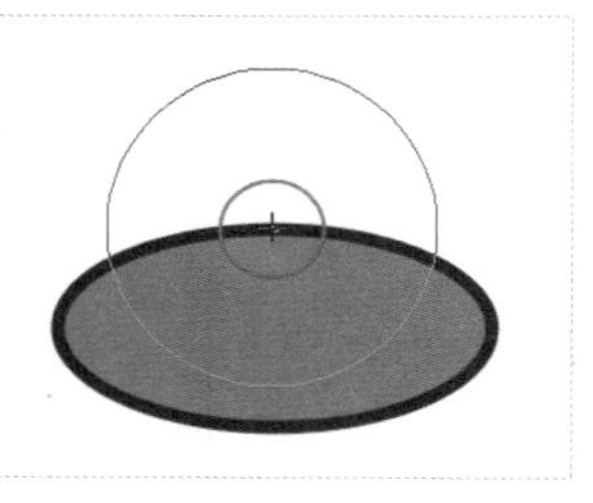
图6-120

图6-121

6.6.3 群组对象的转动

选中一个组合对象，然后单击“转动工具”，将光标移动到面的边缘上，如图6-122所示，长按左键进行旋转，如图6-123所示。旋转的效果和单一路径的效果相同，可以产生层次感。

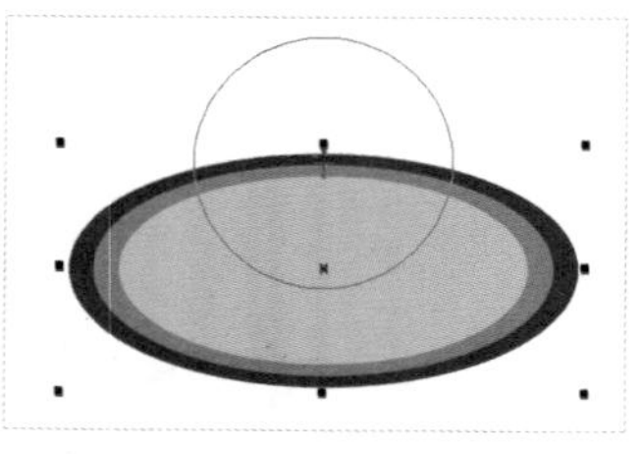
图6-122

图6-123

6.6.4 转动工具的设置

“转动工具”的属性栏如图6-124所示。

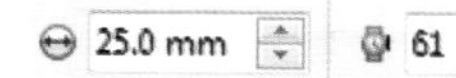

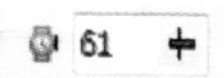

图6-124

转动选项介绍

笔尖半径：设置数值可以更改笔尖的大小。

速度：可以设置转动涂抹时的速度。

逆时针转动：按逆时针方向进行转动，如图6-125所示。

顺时针转动：按顺时针方向进行转动，如图6-126所示。

图6-125

图6-126

6.7 吸引工具

“吸引工具”在对象内部或外部长按左键使边缘产生回缩涂抹的效果，组合对象也可以进行涂抹操作。

6.7.1 单一对象吸引

选中对象，单击“吸引工具”，然后将光标移动到边缘线上，如图6-127所示，光标移动的位置会影响吸引的效果，接着长按鼠标左键进行修改，浏览吸引的效果，如图6-128所示，最后松开左键完成。

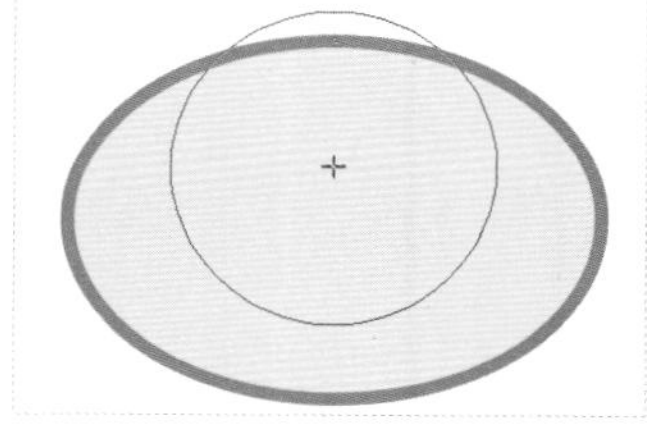
图6-127

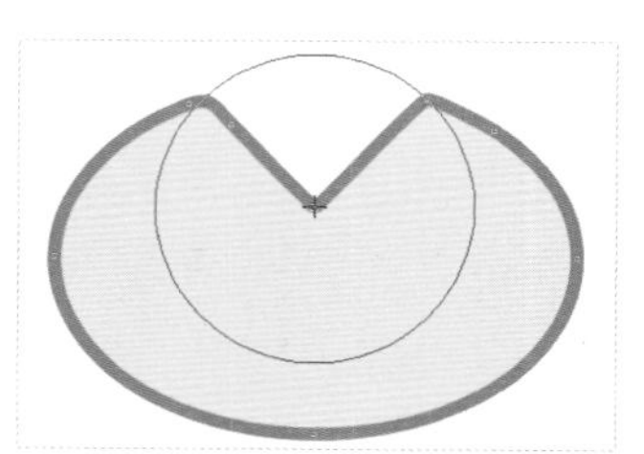
图6-128

在使用吸引工具的时候，对象的轮廓线必须出现在笔触的范围内，才能显示涂抹效果。

6.7.2 群组对象吸引

选中组合的对象，单击“吸引工具”，将光标移动到相应的位置上，如图6-129所示，然后长按左键进行修改，浏览吸引的效果，如图6-130所示，因为是组合对象，所以吸引的时候根据对象的叠加位置不同，在吸引后产生的凹陷程度也不同，最后松开左键完成。

图6-129

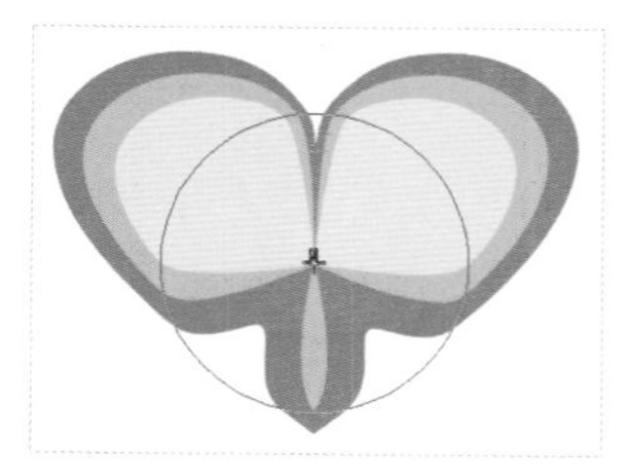
图6-130

技巧与提示

在涂抹过程中移动鼠标，会产生涂抹吸引的效果，如图6-131所示，在心形下面的端点长按左键向上拖动，产生的涂抹预览如图6-132所示，拖动到想要的效果后松开左键完成编辑，如图6-133所示。

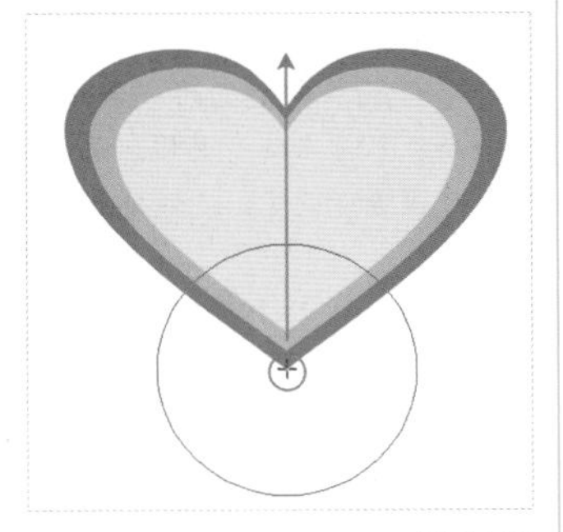

图6-131

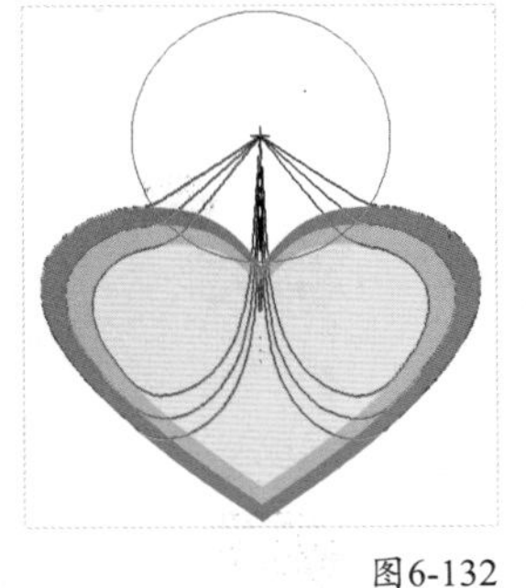

图6-132

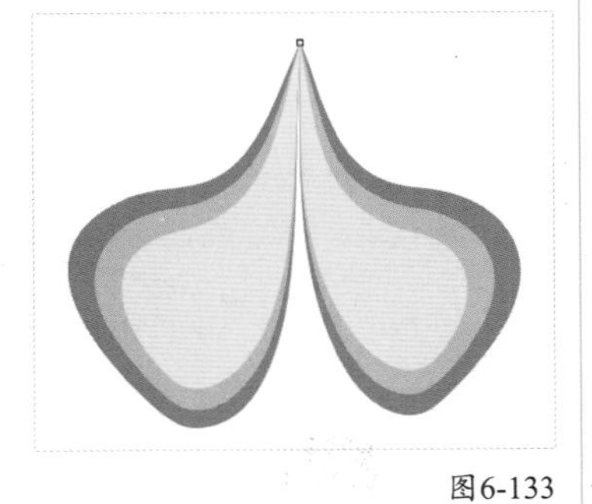

图6-133

6.7.3 吸引的设置

"吸引工具"的属性栏如图6-134所示。

图6-134

吸引选项介绍

速度：设置数值可以调节吸引的速度，方便进行精确涂抹。

6.8 排斥工具

"排斥工具"在对象内部或外部长按鼠标左键使边缘产生推挤涂抹的效果，组合对象也可以进行涂抹操作。

6.8.1 单一对象排斥

选中对象，然后单击"排斥工具"，将光标移动到线段上，如图6-135所示，长按左键进行预览，松开左键完成，如图6-136和图6-137所示。

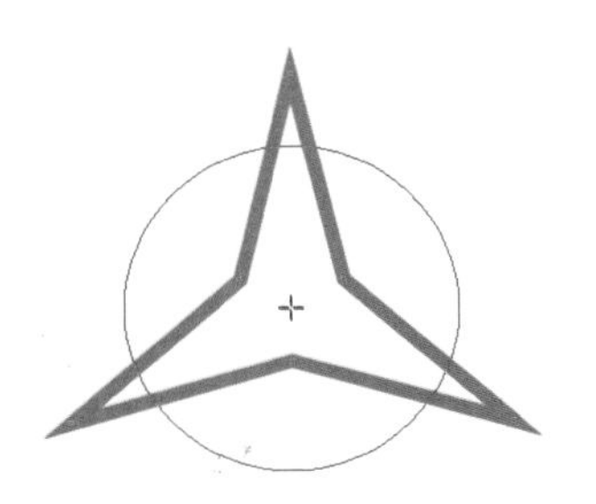

图6-135

图6-136

图6-137

技巧与提示

"排斥工具"是从笔刷中心开始向笔刷边缘推挤产生效果，在涂抹时可以产生两种情况。

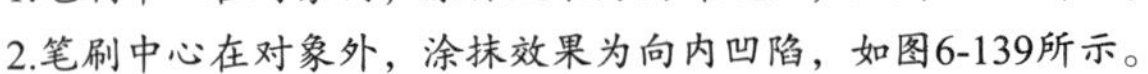

1.笔刷中心在对象内，涂抹效果为向外鼓出，如图6-138所示。

2.笔刷中心在对象外，涂抹效果为向内凹陷，如图6-139所示。

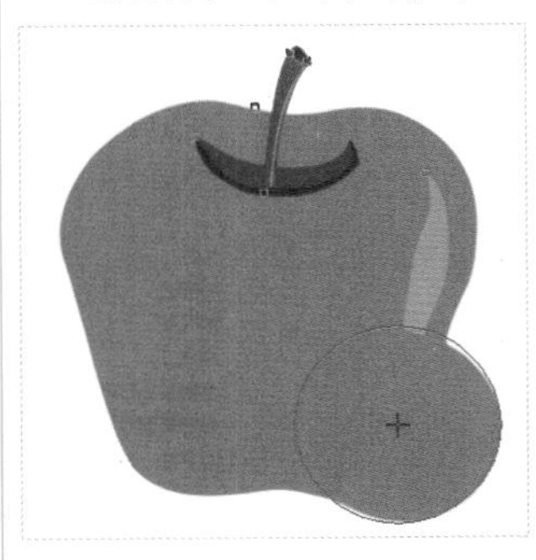

图6-138

图6-139

6.8.2 组合对象排斥

选中组合对象，然后单击"排斥工具"，将光标移动到最内层上，如图6-140所示，长按左键进行预览，松开左键完成，如图6-141和图6-142所示。

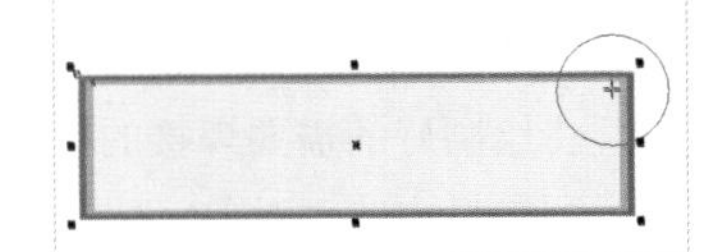

图6-140

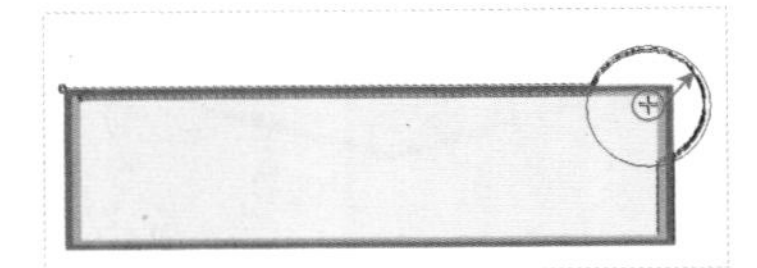

图6-141

图6-142

将笔刷中心移至对象外，进行排斥涂抹会形成扇形角的效果，如图6-143和图6-144所示。

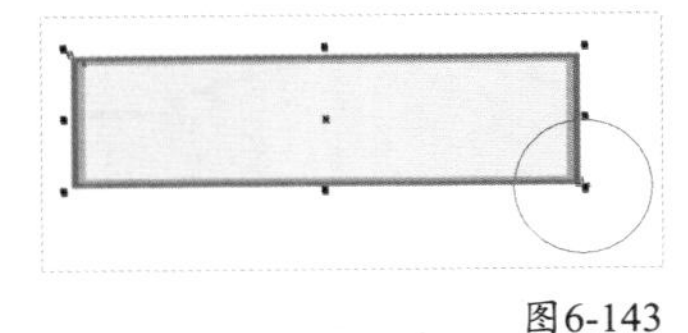

图6-143

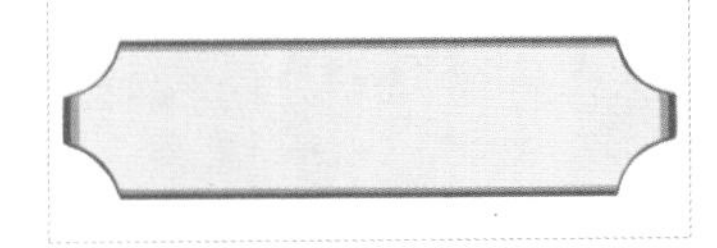

图6-144

6.8.3 排斥的设置

选中“排斥工具”，这时属性栏显示相关参数的设置，如图6-145所示，和“吸引工具”参数相同。

图6-145

6.9 造型操作

执行菜单栏中的“对象>造形>造型”命令，打开“造型”泊坞窗，如图6-146所示，在该泊坞窗可以执行“焊接”、“修剪”、“相交”、“简化”、“移除后面对象”、“移除前面对象”和“边界”命令对对象进行编辑操作。

分别执行菜单栏中“对象>造形”下的命令也可以进行造型操作，如图6-147所示，菜单栏操作可以将对象一次性进行编辑，下面进行详细介绍。

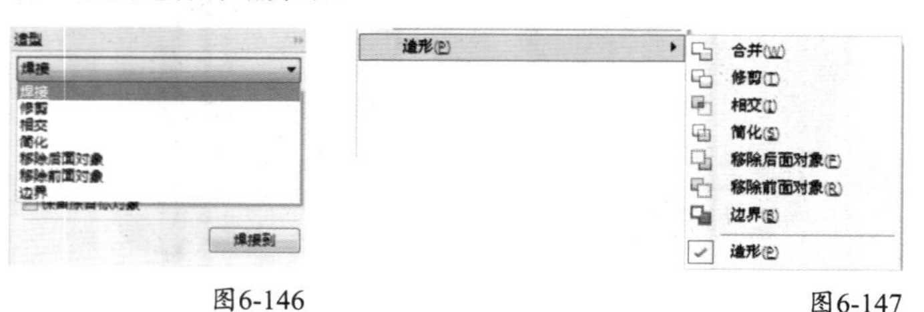

图6-146　图6-147

6.9.1 焊接

“焊接”命令可以将两个或者多个对象焊接成为一个独立对象。

菜单栏焊接操作

将绘制好的需要焊接的对象全选中，如图6-148所示，然后执行菜单栏中的“对象>造形>合并”命令，如图6-149所示。在焊接前选中的对象如果颜色不同，在执行“合并”命令后，都以最底层的对象为主，如图6-150所示。

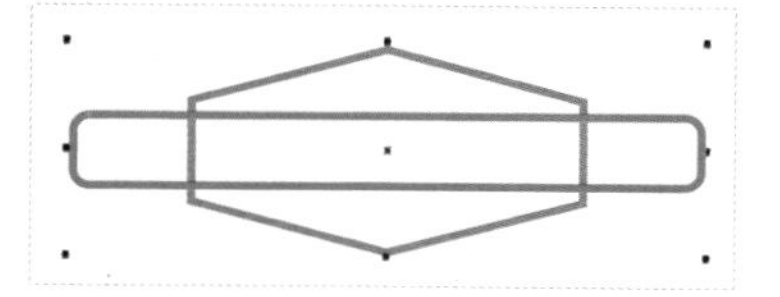

图6-148

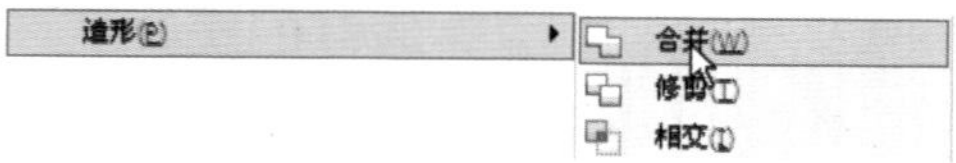

图6-149

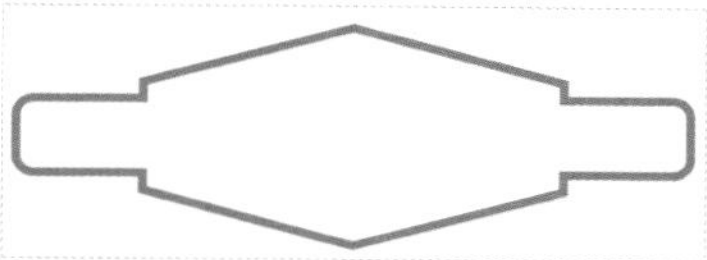

图6-150

疑难问答

问：菜单和泊坞窗中的焊接为什么名称不同？

答：菜单命令里的“合并”和“造型”泊坞窗中的“焊接”是同一个，只是名称有变化，菜单命令在于一键操作，泊坞窗中的“焊接”可以进行设置，使焊接更精确。

泊坞窗焊接操作

选中上方的对象，选中的对象为“原始源对象”，没被选中的为“目标对象”，如图6-151所示。在“造型”泊坞窗里选择“焊接”，如图6-152所示，有两个选项可以进行设置，在上方选项预览中可以进行勾选预览，以避免出错，如图6-153~图6-156所示。

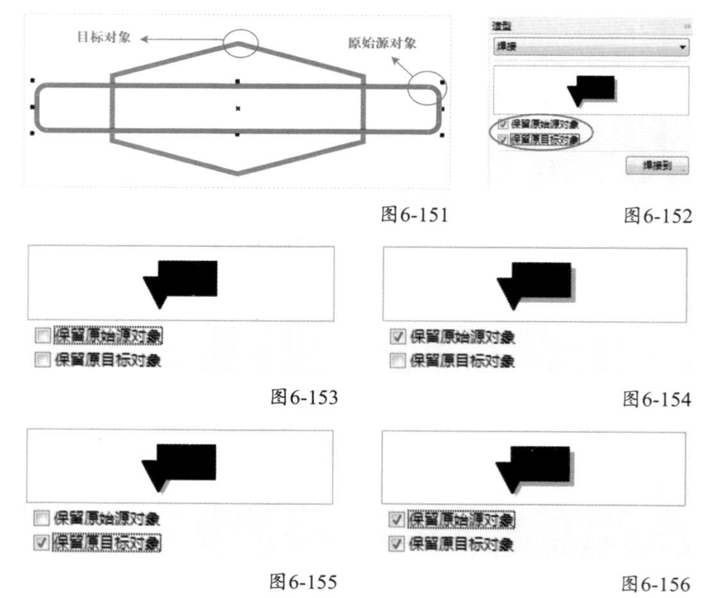

图6-151　图6-152

图6-153　图6-154

图6-155　图6-156

焊接选项介绍

保留原始源对象：单击选中后，可以在焊接后保留源对象。

保留原目标对象：单击选中后，可以在焊接后保留目标对象。

技巧与提示

同时勾选“保留原始源对象”和“保留原目标对象”两个选项，可以在“焊接”之后保留所有源对象；勾去两个选项，在“焊接”后不保留源对象。

选中上方的原始源对象，再在“造型”泊坞窗选择要保留的原对象，然后单击“焊接到”按钮，如图6-157所示，当光标变为时，单击目标对象完成焊接，如图6-158所示。我们可以利用“焊接”制作很多复杂图形。

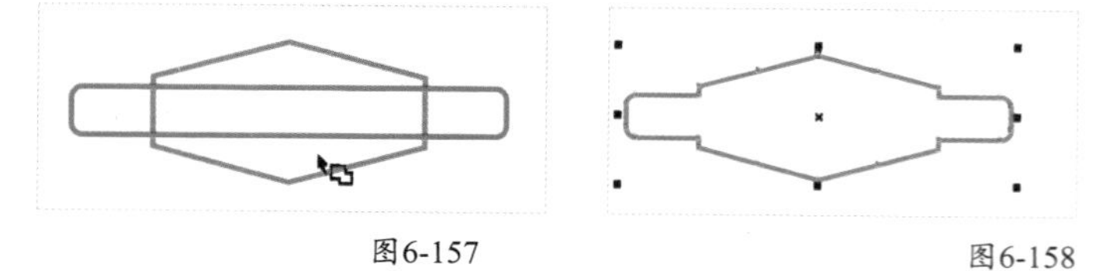

图6-157　图6-158

★重点★

6.9.2 修剪

“修剪”命令可以将一个对象用一个或多个对象修剪，去掉多余的部分，在修剪时需要确定源对象和目标对象的前后关系。

> **技巧与提示**
>
> “修剪”命令除了不能修剪文本、度量线之外，其余对象均可以进行修剪。文本对象在转曲后也可以进行修剪操作。

菜单栏修剪操作

绘制需要修剪的源对象和目标对象，如图6-159所示，然后将绘制好的需要修剪的对象全选，如图6-160所示，再执行菜单栏中的“对象>造形>修剪”命令，如图6-161所示，菜单栏修剪会保留源对象，将源对象移开，得到修剪后的图形，如图6-162所示。

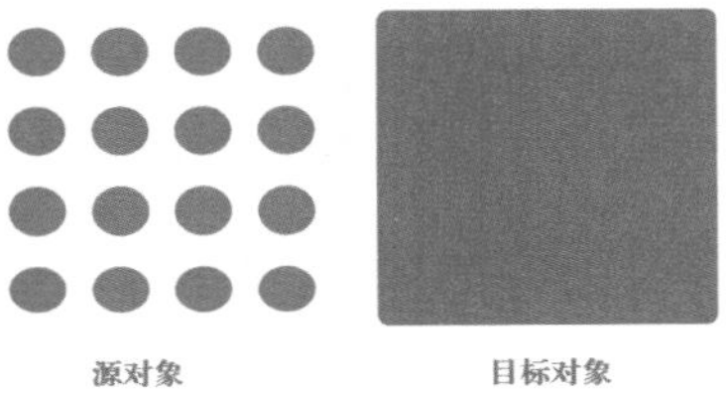

图6-159

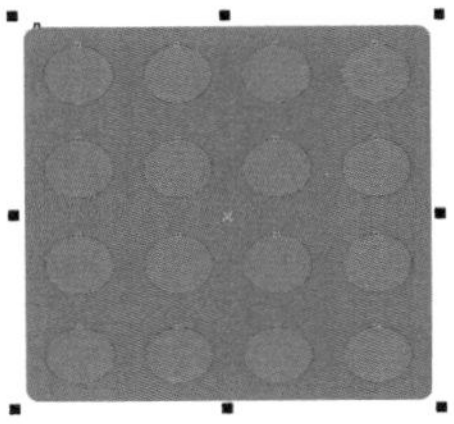

图6-160

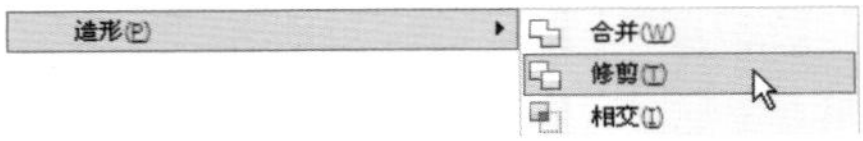

图6-161

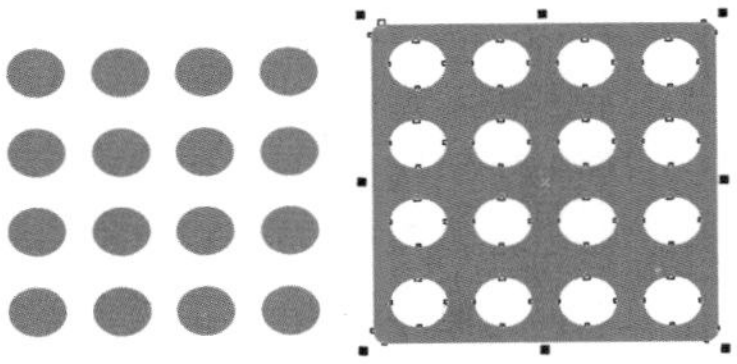

图6-162

> **技巧与提示**
>
> 使用菜单修剪可以一次性进行多个对象的修剪，根据对象的排放位置，在全选中的情况下，位于最下方的对象为目标对象，上面的所有对象均是修剪目标对象的源对象。

泊坞窗修剪操作

打开“造型”泊坞窗，在下拉选项中将类型切换为“修剪”，此时面板上呈现修剪的选项，如图6-163所示，在预览中进行预览，如图6-164~图6-167所示，点选相应的选项可以保留相应的源对象。

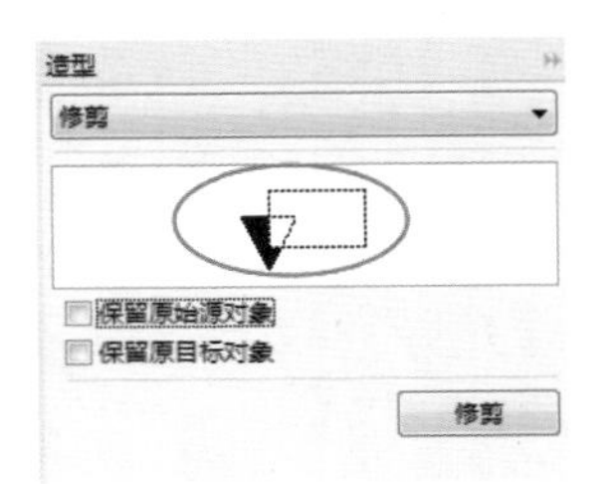

图6-163

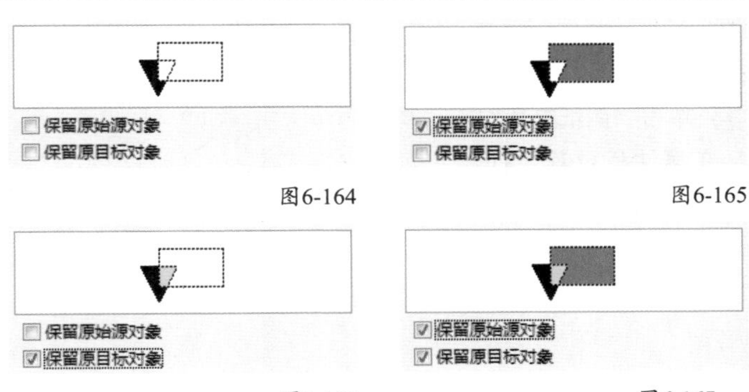

图6-164

图6-165

图6-166

图6-167

选中上方的原始源对象，再在“造型”泊坞窗勾选掉保留选择，然后单击“修剪”按钮，如图6-168所示，当光标变为时，单击目标对象完成修剪，如图6-169所示。

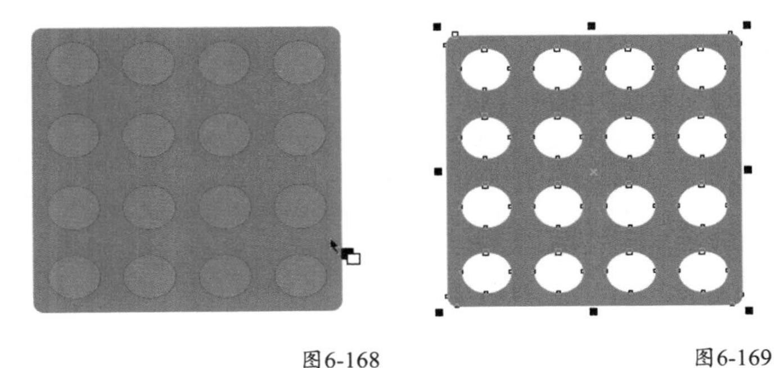

图6-168

图6-169

> **技巧与提示**
>
> 在泊坞窗进行修剪时，可以逐个修剪，也可以使用底层对象修剪上层对象，并且可以进行保留源对象的设置，比菜单栏修剪更灵活。

★重点★

实战：用修剪制作焊接拼图游戏

实例位置 下载资源>实例文件>CH06>实战：用修剪制作焊接拼图游戏.cdr
素材位置 下载资源>素材文件>CH06>07.jpg、08.jpg、09.cdr
视频位置 下载资源>多媒体教学>CH06>实战：用修剪制作焊接拼图游戏.flv
实用指数 ★★★☆☆
技术掌握 修剪和焊接功能的运用方法

拼图游戏界面效果如图6-170所示。

图6-170

01 新建一个空白文档，然后设置文档名称为“拼图游戏”，接着设置页面大小为“A4”、页面方向为“横向”。

02 单击“图纸工具”，然后在属性栏设置“行数”为5，“列数”为6，将光标移动到页面内按住左键绘制表格，如图6-171所示。

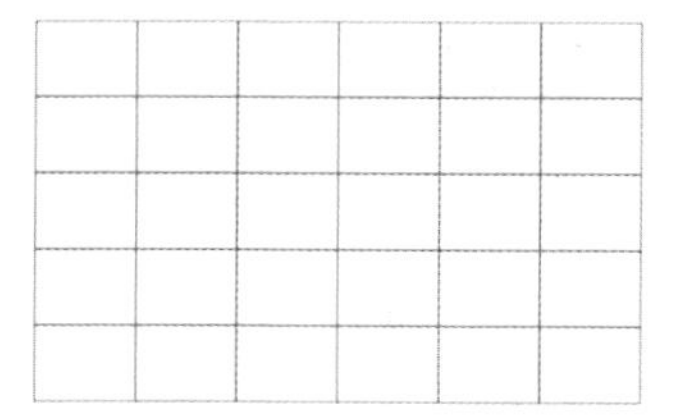

图6-171

03 使用“椭圆形工具”绘制一个圆形，然后横排复制4个，全选进行对齐后组合对象，接着将组合的对象竖排复制4组，如图6-172所示，最后将表格拖动到圆后面，对齐放置，如图6-173所示。

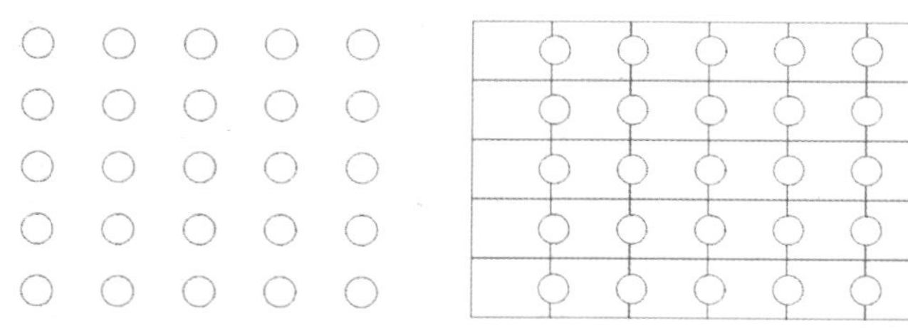

图6-172　图6-173

04 将圆形全选，然后单击属性栏上的“取消全部组合对象”按钮，将对象取消全部组合对象，方便进行单独操作，接着单击选中第一个圆形，在“修剪”面板上勾选“保留原始源对象”命令，单击“修剪”按钮，再单击圆右边的矩形，可以在保留源对象的同时进行剪切，如图6-174所示，最后按图6-175所示的方向，将所有的矩形修剪完毕。

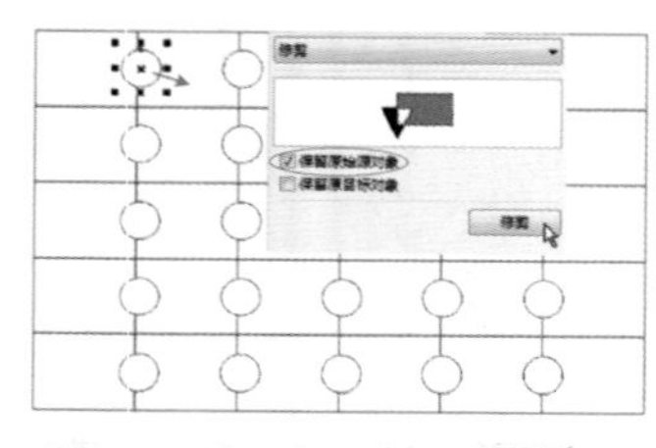

图6-174

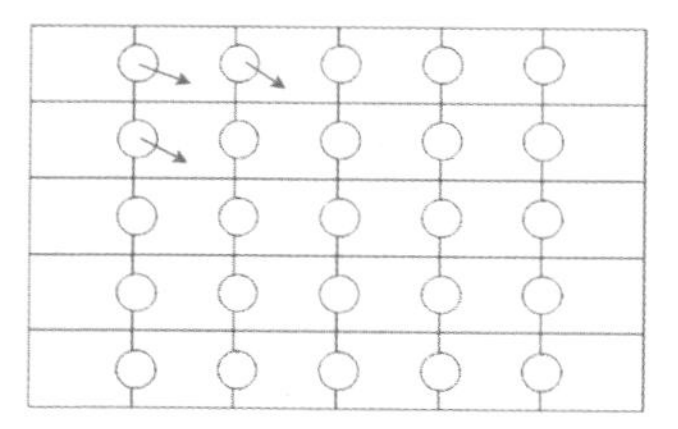

图6-175

05 下面进行焊接操作。单击选中第一个圆形，在“焊接”面板上不勾选任何命令，然后单击“焊接到”按钮，再单击左边的矩形完成焊接，如图6-176所示，接着按图6-177所示的方向，将所有的矩形焊接完毕，如图6-178所示。

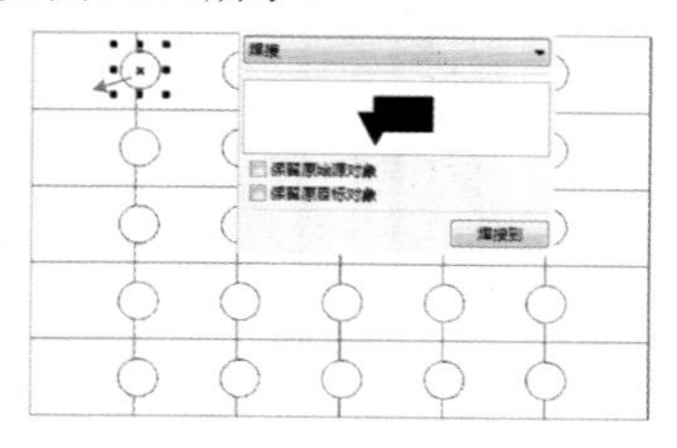

图6-176

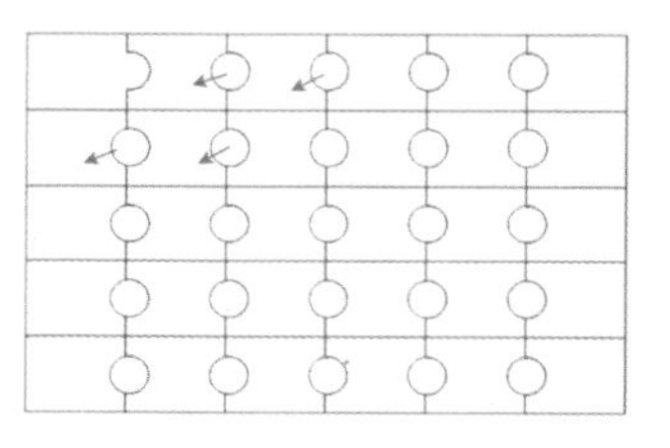

图6-177

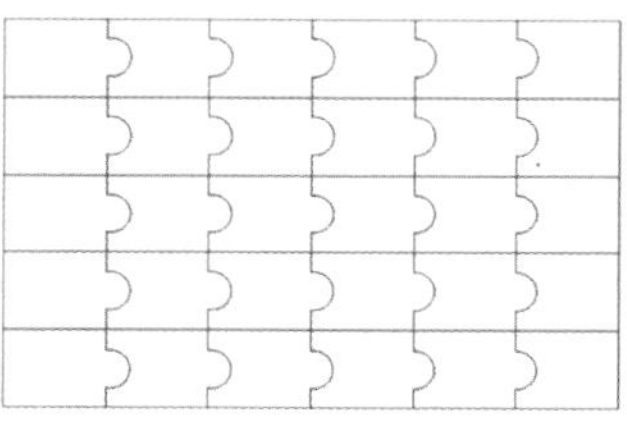

图6-178

06 用之前所述的方法，制作纵向修剪焊接的圆形，如图6-179所示，接着按图6-180所示的方向修剪，按图6-181所示的方向焊接，最后得到拼图的轮廓模版，如图6-182所示。选中所有拼图，单击“合并”按钮合并对象。

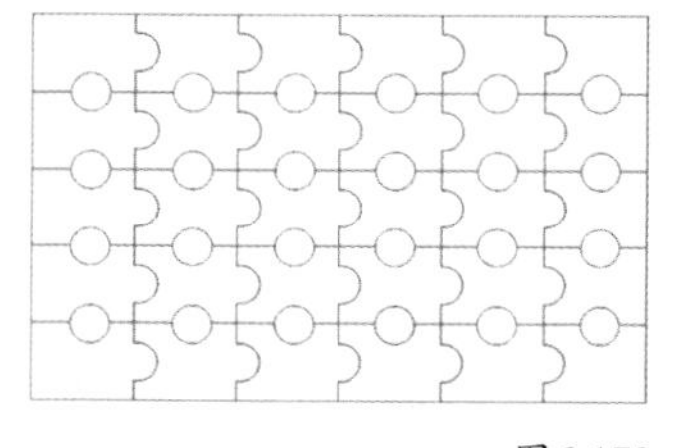

图6-179

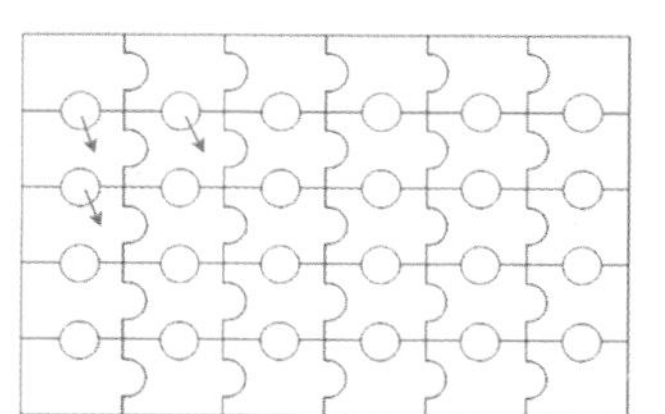

图6-180

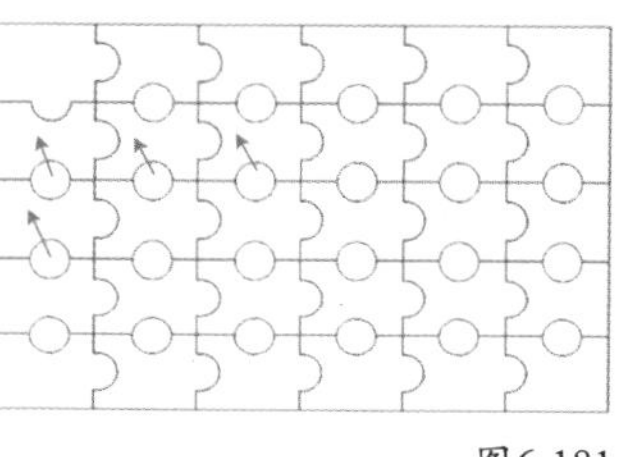

图6-181

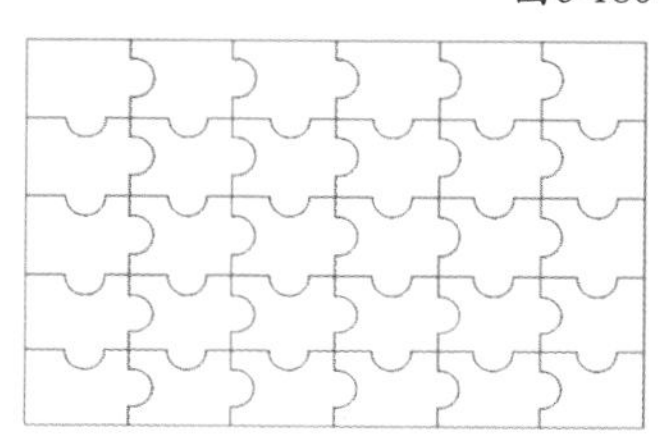

图6-182

07 导入下载资源中的“素材文件>CH06>07.jpg”文件，然后选中图片执行“对象>图框精确剪裁>置于图文框内部”菜单命令，如图6-183所示，当光标变为箭头➡时，单击拼图模板，就将图片贴进了模板中，如图6-184所示，效果如图6-185所示。

图6-183

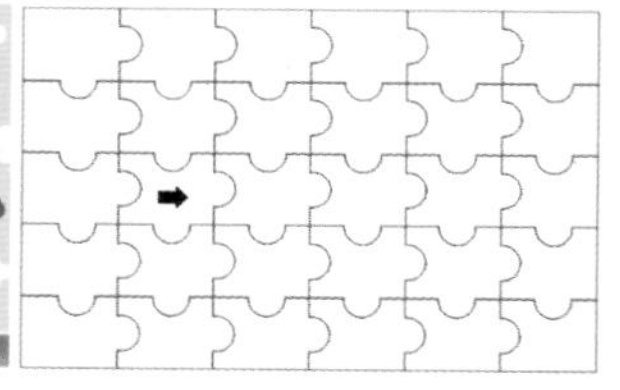

图6-184

图6-185

08 全选对象，然后设置拼图线的“轮廓宽度”为0.75mm、颜色为（C:0，M:20，Y:20，K:40），如图6-186所示。

09 导入下载资源中的“素材文件>CH06>08.jpg”文件，然后将图片缩放至与页面等宽大小，接着拖曳到页面中放于页面最下方贴齐，如图6-187所示。

图6-186

图6-187

10 双击“矩形工具”□在页面内创建与页面等大的矩形，然后填充颜色为（C:74，M:87，Y:97，K:69），接着在调色栏无色⊠上单击右键去掉矩形的轮廓线，如图6-188所示。

图6-188

11 导入下载资源中的“素材文件>CH06>09.cdr”文件，然后取消组合对象，再选中时间和分数对象拖曳到页面左上角，并缩放到合适的大小，如图6-189所示，接着将其他元素摆放在相应的位置，如图6-190所示。

图6-189

图6-190

12 将拼图拖进背景内放置在右边，如图6-191所示，然后选中拼图，再单击属性栏上的“拆分”按钮，将拼图拆分成独立块，接着将任意一块拼图拖曳到盘子中旋转一下，最终效果如图6-192所示。

图6-191

图6-192

★ 重点 ★

实战：用修剪制作蛇年明信片

实例位置　下载资源>实例文件>CH06>实战：用修剪制作蛇年明信片.cdr
素材位置　下载资源>素材文件>CH06>10.jpg、11.cdr
视频位置　下载资源>多媒体教学>CH06>实战：用修剪制作蛇年明信片.flv
实用指数　★★★★☆
技术掌握　修剪功能的运用方法

蛇年明信片效果如图6-193所示。

图6-193

01 新建一个空白文档，然后设置文档名称为“蛇年明信片”，接着设置页面大小“宽”为160mm、“高”为110mm。

02 使用“矩形工具”□绘制一个矩形，然后填充颜色为（C:0，M:100，Y:100，K:0），如图6-194所示，接着按Ctrl+C组合键进行复制，再按Ctrl+V组合键进行原位置粘贴，最后按住Shift键使用鼠标左键进行等比例缩放，并填充颜色为白色，如图6-195所示。

图6-194

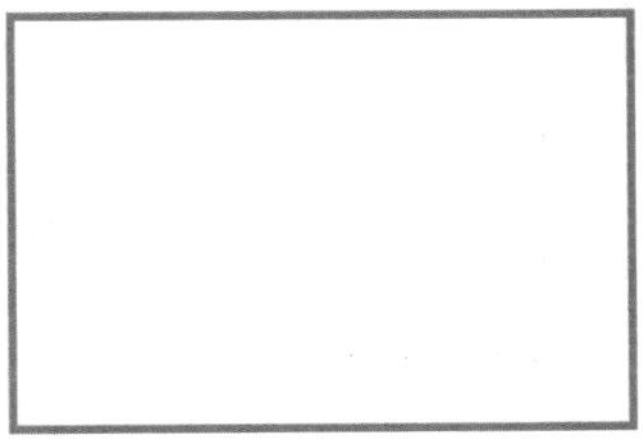

图6-195

03 导入下载资源中的“素材文件>CH06>10.jpg”文件，将图片缩放到合适的大小，放于白色方块上方，如图6-196所示。

图6-196

04 选中白色矩形，然后单击“颜色滴管工具”，将光标移动到图片的背景色上单击左键吸取，如图6-197所示，当光标变为◈时，移动到白色矩形上单击左键进行填充，如图6-198所示，接着选中图片和填充后的矩形进行组合对象，效果如图6-199所示。

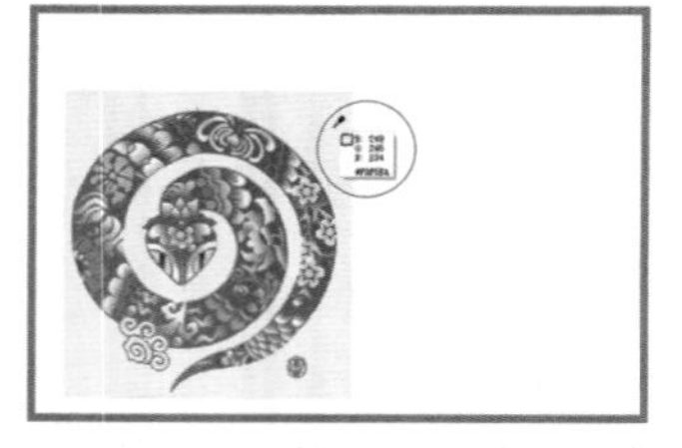

图6-197

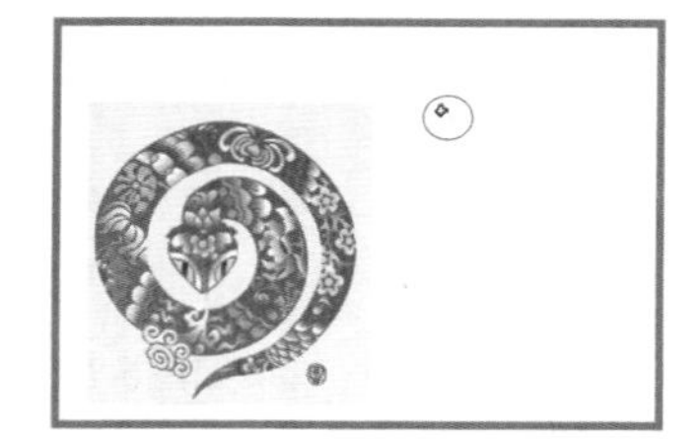

图6-198

图6-199

05 使用“椭圆形工具”绘制一个圆形，并填充颜色为黑色，然后纵向进行复制多份，接着对齐到红色矩形边框上，最后复制在边框周围，如图6-200所示。

图6-200

06 将所有圆形选中进行组合对象，然后打开“修剪”面板，不勾选两个选项，直接单击“修剪”按钮，如图6-201所示，接着单击红色的矩形修剪出邮票的空洞，再按Ctrl+End组合键将修剪后的对象放于所有对象的后面，如图6-202所示。

图6-201

图6-202

07 使用“矩形工具”绘制一个正方形，然后填充颜色为红色，再右键删除轮廓线，接着水平复制5个，最后在页面右上角绘制一个矩形，填充颜色为红色，并去掉轮廓线，如图6-203所示。

08 选中红色方形和矩形，然后单击“透明度工具”，在属性栏设置“透明度类型”为“均匀透明度”、“透明度”为90，效果如图6-204所示。

图6-203

图6-204

09 使用“2点线工具”绘制水平直线，然后垂直复制4个，再居中对齐，接着在属性栏上单击“合并”图标进行合并，设置“线条样式”为虚线，最后右键填充轮廓线颜色为红色，排放在页面右下方的空白处，效果如图6-205所示。

10 导入下载资源中的“素材文件>CH06>11.cdr”文件，然后将对象取消组合对象，接着将文字缩放，拖曳到相应的位置，最终效果如图6-206所示。

图6-205

图6-206

6.9.3 相交

“相交”命令可以在两个或多个对象的重叠区域上创建新的独立对象。

菜单栏相交操作

将绘制好的需要创建相交区域的对象全选，如图6-207所示，然后执行菜单栏中的“对象>造形>相交”命令，创建好的新对象颜色属性为最底层对象的属性，如图6-208所示，菜单栏相交操作会保留源对象。

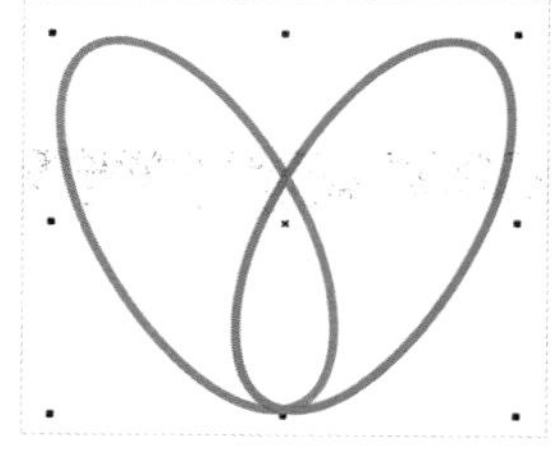

图6-207

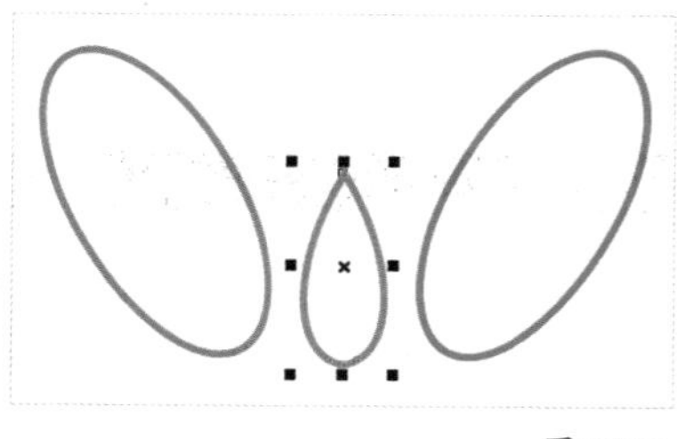

图6-208

泊坞窗相交操作

打开“造型”泊坞窗，在下拉选项中将类型切换为“相交”，此时面板上呈现相交的选项，如图6-209所示，在预览中进行预览，如图6-210~图6-212所示，点选相应的选项可以保留相应的源对象。

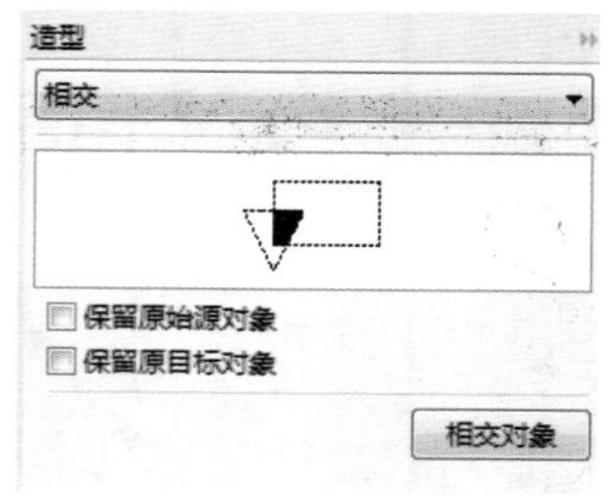

图6-209

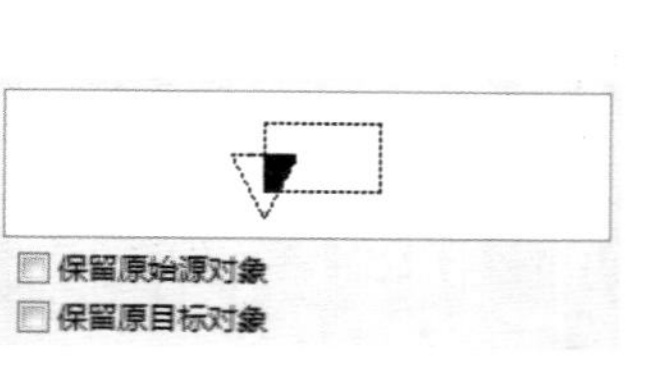

图6-210

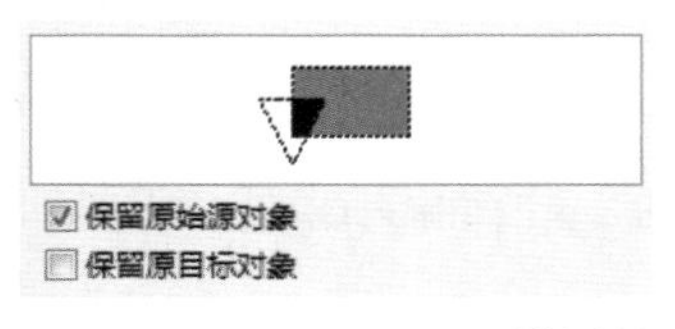

图6-211

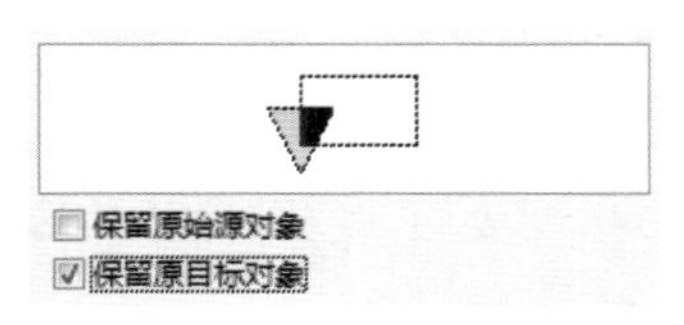

图6-212

选中上方的原始源对象，然后在“造型”泊坞窗勾选掉保留选择，接着单击“相交对象”按钮[相交对象]，如图6-213所示，当光标变为时，单击目标对象完成相交，如图6-214所示。

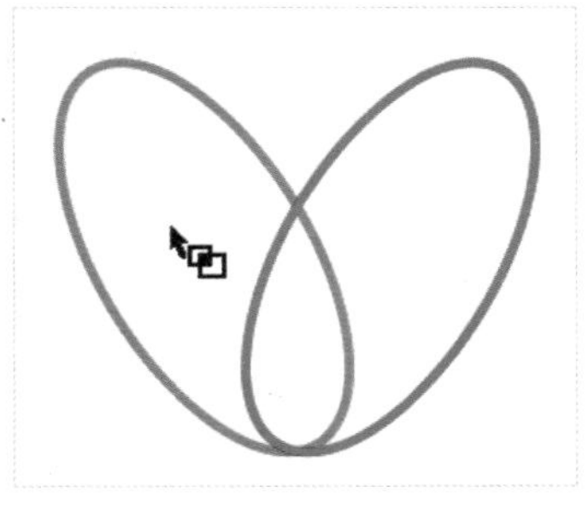

图6-213

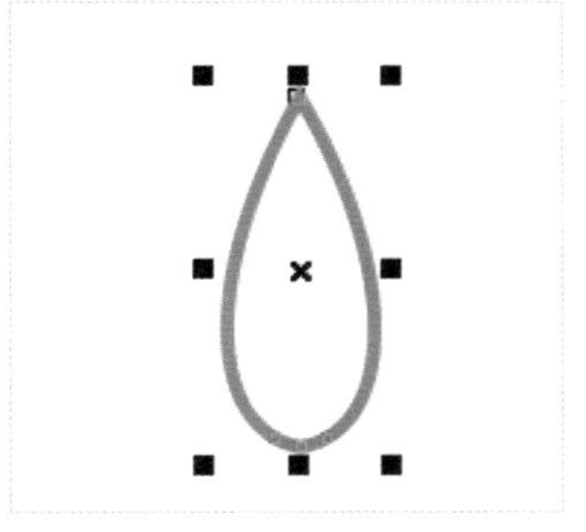

图6-214

6.9.4 简化

“简化”命令和修剪相似，也是将相交区域的重合部分进行修剪，不同的是简化不分源对象。

菜单栏简化操作

选中需要进行简化的对象，如图6-215所示，然后执行菜单栏中的“对象>造形>简化”命令，如图6-216所示，简化后，相交的区域被修剪掉，如图6-217所示。

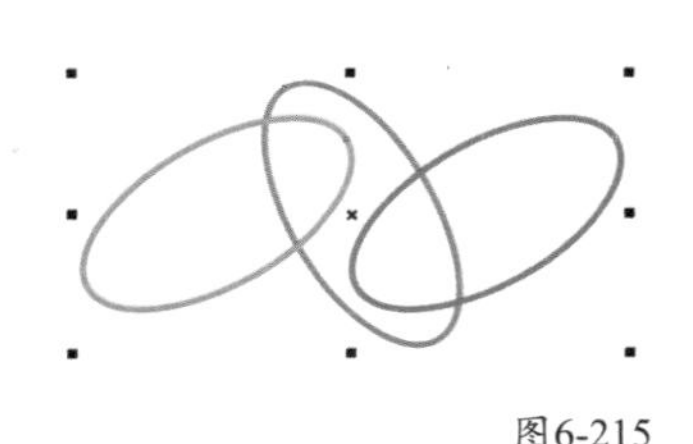

图6-215

造形(P)　合并(W)　修剪(T)　相交(I)　简化(S)　移除后面对象(E)

图6-216

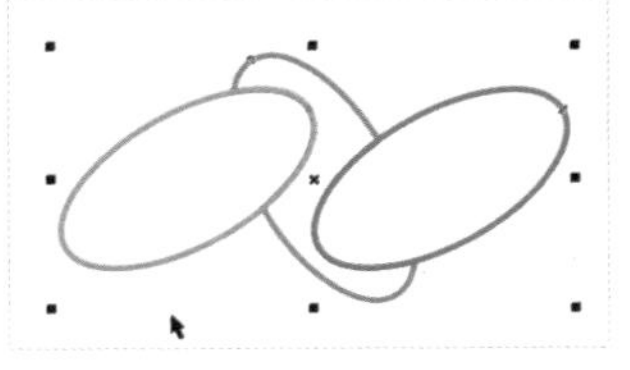

图6-217

泊坞窗简化操作

打开“造型”泊坞窗，在下拉选项中将类型切换为“简化”，此时面板上呈现简化的选项，如图6-218所示，简化面板与之前的3种造型不同，没有保留源对象的选项，并且在操作上也有不同。

选中两个或多个重叠对象，单击“应用”按钮[应用]完成，将对象移开可以看出，最下方的对象有剪切的痕迹，如图6-219所示。

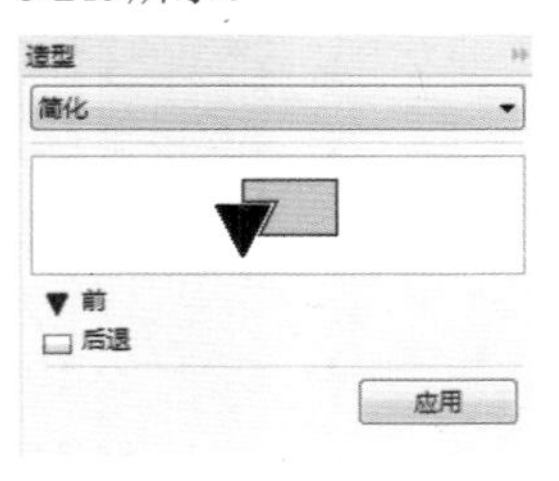

图6-218

图6-219

问：为什么“简化”操作选中源对象，应用按钮不激活？

答：在“简化”操作时，需要同时选中两个或多个对象才可以激活“应用”按钮[应用]，如果选中的对象有阴影、文本、立体模型、艺术笔、轮廓图和调和的效果，在进行简化前需要转曲对象。

6.9.5 移除对象操作

移除对象操作分为两种，“移除后面对象”命令用于后面对象减去顶层对象的操作；“移除前面对象”命令用于前面对象减去底层对象的操作。

移除后面对象操作

<1>菜单操作

选中需要进行移除的对象，确保最上层为最终保留的对象，如图6-220所示，然后执行菜单栏中的“对象>造形>移除后面对象”命令，如图6-221所示。

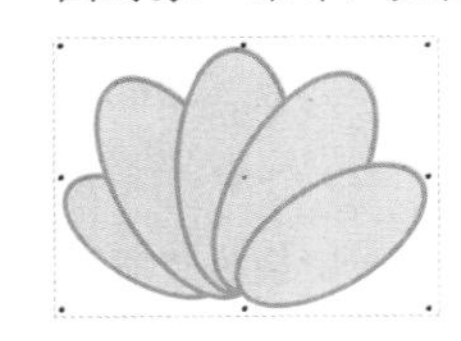

图6-220

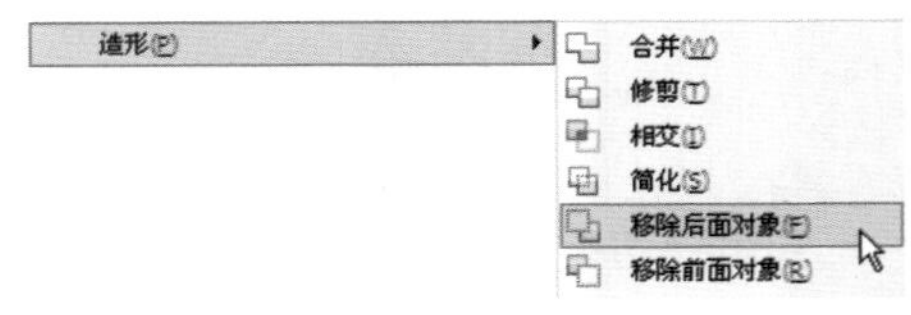

图6-221

在执行“移除后面对象”命令时，如果选中对象中有没有与顶层对象覆盖的对象，那么在执行命令后该层对象删除，有重叠的对象则为修剪顶层对象，如图6-222所示。

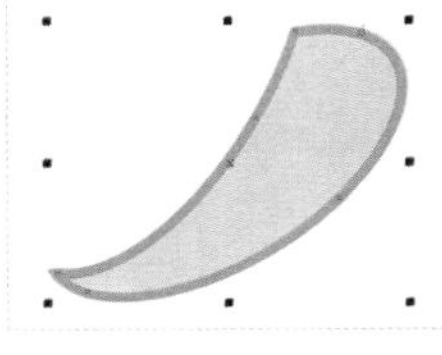

图6-222

<2>泊坞窗操作

打开“造型”泊坞窗，在下拉选项中将类型切换为“移除后面对象”，如图6-223所示，“移除后面对象”面板与“简化”面板相同，没有保留源对象的选项，并且在操作上也相同。选中两个或多个重叠对象，单击“应用”按钮，只显示最顶层移除后的对象，如图6-224所示。

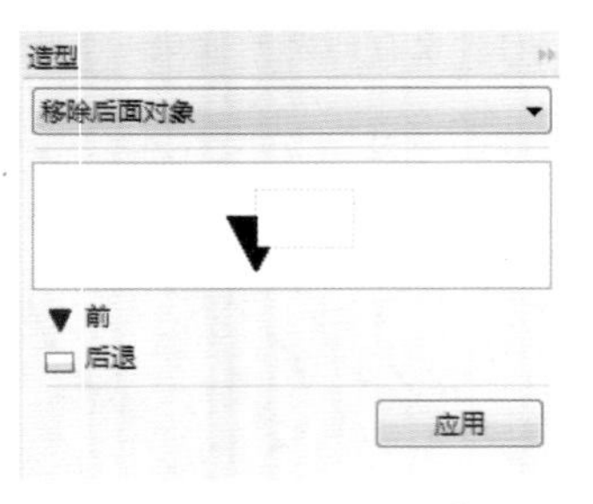

图6-223

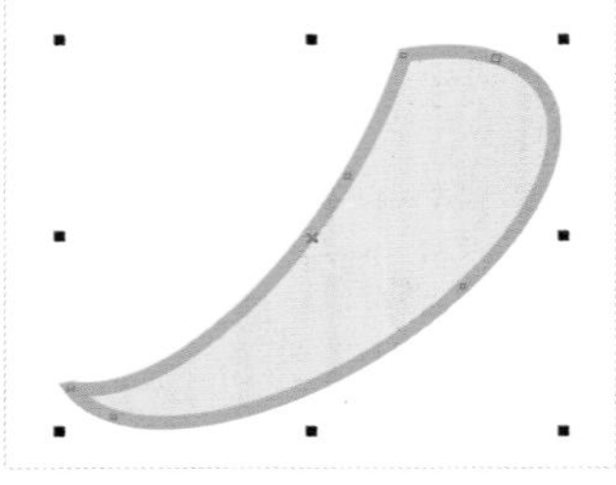
图6-224

移除前面对象操作

<1>.菜单操作

选中需要进行移除的对象，确保底层为最终保留的对象，如图6-225所示保留底层黄色星形，然后执行菜单栏中的“对象>造形>移除前面对象”命令，如图6-226所示，最终保留底图黄色星形轮廓，如图6-227所示。

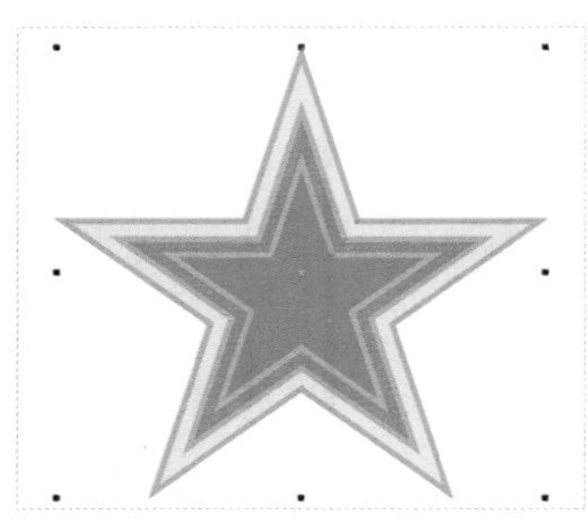
图6-225

图6-226

图6-227

<2>泊坞窗操作

打开“造型”泊坞窗，在下拉选项中将类型切换为“移除前面对象”，如图6-228所示。选中两个或多个重叠对象，单击“应用”按钮，只显示底层移除后的对象，如图6-229所示。

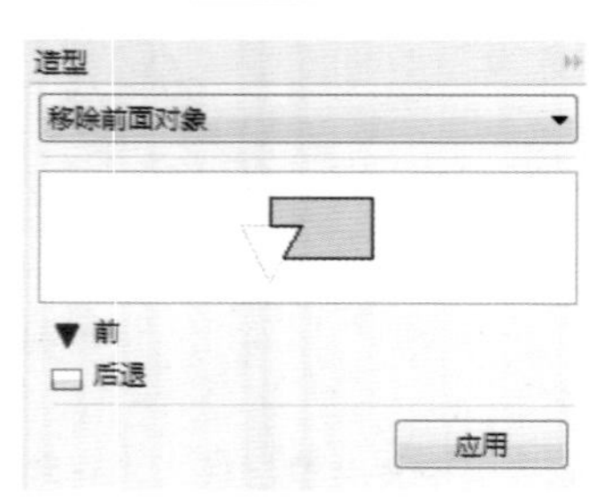

图6-228

图6-229

6.9.6 边界

“边界”命令用于将所有选中的对象的轮廓以线描方式显示。

菜单边界操作

选中需要进行边界操作的对象，如图6-230所示，然后执行菜单栏中的“对象>造形>边界”命令，如图6-231所示，移开线描轮廓可见，菜单边界操作会默认在线描轮廓下保留源对象，如图6-232所示。

图6-230

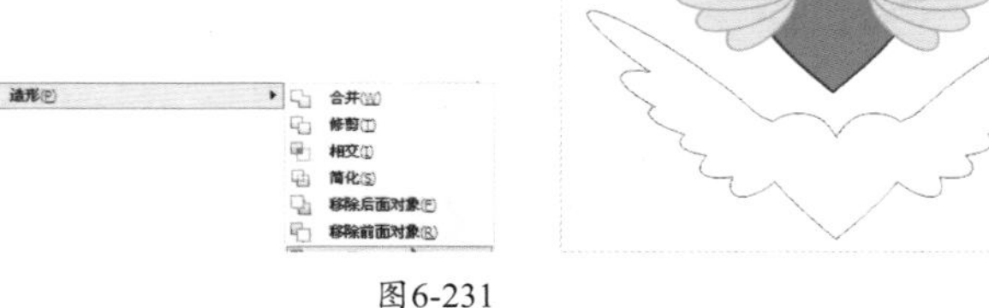
图6-231　图6-232

泊坞窗操作

打开“造型”泊坞窗，在下拉选项中将类型切换为“边界”，如图6-233所示，“边界”面板可以设置相应的选项。

选中需要创建轮廓的对象，单击“应用”按钮，显示所选对象的轮廓，如图6-234所示。

图6-233

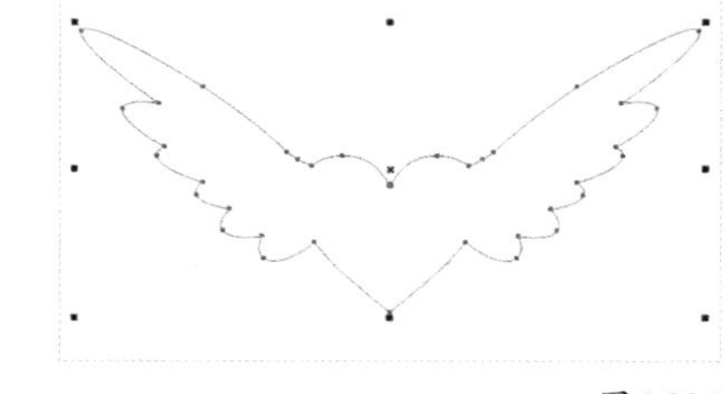
图6-234

边界选项介绍

放到选定对象后面：在保留源对象的时候，勾选该选项应用后的线描轮廓将位于源对象的后面。

在使用“放到选定对象后面”选项时，需要同时勾选“保留原对象”选项，否则不显示原对象，就没有效果。

保留原对象：勾选该选项将保留原对象，线描轮廓位于原对象上面。

不勾选“放到选定对象后面”和“保留原对象”选项时，只显示线描轮廓。

★ 重点 ★

实战：用造型制作闹钟

实例位置 下载资源>实例文件>CH06>实战：用造型制作闹钟.cdr
素材位置 下载资源>素材文件>CH06>12.cdr、13.jpg
视频位置 下载资源>多媒体教学>CH06>实战：用造型制作闹钟.flv
实用指数 ★★★★☆
技术掌握 焊接功能的运用方法

青蛙闹钟效果如图6-235所示。

图6-235

01 新建一个空白文档，然后设置文档名称为“青蛙闹钟”，接着设置页面大小“宽”为301mm、“高”为205mm。

02 使用“椭圆形工具”绘制一个椭圆和一个圆形，如图6-236所示，然后选中圆形复制一份，并将两个圆形底端对齐，如图6-237所示，接着全选圆形进行组合对象，再将组合好的对象拖到椭圆上方，最后设置“水平居中对齐”，如图6-238所示，注意对齐时不要留间隙。

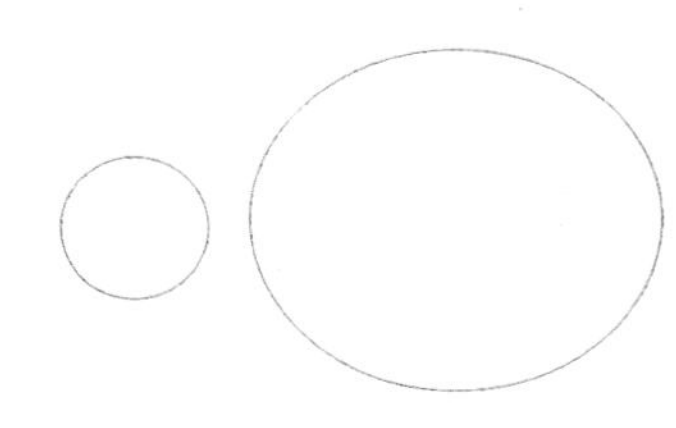

图6-236

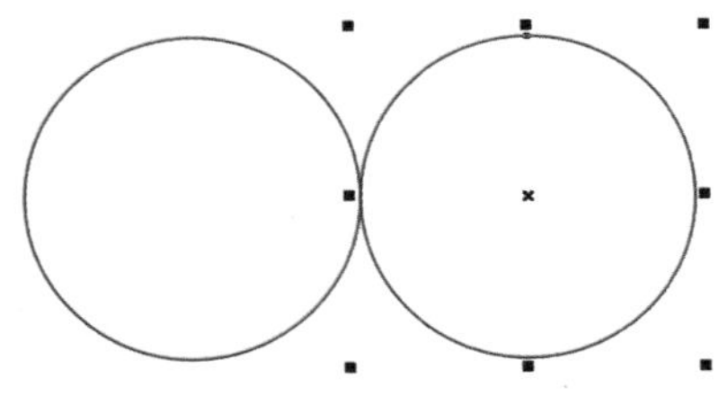

图6-237

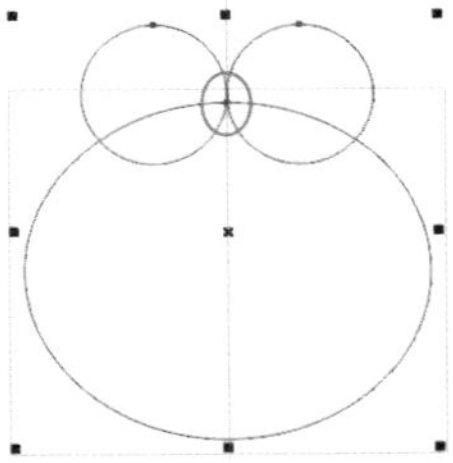

图6-238

03 全选对象执行“对象>造形>合并”菜单命令，将对象焊接成整体，如图6-239所示，然后在“编辑填充”对话框中选择“渐变填充”方式，设置“类型”为“椭圆形渐变填充”、“镜像、重复和反转”为“默认渐变填充”，再设置“节点位置”为0%的色标颜色为（C:66，M:37，Y:100，K:0）、“节点位置”为100%的色标颜色为（C:0，M:0，Y:100，K:0），“填充宽度”为201.017、“水平偏移”为-27.0、“垂直偏移”为15.625，接着单击“确定”按钮 确定 完成填充，如图6-240和图6-241所示，最后去掉轮廓线，效果如图6-242所示。

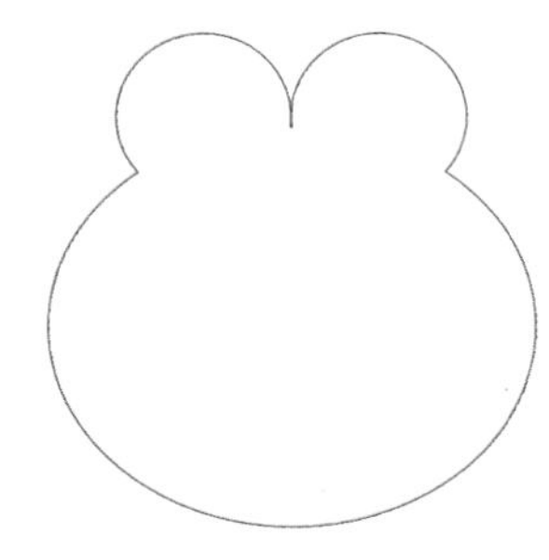

图6-239

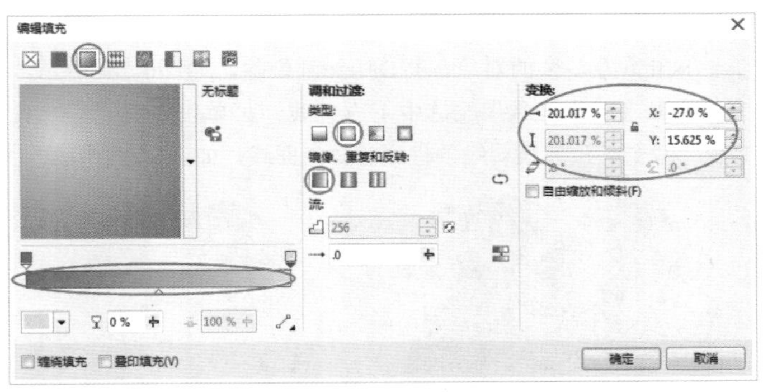

图6-240

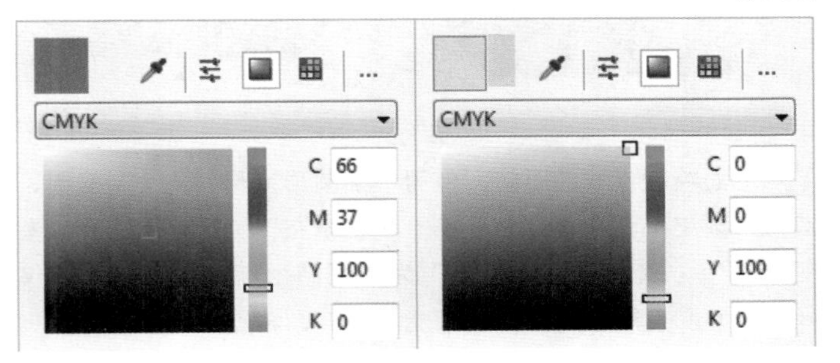

图6-241

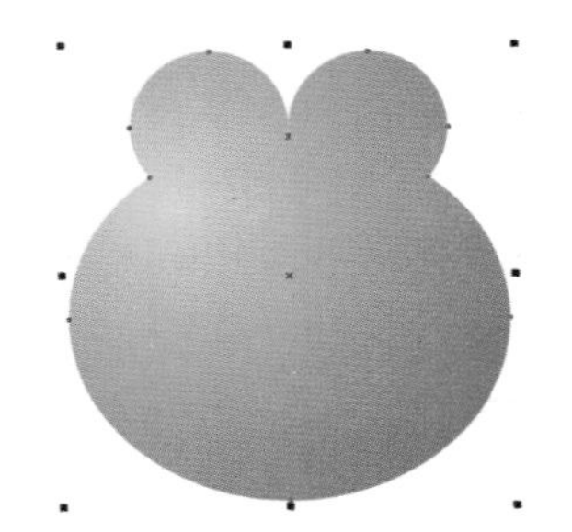

图6-242

04 单击“刻刀工具”，然后在如图6-243所示的位置单击左键，接着按Shift键移到相对边框上单击左键进行切割，如图6-244和图6-245所示。

图6-243

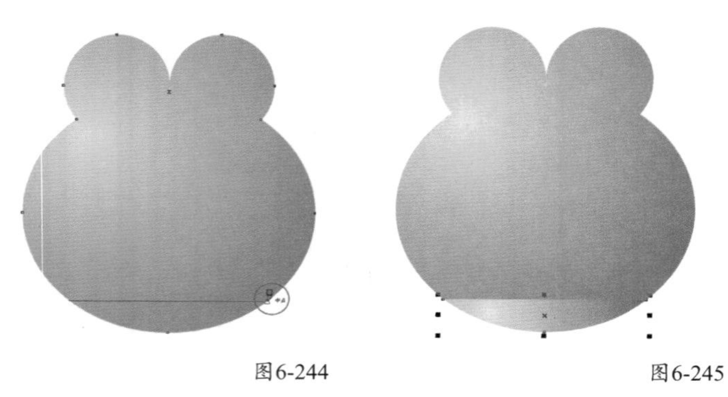
图6-244　　图6-245

05 单击下方多余的对象，按Delete键删除，如图6-246所示，然后单击“形状工具”选中下方直线，再单击右键执行“到曲线”命令，接着拖动线条将底部变为曲线，如图6-247所示。

图6-246　　图6-247

06 下面绘制青蛙的眼睛。使用“椭圆形工具”绘制椭圆，双击“渐层工具”，然后在“编辑填充”对话框中选择“渐变填充”方式，设置“类型”为“椭圆形渐变填充”、“镜像、重复和反转”为“默认渐变填充”，再设置“节点位置”为0%的色标颜色为（C:66，M:37，Y:100，K:0）、“位置”为55%的色标颜色为（C:0，M:0，Y:0，K:10）、“位置”为100%的色标颜色为白色，“填充宽度”为163.741、“水平偏移”为-15.0、“垂直偏移”为5.0，接着单击“确定”按钮完成，如图6-248和图6-249所示，最后以同样的方法将圆形切割为曲线，如图6-250所示。

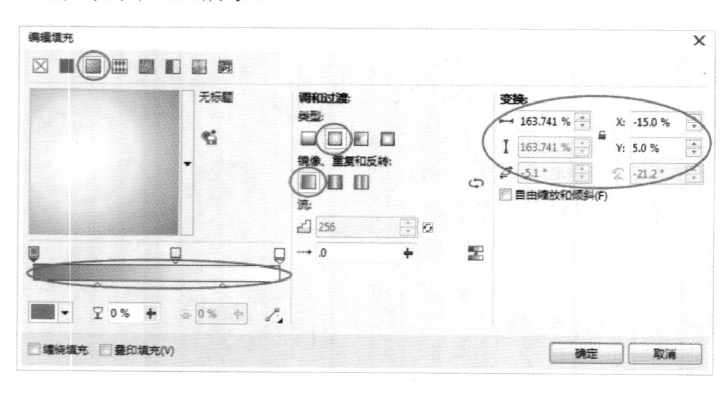

图6-248

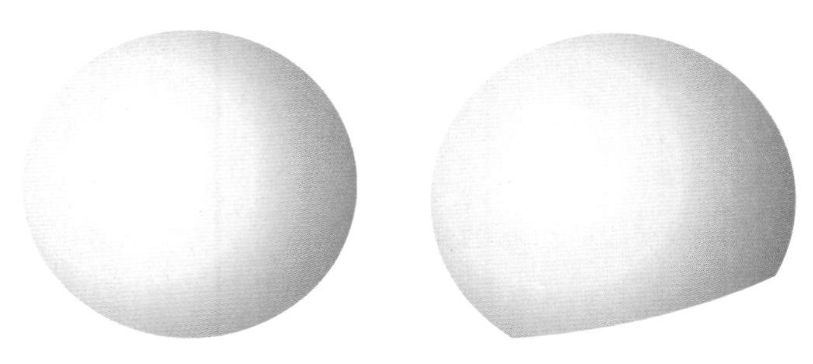
图6-249　　图6-250

07 在编辑好的对象中绘制一个椭圆，双击“渐层工具”，然后在“编辑填充”对话框中选择“渐变填充”方式，设置“类型”为“线性渐变填充”、“镜像、重复和反转”为“默认渐变填充”，再设置“节点位置”为0%和“节点位置”为32%的色标颜色均为（C:100，M:0，Y:100，K:0）、“节点位置”为100%的色标颜色为（C:40，M:0，Y:100，K:0），“填充宽度”为99.04、“水平偏移”为12.476、“垂直偏移”为-6.141、“旋转”为155.3，接着单击“确定”按钮完成填充，如图6-251和图6-252所示，最后将眼睛对象全选进行组合对象，复制一份水平镜像，再将眼睛拖放在先前绘制的对象上，如图6-253所示。

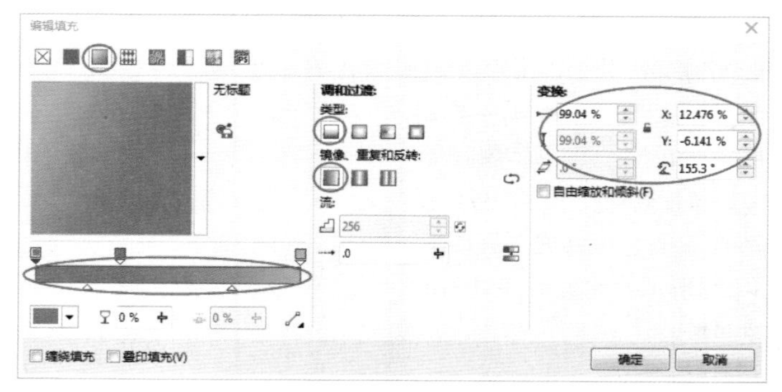

图6-251

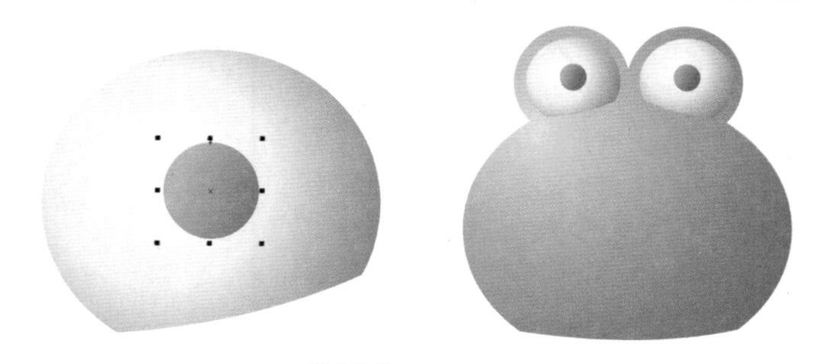
图6-252　　图6-253

08 下面进行眼睛的效果修饰。复制左边眼睛的眼白对象，填充为白色，然后略微放大，放置在眼白下方，再向右边移动一点距离，接着选中右边的眼白，原位置复制一份，并填充颜色为（C:66，M:37，Y:100，K:0），再向右边移动一点距离，效果如图6-254所示。

图6-254

09 使用“手绘工具”绘制眼睛的高光，然后填充颜色为白色，接着单击“透明度工具”，在属性栏设置“透明度类型”为“线性渐变透明度”，将光标移动到对象上按左键拖动预览渐变效果，松开左键完成，如图6-255所示，最后将高光复制到另一只眼睛上，效果如图6-256所示。

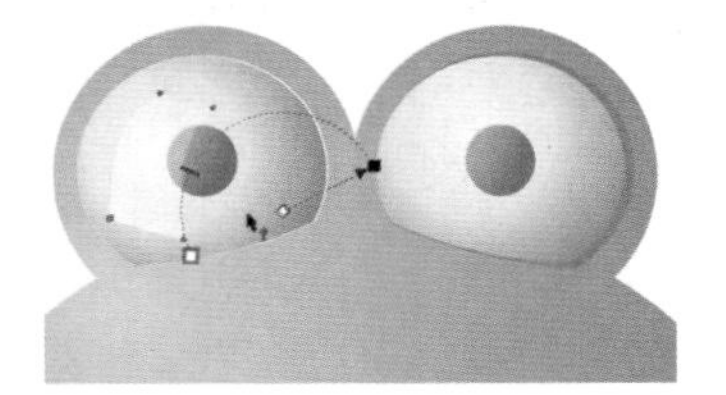

图6-255

图6-256

10 使用“椭圆形工具”绘制椭圆，然后单击属性栏上的“转曲”按钮将其转曲，接着使用“形状工具”选中最下面的节点往上移动，如图6-257所示。

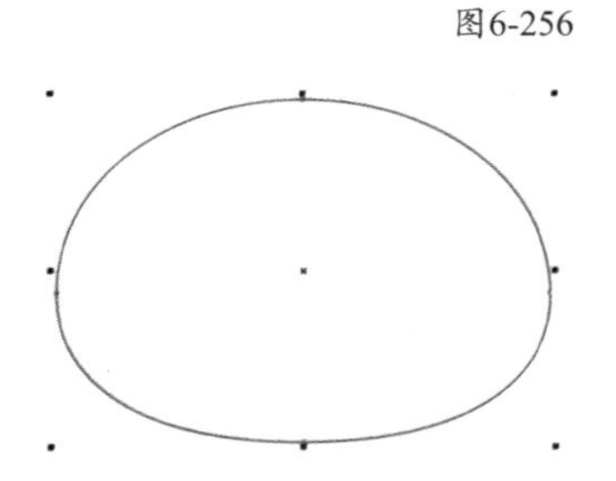

图6-257

11 双击“渐层工具”，然后在“编辑填充”对话框中选择“渐变填充”方式，设置“类型”为“椭圆形渐变填充”、“镜像、重复和反转”为“默认渐变填充”，再设置“节点位置”为0%的色标颜色为黑色、“节点位置”为100%的色标颜色为（C:40，M:0，Y:100，K:0），“填充宽度”为191.396、“水平偏移”为33.0、“垂直偏移”为-16.0，接着单击“确定”按钮进行填充，如图6-258所示，填充完成后删除轮廓线，最后单击“透明度工具”，在属性栏设置“透明度类型”为“线性渐变透明度”，在对象上按左键拖动预览渐变效果，松开左键完成，效果如图6-259所示。

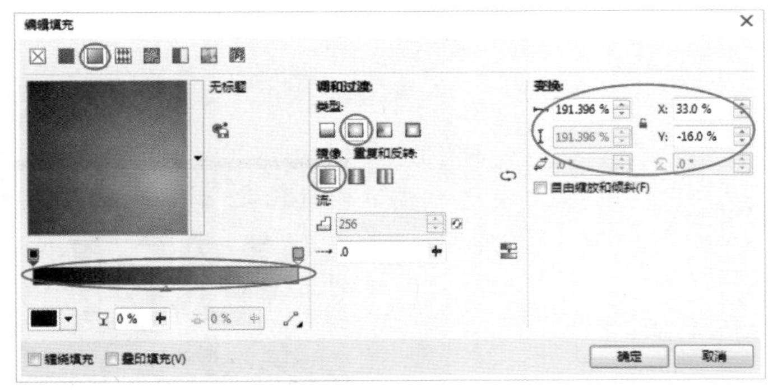

图6-258

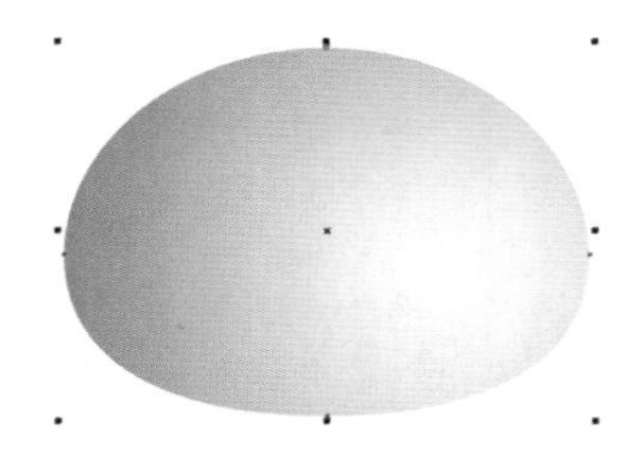

图6-259

12 下面修饰玻璃效果。将绘制好的椭圆复制一份，用之前所述方法将其切割变形，使用“透明度”工具拖动调整透明程度，然后拖动到与椭圆重合，如图6-260所示，接着将之前绘制的眼睛高光复制一份，拖到玻璃内放大，再全选进行组合对象，如图6-261所示，最后将玻璃拖曳到青蛙身体上，形成如图6-262所示的透明玻璃效果。

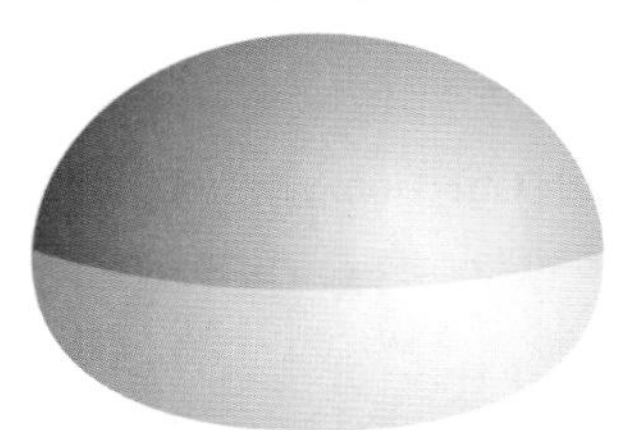

图6-260

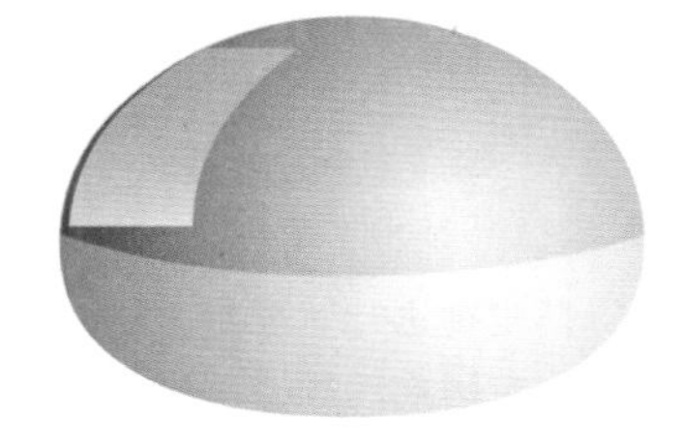

图6-261

图6-262

13 下面修饰玻璃嵌入效果。将玻璃外层的椭圆复制一份等比例放大，然后单击组合对象的玻璃对象，在“修剪”面板上勾选“保留原始源对象”选项，单击“修剪”按钮，再单击椭圆完成修剪，接着设置颜色填充为白色，将圆环置于玻璃对象下方，效果如图6-263所示。

14 下面制作表盘。将椭圆玻璃移到旁边，导入光盘中的“素材文件>CH06>12.cdr”文件，取消组合对象，然后将时间刻数拖放到表盘内的相应位置，如图6-264所示，接着在表盘内绘制椭圆形，填充颜色为红色，并去掉边框，再复制一份放在表盘内相对的位置，效果如图6-265所示，最后使用“贝塞尔工具”绘制嘴巴，设置“轮廓宽度”为1mm、“颜色”为黑色，并将嘴巴的线条全选合并，如图6-266所示。

图6-263

图6-264

图6-265

图6-266

15 将指针对象拖入表盘，排列在顶层，然后单击“阴影工具”，拖动预览阴影效果，如图6-267所示，接着将椭圆玻璃拖回表盘，最后按Ctrl+Home组合键置于所有对象的顶层，效果如图6-268所示。

图6-267

图6-268

16 下面绘制闹钟的阴影。选中青蛙闹钟进行对象组合，然后单击“阴影工具”，从下方开始按左键拖动预览阴影效果，松开左键完成设置，如图6-269和图6-270所示。

图6-269

图6-270

17 导入下载资源中的“素材文件>CH06>13.jpg”文件，然后将图片缩放至页面大小，再按P键于页面居中，接着按Ctrl+End组合键将图片放于闹钟后面，最后将闹钟缩放到合适的大小，最终效果如图6-271所示。

图6-271

6.10 裁剪工具

“裁剪工具”可以裁剪掉对象或导入图像中不需要的部分，并且可以裁切组合的对象和未转曲的对象。

选中需要修整的图像，然后单击“裁剪工具”，在图像上进行绘制范围，如图6-272所示。如果裁剪范围不理想，可以拖动节点进行修正，调整到理想的范围后，按Enter键完成裁剪，如图6-273所示。

图6-272

图6-273

技巧与提示

在进行裁剪范围绘制时，单击范围内的区域可以进行裁剪范围的旋转，使裁剪更灵活，如图6-274所示，按Enter键完成裁剪，如图6-275所示。

图6-274

图6-275

在绘制裁剪范围时，如果绘制失误，那么单击属性栏上的“清除裁剪选取框”可以取消裁剪的范围，如图6-276所示，方便用户重新进行范围绘制。

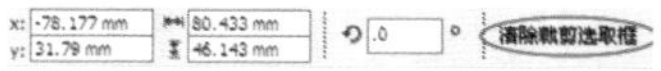

图6-276

★ 重点 ★

实战：用裁剪制作照片桌面

实例位置 下载资源>实例文件>CH06>实战：用裁剪制作照片桌面.cdr
素材位置 下载资源>素材文件>CH06>14.psd、15.jpg、16.jpg
视频位置 下载资源>多媒体教学>CH06>实战：用裁剪制作照片桌面.flv
实用指数 ★★★☆☆
技术掌握 裁剪功能的运用方法

照片桌面效果如图6-277所示。

图6-277

01 新建一个空白文档，然后设置文档名称为“宝宝相片”，接着设置页面大小“宽”为240mm、“高”为170mm。

02 双击“矩形工具”，在页面内创建与页面等大的矩形，然后填充颜色为（C:0，M:0，Y:0，K:100），接着在调色栏无色☒上单击右键去掉矩形的边框，如图6-278所示。

03 导入下载资源中的“素材文件>CH06>14.psd”文件，按P键将图片放置在页面中心，如图6-279所示。

图6-278

图6-279

04 导入下载资源中的“素材文件>CH06>15.jpg”文件，然后将照片缩放到正好覆盖住第一个相框的黑色区域，如图6-280所示，接着将图片拖到页面外，如图6-281所示。

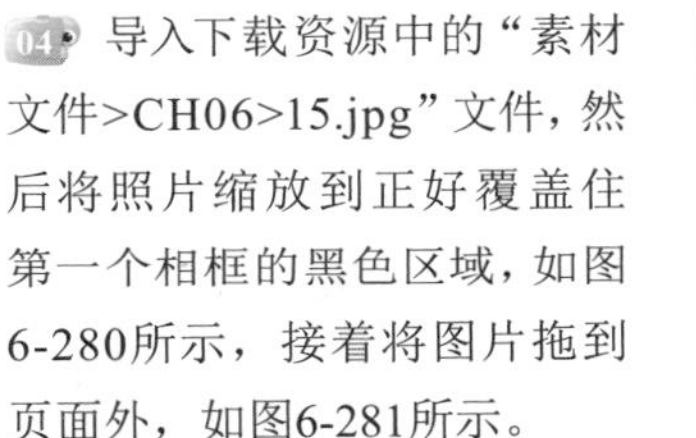

图6-280

图6-281

05 选中图片，单击“裁剪工具”在照片背景上绘制一个范围，如图6-282所示，然后在裁切范围单击左键可以进行旋转，将范围旋转到与黑色区域重合，如图6-283所示，接着单击裁剪范围将大小缩放至完全重合，如图6-284所示。

图6-282

图6-283

图6-284

06 将绘制好的裁切范围拖曳到宝宝照片上，并调整位置，如图6-285所示，然后按Enter键完成裁剪，如图6-286所示，接着将图片拖到相框上方遮盖黑色区域，如图6-287所示。

图6-285

图6-286

图6-287

07 导入下载资源中的“素材文件>CH06>16.jpg”文件，然后缩放至覆盖第2张照片的大小，再拖到页面外，接着绘制第2张照片的裁剪范围，如图6-288所示，最后拖动到宝宝照片上进行裁切，如图6-289和图6-290所示。

图6-288

图6-289

图6-290

08 将裁剪好的宝宝照片拖动到背景图中与黑色区域重合，如图6-291所示，然后单击鼠标右键执行“顺序>置于此对象后”命令，如图6-292所示，当光标变为➡时单击相片素材图层，如图6-293所示，使照片位于该图层下方。

图6-291

图6-292

图6-293

09 最终完成效果如图6-294所示。

图6-294

6.11 刻刀工具

"刻刀工具"可以将对象边缘沿直线、曲线绘制拆分为两个独立的对象。

6.11.1 直线拆分对象

选中对象，然后单击"刻刀工具"，当光标变为刻刀形状时，移动在对象轮廓线上单击左键，如图6-295所示，再将光标移动到另外一边，如图6-296所示，此时会有一条实线进行预览。

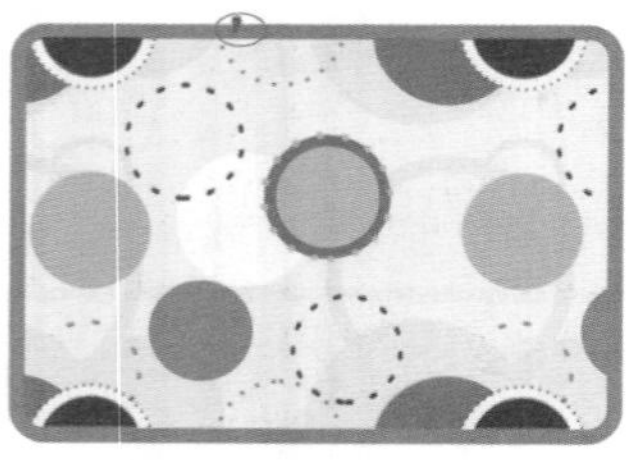

图6-295

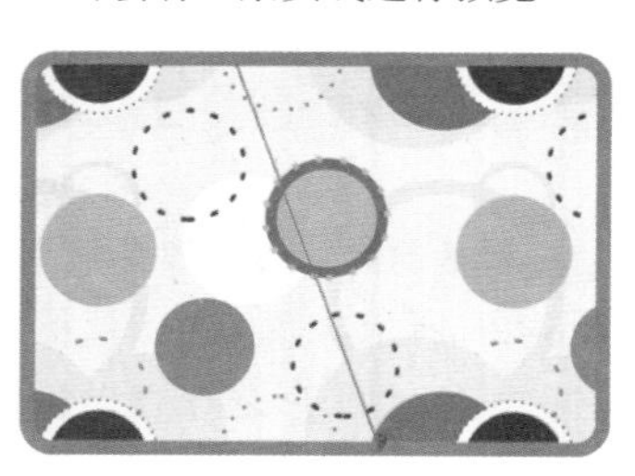

图6-296

单击左键确认后，绘制的切割线变为轮廓属性，如图6-297所示，拆分为独立对象可以分别移动拆分后的对象，如图6-298所示。

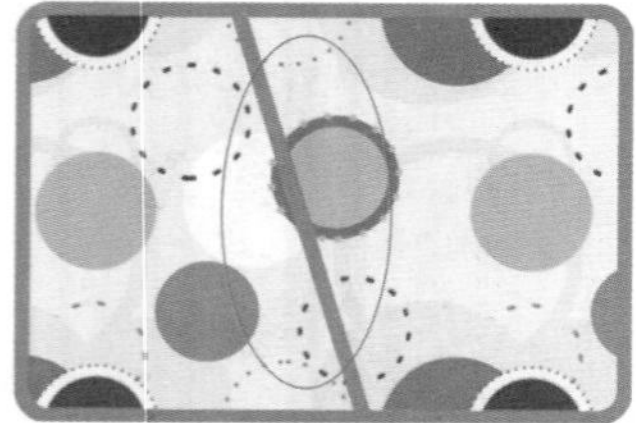

图6-297

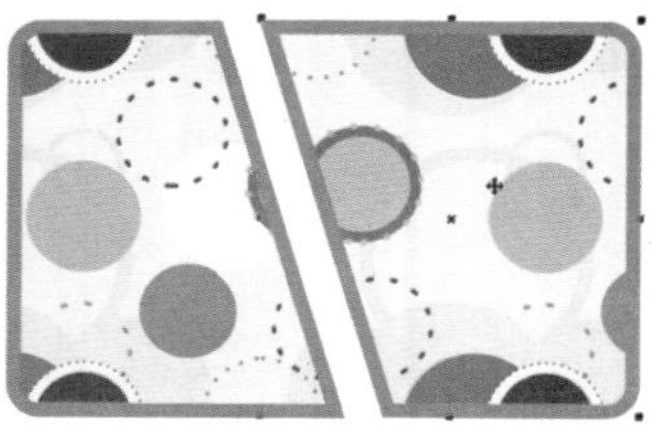

图6-298

6.11.2 曲线拆分对象

选中对象，然后单击"刻刀工具"，当光标变为刻刀形状时，移动在对象轮廓线上按住左键进行绘制曲线，如图6-299所示，预览绘制的实线进行调节，如图6-300所示，切割失误可以按Ctrl+Z组合键撤销重新绘制。

图6-299

图6-300

曲线绘制到边线后，会吸附连接成轮廓线，如图6-301所示，拆分为独立对象可以分别移动拆分后的对象，如图6-302所示。

图6-301

图6-302

6.11.3 拆分位图

"刻刀工具"除了可以拆分矢量图之外，还可以拆分位图。导入一张位图，选中后单击"刻刀工具"，如图6-303所示，在位图边框开始绘制直线切割线，如图6-304所示，拆分为独立对象可以分别移动拆分后的对象，如图6-305所示。

图6-303

图6-304

图6-305

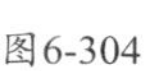

在位图边框开始绘制曲线切割线，如图6-306所示，拆分为独立对象可以分别移动拆分后的对象，如图6-307所示。

图6-306

图6-307

疑难问答

问：“刻刀工具”可以绘制平滑的曲线吗？

答：“刻刀工具”绘制曲线切割除了长按左键拖动绘制外，如图6-308所示，还可以在单击定下节点后加按Shift键进行控制点调节，形成平滑曲线。

图6-308

6.11.4 刻刀工具的设置

“刻刀工具”的属性栏如图6-309所示。

图6-309

刻刀选项介绍

保留为一个对象：将对象拆分为两个子路径，并不是两个独立对象，激活后不能进行分别移动，如图6-310所示，双击可以进行整体编辑节点。

图6-310

切割时自动闭合：激活后在分割时自动闭合路径，关掉该按钮，切割后不会闭合路径，如图6-311和图6-312所示只显示路径，填充效果消失。

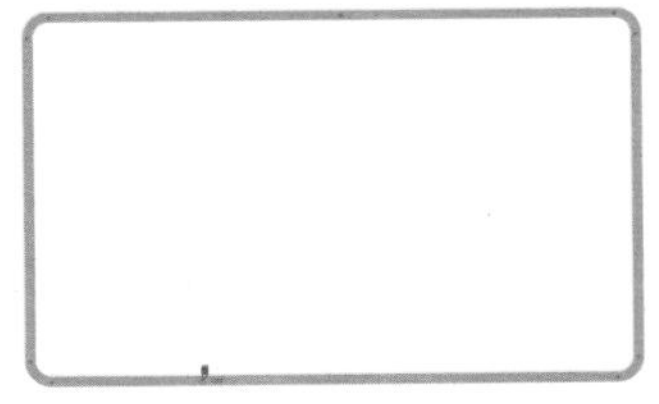

图6-311

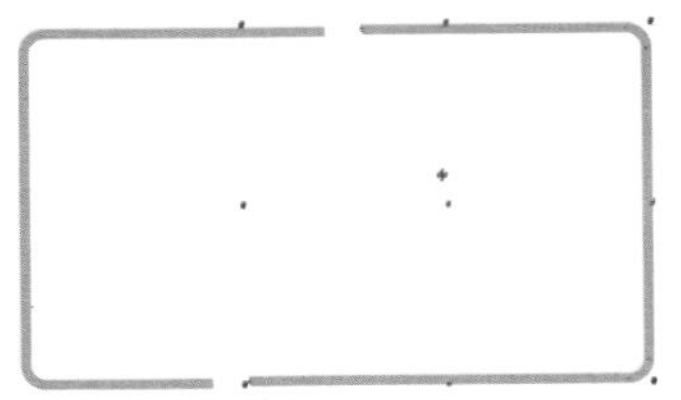

图6-312

实战：用刻刀制作明信片

实例位置　下载资源>实例文件>CH06>实战：用刻刀制作明信片.cdr
素材位置　下载资源>素材文件>CH06>17.jpg、18.cdr
视频位置　下载资源>多媒体教学>CH06>实战：用刻刀制作明信片.flv
实用指数　★★★★☆
技术掌握　刻刀功能的运用方法

明信片效果如图6-313和图6-314所示。

图6-313

图6-314

01 新建一个空白文档，然后设置文档名称为“城市明信片”，接着设置页面大小“宽”为195mm、“高”为100mm。

02 导入下载资源中的“素材文件>CH06>17.jpg”文件，将图片拖入页面，然后单击“刻刀工具”，在图片上方轮廓处单击左键，再按Shift键水平移动到另一边单击左键，绘制一条裁切直线，如图6-315所示，将图片裁切为两个独立对象，效果如图6-316所示。

图6-315

图6-316

03 单击导航器上的加页按钮添加一页，将星空的图片对象拖进第2页，然后回到第一页，将城市的图片拖放至与页面上方重合，如图6-317所示，页面下方并没有被图片覆盖住。

图6-317

04 下面绘制明信片的正面。单击“刻刀工具”，然后长按Shift键在图片右边轮廓处单击左键，接着在另一边靠下一些按左键不放进行拖动，通过控制点调整曲线的弧度，如图6-318所示，最后将多余的部分按Delete键删除掉，如图6-319所示。

图6-318

图6-319

05 双击“矩形工具”，在页面内创建与页面等大的矩形，然后填充颜色为（C:25，M:55，Y:0，K:0），再去掉轮廓线，如图6-320所示，接着单击“刻刀工具”，按上述方法将矩形切开，删除多余的部分,，如图6-321所示。

图6-320

图6-321

06 导入下载资源中的“素材文件>CH06>18.cdr”文件，将文字缩放于页面右边的空白处，最终效果如图6-322所示。

07 下面绘制明信片的背面。在导航器上单击第二页，然后将星空拖放在页面最下边，再使用“刻刀工具”将图片切割为只留星云的底图，如图6-323所示，接着使用“矩形工具”绘制矩形，设置填充颜色为白色，并去掉轮廓线，设置“圆角”为4mm，如图6-324所示，最后单击“透明度工具”以如图6-325所示的方向拖动渐变。

图6-322

图6-323

图6-324

图6-325

08 绘制正方形，然后水平方向复制5个，全选后组合对象，再填充轮廓颜色为红色（C:0，M:100，Y:100，K: 0），接着将方块拖曳到页面左上角，如图6-326所示，接着绘制贴放邮票的矩形，边框填充也是红色，如图6-327所示。

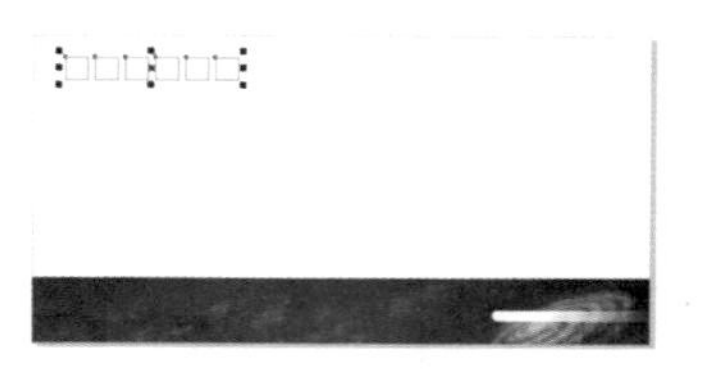
图6-326

图6-327

09 单击“贝塞尔工具”绘制一条直线，然后设置线条样式为虚线，颜色为（C:0，M:0，Y:0，K:80），接着垂直复制两条，组合放置在页面中的相应位置，如图6-328所示，最后将邮政编码字样拖入渐变白色矩形中，最终效果如图6-329所示。

图6-328

图6-329

6.12 橡皮擦工具

“橡皮擦工具”用于擦除位图或矢量图中不需要的部分，文本和有辅助效果的图形需要转曲后进行操作。

6.12.1 橡皮擦的使用

单击导入位图，选中后单击“橡皮擦工具”，然后将光标移动到对象内，单击左键定下开始点，移动光标会出现一条虚线进行预览，如图6-330所示，单击左键进行直线擦除，将光标移动到对象外也可以进行擦除，如图6-331~图6-333所示。

图6-330

图6-331

图6-332

图6-333

长按左键可以进行曲线擦除，如图6-334所示。与“刻刀工具”不同的是，橡皮擦可以在对象内进行擦除。

图6-334

技巧与提示

在使用“橡皮擦工具”时，擦除的对象并没有拆分开，如图6-335所示。

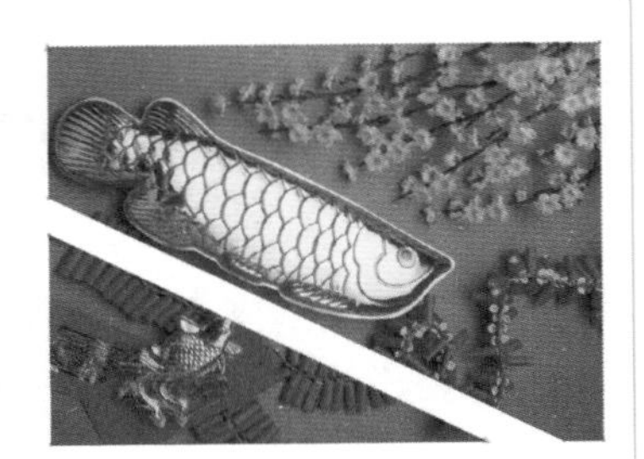

图6-335

需要进行分开编辑时，执行“对象>拆分位图”菜单命令，如图6-336所示，可以将原来对象拆分成两个独立的对象，方便进行分别编辑，如图6-337所示。

图6-336

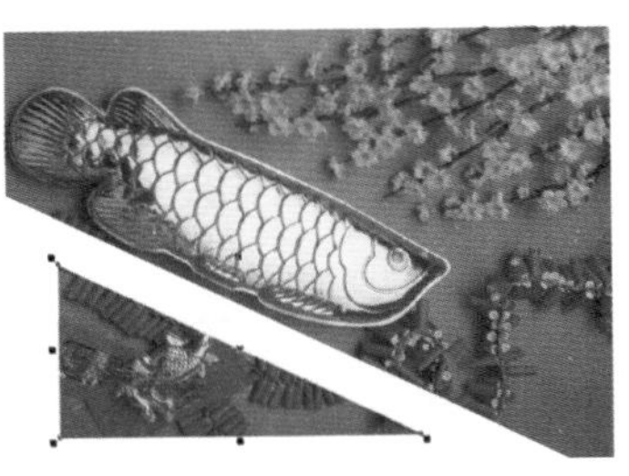

图6-337

6.12.2 参数设置

“橡皮擦工具”的属性栏如图6-338所示。

图6-338

橡皮擦选项介绍

橡皮擦厚度：在后面的文字框中输入数值，可以调节橡皮擦尖头的宽度。

技巧与提示

橡皮擦尖端的大小除了输入数值调节外，按住Shift键再按住左键进行移动也可以进行大小调节。

减少节点：单机激活该按钮，可以减少在擦除过程中节点的数量。

橡皮擦形状：橡皮擦形状有两种，一种是默认的圆形尖端，另一种是激活后的方形尖端，单击“橡皮擦形状”按钮可以进行切换。

6.13 虚拟段删除工具

“虚拟段删除工具”用于移除对象中重叠和不需要的线段。绘制一个图形，然后选中图形单击“虚拟段删除工具”，如图6-339所示，在没有目标时光标显示为，将光标移动到要删除的线段上，光标变为，如图6-340所示，单击选中的线段进行删除，如图6-341所示。

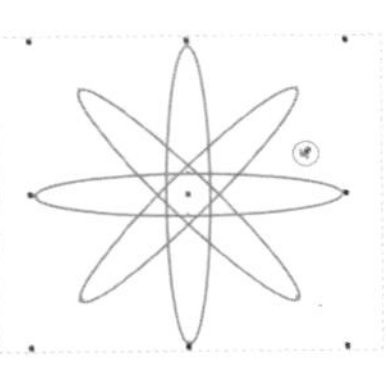

图6-339

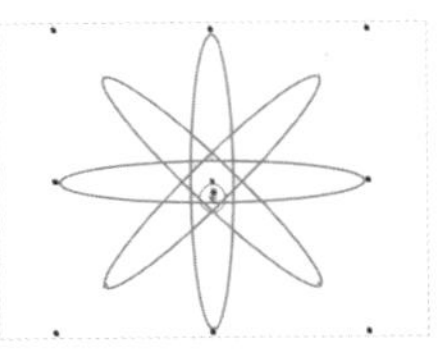

图6-340

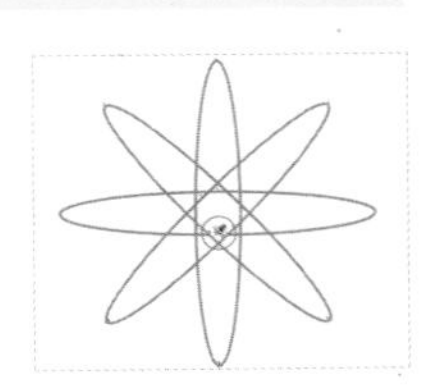

图6-341

删除多余的线段后，如图6-342所示，图形无法进行填充操作了。删除线段后节点是断开的，如图6-343所示，单击“形状工具”进行连接节点，闭合路径后就可以进行填充操作，如图6-344所示。

图6-342

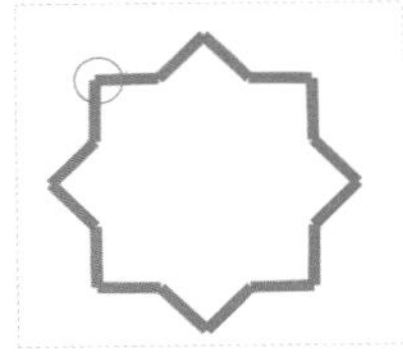

图6-343

图6-344

技巧与提示

“虚拟段删除工具”不能对组合对象、文本、阴影和图像进行操作。

第7章

智能与填充操作

Learning Objectives
学习要点

Employment direction
从业方向

版面设计 插画设计
服装设计 平面设计

品牌设计 产品设计

工具名称	工具图标	工具作用	重要程度
智能填充工具		填充多个图形的交叉区域，并使填充区域形成独立的图形	低
智能绘图工具		快速绘制图形并将手绘笔触转换为近似形状或平滑的曲线	低
颜色滴管工具		对颜色进行取样，并应用到其他对象	高
属性滴管工具		复制对象的属性（如填充、轮廓大小和效果），并将其应用到其他对象	高
调色板填充	无	通过鼠标单击直接为对象填充颜色，可以进行自定义设置	高

7.1 智能与填充操作简介

作为专业的平面图形绘制软件，CorelDRAW X7具有丰富的图形绘制和编辑能力。通过智能与填充操作，可以利用多种方式为对象填充颜色。智能与填充操作通过多样化的编辑方式与操作技巧赋予了对象更多的变化，使对象表现出更丰富的视觉效果。

7.2 智能填充工具

使用“智能填充工具”可以填充多个图形的交叉区域，并使填充区域形成独立的图形。另外，还可以通过属性栏设置新对象的填充颜色和轮廓颜色。

7.2.1 基本填充方法

使用“智能填充工具”既可以对单一图形填充颜色，也可以对多个图形填充颜色，还可以对图形的交叉区域填充颜色。

单一对象填充

选中要填充的对象，如图7-1所示，然后使用“智能填充工具”在对象内单击，即可为对象填充颜色，如图7-2所示。

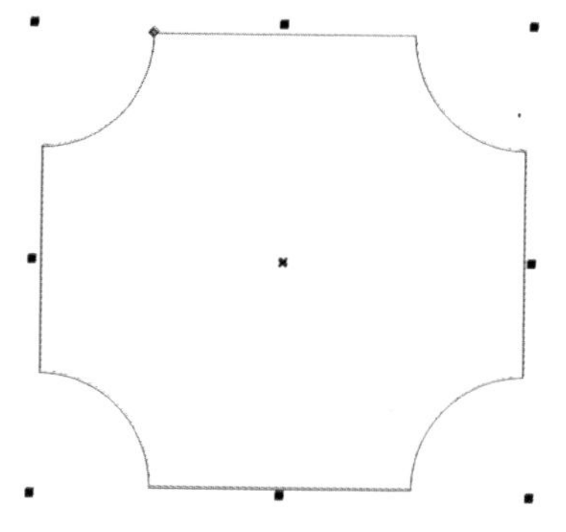

图7-1

图7-2

技巧与提示

当页面内只有一个对象时，在页面空白处单击，即可为该对象填充颜色；如果页面内有多个对象时，则必须在需要填充的对象内单击，才可以为该对象填充颜色。

多个对象合并填充

使用“智能填充工具”可以将多个重叠对象合并填充为一个路径。使用“矩形工具”在页面上任意绘制多个重叠的矩形，如图7-3所示，然后使用“智能填充工具”在页面空白处单击，就可以将重叠的矩形填充为一个独立对象，如图7-4所示。

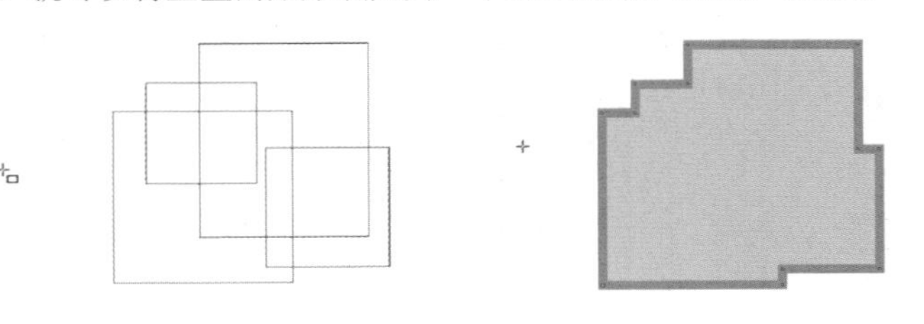

图7-3　　　　图7-4

问：在多个对象合并填充时会改变原始对象吗？

答：在多个对象合并填充时，填充后的对象为一个独立对象。当使用“选择工具”移动填充形成的图形时，可以观察到原始对象不会进行任何改变，如图7-5所示。

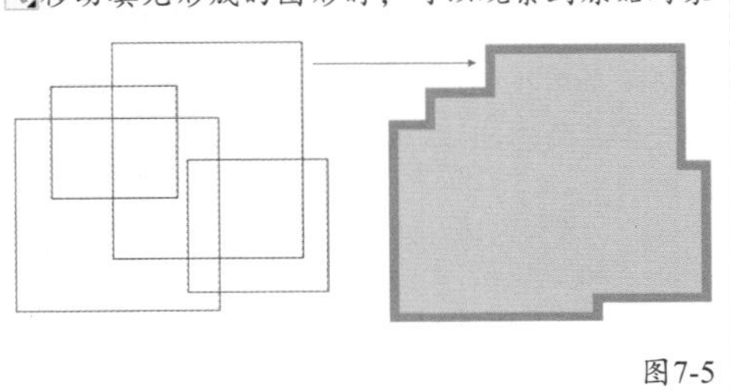

图7-5

交叉区域填充

使用“智能填充工具”可以将多个重叠对象形成的交叉区域填充为一个独立对象。使用“智能填充工具”在多个图形的交叉区域内部单击，即可为该区域填充颜色，如图7-6所示。

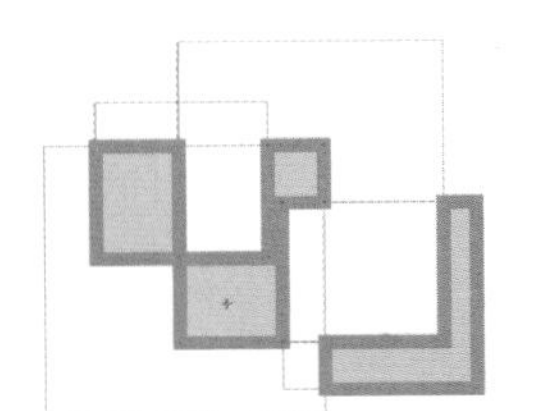

图7-6

★ 重 点 ★

7.2.2 设置填充属性

“智能填充工具”的属性栏如图7-7所示。

图7-7

智能填充工具选项介绍

填充选项：将选择的填充属性应用到新对象，包括“使用默认值”、“指定”和“无填充”3个选项，如图7-8所示。

使用默认值：选择该选项时，将应用系统默认的设置为对象进行填充。

指定：选择该选项时，可以在后面的颜色挑选器中选择对象的填充颜色，如图7-9所示。

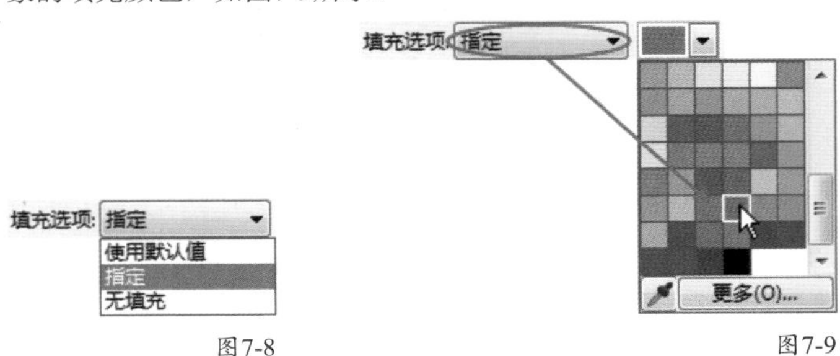

图7-8　　　　图7-9

无填充：选择该选项时，将不对图形填充颜色。

填充色：为对象设置内部填充颜色，该选项只有“填充选项”设置为“指定”时才可用。

轮廓选项：将选择的轮廓属性应用到对象，包括“使用默认值”、“指定”和“无轮廓”3个选项，如图7-10所示。

使用默认值：选择该选项时，将应用系统默认的设置为对象进行轮廓填充。

指定：选择该选项时，可以在后面的“轮廓宽度”下拉列表中选择预设的宽度值应用到选定对象，如图7-11所示。

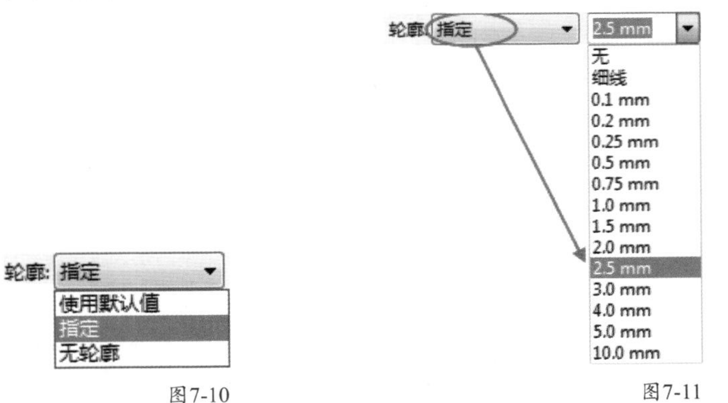

图7-10　　　　图7-11

无轮廓：选择该选项时，不对图形轮廓填充颜色。

轮廓色：为对象设置轮廓颜色，该选项只有“轮廓选项”设置为“指定”时才可用。单击该选项后面的按钮，可以在弹出的颜色挑选器中选择对象的轮廓颜色，如图7-12所示。

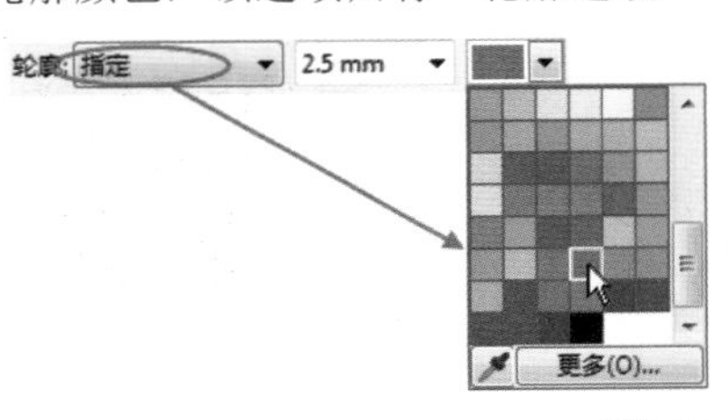

图7-12

滴管：单击该按钮，当光标变为滴管形状时，可以在整个文档窗口中随意进行颜色取样，并将吸取的颜色设置为对象的填充颜色。

更多 更多(O)... ：单击该按钮可以打开"选择颜色"对话框，在该对话框中可以对颜色进行更详细的设置，如图7-13所示。

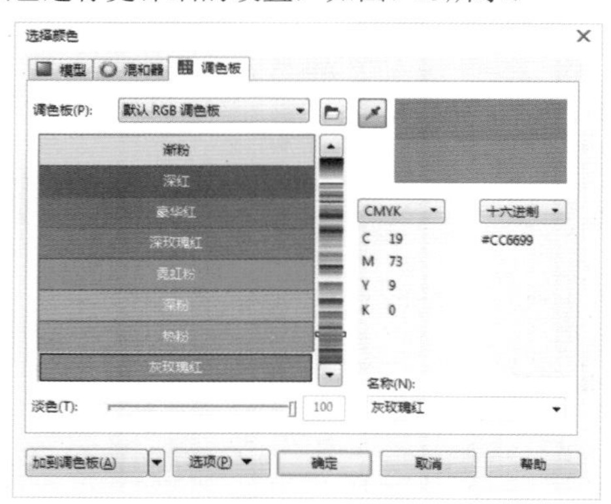

图7-13

疑难问答

问：还有其他填充颜色的方法吗？

答：除了使用属性栏上的颜色填充选项外，也可以使用操作界面右侧调色板上的颜色进行填充。使用"智能填充工具"选中要填充的区域，然后使用鼠标左键单击调色板上的色样，即可为对象内部填充颜色；如果使用鼠标右键单击，即可为对象轮廓填充颜色，如图7-14所示。

图7-14

实战：绘制电视标板

实例位置　下载资源>实例文件>CH07>实战：绘制电视标板.cdr
素材位置　下载资源>素材文件>CH07>01.cdr
视频位置　下载资源>多媒体教学>CH07>实战：绘制电视标板.flv
实用指数　★★★☆☆
技术掌握　智能填充工具的使用方法

电视标板效果如图7-15所示。

图7-15

01 新建一个空白文档，然后设置文档名称为"电视标板"，接着设置页面"宽度"为240mm、"高度"为210mm。

02 双击"矩形工具"创建一个与页面重合的矩形，然后填充颜色为（C:0，M:0，Y:0，K:80），接着去除轮廓线，如图7-16所示。

03 使用"椭圆工具"在页面中间绘制一个圆形，然后填充白色，接着去除轮廓线，效果如图7-17所示。

图7-16

图7-17

04 使用"矩形工具"在图形上绘制出方块轮廓，然后设置"轮廓宽度"为0.2mm、轮廓颜色为（C:0，M:100，Y:100，K:0），接着按Ctrl+Q组合键转换为曲线，效果如图7-18所示。

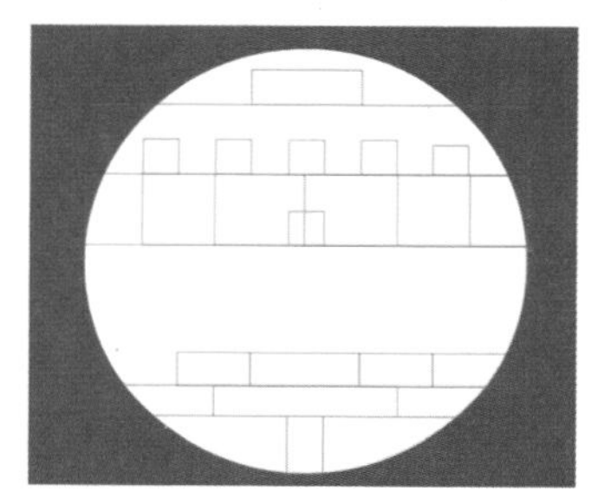

图7-18

知识链接

关于设置轮廓颜色的具体操作方法，请参阅"8.4 轮廓线颜色"下的相关内容。

05 使用"形状工具"调整好方块轮廓，完成后的效果如图7-19所示，然后选中所有的方块轮廓，接着按Ctrl+G组合键进行组合对象。

06 单击"智能填充工具"，然后在属性栏上设置"填充选项"为"指定"、"填充色"为（C:100，M:100，Y:100，K:100）、"轮廓选项"为"无轮廓"，接着在图形中的部分区域内单击，进行智能填充，效果如图7-20所示。

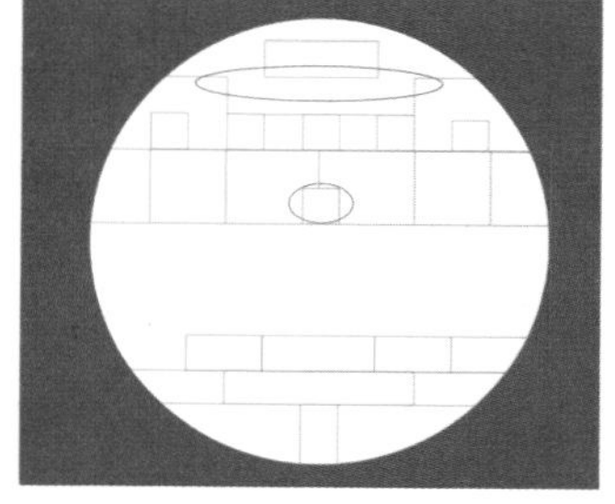

图7-19

图7-20

07 在属性栏上更改“填充色”为（C:0，M:0，Y:100，K:0），然后在图形中的部分区域内单击，进行智能填充，效果如图7-21所示。

08 在属性栏上更改“填充色”为（C:0，M:100，Y:100，K:0），然后在图形中的部分区域内单击，进行智能填充，效果如图7-22所示。

图7-21

图7-22

09 在属性栏上更改“填充色”为（C:0，M:0，Y:0，K:10），然后在图形中的部分区域内单击，进行智能填充，效果如图7-23所示。

10 在属性栏上更改“填充色”为（C:100，M:0，Y:0，K:0），然后在图形中的部分区域内单击，进行智能填充，效果如图7-24所示。

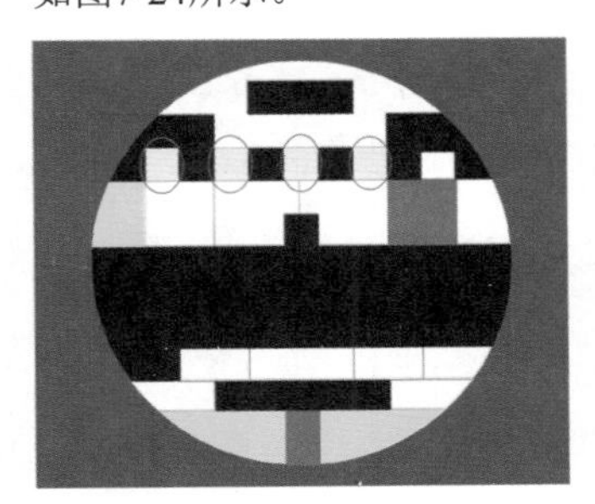

图7-23

图7-24

11 在属性栏上更改“填充色”为（C:40，M:0，Y:100，K:0），然后在图形中的部分区域内单击，进行智能填充，效果如图7-25所示。

12 在属性栏上更改“填充色”为（C:0，M:60，Y:0，K:0），然后在图形中的部分区域内单击，进行智能填充，效果如图7-26所示。

图7-25

图7-26

13 在属性栏上更改“填充色”为（C:0，M:0，Y:0，K:80），然后在图形中的部分区域内单击，进行智能填充，效果如图7-27所示。

14 在属性栏上更改“填充色”为（C:100，M:50，Y:0，K:0），然后在图形中的部分区域内单击，进行智能填充，效果如图7-28所示。

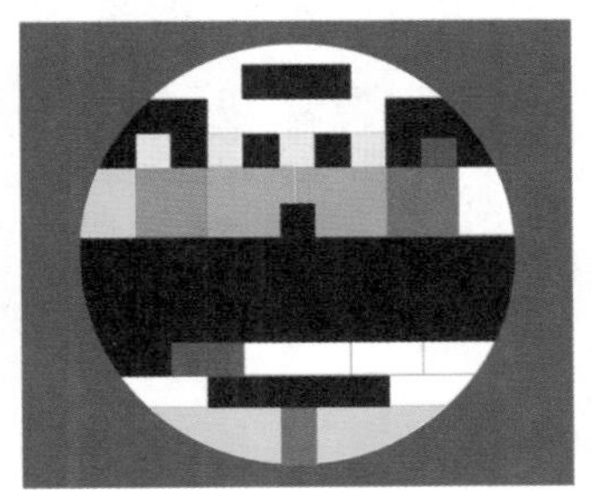

图7-27

图7-28

15 在属性栏上更改“填充色”为（C:0，M:0，Y:0，K:50），然后在图形中的部分区域内单击，进行智能填充，效果如图7-29所示。

16 在属性栏上更改“填充色”为（C:0，M:0，Y:0，K:20），然后在图形中的部分区域内单击，进行智能填充，效果如图7-30所示。

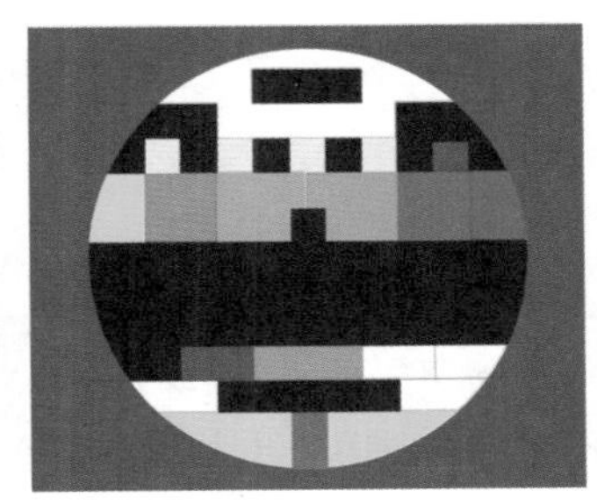

图7-29

图7-30

17 选中前面组合对象后的方块轮廓，然后按Delete键将其删除，效果如图7-31所示。

18 使用“矩形工具”在中下部的黑色区域绘制一个矩形长条，然后填充白色，并去除轮廓线，接着复制出多个白色长条，如图7-32所示。

图7-31

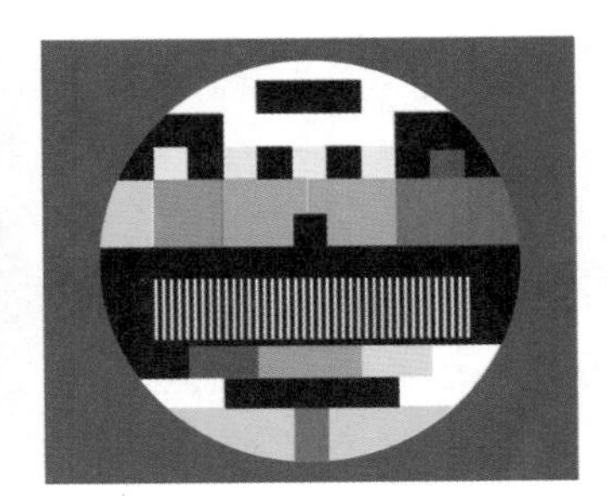

图7-32

19 继续复制一些白色长条（根据实际情况进行缩放）到其他位

置，完成后的效果如图7-33所示，然后选择所有的白色矩形，接着按Ctrl+G组合键进行对象组合。

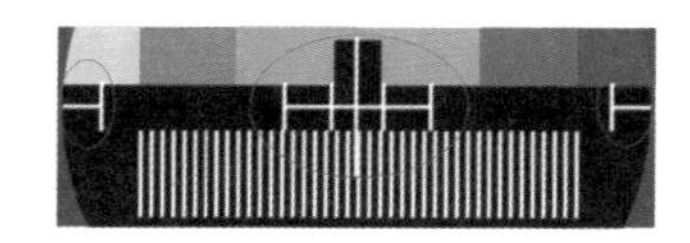

图7-33

20 导入下载资源中的“素材文件>CH07>01.cdr”文件，然后调整好其大小与位置，最终效果如图7-34所示。

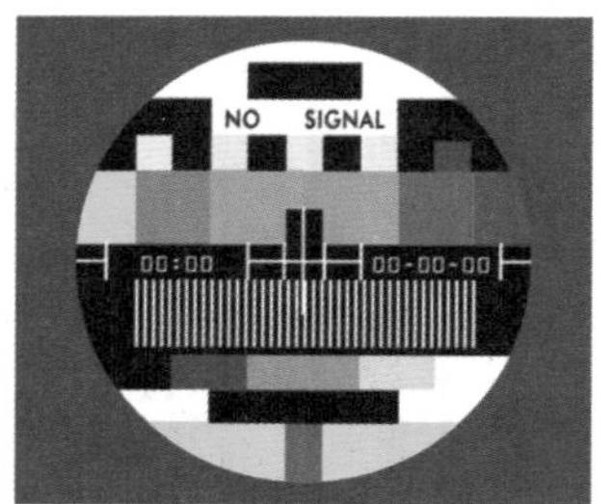

图7-34

7.3 智能绘图工具

使用“智能绘图工具”绘制图形时，可以将手绘笔触转换成近似的基本形状或平滑的曲线。另外，还可以通过属性栏的选项来改变识别等级和所绘制图形的轮廓宽度。

7.3.1 基本使用方法

使用“智能绘图工具”既可以绘制单一的图形，也可以绘制多个图形。

绘制单一图形

单击“智能绘图工具”，然后按住鼠标左键在页面空白处绘制想要的图形，如图7-35所示，待松开鼠标后，系统会自动将手绘笔触转换为与所绘形状近似的图形，如图7-36所示。

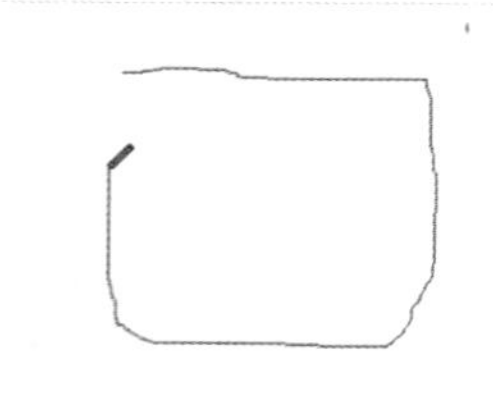

图7-35

图7-36

技巧与提示

在使用“智能绘图工具”时，如果要绘制两个相邻的独立图形，必须要在绘制的前一个图形已经自动平滑后才可以绘制下一个图形，否则相邻的两个图形有可能会产生连接或是平滑成一个对象。

绘制多个图形

在绘制过程中，当绘制的前一个图形未自动平滑前，可以继续绘制下一个图形，如图7-37所示，松开鼠标左键以后，图形将自动平滑，并且绘制的图形会形成同一组编辑对象，如图7-38所示。

图7-37

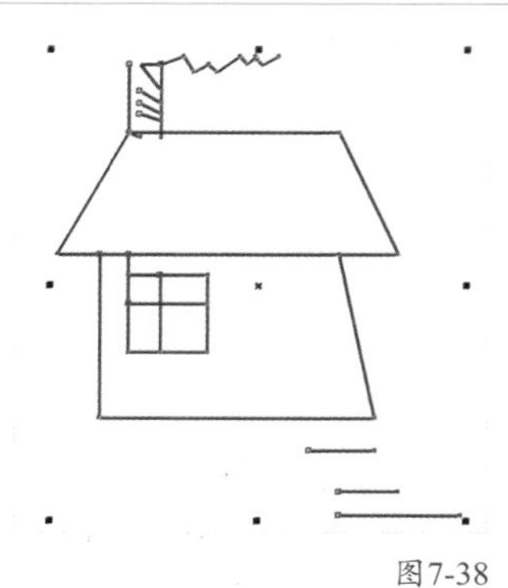

图7-38

当光标呈双向箭头形状时，拖曳绘制的图形可以改变图形的大小，如图7-39所示；当光标呈十字箭头形状时，可以移动图形的位置，在移动的同时单击鼠标右键还可以对其进行复制。

图7-39

技巧与提示

在使用“智能绘图工具”绘图的过程中，如果对绘制的形状不满意，还可以对其进行擦除。擦除方法是按住Shift键反向拖动鼠标。

7.3.2 智能绘图属性的设置

“智能绘图工具”的属性栏如图7-40所示。

图7-40

智能绘图工具选项介绍

形状识别等级：设置检测形状并将其转换为对象的等级，包括“无”、“最低”、“低”、“中”、“高”和“最高”6个选项，如图7-41所示。

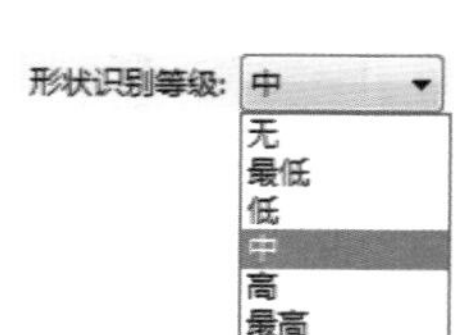

图7-41

无：绘制对象形状的识别等级将保留最多。

最低：绘制对象形状的识别等级会比“无”选项保留得少一些。

低：绘制对象形状的识别等级会比“最低”选项保留得少一些。

中：绘制对象形状的识别等级会比“低”选项保留得少一些。

高：绘制对象形状的识别等级会比“中”选项保留得少一些。

最高：绘制对象形状的识别等级会保留得最少。

智能平滑等级：包括“无”、“最低”、“低”、“中”、“高”和“最高”6个选项，如图7-42所示。

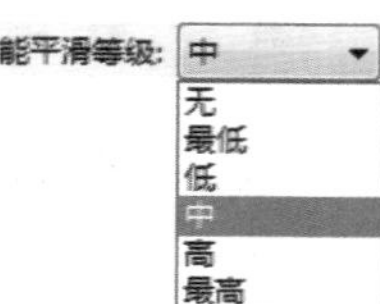

图7-42

无：绘制对象形状的平滑程度最低。

最低：绘制对象形状的平滑程度比“无”要高一些。

低：绘制对象形状的平滑程度比“最低”要高一些。

中：绘制对象形状的平滑程度比“低”要高一些。

高：绘制对象形状的平滑程度比“中”要高一些。

最高：绘制对象形状的平滑程度最高。

轮廓宽度：为对象设置轮廓宽度，如图7-43所示。

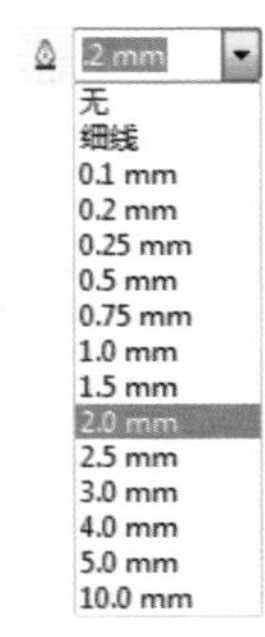

图7-43

技巧与提示

在使用“智能绘图工具”绘制出对象后，将光标移动到对象中心且变为十字箭头形状时，可以移动对象的位置；当光标移动到对象边缘且变为双向箭头时，可以进行缩放操作。另外，在进行移动或是缩放操作时，单击鼠标右键还可以复制对象。

7.4 填充工具

双击状态栏上的“渐层工具”，弹出”编辑填充”对话框，在该对话框中有“无填充”“均匀填充”、“渐变填充”、“向量图样填充”、“位图图样填充”、“双色图样填充”、“底纹填充”、“PostScript填充”8种填充方式，如图7-44所示。

图7-44

7.4.1 均匀填充

使用“均匀填充”方式可以为对象填充单一颜色，也可以在调色板中单击颜色进行填充。“渐层工具”包括“调色板”填充、“混合器”填充和“模型填充”3种。

绘制一个图形并将其选中，如图7-45所示，然后双击“渐层工具”，在弹出的“编辑填充”对话框中选择“均匀填充”方式，接着单击“调色板”选项卡，再单击想要填充的色样，最后单击“确定”按钮，即可为对象填充选定的单一颜色，如图7-46和图7-47所示。

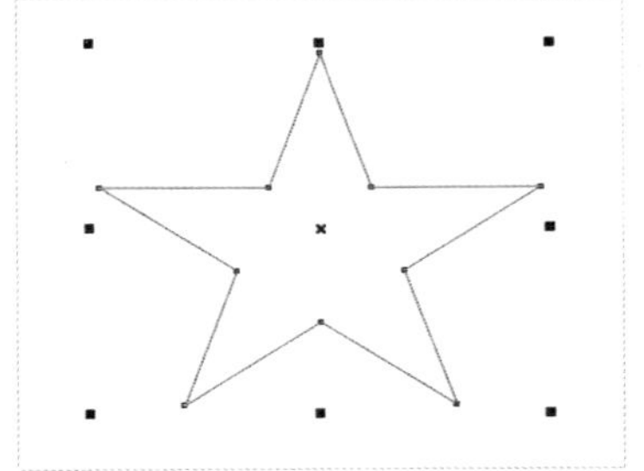
图7-45

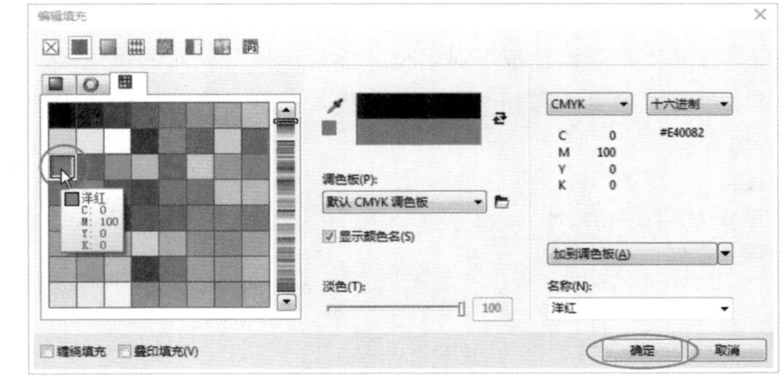

图7-46

图7-47

在“均匀填充”对话框中拖动纵向颜色条上的矩形滑块，可以对其他区域的颜色进行预览，如图7-48所示。

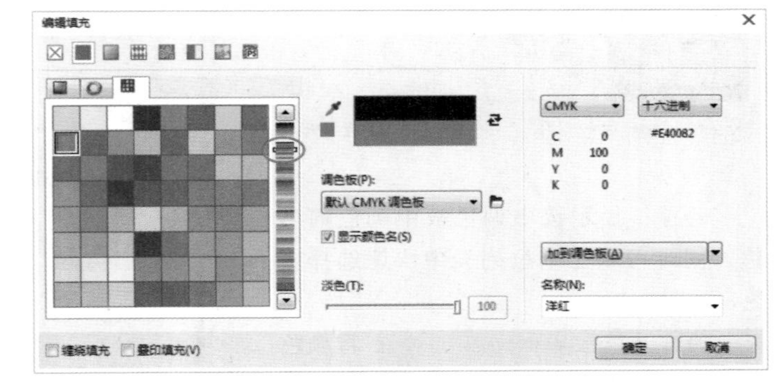

图7-48

调色板选项卡选项介绍

调色板：用于选择调色板，如图7-49所示。

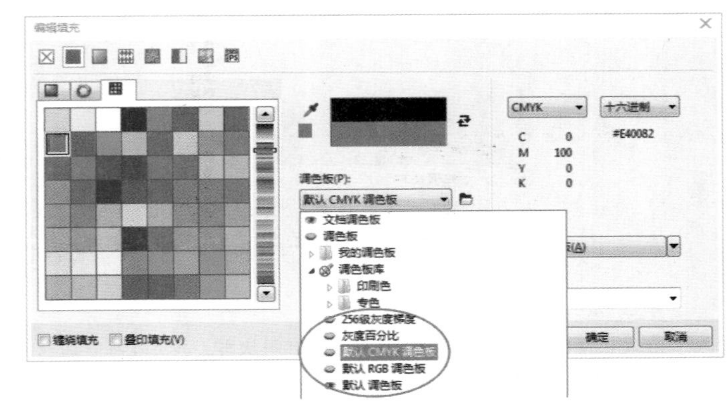

图7-49

打开调色板：用于载入用户自定义的调色板。单击该按钮，打开“打开调色板”对话框，然后选择要载入的调色板，接着单击“打开”按钮 打开(O) 即可载入自定义的调色板，如图7-50所示。

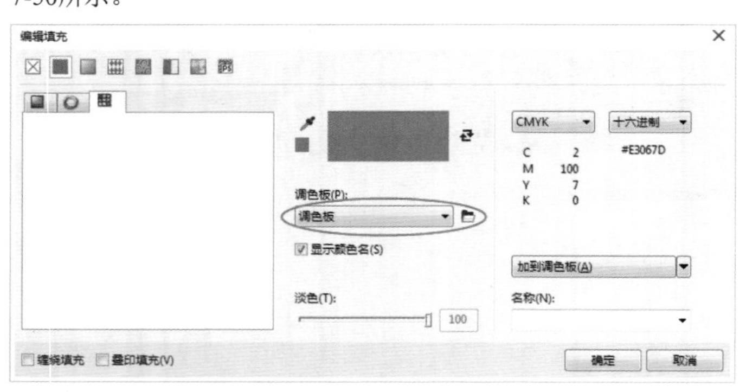

图7-50

滴管：单击该按钮可以在整个文档窗口内进行颜色取样。

颜色预览窗口：显示对象当前的填充颜色和对话框中选择的颜色，上面的色条显示选中对象的填充颜色，下面的色条显示对话框中选择的颜色，如图7-51所示。

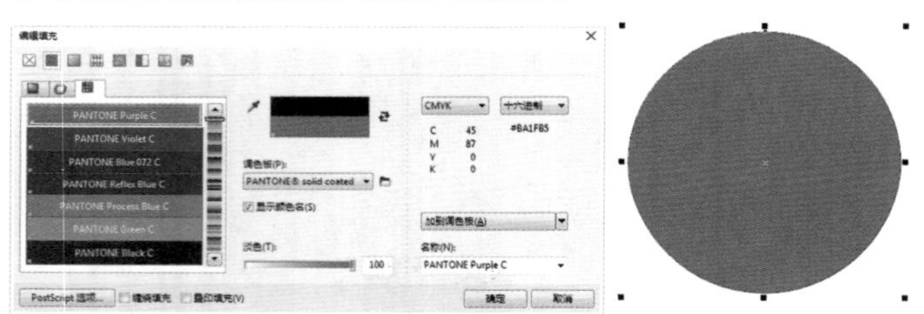

图7-51

名称：显示选中调色板中颜色的名称，同时可以在下拉列表中快速选择颜色，如图7-52所示。

加到调色板 加到调色板(A)：将颜色添加到相应的调色板。单击后面的按钮可以选择系统提供的调色板类型，如图7-53所示。

加到调色板(A)
• 文档调色板
调色板

图7-53

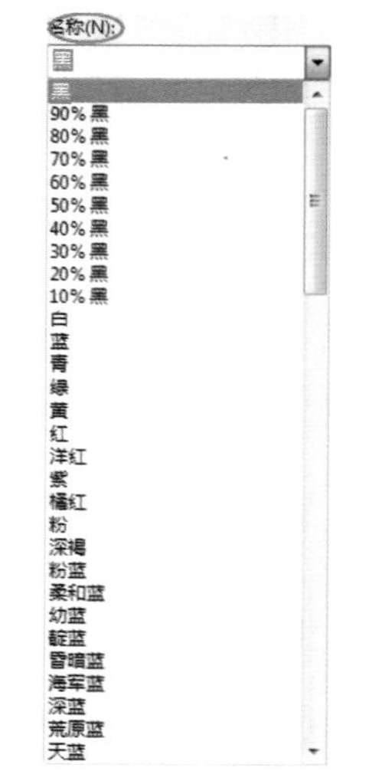

图7-52

技巧与提示

在默认情况下，“淡色”选项处于不可用状态，只有在将“调色板”类型设置为专色调色板类型（例如DIC Colors调色板）时，该选项才可用。往右调整淡色滑块，可以减淡颜色，往左调整则可以加深颜色，同时可以在颜色预览窗口中查看淡色效果，如图7-54所示。

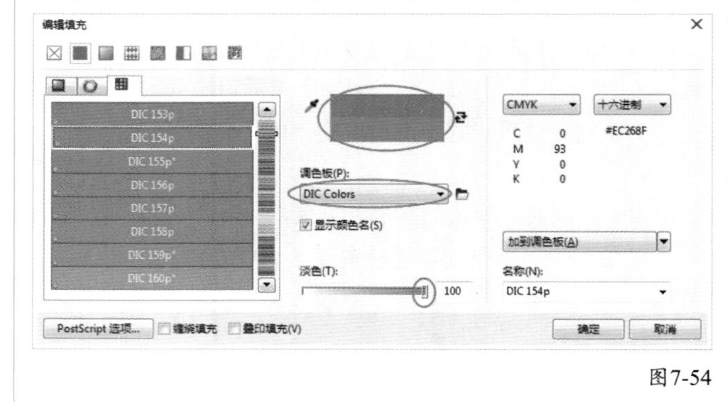

图7-54

混合器填充

绘制一个图形并将其选中，如图7-55所示，然后双击“渐层工具”，在弹出的“编辑填充”对话框中选择“均匀填充”方式，接着单击“混合器”选项卡，在“色环”上单击选择颜色范围，再单击颜色列表中的色样选择颜色，最后单击“确定”按钮 确定，如图7-56所示，填充效果如图7-57所示。

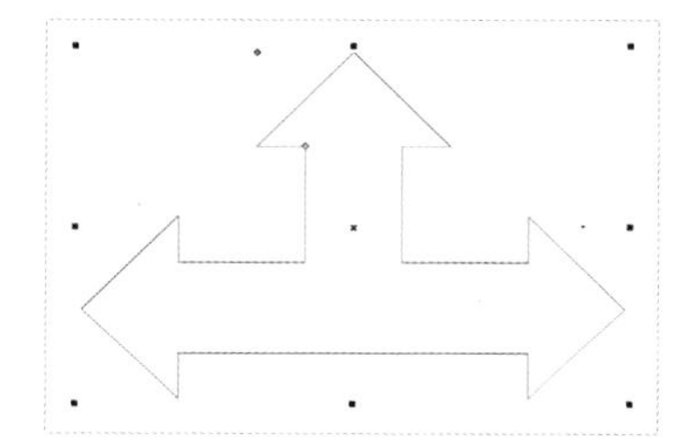

图7-55

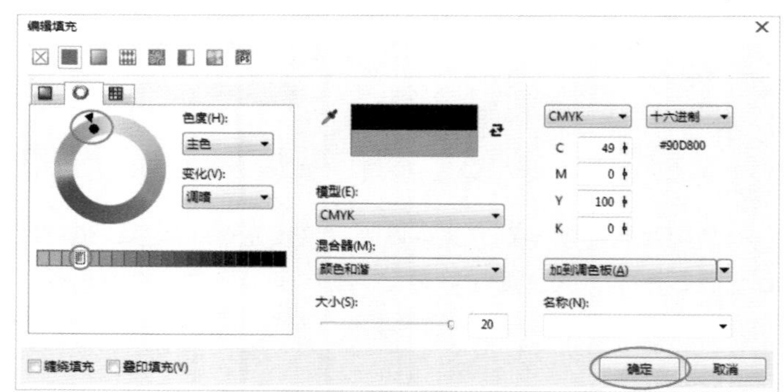

图7-56

图7-57

技巧与提示 

在“均匀填充”对话框中选择颜色时，将光标移出该对话框，光标即可变为滴管形状，此时可从绘图窗口进行颜色取样；如果单击对话框中的“滴管”按钮后，再将光标移出对话框，此时不仅可以从文档窗口进行颜色取样，还可对应用程序外的颜色进行取样。

混合器选项卡选项介绍

模型：选择调色板的色彩模式，如图7-58所示。其中CMYK和RGB为常用色彩模式，CMYK用于打印输出，RGB用于显示预览。

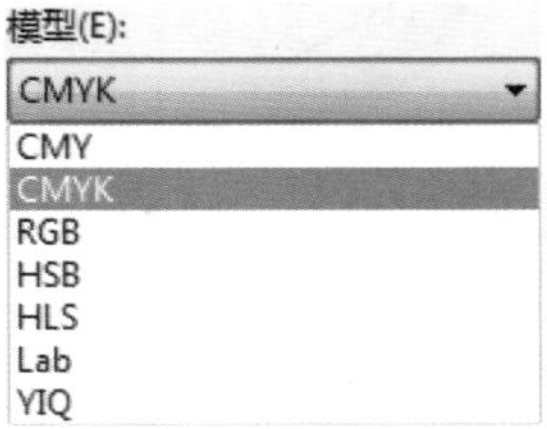

图7-58

色度：用于选择对话框中色样的显示范围和所显示色样之间的关系，如图7-59所示。

主色：选择该选项时，在色环上会出现1个颜色滑块，同时在颜色列表中会显示一行与当前颜色滑块所在位置对应的渐变色系，如图7-60所示。

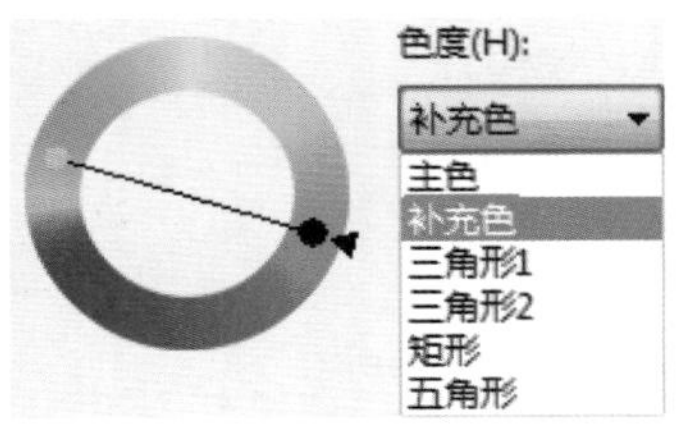

图7-59

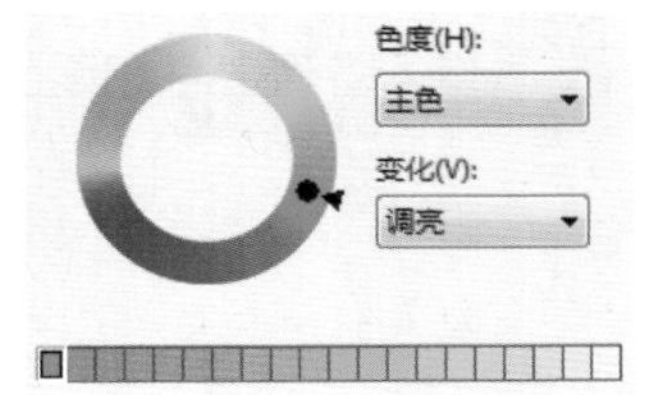

图7-60

补充色：选择该选项时，在色环上会出现两个颜色滑块，同时在颜色列表中会显示两行与当前颜色滑块所在位置对应的渐变色系，如图7-61所示。

三角形1：选择该选项时，在色环上会出现3个颜色滑块，同时在颜色列表中会显示3行与当前颜色滑块所在位置对应的渐变颜色系，如图7-62所示。

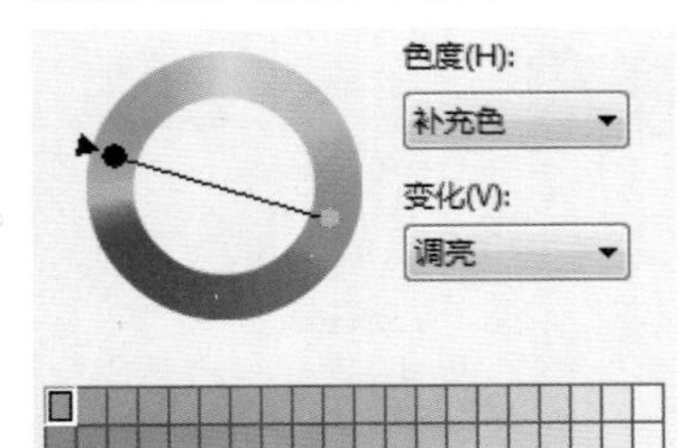

图7-61

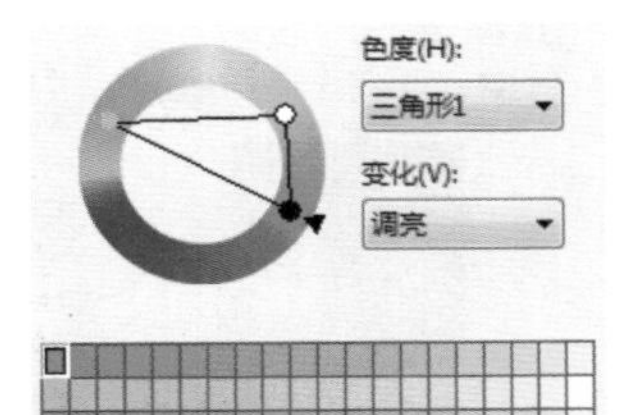

图7-62

三角形2：选择该选项时，在色环上会出现3个颜色滑块，同时在颜色列表中会显示3行与当前颜色滑块所在位置对应的渐变颜色系，如图7-63所示。

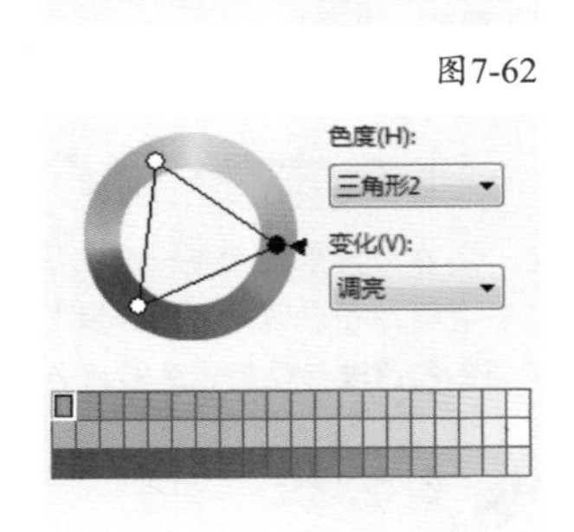

图7-63

矩形：选择该选项时，在色环上会出现4个颜色滑块，同时在颜色列表中显示4行与当前颜色滑块所在位置对应的渐变色系，如图7-64所示。

五角形：选择该选项时，在色环上会出现5个颜色滑块，同时在颜色列表中显示5行与当前颜色滑块所在位置对应的渐变色系，如图7-65所示。

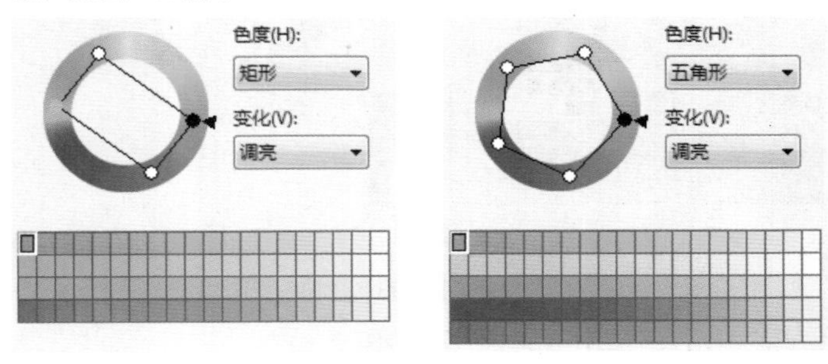

图7-64　图7-65

当色环上的颜色滑块位置发生改变时，颜色列表中的渐变色系也会随之改变，如图7-66所示，并且当光标移动到色环上变为十字形状时，使用鼠标左键在色环上单击进行拖曳，可以更改所有颜色滑块的位置，如图7-67所示；当移动光标至白色滑块变为手抓形状时，按住鼠标左键进行拖曳，可以调整所有白色滑块的位置，如图7-68所示。

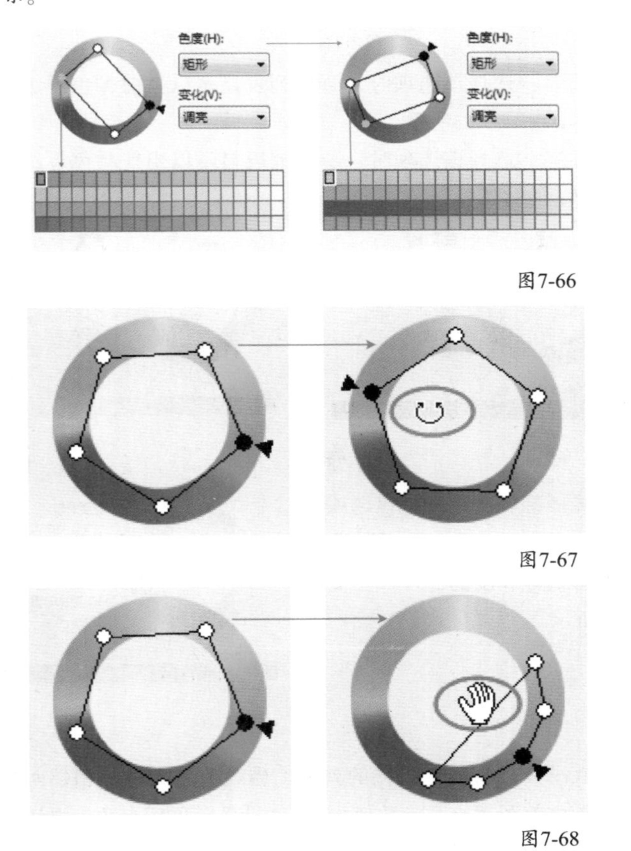

图7-66

图7-67

图7-68

变化：用于选择显示色样的色调，如图7-69所示。

无：选择该选项时，颜色列表只显示色环上当前颜色滑块对应的颜色，如图7-70所示。

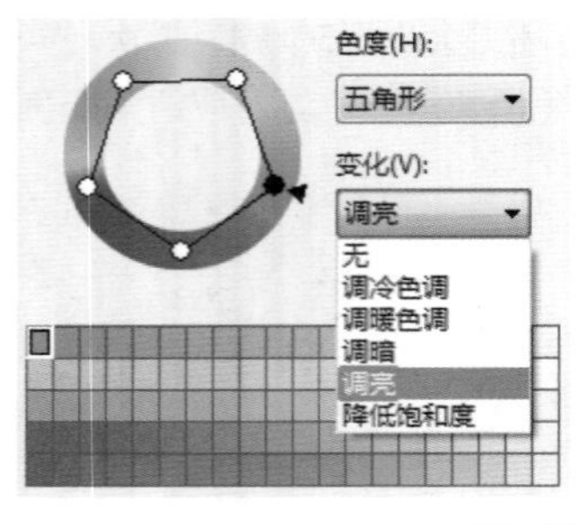

图7-69

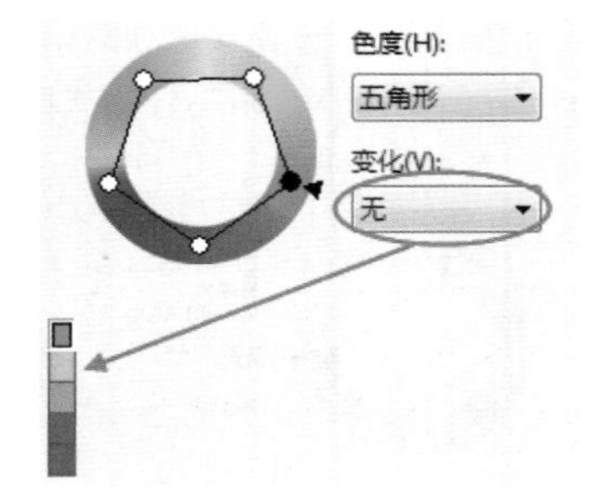

图7-70

调冷色调：选择该选项时，颜色列表显示以当前颜色向冷色调逐级渐变的色样，如图7-71所示。

调暖色调：选择该选项时，颜色列表显示以当前颜色向暖色调逐级渐变的色样，如图7-72所示。

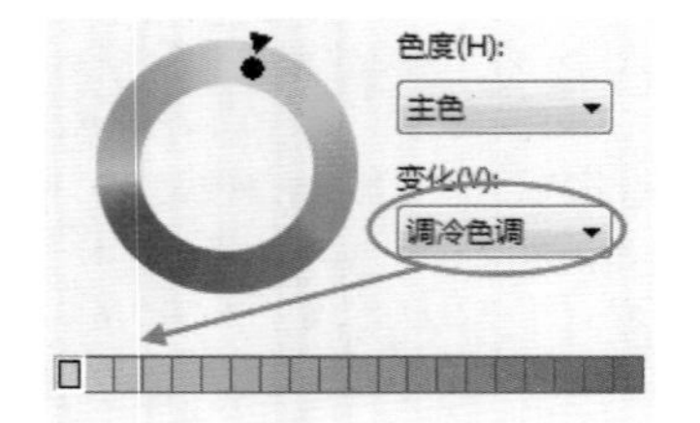

图7-71

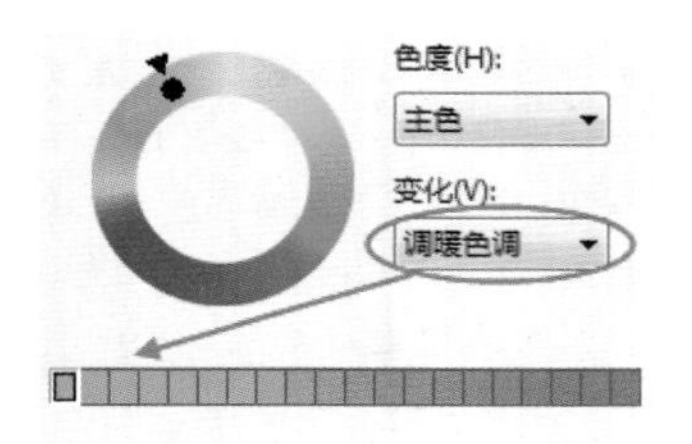

图7-72

调暗：选择该选项时，颜色列表显示以当前颜色逐级变暗的色样，如图7-73所示。

调亮：选择该选项时，颜色列表显示以当前颜色逐级变亮的色样，如图7-74所示。

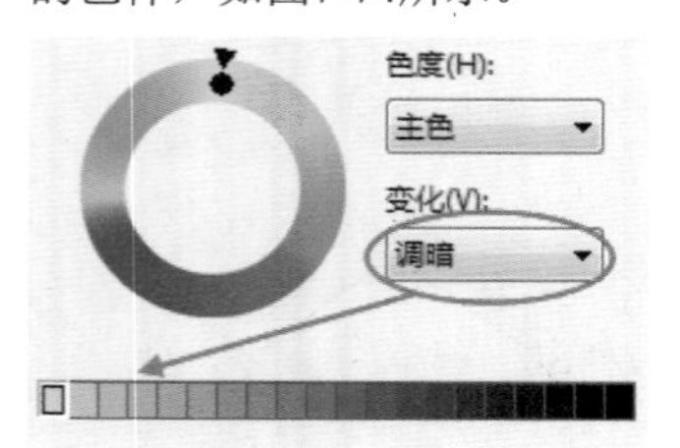

图7-73

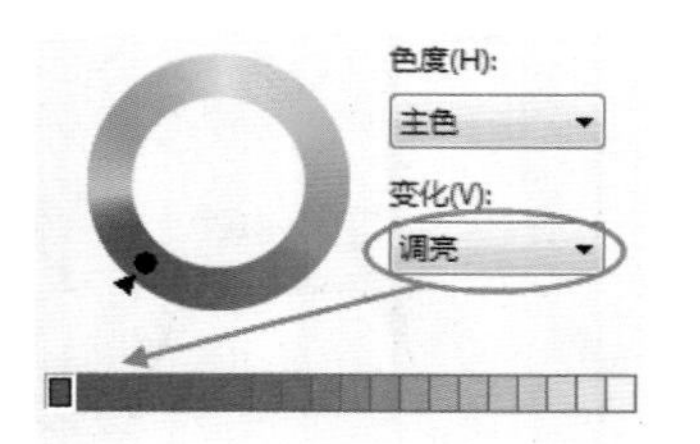

图7-74

降低饱和度：选择该选项时，颜色列表显示以当前颜色逐级降低饱和度的色样，如图7-75所示。

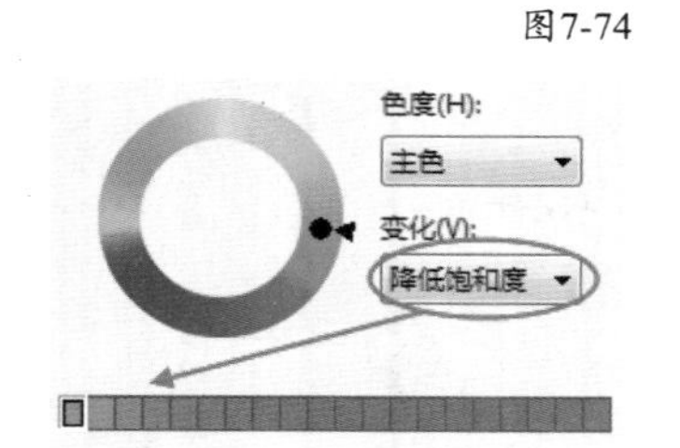

图7-75

大小：控制显示色样的列数。当数值越大时，相邻两列色样间颜色差距越小（当数值为1时，只显示色环上颜色滑块对应的颜色），当数值越小时，相邻两列色样间颜色差距越大，如图7-76和图7-77所示。

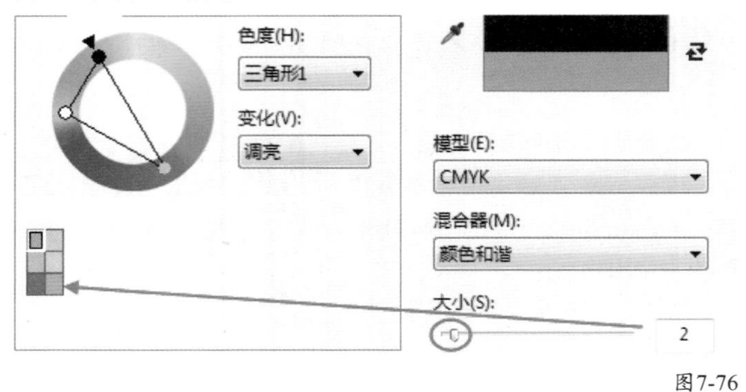

图7-76

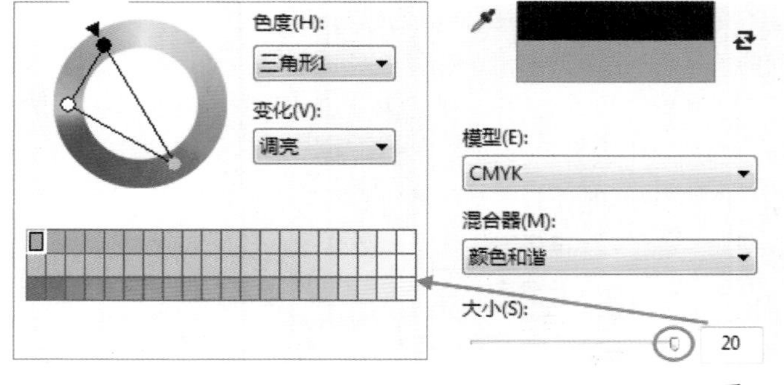

图7-77

混合器：单击该按钮，在下拉列表中显示如图7-78所示的选项。

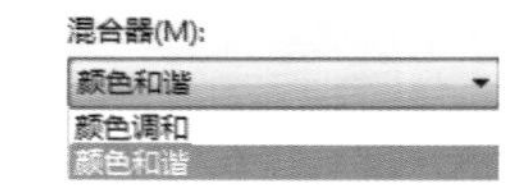

图7-78

颜色调和：在“混合器”选项卡中除“颜色和谐”以外的另一个设置界面。选择该选项后，“混合器”选项卡设置界面如图7-79所示。

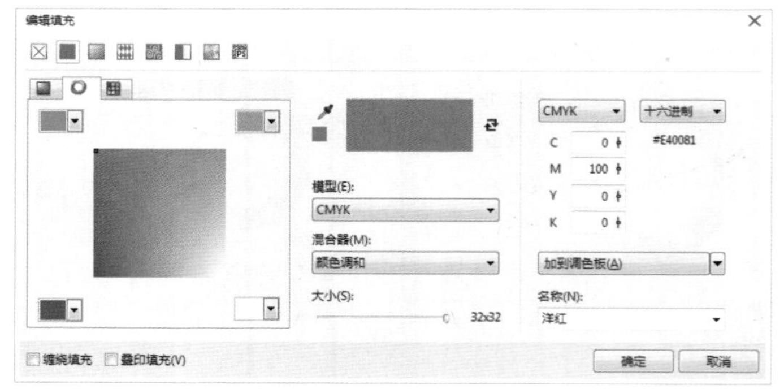

图7-79

在为对象进行单一颜色填充时，如果对想要填充的颜色色调把握不准确，可以通过“混合器”选项卡，在“变化”选项下拉列表中对颜色色调进行设置，然后进行颜色选择。

模型填充

绘制一个图形并将其选中，如图7-80所示，然后双击“渐层工具”◈，在弹出的“编辑填充”对话框中选择“均匀填充”方式■，接着单击“模型”选项卡，在该选项卡中使用鼠标左键在颜色选择区域单击选择色样，最后单击“确定”按钮［确定］，如图7-81所示，填充效果如图7-82所示。

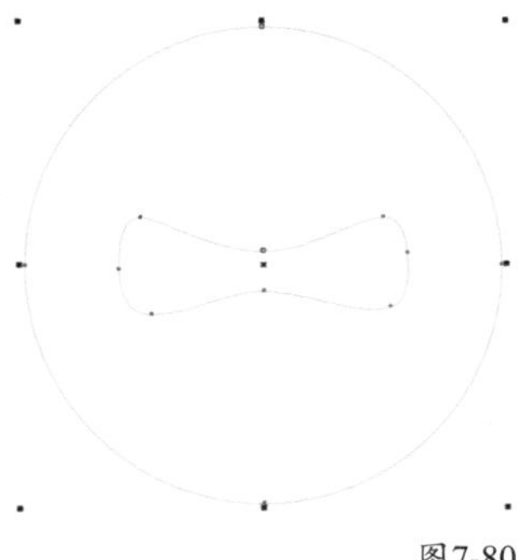
图7-80

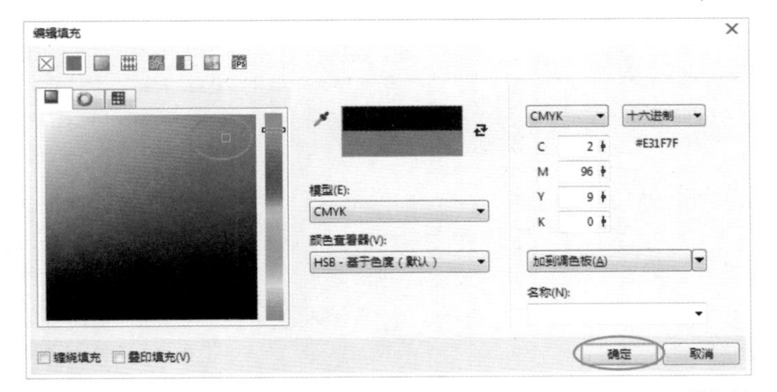
图7-81

图7-82

模型选项卡选项介绍

选项：单击该按钮，在下拉列表中显示如图7-83所示的选项。

颜色查看器：在“模型”选项卡中除“HSB-基于色度（默认）(H)”以外的另外3种设置界面。

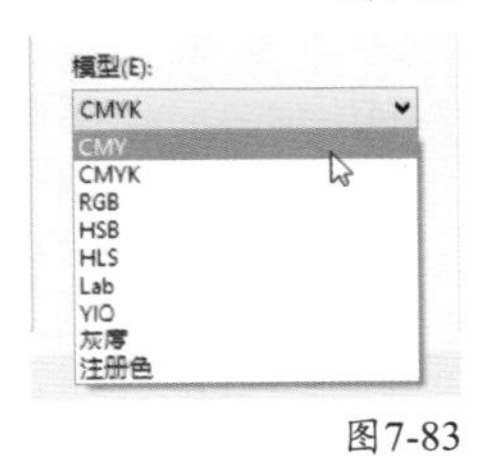

图7-83

技巧与提示

在“模型”选项卡中，除了可以在色样上单击为对象选择填充颜色，还可以在“组建”中输入所要填充颜色的数值。

7.4.2 渐变填充

使用“渐变填充”方式■可以为对象添加两种或多种颜色的平滑渐进色彩效果。“渐变填充”方式■包括“线性渐变填充”、“椭圆形渐变填充”、“圆锥形渐变填充”和“矩形渐变填充”4种填充类型，应用到设计创作中可表现物体的质感，以及在绘图中表现非常丰富的色彩变化。

线性渐变填充

“线性渐变填充”可以用于在两个或多个颜色之间产生直线型的颜色渐变。选中要进行填充的对象，然后双击“渐层工具”◈，在弹出的“编辑填充”面板中选择“渐变填充”方式■，打开“渐变填充”对话框，接着设置“类型”为“线性渐变填充”，再设置“节点位置”为0%的色标颜色为黄色、“节点位置”为100%的色标颜色为红色，最后单击“确定”按钮［确定］，如图7-84所示，填充效果如图7-85所示。

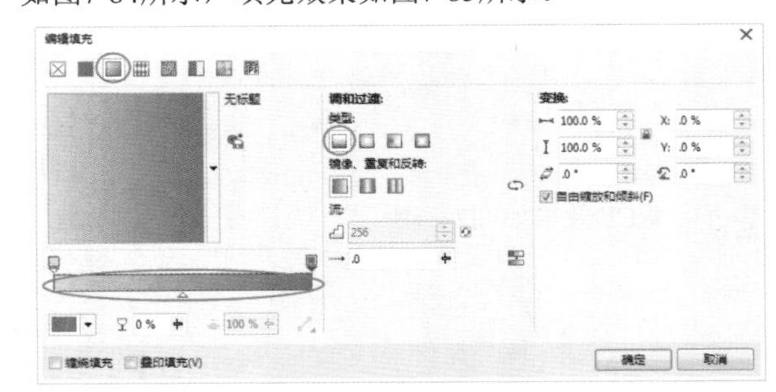
图7-84

图7-85

技术专题 11 预设渐变样式

在“渐变填充”对话框中可以单击“另存为新”按钮进行存储，并且在下一次的填充中可以在“填充挑选器”选项的下拉列表中找到该渐变样式。

进行渐变样式存储，首先要在“渐变填充”对话框中设置好渐变的样式，接着单击“另存为新”按钮进行存储输入样式名称，勾选与“内容交换”共享此内容，单击“选择类别”下拉菜单按钮［选择类别］选择保存选项，最后单击对话框中的按钮［OK］，如图7-86所示，即可将该样式添加到“填充挑选器”的“私人”列表中；如果要删除该样式，可以在预设列表中找到该渐变样式，单击对话框中的按钮🗑，即可删除该渐变样式，如图7-87所示。

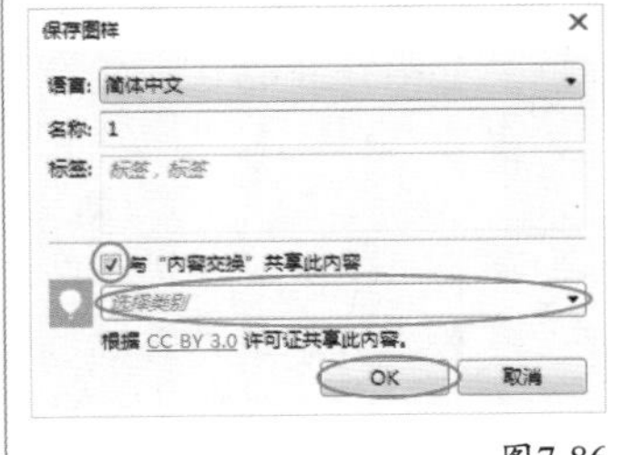

图7-86

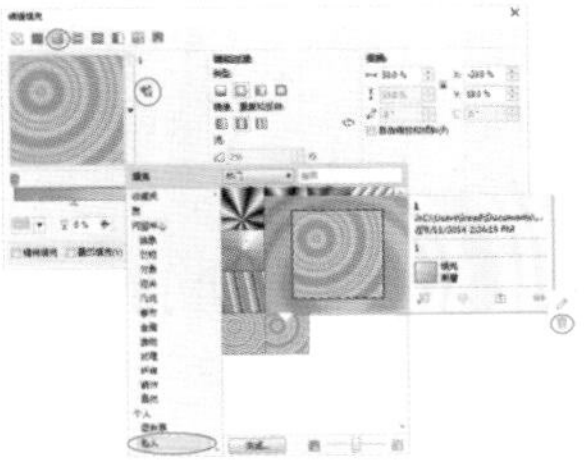

图7-87

若要将存储的渐变样式应用到对象，可以先选中要填充的对象，然后打开“渐变填充”对话框，单击“另存为新”按钮进行存储，并且在下一次的填充中可以在“填充挑选器”选项的下拉列表中找到该渐变样式，然后单击“应用”按钮，最后单击“确定”按钮，即可将该渐变样式应用到对象，如图7-88所示。

图7-88

实战：绘制音乐CD

实例位置 下载资源>实例文件>CH07>实战：绘制音乐CD.cdr
素材位置 下载资源>素材文件>CH07>02.cdr、03.jpg、04.cdr、05.jpg
视频位置 下载资源>多媒体教学>CH07>实战：绘制音乐CD.flv
实用指数 ★★★☆☆
技术掌握 线性填充的使用方法

音乐CD效果如图7-89所示。

图7-89

01 新建一个空白文档，然后设置文档名称为“音乐CD”，接着设置页面大小为“A4”、页面方向为“横向”。

02 使用“椭圆工具”在页面内绘制一个圆形，如图7-90所示，然后适当向中心缩小的同时复制一个，接着选中两个椭圆，在属性栏上单击“移除前面对象”按钮，效果如图7-91所示。

图7-90

图7-91

03 选中前面绘制的圆环，双击“渐层工具”，然后在“编辑填充”对话框中选择“渐变填充”方式，设置“类型”为“线性渐变填充”、“镜像、重复和反转”为“默认渐变填充”，再设置“节点位置”为0%的色标颜色为（C:0，M:0，Y:0，K:0）、“位置”为20%的色标颜色为（C:0，M:0，Y:0，K:20）、“位置”为38%的色标颜色为（C:0，M:0，Y:0，K:0）、“位置”为58%的色标颜色为（C:0，M:0，Y:0，K:0）、“位置”为74%的色标颜色为（C:0，M:0，Y:0，K:20）、“位置”为88%的色标颜色为（C:0，M:0，Y:0，K:0）、“位置”为100%的色标颜色为（C:20，M:15，Y:14，K:0），最后单击“确定”按钮，如图7-92所示，填充完毕后去除轮廓，效果如图7-93所示。

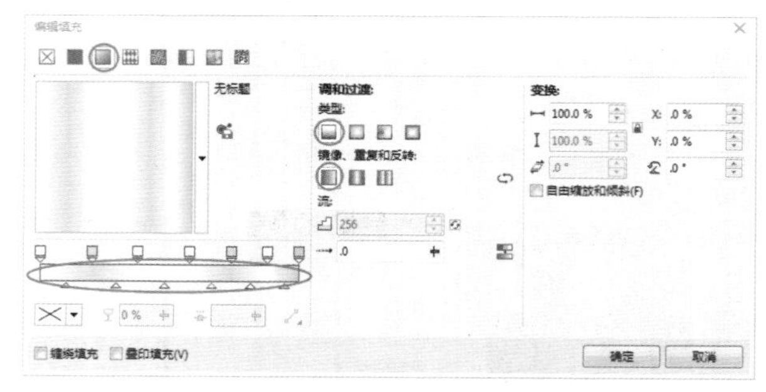

图7-92

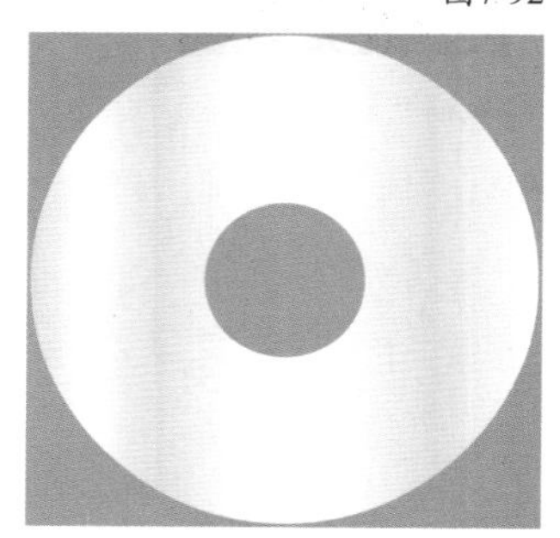

图7-93

04 按照前面的方法绘制另一个圆环，然后填充颜色为（C:10，M:6，Y:7，K:0），接着去除轮廓，效果如图7-94所示。

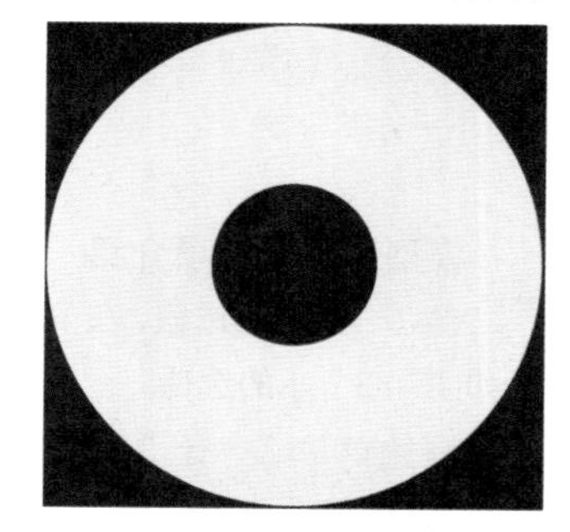

图7-94

技巧与提示

绘制的第2个圆环大小要与前一个圆环内移除掉的圆环的大小相同，如图7-95所示。

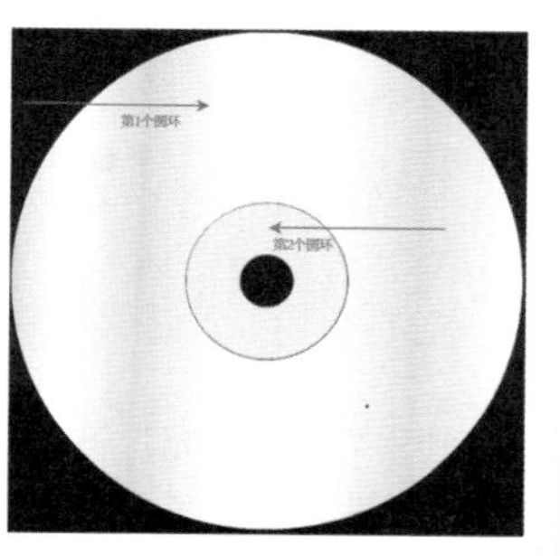

图7-95

05 选中第2个圆环，然后单击“透明度工具”，接着在属性栏上设置“透明度类型”为“均匀透明度”、“合并模式”为“常规”、“透明度”为30，效果如图7-96所示。

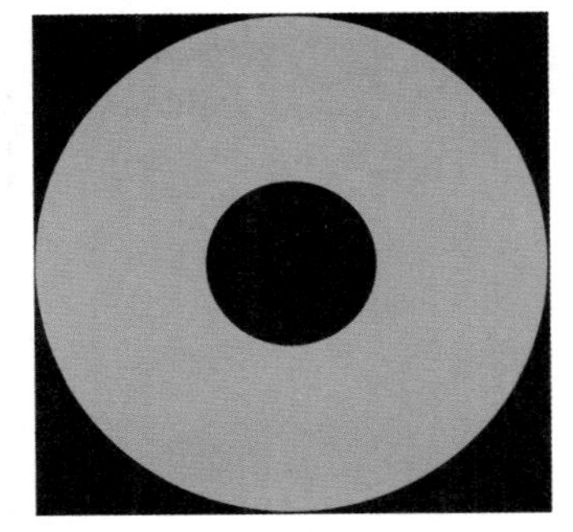

图7-96

06 将前面绘制的第2个圆环移动到第1个圆环中间，然后适当调整位置，使两个圆环中心对齐，接着稍微旋转第1个圆环，效果如图7-97所示。

07 单击“阴影工具”，然后按住鼠标左键在第1个圆环上拖动，接着在属性栏上设置“阴影角度”为90°、“阴影的不透明度”为65、“阴影羽化”为2，效果如图7-98所示。

图7-97　　图7-98

知识链接

有关使用“阴影工具”制作阴影的具体操作方法，请参阅“10.4 阴影效果”下的相关内容。

08 选中第1个圆环，然后复制两个，接着将复制的第2个圆环适当向中心缩小，再稍微旋转，最后放在复制的第1个圆环中间，使两个圆环中心对齐，效果如图7-99所示。

09 选中前面复制的两个圆环，然后在属性栏上单击“移除前面对象”按钮，制得第3个圆环，接着去除轮廓，效果如图7-100所示。

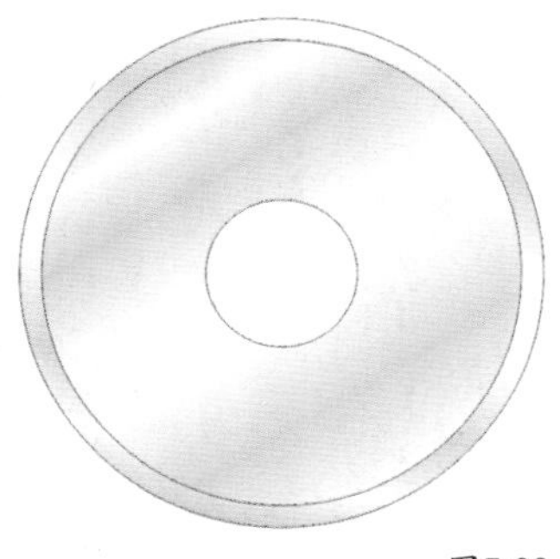

图7-99　　图7-100

10 单击“阴影工具”，然后按住鼠标左键在第3个圆环上拖动，接着在属性栏上设置“阴影偏移”为（x：0.284，y：-0.118）、“阴影的不透明度”为22、“阴影羽化”为2，效果如图7-101所示。

11 选中第3个圆环，然后移动到第1个圆环的中间，接着适当缩小，如图7-102所示。

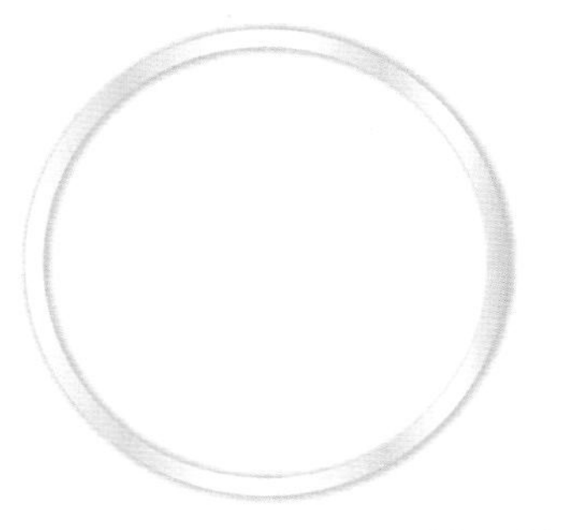

图7-101　　图7-102

12 导入下载资源中的“素材文件>CH07>02.cdr”文件，然后放在第2个圆环上面，接着适当调整位置，效果如图7-103所示。

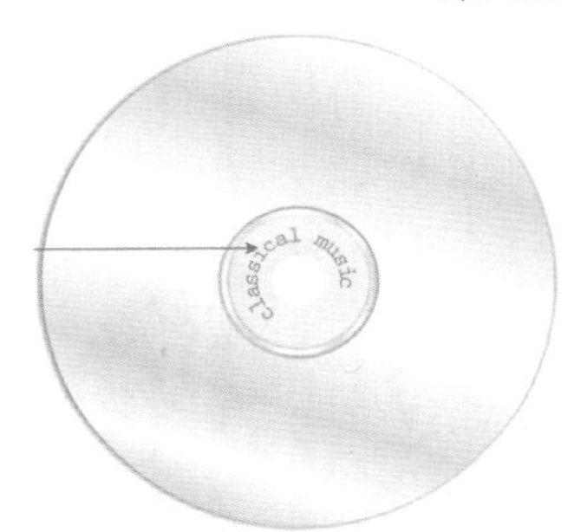

图7-103

13 按照前面的方法，绘制出第4个圆环，然后设置“轮廓宽度”为0.2mm，如图7-104所示，接着移动到第1个圆环上面，再适当调整位置，使第1个圆环与该圆环中心对齐，效果如图7-105所示。

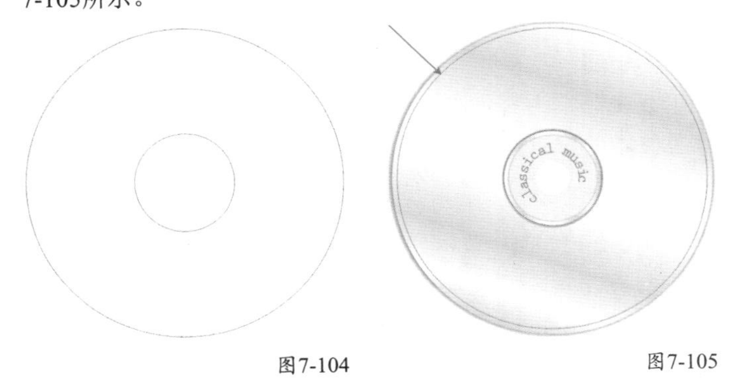

图7-104　　图7-105

技巧与提示

绘制的第4个圆环比第1个圆环要稍微小一点，但是两个圆环内修剪掉的圆环大小相同。

14 导入下载资源中的“素材文件>CH07>03.jpg”文件，然后复制一份，接着适当调整大小，再执行“对象>图框精确剪裁>

置于图文框内部”菜单命令，将图片嵌入到第4个圆环内，效果如图7-106所示。

图7-106

知识链接

有关嵌入对象的具体介绍，在后面的“10.11 图框精确剪裁”中进行了详细的讲解。

15 导入下载资源中的“素材文件>CH07>04.cdr”文件，然后放在第4个圆环上面，接着适当调整位置，效果如图7-107所示。

16 将前面导入的图片素材作为CD盒的封面，然后单击“阴影工具”，按住鼠标左键在图片上拖动，接着在属性栏上设置“阴影角度”为90、“阴影羽化”为2，效果如图7-108所示。

图7-107

图7-108

17 将前面导入的文本素材复制一份，然后移动到CD盒封面的上面，接着填充文字“下载资源”为白色，最后调整文本的位置，效果如图7-109所示。

图7-109

18 分别选中页面内的两组对象，然后按Ctrl+G组合键进行对象组合，接着适当调整位置，效果如图7-110所示。

图7-110

19 导入下载资源中的“素材文件>CH07>05.jpg”文件，然后移动到页面内，接着调整位置，使其与页面重合，再多次按Ctrl+PageDown组合键放在页面后面，最终效果如图7-111所示。

图7-111

椭圆形渐变填充

“椭圆形渐变填充”可以用于在两个或多个颜色之间产生以同心圆的形式由对象中心向外辐射生成的渐变效果，该填充类型可以很好地体现球体的光线变化和光晕效果。

选中要进行填充的对象，双击“渐层工具”，然后在“编辑填充”对话框中选择“渐变填充”方式，设置“类型”为“椭圆形渐变填充”，再设置“节点位置”为0%的色标颜色为蓝色、“节点位置”为100%的色标颜色为冰蓝，最后单击“确定”按钮，如图7-112所示，效果如图7-113所示。

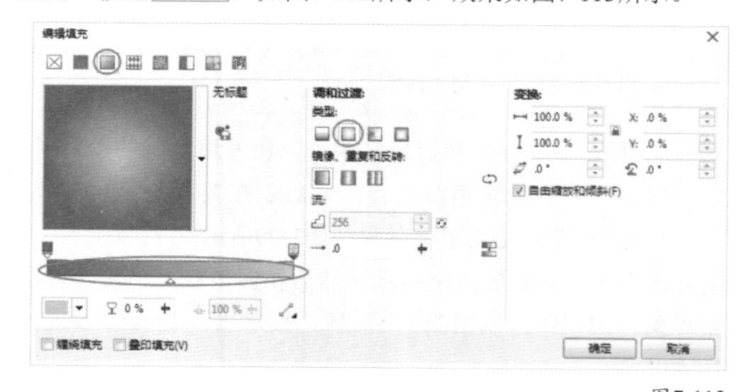

图7-112

图7-113

技巧与提示

在“渐变填充”对话框中单击“填充挑选器”后面的下拉按钮，可以在下拉列表中选择系统提供的渐变样式，如图7-114所示，并且可以将其应用到对象中，效果如图7-115所示。

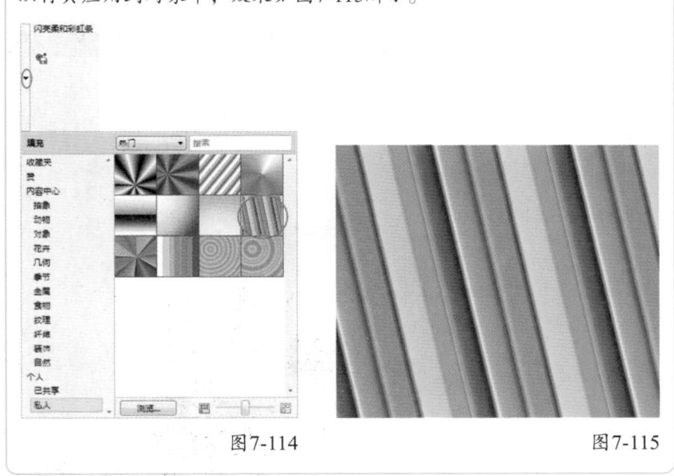

图7-114　　图7-115

圆锥形渐变填充

“圆锥形渐变填充”可以用于在两个或多个颜色之间产生的色彩渐变，模拟光线落在圆锥上的视觉效果，使平面图形表现出空间立体感。

选中要进行填充的对象，双击“渐层工具”，然后在“编辑填充”对话框中选择“渐变填充”方式，设置“类型”为“圆锥形渐变填充”、“镜像、重复和反转”为“重复和镜像”，再设置“节点位置”为0%的色标颜色为黄色、“节点位置”为100%的色标颜色为红色，最后单击“确定”按钮，如图 7-116所示，效果如图7-117所示。

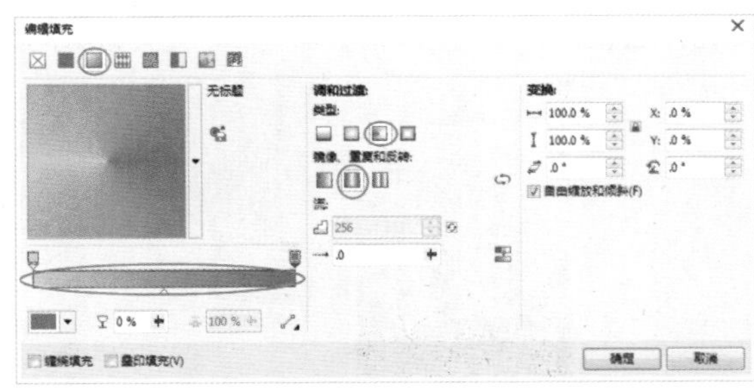

图7-116

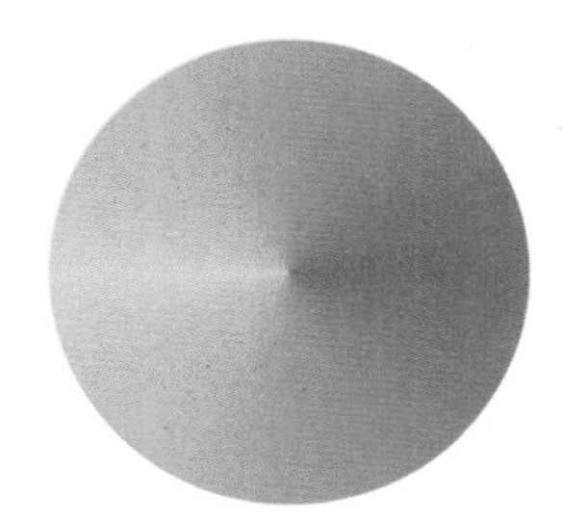

图7-117

矩形渐变填充

“矩形渐变填充”用于在两个或多个颜色之间产生以同心方形的形式从对象中心向外扩散的色彩渐变效果。

选中要进行填充的对象，双击“渐层工具”，然后在“编辑填充”对话框中选择“渐变填充”方式，设置“类型”为“矩形渐变填充”、“镜像、重复和反转”为“默认渐变填充”，再设置“节点位置”为0%的色标颜色为绿色、“节点位置”为100%的色标颜色为白色，最后单击“确定”按钮，如图7-118所示，效果如图7-119所示。

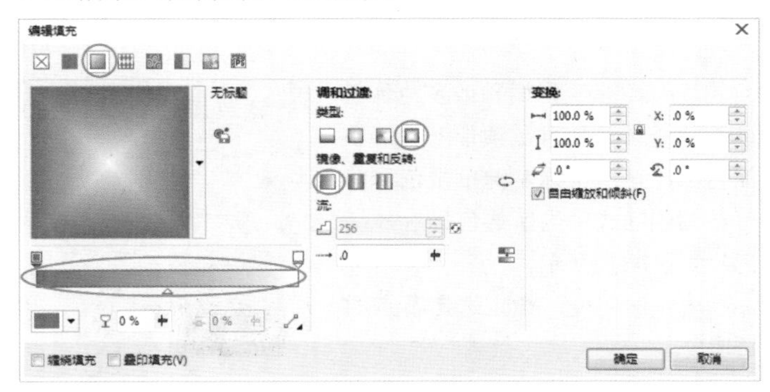

图7-118

图7-119

填充的设置

“渐变填充”对话框选项如图7-120所示。

图7-120

渐变填充对话框选项介绍

填充挑选器：单击“填充挑选器”按钮，选择下拉菜单中的填充纹样填充对象，效果如图7-121所示。

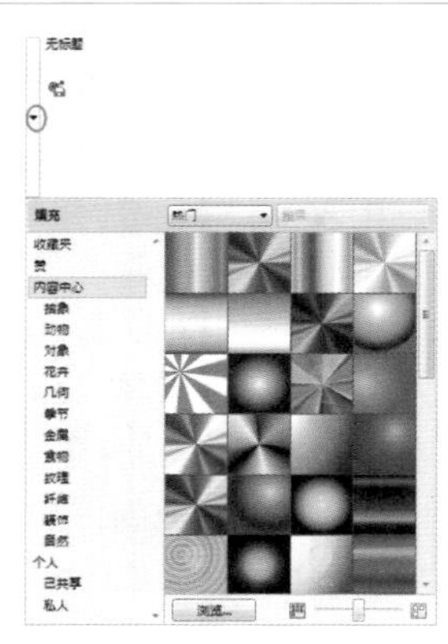

图7-121

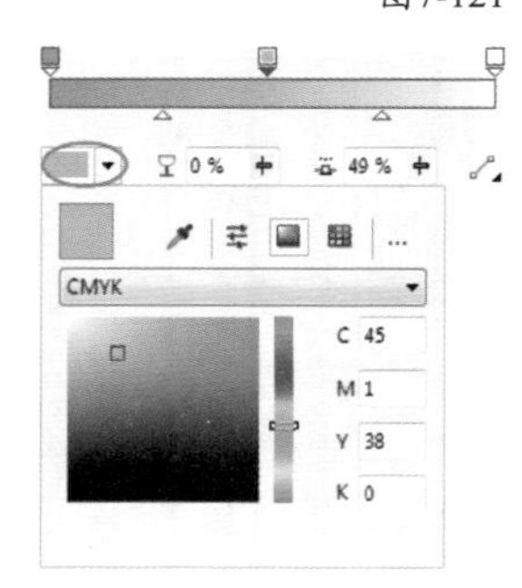

图7-122

节点颜色：以两种或多种颜色进行渐变设置，可在频带上双击添加色标，使用鼠标左键单击色标即可在颜色样式中为所选色标选择颜色，如图7-122所示。

节点透明度：指定选定节点的透明度。

节点位置：指定中间节点相对于第一个和最后一个节点的位置。

调和过渡：可以选择填充方式的类型，选择填充的方法。

渐变步长：设置各个颜色之间的过渡数量，数值越大，渐变的层次越多，渐变颜色也就越细腻；数值越小，渐变层次越少，渐变就越粗糙。

技巧与提示

在设置“步长值”时，要先单击该选项后面的按钮 进行解锁，然后才能进行步长值的设置。

加速：指定渐变填充从一个颜色调和到另一个颜色的速度。

变换：用于调整颜色渐变过渡的范围，数值范围为0%到49%。值越小范围越大，值越大范围越小，对填充对象的边界进行不同参数的设置。

技巧与提示

“圆锥形渐变”填充类型不能进行“变换”的设置。

旋转 ：设置渐变颜色的倾斜角度（在“椭圆形渐变填充”类型中不能设置“角度”选项）。设置该选项可以在数值框中输入数值，也可以在预览窗口中按住色标左键拖曳。对填充对象的角度进行不同参数设置后，效果如图7-123所示。

图7-123

★ 重 点 ★

实战：绘制音乐海报

实例位置　下载资源>实例文件>CH07>实战：绘制音乐海报.cdr

素材位置　下载资源>素材文件>CH07>06.cdr~10.cdr

视频位置　下载资源>多媒体教学>CH07>实战：绘制音乐海报.flv

实用指数　★★★★★

技术掌握　渐变填充的使用方法

音乐海报效果如图7-124所示。

图7-124

01 新建一个空白文档，然后设置文档名称为“音乐海报”，接着设置页面大小为“A4”、页面方向为“纵向”。

02 双击“矩形工具” 创建一个与页面重合的矩形，然后双击“渐层工具” ，在“编辑填充”对话框中选择“均匀填充”方式，打开“均匀填充”对话框，再设置填充颜色为（C:24，M:28，Y:77，K:0），最后单击“确定”按钮 ，如图7-125所示，填充完毕后去除轮廓，效果如图7-126所示。

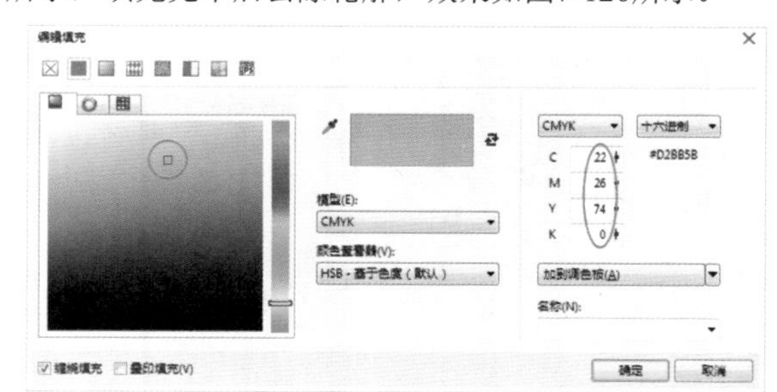

图7-125

图7-126

03 绘制光束。使用“矩形工具”□绘制一个矩形，如图7-127所示，然后按Ctrl+Q组合键转换为曲线，接着使用“形状工具”调整外形，调整后如图7-128所示。

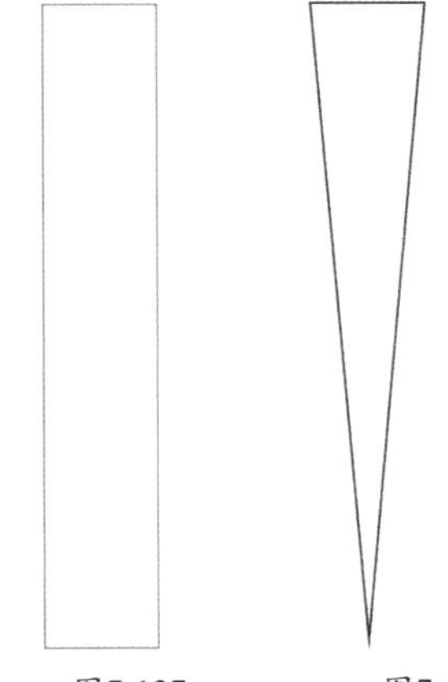
图7-127 图7-128

04 使用“选择工具”选中调整后的矩形，然后再使用鼠标左键单击该对象，接着移动该对象的圆心至对象下方，如图7-129所示，再打开“变换”泊坞窗，最后在该泊坞窗中设置“旋转角度”为30°、“副本”为12，如图7-130所示，效果如图7-131所示。

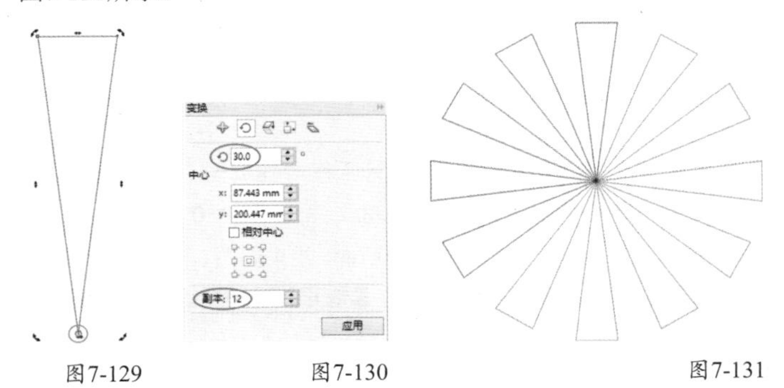

图7-129 图7-130 图7-131

05 选中前面变换后的所有对象，然后移动到页面上方，如图7-132所示，接着使用“形状工具”逐个调整，调整后如图7-133所示，最后全部选中，在属性栏上单击“合并”按钮。

图7-132

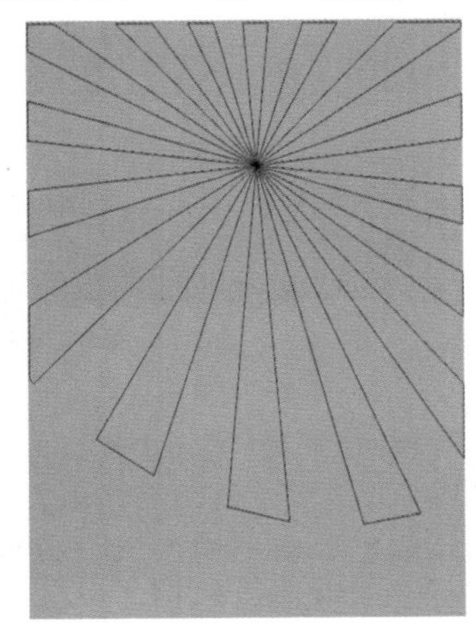
图7-133

06 选中绘制好的光束图形，然后双击“渐层工具”，在“编辑填充”对话框中选择“渐变填充”方式，设置“类型”为“椭圆形渐变填充”、“镜像、重复和反转”为“默认渐变填充”，再设置“节点位置”为0%的色标颜色为（C:24，M:28，Y:77，K:0）、“节点位置”为100%的色标颜色为（C:3，M:0，Y:40，K:0），“填充宽度”为91.986%、“水平偏移”为1.0%、“垂直偏移”为20.0%，最后单击“确定”按钮 确定 ，如图7-134所示，设置完毕后去除轮廓，效果如图7-135所示。

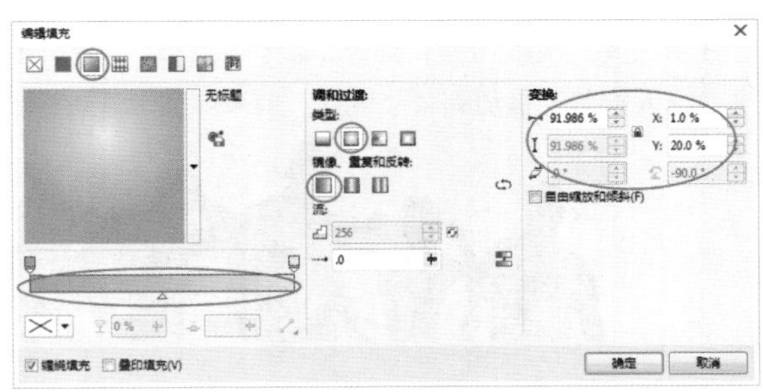

图7-134

图7-135

07 导入下载资源中的“素材文件>CH07>06.cdr”文件，然后双击“渐层工具”，在“编辑填充”对话框中选择“渐变填充”方式，设置“类型”为“线性渐变填充”、“镜像、重复和反转”为“默认渐变填充”，再设置“节点位置”为0%的色标颜色为（C:81，M:80，Y:78，K:62）、“节点位置”为100%的色标颜色为（C:20，M:42，Y:100，K:0），“填充宽度”为219.616 %、“水平偏移”为1.589 %、“垂直偏移”为-63.635 %、“旋转”为-81.8 °，最后单击“确定”按钮 确定 ，如图7-136所示，填充完毕后去除轮廓，效果如图7-137所示。

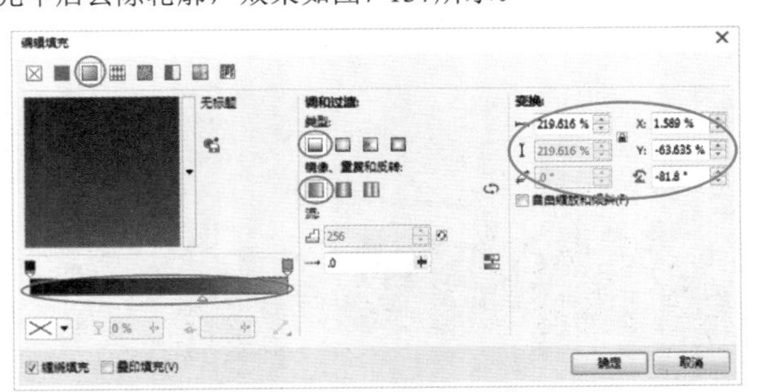

图7-136

图7-137

08 将填充的人物剪影复制一份，然后水平翻转，接着使用“裁剪工具”裁切掉一部分，裁切后如图7-138所示，最后选中两份人物剪影移动到页面下方，效果如图7-139所示。

图7-138

图7-139

09 使用“矩形工具”绘制一个与页面同宽的矩形，然后填充颜色为（C:47，M:99，Y:97，K:21），接着放在页面上方，如图7-140所示，再复制一份适当拉宽，最后放在页面下方，效果如图7-141所示。

图7-140

图7-141

10 使用“矩形工具”绘制一个与页面同宽的矩形，然后双击“渐层工具”，在“编辑填充”对话框中选择“渐变填充”方式，设置“类型”为“线性渐变填充”、“镜像、重复和反转”为“默认渐变填充”，再设置“节点位置”为0%的色标颜色为（C:0，M:0，Y:35，K:0）、“位置”为30%的色标颜色为（C:40，M:40，Y:74，K:0）、“位置”为70%的色标颜色为（C:18，M:13，Y:49，K:0）、“位置”为100%的色标颜色为（C:42，M:48，Y:78，K:0），最后单击“确定”按钮，如图7-142所示，填充完毕后去除轮廓，效果如图7-143所示。

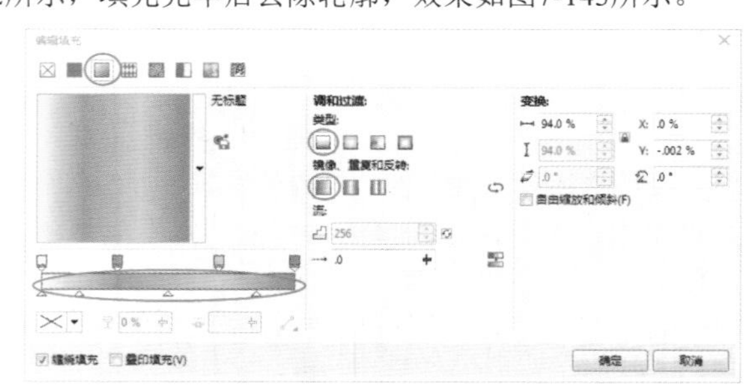

图7-142

图7-143

11 选中前面绘制的渐变矩形，然后移动到页面上方，如图7-144所示，接着导入下载资源中的“素材文件>CH07>07.cdr”文件，再适当调整大小，最后放在人物剪影后面，效果如图7-145所示。

图7-144

图7-145

12 使用“椭圆工具”在页面下方绘制圆形图案，如图7-146所示，然后在“调色板”中为圆圈填充相应的颜色，接着去除轮廓，效果如图7-147所示，最后将其全部选中按Ctrl+G组合键进行对象组合。

图7-146

13 导入下载资源中的“素材文件>CH07>08.cdr”文件，然后适当调整大小，接着放在页面上方的红色矩形后面，效果如图7-148所示。

图7-147　　图7-148

14 导入下载资源中的“素材文件>CH07>09.cdr”文件，然后使用“属性滴管工具”在渐变色条上进行属性取样，接着在属性栏上单击“属性”按钮，在打开的列表中勾选“填充”，再单击“确定”按钮，如图7-149所示，最后将复制的“填充”属性应用到导入的文字，效果如图7-150所示。

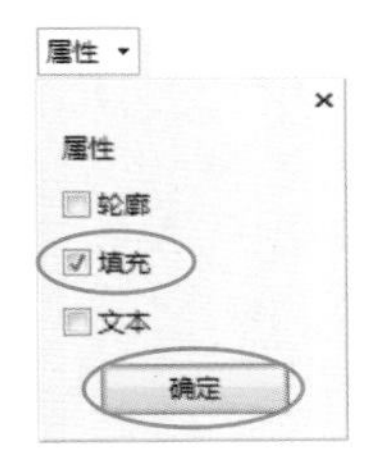

图7-149　　图7-150

15 选中导入的文字，然后为文字轮廓填充深红色（C:47，M:100，Y:87，K:19），接着移动到页面下方，最后适当旋转，效果如图7-151所示。

图7-151

16 使用“椭圆工具”绘制一个圆形，然后双击“渐层工具”，在“编辑填充”对话框中选择“渐变填充”方式，设置“类型”为“椭圆形渐变填充”、“镜像、重复和反转”为“默认渐变填充”，再设置“节点位置”为0%的色标颜色为（C:24，M:28，Y:77，K:0）、“节点位置”为100%的色标颜色为（C:3，M:0，Y:40，K:0），“填充宽度”为101.82 %，最后单击“确定”按钮，如图7-152所示，填充完毕后去除轮廓，效果如图7-153所示。

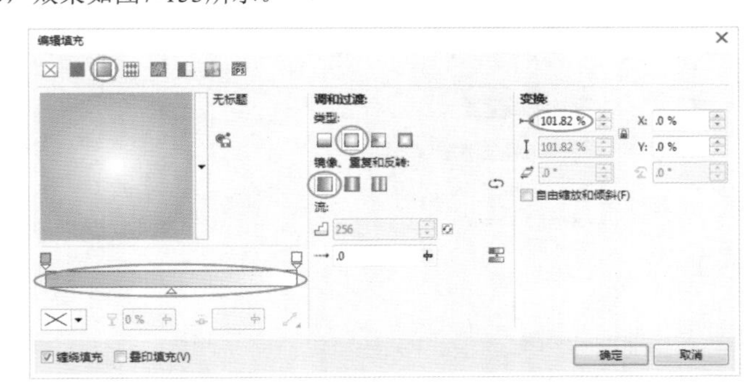

图7-152

图7-153

17 使用“星形工具”绘制一个星形，如图7-154所示，然后按Ctrl+Q组合键转换为曲线，接着使用“形状工具”适当调整外形，调整后如图7-155所示。

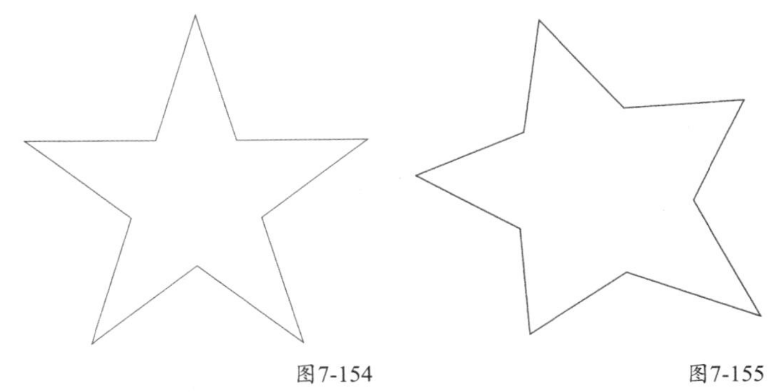

图7-154　　图7-155

18 选中前面绘制的星形对象，然后双击“渐层工具”，在“编辑填充”对话框中选择“渐变填充”方式，设置“类型”为“线性渐变填充”、“镜像、重复和反转”为“默认渐变填充”，再设置“节点位置”为0%的色标颜色为（C:2，M:0，Y:35，K:0）、“位置”为30%的色标颜色为（C:35，M:35，Y:84，K:0）、“位置”为70%的色标颜色为（C:7，M:3，Y:42，K:0）、“位置”为100%的色标颜色为（C:32，M:44，Y:86，K:0），“填充宽度”为79.292%、“旋转”为-94.8°，最后单击“确定”按钮，如图7-156所示，填充完毕后去除轮廓，效果如图7-157所示。

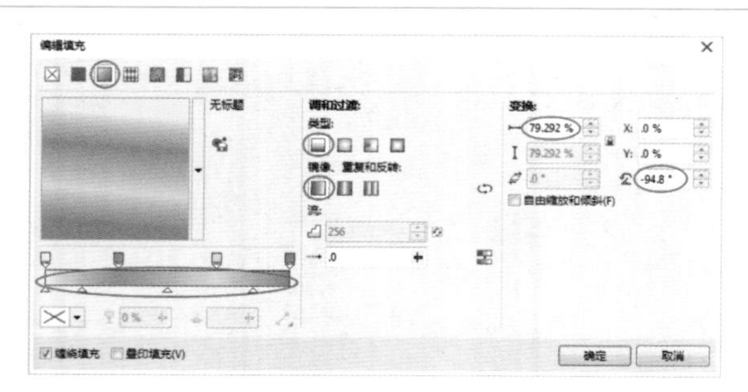

图7-156

图7-157

19 复制一个星形对象，然后双击“渐层工具”，在“编辑填充”对话框中选择“渐变填充”方式，设置“类型”为“线性渐变填充”、“镜像、重复和反转”为“默认渐变填充”，再设置“节点位置”为0%的色标颜色为（C:2，M:0，Y:35，K:0）、“位置”为30%的色标颜色为（C:35，M:35，Y:84，K:0）、“位置”为70%的色标颜色为（C:7，M:3，Y:42，K:0）、“位置”为100%的色标颜色为（C:32，M:44，Y:86，K:0），“填充宽度”为141.148 %、“旋转”为129.0°，最后单击“确定”按钮，如图7-158所示，填充完毕后去除轮廓，效果如图7-159所示。

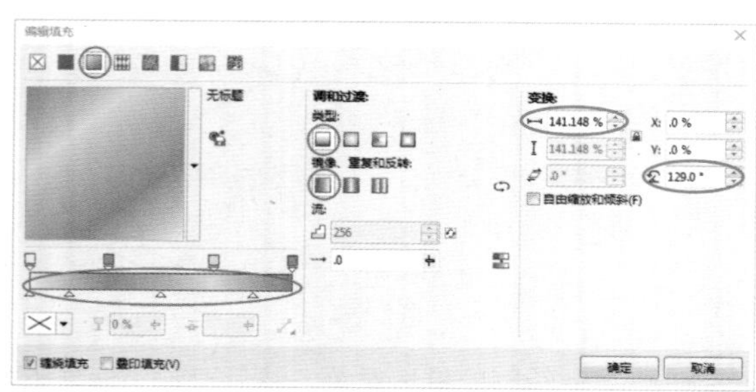

图7-158

图7-159

20 下面绘制星形边框。选中前面绘制的星形，然后复制两个，接着将复制的第2个星形适当缩小，再移动到复制的第1个对象中间，如图7-160所示，最后选中两个星形对象，在属性栏上单击“移除前面对象”按钮，修剪后如图7-161所示。

图7-160 图7-161

21 选中前面制得的星形边框，然后填充颜色为（C:36，M:48，Y:89，K:0），如图7-162所示。

22 按照以上的方法，再制作一个稍小一些的星形边框，然后填充颜色为（C:15，M:24，Y:48，K:0），如图7-163所示。

图7-162 图7-163

23 移动两个星形边框至第2个星形对象上面，然后适当调整位置，如图7-164所示，接着移动第1个星形对象至页面前面，再适当调整大小，使其在第2个星形边框内部，最后将组合后的图形进行组合对象，效果如图7-165所示。

图7-164 图7-165

24 下面绘制复杂星形。使用“星形工具”绘制一个星形，然后在属性栏上设置该对象的“点数或边数”为6、“锐度”为75，如图7-166所示，接着填充白色，再按Ctrl+Q组合键转换为曲线，最后使用“形状工具”调整形状，调整后去除轮廓，效果如图7-167所示。

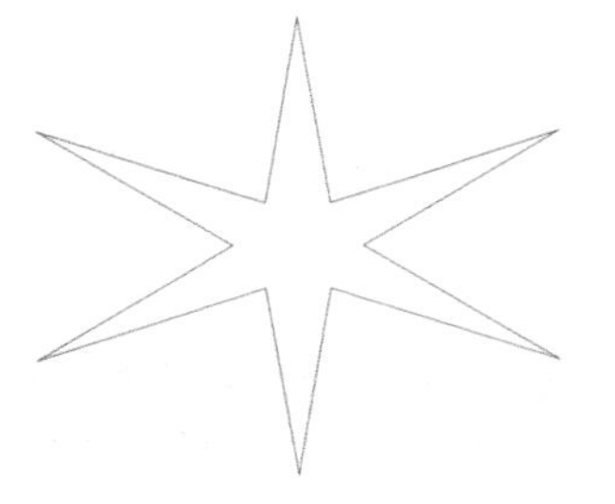

图7-166

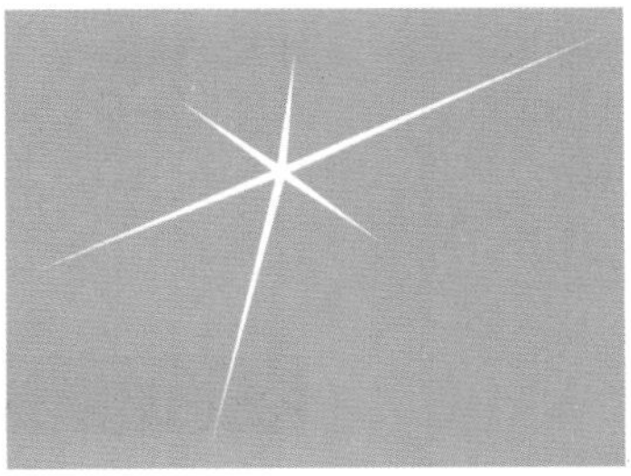

图7-167

25 使用“椭圆工具”绘制一个圆形，然后填充白色，接着去除轮廓，如图7-168所示，再将前面绘制的渐变椭圆、星形、复杂星形和白色圆形进行组合，最后复制多个，适当调整大小后散布在页面中，效果如图7-169所示。

图7-168

图7-169

26 导入下载资源中的“素材文件>CH07>10.cdr”文件，然后移动到页面下方，接着适当调整大小，最终效果如图7-170所示。

图7-170

★ 重点 ★

实战：绘制茶叶包装

实例位置 下载资源>实例文件>CH07>实战：绘制茶叶包装.cdr
素材位置 下载资源>素材文件>CH07>11.jpg~14.jpg、15.cdr
视频位置 下载资源>多媒体教学>CH07>实战：绘制茶叶包装.flv
实用指数 ★★★★★
技术掌握 属性滴管工具和渐变填充的使用方法

茶叶包装效果如图7-171所示。

图7-171

01 新建一个空白文档，然后设置文档名称为“茶叶包装”，接着设置“宽度”为210mm、“高度”为290mm。

02 绘制圆柱。使用“矩形工具”绘制一个矩形，然后按Ctrl+Q组合键转换为曲线，接着使用“形状工具”调整矩形，调整后如图7-172所示。

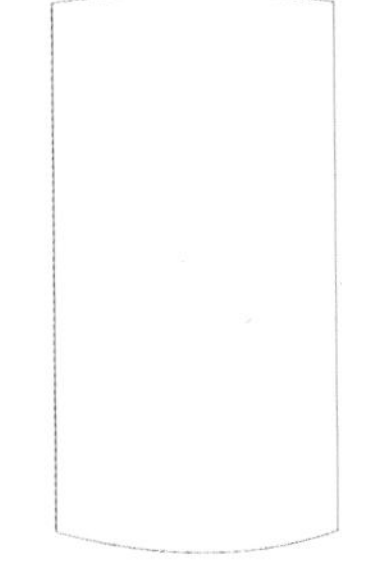

图7-172

03 选中前面绘制的圆柱，双击“渐层工具”，然后在“编辑填充”对话框中选择“渐变填充”方式，设置“类型”为“线性渐变填充”、“镜像、重复和反转”为“默认渐变填充”，再设置“节点位置”为0%的色标颜色为（C:18，M:13，Y:13，K:0）、“位置”为30%的色标颜色为（C:10，M:6，Y:7，K:0）、“位置”为54%的色标颜色为（C:12，M:7，Y:9，K:0）、“位置”为76%的色标颜色为（C:31，M:25，Y:24，K:0）、“位置”为100%的色标颜色为（C:33，M:24，Y:24，K:0），“填充宽度”为100%，最后单击“确定”按钮，如图7-173所示，填充完毕后去除轮廓，效果如图7-174所示。

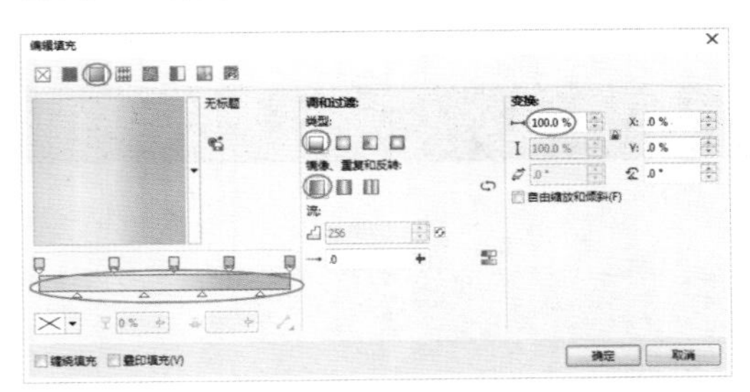

图7-173

图7-174

04 导入下载资源中的“素材文件>CH07>11.jpg”文件，然后适当调整大小，接着复制两份，再将复制的两份百合素材嵌入到圆柱内，效果如图7-175所示。

05 使用“钢笔工具”在页面内绘制一个茶壶的外轮廓，如图7-176所示，然后选中前面导入的百合素材，接着适当缩小，再嵌入到茶壶图形内，如图7-177所示，最后放置在圆柱上方，效果如图7-178所示。

图7-175

图7-176

图7-177

图7-178

06 使用“矩形工具”绘制一个矩形，然后填充黑色（C:0，M:0，Y:0，K:100），接着去除轮廓，如图7-179所示，再复制一个填充灰色（C:0，M:0，Y:0，K:40），最后适当拉长高度，效果如图7-180所示。

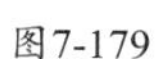

图7-179

图7-180

07 移动前面绘制的灰色矩形到黑色矩形上面，然后适当调整位置，效果如图7-181所示，接着再复制两个灰色矩形，放置在前两个矩形的前面，使其完全遮挡住前面的两个矩形，效果如图7-182所示。

图7-181

图7-182

08 选中前面绘制的4个矩形，然后按Ctrl+G组合键进行对象组合，接着单击“透明度工具”，在属性栏上设置“透明度类型”为“均匀透明度”、“合并模式”为“如果更暗”、“透明度”为80，效果如图7-183所示。

图7-183

09 选中前面群组的矩形，然后在原位置复制一份，接着单击“透明度工具”，在属性栏上更改“合并模式”为“叠加”（其余选项不作改动），效果如图7-184所示。

图7-184

10 选中前面绘制的两组矩形对象，然后按Ctrl+G组合键进行对象组合，接着在水平方向上适当拉长，再放在如图7-185所示的位置。

图7-185

11 下面绘制包装盒底部的阴影。使用“椭圆工具”绘制一个椭圆，如图7-186所示，然后单击“透明度工具”，接着在属性栏上设置“透明度类型”为“均匀透明度”、“合并模式”为“常规”、“透明度”为51，再去除轮廓放在圆柱底部，最后多次按Ctrl+PageDown组合键放在圆柱后面，效果如图7-187所示。

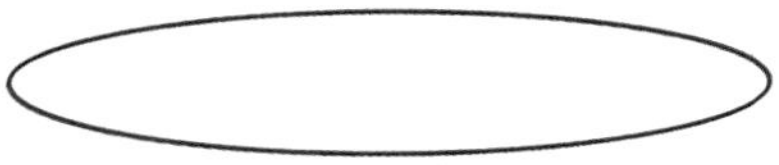

图7-186　　图7-187

12 使用“文本工具”输入文本，然后在属性栏上设置第一行文本字体为“TypoUpright BT”、字号为14pt，第三行文本字体为“Adobe仿宋Std R”、字号为8pt，接着设置整个文本的“文本对齐”为“居中”，效果如图7-188所示。

BESTOWN
Chian
[中式百合花茶]

图7-188

知识链接

有关输入文本和文本属性设置的具体操作方法，请参阅“第12章 文本操作”下的相关内容。

13 选中前面输入的文本，然后双击“渐层工具”，在“编辑填充”对话框中选择“渐变填充”方式，设置“类型”为“线性渐变填充”、“镜像、重复和反转”为“默认渐变填充”，再设置“节点位置”为0%的色标颜色为（C:53，M:100，Y:100，K:41）、“位置”为36%的色标颜色为（C:22，M:48，Y:46，K:0）、“位置”为59%的色标颜色为（C:39，M:95，Y:100，K:7）、“位置”为79%的色标颜色为（C:49，M:100，Y:100，K:32）、“位置”为100%的色标颜色为（C:80，M:92，Y:91，K:75），“填充宽度”为103.074 %、“水平偏移”为-1.537 %、“垂直偏移”为7.53 %，最后单击“确定”按钮，如图7-189所示，效果如图7-190所示。

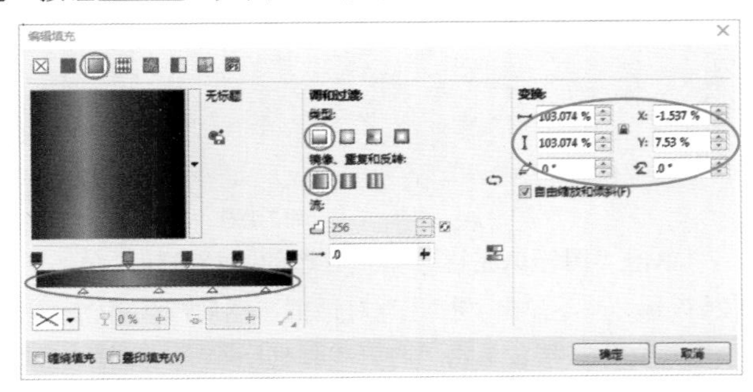

图7-189

BESTOWN
Chian
[中式百合花茶]

图7-190

14 选中前面填充渐变色的文本，然后移动到圆柱下方，使其相对于圆柱水平居中，效果如图7-191所示。

15 使用“矩形工具”绘制一个矩形，然后放在圆柱左侧的边缘，接着按Ctrl+Q组合键转换为曲线，再使用“形状工具”调整矩形的轮廓，使其右侧轮廓与包装盒右侧轮廓重合，效果如图7-192所示。

图7-191

图7-192

16 选中前面调整后的矩形，然后单击“透明度工具”，接着在属性栏上设置“透明度类型”为“渐变透明度”、“合并模式”为“Add”、“透明度”为100，最后去除轮廓，效果如图7-193所示。

图7-193

17 导入下载资源中的“素材文件>CH07>12.jpg、13.jpg”文件，然后按照以上方法完成另外两个包装，接着调整3个包装盒间的位置，效果如图7-194所示。

18 导入下载资源中的“素材文件>CH07>14.jpg”文件，然后适当调整大小，接着多次按Ctrl+PageDown组合键放在页面后面，效果如图7-195所示。

图7-194

图7-195

19 导入下载资源中的“素材文件>CH07>15.cdr”文件，然后放在茶叶包装前面，接着适当调整位置，最终效果如图7-196所示。

图7-196

7.4.3 图样填充

CoreldRAW X7提供了预设的多种图案，使用“图样填充”对话框可以直接为对象填充预设的图案，也可用绘制的对象或导入的图像创建图样进行填充。

双色图样填充

使用“双色图样填充”，可以为对象填充只有“前部”和“后部”两种颜色的图案样式。

绘制一个圆形并将其选中，然后双击“渐层工具”，在弹出的“编辑填充”对话框中选择“双色图样填充”方式，并使用鼠标左键单击“图样填充挑选器”右侧的按钮选择一种图样，再分别单击“前部”和“后部”的下拉按钮进行颜色选取（在此案列中选择“白”和“红”），最后单击“确定”按钮，如图7-197所示，填充效果如图7-198所示。

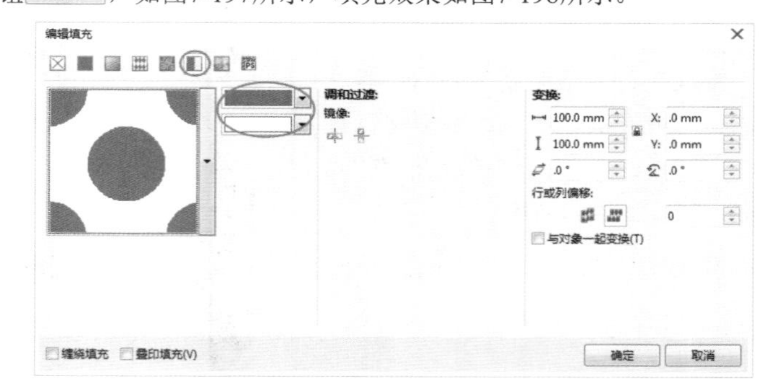

图7-197

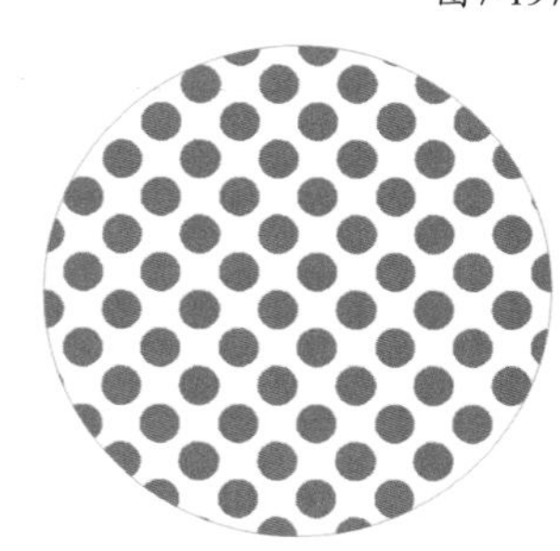

图7-198

向量图样填充

使用“向量图样填充”，可以把矢量花纹生成为图案样式为对象进行填充，软件中包含多种“向量”填充的图案可供选择。另外，也可以下载和创建图案进行填充。

绘制一个星形并将其选中，然后双击“渐层工具”，在弹出的“编辑填充”对话框中选择“向量图样填充”方式，再单击“图样填充挑选器”右边的下拉按钮进行图样选择，最后单击“确定”按钮，如图7-199所示，填充效果如图7-200所示。

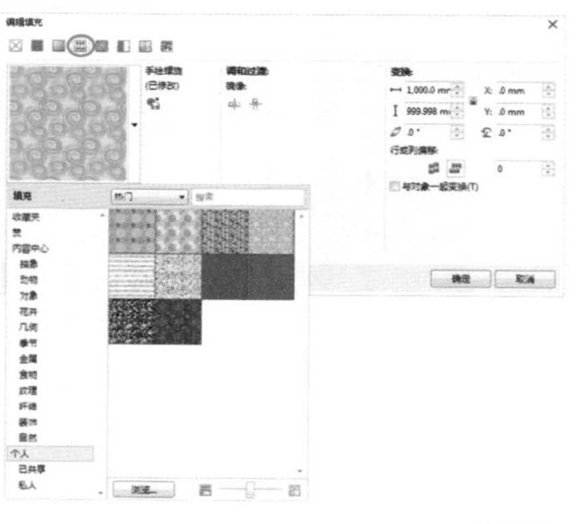

图7-199

图7-200

单击“图样填充挑选器”右边的下拉按钮，单击“浏览”按钮，弹出“打开”对话框，然后在该对话框中选择一个图片文件，接着单击“打开”按钮，如图7-201所示，系统会自动将导入的图片完全保留原有的颜色添加到“图样填充挑选器”中。

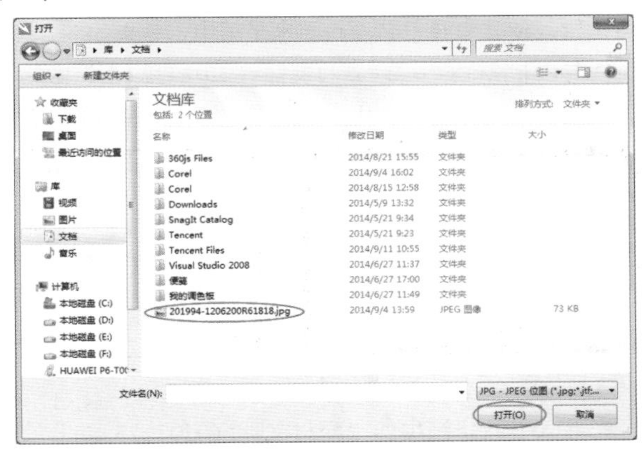

图7-201

位图图样填充

使用“位图图样填充”，可以选择位图图像为对象进行填充，填充后的图像属性取决于位图的大小、分辨率和深度。

绘制一个图形并将其选中，如图7-202所示，然后双击“渐层工具”，在弹出的“编辑填充”对话框中选择“向量图样填充”方式，再单击“图样填充挑选器”的下拉按钮进行图样选择，最后单击“确定”按钮，如图7-203所示，填充效果如图7-204所示。

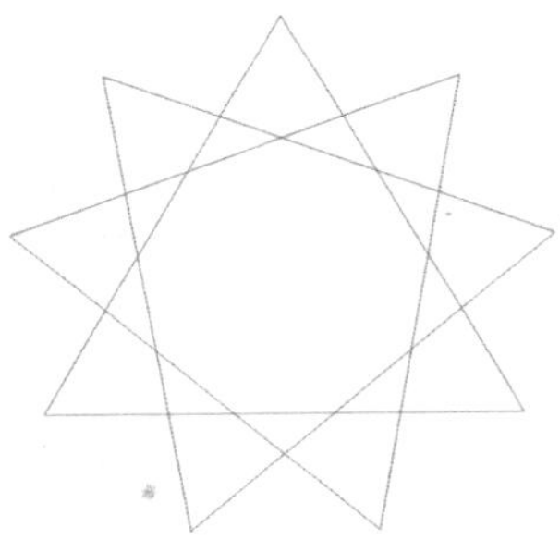

图7-202

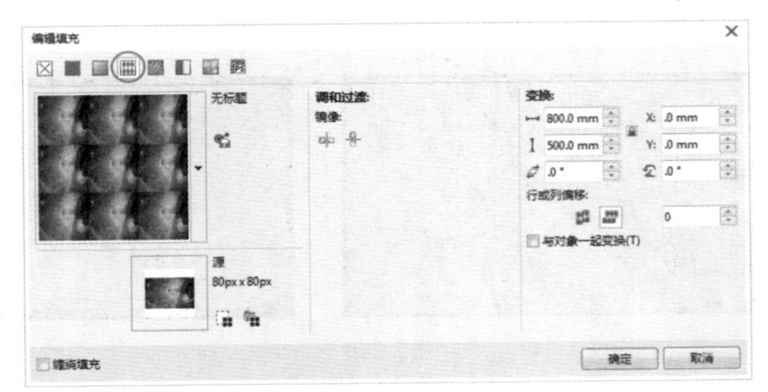

图7-203

图7-204

疑难问答

问：选用复杂的位图进行填充，会影响填充速度吗？

答：在使用位图进行填充时，复杂的位图会占用较多的内存空间，所以会影响填充速度。

★重点★

实战：绘制名片

实例位置　下载资源>实例文件>CH07>实战：绘制名片.cdr
素材位置　下载资源>素材文件>CH07>16.jpg~21.jpg、22.cdr~26.cdr
视频位置　下载资源>多媒体教学>CH07>实战：绘制名片.flv
实用指数　★★★★
技术掌握　图样填充的使用方法

名片效果如图7-205所示。

图7-205

01 新建一个空白文档，然后设置文档名称为“名片”，接着设置“宽度”为210mm、“高度”为260mm。

02 双击“矩形工具”创建一个与页面重合的矩形，然后填充黑色（C:0，M:0，Y:0，K:100），如图7-206所示，接着使用“矩形工具”在页面内绘制一个矩形，再使用“形状工具”拖曳矩形上任意一个节点，使四个直角变为圆角，最后填充白色（C:0，M:0，Y:0，K:0），作为名片正面，效果如图7-207所示。

图7-206

图7-207

03 使用“矩形工具”绘制一个矩形，然后填充蓝色（C:91，M:78，Y:32，K:0），接着去除轮廓，再复制一个，如图7-208所示，最后选中两个矩形，执行“对象>图框精确剪裁>置于图文框内部”菜单命令，将两个矩形嵌入到名片正面，效果如图7-209所示。

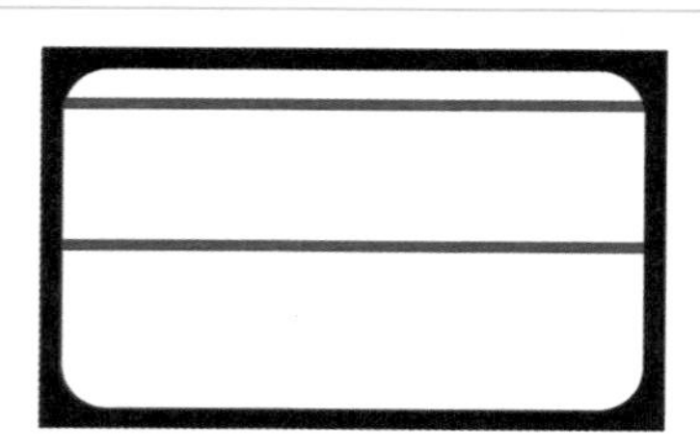

图7-208　　图7-209

04 使用“矩形工具”□绘制一个矩形，如图7-210所示，然后双击“渐层工具”◇，在弹出的“编辑填充”对话框中选择“向量图样填充”方式▦，再单击“浏览”按钮[浏览...]，打开“打开”对话框，导入光盘中的“素材文件>CH07>16.jpg”文件，接着设置“填充宽度”为150mm、“填充高度”为50mm，最后单击“确定”按钮[确定]，如图7-211所示，填充完毕后去除轮廓，效果如图7-212所示。

图7-210

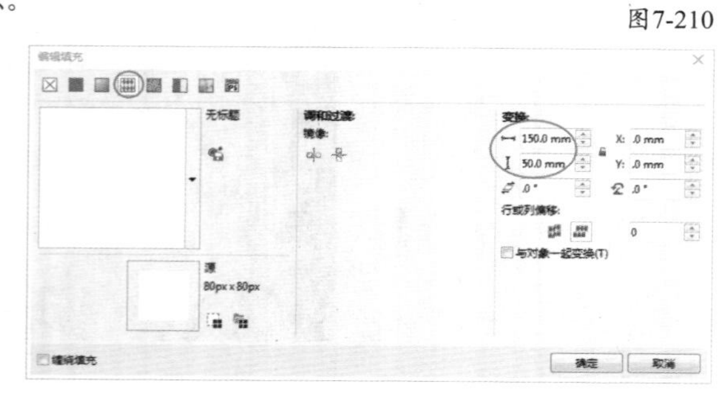

图7-211

图7-212

05 选中前面填充图样的矩形，然后复制一份，接着执行“对象>图框精确剪裁>置于图文框内部”菜单命令，将矩形嵌入名片正面，最后适当调整，效果如图7-213所示。

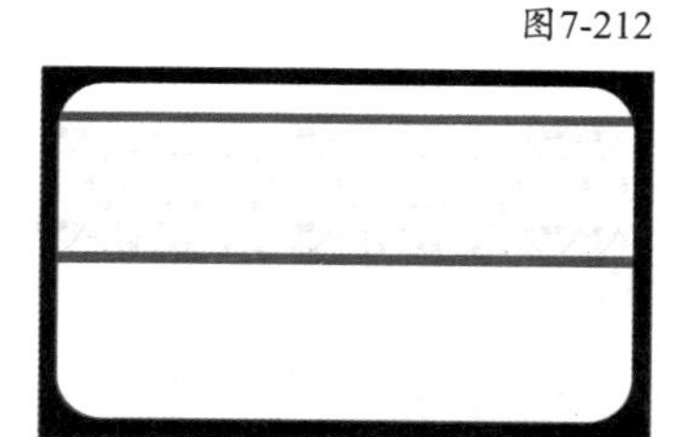

图7-213

06 导入下载资源中的“素材文件>CH07>17.jpg~21.jpg”文件，然后调整图片为相同高度，接着全部选中，再按T键使其顶端对齐，最后绘制一个圆形，使圆形与这些图片的4个直角进行修剪，效果如图7-214所示。

图7-214

07 选中导入的5张图片，然后移动到名片正面的上方，接着适当调整位置，使其相对于名片正面水平居中，效果如图7-215所示。

08 导入下载资源中的“素材文件>CH07>22.cdr”文件，然后适当调整大小，接着放在名片正面的右下方，效果如图7-216所示。

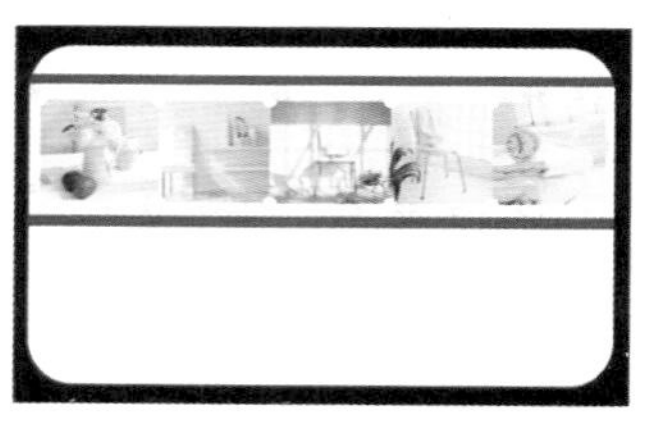

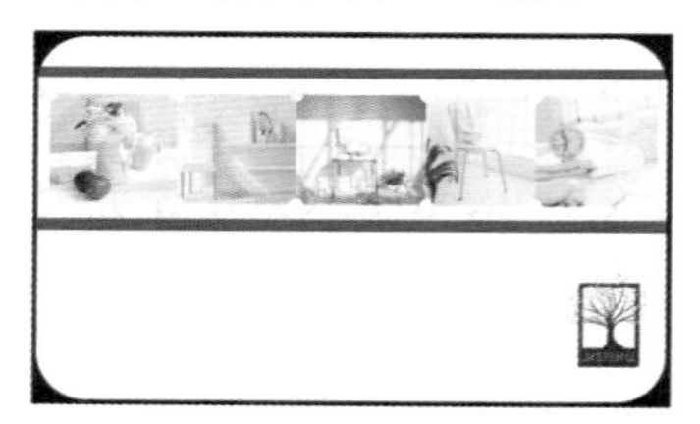

图7-215　　图7-216

09 导入下载资源中的“素材文件>CH07>23.cdr”文件，然后适当调整大小，接着放在标志左侧，如图7-217所示。

10 导入下载资源中的“素材文件>CH07>24.cdr”文件，然后执行“对象>图框精确剪裁>置于图文框内部”菜单命令，将树叶底纹嵌入名片正面，接着适当调整位置，效果如图7-218所示。

图7-217　　图7-218

11 选中名片正面，然后复制一个，接着移除该圆角矩形内嵌入的对象，再填充蓝色（C:91，M:78，Y:32，K:0），作为名片背面，如图7-219所示。

12 选中前面填充图样的矩形，然后嵌入到名片背面的右侧，接着适当调整，效果如图7-220所示。

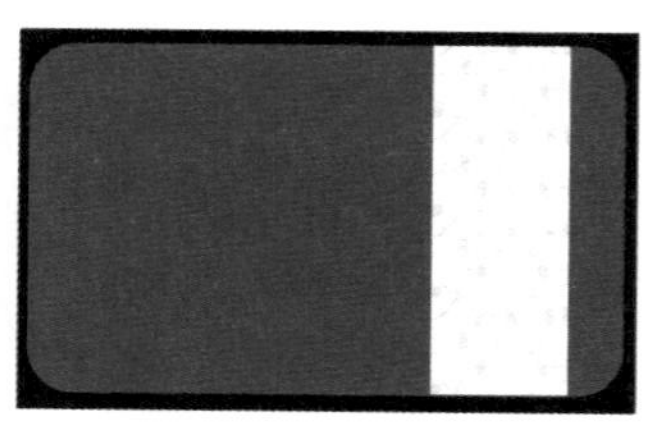

图7-219　　图7-220

13 导入下载资源中的“素材文件>CH07>25.cdr”文件，然后适当调整大小，接着放在名片背面的下方，效果如图7-221所示。

14 导入下载资源中的“素材文件>CH07>26.cdr”文件，然后适当调整大小，接着放在名片背面的上方，如图7-222所示。

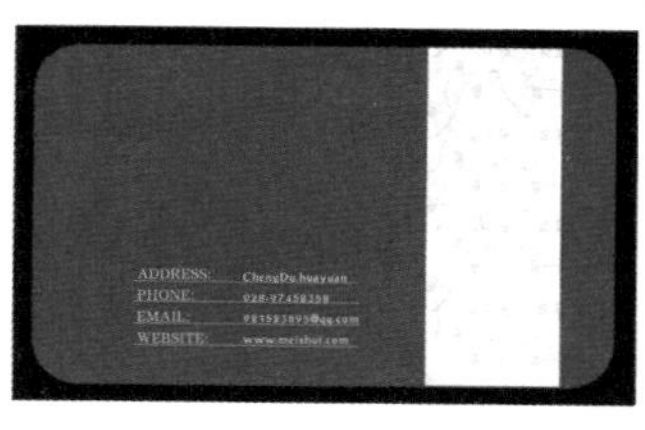

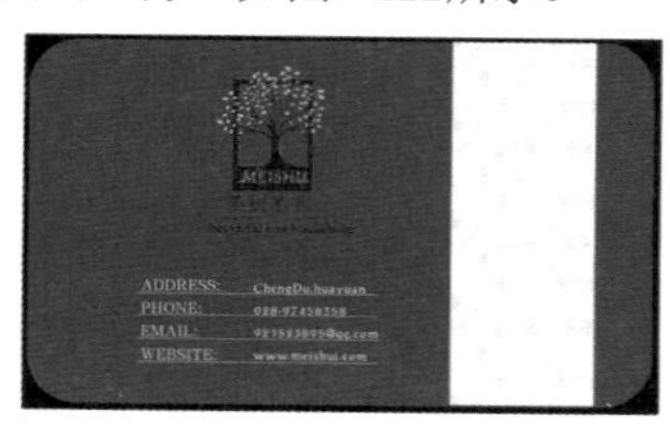

图7-221　　图7-222

15 选中名片背面的所有内容，然后按Ctrl+G组合键进行组合，接着选中名片正面的所有内容，按Ctrl+G组合键进行组合，再选中名片正面和名片背面按L键使其左对齐，最后移动两组对象到页面水平居中的位置，最终效果如图7-223所示。

图7-223

技巧与提示

用户可以修改“样品”中的底纹，还可将修改的底纹保存到另一个“样品”中。

单击“底纹填充”对话框中的+按钮，弹出“保存底纹为”对话框，然后在“底纹名称”选项中输入底纹的保存名称，接着在“库名称”的下拉列表中选择保存后的位置，再单击“确定”按钮，即可保存自定义的底纹，如图7-227所示。

图7-227

7.4.4 底纹填充

“底纹填充”方式是用随机生成的纹理来填充对象，使用“底纹填充”可以赋予对象自然的外观。CorelDRAW X7为用户提供了多种底纹样式，每种底纹都可通过“底纹填充”对话框进行相对应的属性设置。

底纹库

绘制一个图形并将其选中，如图7-224所示，然后双击“渐层工具”，在弹出的“编辑填充”对话框中选择“底纹填充”方式，接着单击“样品”右边的下拉按钮选择一个样本，再选择“底纹列表”中的一种底纹，最后单击“确定”按钮，如图7-225所示，填充效果如图7-226所示。

图7-224

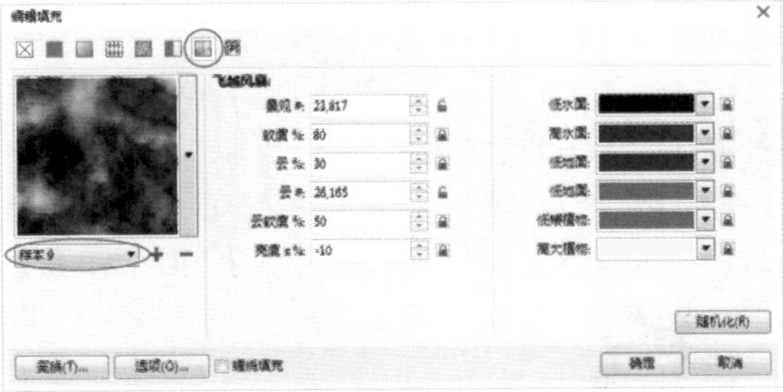

图7-225

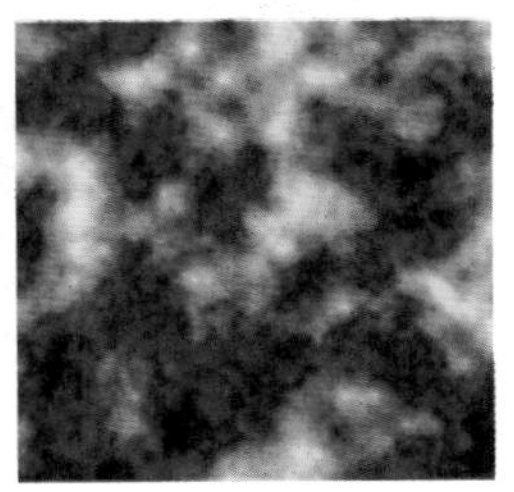

图7-226

颜色选择器

打开“底纹填充”对话框后，在该对话框的“底纹列表”中选择任意一种底纹类型，单击在对话框右侧的下拉按钮显示相应的颜色选项（根据用户选择底纹样式的不同，会出现相应的属性选项），如图7-228所示，然后单击任意一个颜色选项后面的按钮，即可打开相应的颜色挑选器，如图7-229所示。

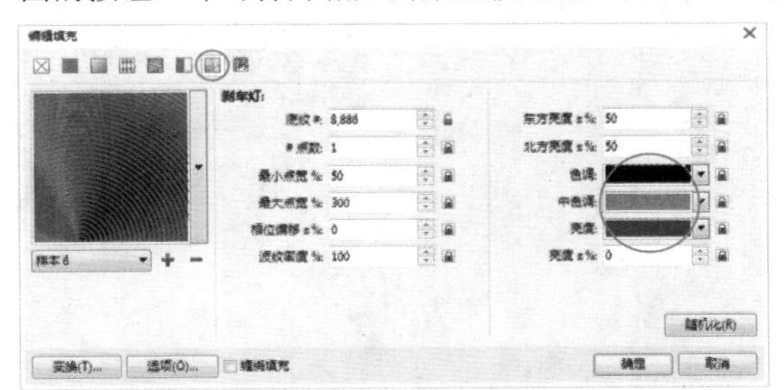

图7-228

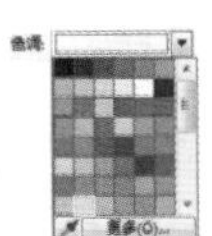

图7-229

选项

双击“渐层工具”，在弹出的“编辑填充”对话框中选择“底纹填充”方式，然后选择任意一种底纹类型，接着单击下方的“选项”按钮，弹出“底纹选项”对话框，即可在该对话框中设置“位图分辨率”和“最大平铺宽度”，如图7-230所示。

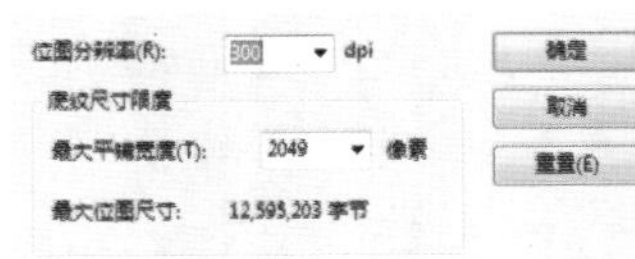

图7-230

疑难问答

问：设置“位图分辨率”和“最大平铺宽度”有什么作用？

答：当设置的“位图分辨率”和“最大平铺宽度”的数值越大时，填充的纹理图案就越清晰；当数值越小时，填充的纹理就越模糊。

变换

双击“渐层工具”，在弹出的“编辑填充”对话框中选择“底纹填充”方式，然后选择任意一种底纹类型，接着单击对话框下方的“变换”按钮，弹出“变换”对话框，在该对话框中即可对所选底纹进行参数设置，如图7-231所示。

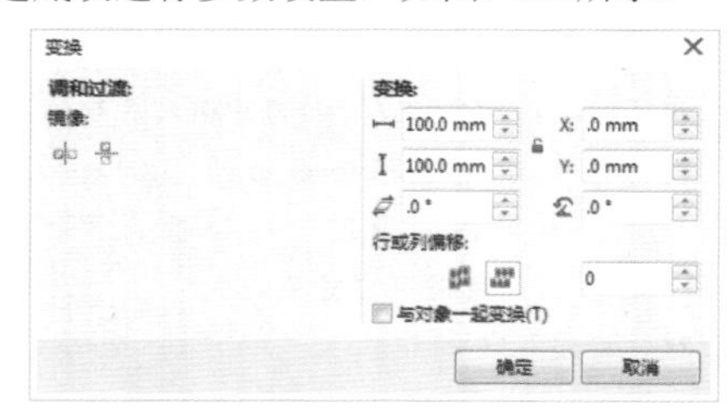

图7-231

★ 重点 ★

实战：绘制红酒瓶

实例位置	下载资源>实例文件>CH07>实战：绘制红酒瓶.cdr
素材位置	下载资源>素材文件>CH07>27.cdr~29.cdr、30.jpg、31.cdr
视频位置	下载资源>多媒体教学>CH07>实战：绘制红酒瓶.flv
实用指数	★★★★☆
技术掌握	渐变填充的使用方法

红酒瓶效果如图7-232所示。

图7-232

01 新建一个空白文档，然后设置文档名称为“红酒瓶”，接着设置“宽度”为270mm、“高度”为210mm。

02 使用“钢笔工具”绘制出红酒瓶的外轮廓，如图7-233所示，然后填充颜色为（C:0，M:0，Y:0，K:100），接着去除轮廓，效果如图7-234所示。

图7-233 图7-234

03 使用“钢笔工具”绘制出红酒瓶左侧反光区域的轮廓，如图7-235所示，然后双击“渐层工具”，在“编辑填充”对话框中选择“渐变填充”方式，设置“类型”为“线性渐变填充”、“镜像、重复和反转”为“默认渐变填充”，再设置“节点位置”为0%的色标颜色为（C:0，M:0，Y:0，K:100）、“位置”为15%的色标颜色为（C:0，M:0，Y:0，K:81）、“位置”为64%的色标颜色为（C:0，M:0，Y:0，K:90）、“位置”为100%的色标颜色为（C:0，M:0，Y:0，K:100），“填充宽度”为101.853 %、“水平偏移”为7.046 %、“垂直偏移”为-.919%、“旋转”为-91.1°，最后单击“确定”按钮，如图7-236所示，填充完毕后去除轮廓，效果如图7-237所示。

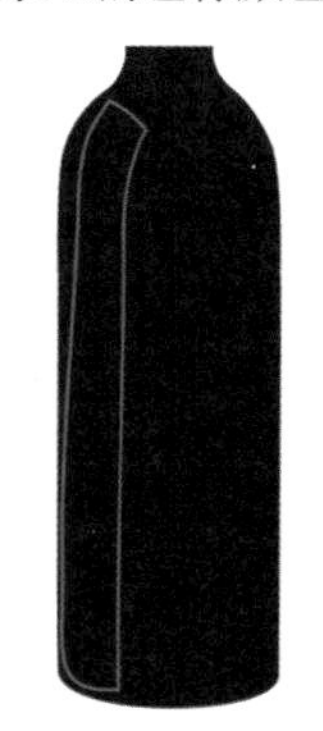

图7-235

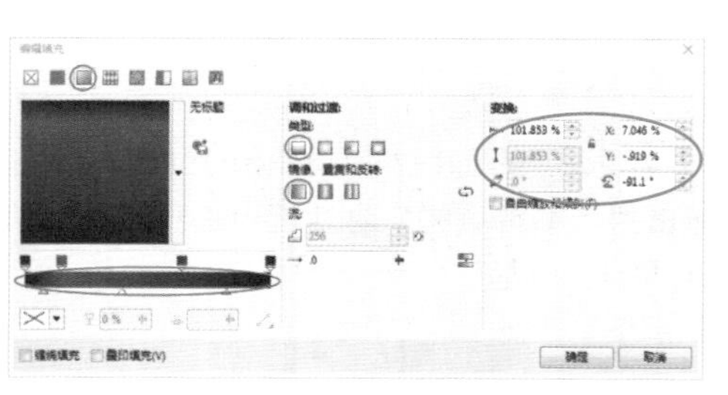

图7-236

图7-237

04 使用“钢笔工具”绘制出红酒瓶右侧反光区域的轮廓，如图7-238所示，然后双击“渐层工具”，在“编辑填充”对话框中选择“渐变填充”方式，设置“类型”为“线性渐变填充”、“镜像、重复和反转”为“默认渐变填充”，再设置“节点位置”为0%的色标颜色为（C:0，M:0，Y:0，K:80）、“位置”为50%的色标颜色为（C:0，M:0，Y:0，K:100）、“位置”为100%的色标颜色为（C:0，M:0，Y:0，K:100），“填充宽度”为100.0 %、“水平偏移”为-.002%、“垂直偏移”为.0 %、“旋转”为-90.0°，最后单击“确定”按钮，如图7-239所示，填充完毕后去除轮廓，效果如图7-240所示。

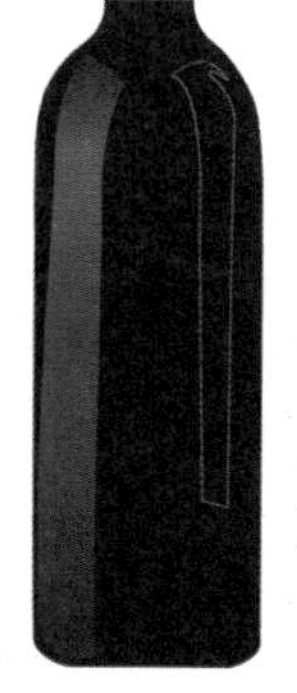

图7-238

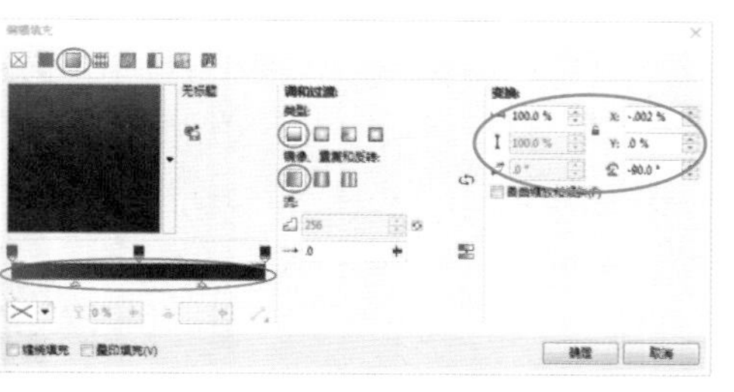

图7-239

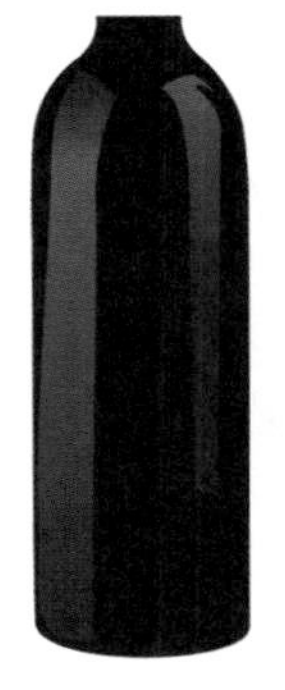

图7-240

05 绘制出红酒瓶颈部左侧反光区域的轮廓，如图7-241所示，然后双击“渐层工具”，在“编辑填充”对话框中选择“渐变填充”方式，设置“类型”为“线性渐变填充”、“镜像、重复和反转”为“默认渐变填充”，再设置“节点位置”为0%的色标颜色为（C:0，M:0，Y:0，K:70）、“位置”为85%的色标颜色为（C:0，M:0，Y:0，K:100）、“位置”为100%的色标颜色为（C:0，M:0，Y:0，K:90），“填充宽度”为99.999 %、“水平偏移”为-.002%、“垂直偏移”为0 %、“旋转”为0°，最后单击“确定”按钮，如图7-242所示，填充完毕后去除轮廓，效果如图7-243所示。

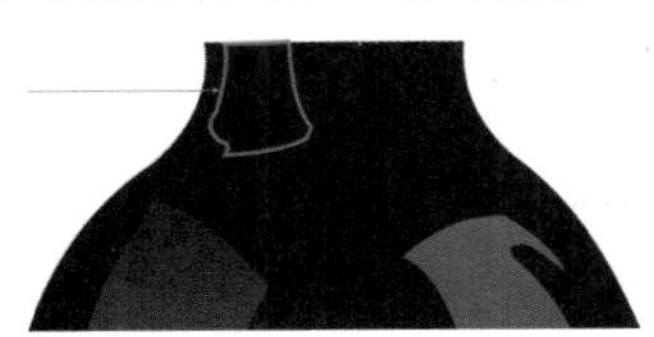

图7-241

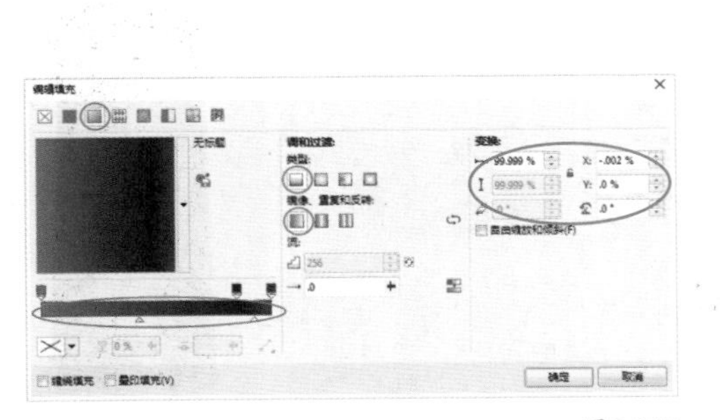

图7-242

图7-243

06 绘制出红酒瓶颈部右侧反光区域的轮廓，如图7-244所示，然后双击“渐层工具”，在“编辑填充”对话框中选择“渐变填充”方式，设置“类型”为“线性渐变填充”、“镜像、重复和反转”为“默认渐变填充”，再设置“节点位置”为0%的色标颜色为（C:0，M:0，Y:0，K:100）、“位置”为100%的色标颜色为（C:0，M:0，Y:0，K:70），“填充宽度”为125.72 %、“水平偏移”为0%、“垂直偏移”为-10.497 %、“旋转”为-33.0°，最后单击“确定”按钮，如图7-245所示，填充完毕后去除轮廓，效果如图7-246所示。

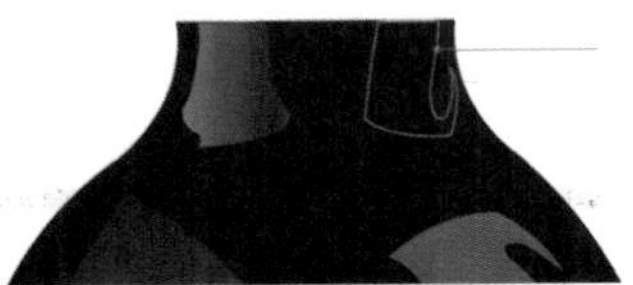

图7-244

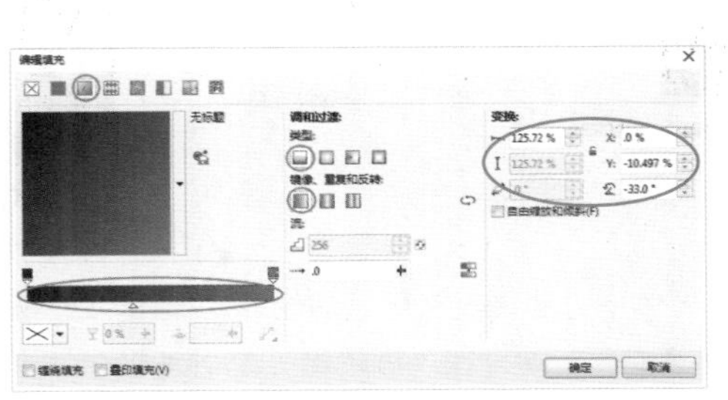

图7-245

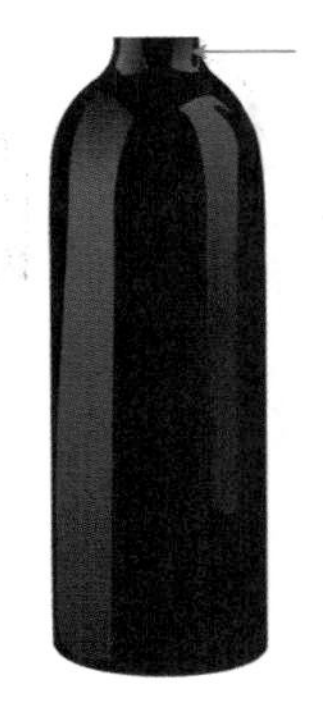

图7-246

07 绘制出红酒瓶右侧边缘反光区域的轮廓，如图7-247所示，然后双击“渐层工具”，在“编辑填充”对话框中选择“渐变填充”方式，设置“类型”为“线性渐变填充”、“镜像、重复和反转”为“默认渐变填充”，再设置“节点位置”为0%的色标颜色为（C:55，M:49，Y:48，K:14）、“位置”为85%的色标颜色为（C:0，M:0，Y:0，K:90）、“位置”为100%的色标颜色为（C:0，M:0，Y:0，K:100），“填充宽度”为82.848%、“水平偏移”为.247 %、“垂直偏移”为8.576 %、“旋转”为-90.0°，最后单击“确定”按钮，如图7-248所示，填充完毕后去除轮廓，效果如图7-249所示。

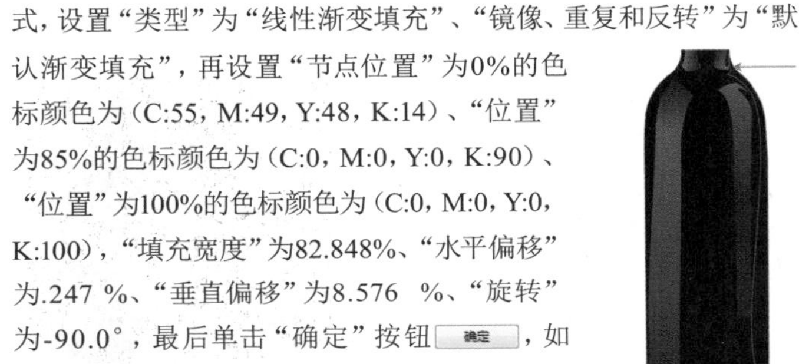

图7-247

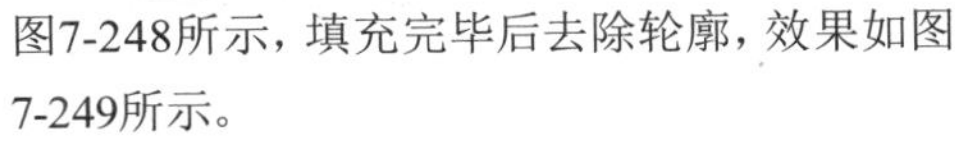

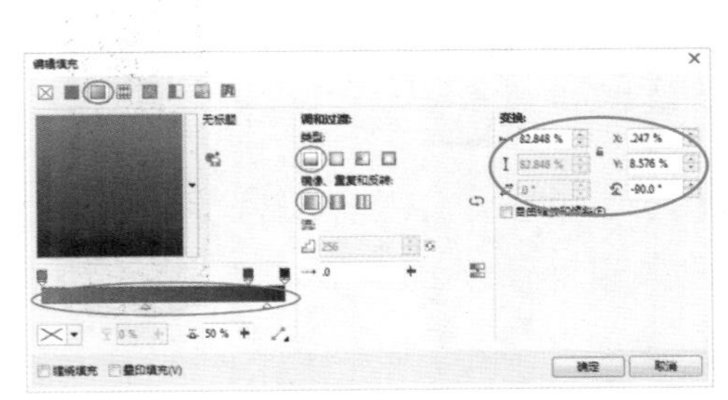

图7-248

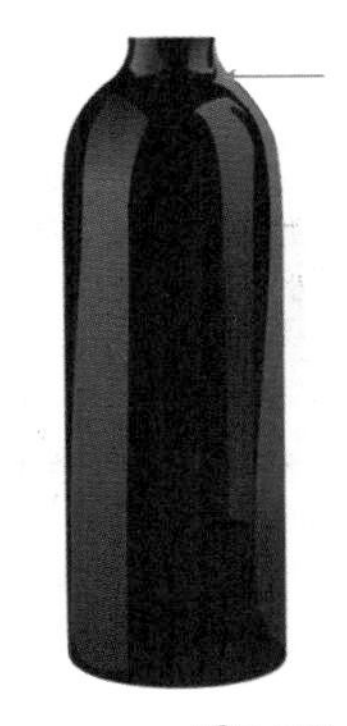

图7-249

08 绘制出红酒瓶左侧上方边缘反光区域的轮廓，如图7-250所示，然后双击“渐层工具”，在“编辑填充”对话框中选择“渐变填充”方式，设置“类型”为“线性渐变填充”、“镜像、重复和反转”为“默认渐变填充”，再设置“节点位置”为0%的色标颜色为（C:78，M:74，Y:71，K:44）、“节点位置”为100%的色标颜色为（C:86，M:85，Y:79，K:100），“填充宽度”为13.512%、“水平偏移”为0%、“垂直偏移”为0%、“旋转”为-90.0°，最后单击“确定”按钮，如图7-251所示，填充完毕后去除轮廓，效果如图7-252所示。

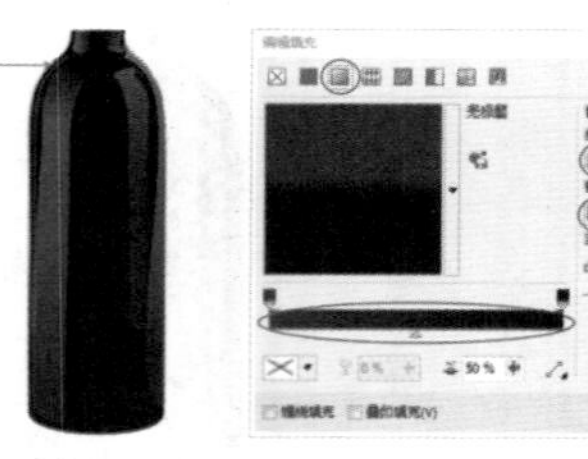
图7-250

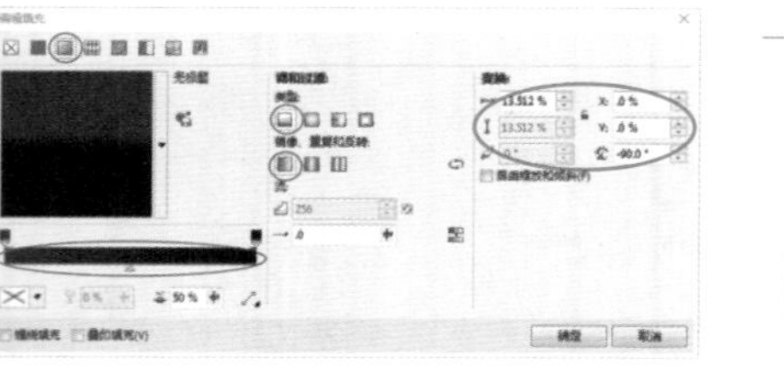
图7-251

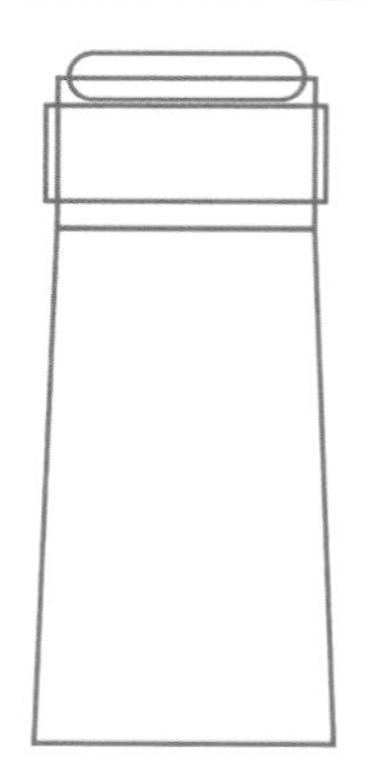
图7-252

09 绘制出红酒瓶左侧下方边缘反光区域的轮廓，如图7-253所示，然后双击“渐层工具”，在“编辑填充”对话框中选择“渐变填充”方式，设置“类型”为“线性渐变填充”、“镜像、重复和反转”为“默认渐变填充”，再设置“节点位置”为0%的色标颜色为（C:85，M:86，Y:79，K:100）、“位置”为77%的色标颜色为（C:0，M:0，Y:0，K:100）、“位置”为100%的色标颜色为（C:0，M:0，Y:0，K:70），“填充宽度”为110.883%、“水平偏移”为53.266%、“垂直偏移”为-5.442%、“旋转”为-90.0°，最后单击“确定”按钮，如图7-254所示，填充完毕后去除轮廓，效果如图7-255所示。

图7-253

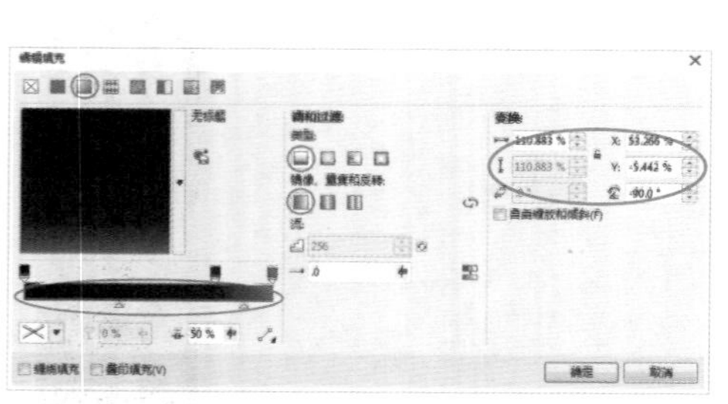
图7-254

图7-255

10 使用“矩形工具”绘制出瓶盖的外轮廓，首先绘制两个交叉的矩形，如图7-256所示，然后在下方绘制一个矩形，接着在上方绘制一个“圆角”为0.77mm的矩形，再将绘制的矩形全部选中，按C键使其垂直居中对齐，效果如图7-257所示。

图7-256

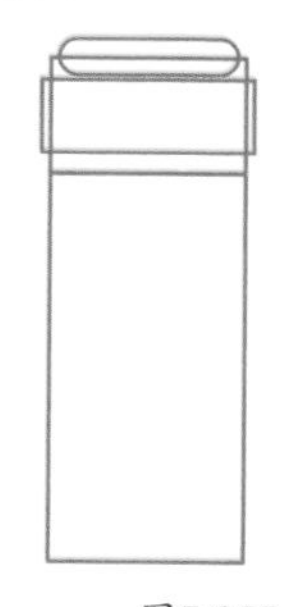
图7-257

11 选中前面绘制的矩形中最下方的矩形，然后按Ctrl+Q组合键转换为曲线，接着使用“形状工具”调整外形，再选中这4个矩形，最后按Ctrl+G组合键进行组合对象，效果如图7-258所示。

图7-258

12 选中前面组合的对象，然后双击“渐层工具”，在“编辑填充”对话框中选择“渐变填充”方式，设置“类型”为“线性渐变填充”、“镜像、重复和反转”为“默认渐变填充”，再设置“节点位置”为0%的色标颜色为（C:42，M:90，Y:75，K:65）、“位置”为21%的色标颜色为（C:35，M:85，Y:77，K:42）、“位置”为43%的色标颜色为（C:44，M:89，Y:90，K:11）、“位置”为76%的色标颜色为（C:56，M:87，Y:82，K:86）、“位置”为100%的色标颜色为（C:56，M:87，Y:79，K:85），“填充宽度”为100.001%、“水平偏移”为.002 %、“垂直偏移”为-.008 %、“旋转”为0°，最后单击“确定”按钮，如图7-259所示，填充完毕后去除轮廓，效果如图7-260所示。

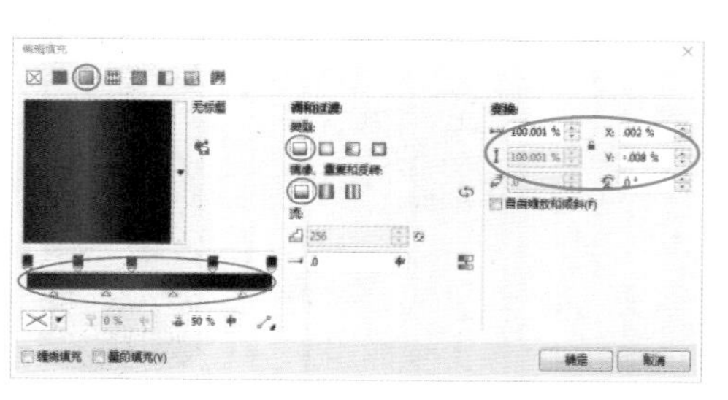
图7-259

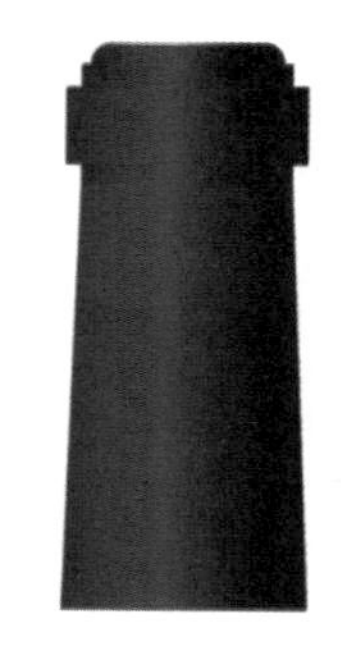
图7-260

13 使用“矩形工具”绘制一个矩形长条，然后填充颜色为（C:49，M:87，Y:89，K:80），接着去除轮廓，如图7-261所示，最后复制三个分别放置在瓶盖中图形的衔接处，效果如图7-262所示。

图7-261

图7-262

技巧与提示

在以上操作步骤中，将矩形长条放置在图形衔接处时，要根据所在的衔接处图形的宽度来调整矩形的宽度，矩形的宽度要与衔接处图形的宽度一致。

14 使用“矩形工具”□绘制一个矩形，然后双击“渐层工具”◆，在“编辑填充”对话框中选择“渐变填充”方式，设置“类型”为“线性渐变填充”、“镜像、重复和反转”为“默认渐变填充”，再设置“节点位置”为0%的色标颜色为（C:27，M:51，Y:94，K:8）、“位置”为28%的色标颜色为（C:2，M:14，Y:58，K:0）、“位置”为49%的色标颜色为（C:0，M:0，Y:0，K:0）、“位置”为67%的色标颜色为（C:43，M:38，Y:74，K:8）、“位置”为80%的色标颜色为（C:5，M:15，Y:58，K:0）、“位置”为100%的色标颜色为（C:47，M:42，Y:75，K:13），“填充宽度”为99.996 %、“水平偏移”为.002%、“垂直偏移”为-.017%、“旋转”为0°，最后单击“确定”按钮 确定 ，如图7-263所示，填充完毕后去除轮廓，效果如图7-264所示。

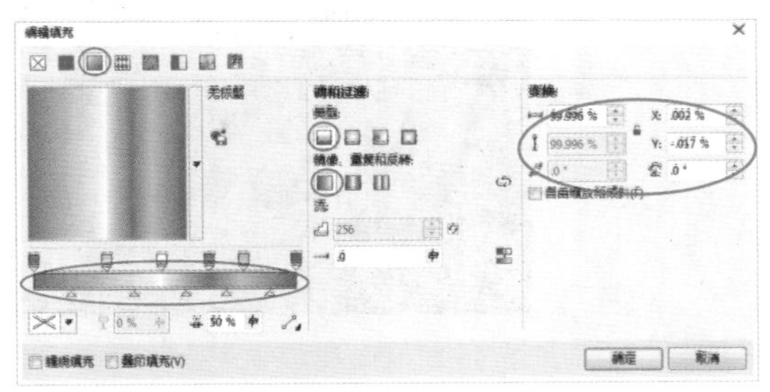

图7-263

图7-264

15 选中前面填充渐变色的矩形，然后移动到瓶盖下方，接着使用“形状工具”调整外形，使矩形左右两侧的边缘与瓶盖左右两侧的边缘重合，效果如图7-265所示。

16 导入下载资源中的“素材文件>CH07>27.cdr”文件，然后移动到瓶盖下方，接着适当调整大小，效果如图7-266所示。

图7-265

图7-266

17 选中瓶盖上的所有内容，然后按Ctrl+G组合键进行对象组合，接着移动到瓶身上方，再适当调整位置，效果如图7-267所示。

18 使用“矩形工具”□在瓶身上面绘制一个矩形作为瓶贴，如图7-268所示，然后双击“渐层工具”◆，在“编辑填充”对话框中选择“渐变填充”方式，设置“类型”为“线性渐变填充”、“镜像、重复和反转”为“默认渐变填充”，再设置“节点位置”为0%的色标颜色为（C:47，M:39，Y:64，K:0）、“位置”为23%的色标颜色为（C:4，M:0，Y:25，K:0）、“位置”为53%的色标颜色为（C:42，M:35，Y:62，K:0）、“位置”为83%的色标颜色为（C:16，M:15，Y:58，K:0）、“位置”为100%的色标颜色为（C:60，M:53，Y:94，K:8），“填充宽度”为99.998%、“水平偏移”为.001 %、“垂直偏移”为0%、“旋转”为0°，最后单击“确定”按钮 确定 ，如图7-269所示，填充完毕后去除轮廓，效果如图7-270所示。

图7-267

图7-268

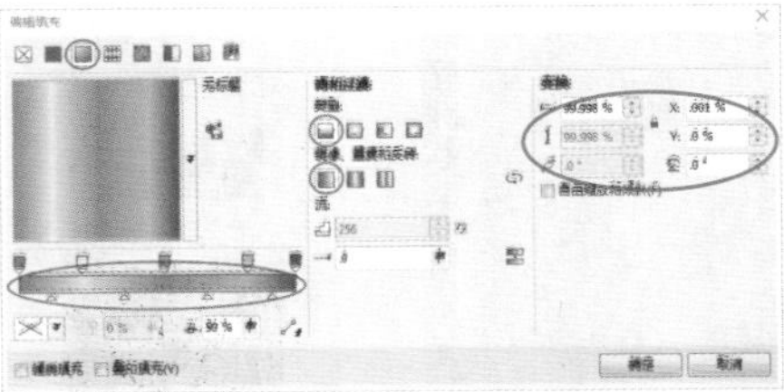

图7-269

图7-270

19 将前面绘制的瓶贴复制两个，然后将复制的第2个瓶贴适当缩小，接着稍微拉长高度，如图7-271所示，再选中两个矩形，在属性栏上单击“移除前面对象”按钮，即可制作出边框，效果如图7-272所示。

图7-271

图7-272

20 单击“属性滴管工具”，然后在属性栏上单击“属性”按钮，勾选“填充”，如图7-273所示，接着使用鼠标左键在瓶盖的金色渐变色条上进行属性取样，待光标变为形状时单击矩形框，使金色色条的“填充”属性应用到矩形边框，效果如图7-274所示。

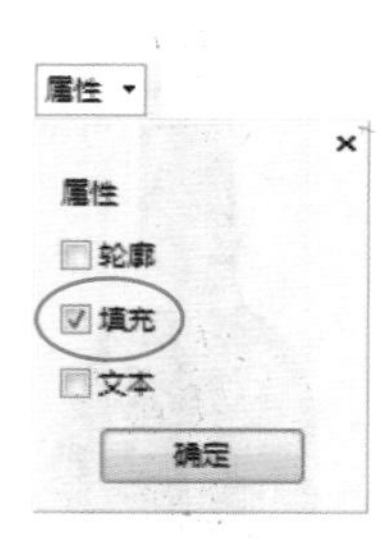

图7-273

图7-274

21 选中矩形边框，然后移动到瓶贴上面，接着适当调整位置，效果如图7-275所示。

22 导入下载资源中的“素材文件>CH07>28.cdr”文件，然后适当调整大小，接着放置在瓶贴上方，效果如图7-276所示。

23 导入下载资源中的“素材文件>CH07>29.cdr”文件，然后适当调整大小，接着放置在瓶贴下方，如图7-277所示，最后选中红酒瓶包含的所有对象按Ctrl+G组合键进行组合对象。

图7-275

图7-276

图7-277

24 导入下载资源中的“素材文件>CH07>30.jpg”文件，然后适当调整大小和位置，使其与页面重合，接着多次按Ctrl+PageDown组合键放置在页面后面，效果如图7-278所示。

图7-278

25 导入下载资源中的“素材文件>CH07>31.cdr”文件，然后适当调整大小，接着放置在红酒瓶前面，最终效果如图7-279所示。

图7-279

7.4.5 PostScript填充

“PostScript填充”方式是使用PostScript语音设计的特殊纹理进行填充，有些底纹非常复杂，因此打印或屏幕显示包含PostScript底纹填充的对象时，等待时间可能较长，并且一些填充可能不会显示，而只能显示字母ps，这种现象取决于对填充对象所应用的视图方式。

简单填充

绘制一个矩形并将其选中，如图7-280所示，然后双击“渐层工具”，在弹出的“编辑填充”对话框中选择“PostScript填充”方式，接着在底纹列表框中选择一种底纹，最后单击“确定”按钮，如图7-281所示，填充效果如图7-282所示。

图7-280

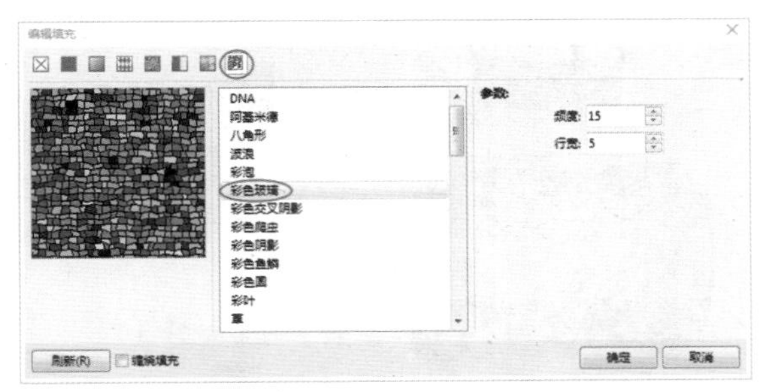

图7-281

图7-282

技巧与提示

在使用“PostScript填充”工具进行填充时，当视图对象处于“简单线框”、“线框”模式时，无法进行显示；当视图处于“草稿”、“正常模式”时，PostScript底纹图案用字母ps表示；只有视图处于“增强”、“模拟叠印”模式时，PostScript底纹图案才可显示出来。

设置属性

打开“PostScript填充”对话框，然后在底纹列表框中单击“彩色鱼鳞”，此时在该对话框右面显示所选底纹对应的参数选项（该对话框中显示的参数选项会根据所选底纹的不同而有所变化），接着设置“频度”为1、“行宽”为20、“背景”为20，最后单击“刷新”按钮，即可在预览窗口中对设置后的底纹进行预览，如图7-283所示。

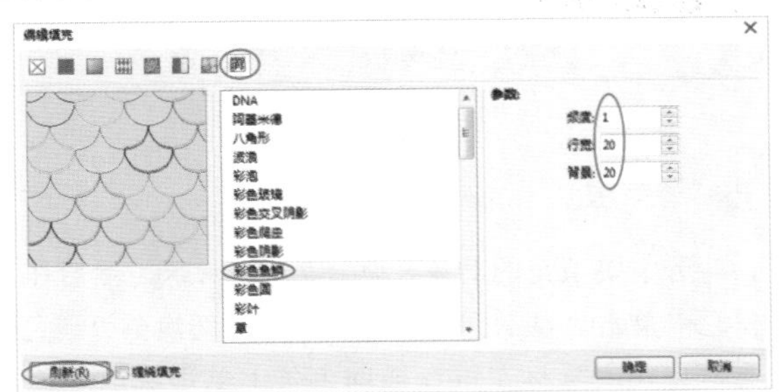

图7-283

技巧与提示

在“PostScript填充”对话框中，设置所选底纹的参数选项时，可以使用鼠标左键单击相应选项后面的按钮，也可以在相应的选项框中输入数值。

7.4.6 无填充

选中一个已填充的对象，如图7-284所示，然后双击“渐层工具”，在弹出的“编辑填充”对话框中选择“无填充”方式，即可观察到对象内的填充内容直接被移除，但轮廓颜色不进行任何改变，如图7-285所示。

图7-284

图7-285

在未选中对象的状态下，双击“渐层工具”，在弹出的“编辑填充”对话框中选择“无填充”方式，会弹出“更改文档默认值”对话框，接着单击“确定”按钮，如图7-286所示。

图7-286

7.4.7 彩色填充

通过“彩色填充”方式，可以打开“颜色泊坞窗”，在该泊坞窗中可以直接设置“填充”和“轮廓”的颜色。

颜色滴管

选中要填充的对象，如图7-287所示，然后执行“窗口>泊坞窗>彩色”菜单命令，弹出“颜色泊坞窗”，再单击“颜色滴管”按钮，待光标变为滴管形状时，即可在文档窗口中的任意对象上进行颜色取样（不论在应用程序外部还是内部），最后单击“填充”按钮，即可将取样的颜色填充到对象内部；单击“轮廓”按钮，即可将取样的颜色填充到对象轮廓，如图7-288所示，填充效果如图7-289所示。

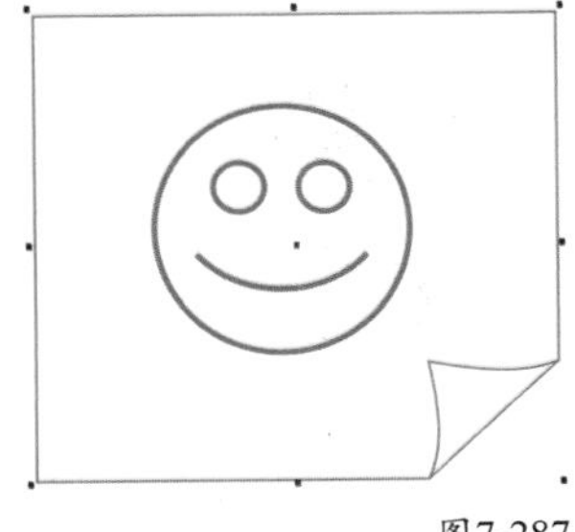

图7-287

图7-288

图7-289

在“颜色泊坞窗”左上角的“参考颜色和新颜色”上可以进行颜色预览，左下方的“自动应用颜色”按钮可将“颜色挑选器”、“填充”和“轮廓”关联起来，以便可以自动更新颜色，如图7-290所示。

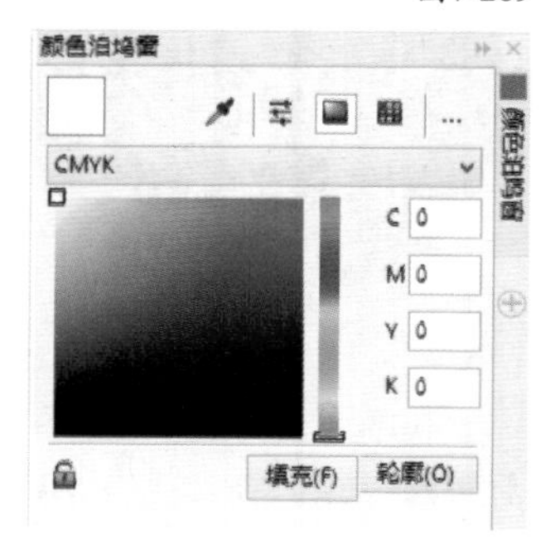

图7-290

技巧与提示

在“颜色泊坞窗”对话框中，若要将取样的颜色直接应用到对象，可以在该泊坞窗中先单击“填充”按钮或“轮廓”按钮，然后再单击“颜色滴管”，即可将取样的颜色直接填充到对象内部或对象轮廓。

颜色滑块

选中要填充的对象，如图7-291所示，然后在“颜色泊坞窗”中单击“显示颜色滑块”按钮，切换至“颜色滑块”操作界面，接着拖曳色条上的滑块（也可在右侧的组键中输入数值），即可选择颜色，最后单击“填充”按钮，为对象内部填充颜色；单击“轮廓”按钮，为对象轮廓填充颜色，如图7-292所示，填充效果如图7-293所示。

在该泊坞窗中，单击“颜色模式”右边的按钮可以选择色彩模式，如图7-294所示。

图7-291

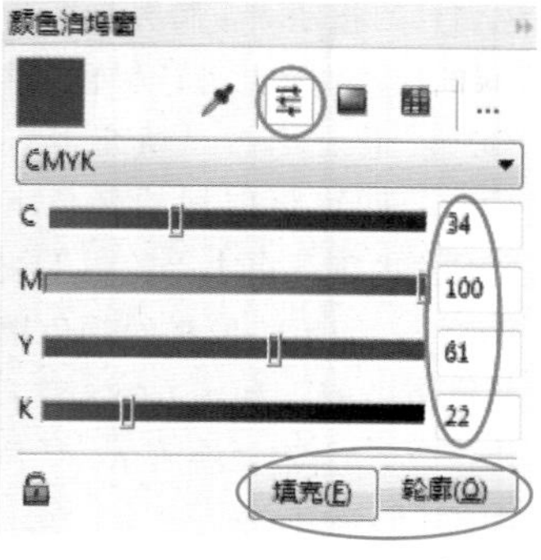

图7-292

图7-293

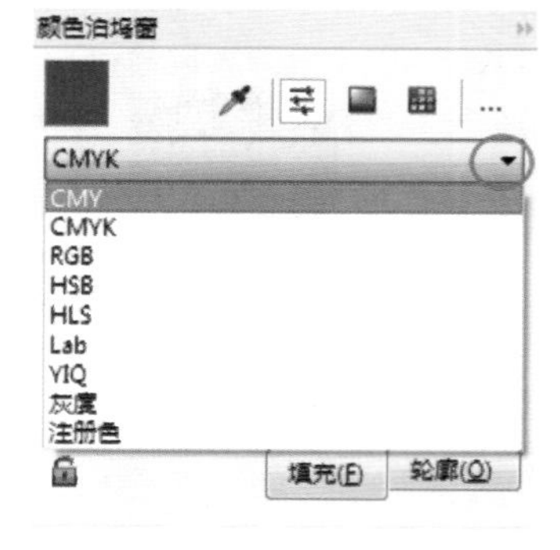

图7-294

颜色查看器

选中要填充的对象，如图7-295所示，然后在“颜色泊坞窗”中单击“颜色查看器”按钮，切换至“颜色查看器”操作界面，再使用鼠标左键在色样上单击，即可选择颜色（也可在组键中输入数值），最后单击“填充”按钮，为对象内部填充颜色；单击“轮廓”按钮，为对象轮廓填充颜色，如图7-296所示，填充效果如图7-297所示。

图7-295

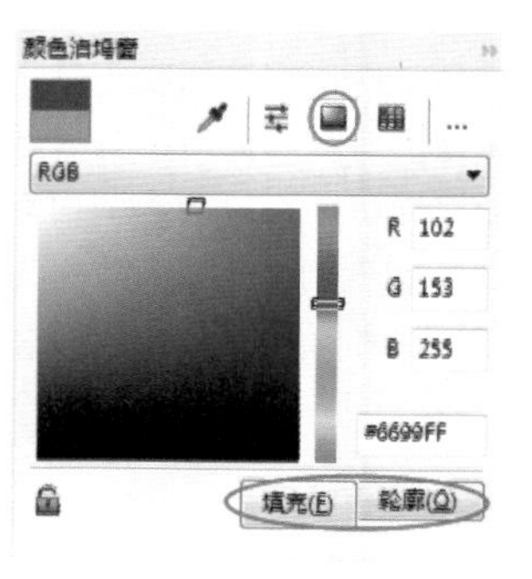

图7-296

图7-297

调色板

选中要填充的对象，如图7-298所示，然后在“颜色泊坞窗”中单击“显示调色板”按钮，切换至“调色板”操作界面，再使用鼠标左键在横向色条上单击选取颜色，最后单击“填充”按钮，即可为对象内部填充颜色；单击“轮廓”按钮，即可为对象轮廓填充颜色，如图7-299所示，填充效果如图7-300所示。

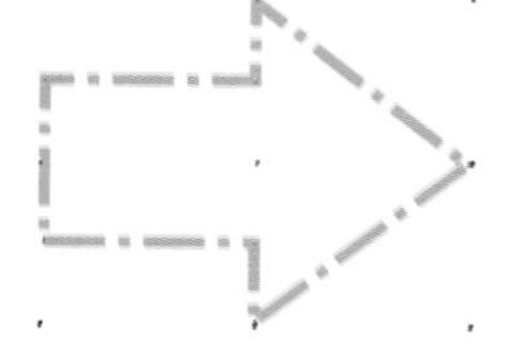

图7-298

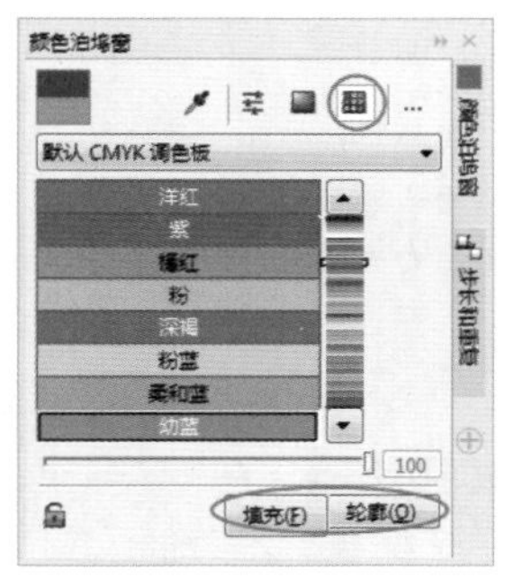

图7-299

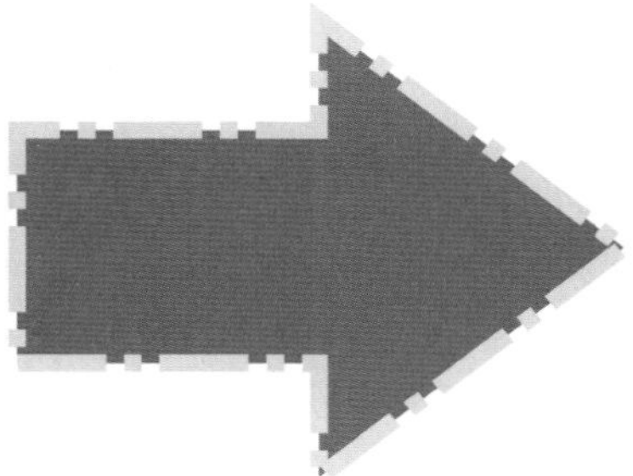
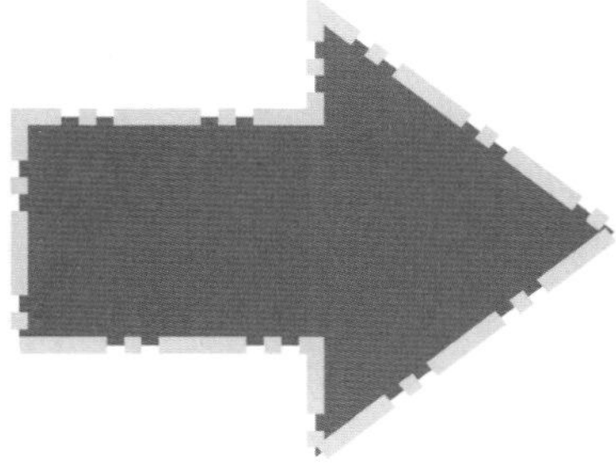

图7-300

在该设置界面中，单击“颜色泊坞窗”右边的下拉按钮可以显示调色板列表，在该列表中可以选择调色板类型，拖曳泊坞窗右侧纵向色条上的滑块可对所选调色板中包含的颜色进行预览，如图7-301所示。

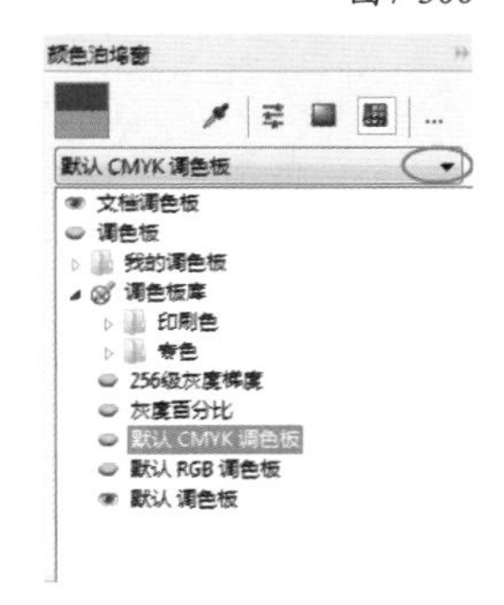

图7-301

7.5 滴管工具

滴管工具包括“颜色滴管工具”和“属性滴管工具”，滴管工具可以复制对象的颜色样式和属性样式，并且可以将吸取的颜色或属性应用到其他对象上。

7.5.1 颜色滴管工具

“颜色滴管工具”可以在对象上进行颜色取样，然后应用到其他对象上。通过以下的练习，可以熟练掌握“颜色滴管工具”的基本使用方法。

任意绘制一个图形，然后单击“颜色滴管工具”，待光标变为滴管形状时，使用鼠标左键单击想要取样的对象，接着当光标变为油漆桶形状时，再悬停在需要填充的对象上，直到出现纯色色块，如图7-302所示，此时单击鼠标左键即可为对象填充；若要填充对象轮廓颜色，则悬停在对象轮廓上，待轮廓色样显示后，如图7-303所示，单击鼠标左键即可为对象轮廓填充颜色，填充效果如图7-304所示。

图7-302

图7-303

图7-304

7.5.2 颜色滴管属性的设置

“颜色滴管工具”的属性栏选项如图7-305所示。

从桌面选择　所选颜色　添加到调色板

图7-305

颜色滴管工具选项介绍

选择颜色：单击该按钮可以在文档窗口中进行颜色取样。

应用颜色：单击该按钮后，可以将取样的颜色应用到其他对象。

从桌面选择：单击该按钮后，“颜色滴管工具”不仅可以在文档窗口内进行颜色取样，还可在应用程序外进行颜色取样（该按钮必须在“选择颜色”模式下才可用）。

1×1：单击该按钮后，“颜色滴管工具”可以对1*1像素区域内的平均颜色值进行取样。

2×2：单击该按钮后，“颜色滴管工具”可以对2*2像素区域内的平均颜色值进行取样。

5×5：单击该按钮后，“颜色滴管工具”可以对5*5像素区域内的平均颜色值进行取样。

所选颜色：对取样的颜色进行查看。

添加到调色板：单击该按钮，可将取样的颜色添加到“文档调色板”或“默认CMYK调色板”中。单击该选项右侧的按钮，可显示调色板类型。

7.5.3 属性滴管工具

使用“属性滴管工具”可以复制对象的属性，并将复制的属性应用到其他对象上。通过以下的练习，可以熟练掌握“属性滴管工具”的基本使用方法以及属性应用。

基本使用方法

单击“属性滴管工具”，然后在属性栏上分别单击“属性”按钮、“变换”按钮和“效果”按钮，打开相应的选项，勾选想要复制的属性复选框，接着单击“确定”按钮添加相应属性，如图7-306、图7-307和图7-308所示，待光标变为滴管形状时，即可在文档窗口内进行属性取样，取样结束后，光标变为油漆桶形状，此时单击想要应用的对象，即可进行属性应用。

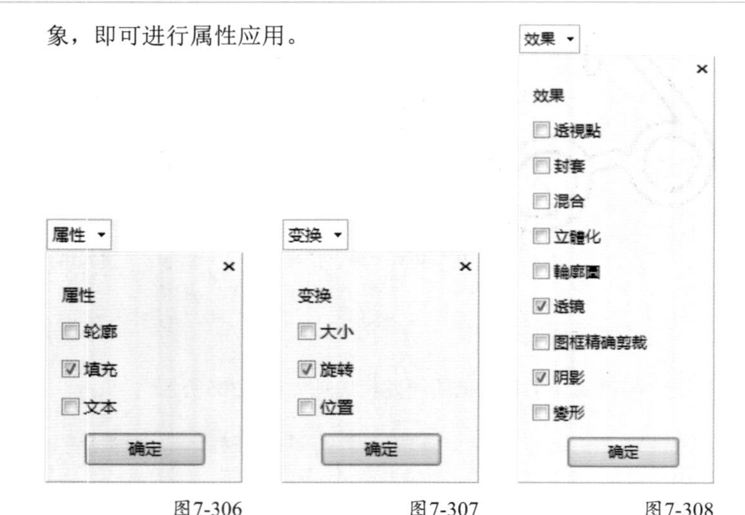

图7-306　　图7-307　　图7-308

属性应用

单击“椭圆形工具”，然后在属性栏上单击“饼图”按钮，接着在页面内绘制出对象并适当旋转，再为对象填充“圆锥形渐变填充”渐变，最后设置轮廓颜色为淡蓝色（C:40，M:0，Y:0，K:0）、“轮廓宽度”为4mm，效果如图7-309所示。

使用“基本形状工具”在饼图对象的右侧绘制一个心形，然后为心形填充图样，接着在属性栏上设置轮廓的“线条样式”为虚线、“轮廓宽度”为0.2mm，设置效果如图7-310所示。

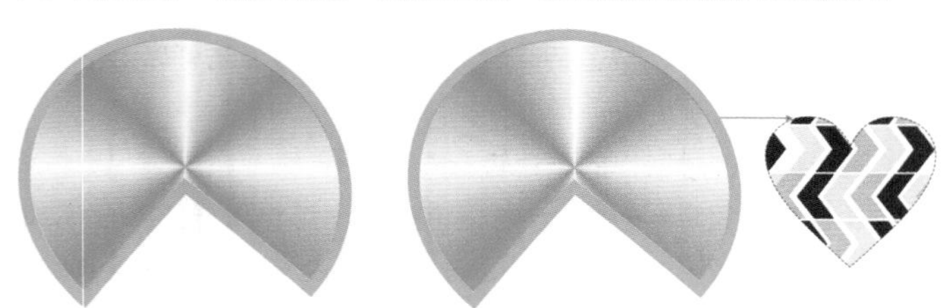

图7-309　　图7-310

单击“属性滴管工具”，然后在“属性”列表中勾选“轮廓”和“填充”的复选框，在“变换”列表中勾选“大小”和“旋转”的复选框，如图7-311和图7-312所示，接着分别单击“确定”按钮添加所选属性，再将光标移动到饼图对象，单击鼠标左键进行属性取样，当光标切换至“应用对象属性”时，单击心形对象，应用属性后的效果如图7-313所示。

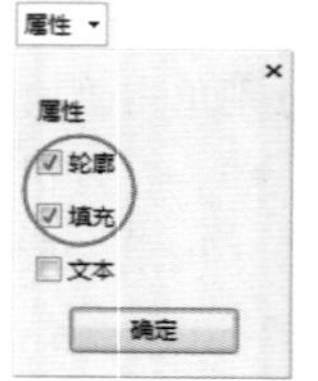

图7-311

图7-312

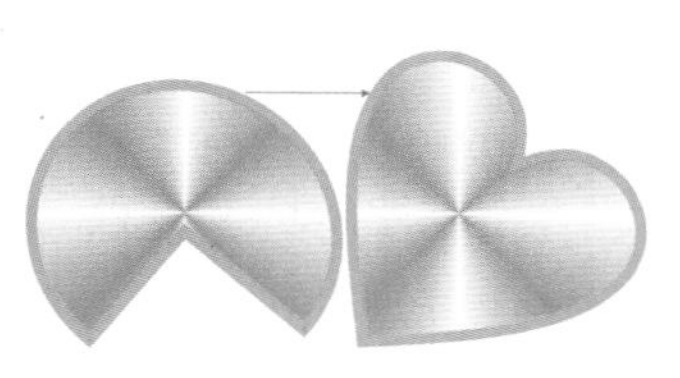

图7-313

技巧与提示

在属性栏上分别单击“效果”按钮、“变换”按钮和“属性”按钮，打开相应的选项列表，在列表中被勾选的选项表示“颜色滴管工具”所能吸取的信息范围；反之，未被勾选的选项对应的信息将不能被吸取。

7.6 调色板填充

“调色板填充”是填充图形中最常用的填充方式之一，具有方便快捷以及操作简单的特点，在软件绘制过程中省去许多繁复的操作步骤，起到提高操作效率的作用。

7.6.1 打开调色板

通过菜单命令可以直接打开相应的调色板，也可以打开“调色板管理器”泊坞窗，在该泊坞窗中打开相应的调色板。

使用菜单命令打开

执行“窗口>调色板”菜单命令，将显示“调色板”菜单命令包含的所有内容，如图7-314所示。勾选“文档调色板”、“调色板”以及如图7-315所示的调色板类型，即可在软件界面的右侧以色样列表的方式显示，勾选多个调色板类型时可同时显示，如图7-316所示。

图7-314

默认 调色板
✓ 默认 CMYK 调色板
✓ 默认 RGB 调色板
✓ PANTONE® Goe™ coated
PANTONE® FASHION + HOME cotton selector
✓ DIC Colors
TOYO COLOR FINDER
PANTONE® solid coated

图7-315

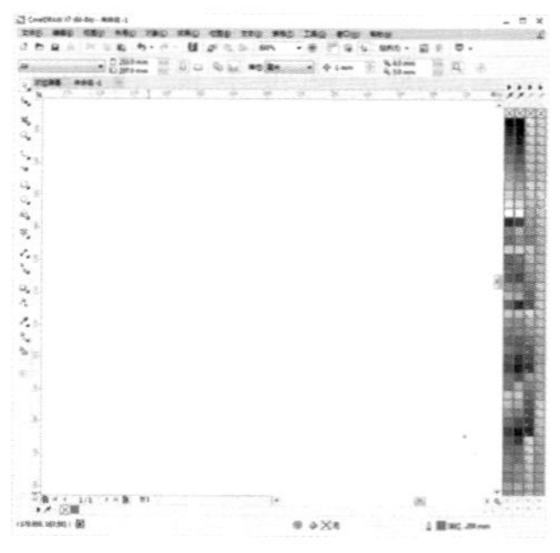

图7-316

从调色板管理器打开

执行“窗口>调色板>调色板管理器”菜单命令，将打开“调色板管理器”泊坞窗，在该泊坞窗中显示系统预设的所有调色板类型和自定义的调色板类型。在该泊坞窗中，使用鼠标左键双击任意一个调色板（或是单击该调色板前面的图标，使其呈图形），即可在软件界面右侧显示该调色板；若要关闭该调色板，可以再次使用鼠标左键双击该调色板（或是单击该调色板前面的图标，使其呈⬬图形），即可取消该调色板在软件界面中的显示，如图7-317所示。

在该泊坞窗中，可以删除自定义的调色板。首先使用鼠标左键双击“我的调色板”文件夹，打开自定义的调色板列表，然后选中任意一个自定义的调色板，接着在泊坞窗右下方单击“删除所选的项目”按钮🗑，如图7-318所示，即可删除所选调色板。

图7-317

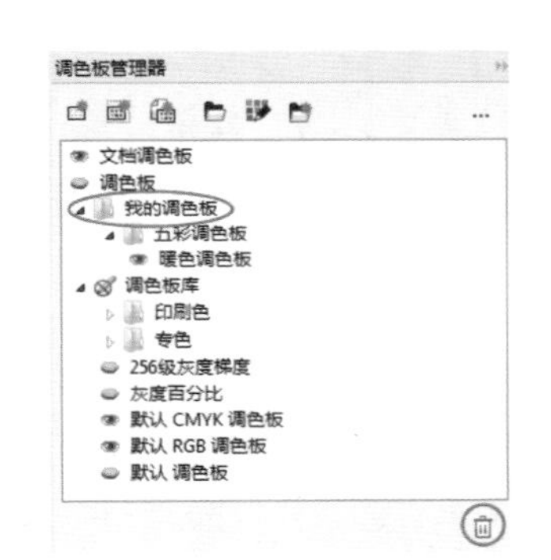

图7-318

技巧与提示

在该泊坞窗中，只有自定义的调色板类型和“默认CMYK”调色板类型可以使用“删除所选的项目”按钮🗑进行删除，其余系统预设的调色板类型无法使用该按钮进行删除。

7.6.2 关闭调色板

执行“窗口>调色板>关闭所有调色板”菜单命令，可以取消所有“调色板”在软件界面的显示。如果要取消某一个调色板在软件界面中的显示，可以在该调色板的上方单击按钮▶，打开菜单面板，然后依次单击“调色板”、“关闭”，如图7-319所示，即可取消该调色板在软件界面中的显示。

图7-319

7.6.3 添加颜色到调色板

从选定内容添加

选中一个已填充的对象，然后在想要添加颜色的“调色板”上方单击按钮▶，打开菜单面板，接着单击“从选定内容添加”，如图7-320所示，即可将对象的填充颜色添加到该调色板列表中。

图7-320

从文档添加

如果要从整个文档窗口中添加颜色到指定调色板中，可以在想要添加颜色的“调色板”上方单击按钮▶，打开菜单面板，然后单击“从文档添加”，如图7-321所示，即可将文档窗口中的所有颜色添加到该调色板列表中。

图7-321

滴管添加

在任意一个打开的调色板上方单击“滴管”按钮，待光标变为滴管形状时，使用鼠标左键在文档窗口内的任意对象上单击，即可将该处的颜色添加到相应的调色板中。如果单击该按钮后同时按住Ctrl键，待光标变为形状时，即可使用鼠标左键在文档窗口内多次单击，将取样的多种颜色添到相应的调色板中。

技巧与提示

从选定对象添加颜色到所选调色板时，如果该调色板中已经包含该对象中的颜色，则在该调色板列表中不会增加该对象的颜色色块。

7.6.4 创建自定义调色板

通过对象创建

使用“矩形工具”□绘制一个矩形，然后为该矩形填充渐变色，如图7-322所示，接着执行“窗口>调色板>从选择中创建调色板”菜单命令，打开“另存为”对话框，再输入“文件名”为“五彩调色板”，最后单击“保存”按钮，如图7-323所示，即可由选定对象的填充颜色创建一个自定义的调色板，保存后的调色板会自动在软件界面右侧显示，如图7-324所示。

图7-322

图7-323

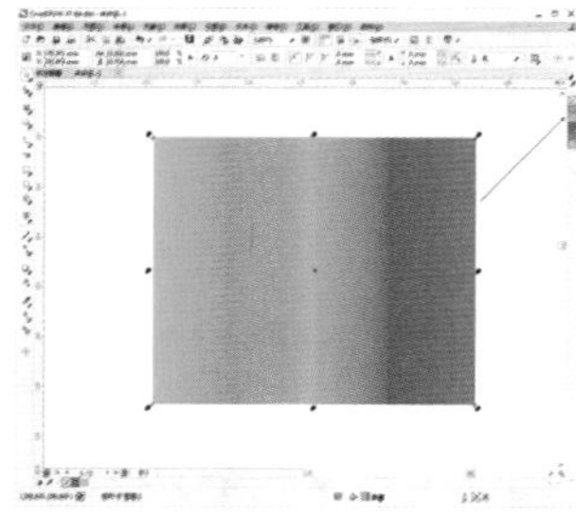

图7-324

通过文档创建

执行“窗口>调色板>从文档创建调色板”菜单命令，打开“另存为”对话框，然后输入“文件名”为“冷色调色板”，接着单击“保存”按钮，如图7-325所示，即可由文档窗口中的所有对象的填充颜色创建一个自定义的调色板，保存后的调色板会自动在软件界面右侧显示。

图7-325

7.6.5 导入自定义调色板

使用菜单命令导入

执行“窗口>调色板>打开调色板”菜单命令，将弹出“打开调色板”对话框，在该对话框中选择好自定义的调色板后，单击“打开”按钮，如图7-326所示，即可在软件界面右侧显示该调色板。

图7-326

通过调色板导入

在软件界面中的任意一个调色板上方单击图标▸，打开菜单面板，然后依次单击“调色板”、“打开”，如图7-327示，弹出“打开调色板”对话框，接着在该对话框中选择一个自定义的调色板，最后单击“打开”按钮，如图7-328所示，即可在软件界面右侧显示该自定义的调色板。

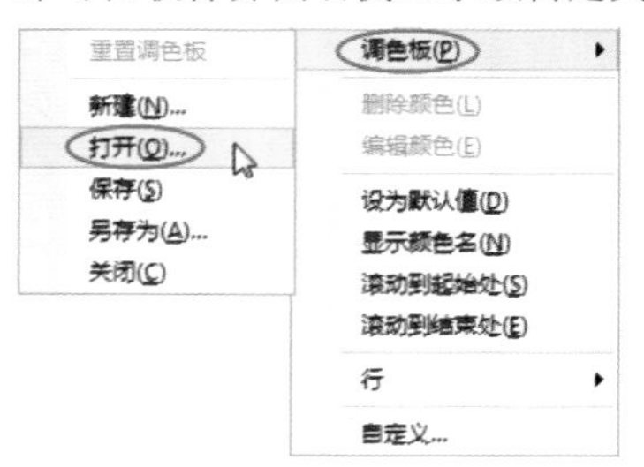

图7-327

图7-328

7.6.6 调色板编辑器

执行“窗口>调色板>调色板编辑器”菜单命令，将弹出“调色板编辑器”对话框，在该对话框中可以对“文档调色板”、“调色板”和“我的调色板”进行编辑，如图7-329所示。

图7-329

7.6.7 调色板编辑器选项

“调色板编辑器”对话框的选项如图7-330所示。

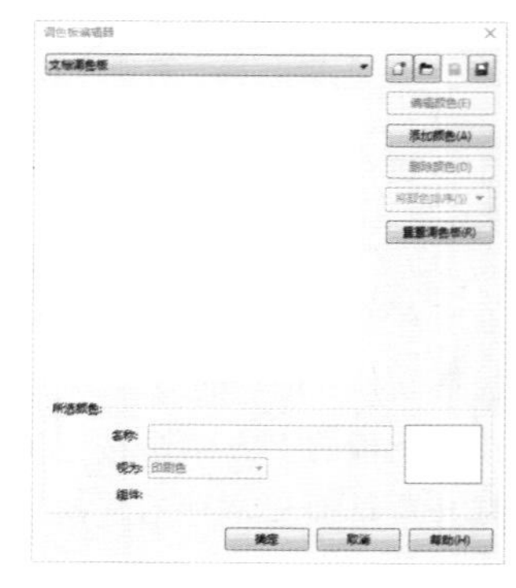

图7-330

调色板编辑器选项介绍

新建调色板：单击该按钮，弹出“新建调色板”对话框，然后在该对话框的“文件名”选项框中输入调色板名称，接着单击“保存”按钮，如图7-331所示，即可将编辑好的调色板进行保存。

图7-331

打开调色板：单击该按钮，弹出“打开调色板”对话框，然后在该对话框中选择一个调色板类型，接着单击“打开”按钮 打开(O) ，如图7-332所示，即可在“调色板编辑器”对话框中显示所选调色板。

图7-332

保存调色板：保存新编辑的调色板（在对话框中编辑好一个新的调色板类型后，该按钮才可用）。

调色板另存为：单击该按钮，可以打开“另存为”对话框，在该对话框的“文件名”选项框中输入新的调色板名称，如图7-333所示，即可将原有的调色板另存为其他名称。

图7-333

编辑颜色 编辑颜色(E) ：单击该按钮，即可打开“选择颜色”对话框，在该对话框中可以对“调色板编辑器”对话框中所选的色样进行选择，如图7-334所示。

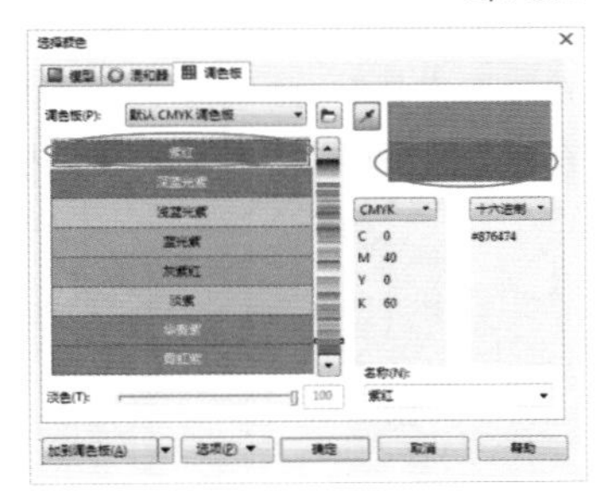

图7-334

添加颜色 添加颜色(A) ：单击该按钮，弹出“选择颜色”对话框，在该对话框中选择一种颜色后，单击“确定”按钮 确定 ，如图7-335所示，即可将该颜色添加到对话框选定的调色板中。

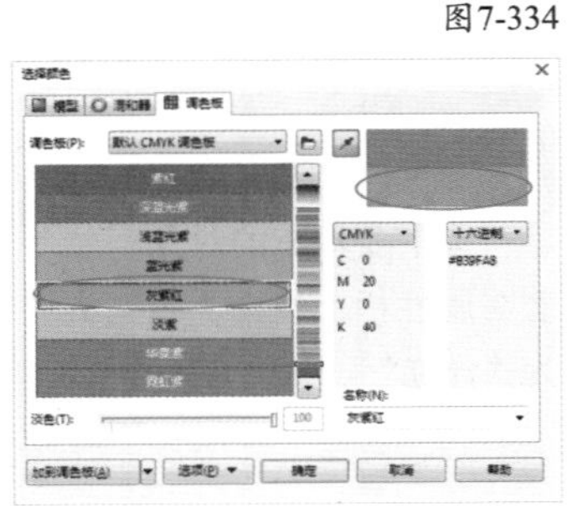

图7-335

删除颜色 删除颜色(D) ：选中某一颜色后，单击该按钮，弹出提示对话框，然后在该对话框中单击“是”按钮 是(Y) ，如图7-336所示，即可删除调色板中所选的颜色。

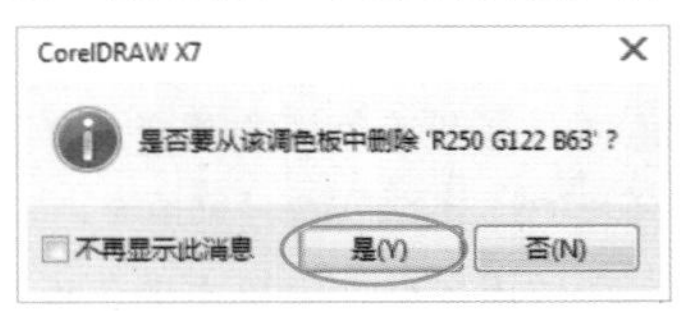

图7-336

将颜色排序 将颜色排序(S) ：设置所选调色板中色样的排序方式。单击该按钮，可以打开色样排序方式的列表，在该列表中可以选择任意一种排序方式作为所选调色板中色样的排序方式，如图7-337所示。

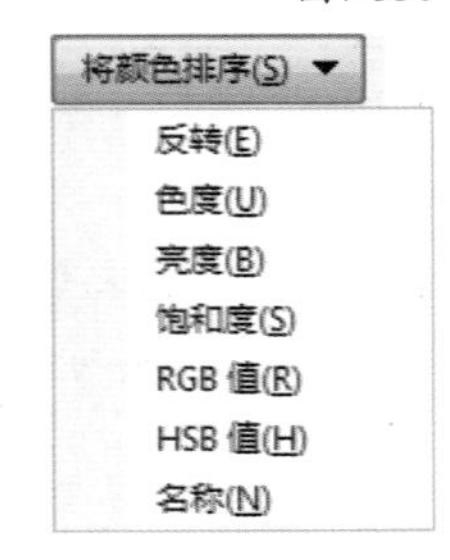

图7-337

重置调色板 重置调色板(R) ：单击该按钮，弹出提示对话框，然后单击“是”按钮 是(Y) ，如图7-338所示，即可将所选调色板恢复原始设置。

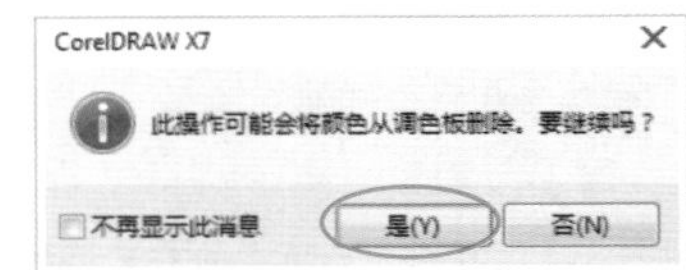

图7-338

名称：显示对话框中所选颜色的名称。

视为：设置所选颜色为“专色”还是“印刷色”。

组件：显示所选颜色的RGB值或CMYK值。

技巧与提示

执行“窗口>调色板>文档调色板”菜单命令，将在软件界面的右侧显示该调色板。

默认的“文档调色板”中没有提供颜色，当启用该调色板时，该调色板会将在页面使用过的颜色自动添加到色样列表中，也可单击该调色板上的滴管按钮进行颜色添加。

7.6.8 调色板的使用

选中要填充的对象，如图7-339所示，然后使用鼠标左键单击调色板中的色样，即可为对象内部填充颜色；如果使用右键单击，即可为对象轮廓填充颜色，填充效果如图7-340所示。

图7-339

图7-340

在为对象填充颜色时，除了可以使用调色板上显示的色样为对象填充外，还可以使用鼠标左键长按调色板中的任意一个色样，打开该色样的渐变色样列表，如图7-341所示，然后在该列表中选择颜色为对象填充。

使用鼠标左键单击调色板下方的按钮 » ，可以显示该调色板列表中的所有颜色，如图7-342所示。

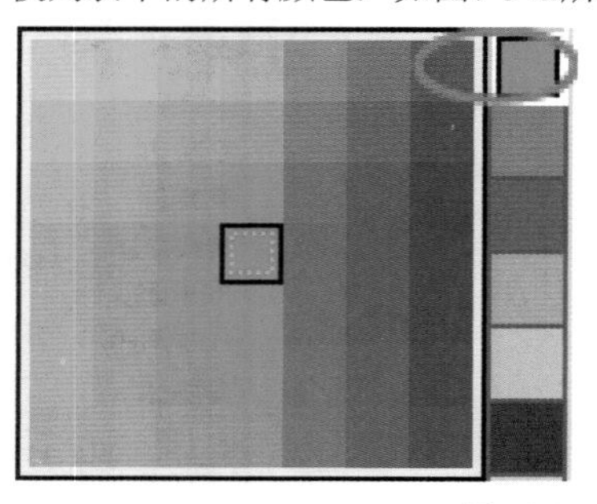

图7-341

图7-342

疑难问答

问：可以为已填充的对象添加少量的其他颜色吗？

答：可以为已填充的对象添加少量的其他颜色。首先选中某一填充对象，然后按住Ctrl键的同时，使用鼠标左键在调色板中单击想要添加的颜色，即可为已填充的对象添加少量的其他颜色。

7.7 交互式填充工具

"交互式填充工具" 包含填充工具组中所有填充工具的功能，利用该工具可以为图形设置各种填充效果，其属性栏选项会根据设置的填充类型的不同而有所变化。

7.7.1 属性栏设置

"交互式填充工具" 的属性栏如图7-343所示。

图7-343

交互式填充工具选项介绍

填充类型：在对话框上方包含多种填充方式，分别单击图标可切换填充类型。

填充色：设置对象中相应节点的填充颜色，如图7-345所示。

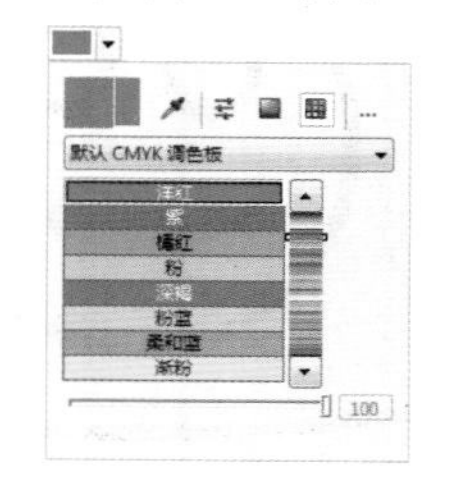

图7-344　图7-345

复制填充：将文档中另一对象的填充属性应用到所选对象中。复制对象的填充属性，首先要选中需要复制属性的对象，然后单击该按钮，待光标变为箭头形状➡时，单击想要取样其填充属性的对象，即可将该对象的填充属性应用到选中对象，如图7-346所示。

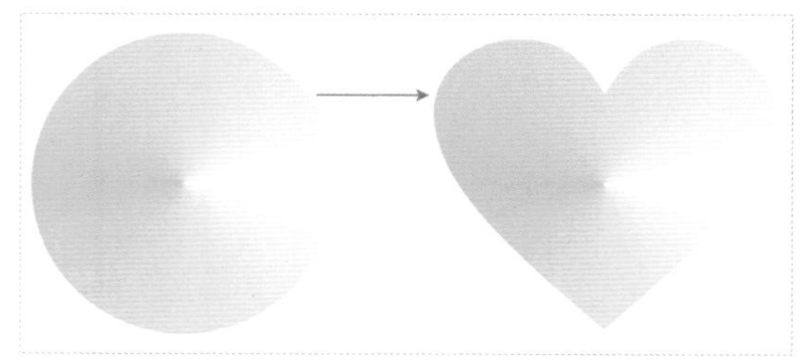

图7-346

编辑填充：更改对象当前的填充属性（当选中某一矢量对象时，该按钮才可用）。单击该按钮，可以打开相应的填充对话框，在相应的对话框中可以设置新的填充内容为对象进行填充。

技巧与提示

在"填充类型"选项中，当选择"填充类型"为"无填充"时，属性栏中其余选项均不可用。

7.7.2 基本使用方法

通过对"交互式填充工具" 的各种填充类型进行填充操作，可以熟练掌握"交互式填充工具" 的基本使用方法。

无填充

选中一个已填充的对象，如图7-347所示，然后单击"交互式填充工具" ，接着在属性栏上设置"填充类型"为"无填充"，即可移除该对象的填充内容，如图7-348所示。

图7-347

图7-348

均匀填充

选中要填充的对象，然后单击"交互式填充工具" ，接着在属性栏上设置"填充类型"为"均匀填充"、"填充色"为"洋红"，如图7-349所示，填充效果如图7-350所示。

图7-349

图7-350

技巧与提示

"交互式填充工具" 无法移除对象的轮廓颜色，也无法填充对象的轮廓颜色。"均匀填充"最快捷的方法就是通过调色板进行填充。

线性填充

选中要填充的对象，然后单击"交互式填充工具"，接着在属性栏上选择"渐变填充"为"线性渐变填充"、"旋转"为90.076°、两端节点的填充颜色均为（C:0，M:88，Y:0，K:0），再使用鼠标左键双击对象上的虚线添加一个节点，最后设置该节点颜色为白色、"节点位置"为50%，如图7-351所示，填充效果如图7-352所示。

图7-351

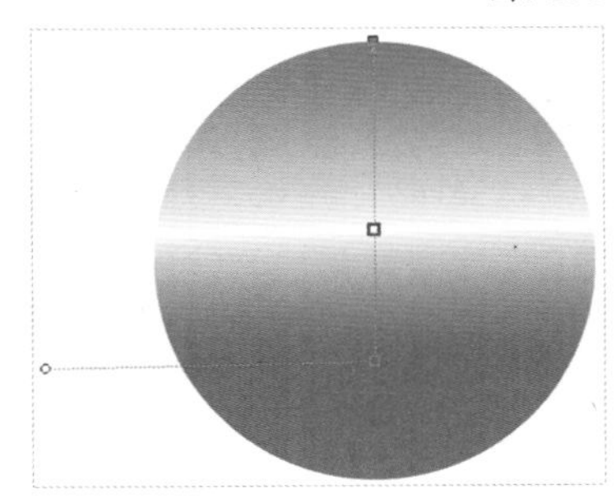

图7-352

技巧与提示

在使用"交互式填充工具" 时，若要删除添加的节点，可以将光标移动到该节点，待光标变为十字形状＋时，使用鼠标左键双击，即可删除该节点和该节点填充的颜色（两端的节点无法进行删除）。在接下来的操作中，填充对象两端的颜色挑选器和添加的节点统称为节点。

辐射填充

选中要填充的对象，然后单击"交互式填充工具"，接着在属性栏上设置"渐变填充"为"椭圆形渐变填充"、两个节点颜色分别为（C:0，M:88，Y:0，K:0）和白色，如图7-353所示，填充效果如图7-354所示。

图7-353

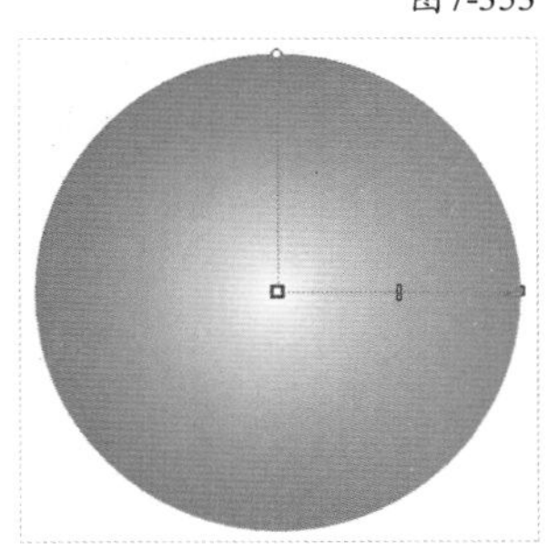

图7-354

技巧与提示

为对象上的节点填充颜色时除了可以通过属性栏进行设置外，还可以直接在对象上单击该节点，然后在调色板中单击色样为该节点填充。

圆锥填充

选中要填充的对象，然后单击"交互式填充工具"，接着在属性栏上设置"渐变填充"为"圆锥形渐变填充"、两端节点颜色均为（C:0，M:88，Y:0，K:0），如图7-355所示，再双击对象上的虚线添加3个节点，最后由左到右依次设置填充颜色"节点位置"为0%的节点颜色为白色，"节点位置"为25%的节点填充颜色为（C:20，M:80，Y:0，K:20）、"节点位置"为50%的节点填充颜色为白色、"节点位置"为75%的节点填充颜色为白色，如图7-356所示。

图7-355

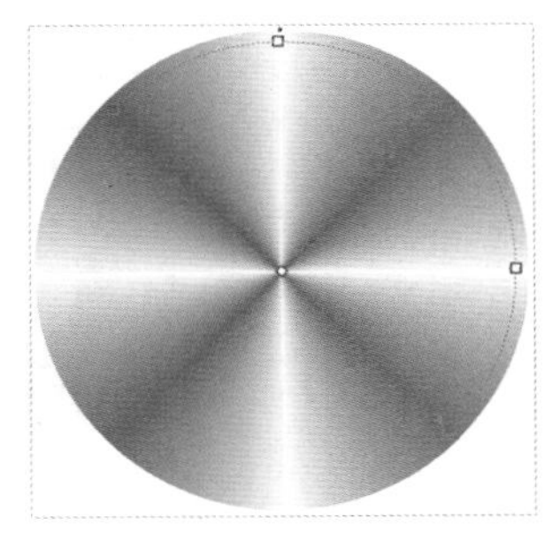

图7-356

技巧与提示

在渐变填充类型中，所添加节点的"节点位置"除了可以通过属性栏进行设置外，还可以在填充对象上单击该节点，待光标变为十字形状＋时，按住左键拖动，即可更改该节点的位置。

正方形填充

选中要填充的对象，然后单击"交互式填充工具"，接着在属性栏上设置"线性填充"为"矩形渐变填充"、两端节点颜色均为（C:0，M:88，Y:0，K:0），如图7-357所示，再双击对象上的虚线添加一个节点，最后设置该节点的“节点位置”为31%、颜色为（C:16，M:90，Y:1，K:0），如图7-358所示。

图7-357

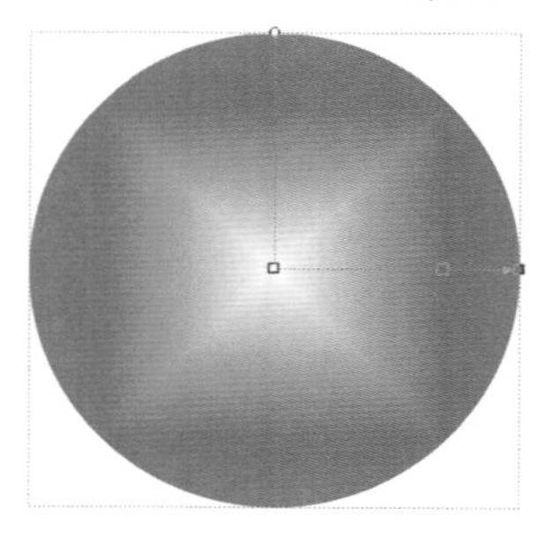

图7-358

当填充类型为“线性渐变填充”、“椭圆形渐变填充”和“圆锥形渐变填充”时，设置填充对象的“旋转”，可以单击填充对象上虚线两端的节点，然后按住左键旋转拖曳，即可更改填充对象的“旋转”，如图7-359所示；当填充类型为“矩形渐变填充”时，拖曳虚线框外侧的节点，即可更改填充对象的“旋转”，如图7-360所示。

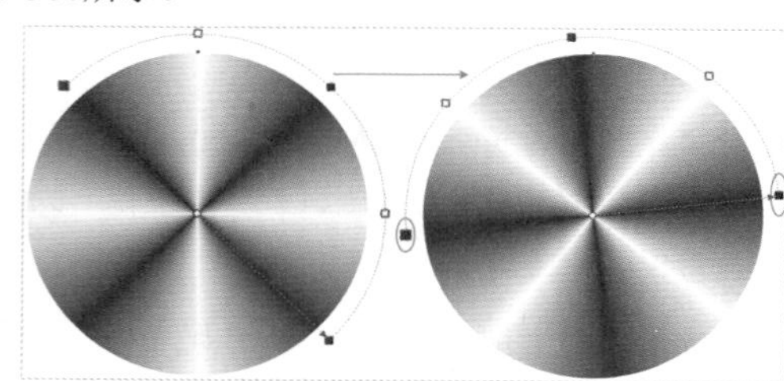

图7-359

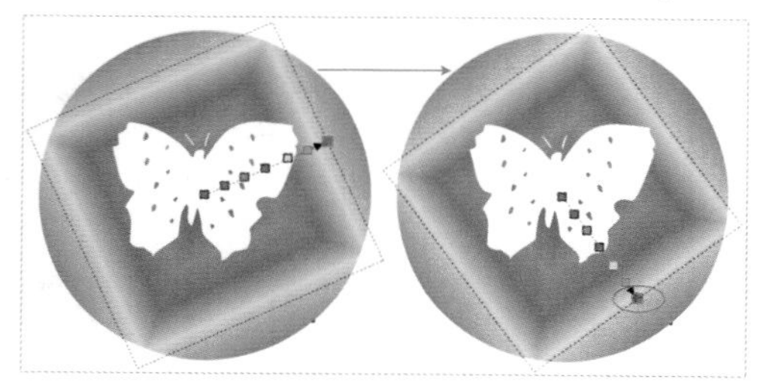

图7-360

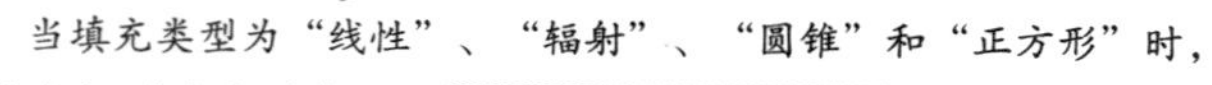

技巧与提示

当填充类型为“线性”、“辐射”、“圆锥”和“正方形”时，移动光标到填充对象的虚线上，待光标变为十字箭头形状✣时，按住左键移动，即可更改填充对象的“中心位移”，如图7-361所示。

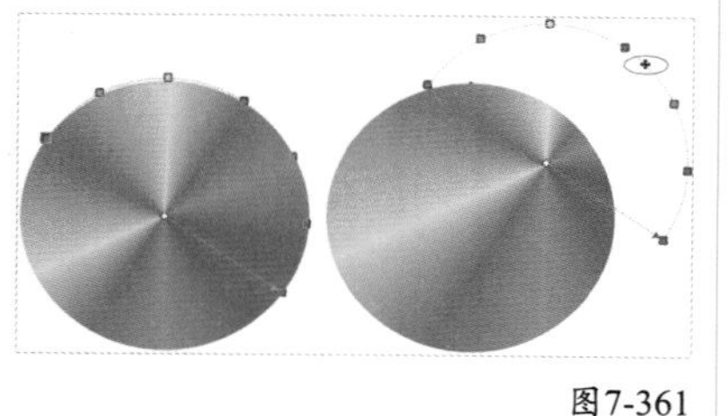

图7-361

双色图样填充

选中要填充的对象，然后单击“交互式填充工具”，接着在属性栏上设置“填充类型”为“双色图样”、“填充图样”为、“前景色”为（C:0，M:100，Y:0，K:0）、“背景色”为白色，如图7-362所示，填充效果如图7-363所示。

图7-362

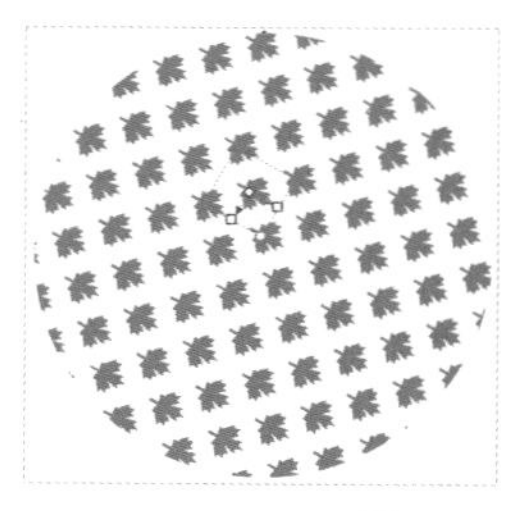

图7-363

向量图样填充

选中要填充的对象，然后单击“交互式填充工具”，接着在属性栏上设置“填充类型”为“向量图样填充”、“填充图样”为，如图7-364所示，填充效果如图7-365所示。

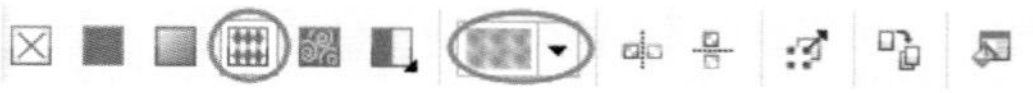

图7-364

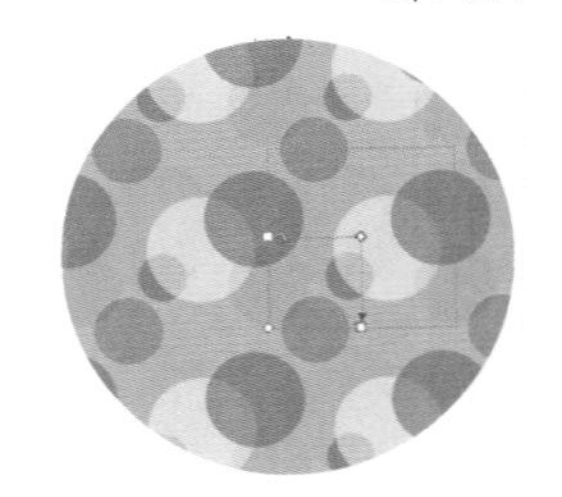

图7-365

位图图样填充

选中要填充的对象，然后单击“交互式填充工具”，接着在属性栏上设置“填充类型”为“位图图样填充”、“填充图样”为，如图7-366所示，填充效果如图7-367所示。

图7-366

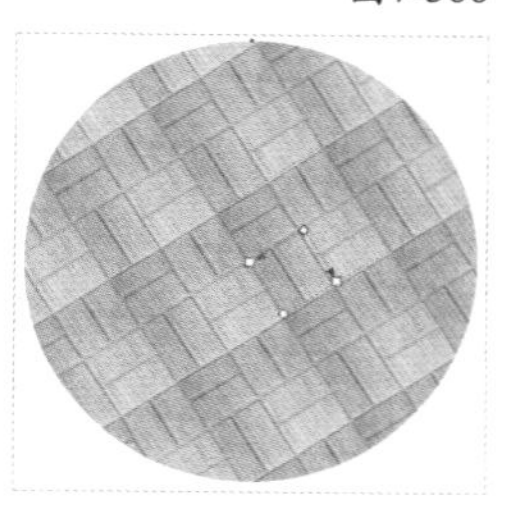

图7-367

当选择“填充类型”为“双色图样填充”、“向量图样填充”和“位图图样填充”时，除了通过属性栏对填充进行设置外，还可以直接在对象上进行编辑。为对象填充图样后，单击虚线上的白色圆点○，然后按住左键拖动，可以等比例地更改填充对象的“高度”和“宽度”，如图7-368所示，当光标变为十字形状+时，单击虚线上的节点，接着按住左键拖曳可以改变填充对象的“高度”或“宽度”，使填充图样产生扭曲现象，如图7-369所示。

图7-368

图7-369

底纹填充

选中要填充的对象，然后单击“交互式填充工具”，接着在属性栏上设置“填充类型”为“底纹填充”、“填充图样”为，如图7-370所示，填充效果如图7-371所示。

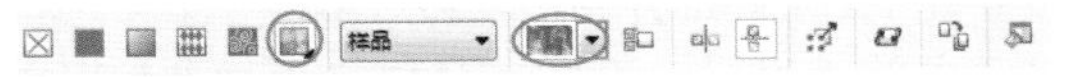

图7-370

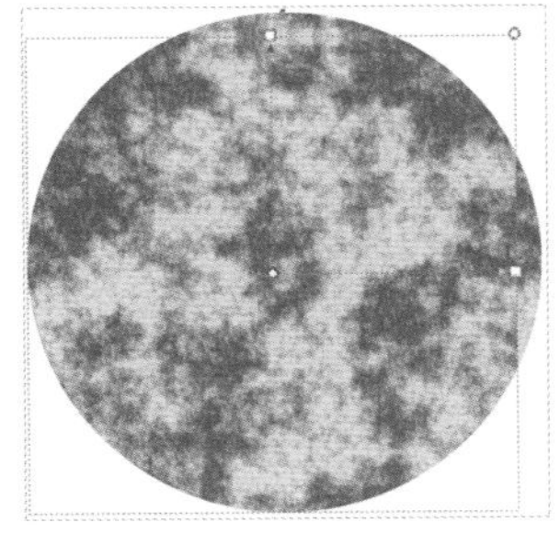

图7-371

当选择“填充类型”为“底纹填充”时，可以直接单击填充对象上的白色圆点○，然后按住左键拖曳，即可更改单元图案的大小和角度，如图7-372所示。如果使用鼠标左键单击填充对象上的节点，按住左键拖曳，即可使填充底纹产生扭曲现象，如图7-373所示。

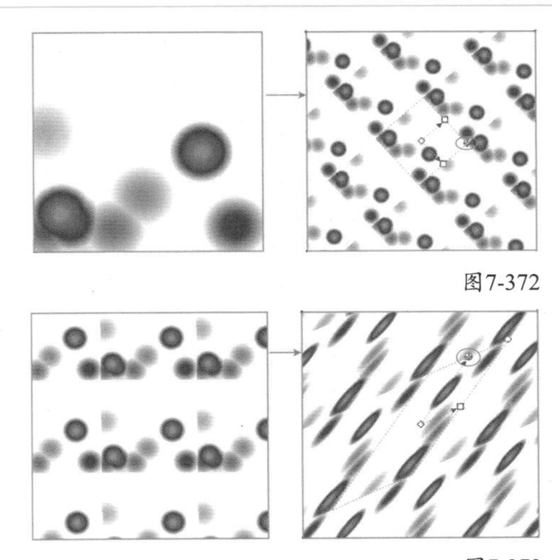

图7-372

图7-373

疑难问答

问：该属性栏中的“重新生成底纹”按钮有何作用？

答：单击该按钮，可以更改所填充底纹的部分属性，使填充底纹产生细微变化。

PostScript填充

选中要填充的对象，然后单击“交互式填充工具”，接着在属性栏上设置“填充类型”为“PostScript填充”、“PostScript填充底纹”为“爬虫”，如图7-374所示，填充效果如图7-375所示。

图7-374

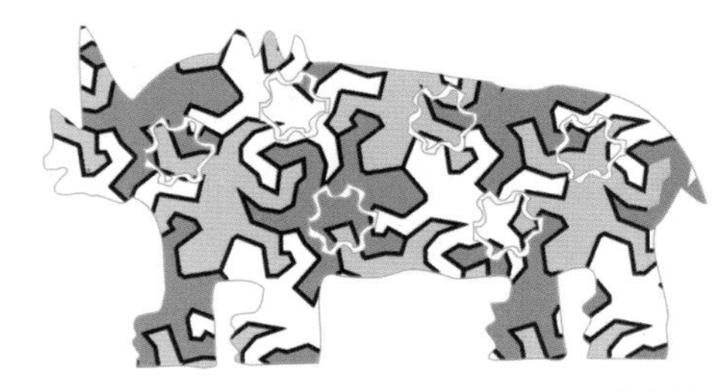

图7-375

技巧与提示

当选择“填充类型”为“无填充”、“均匀填充”和“PostScript填充”时，无法在填充对象上直接对填充样式进行编辑。

★重点★

实战：绘制卡通画

实例位置 下载资源>实例文件>CH07>实战：绘制卡通画.cdr
素材位置 下载资源>素材文件>CH07>32.cdr
视频位置 下载资源>多媒体教学>CH07>实战：绘制卡通画.flv
实用指数 ★★★★☆
技术掌握 线性渐变的填充方法

卡通画效果如图7-376所示。

图7-376

01 新建一个空白文档，然后设置文档名称为“卡通画”，接着设置页面大小为“A4”、页面方向为“横向”。

02 双击“矩形工具”创建一个与页面重合的矩形，然后单击“交互式填充工具”，接着在属性栏上选择“渐变填充”为“线性渐变填充”、两个节点填充颜色分别为（C:82，M:63，Y:8，K:0）和（C:40，M:0，Y:0，K:0）、“旋转”为270.299°，效果如图7-377所示。

03 绘制第1个山丘。使用“钢笔工具”绘制出山丘的外轮廓，然后单击“交互式填充工具”，接着在属性栏上选择“渐变填充”为“线性渐变填充”、两个节点填充颜色分别为（C:100，M:0，Y:100，K:0）和（C:25，M:0，Y:86，K:0）、“旋转”为78.613°，填充完毕后去除轮廓，效果如图7-378所示。

图7-377

图7-378

04 绘制第2个山丘。使用“钢笔工具”绘制出第2个山丘的外轮廓，然后单击“交互式填充工具”，接着在属性栏上选择“渐变填充”为“线性渐变填充”、两个节点填充颜色分别为（C:39，M:0，Y:82，K:0）和（C:76，M:7，Y:100，K:0）、“旋转”为298.258°，填充完毕后去除轮廓，再按Ctrl+PageDown组合键移动到第1个山丘后面，效果如图7-379所示。

05 绘制第3个山丘。使用“钢笔工具”绘制出第3个山丘的外轮廓，然后单击“交互式填充工具”，接着在属性栏上选择“渐变填充”为“线性渐变填充”、两个节点填充颜色分别为（C:78，M:23，Y:100，K:0）和（C:44，M:0，Y:96，K:0）、“旋转”为79.524°，填充完毕后去除轮廓，再按两次Ctrl+PageDown组合键移动到前两个山丘后面，效果如图7-380所示。

图7-379

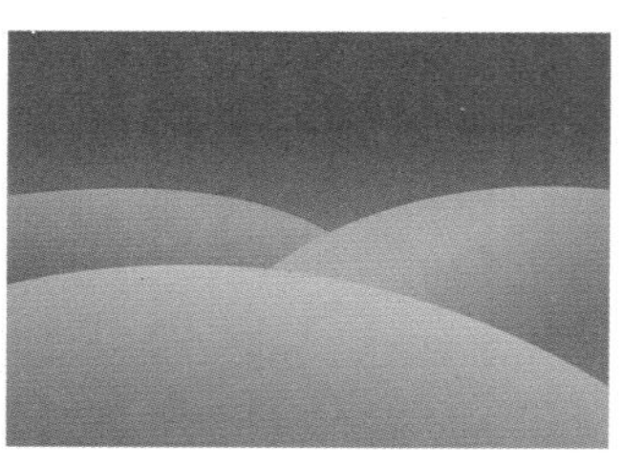

图7-380

06 绘制山丘上的道路。使用“钢笔工具”绘制出第1个山丘上道路的外轮廓，然后单击“交互式填充工具”，接着在属性栏上选择“渐变填充”为“线性渐变填充”、两个节点填充颜色分别为（C:0，M:60，Y:100，K:0）和（C:11，M:9，Y:88，K:0）、“旋转”为70.666°，填充完毕后去除轮廓，效果如图7-381所示。

07 绘制第2个山丘上的道路。使用“钢笔工具”绘制出第2个山丘上道路的外轮廓，然后单击“交互式填充工具”，接着在属性栏上选择“渐变填充”为“线性渐变填充”、两个节点填充颜色分别为（C:18，M:13，Y:89，K:0）和（C:9，M:38，Y:100，K:0）、“旋转”为321.626°，填充完毕后去除轮廓，效果如图7-382所示。

图7-381

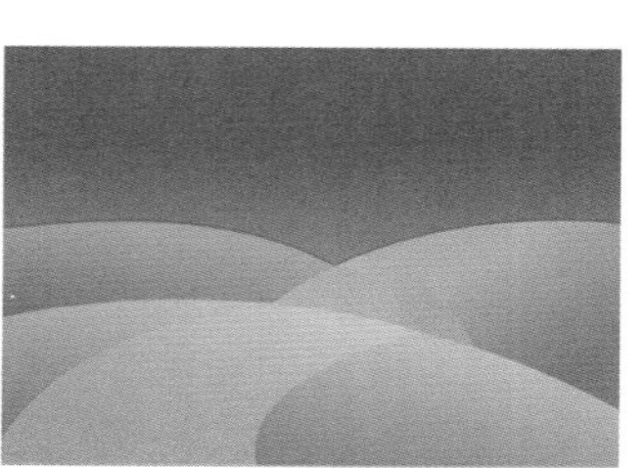

图7-382

08 绘制第3个山丘上的道路。使用“钢笔工具”绘制出第3个山丘上道路的外轮廓，然后单击“交互式填充工具”，接着在属性栏上选择“渐变填充”为“线性渐变填充”、两个节点填充颜色分别为（C:16，M:18，Y: 96，K:0）和（C:17，M:44，Y:100，K:0）、“旋转”为265.614°，填充完毕后去除轮廓，效果如图7-383所示。

图7-383

09 绘制出树干的上部分。使用“钢笔工具”绘制树干上部分的外轮廓，然后单击“交互式填充工具”，接着在属性栏上选择“渐变填充”为“椭圆形渐变填充”、两个节点填充颜色分别为（C:40，M:0，Y:100，K:0）和（C:100，M:0，Y:100，K:0），再双击左键添加一个节点，设置该节点填充颜色为（C:62，M:8，Y:100，K:0）、“节点位置”为35%，最后向下移动该对象的“中心位移”，如图7-384所示，填充完毕后去除轮廓，效果如图7-385所示。

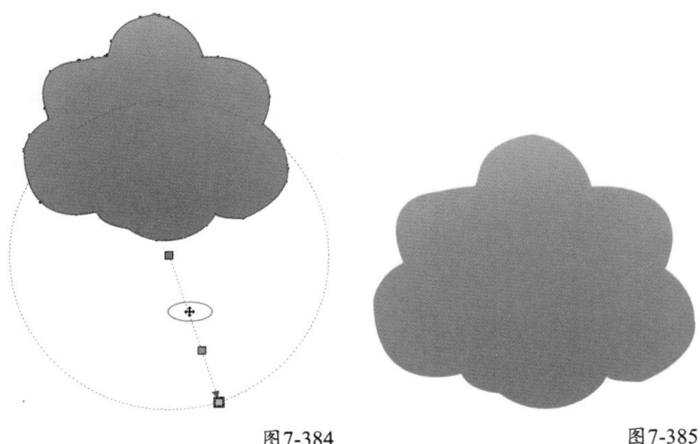

图7-384　　　图7-385

10 绘制树干。使用“钢笔工具”绘制出树干部分的外轮廓，然后单击“交互式填充工具”，接着在属性栏上选择“渐变填充”为“线性渐变填充”、“旋转”为274.875、两个节点颜色均为（C:45，M:73，Y:97，K:9），再双击左键添加一个节点，设置该节点的填充颜色为（C:24，M:70，Y:97，K:0）、“节点位置”为48%，填充完毕后去除轮廓，效果如图7-386所示。

11 选中树干上部分，然后复制多个，接着调整为不同的大小、位置和倾斜角度，最后一起放置在树干上方，效果如图7-387所示。

图7-386　　　图7-387

12 选中绘制好的树，然后按Ctrl+G组合键进行组合对象，接着放置在第1个山丘的左上方，最后适当调整位置，效果如图7-388所示。

13 绘制树的阴影。使用“钢笔工具”绘制出树的阴影轮廓，然后单击“交互式填充工具”，接着在属性栏上选择“渐变填充”为“线性渐变填充”、两个节点填充颜色分别为（C:72，M:38，Y:100，K:0）和（C:66，M:16，Y:100，K:0）、“旋转”为225.148，填充完毕后去除轮廓，效果如图7-389所示。

图7-388　　　图7-389

14 选中树和阴影，然后按Ctrl+G组合键进行组合对象，接着复制一个，再水平翻转，放置在第2个山丘右上方，最后适当调整位置，效果如图7-390所示。

15 绘制云彩。使用“钢笔工具”在页面上方绘制出云彩的外轮廓，然后单击“交互式填充工具”，接着在属性栏上选择“渐变填充”为“线性渐变填充”、两个节点填充颜色分别为（C:0，M:60，Y:100，K:0）和白色、“旋转”为88.685，填充完毕后去除轮廓，效果如图7-391所示。

图7-390　　　图7-391

16 选中前面绘制的云彩，然后多次按Ctrl+PageDown组合键放置在第3个山丘后面，接着适当调整位置，效果如图7-392所示。

17 使用“矩形工具”绘制出城市的轮廓，然后按Ctrl+Q组合键转换为曲线，接着使用“形状工具”适当调整外形，再由左到右依次填充颜色为（C:100，M:0，Y:0，K:0）、（C:14，M:69，Y:0，K:0）、（C:68，M:94，Y:0，K:0）、（C:14，M:69，Y:0，K:0），最后放置在第3个山丘后面，效果如图7-393所示。

图7-392　　　图7-393

18 单击“涂抹工具”，然后在属性栏上设置“笔尖半径”为10mm，接着单击“城市”对象上的线条按住左键拖曳进行涂抹，最后将涂抹后的“城市”对象组合，效果如图7-394所示。

19 导入下载资源中的“素材文件>CH07>32.cdr”文件，然后适当调整大小，接着放置在云彩后面，最终效果如图7-395所示。

图7-394

图7-395

7.8 网状填充

使用“网状填充工具”可以设置不同的网格数量和调节点位置，给对象填充不同颜色的混合效果。通过“网状填充”属性栏的设置和基本使用方法的学习，可以掌握“网状填充工具”的基本使用方法。

7.8.1 属性栏的设置

“网状填充工具”的属性栏选项如图7-396所示。

图7-396

网状填充工具选项介绍

网格大小：可分别设置水平方向和垂直方向上网格的数目。

选取模式：单击该选项，可以在该选项的列表中选择“矩形”或“手绘”作为选定内容的选取框。

添加交叉点：单击该按钮，可以在网状填充的网格中添加一个交叉点（使用鼠标左键单击填充对象的空白处，出现一个黑点时，该按钮才可用），如图7-397所示。

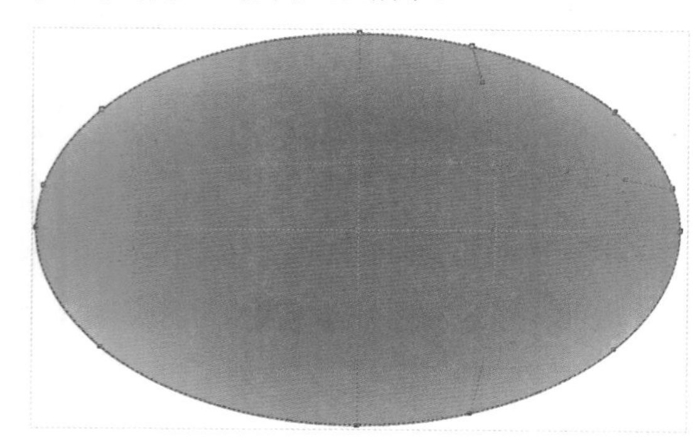

图7-397

删除节点：删除所选节点，改变曲线对象的形状。

转换为线条：将所选节点处的曲线转换为直线，如图7-398所示。

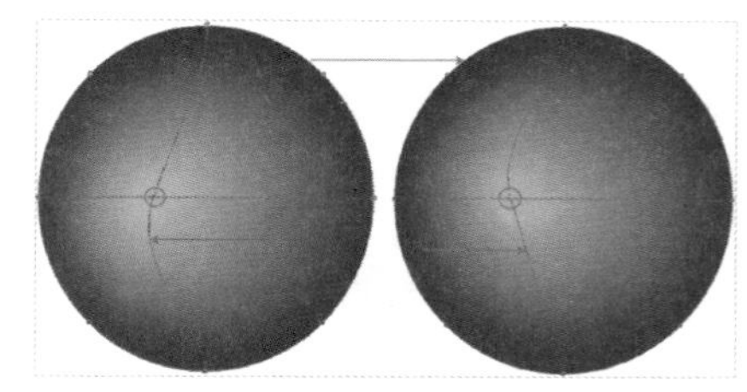

图7-398

转换为曲线：将所选节点对应的直线转换为曲线，转换为曲线后的线段会出现两个控制柄，通过调整控制柄可更改曲线的形状，如图7-399所示。

尖突节点：单击该按钮可以将所选节点转换为尖突节点。

平滑节点：单击该按钮可以将所选节点转换为平滑节点，提高曲线的圆润度。

对称节点：将同一曲线形状应用到所选节点的两侧，使节点两侧的曲线形状相同。

对网状颜色填充进行取样：从文档窗口中对选定节点进行颜色选取。

网状填充颜色：为选定节点选择填充颜色，如图7-400所示。

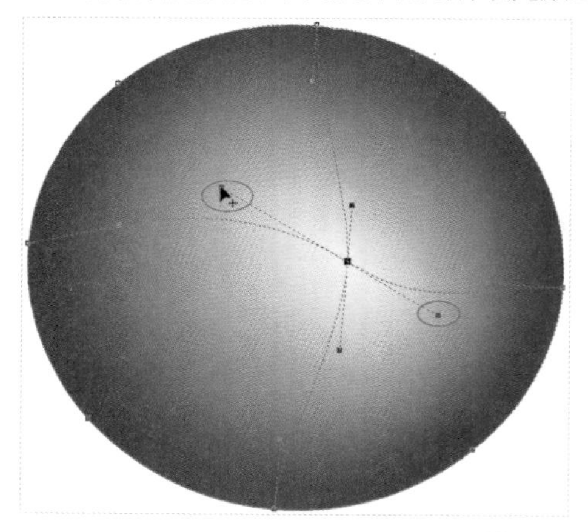

图7-399

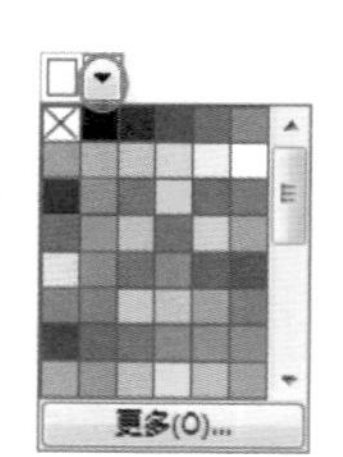

图7-400

透明度：设置所选节点的透明度。单击透明度选项，出现透明度滑块，然后拖动滑块，即可设置所选节点区域的透明度。

曲线平滑度：更改节点数量，调整曲线的平滑度。

平滑网状颜色：减少网状填充中的硬边缘，使填充颜色过渡更加柔和。

复制网状填充：将文档中另一个对象的网状填充属性应用到所选对象。

清除网状：移除对象中的网状填充。

7.8.2 基本使用方法

在页面空白处绘制如图7-401所示的图形，然后单击“网状填充工具”，接着在属性栏上设置“行数”为2、“列数”为2，再单击对象下方的节点，填充较之前更深的颜色，最后按住鼠标左键移动该节点的位置，效果如图7-402所示。

图7-401

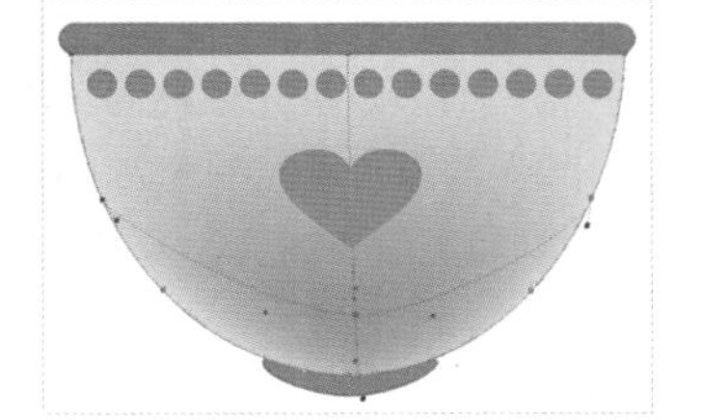

图7-402

按照以上的方法，分别为图形中的其余对象填充阴影或高光，使整个图案更具有立体效果，效果如图7-403所示。

图7-403

技术专题 12 网状填充蝴蝶结

应用网状填充，可以指定网格的列数和行数，而且可以指定网格的交叉点，这些网格点所填充的颜色会相互渗透、混合，使填充对象更加自然。

在绘制一些立体感较强的对象时，可以使用网状填充来体现对象的质感和空间感，如图7-404所示。

在进行网状填充时，使用鼠标左键单击填充对象的空白处，会出现一个黑点，此时单击属性栏上的“添加交叉点”按钮即可以添加节点；也可以直接在填充对象上使用鼠标左键双击，如图7-405所示。

图7-404

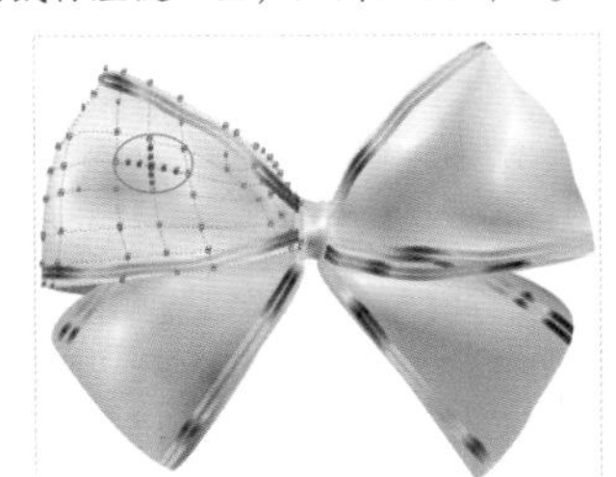

图7-405

如果要删除节点，可以单击该处节点，使其呈黑色选中状态，如图7-406所示，然后单击属性栏上的“删除节点”按钮，即可删除该处节点；也可以使用鼠标左键双击该节点，如图7-407所示。

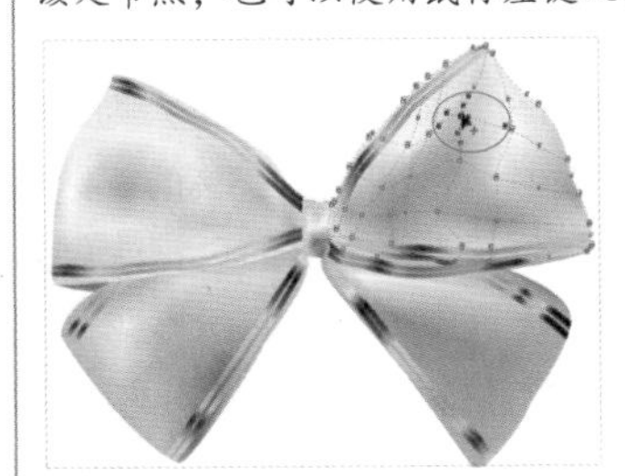

图7-406

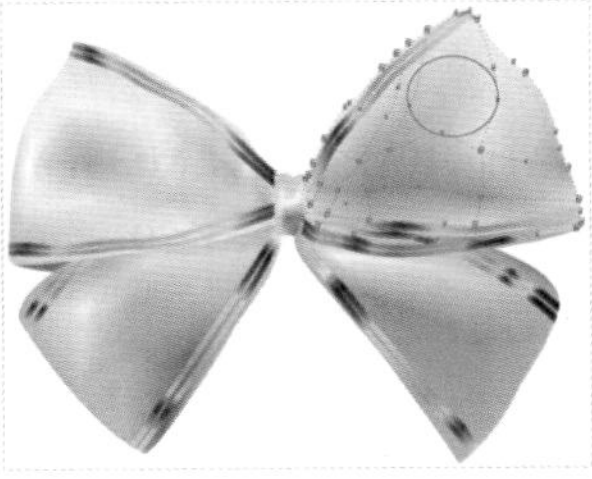

图7-407

如果要为对象上的多个节点填充同一颜色，可以在按住Shift键的同时使用鼠标左键单击这些节点，使其呈黑色选中状态，如图7-408所示，即可为这些节点填充同一颜色，如图7-409所示。

图7-408

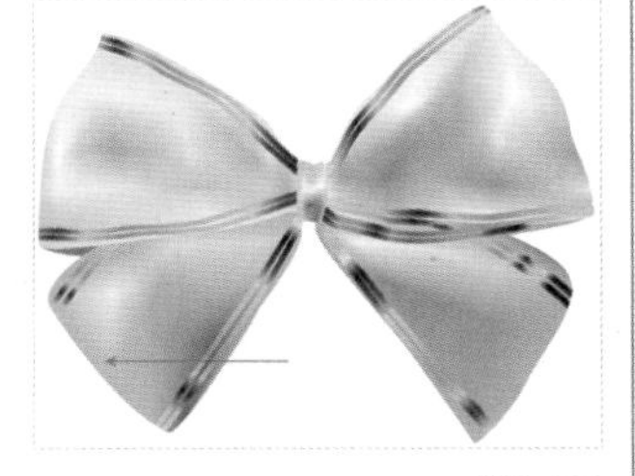

图7-409

★ 重 点 ★

实战：绘制请柬

实例位置　下载资源>实例文件>CH07>实战：绘制请柬.cdr
素材位置　下载资源>素材文件>CH07>33.cdr~35.cdr
视频位置　下载资源>多媒体教学>CH07>实战：绘制请柬.flv
实用指数　★★★★☆
技术掌握　网状填充工具的使用方法

请柬效果如图7-410所示。

图7-410

01 新建一个空白文档，然后设置文档名称为“请柬”，接着设置“宽度”为210mm、“高度”为250mm。

02 使用“矩形工具”在页面上方绘制一个矩形，然后双击“渐层工具”，在“编辑填充”对话框中选择“双色图样填充”方式，接着设置“前景颜色”颜色为（C:45，M:85，Y:100，K:15）、“背景颜色”颜色为（C:53，M:91，Y:100，K:33）、“填充宽度”为20.0mm、“填充高度”为20.0mm，最后单击“确定”按钮，如图7-411所示，填充完毕后去除轮廓，效果如图7-412所示。

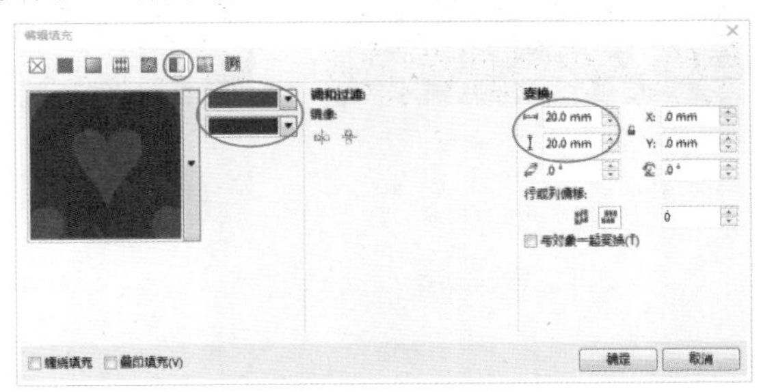

图7-411

图7-412

03 使用“矩形工具”在页面下方绘制一个矩形，如图7-413所示，然后单击“网状填充工具”，接着将矩形的四个直角上的节点填充颜色为（C:17，M:26，Y:38，K:0）、位于中垂线上方的节点填充颜色为白色、位于中垂线下方的节点填充颜色为（C:9，M:47，Y:23，K:0），最后将位于中垂线左右两侧的节点填充颜色为（C:3，M:3，Y:13，K:0），填充完毕后去除轮廓，效果如图7-414所示。

图7-413

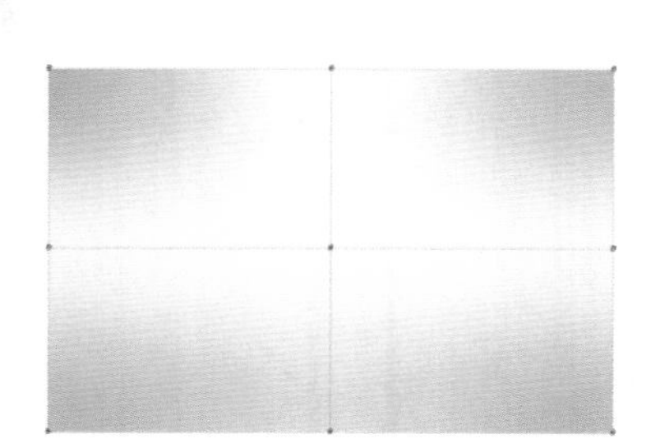
图7-414

04 导入下载资源中的“素材文件>CH07>33.cdr”文件，然后适当调整大小，接着放置在页面下方的矩形上面，再适当调整位置，使其相对于页面水平居中，效果如图7-415所示。

05 导入下载资源中的“素材文件>CH07>34.cdr”文件，然后适当调整大小，接着放置在页面上方，效果如图7-416所示。

图7-415

图7-416

06 绘制蝴蝶结的左侧部分。使用“钢笔工具”绘制出蝴蝶结左侧的部分，然后单击“网状填充工具”，接着设置序号为“1”的节点填充颜色为（C:22，M:20，Y:30，K:0）、序号为“2”的节点填充颜色为（C:0，M:0，Y:0，K:0）、其余边缘节点均填充颜色为（C:9，M:16，Y:22，K:0），效果如图7-417所示。

07 选中蝴蝶结的左侧部分，然后复制一份，作为蝴蝶结右侧的部分，接着水平翻转，再单击“网状填充工具”，更改序号为“1”的节点填充颜色为（C:28，M:25，Y:31，K:0）、序号为“2”的节点填充颜色为（C:0，M:7，Y:16，K:0），效果如图7-418所示。

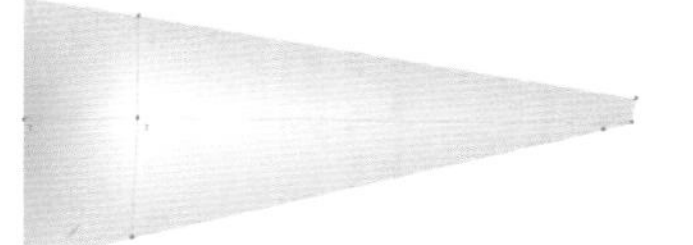
图7-417

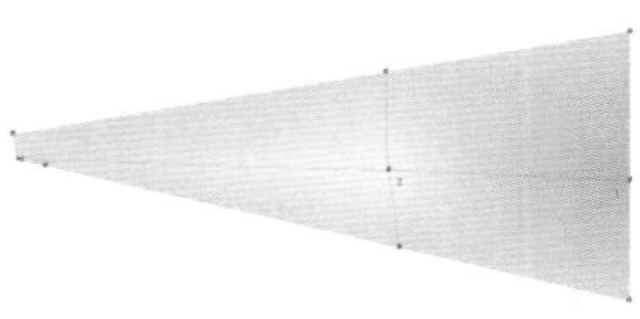
图7-418

08 选中前面绘制的蝴蝶结的左侧部分和右侧部分，然后按T键使其顶端对齐，接着适当调整位置，使两个对象间没有空隙，再移动到页面中两个矩形的交接处，效果如图7-419所示。

图7-419

09 使用“矩形工具”绘制一个矩形，然后双击“渐层工具”，在“编辑填充”对话框中选择“渐变填充”方式，设置“类型”为“线性渐变填充”，再设置“节点位置”为0%的色标颜色为（C:87，M:87，Y:91，K:78）、“位置”为7%的色标颜色为（C:11，M:17，Y:38，K:0）、“位置”为8%的色标颜色为（C:16，M:22，Y:43，K:0）、“位置”为14%的色标颜色为（C:21，M:27，Y:49，K:0）、“位置”为20%的色标颜色为（C:76，M:84，Y:97，K:69）、“位置”为26%的色标颜色为（C:4，M:38，Y:52，K:0）、“位置”为33%的色标颜色为（C:34，M:47，Y:79，K:0）、“位置”为50%的色标颜色为（C:16，M:25，Y:44，K:0）、“位置”为58%的色标颜色为（C:0，M:28，Y:64，K:0）、“位置”为63%的色标颜色为（C:55，M:75，Y:100，K:27）、“位置”为70%的色标颜色为（C:72，M:83，Y:100，K:65）、“位置”为72%的色标颜色为（C:91，M:88，Y:89，K:79）、“位置”为78%的色标颜色为（C:4，M:13，Y:22，K:0）、“位置”为81%的色标颜

色为（C:7，M:2，Y:75，K:0）、“位置”为88%的色标颜色为（C:13，M:20，Y:41，K:0）、“位置”为95%的色标颜色为（C:56，M:60，Y:93，K:13）、“位置”为100%的色标颜色为（C:73，M:84，Y:99，K:97），最后单击“确定”按钮 确定 ，如图7-420所示，填充完毕后去除轮廓，效果如图7-421所示。

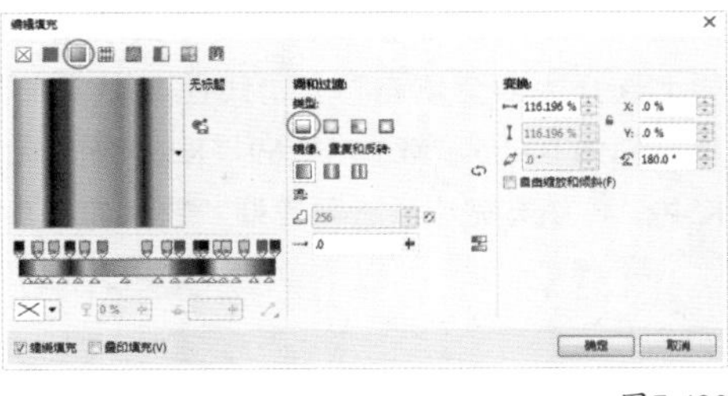
图7-420

图7-421

10 选中前面填充的矩形，然后复制多个，接着分别放置在蝴蝶结的上下两侧边缘，再根据蝴蝶结处边缘的倾斜角度来调整矩形的倾斜角度，效果如图7-422所示。

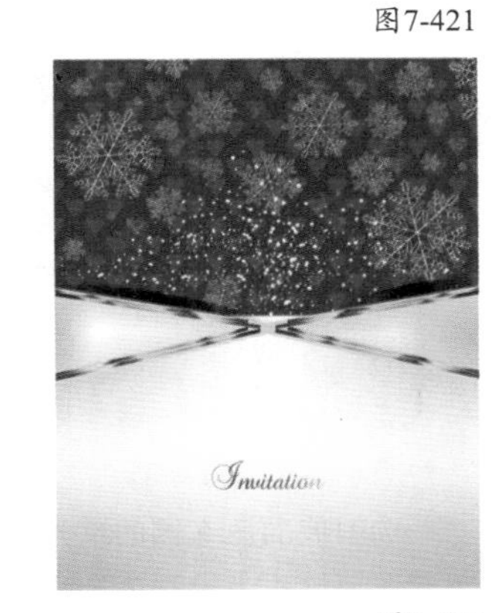

图7-422

11 绘制阴影。使用“椭圆工具” 绘制一个椭圆，然后双击“渐层工具” ，在“编辑填充”对话框中选择“渐变填充”方式，设置“类型”为“椭圆形渐变填充”、“镜像、重复和反转”为“默认渐变填充”，再设置“节点位置”为0%的色标颜色为（C:0，M:0，Y:0，K:0）、节点“位置”为100%的色标颜色为（C:71，M:62，Y:60，K:12），“填充宽度”为126.83%、“水平偏移”为-.037%、“垂直偏移”为.013%，最后单击“确定”按钮 确定 ，如图7-423所示，填充完毕后去除轮廓，效果如图7-424所示。

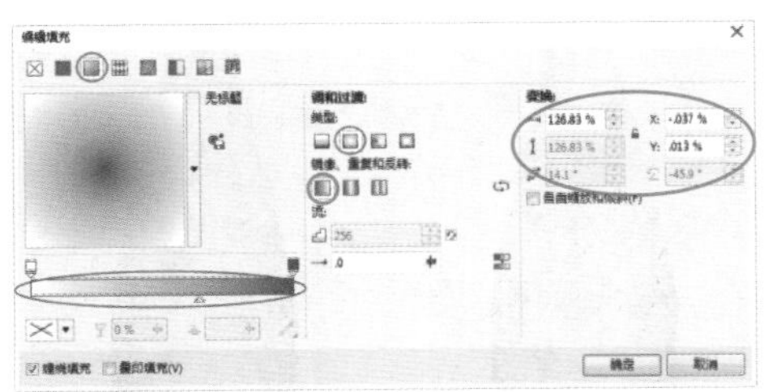
图7-423

图7-424

12 选中前面绘制的阴影，然后复制多个，接着放置在蝴蝶结的上下两侧边缘，再根据蝴蝶结处边缘的倾斜角度适当旋转调整阴影，最后多次按Ctrl+PageDown组合键放置在蝴蝶结下方，效果如图7-425所示。

13 导入下载资源中的“素材文件>CH07>35.cdr”文件，然后放置在前面绘制的蝴蝶结上面，如图7-426所示。

图7-425

图7-426

14 选中任意一个阴影对象，然后复制多个，接着放置在导入的蝴蝶结下面，再根据该处对象边缘的倾斜角度适当旋转阴影，最终效果如图7-427所示。

图7-427

★ 重点 ★

实战：绘制玻璃瓶

实例位置　下载资源>实例文件>CH07>实战：绘制玻璃瓶.cdr
素材位置　下载资源>素材文件>CH07>36.cdr、37.jpg、38.cdr
视频位置　下载资源>多媒体教学>CH07>实战：绘制玻璃瓶.flv
实用指数　★★★★☆
技术掌握　交互式填充工具的使用方法

玻璃瓶效果如图7-428所示。

图7-428

01 新建一个空白文档，然后设置文档名称为“玻璃瓶”，接着设置“宽度”为210mm、“高度”为250mm。

02 使用“钢笔工具”绘制出玻璃瓶的外轮廓，如图7-429所示，然后双击“渐层工具”，在“编辑填充”对话框中选择“渐变填充”方式，设置“类型”为“线性渐变填充”、“镜像、重复和反转”为“默认渐变填充”，再设置“节点位置”为0%的色标颜色为（C:56，M:91，Y:85，K:40）、“位置”为20%的色标颜色为（C:46，M:67，Y:100，K:7）、“位置”为51%的色标颜色为（C:5，M:0，Y:69，K:0）、“位置”为83%的色标颜色为（C:46，M:67，Y:100，K:7）、“位置”为100%的色标颜色为（C:56，M:91，Y:85，K:40），最后单击“确定”按钮，如图7-430所示，填充完毕后去除轮廓，效果如图7-431所示。

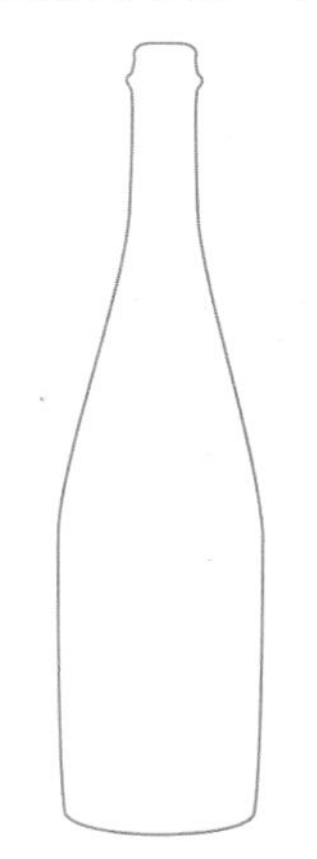

图7-429

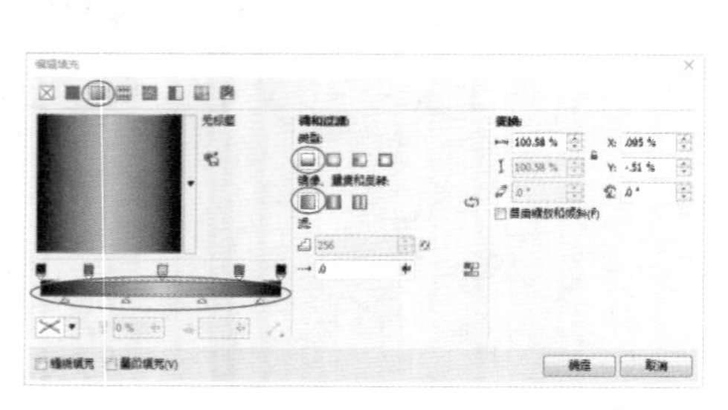

图7-430

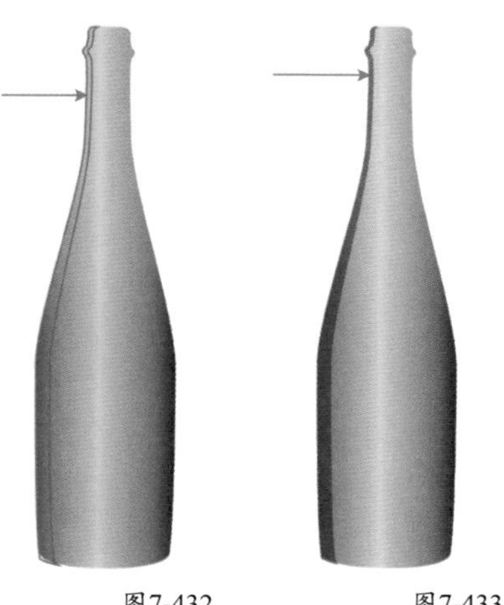

图7-431

03 使用“钢笔工具”绘制出玻璃瓶左侧反光区域的轮廓，如图7-432所示，然后单击“交互式填充工具”，接着在属性栏上选择“渐变填充”为“线性渐变填充”、两个节点填充颜色分别为（C:5，M:0，Y:69，K:0）和（C:56，M:91，Y:85，K:40）、“旋转”为180.0°，填充完毕后去除轮廓，效果如图7-433所示。

图7-432　图7-433

04 选中玻璃瓶左侧的反光区域，然后单击“透明度工具”，接着在属性栏上设置“透明度类型”为“均匀透明度”、“合并模式”为“乘”、“透明度”为60，设置后的效果如图7-434所示。

05 使用“钢笔工具”绘制出玻璃瓶右侧反光区域的轮廓，如图7-435所示，然后单击“交互式填充工具”，接着在属性栏上选择“渐变填充”为“线性渐变填充”、两个节点填充颜色分别为（C:5，M:0，Y:69，K:0）和（C:56，M:91，Y:85，K:40），填充完毕后去除轮廓，效果如图7-436所示。

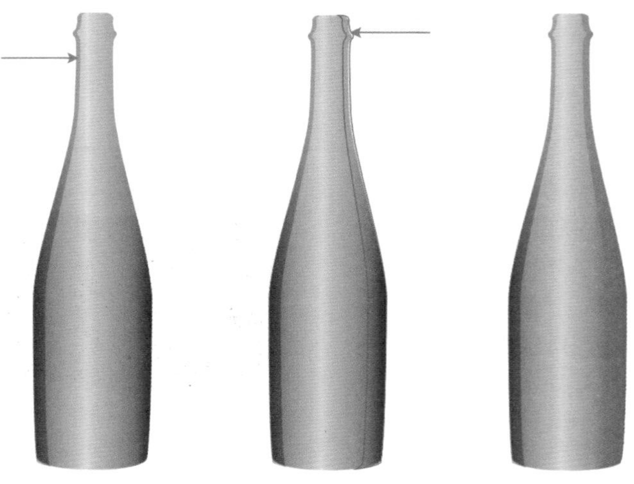

图7-434　图7-435　图7-436

06 选中玻璃瓶右侧的反光区域，然后单击“透明度工具”，接着在属性栏上设置“透明度类型”为“均匀透明度”、“合并模式”为“乘”、“透明度”为82，设置后的效果如图7-437所示。

07 绘制阴影。使用“椭圆工具”在瓶身下方绘制出阴影轮廓，如图7-438所示，然后单击“交互式填充工具”，接着在属性栏上选择“渐变填充”为“椭圆形渐变填充”、两个节点填充颜色分别为（C:0，M:0，Y:0，K:0）和（C:46，M:67，Y:100，K:7），填充完毕后去除轮廓，效果如图7-439所示。

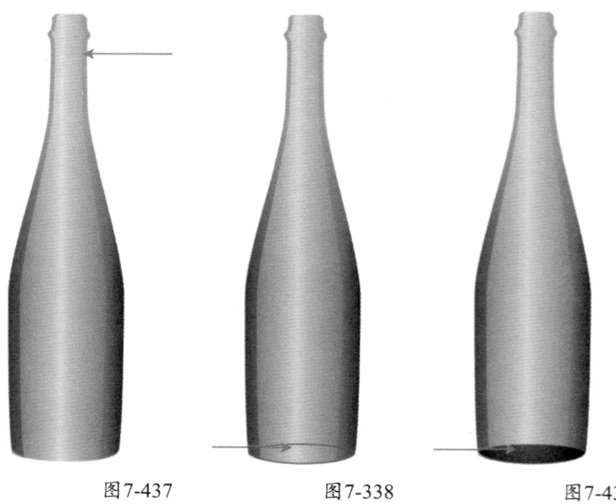

图7-437　图7-338　图7-439

08 选中前面绘制的阴影，然后单击“透明度工具”，接着在属性栏上设置“透明度类型”为“均匀透明度”、“合并模式”为“乘”、“透明度”为72，设置后的效果如图7-440所示。

09 绘制出玻璃瓶左侧高光区域的轮廓，如图7-441所示，然后单击“交互式填充工具”，接着在属性栏上选择“渐变填充”为“线性渐变填充”、两个节点填充颜色分别为（C:56，M:91，Y:85，K:40）和（C:93，M:88，Y:89，K:80）、“旋转”为270.0°，填充完毕后去除轮廓，效果如图7-442所示。

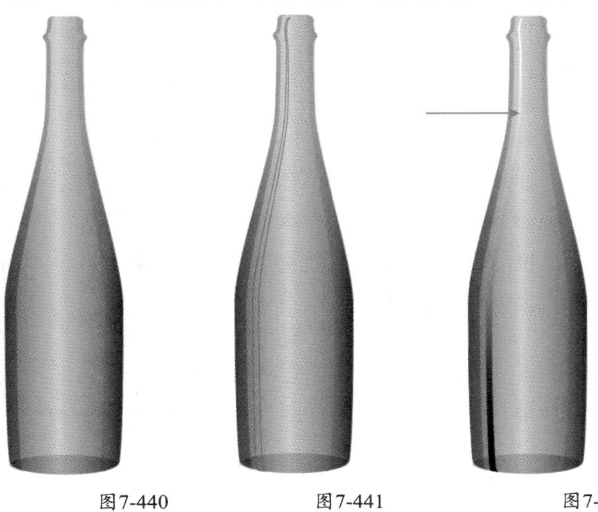

图7-440　　图7-441　　图7-442

10 选中玻璃瓶左侧的高光区域，然后单击“透明度工具”，接着在属性栏上设置“透明度类型”为“均匀透明度”、“合并模式”为“屏幕”、“透明度”为0，设置后的效果如图7-443所示。

11 绘制出玻璃瓶右侧高光区域的轮廓，如图7-444所示，然后单击“交互式填充工具”，接着在属性栏上选择“渐变填充”为“线性渐变填充”、两个节点填充颜色分别为（C:0，M:0，Y:0，K:0）和（C:93，M:88，Y:89，K:80）、“旋转”为270.0°，填充完毕后去除轮廓，效果如图7-445所示。

图7-443

图7-444

图7-445

12 选中玻璃瓶右侧的高光区域，然后单击“透明度工具”，接着在属性栏上设置“透明度类型”为“均匀透明度”、“合并模式”为“屏幕”、“透明度”为0，设置后的效果如图7-446所示。

13 使用“椭圆工具”绘制出玻璃瓶内部反光区域的轮廓，如图7-447所示，然后单击“交互式填充工具”，接着在属性栏上选择“渐变填充”为“椭圆形渐变填充”、两个节点填充颜色分别为（C:93，M:88，Y:89，K:80）和（C:0，M:0，Y:0，K:0），填充完毕后去除轮廓，效果如图7-448所示。

图7-446

图7-447

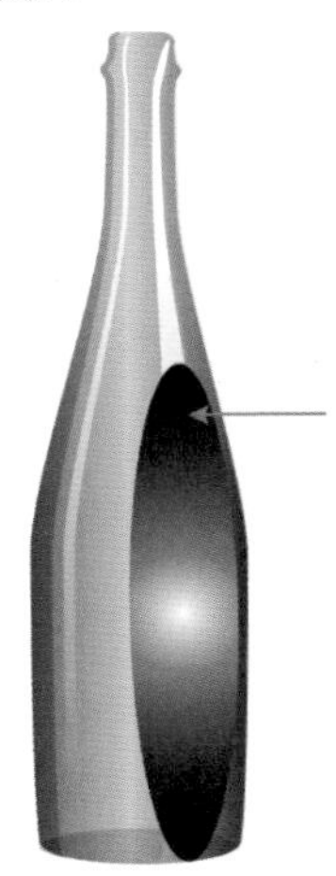

图7-448

14 选中玻璃瓶内部的反光区域，然后单击“透明度工具”，接着在属性栏上设置“透明度类型”为“均匀透明度”、“合并模式”为“颜色减淡”，设置后的效果如图7-449所示。

15 使用“椭圆工具”在瓶身上绘制出高光点，如图7-450所示，然后单击“交互式填充工具”，接着在属性栏上选择“渐变填充”为“椭圆形渐变填充”、两个节点填充颜色分别为（C:93，M:88，Y:89，K:80）和（C:0，M:0，Y:0，K:0），填充完毕后去除轮廓，效果如图7-451所示。

图7-449

图7-450

图7-451

16 选中前面绘制的高光点，然后单击“透明度工具”，接着在属性栏上设置“透明度类型”为“均匀透明度”、“合并模式”为“颜色减淡”、“透明度”为0，设置后的效果如图7-452所示。

17 按照以上方法绘制另一个高光点（其属性设置皆与第1个高光点相同），如图7-453所示。

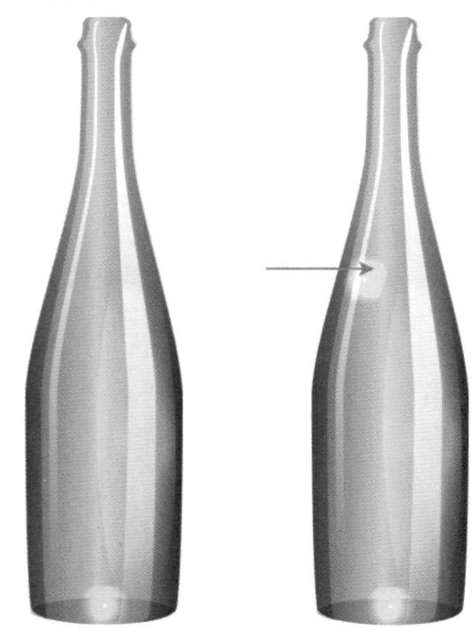

图7-452　　图7-453

18 使用“椭圆工具”绘制出第3个高光点，如图7-454所示，然后单击“交互式填充工具”，接着在属性栏上选择“渐变填充”为“椭圆形渐变填充”、两个节点填充颜色分别为（C:93，M:88，Y:89，K:80）和（C:0，M:0，Y:0，K:0），填充完毕后去除轮廓，效果如图7-455所示。

19 选中第3个高光点，然后单击“透明度工具”，接着在属性栏上设置“透明度类型”为“均匀透明度”、“合并模式”为“颜色减淡”、“透明度”为0，设置后的效果如图7-456所示。

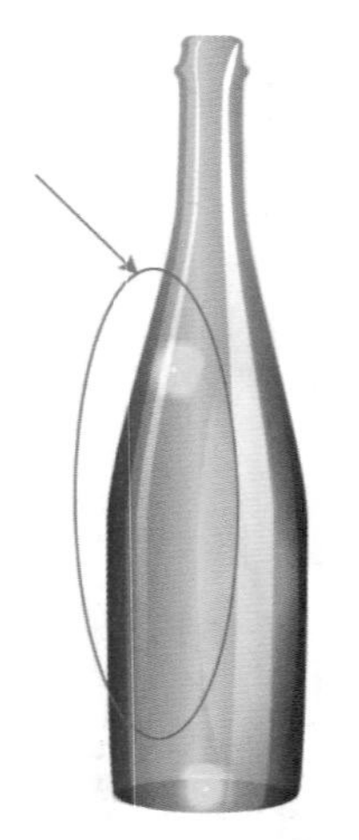

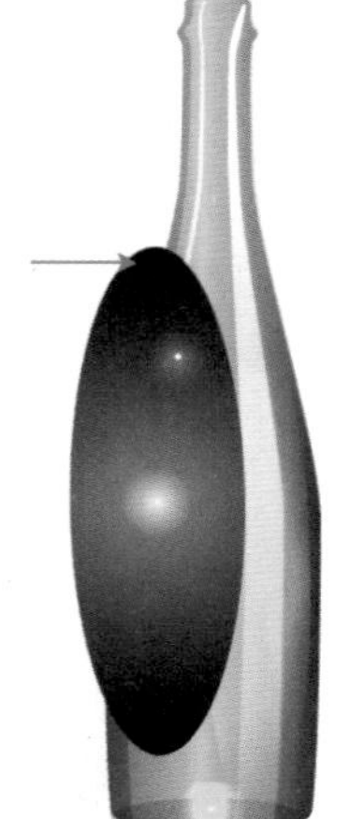

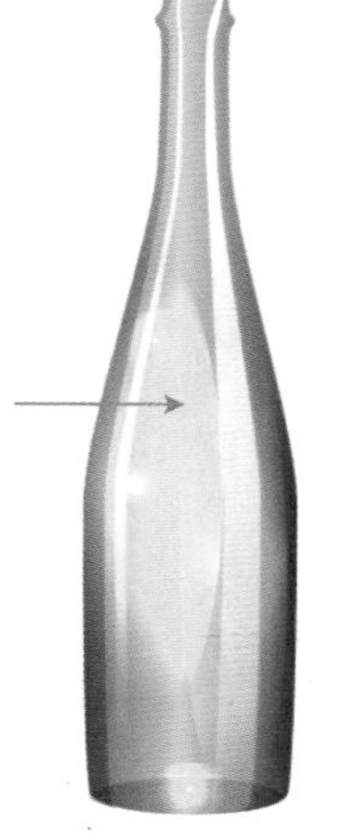

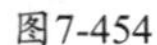

图7-454　　图7-455　　图7-456

20 绘制瓶盖。使用“钢笔工具”绘制出瓶盖的外轮廓，如图7-457所示，然后双击“渐层工具”，在“编辑填充”对话框中选择“渐变填充”方式，设置“类型”为“线性渐变填充”、“镜像、重复和反转”为“默认渐变填充”，再设置“节点位置”为0%的色标颜色为（C:93，M:88，Y:89，K:80）、“位置”为10%的色标颜色为（C:46，M:67，Y:100，K:7）、“位置”为18%的色标颜色为（C:24，M:94，Y:44，K:0）、“位置”为33%的色标颜色为（C:24，M:95，Y:0，K:0）、“位置”为40%的色标颜色为（C:4，M:0，Y:49，K:0）、“位置”为50%的色标颜色为（C:4，M:0，Y:49，K:0）、“位置”为59%的色标颜色为（C:4，M:0，Y:49，K:0）、“位置”为71%的色标颜色为（C:0，M:24，Y:95，K:0）、“位置”为81%的色标颜色为（C:24，M:44，Y:94，K:0）、“位置”为90%的色标颜色为（C:46，M:67，Y:100，K:7）、“位置”为98%的色标颜色为（C:93，M:88，Y:89，K:0）、“位置”为100%的色标颜色为（C:93，M:88，Y:89，K:80），最后单击“确定”按钮，如图7-458所示，填充完毕后去除轮廓，效果如图7-459所示。

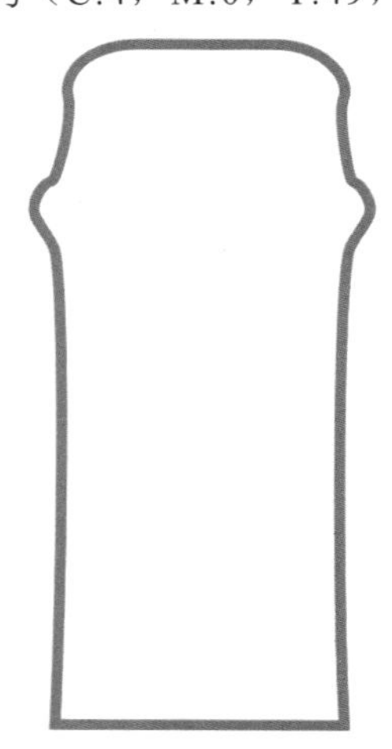

图7-457

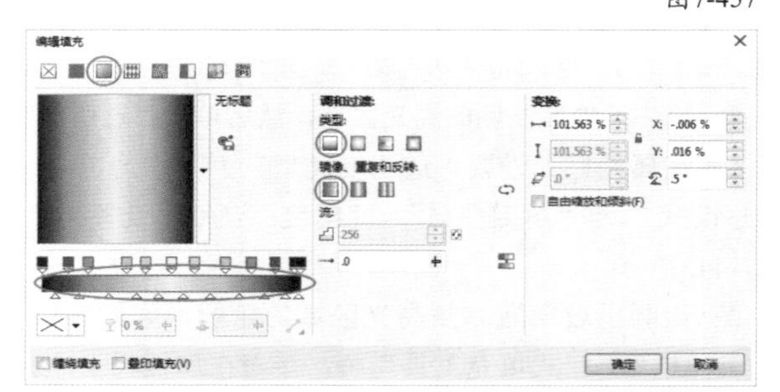

图7-458

图7-459

21 使用“矩形工具”在瓶盖上方绘制一个矩形，然后填充白色，接着按Ctrl+Q组合键转换为曲线，再使用“形状工具”调整矩形轮廓，使其左右两侧轮廓与瓶盖轮廓的左右两侧轮廓重合，效果如图7-460所示。

22 选中前面调整后的矩形，然后单击“透明度工具”，接着在属性栏上设置“透明度类型”为“均匀透明度”、“合并模式”为“叠加”、“透明度”为0，设置完毕后去除轮廓，效果如图7-461所示。

图7-460

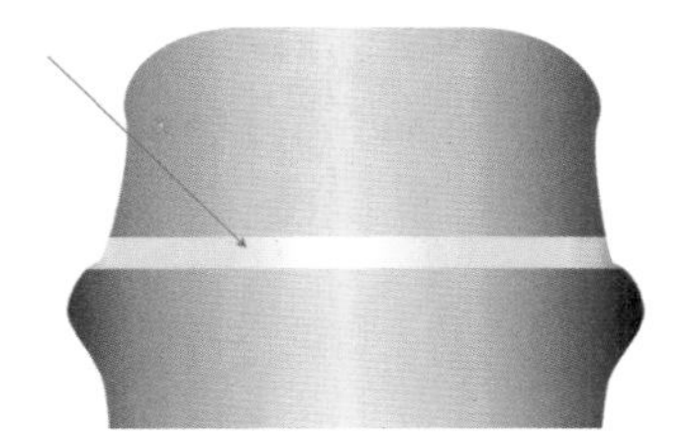
图7-461

23 选中前面设置透明度的矩形，然后复制一个，接着移动到原始对象的下方，再根据该处瓶盖左右两侧的轮廓来调整复制对象的轮廓，效果如图7-462所示。

24 按照前面介绍的方法，再绘制两个高光点，然后放置在瓶盖上面，如图7-463所示，接着按Ctrl+G组合键进行群组瓶盖上的所有内容。

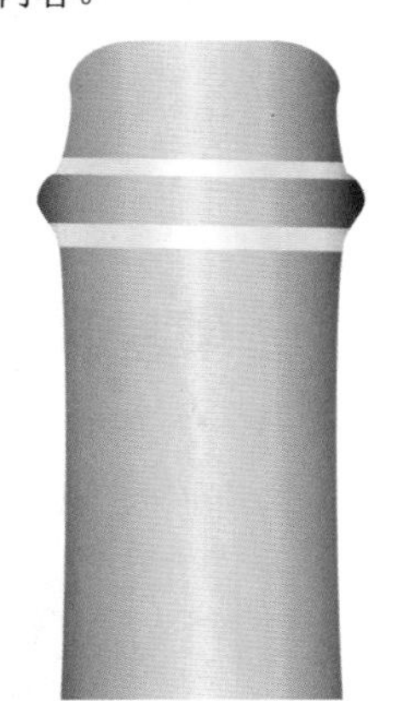
图7-462

图7-463

25 移动瓶盖到瓶身的上方，然后适当调整位置，如图7-464所示，接着导入光盘中的“素材文件>CH07>36.cdr”文件，再适当调整大小，最后放置在瓶盖与瓶身的衔接处，效果如图7-465所示。

图7-464

图7-465

26 绘制瓶贴。使用“矩形工具”在玻璃瓶下方绘制一个矩形，然后按Ctrl+Q组合键转换为曲线，接着使用“形状工具”适当调整外形，调整后的效果如图7-466所示。

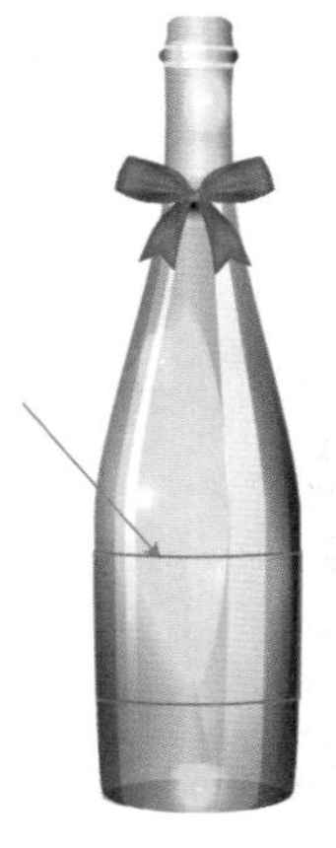
图7-466

27 选中前面绘制的图形，然后双击“渐层工具”，在“编辑填充”对话框中选择“渐变填充”方式，设置“类型”为“线性渐变填充”、“镜像、重复和反转”为“默认渐变填充”，再设置“节点位置”为0%的色标颜色为（C:93，M:88，Y:89，K:80）、“位置”为44%的色标颜色为（C:11，M:9，Y:9，K:0）、“位置”为51%的色标颜色为（C:11，M:9，Y:9，K:0）、“位置”为60%的色标颜色为（C:24，M:18，Y:17，K:0）、“位置”为98%的色标颜色为（C:93，M:88，Y:89，K:80）“位置”为100%的色标颜色为（C:93，M:88，Y:89，K:80），最后单击“确定”按钮，如图7-467所示，填充完毕后去除轮廓，效果如图7-468所示。

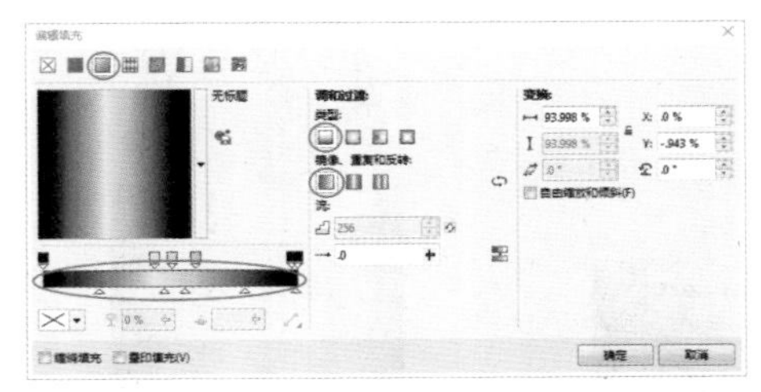
图7-467

图7-468

28 选中前面绘制的瓶贴，然后复制一个，接着使用“形状工具”适当调整，调整后如图7-469所示，再复制一个，最后分别放置在瓶贴的上方和下方，效果如图7-470所示。

图7-469

图7-470

29 使用“矩形工具”在瓶贴上方绘制一个矩形，如图7-471所示，然后按Ctrl+Q组合键转换为曲线，接着使用“形状工具”适当调整外形，再填充白色，最后去除轮廓，效果如图7-472所示。

图7-471

图7-472

30 选中前面绘制的图形，然后单击“透明度工具”，接着在属性栏上设置“透明度类型”为“均匀透明度”、“合并模式”为“叠加”、“透明度”为0，设置完毕后复制一个，再移动到瓶贴下方，效果如图7-473所示。

31 选中前面绘制的瓶贴和瓶贴上下两侧的4个变形矩形，然后按Ctrl+G组合键进行组合对象，接着多次按Ctrl+PageDown组合键移动到反光区域的后面，效果如图7-474所示。

图7-473

图7-474

32 绘制投影。使用“椭圆工具”在瓶身下方绘制一个椭圆，然后多次按Ctrl+PageDown组合键移动到瓶身后面，如图7-475所示，接着单击“交互式填充工具”，在属性栏上选择“渐变填充”为“椭圆形渐变填充”、节点填充颜色为白色（C:0，M:0，Y:0，K:0）、“边界”为1%，填充完毕后去除轮廓，效果如图7-476所示。

图7-475

图7-476

33 选中前面绘制的椭圆，然后单击“透明度工具”，接着在属性栏上设置“透明度类型”为“均匀透明度”、“合并模式”为“乘”、“透明度”为27，效果如图7-477所示。

图7-477

34 选中页面内绘制的所有对象，然后按Ctrl+G组合键进行组合对象，接着导入下载资源中的“素材文件>CH07>37.jpg”文件，再适当调整大小，放置在玻璃瓶后面，如图7-478所示。

图7-478

35 导入下载资源中的“素材文件>CH07>38.cdr”文件，然后适当调整大小，接着放置在玻璃瓶的瓶贴上面，再多次按Ctrl+PageDown组合键移动到反光区域的后面，最终效果如图7-479所示。

图7-479

7.9 颜色样式

在“颜色样式”泊坞窗中可以进行“颜色样式”的自定义编辑或创建新的“颜色样式”，新的颜色样式将保存到活动文档和颜色样式调色板中。“颜色样式”可组合成名为“和谐”的组，利用“颜色和谐”，可以将“颜色样式”与色度的关系相关联，并将“颜色样式”作为一个集合进行修改。

7.9.1 创建颜色样式

从文档新建

在“颜色样式”泊坞窗中，单击“新建颜色样式”按钮，然后在打开的列表中单击“从文档新建”，如图7-480所示，弹出“创建颜色样式”对话框，接着在该对话框中勾选“对象填充”、“对象轮廓”或“填充和轮廓”中的任意一项，再单击“确定”按钮，如图7-481所示，即可由勾选的选项对应的颜色创建归组到“和谐”中的“颜色样式”，如图7-482所示。

图7-480

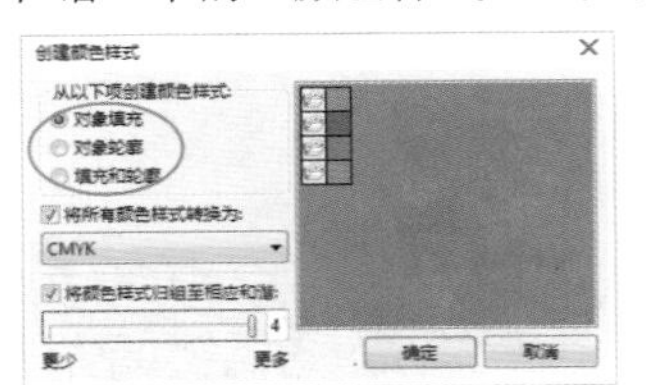

图7-481

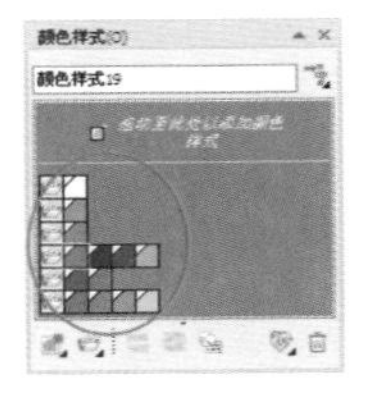

图7-482

技巧与提示

在创建归组到和谐中的“颜色样式”时，会同时创建相应的“颜色和谐”。

7.9.2 创建颜色和谐

从对象创建

选中一个已填充的对象，如图7-483所示，然后拖动至“颜色样式”泊坞窗灰色区域的底部，弹出“创建颜色样式”对话框，接着在该对话框中勾选“对象填充”、“对象轮廓”或“填充和轮廓”中的任意一项，最后单击“确定”按钮，如图7-484所示，即可由勾选的选项对应的颜色创建“颜色和谐”，如图7-485所示。

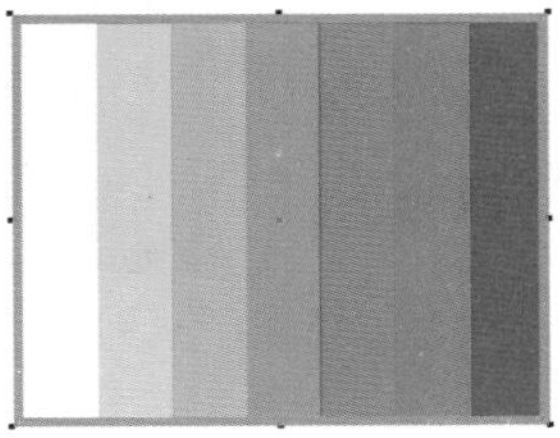

图7-483

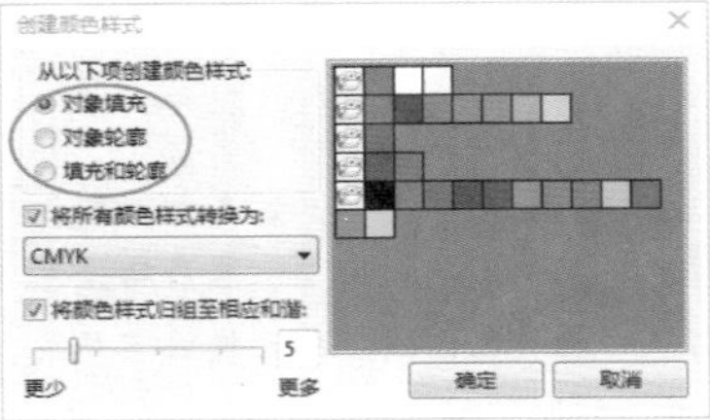

图7-484

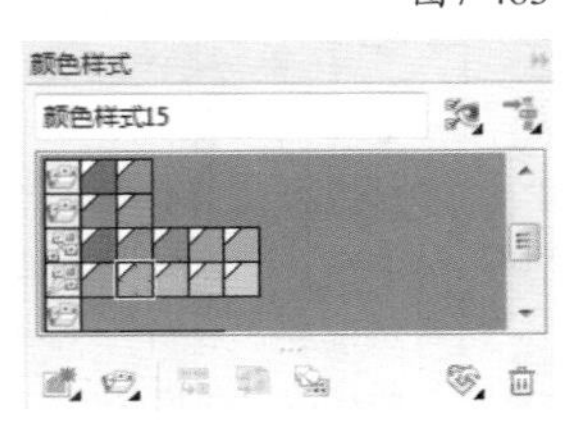

图7-485

技巧与提示

在“颜色样式”泊坞窗中，若要删除“颜色样式”或“颜色和谐”，首先要使用鼠标左键单击该“颜色样式”或“颜色和谐”，然后单击泊坞窗右下角的“删除”按钮，即可删除。

从调色板创建

使用鼠标左键从任意打开的调色板上拖动色样至“颜色样式”泊坞窗中灰色区域的底部，即可创建“颜色和谐”，如图7-486所示。

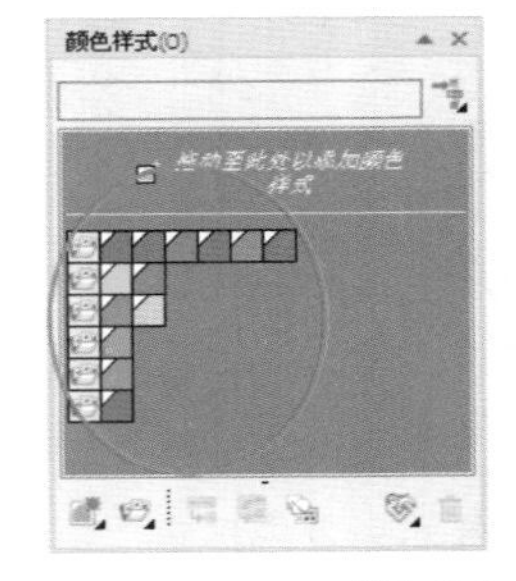

图7-486

技巧与提示

从调色板创建“颜色和谐”时，如果拖动色样至“和谐文件夹”右侧或该和谐中“颜色样式”的后面，即可将所添加的“颜色样式”归组到该“和谐”中；如果拖动色样至“和谐文件夹”下方（贴近该泊坞窗左侧边缘），即可以该色样创建一个新的“颜色和谐”。

从颜色样式创建

在“颜色样式”泊坞窗中，使用鼠标左键单击该泊坞窗灰色区域顶部的“颜色样式”，然后按住左键拖动至灰色区域底部，即可将该“颜色样式”创建为“颜色和谐”，如图7-487所示。

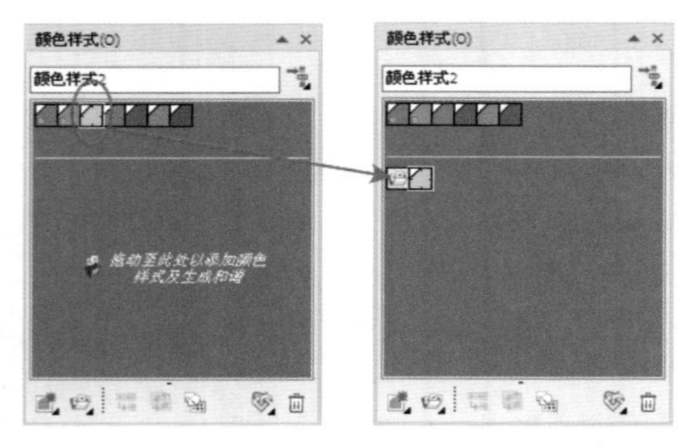

图7-487

问：可以使用“颜色和谐”创建“颜色样式”吗？

答：使用“颜色和谐”可以创建“颜色样式”，首先在“颜色样式”泊坞窗中左键单击选中任意一个“颜色和谐”，然后按住左键拖动该“颜色和谐”至泊坞窗上方的灰色区域，即可将该“颜色和谐”创建为“颜色样式”，如图7-488所示。

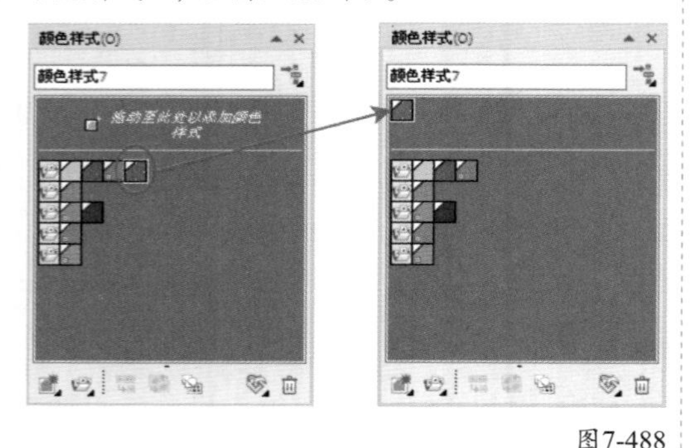

图7-488

7.9.3 创建渐变

在“颜色样式”泊坞窗中，选择任意一个“颜色样式”作为渐变的主要颜色，然后单击“新建颜色和谐”按钮，在打开的列表中单击“新建渐变”，弹出“新建渐变”对话框，接着在“颜色数”的方框中可以设置阴影的数量（默认为5），再选择“较浅的阴影”、“较深的阴影”或“二者”3个选项中的任意一项，最后单击“确定”按钮，如图7-489所示，即可创建渐变，如图7-490所示。

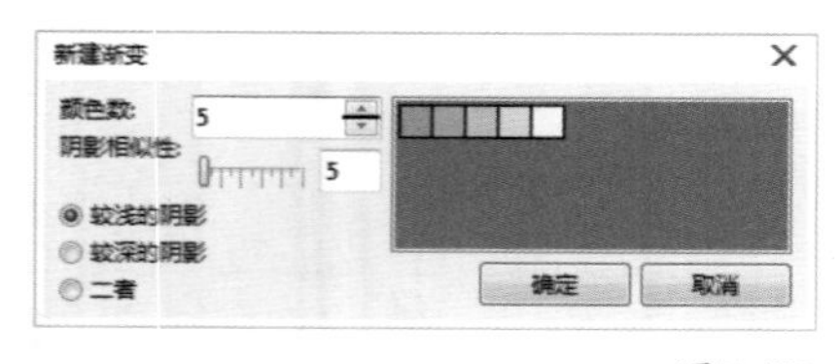

图7-489

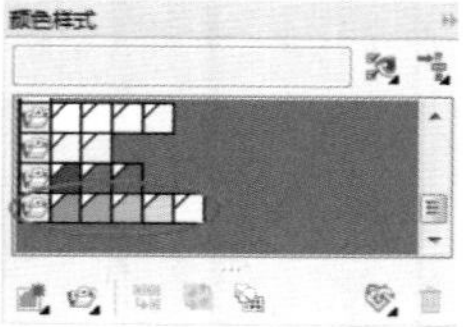

图7-490

在“新建渐变”对话框中，设置“阴影相似性”选项时，可以按住左键拖曳该选项后面的滑块，左移滑块可以创建色差较大的阴影，如图7-491所示；右移滑块可以创建色差接近的阴影，如图7-492所示。

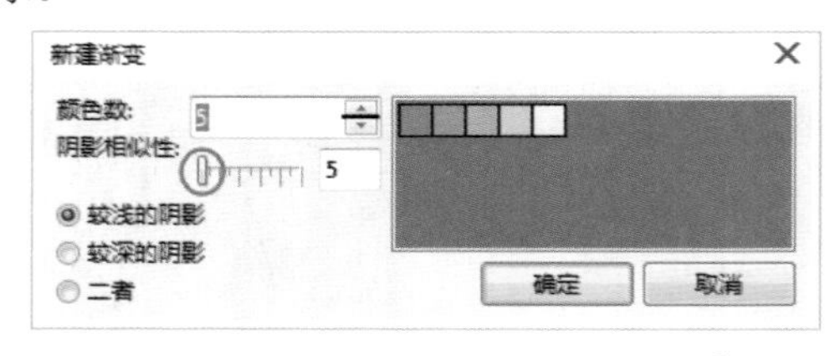

图7-491

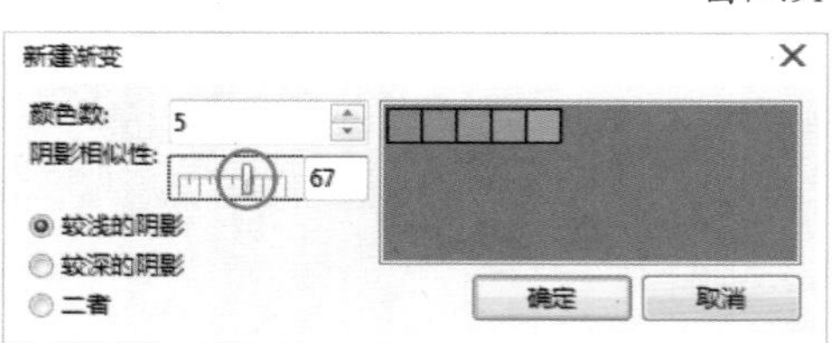

图7-492

“较浅的阴影”创建比主要颜色浅的阴影，“较深的阴影”创建比主要颜色深的阴影，“二者”创建同等数量的阴影。

7.9.4 应用颜色样式

选中需要填充的对象，如图7-493所示，然后在“颜色样式”泊坞窗中，左键双击一个“颜色样式”或“颜色和谐”，即可为对象填充内部颜色；如果使用右键单击一个“颜色样式”或“颜色和谐”，即可为对象轮廓填充颜色，填充效果如图7-494所示。

图7-493

图7-494

在“颜色样式”泊坞窗中，可以通过“对换颜色样式”更改填充对象的颜色。首先选中填充对象，然后选中填充对象中所应用的任意一种“颜色样式”，接着按住Ctrl键的同时再单击想要应用的“颜色样式”（加选该颜色样式），最后单击“对换颜色样式”按钮，即可更改对象的填充颜色和对换“颜色样式”，效果如图7-495所示。

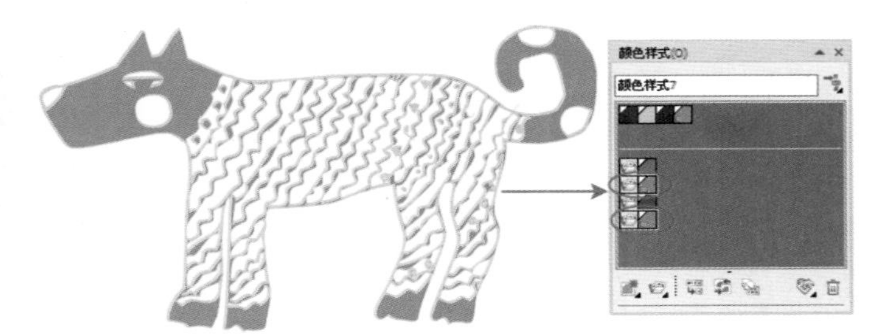

图7-495

技巧与提示

在“颜色样式”泊坞窗中，若要选择文档（或任意填充对象）中未使用的所有“颜色样式”，可以单击“选择未使用项”按钮，即可将未使用的“颜色样式”全部选中，如图7-496所示。

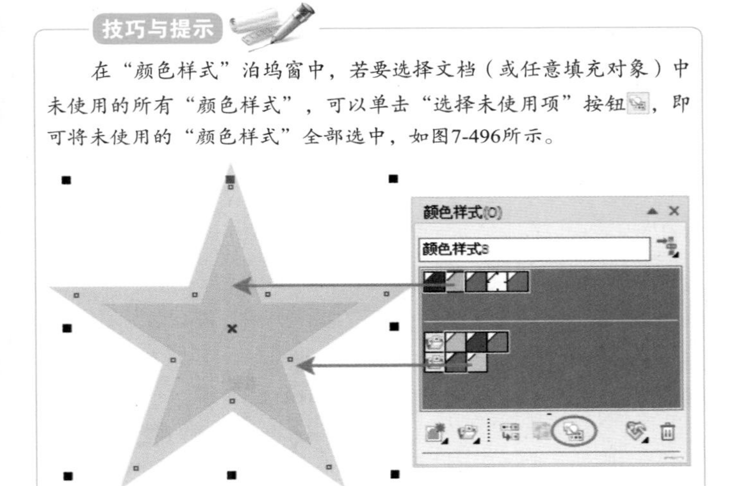

图7-496

第8章 轮廓线的操作

Learning Objectives 学习要点

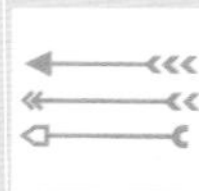

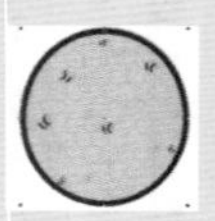

Employment direction 从业方向

版面设计
插画设计

服装设计
平面设计

品牌设计
产品设计

工具名称	工具图标	工具作用	重要程度
轮廓笔工具	🖊	设置更改轮廓线的各种属性	高
轮廓色	无	设置更改轮廓线的颜色	高
轮廓宽度	无	设置更改轮廓线的宽度	高
将轮廓转为对象	无	将轮廓线转换为对象进行编辑	高

8.1 轮廓线简介

在图形设计的过程中，通过编辑修改对象轮廓线的样式、颜色、宽度等属性，可以使图形设计更加丰富，更加灵活，从而提高设计的水平。轮廓线的属性在对象与对象之间可以进行复制，并且可以将轮廓转换为对象进行编辑。

在软件默认情况下，系统自动为绘制的图形添加轮廓线，并设置颜色为K：100，宽度为0.2mm，线条样式为直线型，用户可以选中对象进行重置修改。接下来我们通过CorelDRAW X7提供的工具和命令，学习对图形的轮廓线进行编辑和填充。

8.2 轮廓笔对话框

“轮廓笔”用于设置轮廓线的属性，可以设置颜色、宽度、样式和箭头等。

在状态栏下双击“轮廓笔”工具🖊，打开“轮廓笔”对话框，在该对话框中可以变更轮廓线的属性，如图8-1所示。

图8-1

轮廓笔选项介绍

颜色：单击■▾，在下拉颜色选项里选择填充的线条颜色，如图8-2所示，可以单击已有的颜色进行填充，也可以单击“滴管”按钮吸取图片上的颜色进行填充。

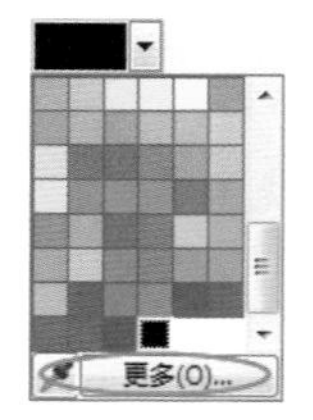

图8-2

更多：在颜色选项中如果没有需要的颜色，可以单击“更多”按钮 更多(O)... ，选择更多的颜色。

宽度：在下面的文字框 5.0 mm ▾ 中输入数值，或者在下拉选项中进行选择，如图8-3所示。可以在后面的文字框 毫米 ▾ 的下拉选项中选择单位，如图8-4所示。

样式：单击可以在下拉选项中选择线条样式，如图8-5所示。

编辑样式 编辑样式(E)... ：可以自定义编辑线条样式。在下拉样式中没有需要的样式时，单击“编辑样式”按钮 编辑样式(E)... ，可以打开“编辑线条样式”对话框进行编辑，如图8-6所示。

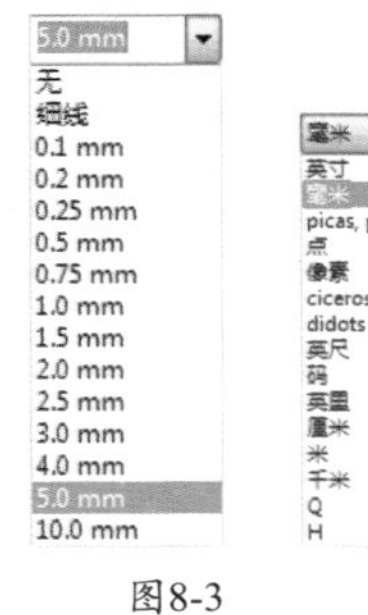

图8-3

图8-4

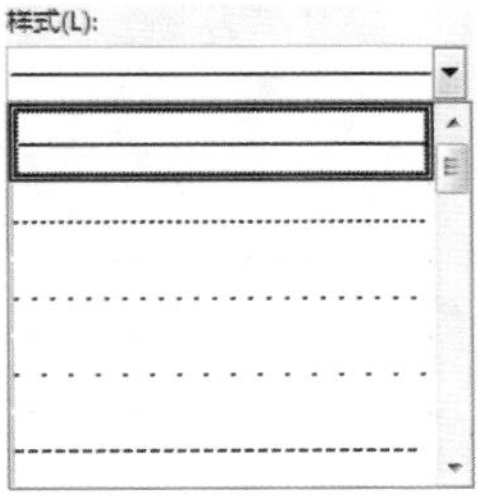

图8-5

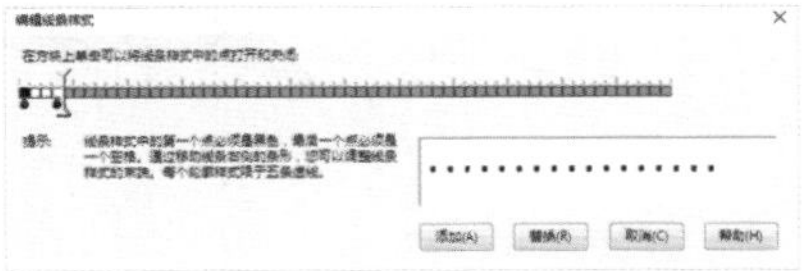

图8-6

关于编辑线条样式的内容，在前面“4.2.2 线条设置”中有详细讲解。

斜接限制：用于消除添加轮廓时出现的尖突情况，可以直接在文字框 5.0 °中输入数值进行修改。数值越小越容易出现尖突，正常情况下45度为最佳值，低版本的CorelDRAW中默认的“斜接限制”为45度，而高版本的CorelDRAW默认为5度。

“斜接限制”一般情况下多用于美工文字的轮廓处理上。一些文字在轮廓线较宽时会出现尖突，如图8-7所示，此时，我们在“斜接限制”中将数值加大，可以平滑掉尖突，如图8-8所示。

图8-7

图8-8

角：“角”选项用于轮廓线夹角的“角”样式的变更，如图8-9所示。

图8-9

尖角：点选后轮廓线的夹角变为尖角显示，默认情况下轮廓线的角为尖角，如图8-10所示。

圆角：点选后轮廓线的夹角变圆滑，为圆角显示，如图8-11所示。

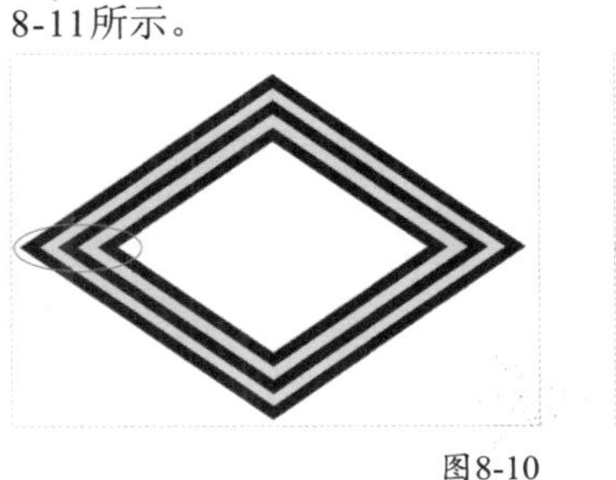

图8-10

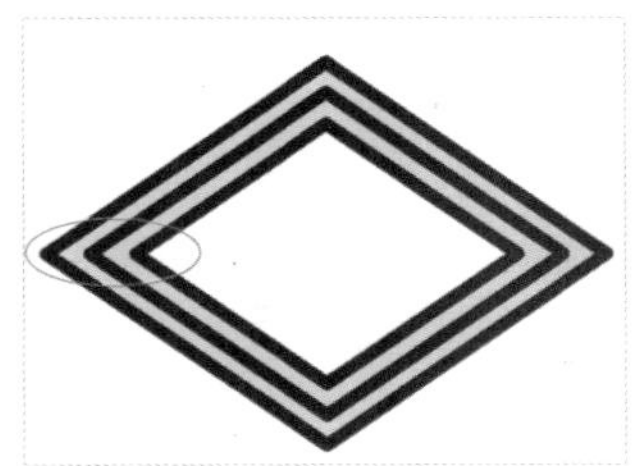

图8-11

平角：点选后轮廓线的夹角变为平角显示，如图8-12所示。

图8-12

线条端头：用于设置单线条或未闭合路径线段顶端的样式，如图8-13所示。

图8-13

：点选后为默认状态，节点在线段边缘，如图8-14所示。

：点选后为圆头显示，使端点更平滑，如图8-15所示。

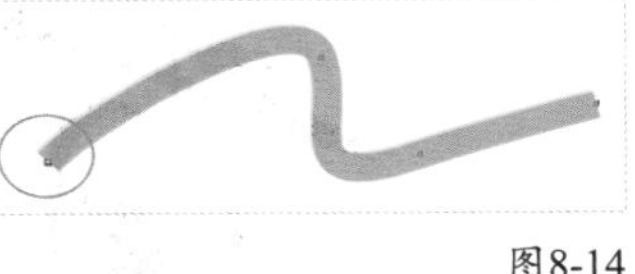

图8-14

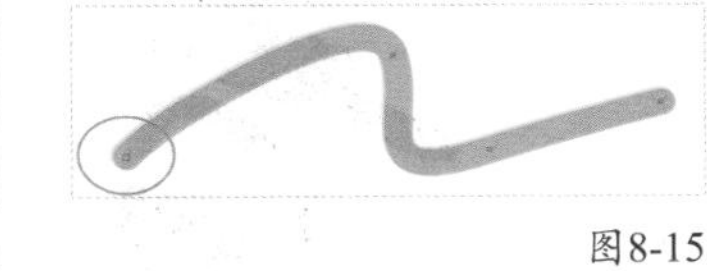

图8-15

：点选后节点被包裹在线段内，如图8-16所示。

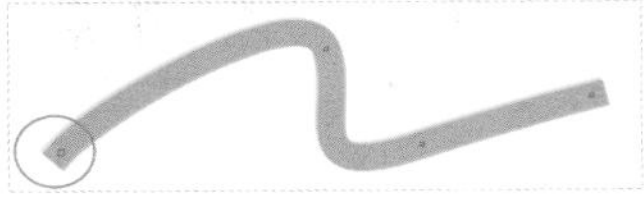

图8-16

箭头：在相应方向的下拉样式选项中，可以设置添加左边与右边端点的箭头样式，如图8-17所示。

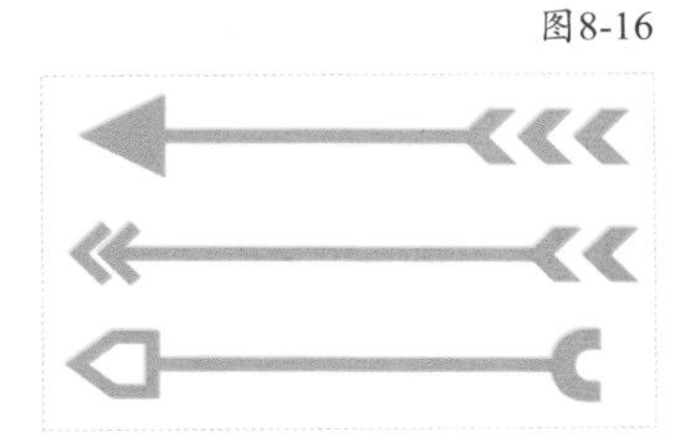

图8-17

选项 选项(O) ：单击选项按钮可以在下拉选项中进行快速操作和编辑设置，左右两个“选项”按钮 选项(O) ，分别控制相应方向的箭头样式，如图8-18所示。

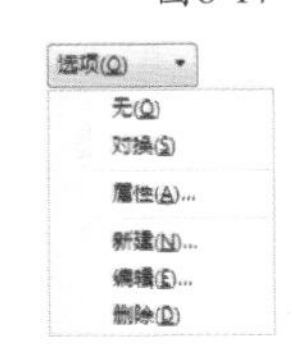

图8-18

无：单击该命令可以快速去掉该方向端点的箭头。

对换：单击该命令可以快速将左右箭头样式进行互换。

属性：单击该命令可以打开“箭头属性”对话框，可以对箭头进行编辑和设置，如图8-19所示。

新建：单击该命令同样可以打开“箭头属性”进行编辑。

编辑：单击该命令可以在打开的“箭头属性”中进行调试。

删除：单击该命令可以删除上一次选中的箭头样式，如图8-20所示。

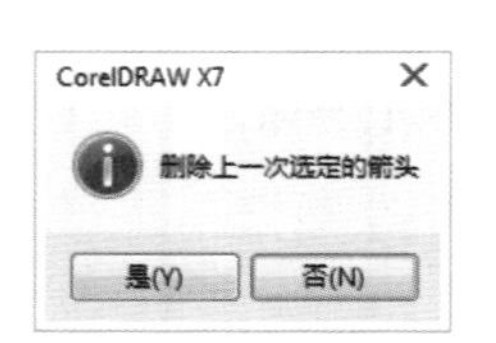

图8-19　图8-20

共享属性：单击选中后，会同时应用“箭头属性”中设置的属性。

书法：设置书法效果可以将单一粗细的线条修饰为书法线条，如图8-21和图8-22所示。

图8-21　图8-22

展开：在“展开”下方的文字框中输入数值，可以改变笔尖形状的宽度。

角度：在“角度”下方的文字框中输入数值，可以改变笔尖旋转的角度。

笔尖形状：可以用来预览笔尖 的设置。

默认：单击“默认”按钮，可以将笔尖形状还原为系统默认，“展开”为100%，“角度”为0度，笔尖形状为圆形。

随对象缩放：勾选该选项后，在放大或缩小对象时，轮廓线也会随之进行变化；不勾选，轮廓线宽度不变。

8.3 轮廓线宽度

变更对象轮廓线的宽度可以使图像效果更丰富，同时起到增强对象醒目程度的作用。

★重点★

8.3.1 设置轮廓线宽度

设置轮廓线宽度的方法有两种。

第1种：选中对象，在属性栏上“轮廓宽度”后面的文字框中输入数值进行修改，或在下拉选项中进行修改，如图8-23所示。数值越大，轮廓线越宽，如图8-24所示。

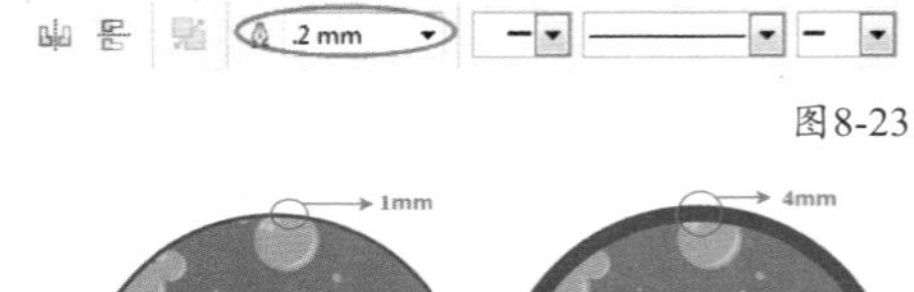

图8-23

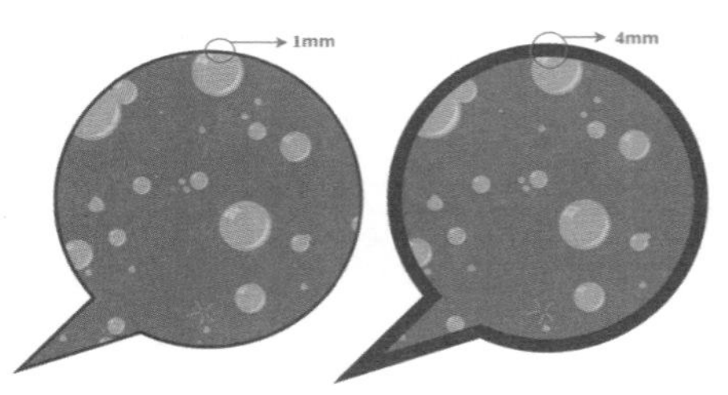

图8-24

第2种：选中对象，按F12键，可以快速打开“轮廓线”对话框，在对话框的“宽度”选项中输入数值改变轮廓线的大小。

★重点★

实战：用轮廓宽度绘制生日贺卡

实例位置　下载资源>实例文件>CH08>实战：用轮廓宽度绘制生日贺卡.cdr

素材位置　下载资源>素材文件>CH08>01.cdr

视频位置　下载资源>多媒体教学>CH08>实战：用轮廓宽度绘制生日贺卡.flv

实用指数　★★☆☆☆

技术掌握　轮廓宽度的运用方法

卡通生日贺卡效果如图8-25所示。

图8-25

01 新建一个空白文档，然后设置文档名称为“卡通生日贺卡”，接着设置页面大小“宽”为297mm、“高”为182mm。

02 首先绘制蛋糕的底座。使用“矩形工具”绘制矩形，然后在属性栏设置矩形上边“圆角”为12mm，如图8-26示。

图8-26

03 使用“椭圆形工具”绘制一个椭圆，然后拖曳到矩形上，接着在“造型”泊坞窗上勾选“保留原目标对象”选项，再单击“相交对象”按钮，如图8-27所示，最后选择目标对象单击完成相交，如图8-28所示。

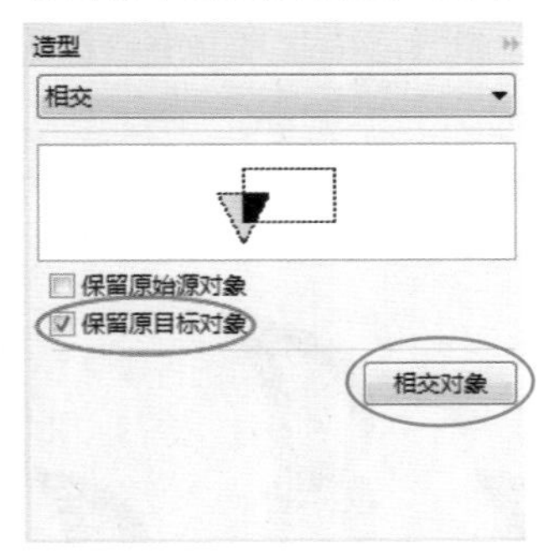

图8-27

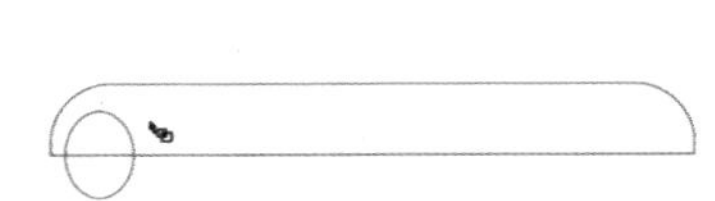

图8-28

04 将相交的半圆进行复制，如图8-29所示，然后选中矩形填充为洋红，再设置“轮廓宽度”为2mm，如图8-30所示，接着将半圆全选群组，填充颜色为（C:0，M:60，Y:60，K:40），最后设置“轮廓宽度”为2mm，如图8-31所示。

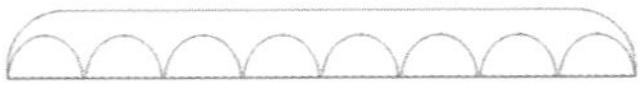

图8-29

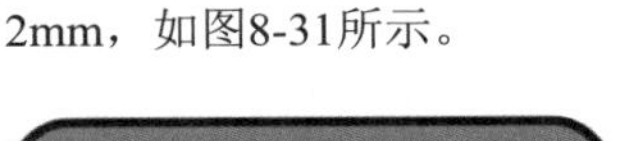

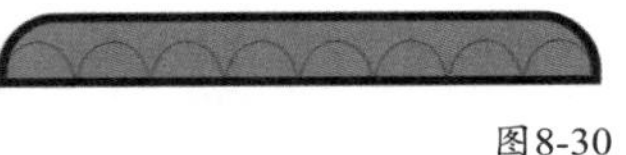

图8-30

图8-31

05 使用“椭圆形工具”在矩形上边绘制一个椭圆，如图8-32所示，然后填充颜色为（C:0，M:0，Y:60，K:0），再设置“轮廓宽度”为2mm，接着水平复制6个，如图8-33所示。

图8-32

图8-33

06 在黄色椭圆上绘制椭圆，填充为白色并去掉轮廓线，如图8-34所示，接着进行复制，拖曳到后面的椭圆形中，如图8-35所示。

图8-34

图8-35

07 下面制作第一层蛋糕。使用“矩形工具”绘制矩形，然后在属性栏设置矩形上边“圆角”为10mm，并复制一份，如图8-36所示。

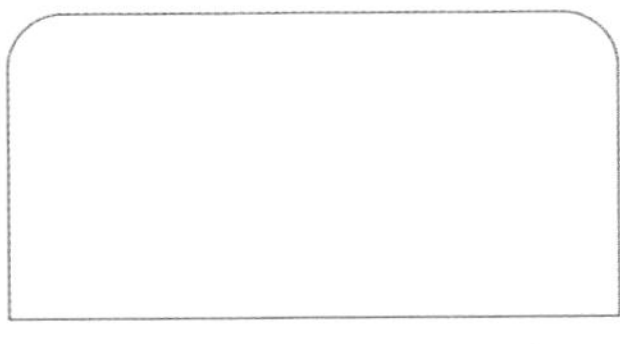

图8-36

08 下面绘制奶油。使用“钢笔工具”在矩形上半部分绘制曲线，然后用曲线来修剪矩形，如图8-37所示，接着将修剪好的矩形拆分，再删除下半部分，最后使用“形状工具”调整上半部分的形状，如图8-38所示。

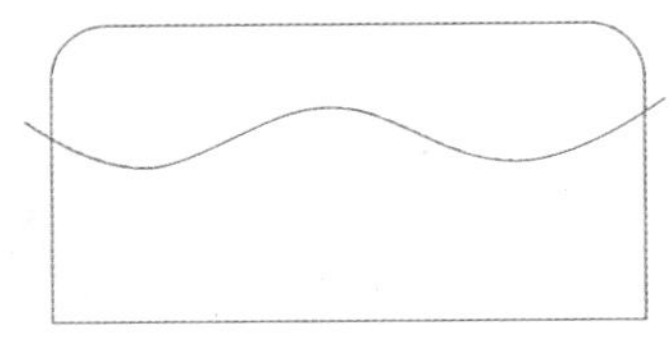

图8-37

图8-38

09 将之前复制的矩形选中，然后填充颜色为（C:0，M:0，Y:60，K:0），再设置“轮廓宽度”为3mm，如图8-39所示，接着填充奶油颜色为（C:0，M:0，Y:20，K:0），设置“轮廓宽度”为3mm，最后拖曳到矩形上面，如图8-40所示。

图8-39

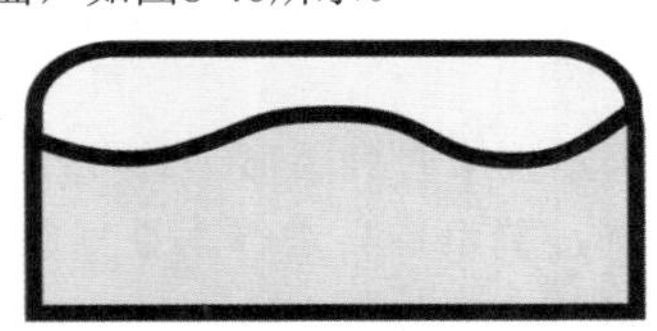

图8-40

10 使用“矩形工具”绘制矩形，如图8-41所示，然后在矩形上绘制矩形，如图8-42所示，接着在“步长和重复”泊坞窗上设置“水平设置”的类型为“对象之间的间距”、“距离”为0mm、“方向”为“右”，“份数”为45，再单击“应用”按钮 应用 进行水平复制，如图8-43所示。

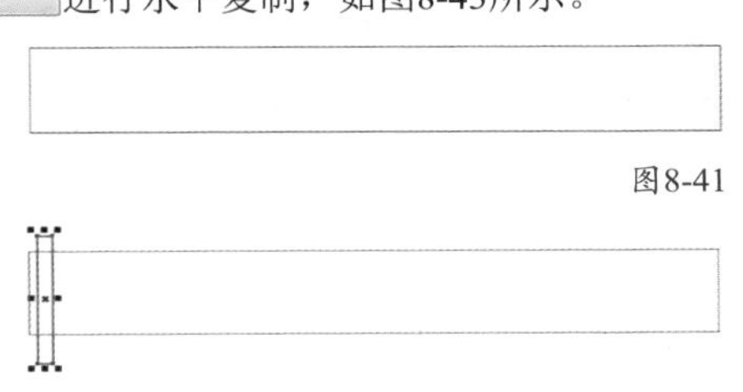

图8-41

图8-42

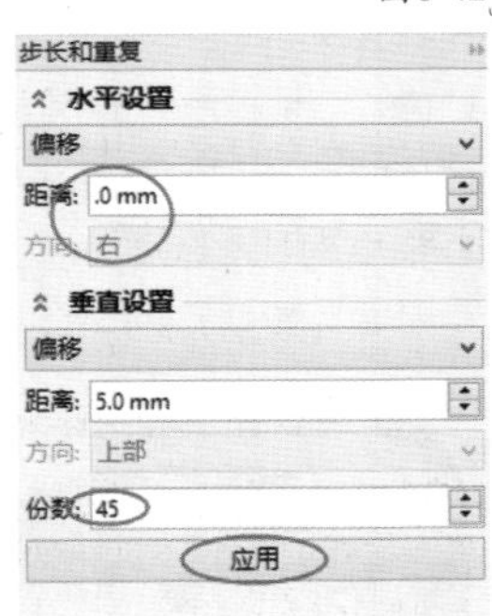

图8-43

11 将复制的矩形组合对象，如图8-44所示，然后全选对象进行左对齐，再执行“对象>造形>相交”菜单命令，保留相交的区域，接着在对象上面绘制一个矩形，进行居中对齐，如图8-45所示，最后将对象拖放到蛋糕底部，如图8-46所示，填充颜色为（C:0，M:60，Y:60，K:40），设置“轮廓宽度”为1.5mm，如图8-47所示。

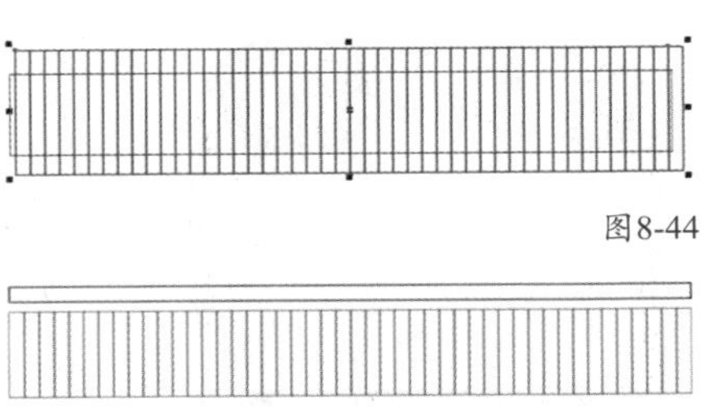

图8-44

图8-45

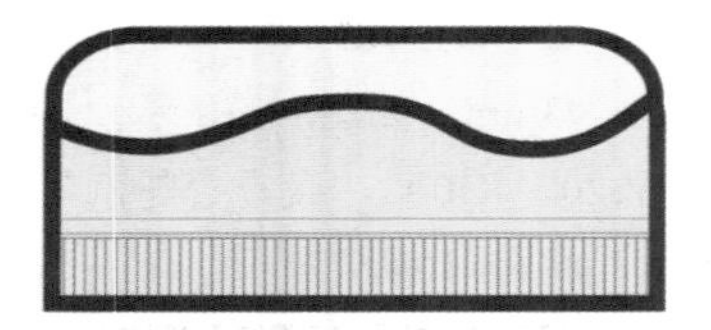

图8-46

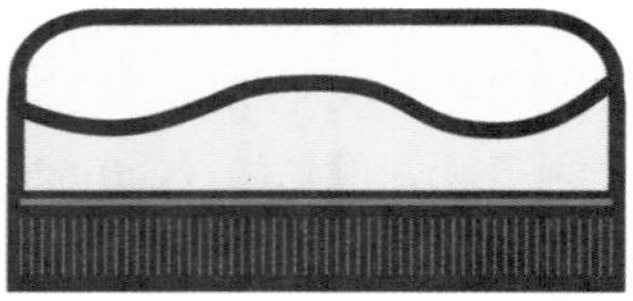

图8-47

12 使用“椭圆形工具”绘制一个椭圆，然后进行水平复制，群组后再进行垂直复制，接着全选填充颜色为（C:0，M:60，Y:60，K:40），并删除轮廓线，如图8-48所示，最后将点状拖曳到蛋糕身上进行缩放，如图8-49所示，组合对象后拖曳到蛋糕底座后面居中对齐，如图8-50所示。

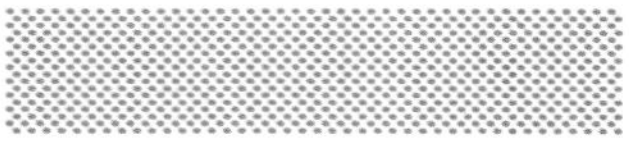

图8-48

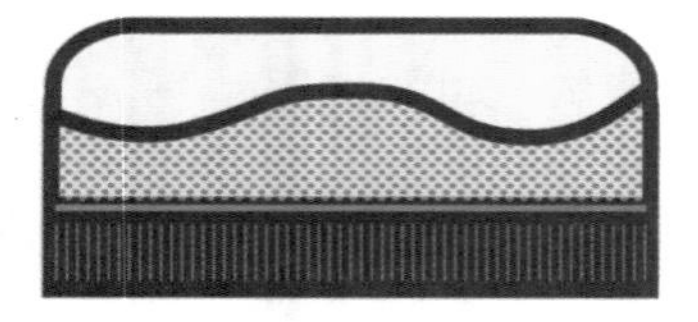

图8-49

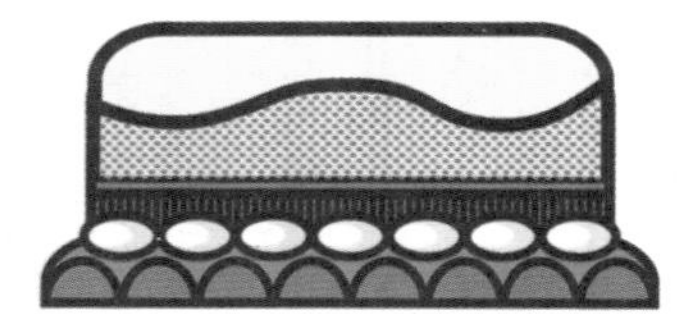

图8-50

13 下面制作第二层蛋糕。将蛋糕身的矩形进行复制，填充颜色为（C:49，M:91，Y:100，K:23），如图8-51所示，然后将奶油也复制一份进行缩放，再填充颜色为（C:0，M:0，Y:60，K:0），并拖曳到蛋糕上方，如图8-52所示，接着将第二层蛋糕拖曳到第一层蛋糕后面，居中对齐，效果如图8-53所示。

图8-51

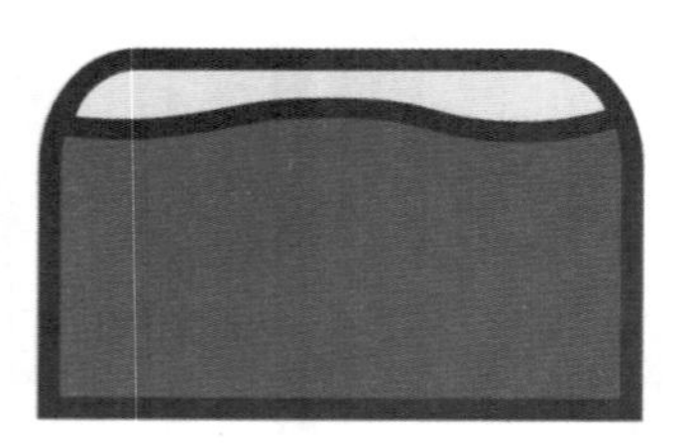

图8-52

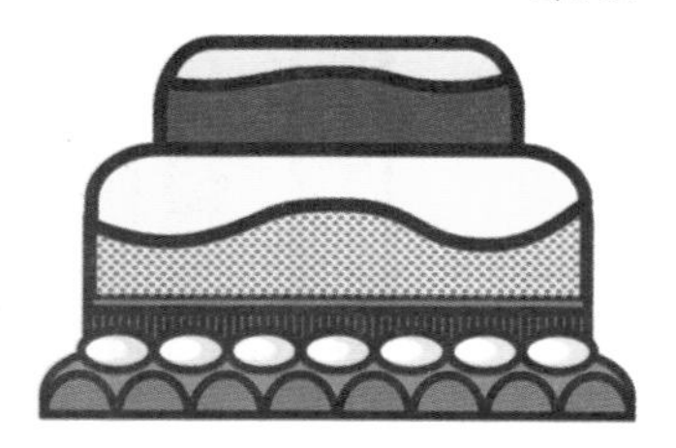

图8-53

14 下面绘制顶层蛋糕。将第二层蛋糕复制一份，进行缩放，然后填充蛋糕身颜色为（C:0，M:60，Y:60，K:40），再设置奶油对象的颜色为（C:49，M:91，Y:100，K:23），如图8-54所示，接着将顶层蛋糕拖曳到第二层蛋糕后面，居中对齐，效果如图8-55所示。

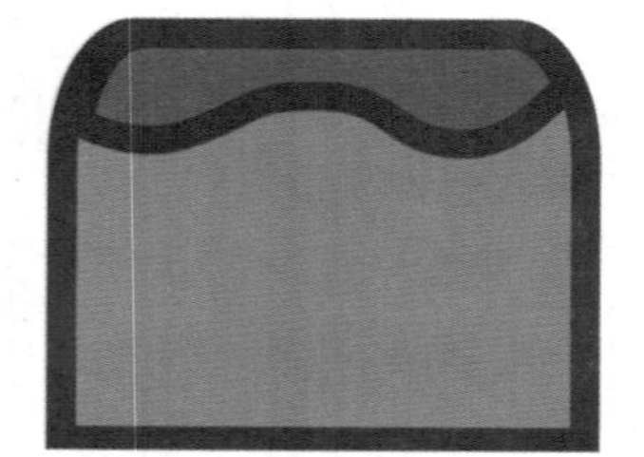

图8-54

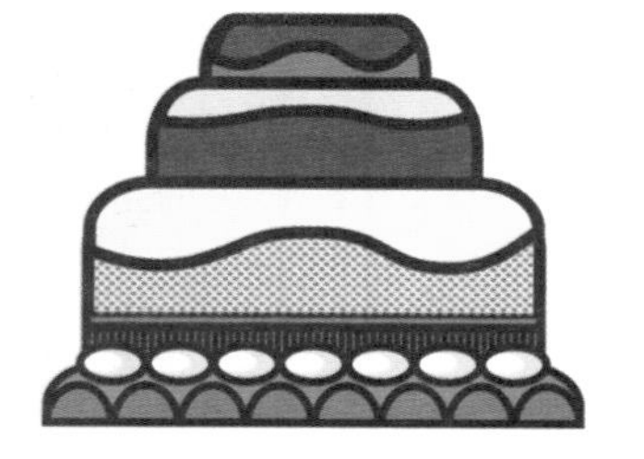

图8-55

15 下面制作蜡烛。绘制蜡烛的轮廓，如图8-56所示，然后填充蜡烛颜色为红色、设置“轮廓宽度”为2mm，再填充火苗颜色为黄色、设置“轮廓宽度”为2mm，接着填充蜡烛高光颜色为（C:0，M:67，Y:37，K:0），并删除轮廓线，效果如图8-57所示，最后将蜡烛组合对象复制两份进行缩放，如图8-58所示。

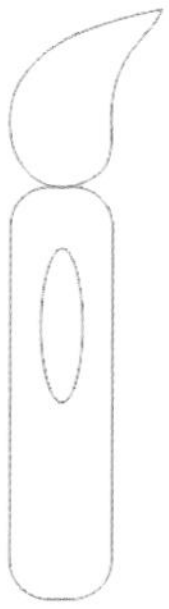

图8-56　图8-57　图8-58

16 把绘制好的蜡烛组合对象排放在蛋糕后面，如图8-59所示，然后绘制樱桃的轮廓，如图8-60所示，接着填充樱桃颜色为红色，高光颜色为（C:0，M:67，Y:37，K:0），再设置樱桃和梗的“轮廓宽度”为1mm，如图8-61所示，最后将樱桃组合对象进行复制，如图8-62所示。

图8-59

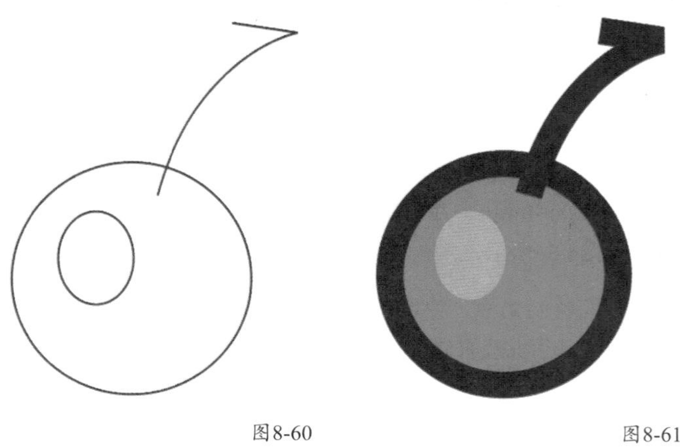

图8-60　图8-61

图8-62

17 下面修饰蛋糕。将樱桃拖曳到第一层蛋糕上，然后进行居中对齐，如图8-63所示，接着在烛火中绘制椭圆，再填充颜色为橙色，并右键去掉轮廓线，如图8-64所示，最后将蛋糕组合对象。

图8-63

图8-64

18 双击“矩形工具”□创建与页面等大的矩形，然后在属性栏设置“圆角”为5mm，再填充颜色为黄色，并去掉轮廓线，复制一份，如图8-65所示，接着在矩形上方绘制一条曲线来进行修剪，如图8-66所示，删除下面多余的部分，最后填充颜色为（C:49，M:91，Y:100，K:23），如图8-67所示。

图8-65

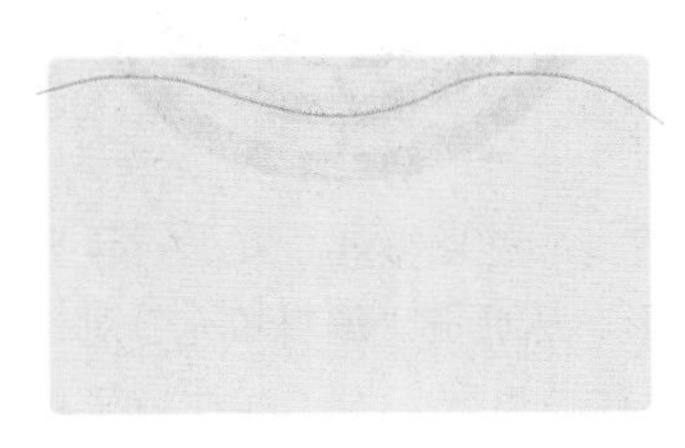

图8-66

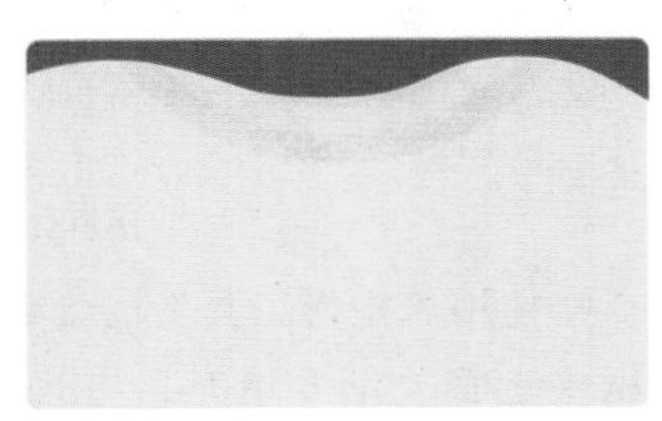

图8-67

19 将前面绘制的闭合路径复制一份，然后拖放在黄色矩形下方，再进行“垂直镜像”，如图8-68所示，接着使用“椭圆形工具”绘制圆形，填充颜色为（C:0，M:0，Y:60，K:0），并去掉轮廓，最后将圆形复制进行排列，如图8-69所示。

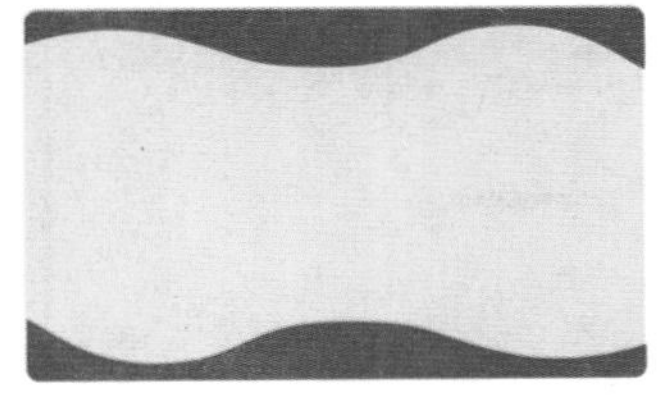

图8-68

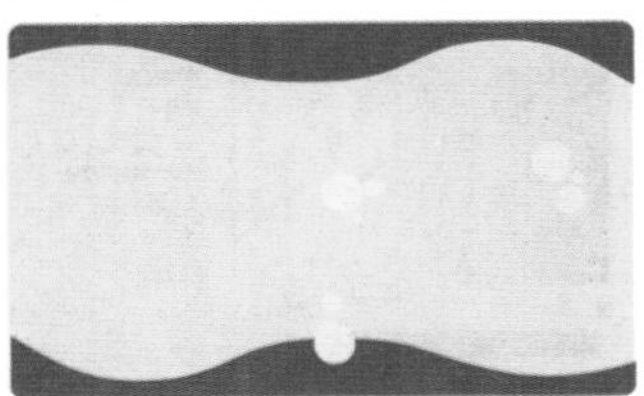

图8-69

20 将前面绘制的蛋糕拖曳到页面右边，置于顶层，如图8-70所示，然后单击“标注形状工具”，在属性栏“完美形状”中选择圆形标注形状，再拖动绘制一个标注图形，并填充颜色为白色，如图8-71所示。

图8-70

图8-71

21 使用“2点线工具”绘制水平直线型，然后在属性栏设置“线条样式”为虚线、“轮廓宽度”为0.75mm，如图8-72所示，接着选中虚线向下进行复制，如图8-73所示，最后调整线条和标注的位置。

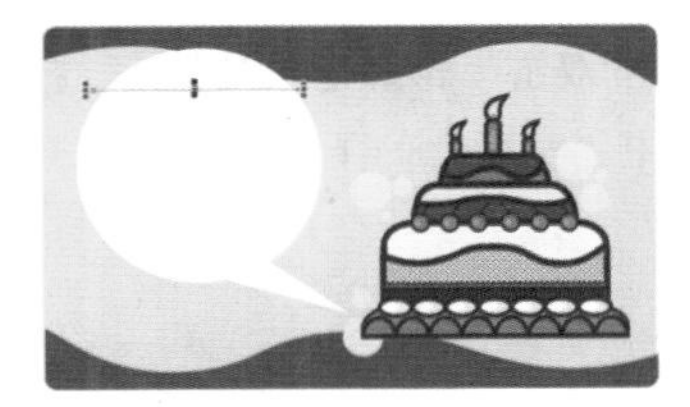

图8-72

图8-73

22 导入下载资源中的“素材文件>CH08>01.cdr”文件，然后取消组合对象，将文本拖曳到虚线上，再将标题字体拖曳到蛋糕后面，最终效果如图8-74所示。

图8-74

8.3.2 清除轮廓线

在绘制图形时，默认会出现宽度为0.2mm、颜色为黑色的轮廓线，通过相关操作可以将轮廓线去掉，以达到想要的效果。

去掉轮廓线的方法有3种。

第1种：单击选中对象，在默认调色板中单击“无填充”将轮廓线去掉，如图8-75所示。

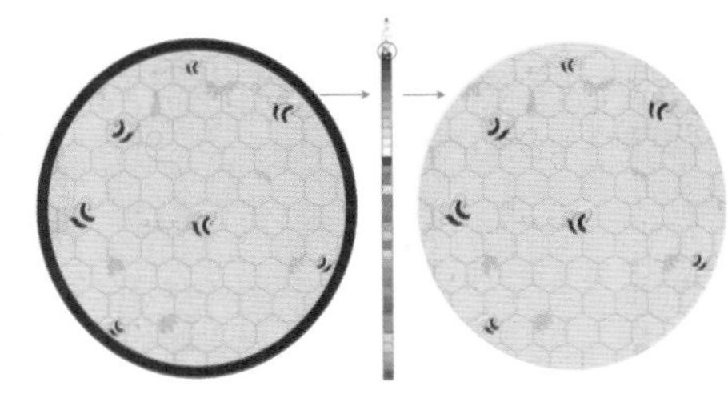

图8-75

第2种：选中对象，单击属性栏上"轮廓宽度"的下拉选项，选择"无"将轮廓去掉，如图8-76所示。

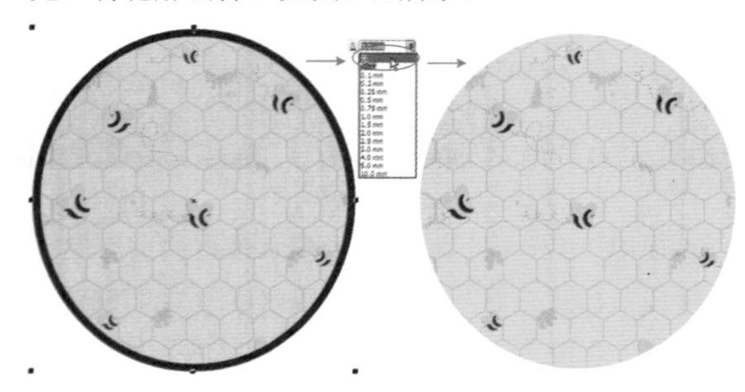

图8-76

第3种：选中对象，在状态栏下双击"轮廓笔工具"，打开"轮廓笔"对话框，在对话框中"宽度"的下拉选项中选择"无"去掉轮廓线。

★ 重 点 ★

实战：用轮廓宽度绘制打靶游戏

实例位置　下载资源>实例文件>CH08>实战：用轮廓宽度绘制打靶游戏.cdr
素材位置　下载资源>素材文件>CH08>02.cdr、03.jpg、04.cdr、05.cdr
视频位置　下载资源>多媒体教学>CH08>实战：用轮廓宽度绘制打靶游戏.flv
实用指数　★★★☆☆
技术掌握　轮廓线的使用方法

打靶游戏效果如图8-77所示。

图8-77

01 新建一个空白文档，然后设置文档名称为"打靶游戏"，接着设置页面大小"宽"为145mm、"高"为109mm。

02 使用"椭圆形工具"绘制一个圆形，然后设置"轮廓宽度"为5.6mm、颜色为黑色，再填充对象颜色为黄色，如图8-78所示，接着原位置复制一个圆，按Shift键进行等比例缩小，如图8-79所示，最后缩放至黄色区域与黑色区域等宽的距离，连续复制3个，如图8-80所示。

图8-78

图8-79　图8-80

03 使用"椭圆形工具"绘制一个圆形，然后去掉轮廓线，再填充为红色，接着移动到最里面的圆上，全选后进行居中对齐，如图8-81所示。

04 导入下载资源中的"素材文件>CH08>02.cdr"文件，然后将数字取消组合对象，再按垂直和水平居中的方式进行复制排放，接着将重叠在黑色区域的数字填充为白色，如图8-82所示，最后将对象全选后进行组合。

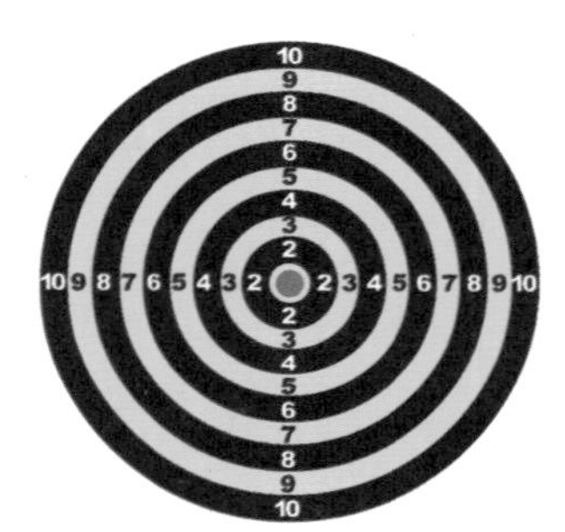

图8-81　图8-82

05 使用"矩形工具"绘制矩形，然后在"编辑填充"对话框中选择"渐变填充"方式，设置"类型"为"线性渐变填充"、"镜像、重复和反转"为"默认渐变填充"，再设置"节点位置"为0%的色标颜色为黑色、"节点位置"为100%的色标颜色为白色，接着单击"确定"按钮完成填充，如图8-83所示，效果如图8-84所示。

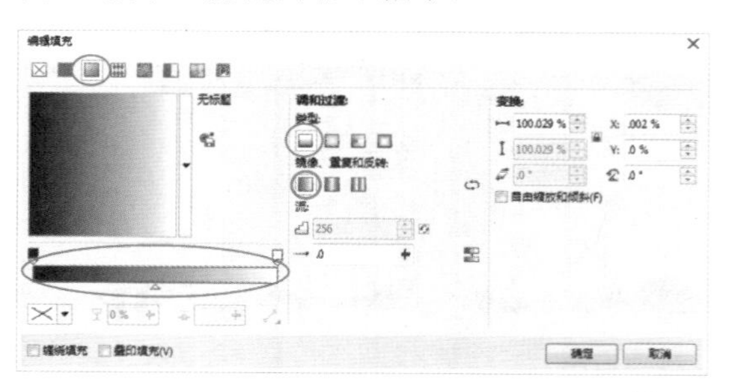

图8-83　图8-84

06 将绘制的矩形靶杆缩放在靶盘上，然后按Ctrl+End组合键置于圆盘下方，如图8-85所示，调整好位置进行组合对象。

07 导入下载资源中的"素材文件>CH08>03.jpg"文件，然后将图片拖曳到页面中缩放到合适的大小，如图8-86所示。

图8-85

图8-86

08 选中枪靶，然后单击“轮廓笔工具” ，打开“轮廓笔”对话框，勾选“随对象缩放”复选框，再单击“确定”按钮 完成，此时进行缩放轮廓线也会随之变化，接着将枪靶复制几份，拖放在页面中进行缩放，效果如图8-87所示。

图8-87

09 使用“椭圆形工具” 绘制一个圆形，然后设置“轮廓宽度”为1mm、颜色为红色，如图8-88所示，接着使用“2点线工具” 绘制垂直和水平直线，最后设置“轮廓宽度”为1mm、颜色为红色，如图8-89所示。

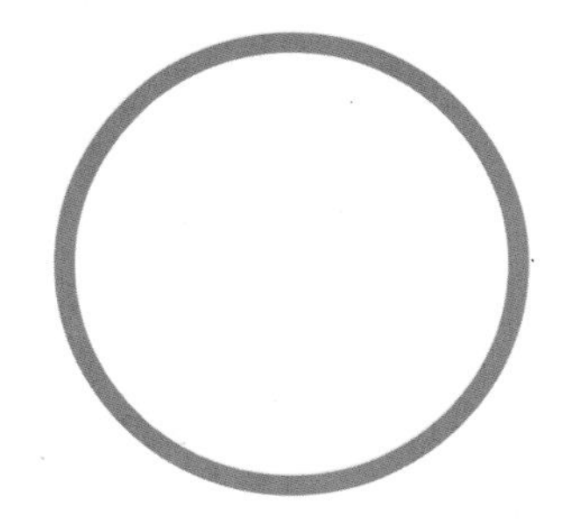

图8-88

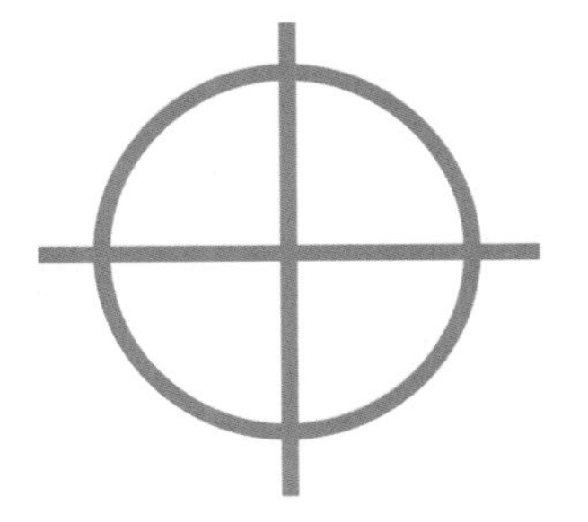

图8-89

10 全选对象执行“对象>将轮廓转换为对象”菜单命令，将轮廓转换，然后选中圆形向中间缩放复制，如图8-90所示，接着将直线对象进行组合，最后选中内侧圆形修剪直线，如图8-91所示。

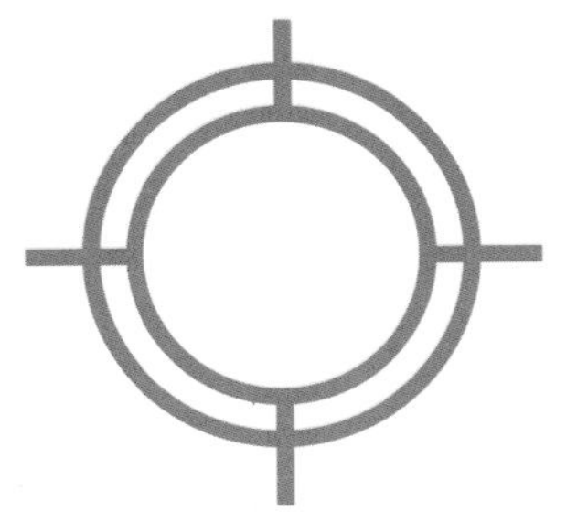

图8-90

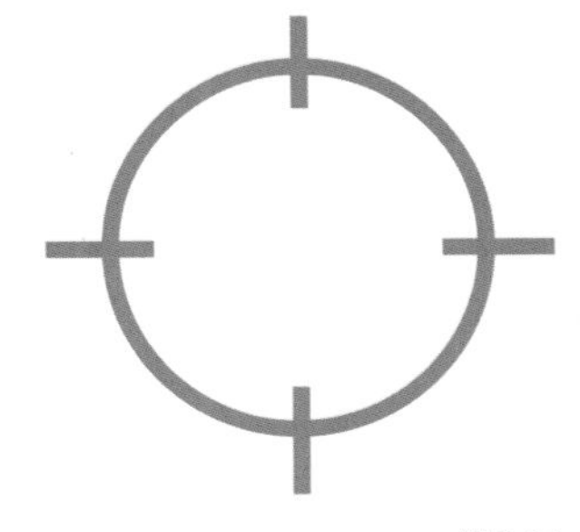

图8-91

11 选中修剪好的矩形对象，然后设置“轮廓宽度”为2mm，再执行“对象>将轮廓转换为对象”菜单命令，将轮廓转换为可编辑对象，如图8-92所示，接着选中黑色矩形修剪圆形，如图8-93所示，最后将编辑好的对象组合拖曳到弓箭中间，效果如图8-94所示。

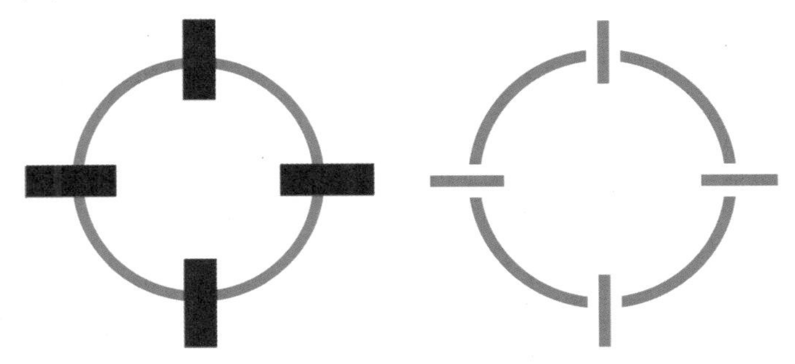

图8-92　　图8-93

图8-94

12 导入下载资源中的“素材文件>CH08>04.cdr”文件，然后解散对象拖曳到页面上方，如图8-95所示。

图8-95

13 下面绘制经验条。使用“矩形工具” 绘制一个矩形，然后在属性栏设置“扇形角” 为0.4mm，填充颜色为（C:0，M:20，Y:100，K:0），并去掉轮廓线，如图8-96所示，接着复制矩形，在“编辑填充”对话框中选择“渐变填充”方式，设置“类型”为“线性渐变填充”、“镜像、重复和反转”为“默认渐变填充”，再设置“节点位置”为0%的色标颜色为（C:78，M:83，Y:96，K:71）、“节点位置”为100%的色标颜色为（C:35，M:71，Y:100，K:1），“旋转”为-146.9，最后单击“确定”按钮 完成填充，如图8-97所示。

图8-96

图8-97

14 复制矩形，然后填充颜色为（C:0，M:60，Y:100，K:0），如图8-98所示，再复制一个矩形，然后在“编辑填充”对话框中选择“渐变填充”方式，设置“类型”为“线性渐变填充”、“镜像、重复和反转”为“默认渐变填充”，再设置“节点位置”为0%的色标颜色为（C:0，M:20，Y:100，K:0）、“节点位置”为100%的色标颜色为（C:0，M:0，Y:60，K:0），“旋转”为180.6，最后单击“确定”按钮 确定 完成填充，如图8-99所示。

图8-98

图8-99

15 将所有的矩形垂直居中对齐，然后调整位置，再进行组合对象，如图8-100所示，接着在页面下方绘制一个矩形，填充颜色为黑色，如图8-101所示，最后将经验条拖曳到黑色矩形上，水平居中对齐，如图8-102所示。

图8-100

图8-101

图8-102

16 下面绘制游戏对话框。使用“矩形工具”绘制矩形，然后在属性栏设置“扇形角”为5mm，再填充颜色为黑色，设置“轮廓宽度”为0.5mm，如图8-103所示，接着执行“对象>将轮廓转换为对象”菜单命令，将轮廓转换为可编辑对象，最后将轮廓对象拖放到下面，如图8-104所示。

图8-103

图8-104

17 选择黑色矩形复制一份，并进行放大，然后填充颜色为白色，再将两个矩形居中对齐，如图8-105所示，接着单击“透明度工具”，在属性栏设置“透明度类型”为“均匀透明度”、“透明度”为80，效果如图8-106所示。

图8-105

图8-106

18 将轮廓对象拖曳到矩形上，居中对齐，如图8-107所示，然后将矩形对象组合，再拖曳到游戏界面的下方，如图8-108所示，接着导入光盘中的“素材文件>CH08>04.cdr”文件，最后将文字拖放在对话框内，如图8-109所示。

图8-107

图8-108

图8-109

19 下面绘制血值球和法力值球。使用“椭圆形工具”绘制圆形，然后去掉轮廓线，在“编辑填充”对话框中选择“渐变填充”方式，设置“类型”为“线性渐变填充”，再设置“节点位置”为0%的色标颜色为（C:35，M:71，Y:100，K:1）、“节点位置”为100%的色标颜色为（C:0，M:20，Y:100，K:0），“旋转”为230.3，接着单击“确定”按钮 确定 完成填充，如图8-110所示，最后向内复制一个圆形，填充颜色为红色，如图8-111所示。

图8-110

图8-111

20 将渐变圆形复制一份，然后在“编辑填充”对话框中选择“渐变填充”方式，更改“旋转”为311.1，再单击“确定”按钮 确定 完成填充，如图8-112所示，接着复制红色圆形，变更颜色为（C:80，M:47，Y:0，K:0），如图8-113所示。

图8-112

图8-113

21 将绘制的对象拖放在页面下角，最终效果如图8-114所示。

图8-114

8.4 轮廓线颜色

设置轮廓线的颜色可以将轮廓与对象区分开，也可以让轮廓线的效果更丰富。

设置轮廓线颜色的方法有4种。

第1种：单击选中对象，在右边的默认调色板中单击鼠标右键进行修改。默认下，单击鼠标左键为填充对象，单击鼠标右键为填充轮廓线，我们可以利用调色板进行快速填充，如图8-115所示。

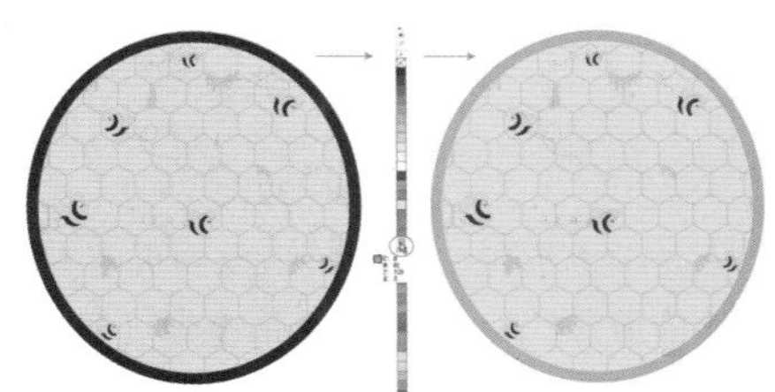

图8-115

第2种：单击选中对象，在状态栏上双击轮廓线颜色进行变更，如图8-116所示，然后在弹出的“轮廓线”对话框中进行修改，如图8-117所示。

C:0 M:0 Y:0 K:0　C:0 M:0 Y:0 K:100 .200 mm

图8-116

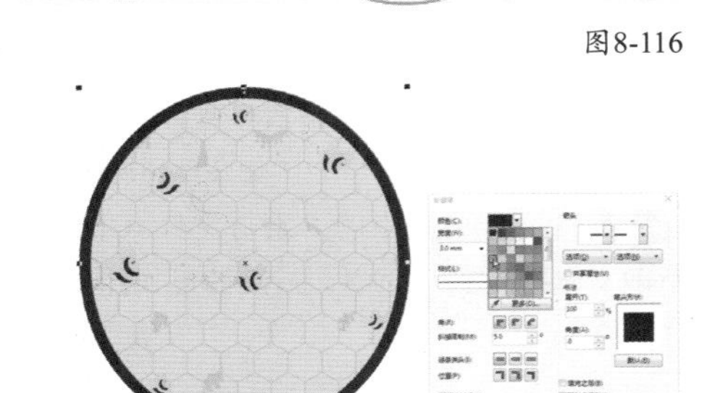

图8-117

第3种：选中对象，在下拉工具选项中单击“彩色”，打开“颜色泊坞窗”面板，如图8-118所示，然后单击选取颜色输入数值，接着单击“轮廓”按钮 轮廓(O) 进行填充，如图8-119所示。

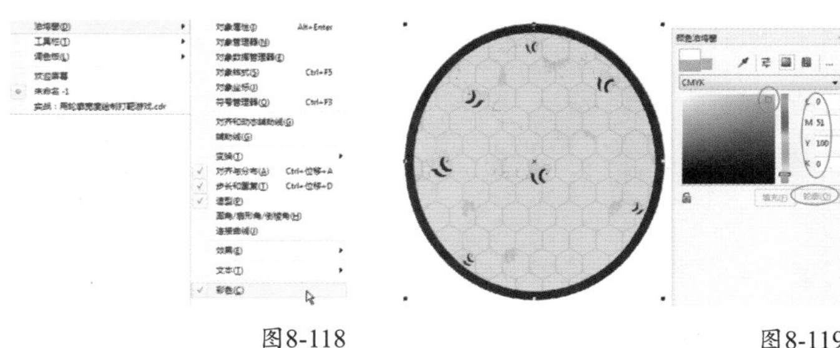

图8-118　图8-119

第4种：选中对象，双击状态栏下的“轮廓笔工具”，打开“轮廓笔”对话框，在对话框里“颜色”一栏输入数值进行填充。

实战：用轮廓颜色绘制杯垫

实例位置　下载资源>实例文件>CH08>实战：用轮廓颜色绘制杯垫.cdr
素材位置　下载资源>素材文件>CH08>06.psd、07.cdr
视频位置　下载资源>多媒体教学>CH08>实战：用轮廓颜色绘制杯垫.flv
实用指数　★★★☆☆
技术掌握　轮廓颜色的运用方法

杯垫效果如图8-120所示。

图8-120

01 新建一个空白文档，然后设置文档名称为“用轮廓颜色绘制杯垫”，接着设置页面大小为“A4”、页面方向为“横向”。

02 使用“星形工具”绘制正星形，然后在属性栏设置“点数或边数”为5、“锐度”为20、“轮廓宽度”为8mm，再填充轮廓线颜色为（C:0，M:20，Y:100，K:0），如图8-121所示。

图8-121

03 使用“椭圆形工具”绘制一个圆形，然后设置“轮廓宽度”为8mm、颜色为（C:0，M:20，Y:100，K:0），如图8-122所示，接着将圆形复制4个排放在星形的凹陷位置，如图8-123所示。

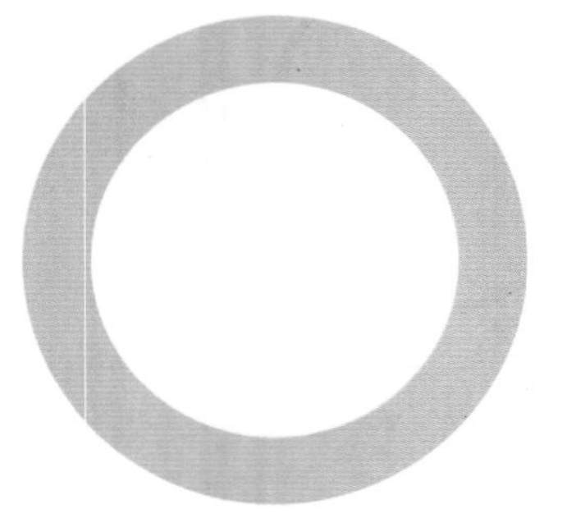

图8-122

图8-123

04 复制一个圆形进行缩放，然后复制排放在星形的凹陷位置，如图8-124所示，接着复制一份进行缩放，再放置在星形中间，如图8-125所示，最后将小圆复制在圆形的相交处，如图8-126所示。

图8-124

图8-125

图8-126

05 组合对象，然后复制一份，填充颜色为（C:0，M:60，Y:80，K:0），如图8-127所示，接着将深色的对象排放在黄色对象下方，形成厚度效果，如图8-128所示，最后全选复制一份向下进行缩放，并调整厚度位置，如图8-129所示。

图8-127

图8-128

图8-129

06 将绘制好的杯垫复制2份，删掉厚度，然后旋转角度排放在页面对角的位置，如图8-130所示，接着执行“位图>转换为位图”菜单命令，打开“转换为位图”对话框，最后单击“确定”按钮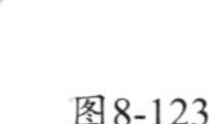将对象转换为位图，如图8-131所示。

图8-130

图8-131

07 选中位图单击“透明度工具”，在属性栏设置“透明度类型”为“均匀透明度”、“透明度”为70，接着双击“矩形工具”创建与页面等大的矩形，再执行“对象>图框精确剪裁>置于图文框内部”菜单命令，把图片放置在矩形中，效果如图8-132和图8-133所示。

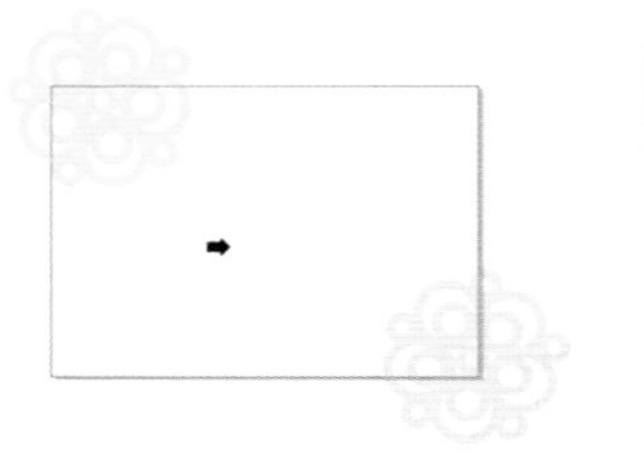

图8-132

图8-133

08 将前面编辑好的杯垫拖曳到页面右边，如图8-134所示，然后将缩放过的杯垫复制3个拖曳到页面左下方，如图8-135所示。

图8-134

图8-135

09 导入下载资源中的“素材文件>CH08>06.psd”文件，然后将杯子缩放拖曳到杯垫上，如图8-136所示。

10 导入下载资源中的“素材文件>CH08>07.cdr”文件，然后解散文本拖曳到页面中，最终效果如图8-137所示。

图8-136

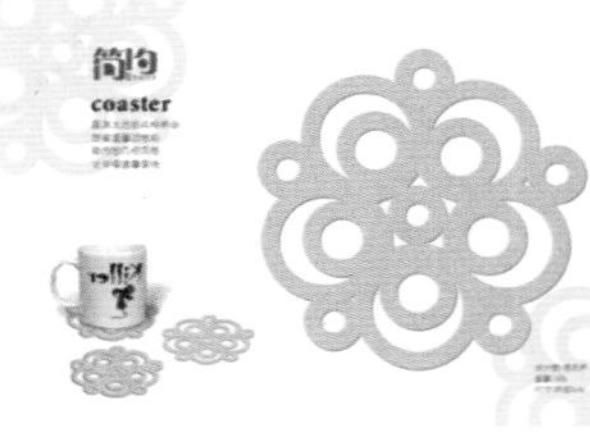

图8-137

8.5 轮廓线样式

设置轮廓线的样式可以使图形的美观度提升，也可以起到醒目和提示作用。

改变轮廓线样式的方法有两种。

第1种：选中对象，在属性栏“线条样式”的下拉选项中选择相应样式进行变更轮廓线样式，如图8-138所示。

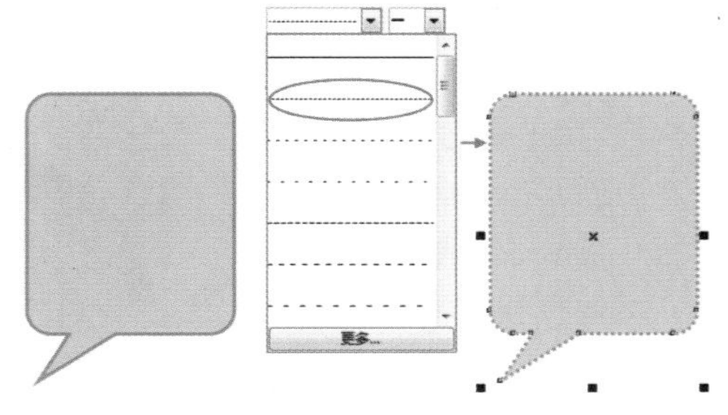

图8-138

第2种：选中对象后，双击状态栏下的“轮廓笔工具”，打开“轮廓笔”对话框，在对话框里“样式”下面选择相应的样式进行修改，如图8-139所示。

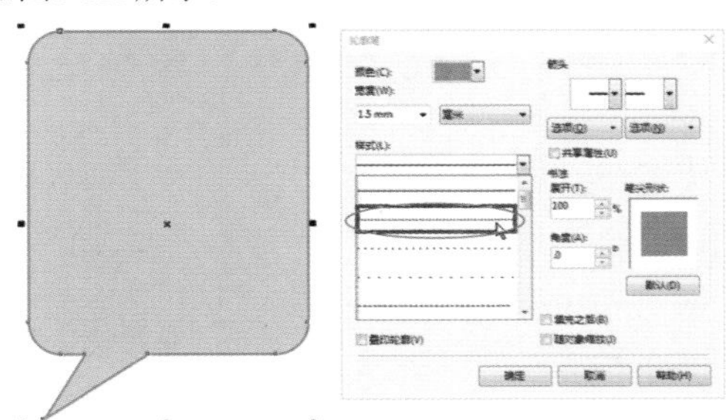

图8-139

技巧与提示

在样式选项中如果没有需要的样式，可以在下面单击“编辑样式”按钮 编辑样式(E)... ，打开“编辑线条样式”对话框进行编辑。

★重点★

实战：用轮廓样式绘制鞋子

实例位置　下载资源>实例文件>CH08>实战：用轮廓样式绘制鞋子.cdr
素材位置　下载资源>素材文件>CH08>08.jpg、09.cdr、10.cdr
视频位置　下载资源>多媒体教学>CH08>实战：用轮廓样式绘制鞋子.flv
实用指数　★★★★☆
技术掌握　轮廓样式的运用方法

运动鞋效果如图8-140所示。

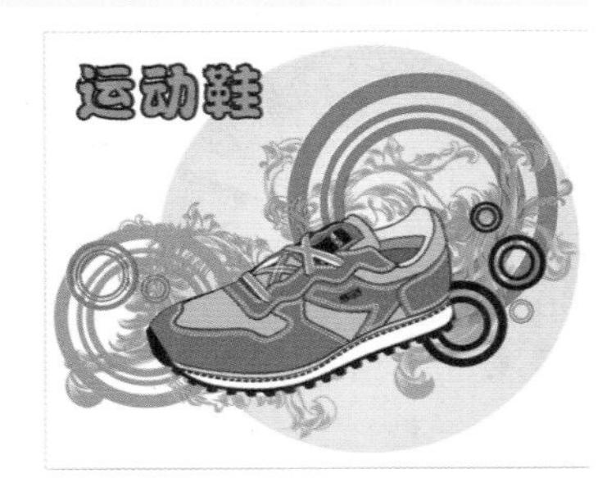

图8-140

01 新建一个空白文档，然后设置文档名称为“运动鞋”，接着设置页面大小“宽”为230mm、“高”为190mm。

02 首先绘制鞋子。导入光盘中的“素材文件>CH08>08.jpg”文件，然后将鞋子缩放在页面内，如图8-141所示。

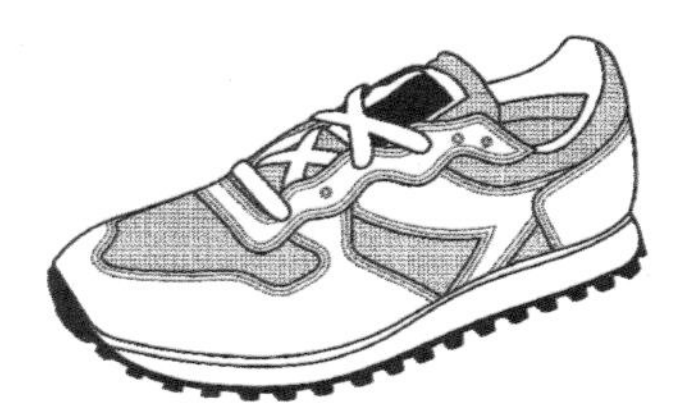

图8-141

03 选中鞋子，然后执行“位图>轮廓描摹>高质量图像”菜单命令，如图8-142所示，打开“PowerTRACE”对话框，在“设置”中调节“细节”滑块，在下方预览图上进行预览，接着单击“确定”按钮 确定 完成描摹，如图8-143所示，最后删除鞋子位图，留下矢量描摹图进行编辑，如图8-144所示。

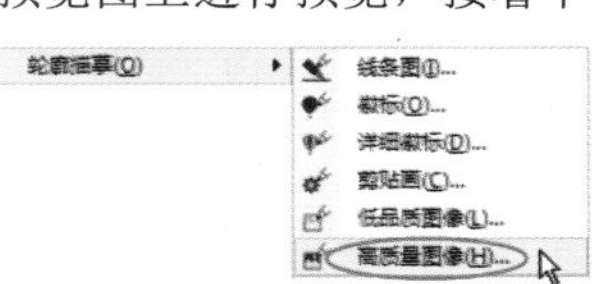

图8-142

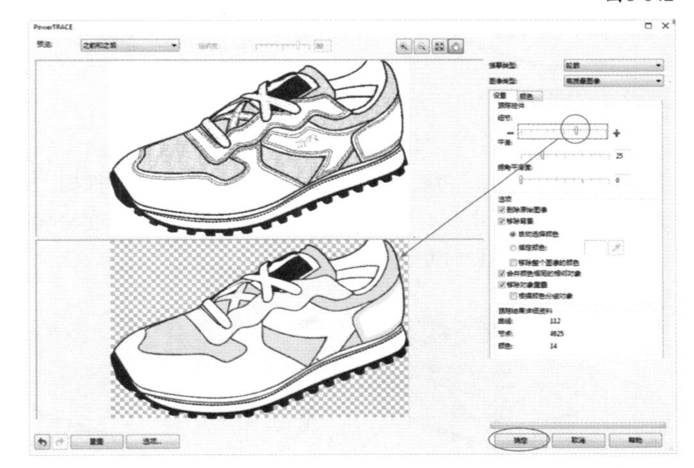

图8-143

图8-144

知识链接

有关轮廓描摹的详细介绍，请参考后面“第11章　位图操作”的内容。

04 将鞋子取消组合对象，然后选中鞋子后跟位置的面，填充颜色为（C:100，M:20，Y:0，K:0），接着使用“颜色滴管工具”吸取填充的蓝色，最后依次单击填充鞋子相应的块面，如图8-145所示。

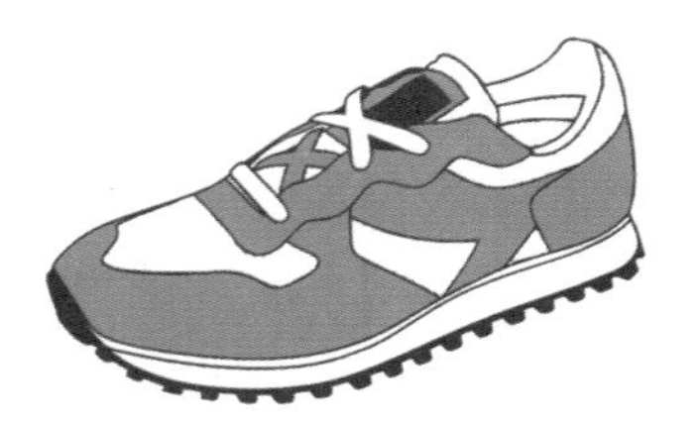

图8-145

05 选中鞋子正上面的块面，然后填充颜色为（C:0，M:0，Y:100，K:0），再使用“颜色滴管工具”吸取填充的黄色，接着依次单击填充鞋子相应的块面，如图8-146所示。

06 选中鞋子内侧的块面，然后填充颜色为（C:0，M:0，Y:0，K:70），接着选中上面的块面，填充颜色为（C:0，M:0，Y:0，K:50），如图8-147所示。

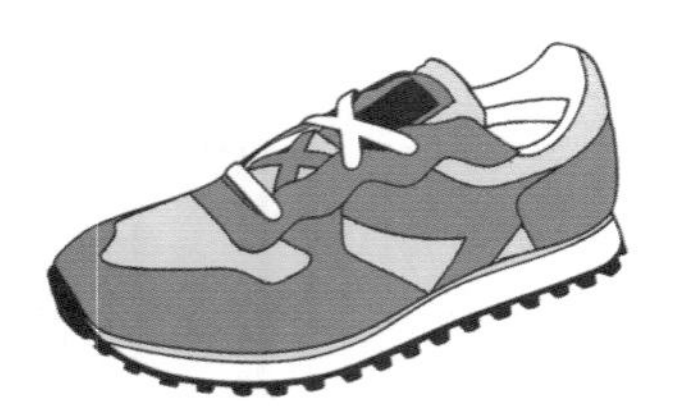

图8-146

图8-147

07 使用“钢笔工具”沿着鞋子蓝色块面的边缘绘制曲线，注意每个块面有两层曲线，如图8-148所示，然后在属性栏上设置“线条样式”为虚线、“轮廓宽度”为0.5mm，再填充轮廓线颜色为白色，如图8-149所示。

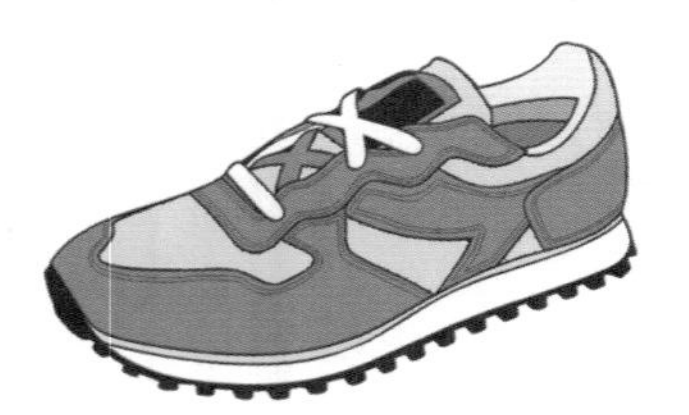

图8-148

图8-149

08 使用“钢笔工具”沿着鞋子内部蓝色和黑色块面边缘绘制曲线，如图8-150所示，然后在属性栏上设置“线条样式”为虚线、“轮廓宽度”为0.25mm，再填充轮廓线颜色为白色，如图8-151所示。

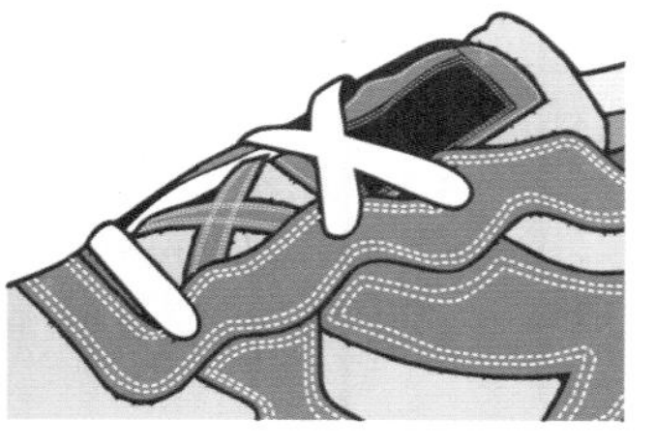

图8-150

图8-151

09 使用“钢笔工具”沿着鞋带内侧绘制装饰轮廓，如图8-152所示，然后填充颜色为（C:0，M:0，Y:0，K:50），再右键去掉轮廓线，效果如图8-153所示。

图8-152

图8-153

10 下面绘制纱网圆孔。使用“椭圆形工具”绘制一个圆形，然后填充颜色为（C:23，M:29，Y:99，K:0），再右键去掉轮廓线，如图8-154所示，接着水平复制圆形，群组后复制一份进行错位排放，如图8-155所示，最后将对象组合向下垂直复制，如图8-156所示。

图8-154

图8-155

图8-156

11 将纱网复制几份，然后执行“对象>图框精确剪裁>置于图文框内部”菜单命令，把纱网分别置入鞋子的黄色块面中，效果如图8-157所示。

12 导入下载资源中的“素材文件>CH08>09.cdr”文件，然后取消组合对象，把标志复制一份，再分别拖曳到鞋子上进行旋转，接着将位于黑色块面的标志填充为白色，效果如图8-158所示。

图8-157

图8-158

13 使用“钢笔工具”沿着鞋底与侧面的交界处绘制曲线，然后在属性栏上设置“线条样式”为虚线、“轮廓宽度”为1mm，再填充轮廓线颜色为黑色，如图8-159所示，接着将绘制好的鞋子全选进行群组，最后单击“轮廓笔”工具打开“轮廓笔”对话框，勾选“随对象缩放”选项，单击“确定”按钮完成设置。

图8-159

14 下面绘制背景素材。使用“椭圆形工具”绘制一个圆形，然后向内复制5份，再单击属性栏上的“合并”按钮进行合并，如图8-160所示，接着填充对象颜色为（C:100，M:20，Y:0，K:0），如图8-161所示，最后复制一份，填充颜色为（C: 0，M:60，Y:100，K:0），如图8-162所示。

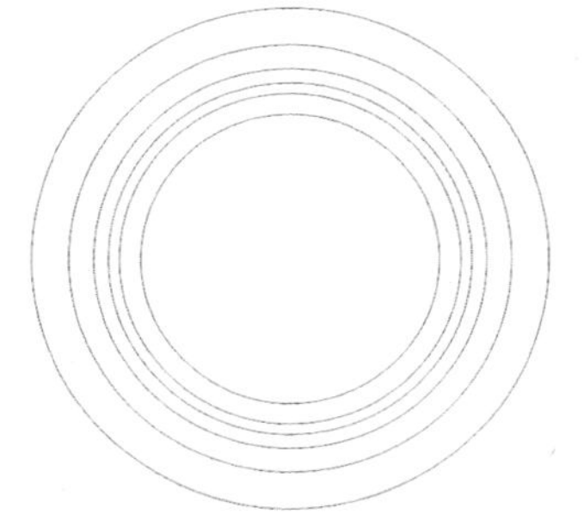

图8-160

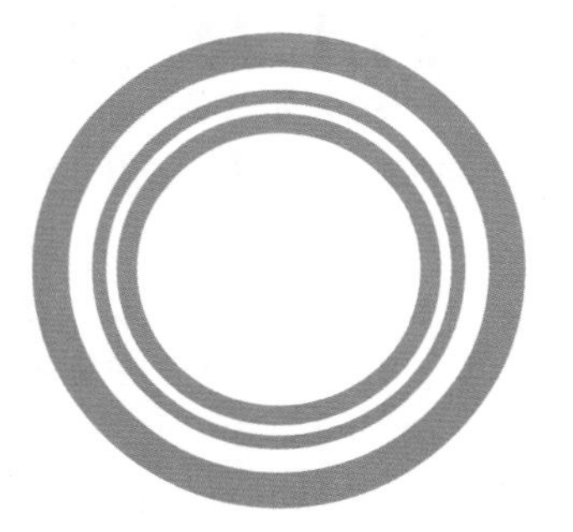

图8-161

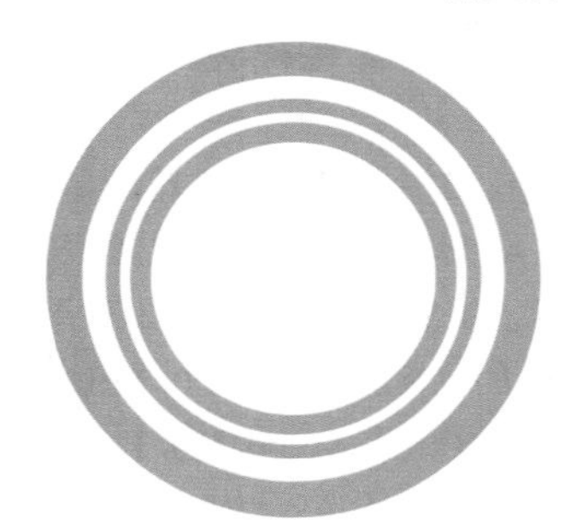

图8-162

15 使用“椭圆形工具”绘制一个圆形，然后向内复制3份，再单击属性栏上的“合并”按钮进行合并，如图8-163所示，接着填充对象颜色为黑色，如图8-164所示。

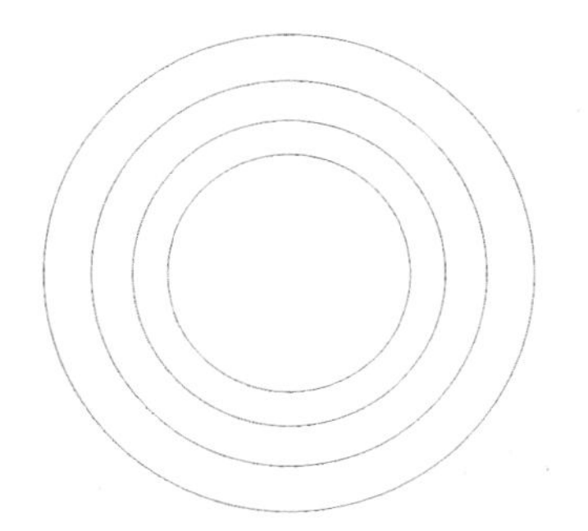

图8-163

图8-164

16 使用“椭圆形工具”绘制一个圆形，然后在“编辑填充”对话框中选择“渐变填充”方式，设置“类型”为“椭圆形渐变填充”、“镜像、重复和反转”为“默认渐变填充”，再设置“节点位置”为0%的色标颜色为（C:0，M:0，Y:100，K:0）、“节点位置”为100%的色标颜色为白色，接着单击“确定”按钮完成填充，最后右键去掉轮廓线，如图8-165所示。

17 将绘制的黄色圆形拖曳到页面靠右边的位置，然后导入下载资源中的“素材文件>CH08>10.cdr”文件，再将花式复制3份，接着分别填充颜色为（C: 0，M:60，Y:100，K:0）、（C:40，M:0，Y:100，K:0）、（C:23，M:29，Y:99，K:0），注意调整对象的颜色和对象轮廓线的颜色，最后将花式排放到页面中旋转角度，如图8-166所示。

图8-165

图8-166

18 把前面绘制的圆环复制几份拖曳到页面中，然后调整位置进行排列，再缩放到合适的大小，如图8-167所示，接着将绘制的运动鞋拖曳到页面中，并按Ctrl+Home组合键置于顶层，如图8-168所示。

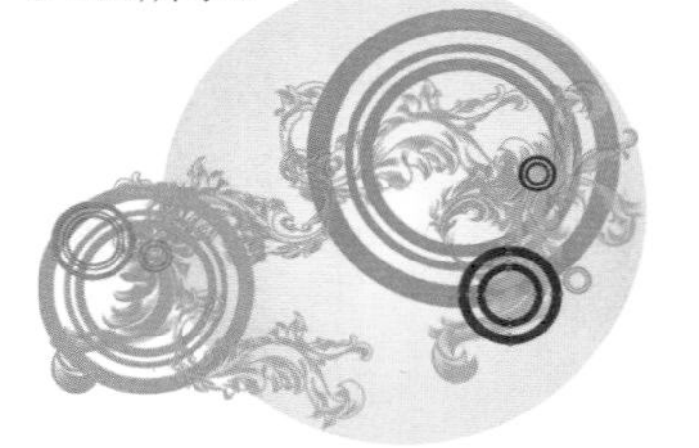

图8-167

图8-168

19 调整运动鞋和底图的位置，然后将文字拖曳到页面左上角，最终效果如图8-169所示。

图8-169

8.6 轮廓线转对象

在CorelDRAW X7软件中，针对轮廓线只能进行宽度调整、颜色均匀填充、样式变更等操作，如果在编辑对象的过程中需要对轮廓线进行对象操作时，可以将轮廓线转换为对象，然后进行添加渐变色、添加纹样和其他效果。

选中要进行编辑的轮廓，如图8-170所示，然后执行“对象>将轮廓转换为对象”菜单命令，如图8-171所示，将轮廓线转换为对象进行编辑。

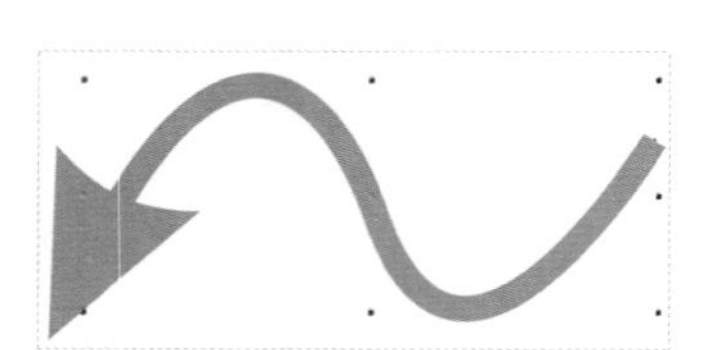

图8-170

图8-171

转为对象后，可以进行形状修改、渐变填充、图案填充等操作，如图8-172~图8-174所示。

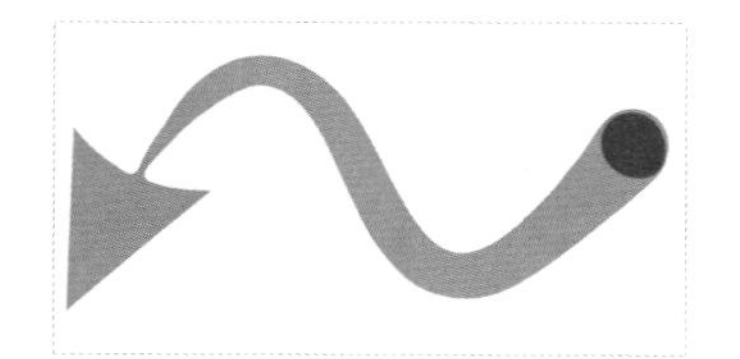

图8-172

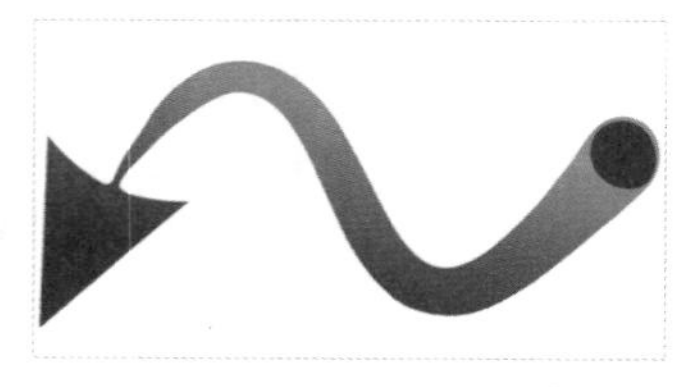

图8-173

图8-174

★ 重点 ★

实战：用轮廓转换绘制渐变字

实例位置 下载资源>实例文件>CH08>实战：用轮廓转换绘制渐变字.cdr
素材位置 下载资源>素材文件>CH08>11.cdr
视频位置 下载资源多媒体教学>CH08>实战：用轮廓转换绘制渐变字.flv
实用指数 ★★★★☆
技术掌握 轮廓转换的运用方法

渐变字效果如图8-175所示。

图8-175

01 新建一个空白文档，然后设置文档名称为“渐变字”，接着设置页面大小为“A4”、页面方向为“横向”。

02 导入下载资源中的“素材文件>CH08>11.cdr”文件，然后取消组合对象，再填充中文字颜色为（C:100，M:100，Y:71，K:65），接着设置“轮廓宽度”为1.5mm、轮廓线颜色为灰色，如图8-176所示。

图8-176

03 先选中汉字执行“对象>将轮廓转换为对象”菜单命令，将轮廓线转换为对象，然后将轮廓对象拖到一边备用，如图8-177所示，接着设置汉字的“轮廓宽度”为5mm，如图8-178所示，最后执行“对象>将轮廓转换为对象”菜单命令，将轮廓线转换为对象，如图8-179所示。

图8-177

图8-178

图8-179

04 选中最粗的汉字轮廓，然后在“编辑填充”对话框中选择“渐变填充”方式，设置“类型”为“线性渐变填充”、“镜像、重复和反转”为“默认渐变填充”，再设置“节点位置”为0%的色标颜色为（C:0，M:100，Y:0，K:0）、“位置”为31%的色标颜色为（C:100，M:100，Y:0，K:0）、“位置”为56%的色标颜色为（C:60，M:0，Y:20，K:0）、“位置”为84%的色标颜色为（C:40，M:0，Y:100，K:0）、“位置”为100%的色标颜色为（C:0，M:0，Y:100，K:0），“填充宽度”为137.799、“水平偏移”为2.462、“垂直偏移”为-1.38、“旋转”为-135.6，并勾选“缠绕填充”选项，接着单击“确定”按钮 确定 完成填充，如图8-180和图8-181所示。

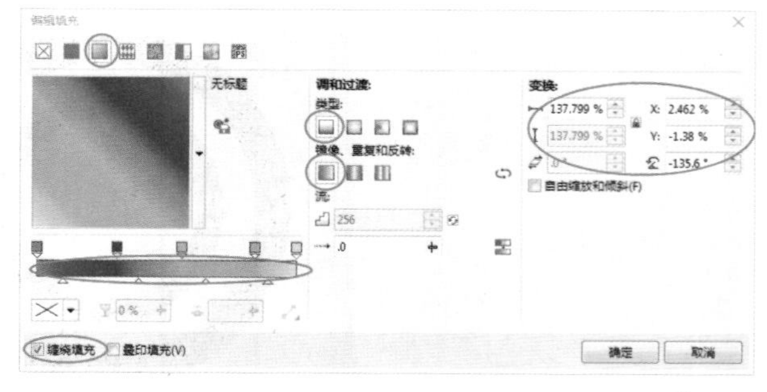

图8-180

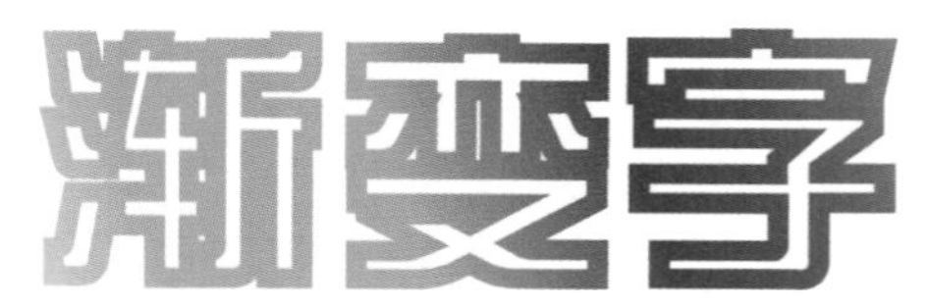

图8-181

05 选中填充好的粗轮廓对象，然后按住右键拖曳到细轮廓对象上，如图8-182所示，接着松开右键，在弹出的菜单中执行“复制所有属性”命令，如图8-183所示，复制效果如图8-184所示。

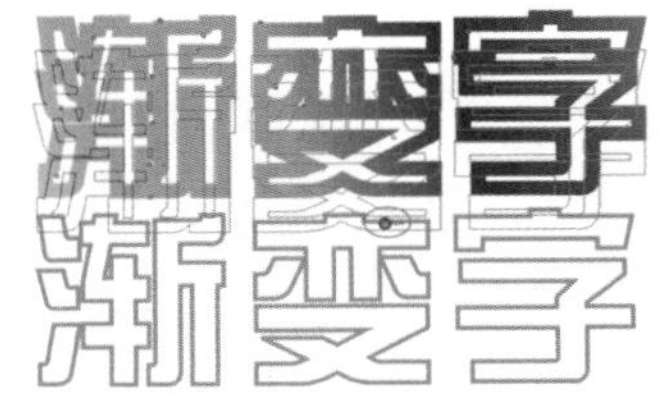

图8-182

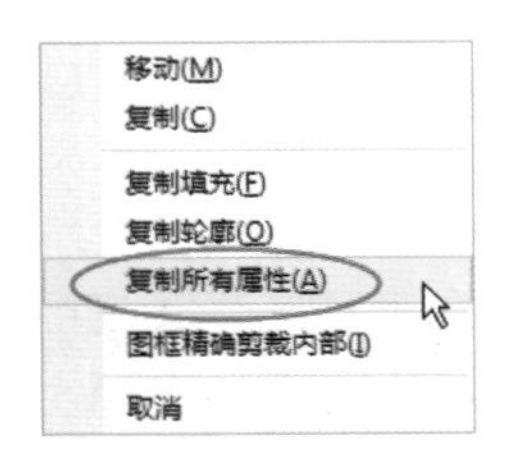

图8-183

图8-184

06 选中粗轮廓汉字对象，然后单击“透明度工具”，在属性栏设置“透明度类型”为“均匀透明度”、“透明度”为60，效果如图8-185所示。

图8-185

07 将前面编辑的汉字复制一份拖曳到粗轮廓对象上，居中对齐，如图8-186所示，然后执行“对象>造形>合并”菜单命令，效果如图8-187所示。

图8-186　图8-187

08 选中汉字，然后使用“透明度工具”拖动透明度效果，如图8-188所示，接着将编辑好的汉字和轮廓全选，再居中对齐，如图8-189所示，注意，细轮廓对象应该放置在顶层。

图8-188　图8-189

09 下面编辑英文对象。选中英文，然后设置“轮廓宽度”为1mm，如图8-190所示，接着执行“对象>将轮廓转换为对象”菜单命令，将轮廓线转换为对象，再删除英文对象，如图8-191所示。

图8-190　图8-191

10 选中轮廓对象，然后在“编辑填充”对话框中选择“渐变填充”方式，设置“类型”为“线性渐变填充”、“镜像、重复和反转”为“默认渐变填充”，再设置“节点位置”为0%的色标颜色为（C:0，M:24，Y:0，K:0）、“位置”为23%的色标颜色为（C:42，M:29，Y:0，K:0）、“位置”为49%的色标颜色为（C:27，M:0，Y:5，K:0）、“位置”为69%的色标颜色为（C:10，M:0，Y:40，K:0）、“位置”为83%的色标颜色为（C:1，M:0，Y:29，K:0）、“位置”为100%的色标颜色为（C:0，M:38，Y:7，K:0），“填充宽度”为96.202、“水平偏移”为7.78、“垂直偏移”为.059、“旋转”为-90.0，接着单击“确定”按钮 确定 ，如图8-192所示，填充效果如图8-193所示。

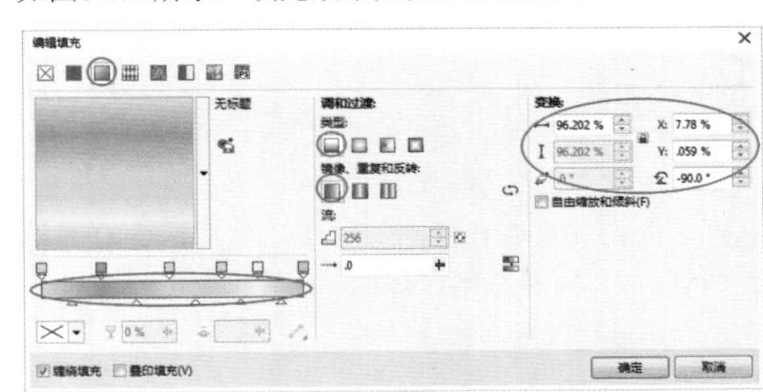

图8-192

图8-193

11 将轮廓复制一份，然后在“编辑填充”对话框中选择“渐变填充”方式，设置“类型”为“线性渐变填充”、“镜像、重复和反转”为“默认渐变填充”，再设置“节点位置”为0%的色标颜色为（C:0，M:97，Y:22，K:0）、“位置”为23%的色标颜色为（C:91，M:68，Y:0，K:0）、“位置”为49%的色标颜色为（C:67，M:5，Y:0，K:0）、“位置”为69%的色标颜色为（C:40，M:0，Y:100，K:0）、“位置”为83%的色标颜色为（C:4，M:0，Y:91，K:0）、“位置”为100%的色标颜色为（C:0，M:100，Y:55，K:0），“填充宽度”为96.202、“水平偏移”为7.78、“垂直偏移”为0.059、“旋转”为-90.0，接着单击“确定”按钮 确定 ，如图8-194所示，填充效果如图8-195所示。

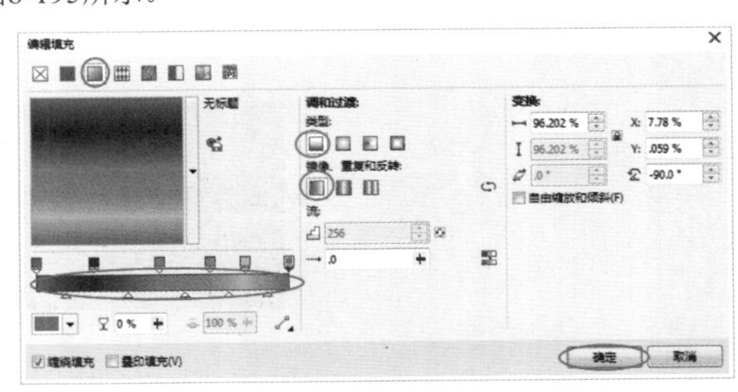

图8-194

图8-195

12 选中鲜艳颜色的轮廓对象，然后执行“位图>转换为位图”菜单命令，将对象转换为位图，接着执行“位图>模糊>高斯模糊”菜单命令，打开“高斯式模糊”对话框，设置“半径”为10像素，最后单击“确定”按钮 确定 完成模糊，如图8-196和图8-197所示。

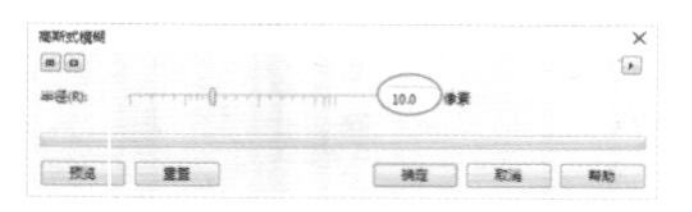

图8-196

图8-197

13 选中轮廓对象和轮廓的位图，然后居中对齐，效果如图8-198所示，接着将制作好的文字分别进行群组，再拖动到页面外备用。

图8-198

14 双击“矩形工具”□创建与页面等大的矩形，然后在“编辑填充”对话框中选择“渐变填充”方式，设置“类型”为“椭圆形渐变填充”、“镜像、重复和反转”为“默认渐变填充”，再设置“节点位置”为0%的色标颜色为（C:100，M:100，Y:71，K:65）、“位置”为37%的色标颜色为（C:100，M:100，Y:36，K:33）、“位置”为100%的色标颜色为（C:0，M:100，Y:0，K:0），“填充宽度”为237.353、“水平偏移”为0、“垂直偏移”为25.0，接着单击“确定”按钮 确定 完成，如图8-199所示，效果如图8-200所示。

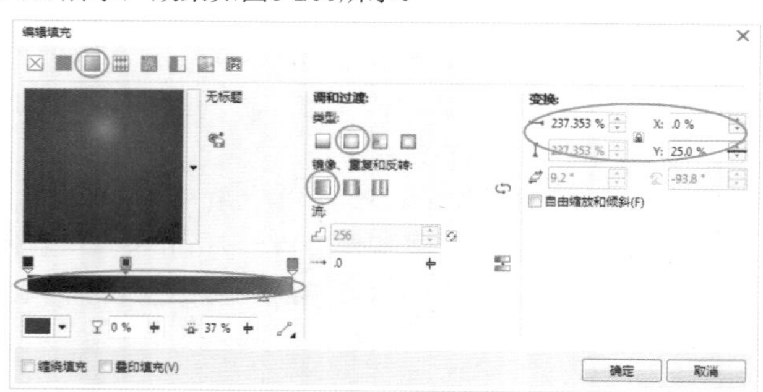

图8-199

图8-200

15 双击“矩形工具”□创建与页面等大的矩形，然后填充颜色为（C:100，M:100，Y:56，K:51），再进行缩放，如图8-201所示，接着使用“透明度工具”拖动透明度效果，如图8-202所示。

图8-201

图8-202

16 将前面绘制好的文字拖曳到页面中，如图8-203所示，然后使用“椭圆形工具”○绘制一个圆形，再设置“轮廓宽度”为1mm，如图8-204所示，接着执行“对象>将轮廓转换为对象”菜单命令，将轮廓线转换为对象，最后将圆形删除，如图8-205所示。

图8-203

图8-204

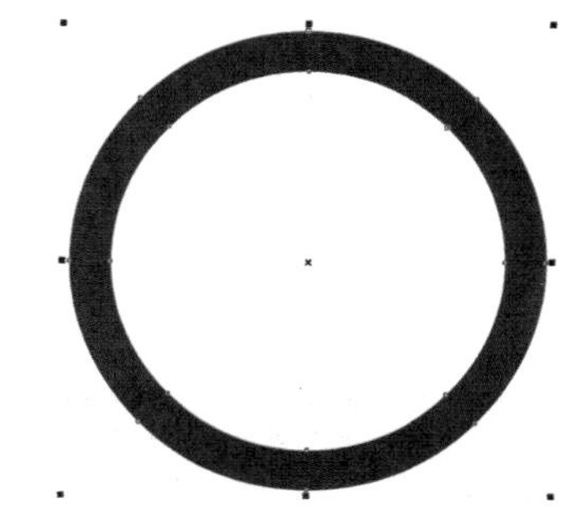

图8-205

17 将圆环进行复制排列，然后调整大小和位置，再进行合并，如图8-206所示，接着在“编辑填充”对话框中选择“渐变填充”方式，设置“类型”为“线性渐变填充”、“镜像、重复和反转”为“默认渐变填充”，再设置“节点位置”为0%的色标颜色为（C:0，M:100，Y:0，K:0）、“位置”为16%的色标颜色为（C:100，M:100，Y:0，K:0）、“位置”为34%的色标颜色为（C:100，M:0，Y:0，K:0）、“位置”为53%的色标颜色为（C:40，M:0，Y:100，K:0）、“位置”为75%的色标颜色为（C:0，M:0，Y:100，K:0）、“位置”为100%的色标颜色为（C:0，M:100，Y:100，K:0），“填充宽度”为108.541、“水平偏移”为-.549、“垂直偏移”为-6.511、“旋转”为-88.9，最后单击“确定”按钮 确定 完成，如图8-207所示，效果如图8-208所示。

图8-206

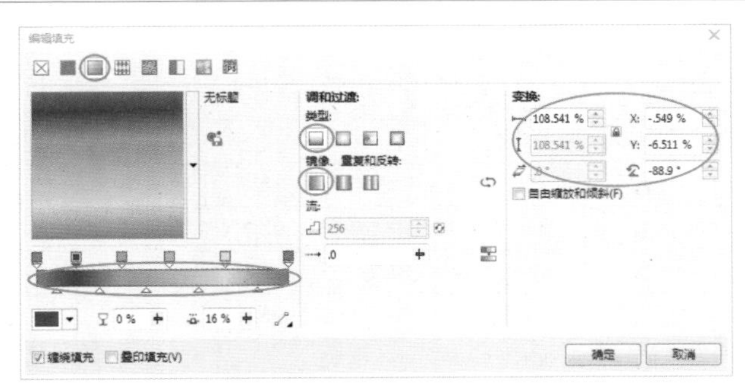

图8-207

图8-208

18 单击“透明度工具”，在属性栏设置“透明度类型”为“均匀透明度”、“透明度”为50，效果如图8-209所示，然后将圆环对象复制一份进行缩放，再拖曳到页面文字上，如图8-210所示。

图8-209

图8-210

19 使用“椭圆形工具”绘制一个圆形，然后填充颜色为洋红，再去掉轮廓线，接着执行“位图>转换为位图”菜单命令将对象转换为位图，如图8-211所示，最后执行“位图>模糊>高斯模糊”菜单命令，打开“高斯式模糊”对话框，设置“半径”为30像素，如图8-212和图8-213所示。

图8-211

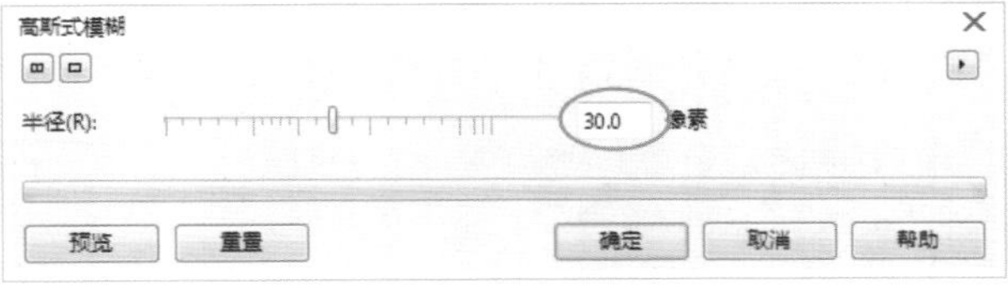

图8-212

图8-213

20 将洋红色对象复制排放在汉字周围，并调整位置和大小，最终效果如图8-214所示。

图8-214

第9章 度量标识和连接工具

Learning Objectives
学习要点

Employment direction
从业方向

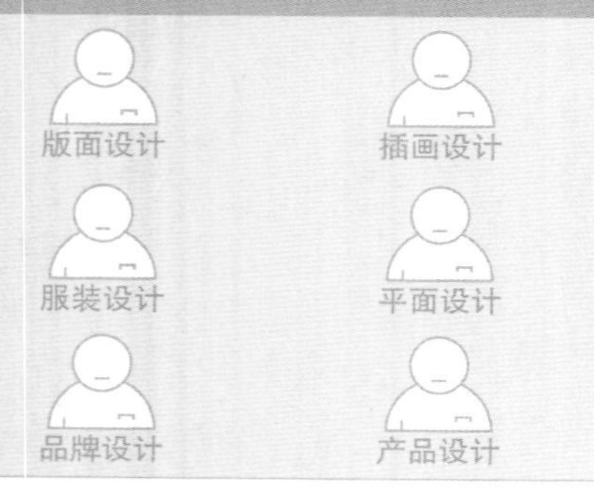

工具名称	工具图标	工具作用	重要程度
平行度量工具		测量任意角度上两个节点间的实际距离	高
水平或垂直度量工具		测量水平或垂直角度上两个节点间的实际距离	中
角度量工具		准确地测量对象的角度	高
线段度量工具		自动捕捉测量两个节点间线段的距离	底
3点标注工具		快速为对象添加折线标注文字	高
直线连接器工具		以任意角度创建对象间的直线连接线	中
直角连接器工具		创建水平和垂直的直角线段连线	中
直角圆形连接器工具		创建水平和垂直的圆直角线段连线	底
编辑锚点工具		修饰连接线，变更连接线节点	中

9.1 度量工具

在产品设计、VI设计、景观设计等领域中，会出现一些度量符号来标出对象的参数。CorelDRAW X7为用户提供了丰富的度量工具，方便进行快速、便捷、精确地测量，包括“平行度量工具”、“水平或垂直度量工具”、“角度量工具”、“线段度量工具”和“3点标注工具”。

使用度量工具可以快速测量出对象水平方向、垂直方向的距离，也可以测量倾斜的角度，下面进行详细讲解。

★重点★

9.1.1 平行度量工具

“平行度量工具”用于为对象测量任意角度上两个节点间的实际距离，并添加标注。

度量方法

在“工具箱”中单击“平行度量工具”，然后将光标移动到需要测量的对象的节点上，当光标旁出现“节点”字样时，按住鼠标左键向下拖动，如图9-1所示，接着拖动到下面的节点上松开鼠标确定测量距离，如图9-2所示，最后向空白位置移动光标，确定好添加测量文本的位置，单击鼠标左键添加文本，如图9-3和图9-4所示。

图9-1

图9-2

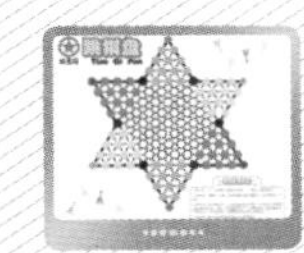

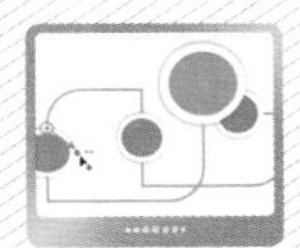

图9-3

图9-4

技巧与提示

在使用“平行度量工具” 确定测量距离时，除了单击选择节点间的距离外，也可以选择对象边缘之间的距离。“平行度量工具” 可以测量任何角度方向的节点间的距离，如图9-5所示。

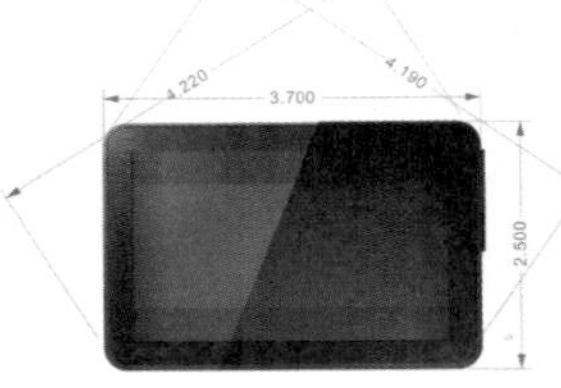

图9-5

度量设置

“平行度量工具” 的属性栏如图9-6所示。

图9-6

平行度量选项介绍

度量样式：在下拉选项中选择度量线的样式，包括“十进制”、“小数”、“美国工程”、“美国建筑学的”4种，默认情况下使用“十进制”进行度量，如图9-7所示。

度量精度：在下拉选项中选择度量线的测量精度，方便用户得到精确的测量数值，如图9-8所示。

尺寸单位：在下拉选项中选择度量线的测量单位，方便用户得到精确的测量数值，如图9-9所示。

图9-7 图9-8 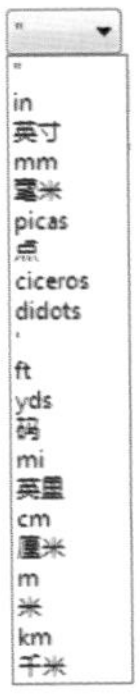 图9-9

显示单位：激活该按钮，在度量线文本后显示测量单位；反之则不在文本后显示测量单位，如图9-10所示。

图9-10

度量前缀：在后面的文本框中输入相应的前缀文字，在测量文本中显示前缀，如图9-11所示。

度量后缀：在后面的文本框中输入相应的后缀文字，在测量文本中显示后缀，如图9-12所示。

图9-11

图9-12

显示前导零：当测量数值小于1时，激活该按钮显示前导零；反之则隐藏前导零，如图9-13和图9-14所示。

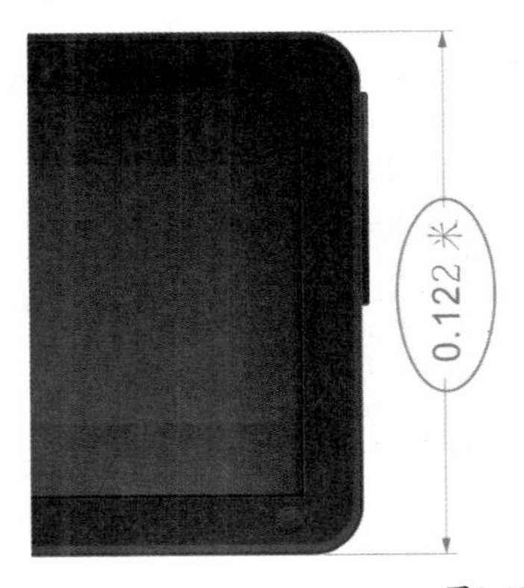

图9-13

图9-14

动态度量：在重新调整度量线时，激活该按钮可以自动更新测量数值；反之数值不变。

技巧与提示

在激活“动态度量”图标的情况下才可以进行参数细节设置；熄灭该图标，测量数值不可变更，也不能进行参数设置，如图9-15所示。

图9-15

文本位置：在该按钮的下拉选项中选择设定以度量线为基准的文本位置，包括“尺度线上方的文本”、“尺度线中的文本”、“尺度线下方的文本”、“将延伸线间的文本居中”、“横向放置文本”和“在文本周围绘制文本框”6种，如图9-16所示。

图9-16

尺度线上方的文本：选择该选项，测量文本位于度量线上方，可以水平移动文本的位置，如图9-17所示。

尺度线中的文本：选择该选项，测量文本位于度量线中，可以水平移动文本的位置，如图9-18所示。

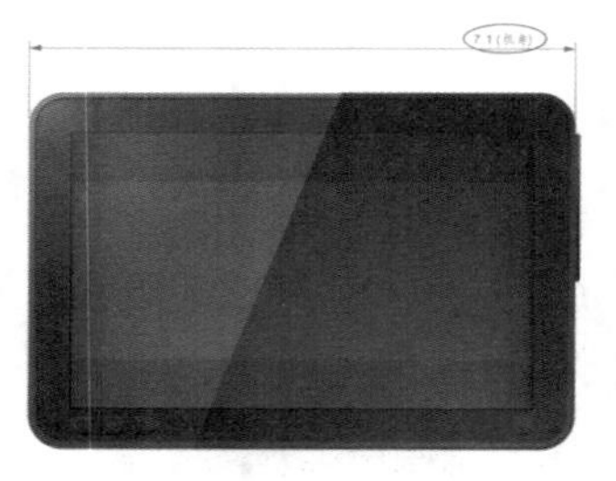

图9-17

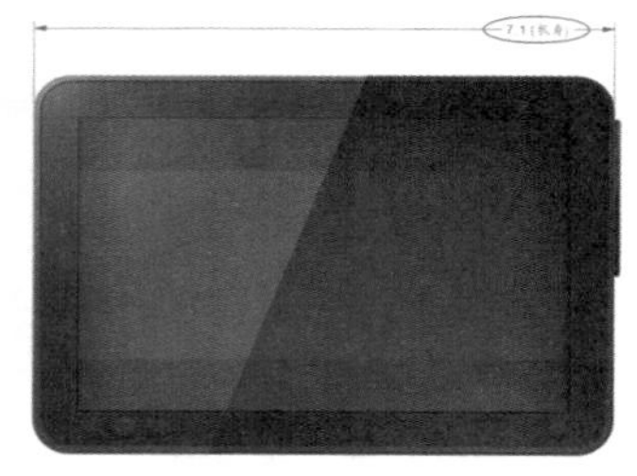

图9-18

尺度线下方的文本：选择该选项，测量文本位于度量线下方，可以水平移动文本的位置，如图9-19所示。

将延伸线间的文本居中：在选择文本位置后加选该选项，测量文本以度量线为基准居中放置，如图9-20所示。

图9-19

图9-20

横向放置文本：在选择文本位置后加选该选项，测量文本横向显示，如图9-21所示。

在文本周围绘制文本框：在选择文本位置后加选该选项，测量文本外显示文本框，如图9-22所示。

图9-21

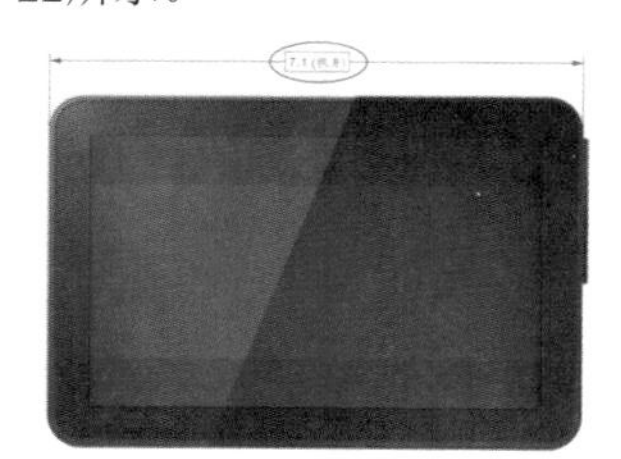

图9-22

延伸线选项：在下拉选项中可以自定义度量线上的延伸线，如图9-23所示。

到对象的距离：勾选该选项，在下面的"间距"文本框输入数值，可以自定义延伸线到测量对象的距离，如图9-24所示。

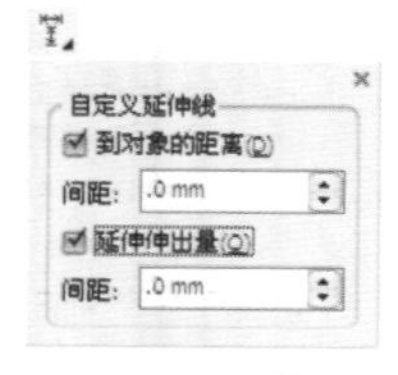

图9-23

图9-24

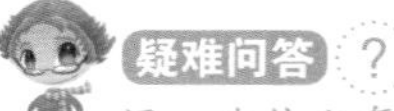

问：为什么每次输入的最大值不同显示都一样？

答：延伸线向外延伸的距离最大值取决于度量时文本位置的确定，文本离对象的距离就是"到对象的距离"的最大值，值为最大时则不显示箭头到对象的延伸线，如图9-25所示。

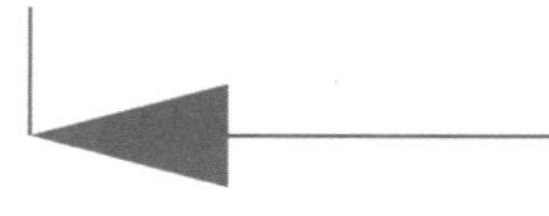

图9-25

延伸伸出量：勾选该选项，在下面的"间距"文本框输入数值，可以自定义延伸线向上伸出的距离，如图9-26所示。

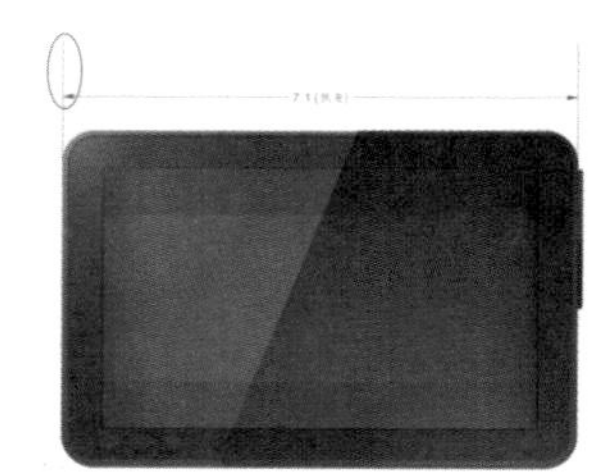

图9-26

"延伸伸出量"不限制最大值，最小值为0时没有向上延伸线，如图9-27所示。

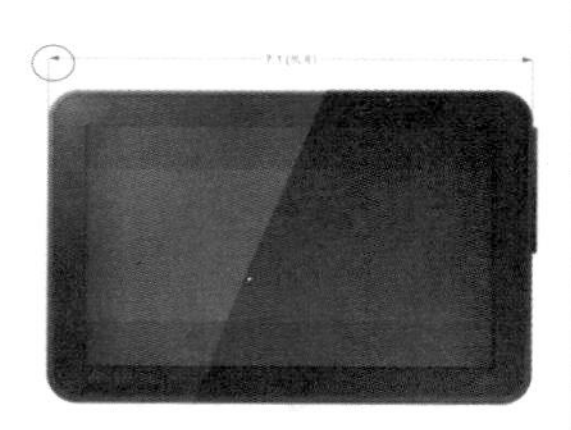

图9-27

轮廓宽度：在后面的选项中选择设置轮廓线的宽度。

双箭头：在下拉选项中可以选择度量线的箭头样式，如图9-28所示。

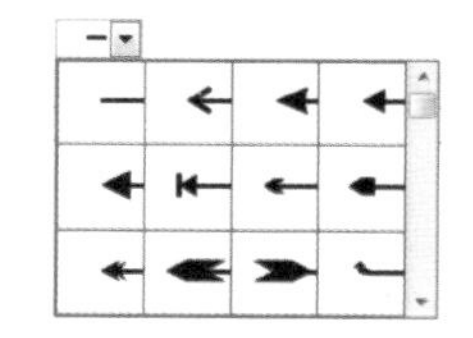

图9-28

双击"平行度量工具"可以打开"选项"对话框，在"度量工具"面板可以进行"样式"、"精度"、"单位"、"前缀"和"后缀"设置，如图9-29所示。

图9-29

★ 重 点 ★

9.1.2 水平或垂直度量工具

“水平或垂直度量工具”用于为对象测量水平或垂直角度上两个节点间的实际距离，并添加标注。

在“工具箱”中单击“水平或垂直度量工具”，然后将光标移动到需要测量的对象的节点上，当光标旁出现“节点”字样时，按住左键向下或左右拖动会得到水平或垂直的测量线，如图9-30和图9-31所示，接着拖动到相应的位置松开左键完成度量。

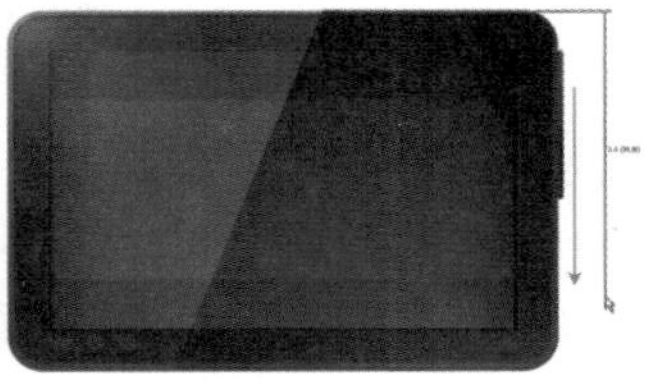

图9-30

图9-31

技巧与提示

“水平或垂直度量工具”可以在拖动测量距离的时候，同时拖动文本距离。

因为“水平或垂直度量工具”只能绘制水平和垂直的度量线，所以在确定第一节点后若斜线拖动，会出现长度不一的延伸线，但不会出现倾斜的度量线，如图9-32所示。

图9-32

★ 重 点 ★

实战：用水平或垂直度量绘制Logo制作图

实例位置	下载资源>实例文件>CH09>实战：用水平或垂直度量绘制logo制作图.cdr
素材位置	下载资源>素材文件>CH09>01.cdr、02.cdr
视频位置	下载资源>多媒体教学>CH09>实战：用水平或垂直度量绘制logo制作图.flv
实用指数	★★★★☆
技术掌握	水平或垂直度量工具的运用方法

logo制作图效果如图9-33所示。

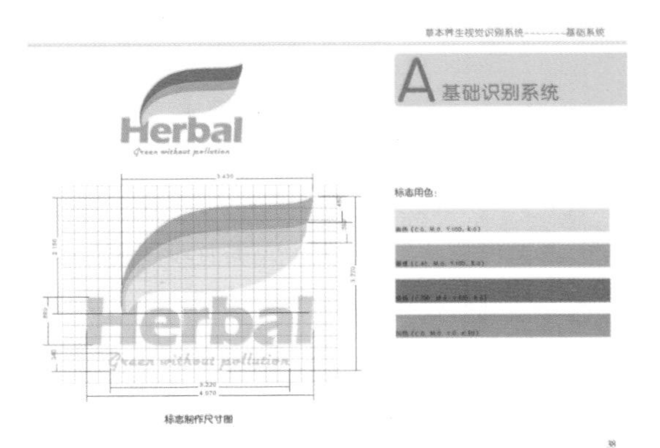

图9-33

01 新建一个空白文档，然后设置文档名称为“VI标志尺寸”，接着设置页面大小为“A4”、页面方向为“横向”。

02 首先绘制标志。导入光盘中的“素材文件>CH09>01.cdr”文件，然后解散对象，再将文字对象缩放排列，如图9-34所示，接着填充粗文字对象的颜色为（C:40，M:0，Y:100，K:0），填充手写文字对象的颜色为（C:0，M:0，Y:0，K:50），效果如图9-35所示。

图9-34 　　图9-35

03 使用“钢笔工具”绘制叶子的形状，然后使用“形状工具”调整形状，如图9-36所示，接着填充叶子的颜色为（C:100，M:0，Y:100，K:0），并右键去掉轮廓线，最后将叶子置于文字的下方，如图9-37所示。

图9-36

图9-37

04 复制叶子对象，然后向下进行缩放，再调整位置，接着填充颜色为（C:40，M:0，Y:100，K:0），如图9-38所示，最后再复制一个叶子，填充颜色为黄色，并向下进行缩放。

05 调整3片叶子的位置，效果如图9-39所示，最后将绘制的logo全选组合对象。

图9-38

图9-39

06 下面绘制表格。单击“图纸工具”，然后在属性栏设置“行数和列数”为23和17，接着在页面绘制表格，注意每个格子都必须为正方形，最后右键填充轮廓线颜色为（C:0，M:0，Y:0，K:30），如图9-40所示。

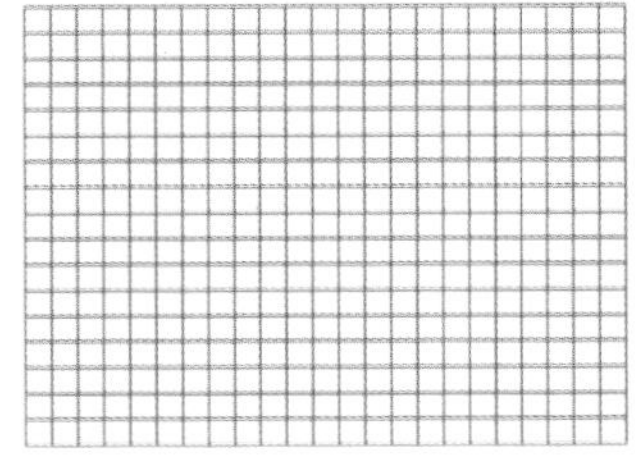

图9-40

07 复制标志对象，然后执行“位图>转换为位图”命令，打开“转换为位图”对话框，不进行设置直接单击“确定”按钮 确定 完成转换，如图9-41和图9-42所示。

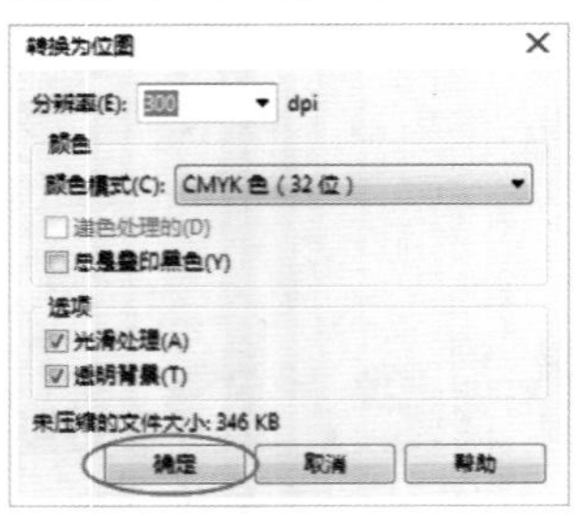

图9-41

图9-42

08 选中位图，然后单击“透明度工具”，在属性栏设置“透明度类型”为“均匀透明度”、“透明度”为50，接着将半透明标志缩放在表格上，并调整标志与格子的位置，如图9-43所示。

09 使用“水平或垂直度量工具”绘制度量线，注意度量线的两个顶端要在标志相应的顶点处，如图9-44所示，接着选中度量线，在属性栏设置“文本位置”为“尺度线中的文本”和“将延伸线间的文本居中”、“双箭头”为“无箭头”，如图9-45所示，最后选中文本，在属性栏设置“字体”为Arial、“字体大小”为8pt，效果如图9-46所示。

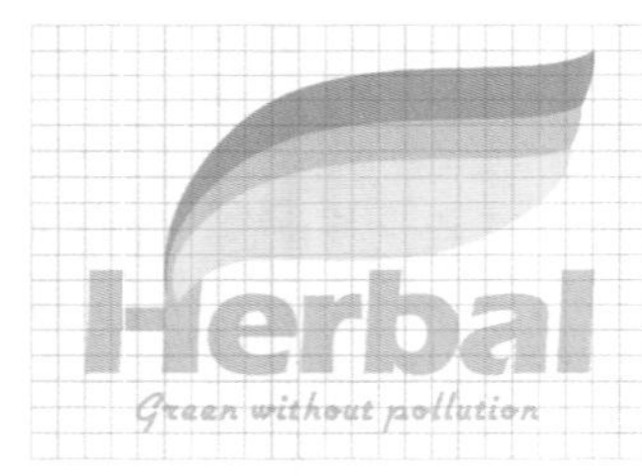

图9-43

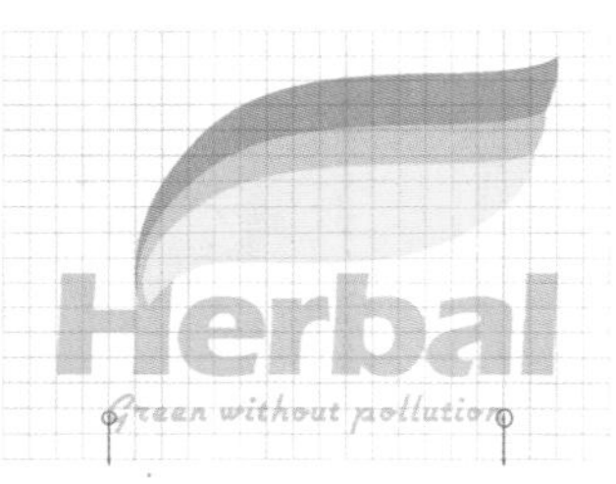

图9-44

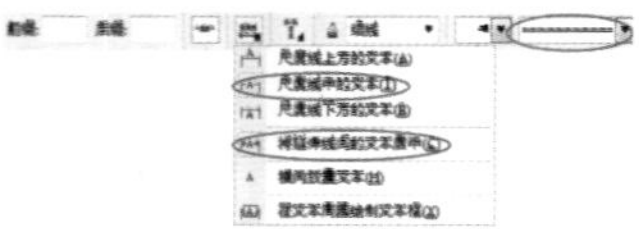

图9-45

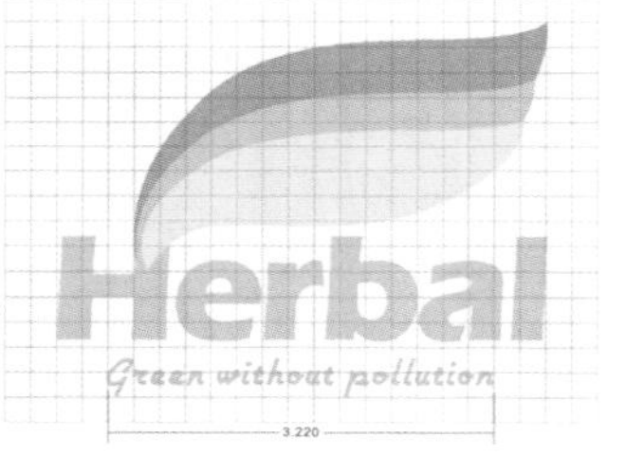

图9-46

10 按上述方法绘制所有度量线，然后调整每个度量线文本的穿插，注意不要将度量线盖在文本上，效果如图9-47所示，接着全选进行组合对象。

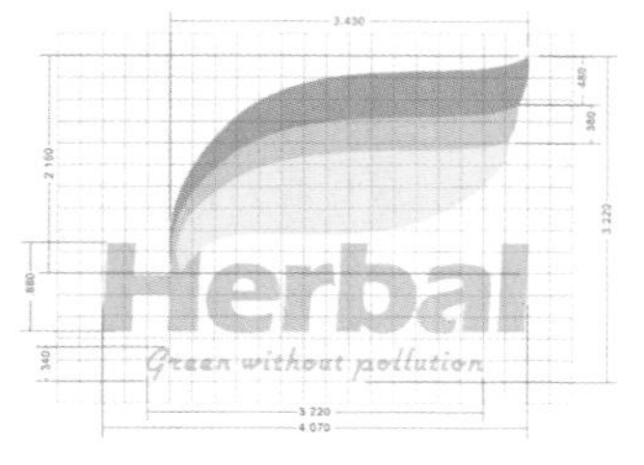

图9-47

11 使用“矩形工具”绘制矩形，如图9-48所示，然后分别填充颜色为（C:0，M:0，Y:100，K:0）、（C:40，M:0，Y:100，K:0）、（C:100，M:0，Y:100，K:0）、（C: 0，M:0，Y:0，K:50），填充完毕再右键去掉轮廓线，如图9-49所示。

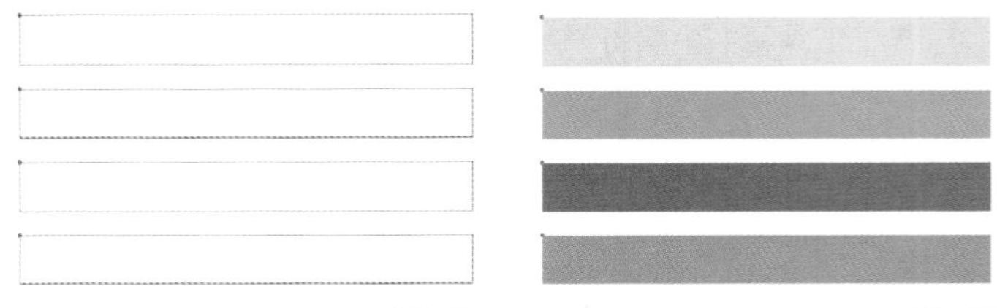

图9-48　　图9-49

12 导入下载资源中的“素材文件>CH09>02.cdr”文件，然后解散文字对象，把标志用色的文字缩放拖曳到矩形上，如图9-50所示，接着把前面绘制的标志和尺寸图拖曳到页面左边，再将标志用色拖曳到页面右边，最后把尺寸图的文本拖曳到页面中，效果如图9-51所示。

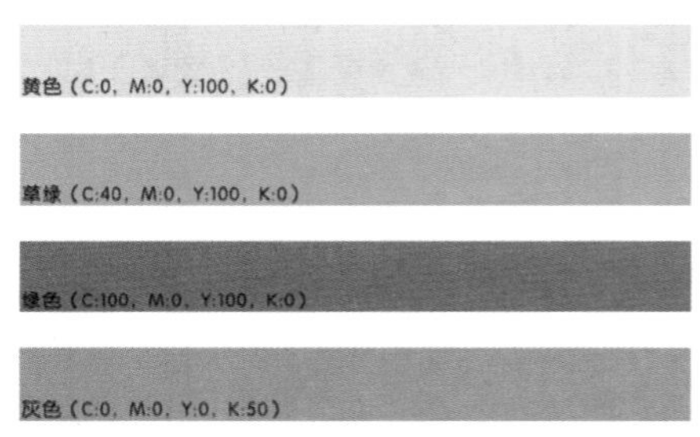

图9-50

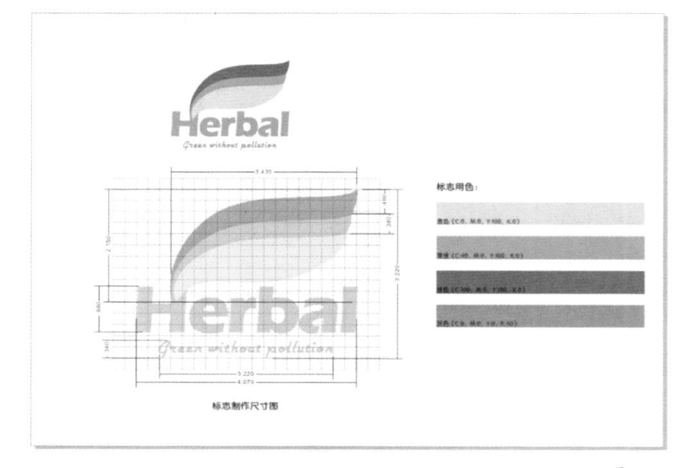

图9-51

13 使用“2点线工具”绘制两条直线，然后设置上面的“轮廓宽度”为0.2mm、颜色为（C:100，M:0，Y:100，K:0），再设置下面的“轮廓宽度”为1mm、颜色为（C:40，M:0，Y:100，K:0），如图9-52所示，接着单击“透明度工具”，在属性栏设置“透明度类型”为“均匀透明度”、“透明度”为50，效果如图9-53所示。

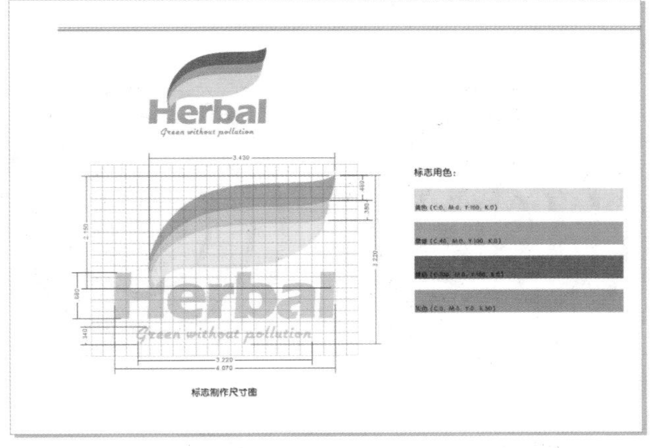

图9-52

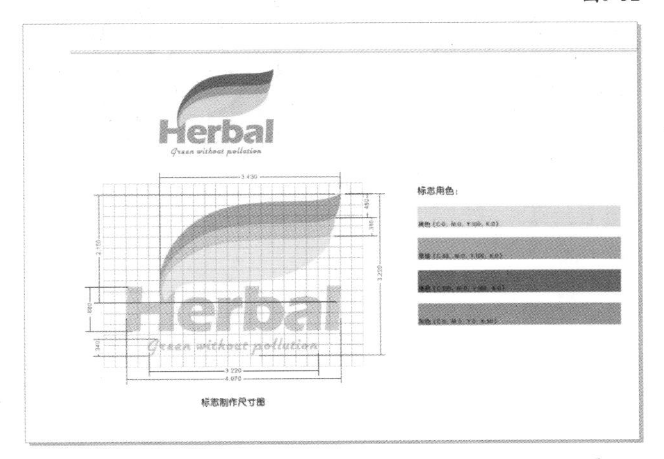

图9-53

14 使用“矩形工具”绘制矩形，然后在属性栏设置左边“圆角”为3mm，接着单击“透明度工具”，在属性栏设置“透明度类型”为“均匀透明度”、“透明度”为50，效果如图9-54所示。

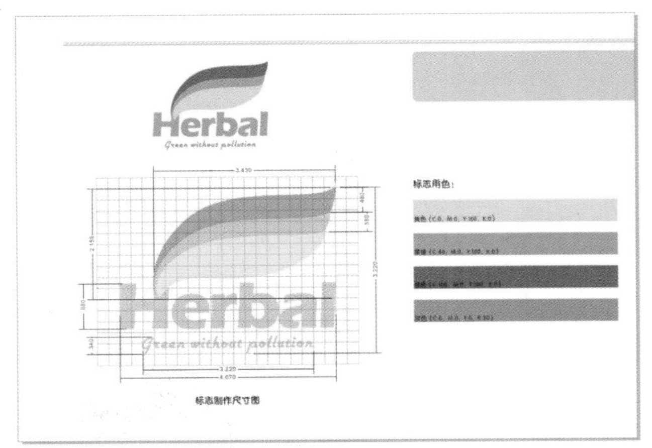

图9-54

15 将文本拖曳到页面的相应位置，然后填充文字颜色为（C:100，M:0，Y:100，K:0），最终效果如图9-55所示。

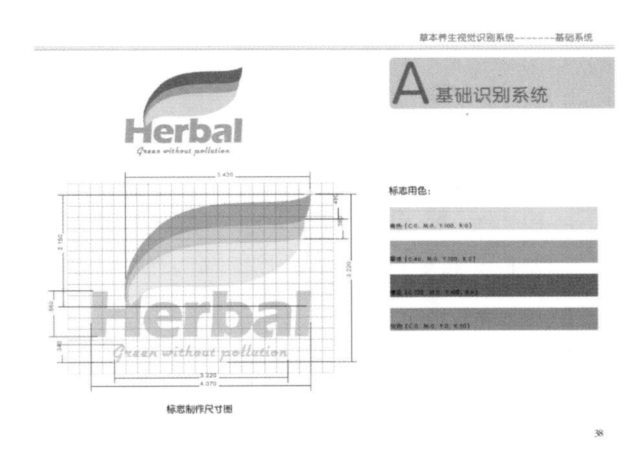

图9-55

9.1.3 角度量工具

“角度量工具”用于准确地测量对象的角度。

在“工具箱”中单击“角度量工具”，然后将光标移动到要测量角度的相交处，确定角的顶点，如图9-56所示，接着按住左键沿着所测角度的其中一条边线拖动，确定角的一条边，如图9-57所示。

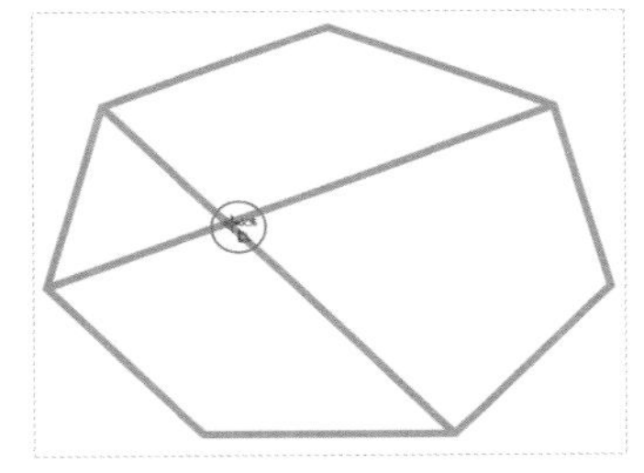

图9-56

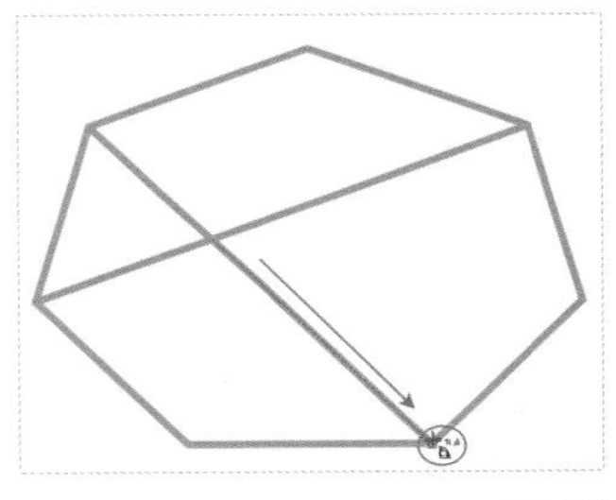

图9-57

确定了角的边后松开左键，将光标移动到另一条角的边线位置，单击左键确定边线，如图9-58所示，然后向空白处移动文本的位置，单击左键确定，如图9-59和图9-60所示。

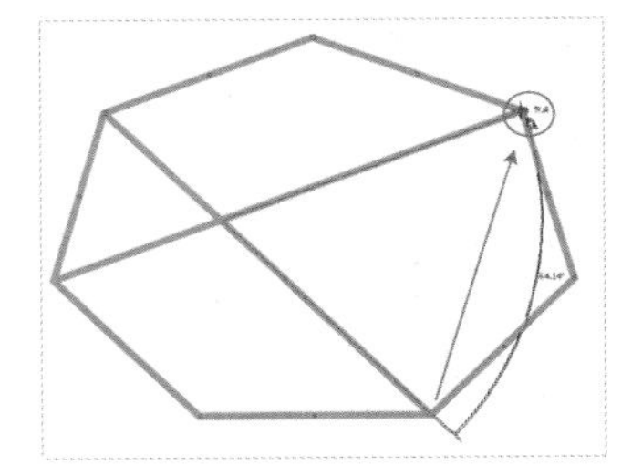

图9-58

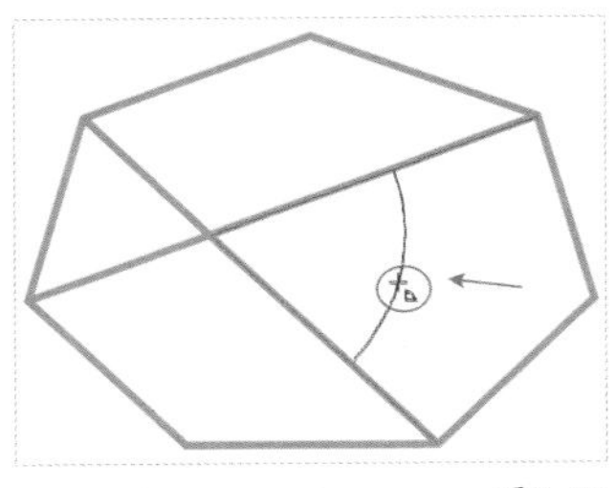

图9-59

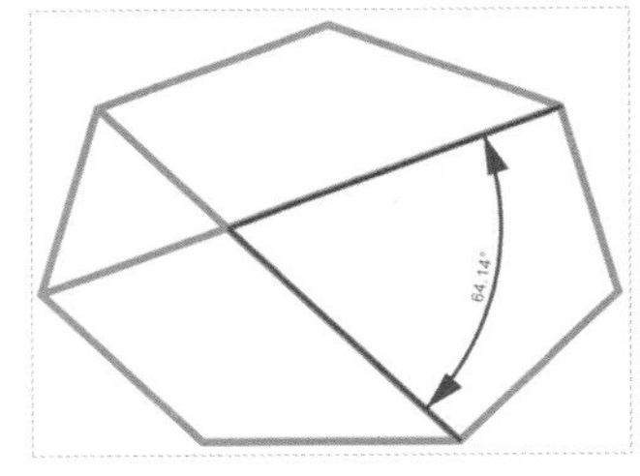

图9-60

在使用度量工具前，可以在属性栏设置角的单位，包括“度”、“°”、“弧度”和“粒度”，如图9-61所示。

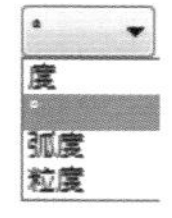

图9-61

9.1.4 线段度量工具

“线段度量工具”用于自动捕捉测量两个节点间线段的距离。

度量单一线段

在“工具箱”中单击“线段度量工具”，然后将光标移动到要测量的线段上，单击左键自动捕捉当前线段，如图9-62所示，接着移动光标确定文本的位置，单击左键完成度量，如图9-63和图9-64所示。

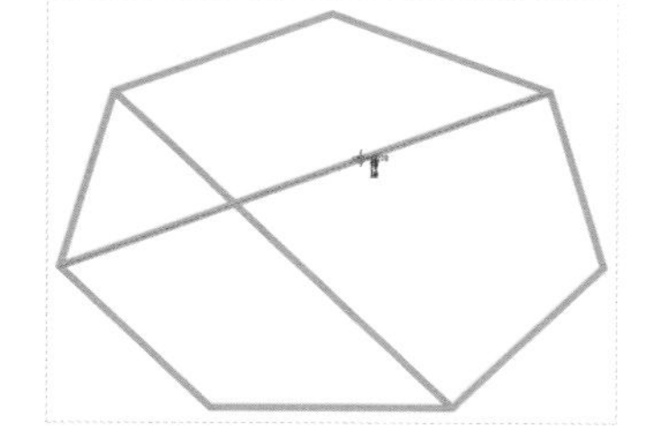
图9-62

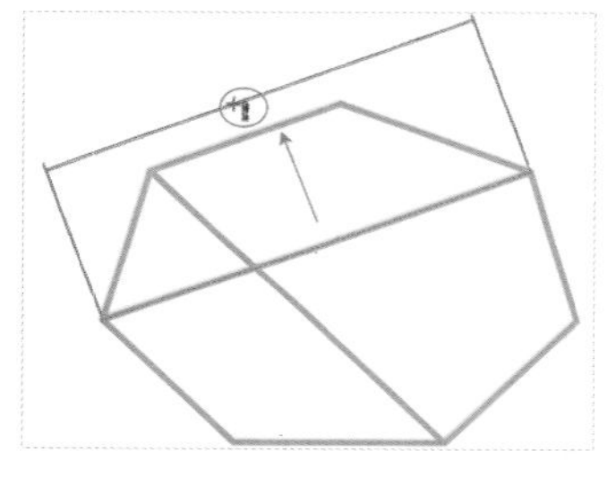
图9-63

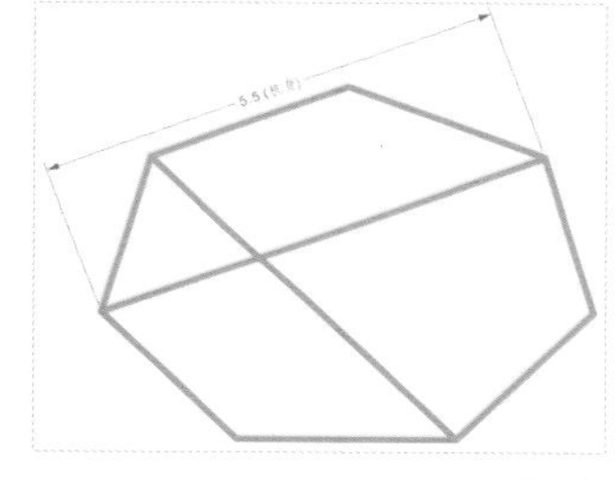
图9-64

度量连续线段

“线段度量工具”可以进行连续测量操作。在属性栏上单击激活“自动连续度量”图标，然后按住左键拖动范围将要连续测量的节点选中，如图9-65所示，接着松开左键向空白处拖动文本的位置，单击左键完成测量，如图9-66所示。

图9-65

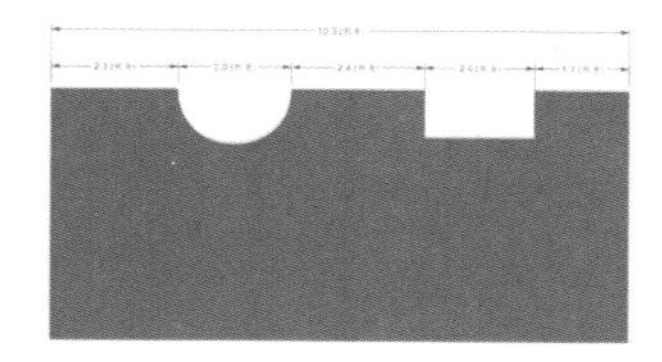
图9-66

9.1.5 3点标注工具

“3点标注工具”用于快速为对象添加折线标注文字。

标注方法

在“工具箱”中单击“3点标注工具”，将光标移动到需要标注的对象上，如图9-67所示，然后按住左键拖动，确定第二个点后松开左键，再拖动一段距离后单击左键可以确定文本的位置，输入相应文本完成标注，如图9-68～图9-70所示。

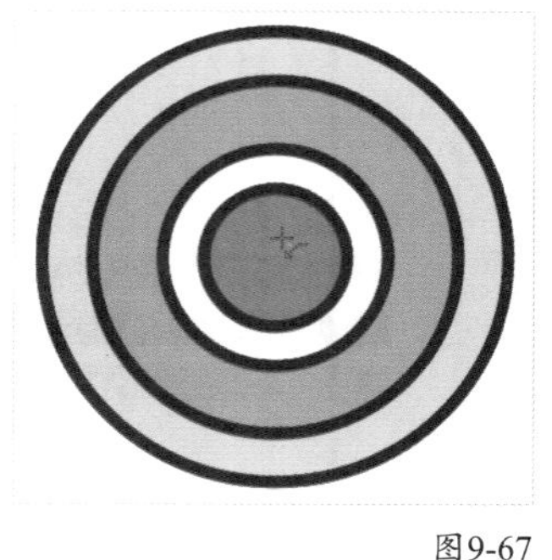
图9-67

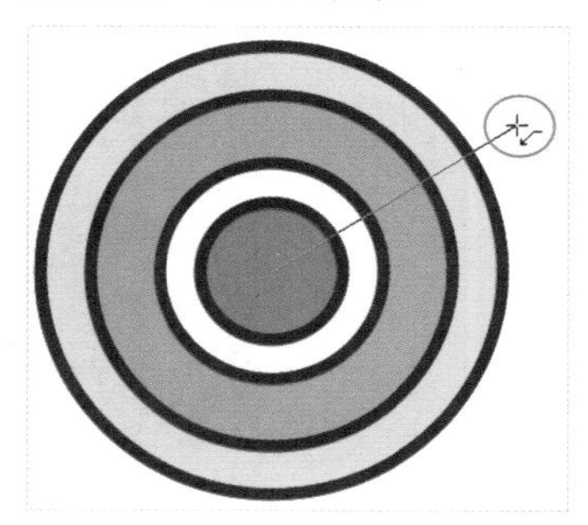
图9-68

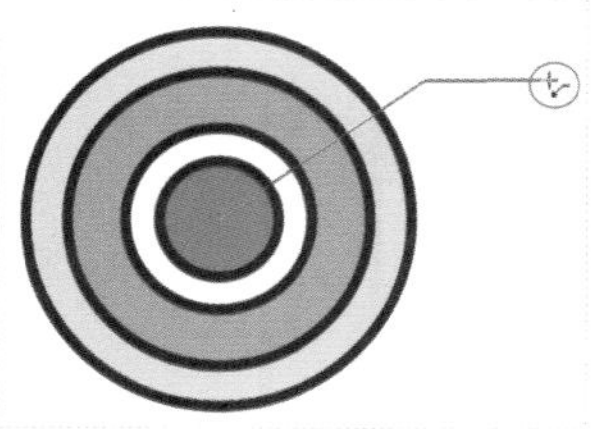

图9-69

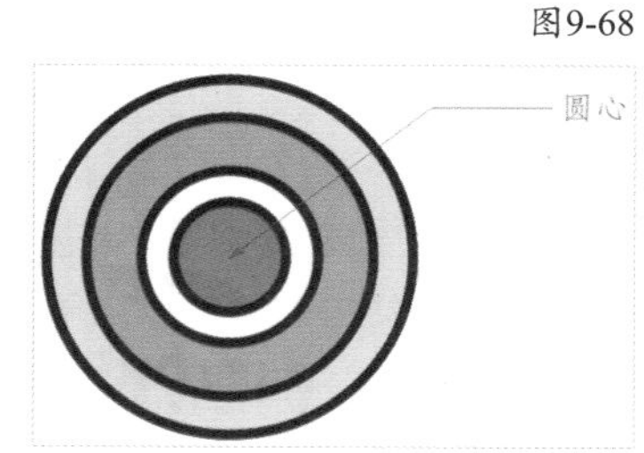

图9-70

标注设置

“3点标注工具”的属性栏如图9-71所示。

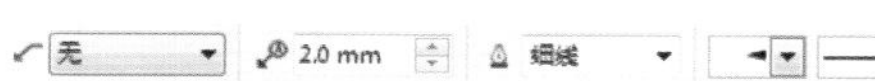

图9-71

3点标注选项介绍

起始箭头：为标注添加起始箭头，在下拉选项中可以选择样式。

标注样式：为标注添加文本样式，在下拉选项中可以选择样式，如图9-72所示。

标注间距：在文本框中输入数值设置标注与折线的间距。

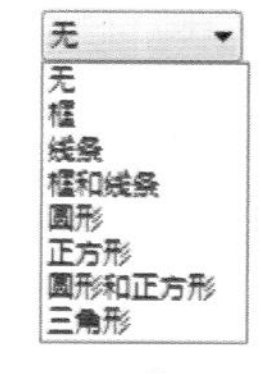

图9-72

★重点★

实战：用标注绘制相机说明图

实例位置 下载资源>实例文件>CH09>实战：用标注绘制相机说明图.cdr
素材位置 下载资源>素材文件>CH09>03.psd、04.psd、05.cdr
视频位置 下载资源>多媒体教学>CH09>实战：用标注绘制相机说明图.flv
实用指数 ★★★☆☆
技术掌握 3点标注的运用方法

相机说明图效果如图9-73所示。

图9-73

01 新建一个空白文档，然后设置文档名称为“相机说明图”，接着设置页面大小为“A4”、页面方向为“横向”。

02 导入下载资源中的“素材文件>CH09>03.psd”文件，然后把相机缩放至页面中，如图9-74所示。

图9-74

03 单击“3点标注工具”，然后在属性栏设置“轮廓宽度”为0.5mm、“起始箭头”为圆点型，接着在文本属性栏设置“字体大小”为“10pt”，可以选择圆滑一些的字体做标注文本。

04 在设置完成后绘制标注，输入说明文字，然后填充文本和度量线的颜色为（C:64，M:0，Y:24，K:0），如图9-75所示，接着以同样的方法绘制标注说明，如图9-76所示。

图9-75

图9-76

05 单击“标注形状工具”，然后在属性栏“完美形状”的下拉选项中选择圆形标注形状，再绘制标注形状，接着填充形状颜色为（C:53，M:0，Y:7，K:0），并右键去掉轮廓线，如图9-77所示，最后将标注形状拖曳到相机上，如图9-78所示。

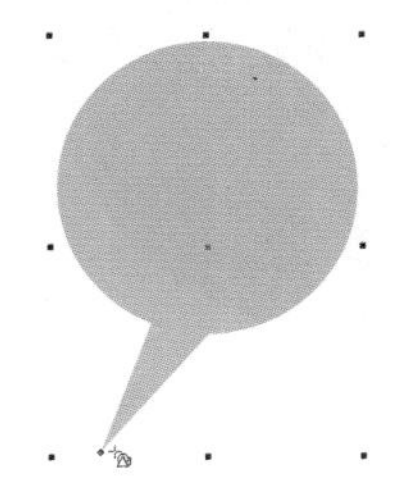

图9-77

图9-78

06 导入下载资源中的“素材文件>CH09>04.psd”文件，然后将按钮素材拖曳到标注形状上，并调整大小，如图9-79所示，接着使用“3点标注工具”绘制按钮上的标注，如图9-80所示。

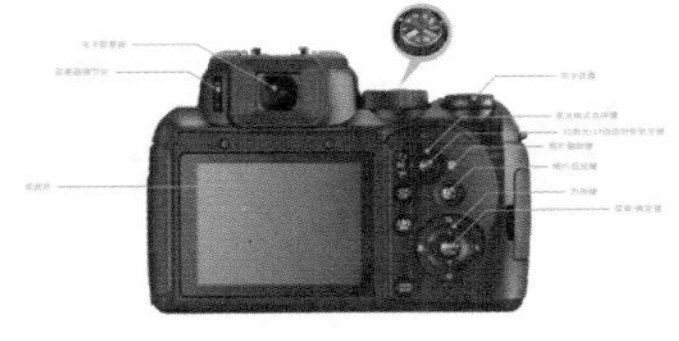

图9-79

图9-80

07 使用“椭圆形工具”绘制椭圆，复制一份进行排列缩放，如图9-81所示，然后选中两个椭圆执行“对象>造形>合并”菜单命令，将对象融合为独立对象，接着填充颜色为（C:64，M:0，Y:24，K:0），再右键删除轮廓线，效果如图9-82所示。

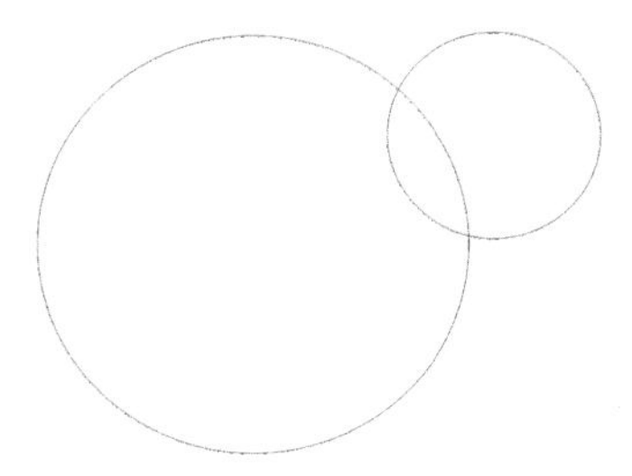

图9-81

图9-82

08 单击“透明度工具”，然后在属性栏设置“透明度类型”为“均匀透明度”、“透明度”为50，效果如图9-83所示，接着将对象放置在相机后面，并调整位置与大小，如图9-84所示。

图9-83

图9-84

09 使用“椭圆形工具”绘制圆形，然后水平复制7个，再进行排列间距，如图9-85所示，接着从左到右依次填充颜色为（C:84，M:80，Y:79，K:65）、（C:66，M:57，Y:53，K:3）、（C:42，M:35，Y:28，K:0）、（C:16，M:14，Y:11，K:0）、（C:75，M:84，Y:0，K:0）、（C:57，M:58，Y:0，K:0）、（C:52，M:0，Y:3，K:0）、（C:64，M:0，Y:24，K:0），最后右键去掉轮廓线，效果如图9-86所示。

图9-85

图9-86

10 导入下载资源中的“素材文件>CH09>05.cdr”文件，然后将标题拖曳到左上方，最终效果如图9-87所示。

图9-87

9.2 连接工具

使用连接工具可以将对象之间进行串联，并且在移动对象时保持连接状态。连接线广泛应用于技术绘图和工程制图，比如图表、流程图和电路图等，也被称为“流程线”。

CorelDRAW X7为用户提供了丰富的连接工具，方便我们快速、便捷地连接对象，包括“直线连接器工具”、“直角连接器工具”、“直角圆形连接器工具”和“编辑锚点工具”，下面进行详细介绍。

★重点★

9.2.1 直线连接器工具

“直线连接器工具”用于以任意角度创建对象间的直线连接线。

在“工具箱”中单击“直线连接器工具”，将光标移动到需要进行连接的节点上，然后按住左键移动到对应的连接节点上，松开左键完成连接，如图9-88和图9-89所示。

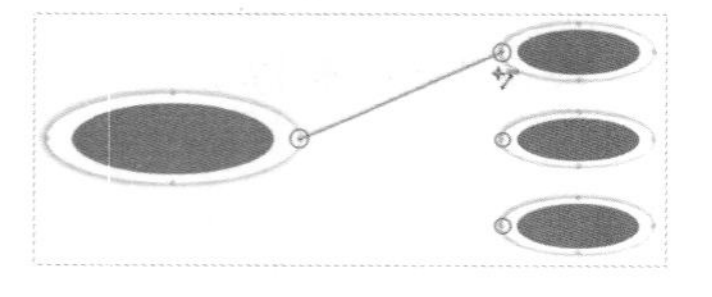

图9-88

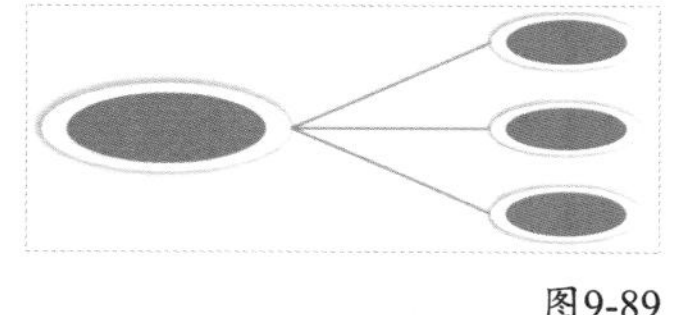

图9-89

技巧与提示

在出现多个连接线连接到同一个位置时，起始连接节点需要从没有选中连接线的节点上开始，如果在已经连接的节点上单击拖动，则会拖动当前连接线的节点，如图9-90所示。

连接后的对象在移动时，连接线依旧依附存在，方向随着移动进行变化，如图9-91所示。

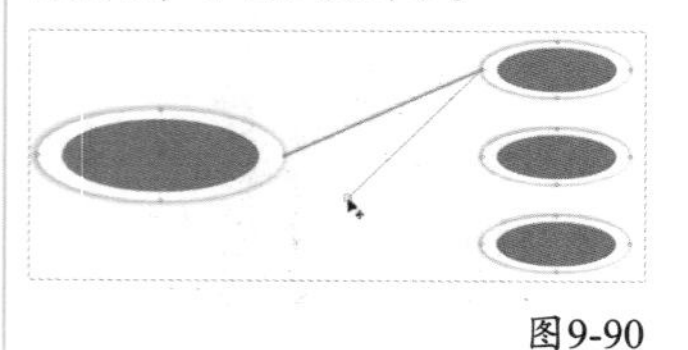

图9-90

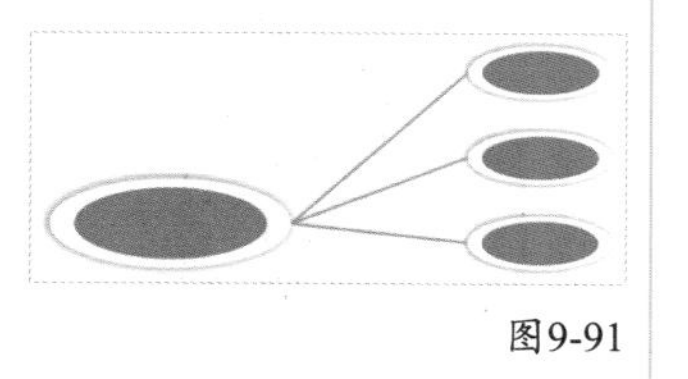

图9-91

★重点★

实战：用直线连接器绘制跳棋盘

实例位置 下载资源>实例文件>CH09>实战：用直线连接器绘制跳棋盘.cdr
素材位置 下载资源>素材文件>CH09>06.cdr、07.cdr、08.cdr
视频位置 下载资源>多媒体教学>CH09>实战：用直线连接器绘制跳棋盘.flv
实用指数 ★★★☆☆
技术掌握 直线连接器的运用方法

跳棋盘效果如图9-92所示。

图9-92

01 新建一个空白文档，然后设置文档名称为“跳棋盘”，接着设置页面大小为“A4”、页面方向为“横向”。

02 单击“星形工具”，然后在属性栏设置“点数或边数”为6、“锐度”为30、“轮廓宽度”为2mm，接着在页面内绘制星形，如图9-93所示。

图9-93

03 使用“椭圆形工具”绘制圆形，然后填充颜色为红色，再右键去掉轮廓线，如图9-94所示，接着使用“编辑锚点工具”在圆形边缘添加连接线锚点，如图9-95所示。

图9-94

图9-95

04 以星形下方的角为基础拖曳辅助线，如图9-96所示，然后把前面绘制的圆形拖曳到辅助线交接的位置，再拖动复制一份，如图9-97所示，接着按Ctrl+D组合键进行重复复制，最后全选进行对齐分布，如图9-98所示。

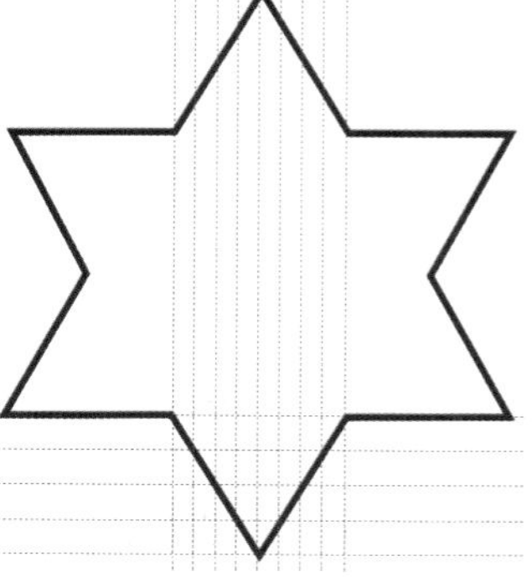

图9-96

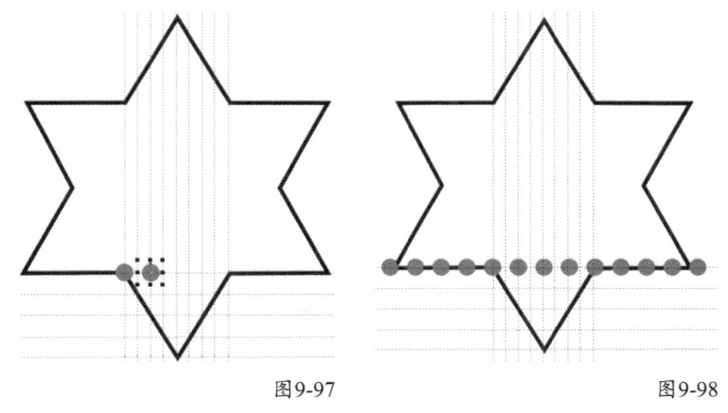

图9-97　　图9-98

05 将圆形全选进行组合对象，然后右键复制到下面辅助线交叉的位置，如图9-99所示，接着将两行圆形组合对象进行垂直复制，如图9-100所示。

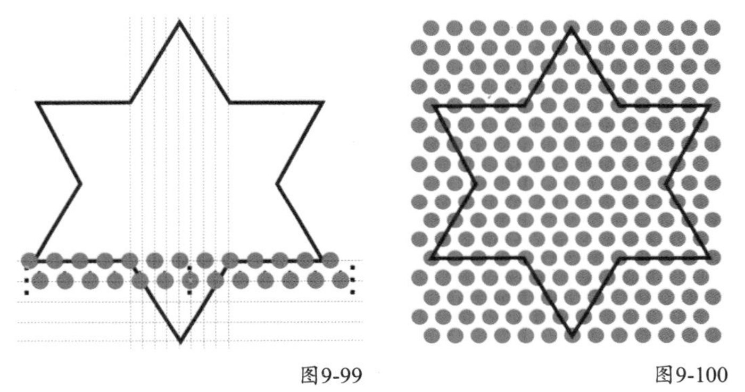

图9-99　　图9-100

06 将圆形对象全选，然后取消全部组合对象，再删除与星形重合以外的圆形，接着将星形置于圆形下方，如图9-101所示，最后将星形钝角处的圆形选中，填充颜色为黑色，如图9-102所示。

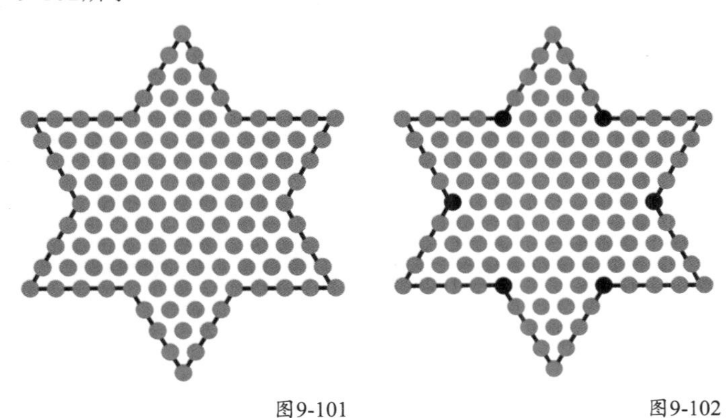

图9-101　　图9-102

07 选中星形上边尖角内的圆形进行组合对象，然后填充颜色为（C:40，M:0，Y:100，K:0），接着选中对应角内的圆形，填充相同的颜色，效果如图9-103所示。

08 选中绿色角旁边的角内的圆形，然后填充颜色为黄色，再填充对应角内的圆形，如图9-104所示，接着将星形尖角内的圆形全选进行组合对象。

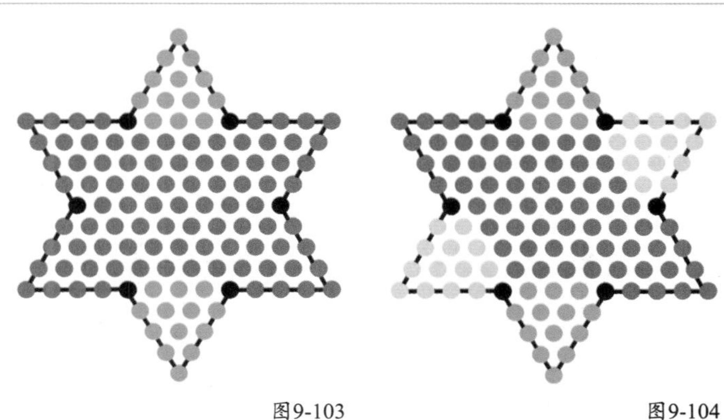

图9-103　　图9-104

09 选中星形中间的圆形，然后左键去掉填充颜色，再设置轮廓线“宽度”为0.75mm、颜色为黑色，如图9-105所示，接着将星形6个顶端的圆形向内复制，最后填充深色为深红色（C:40，M:100，Y:100，K:8）、深绿色（C:100，M:0，Y:100，K:0）、深黄色（C:0，M:60，Y:100，K:0），效果如图9-106所示。

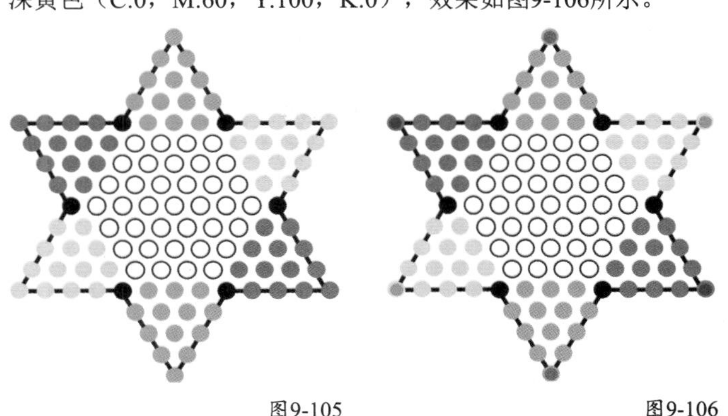

图9-105　　图9-106

10 单击“直线连接器工具”，将光标移动到需要进行连接的节点上，单击绘制连接线，如图9-107所示。

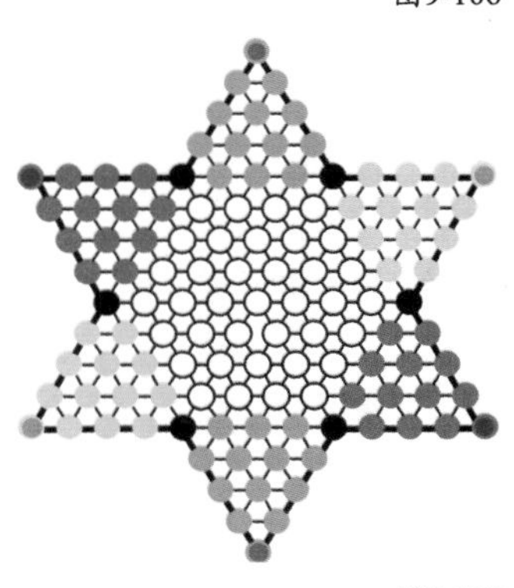

图9-107

11 导入下载资源中的“素材文件>CH09>06.cdr”文件，如图9-108所示，然后取消组合对象，再复制一份黄色棋子，接着将4枚棋子进行旋转排列，如图9-109所示。

图9-108

图9-109

12 把棋子全选进行组合对象，然后复制一份垂直镜像，再拖曳到页面对角的位置，如图9-110所示。

13 导入下载资源中的“素材文件>CH09>07.cdr”文件，将标志缩放，然后拖曳到页面左上角，如图9-111所示。

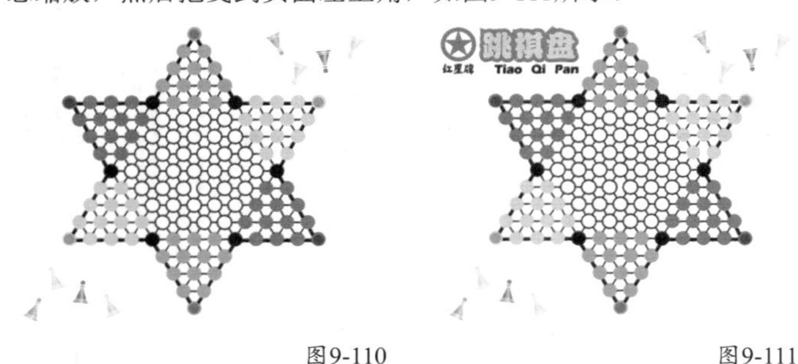

图9-110 图9-111

14 导入下载资源中的“素材文件>CH09>08.cdr”文件，然后将说明拖曳到页面右下方的空白处进行缩放，最终效果如图9-112所示。

图9-112

9.2.2 直角连接器工具

“直角连接器工具”用于创建水平和垂直的直角线段连线。

在“工具箱”中单击“直角连接器工具”，然后将光标移动到需要进行连接的节点上，接着按住左键移动到对应的连接节点上，松开左键完成连接，如图9-113所示。

在绘制平行位置的直角连接线时，拖动的连接线为直线，如图9-114所示，连接后效果如图9-115所示，连接后的对象在移动时，连接形状会随着移动变化，如图9-116所示。

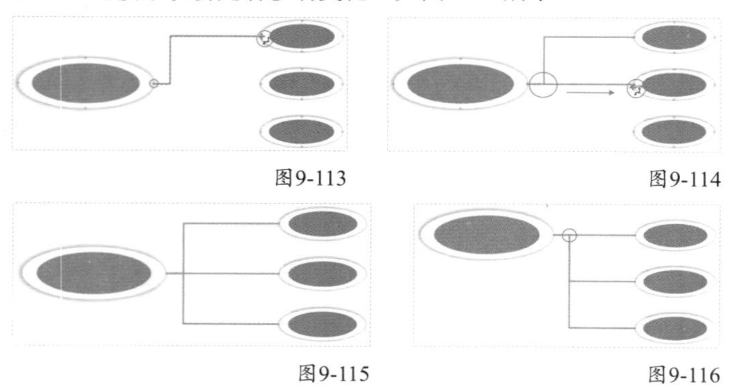

图9-113 图9-114

图9-115 图9-116

9.2.3 直角圆形连接器工具

“直角圆形连接器工具”用于创建水平和垂直的圆直角线段连线。

在“工具箱”中单击“直角圆形连接器工具”，然后将光标移动到对象的节点上，接着按住左键移动到对应的连接节点上，松开左键完成连接，如图9-117所示，连接好的对象均是以圆直角连接线连接，如图9-118所示。

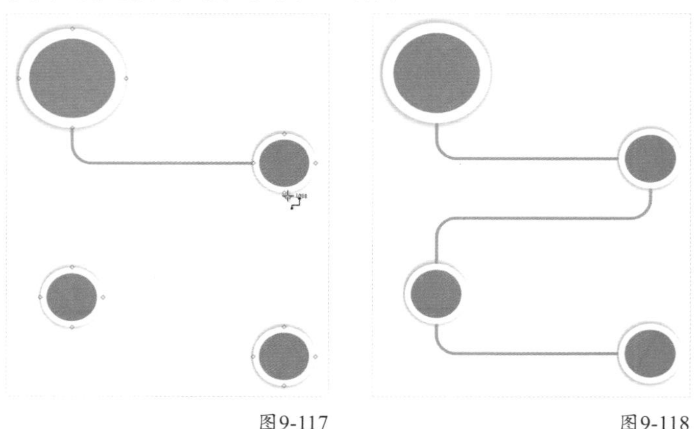

图9-117 图9-118

在属性栏“圆形直角”后面的文本框里输入数值，可以设置圆角的弧度，数值越大弧度越大，数值为0时，连接线变为直角。

技术专题 13 添加连接线文本

使用“直角圆形连接器工具”绘制连接线，然后将光标移动到连接线上，当光标变为双向箭头时双击鼠标左键，添加文本，如图9-119和图9-120所示。

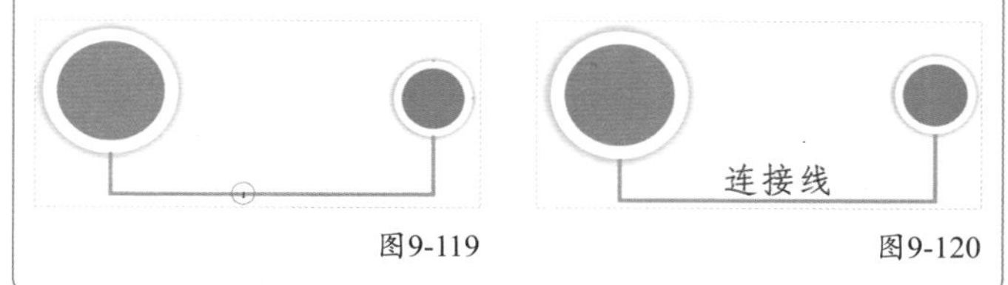

图9-119 图9-120

9.2.4 编辑锚点工具

“编辑锚点工具”用于修饰连接线，变更连接线节点等操作。

编辑锚点的设置

“编辑锚点工具”的属性栏如图9-121所示。

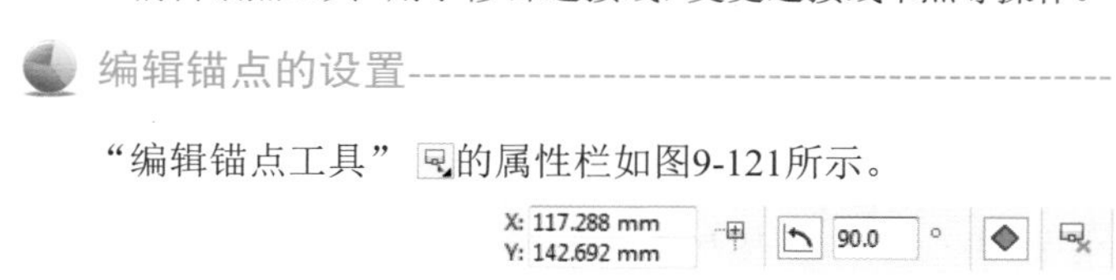

图9-121

编辑锚点选项介绍

调整锚点方向：激活该按钮，可以按指定度数调整锚点方向。

锚点方向：在文本框内输入数值可以变更锚点方向。单击“调整锚点方向”图标激活文本框，输入数值为直角度数“0°”、“90°”、“180°”、“270°”，只能变更直角连接线的方向。

自动锚点：激活该按钮，可允许锚点成为连接线的贴齐点。

删除锚点：单击该图标，可以删除对象中的锚点。

变更连接线的方向

在“工具箱”中选择“编辑锚点工具”，然后单击对象选中需要变更方向的连接线锚点，如图9-122所示，接着在属性栏单击“调整锚点方向”图标激活文本框，如图9-123所示，最后在文本框内输入90°按回车键完成，如图9-124所示。

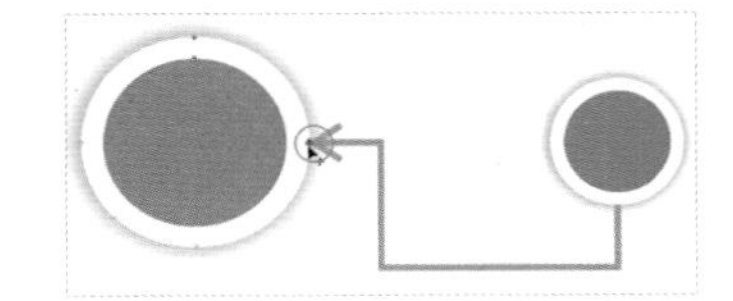

图9-122

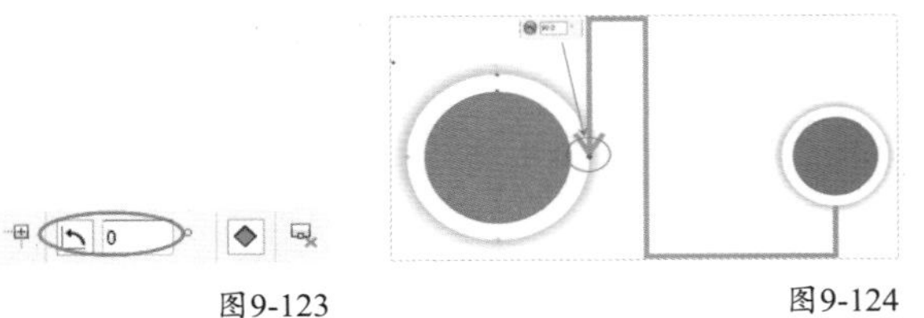

图9-123　图9-124

增加对象锚点

在“工具箱”中选择“编辑锚点工具”，然后在要添加锚点的对象上双击左键进行添加锚点，如图9-125所示，新增加的锚点会以蓝色空心圆标识，如图9-126所示。添加连接线后，在蓝色圆形上的连接线分别接在独立锚点上，如图9-127所示。

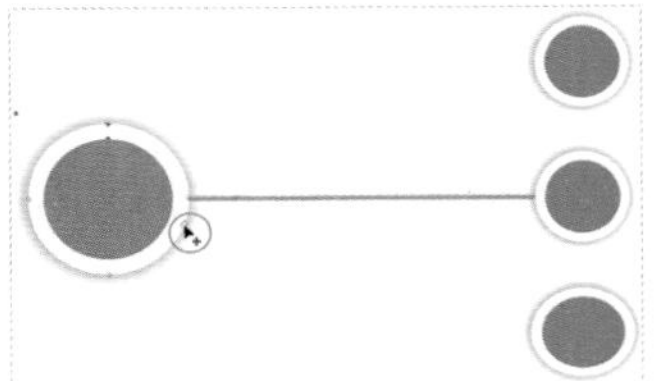

图9-125

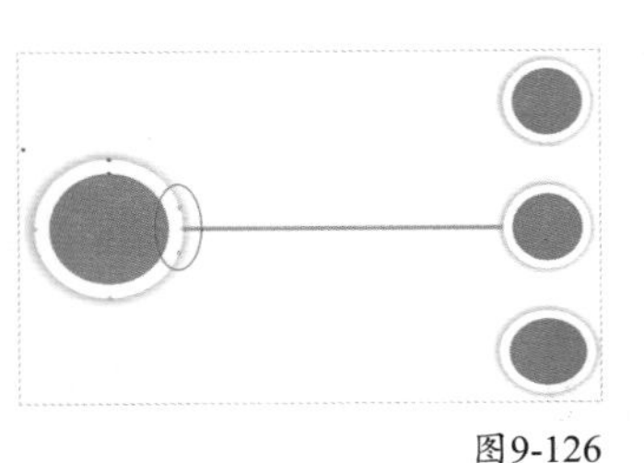

图9-126

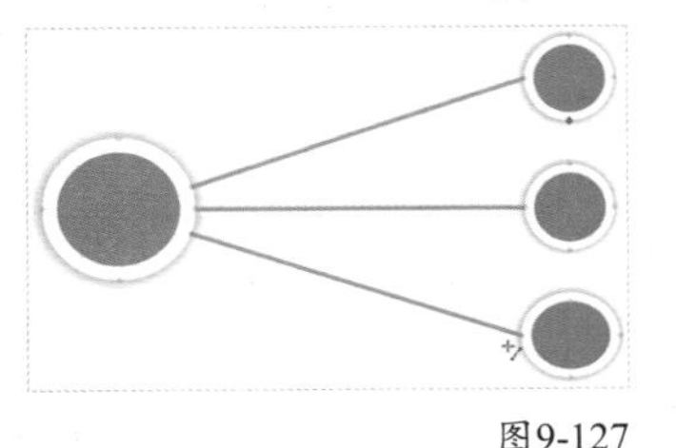

图9-127

移动锚点

在“工具箱”中单击“编辑锚点工具”，再单击选中连接线上需要移动的锚点，然后按住鼠标左键移动到对象上的其他锚点上，如图9-128和图9-129所示。锚点可以移动到其他锚点上，也可以移动到中心和任意地方上，还可以根据用户需要进行拖动。

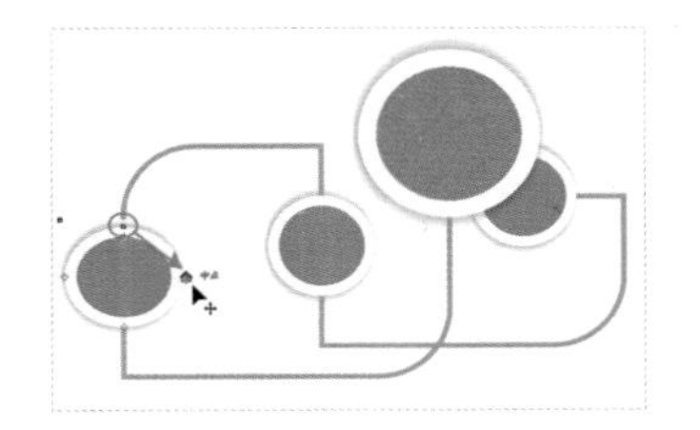

图9-128

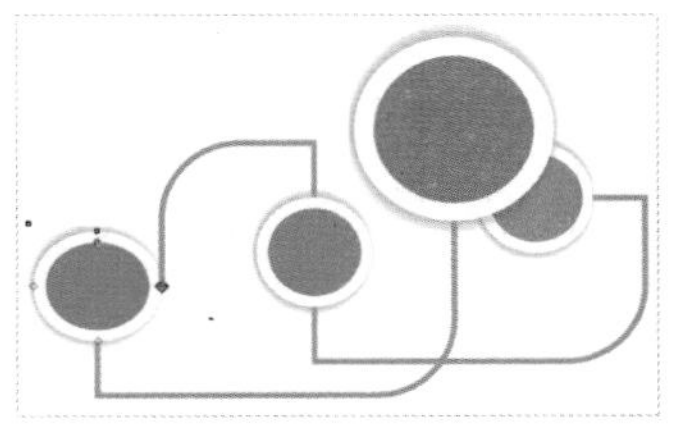

图9-129

删除锚点

在“工具箱”中单击“编辑锚点工具”，再单击选中对象上需要删除的锚点，然后在属性栏上单击“删除锚点”图标删除该锚点，如图9-130所示，双击选中的锚点也可以进行删除。

图9-130

删除锚点的时候，除了单个删除，也可以拖动范围进行多选，如图9-131和图9-132所示。

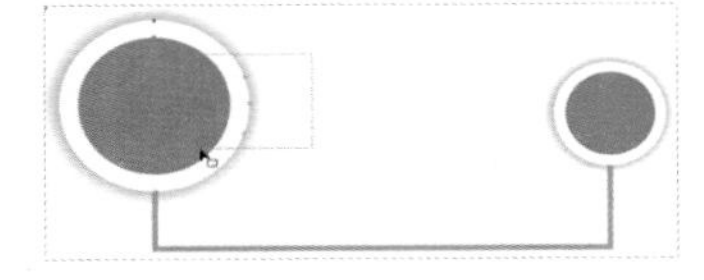

图9-131

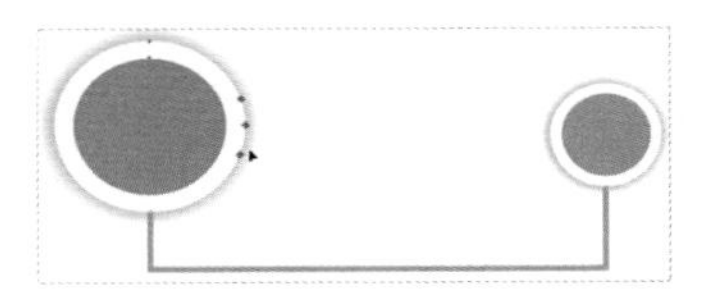

图9-132

第10章 图像效果操作

Learning Objectives
学习要点

274页 调和效果

282页 轮廓图效果

291页 阴影效果

298页 立体化效果

305页 透明效果

318页 图框精确剪裁

Employment direction
从业方向

工具名称	工具图标	工具作用	重要程度
调和工具		创建任意两个或多个对象之间的颜色和形状过渡	高
轮廓图工具		创建一系列渐进到对象内部或外部的同心线	高
变形工具		将图形通过拖动进行不同效果的变形	中
阴影工具		为平面对象创建不同角度的阴影效果	高
封套工具		创建不同样式的封套来改变对象的形状	高
立体化工具		将立体三维效果快速运用到对象上	高
透明度工具		改变对象填充色的透明程度来添加效果	高
斜角	无	通过修改对象边缘产生三维效果	中
透镜	无	通过修改对象的颜色、形状调整对象的显示效果	高
透视	无	将平面对象通过变形达到立体透视效果	中
图框精确剪裁	无	将所选对象置入目标容器中	高

10.1 调和效果

调和效果是CorelDRAW X7中用途最广泛、性能最强大的工具之一，用于创建任意两个或多个对象之间的颜色和形状过渡，包括直线调和、曲线路径调和以及复合调和等多种方式。

调和可以用来增强图形和艺术文字的效果，也可以创建颜色渐变、高光、阴影、透视等特殊效果，在设计中运用频繁。CorelDRAW X7为用户提供了丰富的调和设置，使调和更加丰富。

★ 重点 ★

10.1.1 创建调和效果

“调和工具”通过创建中间的一系列对象，以颜色序列来调和两个源对象，原对象的位置、形状、颜色会直接影响调和效果。

直线调和

单击“调和工具”，将光标移动到起始对象，按住左键不放向终止对象进行拖动，会出现一列对象的虚框进行预览，如图10-1和图10-2所示，确定无误后松开左键完成调和，效果如图10-3所示。

图10-1

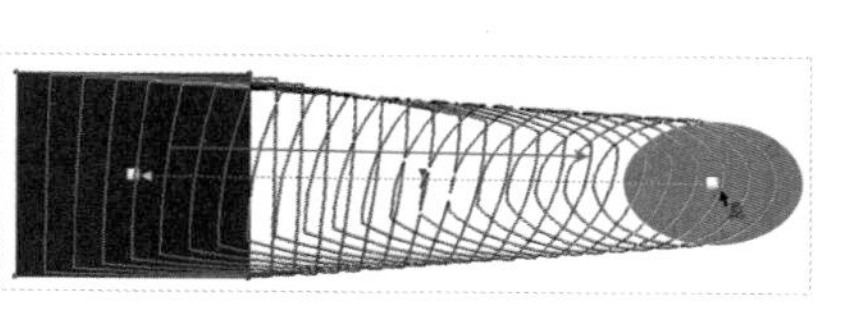

图10-2

图10-3

在调和时两个对象的位置大小会影响中间系列对象的形状变化，两个对象的颜色决定中间系列对象的颜色渐变的范围。

技术专题 14 调和线段对象

“调和工具” 也可以创建轮廓线的调和。创建两条曲线，然后填充不同颜色，如图10-4所示。

图10-4

单击“调和工具” ，选中蓝色曲线按住左键拖动到终止曲线，当出现预览线后松开左键完成调和，如图10-5和图10-6所示。

图10-5

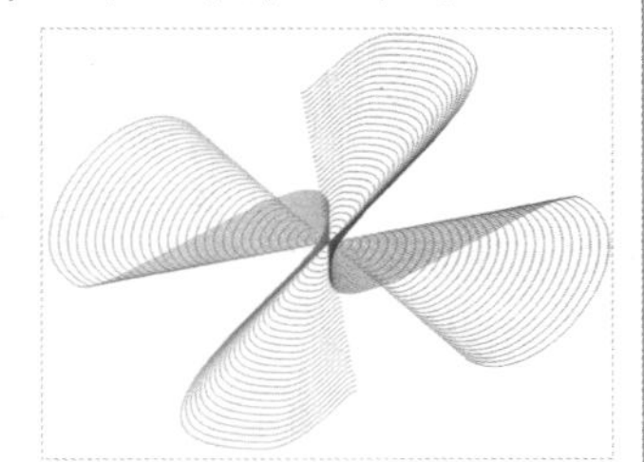

图10-6

当线条形状和轮廓线“宽度”都不同时，也可以进行调和，调和的中间对象会进行形状和宽度渐变，如图10-7和图10-8所示。

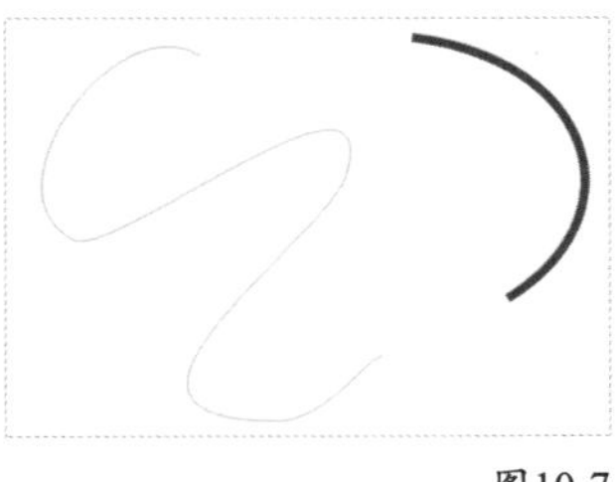

图10-7

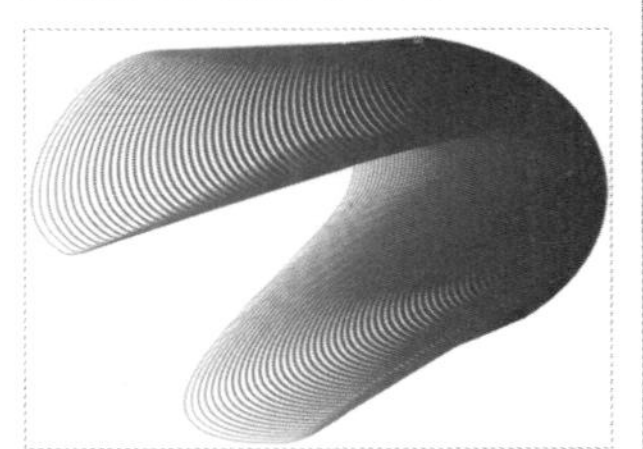

图10-8

曲线调和

单击“调和工具” ，将光标移动到起始对象，先按住Alt键不放，然后按住左键向终止对象拖动出曲线路径，出现一列对象的虚框进行预览，如图10-9和图10-10所示，松开左键完成调和，效果如图10-11所示。

图10-9

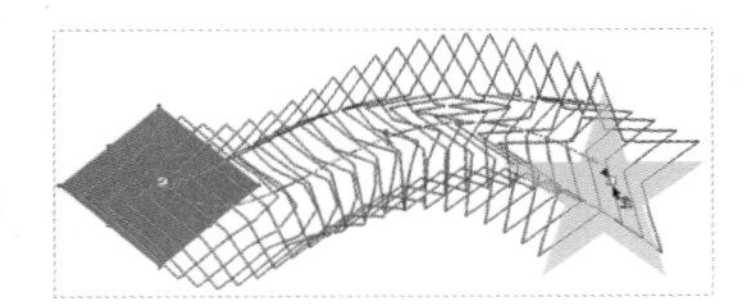

图10-10

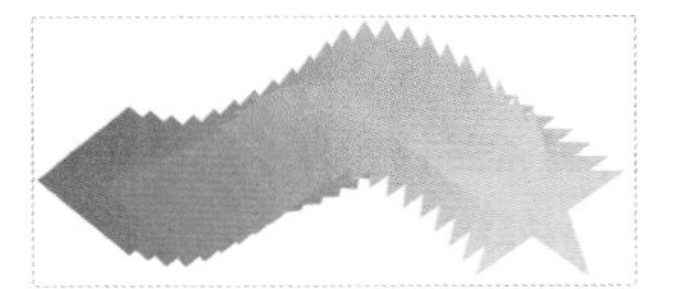

图10-11

在创建曲线调和选取起始对象时，必须先按住Alt键再进行选取绘制路径，否则无法创建曲线调和。

在曲线调和中绘制的曲线弧度与长短会影响到中间系列对象的形状、颜色变化。

技术专题 15 直线调和转曲线调和

使用“钢笔工具” 绘制一条平滑曲线，如图10-12所示，然后将已经进行直线调和的对象选中，在属性栏上单击“路径属性”图标 ，在下拉选项中选择“新路径”命令，如图10-13所示。

图10-12

图10-13

此时光标变为弯曲箭头形状，如图10-14所示，将箭头对准曲线，然后单击左键即可，效果如图10-15所示。

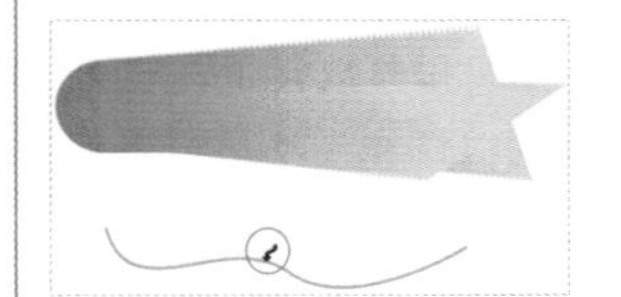

图10-14

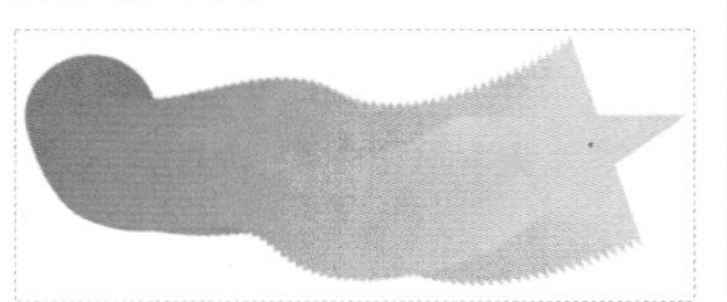

图10-15

复合调和

创建3个几何对象，填充不同的颜色，如图10-16所示，然后单击“调和工具” ，将光标移动到蓝色起始对象，按住左键不放向洋红对象拖动直线调和，如图10-17所示。

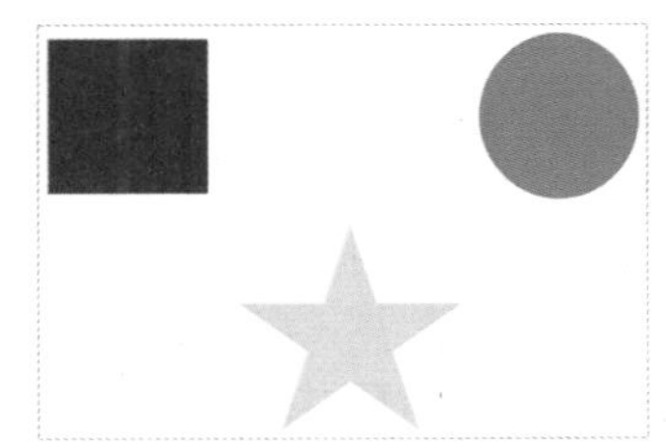

图10-16

图10-17

在空白处单击取消直线路径的选择，然后再选择圆形按住左键向星形对象拖动直线调和，如图10-18所示；如果需要创建曲线调和，可以按住Alt键选中圆形向星形创建曲线调和，如图10-19所示。

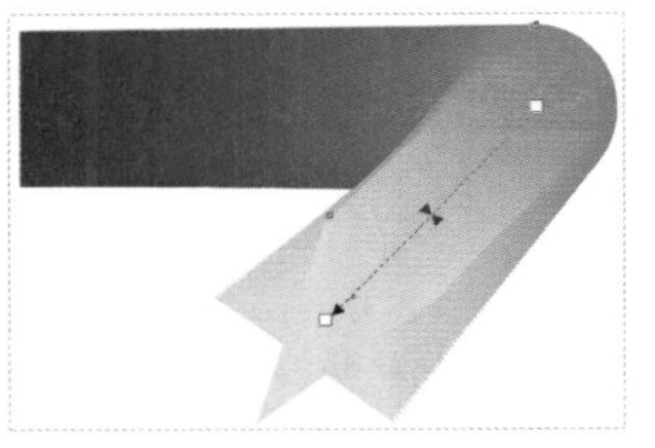

图10-18

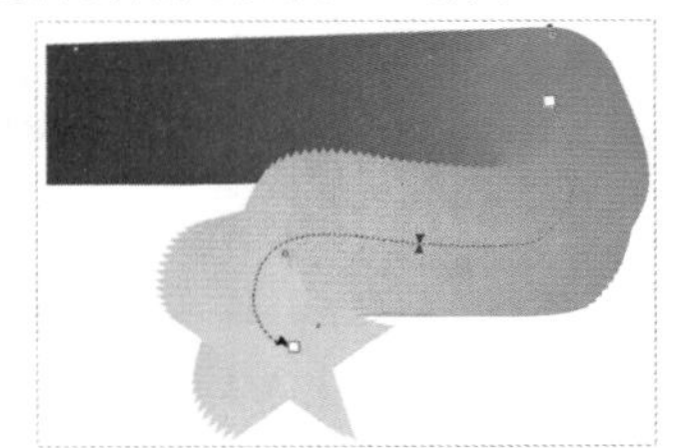

图10-19

疑难问答

问：在创建调和效果时，怎样使调和更自然？

答：选中调和对象，如图10-20所示，然后在属性栏“调和步长”的文本框里输入数值，数值越大，调和效果越细腻、越自然，如图10-21所示，按回车键应用后，调和效果如图10-22所示。

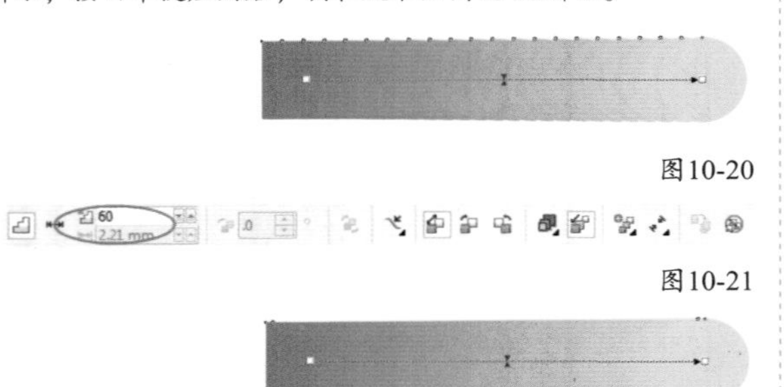

图10-20

图10-21

图10-22

10.1.2 调和参数设置

在调和后，我们可以在属性栏进行调和参数设置，也可以执行“效果>调和”菜单命令，在打开的“调和”泊坞窗进行参数设置。

属性栏参数

“调和工具”的属性栏如图10-23所示。

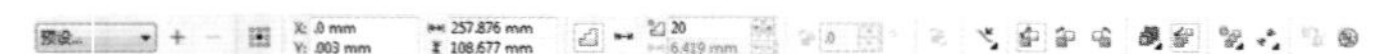

图10-23

调和选项介绍

预设列表：系统提供的预设调和样式，可以在下拉列表选择预设选项，如图10-24所示。

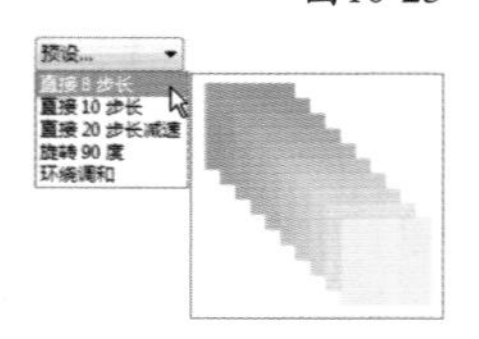

图10-24

添加预设：单击该图标可以将当前选中的调和对象另存为预设。

删除预设：单击该图标可以将当前选中的调和样式删除。

调和步长：用于设置调和效果中的调和步长数和形状之间的偏移距离。激活该图标，可以在后面的“调和对象”文本框 35 中输入相应的步长数。

调和间距：用于设置路径中调和步长对象之间的距离。激活该图标，可以在后面的“调和对象”文本框 .764 mm 中输入相应的步长数。

技巧与提示

切换“调和步长”图标与“调和间距”图标必须在曲线调和的状态下进行。在直线调和状态下可以直接调整步长数，“调和间距”只运用于曲线路径。

调和方向 .0 °：在后面的文本框中输入数值，可以设置已调和对象的旋转角度。

环绕调和：激活该图标，可将环绕效果添加应用到调和中。

直接调和：激活该图标，设置颜色调和序列为直接颜色渐变，如图10-25所示。

顺时针调和：激活该图标，可设置颜色调和序列为按色谱顺时针方向颜色渐变，如图10-26所示。

图10-25

图10-26

逆时针调和：激活该图标，可设置颜色调和序列为按色谱逆时针方向颜色渐变，如图10-27所示。

图10-27

对象和颜色加速：单击该按钮，在弹出的对话框中通过拖动“对象”、“颜色”后面的滑块，可以调整形状和颜色的加速效果，如图10-28所示。

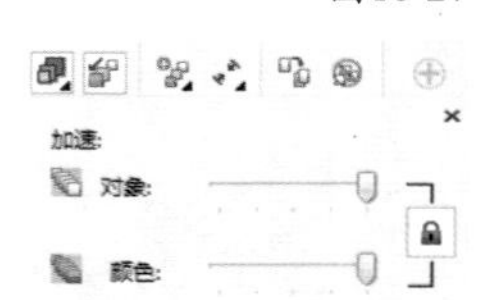

图10-28

技巧与提示

激活“锁头”图标后，可以同时调整“对象”、“颜色”后面的滑块；解锁后，可以分别调整“对象”、“颜色”后面的滑块。

调整加速大小：激活该图标，可以调整对象的大小更改变化速率。

更多调和选项：单击该图标，在弹出的下拉选项中可进行“映射节点”、“拆分”、“溶合始端”、“溶合末端”、“沿全路径调和”和“旋转全部对象”操作，如图10-29所示。

图10-29

起始和结束属性：用于重置调和效果的起始点和终止点。单击该图标，在弹出的下拉选项中进行显示和重置操作，如图10-30所示。

图10-30

路径属性：用于将调和好的对象添加到新路径、显示路径和分离出路径等操作，如图10-31所示。

图10-31

> **技巧与提示**
>
> “显示路径”和“从路径分离”两个选项在曲线调和状态下才会激活进行操作，直线调和则无法使用。

复制调和属性：单击该按钮可以将其他调和属性应用到所选调和中。

清除调和：单击该按钮可以清除所选对象的调和效果。

泊坞窗参数

执行“效果>调和”菜单命令，打开“调和”泊坞窗，如图10-32所示。

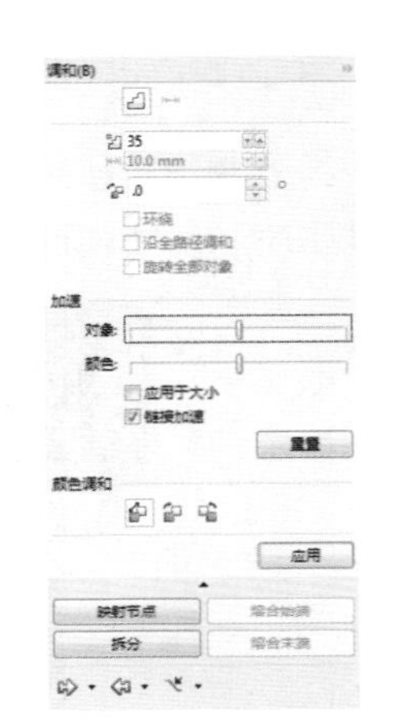

图10-32

调和选项介绍

沿全路径调和：沿整个路径延展调和，该命令仅运用在添加路径的调和中。

旋转全部对象：沿曲线旋转所有的对象，该命令仅运用在添加路径的调和中。

应用于大小：勾选后，可把调整的对象加速应用到对象大小。

链接加速：勾选后，可以同时调整对象加速和颜色加速。

重置：将调整的对象加速和颜色加速还原为默认设置。

映射节点：将起始形状的节点映射到结束形状的节点上。

拆分：将选中的调和拆分为两个独立的调和。

熔合始端：熔合拆分或复合调和的始端对象。按住Ctrl键选中中间和始端对象，可以激活该按钮。

熔合末端：熔合拆分或复合调和的末端对象。按住Ctrl键选中中间和末端对象，可以激活该按钮。

始端对象：更改或查看调和中的始端对象。

末端对象：更改或查看调和中的末端对象。

路径属性：用于将调和好的对象添加到新路径、显示路径和分离出路径。

10.1.3 调和操作

利用属性栏和泊坞窗的相关参数选项来进行调和的操作。

变更调和顺序

使用“调和工具”在方形到圆形中间添加调和，如图10-33所示，然后选中调和对象执行“对象>顺序>逆序”菜单命令，此时前后顺序进行了颠倒，如图10-34所示。

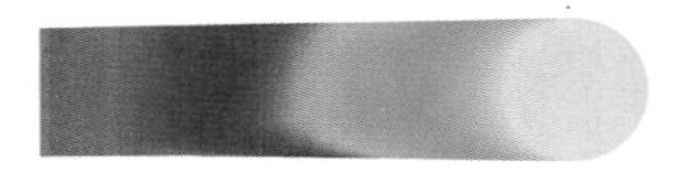
图10-33

图10-34

变更起始和终止对象

在终止对象下面绘制另一个图形，然后单击“调和工具”，再选中调和的对象，接着单击泊坞窗中“末端对象”图标的下拉选项中的“新终点”选项，当光标变为箭头时单击新图形，如图10-35所示，此时调和的终止对象变为下面的图形，如图10-36所示。

图10-35

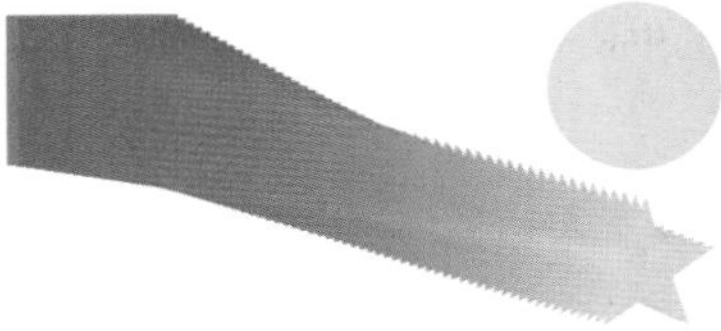

图10-36

在起始对象下面绘制另一个图形，接着选中调和的对象，再单击泊坞窗中“始端对象”图标的下拉选项中的“新起点”选项，当光标变为箭头时单击新图形，如图10-37所示，此时调和的起始对象变为下面的图形，如图10-38所示。

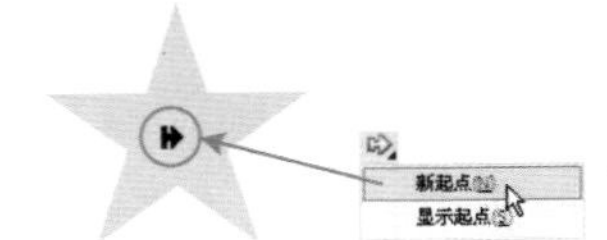

图10-37

图10-38

疑难问答

问：怎么同时将两个起始对象进行调和？

答：将两个起始对象组合为一个对象，如图10-39所示，然后使用“调和工具”进行拖动调和，此时调和的起始节点在两个起始对象中间，如图10-40所示，调和后的效果如图10-41所示。

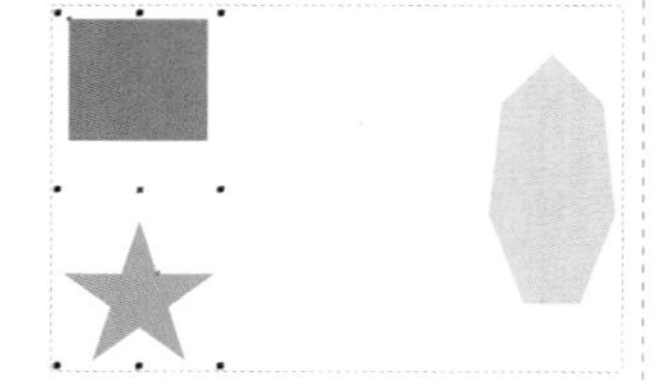

图10-39

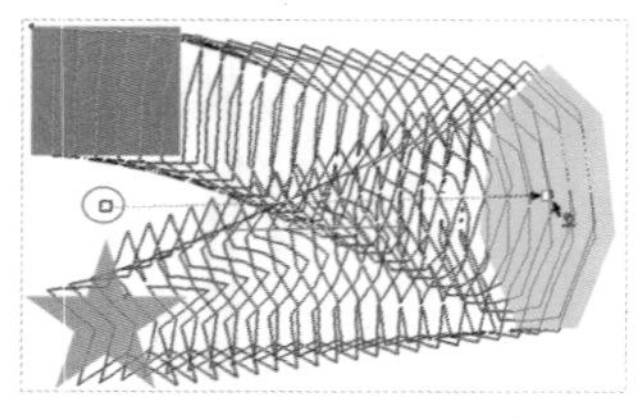

图10-40

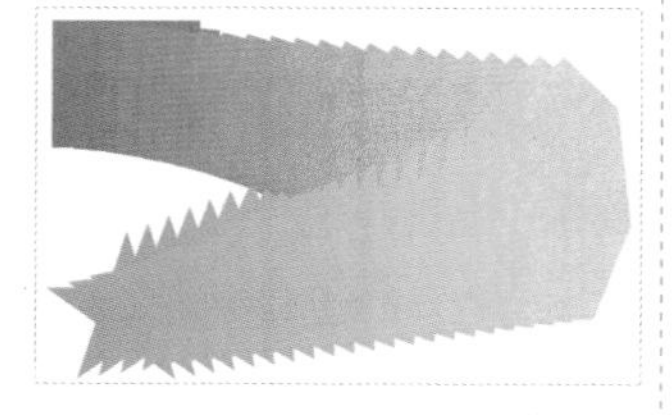

图10-41

 修改调和路径

选中调和对象，如图10-42所示，然后单击“形状工具”选中调和路径进行调整，如图10-43所示。

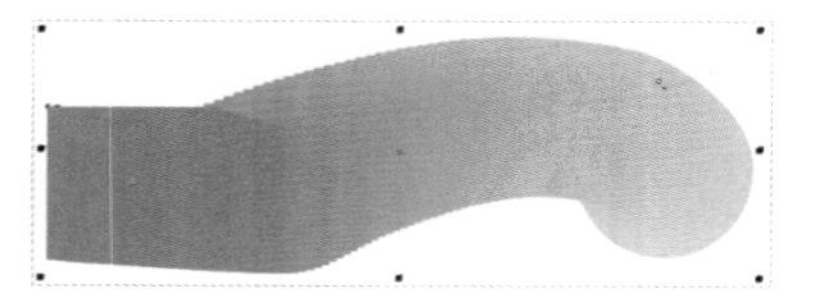

图10-42

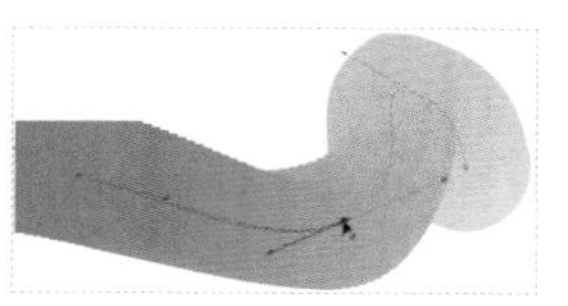

图10-43

 变更调和步长

选中直线调和对象，在上面属性栏中的“调和对象”文本框上出现当前调和的步长数，如图10-44所示，然后在文本框中输入需要的步长数，按回车键确定步数，效果如图10-45所示。

图10-44

图10-45

变更调和间距

选中曲线调和对象，在上面属性栏中的“调和间距”文本框上输入数值更改调和间距，数值越大间距越大，分层越明显；数值越小间距越小，调和越细腻，效果如图10-46和图10-47所示。

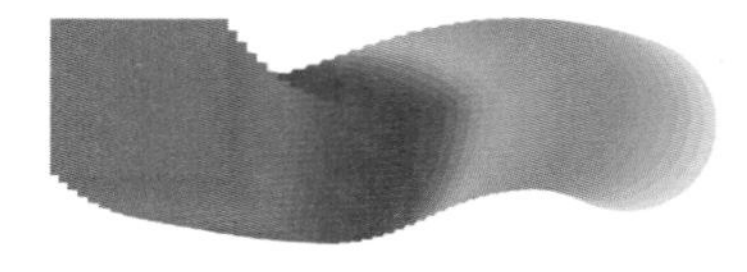

图10-46

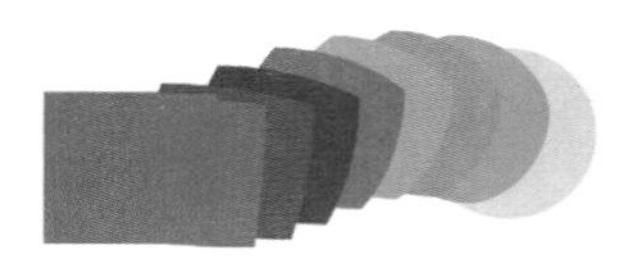

图10-47

调整对象和颜色的加速

选中调和对象，然后在激活“锁头”图标时移动滑轨，可以同时调整对象加速和颜色加速，效果如图10-48和图10-49所示。

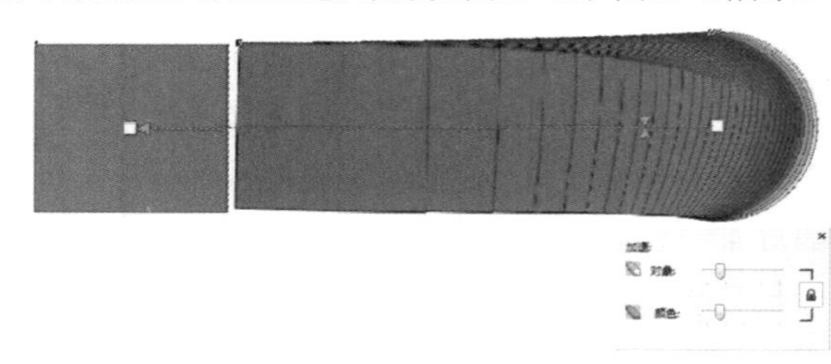

图10-48

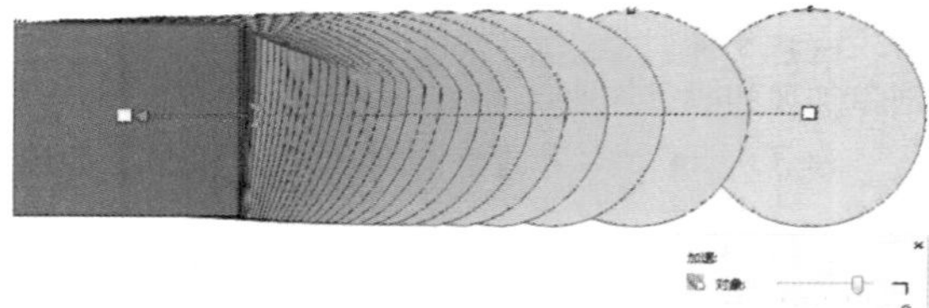

图10-49

解锁后可以分别移动两种滑轨。移动对象滑轨，颜色不变，对象间距进行改变；移动颜色滑轨，对象间距不变，颜色进行改变，效果如图10-50和图10-51所示。

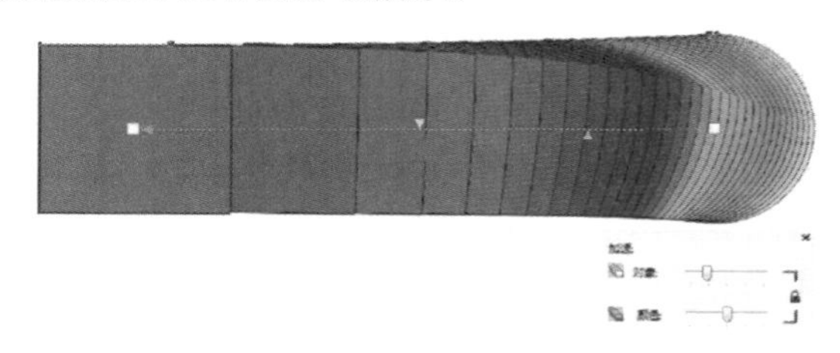

图10-50

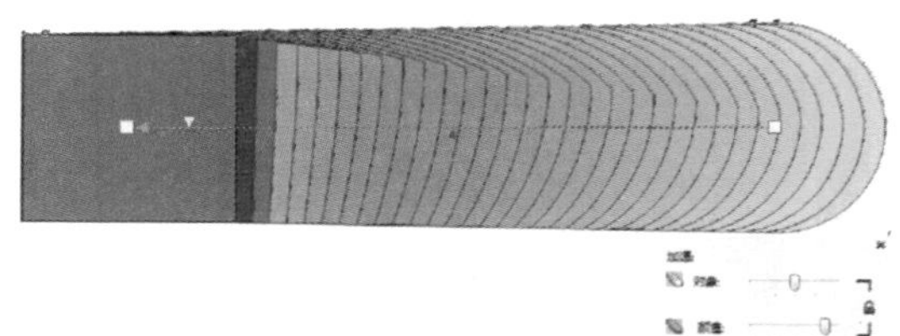

图10-51

调和的拆分与熔合

使用“调和工具”选中调和对象，然后单击“拆分”按钮，当光标变为弯曲箭头时单击中间任意形状，完成拆分，如图10-52所示。

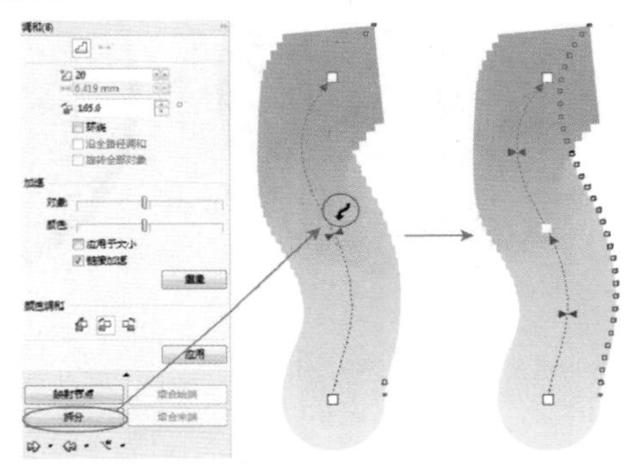

图10-52

单击“调和工具”，按住Ctrl键单击上半段路径，然后单击“熔合始端”按钮完成熔合，如图10-53所示。按住Ctrl键单击下半段路径，然后单击“熔合末端”按钮完成熔合，如图10-54所示。

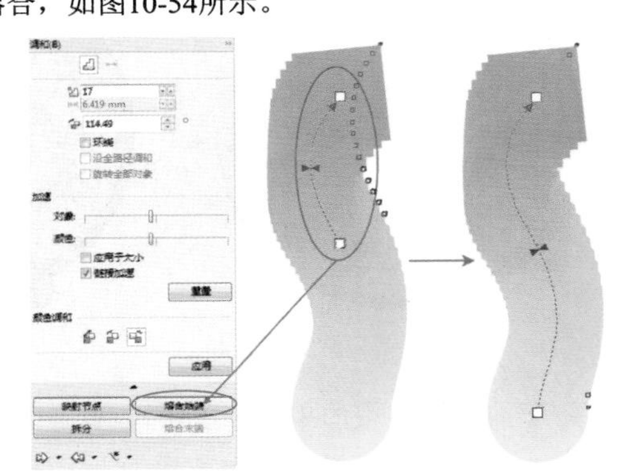

图10-53

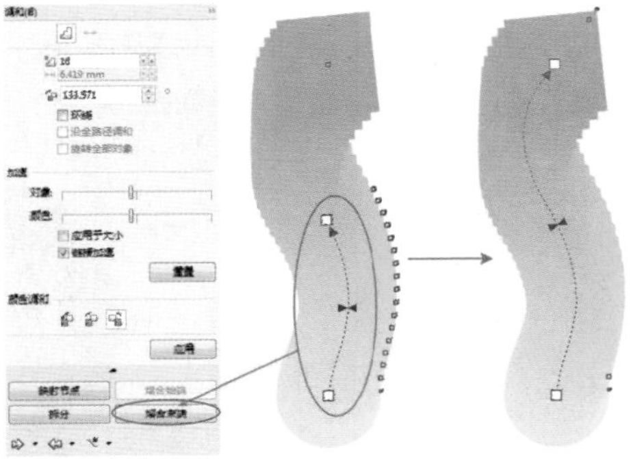

图10-54

复制调和效果

选中直线调和对象，然后在属性栏单击“复制调和属性”图标，当光标变为箭头后，再移动到需要复制的调和对象上，如图10-55所示，单击左键完成复制属性，效果如图10-56所示。

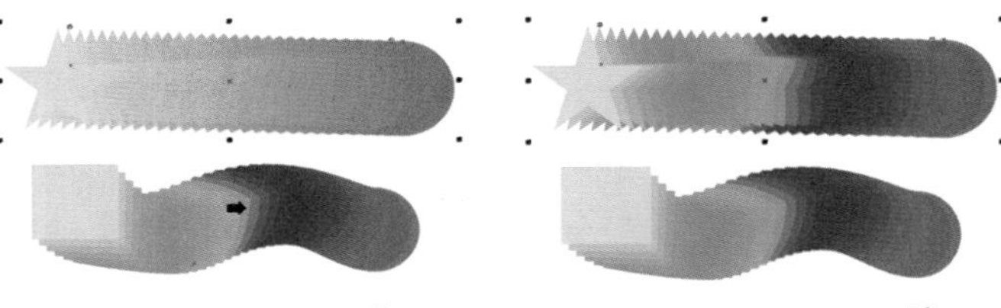

图10-55　图10-56

拆分调和对象

选中曲线调和对象，然后单击鼠标右键，在弹出的下拉菜单中执行“拆分调和群组”命令，如图10-57所示，接着单击鼠标右键，在弹出的下拉菜单中执行“取消组合对象”命令，如图10-58所示，取消组合对象后中间进行调和的渐变对象可以分别进行移动，如图10-59所示。

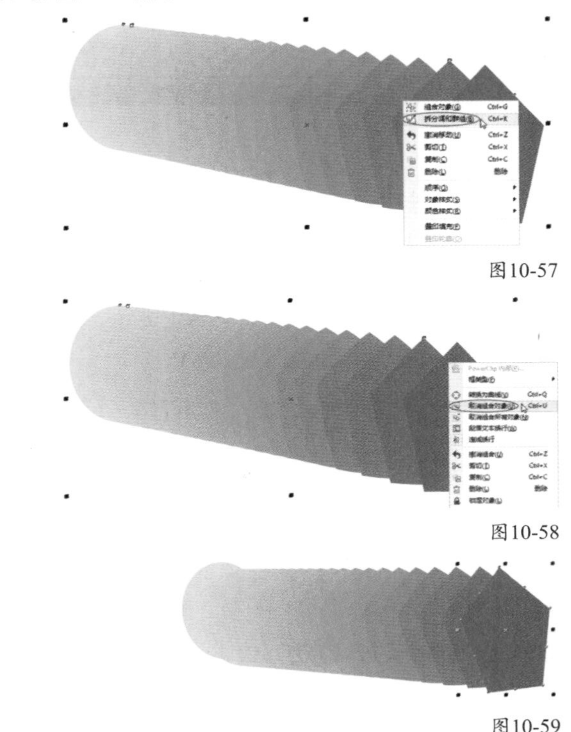

图10-57

图10-58

图10-59

清除调和效果

使用“调和工具”选中调和对象，然后在属性栏单击“清除调和”图标清除选中对象的调和效果，如图10-60所示。

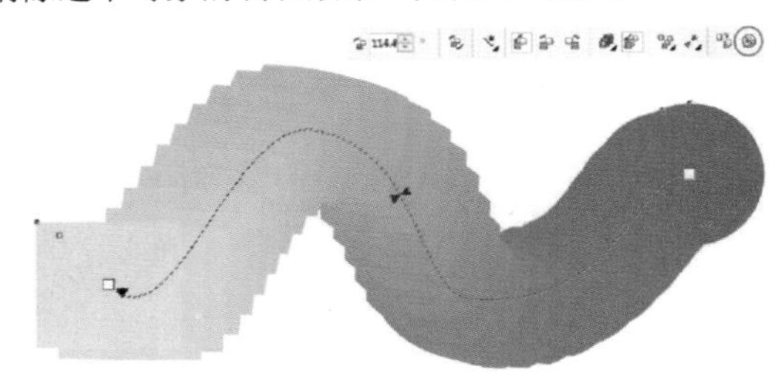

图10-60

★ 重 点 ★

实战：用调和绘制国画

实例位置　下载资源>实例文件>CH10>实战：用调和绘制国画.cdr
素材位置　下载资源>素材文件>CH10> 01.cdr、02.cdr
视频位置　下载资源>多媒体教学>CH10>实战：用调和绘制国画.flv
实用指数　★★★☆☆
技术掌握　调和的运用方法

花鸟国画效果如图10-61所示。

图10-61

01 新建一个空白文档，然后设置文档名称为“花鸟国画”，接着设置页面大小为“A4”、页面方向为“横向”。

02 首先绘制青色果子。使用“椭圆形工具”绘制两个相交的椭圆，然后在“造型”泊坞窗中选择“相交”类型，再勾选“保留原目标对象”选项，接着单击“相交对象”按钮完成相交操作，如图10-62和图10-63所示。

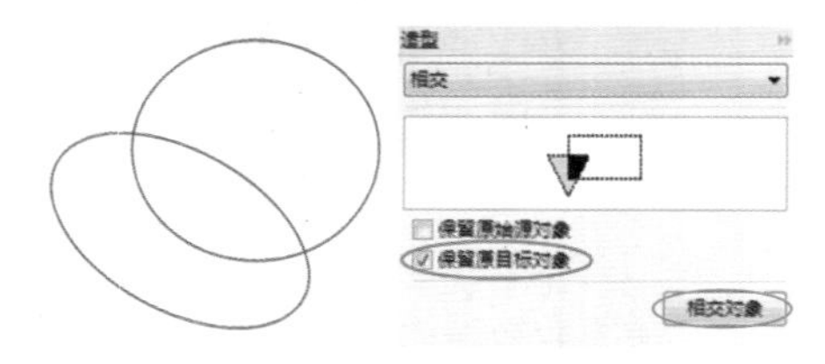

图10-62　　图10-63

03 选中椭圆填充颜色为（C:16，M:6，Y:53，K:0），然后选中相交对象填充颜色为（C:22，M:59，Y:49，K:0），再全选对象去掉轮廓线，如图10-64所示，接着使用“调和工具”拖动调和效果，在属性栏设置“调和对象”为20，如图10-65所示。

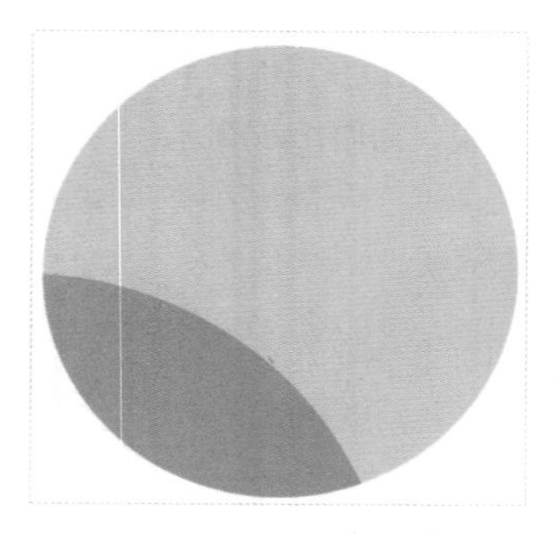

图10-64

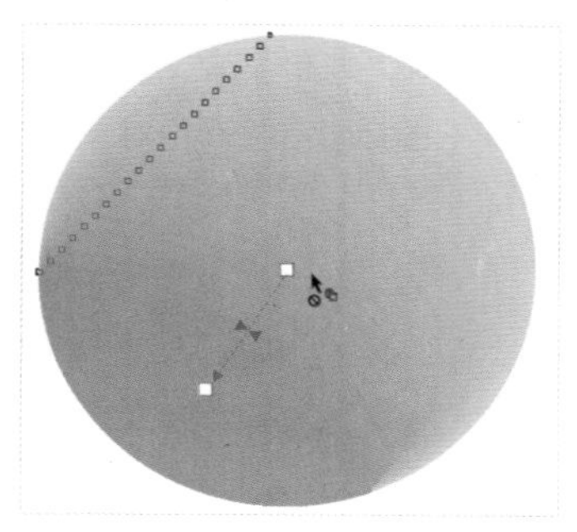

图10-65

04 使用“椭圆形工具”在调和对象上方绘制一个椭圆，然后填充颜色为黑色，如图10-66所示，接着将黑色椭圆置于调和对象后面，再调整位置，效果如图10-67所示。

图10-66

图10-67

05 下面绘制水果上的斑点。使用“椭圆形工具”绘制椭圆，然后由深到浅依次填充颜色为（C:38，M:29，Y:63，K:0）、（C:32，M:24，Y:58，K:0）、（C:23，M:18，Y:55，K:0），如图10-68所示，接着绘制小点的斑点，填充颜色为黑色，最后全选果子进行组合对象，效果如图10-69所示。

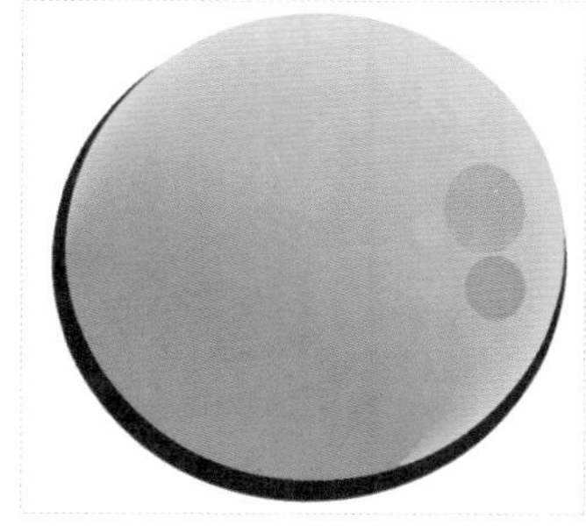

图10-68

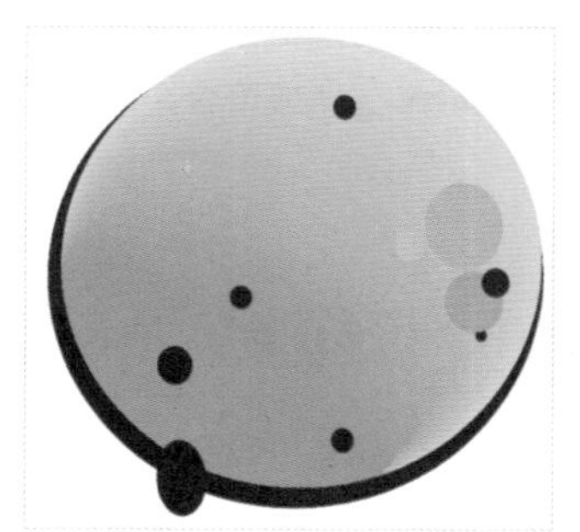

图10-69

06 下面绘制熟透的果子。使用“椭圆形工具”绘制果子的外形，然后选中椭圆形填充颜色为（C:0，M:54，Y:82，K:0），再选中相交区域填充颜色为（C:22，M:100，Y:100，K:0），接着全选删除轮廓线，如图10-70所示，最后使用“调和工具”拖动调和效果，效果如图10-71所示。

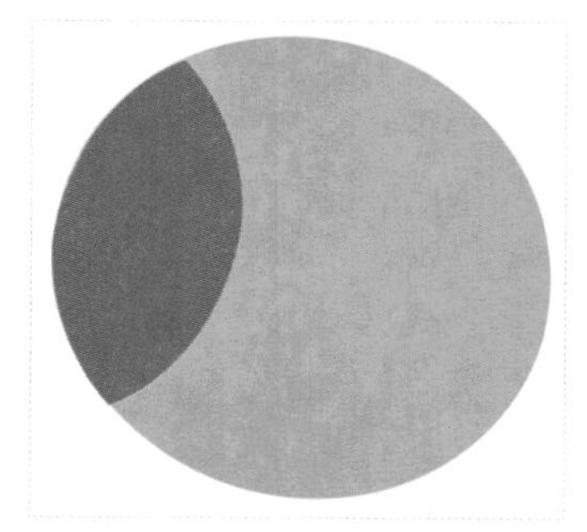

图10-70

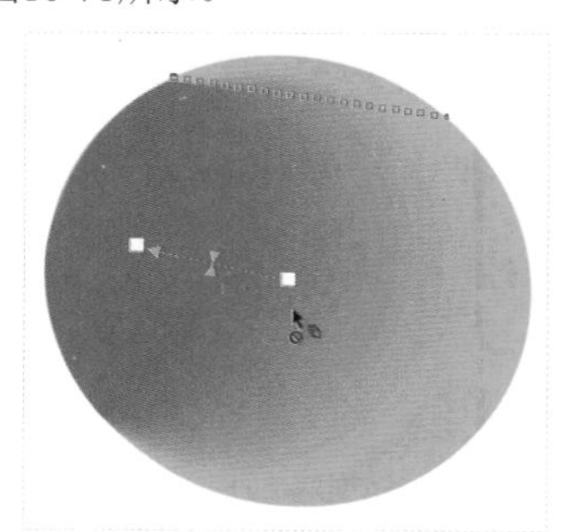

图10-71

07 绘制一个黑色椭圆置于调和对象下面，并调整位置，如图10-72所示，然后在果身上绘制斑点，填充颜色为（C:16，M:67，Y:100，K:0），接着使用“透明度工具”拖动渐变透明效果，如图10-73所示。

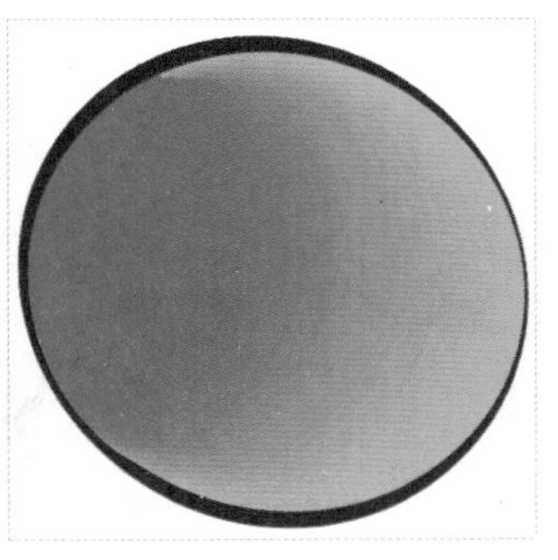

图10-72

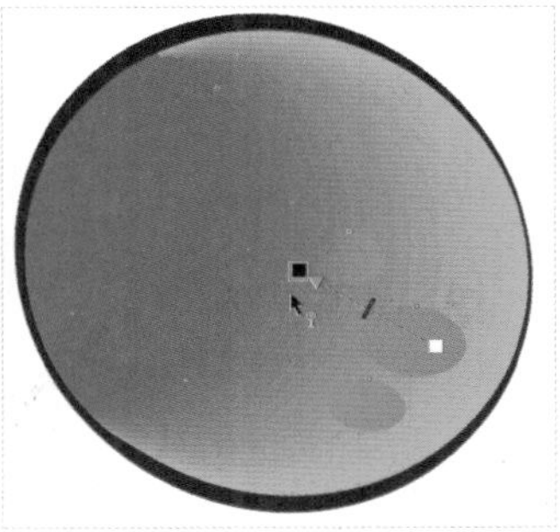

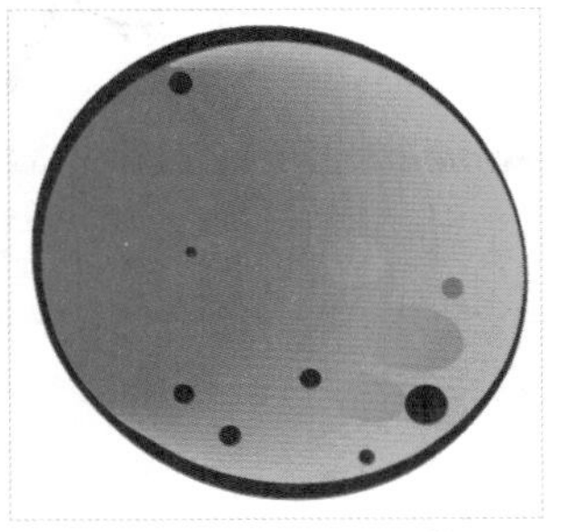

图10-73

08 使用“椭圆形工具”绘制小斑点，然后填充颜色为黑色，如图10-74所示，接着使用相同的方法绘制三个果子，最后重叠排列在一起进行组合对象，如图10-75所示。

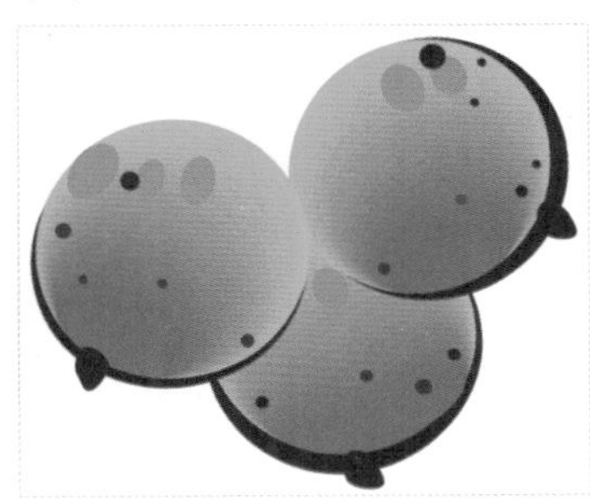

图10-74

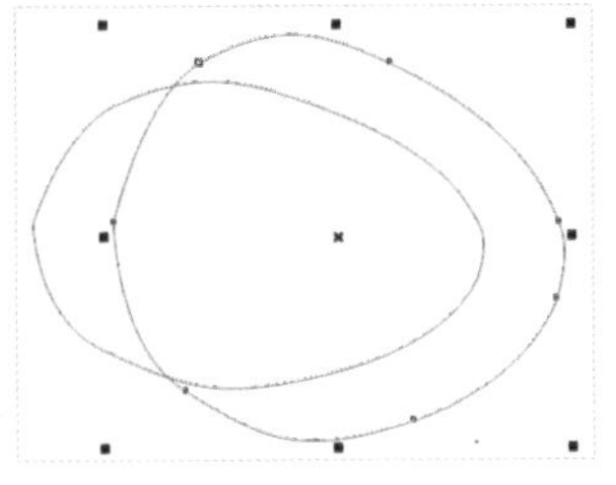

图10-75

09 下面绘制叶子。使用“钢笔工具”绘制叶子的轮廓线，然后复制一份在上面绘制剪切范围，再修剪掉多余的部分，如图10-76所示，接着选中叶片填充颜色为（C:31，M:20，Y:58，K:0），填充修剪区域颜色为（C:28，M:72，Y:65，K:0），最后右键删除轮廓线，如图10-77所示。

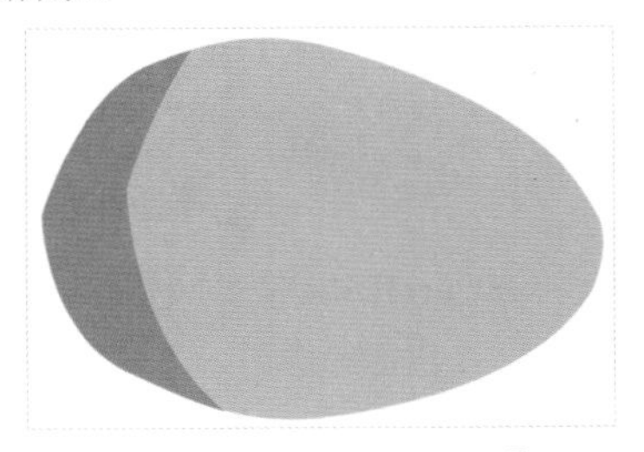

图10-76

图10-77

10 使用“调和工具”拖动调和效果，如图10-78所示，然后单击“艺术笔工具”，在属性栏设置“笔触宽度”为1.073mm、“类别”为“书法”，再选取合适的“笔刷笔触”，接着在叶片上绘制叶脉，效果如图10-79所示。

图10-78

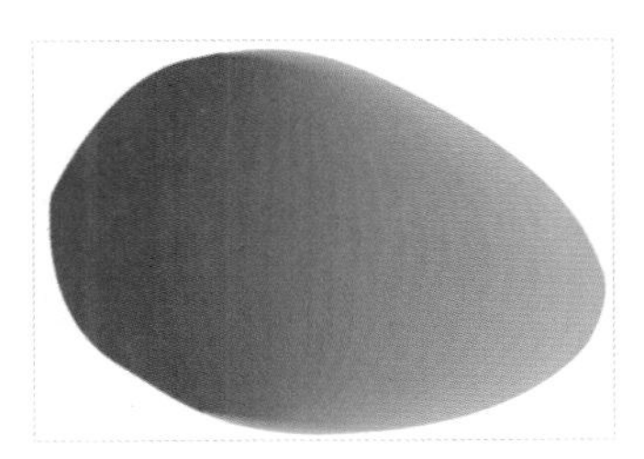

图10-79

11 使用同样的方法绘制绿色叶片，然后选中叶片填充颜色为（C:31，M:20，Y:58，K:0），填充修剪区域颜色为（C:77，M:58，Y:100，K:28），如图10-80所示，接着使用“调和工具”拖动调和效果，如图10-81所示，最后使用“艺术笔工具”绘制叶脉，效果如图10-82所示。

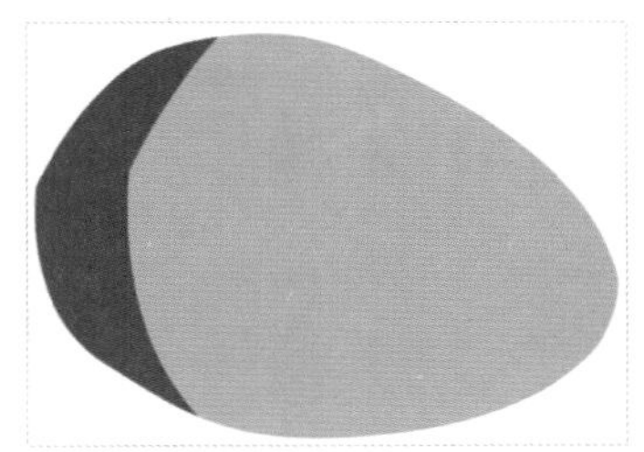

图10-80

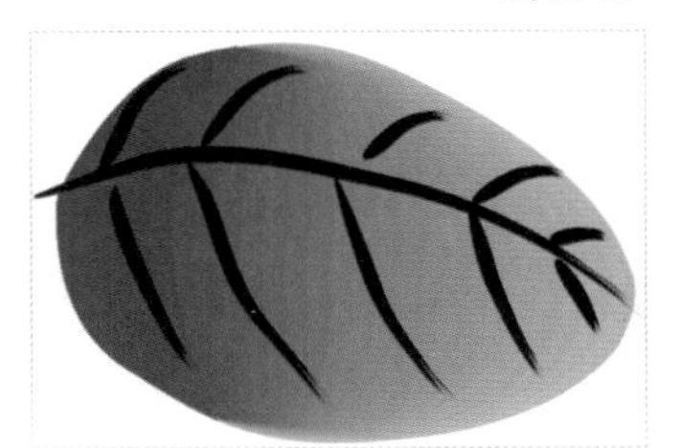

图10-81

图10-82

12 使用“艺术笔工具”绘制枝干，然后在属性栏调整“笔触宽度”的数值，效果如图10-83所示，接着将果子和树叶拖曳到枝干上，如图10-84所示。

图10-83

图10-84

13 将伸出的枝桠绘制完毕，然后将果子复制拖曳到枝桠上，如图10-85所示，接着导入下载资源中的“素材文件>CH10>01.cdr”文件，将麻雀拖曳到枝桠上，最后全选对象进行组合，效果如图10-86所示。

图10-85

图10-86

14 下面绘制背景。使用“矩形工具”创建与页面等大的矩形，然后双击“渐层工具”，在“编辑填充”对话框中选择“渐变填充”方式，设置“类型”为“椭圆形渐变填充”、“镜像、重复和反转”为“默认渐变填充”，再设置“节点位置”为0%的色标颜色为（C,24，M:25，Y:37，K:0）、“节点位置”为100%的色标颜色为白色，“填充宽度”为122.499、“旋转”为-1.7，“倾斜”为-8，接着单击“确定”按钮完成填充，如图10-87所示，最后右键去掉轮廓线，效果如图10-88所示。

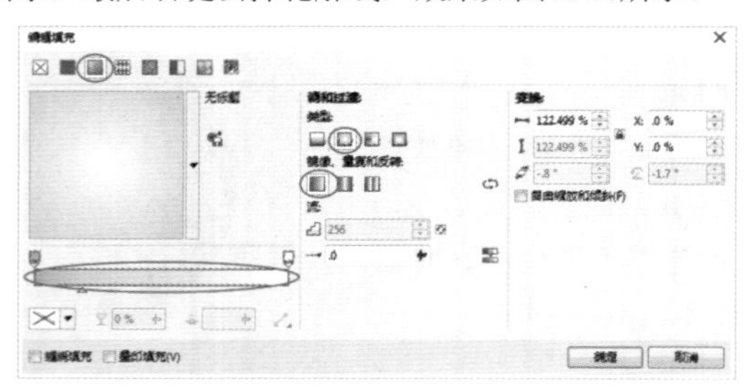

图10-87

图10-88

15 使用“椭圆形工具”绘制圆形光斑，如图10-89所示，然后填充颜色为黑色，再右键去掉轮廓线，接着单击“透明度工具”，在属性栏设置“透明度类型”为“均匀透明度”、“透明度”为90，效果如图10-90所示。

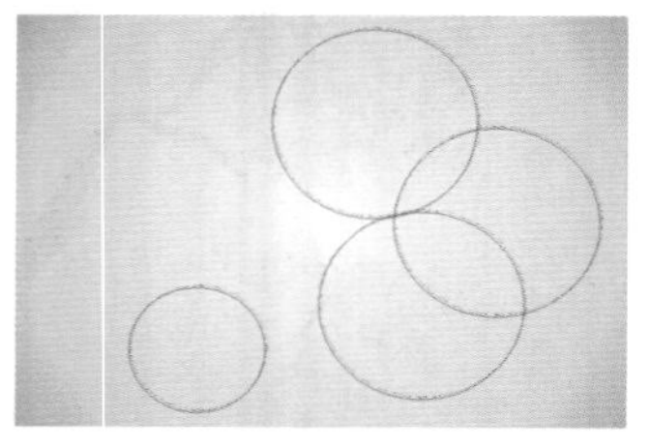

图10-89

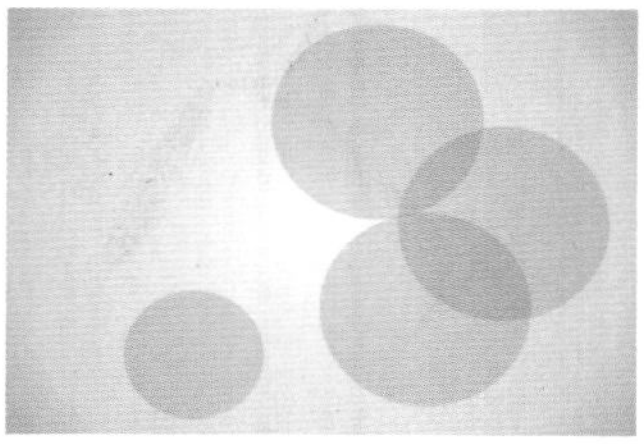

图10-90

16 使用“矩形工具”在页面下方绘制两个矩形，然后填充颜色为（C:76，M:58，Y:100，K:28），再右键去掉轮廓线，接着单击“透明度工具”，在属性栏设置“透明度类型”为“均匀透明度”、“透明度”为27，效果如图10-91所示。

17 导入下载资源中的“素材文件>CH10>02.cdr”文件，然后将光斑复制排放在页面中，并调整大小和位置，效果如图10-92所示。

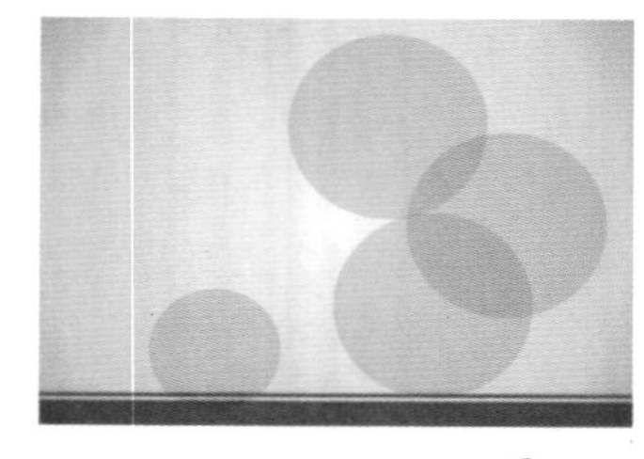

图10-91

图10-92

18 将花鸟国画拖曳到页面中，并调整位置，如图10-93所示，然后将光斑复制排放在国画上的相应位置，形成光晕覆盖效果，如图10-94所示。

图10-93

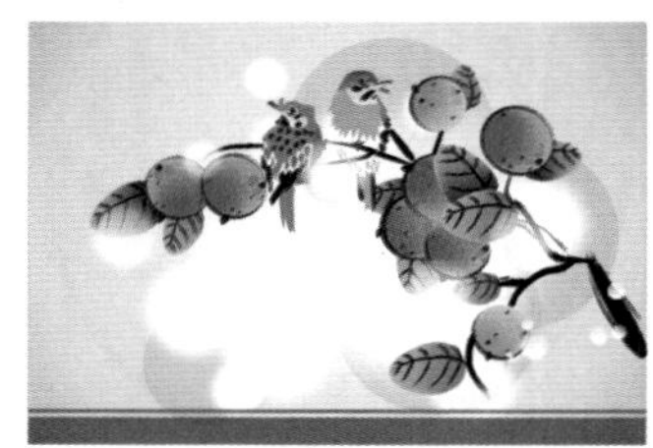

图10-94

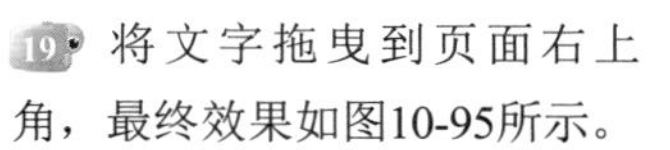

19 将文字拖曳到页面右上角，最终效果如图10-95所示。

图10-95

10.2 轮廓图效果

轮廓图效果是指通过拖曳为对象创建一系列渐进到对象内部或外部的同心线。轮廓图效果广泛运用于创建图形和文字的三维立体效果、剪切雕刻制品输出，以及特殊效果的制作。创建轮廓图效果可以在属性栏进行设置，使轮廓图效果更加精确美观。

创建轮廓图的对象可以是封闭路径，也可以是开放路径，还可以是美工文本对象。

10.2.1 创建轮廓图

在CorelDRAW X7中提供的轮廓图效果主要为3种：“到中心”、“内部轮廓”、“外部轮廓”。

创建中心轮廓图

绘制一个星形，如图10-96所示，然后单击工具箱中的“轮廓图工具”，再单击属性栏上的“到中心”图标，则自动生成到中心一次渐变的层次效果，如图10-97和图10-98所示。

图10-96

图10-97

图10-98

在创建"到中心"轮廓线效果时，可以在属性栏设置数量和距离。

创建内部轮廓图

创建内部轮廓图的方法有两种。

第1种：选中星形，然后使用"轮廓图工具"在星形轮廓处按住左键向内拖动，如图10-99所示，松开左键完成创建。

图10-99

第2种：选中星形，然后单击"轮廓图工具"，再单击属性栏上的"内部轮廓"图标，则自动生成内部轮廓图效果，如图10-100和图10-101所示。

图10-100

图10-101

创建外部轮廓图

创建外部轮廓图的方法有两种。

第1种：选中星形，然后使用"轮廓图工具"在星形轮廓处按住左键向外拖动，如图10-102所示，松开左键完成创建。

图10-102

第2种：选中星形，然后单击"轮廓图工具"，再单击属性栏上的"外部轮廓"图标，则自动生成外部轮廓图效果，如图10-103和图10-104所示。

图10-103

图10-104

技巧与提示

轮廓图效果除了手动拖曳创建、在属性栏单击创建之外，我们还可以在"轮廓图"泊坞窗进行单击创建，如图10-105所示。

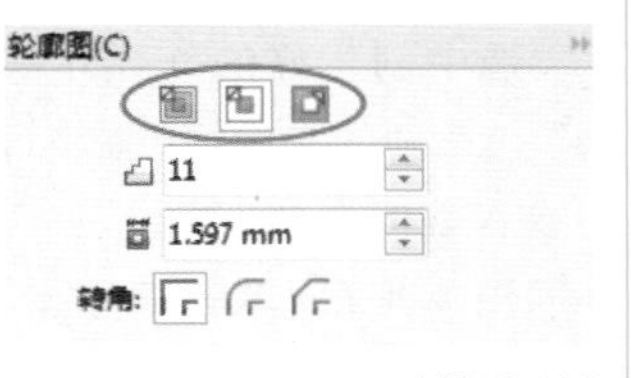

图10-105

★ 重点 ★

10.2.2 轮廓图参数设置

在创建轮廓图后，我们可以在属性栏进行调和参数设置，也可以执行"效果>轮廓图"菜单命令，在打开的"调和"泊坞窗进行参数设置。

属性栏参数

"轮廓图工具"的属性栏如图10-106所示。

图10-106

轮廓图选项介绍

预设列表：系统提供的预设轮廓图样式，可以在下拉列表选择预设选项，如图10-107所示。

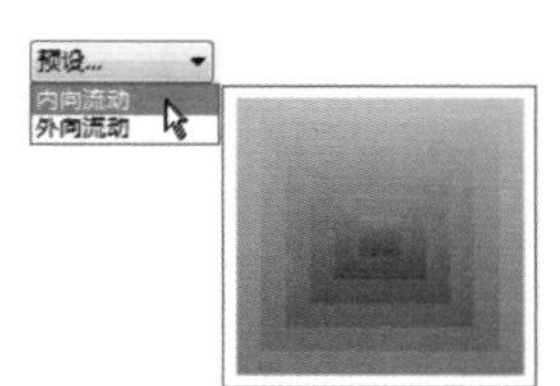

图10-107

到中心：单击该按钮，创建从对象边缘向中心放射状的轮廓图。创建后无法通过"轮廓图步长"进行设置，可以利用"轮廓图偏移"进行自动调节，偏移越大层次越少，偏移越小层次越多。

内部轮廓：单击该按钮，创建从对象边缘向内部放射状的轮廓图。创建后可以通过"轮廓图步长"设置轮廓图的层次数。

技巧与提示

"到中心"和"内部轮廓"的区别主要有两点。

第1点：在轮廓图层次少的时候，"到中心"轮廓图的最内层还是位于中心位置，而"内部轮廓"则是更贴近对象边缘，如图10-108所示。

图10-108

第2点："到中心"只能使用"轮廓图偏移"进行调节，而"内部轮廓"则是使用"轮廓图步长"和"轮廓图偏移"进行调节。

外部轮廓：单击该按钮，创建从对象边缘向外部放射状的轮廓图。创建后可以通过"轮廓图步长"设置轮廓图的层次数。

轮廓图步长：在后面的文本框输入数值来调整轮廓图的数量。

轮廓图偏移：在后面的文本框输入数值来调整轮廓图各步数之间的距离。

轮廓图角：用于设置轮廓图的角类型。单击该图标，在下拉选项列表选择相应的角类型进行应用，如图10-109所示。

斜接角：在创建的轮廓图中使用尖角渐变，如图10-110所示。

斜接角
圆角
斜切角

图10-109

图10-110

圆角：在创建的轮廓图中使用倒圆角渐变，如图10-111所示。

斜切角：在创建的轮廓图中使用倒角渐变，如图10-112所示。

图10-111　　图10-112

轮廓色：用于设置轮廓图的轮廓色渐变序列。单击该图标，在下拉选项列表选择相应的颜色渐变序列类型进行应用，如图10-113所示。

线性轮廓色：单击该选项，设置轮廓色为直接渐变序列，如图10-114所示。

图10-113　　图10-114

顺时针轮廓色：单击该选项，设置轮廓色为按色谱顺时针方向逐步调和的渐变序列，如图10-115所示。

逆时针轮廓色：单击该选项，设置轮廓色为按色谱逆时针方向逐步调和的渐变序列，如图10-116所示。

图10-115　　图10-116

轮廓色：在后面的颜色选项中设置轮廓图的轮廓线颜色。当去掉轮廓线“宽度”后，轮廓色不显示。

填充色：在后面的颜色选项中设置轮廓图的填充颜色。

对象和颜色加速：调整轮廓图中对象大小和颜色变化的速率，如图10-117所示。

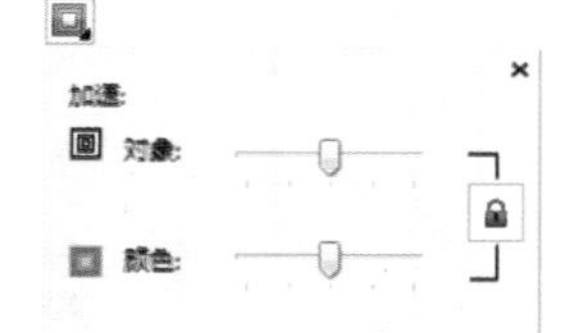

图10-117

复制轮廓图属性：单击该按钮可以将其他轮廓图属性应用到所选轮廓中。

清除轮廓：单击该按钮可以清除所选对象的轮廓。

泊坞窗参数

执行“效果>轮廓图”菜单命令，打开“轮廓图”泊坞窗，可以看到调和工具的相关设置，如图10-118所示。“轮廓图”泊坞窗的参数与属性栏的参数设置一样，这里就不作介绍了。

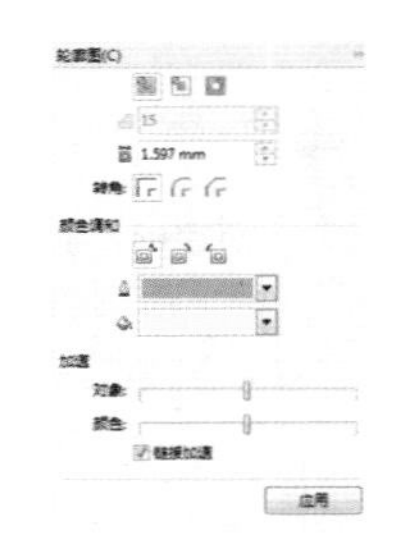

图10-118

10.2.3 轮廓图操作

利用属性栏和泊坞窗的相关参数选项来进行轮廓图的操作。

调整轮廓步长

选中创建好的中心轮廓图，然后在属性栏上“轮廓图偏移”后面的文本框中输入数值，按回车键自动生成步数，效果如图10-119所示。

图10-119

选中创建好的内部轮廓图，然后在属性栏上“轮廓图步长”后面的文本框中输入不同数值，“轮廓图偏移”文本框中输入数值不变，按回车键生成步数，效果如图10-120所示。在轮廓图偏移不变的情况下，步长越大越向中心靠拢。

图10-120

选中创建好的外部轮廓图，然后在属性栏上“轮廓图步长”后面的文本框中输入不同数值，“轮廓图偏移”文本框中输入数值不变，按回车键生成步数，效果如图10-121所示。在轮廓图偏移不变的情况下，步长越大越向外扩散，产生的视觉效果越向下延伸。

图10-121

轮廓图颜色

填充轮廓图颜色分为填充颜色和轮廓线颜色，两者都可以在属性栏或泊坞窗直接选择进行填充。选中创建好的轮廓图，然后在属性栏上“填充色”图标后面选择需要的颜色，轮廓图就向选取的颜色进行渐变，如图10-122所示。在去掉轮廓线

“宽度”时，“轮廓色”不显示。

图10-122

将对象的填充去掉，设置轮廓线“宽度”为1mm，如图10-123所示，此时“轮廓色”显示出来，“填充色”不显示。然后选中对象，在属性栏上“轮廓色”图标的后面选择需要的颜色，轮廓图的轮廓线以选取的颜色进行渐变，如图10-124所示。

图10-123

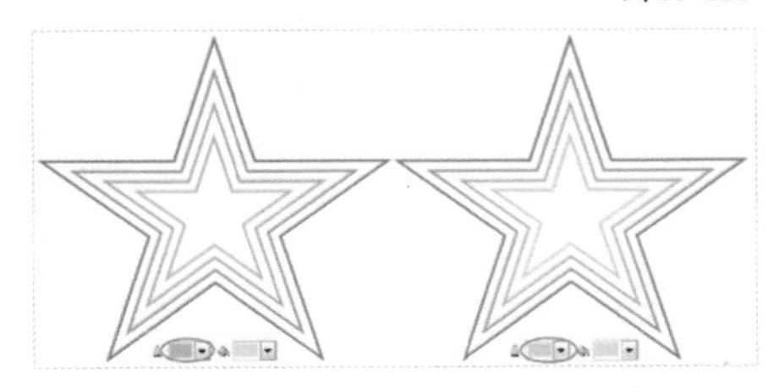

图10-124

在没有去掉填充效果和轮廓线“宽度”时，轮廓图会同时显示“轮廓色”和“填充色”，并以设置的颜色进行渐变，如图10-125所示。

图10-125

技巧与提示

在编辑轮廓图颜色时，可以选中轮廓图，然后在调色板单击左键去色或单击右键去轮廓线。

拆分轮廓图

在设计中会出现一些特殊的效果，比如形状相同的错位图形、在轮廓上添加渐变效果等，这些都可以用轮廓图快速创建。

选中轮廓图，然后单击鼠标右键，在弹出的下拉菜单中执行“拆分调和群组”命令，如图10-126所示。注意，拆分后的对象只是将生成的轮廓图和源对象进行分离，还不能分别移动。

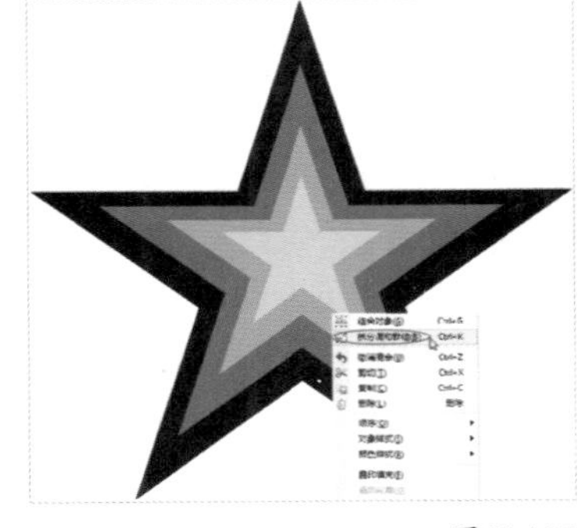

图10-126

选中轮廓图单击右键，在弹出的下拉菜单中执行“取消组合对象”命令，如图10-127所示，此时可以将对象分别移动进行编辑，如图10-128所示。

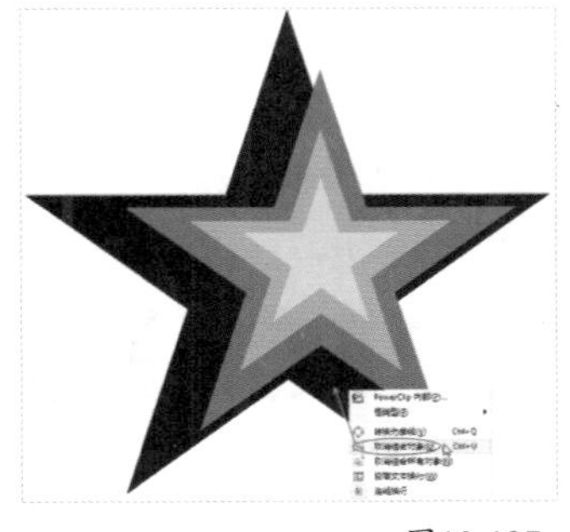

图10-127

图10-128

★ 重 点 ★

实战：用轮廓图绘制粘液字

实例位置 下载资源>实例文件>CH10>实战：用轮廓图绘制粘液字.cdr
素材位置 下载资源>素材文件>CH10> 03.cdr~ 05.cdr
视频位置 下载资源>多媒体教学>CH10>实战：用轮廓图绘制粘液字.flv
实用指数 ★★★★☆
技术掌握 轮廓图的运用方法

粘液字效果如图10-129所示。

图10-129

01 新建一个空白文档，然后设置文档名称为“粘液字”，接着设置页面大小为“A4”、页面方向为“横向”。

02 导入下载资源中的“素材文件>CH10>03.cdr”文件，然后将文字取消组合对象，再将标题文字拖放到页面上，如图10-130所示，接着填充文字颜色为灰色，方便进行视图，如图10-131所示。

MUCUS MUCUS

图10-130  图10-131

03 使用“钢笔工具”沿着字母M的轮廓绘制粘液状的轮廓，然后使用“形状工具”调整形状，如图10-132所示，接着在其他英文字母外面绘制粘液，如图10-133所示。

图10-132 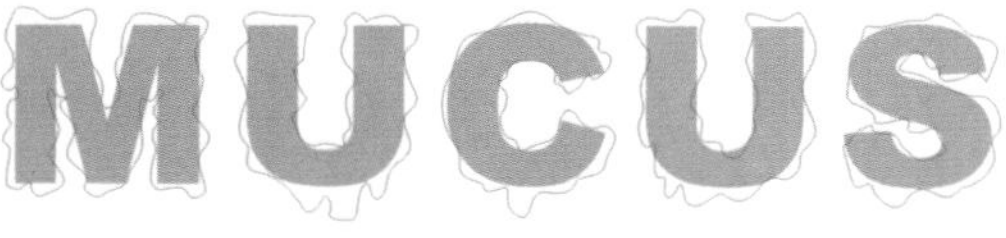　　图10-133

04 绘制完成后删除英文素材，如图10-134所示，然后全选绘制的对象进行组合，再填充颜色为（C:78，M:44，Y:100，K:6），接着右键去掉轮廓线，如图10-135所示。

图10-134　　图10-135

05 单击“轮廓图工具”，然后在属性栏选择“到中心”，设置“轮廓图偏移”为0.2mm、“填充色”为（C:40，M:0，Y:100，K:0），接着选中对象单击“到中心”按钮，将轮廓图效果应用到对象，效果如图10-136所示。

图10-136

06 导入下载资源中的“素材文件>CH10>04.cdr”文件，然后拖曳到页面上取消组合对象，如图10-137所示，接着将流淌的粘液素材分别拖放到粘液字上，效果如图10-138所示，最后将对象全选进行组合。

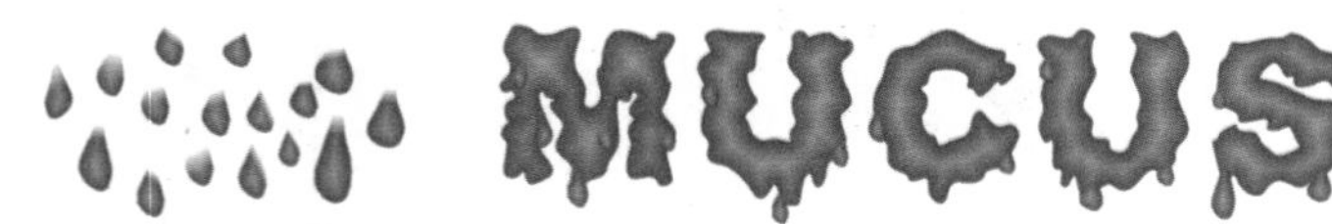

图10-137　　图10-138

07 将小写英文拖曳到页面中，然后填充颜色为灰色，如图10-139所示，接着使用“钢笔工具”沿着文字的轮廓绘制粘液，如图10-140所示。

图10-139 　　图10-140

08 将绘制的粘液全选组合对象，然后删除英文，如图10-141所示，接着填充粘液颜色为（C:40，M:0，Y:100，K:0），如图10-142所示，最后以同样的参数为对象添加“到中心”轮廓图，效果如图10-143所示。

图10-141

图10-142 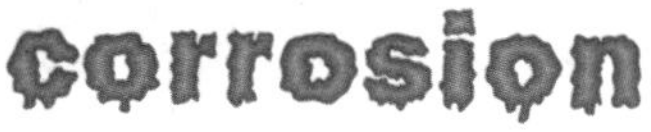　　图10-143

09 使用“矩形工具”，在页面上绘制一大一小两个矩形，如图10-144所示，然后选中两个矩形进行组合对象，再填充颜色为（C:0，M:0，Y:0，K:50），接着右键去掉轮廓线，如图10-145所示。

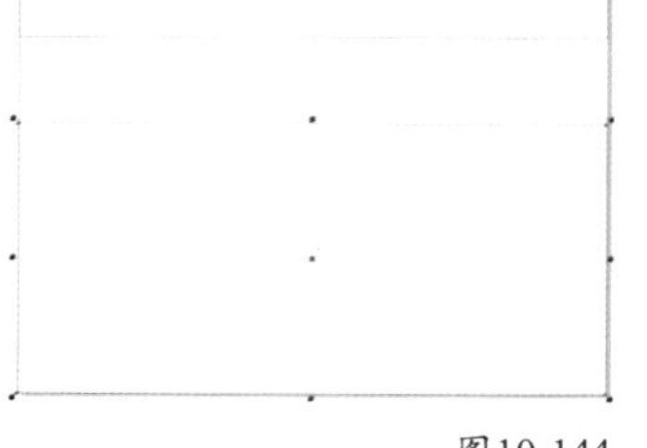

图10-144　　图10-145

10 将编辑好的粘液字拖曳到页面上方，如图10-146所示，然后选中大写英文粘液字，使用“阴影工具”拖动阴影效果，接着在属性栏上设置“阴影羽化”值为10、“阴影颜色”为（C:87，M:55，Y:100，K:28），如图10-147所示。

图10-146　　图10-147

11 选中下面的小写粘液字，然后使用“阴影工具”拖动阴影效果，接着在属性栏上设置“阴影羽化”值为10、“阴影颜色”为（C:84，M:60，Y:100，K:39），如图10-148所示。

12 导入下载资源中的“素材文件>CH10>05.cdr”文件，然后将骷髅头素材拖曳到文字下面，再水平复制两个，如图10-149所示。

图10-148　　图10-149

13 使用“矩形工具”，在页面下方绘制矩形，然后填充颜色为（C:0，M:0，Y:0，K:80），再右键去掉轮廓线，如图10-150所示，接着将怪物拖曳到页面左面的空白处，并调整位置和大小，如图10-151所示。

图10-150　　图10-151

14 将数字拖曳到骷髅头中间，并调整大小，然后把英文拖曳到页面右下方进行缩放，最终效果如图10-152所示。

图10-152

★ 重点 ★

实战：用轮廓图绘制电影字体

实例位置　下载资源>实例文件>CH10>实战：用轮廓图绘制电影字体.cdr
素材位置　下载资源>素材文件>CH10>06.cdr、07.psd
视频位置　下载资源>多媒体教学>CH10>实战：用轮廓图绘制电影字体.flv
实用指数　★★★★☆
技术掌握　轮廓图的运用方法

电影字体效果如图10-153所示。

图10-153

01 新建一个空白文档，然后设置文档名称为“电影海报”，接着设置页面大小“宽”为250mm、“高”为195mm。

02 导入下载资源中的“素材文件>CH10>06.cdr”文件，然后将标题文字拖曳到页面中，然后填充颜色为（C:84，M:56，Y:100，K:27），如图10-154所示。

03 使用“钢笔工具”绘制文字上的两个耳朵，如图10-155所示，然后全选对象执行“对象>造形>合并”菜单命令，将耳朵合并到文字上，如图10-156所示，接着选中文字进行拆分，最后选中字母分别进行合并，如图10-157所示。

图10-154

图10-155

图10-156

图10-157

04 选中字母，然后双击“渐层工具”，在“编辑填充”对话框中选择“渐变填充”方式，设置“类型”为“线性渐变填充”、“镜像、重复和反转”为“默认渐变填充”，再设置“节点位置”为0%的色标颜色为（C:66，M:18，Y:100，K:0）、“节点位置”为100%的色标颜色为（C:84，M:64，Y:100，K:46），“填充宽度”为93.198、“水平偏移”为-3.937、“垂直偏移”为-7.484、“旋转”为-80.9，接着单击“确定”按钮完成填充，如图10-158所示，效果如图10-159所示。

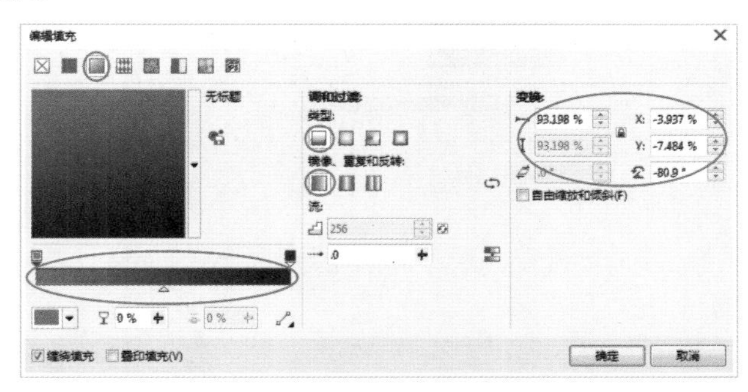

图10-158

图10-159

05 使用“属性滴管工具”吸取字母上的渐变填充颜色，如图10-160所示，然后填充到后面的字母中，如图10-161所示。

图10-160

图10-161

06 单击“轮廓图工具”，然后在属性栏选择“到中心”，设置“轮廓图偏移”为0.025mm、“填充色”为黄色、“最后一个填充挑选器”颜色为（C:76，M:44，Y:100，K:5），接着选中对象单击“到中心”按钮，将轮廓图效果应用到对象，效果如图10-162所示。

图10-162

07 使用“钢笔工具”绘制耳洞的轮廓，如图10-163所示，然后双击“渐层工具”，在“编辑填充”对话框中选择“渐变填充”方式，设置“类型”为“线性渐变填充”、“镜像、重复和反转”为“默认渐变填充”，再设置“节点位置”为0%的色标颜色为（C:12，M:3，Y:100，K:0）、“节点位置”为100%的色标颜色为（C:78，M:47，Y:100，K:12），接着单击“确定”按钮，如图10-164所示，填充效果如图10-165所示。

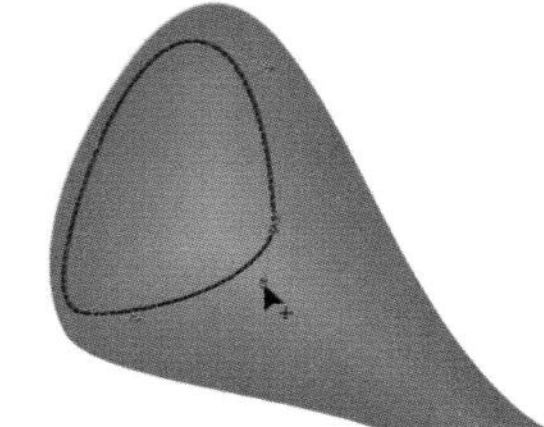

图10-163

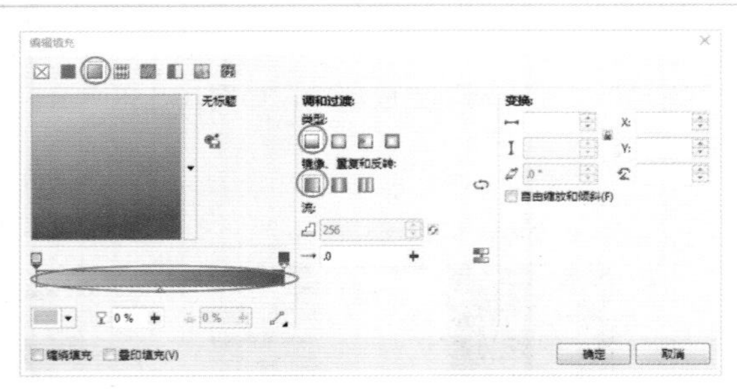

图10-164

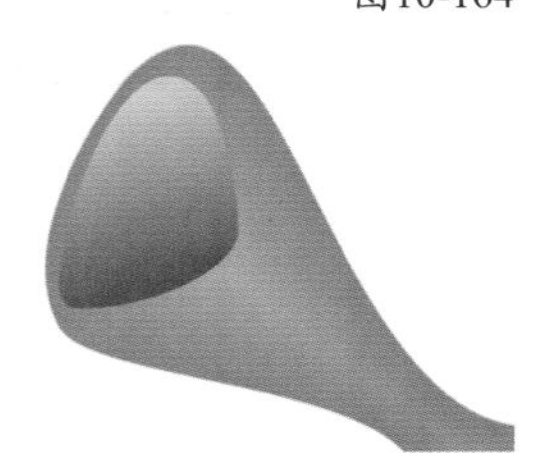

图10-165

08 使用“钢笔工具”绘制耳洞深处区域，如图10-166所示，然后双击“渐层工具”，在“编辑填充”对话框中选择“渐变填充”方式，设置“类型”为“线性渐变填充”、“镜像、重复和反转”为“默认渐变填充”，再设置“节点位置”为0%的色标颜色为（C:63，M:17，Y:100，K:0）、“节点位置”为100%的色标颜色为（C:83，M:62，Y:100，K:44），“填充宽度”为83.673、“水平偏移”为0、“垂直偏移”为.002、“旋转”为-80.8，接着单击“确定”按钮，如图10-167所示。

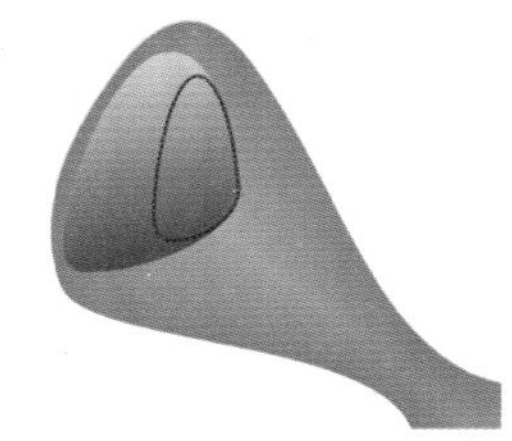

图10-166

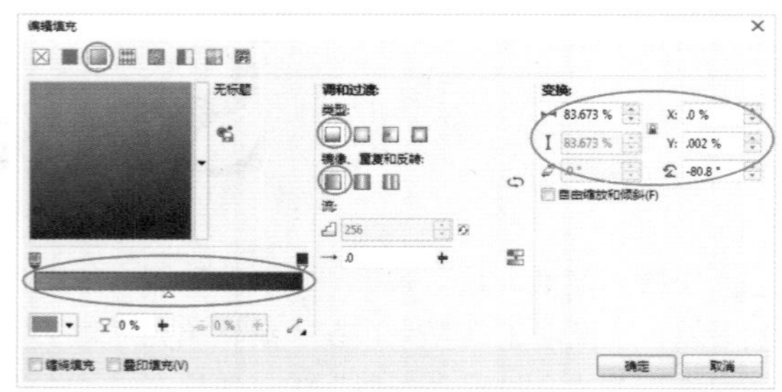

图10-167

09 使用“调和工具”拖动耳洞的调和效果，如图10-168所示，然后将调和好的耳洞组合对象，再复制一份进行水平镜像，接着拖曳到另一边的耳朵上，如图10-169所示，最后将文字拖曳到绿色文字上方，如图10-170所示。

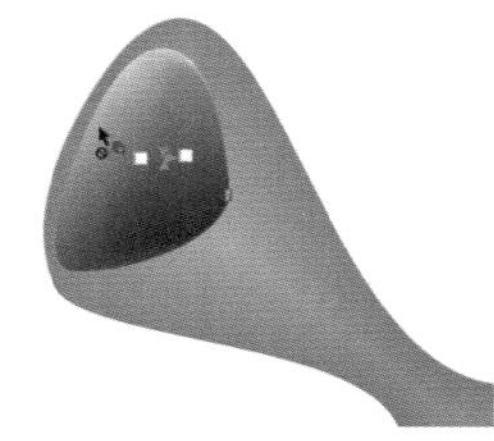

图10-168

图10-169

图10-170

10 下面绘制背景。双击“矩形工具”创建与页面等大的矩形，然后填充颜色为（C:0，M:0，Y:60，K:0），再右键去掉轮廓线，如图10-171所示，接着使用“钢笔工具”绘制藤蔓，如图10-172所示。

图10-171

图10-172

11 双击“渐层工具”，然后在“编辑填充”对话框中选择“渐变填充”方式，设置“类型”为“线性渐变填充”、“镜像、重复和反转”为“默认渐变填充”，再设置“节点位置”为0%的色标颜色为（C:0，M:0，Y:40，K:0）、“节点位置”为100%的色标颜色为(C:45，M:6，Y:100，K:0)，“填充宽度”为85.431、“水平偏移”为-.171、“垂直偏移”为-7.285、“旋转”为90.3，接着单击“确定”按钮完成填充，如图10-173所示，最后右键去掉轮廓线，效果如图10-174所示。

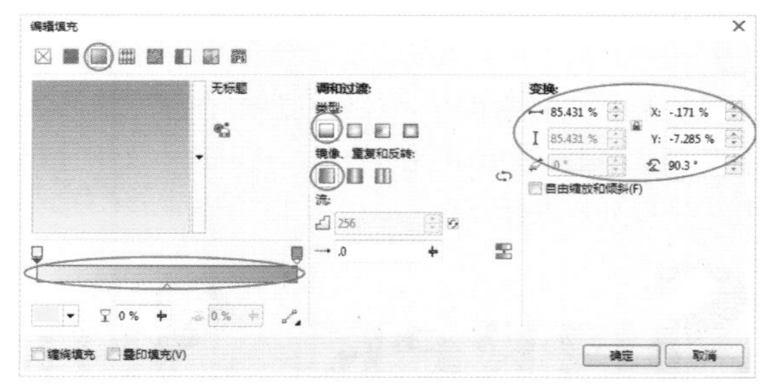

图10-173

图10-174

12 复制一份水平镜像，然后双击“渐层工具”，在“编辑填充”对话框中选择“渐变填充”方式，设置“类型”为“线性渐变填充”、“镜像、重复和反转”为“默认渐变填充”，再设置“节点位置”为0%的色标颜色为（C:0，M:0，Y:60，K:0）、“节点位置”为100%的色标颜色为（C:44，M:18，Y:98，K:0），“填充宽度”为85.431、“水平偏移”为-.171、“垂直偏移”为-7.285、“旋转”为90.3，接着单击“确定”按钮 确定 完成填充，如图10-175所示，效果如图10-176所示。

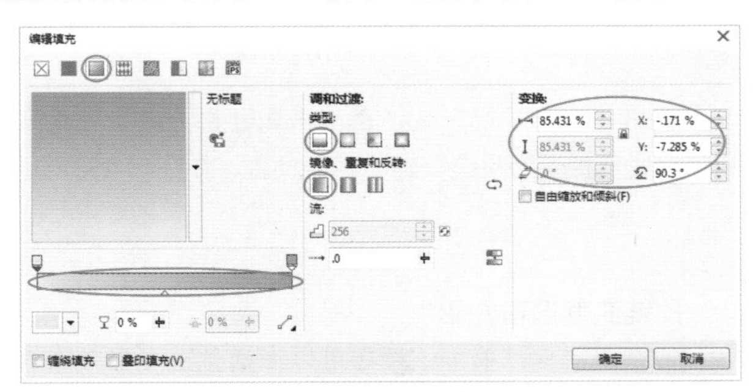

图10-175

图10-176

13 复制一份向下进行缩放，然后进行水平翻转，然后在“编辑填充”对话框中选择“渐变填充”方式，更改“旋转”为88.8，再设置“节点位置”为100%的色标颜色为（C:40，M:0，Y:100，K:0），接着单击“确定”按钮 确定 完成填充，如图10-177所示，最后将前面绘制的标题字拖曳到页面上方，如图10-178所示。

图10-177

图10-178

14 导入下载资源中的“素材文件>CH10>07.psd”文件，然后将对象拖曳到页面下方，如图10-179所示，接着使用“钢笔工具”绘制人物轮廓，再置于图像后面，如图10-180所示，最后填充颜色为白色，并去掉轮廓线，如图10-181所示。

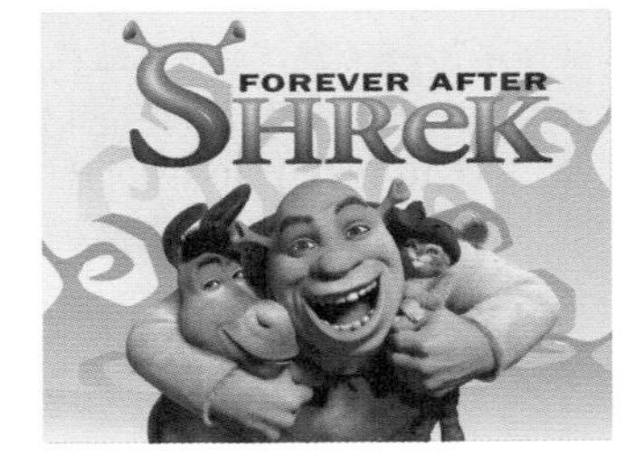

图10-179

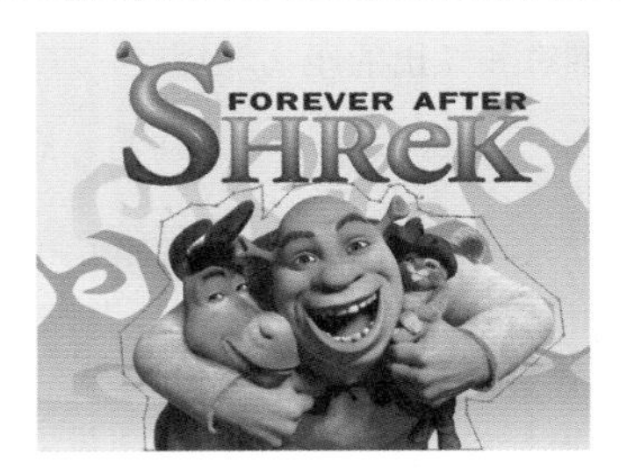

图10-180

图10-181

15 单击“螺纹工具”，然后在属性栏设置“螺纹回圈”为2，再绘制螺纹，如图10-182所示，接着复制排列在背景上，最终效果如图10-183所示。

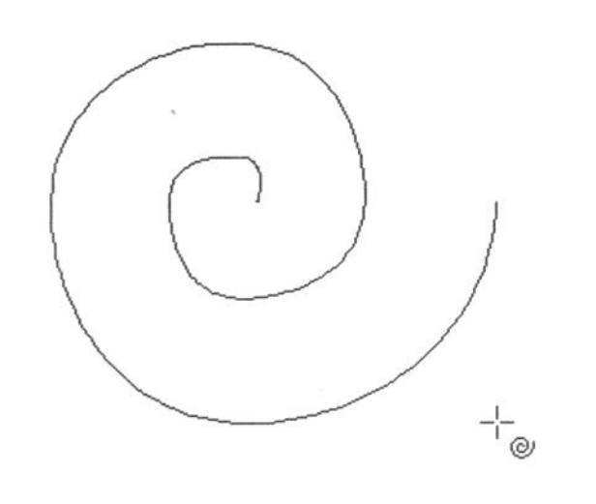

图10-182

图10-183

10.3 变形效果

“变形工具”可以将图形通过拖动进行不同效果的变形，CorelDRAW X7为用户提供了“推拉变形”、“拉链变形”和“扭曲变形”3种变形方法，丰富了变形效果。下面进行详细介绍。

10.3.1 推拉变形

“推拉变形”效果可以通过手动拖曳的方式，将对象边缘进行推进或拉出操作。

创建推拉变形

绘制一个正星形，在属性栏设置“点数或边数”为7，然后单击“变形工具”，再单击属性栏上的“推拉变形”按钮，将变形样式转换为推拉变形，接着将光标移动到星形中间的位置，按住左键进行水平方向拖动，最后松开左键完成变形。

在进行拖动变形时，向左边拖动可以使轮廓边缘向内推进，如图10-184所示；向右边拖动可以使轮廓边缘从中心向外拉出，如图10-185所示。

图10-184

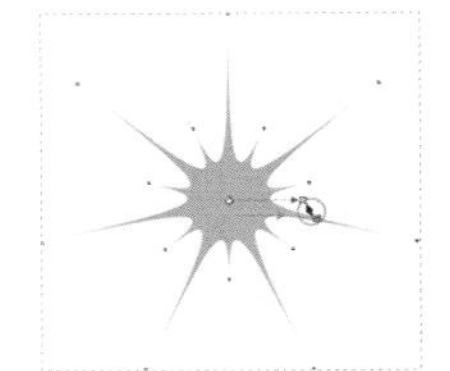

图10-185

在水平方向移动的距离决定推进和拉出的距离和程度，在属性栏也可以进行设置。

推拉变形设置

单击“变形工具”，再单击属性栏上的“推拉变形”按钮，属性栏变为推拉变形的相关设置，如图10-186所示。

图10-186

推拉变形选项介绍

预设列表：系统提供的预设变形样式，可以在下拉列表选择预设选项，如图10-187所示。

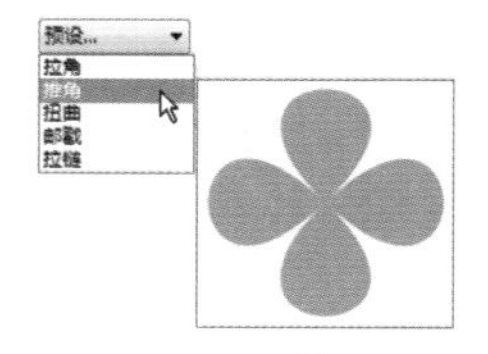

图10-187

推拉变形：单击该按钮可以激活推拉变形效果，同时激活推拉变形的属性设置。

添加新的变形：单击该按钮可以将当前变形的对象转为新对象，然后进行再次变形。

推拉振幅：在后面的文本框中输入数值，可以设置对象推进或拉出的程度。输入数值为正数，则向外拉出，最大为200；输入数值为负数，则向内推进，最小为-200。

居中变形：单击该按钮可以将变形效果居中放置，如图10-188所示。

图10-188

10.3.2 拉链变形

“拉链变形”效果可以通过手动拖曳的方式，将对象边缘调整为尖锐锯齿效果，可以通过移动拖曳线上的滑块来增加锯齿的个数。

创建拉链变形

绘制一个正圆，然后单击“变形工具”，再单击属性栏上的“拉链变形”按钮，将变形样式转换为拉链变形，接着将光标移动到正圆中间的位置，按住左键向外进行拖动，出现蓝色实线进行预览变形效果，最后松开左键完成变形，如图10-189所示。

变形后移动调节线中间的滑块，可以添加尖角锯齿的数量，如图10-190所示；可以在不同的位置创建变形，如图10-191所示；也可以增加拉链变形的调节线，如图10-192所示。

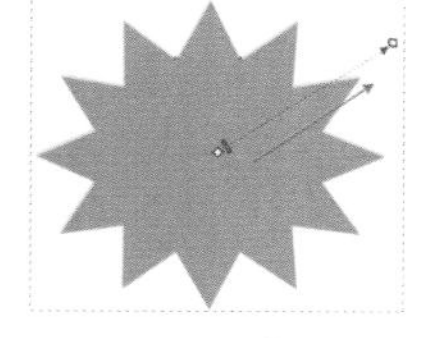

图10-189

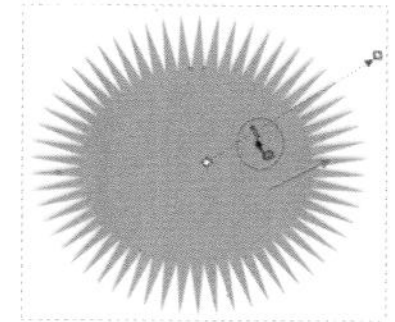

图10-190

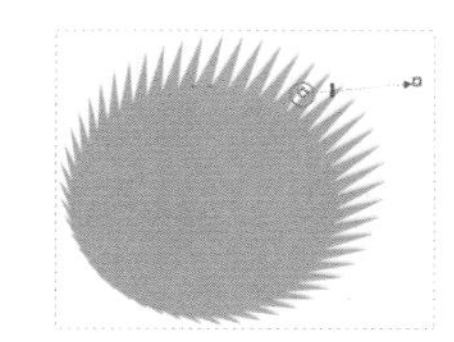

图10-191

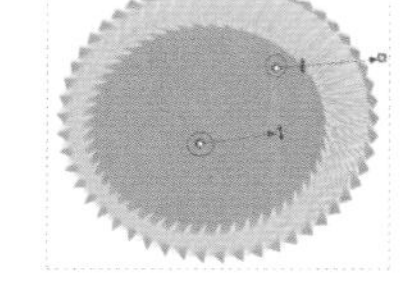

图10-192

拉链变形设置

单击“变形工具”，再单击属性栏上的“拉链变形”按钮，属性栏变为拉链变形的相关设置，如图10-193所示。

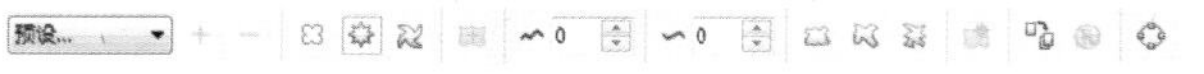

图10-193

拉链变形选项介绍

拉链变形：单击该按钮可以激活拉链变形效果，同时激活拉链变形的属性设置。

拉链振幅：用于调节拉链变形中锯齿的高度。

拉链频率：用于调节拉链变形中锯齿的数量。

随机变形：激活该图标，可以将对象按系统默认方式随机设置变形效果，如图10-194所示。

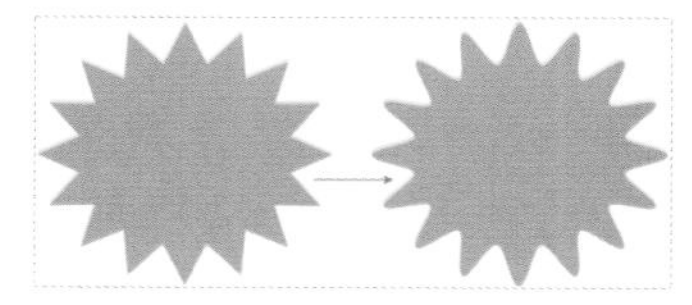

图10-194

平滑变形：激活该图标，可以将变形对象的节点平滑处理，如图10-195所示。

局限变形：激活该图标，可以随着变形的进行，降低变形的效果，如图10-196所示。

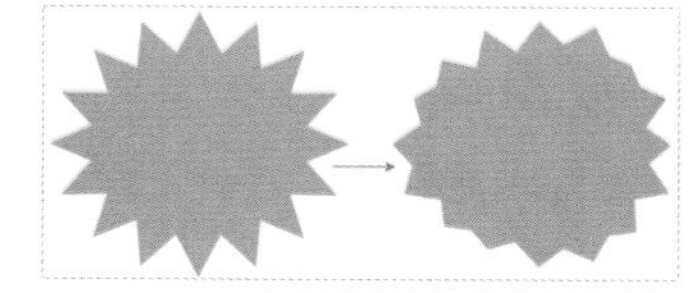

图10-195

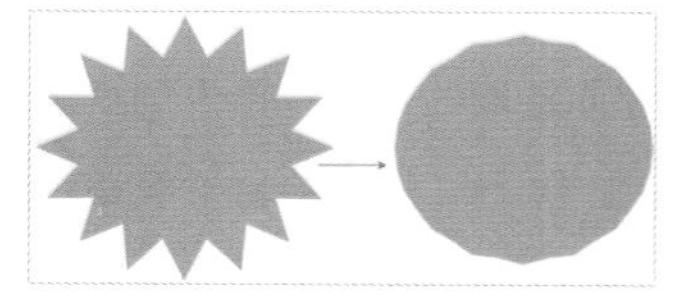

图10-196

技术专题 16 拉链效果的混用

“随机变形”、“平滑变形”和“局限变形”效果可以同时激活使用，也可以分别搭配使用，我们可以利用这些特殊效果制作自然的墨迹滴溅效果。

绘制一个正圆，然后创建拉链变形，如图10-197所示，接着在属性栏设置“拉链频率”为28，激活“随机变形”图标和“平滑变形”图标改变拉链效果，如图10-198和图10-199所示。

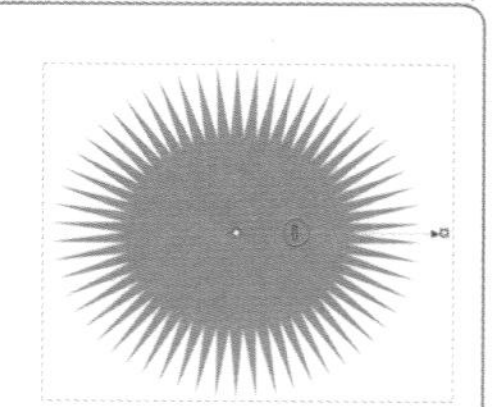

图10-197

图10-198

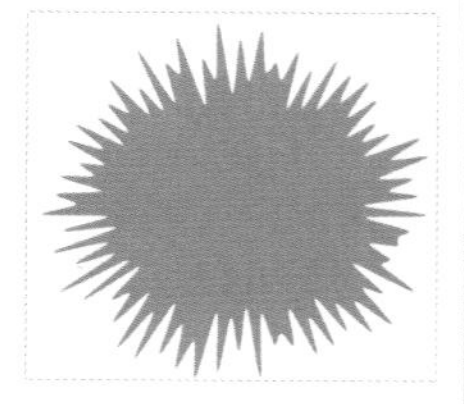

图10-199

10.3.3 扭曲变形

“扭曲变形”效果可以使对象绕变形中心进行旋转，产生螺旋状的效果，可以用来制作墨迹效果。

创建扭曲变形

绘制一个正星形，然后单击“变形工具”，再单击属性栏上的“扭曲变形”按钮，将变形样式转换为扭曲变形。

将光标移动到星形中间的位置，按住左键向外进行拖动，确定旋转角度的固定边，如图10-200所示，然后不放开左键直接拖动旋转角度，再根据蓝色预览线确定扭曲的形状，接着松开左键完成扭曲，如图10-201所示。在扭曲变形后还可以添加扭曲变形，使扭曲效果更加丰富，可以利用这种方法绘制旋转的墨迹，如图10-202所示。

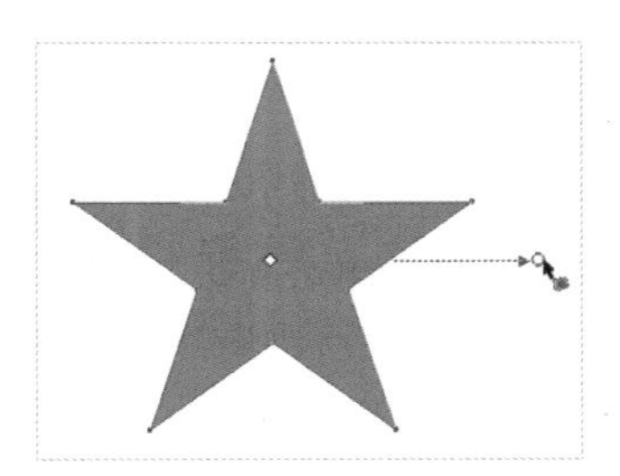

图10-200

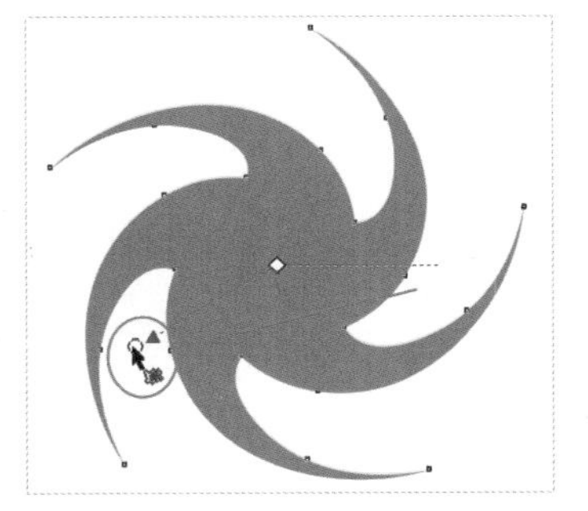

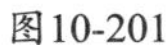

图10-201

图10-202

扭曲变形设置

单击“变形工具”，再单击属性栏上的“扭曲变形”按钮，属性栏变为扭曲变形的相关设置，如图10-203所示。

图10-203

扭曲变形选项介绍

扭曲变形：单击该按钮可以激活扭曲变形效果，同时激活扭曲变形的属性设置。

顺时针旋转：激活该图标，可以使对象按顺时针方向进行旋转扭曲。

逆时针旋转：激活该图标，可以使对象按逆时针方向进行旋转扭曲。

完整旋转：在后面的文本框中输入数值，可以设置扭曲变形的完整旋转次数，如图10-204所示。

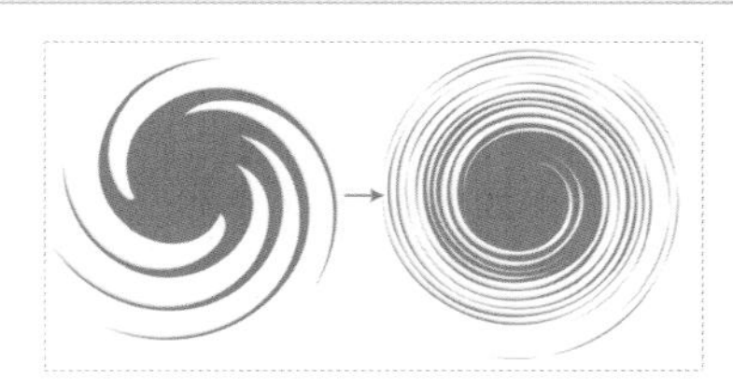

图10-204

附加度数：在后面的文本框中输入数值，可以设置超出完整旋转的度数。

10.4 阴影效果

阴影效果是绘制图形中不可缺少的，使用阴影效果可以使对象产生光线照射、立体的视觉感受。

CorelDRAW X7为用户提供了创建阴影的工具，可以模拟各种光线的照射效果，也可以对多种对象添加阴影，包括位图、矢量图、美工文字、段落文本等，如图10-205～图10-208所示。

图10-205 图10-206

图10-207 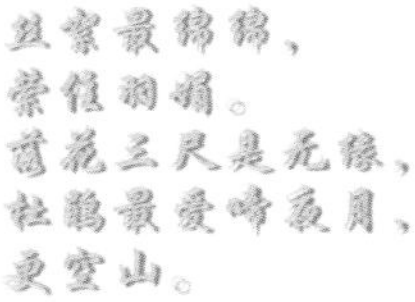 图10-208

10.4.1 创建阴影效果

“阴影工具”用于为平面对象创建不同角度的阴影效果，通过属性栏上的参数设置可以使效果更自然。

中心创建

单击“阴影工具”，然后将光标移动到对象中间，再按住左键进行拖曳，会出现蓝色实线进行预览，如图10-209所示，接着松开左键生成阴影，最后调整阴影方向线上的滑块设置阴影的不透明度，如图10-210所示。

图10-209

图10-210

在拖动阴影效果时，“白色方块”表示阴影的起始位置，“黑色方块”表示拖动阴影的终止位置。在创建阴影后，移动“黑色方块”可以更改阴影的位置和角度，如图10-211所示。

图10-211

技术专题 17 快速创建发光字

阴影除了可以体现投影之外，还可以体现光晕扩散的效果，运用在美工字体上可以体现发光字的效果。

在黑色背景上编辑白色美工字，如图10-212所示，然后使用“阴影工具”在字体中间创建与字体重合的阴影，如图10-213所示。

图10-212

图10-213

在属性栏设置“阴影的不透明度”为70、“阴影羽化”为20、“合并模式”为“常规”、“阴影颜色”为（C: 0，M: 0，Y:40，K:0），如图10-214所示，设置完成后的效果如图10-215所示。

图10-214

图10-215

底端创建

单击“阴影工具”，然后将光标移动到对象底端中间的位置，再按住左键进行拖曳，会出现蓝色实线进行预览，如图10-216所示，接着松开左键生成阴影，最后调整阴影方向线上的滑块设置阴影的不透明度，如图10-217所示。

图10-216

图10-217

当创建底部阴影时，阴影倾斜的角度决定字体的倾斜角度，给观者的视觉感受也不同，如图10-218所示。

图10-218

顶端创建

单击“阴影工具”，然后将光标移动到对象顶端中间的位置，再按住左键进行拖曳，如图10-219所示，接着松开左键生成阴影，最后调整阴影方向线上的滑块设置阴影的不透明度，如图10-220所示。

图10-219

图10-220

顶端阴影给人以对象斜靠在墙上的视觉感受，在设计中用于组合式字体创意比较多。

左边创建

单击“阴影工具”，然后将光标移动到对象左边中间的位置，再按住左键进行拖曳，如图10-221所示，接着松开左键生成阴影，最后调整阴影方向线上的滑块设置阴影的不透明度，如图10-222所示。

图10-221

图10-222

右边创建

右边创建阴影和左边创建阴影步骤相同，如图10-223所示。左右边阴影效果在设计中多运用于产品的包装设计。

图10-223

10.4.2 阴影参数设置

“阴影工具”的属性栏设置如图10-224所示。

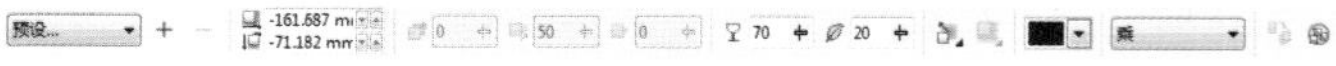

图10-224

阴影选项介绍

阴影偏移：在X轴和Y轴后面的文本框中输入数值，设置阴影与对象之间的偏移距离，正数为向上向右偏移，负数为向左向下偏移。“阴影偏移”在创建无角度阴影时才会激活，如图10-225所示。

图10-225

阴影角度：在后面的文本框中输入数值，设置阴影与对象之间的角度。该设置只在创建呈角度透视阴影时激活，如图10-226所示。

图10-226

阴影的不透明度：在后面的文本框中输入数值，设置阴影的不透明度。值越大，颜色越深，如图10-227所示；值越小，颜色越浅，如图10-228所示。

图10-227

图10-228

阴影羽化：在后面的文本框中输入数值，设置阴影的羽化程度。

羽化方向：单击该按钮，在弹出的选项中选择羽化的方向，包括“向内”、“中间”、“向外”和“平均”4种方式，如图10-229所示。

图10-229

向内：单击该选项，阴影从内部开始计算羽化值，如图10-230所示。

图10-230

中间：单击该选项，阴影从中间开始计算羽化值，如图10-231所示。

图10-231

向外：单击该选项，阴影从外部开始计算羽化值，形成的阴影柔和而且较宽，如图10-232所示。

图10-232

平均：单击该选项，阴影以平均状态介于内外之间进行计算羽化，是系统默认的羽化方式，如图10-233所示。

图10-233

羽化边缘：单击该按钮，在弹出的选项中选择羽化的边缘类型，包括“线性”、“方形的”、“反白方形”和“平面”4种方式，如图10-234所示。

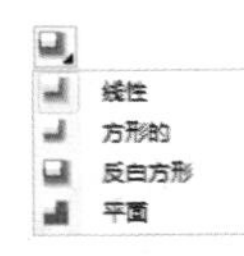

图10-234

线性：单击该选项，阴影以边缘开始进行羽化，如图10-235所示。

图10-235

方形的：单击该选项，阴影从边缘外进行羽化，如图10-236所示。

图10-236

反白方形：单击该选项，阴影以边缘开始向外突出羽化，如图10-237所示。

图10-237

平面：单击该选项，阴影以平面方式不进行羽化，如图10-238所示。

图10-238

阴影淡出：用于设置阴影边缘向外淡出的程度。在后面的文本框中输入数值，最大值为100，最小值为0，值越大向外淡出的效果越明显，如图10-239和图10-240所示。

图10-239

图10-240

阴影延展：用于设置阴影的长度。在后面的文本框中输入数值，数值越大阴影的延伸越长，如图10-241所示。

透明度操作：用于设置阴影和覆盖对象的颜色混合模式。可在下拉选项中选择进行设置，如图10-242所示。

图10-241

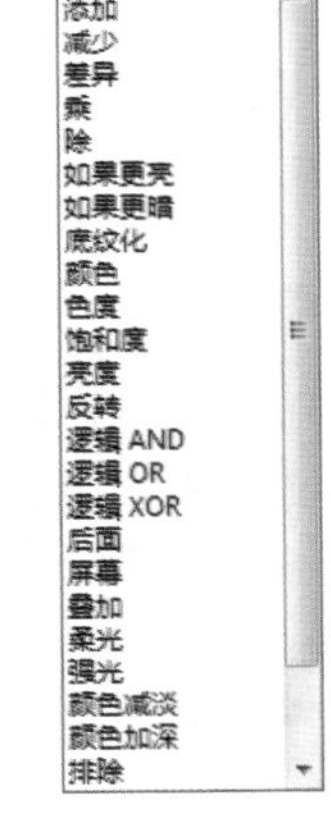

图10-242

阴影颜色：用于设置阴影的颜色，在后面的下拉选项中选取颜色进行填充。填充的颜色会在阴影方向线的终端显示，如图10-243所示。

图10-243

★ 重 点 ★

10.4.3 阴影操作

利用属性栏和菜单栏的相关选项来进行阴影的操作。

添加真实投影

选中美工文字，然后使用“阴影工具”拖动底端阴影，如图10-244所示，接着在属性栏设置“阴影角度”为40、“阴影的不透明度”为60、“阴影羽化”为5、“阴影淡出”为70、“阴影延展”为50、“透明度操作”为“颜色加深”、“阴影颜色”为（C:100，M:100，Y:0，K:0），如图10-245所示，调整后的效果如图10-246所示。

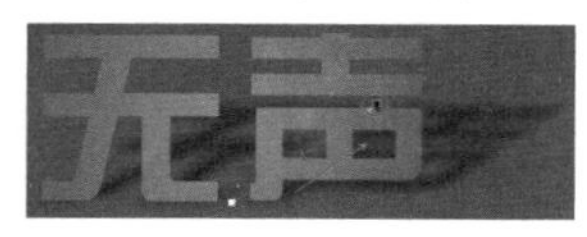

图10-244

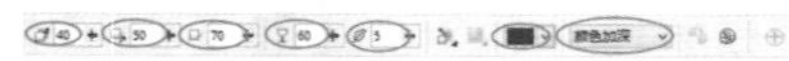

图10-245

图10-246

技巧与提示

在创建阴影效果时，为了达到自然真实的效果，可以将阴影颜色设置为与底色相近的深色，然后更改阴影与对象的混合模式。

复制阴影效果

选中未添加阴影效果的美工文字，然后在属性栏单击“复制阴影效果属性”图标，如图10-247所示，当光标变为黑色箭头时单击目标对象的阴影，复制该阴影属性到所选对象，如图10-248和图10-249所示。

图10-247

图10-248

图10-249

疑难问答

问：为什么单击对象无法复制阴影？

答：在阴影取样时，箭头如果单击在对象上，会弹出出错的对话框，如图10-250所示，表示无法从对象上复制阴影，因此，要将箭头移动到目标对象的阴影上，才可以单击进行复制。

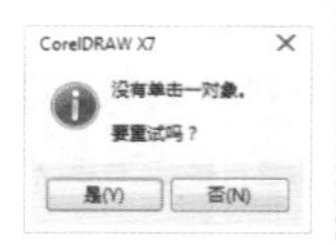

图10-250

拆分阴影效果

选中对象的阴影，然后单击右键，在弹出的菜单中执行“拆分阴影群组”命令，如图10-251所示，接着将阴影选中，就可以进行移动和编辑，如图10-252所示。

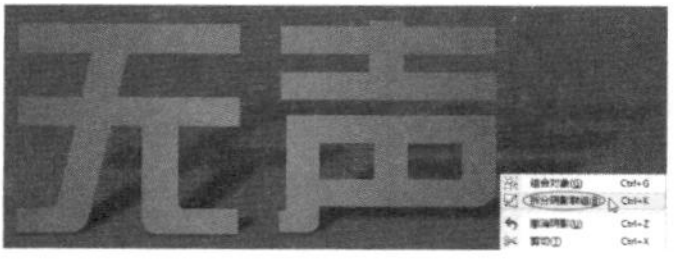

图10-251

图10-252

★ 重 点 ★

实战：用阴影绘制甜品宣传海报

实例位置 下载资源>实例文件>CH10>实战：用阴影绘制甜品宣传海报.cdr
素材位置 下载资源>素材文件>CH10>08.cdr、09.psd、10.jpg~15.jpg、16.cdr
视频位置 下载资源>多媒体教学>CH10>实战：用阴影绘制甜品宣传海报.flv
实用指数 ★★★★☆
技术掌握 阴影的运用方法

甜品宣传海报效果如图10-253所示。

图10-253

01 新建一个空白文档，然后设置文档名称为“甜品海报”，接着设置页面大小为“A4”、页面方向为“横向”。

02 导入下载资源中的“素材文件>CH10>08.cdr”文件，然后将标题字拖曳到页面中进行拆分，接着将字母S缩放到合适的大小，如图10-254所示。

03 导入下载资源中的“素材文件>CH10>09.psd、10.jpg、11. jpg”文件，然后取消组合对象拖曳到页面中，如图10-255所示。

图10-254

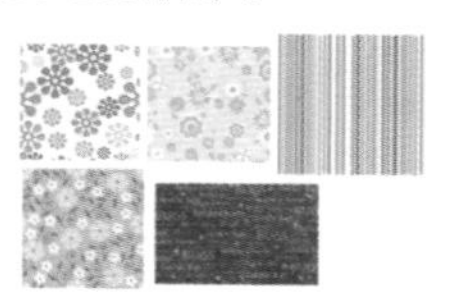

图10-255

04 将条纹纹样拖曳到字母S的后面，然后进行旋转角度，再执行“对象>图框精确剪裁>置于图文框内部”菜单命令，把纹样放置在字母中，如图10-256和图10-257所示。

图10-256

图10-257

05 使用上述方法将纹样置入相应的字母中，效果如图10-258所示，接着将字母参差排放，并调整间距，如图10-259所示。

图10-258

图10-259

06 选中字母S，然后使用“阴影工具”在字母中心拖动阴影效果，接着在属性栏设置“阴影的不透明度”为78、“阴影羽化”为15、“阴影颜色”为（C:31，M:68，Y:61，K:26），阴影效果如图10-260所示。

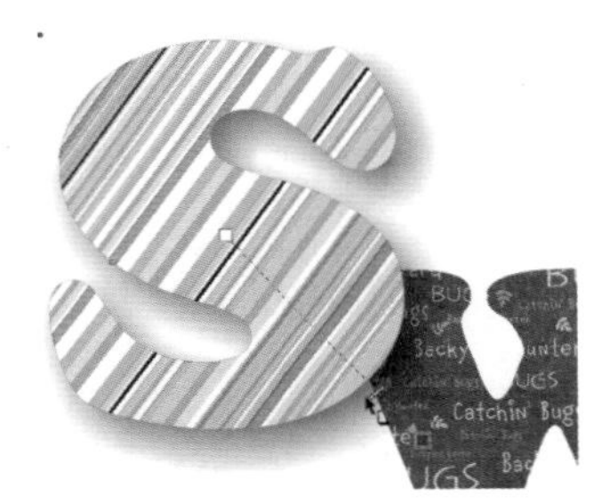
图10-260

07 以同样的数值为字母W添加阴影，更改“阴影颜色”为（C:75，M:80，Y:100，K:67），如图10-261所示，然后为字母E添加阴影，更改“阴影颜色”为（C:69，M:97，Y:97，K:67），如图10-262所示，接着为字母E添加阴影，更改“阴影颜色”为（C:84，M:71，Y:100，K:61），如图10-263所示，最后为字母T添加阴影，更改“阴影颜色”为（C:65，M:100，Y:73，K:55），如图10-264所示。

图10-261

图10-262

图10-263

图10-264

08 将店主名称拖曳到字母W上方，然后填充颜色为洋红，如图10-265所示，接着使用“阴影工具”拖动中心阴影效果，数值不变，更改“阴影颜色”为（C:60，M:80，Y:0，K:20），如图10-266所示，最后调整英文和中文的位置关系，效果如图10-267所示。

图10-265

图10-266

图10-267

09 双击“矩形工具”创建与页面等大的矩形，然后填充颜色为（C:0，M:40，Y:40，K:0），再右键去掉轮廓线，如图10-268所示，接着复制一份矩形，使用“钢笔工具”绘制一条曲线，如图10-269所示，最后全选对象执行“对象>造形>修剪”菜单命令进行修剪。

图10-268

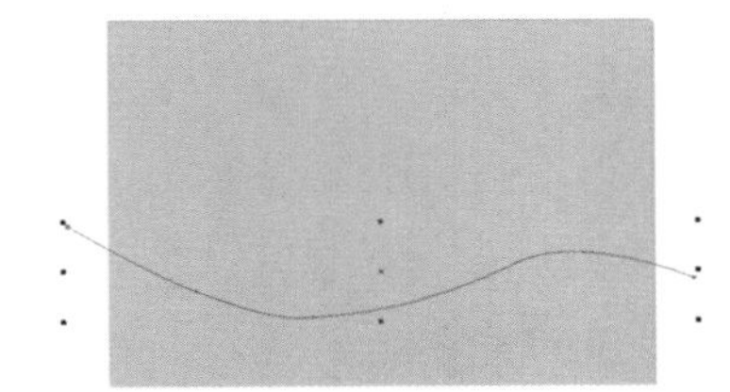
图10-269

10 选中矩形进行拆分，然后删掉曲线和上半部分，如图10-270所示，再将修剪对象拖曳到页面中更改颜色为（C:0，M:60，Y:60，K:0），如图10-271所示。

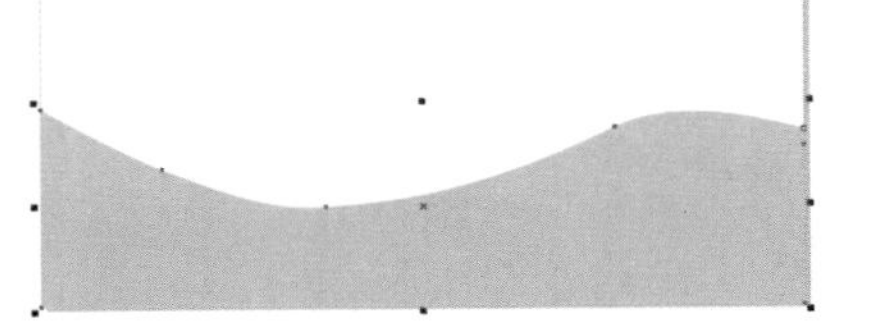
图10-270

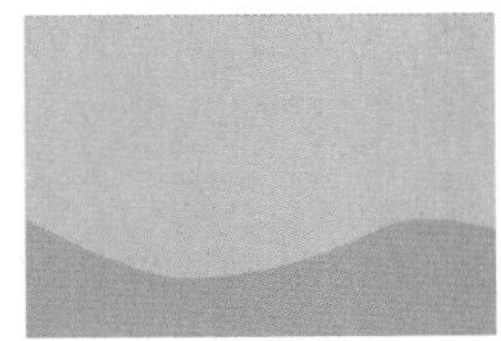
图10-271

11 将对象复制一份进行水平镜像，然后置于修剪对象后面进行向上拉伸，再填充颜色为（C:0，M:50，Y:50，K:0），如图10-272所示，接着向下复制一份，更改颜色为（C:0，M:70，Y:70，K:0），如图10-273所示。

图10-272

图10-273

12 使用“椭圆形工具”绘制椭圆，然后填充颜色为（C:0，M:20，Y:20，K:0），再右键删除轮廓线，如图10-274所示，接着复制为点状背景纹理，如图10-275所示，最后将点全选组合对象置入背景矩形中，如图10-276所示。

图10-274

图10-275

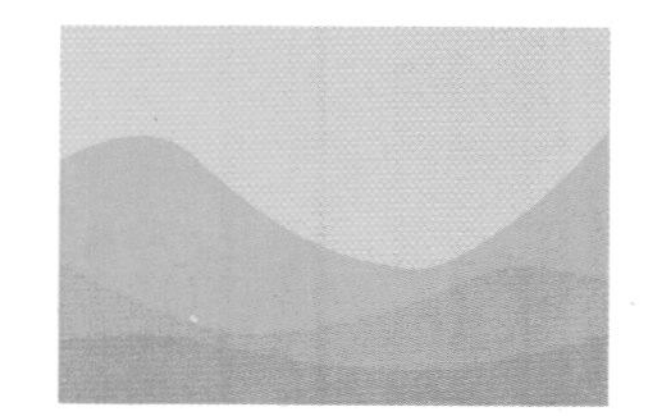

图10-276

13 使用“椭圆形工具”在页面左上角绘制圆形，然后重叠排列，再分别填充颜色为（C:0，M:60，Y:60，K:0）、（C:0，M:40，Y:20，K:0）、（C:31，M:68，Y:61，K:26），如图10-277所示，接着在右边绘制圆形，最后分别填充颜色为（C:0，M:40，Y:20，K:0）、（C:0，M:0，Y:40，K:0），如图10-278所示。

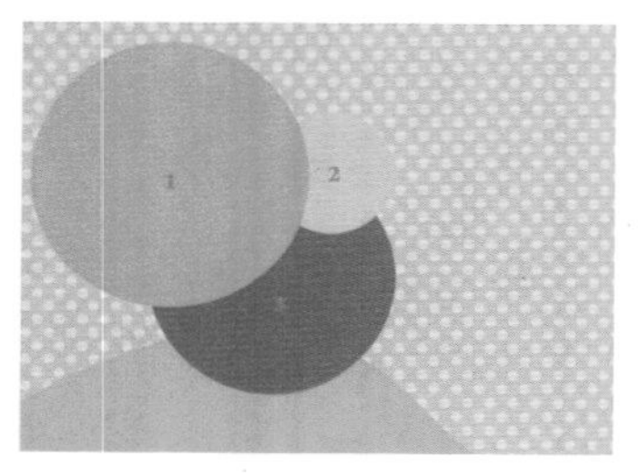

图10-277

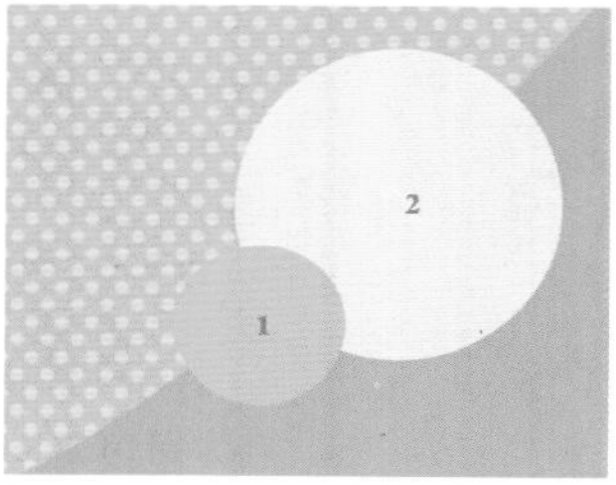

图10-278

14 选中圆形，然后使用“阴影工具”拖动中心阴影效果，接着在属性栏设置“阴影的不透明度”为50、“阴影羽化”为15、“阴影颜色”为（C:31，M:68，Y:61，K:26）、“合并模式”为“乘”，最后以同样的参数为所有圆形添加阴影，效果如图10-279所示。

图10-279

15 将前面绘制的标题拖曳到页面中，如图10-280所示，然后使用“钢笔工具”绘制一条曲线，接着设置线条“轮廓宽度”为0.75、轮廓线颜色为（C:62，M:75，Y:100，K:40），如图10-281所示。

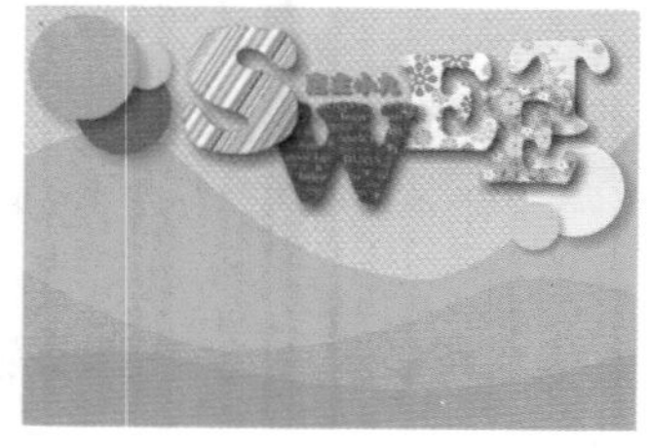

图10-280

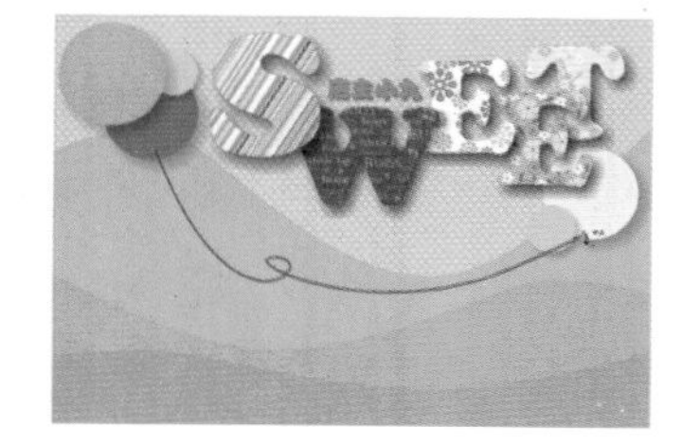

图10-281

16 选中曲线，使用“阴影工具”拖动中心阴影效果，然后在属性栏设置“阴影的不透明度”为31、“阴影羽化”为1、“阴影颜色”为（C:31，M:68，Y:61，K:26），阴影效果如图10-282所示，接着将线条对象置于圆形对象后面，使线头被覆盖住，如图10-283所示。

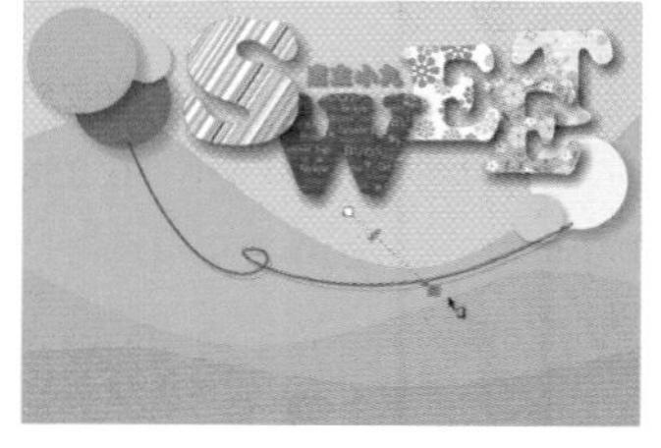

图10-282

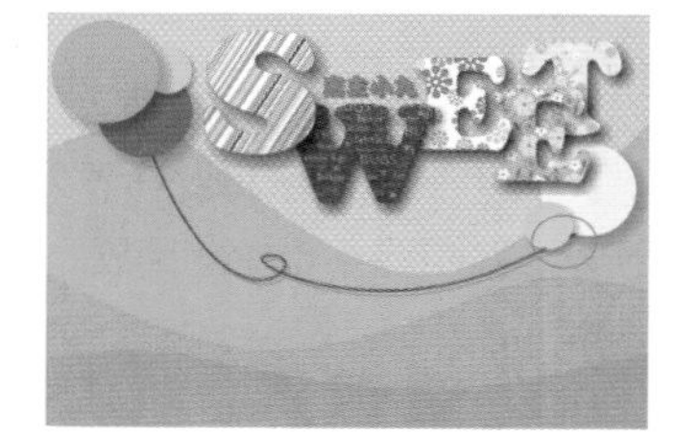

图10-283

17 导入下载资源中的“素材文件>CH10>12.jpg~15.jpg”文件，然后旋转缩放在曲线下方，如图10-284所示。

18 选中图片，然后使用“阴影工具”拖动中心阴影效果，接着在属性栏设置“阴影的不透明度”为82、“阴影羽化”为15、“阴影颜色”为（C:31，M:68，Y:61，K:26），阴影效果如图10-285所示。

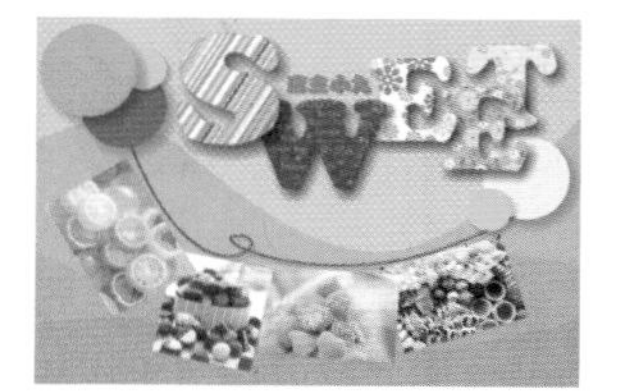

图10-284

图10-285

19 导入下载资源中的“素材文件>CH10>16.cdr”文件，然后将夹子旋转复制在糖果图片上方，如图10-286所示。

图10-286

20 选中夹子，然后使用“阴影工具”拖动中心阴影效果，接着设置前两个阴影的参数为“阴影的不透明度”为82、“阴影羽化”为15、“阴影颜色”为（C:31，M:68，Y:61，K:26），效果如图10-287所示，最后设置后两个阴影的参数为“阴影的不透明度”为59、“阴影羽化”为15、“阴影颜色”为（C:31，M:68，Y:61，K:26），效果如图10-288所示。

图10-287

图10-288

21 将宣传语拖曳到字母E下面，然后填充颜色为（C:61，M:100，Y:100，K:56），最终效果如图10-289所示。

图10-289

10.5 封套效果

在字体、产品、景观等设计中，有时需要将编辑好的对象调整为透视效果，来增加视觉美感。使用“形状工具”修改形状会比较麻烦，而利用封套可以快速创建逼真的透视效果，使用户在转换三维效果的创作中更加灵活。

10.5.1 创建封套

“封套工具”用于创建不同样式的封套来改变对象的形状。

使用“封套工具”单击对象，在对象外面会自动生成一个蓝色虚线框，如图10-290所示，然后左键拖动虚线上的封套控制节点来改变对象的形状，如图10-291所示。

图10-290

图10-291

在使用封套改变形状时，可以根据需要选择相应的封套模式，CorelDRAW X7为用户提供了“直线模式”、“单弧模式”和“双弧模式”3种封套类型。

10.5.2 封套参数设置

单击“封套工具”，我们可以在属性栏进行设置，也可以在“封套”泊坞窗中进行设置。

属性栏设置

“封套工具”的属性栏设置如图10-292所示。

图10-292

封套选项介绍

选取范围模式：用于切换选取框的类型。在下拉选项列表中包括“矩形”和“手绘”两种选取框。

直线模式：激活该图标，可应用由直线组成的封套改变对象的形状，为对象添加透视点，如图10-293所示。

单弧模式：激活该图标，可应用单边弧线组成的封套改变对象的形状，使对象边线形成弧度，如图10-294所示。

图10-293

图10-294

双弧模式：激活该图标，可用S形封套改变对象的形状，使对象边线形成S形弧度，如图10-295所示。

图10-295

非强制模式：激活该图标，将封套模式变为允许更改节点的自由模式，同时激活前面的节点编辑图标，如图10-296所示。选中封套节点可以进行自由编辑。

图10-296

添加新封套：在使用封套变形后，单击该图标可以为其添加新的封套，如图10-297所示。

图10-297

映射模式：选择封套中对象的变形方式。在后面的下拉选项中进行选择，如图10-298所示。

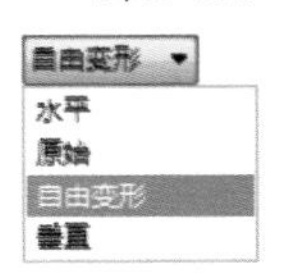

图10-298

保留线条：激活该图标，在应用封套变形时直线不会变为曲线，如图10-299所示。

图10-299

创建封套自：单击该图标，当光标变为箭头时在图形上单击，可以将图形形状应用到封套中，如图10-300所示。

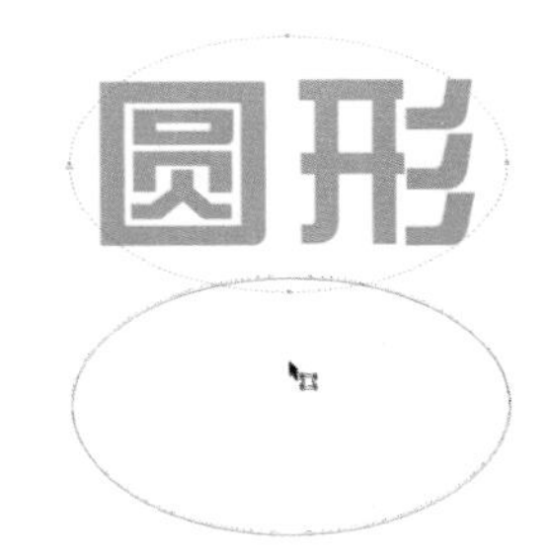

图10-300

泊坞窗设置

执行“效果>封套”菜单命令，打开“封套”泊坞窗，可以看到封套工具的相关设置，如图10-301所示。

图10-301

封套选项介绍

添加预设：将系统提供的封套样式应用到对象上。单击“添加预设”按钮可以激活下面的样式表，选择样式单击“应用”按钮完成添加，如图10-302和图10-303所示。

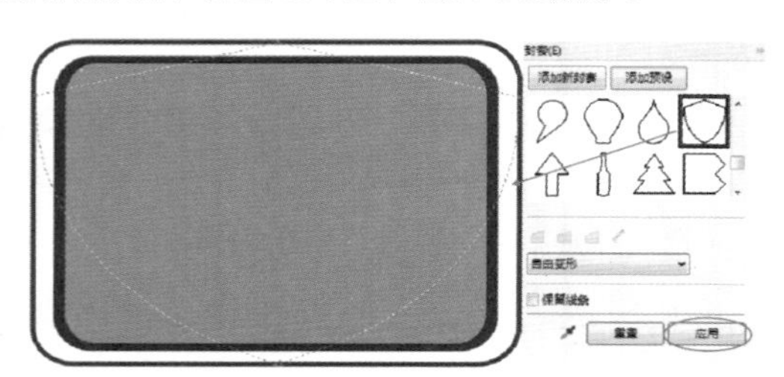
图10-302

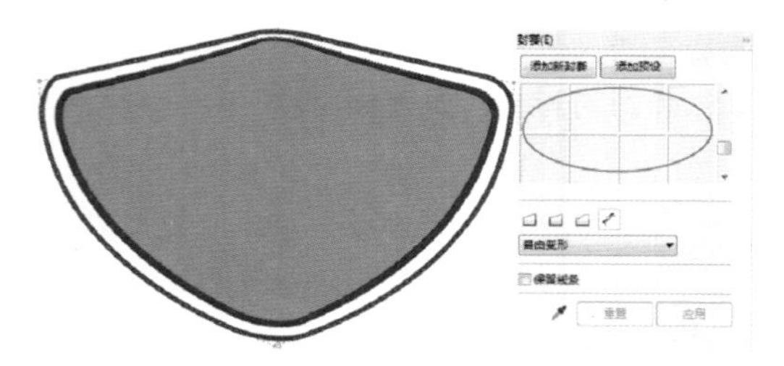
图10-303

保留线条：勾选该选项，在应用封套变形时保留对象中的直线。

10.6 立体化效果

三维立体效果在logo设计、包装设计、景观设计、插画设计等领域中运用相当频繁，为了方便用户在制作过程中快速达到三维立体效果，CorelDRAW X7提供了强大的立体化效果工具，通过设置可以得到满意的立体化效果。

使用“立体化工具”可以为线条、图形、文字等对象添加立体化效果。

10.6.1 创建立体效果

“立体化工具”用于将立体三维效果快速运用到对象上。

选中“立体化工具”，然后将光标放在对象中心，按住左键进行拖动，出现矩形透视线预览效果，如图10-304所示，接着松开左键出现立体效果，可以移动方向改变立体化效果，如图10-305所示，效果如图10-306所示。

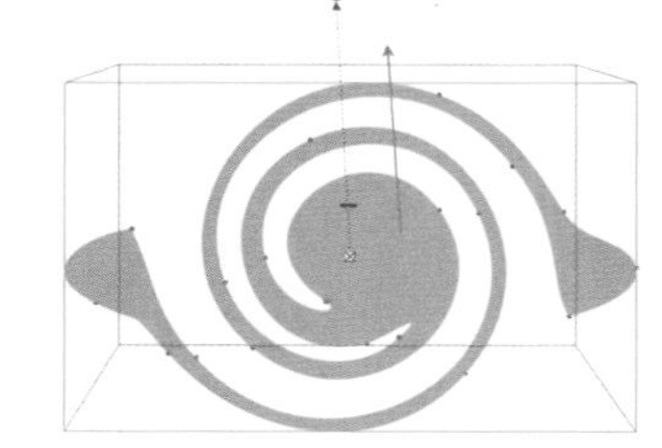
图10-304

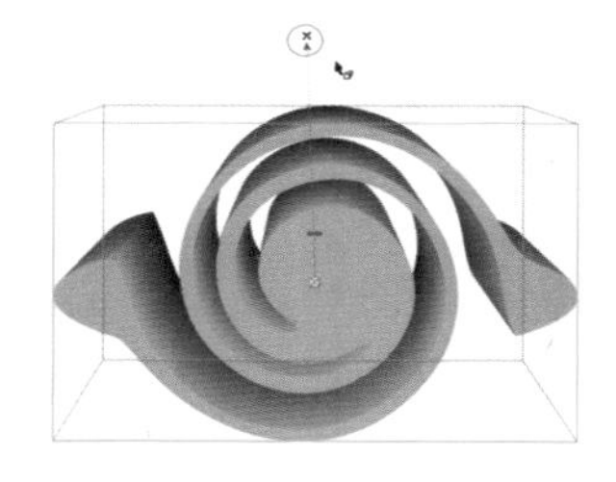
图10-305

图10-306

10.6.2 立体化参数设置

在创建立体效果后，我们可以在属性栏进行参数设置，也可以执行“效果>立体化”菜单命令，在打开的“立体化”泊坞窗进行参数设置。

属性栏设置

“立体化工具”的属性栏设置如图10-307所示。

10-307

立体化选项介绍

立体化类型：在下拉选项中选择相应的立体化类型应用到当前对象上，如图10-308所示。

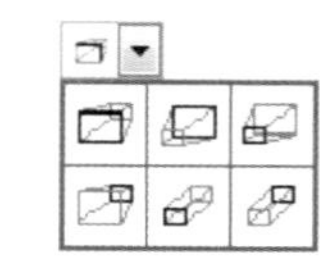
图10-308

深度：在后面的文本框中输入数值调整立体化效果的进深程度。数值范围最大为99、最小为1，数值越大进深越深，当数值为10时，效果如图10-309所示；当数值为60时，效果如图10-310所示。

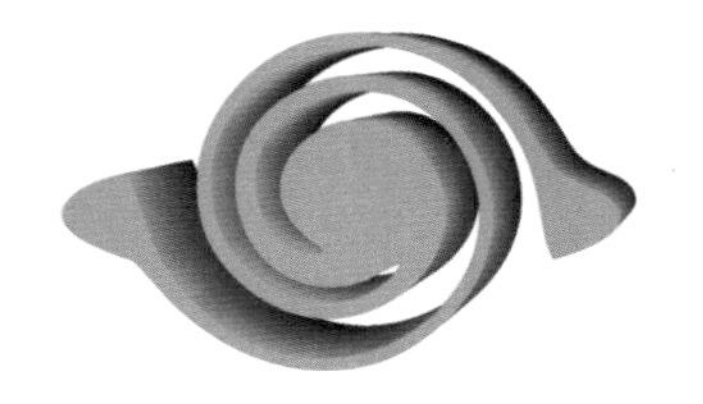
图10-309

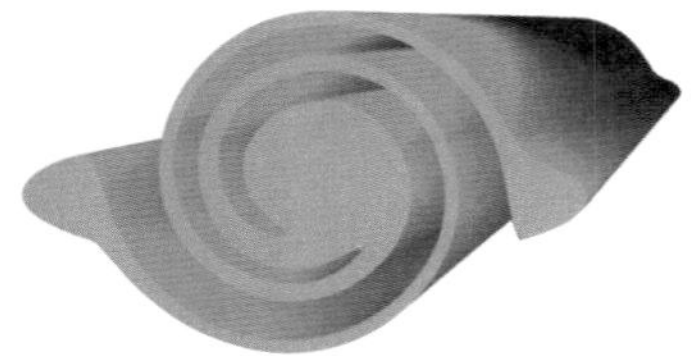
图10-310

灭点坐标：在相应的x轴和y轴上输入数值，可以更改立体化对象的灭点位置。灭点就是对象透视线相交的消失点，变更灭点位置可以变更立体化效果的进深方向，如图10-311所示。

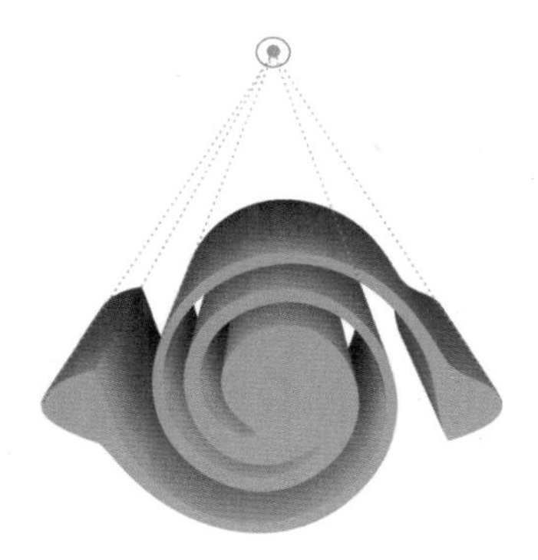

图10-311

灭点属性：在下拉列表中选择相应的选项来更改对象灭点属性，包括“灭点锁定到对象”、“灭点锁定到页面”、“复制灭点，自…”和“共享灭点”4种选项，如图10-312所示。

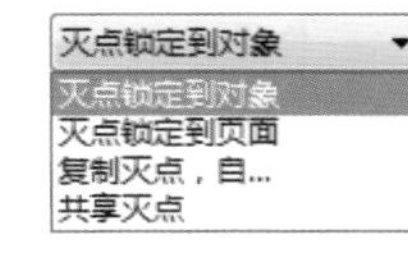

图10-312

页面或对象灭点：用于将灭点的位置锁定到对象或页面中。

立体化旋转：单击该按钮，在弹出的小面板中将光标移动到红色“3”形状上，当光标变为抓手形状时，按住左键进行拖动，可以调节立体对象的透视角度，如图10-313所示。

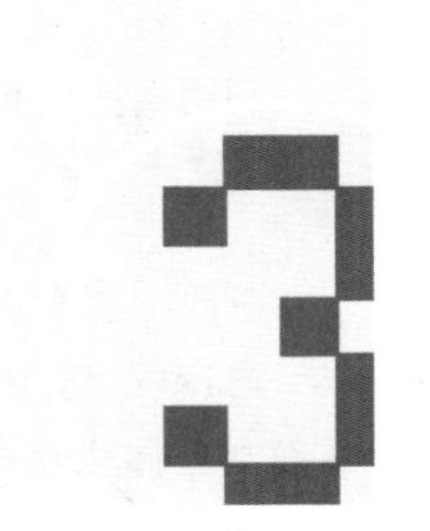

图10-313

：单击该图标可以将旋转后的对象恢复为旋转前。

：单击该图标可以输入数值进行精确旋转，如图10-314所示。

立体化颜色：在下拉面板中选择立体化效果的颜色模式，如图10-315所示。

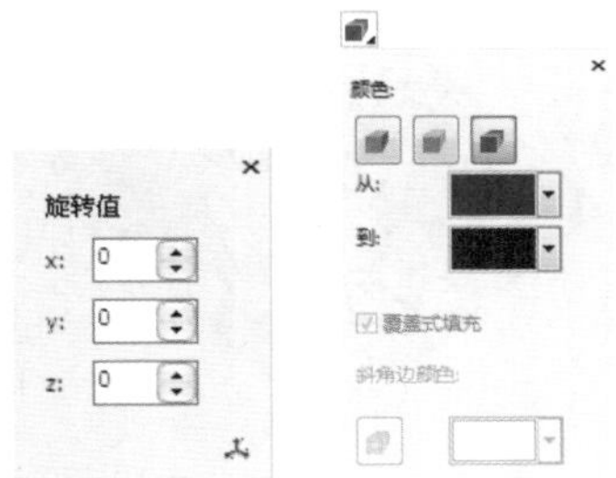

图10-314　图10-315

使用对象填充：激活该按钮，将当前对象的填充色应用到整个立体对象上，如图10-316所示。

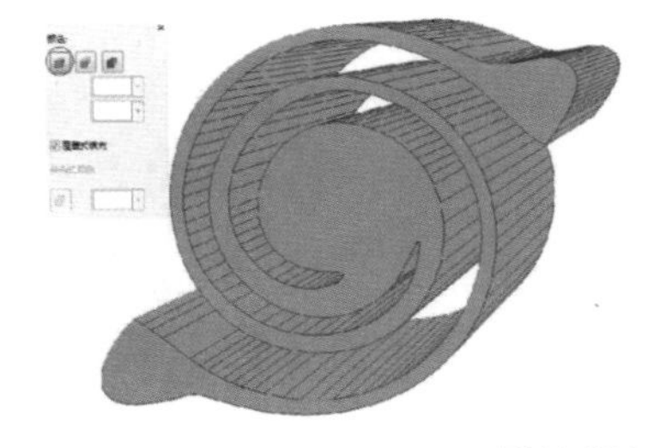

图10-316

技巧与提示

在“使用对象填充”时，删除轮廓线则显示纯色，无法分辨立体效果，如图10-317所示。添加轮廓线后则显示线描的立体效果，如图10-318所示。

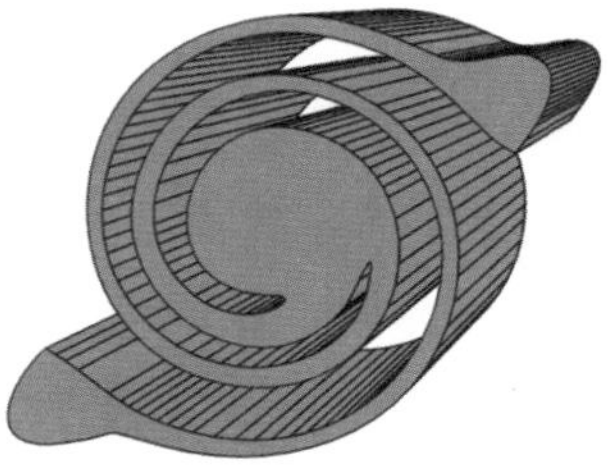

图10-317　图10-318

使用纯色：激活该按钮，可以在下面的颜色选项中选择需要的颜色填充到立体效果上，如图10-319所示。

使用递减的颜色：激活该按钮，可以在下面的颜色选项中选择需要的颜色，以渐变形式填充到立体效果上，如图10-320所示。

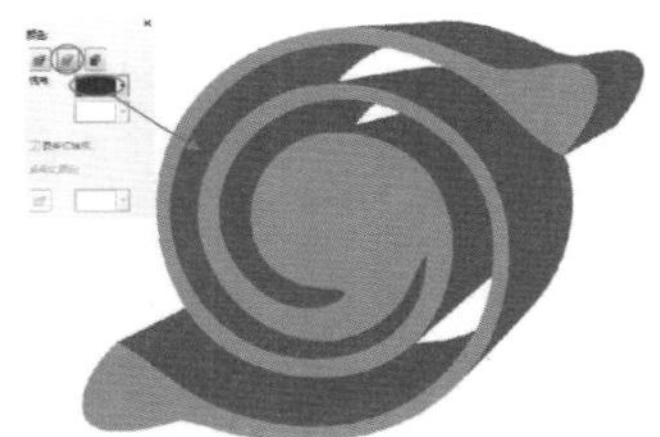

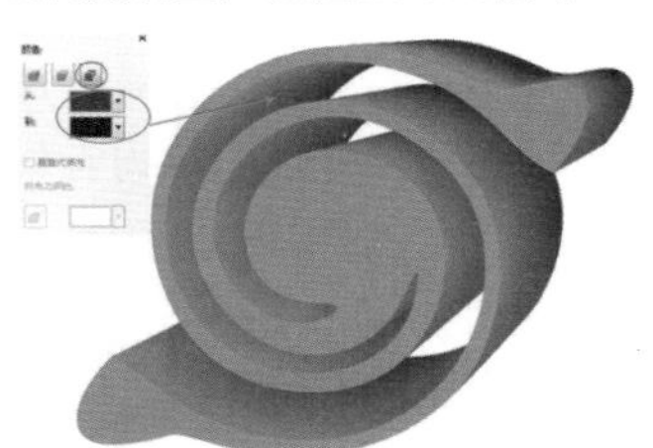

图10-319　图10-320

立体化倾斜：单击该按钮，在弹出的面板中可以为对象添加斜边，如图10-321所示。

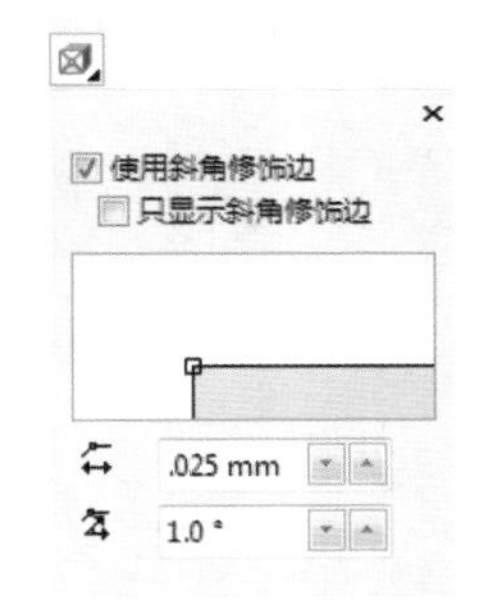

图10-321

使用斜角修饰边：勾选该选项，可以激活“立体化倾斜”面板进行设置，显示斜角修饰边。

只显示斜角修饰边：勾选该选项，只显示斜角修饰边，隐藏立体化效果，如图10-322所示。

图10-322

斜角修饰边深度：在后面的文本框中输入数值，可以设置对象斜角边缘的深度，如图10-323所示。

图10-323

斜角修饰边角度：在后面的文本框中输入数值，可以设置对象斜角的角度，数值越大斜角就越大，如图10-324所示。

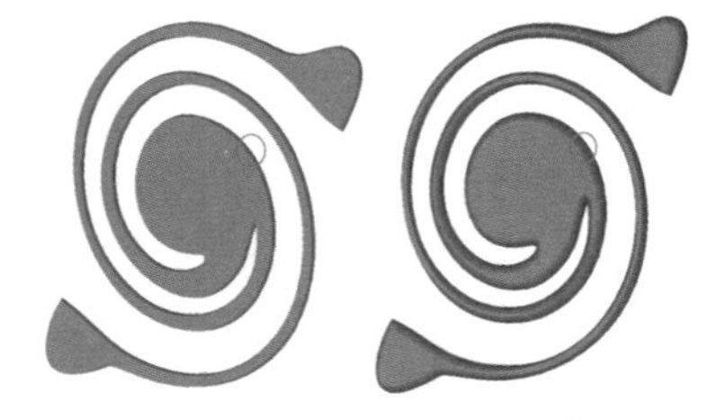

图10-324

立体化照明：单击该按钮，在弹出的面板中可以为立体对象添加光照效果，可以使立体化效果更强烈，如图10-325所示。

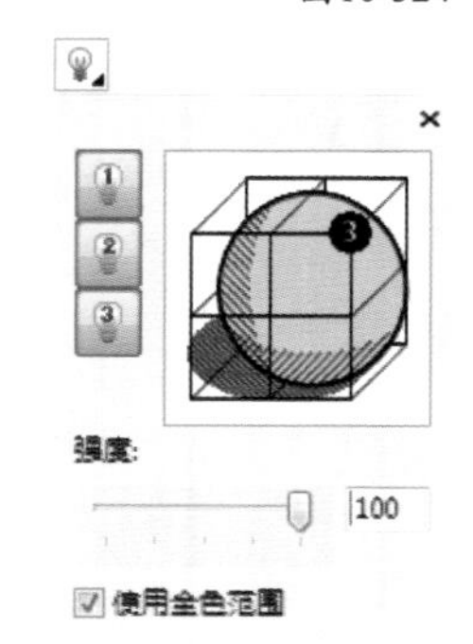

图10-325

光源：单击可以为对象添加光源，最多可以添加3个光源进行移动，如图10-326所示。

强度：可以移动滑块设置光源的强度。数值越大，光源越亮，如图10-327所示。

图10-326　图10-327

使用全色范围：勾选该选项可以让阴影效果更真实。

泊坞窗设置

执行“效果>立体化”菜单命令，打开“立体化”泊坞窗，可以看到相关参数设置，如图10-328所示。

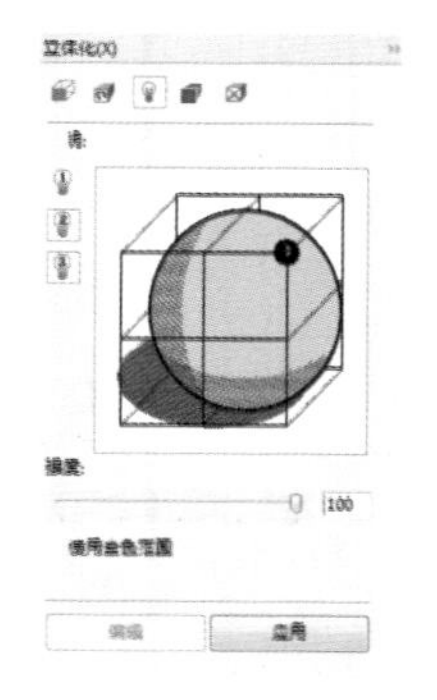

图10-328

立体化选项介绍

立体化相机：单击该按钮可以快速切换为立体化编辑版面，用于编辑修改立体化对象的灭点位置和进深程度，如图10-329所示。

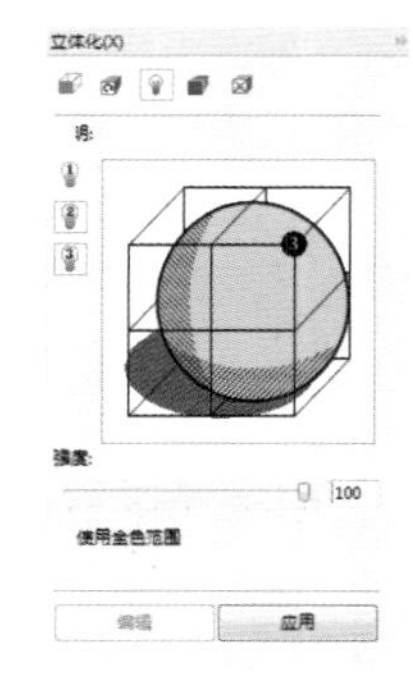

图10-329

> **技巧与提示**
>
> 使用泊坞窗进行参数设置时，可以单击上方的按钮来切换相应的设置面板，参数和属性栏上的参数相同。在编辑时需要选中对象，再单击“编辑”按钮 编辑 激活相应的设置。

10.6.3 立体化操作

利用属性栏和泊坞窗的相关参数选项来进行立体化的操作。

更改灭点位置和深度

更改灭点和进深的方法有两种。

第1种：选中立体化对象，如图10-330所示，然后在泊坞窗单击“立体化相机”按钮激活面板选项，再单击“编辑”按钮 编辑 出现立体化对象的虚线预览图，如图10-331所示，接着在面板上输入数值进行设置，虚线会以设置的数值显示，如图10-332所示，最后单击“应用”按钮 应用 应用设置。

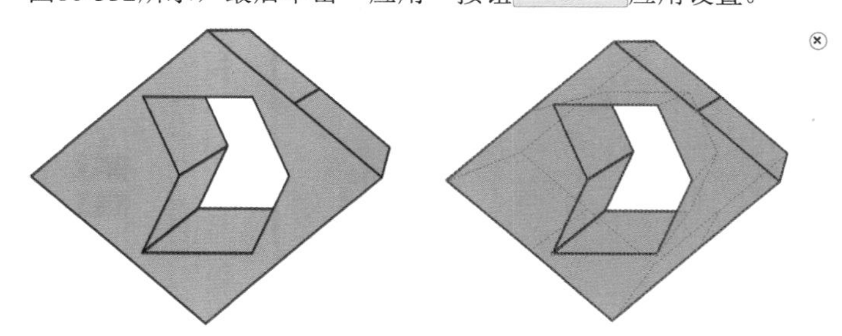

图10-330　图10-331

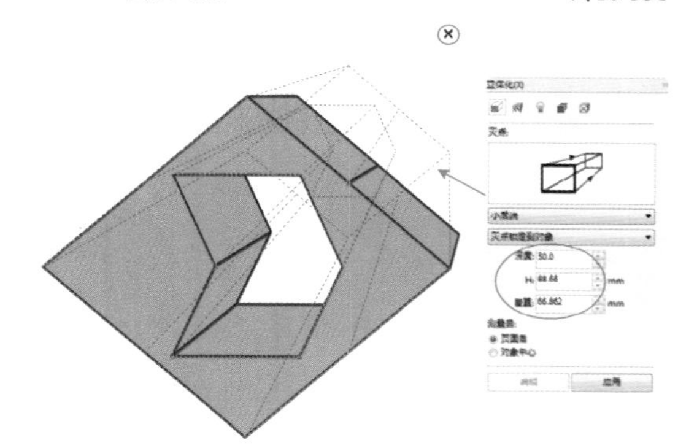

图10-332

第2种：选中立体化对象，然后在属性栏上“深度”后面的文本框中更改进深数值，在“灭点坐标”后相应的x轴和y轴上输入数值，可以更改立体化对象的灭点位置，如图10-333所示。

图10-333

属性栏更改灭点和进深不会出现虚线预览，可以直接在对象上进行修改。

旋转立体化效果

选中立体化对象，然后在“立体化”泊坞窗上单击“立体化旋转”，激活旋转面板，接着使用左键拖动立体化效果，出现虚线预览图，如图10-334所示，再单击“应用”按钮应用设置。在旋转后如果效果不合心意，需要重新旋转时，可以单击按钮去掉旋转效果，如图10-335所示。

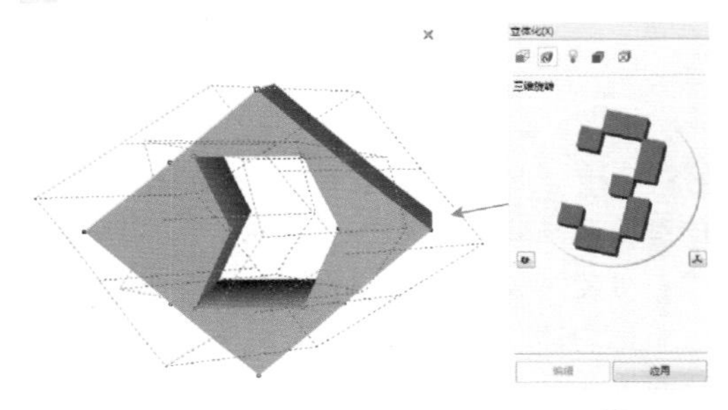

图10-334

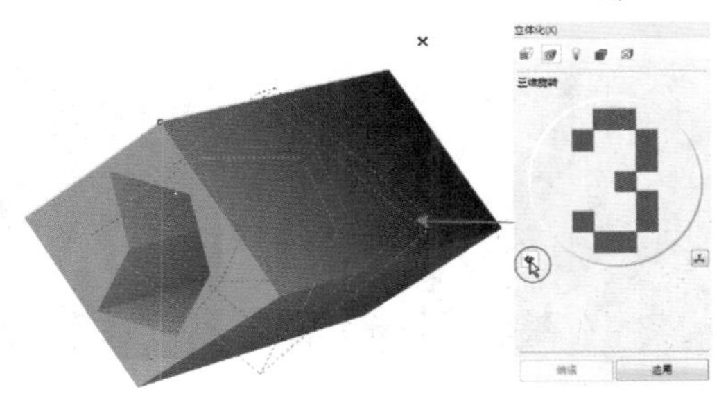

图10-335

设置斜边

选中立体化对象，然后在“立体化”泊坞窗上单击“立体化倾斜”，激活倾斜面板，再使用左键拖动斜角效果，接着单击“应用”按钮应用设置，如图10-336所示。

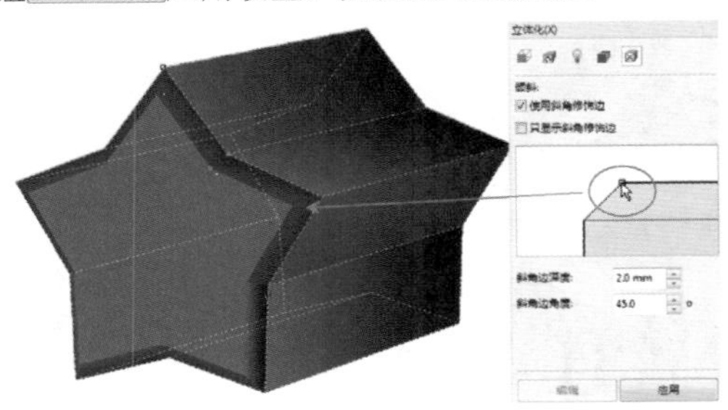

图10-336

在创建斜角后勾选“只显示斜角修饰边”选项，可以隐藏立体化进深效果，保留斜角和对象，如图10-337所示。利用这种方法可以制作镶嵌或浮雕的效果，如图10-338所示。

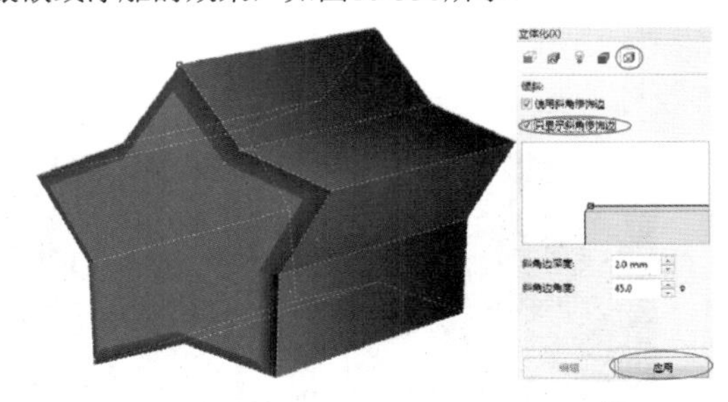

图10-337

图10-338

添加光源

选中立体化对象，然后在“立体化”泊坞窗上单击“立体化倾斜”，激活倾斜面板，再单击添加光源，在下面调整光源的强度，如图10-339所示，最后单击“应用”按钮应用设置，如图10-340所示。

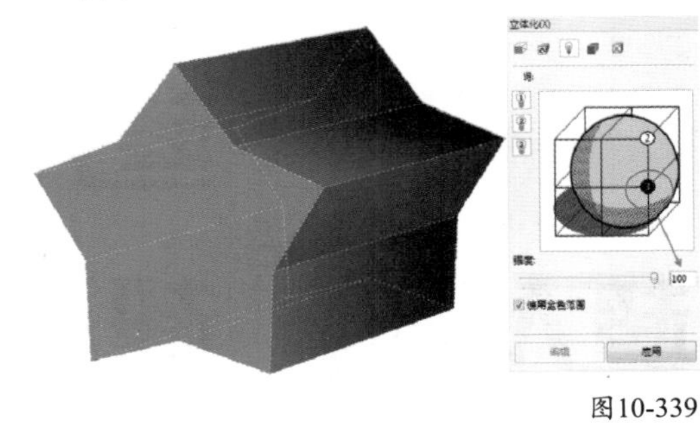

图10-339

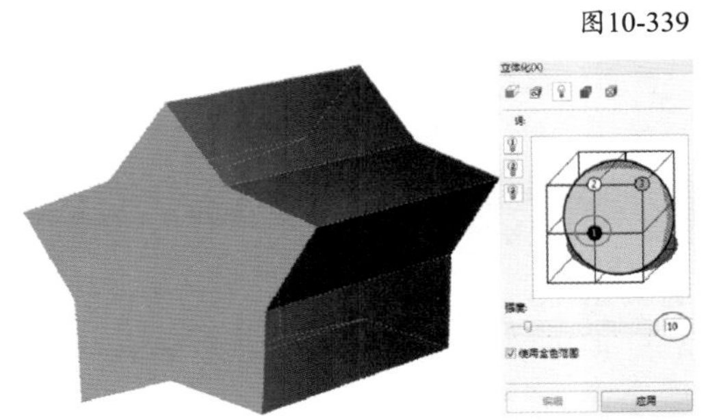

图10-340

★ 重点 ★

实战：用立体化绘制海报字

实例位置　下载资源>实例文件>CH10>实战：用立体化绘制海报字.cdr
素材位置　下载资源>素材文件>CH10>17.cdr、18.jpg
视频位置　下载资源>多媒体教学>CH10>实战：用立体化绘制海报字.flv
实用指数　★★★★☆
技术掌握　立体化工具的运用方法

海报字效果如图10-341所示。

图10-341

01 新建一个空白文档，然后设置文档名称为“海报字”，接着设置页面大小“宽”为209mm、“高”为146mm。

02 导入下载资源中的“素材文件>CH10>17.cdr”文件，将文字拖曳到页面中，然后拆分文字，再分别进行合并，如图10-342所示，接着将中间的人字向下移动，如图10-343所示。

图10-342 　图10-343

03 双击文字，然后将字下边的垂直两个节点选中向水平方向移动，如图10-344所示，接着将人字向上缩放，与其他三个字平齐，如图10-345所示，最后调整文字之间的间距，效果如图10-346所示。

图10-344

图10-345 　图10-346

04 将文字全选进行合并，然后双击“渐层工具”，在“编辑填充”对话框中选择“渐变填充”方式，设置“类型”为“线性渐变填充”、“镜像、重复和反转”为“默认渐变填充”，再设置“节点位置”为0%的色标颜色为（C:20，M:0，Y:0，K:80）、“位置”为13%的色标颜色为（C:0，M:0，Y:0，K:30）、“位置”为26%的色标颜色为（C:0，M:0，Y:0，K:70）、“位置”为45%的色标颜色为白色、“位置”为56%的色标颜色为（C:0，M:0，Y:0，K:50）、“位置”为74%的色标颜色为（C:0，M:0，Y:0，K:10）、“位置”为87%的色标为（C:0，M:0，Y:0，K:70）、“位置”为100%的色标颜色为（C:0，M:0，Y:0，K:50），“填充宽度”为123.445、“水平偏移”为1.331、“垂直偏移”为6.38、“旋转”为136.4，接着单击“确定”按钮 确定 完成填充，如图10-347所示，填充效果如图10-348所示。

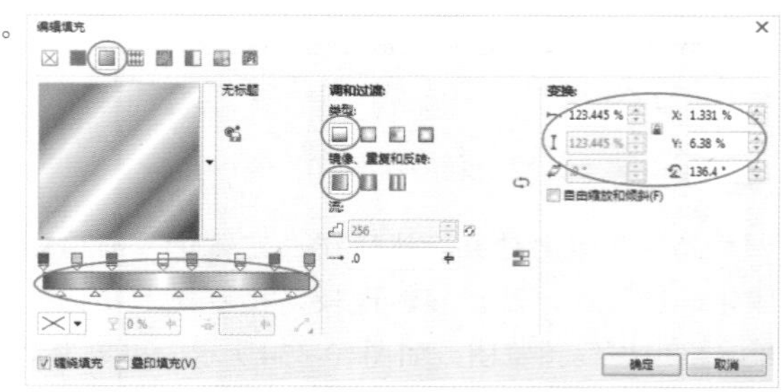

图10-347

图10-348

05 使用“立体化工具”拖动立体化效果，然后调节中间的滑块调整效果，如图10-349所示，接着导入下载资源中的“素材文件>CH10>18.jpg”文件，拖曳到页面中缩放合适的大小，如图10-350所示，最后将文字拖曳到页面下方，如图10-351所示。

图10-349

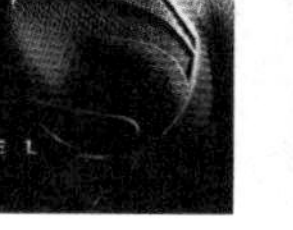

图10-350 　图10-351

06 下面绘制光晕。使用“星形工具”绘制星形，然后在属性栏设置“点数或边数”为8、“锐度”为60，如图10-352所示，接着选中星形执行“位图>转换为位图”菜单命令，打开“转换为位图”对话框，单击“确定”按钮 确定 完成转换，如图10-353所示。

图10-352

图10-353

07 选中星形，然后执行“位图>模糊>高斯式模糊”菜单命令，设置“半径”数值为40像素，接着单击“确定”按钮 确定 完成模糊效果，如图10-354所示，效果如图10-355所示，最后将对象缩放，如图10-356所示。

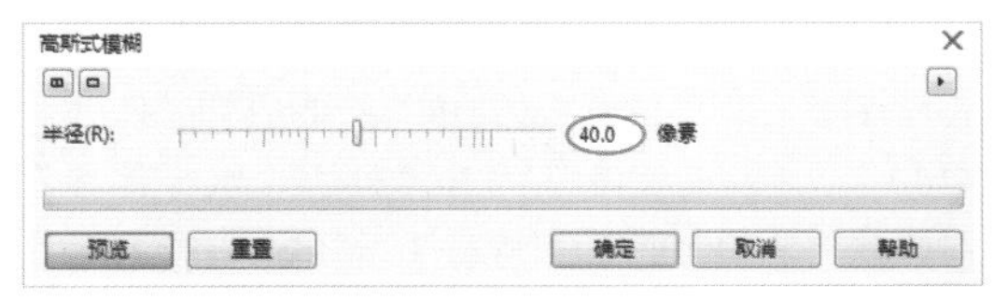

图10-354

图10-355

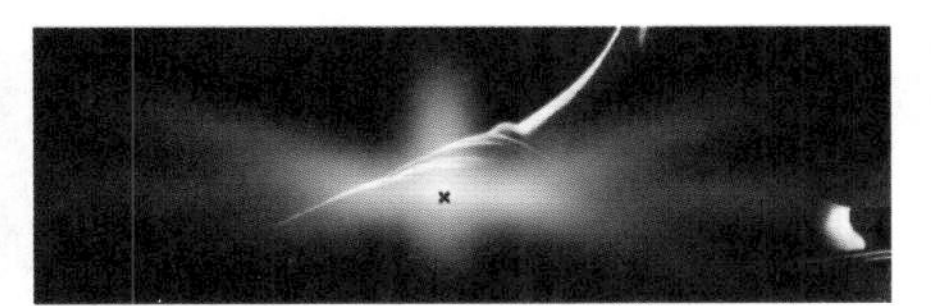

图10-356

08 将光晕拖曳到文字上，如图10-357所示，然后将上映字体拖曳到页面上方，再复制一份拖曳到标题字上面，接着填充上方的文字颜色为黄色，标题上面的文字颜色为（C:0，M:0，Y:0，K:90），如图10-358所示。

图10-357

图10-358

09 选中黄色文字，然后单击“透明度工具”，在属性栏设置“透明度类型”为“均匀透明度”、“透明度”为29，接着选中灰色字，在属性栏设置“透明度类型”为“均匀透明度”、“透明度”为50，效果如图10-359所示。

10 将主演文字拖曳到标题上方，然后填充颜色为白色，再单击“透明度工具”，在属性栏设置“透明度类型”为“均匀透明度”、“透明度”为31，如图10-360所示，最后将发行商拖曳到页面中一份。

图10-359

图10-360

11 将发行商拖曳到页面中复制一份，然后填充浅色文字颜色为（C:0，M:0，Y:0，K:20），再填充复制对象的颜色为黑色，接着选中对象单击“透明度工具”，在属性栏设置“透明度类型”为“均匀透明度”、“透明度”为50，如图10-361所示。

12 把导演文字拖曳到页面中，然后填充颜色为（C:0，M:0，Y:0，K:20），再单击“透明度工具”，在属性栏设置“透明度类型”为“均匀透明度”、“透明度”为50，最终效果如图10-362所示。

图10-361

图10-362

★ 重点 ★

实战：用立体化绘制立体字

实例位置 下载资源>实例文件>CH10>实战：用立体化绘制立体字.cdr
素材位置 下载资源>素材文件>CH10>19.cdr、20.psd
视频位置 下载资源>多媒体教学>CH10>实战：用立体化绘制立体字.flv
实用指数 ★★★☆☆
技术掌握 立体化的运用方法

立体字效果如图10-363所示。

图10-363

01 新建一个空白文档，然后设置文档名称为“立体字”，接着设置页面大小为“A4”、页面方向为“横向”。

02 导入下载资源中的“素材文件>CH10>19.cdr”文件，然后将年份拖曳到页面中，再填充颜色为黄色，如图10-364所示，接着使用“立体化工具”拖动立体效果，如图10-365所示。

图10-364

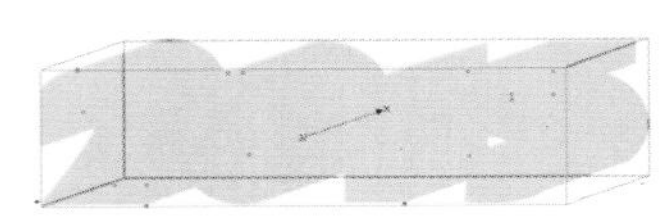

图10-365

03 选中立体对象，然后在属性栏选择“立体化类型”，再设置“立体化颜色”为“使用递减的颜色”，接着设置“从”的颜色为（C:0，M:20，Y:100，K:0）、“到”的颜色为（C:66，M:71，Y:100，K:42），如图10-366所示，最后调整立体化效果，如图10-367所示。

图10-366　　图10-367

04 将英文拖曳到页面内，然后填充颜色为（C:0，M:0，Y:20，K:80），如图10-368所示，再使用“立体化工具”拖动立体效果，如图10-369所示，接着设置“立体化颜色”为“使用递减的颜色”，设置“从”的颜色为（C:0，M: 0，Y: 0，K:90）、“到”的颜色为黑色，如图10-370所示，最后调整立体化效果，如图10-371所示。

图10-368

图10-369

图10-370　　图10-371

05 将英文拖曳到页面内，然后填充颜色为（C:0，M:0，Y:60，K:0），如图10-372所示，再使用“立体化工具”拖动立体效果，如图10-373所示，接着设置“立体化颜色”为“使用递减的颜色”，设置“从”的颜色为（C:20，M:15，Y:76，K:0）、“到”的颜色为（C:63，M:66，Y:100，K:29），最后调整立体化效果，如图10-374所示。

图10-372

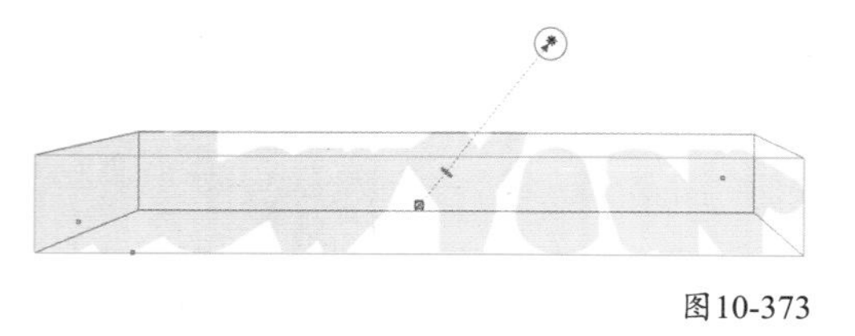

图10-373

图10-374

06 使用“矩形工具”创建矩形，然后双击“渐层工具”，在“编辑填充”对话框中选择“渐变填充”方式，设置“类型”为“线性渐变填充”、“镜像、重复和反转”为“默认渐变填充”，再设置“节点位置”为0%的颜色为（C:56，M:16，Y:0，K:0）、“位置”为62%的颜色为（C:68，M:31，Y:4，K:0）、“位置”为100%的颜色为（C:90，M:62，Y:24，K:0），“填充宽度”为76.031、“水平偏移”为3.94、“垂直偏移”为11.985、“旋转”为-89.9，接着单击“确定”按钮完成填充，如图10-375所示，填充效果如图10-376所示。

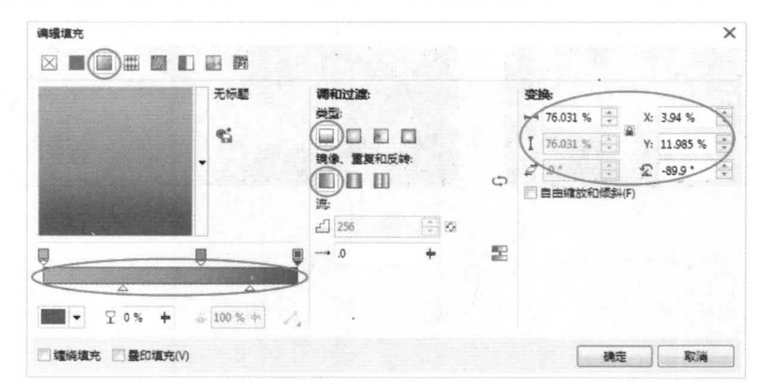

图10-375

图10-376

07 双击“矩形工具”创建与页面等大的矩形，然后填充颜色为黑色，如图10-377所示，接着将前面编辑好的立体字拖曳到页面中，如图10-378所示。

图10-377　　图10-378

08 将年份复制一份，然后使用“阴影工具”拖曳阴影效果，如图10-379所示，接着单击右键，在弹出的下拉菜单中执行“拆分阴影群组”命令，再删除文字，如图10-380所示。

图10-379

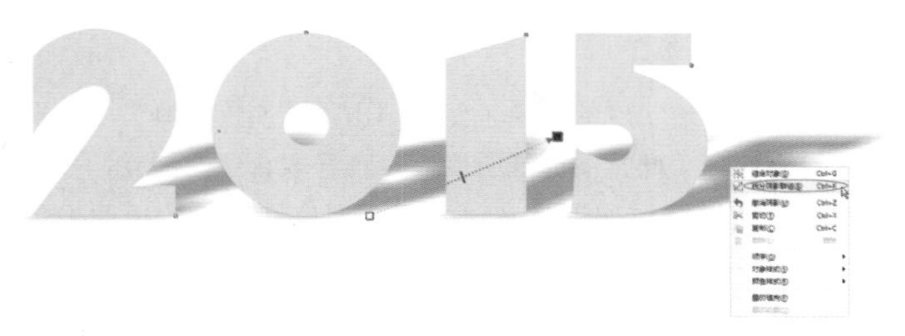

图10-380

09 将阴影拖曳到页面中，然后将阴影拖曳到立体字下面，如图10-381和图10-382所示。

图10-381

图10-382

10 单击“艺术笔工具”，选取合适的笔刷在蓝色矩形边缘绘制曲线，然后选中上方的笔触，左键填充颜色为（C:56，M:16，Y:0，K:0），再选中下方的笔触填充颜色为（C:90，M:62，Y:24，K:0），效果如图10-383所示。

11 导入下载资源中的“素材文件>CH10>20.psd”文件，然后将蜜蜂复制一份进行水平镜像，再缩放在页面内，如图10-384所示。

图10-383

图10-384

12 依次选中蜜蜂，然后使用“阴影工具”拖曳阴影效果，如图10-385和图10-386所示，接着将文字拖曳到页面中，最终效果如图10-387所示。

图10-385

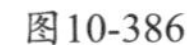

图10-386

图10-387

10.7 透明效果

透明效果经常运用于书籍装帧、排版、海报设计、广告设计和产品设计等领域中。使用CorelDRAW X7提供的“透明度工具”可以将对象转换为半透明效果，也可以拖曳为渐变透明效果，通过设置可以得到丰富的透明效果，方便用户进行绘制。

10.7.1 创建透明效果

“透明度工具”用于改变对象填充色的透明程度来添加效果。通过添加多种透明度样式来丰富画面效果。

创建渐变透明度

单击“透明度工具”，光标后面会出现一个高脚杯形状，然后将光标移动到绘制的矩形上，光标所在的位置为渐变透明度的起始点，透明度为0，如图10-388所示，接着按住左键向左边进行拖动渐变范围，黑色方块是渐变透明度的结束点，该点的透明度为100，如图10-389所示。

图10-388

图10-389

松开左键，对象会显示渐变效果，拖动中间的“透明度中心点”滑块可以调整渐变效果，如图10-390所示，调整完成后效果如图10-391所示。

图10-390

图10-391

技巧与提示

在添加渐变透明度时，透明度范围线的方向决定透明度效果的方向，如图10-392所示。如果需要添加水平或垂直的透明效果，需要按住Shift键水平或垂直拖动，如图10-393所示。

图10-392

图10-393

创建渐变透明度可以灵活运用在产品设计、海报设计、logo设计等领域，可以达到添加光感的作用。

渐变的类型包括“线性渐变透明度”、“椭圆形渐变透明度”、“锥形渐变透明度”和“矩形渐变透明度”4种，用户可以在属性栏中进行切换，绘制方式相同。

创建均匀透明度

选中添加透明度的对象，如图10-394所示，然后单击“透明度工具”，在属性栏中选择“均匀透明度”，再通过调整“透明度”来设置透明度大小，如图10-395所示，调整后效果如图10-396所示。

图10-394

图10-395

图10-396

创建均匀透明度效果常运用在杂志书籍设计中，可以为文本添加透明底色、丰富图片效果和添加创意。用户可以在属性栏进行相关设计，使添加的效果更加丰富。

创建均匀透明度不需要拖动透明度范围线，直接在属性栏进行调节就可以。

创建图样透明度

选中添加透明度的对象，然后单击“透明度工具”，在属性栏中选择“向量图样透明度”，再选取合适的图样，接着通过调整“前景透明度”和“背景透明度”来设置透明度大小，如图10-397所示，调整后效果如图10-398所示。

图10-397

图10-398

调整图样透明度矩形范围线上的白色圆点，可以调整添加的图样大小，矩形范围线越小，图样越小，如图10-399所示；范围越大，图样越大，如图10-400所示。调整图样透明度矩形范围线上的控制柄，可以编辑图样的倾斜旋转效果，如图10-401所示。

图10-399

图10-400

图10-401

创建图样透明度，可以进行美化图片或为文本添加特殊样式的底图等操作，利用属性栏的设置可达到丰富的效果。图样透明度包括“向量图样透明度”、“位图图样透明度”和“双色图样透明度”3种方式，可在属性栏中进行切换，绘制方式相同。

创建底纹透明度

选中添加透明度的对象，然后单击“透明度工具”，在属性栏中选择“位图图样透明度”，再选取合适的图样，接着通过调整“前景透明度”和“背景透明度”来设置透明度大小，如图10-402所示，调整后效果如图10-403所示。

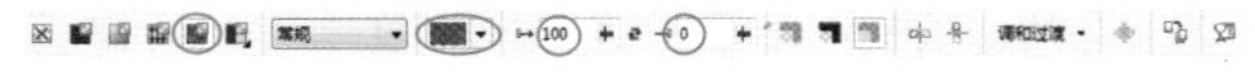

图10-402

图10-403

10.7.2 透明参数设置

“透明度工具”的属性栏设置如图10-404所示。

图10-404

透明度通用选项介绍

编辑透明度：以颜色模式来编辑透明度的属性。单击该按钮，在打开的“编辑透明度”对话框中设置“调和过渡”可以变更渐变透明度的类型、选择透明度的目标、选择透明度的方式；“变换”可以设置渐变的偏移、旋转和倾斜；“节点透明度”可以设置渐变的透明度，颜色越浅透明度越低，颜色越深透明度越高；“中点”可以调节透明渐变的中心，如图10-405所示。

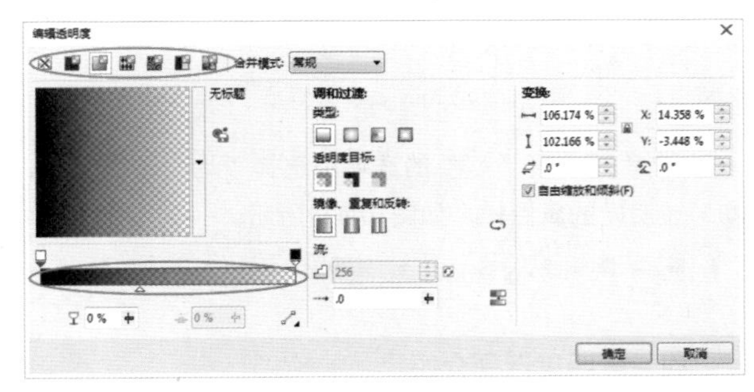

图10-405

技术专题 18 创建放射光晕

在图片上创建等大小的矩形，然后填充颜色为白色，再去掉轮廓线，如图10-406所示，接着在属性栏单击“编辑透明度”图标，弹出“编辑透明度”对话框。

图10-406

在“渐变透明度”对话框中设置“类型”为“锥形渐变透明度”、“镜像、重复和反转”中设置“重复和镜像”、“填充宽度”为47.121、“填充高度”为47.1“水平偏移”为-1.0、“垂直偏移”为-27.0、“旋转”为0，再分别设置：“节点位置”为0%的透明度为100%、“位置”为15%的透明度为0%、“位置”为30%的透明度为100%、“位置”为42%的透明度为0%、“位置”为58%的透明度为100%、“位置”为72%的透明度为0%、“位置”为88%的透明度为100%、“位置”为100%的透明度为0%，最后单击“确定”按钮，如图10-407所示。

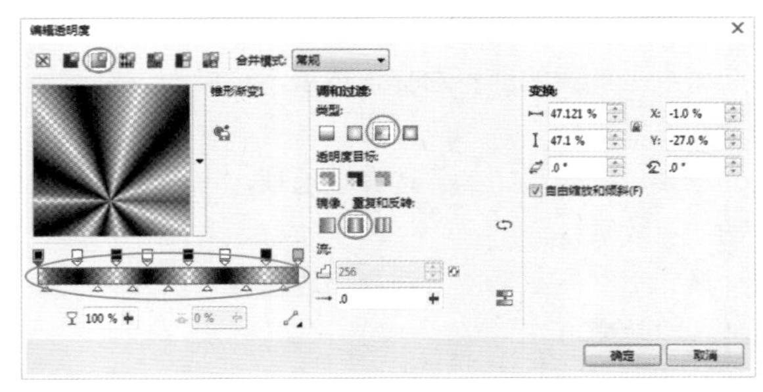

图10-407

此时对象上出现渐变透明度的范围线，然后将光标移动到“结束透明度”滑块上，再按住左键拖动范围，如图10-408所示，光感效果如图10-409所示。

图10-408

图10-409

透明度类型：在属性栏中选择透明图样进行应用，包括“无透明度”、“均匀透明度”、“线性渐变透明度”、“椭圆形渐变透明度”、“圆锥形渐变透明度”、“矩形渐变透明度”、“向量图样透明度”、“位图图样透明度”、“双色图样透明度”和“底纹透明度”，如图10-410所示。

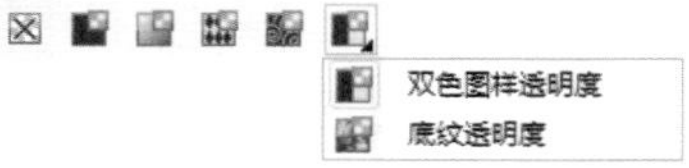

双色图样透明度
底纹透明度

图10-410

无透明度：选择该选项，对象没有任何透明效果。

均匀透明度：选择该选项，可以为对象添加均匀的渐变效果。

线性渐变透明度：选择该选项，可以为对象添加直线渐变的透明效果。

椭圆形渐变透明度：选择该选项，可以为对象添加放射渐变的透明效果。

圆锥形渐变透明度：选择该选项，可以为对象添加圆锥渐变的透明效果。

矩形渐变透明度：选择该选项，可以为对象添加矩形渐变的透明效果。

向量图样透明度：选择该选项，可以为对象添加全色矢量纹样的透明效果。

位图图样透明度：选择该选项，可以为对象添加位图纹样的透明效果。

双色图样透明度：选择该选项，可以为对象添加黑白双色纹样的透明效果。

底纹透明度：选择该选项，可以为对象添加系统自带的底纹纹样的透明效果。

技巧与提示

在“透明度类型”选择“无”时，无法在属性栏进行透明度的相关设置，选取其他的透明度类型后可以进行激活。

透明度操作：在下拉选项中选择透明颜色与下层对象颜色的调和方式，如图10-411所示。

透明度目标：在属性栏中选择透明度的应用范围，包括“全部”、“轮廓”和“填充”3种范围，如图10-412所示。

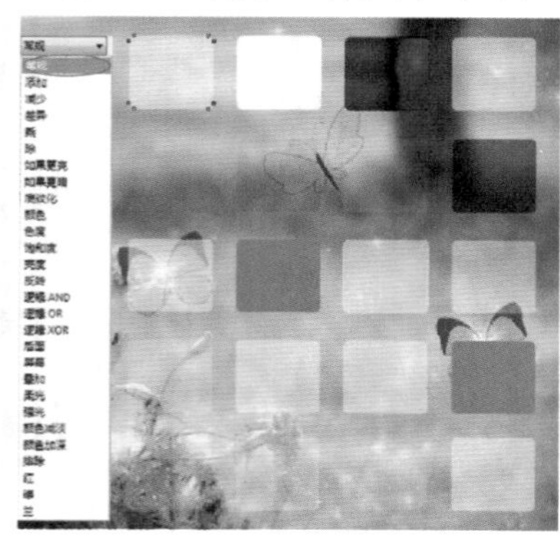

图10-411 　　图10-412

填充：选择该选项，可以将透明度效果应用到对象的填充上，如图10-413所示。

轮廓：选择该选项，可以将透明度效果应用到对象的轮廓线上，如图10-414所示。

图10-413

图10-414

全部：选择该选项，可以将透明度效果应用到对象的填充和轮廓线上，如图10-415所示。

冻结透明度：激活该按钮，可以冻结当前对象的透明度叠加效果，在移动对象时透明度叠加效果不变，如图10-416所示。

图10-415

图10-416

复制透明度属性：单击该图标，可以将文档中目标对象的透明度属性应用到所选对象上。

下面根据创建透明度的类型，进行分别讲解。

均匀透明度

在“透明度类型”的选项中选择“均匀透明度”，切换到均匀透明度的属性栏，如图10-417所示。

图10-417

均匀透明度选项介绍

透明度：在后面的文字框内输入数值，可以改变透明度的程度，如图10-418所示。数值越大，对象越透明，反之越弱，如图10-419所示。

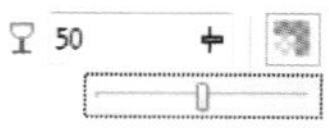

图10-418

图10-419

渐变透明度

在“透明度类型”中选择“渐变透明度”，切换到渐变透明度的属性栏，如图10-420所示。

图10-420

渐变透明度选项介绍

线性渐变透明度：选择该选项，应用沿线性路径逐渐更改不透明的透明度，如图10-421所示。

椭圆形渐变透明度：选择该选项，应用从同心椭圆形中心向外逐渐更改不透明度的透明度，如图10-422所示。

图10-421

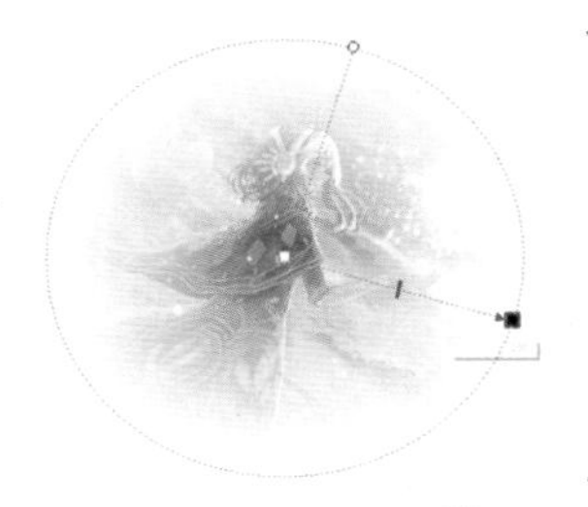

图10-422

圆锥形渐变透明度：选择该选项，应用以锥形逐渐更改不透明度的透明度，如图10-423所示。

矩形渐变透明度：选择该选项，应用从同心矩形的中心向外逐渐更改不透明度的透明度，如图10-424所示。

图10-423

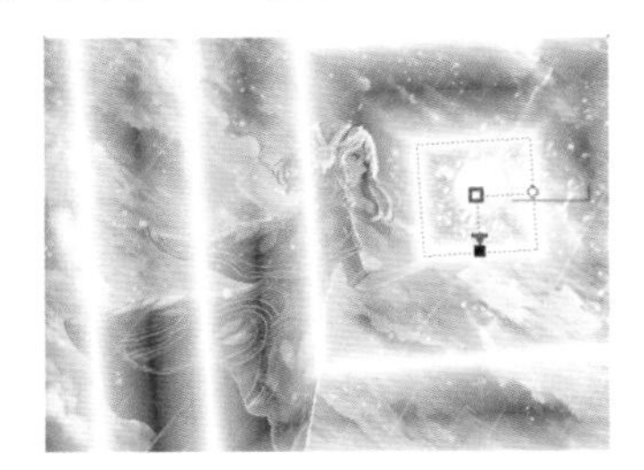

图10-424

节点透明度：在后面的文本框中输入数值，可以移动透明效果的中心点。最小值为0，最大值为100，如图10-425所示。

节点位置：在后面的文本框中输入数值设置不同的节点位置，可以丰富渐变透明效果，如图10-426所示。

图10-425

图10-426

旋转：在旋转后面的文本框内输入数值，可以旋转渐变透明效果，如图10-427所示。

图10-427

图样透明度

在“透明度类型”的选项中选择“向量图样透明度”，切换到图样透明度的属性栏，如图10-428所示。

图10-428

图样透明度选项介绍

透明度挑选器：可以在下拉选项中选取填充的图样类型，如图10-429所示。

前景透明度：在后面的文字框内输入数值，可以改变填充图案浅色部分的透明度。数值越大，对象越不透明，反之越强，如图10-430所示。

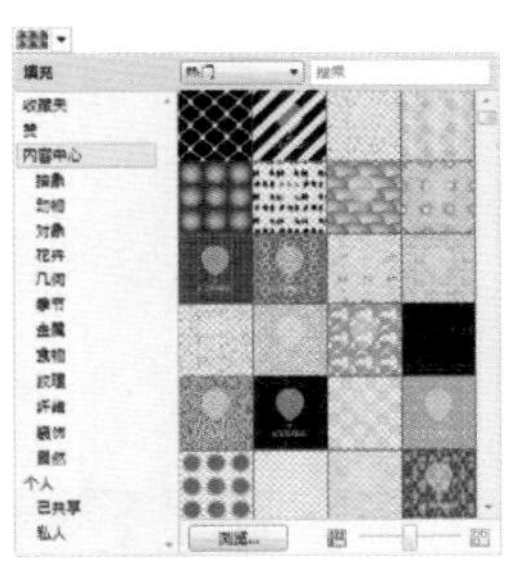

图10-429

图10-430

背景透明度：在后面的文字框内输入数值，可以改变填充图案深色部分的透明度。数值越大，对象越透明，反之越弱，如图10-431所示。

水平镜像平铺：单击该图标，可以将所选的排列图块相互镜像，达成在水平方向相互反射对称的效果，如图10-432所示。

图10-431

图10-432

水平镜像平铺：单击该图标，可以将所选的排列图块相互镜像，达成在垂直方向相互反射对称的效果，如图10-433所示。

图10-433

底纹透明度

在“透明度类型”的选项中选择“底纹透明度”，切换到底纹透明度的属性栏，如图10-434所示。

图10-434

底纹透明度选项介绍

底纹库：在下拉选项中可以选择相应的底纹库，如图10-435所示。

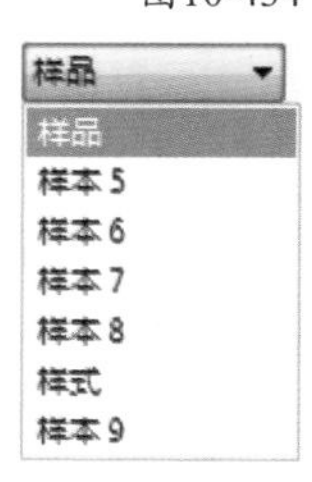

图10-435

实战：用透明度绘制油漆广告

实例位置 下载资源>实例文件>CH10>实战：用透明度绘制油漆广告.cdr
素材位置 下载资源>素材文件>CH10>21.cdr、22.cdr
视频位置 下载资源>多媒体教学>CH10>实战：用透明度绘制油漆广告.flv
实用指数 ★★★★☆
技术掌握 透明度的运用方法

油漆广告效果如图10-436所示。

图10-436

01 新建一个空白文档，然后设置文档名称为“油漆广告”，接着设置页面大小为“A4”、页面方向为“横向”。

02 使用“椭圆形工具”绘制9个重叠的椭圆，然后调整遮盖的位置，如图10-437所示，接着从左到右依次填充颜色为（C:80，M:58，Y:0，K:0）、（C:97，M:100，Y:27，K:0）、（C:59，M:98，Y:24，K:0）、（C:4，M:99，Y:13，K:0）、（C:6，M:100，Y:100，K:0）、（C:0，M:60，Y:100，K:0）、（C:0，M:20，Y:100，K:0）、（C:52，M:3，Y:100，K:0）、（C:100，M:0，Y:100，K:0），最后全选删除轮廓线，效果如图10-438所示。

图10-437

图10-438

03 全选圆形，然后单击“透明度工具”，在属性栏设置“透明度类型”为“均匀透明度”、“透明度”为50，透明效果如图10-439所示。

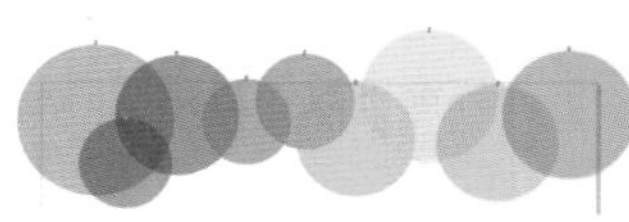

图10-439

04 依次选中圆形，按住Shift键向内进行复制，然后调整位置关系，效果如图10-440所示，接着选中每组圆形的最上方对象去掉透明度效果，如图10-441所示，最后将对象全选进行组合。

图10-440

图10-441

05 使用“矩形工具”绘制一个矩形，然后在属性栏设置“圆角”为10mm，再进行转曲，接着复制排列在页面中，并调整形状和位置，如图10-442所示，最后将圆形的颜色填充到相应位置的矩形中，效果如图10-443所示。

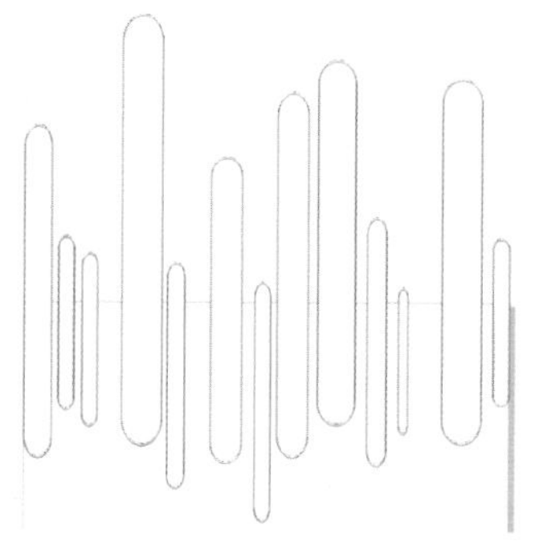

图10-442

图10-443

06 将矩形全选，然后修剪掉页面外多余的部分，如图10-444所示，接着使用“透明度工具”拖动透明渐变效果，如图10-445所示。

图10-444

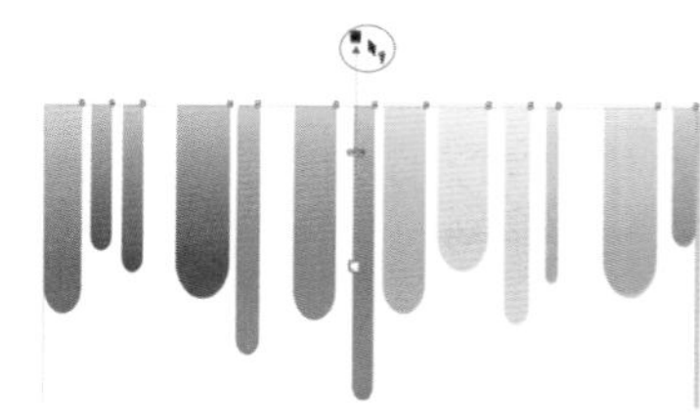

图10-445

07 将前面绘制的圆形拖曳到页面上方，然后双击“矩形工具”创建与页面等大的矩形，接着选中圆形执行“对象>图框精确剪裁>置于图文框内部”菜单命令，把图片放置在矩形中，如图10-446和图10-447所示。

图10-446

图10-447

08 把前面绘制的矩形对象拖曳到页面上方，置于最底层，如图10-448所示，然后双击“矩形工具”创建矩形，再使用“钢笔工具”绘制曲线，如图10-449所示，接着使用曲线修剪矩形，最后删除上半部分和曲线，如图10-450所示。

图10-448

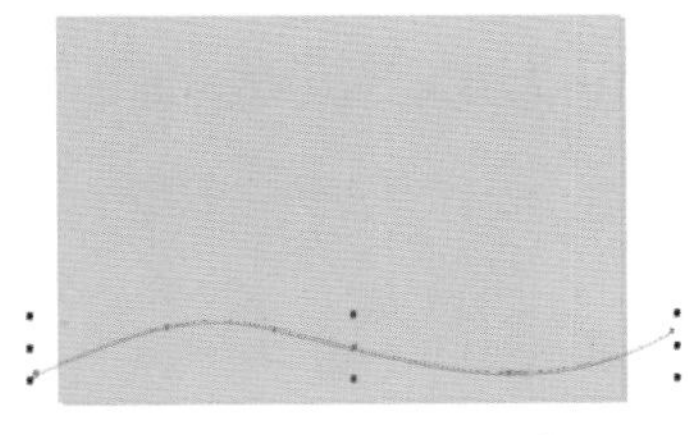

图10-449

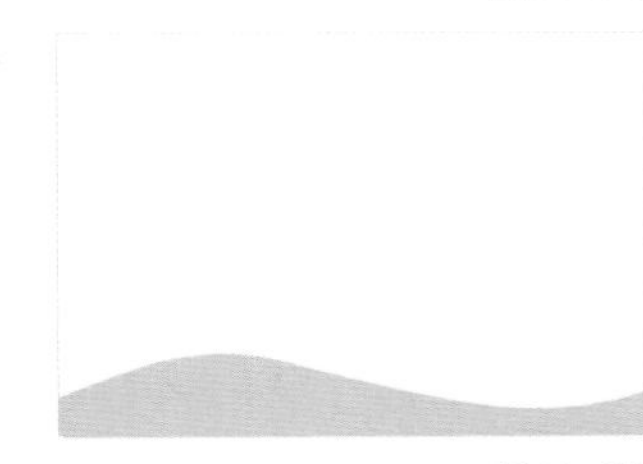

图10-450

09 将修剪形状拖曳到页面最下方，然后使用“透明度工具”拖动渐变效果，如图10-451所示，接着复制一份向下缩放，再进行水平镜像，最后改变透明渐变的方向，如图10-452所示。

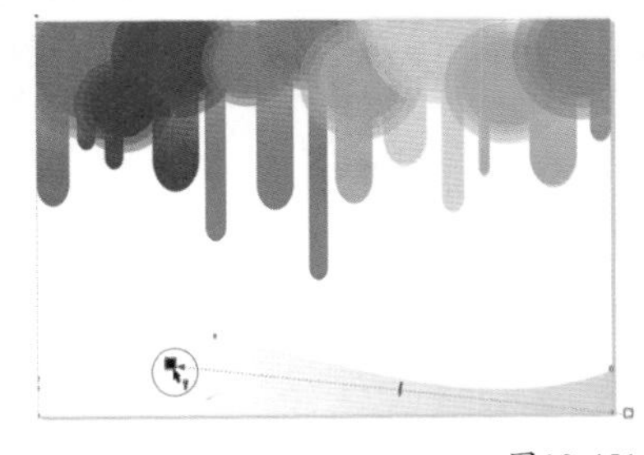

图10-451

图10-452

10 导入下载资源中的“素材文件>CH10>21.cdr”文件，然后拖曳到页面右下方，如图10-453所示。

图10-453

11 使用“矩形工具”绘制一个矩形，然后在属性栏设置“圆角”为3mm，接着填充颜色为（C:80，M:58，Y:0，K:0），再右键去掉轮廓线，如图10-454所示，最后单击“透明度工具”，在属性栏设置“透明度类型”为“均匀透明度”、“透明度”为50，效果如图10-455所示。

图10-454

图10-455

12 导入下载资源中的“素材文件>CH10>22.cdr”文件，然后将文字拖曳到页面左下角，再变更矩形上的文字颜色为白色，最终效果如图10-456所示。

图10-456

实战：用透明度绘制唯美效果

实例位置　下载资源>实例文件>CH10>实战：用透明度绘制唯美效果.cdr
素材位置　下载资源>素材文件>CH10>23.jpg、24.cdr
视频位置　下载资源>多媒体教学>CH10>实战：用透明度绘制唯美效果.flv
实用指数　★★★☆☆
技术掌握　透明度的运用方法

唯美效果如图10-457所示。

图10-457

01 新建一个空白文档，然后设置文档名称为“唯美效果”，接着设置页面大小“宽”为260mm、“高”为175mm。

02 导入下载资源中的“素材文件>CH10>23.jpg”文件，然后将图片拖曳到页面中，如图10-458所示，接着双击“矩形工具”创建与页面等大的矩形，最后按Ctrl+Home键将矩形置于顶层，并填充颜色为（C:0，M:0，Y:20，K:0），如图10-459所示。

图10-458

图10-459

03 选中矩形单击“透明度工具”，然后在属性栏设置“透明度类型”为“底纹”、“样本库”为“样本9”，再选择“透明度图样”，如图10-460所示，接着调整矩形上底纹的位置，效果如图10-461所示。

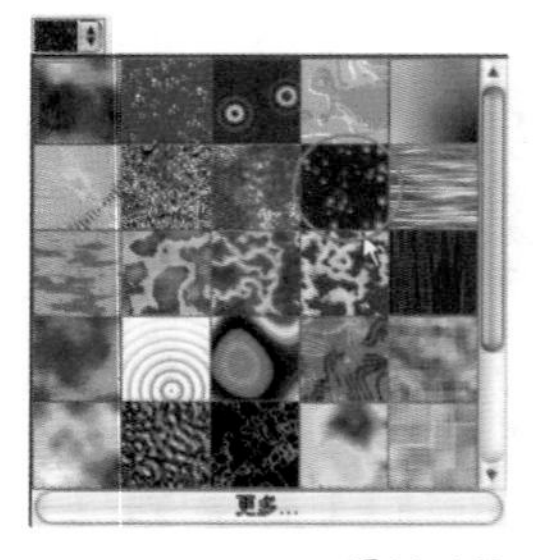

图10-460

图10-461

04 双击“矩形工具”创建与页面等大的矩形，然后填充颜色为（C:0，M:0，Y:60，K:0），再右键去掉轮廓线，接着按Ctrl+Home键将矩形置于顶层，如图10-462所示，最后单击“透明度工具”，以同样的参数为矩形添加底纹透明效果，如图10-463所示。

图10-462

图10-463

05 使用“矩形工具”在页面上方绘制矩形，然后填充颜色为白色，再右键去掉轮廓线，如图10-464所示，接着使用“透明度工具”拖动透明渐变效果，如图10-465所示。

图10-464

图10-465

06 使用“矩形工具”在页面右下方绘制矩形，然后在属性栏设置左边“圆角”为3mm，再填充颜色为黑色，如图10-466所示，接着单击“透明度工具”，在属性栏设置“透明度类型”为“均匀透明度”、“透明度”为60，效果如图10-467所示。

图10-466

图10-467

07 导入下载资源中的“素材文件>CH10>24.cdr”文件，然后取消组合对象，将白色文字拖曳到页面右边的矩形上，最终效果如图10-468所示。

图10-468

10.8 斜角效果

斜角效果广泛运用在产品设计、网页按钮设计、字体设计等领域中，可以丰富设计对象的效果。在CorelDRAW X7中，用户可以使用“斜角效果”修改对象边缘，使对象产生三维效果。

斜角效果只能运用在矢量对象和文本对象上，不能对位图对象进行操作。

在菜单栏执行“效果>斜角”菜单命令，打开“斜角”泊坞窗，然后在泊坞窗设置数值添加斜角效果，如图10-469所示。在“样式”选项中可以选择为对象添加“柔和边缘”效果或“浮雕”效果。

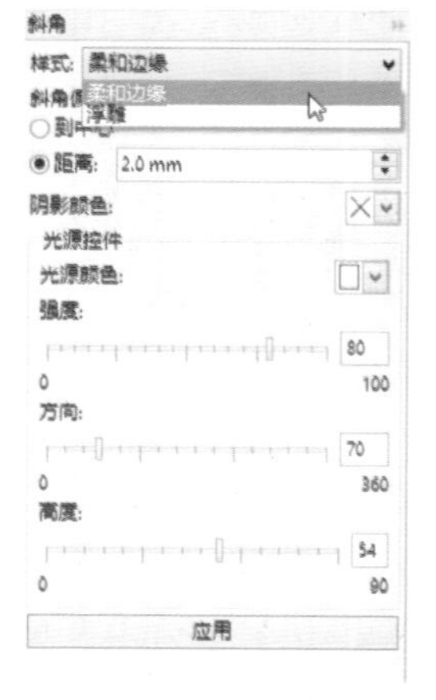

图10-469

10.8.1 创建柔和斜角效果

CorelDRAW X7为我们提供了两种创建“柔和边缘”的效

果，包括“到中心”和“距离”。

创建中心柔和

选中要添加斜角的对象，如图10-470所示，然后在“斜角”泊坞窗内设置“样式”为“柔和边缘”、“斜角偏移”为“到中心”、阴影颜色为（C:70，M:95，Y:0，K:0）、“光源颜色”为白色、“强度”为100、“方向”为118、“高度”为27，接着单击“应用”按钮 应用 完成添加斜角，如图10-471所示。

图10-470

图10-471

创建边缘柔和

选中对象，然后在“斜角”泊坞窗内设置“样式”为“柔和边缘”、“斜角偏移”的“距离”，值为2.24mm、阴影颜色为（C:70，M:95，Y:0，K:0）、“光源颜色”为白色、“强度”为100、“方向”为118、“高度”为27，接着单击“应用”按钮

完成添加斜角，如图10-472所示。

图10-472

删除效果

选中添加斜角效果的对象，然后执行“效果>清除效果”菜单命令，将添加的效果删除，如图10-473所示。“清除效果”也可以清除其他的添加效果。

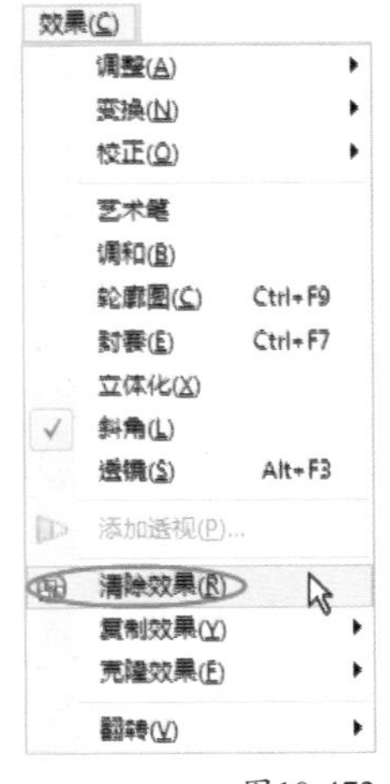

图10-473

10.8.2 创建浮雕效果

选中对象，然后在“斜角”泊坞窗内设置“样式”为“浮雕”、“距离”值为2.0mm、阴影颜色为（C:95，M:73，Y:0，K:0）、“光源颜色”为白色、“强度”为60、“方向”为200，接着单击“应用”按钮 应用 完成添加斜角，如图10-474所示。

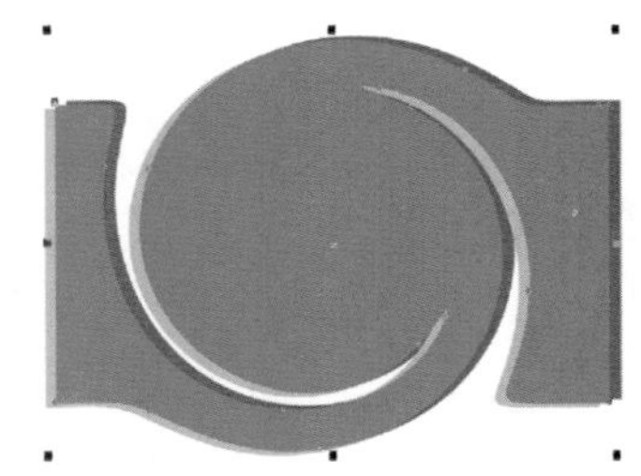

图10-474

技巧与提示

在“浮雕”样式下不能设置“到中心”效果，也不能设置“高度”值。

10.8.3 斜角设置

在菜单栏执行“效果>斜角”命令，可以打开“斜角”泊坞窗，如图10-475所示。

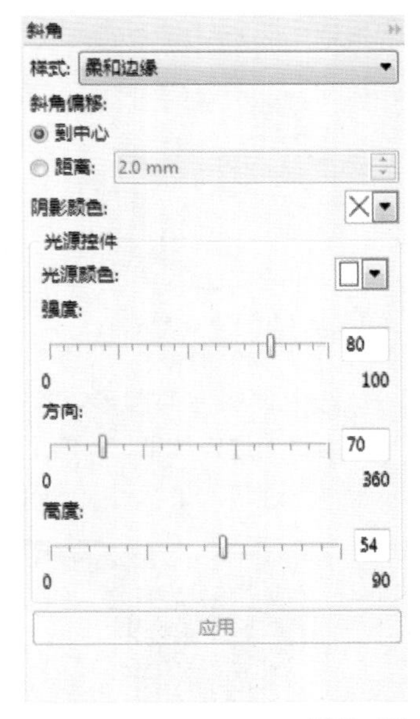

图10-475

斜角参数

样式：在下拉选项中选择斜角的应用样式，包括“柔和边缘”和“浮雕”。

到中心：勾选该选项，可以从对象中心开始创建斜角。

距离：勾选该选项，可以创建从边缘开始的斜角，在后面的文本框中输入数值可以设定斜面的宽度。

阴影颜色：在后面的下拉颜色列表中可以选取阴影斜面的颜色。

光源颜色：在后面的下拉颜色列表中可以选取聚光灯的颜色。聚光灯的颜色会影响对象和斜面的颜色。

强度：在后面的文本框内输入数值，可以更改光源的强度，范围为0~100。

方向：在后面的文本框内输入数值，可以更改光源的方向，范围为0~360。

高度：在后面的文本框内输入数值，可以更改光源的高度，范围为0~90。

10.9 透镜效果

透镜效果可以运用在图片显示效果中，可以将对象颜色、形状调整到需要的效果，广泛运用在海报设计、书籍设计和杂志设计中来体现一些特殊效果。

★ 重点 ★

10.9.1 添加透镜效果

通过改变观察区域下对象的显示和形状来添加透镜效果。

执行“效果>透镜”菜单命令，可以打开“透镜”泊坞窗，在“类型”下拉列表中选取透镜的应用效果，包括“无透镜效果”、“变亮”、“颜色添加”、“色彩限度”、“自定义彩色图”、“鱼眼”、“热图”、“反转”、“放大”、“灰度浓淡”、“透明度”和“线框”，如图10-476所示。

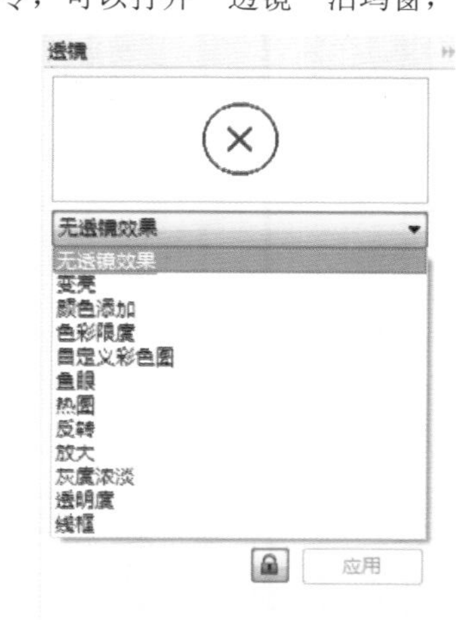

图10-476

无透镜效果

选中位图上的圆形，然后在“透镜”泊坞窗中设置“类型”为“无透镜效果”，圆形没有任何透镜效果，如图10-477所示。“无透镜效果”用于清除添加的透镜效果。

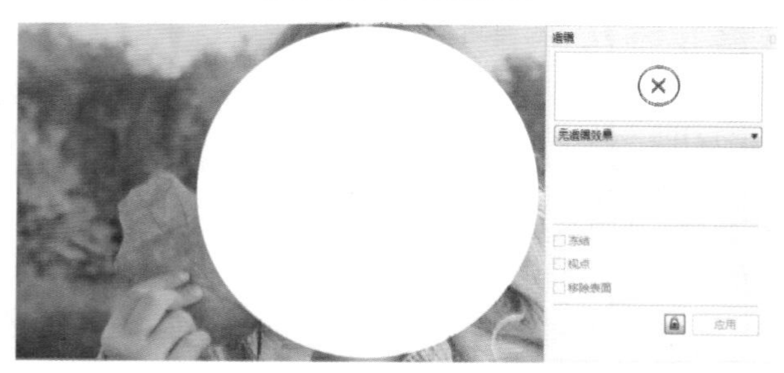

图10-477

变亮

选中位图上的圆形，然后在“透镜”泊坞窗中设置“类型”为“变亮”，圆形内部重叠部分的颜色变亮。调整“比率”的数值可以更改变亮的程度，数值为正数时对象变亮，数值为负数时对象变暗，如图10-478和图10-479所示。

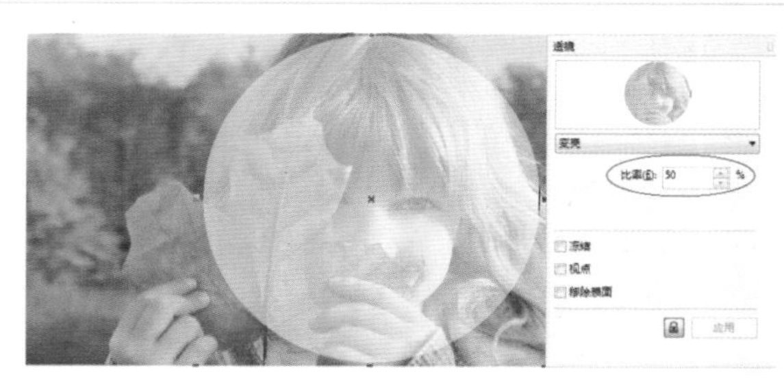

图10-478

图10-479

颜色添加

选中位图上的圆形，然后在“透镜”泊坞窗中设置“类型”为“颜色添加”，圆形内部重叠部分的颜色和所选颜色进行混合显示，如图10-480所示。

图10-480

调整“比率”的数值可以控制颜色添加的程度，数值越大添加的颜色比例越大，数值越小越偏向于原图颜色，数值为0时不显示添加颜色。在下面的颜色选项中可以更改滤镜颜色。

色彩限度

选中位图上的圆形，然后在“透镜”泊坞窗中设置“类型”为“色彩限度”，圆形内部只允许黑色和滤镜颜色本身透过显示，其他颜色均转换为滤镜相近颜色显示，如图10-481所示。

图10-481

在“比率”中输入数值可以调整透镜的颜色浓度，值越大越浓，反之越浅。在下面的颜色选项中可以更改滤镜颜色。

自定义彩色图

选中位图上的圆形，然后在“透镜”泊坞窗中设置“类型”为“自定义彩色图”，圆形内部所有颜色改为介于所选颜色中间的一种颜色显示，如图10-482所示。可以在下面的颜色选项中更改起始颜色和结束颜色。

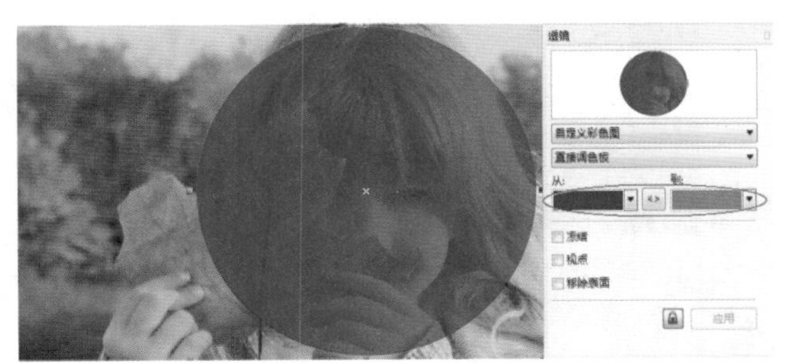

图10-482

在“颜色范围选项”的下拉列表中可以选择范围，包括“直接调色板”、“向前的彩虹”和“反转的彩虹”，后两种效果如图10-483和图10-484所示。

图10-483

图10-484

鱼眼

选中位图上的圆形，然后在“透镜”泊坞窗中设置“类型”为“鱼眼”，圆形内部以设定的比例进行放大或缩小扭曲显示，如图10-485和图10-486所示。可以在“比率”后的文本框中输入需要的比例值。

图10-485

图10-486

比例为正数时为向外推挤扭曲，比例为负数时为向内收缩扭曲。

热图

选中位图上的圆形，然后在“透镜”泊坞窗中设置“类型”为“热图”，圆形内部模仿红外图像效果显示冷暖等级。在“调色板旋转”设置数值为0%或者100%时显示同样的冷暖效果，如图10-487所示；数值为50%时暖色和冷色颠倒，如图10-488所示。

图10-487

图10-488

反转

选中位图上的圆形，然后在“透镜”泊坞窗中设置“类型”为“反转”，圆形内部颜色变为色轮对应的互补色，形成独特的底片效果，如图10-489所示。

图10-489

放大

选中位图上的圆形，然后在“透镜”泊坞窗中设置“类型”为“放大”，圆形内部以设置的量放大或缩小对象上的某个区域，如图10-490所示。在“数量”文本框中输入数值决定放大或缩小的倍数，值为1时不改变大小。

图10-490

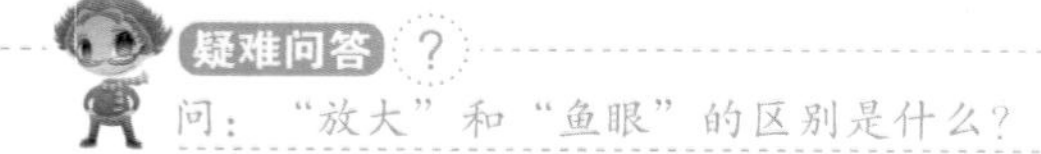

问：“放大”和“鱼眼”的区别是什么？

答：“放大”和“鱼眼”都有放大缩小现实的效果，区别在于“放大”的缩放效果更明显，而且在放大时不会进行扭曲。

灰度浓淡

选中位图上的圆形，然后在“透镜”泊坞窗中设置“类型”为“灰度浓淡”，圆形内部以设定颜色等值的灰度显示，如图10-491所示。可以在下面的“颜色”列表中选取颜色。

图10-491

透明度

选中位图上的圆形，然后在“透镜”泊坞窗中设置“类型”为“透明度”，圆形内部变为类似着色胶片或覆盖彩色玻璃的效果，如图10-492所示。可以在下面的“比率”文本框中输入0~100的数值，数值越大，透镜效果越透明。

图10-492

线框

选中位图上的圆形，然后在“透镜”泊坞窗中设置“类型”为“线框”，圆形内部允许所选填充颜色和轮廓颜色通过，如图10-493所示。通过勾选“轮廓”或“填充”来指定透镜区域下轮廓和填充的颜色。

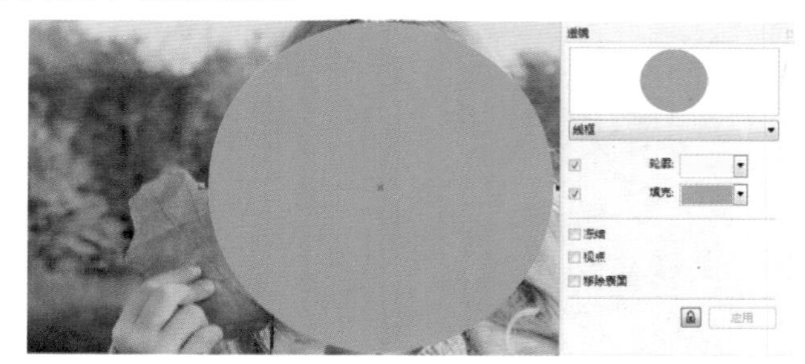

图10-493

10.9.2 透镜编辑

执行“效果>透镜”菜单命令，打开“透镜”泊坞窗，如图10-494所示。

图10-494

透镜选项介绍

冻结：勾选该复选框后，可以将透镜下方对象显示转变为透镜的一部分，在移动透镜区域时不会改变透镜显示，如图10-495所示。

图10-495

视点：可以在对象不进行移动的时候改变透镜显示的区域，只弹出透镜下面对象的一部分。勾选该复选框后，单击后面的“编辑”按钮打开中心设置面板，如图10-496所示，然后在x轴和y轴上输入数值，改变图中中心点的位置，再单击“结束”按钮完成设置，如图10-497所示，效果如图10-498所示。

图10-496

图10-497

图10-498

移除表面：可以使透镜覆盖对象的位置显示透镜，在空白处不显示透镜。在没有勾选该复选框时，空白处也显示透镜效果，勾选后空白处不显示透镜，如图10-499所示。

图10-499

10.10 透视效果

透视效果可以将平面对象通过变形达到立体透视效果，常运用于产品包装设计、字体设计和一些效果处理上，为设计提升视觉感受。

选中要添加透视的对象，如图10-500所示，然后在菜单栏执行“效果>添加透视”命令，如图10-501所示，在对象上生成透视网格，接着移动网格的节点调整透视效果，如图10-502所示，调整后效果如图10-503所示。

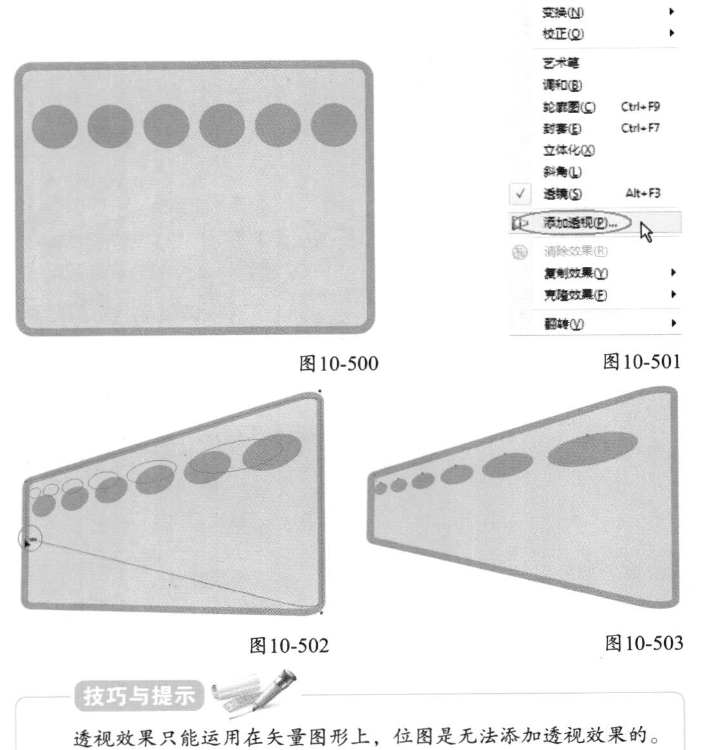

图10-500 图10-501

图10-502 图10-503

技巧与提示

透视效果只能运用在矢量图形上，位图是无法添加透视效果的。

10.11 图框精确剪裁

在CorelDRAW X7中，用户可以将所选对象置入目标容器中，形成纹理或者裁剪图像效果。所选对象可以是矢量对象，也可以是位图对象，置入的目标可以是任何对象，比如文字或图形等。

10.11.1 置入对象

导入一张位图，然后在位图上方绘制一个矩形，矩形内重合的区域为置入后显示的区域，如图10-504所示，接着执行“对象>图框精确剪裁>置于图文框内部”菜单命令，如图10-505所示，当光标显示箭头形状时单击矩形将图片置入，如图10-506所示，效果如图10-507所示。

图10-504

图框精确剪裁(W)
置于图文框内部(P)...
提取内容(X)
编辑 PowerClip(E)
结束编辑(F)

图10-505

图10-506

图10-507

在置入时，绘制的目标对象可以不在位图上，如图10-508所示，置入后的位图居中显示。

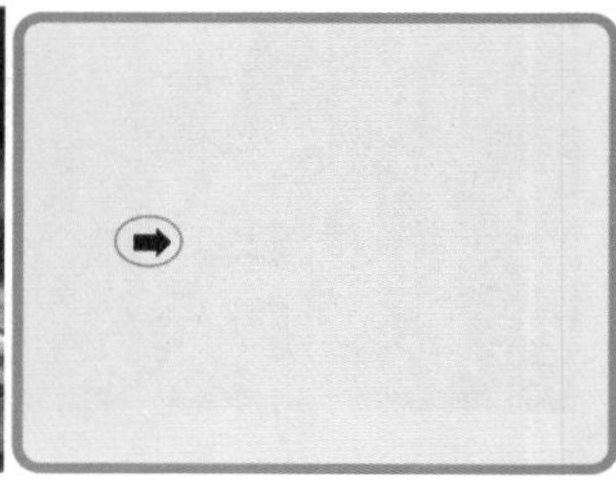

图10-508

10.11.2 编辑操作

在置入对象后可以在菜单栏“对象>图框精确剪裁”的子菜单上进行选择操作，如图10-509所示；也可以在对象下方的悬浮图标上进行选择操作，如图10-510所示。

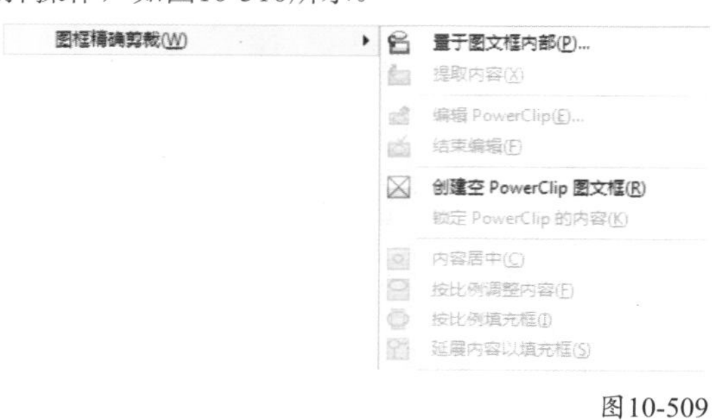

图10-509

图10-510

编辑内容

用户可以选择相应的编辑方式编辑置入内容。

1.编辑PowerClip

选中对象，在下方出现悬浮图标，然后单击“编辑

PowerClip”图标进入容器内部，如图10-511所示，接着调整位图的位置或大小，如图10-512所示，最后单击“停止编辑内容”图标完成编辑，如图10-513所示。

图10-511

图10-512

图10-513

2. 选择PowerClip内容

选中对象，在下方出现悬浮图标，然后单击“选择PowerClip内容”图标选中置入的位图，如图10-514所示。

图10-514

“选择PowerClip内容”进行编辑内容是不需要进入容器内部的，可以直接选中对象，以圆点标注出来，然后直接进行编辑，单击任意位置完成编辑，如图10-515所示。

图10-515

调整内容

单击下方悬浮图标后面的展开箭头，在展开的下拉菜单上可以选择相应的调整选项来调整置入的对象。

1.内容居中

当置入的对象位置有偏移时，选中矩形，在悬浮图标的下拉菜单上执行“内容居中”命令，可将置入的对象居中排放在容器内，如图10-516所示。

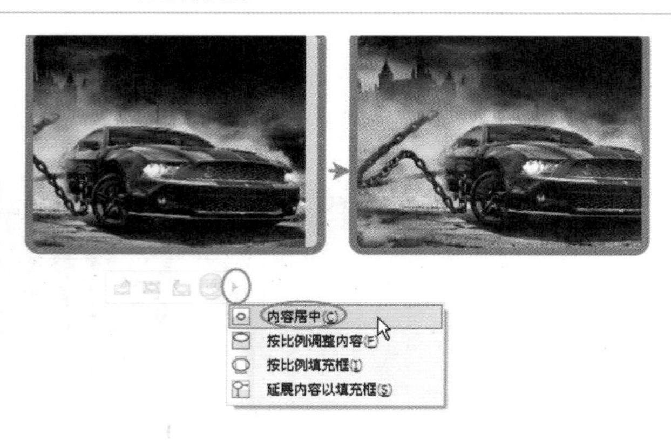

图10-516

2.按比例调整内容

当置入的对象大小与容器不符时，选中矩形，在悬浮图标的下拉菜单上执行“按比例调整内容”命令，可将置入的对象按图像原比例缩放在容器内，如图10-517所示。如果容器形状与置入的对象形状不符合时，会留空白位置。

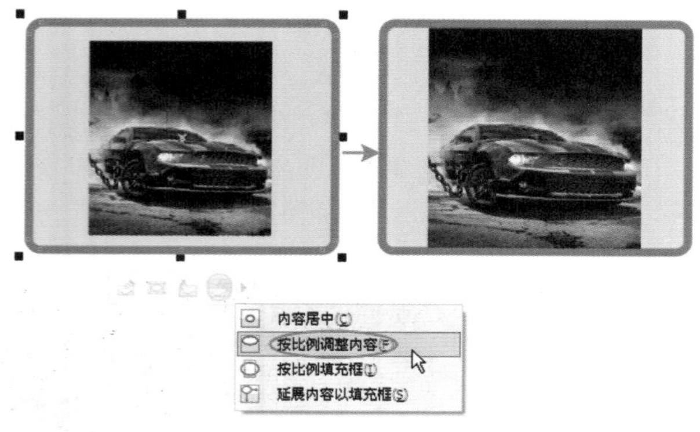

图10-517

3.按比例填充框

当置入的对象大小与容器不符时，选中矩形，在悬浮图标的下拉菜单上执行“按比例填充框”命令，可将置入的对象按图像原比例填充在容器内，如图10-518所示，图像不会产生变化。

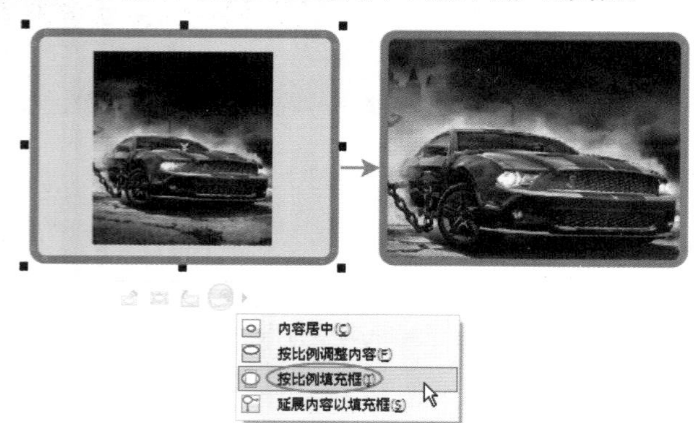

图10-518

4.延展内容以填充框

当置入对象的比例大小与容器形状不符时，选中矩形，在悬浮图标的下拉菜单上执行“延展内容以填充框”命令，可将置入的对象按容器比例进行填充，如图10-519所示，图像会产生变形。

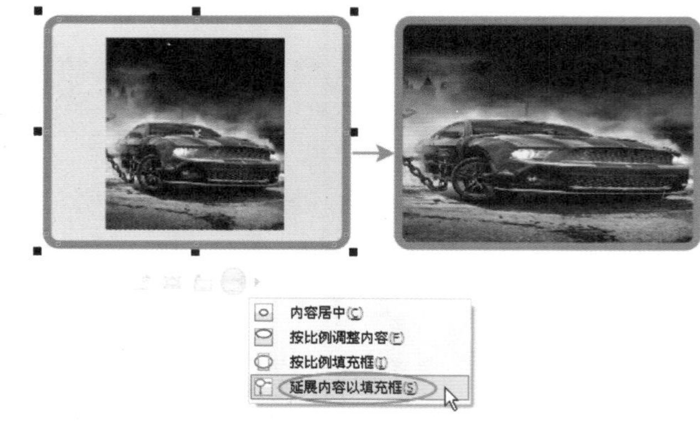

10-519

锁定内容

在对象置入后，在下方悬浮图标单击“锁定PowerClip内容”图标解锁，然后移动矩形容器，置入的对象不会随着移动而移动，如图10-520所示。单击“锁定PowerClip内容”图标激活上锁后，移动矩形容器会连带置入对象一起移动，如图10-521所示。

图10-520

图10-521

提取内容

选中置入对象的容器，然后在下方出现的悬浮图标中单击“提取内容”图标，将置入对象提取出来，如图10-522所示。

图10-522

提取对象后，容器对象中间会出现×线，如图10-523所示，表示该对象为“空PowerClip图文框”显示，此时拖入图片或提取出的对象可以快速置入。

图10-523

选中“空PowerClip图文框”，然后单击右键，在弹出的菜单中执行“框类型>无”命令，如图10-524所示，可以将空PowerClip图文框转换为图形对象。

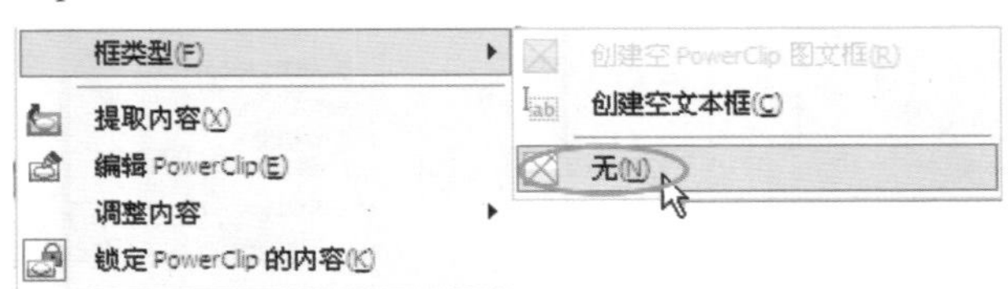

图10-524

第11章 位图操作

Learning Objectives 学习要点

Employment direction 从业方向

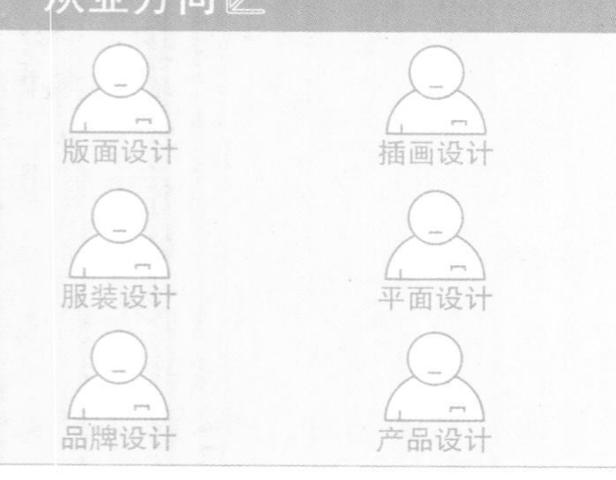

11.1 转换位图和矢量图

CorelDRAW X7软件允许矢量图和位图进行相互转换。通过将位图转换为矢量图，可以对其进行填充、变形等编辑；通过将矢量图转换为位图，可以进行位图的相关效果添加，也可以降低对象的复杂程度。

在设计中，我们会运用矢量图转换为位图来添加一些特殊效果，常用于产品设计和效果图制作中，丰富制作效果。

11.1.1 矢量图转位图

在设计制作中，我们需要将矢量对象转换为位图来方便添加颜色调和、滤镜等一些位图编辑效果，来丰富设计效果，比如绘制光斑、贴图等。下面进行详细的讲解。

转换操作

选中要转换为位图的对象，然后执行“位图>转换为位图”菜单命令，打开“转换为位图”对话框，如图11-1所示，接着在“转换为位图”对话框中选择相应的设置模式，如图11-2所示，最后单击“确定”按钮完成转换，效果如图11-3所示。

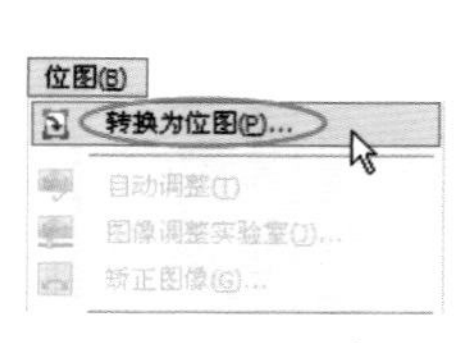

图11-1

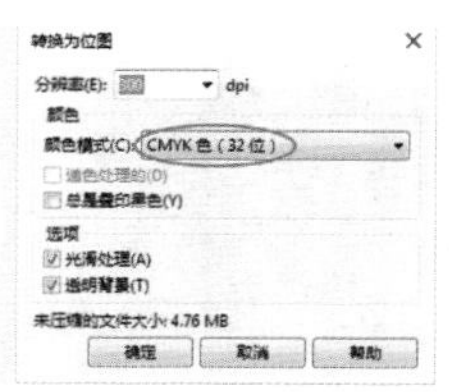

图11-2

图11-3

对象转换为位图后可以进行位图的相应操作，而无法进行矢量编辑，需要编辑时可以使用描摹来转换回矢量图。

选项设置

“转换为位图”的参数设置如图11-4所示。

图11-4

转换为位图选项介绍

分辨率：用于设置对象转换为位图后的清晰程度，可以在后面的下拉选项中选择相应的分辨率，也可以直接输入需要的数值。数值越大图像越清晰，数值越小图像越模糊，会出现马赛克边缘，如图11-5所示。

图11-5

颜色模式：用于设置位图的颜色显示模式，包括“黑白（1位）”、“16色（4位）”、“灰度（8位）”、“调色板色（8位）”、“RGB色（24位）”和“CMYK色（32位）”，如图11-6所示。颜色位数越少，颜色丰富程度越低，如图11-7所示。

图11-6

图11-7

递色处理的：以模拟的颜色块数目来显示更多的颜色，该选项在可使用颜色位数少时激活，如256色或更少。勾选该选项后，转换的位图以颜色块来丰富颜色效果，如图11-8所示。该选项未勾选时，转换的位图以选择的颜色模式显示，如图11-9所示。

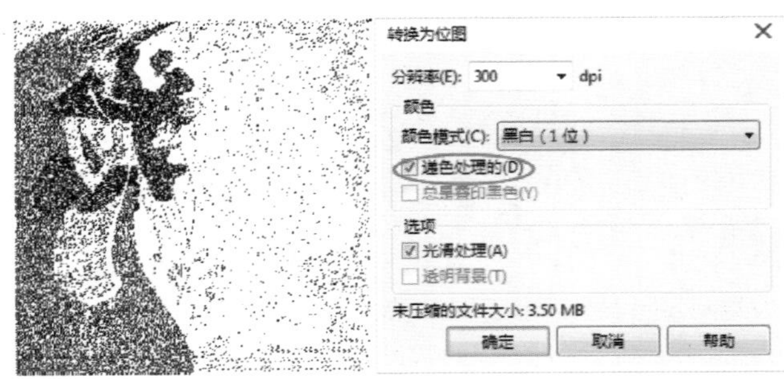

图11-8

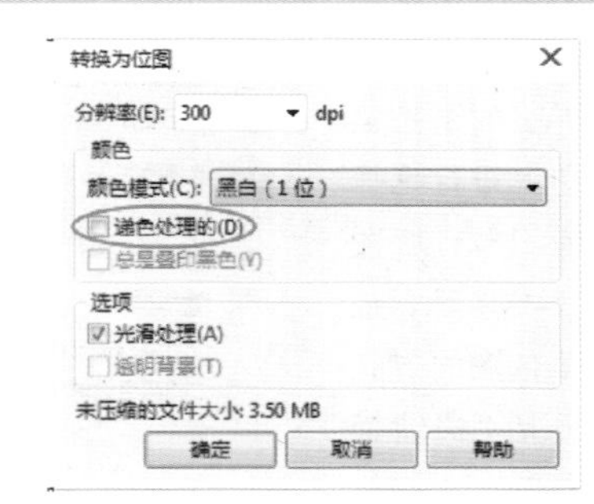

图11-9

总是叠印黑色：勾选该选项，可以在印刷时避免套版不准和露白现象。该选项在“RGB色”和“CMYK色”模式下激活。

光滑处理：使转换的位图边缘平滑，去除边缘锯齿，如图11-10所示。

图11-10

透明背景：勾选该选项可以使转换对象背景透明，不勾选时显示白色背景，如图11-11所示。

图11-11

11.1.2 描摹位图

描摹位图可以把位图转换为矢量图形进行编辑填充等操作。用户可以在位图菜单栏下进行选择操作，如图11-12所示；

也可以在属性栏上单击“描摹位图”，在弹出的下拉菜单上进行选择操作，如图11-13所示。描摹位图的方式包括“快速描摹”、“中心线描摹”和“轮廓描摹”。

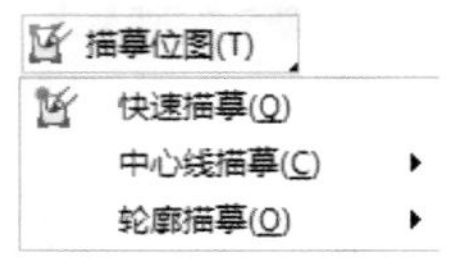

图11-12 图11-13

使用描摹可以将照片或图片中的元素描摹出来运用在设计制作中，快速制作素材。下面详细讲解描摹的方式。

快速描摹

快速描摹可以进行一键描摹，快速描摹出对象。

选中需要转换为矢量图的位图对象，然后执行“位图>快速描摹”菜单命令，或单击属性栏上“描摹位图”下拉菜单中的“快速描摹”命令，如图11-14所示。

图11-14

等待描摹完成后，会在位图对象上面出现描摹的矢量图，可以取消组合对象进行编辑，如图11-15所示。

图11-15

技巧与提示

快速描摹使用系统设置的默认参数进行自动描摹，无法进行自定义参数设置。

中心线描摹

中心线描摹也可以称之为笔触描摹，可以将对象以线描的形式描摹出来，用于技术图解、线描画和拼版等。中心线描摹方式包括“技术 图解”和“线条画”。

选中需要转换为矢量图的位图对象，然后执行“位图>中心线描摹>技术图解”或“位图>中心线描摹>线条画”菜单命令，打开“PowerTRACE”对话框，或单击属性栏上“描摹位图”下拉菜单中的“中心线描摹”命令，如图11-16所示。

图11-16

在“PowerTRACE”对话框中调节“细节”、“平滑”、“拐角平滑度”的数值，来设置线稿描摹的精细程度，然后在预览视图上查看调节效果，如图11-17所示，接着单击“确定”按钮 确定 完成描摹，效果如图11-18所示。

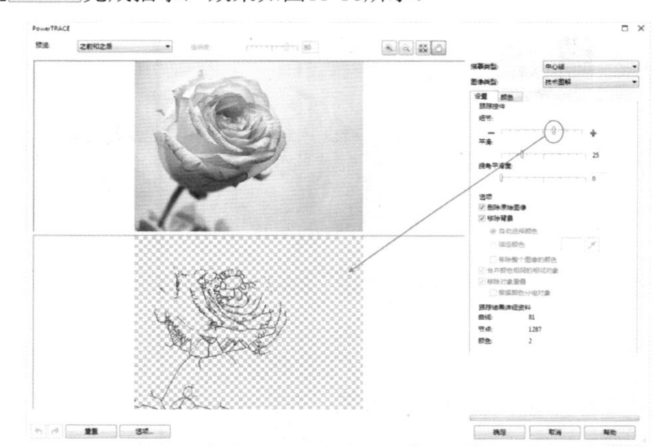

图11-17

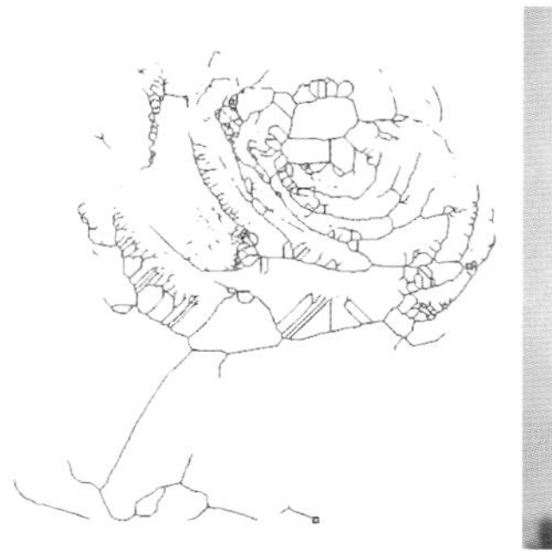

图11-18

轮廓描摹

轮廓描摹也可以称之为填充描摹，使用无轮廓的闭合路径描摹对象，适用于描摹相片、剪贴画等。轮廓描摹包括“线条图”、“徽标”、“详细徽标”、“剪切画”、“低品质图像”和“高品质图像”。

选中需要转换为矢量图的位图对象，然后执行“位图>轮廓描摹>高质量图像”菜单命令，打开“PowerTRACE”对话框，或单击属性栏上“描摹位图”下拉菜单中“轮廓描摹>高质量图像”命令，如图11-19所示。

图11-19

在“PowerTRACE”对话框中设置“细节”、“平滑”、“拐角平滑度”的数值，调整描摹的精细程度，然后在预览视图上查看调整效果，如图11-20所示，接着单击“确定”按钮 确定 完成描摹，效果如图11-21所示。

图11-20

图11-21

“PowerTRACE”的“设置”选项卡参数如图11-22所示。

图11-22

PowerTRACE选项介绍

预览：在下拉选项可以选择描摹的预览模式，包括“之前和之后”、“较大预览”和“线框叠加”，如图11-23所示。

预览：之前和之后
之前和之后
较大预览
线框叠加

图11-23

之前和之后：选择该模式，描摹对象和描摹结果都排列在预览区内，可以进行效果的对比，如图11-24所示。

图11-24

较大预览：选择该模式，将描摹后的效果最大化显示，方便用户查看描摹整体效果和细节，如图11-25所示。

图11-25

线框叠加：选择该模式，将描摹对象置于描摹效果后面，描摹效果以轮廓线形式显示。这种方式方便用户查看色块的分割位置和细节，如图11-26所示。

图11-26

透明度：在选择“线框叠加”预览模式时激活，用于调节底层图片的透明程度，数值越大透明度越高。

放大：激活该按钮可以放大预览视图，方便查看细节。

缩小：激活该按钮可以缩小预览视图，方便查看整体效果。

按窗口大小显示：单击该图标，可以将预览视图按预览窗口大小显示。

平移：在预览视图放大后，激活该按钮可以平移视图。

描摹类型：在后面的选项列表中可以切换“中心线描摹”和“轮廓描摹”类型，如图11-27所示。

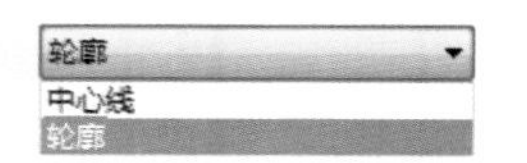

图11-27

图像类型：选择“描摹类型”后，可以在“图像类型”的下拉选项中选择描摹的图像类型。

技术图解：使用细线描摹黑白线条图解，如图11-28所示。

图11-28

线条画：使用线条描摹出对象的轮廓，用于描摹黑白草图，如图11-29所示。

图11-29

线条图：突出描摹对象的轮廓效果，如图11-30所示。

图11-30

徽标：描摹细节和颜色相对少些的简单徽标，如图11-31所示。

图11-31

徽标细节：描摹细节和颜色较精细的徽标，如图11-32所示。

图11-32

剪贴画：根据复杂程度、细节量和颜色数量来描摹对象，如图11-33所示。

图11-33

低品质图像：用于描摹细节量不多或相对模糊的对象，可以减少不必要的细节，如图11-34所示。

图11-34

高质量图像：用于描摹精细的高质量图片，描摹质量很高，如图11-35所示。

图11-35

细节：拖曳中间滑块可以设置描摹的精细程度。精细程度越低，描摹速度越快，反之则越慢。

平滑：可以设置描摹效果中线条的平滑程度，用于减少节点和平滑细节。值越大，平滑程度越大。

拐角平滑度：可以设置描摹效果中尖角的平滑程度，用于减少节点。

删除原始图像：勾选该选项，可以在描摹对象后删除图片。

移除背景：勾选该选项，可以在描摹效果中删除背景色块。

自动选择颜色：勾选该选项后，删除系统默认的背景颜色。通常情况下默认颜色为白色，有偏差的白色无法清除干净，如图11-36所示。

图11-36

指定颜色：勾选该选项后，单击后面的“指定要移除的背景色”按钮，可以选择描摹对象中需要删除的颜色，方便用户进行灵活删除不需要的颜色区域，如图11-37所示。

图11-37

移除整个图像的颜色：勾选该选项，可以根据选择的颜色删除描摹中所有的相同区域，如图11-38所示。

图11-38

合并颜色相同的相邻对象：勾选该选项，可以合并描摹中颜色相同且相邻的区域。

移除对象重叠：勾选该选项，可以删除对象之间重叠的部分，起到简化描摹对象的作用。

根据颜色分组对象：勾选该选项，可以根据颜色来区分对象进行移除重叠操作。

跟踪结果详细资料：显示描摹对象的信息，包括“曲线”、“节点”、“颜色”的数目，如图11-39所示。

跟踪结果详细资料	
曲线:	317
节点:	17552
颜色:	169

图11-39

撤销：单击该按钮可以撤销当前操作，回到上一步。

重做：单击该按钮可以重做撤销的步骤。

重置：单击该按钮可以删除所有设置，回到设置前的状态。

选项...：单击该按钮可以打开“选项”对话框，在“PowerTRACE”选项卡上设置相关参数，如图11-40所示。

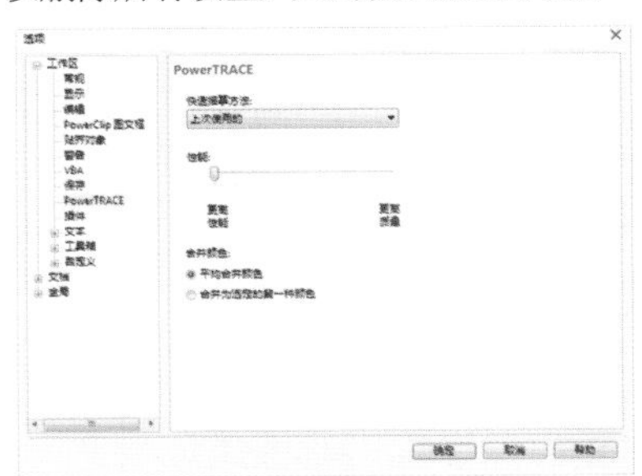

图11-40

快速描摹方法：在下拉列表中选择快速描摹的方法，用来设置一键描摹效果，使用“上次使用的”方法可以将设置的描摹参数应用在快速描摹上。

性能：拖动中间滑块可以调节描摹的性能和质量。

平均合并颜色：勾选该选项，合并的颜色为所选颜色的平均色。

合并为选定的一种颜色：勾选该选项，合并的颜色为所选的一种颜色。

颜色参数

“PowerTRACE”的“颜色”选项卡参数如图11-41所示。

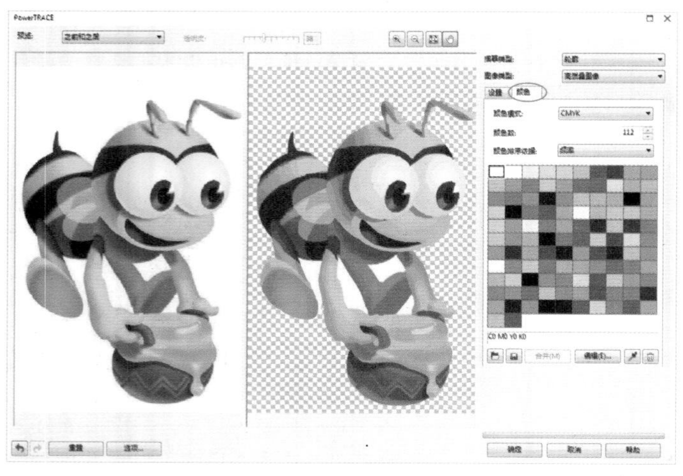

图11-41

PowerTRACE选项介绍

颜色模式：在下拉选项中可以选择描摹的颜色模式。

颜色数：显示描摹对象的颜色数量。在默认情况下为该对象所包含的颜色数量，可以在文本框输入需要的颜色数量进行描摹，最大数值为图像本身包含的颜色数量。

颜色排序依据：可以在下拉选项中选择颜色显示的排序方式。

打开调色板：单击该按钮，可以打开保存的其他调色板。

保存调色板：单击该按钮，可以将描摹对象的颜色保存为调色板。

合并(M)：选中两个或多个颜色可以激活该按钮，单击该按钮将选中的颜色合并为一个颜色。

编辑(E)...：单击该按钮可以编辑选中颜色，更改或修改所选颜色。

选择颜色：单击该图标，可以从描摹对象上吸取选择颜色。

删除颜色：选中颜色，单击该按钮可以进行删除。

11.2 位图的编辑

位图在导入CorelDRAW X7后，并不都是符合用户需求的，通过菜单栏上的位图操作可以进行矫正位图的编辑。

11.2.1 矫正位图

当导入的位图倾斜或有白边时，用户可以使用“矫正图像”命令进行修改。

矫正操作

选中导入的位图，如图11-42所示，然后执行“位图>矫正图像”菜单命令，打开“矫正图像”对话框，接着移动“旋转图像”下的滑块进行大概的纠正，再通过查看裁切边缘和网格的间距，在后面的文字框内进行微调，如图11-43所示。

图11-42

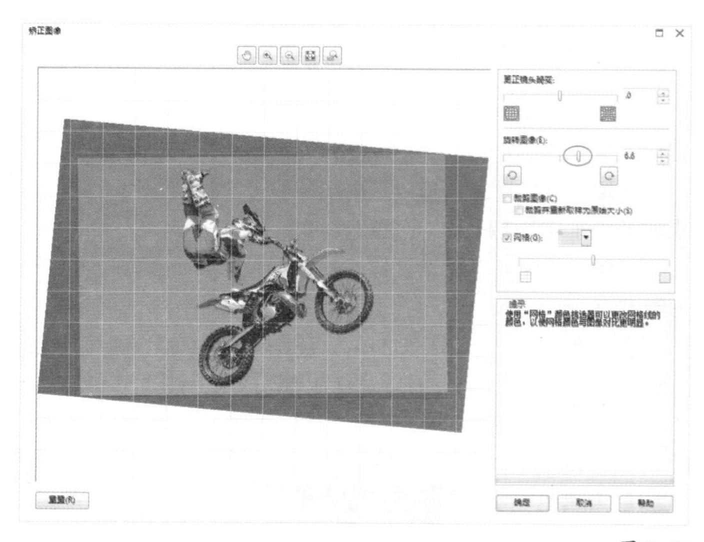

图11-43

调整好角度后勾选“裁剪并重新取样为原始大小”选项，将预览改为修剪效果进行查看，如图11-44所示，接着单击“确定”按钮 确定 完成矫正，效果如图11-45所示。

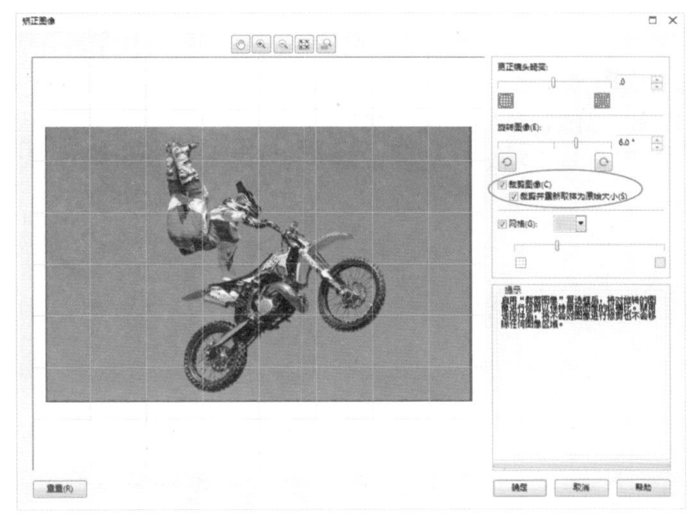

图11-44

图11-45

参数设置

“矫正图像”的参数选项如图11-46所示。

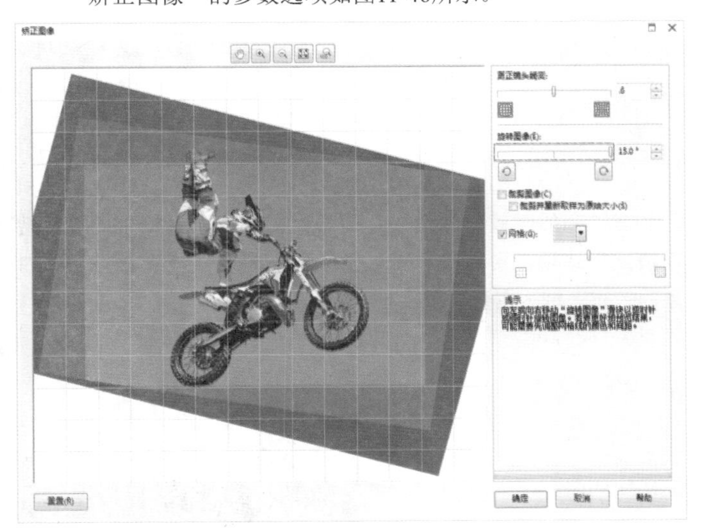

图11-46

矫正图像选项介绍

旋转图像：移动滑块或输入15°到-15°之间的数值来旋转图像的角度。预览旋转效果时，灰色区域为裁剪掉的区域，如图11-47所示。

图11-47

裁剪图像：勾选该选项，可以将旋转后的效果裁剪下来显示；不勾选该选项，则只是进行旋转。

裁剪并重新取样为原始大小：勾选该选项后将裁剪框内部效果预览显示，剪切效果和预览显示相同。

网格：移动滑块可以调节网格大小。网格越小，旋转调整越精确，如图11-48所示。

图11-48

网格颜色：在下拉颜色选项中可以选择修改网格的颜色，如图11-49所示。

图11-49

11.2.2 重新取样

在位图导入之后，用户还可以进行调整位图的尺寸和分辨率。根据分辨率的大小决定文档输出的模式，分辨率越大，文件越大。

选中位图对象，然后执行“位图>重新取样”菜单命令，打开“重新取样”对话框，如图11-50所示。

图11-50

在“图像大小”下“宽度”和“高度”后面的文本框输入数值，可以改变位图的大小；在“分辨率”下“水平”和“垂直”后面的文本框输入数值，可以改变位图的分辨率。文本框前面的数值为原位图的相关参数，可以参考进行设置。

勾选“光滑处理”选项，可以在调整大小和分辨率后平滑图像的锯齿；勾选“保持纵横比”选项，可以在设置时保持原图的比例，保证调整后不变形。如果仅调整分辨率，就不用勾选“保持原始大小”选项。

设置完成后单击“确定”按钮 确定 完成重新取样，如图11-51所示。

图11-51

11.2.3 位图边框扩充

在编辑位图时，会对位图进行边框扩充的操作，形成边框效果。CorelDRAW X7为用户提供了两种方式进行操作，包括“自动扩充位图边框”和“手动扩充位图边框”。

自动扩充位图边框

单击菜单栏上的“位图>位图边框扩充>自动扩充位图边框”选项，当前面出现对钩时为激活状态，如图11-52所示。在系统默认情况下，该选项为激活状态，导入的位图对象均自动扩充边框。

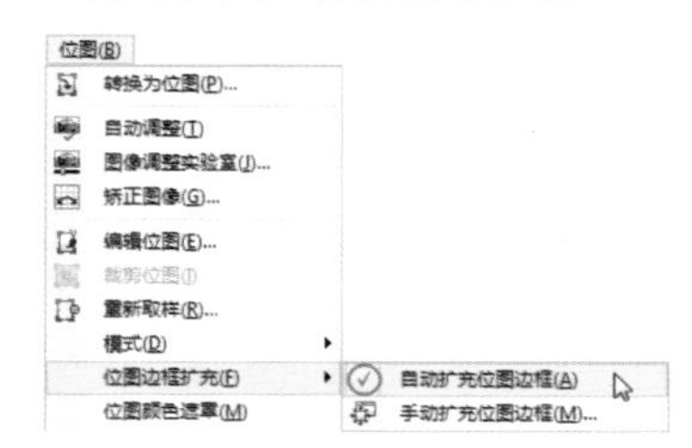

图11-52

手动扩充位图边框

选中导入的位图，如图11-53所示，然后执行“位图>位图边框扩充>手动扩充位图边框”菜单命令，打开“位图边框扩充”对话框，接着在对话框更改“宽度”和“高度”，最后单击“确定”按钮 确定 完成边框扩充，如图11-54所示。

图11-53

图11-54

在扩充的时候，勾选“位图边框扩充”对话框中的“保持纵横比”选项，可以按原图的宽高比例进行扩充。扩充后，对象的扩充区域为白色，如图11-55所示。

图11-55

11.2.4 位图编辑

选中导入的位图，然后执行“位图>编辑位图”菜单命令，如图11-56所示，将位图转到CorelPHOTO-PAINT X7软件中进行辅助编辑，编辑完成后可转回CorelDRAW X7中进行使用，如图11-57所示。

图11-56

图11-57

技巧与提示

CorelPHOTO-PAINT X7软件的使用方法可以参照该软件的提示进行学习。

11.2.5 位图模式转换

CorelDRAW X7为用户提供了丰富的位图的颜色模式，包括“黑白”、“灰度”、“双色”、“调色板色”、“RGB颜色”、“Lab色”和“CMYK色”，如图11-58所示。改变颜色模式后，位图的颜色结构也会随之变化。

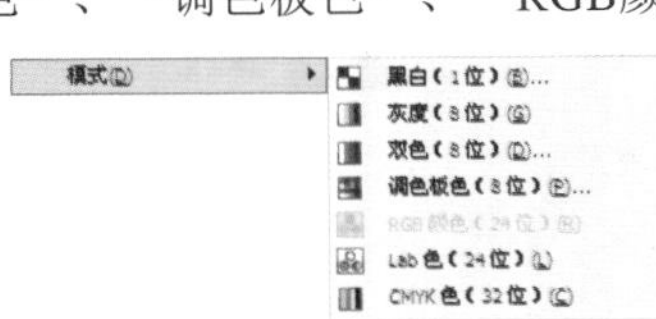

图11-58

技巧与提示

每将位图颜色模式转换一次，位图的颜色信息都会减少一些，效果也和之前不同，所以在改变模式前可以先将位图备份。

转换黑白图像

黑白模式的图像，每个像素只有1位深度，显示颜色只有黑白颜色，任何位图都可以转换成黑白模式。

1.转换方法

选中导入的位图，然后执行“位图>模式>黑白（1位）”菜单命令，打开“装换为1位”对话框，在对话框进行设置后单击“预览”按钮［预览］在右边视图查看效果，接着单击“确定”按钮［确定］完成转换，如图11-59所示，效果如图11-60所示。

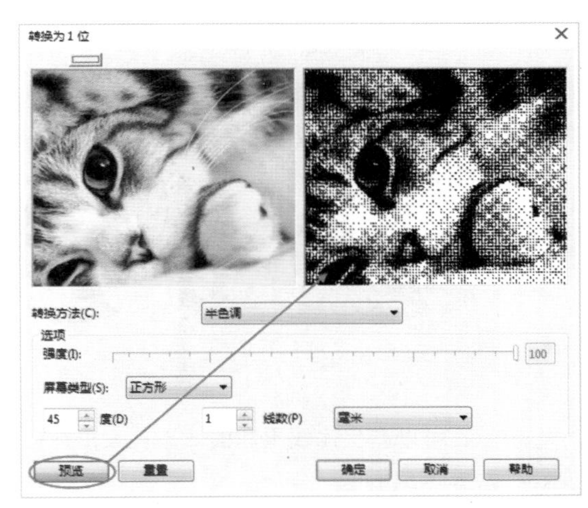

图11-59

图11-60

2.参数设置

“装换为1位”的参数选项如图11-61所示。

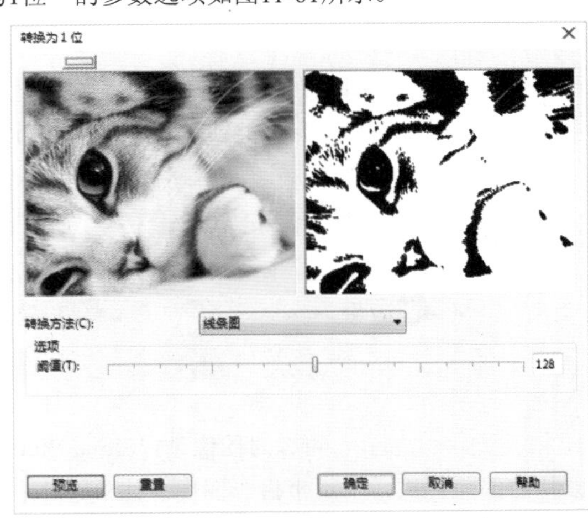

图11-61

装换为1位选项介绍

转换方法：在下拉列表中可以选择7种转换效果，包括“线条图”、“顺序”、“Jarvis”、“Stucki”、“Floyd-Steinberg”、“半色调”和“基数分布”，如图11-62所示。

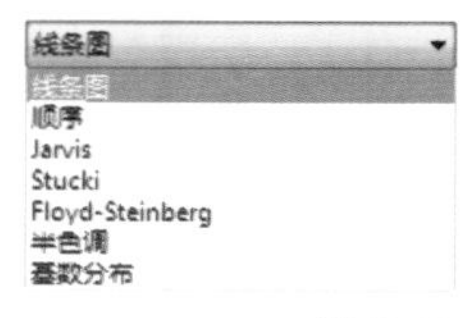

图11-62

线条图：可以产生对比明显的黑白效果，灰色区域高于阈值设置变为白色，低于阈值设置则变为黑色，如图11-63所示。

图11-63

顺序：可以产生比较柔和的效果，突出纯色，使图像边缘变硬，如图11-64所示。

图11-64

Jarvis：可以对图像进行Jarvis运算形成独特的偏差扩散，多用于摄影图像，如图11-65所示。

图11-65

Stucki：可以对图像进行Stucki运算形成独特的偏差扩散，多用于摄影图像。比Jarvis计算细腻，如图11-66所示。

图11-66

Floyd-Steinberg：可以对图像进行Floyd-Steinberg运算形成独特的偏差扩散，多用于摄影图像。比Stucki计算细腻，如图11-67所示。

图11-67

半色调：通过改变图中的黑白图案来创建不同的灰度，如图11-68所示。

图11-68

基数分布：将计算后的结果分布到屏幕上，来创建带底纹的外观，如图11-69所示。

图11-69

阈值：调整线条图效果的灰度阈值，来分隔黑色和白色的范围。值越小变为黑色区域的灰阶越少，值越大变为黑色区域的灰阶越多，如图11-70所示。

图11-70

强度：设置运算形成偏差扩散的强度。数值越小，扩散越小，反之越大，如图11-71所示。

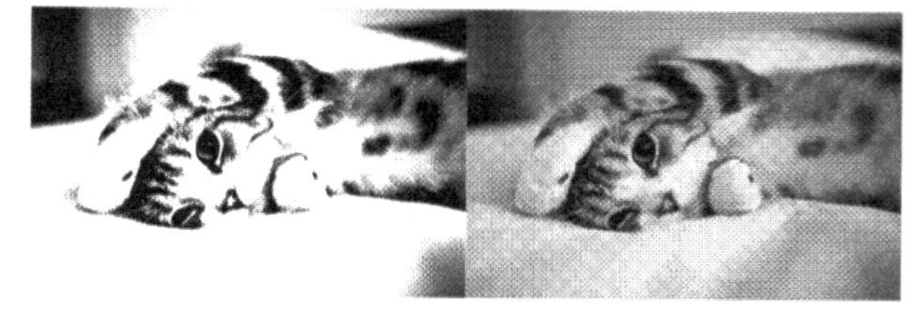

图11-71

屏幕类型：在“半色调”转换方法下，可以选择相应的屏幕显示图案来丰富转换效果，可以在下面调整图案的“角度”、

"线数"和单位来设置图案的显示。包括"正方形"、"圆角"、"线条"、"交叉"、"固定的4×4"和"固定的8×8"，如图11-72所示，屏幕显示如图11-73~图11-78所示。

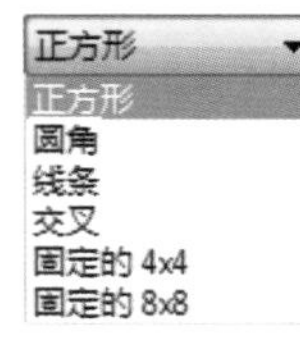

图11-72

图11-73　正方形

图11-74　圆角

图11-75　线条

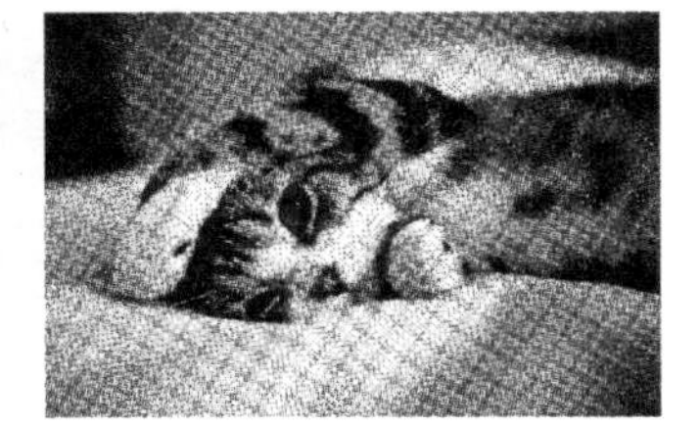

图11-76　交叉

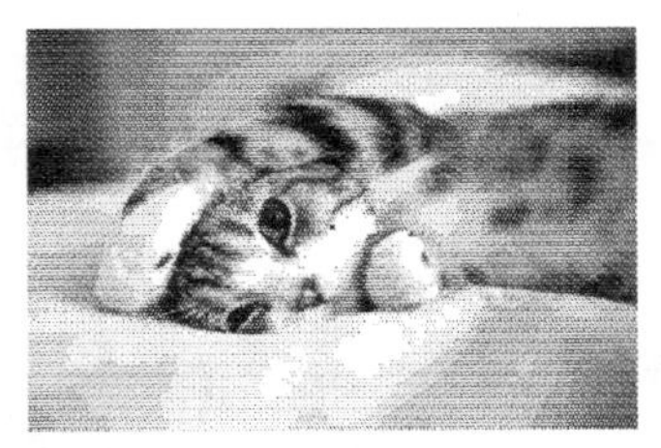

图11-77　固定的4×4

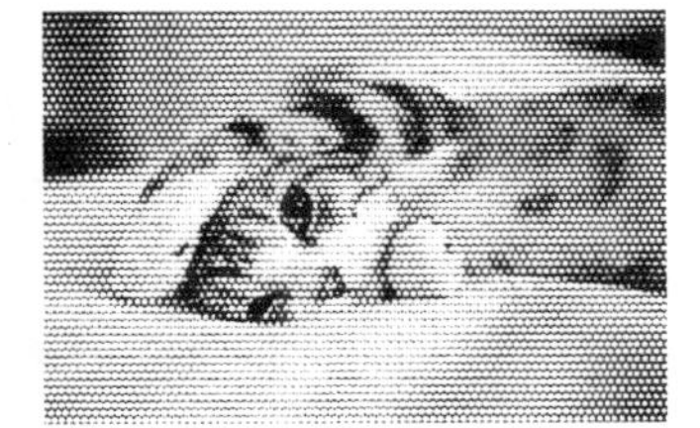

图11-78　固定的8×8

转换灰度图像

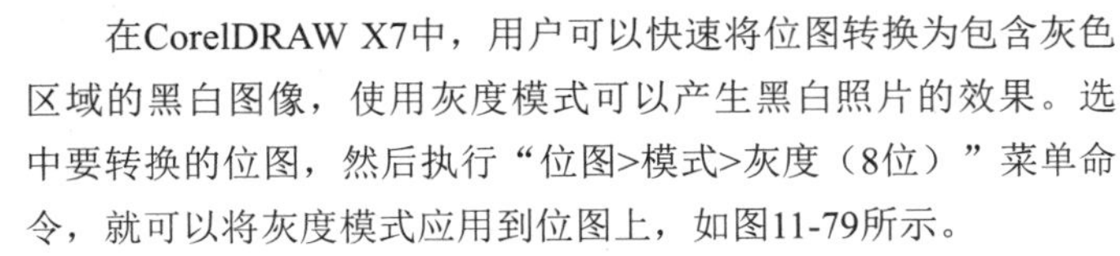

在CorelDRAW X7中，用户可以快速将位图转换为包含灰色区域的黑白图像，使用灰度模式可以产生黑白照片的效果。选中要转换的位图，然后执行"位图>模式>灰度（8位）"菜单命令，就可以将灰度模式应用到位图上，如图11-79所示。

图11-79

转换双色图像

双色模式可以将位图以选择的一种或多种颜色混合显示。

1.单色调效果

选中要转换的位图，然后执行"位图>模式>双色（8位）"菜单命令，打开"双色调"对话框，选择"类型"为"单色调"，再双击下面的颜色变更颜色，接着在右边曲线上进行调整效果，最后单击"确定"按钮完成双色模式转换，如图11-80所示。

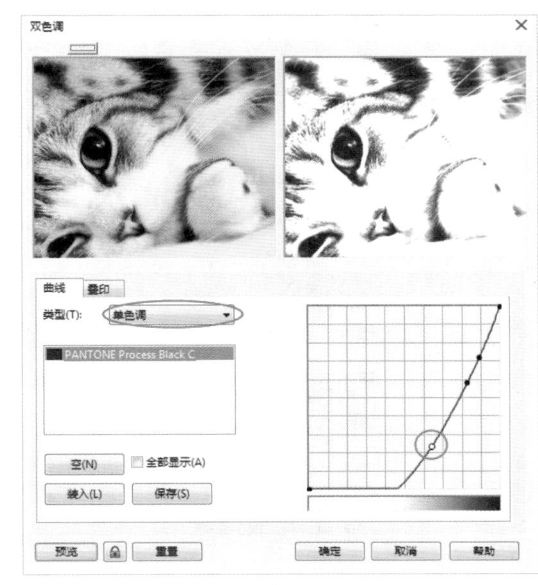

图11-80

通过曲线调整可以使默认的双色效果更丰富，在调整不满意时，单击"空"按钮可以将曲线上的调节点删除，方便进行重新调整，调整后效果如图11-81所示。

图11-81

2. 多色调效果

多色调类型包括"双色调"、"三色调"和"四色调"，可以为双色模式添加丰富的颜色。选中位图，然后执行"位图>模式>双色（8位）"菜单命令，打开"双色调"对话框，选择"类型"为"四色调"，再选中黑色，右边曲线显示当前选中颜色的曲线，接着调整颜色的程度，如图11-82所示。

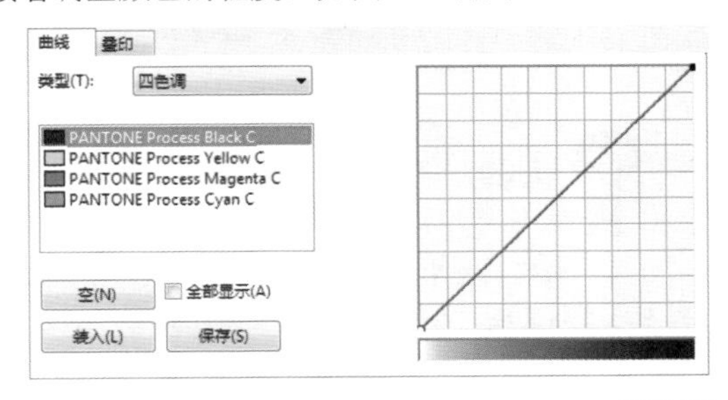

图11-82

选中黄色，右边曲线显示黄色的曲线，然后调整颜色的程度，如图11-83所示，接着将洋红和蓝色的曲线进行调节，如图11-84和图11-85所示。

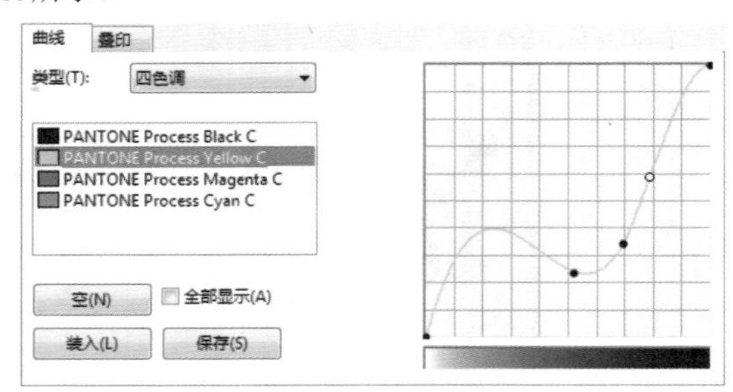

图11-83

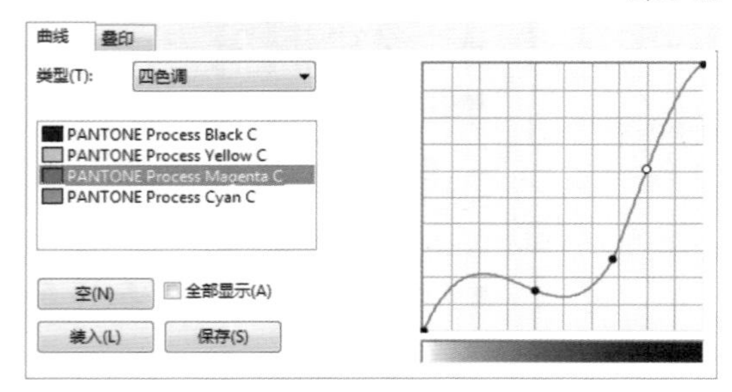

图11-84

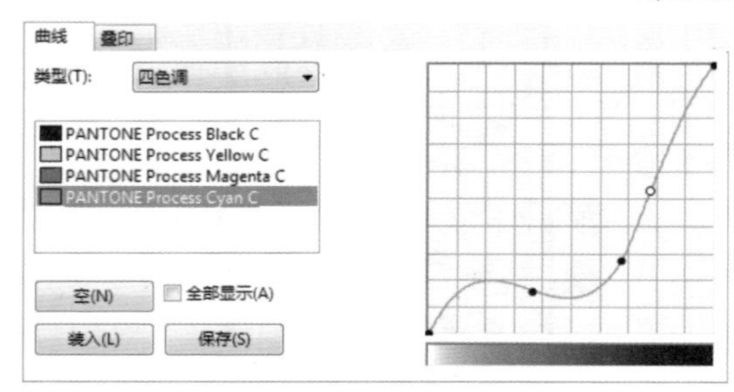

图11-85

调整完成后单击“确定”按钮[确定]完成模式转换，效果如图11-86所示。“双色调”和“三色调”的调整方法和“四色调”一样。

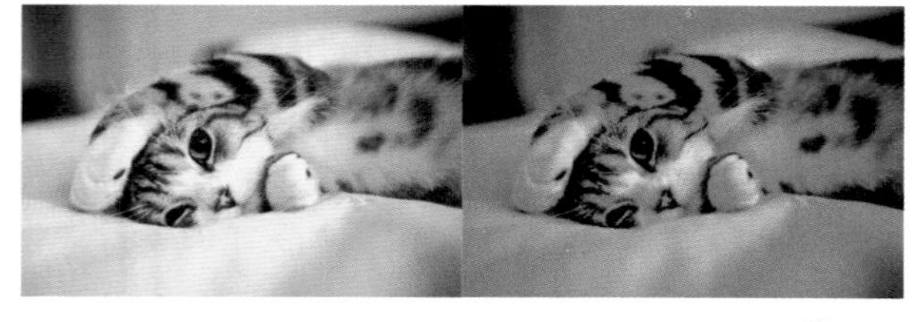

图11-86

问：曲线调整要注意什么？

答：曲线调整中左边的点为高光区域，中间为灰度区域，右边的点为暗部区域。在调整时注意调节点在三个区域的颜色比例和深浅度，在预览视图中查看调整效果。

转换调色板色图像

选中要转换的位图，然后执行“位图>模式>调色板色（8位）”菜单命令，打开“转换至调色板色”对话框，选择“调色板”为“标准色”，再选择“递色处理的”为“Floyd-Steinberg”，接着在“抵色强度”调节Floyd-Steinberg的扩散程度，最后单击“确定”按钮[确定]完成模式转换，如图11-87所示。

图11-87

完成转换后，位图出现磨砂的感觉，如图11-88所示。

图11-88

转换RGB图像

RGB模式的图像用于屏幕显示，是运用最为广泛的模式之一。RGB模式通过红、绿、蓝3种颜色叠加呈现更多的颜色，3种颜色的数值大小决定位图颜色的深浅和明度。导入的位图在默认情况下为RGB模式。

RGB模式的图像通常情况下比CMYK模式的图像颜色鲜亮，CMYK模式要偏暗一些，如图11-89所示。

图11-89

转换Lab图像

Lab模式是国际色彩标准模式，由“透明度”、“色相”和“饱和度”3个通道组成。

Lab模式下的图像比CMYK模式的图像处理速度快，而且该模式转换为CMYK模式时颜色信息不会替换或丢失。用户转换颜色模式时，可以先将对象转换成Lab模式，再转换为CMYK模式，输出颜色的偏差会小很多。

转换CMYK图像

CMYK是一种便于输出印刷的模式，颜色为印刷常用油墨色，包括黄色、洋红色、蓝色、黑色，通过这4种颜色的混合叠加呈现多种颜色。

CMYK模式的颜色范围比RGB模式要小，所以直接进行转换会丢失一部分颜色信息。

11.2.6 校正位图

我们可以通过校正移除尘埃与刮痕标记，来快速改进位图的质量和显示。设置半径可以确定更改影响的像素数量，所选的设置取决于瑕疵大小及其周围的区域。

选中位图，然后执行“效果>校正>尘埃与刮痕”菜单命令，如图11-90所示，打开“尘埃与刮痕”对话框，接着调整阈值滑块，来设置杂点减少的数量，要保留图像细节，可以将值设置得高些，最后调整“半径”大小设置应用范围的大小，为保留细节，可以将值设置得小点，如图11-91所示。

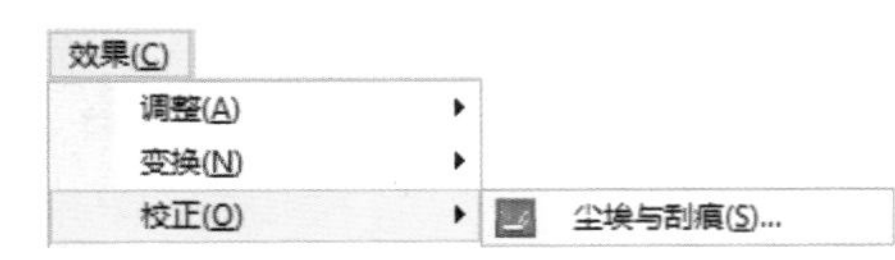

图11-90

图11-91

调整好后可以单击左下角的“预览”按钮预览在位图上直接预览效果，接着单击“确定”按钮确定完成校正。

11.3 颜色的调整

导入位图后，用户可以在“效果>调整”的子菜单选择相应的命令对其进行颜色调整，使位图表现得更丰富，如图11-92所示。

图11-92

11.3.1 高反差

“高反差”通过重新划分从最暗区到最亮区颜色的浓淡，来调整位图阴影区、中间区域和高光区域，保证在调整对象亮度、对比度和强度时高光区域和阴影区域的细节不丢失。

添加高反差效果

选中导入的位图，如图11-93所示，然后执行“效果>调整>高反差”菜单命令，打开“高反差”对话框，然后在“通道”的下拉选项中进行调节，如图11-94所示。

图11-93

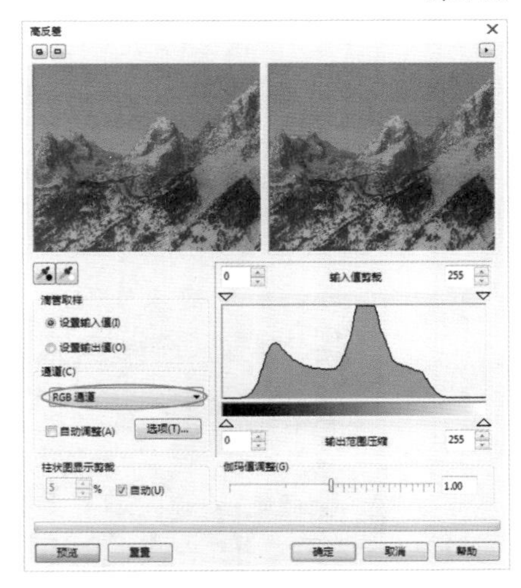

图11-94

选中“红色通道”选项，然后调整右边“输出范围压缩”的滑块，再预览调整效果，如图11-95所示，接着以同样的方法将“绿色通道”和“蓝色通道”调整完毕，如图11-96和图11-97所示。

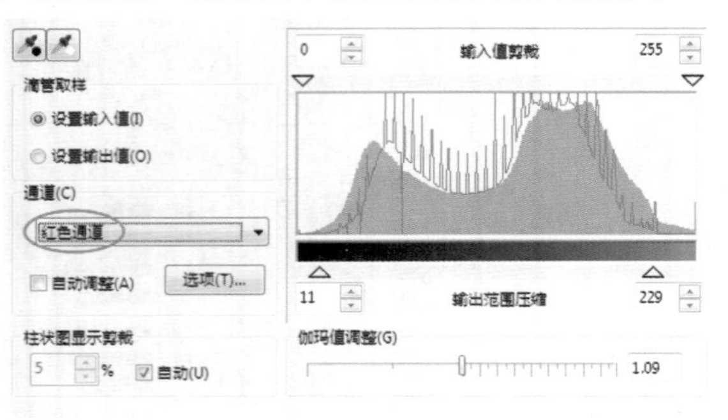

图11-95

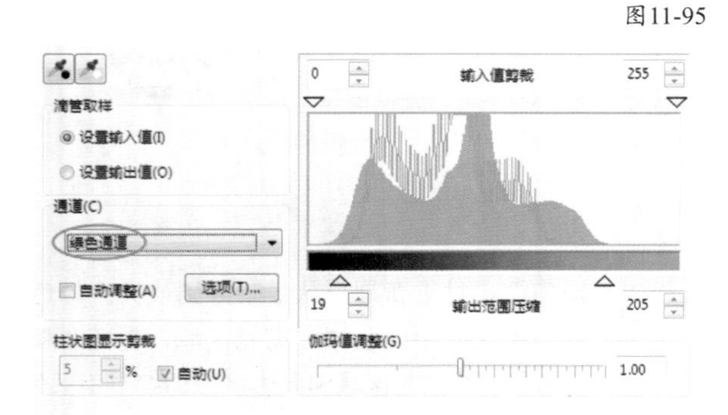

图11-96

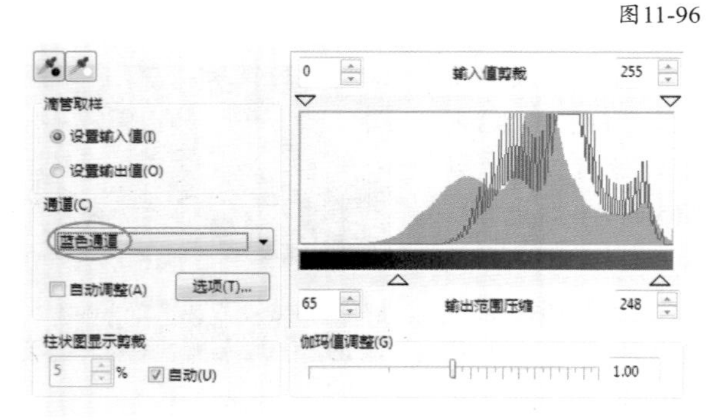

图11-97

调整完成后单击“确定”按钮［确定］完成调整，效果如图11-98所示。

图11-98

参数设置

“高反差”的参数选项如图11-99所示。

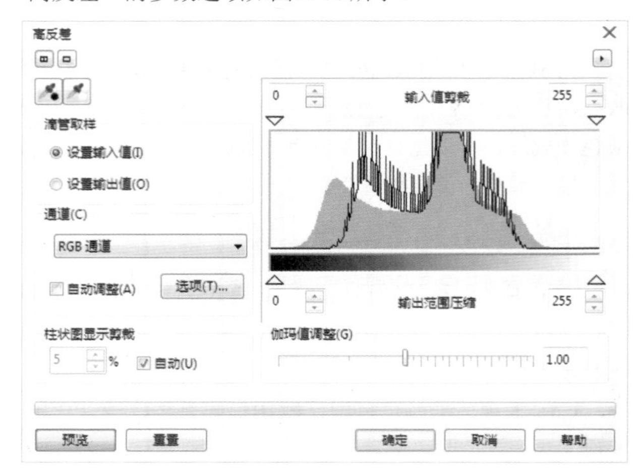

图11-99

高反差选项介绍

显示预览窗口［图标］：单击该按钮可以打开预览窗口，默认显示为原图与调整后的对比窗口，如图11-100所示；单击［图标］按钮可以切换预览窗口为仅显示调整后的效果，如图11-101所示。

图11-100

图11-101

滴管取样：单击上面的吸管，可以在位图上吸取相应的通道值应用在选取的通道调整中。包括深色滴管［图标］和浅色滴管［图标］，可以分别吸取相应的颜色区域。

设置输入值：勾选该选项可以吸取输入值的通道值，颜色在选定的范围内重新分布，并应用到“输入值剪裁”中，如图11-102所示。

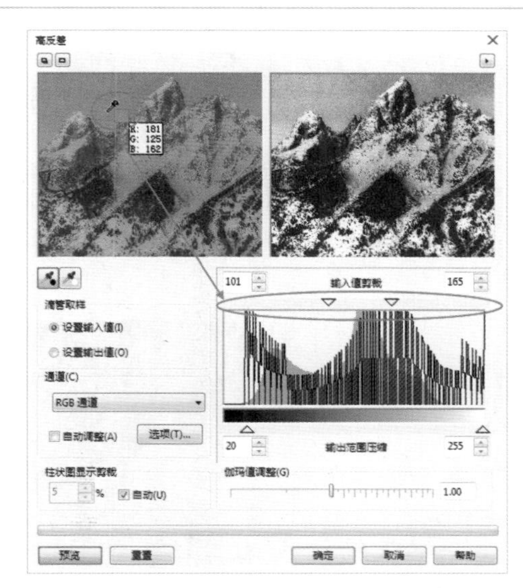

图11-102

设置输出值：勾选该选项可以吸取输出值的通道值，应用到“输出范围压缩”中，如图11-103所示。

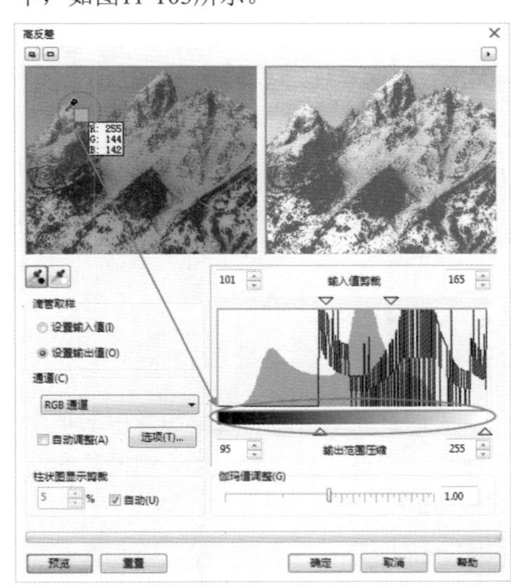

图11-103

通道：在下拉选项中可以更改调整的通道类型。

RGB通道：该通道用于整体调整位图的颜色范围和分布。

红色通道：该通道用于调整位图红色通道的颜色范围和分布。

绿色通道：该通道用于调整位图绿色通道的颜色范围和分布。

蓝色通道：该通道用于调整位图蓝色通道的颜色范围和分布。

自动调整：勾选该复选框，可以在当前色阶范围内自动调整像素值。

选项：单击该按钮，可以在弹出的“自动调整范围”对话框中设置自动调整的色阶范围，如图11-104所示。

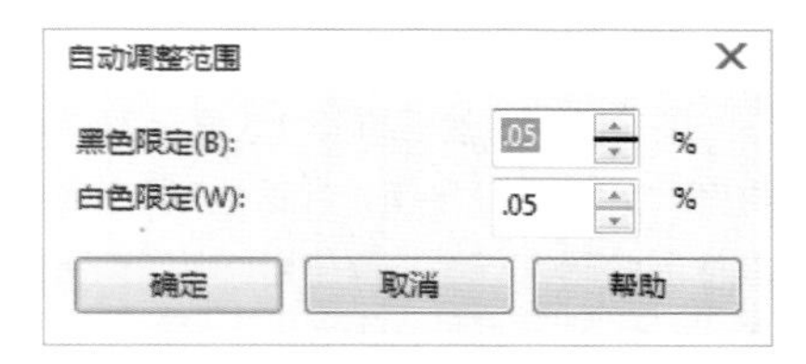

图11-104

柱状图显示剪裁：设置“输入值剪裁”的柱状图显示大小，数值越大，柱状图越高。设置数值时，需要勾掉后面的“自动”复选框。

伽玛值调整：拖动滑块可以设置图像中所选颜色通道的显示亮度和范围。

11.3.2 局部平衡

“局部平衡”可以通过提高边缘附近的对比度来显示亮部和暗部区域的细节。选中位图，然后执行“效果>调整>局部平衡”菜单命令，打开“局部平衡”对话框，接着调整边缘对比的“宽度”和“高度”值，在预览窗口查看调整效果，如图11-105所示，调整后效果如图11-106所示。

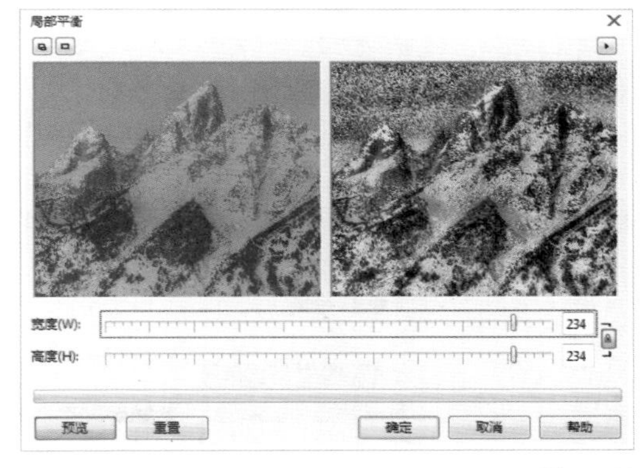

图11-105

图11-106

调整“宽度”和“高度”时，可以统一进行调整，也可以单击解开后面的锁头进行分别调整。

11.3.3 取样/目标平衡

“取样/目标平衡”用于从图中吸取色样来参照调整位图颜色值，支持分别吸取暗色调、中间调和浅色调的色样，再将调整的目标颜色应用到每个色样区域中。

选中位图，然后执行“效果>调整>取样/目标平衡”菜单命令，打开“样本/目标平衡”对话框，接着使用“暗色调吸管”工具吸取位图的暗部颜色，再使用“中间调吸管”工具吸取位图的中间色，最后使用“浅色调吸管”工具吸取位图的亮部颜色，在“示例”和“目标”中显示吸取的颜色，如图11-107所示。

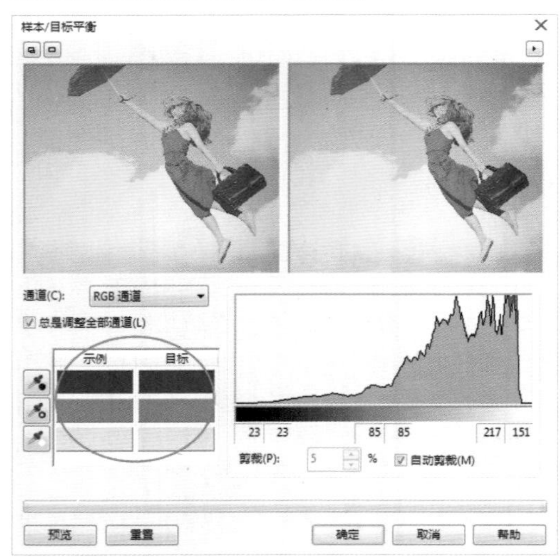

图11-107

双击“目标”下的颜色，在“选择颜色”对话框里更改颜色，然后单击“预览”按钮进行预览查看，接着在“通道”的下拉选项中选取相应的通道进行分别设置，如图11-108~图11-110所示。

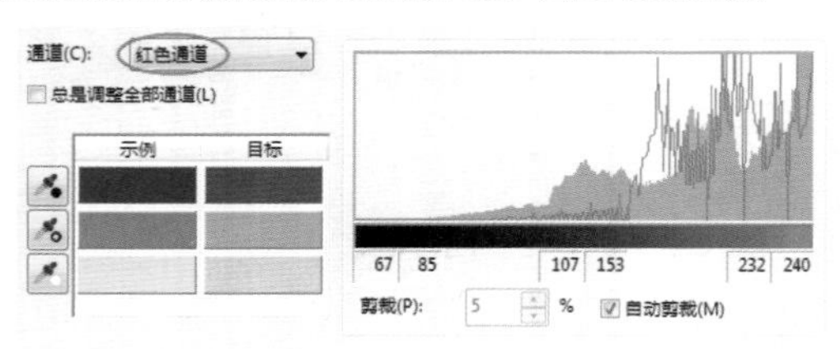

图11-108

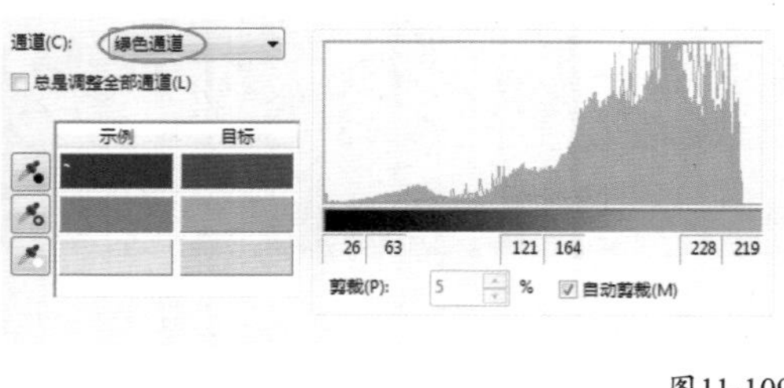

图11-109

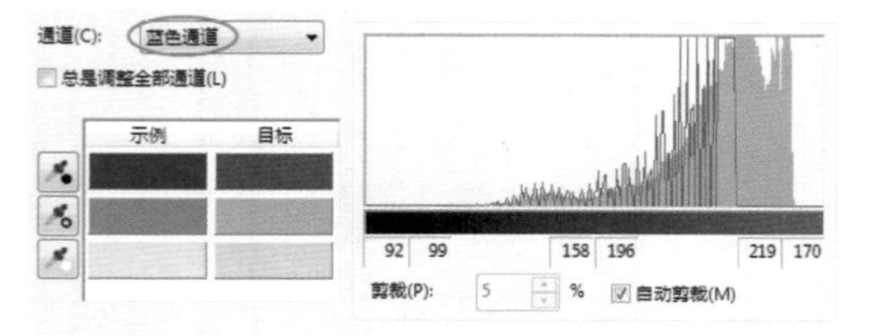

图11-110

技巧与提示

在分别调整每个通道的“目标”颜色时，需要勾掉“总是调整全部通道”复选框。

将每种颜色的通道调整完毕，然后返回“RGB通道”再进行微调，接着单击“确定”按钮完成调整，如图11-111所示。

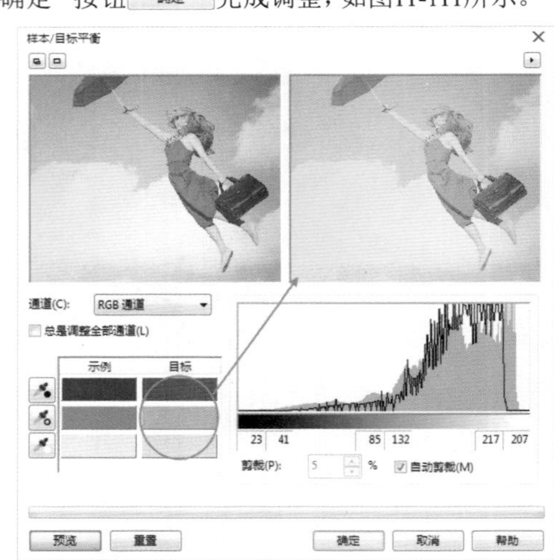

图11-111

技巧与提示

在调整过程中无法进行撤销操作，用户可以单击“重置”按钮进行重做。

11.3.4 调合曲线

“调合曲线”通过改变图像中的单个像素值来精确校正位图颜色。通过分别改变阴影、中间色和高光部分，精确地修改图像局部的颜色。

添加调合

选中位图，然后执行“效果>调整>调合曲线”菜单命令，打开“调合曲线”对话框，接着在“活动通道”的下拉选项中分别选择“红”、“绿”、“兰”通道进行曲线调整，在预览窗口进行查看对比，如图11-112~图11-114所示。

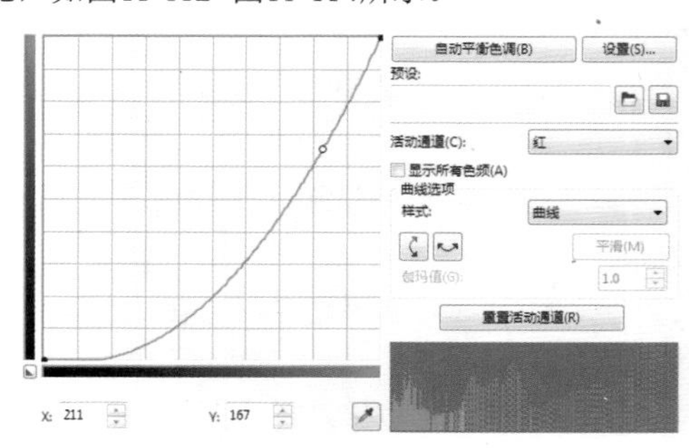

图11-112

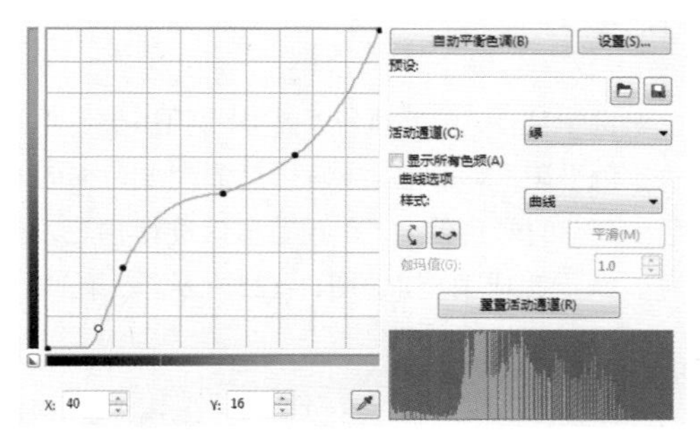

图11-113

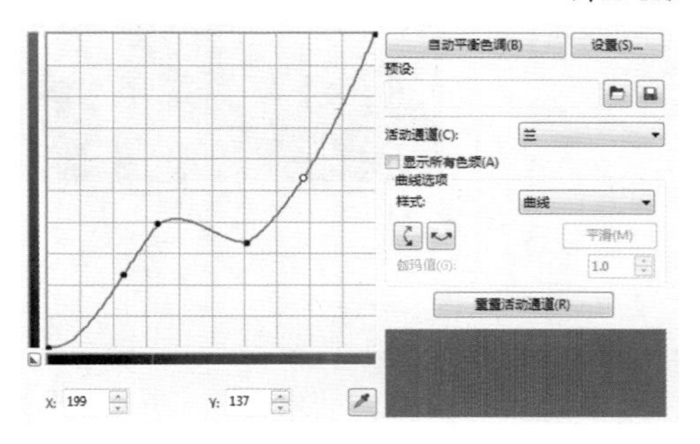

图11-114

在调整完“红”、“绿”、“兰”通道后，再选择“RGB”通道进行整体曲线的调整，接着单击“确定”按钮完成调整，如图11-115所示，效果如图11-116所示。

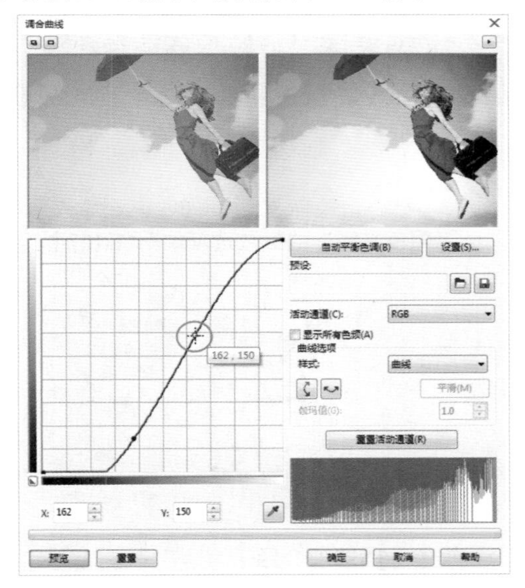

图11-115

图11-116

参数设置

“调合曲线”的参数选项如图11-117所示。

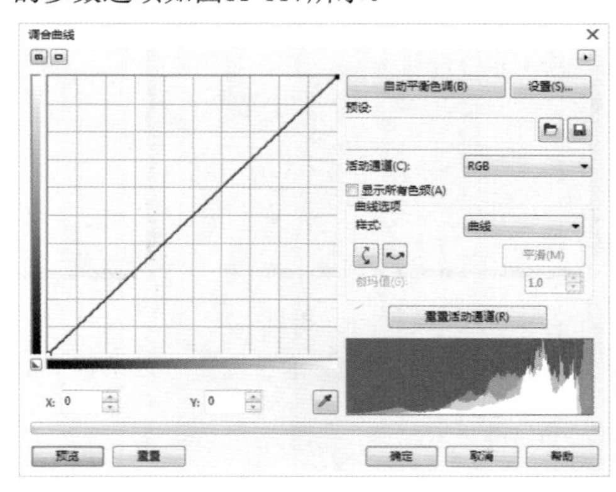

图11-117

调合曲线选项介绍

自动平衡色调：单击该按钮以设置的范围进行自动平衡色调，可以在后面的设置中设置范围。

活动通道：在下拉选项中可以切换颜色通道，包括“RGB”、“红”、“绿”、“兰”4种，用户可以切换相应的通道进行分别调整。

显示所有色频：勾选该复选框，可以将所有的活动通道显示在一个调节窗口中，如图11-118所示。

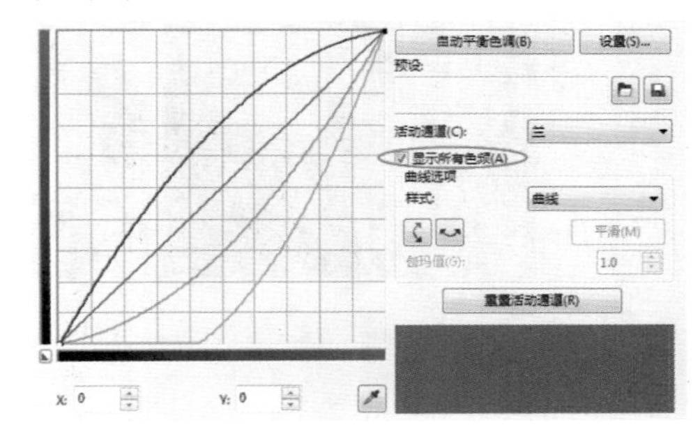

图11-118

曲线样式：在下拉选项中可以选择曲线的调节样式，包括“曲线”、“直线”、“手绘”和“伽玛值”。在绘制手绘曲线时，可以单击下面的“平滑”按钮平滑曲线，如图11-119~图11-122所示。

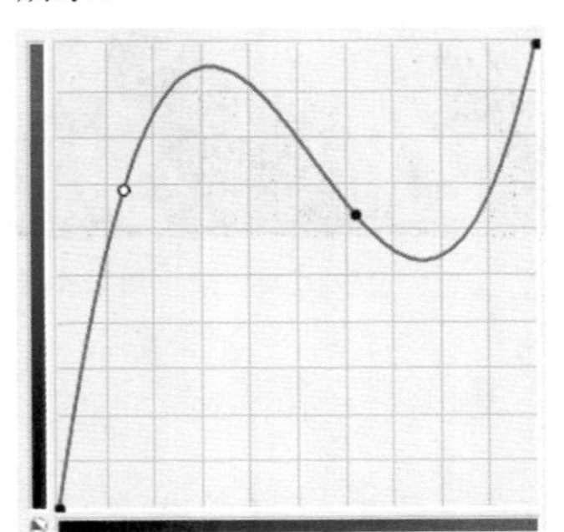

图11-119

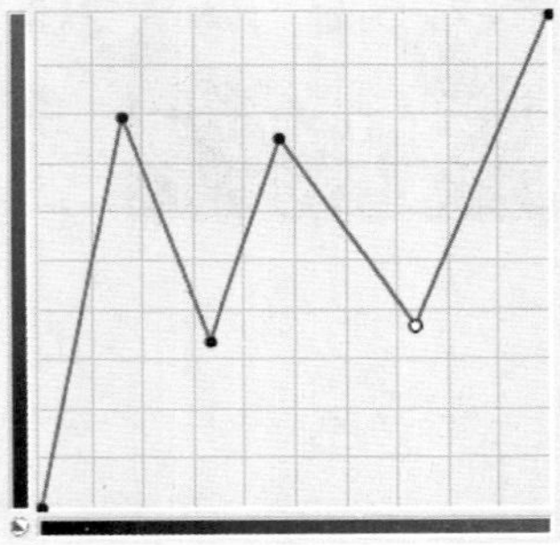

图11-120

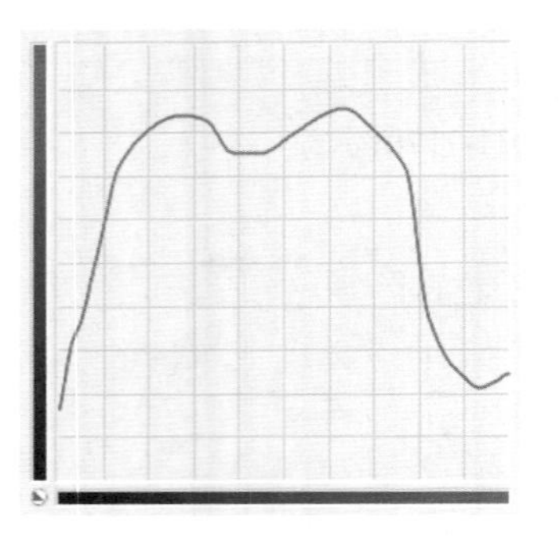

图11-121

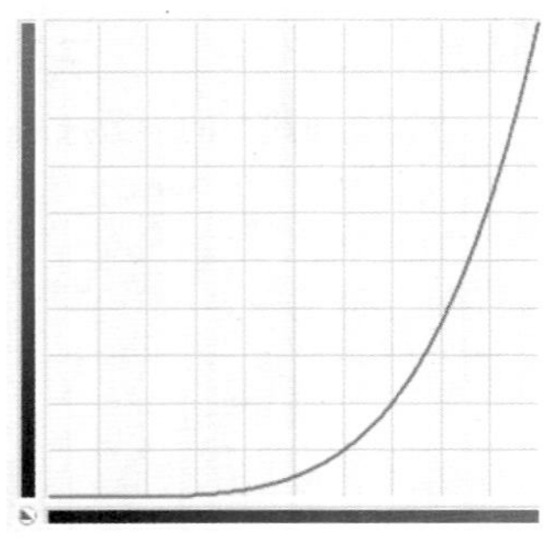

图11-122

重置活动通道：单击该按钮可以重置当前活动通道的设置。

11.3.5 亮度/对比度/强度

“亮度/对比度/强度”用于调整位图的亮度及深色区域和浅色区域的差异。选中位图，然后执行“效果>调整>亮度/对比度/强度”菜单命令，打开“亮度/对比度/强度”对话框，接着调整“亮度”和“对比度”，再调整“强度”，使变化更柔和，最后单击“确定”按钮完成调整，如图11-123所示，效果如图11-124所示。

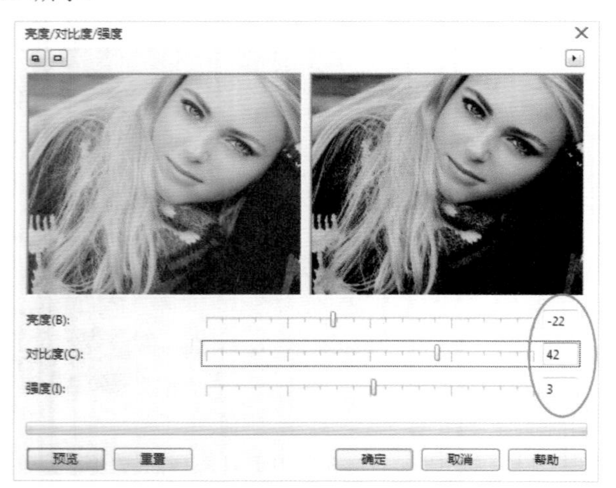

图11-123

图11-124

11.3.6 颜色平衡

“颜色平衡”用于将青色、红色、品红、绿色、黄色、蓝色添加到位图中，来添加颜色偏向。

添加颜色平衡

选中位图，然后执行“效果>调整>颜色平衡”菜单命令，打开“颜色平衡”对话框，接着选择添加颜色偏向的范围，再调整“颜色通道”的颜色偏向，在预览窗口进行预览，最后单击“确定”按钮完成调整，如图11-125所示，效果如图11-126所示。

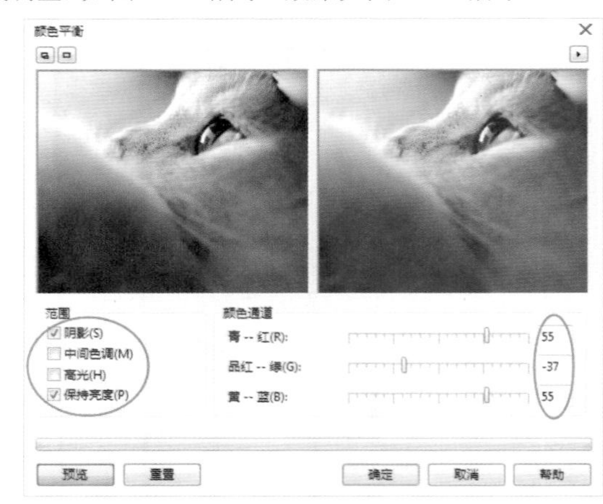

图11-125

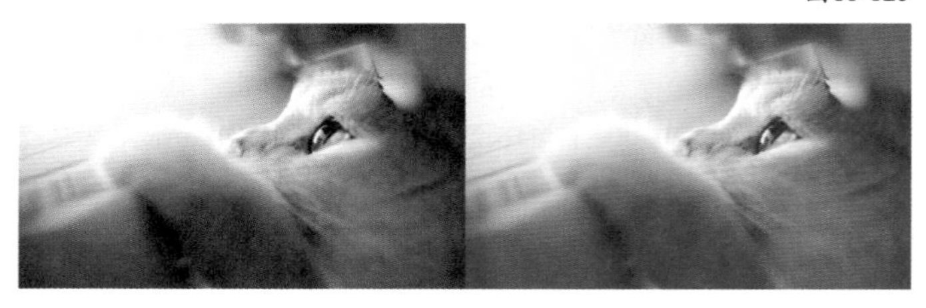

图11-126

参数设置

“颜色平衡”的参数选项如图11-127所示。

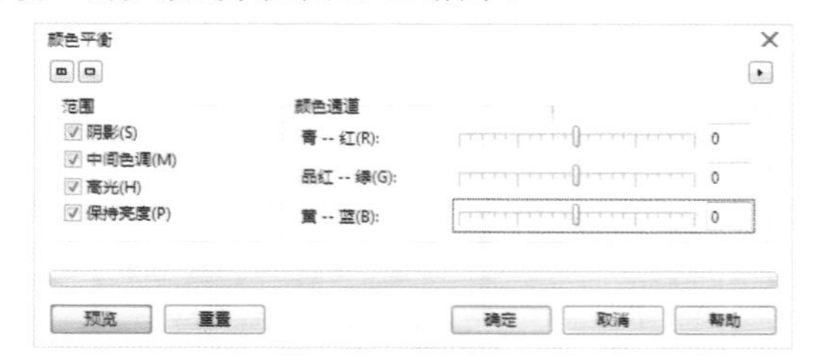

图11-127

颜色平衡选项介绍

阴影：勾选该复选框，则仅对位图的阴影区域进行颜色平衡设置，如图11-128所示。

图11-128

中间色调：勾选该复选框，则仅对位图的中间色调区域进行颜色平衡设置，如图11-129所示。

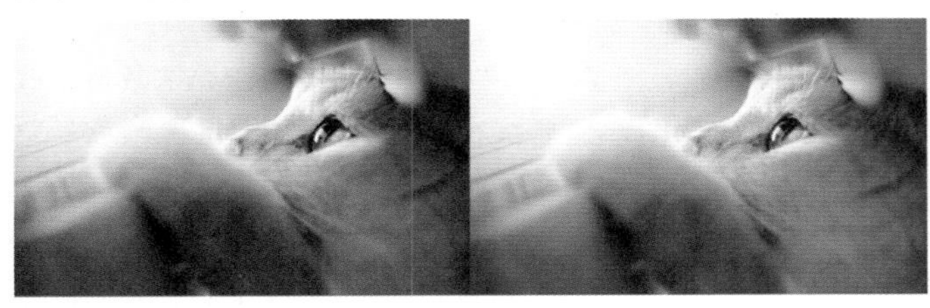

图11-129

高光：勾选该复选框，则仅对位图的高光区域进行颜色平衡设置，如图11-130所示。

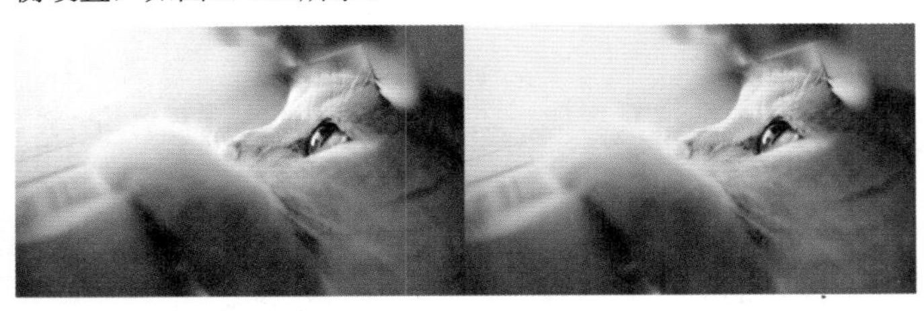

图11-130

保持亮度：勾选该复选框，在添加颜色平衡的过程中保证位图不会变暗，如图11-131所示。

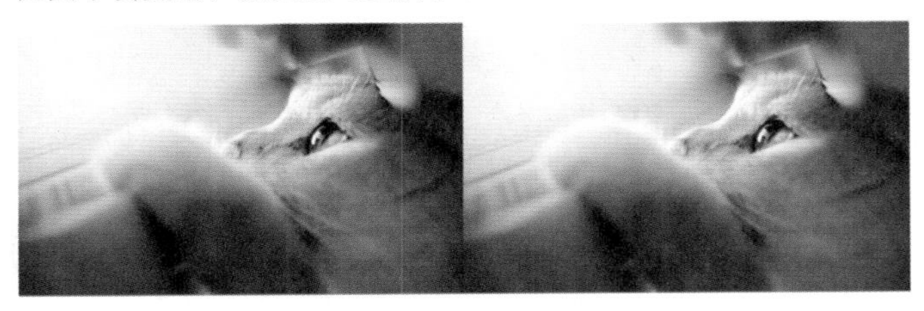

图11-131

混合使用“范围”的复选项会呈现不同的效果，根据对位图的需求灵活选择范围的选项。

11.3.7 伽玛值

“伽玛值”用于在较低对比度的区域进行细节强化，不会影响高光和阴影。选中位图，然后执行“效果>调整>伽玛值”菜单命令，打开“伽玛值”对话框，接着调整伽玛值大小，在预览窗口进行预览，最后单击“确定”按钮 完成调整，如图11-132所示，效果如图11-133所示。

图11-132

图11-133

11.3.8 色度/饱和度/亮度

“色度/饱和度/亮度”用于调整位图中的色频通道，并改变色谱中颜色的位置，这种效果可以改变位图的颜色、浓度和白色所占的比例。选中位图，然后执行“效果>调整>色度/饱和度/亮度”菜单命令，打开“色度/饱和度/亮度”对话框，接着分别调整“红”、“黄色”、“绿”、“青色”、“兰”、“品红”、“灰度”的色度、饱和度、亮度大小，在预览窗口进行预览，如图11-134~图11-140所示。

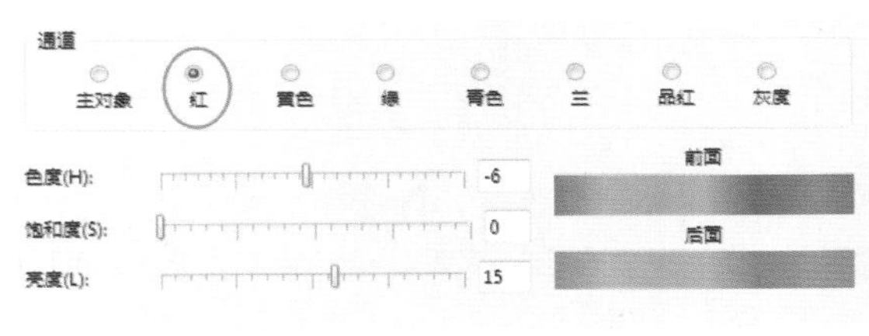

图11-134

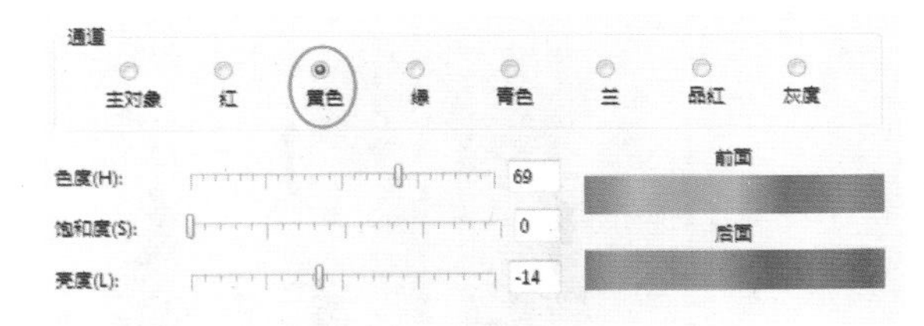

图11-135

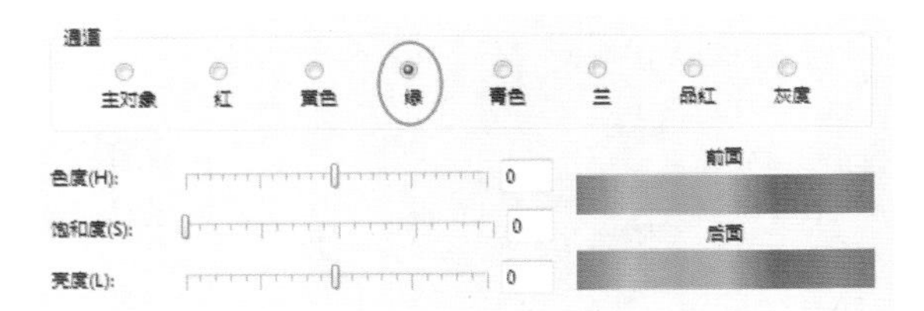

图11-136

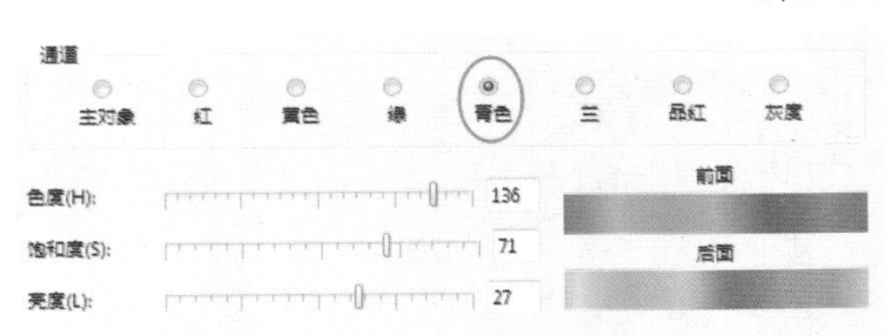

图11-137

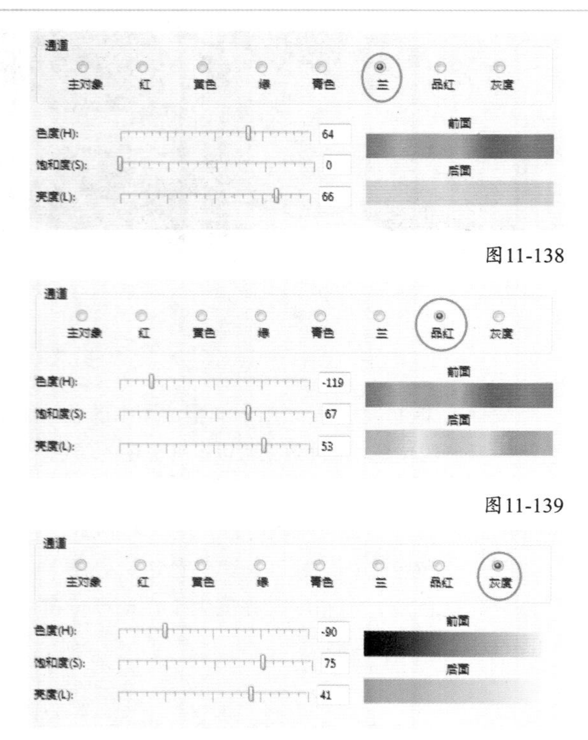

图11-138

图11-139

图11-140

调整完局部颜色后，再选择“主对象”进行整体颜色调整，接着单击“确定”按钮 确定 完成调整，如图11-141所示，效果如图11-142所示。

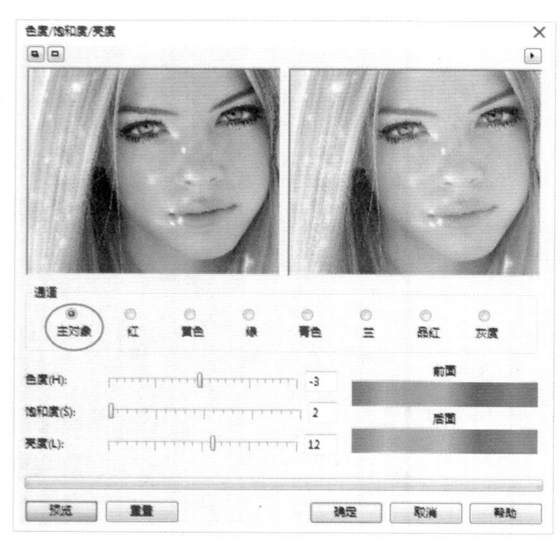

图11-141

图11-142

11.3.9 所选颜色

“所选颜色”通过改变位图中的“红”、“黄”、“绿”、“青”、“蓝”、“品红”色谱的CMYK数值来改变颜色。选中位图，然后执行“效果>调整>所选颜色”菜单命令，打开“所选颜色”对话框，接着分别选择“红”、“黄”、“绿”、“青”、“蓝”、“品红”色谱，再调整相应的“青”、“品红”、“黄”、“黑”的数值大小，在预览窗口进行预览，最后单击“确定”按钮 确定 完成调整，如图11-143所示，效果如图11-144所示。

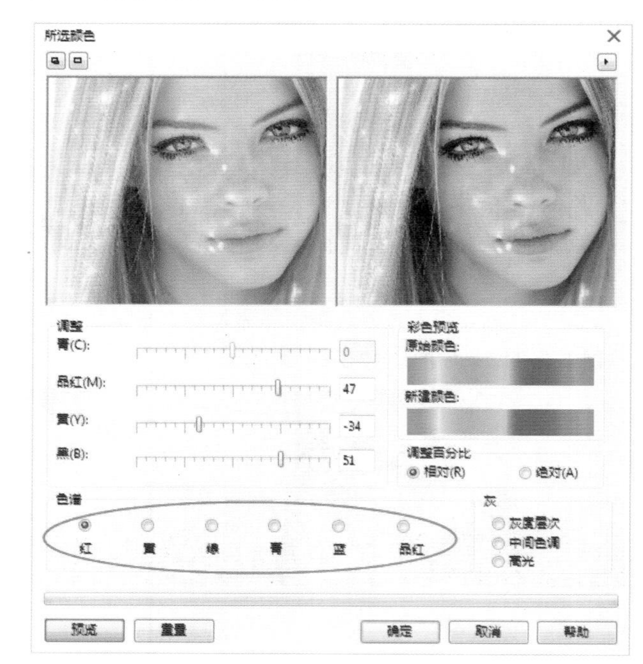

图11-143

图11-144

11.3.10 替换颜色

“替换颜色”可以使用另一种颜色替换位图中所选的颜色。选中位图，然后执行“效果>调整>替换颜色”菜单命令，打开“替换颜色”对话框，接着单击原颜色后面的吸管工具 吸取位图上需要替换的颜色，再选择“新建颜色”的替换颜色，在预览窗口进行预览，最后单击“确定”按钮 确定 完成调整，如图11-145所示，效果如图11-146所示。

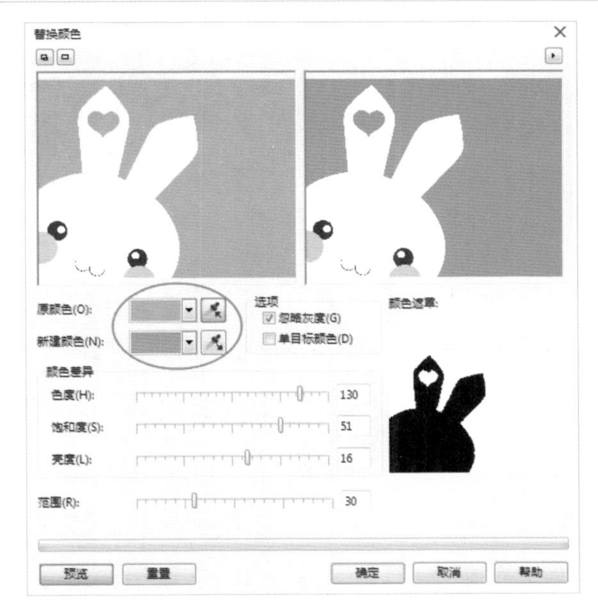

图11-145

图11-146

在使用“替换颜色”进行编辑位图时，选择的位图必须是颜色区分明确的，如果选取的位图颜色区域有歧义，在替换颜色后会出现错误的颜色替换，如图11-147所示。

图11-147

11.3.11 取消饱和

“取消饱和”用于将位图中每种颜色的饱和度都减为零，转化为相应的灰度，形成灰度图像。选中位图，然后执行“效果>调整>取消饱和”菜单命令，即可将位图转换为灰度图，如图11-148所示。

图11-148

11.3.12 通道混合器

“通道混合器”通过改变不同颜色通道的数值来改变图像的色调。选中位图，然后执行“效果>调整>通道混合器”菜单命令，打开“通道混合器”对话框，在色彩模式中选择颜色模式，接着选择相应的颜色通道进行分别设置，最后单击“确定”按钮 确定 完成调整，如图11-149所示。

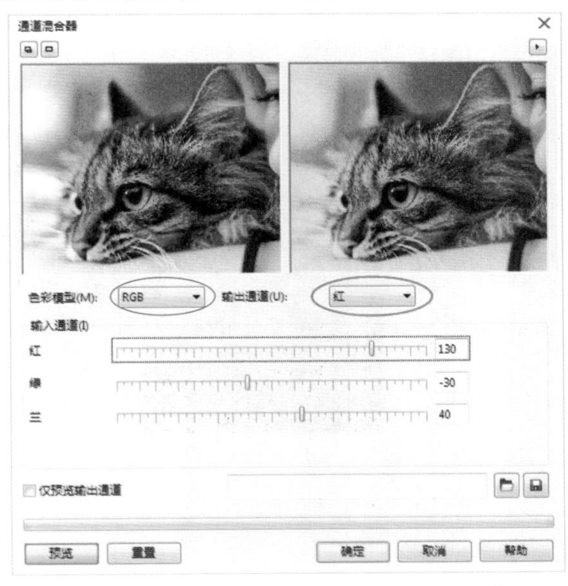

图11-149

11.4 变换颜色和色调

在菜单栏上的“效果>变换”命令下，我们可以选择“去交错”、“反显”、“极色化”操作来对位图的色调和颜色添加特殊效果。

11.4.1 去交错

“去交错”用于从扫描或隔行显示的图像中移除线条。选中位图，然后执行“效果>变换>去交错”菜单命令，打开“去交错”对话框，在“扫描线”中选择样式“偶数行”或“奇数行”，再选择相应的“替换方法”，在预览图中查看效果，接着单击“确定”按钮 确定 完成调整，如图11-150所示。

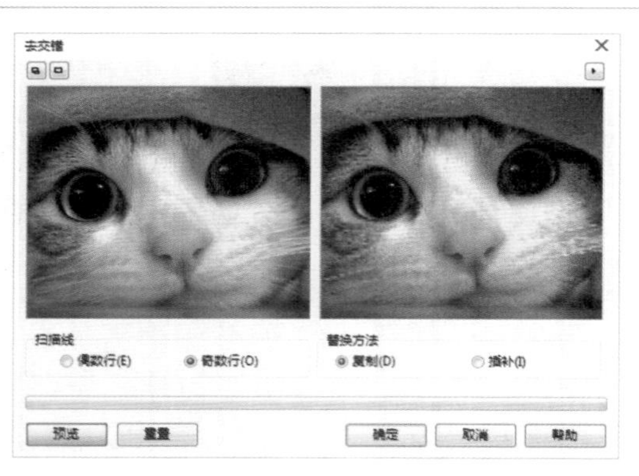

图11-150

11.4.2 反显

“反显”可以反显图像的颜色，反显图像会形成摄影负片的外观。选中位图，然后执行“效果>变换>反显”菜单命令，即可将位图转换为灰度图，如图11-151所示。

图11-151

11.4.3 极色化

“极色化”用于减少位图中色调值的数量，减少颜色层次可产生大面积缺乏层次感的颜色。选中位图，然后执行“效果>变换>极色化”菜单命令，打开“极色化”对话框，在“层次”后设置调整的颜色层次，在预览图中查看效果，接着单击“确定”按钮 完成调整，如图11-152所示。

图11-152

11.5 三维效果

三维效果滤镜组可以对位图添加三维特殊效果，使位图具有空间和深度效果。三维效果的操作命令包括“三维旋转”、“柱面”、“浮雕”、“卷页”、“透视”、“挤远/挤近”和“球面”，如图11-153所示。

图11-153

11.5.1 三维旋转

“三维旋转”通过手动拖动三维模型效果，来添加图像的旋转3D效果。选中位图，然后执行“位图>三维效果>三维旋转”菜单命令，打开“三维旋转”对话框，接着使用鼠标左键拖动三维效果，在预览图中查看效果，最后单击“确定”按钮 完成调整，如图11-154所示。

图11-154

11.5.2 柱面

“柱面”以圆柱体表面贴图为基础，为图像添加三维效果。选中位图，然后执行“位图>三维效果>柱面”菜单命令，打开“柱面”对话框，接着选择“柱面模式”，再调整拉伸的百分比，最后单击“确定”按钮 完成调整，如图11-155所示。

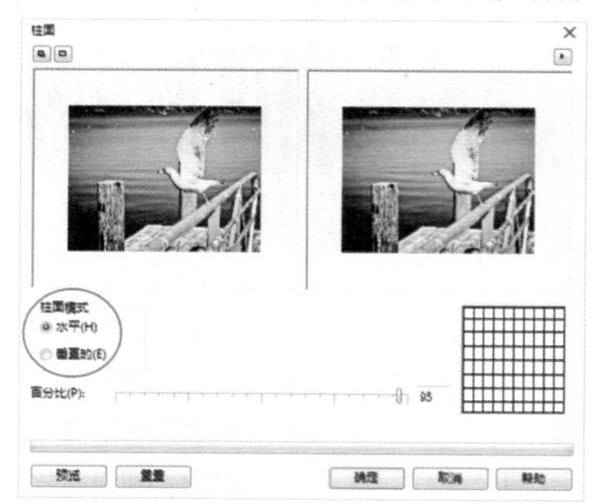

图11-155

11.5.3 浮雕

“浮雕”可以为图像添加凹凸效果，形成浮雕图案。选中位图，然后执行“位图>三维效果>浮雕”菜单命令，打开“浮雕”对话框，接着调整“深度”、“层次”和“方向”，再选择浮雕的颜色，最后单击“确定”按钮完成调整，如图11-156所示。

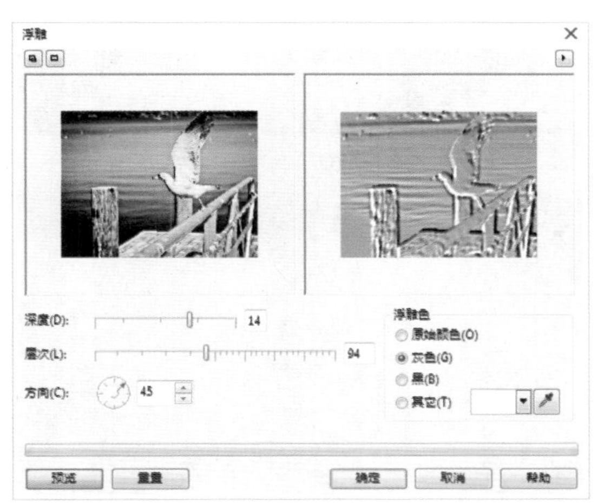

图11-156

11.5.4 卷页

“卷页”可以卷起位图的一角，形成翻卷效果。选中位图，然后执行“位图>三维效果>卷页”菜单命令，打开“卷页”对话框，接着选择卷页的方向、“定向”、“纸张”和“颜色”，再调整卷页的“宽度”和“高度”，最后单击“确定”按钮完成调整，如图11-157所示。

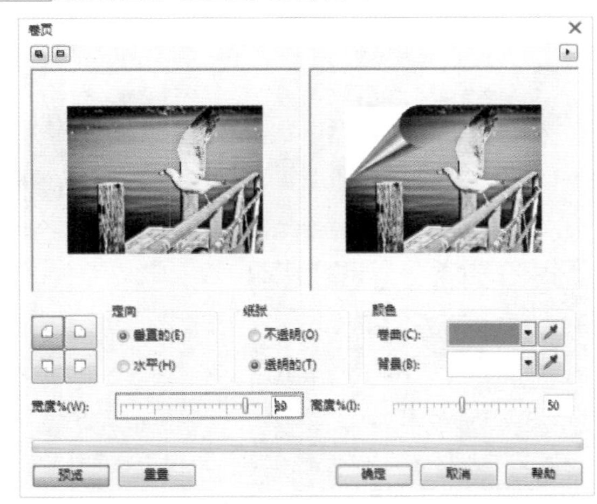

图11-157

11.5.5 透视

“透视”可以通过手动移动为位图添加透视深度。选中位图，然后执行“位图>三维效果>透视”菜单命令，打开“透视”对话框，接着选择透视的“类型”，再使用鼠标左键拖动透视效果，最后单击“确定”按钮完成调整，如图11-158所示。

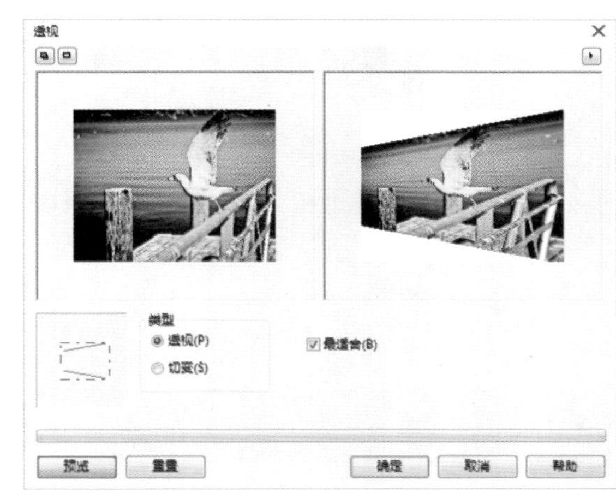

图11-158

11.5.6 挤远/挤近

“挤远/挤近”以球面透视为基础为位图添加向内或向外的挤压效果。选中位图，然后执行“位图>三维效果>挤远/挤近”菜单命令，打开“挤远/挤近”对话框，接着调整挤压的数值，最后单击“确定”按钮完成调整，如图11-159所示。

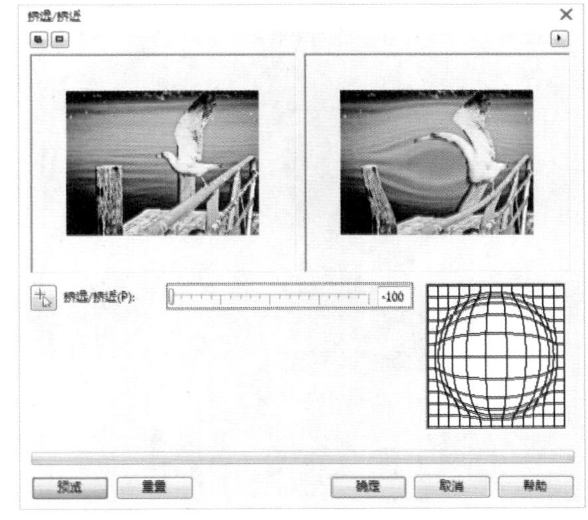

图11-159

11.5.7 球面

“球面”可以为图像添加球面透视效果。选中位图，然后执行“位图>三维效果>球面”菜单命令，打开“球面”对话框，接着选择“优化”类型，再调整球面效果的百分比，最后单击“确定”按钮完成调整，如图11-160所示。

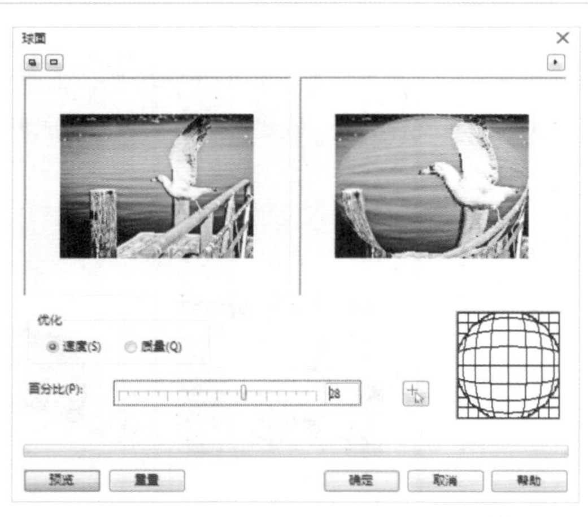

图11-160

11.6 艺术笔触

"艺术笔触"用于将位图以手工绘画的方法进行转换，创造不同的绘画风格，包括"炭笔画"、"单色蜡笔画"、"蜡笔画"、"立体派"、"印象派"、"调色刀"、"彩色蜡笔画"、"钢笔画"、"点彩派"、"木版画"、"素描"、"水彩画"、"水印画"、"波纹纸画"14种，效果如图11-161~图11-175所示，用户可以选择相应的笔触打开对话框进行详细设置。

图11-161 原图

图11-162 炭笔画

图11-163 单色蜡笔画

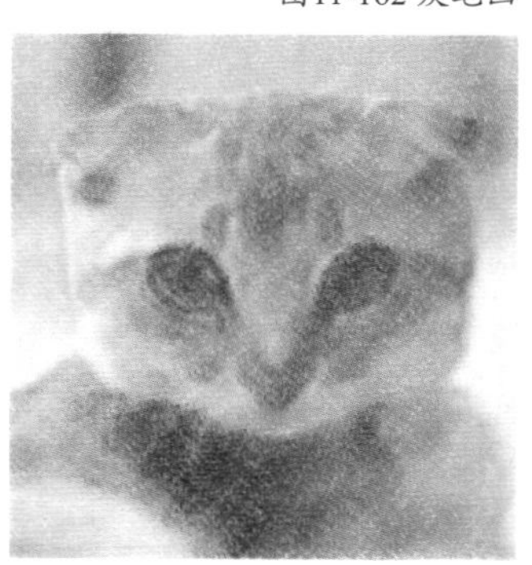
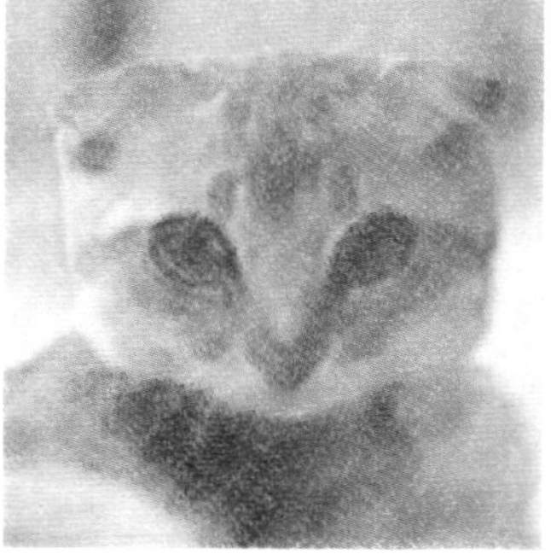

图11-164 蜡笔画

图11-165 立体派

图11-166 印象派

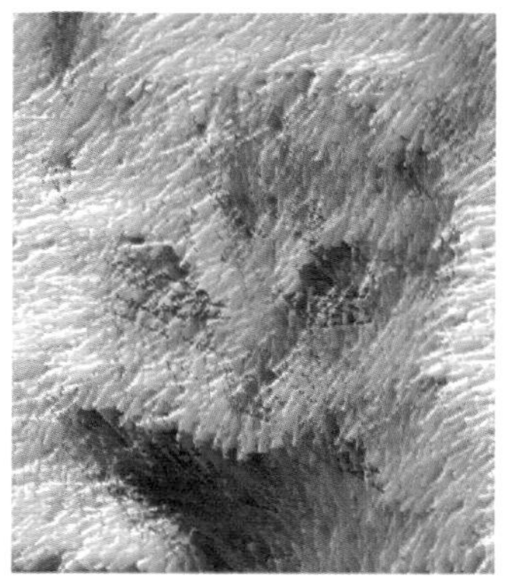

图11-167 调色刀

图11-168 彩色蜡笔画

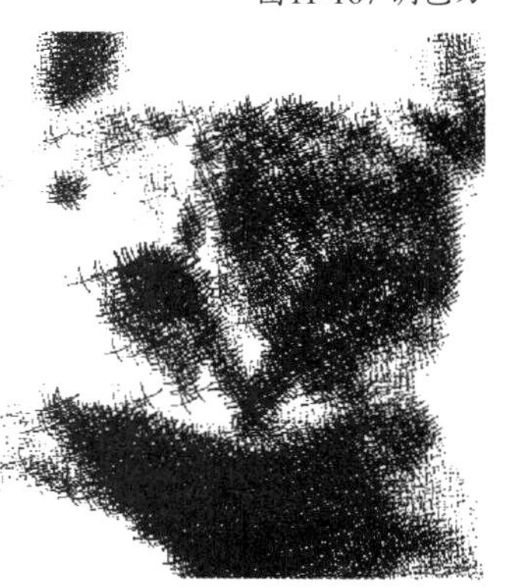

图11-169 钢笔画

图11-170 点彩派

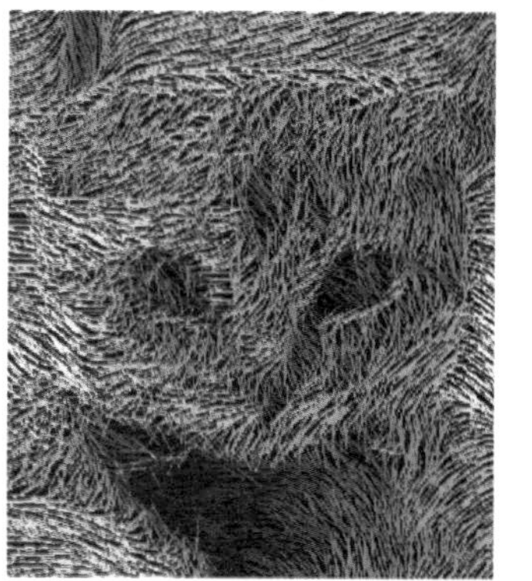

图11-171 木版画

图11-172 素描

图11-173 水彩画

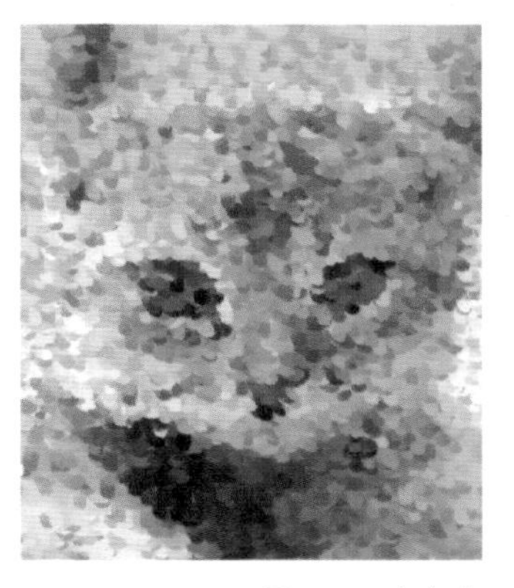
图11-174 水印画

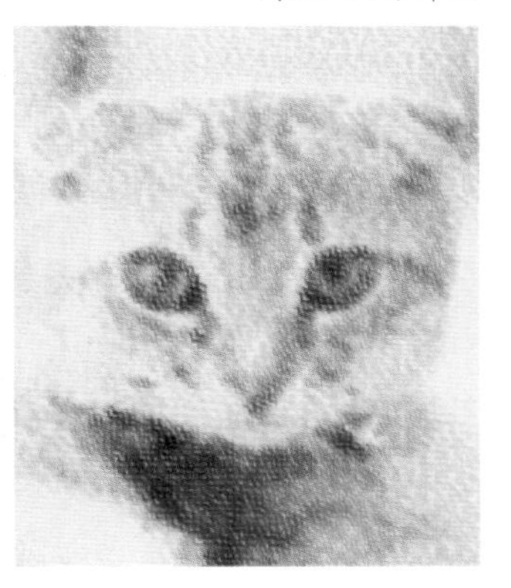
图11-175 波纹纸画

11.7 模糊

模糊是绘图中最为常用的效果，方便用户添加特殊光照效果。在位图菜单下可以选择相应的模糊类型为对象添加模糊效果，包括“定向平滑”、“高斯式模糊”、“锯齿状模糊”、“低通滤波器”、“动态模糊”、“放射式模糊”、“平滑”、“柔和”、“缩放”、“智能模糊”10种，效果如图11-176~图11-186所示，用户可以选择相应的模糊效果打开对话框进行数值调节。

图11-176 原图

图11-177 定向平滑

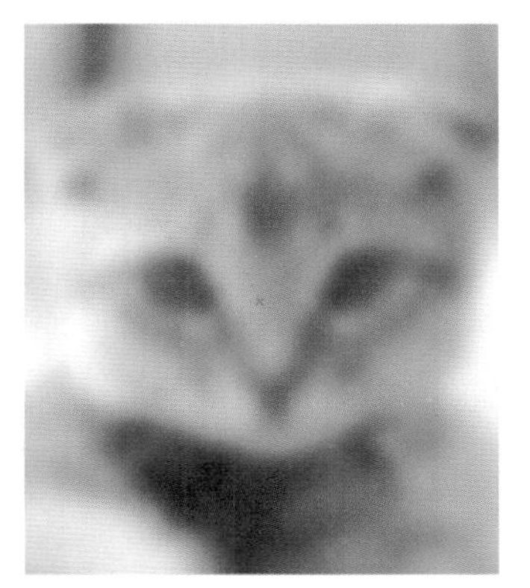
图11-178 高斯式模糊

图11-179 锯齿状模糊

图11-180 低通滤波器

图11-181 动态模糊

图11-182 放射式模糊

图11-183 平滑

图11-184 柔和

图11-185 缩放

图11-186 智能模糊

模糊滤镜中最为常用的是“高斯式模糊”和“动态模糊”，这两种可以制作光晕效果和速度效果。

11.8 相机

“相机”可以为图像添加相机产生的光感效果，为图像去除存在的杂点，给照片添加颜色效果，包括“着色”、“扩散”、“照片过滤器”、“棕褐色色调”、“延时”5种，效果如图11-187~图11-191所示，用户可以选择相应的滤镜效果打开对话框进行数值调节。

图11-187

图11-188

图11-189

图11-190

图11-191

11.9 颜色转换

“颜色转换”可以将位图分为3个颜色平面进行显示，也可以为图像添加彩色网版效果，还可以转换色彩效果，包括“位平面”、“半色调”、“梦幻色调”、“曝光”4种，效果如图11-192~图11-196所示，用户可以选择相应的颜色转换类型打开对话框进行数值调节。

图11-192 原图

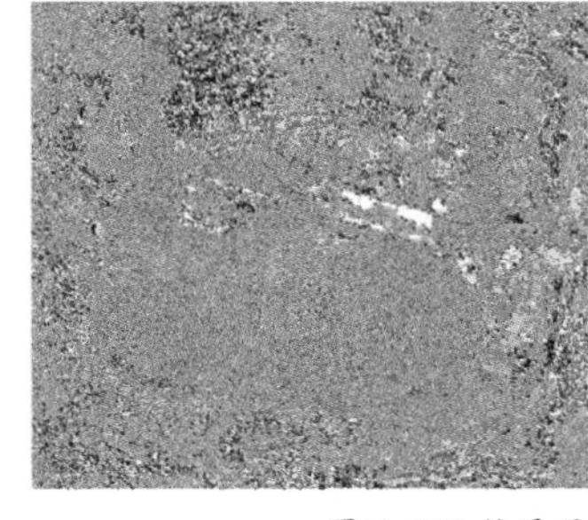

图11-193 位平面

图11-194 半色调

图11-195 梦幻色调

图11-196 曝光

11.10 轮廓图

“轮廓图”用于处理位图的边缘和轮廓，可以突出显示图像边缘。包括边缘检测、查找边缘、描摹轮廓3种，效果如图11-197~图11-200所示。用户可以选择相应的类型打开对话框进行数值调节。

图11-197 原图

图11-198 边缘检测

图11-199 查找边缘

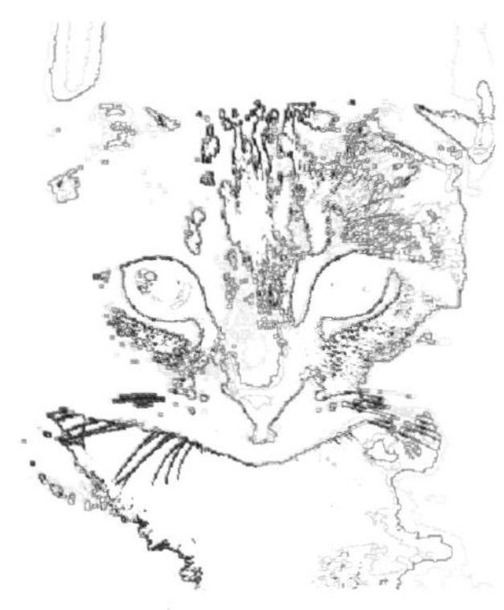

图11-200 描摹轮廓

11.11 创造性

“创造性”为用户提供了丰富的底纹和形状，包括“工艺”、“晶体化”、“织物”、“框架”、“玻璃砖”、“儿童游戏”、“马赛克”、“粒子”、“散开”、“茶色玻璃”、“彩色玻璃”、“虚光”、“漩涡”、“天气”14种，效果如图11-201~图11-215所示，用户可以选择相应的类型打开对话框进行选择和调节，使效果更丰富、更完美。

图11-201 原图

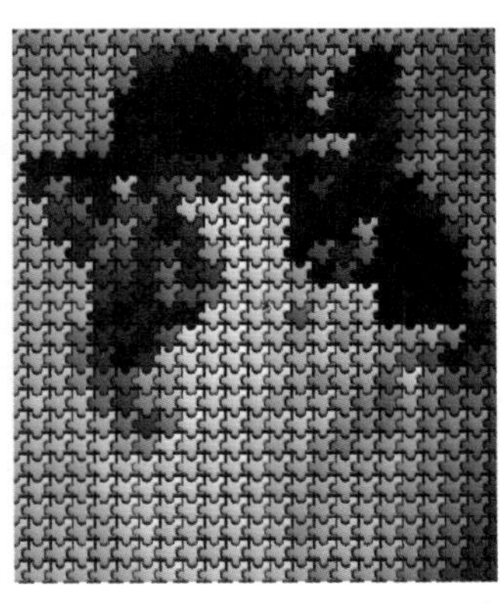

图11-202 工艺

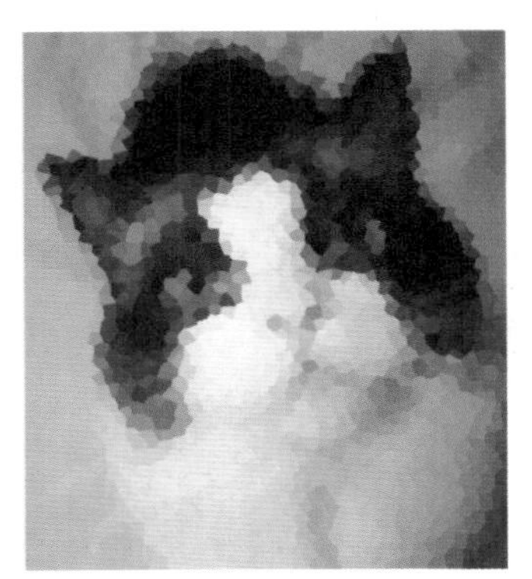

图11-203 晶体化

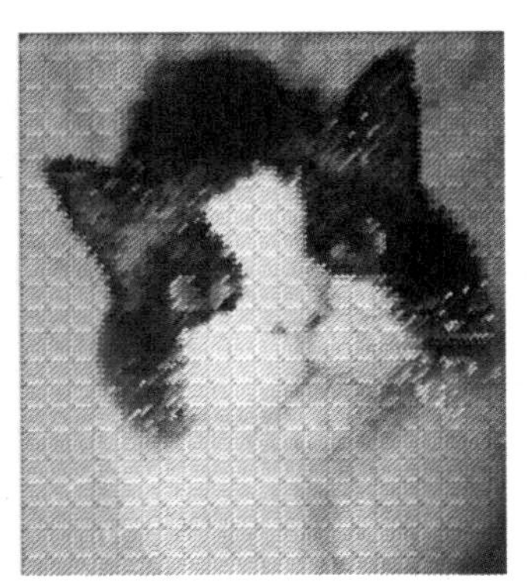

图11-204 织物

图11-205 框架

图11-206 玻璃砖

图11-207 儿童游戏

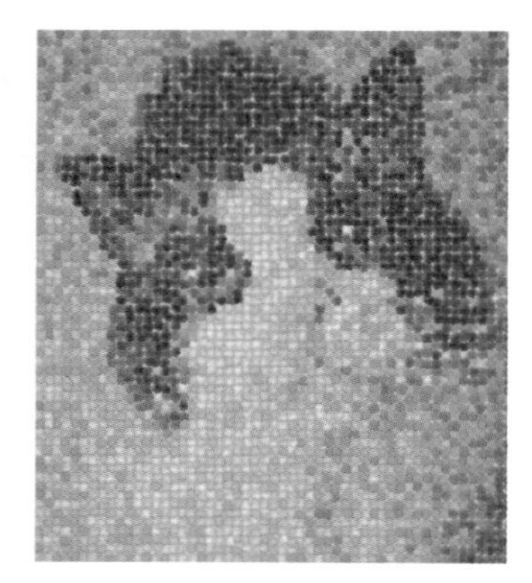
图11-208 马赛克

图11-209 粒子

图11-210 散开

图11-211 茶色玻璃

图11-212 彩色玻璃

图11-213 虚光

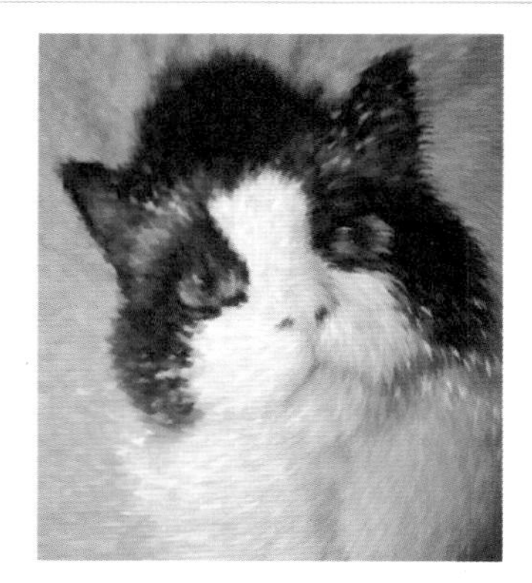
图11-214 漩涡

图11-215 天气

11.12 自定义

“自定义”可以为位图添加图像画笔效果，包括“Alchemy”、“凹凸贴图”2种，效果如图11-216~图11-218所示，用户可以选择相应的类型打开对话框进行选择和调节，利用“自定义”效果可以添加图像的画笔效果。

图11-216 原图

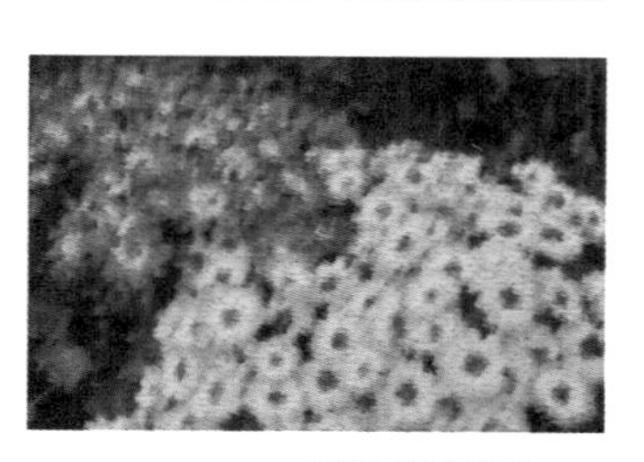
图11-217 Alchemy

图11-218 凹凸贴图

11.13 扭曲

“扭曲”可以使位图产生变形扭曲效果，包括块状、置换、网孔扭曲、偏移、像素、龟纹、漩涡、湿笔画、涡流、风吹效果10种，效果如图11-219~图11-230所示，用户可以选择相应的类型打开对话框进行选择和调节，使效果更丰富、更完善。

图11-219 原图

图11-220 块状

图11-221 置换

图11-222 网孔扭曲

图11-223 偏移

图11-224 像素

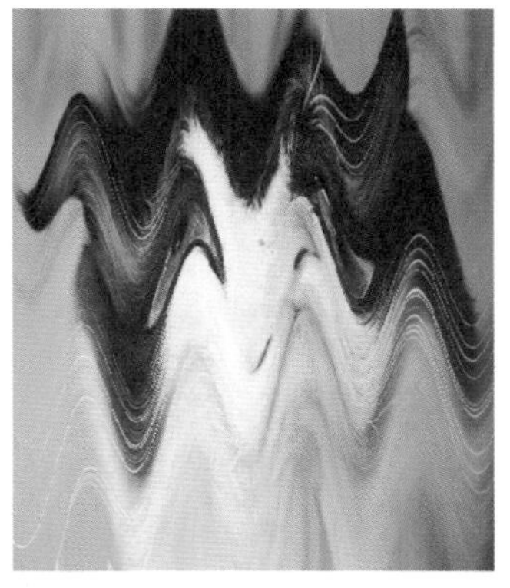

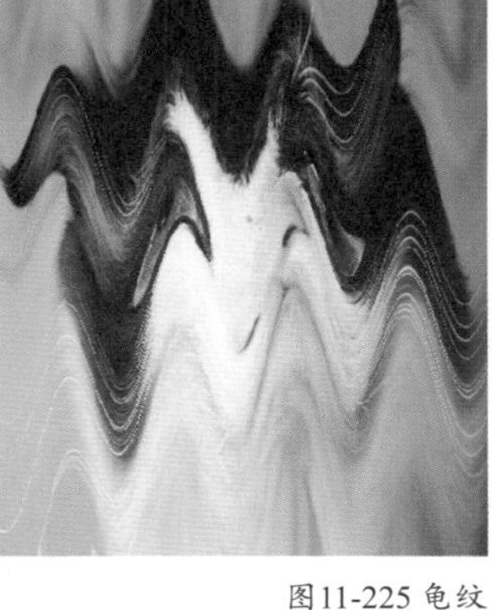

图11-225 龟纹

图11-226 漩涡

图11-227 平铺

图11-228 湿笔画

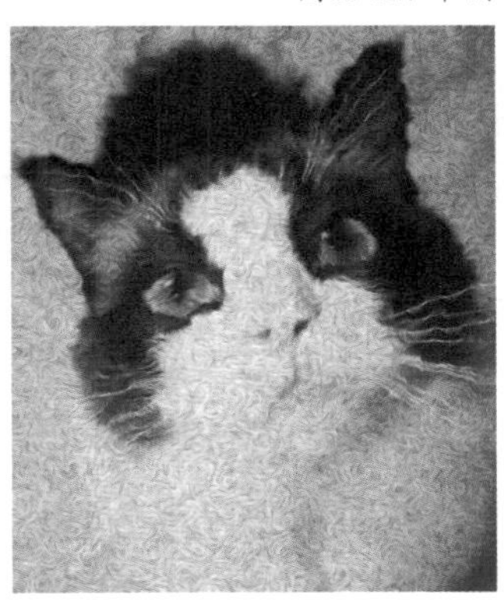

图11-229 涡流

图11-230 风吹效果

11.14 杂点

“杂点”可以为图像添加颗粒，并调整添加颗粒的程度，包括“添加杂点”、“最大值”、“中值”、“最小”、“去除龟纹”、“去除杂点”6种，效果如图11-231~图11-237所示，用户可以选择相应的类型打开对话框进行选择和调节，利用杂点可以创建背景，也可以添加刮痕效果。

图11-231 原图

图11-232 添加杂点

图11-233 最大值

图11-234 中值

图11-235 最小

图11-236 去除龟纹

图11-237 去除杂点

图11-238 原图

图11-239 适应非鲜明化

图11-240 定向柔化

图11-241 高通滤波器

图11-242 鲜明化

图11-243 非鲜明化遮罩

11.15 鲜明化

“鲜明化”可以突出强化图像边缘，修复图像中缺损的细节，使模糊的图像变得更清晰，包括“适应非鲜明化”、“定向柔化”、“高通滤波器”、“鲜明化”、“非鲜明化遮罩”5种，效果如图11-238~图11-243所示，用户可以选择相应的类型打开对话框进行选择和调节，利用“鲜明化”效果可以提升图像显示的效果。

11.16 底纹

“底纹”为用户提供了丰富的底纹肌理效果，包括“鹅软石”、“折皱”、“蚀刻”、“塑料”、“浮雕”、“石头”6种，效果如图11-244~图11-250所示，用户可以选择相应的类型打开对话框进行选择和调节，使效果更加丰富完美。

图11-244 原图

图11-245 鹅软石

图11-246 折皱

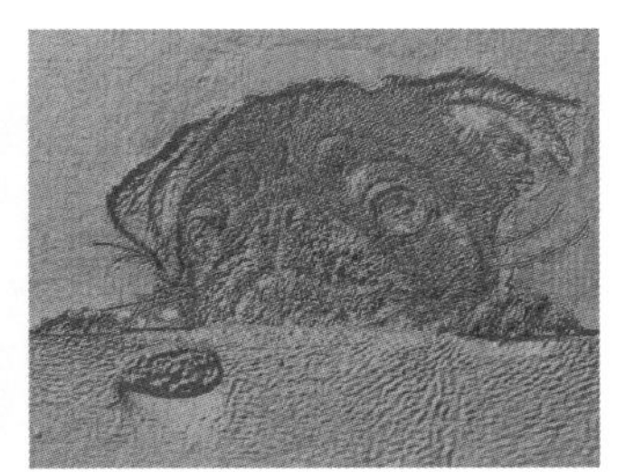

图11-247 蚀刻

图11-248 塑料

图11-249 浮雕

图11-250 石头

第12章 文本操作

Learning Objectives
学习要点

Employment direction
从业方向

版面设计

插画设计

服装设计
平面设计

品牌设计
产品设计

工具名称	工具图标	工具作用	重要程度
文本工具	字	输入美术文本和段落文本	高

12.1 文本的输入

文本在平面设计作品中起到解释说明的作用，它在CorelDRAW X7中主要以美术字和段落文本这两种形式存在，美术字具有矢量图形的属性，可用于添加断行的文本；段落文本可以用于对格式要求更高的、篇幅较大的文本，也可以将文字当做图形来进行设计，使平面设计的内容更广泛。

★重点★

12.1.1 美术文本

在CorelDRAW X7中，系统把美术字作为一个单独的对象来进行编辑，并且可以使用各种处理图形的方法对其进行编辑。

创建美术字

单击“文本工具”字，然后在页面内使用鼠标左键单击建立一个文本插入点，如图12-1所示，即可输入文本，所输入的文本即为美术字，如图12-2所示。

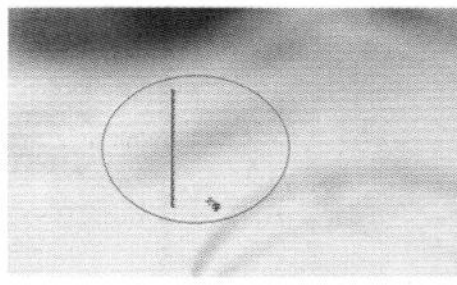

图12-1

图12-2

技巧与提示

在使用“文本工具”字输入文本时，所输入的文字颜色默认为黑色（C:0，M:0，Y:0，K:100）。

选择文本

在设置文本属性之前，必须要先将需要设置的文本选中，选择文本的方法有3种。

第1种：单击要选择的文本字符的起点位置，然后按住Shift键的同时，再按键盘上的“左箭头”或“右箭头”。

第2种：单击要选择的文本字符的起点位置，然后按住鼠标左键拖动到选择字符的终点位置松开左键，如图12-3所示。

图12-3

第3种：使用“选择工具”单击输入的文本，可以直接选中该文本中的所有字符。

技巧与提示

在以上介绍的方法中，前面两种方法可以选择文本中的部分字符，使用“选择工具”可以选中整个文本。

美术文本转换为段落文本

在输入美术文本后，若要对美术文本进行段落文本的编辑，可以将美术文本转换为段落文本。

使用“选择工具”选中美术文本，然后单击鼠标右键，接着在弹出的菜单中使用鼠标左键单击“转换为段落文本”，即可将美术文本转换为段落文本（也可以直接按Ctrl+F8组合键），如图12-4所示。

图12-4

除了使用以上的方法，还可以执行“文本>转换为段落文本”菜单命令，将美术文本转换为段落文本。

实战：制作下沉文字效果

实例位置 下载资源>实例文件>CH12>实战：制作下沉文字效果.cdr
素材位置 无
视频位置 下载资源>多媒体教学>CH12>实战：制作下沉文字效果.flv
实用指数 ★★★★☆
技术掌握 美术字的输入方法

下沉文字效果如图12-5所示。

图12-5

01 新建一个空白文档，然后设置文档名称为“下沉文字效果”，接着设置“宽度”为280mm、“高度”为155mm。

02 双击“矩形工具”创建一个与页面重合的矩形，然后双击“渐层工具”，在“编辑填充”对话框中选择“渐变填充”方式，设置“类型”为“椭圆形渐变填充”、“镜像、重复和反转”为“默认渐变填充”，再设置“节点位置”为0%的色标颜色为（C:88，M:100，Y:47，K:4）、“节点位置”为100%的色标颜色为（C:33，M:47，Y:24，K:0），“填充宽度”为125.849、“水平偏移”为0、“垂直偏移”为-19.0，最后单击“确定”按钮，如图12-6所示，填充完毕后去除轮廓，效果如图12-7所示。

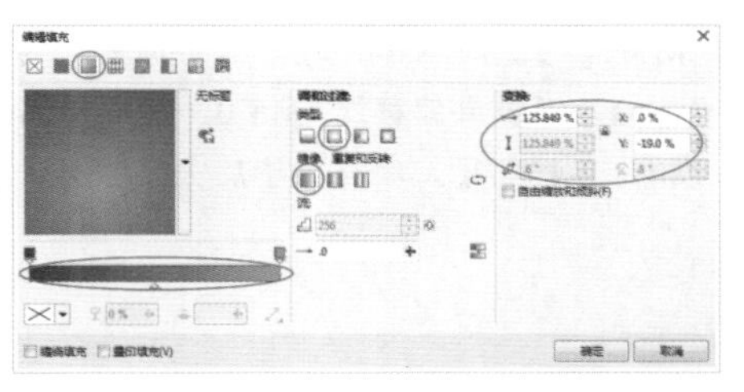
图12-6

图12-7

03 使用“椭圆工具”绘制一个椭圆，然后填充颜色为（C:95，M:100，Y:60，K:35），接着去除轮廓，如图12-8所示。

04 选中前面绘制的椭圆，然后执行“位图>转换为位图”菜单命令，弹出“转换为位图”对话框，接着单击“确定”按钮，如图12-9所示，即可将椭圆转换为位图。

图12-8

图12-9

05 选中转换为位图的椭圆，然后执行“位图>模糊>高斯模糊”菜单命令，弹出“高斯式模糊”对话框，接着设置“半径”为250像素，最后单击“确定”按钮，如图12-10所示，模糊后的效果如图12-11所示。

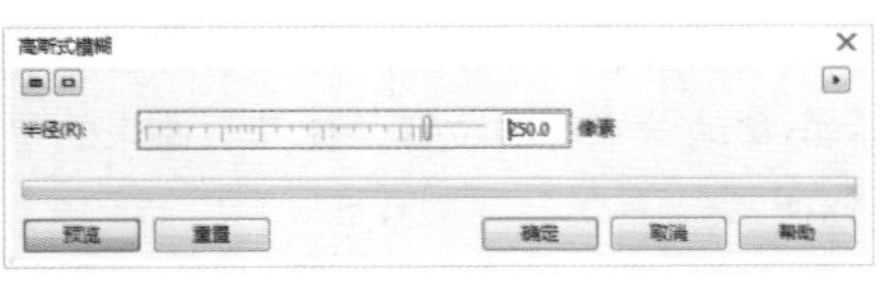
图12-10

图12-11

知识链接

有关“高斯模糊”的具体操作方法，请参阅“11.7 模糊”下的相关内容。

06 移动模糊后的椭圆到页面下方，然后单击“透明度工具”，接着在属性栏上设置“渐变透明度”为“线性渐变透明度”、“合并模式”为“常规”、“旋转”为“90”，设置后的效果如图12-12所示。

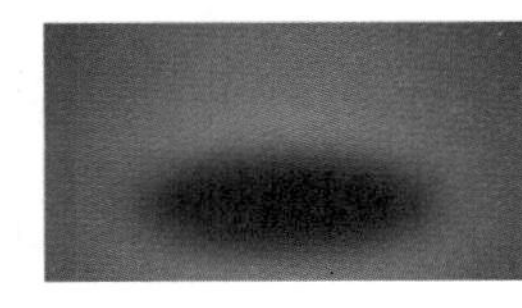
图12-12

07 使用“矩形工具”在页面下方绘制一个矩形，然后双击“渐层工具”，在“编辑填充”对话框中选择“渐变填充”方式，设置“类型”为“椭圆形渐变填充”、“镜像、重复和反转”为“默认渐变填充”，再设置“节点位置”为0%的色标颜色为（C:88，M:100，Y:47，K:4）、“节点位置”为100%的色标颜色为（C:33，M:47，Y:24，K:0），“填充宽度”为110.495、“水平偏移”为0、“垂直偏移”为45.0，最后单击“确定”按钮 确定 ，如图12-13所示，填充完毕后去除轮廓，效果如图12-14所示。

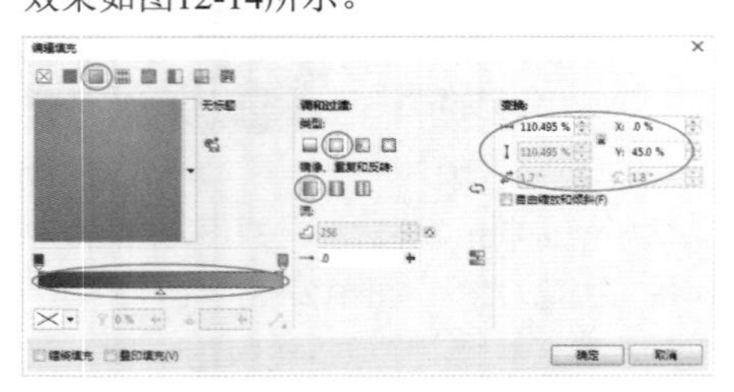

图12-13

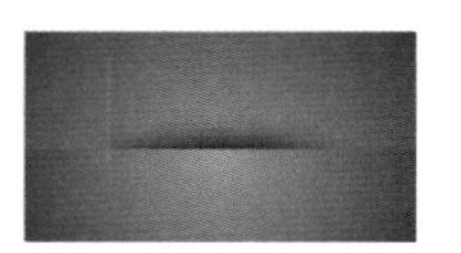

图12-14

08 使用“文本工具”输入美术文本，然后在属性栏上设置“字体”为Ash、“字体大小”为84pt，接着填充颜色为白色，如图12-15所示，再适当旋转，最后放置在页面下方的矩形后面，效果如图12-16所示。

图12-15

图12-16

09 选中页面下方的矩形，然后单击“透明度工具”，接着在属性栏上设置“渐变透明度”为“线性渐变透明度”、“合并模式”为“常规”、“旋转”为88.8，设置后的效果如图12-17所示。

10 选中前面输入的文本，然后复制一份，接着删除前面的字母，只留下字母“T”，再移动该字母的位置，使其与原来的字母“T”重合，如图12-18所示。

图12-17

图12-18

11 选中复制的字母，然后单击“透明度工具”，接着在属性栏上设置“渐变透明度”为“线性渐变透明度”、“合并模式”为“常规”、“旋转”为152.709，设置后的效果如图12-19所示。

图12-19

12 使用“文本工具”输入美术文本，然后在属性栏上设置“字体”为Ash、“字体大小”为8pt，接着填充颜色为黑色（C:0，M:0，Y:0，K:100），如图12-20所示，再复制一份，最后分别放置在倾斜文字的左右两侧，如图12-21所示。

WHAT IS THIS?

图12-20

图12-21

13 选中页面左侧的文字，然后单击“透明度工具”，接着在属性栏上设置“渐变透明度”为“线性渐变透明度”、“合并模式”为“常规”、“节点透明度”为62，设置后的效果如图12-22所示。

14 选中右侧的文字，然后单击“透明度工具”，接着在属性栏上设置“渐变透明度”为“线性渐变透明度”、“合并模式”为“常规”、“旋转”为-176.1、“节点透明度”为62，接着在属性栏上设置“透明度类型”为“线性”、“透明度操作”为“常规”、“开始透明度”为100、“角度”为180.477，最终效果如图12-23所示。

图12-22

图12-23

12.1.2 段落文本

当作品中需要编排很多文字时，利用段落文本可以方便快捷地输入和编排。另外，段落文本在多页面文件中可以从一个页面流动到另一个页面，编排起来非常方便。

输入段落文本

单击“文本工具”，然后在页面内按住鼠标左键拖动，待松开鼠标后生成文本框，如图12-24所示，此时输入的文本即为段落文本，在段落文本框内输入文本，排满一行后将自动换行，如图12-25所示。

图12-24

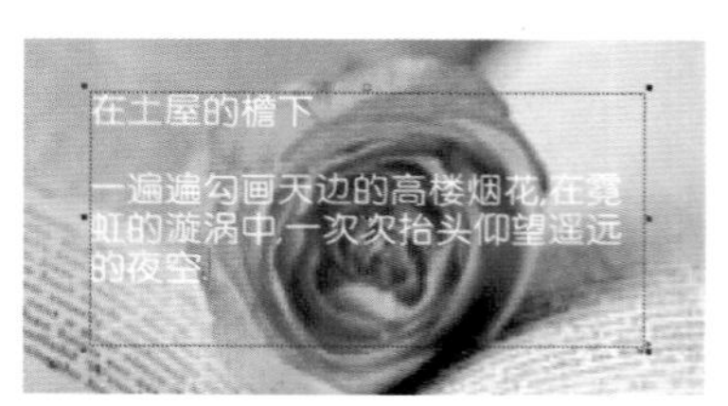

图12-25

文本框的调整

段落文本只能在文本框内显示，若超出文本框的范围，文本框下方的控制点内会出现一个黑色三角箭头，向下拖动该箭头，使文本框扩大，可以显示被隐藏的文本，如图12-26

和图12-27所示；也可以按住左键拖曳文本框中的任意一个控制点，调整文本框的大小，使隐藏的文本完全显示。

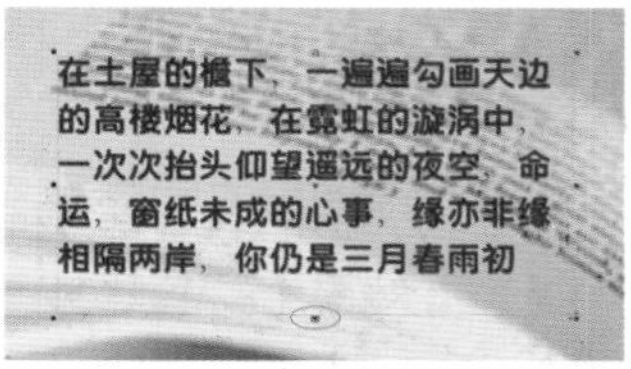

图12-26 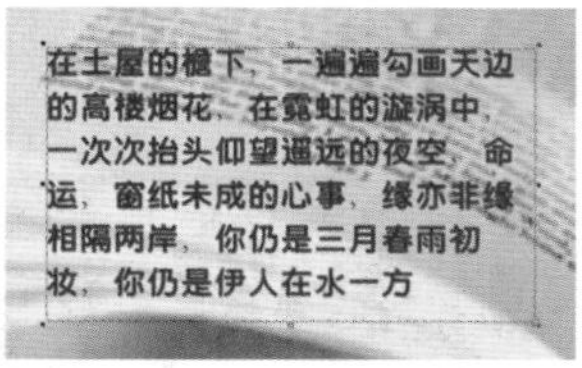　　图12-27

技巧与提示

段落文本可以转换为美术文本。首先选中段落文本，然后单击右键，接着在弹出的面板中使用鼠标左键单击“转换为美术字”，如图12-28所示；也可以执行“文本>转换为美术字”菜单命令；还可以直接按Ctrl+F8键。

图12-28

12.1.3 导入/粘贴文本

无论是输入美术文本还是段落文本，利用“导入/粘贴文本”的方法都可以节省输入文本的时间。

执行“文件>导入”菜单命令或按Ctrl+I组合键，在弹出的“导入”对话框中选取需要的文本文件，然后单击“导入”按钮，弹出“导入/粘贴文本”对话框，如图12-29所示，此时单击“确定”按钮，即可导入文本。

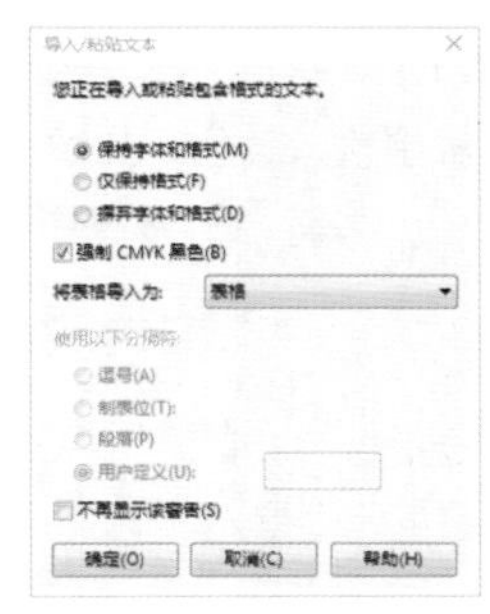

图12-29

导入/粘贴文本对话框选项介绍

保持字体和格式：勾选该选项后，文本将以原系统的设置样式进行导入。

仅保持格式：勾选该选项后，文本将以原系统的文字字号，当前系统的设置样式进行导入。

摒弃字体和格式：勾选该选项后，文本将以当前系统的设置样式进行导入。

强制CMYK黑色：勾选该选项的复选框，可以使导入的文本统一为CMYK色彩模式的黑色。

技巧与提示

如果是在网页中复制的文本，可以直接按Ctrl+V组合键粘贴到软件的页面中间，并且会以软件中的设置样式显示。

12.1.4 段落文本链接

如果在当前工作页面中输入了大量文本，可以将其分为不同的部分进行显示，还可以对其添加文本链接效果。

链接段落文本框

使用鼠标左键单击文本框下方的黑色三角箭头，当光标变为时，如图12-30所示，在文本框以外的空白处使用鼠标左键单击将会产生另一个文本框，新的文本框内显示前一个文本框中被隐藏的文字，如图12-31所示。

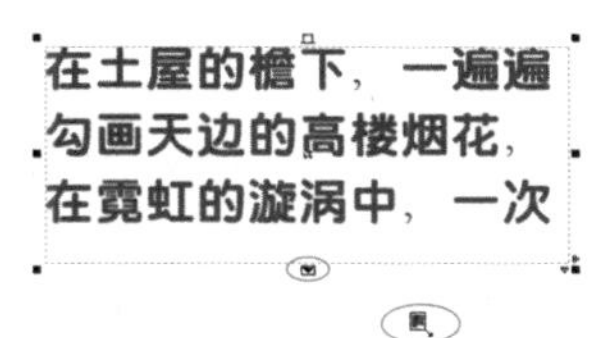

图12-30 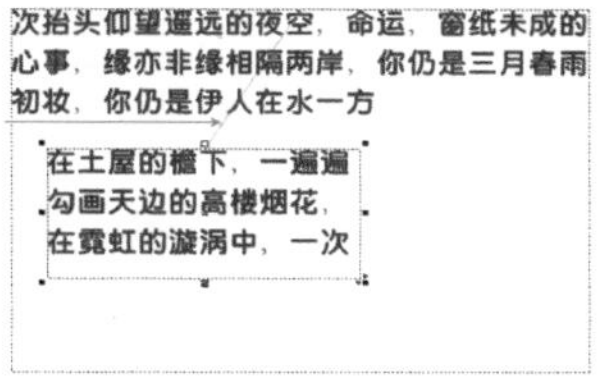　　图12-31

与闭合路径链接

使用鼠标左键单击文本框下方的黑色三角箭头，当光标变为时，移动到想要链接的对象上，待光标变为箭头形状➡时，使用鼠标左键单击链接对象，如图12-32所示，即可在对象内显示前一个文本框中被隐藏的文字，如图12-33所示。

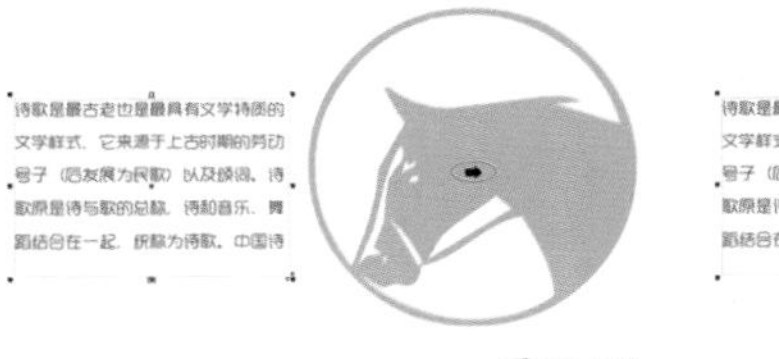

图12-32　　图12-33

与开放路径链接

使用“钢笔工具”或是其他线型工具绘制一条曲线，然后使用左键单击文本框下方的黑色三角箭头，当光标变为时，移动到将要链接的曲线上，待光标变为箭头形状➡时，使用鼠标左键单击曲线，如图12-34所示，即可在曲线上显示前一个文本框中被隐藏的文字，如图12-35所示。

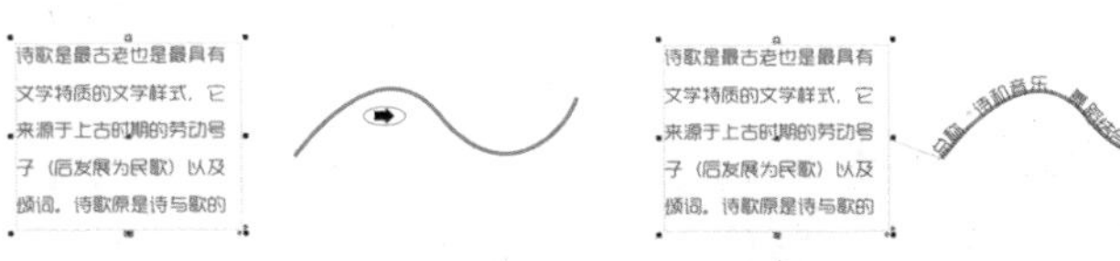

图12-34　　图12-35

技巧与提示

将文本链接到开放的路径时，路径上的文本就具有“沿路径文本”的特性，当选中该路径文本时，属性栏的设置和“沿路径文本”的属性栏相同，此时可以在属性上对该路径上的文本进行属性设置。

12.2 文本设置与编辑

在CorelDRAW X7中，无论是美术文字，还是段落文本，都可以对其进行文本编辑和属性的设置。

12.2.1 使用形状工具调整文本

使用“形状工具”选中文本后，每个文字的左下角都会出现一个白色小方块，该小方块称为“字元控制点”。使用鼠标左键单击或是按住鼠标左键拖动框选这些“字元控制点”，使其呈黑色选中状态，即可在属性栏上对所选字元进行旋转、缩放和颜色改变等操作，如图12-36所示，如果拖动文本对象右下角的水平间距箭头，可按比例更改字符间的间距（字距）；如果拖动文本对象左下角的垂直间距箭头，可以按比例更改行距，如图12-37所示。

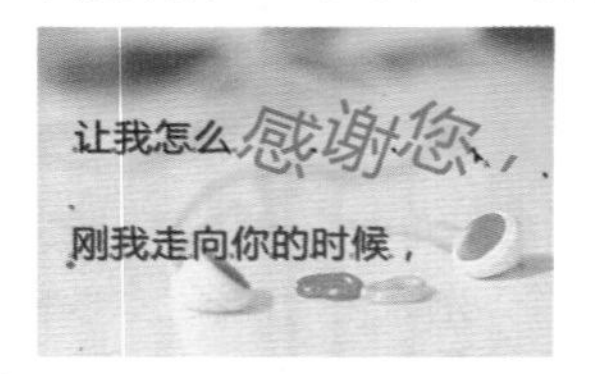

图12-36

图12-37

技术专题 19 使用“形状工具”编辑文本

使用“形状工具”选中文本后，属性栏如图12-38所示。

图12-38

当使用“形状工具”选中文本中任意一个文字的字元控制点（也可以框选住多个字元控制点）时，即可在该属性栏上更改所选字元的字体样式和字体大小，如图12-39所示，并且还可以为所选字元设置粗体、斜体和下划线样式，如图12-40所示，在后面的3个选项框中还可以设置所选字元相对于原始位置的距离和倾斜角度，如图12-41所示。

图12-39

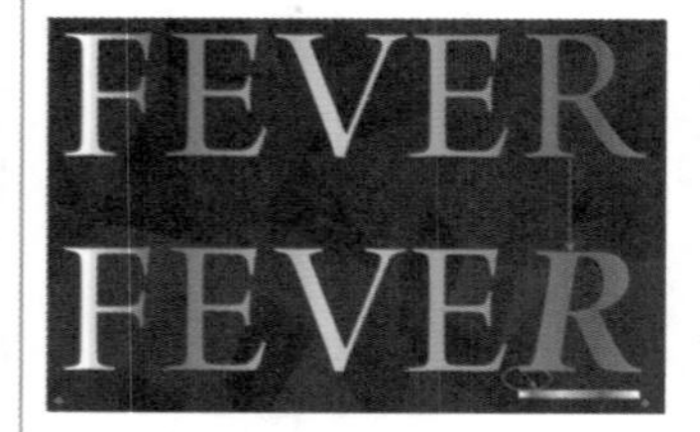

图12-40

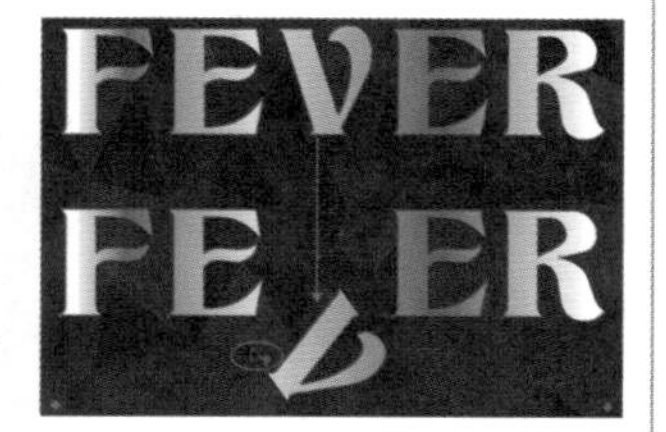

图12-41

除了通过“形状工具”的属性栏调整所选字元的位置外，还可以直接使用鼠标左键单击需要调整的文字对应的“字元控制点”，然后按住鼠标左键拖动，如图12-42所示，待调整到合适位置时松开鼠标，即可更改所选字元的位置，如图12-43所示。

图12-42

图12-43

12.2.2 属性栏设置

“文本工具”的属性栏选项如图12-44所示。

图12-44

文本工具属性栏选项介绍

字体列表：为新文本或所选文本选择该列表中的一种字体。单击该选项，可以打开系统装入的字体列表，如图12-45所示。

字体大小：指定字体的大小。单击该选项，即可在打开的列表中选择字号，也可以在该选项框中输入数值，如图12-46所示。

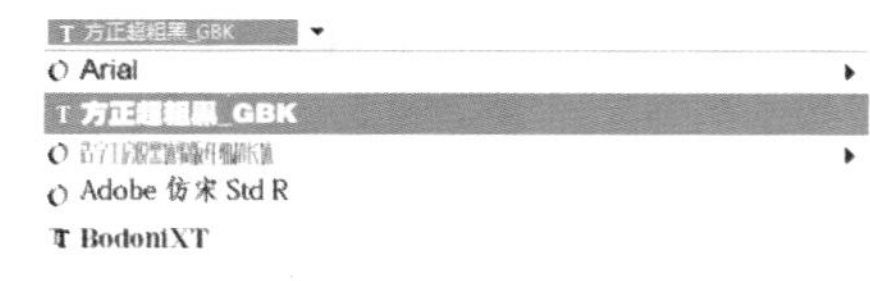

图12-45

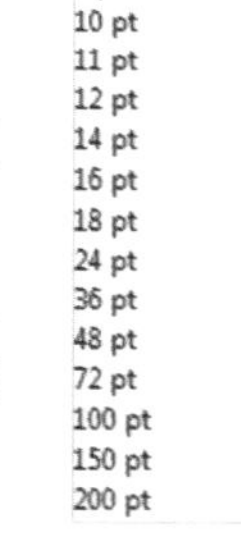

图12-46

粗体：单击该按钮，即可将所选文本加粗显示。

疑难问答

问：为什么有些字体无法设置为“粗体”？

答：因为只有当选择的字体本身就有粗体样式时才可以进行“粗体”设置，如果选择的字体没有粗体样式，则无法进行“粗体”设置。

斜体：单击该按钮，可以将所选文本倾斜显示。

下划线：单击该按钮，可以为文字添加预设的下划线样式。

文本对齐：选择文本的对齐方式。单击该按钮，可以打开对齐方式列表，如图12-47所示。

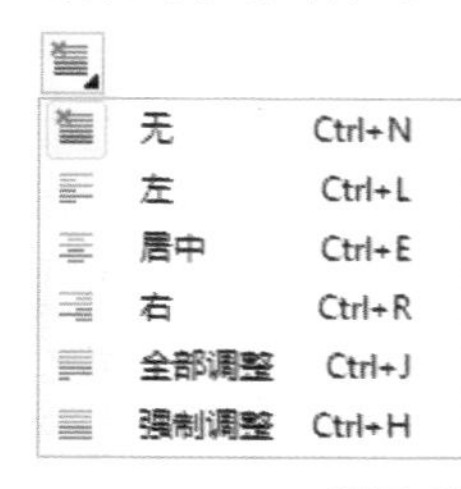

无	Ctrl+N
左	Ctrl+L
居中	Ctrl+E
右	Ctrl+R
全部调整	Ctrl+J
强制调整	Ctrl+H

图12-47

项目符号列表：为新文本或是选中文本，添加或是移除项目符号列表格式。

首字下沉：为新文本或是选中文本，添加或是移除首字下沉设置。

文本属性：单击该按钮可以打开“文本属性”泊坞窗，在该泊坞窗中可以编辑段落文本和艺术文本的属性，如图12-48所示。

图12-48

编辑文本：单击该按钮，可以打开“编辑文本”对话框，如图12-49所示，在该对话框中可以对选定文本进行修改或是输入新文本。

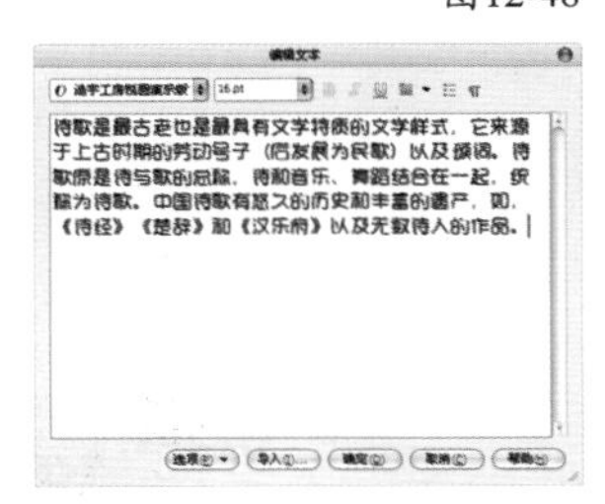

图12-49

疑难问答

问：使用“编辑文本”对话框输入的是什么文本？

答：使用“编辑文本”对话框既可以输入美术文本，也可以输入段落文本。如果使用“文本工具” 字，在页面上使用鼠标左键单击后再打开该对话框，输入的即为美术文本；如果在页面绘制出文本框后再打开该对话框，输入的就为段落文本。

水平方向：单击该按钮，可以将选中文本或是将要输入的文本更改或设置为水平方向（默认为水平方向）。

垂直方向：单击该按钮，可以将选中文本或是将要输入的文本更改或设置为垂直方向。

交互式OpenType：当某种OpenType功能用于选定文本时，在屏幕上显示指示。

技巧与提示

“斜体”的设置与“粗体”的设置相同，也是当所选字体的样式中有斜体样式时，才可以进行“斜体”设置。

★重点★

12.2.3 字符设置

使用CorelDRAW X7可以更改文本中文字的字体、字号和添加下划线等字符属性，用户可以单击属性栏上的“文本属性”按钮，或是执行“文本>文本属性”菜单命令，打开“文本属性”泊坞窗，然后展开“字符”的设置面板，如图12-50所示。

图12-50

技巧与提示

在“文本属性”泊坞窗中使用鼠标左键单击按钮，可以展开对应的设置面板；如果单击按钮，可以折叠对应的设置面板。

字符面板选项介绍

脚本：在该选项的列表中可以选择要限制的文本类型，如图12-51所示，当选择 “拉丁文”时，在该泊坞窗中设置的各选项将只对选择文本中的英文和数字起作用；当选择“亚洲”时，只对选择文本中的中文起作用（默认情况下选择“所有脚本”，即对选择的文本全部起作用）。

字体列表：可以在弹出的字体列表中选择需要的字体样式，如图12-52所示。

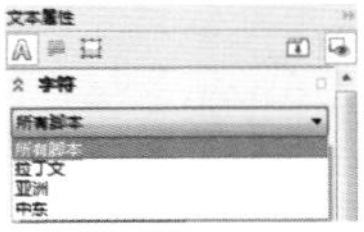

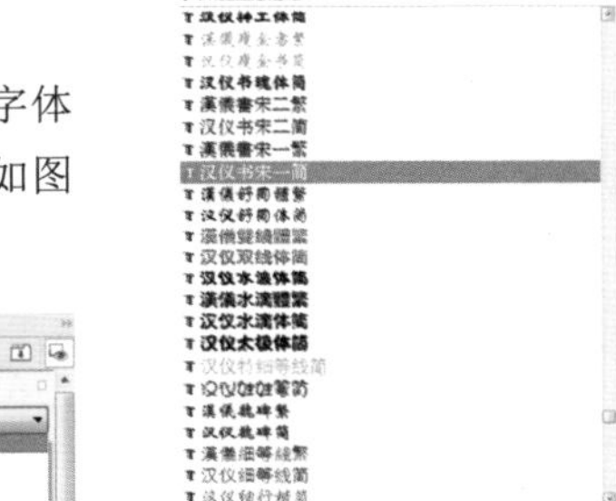

图12-51　图12-52

下划线：单击该按钮，可以在打开的列表中为选中的文本添加其中的一种下划线样式，如图12-53所示。

图12-53

无：使用该选项时不对所选文本进行下划线的设置，若所选文本中有下划线的设置，还可以移除下划线设置。

单细：使用单细线为所选文本和空格添加下划线，使用该选项后，效果如图12-54所示。

字下加单细线：仅在所选文本的文字下方添加单细下划线，不对空格添加单细下划线，使用该选项后，效果如图12-55所示。

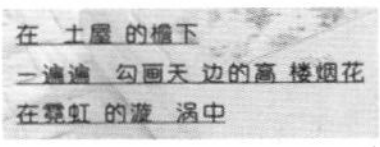

图12-54 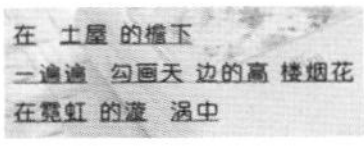　图12-55

单粗：使用单粗线为所选文本和空格添加下划线，使用该选项后，效果如图12-56所示。

字下加单粗线：仅在所选文本的文字下方添加单粗下划线，不对空格添加单粗下划线，使用该选项后，效果如图12-57所示。

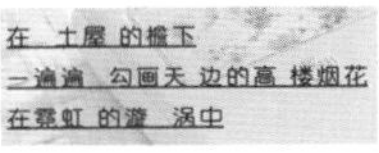

图12-56 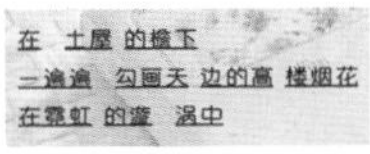　图12-57

双细：使用双细线为所选文本和空格添加下划线，使用该选项后，效果如图12-58所示。

字下加双细线：仅在所选文本的文字下方添加双细下划线，不对空格添加双细下划线，使用该选项后，效果如图12-59所示。

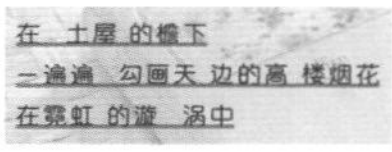

图12-58 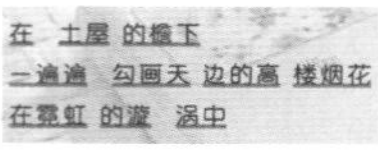　　图12-59

字体大小：设置字体的字号。设置该选项可以使用鼠标左键单击后面的按钮▾；也可以当光标变为⇕时，按住鼠标左键拖曳。

字距调整范围：扩大或缩小选定文本范围内单个字符之间的间距。设置该选项可以使用鼠标左键单击后面的按钮⇕；也可以当光标变为⇕时，按住鼠标左键拖拽。

字符设置面板中的“字距调整范围”选项，只有使用“文本工具”字或是“形状工具”选中文本中的部分字符时，该选项才可用。

填充类型：用于选择字符的填充类型，如图12-60所示。

图12-60

无填充：选择该选项后，不对文本进行填充，并且可以移除文本原来填充的颜色，使选中文本为透明。

均匀填充：选择该选项后，可以在右侧的“文本颜色”的颜色挑选器中选择一种色样，为所选文本填充颜色，如图12-61所示，填充效果如图12-62所示。

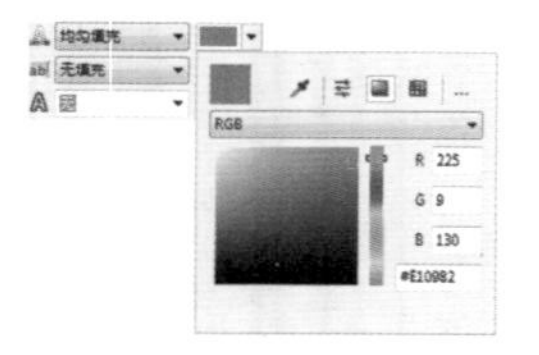

图12-61 　　图12-62

渐变填充：选择该选项后，可以在右侧的“文本颜色”下拉列表中选择一种渐变样式，为所选文本填充渐变色，如图12-63所示，填充后的效果如图12-64所示。

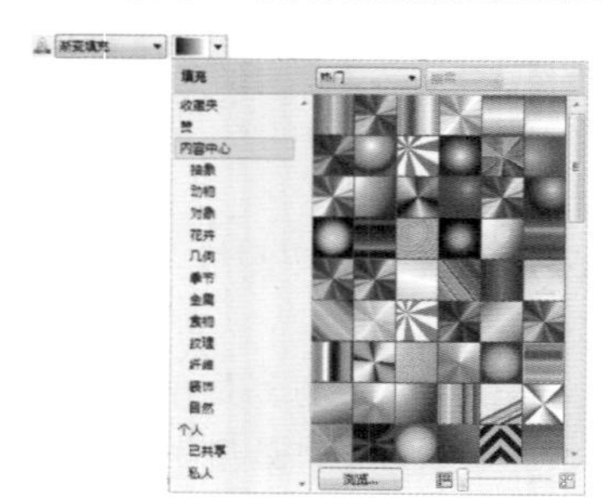

图12-63　　图12-64

双色图样填充：选择该选项后，可以在右侧的“文本颜色”下拉列表中选择一种双色图样，为所选文本进行填充，如图12-65所示，填充后的效果如图12-66所示。

图12-65　　图12-66

在为所选文本填充双色图样时，填充图样的颜色将以文本原来的填充颜色作为“前部”的颜色，白色作为“后部”的颜色。

向量图样填充：选择该选项后，可以在右侧的“文本颜色”下拉列表中选择一种全色图案，为所选文本进行填充，如图12-67所示，填充后的效果如图12-68所示。

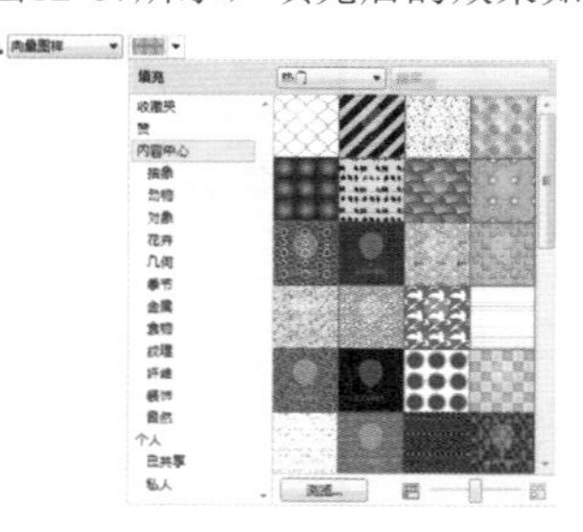

图12-67　　图12-68

位图图样填充：选择该选项后，可以在右侧的“文本颜色”下拉列表中选择一种位图图样，为所选文本填充位图，如图12-69所示，填充后的效果如图12-70所示。

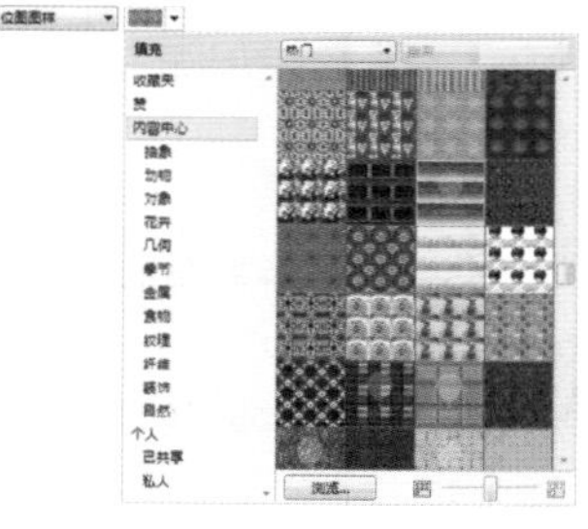

图12-69　　图12-70

底纹填充：选择该选项后，可以在右侧的“文本颜色”下拉列表中选择一种底纹，为所选文本填充底纹，如图12-71所示，填充后的效果如图12-72所示。

图12-71　　图12-72

PostScript填充：选择该选项后，可以在右侧的“文本颜色”下拉列表中选择一种“PostScript底纹”，为所选文本填充“PostScript底纹”，如图12-73所示，填充后的效果如图12-74所示。

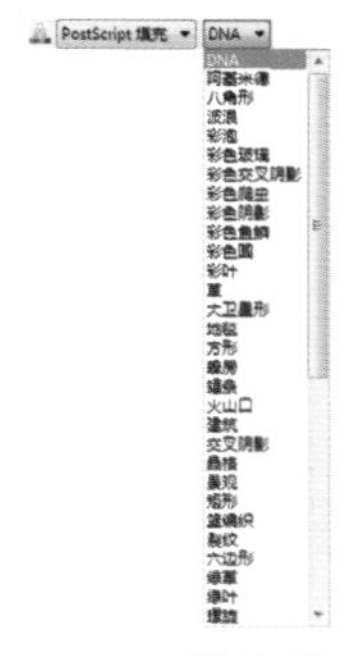

图12-73

图12-74

填充设置…：单击该按钮，可以打开相应的填充对话框，在打开的对话框中可以对“文本颜色”中选择的填充样式进行更详细的设置，如图12-75和图12-76所示。

图12-75

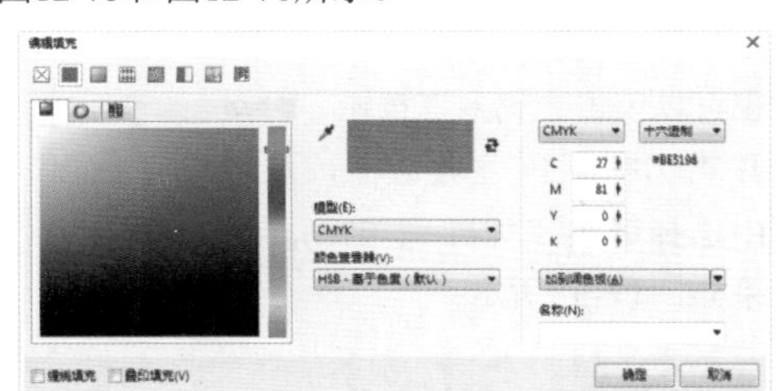

图12-76

问：可以使用“渐层工具”为文本填充吗？

答：为文本填充颜色除了可以通过“文本属性”泊坞窗来进行填充外，还可以单击“填充工具”打开不同的填充对话框对文本进行填充。

背景填充类型：用于选择字符背景的填充类型，如图12-77所示。

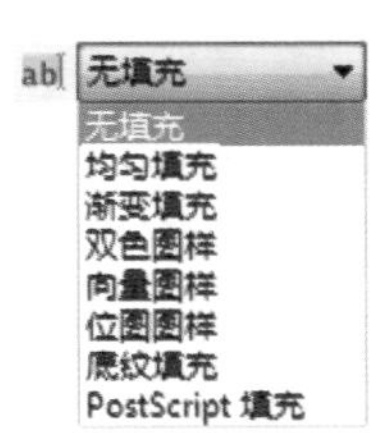

图12-77

无填充：选择该选项后，不对文本的字符背景进行填充，并且可以移除之前填充的背景样式。

均匀填充：选择该选项后，可以在右侧的“文本背景颜色”的颜色挑选器中选择一种色样，为所选文本的字符背景填充颜色，如图12-78所示，填充效果如图12-79所示。

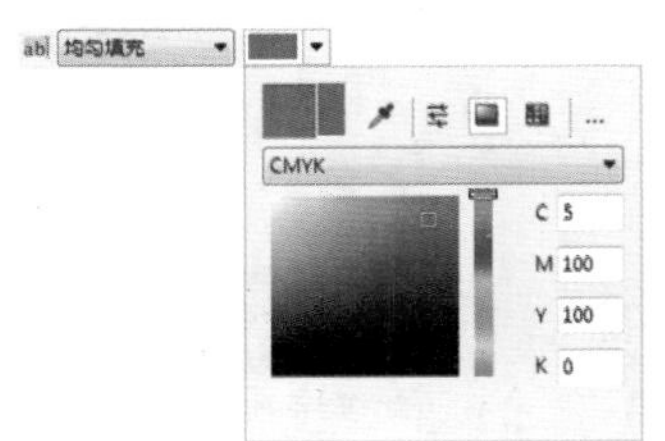

图12-78

图12-79

问：还有更快捷的方法为文本填充颜色吗？

答：为文本填充颜色还可以直接使用鼠标左键在调色板上单击色样，如果要为文本轮廓填充颜色，可以使用鼠标右键单击调色板上的色样。

渐变填充：选择该选项后，可以在右侧的“文本背景颜色”下拉列表中选择一种渐变样式，为所选文本的字符背景填充渐变色，如图12-80所示，填充后的效果如图12-81所示。

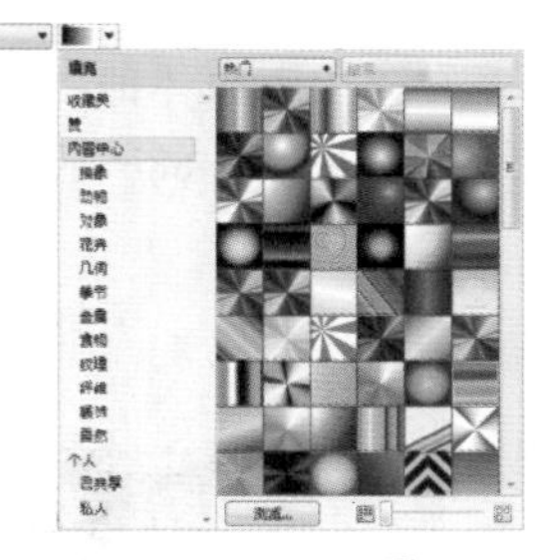

图12-80

图12-81

双色图样填充：选择该选项后，可以在右侧的“文本背景颜色”下拉列表中选择一种双色图案，为所选文本的字符背景填充图案，如图12-82所示，填充效果如图12-83所示。

图12-82

图12-83

在选择双色图样为文本的字符背景进行填充时，为了使填充的图样更美观，可以单击该选项后面的“填充设置”按钮…，打开“图样填充”对话框，然后在该对话框中设置好填充图样的各个选项，接着单击“确定”按钮 确定 ，如图12-84所示，即可将修改后的设置应用到文本的字符背景中。

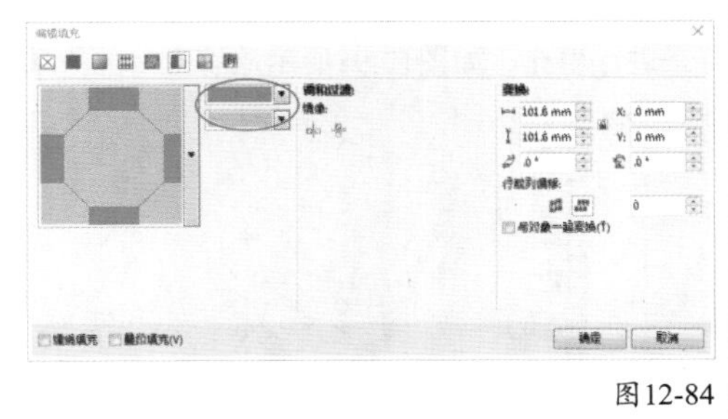

图12-84

向量图样填充：选择该选项后，可以在右侧的“文本背景颜色”下拉列表中选择一种全色图样，为所选文本的字符背景填充图样，如图12-85所示，填充后的效果如图12-86所示。

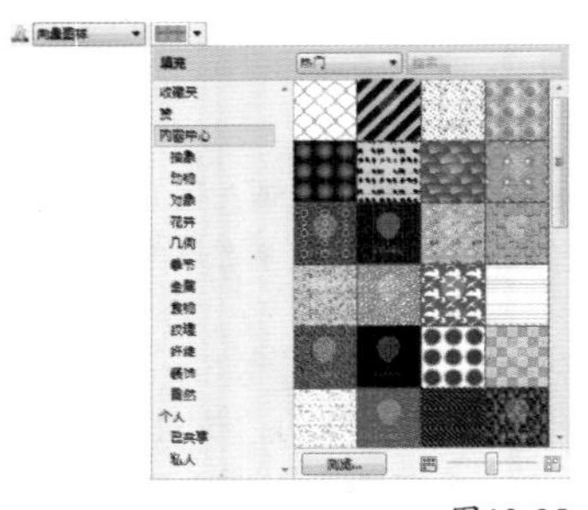

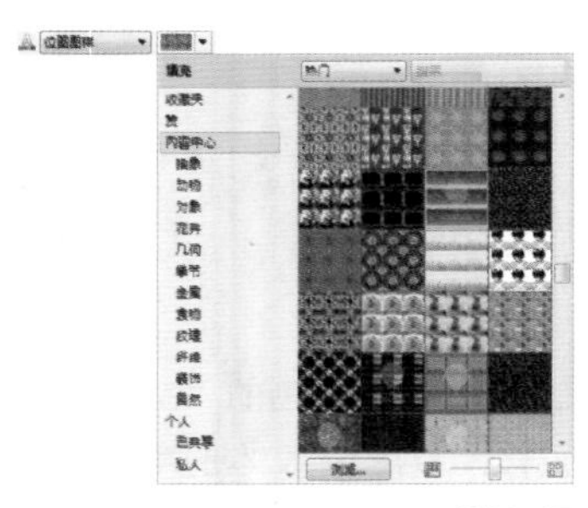

图12-85　　图12-86

位图图样填充：选择该选项后，可以在右侧的“文本背景颜色”下拉列表中选择一种位图图样，为所选文本的字符背景填充图样，如图12-87所示，填充后的效果如图12-88所示。

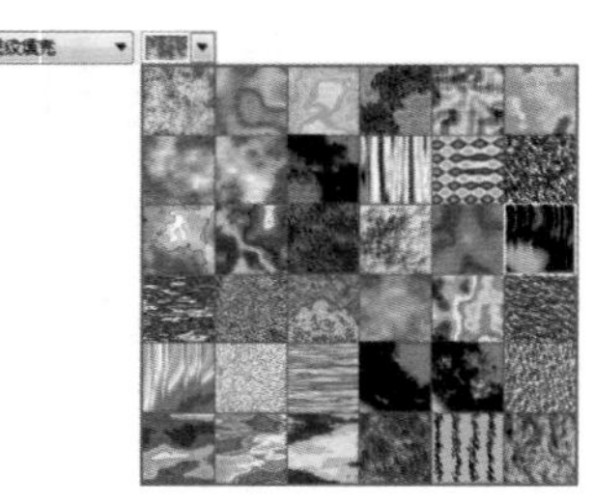

图12-87　　图12-88

底纹填充：选择该选项后，可以在右侧的“文本背景颜色”下拉列表中选择一种底纹图样，为所选文本的字符背景填充底纹，如图12-89所示，填充后的效果如图12-90所示。

图12-89　　图12-90

PostScript填充：选择该选项后，可以在右侧的“文本背景颜色”下拉列表中选择一种PostScript底纹，为所选文本的字符背景进行填充，如图12-91所示，填充后的效果如图12-92所示。

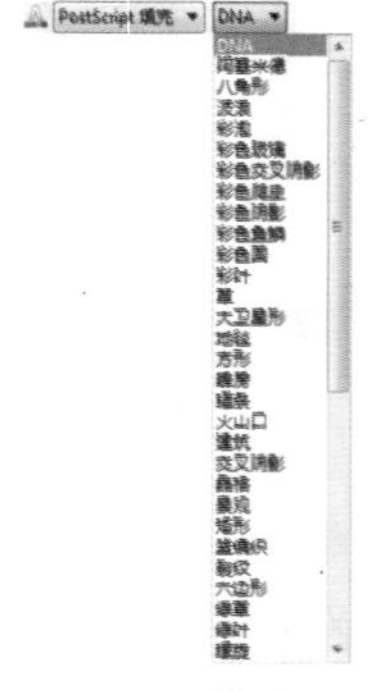

图12-91　　图12-92

填充设置…：单击该按钮，可以打开所选填充类型对应的填充对话框，在对应的对话框内可以对字符背景的填充颜色或填充图样进行更详细的设置，如图12-93和图12-94所示。

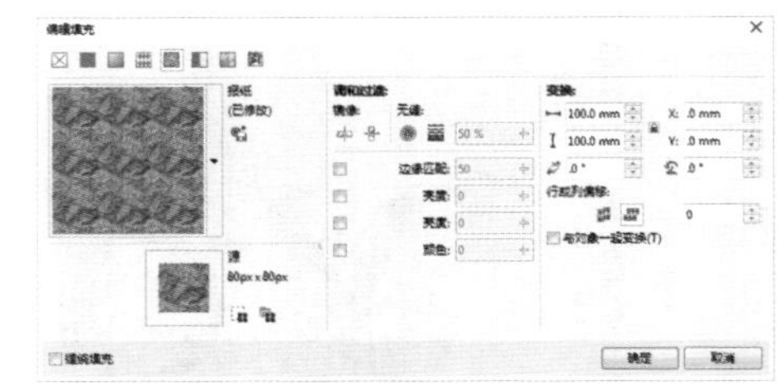

图12-93　　图12-94

轮廓宽度：可以在该选项的下拉列表中选择系统预设的宽度值作为文本字符的轮廓宽度，也可以在该选项数值框中输入数值进行设置，如图12-95所示。

轮廓颜色：可以从该选项的颜色挑选器中选择颜色为所选字符的轮廓填充颜色，如图12-96所示；也可以单击“更多”按钮 更多(O)... ，打开“选择颜色”对话框，从该对话框中选择颜色，如图12-97所示，填充效果如图12-98所示。

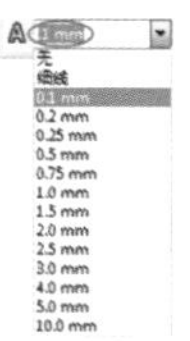

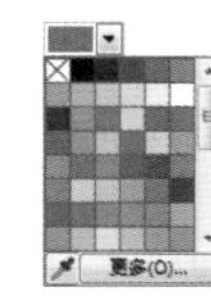

图12-95　　图12-96

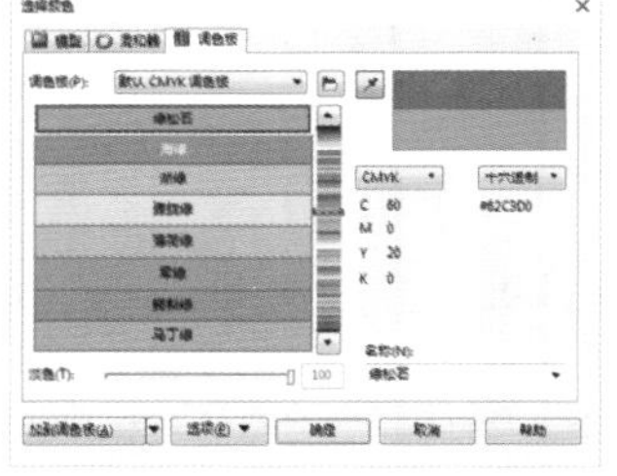

图12-97　　图12-98

轮廓设置…：单击该按钮，可以打开“轮廓笔”对话框，如图12-99所示，设置后的效果如图12-100所示。

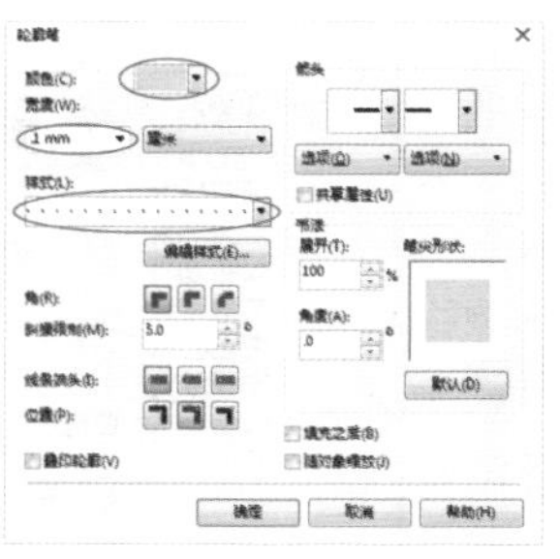

图12-99　　图12-100

大写字母ab：更改字母或英文文本为大写字母或小型大写字母，如图12-101所示。

图12-101

无：使用该选项时，可以移除所选字符在该列表中的设置。

全部大写字母：使用该选项

时，可以将所选文本中的字母更改为大写。

标题大写字母：使用该选项时，可以将所选文本中的标题文本更改为大写。

小型大写字母（自动）：对所选字符应用OpenType版的该设置（如果字体中有该效果）或者应用合成版。

全部小型大写字母：对所选字符应用OpenType版的该设置（如果字体中有该效果）或者应用合成版。使用该选项时，可以将所选文本中的字母文字更改为大写（该选项设置后的大写字母较“小型大写字母（自动）”设置后的大写字母要稍微大一些）。

从大写字母更改为小型大写字母：对所选字符应用OpenType版的该设置（如果字体中有该效果）。使用该选项时，可以将所选文本中的大写字母更改为“小型大写字母”。如果所选文本的字体中没有该效果，则不对文本进行更改。

小型大写字母（合成）：对所选字符应用合成版的该设置。使用该选项时，可以将所选文本中的字母文字更改为较“全部大写字母”要小一些的大写字母。

问：可以设置文本的大小写吗？

答：设置文本的大小写可以执行“文本>更改大小写”菜单命令，弹出“更改大小写”对话框，然后在该对话框中为所选文本设置大小写样式，如图12-102所示。

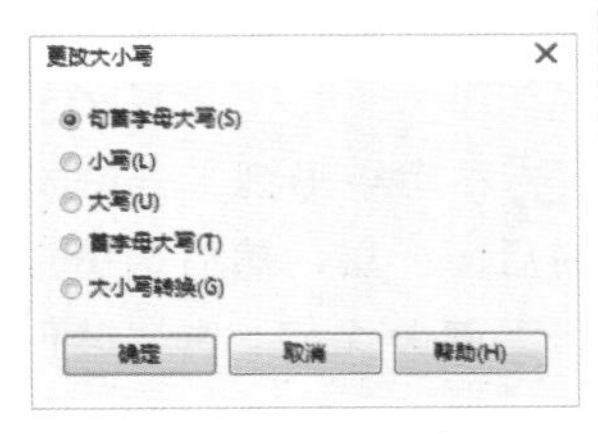

图12-102

位置：更改选定字符相对于周围字符的位置，如图12-103所示。

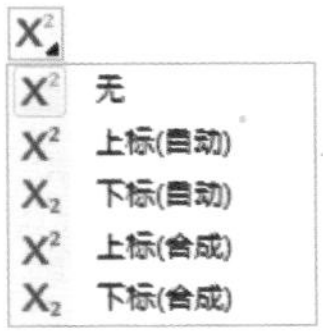

X² 无
X² 上标(自动)
X₂ 下标(自动)
X² 上标(合成)
X₂ 下标(合成)

图12-103

无：使用该选项后，不对文本中选定的字符进行位置更改，若选定的字符中有该列表中其余选项的设置，也可以将其移除。

上标（自动）：对所选字符应用OpenType版的上标（如果字体中有该效果）或者应用合成版。使用该选项后，文本中选定的字符会相对周围字符上移。

下标（自动）：对所选字符应用OpenType版的上标（如果字体中有该效果）或者应用合成版。使用该选项后，文本中选定的字符会相对周围字符下移。

上标（合成）：对所选字符应用合成版上标。使用该选项后，文本中选定的字符会相对周围字符上移。

下标（合成）：对所选字符应用合成版下标。使用该选项后，文本中选定的字符会相对周围字符下移。

★ 重点 ★

实战：制作错位文字

实例位置　下载资源>实例文件>CH12>实战：制作错位文字.cdr
素材位置　无
视频位置　下载资源>多媒体教学>CH12>实战：制作错位文字.flv
实用指数　★★★☆☆
技术掌握　文字的填充方法

错位文字效果如图12-104所示。

图12-104

01 新建一个空白文档，然后设置文档名称为“错位文字”，接着设置“宽度”为190mm、“高度”为160mm。

02 双击“矩形工具”创建一个与页面重合的矩形，然后单击“交互式填充工具”，接着在属性栏上设置“渐变填充”为“椭圆形渐变填充”，再设置第1个节点的填充颜色为白色，第2个节点的位置为64%、填充颜色为（C:5，M:4，Y:4，K:0），第3个节点的填充颜色为（C:22，M:16，Y:16，K:0），填充效果如图12-105所示。

03 使用“文本工具”输入文本，然后设置“字体”为Adobe黑体Std R、“字体大小”为110pt，接着适当拉长文字，如图12-106所示。

图12-105　图12-106

04 选中文字，然后单击“交互式填充工具”，在属性栏上设置“渐变填充”为“线性渐变填充”，再设置第1个节点填充颜色为（C:69，M:43，Y:40，K:0）、第2个节点填充颜色为（C:84，M:82，Y:55，K:10），接着设置“旋转”为-90°，填充效果如图12-107所示。

图12-107

05 复制一份填充的文字，然后使用“裁剪工具”框住文字的下部分，如图12-108所示，裁剪后如图12-109所示。

图12-108　　图12-109

06 选中前面完整的文字，使其与裁剪后的文字重合，然后单击“裁剪工具”框住文字的上部分（该部分正好是前一个裁剪的文字裁掉的部分），如图12-110所示，裁剪后向上移动该部分，使两部分的文字间留出一点距离，如图12-111所示。

图12-110　　图12-111

07 选中上部分的文字，然后单击“交互式填充工具”，接着在属性栏上设置“渐变填充”为“线性渐变填充”，再设置第1个节点填充颜色为（C:53，M:22，Y:24，K:0）、第2个节点填充颜色为（C:89，M:65，Y:56，K:15），接着设置“旋转”为-90°，填充效果如图12-112所示。

08 保持上部分文字的选中状态，然后执行“效果>增加透视”菜单命令，接着按住鼠标左键拖曳文字两端的节点，使其向中间倾斜相同的角度，并保持两个节点在同一水平线上，如图12-113所示。

图12-112　　图12-113

09 选中文字的上部分和下部分，然后移动到页面中间，如图12-114所示。

图12-114

10 使用“矩形工具”绘制一个矩形，然后双击“渐层工具”，在“编辑填充”对话框中选择“渐变填充”方式，设置“类型”为“椭圆形渐变填充”、“镜像、重复和反转”为“默认渐变填充”，再设置“节点位置”为0%的色标颜色为白色、“节点位置”为100%的色标颜色为（C:44，M:20，Y:29，K:0），“填充宽度”为192.128、“水平偏移”为0、“垂直偏移”为13.0，最后单击“确定”按钮，如图12-115所示，填充完毕后去除轮廓，效果如图12-116所示。

11 保持矩形的选中状态，然后单击“透明度工具”，接着在属性栏上设置“渐变透明度”为“线性渐变透明度”、“合并模式”为“常规”、“节点透明度”为100，效果如图12-117所示。

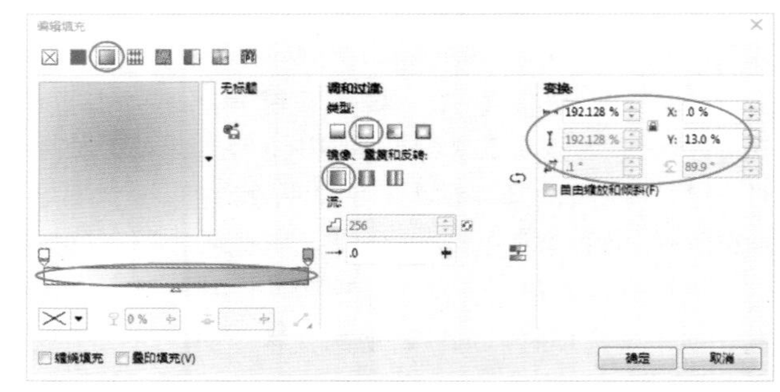

图12-115

图12-116　　图12-117

12 移动矩形到下部分文字的后面一层，然后选中矩形和下部分文字，按T键使其顶端对齐，最终效果如图12-118所示。

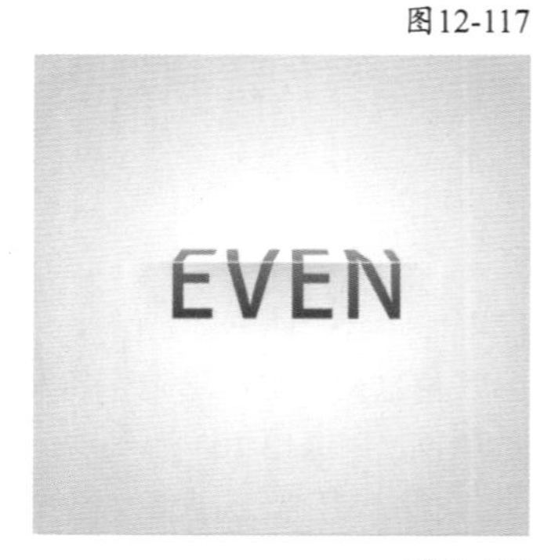

图12-118

★ 重点 ★

12.2.4 段落设置

使用CorelDRAW X7可以更改文本中文字的字距、行距和段落文本断行等段落属性，用户可以执行“文本>文本属性”菜单命令，打开“文本属性”泊坞窗，然后展开“段落”的设置面板，如图12-119所示。

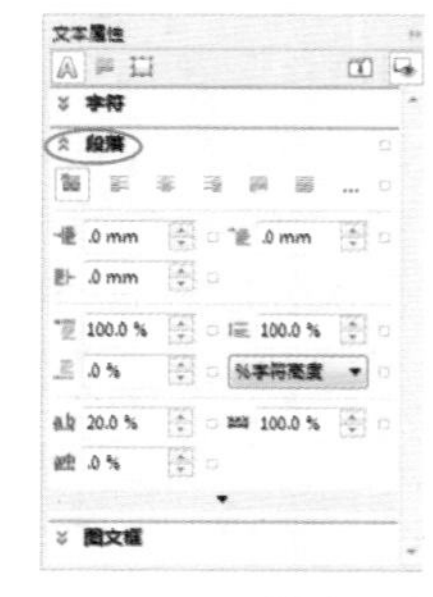

图12-119

段落面板选项介绍

无水平对齐▦：使文本不与文本框对齐（该选项为默认设置）。

左对齐▦：使文本与文本框左侧对齐，如图12-120所示。

居中▦：使文本置于文本框左右两侧之间的中间位置，如图12-121所示。

图12-120

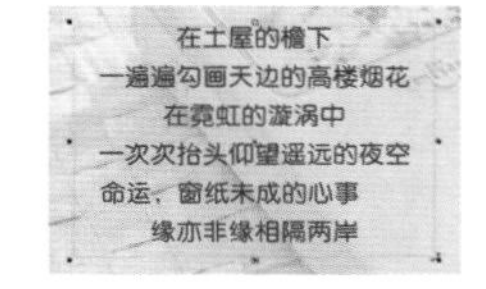

图12-121

右对齐▦：使文本与文本框右侧对齐，如图12-122所示。

两端对齐▦：使文本与文本框两侧对齐（最后一行除外），如图12-123所示。

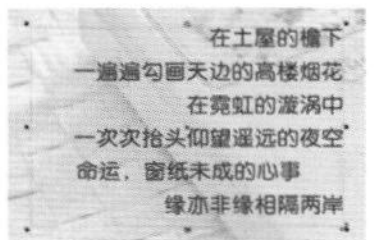

图12-122

图12-123

设置文本的对齐方式为“两端对齐”时，如果在输入的过程中是按Enter键进行过换行，则设置该选项后“文本对齐”为“左对齐”样式。

强制两端对齐▦：使文本与文本框的两侧同时对齐，如图12-124所示。

图12-124

调整间距设置▦：单击该按钮，可以打开“间距设置”对话框，在该对话框中可以进行文本间距的自定义设置，如图12-125所示。

图12-125

水平对齐：单击该选项后面的按钮，可以在下拉列表中为所选文本选择一种对齐方式，如图12-126所示。

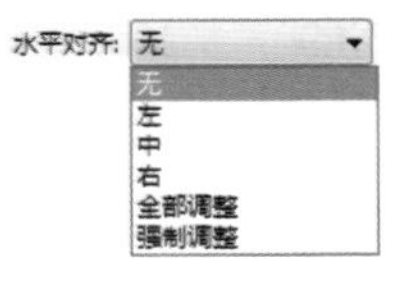

图12-126

最大字间距：设置文字间的最大间距。

最小字间距：设置文字间的最小间距。

最大字符间距：设置单个文本字符之间的间距。

技巧与提示

“间距设置”对话框中的“最大字间距”、“最小字间距”和“最大字符间距”都必须当“水平对齐”选择“全部调整”和“强制调整”时才可以用。

首行缩进：设置段落文本的首行相对于文本框左侧的缩进距离（默认为0mm），该选项的范围为0~25400mm。

左行缩进：设置段落文本（首行除外）相对于文本框左侧的缩进距离（默认为0mm），该选项的范围为0~25400mm。

右行缩进：设置段落文本相对于文本框右侧的缩进距离（默认为0mm）），该选项的范围为0~25400mm。

垂直间距单位：设置文本间距的度量单位，如图12-127所示。

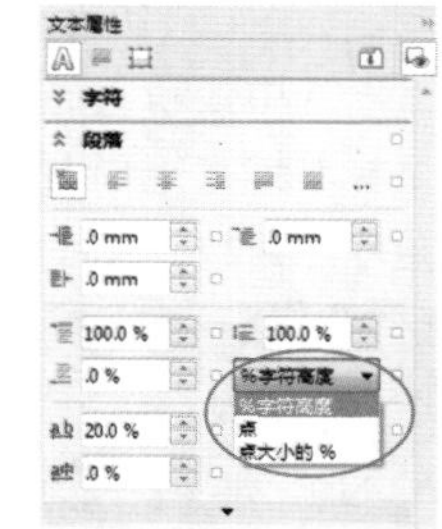
图12-127

行距：指定段落中各行之间的间距值，该选项的设置范围为0%~2000%。

段前间距：指定在段落上方插入的间距值，该选项的设置范围为0%~2000%。

段后间距：指定在段落下方插入的间距值，该选项的设置范围为0%~2000%。

字符间距：指定一个词中单个文本字符之间的间距，该选项的设置范围为-100%~2000%。

语言间距：控制文档中多语言文本的间距，该选项的设置范围为0%~2000%。

字间距：指定单个字之间的间距，该选项的设置范围为0%~2000%。

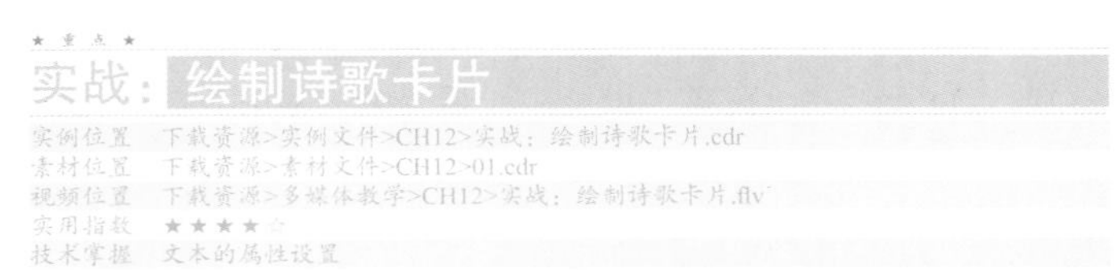

实战：绘制诗歌卡片

实例位置　下载资源>实例文件>CH12>实战：绘制诗歌卡片.cdr
素材位置　下载资源>素材文件>CH12>01.cdr
视频位置　下载资源>多媒体教学>CH12>实战：绘制诗歌卡片.flv
实用指数　★★★★☆
技术掌握　文本的属性设置

诗歌卡片效果如图12-128所示。

图12-128

01 新建一个空白文档，然后设置文档名称为“诗歌卡片”，接着设置“宽度”为152mm、“高度”为210mm。

02 双击“矩形工具”创建一个与页面重合的矩形（作为背景），然后填充颜色为（C:50，M:50，Y:65，K:25），接着去除轮廓，如图12-129所示。

03 使用“矩形工具”在页面内绘制一个稍微小于页面的矩形，然后填充淡粉色（C:0，M:12，Y:0，K:0），接着去除轮廓，如图12-130所示。

04 选中淡粉色的矩形，然后单击“阴影工具”，接着按住鼠标左键在矩形上由上到下拖曳，最后在属性栏上设置“阴影角度”为271°、“阴影羽化”为0，效果如图12-131所示。

图12-129

图12-130

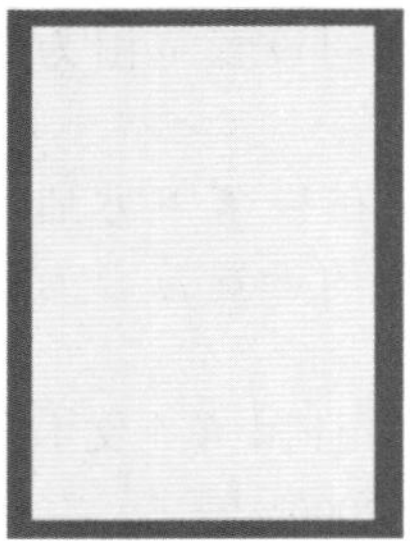

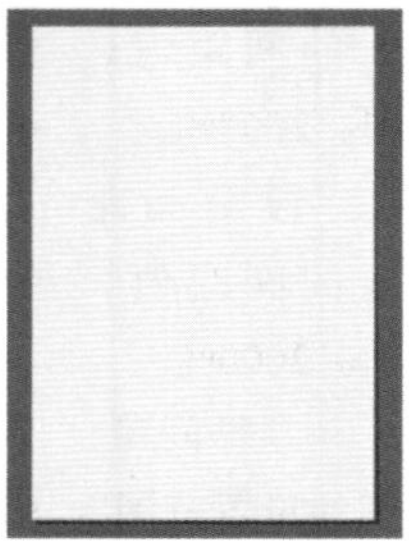

图12-131

05 使用“文本工具”输入段落文本，并且在输入时每输入一个短句就按Enter键换行，然后打开“文本属性”泊坞窗，接着在“字符”面板中设置“字体”为Avante、“字体大小”为11pt，填充颜色为（C:40，M:70，Y:100，K:50），如图12-132所示，最后在“段落”面板中设置“文本对齐”为“右对齐”、“行间距”为303.967%、“段前间距”为153.568%，如图12-133所示，设置后的效果如图12-134所示。

图12-132

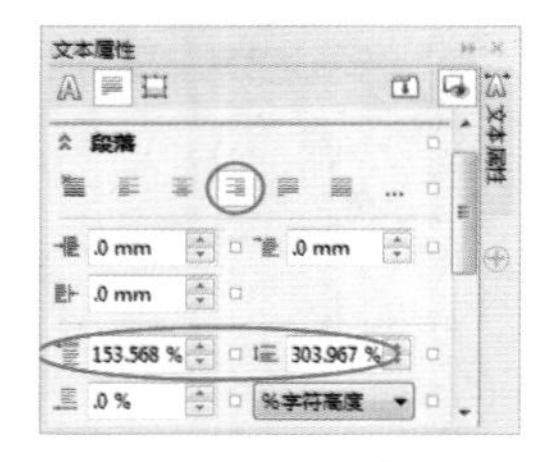
图12-133

图12-134

技巧与提示

在输入文本时，如果文本包含的文字较多，就可以将文本输入为段落文本；如果文本包含的文字较少，就可以输入为美术文本。

06 将设置后的文字按Ctrl+Q组合键转换为曲线，然后移动到页面右侧，接着适当调整位置，效果如图12-135所示。

图12-135

07 使用“文本工具”在页面上方输入段落文本，然后打开“文本属性”泊坞窗，接着在“字符”面板中设置“字体”为Avante、“字体大小”为5pt，填充颜色为（C:40，M:70，Y:100，K:50），如图12-136所示，最后在“段落”面板中设置“文本对齐”为“右对齐”、“行间距”为150%、“段前间距”为100%，如图12-137所示，设置后的效果如图12-138所示。

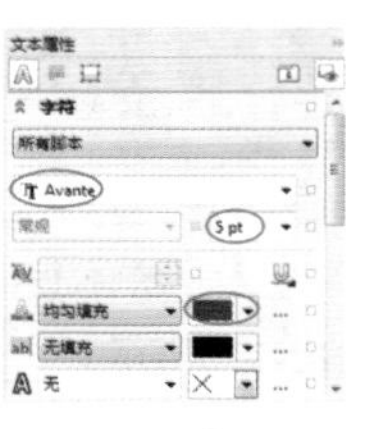
图12-136

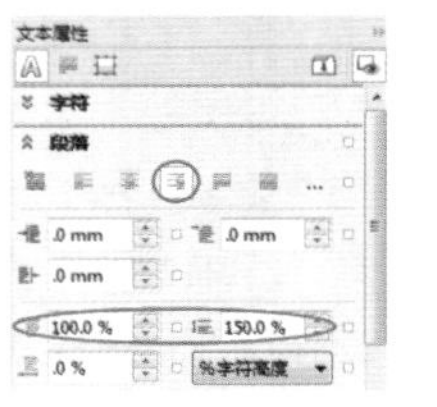
图12-137

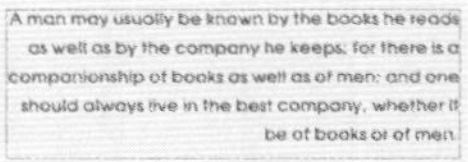

A man may usually be known by the books he reads as well as by the company he keeps; for there is a companionship of books as well as of men; and one should always live in the best company, whether it be of books or of men.

图12-138

技巧与提示

如果要对文本进行段落设置，可以打开“文本属性”泊坞窗来进行设置；如果是一些常规的设置（“字体”、“字体大小”和对齐方式等），可以直接通过属性栏进行设置。

08 选中页面上方的文本，然后按Ctrl+Q组合键转换为曲线，接着导入下载资源中的“素材文件>CH12>01.cdr”文件，再放置在页面左侧，如图12-139所示。

图12-139

09 使用“文本工具”在页面右下方输入美术文本，然后设置第1个单词的“字体”为Avante、“字体大小”为36pt、填充颜色为（C:40，M:70，Y:100，K:50），接着设置第2个单词的“字体”为Arial、“字体大小”为18pt、填充颜色为（C:0，M:90，Y:20，K:0）、轮廓颜色为（C:0，M:90，Y:20，K:0），效果如图12-140所示。

10 使用“文本工具”在前面输入的文本下方继续输入美术文本，然后设置“字体”为Avante、“字体大小”为10pt、填充颜色为（C:40，M:70，Y:100，K:50），接着使用“形状工具”适当调整文本的字距，使该行文字的两端与前面输入的文本两端对齐，再按Ctrl+Q组合键将该行文本转换为曲线，如图12-141所示。

图12-140

图12-141

11 选中所有的文本，然后按R键使其右对齐，接着适当调整文本的位置，最终效果如图12-142所示。

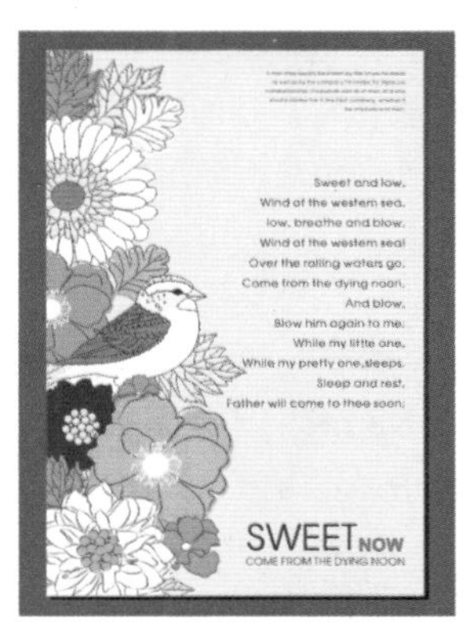

Sweet and low,
Wind of the western sea,
low, breathe and blow,
Wind of the western sea!
Over the rolling waters go,
Come from the dying moon,
And blow,
Blow him again to me;
While my little one,
While my pretty one,sleeps.
Sleep and rest,
Father will come to thee soon;
SWEET NOW
COME FROM THE DYING MOON
图12-142

★重点★

实战：绘制杂志封面

实例位置 下载资源>实例文件>CH12>实战：绘制杂志封面.cdr
素材位置 下载资源>素材文件>CH12>02.jpg
视频位置 下载资源>多媒体教学>CH12>实战：绘制杂志封面.flv
实用指数 ★★★★☆
技术掌握 文本的属性设置

杂志封面效果如图12-143所示。

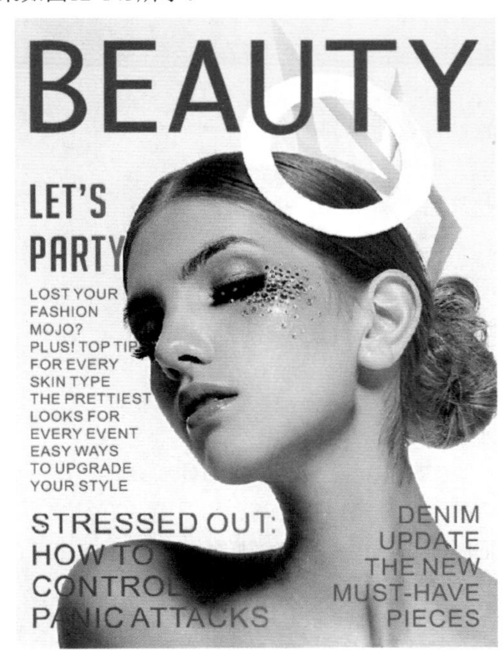

BEAUTY
LET'S
PARTY
LOST YOUR
FASHION
MOJO?
PLUS! TOP TIPS
FOR EVERY
SKIN TYPE
THE PRETTIEST
LOOKS FOR
EVERY EVENT
EASY WAYS
TO UPGRADE
YOUR STYLE
STRESSED OUT:
HOW TO
CONTROL
PANIC ATTACKS
DENIM
UPDATE
THE NEW
MUST-HAVE
PIECES
图12-143

01 新建一个空白文档，然后设置文档名称为“杂志封面”，接着设置“宽度”为210mm、“高度”为285mm。

02 导入下载资源中的“素材文件>CH12>02.jpg”文件，选中图片按P键使其与页面重合，如图12-144所示。

03 使用“文本工具”字在页面上方输入标题文本，设置“字体”为BerlinSmallCaps、“字体大小”为151pt、填充颜色为（C:99，M:69，Y:37，K:1），然后按Ctrl+Q组合键转为曲线，接着选中图片与标题文本，打开“对齐与分布”面板，最后单击“水平居中对齐”按钮调整间距，效果如图12-145所示。

04 使用“文本工具”字在标题文本左下方输入文本，然后设置“字体”为BigNoodleTitling、“字体大小”为62pt，接着按Ctrl+Q组合键转换为曲线，效果如图12-146所示。

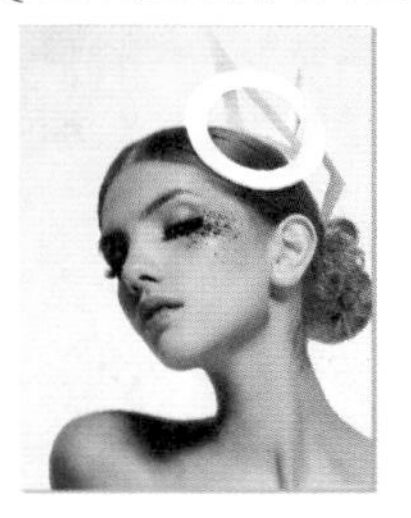

图12-144

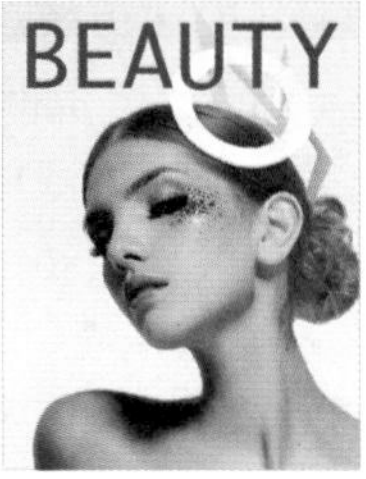

BEAUTY
图12-145

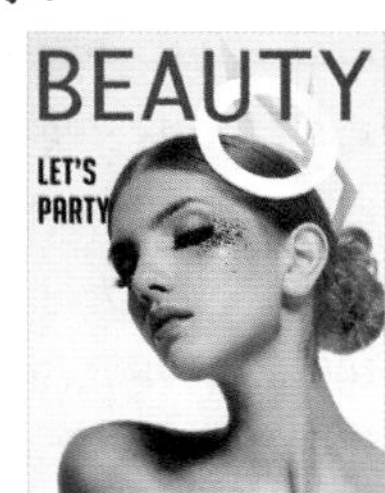

BEAUTY
LET'S
PARTY
图12-146

05 选中前面输入的文本，然后双击“渐层工具”，在“编辑填充”对话框中选择“渐变填充”方式，设置“类型”为“线性渐变填充”、“镜像、重复和反转”为“默认渐变填充”，再设置“节点位置”为0%的色标颜色为（C:99，M:69，Y:37，K:1）、“节点位置”为100%的色标颜色为（C:0，M:98，Y:80，K:0），“填充宽度”为100%、“填充高度”为100%，最后单击“确定”按钮，如图12-147所示，效果如图12-148所示。

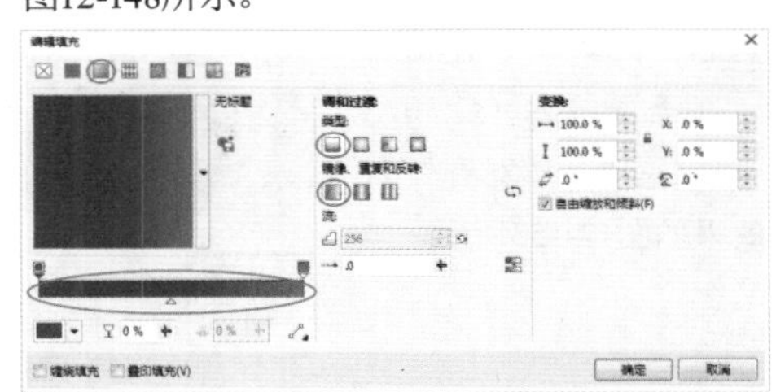

图12-147

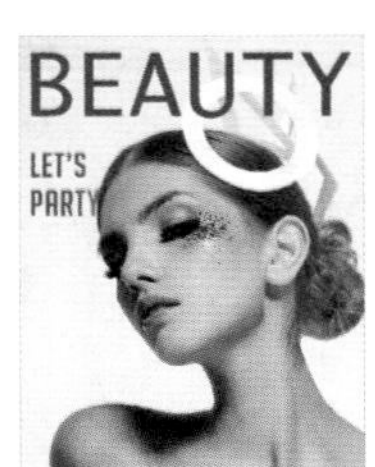

BEAUTY
LET'S
PARTY
图12-148

06 使用“文本工具”字输入段落文本，然后打开“文本属性”泊坞窗，接着在“字符”面板中设置“字体”为Arial、“字体大小”为18pt、填充颜色为（C:99，M:69，Y:37，K:1），如图12-149所示，最后在“段落”面板中设置“文本对齐”为“左对齐”、“行间距”为110.0%，如图12-150所示，设置后的效果如图12-151所示。

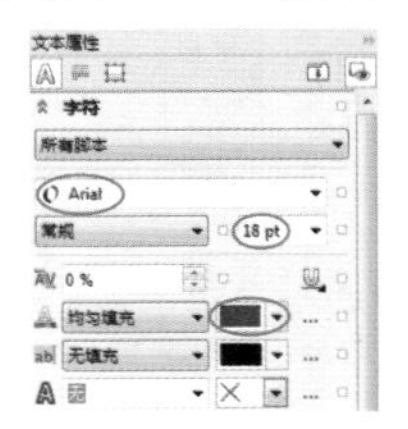

图12-149

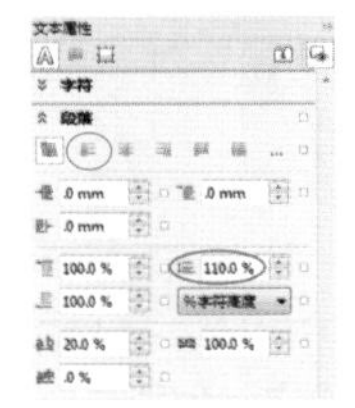

图12-150

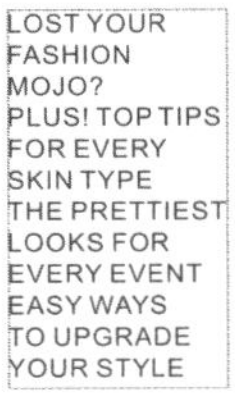

LOST YOUR
FASHION
MOJO?
PLUS! TOP TIPS
FOR EVERY
SKIN TYPE
THE PRETTIEST
LOOKS FOR
EVERY EVENT
EASY WAYS
TO UPGRADE
YOUR STYLE
图12-151

07 将设置后的文字按Ctrl+Q组合键转换为曲线，然后移动到页面左侧，接着适当调整位置，效果如图12-152所示。

BEAUTY
LET'S
PARTY
图12-152

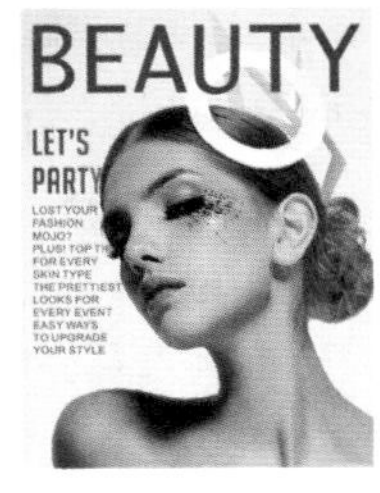

08 使用“文本工具”字在前面输入的文本下方继续输入美术文本，然后设置“字体”为Arial、“字体大小”为35pt，接着双击“渐层工具”，在“编辑填充”对话框中选择“渐变填充”方式，设置“类型”为“线性渐变填充”、“镜像、重复和反转”为“默认渐变填充”，再设置“节点位置”为0%的色标颜色为（C:99，M:69，Y:37，K:1）、“节点位置”为100%的色标颜色为（C:0，M:98，Y:80，K:0），“填充宽度”为100%、“填充高度”为100%，最后单击“确定”按钮，如图12-153所示，效果如图12-154所示。

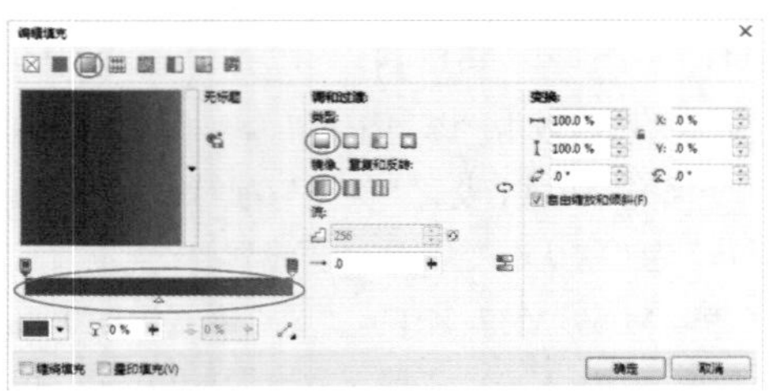
图12-153

图12-154

09 使用“文本工具”字在页面右下方输入美术文本，然后设置“字体”为Arial、“字体大小”为29pt，填充颜色为（C:30，M:96，Y:57，K:0），再设置“文本对齐”为“右对齐”，最终效果如图12-155所示。

图12-155

12.2.5 制表位

设置制表位的目的是保证段落文本按照某种方式进行对齐，以使整个文本井然有序。执行“文本>制表位”菜单命令，将弹出“制表位设置”对话框，如图12-156所示。

图12-156

制表位设置对话框选项介绍

制表位位置：用于设置添加制表位的位置。新设置的数值是在最后一个制表位的基础上而设置的，单击后面的“添加”按钮，可以将设置的该位置添加到制表位列表的底部。

移除：单击该按钮，可以移除在制表位列表中选择的制表位。

全部移除：单击该按钮，可以移除制表位列表中所有的制表位。

前导符选项：单击该按钮，弹出“前导符设置”对话框，在该对话框中可以选择制表位将显示的符号，并能设置各符号间的距离，如图12-157所示。

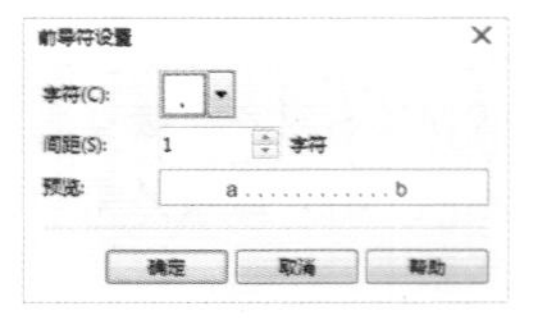
图12-157

字符：单击该选项后面的按钮，可以在下拉列表中选择系统预设的符号作为制表位间的显示符号，如图12-158所示。

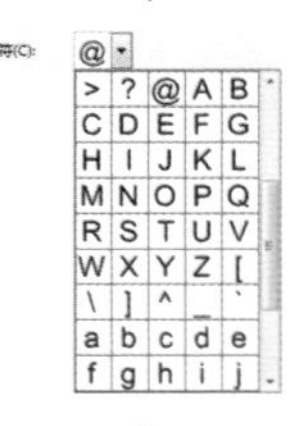
图12-158

间距：用于设置各符号间的间距，该选项的范围为0~10。

预览：该选项可以对“字符”和“间距”的设置在右侧的预览框中进行预览，如图12-159所示。

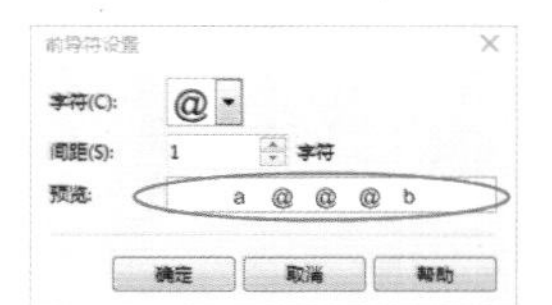
图12-159

12.2.6 栏设置

当编辑大量文字时，通过“栏设置”对话框对文本进行设置，可以使排列的文字更加容易阅读，看起来也更加美观。执行“文本>栏”菜单命令，将弹出“栏设置”对话框，如图12-160所示。

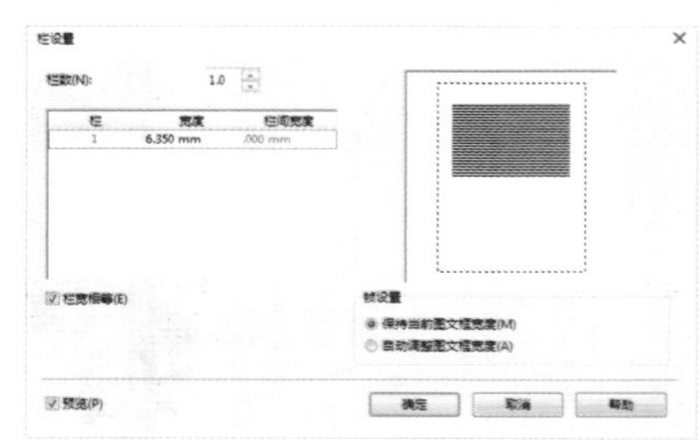
图12-160

栏设置对话框选项介绍

栏数：设置段落文本的分栏数目。在栏设置的对话框列表中显示了分栏后的栏宽和栏间距，当勾选“栏宽相等”的复选框时，在“宽度”和“栏间宽度”中左键单击，可以设置不同的宽度和栏间宽度。

栏宽相等：勾选该选项的复选框，可以使分栏后的栏和栏之间的距离相等。

保持当前图文框宽度：单击选择该选项后，可以保持分栏后文本框的宽度不变。

自动调整图文框宽度：单击选择该选项后，当对段落文本进行分栏时，系统可以根据设置的栏宽自动调整文本框的宽度。

12.2.7 项目符号

在段落文本中添加项目符号，可以使一些没有顺序的段落文本内容编排成统一风格，使版面的排列井然有序。执行“文本>项目符号”菜单命令，将弹出“项目符号”对话框，如图

12-161所示。

项目符号对话框选项介绍

使用项目符号：勾选该选项的复选框，该对话框中的各个选项才可用。

字体：设置项目符号的字体，如图12-162所示。当该选项中的字体样式改变时，当前选择的“符号”也将随之改变。

图12-161 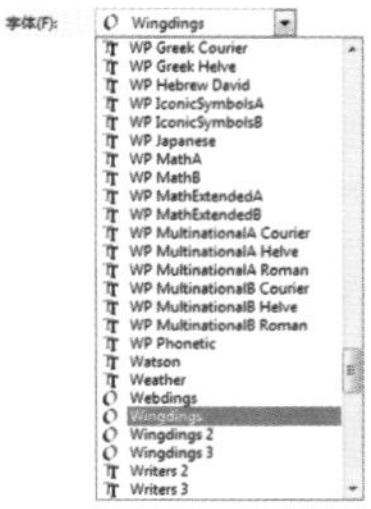 图12-162

大小：为所选的项目符号设置大小。

基线位移：设置项目符号在垂直方向上的偏移量。当参数为正值时，项目符号向上偏移；当参数为负值时，项目符号向下偏移。

项目符号的列表使用悬挂式缩进：勾选该选项的复选框，添加的项目符号将在整个段落文本中悬挂式缩进，如图12-163所示；若不勾选，则如图12-164所示。

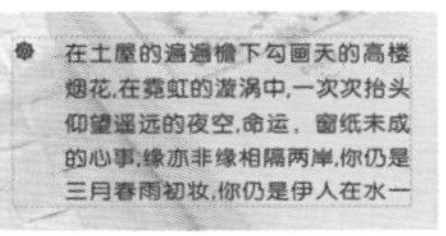

图12-163 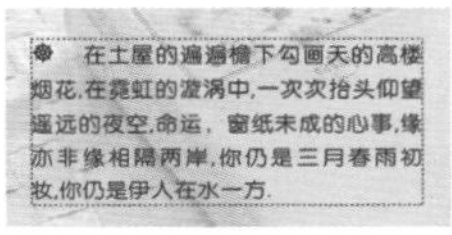 图12-164

文本图文框到项目符号：设置文本和项目符号到图文框（或文本框）的距离。设置该选项可以在数值框中输入数值，也可以单击后面的按钮，还可以当光标变为时，按住鼠标左键拖曳。

到文本的项目符号：设置文本到项目符号的距离。

实战：绘制杂志内页

实例位置 下载资源>实例文件>CH12>实战：绘制杂志内页.cdr
素材位置 下载资源>素材文件>CH12>03.jpg
视频位置 下载资源>多媒体教学>CH12>实战：绘制杂志内页.flv
实用指数 ★★★★☆
技术掌握 文本的属性设置

杂志内页效果如图12-165所示。

图12-165

01 新建一个空白文档，然后设置文档名称为“杂志内页”，接着设置“宽度”为210mm、“高度”为275mm。

02 双击“矩形工具”创建一个与页面重合的矩形，然后填充白色，接着去除轮廓，如图12-166所示。

03 使用“贝塞尔工具”绘制一条竖直的线段，然后设置“轮廓宽度”为“细线”，接着适当旋转，如图12-167所示。

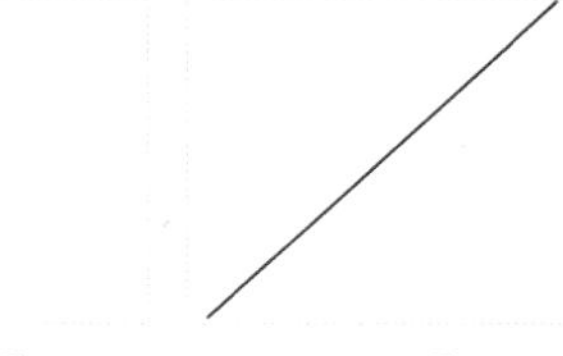

图12-166 图12-167

04 选中直线，然后在水平方向上均匀地复制多个，如图12-168所示，接着使用“形状工具”调整绘制的线段对象，使线段对象的外轮廓呈矩形形状，如图12-169所示。

图12-168  图12-169

05 选中前部分的线段对象，填充轮廓颜色为（C:0，M:0，Y:0，K:50），然后选中后部分的线段，填充轮廓颜色为（C:0，M:0，Y:0，K:100，效果如图12-170所示，接着移动所有的线段到页面上方，再按Ctrl+G组合键进行组合对象，如图12-171所示。

图12-170 图12-171

06 使用“文本工具”输入美术文本，然后在属性栏上设置“字体”为Arrus BT、“字体大小”为38pt，接着填充颜色为（C:0, M:0, Y:0, K:80），再放置在页面左上角，如图12-172所示。

07 导入下载资源中的“素材文件>CH12>03.jpg”文件，然后放置在页面内，接着适当调整位置，如图12-173所示。

图12-172

图12-173

08 使用“矩形工具”绘制一个矩形，然后填充黄色（C:2，M:60，Y:95，K:0），接着去除轮廓，最后放置在图片的下方，如图12-174所示。

图12-174

09 使用“文本工具”输入段落文本，然后打开“文本属性”泊坞窗，接着在“字符”面板中设置标题的“字体”为Arrus BT、“字体大小”为16pt，填充颜色为黑色（C:0，M:0，Y:0，K:100），如图12-175所示，再设置其余内容文本的“字体”为Arial、“字体大小”为7pt，填充颜色为（C:100，M:96，Y:64，K:46），如图12-176所示，最后打开“段落”面板，设置内容文本的“首行缩进”为4mm，整个文本的“段前间距”为130%、“行间距”为110%，如图12-177所示，效果如图12-178所示。

图12-175

图12-176

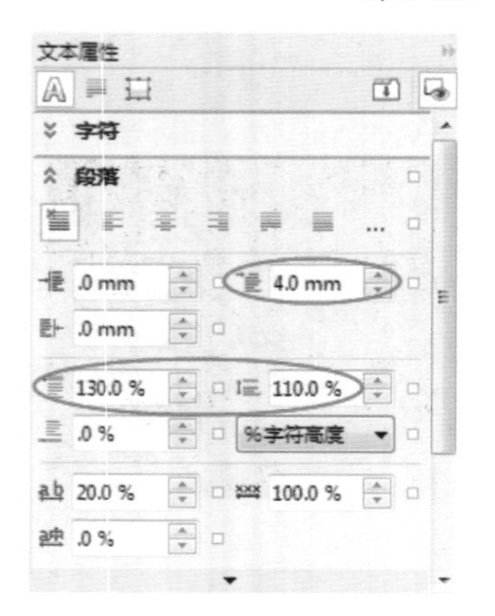

图12-177

图12-178

10 使用“文本工具”在前面输入的文本下方输入段落文本，然后在属性栏上设置“字体”为ArmstrongCursive、“字体大小”为8pt，接着调整文本的位置，使其与上方的文本左对齐，如图12-179所示。

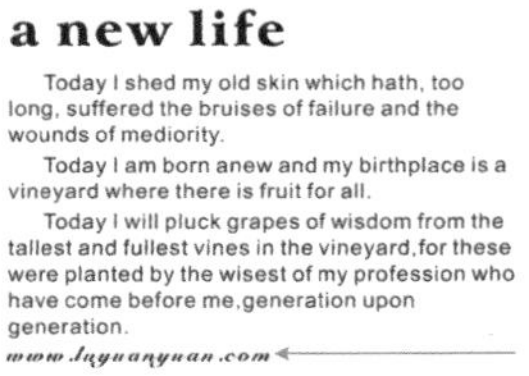

图12-179

11 选中前面输入的文本，然后执行“文本>项目符号”菜单命令，打开“项目符号”对话框，接着勾选“使用项目符号”的复选框，在“符号”列表中选择要使用的符号，再设置“大小”为6.8pt、“基线位移”为-1.0pt、“到文本的项目符号”为1.126mm，最后单击“确定”按钮，如图12-180所示，效果如图12-181所示。

12 使用“文本工具”选中插入的项目符号，然后填充颜色为（C:2，M:60，Y:95，K:0），如图12-182所示。

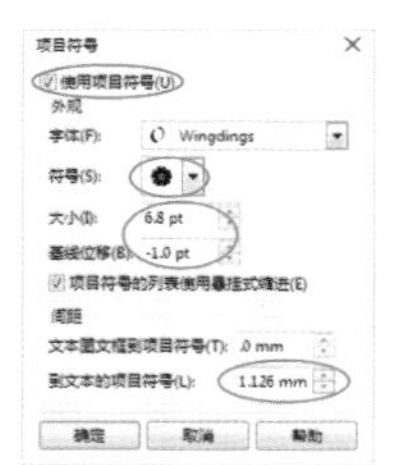

图12-180

图12-181

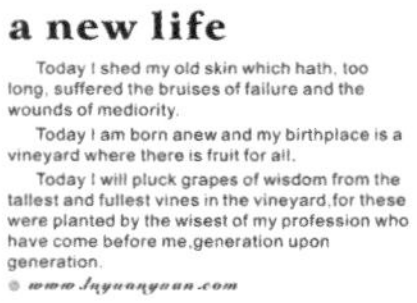

图12-182

13 使用“矩形工具”绘制一个矩形，并且框住图片下方的文本，然后放置在黄色矩形下面，使顶边被黄色矩形覆盖，接着填充轮廓颜色为（C:0，M:0，Y:0，K:60），再设置“轮廓宽度”为0.25mm，效果如图12-183所示。

图12-183

14 选中前面绘制的线段，复制一份，然后旋转-90°，接着水平翻转，再移动到页面下方，按Ctrl+U组合键取消组合对象，最后删除不在页面内的线段，如图12-184所示。

15 使用“形状工具”调整超出页面外的线段，使其边缘与页面底边对齐，然后选中图片下方的所有线段，填充轮廓颜色为（C:0，M:0，Y:0，K:50），接着按Ctrl+G组合键进行组合对象，如图12-185所示。

图12-184

图12-185

16 使用“矩形工具”绘制一个矩形，然后填充边框颜色为（C:0，M:0，Y:0，K:60），接着设置“轮廓宽度”为0.25mm，再放置在图片下面，如图12-186所示。

17 使用“文本工具”输入美术文本，然后在属性栏上设置“字体”为Arrus Blk BT、“字体大小”为9pt，接着填充第一行文本颜色为（C:0，M:0，Y:0，K:80）、第二行文本颜色为（C:0，M:0，Y:0，K:100），最后放置在图片下面的矩形内，如图12-187所示。

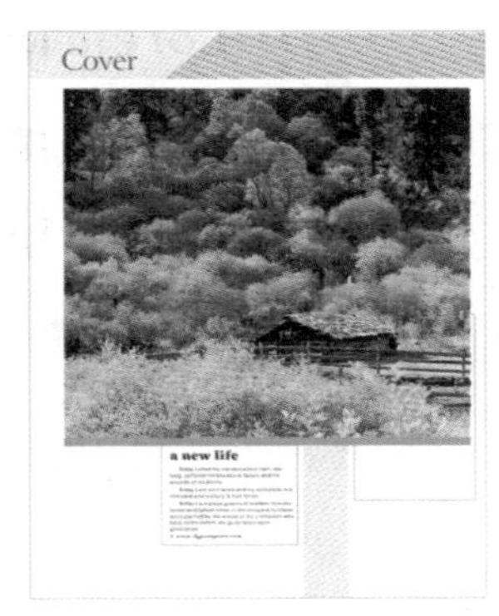

Cover
a new life

图12-186

Cover
a new life

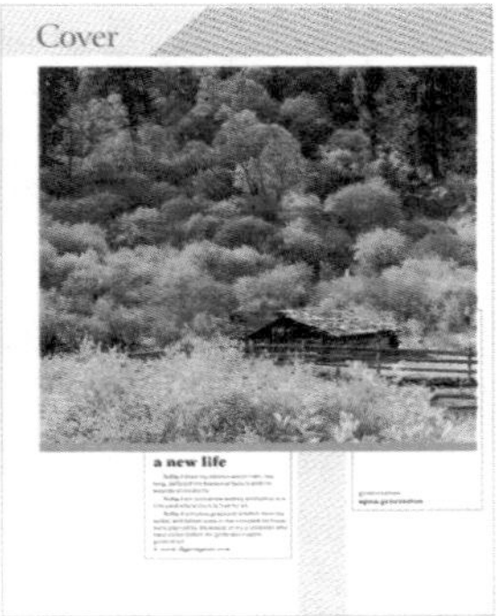

图12-187

18 使用“矩形工具”绘制一个矩形，然后填充白色，接着去除轮廓，再移动到线段对象的上面，遮挡住线段对象的中间部分，如图12-188所示。

Cover
a new life

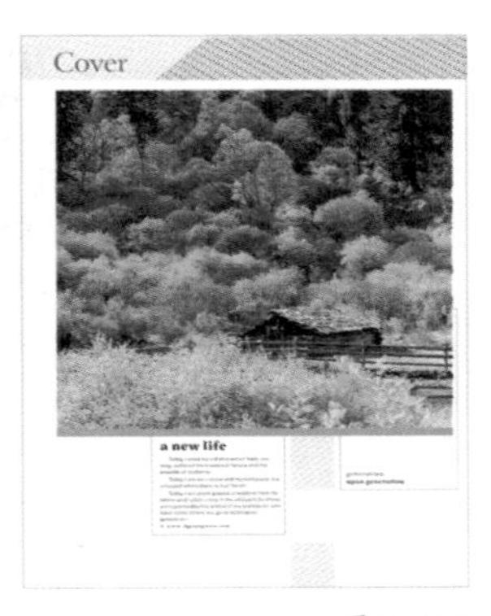

图12-188

19 使用“文本工具”输入美术文本，然后在属性栏上设置“字体”为Bell Gothic Std Black，接着设置文本中文字的“字体大小”为20pt、符号的“字体大小”为70pt，再填充文字的颜色为（C:0，M:0，Y:0，K:50）、符号的颜色为（C:2，M:60，Y:95，K:0），效果如图12-189所示。

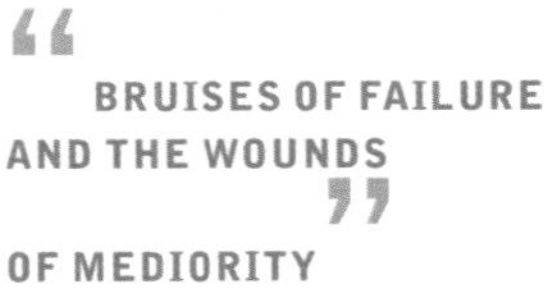

“
BRUISES OF FAILURE
AND THE WOUNDS
”
OF MEDIORITY

图12-189

20 使用“形状工具”调整前面输入的文本位置，调整后如图12-190所示，然后移动文本到线段对象上的白色矩形上面，接着适当调整位置，效果如图12-191所示。

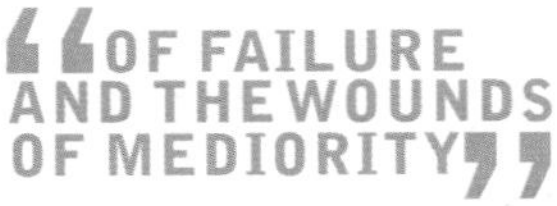

“OF FAILURE
AND THE WOUNDS
OF MEDIORITY”

图12-190

Cover
a new life
“OF FAILURE
AND THE WOUNDS
OF MEDIORITY”

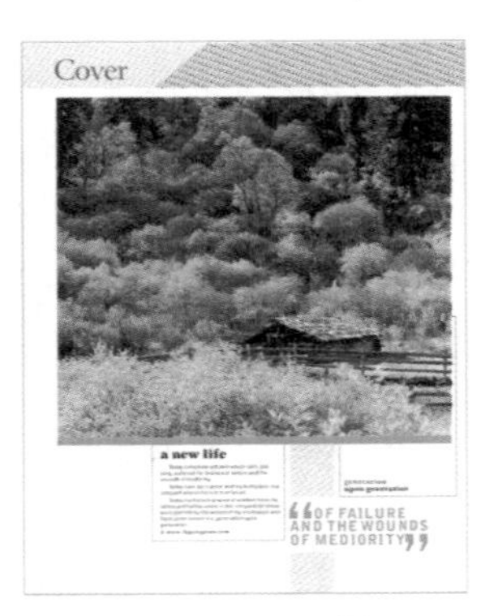

图12-191

21 使用“文本工具”在页面左下角输入页码，然后在属性栏上设置“字体”为“Arial粗体”、“字体大小”为18pt，接着填充颜色为（C:100，M:96，Y:64，K:46），效果如图12-192所示。

22 使用“文本工具”输入美术文本，然后在属性栏上设置“字体”为Armstrong Cursive、“字体大小”为14pt，接着填充颜色为（C:100，M:96，Y:64，K:46），再移动到页码下方，最终效果如图12-193所示。

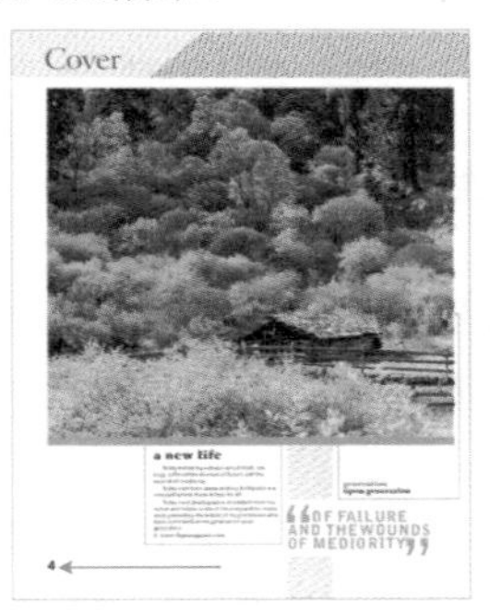

Cover
a new life
“OF FAILURE
AND THE WOUNDS
OF MEDIORITY”
4

图12-192

Cover
a new life
“OF FAILURE
AND THE WOUNDS
OF MEDIORITY”
4

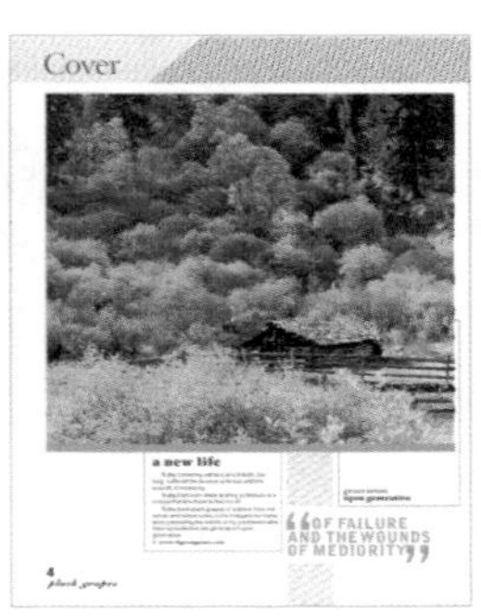

图12-193

12.2.8 首字下沉

首字下沉可以将段落文本中每一段文字的第1个文字或是字母放大，同时嵌入文本。执行“文本>首字下沉”菜单命令，将弹出“首字下沉”对话框，如图12-194所示。

首字下沉
使用首字下沉(U)
外观
下沉行数(N):
3
首字下沉后的空格(S):
.0 mm
首字下沉使用悬挂式缩进(E)
确定
取消
帮助

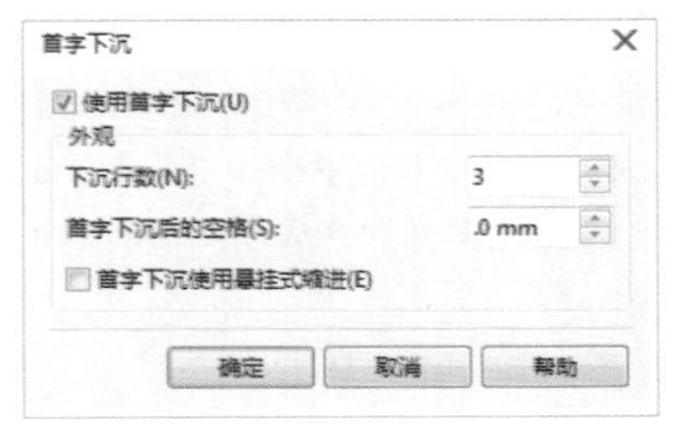

图12-194

首字下沉对话框选项介绍

使用首字下沉：勾选该选项的复选框，才可进行该对话框中各选项的设置。

下沉行数：设置段落文本中每个段落首字下沉的行数，该选项的范围为2~10。

首字下沉后的空格：设置下沉文字与主体文字之间的距离。

首字下沉使用悬挂式缩进：勾选该选项的复选框，首字下沉的效果将在整个段落文本中悬挂式缩进，如图12-195所示；若不勾选该选项的复选框，如图12-196所示。

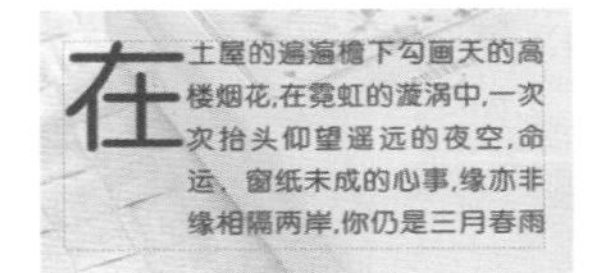

在
土屋的遍遍檐下勾画天的高
楼烟花,在霓虹的漩涡中,一次
次抬头仰望遥远的夜空,命
运、窗纸未成的心事,缘亦非
缘相隔两岸,你仍是三月春雨

图12-195

在
土屋的遍遍檐下勾画天的高
楼烟花,在霓虹的漩涡中,一次
次抬头仰望遥远的夜空,命
运、窗纸未成的心事,缘亦非缘相隔两
岸,你仍是三月春雨初妆,你仍是伊人在

图12-196

12.2.9 断行规则

执行“文本>断行规则”命令，弹出“亚洲断行规则”对话

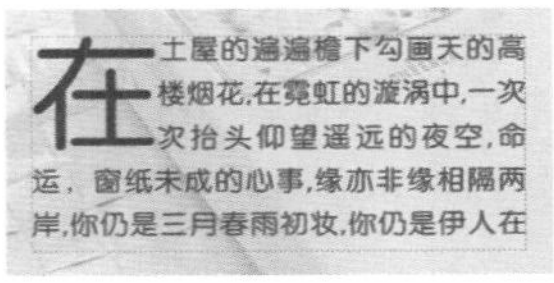

框，如图12-197所示。

图12-197

亚洲断行规则对话框选项介绍

前导字符：确保不在选项文本框的任何字符之后断行。

下随字符：可以确保不在选项文本框的任何字符之前断行。

字符溢值：可以允许选项文本框中的字符延伸到行边距之外。

重置[重置(R)]：在相应的选项文本框中，可以输入或移除字符，若要清空相应选项文本框中的字符，进行重新设置时，即可单击该按钮清空文本框中的字符。

预览：勾选该选项的复选框，可以对正在进行“文本不断行规则”设置的文本进行预览。

技巧与提示

“前导字符”是指不能出现在行尾的字符；“下随字符”是指不能出现在行首的字符；“字符溢值”是指不能换行的字符，它可以延伸到右侧页边距或底部页边距之外。

12.2.10 字体乐园

使用CorelDRAW X7的“字体乐园”泊坞窗引入了一种更易于浏览、体验的选择最合适字体的方法。用户执行“文本>字体乐园”菜单命令，打开“字体乐园”泊坞窗，在该泊坞窗中选择好“字体”和“样式”，然后按住鼠标左键拖曳窗口的滚动条，待出现需要的字体排列样式时，松开鼠标左键单击字体，并在“缩放”中更改示例文本的大小，接着单击“复制”按钮[复制]，如图12-198所示。

图12-198

字体乐园面板选项介绍

字体列表：在弹出的字体列表中选择需要的字体样式，如图12-199所示。

单行：单击该按钮显示单行字体，如图12-200所示。

图12-199

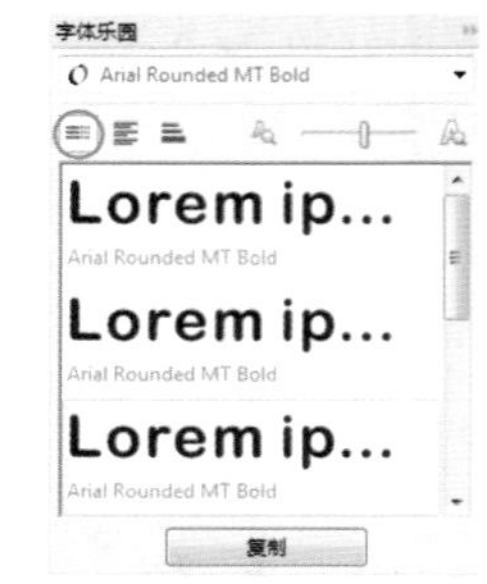

图12-200

多行：单击该按钮显示一段文本，如图12-201所示。

瀑布式：单击该按钮显示字体逐渐变大的单行文本，如图12-202所示。

图12-201　图12-202

12.2.11 插入符号字符

执行“插入符号字符”菜单命令，可以将系统已经定义好的符号或图形插入当前文件中。

执行“文本>插入符号字符”菜单命令，弹出“插入字符”泊坞窗，在该泊坞窗中选择好“代码页”和“字体”，然后按住左键拖曳下方符号选项窗口的滚动条，待出现需要的符号时，松开左键单击符号，并在“字符大小”文本框中设置好插入符号的大小，接着单击“复制”按钮[复制]，如图12-203所示（或是在选择的符号上双击鼠标左键），即可将所选符号插入到绘图窗口的中心位置。

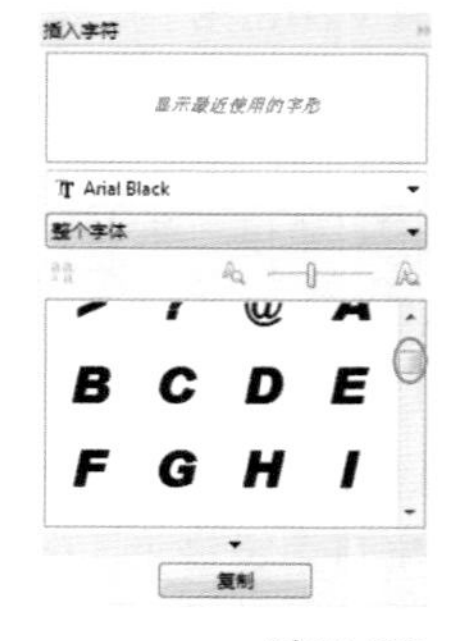

图12-203

插入字符泊坞窗选项介绍

字体列表：为字符和字形中的列表项目选择字体。

字符过滤器：为特定的OpenType特性、语言、类别等查找字符和字形。

技巧与提示

在“按键”选项的选项框中直接输入符号的序号，也可以选择指定的字符，在选择的符号上按住鼠标左键并向绘图窗口中拖曳，可以将选择的符号插入到绘图窗口的任意位置。

★ 重点 ★

实战：绘制圣诞贺卡

实例位置 下载资源>实例文件>CH12>实战：绘制圣诞贺卡.cdr
素材位置 下载资源>素材文件>CH12>04.cdr
视频位置 下载资源>多媒体教学>CH12>实战：绘制圣诞贺卡.flv
实用指数 ★★★★☆
技术掌握 文本的属性设置

圣诞贺卡效果如图12-204所示。

图12-204

01 新建一个空白文档，然后设置文档名称为“圣诞卡片”，接着设置“宽度”为155mm、“高度”为195mm。

02 双击“矩形工具”创建一个与页面重合的矩形，然后单击“交互式填充”工具，接着在属性栏上设置“渐变填充”为“椭圆形渐变填充”、两个节点的填充颜色分别为（C:62，M:96，Y:35，K:0）和（C:12，M:46，Y:0，K:0），填充完毕后去除轮廓，效果如图12-205所示。

图12-205

03 执行“文本>插入符号字符”菜单命令，打开“插入字符”泊坞窗，然后设置“字体”为ChristmasTime，接着在字符列表中单击需要的字符，再单击“复制”按钮，如图12-206所示，插入的字符如图12-207所示。

图12-206

图12-207

04 选中前面插入的雪花字符，然后复制多个，接着调整为不同大小，散布在页面内，再全部填充白色，最后去除轮廓，效果如图12-208所示。

05 选中所有的雪花，然后按Ctrl+G组合键进行组合对象，接着单击“透明度工具”，在属性栏上设置“透明度类型”为“均匀透明度”、“合并模式”为“常规”、“透明度”为55，效果如图12-209所示。

图12-208

图12-209

06 使用“文本工具”输入美术文本，然后在属性栏上设置“字体”为Felix Titling、“字体大小”为30pt，接着填充颜色为白色，如图12-210所示。

07 使用“贝塞尔工具”绘制一段曲线，然后选中前面输入的文本复制一份，接着执行“文本>使文本适合路径”菜单命令，再将光标移动到曲线，待调整合适后单击鼠标左键，即可创建沿路径文本，如图12-211所示。

图12-210 　　图12-211

08 使用“形状工具”调整沿路径文本的字句，然后在属性栏上设置“偏移”为16.039，效果如图12-212所示，接着选中沿路径文本，复制一个，再适当调整位置，最后选中后面的沿路径文本填充颜色为（C:20，M:0，Y:0，K:20），效果如图12-213所示。

图12-212

图12-213

技巧与提示

要删除沿路径文本中的路径对象，可以使用“形状工具”选中该路径，然后单击“选择工具”，接着按Delete键即可删除。

09 删除沿路径文本中的曲线，然后选中两个沿路径文本，接着按Ctrl+G组合键进行组合对象，最后调整沿路径文本的位置，使其在页面内水平居中，如图12-214所示。

图12-214

10 使用“文本工具”在沿路径文本的下方输入美术文本，然后在属性栏上设置“字体”为FelixTitling、“字体大小”为30pt，接着填充颜色为（C:20，M:0，Y:0，K:20），如图12-215所示，再复制一份填充颜色为白色，最后适当调整位置，如图12-216所示。

图12-215

图12-216

11 选中前面输入的文本，然后按Ctrl+Q组合键转换为曲线，接着在“插入字符”泊坞窗中设置“字体”为Festive，再选中想要插入的字符，最后单击“复制”按钮，如图12-217所示。

12 选中插入的圣诞树，然后填充颜色为（C:49，M:32，Y:84，K:0），接着填充轮廓为白色，最后设置“轮廓宽度”为0.75mm，如图12-218所示。

图12-217 　　图12-218

13 将圣诞树复制两个，然后将3个圣诞树调整为不同的倾斜方向，接着放置在页面下方，效果如图12-219所示。

14 使用“钢笔工具”绘制一个云朵的外轮廓，然后单击“交互式填充”工具，接着在属性栏上设置“渐变填充”为“椭圆形渐变填充”，再设置两个节点的填充颜色分别为（C:43，M:40，Y:89，K:0）和（C:3，M:4，Y:24，K:0）、“节点位置”为53%，填充完毕后去除轮廓，效果如图12-220所示。

图12-219

图12-220

15 选中绘制的云朵复制3个，然后放置在页面下方，接着调整各个云朵的大小和位置，效果如图12-221所示。

图12-221

16 导入下载资源中的“素材文件>CH12>04.cdr”文件，然后放置在云朵的后面，如图12-222所示。

17 在“插入字符”泊坞窗中设置“字体”为Holidaypi BT，然后在字符列表中单击需要的字符，接着单击“复制”按钮 复制 ，如图12-223所示。

图12-222

图12-223

18 选中插入的雪花，然后填充颜色为（C:80，M:39，Y:31，K:0），接着去除轮廓，如图12-224所示。

19 将填充的雪花复制多个，然后放置在云朵上面，接着调整为不同的位置和大小，如图12-225所示。

图12-224

图12-225

20 选中页面下方的所有对象，然后单击“阴影工具”，按住鼠标左键在所选对象上由上到下拖动，接着在属性栏上设置“阴影角度”为274°、“阴影的不透明度”为80、“阴影羽化”为6，效果如图12-226所示。

图12-226

21 选中页面下方的所有对象，然后执行“对象>图框精确剪裁>置于图文框内部”菜单命令，将选中对象嵌入矩形内，最终效果如图12-227所示。

图12-227

12.2.12 文本框编辑

除了使用“文本工具”字在页面上拖动创建出文本框以外，还可以由页面上绘制出的任意图形来创建文本框。首先选中绘制的图形，然后单击右键执行“框类型>创建空文本框”菜单命令，即可将绘制的图形作为文本框，如图12-228所示，此时使用“文本工具”字在对象内单击即可输入文本。

图12-228

12.2.13 书写工具

通过使用“拼写检查器”或“语法”，可以检查整个文档或选定的文本中的拼写和语法错误。执行“文本>书写工具>拼写检查”菜单命令，即可打开“书写工具”对话框的“拼写检查器”选项卡，如图12-229所示。

图12-229

检查整个绘图

执行“文本>书写工具>拼写检查”菜单命令或执行“文本>书写工具>语法”菜单命令，打开“书写工具”对话框，然后在“检查”选项的下拉选项中选择“文档”，如图12-230所示，接着单击“开始”按钮 开始(S) ，即可对整个绘图中的语法或拼写错误进行检查。

图12-230

检查选定文本

选中一段文本中的部分文本，然后执行“文本>书写工具>拼写检查”菜单命令或执行“文本>书写工具>语法”菜单命令，打开“书写工具”对话框，接着在“检查”选项的下拉选项中选择任意一项，接着单击“开始”按钮开始(S)，即可对部分文本中的语法或拼写错误进行检查。

技巧与提示

“检查”列表中的选项会随检查的绘图类型的变化而变化。

手动编辑文本

执行“文本>书写工具>拼写检查”菜单命令或执行“文本>书写工具>语法”菜单命令，打开“书写工具”对话框，当拼写或语法检查器停在某个单词或短语处时，可以从“替换”列表中单击选择一个单词或短语，然后单击“替换”按钮替换(R)，如果拼写检查器未提供替换单词，可以在“替换为”的框中手动输入替换单词。

定义自动文本替换

执行“文本>书写工具>拼写检查”菜单命令或执行“文本>书写工具>语法”菜单命令，打开“书写工具”对话框，当拼写或语法检查器停在某个单词或短语处时，单击“自动替换”按钮自动替换(U)，即可定义自动文本替换。

技巧与提示

在使用语法或拼写检查器时，要跳过一次拼写或语法错误，可以当语法或拼写检查器时停止时单击“跳过一次”按钮跳过一次(O)；如果要跳过所有同一错误，可以单击“全部跳过”按钮全部跳过(A)。

12.2.14 文本统计

执行“文本>文本统计信息”菜单命令，即可打开“统计”对话框，在该对话框的窗口中可以看到所选文本或是整个工作区中文本的各项统计信息，如图12-231所示。

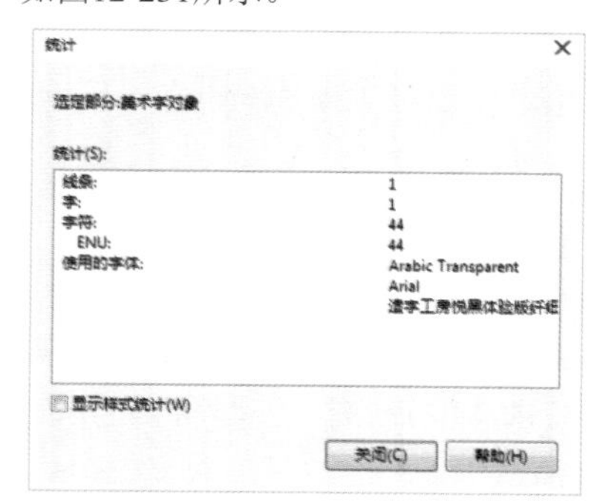

图12-231

12.3 文本编排

在CorelDRAW X7中，可以进行页面的操作、页面设置、页码操作、文本转曲以及文本的特殊处理等。

12.3.1 页面操作

在CorelDRAW X7中，可以对页面进行多项操作，这样在使用CorelDRAW X7进行文本编排和图形绘制时会更加方便快捷。

插入页面

执行“布局>插入页面”菜单命令，即可打开“插入页面”对话框，如图12-232所示。

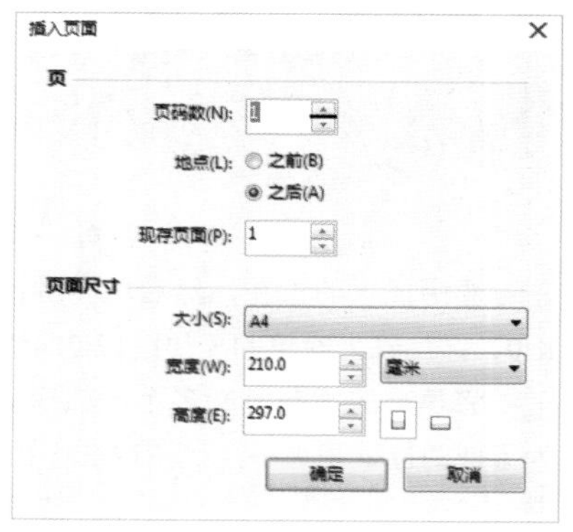

图12-232

插入页面对话框选项介绍

页码数：设置插入页面的数量。

之前：将页面插入到所在页面的前面一页。

之后：将页面插入到所在页面的后面一页。

现存页面：在该选项中设置好页面后，所插入的页面将在该页面之后或之前。

大小：设置将要插入的页面的大小，如图12-233所示。

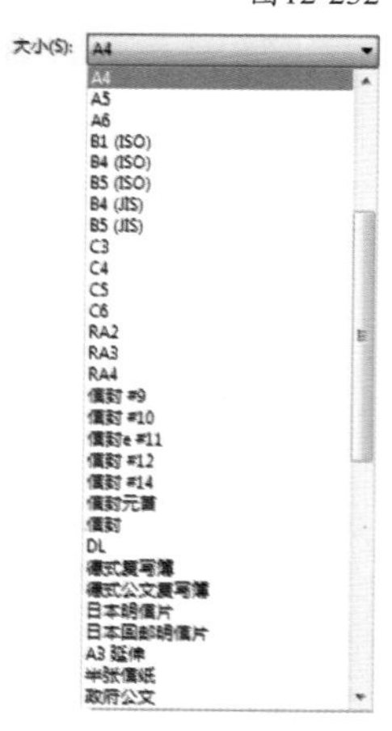

图12-233

宽度：设置插入页面的宽度。

高度：设置插入页面的高度。

单位：设置插入页面的“高度”和“宽度”的度量单位，如图12-234所示。

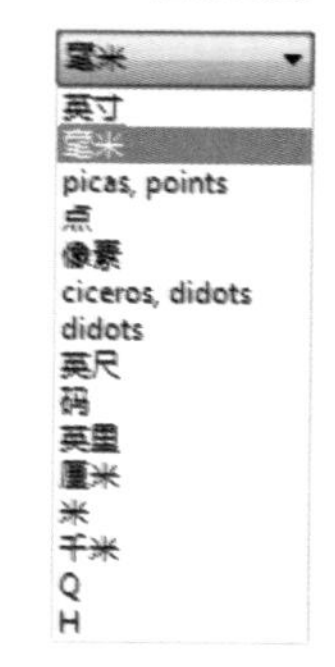

图12-234

技巧与提示

在该对话框中，如果设置后的页面尺寸为“纵向”，此时单击“横向”按钮▭可以交换“高度”和“宽度”的数值；如果设置后的页面尺寸为“横向”，此时单击“纵向”按钮▯也可以交换“高度”和“宽度”的数值。

删除页面

执行“布局>删除页面”菜单命令，即可打开“删除页面”对话框，如图12-235所示，在“删除页面”选项的数值框中设置好要删除的页面的页码，然后单击“确定”按钮［确定］，即可删除该页面；如果勾选“通到页面”，并在该数值框中设置好页码，即可将“删除页面”到“通到页面”的所有页面删除。

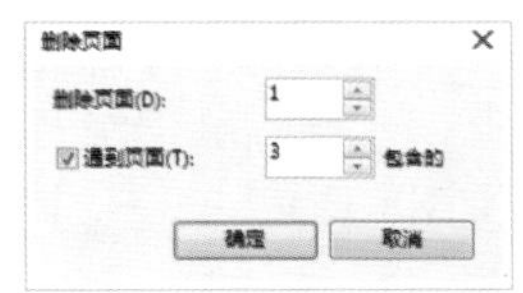

图12-235

技巧与提示

按照以上对话框中的设置，即可将页面1到页面3的所有页面删除。需要注意的是，“通到页面”中的数值无法比“删除页面”中的数值小。

转到某页

执行“布局>转到某页”菜单命令，即可打开“转到某页”对话框，如图12-236所示，在该对话框中设置好页面的页码数，然后单击“确定”按钮［确定］，即可将当前页面切换到设置的页面。

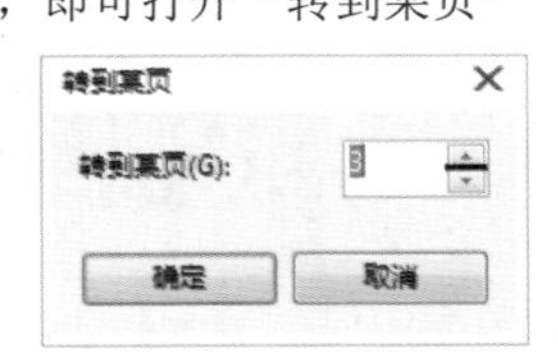

图12-236

切换页面方向

执行“布局>切换页面方向”菜单命令，即可将原本为“横向”的页面设置为“纵向”，原本为“纵向”的页面设置为“横向”。如果要更快捷地切换页面方向，可以直接单击属性栏上的“纵向”按钮▯和“横向”按钮▭切换页面方向。

知识链接

有关“页面操作”的另一些方法，请参阅“2.1.3 页面操作”下的相关内容。

★重点★

12.3.2 页面设置

布局

在菜单栏中执行“布局>页面设置”菜单命令，打开“选项”对话框，然后单击右侧的“布局”选项，展开该选项的设置页面，如图12-237所示。

图12-237

布局选项组选项介绍

布局：单击该选项，可以在打开的列表中单击选择一种作为页面的样式，如图12-238所示。

对开页：勾选该选项的复选框，可以将页面设置为对开页。

起始于：单击该选项，在打开的列表中可以选择对开页样式起始于“左边”或是“右边”，如图12-239所示。

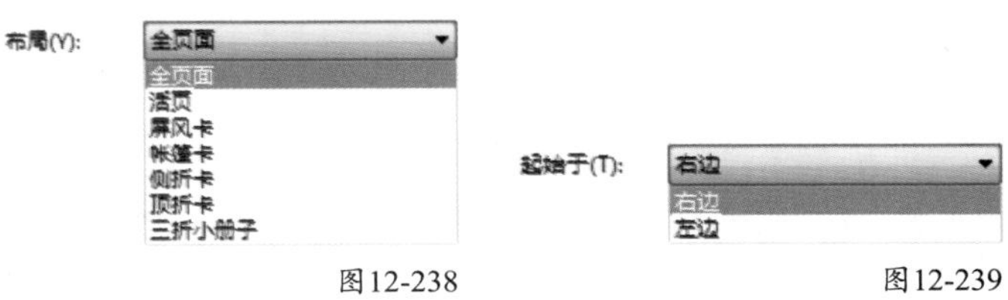

图12-238　　图12-239

背景

执行“布局>页面设置”菜单命令，将打开“选项”对话框，然后单击右侧的“背景”选项，可以展开该选项的设置页面，如图12-240所示。

图12-240

背景选项组选项介绍

无背景：勾选该选项后，单击“确定”按钮［确定］，即可将页面的背景设置为无背景。

纯色：勾选该选项后，可以在右侧的颜色挑选器中选择一种颜色作为页面的背景颜色（默认为白色），如图12-241所示。

位图：勾选该选项后，可以单击右侧的“浏览”按钮[浏览(W)...]，打开“导入”对话框，然后导入一张位图作为页面的背景。

默认尺寸：将导入的位图以系统默认的尺寸设置为页面背景。

自定义尺寸：勾选该选项后，可以在“水平”和“垂直”的数值框中自定义位图的尺寸（当导入位图后，该选项才可用），如图12-242所示。

图12-241 图12-242

保持纵横比：勾选该选项的复选框，可以使导入的图片不会因为尺寸的改变而出现扭曲变形的现象。

12.3.3 页码操作

插入页码

执行“布局>插入页码”菜单命令，可以观察到将要插入的页码有4种不同的插入样式可供选择，执行这4种插入命令中的任意一种，即可插入页码，如图12-243所示。

图12-243

第1种：执行“布局>插入页码>位于活动图层”菜单命令，可以让插入的页码只位于活动图层下方的中间位置，如图12-244所示。

图12-244

> **技巧与提示**
>
> 插入的页码均默认显示在相应页面下方的中间位置，并且插入的页码与其他文本相同，都可以使用编辑文本的方法对其进行编辑。

第2种：执行“布局>插入页码>位于所有页”菜单命令，可以使插入的页码位于每一个页面下方。

第3种：执行“布局>插入页码>位于所有奇数页”菜单命令，可以使插入的页码位于每一个奇数页面下方。为了方便进行对比，可以重新设置为“对开页”进行显示，如图12-245所示。

图12-245

第4种：执行“布局>插入页码>位于所有偶数页”菜单命令，可以使插入的页码位于每一个偶数页面下方。为了方便进行对比，可以重新设置为“对开页”进行显示，如图12-246所示。

图12-246

> **技巧与提示**
>
> 如果要执行“布局>插入页码>位于所有偶数页”菜单命令或执行“布局>插入页码>位于所有奇数页”菜单命令，就必须使页面总数为偶数或奇数，并且页面不能设置为“对开页”，这两项命令才可用。

页码设置

执行“布局>页码设置”菜单命令，打开“页码设置”对话框，在该对话框中可以设置页码的“起始页编号”和“起始页”，单击“样式”选项右侧的按钮，可以打开页码样式列表，在列表中可以选择一种样式作为插入页码的样式，如图12-247所示。

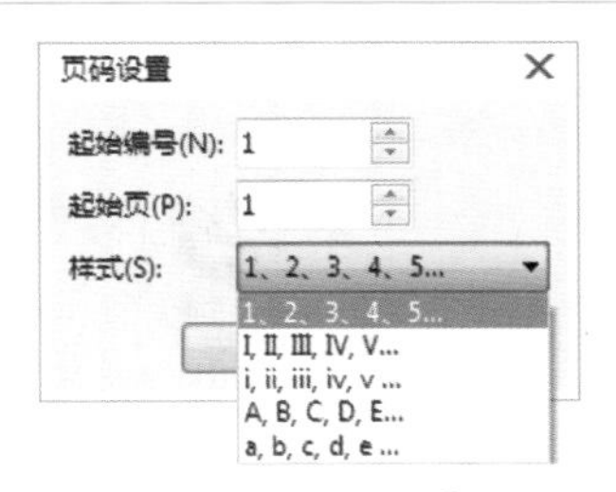

图12-247

12.3.4 文本绕图

在CorelDRAW X7中可以将段落文本围绕图形进行排列，使画面更加美观。段落文本围绕图形排列称为文本绕图。

设置文本绕图的具体操作为：单击“文本工具”字输入段落文本，然后绘制任意图形或是导入位图图像，将图形或图像放置在段落文本上，使其与段落文本有重叠的区域，接着单击属性栏上的“文本换行”按钮，弹出“换行样式”选项面板，如图12-248所示，单击面板中的任意一个按钮即可选择一种文本绕图效果（“无”按钮除外）。

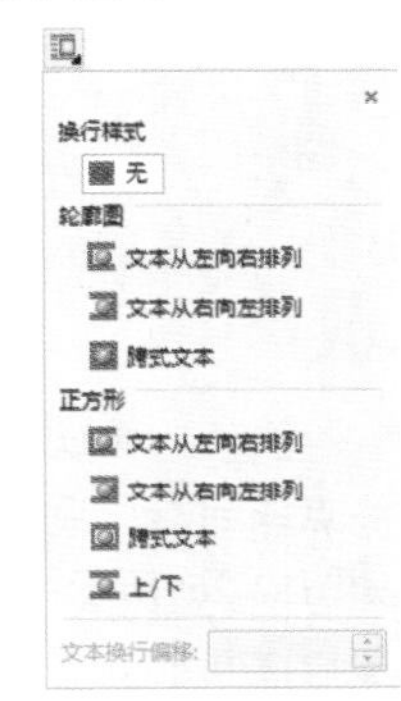

图12-248

换行样式选项介绍

无：取消文本绕图效果。

轮廓图：使文本围绕图形的轮廓进行排列。

文本从左向右排列：使文本沿对象轮廓从左向右排列，效果如图12-249所示。

文本从右向左排列：使文本沿对象轮廓从右向左排列，效果如图12-250所示。

图12-249

图12-250

跨式文本：使文本沿对象的整个轮廓排列，效果如图12-251所示。

图12-251

正方形：使文本围绕图形的边界框进行排列。

文本从左向右排列：使文本沿对象边界框从左向右排列，效果如图12-252所示。

文本从右向左排列：使文本沿对象边界框从右向左排列，效果如图12-253所示。

图12-252

图12-253

跨式文本：使文本沿对象的整个边界框排列，效果如图12-254所示。

上/下：使文本沿对象的上下两个边界框排列，效果如图12-255所示。

图12-254

图12-255

文本换行偏移：设置文本到对象轮廓或对象边界框的距离。设置该选项可以单击后面的按钮；也可以当光标变为时，拖曳鼠标进行设置。

12.3.5 文本适合路径

在输入文本时，可以将文本沿着开放路径或闭合路径的形状进行分布，通过路径调整文字的排列，即可创建不同排列形态的文本效果。

直接填入路径

绘制一个矢量对象，然后单击“文本工具”字，接着将光标移动到对象路径的边缘，待光标变为I时，单击对象的路径，即可在对象的路径上直接输入文字，输入的文字依路径的形状进行分布，如图12-256所示。

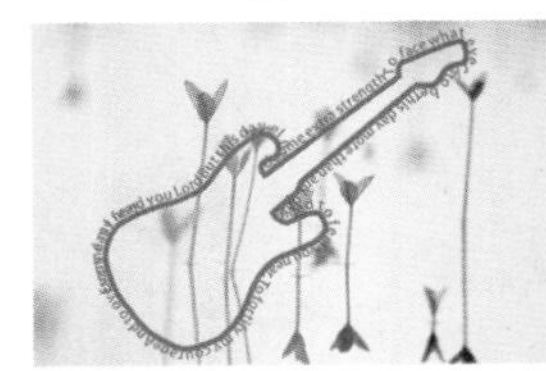

图12-256

执行菜单命令

选中某一美术文本，然后执行“文本>使文本适合路径”菜单命令，当光标变为时，移动到要填入的路径，在对象上移动光标可以改变文本沿路径的距离和相对路径终点和起点的偏移量（还会显示与路径距离的数值），如图12-257所示。

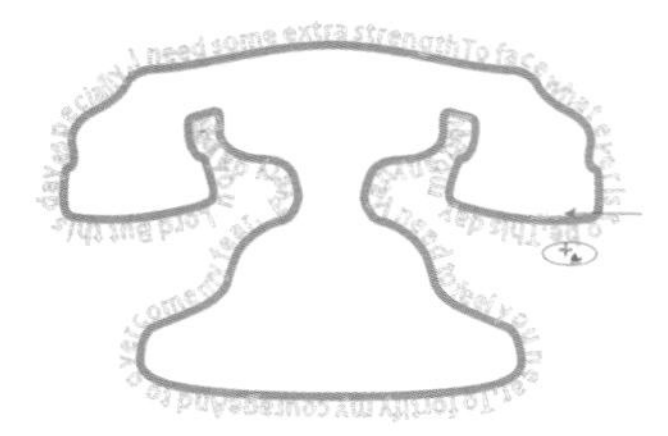

图12-257

右键填入文本

选中美术文本，然后按住鼠标右键拖动文本到要填入的路径，待光标变为时，松开右键，弹出菜单面板，如图12-258所示，接着使用鼠标左键单击“使文本适合路径”，即可在路径中填入文本，如图12-259所示。

图12-258

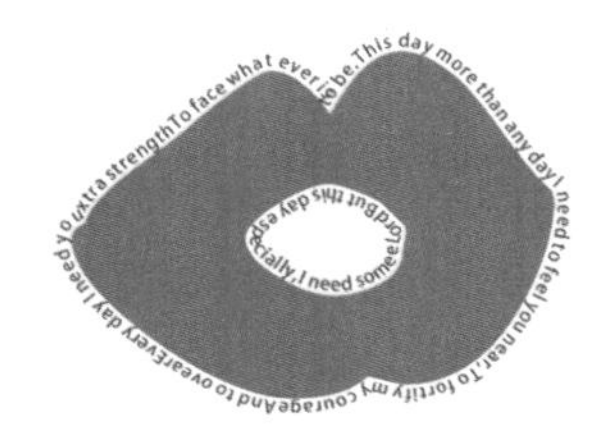

图12-259

沿路径文本属性的设置

沿路径文本的属性栏如图12-260所示。

图12-260

沿路径文本属性栏选项介绍

文本方向：指定文本的总体朝向，如图12-261所示，进行列表中各项设置后，效果如图12-262~图12-266所示。

图12-261

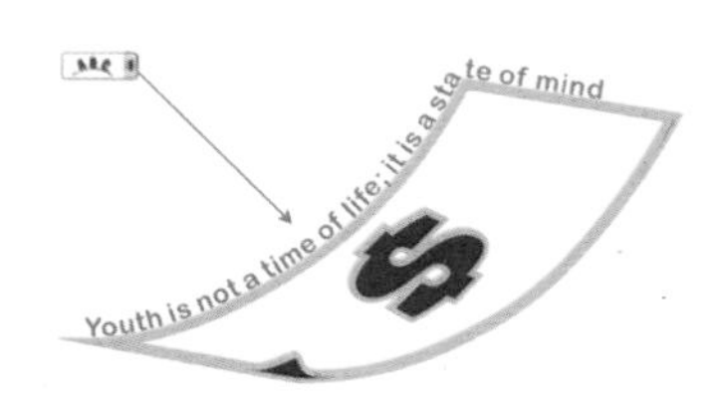

图12-262

图12-263

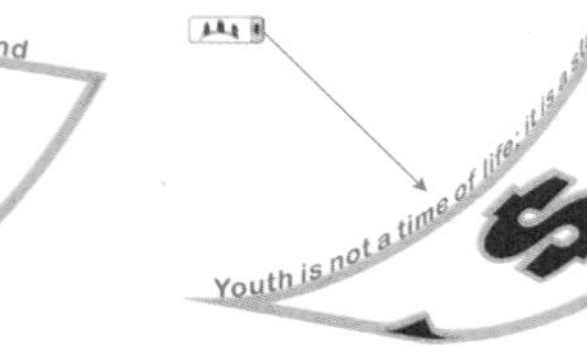

图12-264

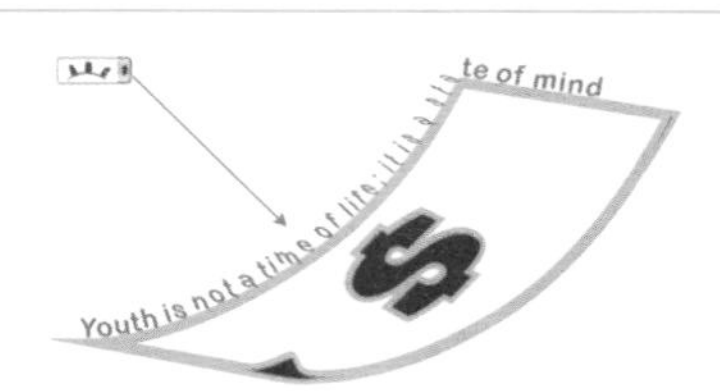

图12-265

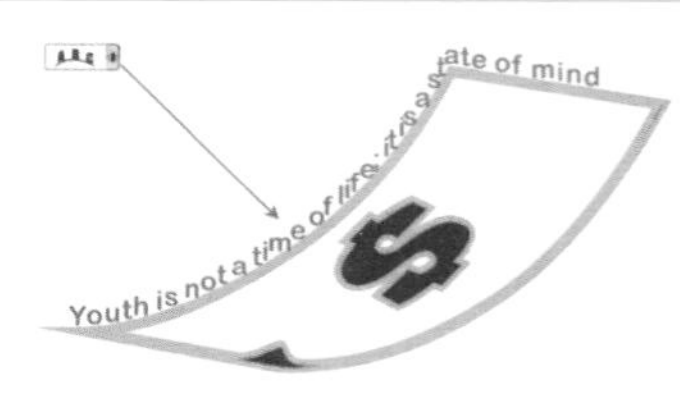

图12-266

与路径的距离：指定文本和路径间的距离。当参数为正值时，文本向外扩散，如图12-267所示；当参数为负值时，文本向内收缩，如图12-268所示。

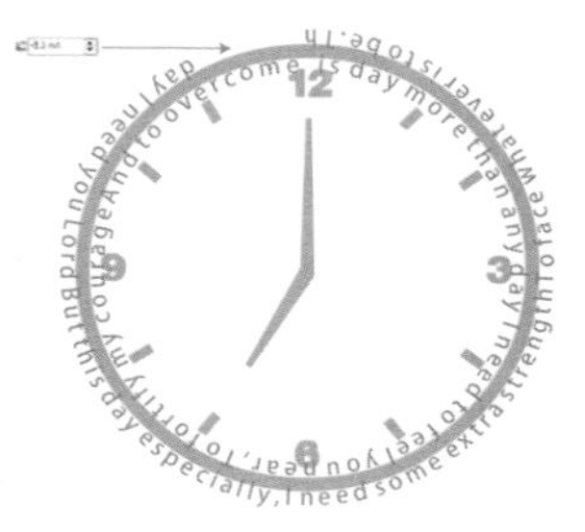

图12-267

图12-268

偏移：通过指定正值或负值来移动文本，使其靠近路径的终点或起点。当参数为正值时，文本按顺时针方向旋转偏移，如图12-269所示；当参数为负值时，文本按逆时针方向偏移，如图12-270所示。

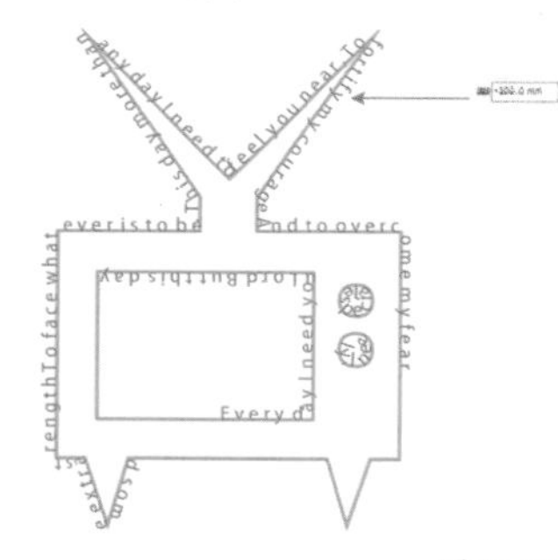

图12-269

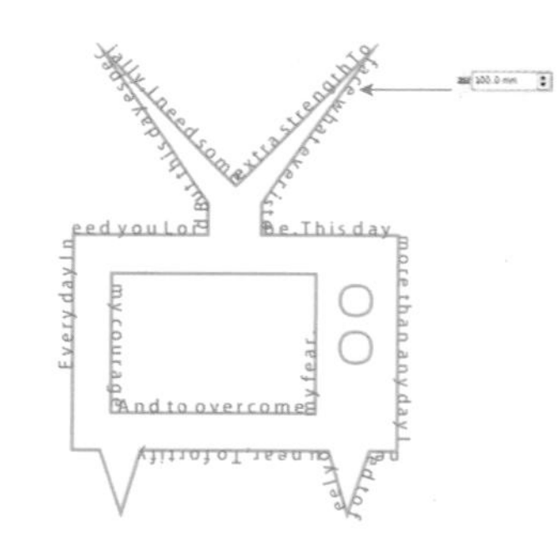

图12-270

水平镜像文本：单击该按钮，可以使文本从左到右翻转，效果如图12-271所示。

垂直镜像文本：单击该按钮，可以使文本从上到下翻转，效果如图12-272所示。

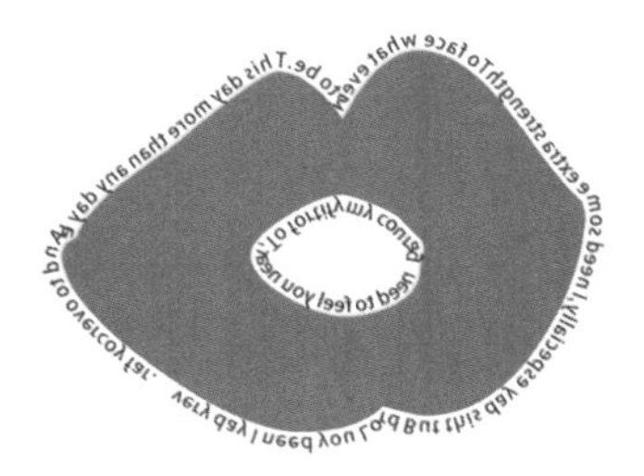

图12-271

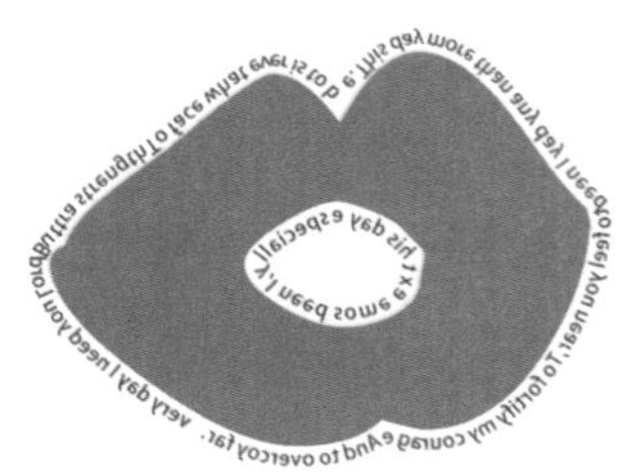

图12-272

贴齐标记 贴齐标记：指定文本到路径间的距离。单击该按钮，弹出“贴齐标记”选项面板，如图12-273所示，单击“打开贴齐记号”即可在“记号间距”数值框中设置贴齐的数值，此时在调整文本与路径之间的距离时会按照设置的“记号间距”自动捕捉文本与路径之间的距离；若单击“关闭贴齐记号”即可关闭该功能。

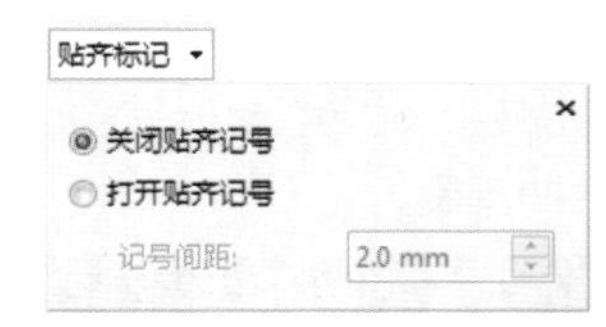

图12-273

技巧与提示

在该属性栏右侧的“字体列表”和“字体大小”选项中可以设置沿路径文本的字体和字号。

★重点★

实战：绘制邀请函

实例位置 下载资源>实例文件>CH12>实战：绘制邀请函.cdr
素材位置 下载资源>素材文件>CH12>05.cdr
视频位置 下载资源>多媒体教学>CH12>实战：绘制邀请函.flv
实用指数 ★★★☆☆
技术掌握 文本适合路径的操作方法

邀请函效果如图12-274所示。

图12-274

01 新建一个空白文档，然后设置文档名称为“邀请函”，接着设置“宽度”为290mm、“高度”为180mm。

02 双击“矩形工具”创建一个与页面重合的矩形，然后填充颜色为（C:57，M:48，Y:44，K:0），填充完后删除轮廓线，如图12-275所示。

03 选中前面绘制的矩形，然后执行“位图>转换为位图”菜单命令，弹出“转换为位图”对话框，接着单击“确定”按钮，如图12-276所示，即可将矩形转换为位图。

图12-275

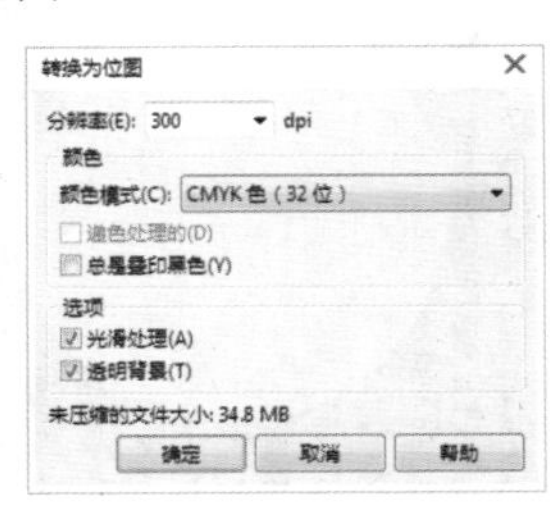

图12-276

04 选中矩形，然后执行“位图>创造性>天气”菜单命令，弹出“天气”对话框，接着选择“预报”为“雪”、“浓度”为1、“大小”为10，再单击“确定”按钮，如图12-277所示，效果如图12-278所示。

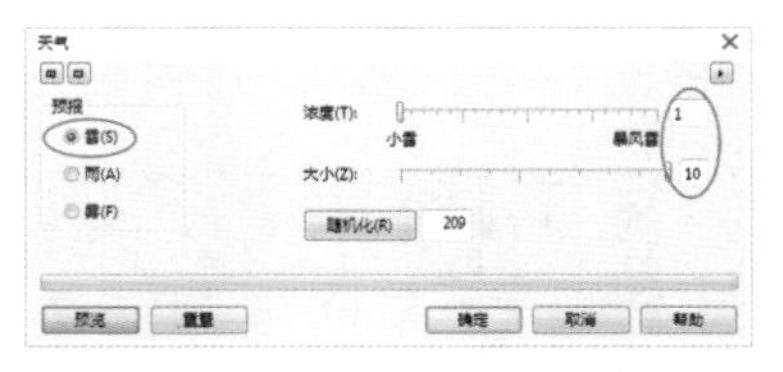

图12-277

图12-278

05 使用“矩形工具”绘制一个长条矩形，然后设置“宽度”为290mm、“高度”为46mm，填充颜色为红色，如图12-279所示，接着再绘制一个长条矩形，设置“宽度”为290mm、“高度”为4mm，填充颜色为（C:0，M:40，Y:20，K:0），如图12-280所示。

图12-279

图12-280

06 全选图形，打开“对齐与分布”泊坞窗，接着单击“水平居中对齐”按钮，再单击“垂直居中对齐”按钮调整间距，如图12-281所示。

07 导入下载资源中的“素材文件>CH12>05.cdr”文件，按P键使其居于页面中心，如图12-282所示。

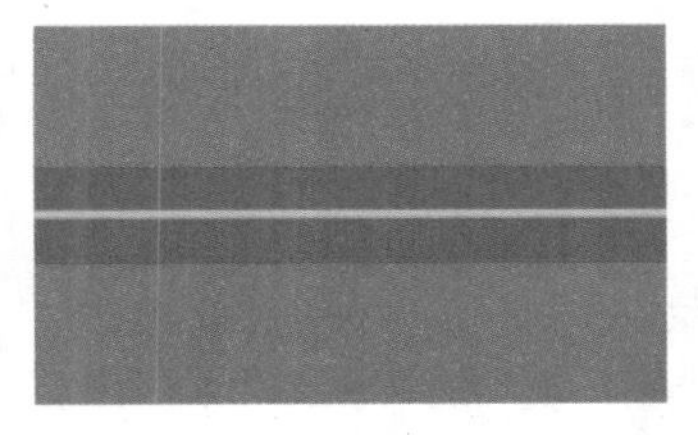

图12-281

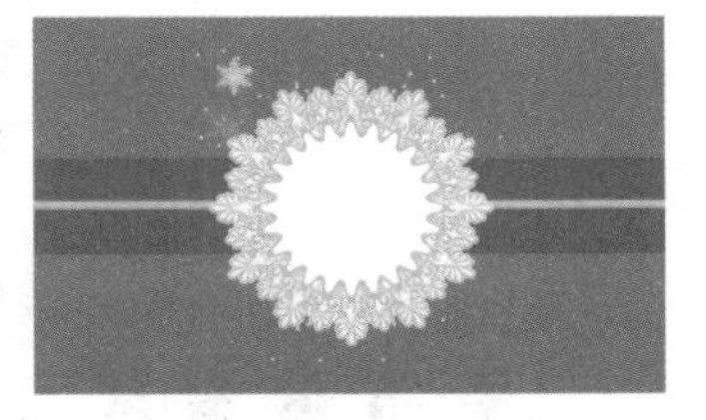

图12-282

08 选中前面导入的素材文件，然后使用“阴影工具”，按住鼠标左键在对象上由右到左拖曳，接着在属性栏上设置“阴影的不透明度”为87、“阴影羽化”为2，如图12-283所示。

09 使用“文本工具”输入美术字，然后在属性栏上设置“字体”为EngraversMT、“字体大小”为pt，接着填充颜色为红色，如图12-284所示。

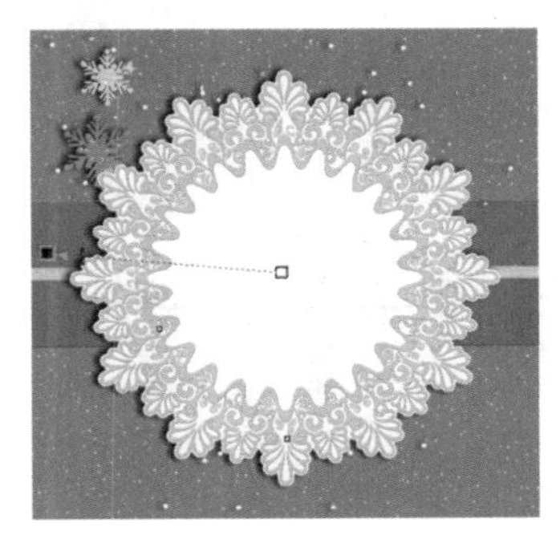

图12-283

INVITATION

图12-284

10 使用“贝塞尔工具”绘制一条曲线，然后选中前面输入的文本执行“文本>使文本适合路径”菜单命令，即可创建沿路径文本，如图12-285所示。

11 使用“形状工具”选中沿路径文本曲线，然后单击“选择工具”，接着按Delete键即可删除曲线，最后移动文本到页面位置，如图12-286所示。

图12-285

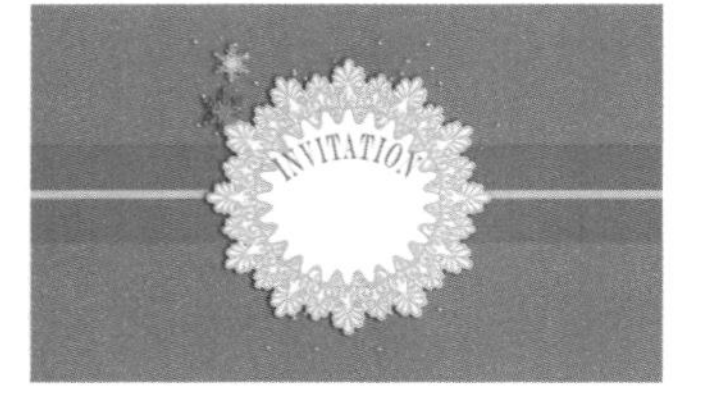

图12-286

12 使用“文本工具”输入美术文本，然后在属性栏上设置“字体”为BalamoraIPLain、“字体大小”为14pt、“文本对齐”为“居中”，接着填充颜色为红色，再放置于沿路径文本的下方，最终效果如图12-287所示。

图12-287

★重点★

实战：绘制饭店胸针

实例位置　下载资源>实例文件>CH12>实战：绘制饭店胸针.cdr
素材位置　下载资源>素材文件>CH12>06.jpg、07.cdr
视频位置　下载资源>多媒体教学>CH12>实战：绘制饭店胸针.flv
实用指数　★★★☆☆
技术掌握　文本适合路径的操作方法

饭店胸针效果如图12-288所示。

图12-288

01 新建一个空白文档，然后设置文档名称为“饭店胸针”，接着设置“宽度”为185mm、“高度”为170mm。

02 导入下载资源中的“素材文件>CH12>06.jpg”文件，然后放置在页面内与页面重合，如图12-289所示。

03 使用“椭圆工具”在页面中间绘制一个圆形，然后填充黑色（C:0，M:0，Y:0，K:100），接着去除轮廓，如图12-290所示。

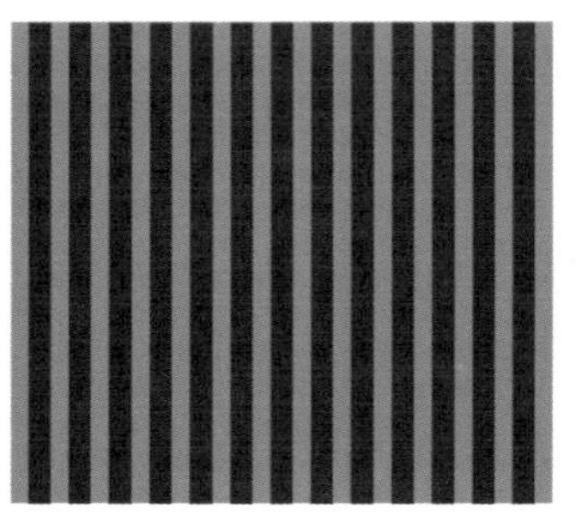

图12-289

图12-290

04 选中前面绘制的圆形，然后单击“透明度工具”，接着在属性栏上设置“透明度类型”为“均匀透明度”、“合并模式”为“常规”，效果如图12-291所示。

05 复制一个前面绘制好的圆形，然后移除透明度设置，接着填充白色，再放置在黑色圆形上面，最后稍微向左上方移动，效果如图12-292所示。

图12-291

图12-292

06 选中白色圆形，使其由中心缩小的同时复制两个一大一小的圆形，接着选中两个圆形，再单击属性栏上的“移除前面对象”按钮，最后填充颜色为（C:7，M:8，Y:12，K:0），效果如图12-293所示。

07 导入下载资源中的“素材文件>CH12>07.cdr”文件，然后放置在白色圆形内，如图12-294所示。

图12-293

图12-294

08 单击“文本工具”字输入美术文本，然后在属性栏上设置“字体”为Arrus Blk BT、“字体大小”为36pt，接着填充颜色为（C:52，M:59，Y:100，K:8），如图12-295所示。

09 使用“椭圆工具”绘制一个圆形，然后选中前面输入的文本，接着执行“文本>使文本适合路径”菜单命令，最后将光标移动到圆形上面，待调整合适后单击鼠标左键，即可创建沿路径文本，如图12-296所示。

RESTAURANT MENU

图12-295

图12-296

10 使用“形状工具”适当调整沿路径文本的字距，如图12-297所示，然后单击“文本工具”字输入美术文本，接着在属性栏上设置“字体”为Arrus Blk BT、“字体大小”为26pt，接着填充颜色为（C:52，M:59，Y:100，K:8），如图12-298所示。

图12-297

FOOD & DRINK

图12-298

11 选中前面输入的文本，然后执行“文本>使文本适合路径”菜单命令，接着将光标移动到沿路径文本的圆形上，待调整合适后单击左键，效果如图12-299所示。

12 使用“文本工具”字选中沿路径文本中下方的文本，然后在属性栏上设置“与路径的距离”为6mm、“偏移”为164.192mm，接着依次单击“水平镜像文本”按钮和“垂直镜像文本”按钮，设置后的效果如图12-300所示。

图12-299

图12-300

13 单击“文本工具”字输入美术文本，然后在属性栏上设置“字体”为Arno Pro Smbd Display、“字体大小”为24pt，接着填充颜色为（C:90，M:81，Y:66，K:46），如图12-301所示。

14 使用“椭圆工具”绘制一个圆形，然后选中前面输入的文本，执行“文本>使文本适合路径”菜单命令，接着将光标移动到圆形上，待调整合适后单击左键，即可创建沿路径文本，如图12-302所示。

BREAKFAST • LUNCH • DINNER • DESSERT • BEVERAGE •

图12-301

图12-302

15 选中第2组沿路径文本，然后使用“形状工具”调整沿路径文本的字距，使其不再有重叠现象，如图12-303所示。

16 选中两个沿路径文本移动到白色圆形内，然后使用“形状工具”选中沿路径文本中的圆形，接着单击“选择工具”，再按Delete键删除，效果如图12-304所示。

图12-303

图12-304

17 使用“椭圆工具”在白色圆形上绘制一个圆形，然后填充边框颜色为（C:40，M:33，Y:36，K:0），接着在属性栏上设置“轮廓宽度”为1mm，设置完毕后，如图12-305所示。

18 保持圆形轮廓的选中状态，然后单击“裁剪工具”框住圆形轮廓的中间部分，接着双击左键裁剪掉圆形的上下部分，效果如图12-306所示。

图12-305

图12-306

19 使用“椭圆工具”绘制一个圆形，然后在该圆形的边缘上再绘制两个较小的圆形，接着填充两个小圆颜色为（C:62，

M:96，Y:98，K:59），最后去除轮廓，效果如图12-307所示。

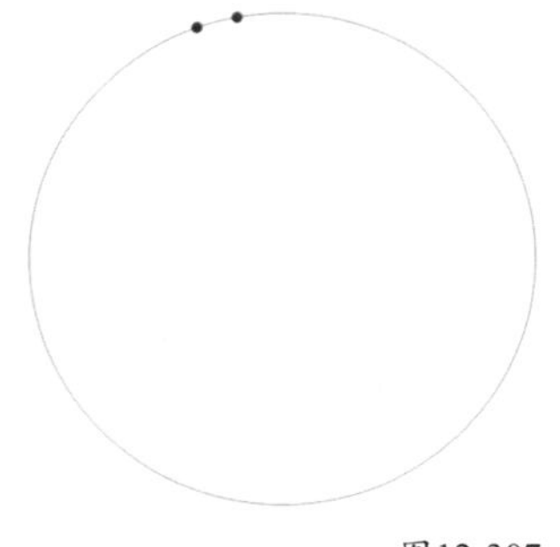

图12-307

20 单击“调和工具”，按住鼠标左键由第1个小圆拖曳到第2个小圆，然后在属性栏上单击“路径属性”按钮，在打开的菜单中选择“新路径”，如图12-308所示，接着使用鼠标左键单击圆形轮廓，再设置属性栏上的“调和步长”为119，最后拖曳圆形上的小圆，使其均匀分布在圆形轮廓的边缘，效果如图12-309所示。

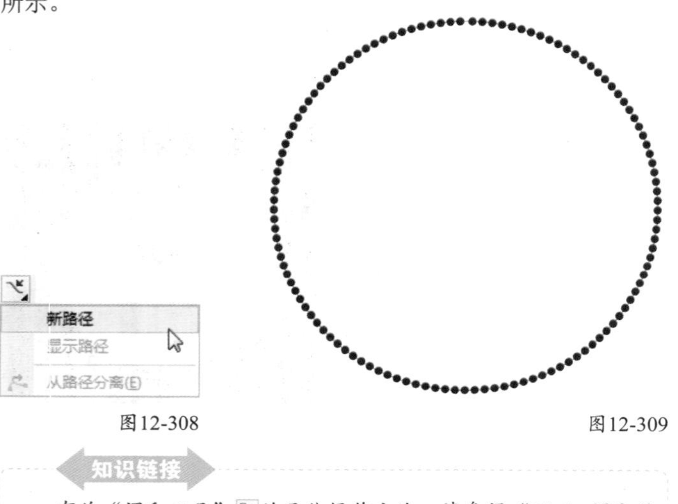

图12-308　　图12-309

知识链接

有关“调和工具”的具体操作方法，请参阅“10.1 调和效果”下的相关内容。

21 选中前面的调和对象，然后使用鼠标左键单击调色板上的图标☒，移除圆形轮廓，接着移动该对象到白色圆形上，再适当调整位置，最终效果如图12-310所示。

图12-310

12.3.6 文本框设置

文本框分为固定文本框和可变文本框，系统默认的为固定文本框。

使用固定文本框时，绘制的文本框大小决定了在文本框中能显示文字的多少。使用可变文本框时，文本框的大小会随输入文本的多少而随时改变。

执行“工具>选项”菜单命令（或按Ctrl+J组合键），在弹出的对话框中使用鼠标左侧依次单击“工作区>文本>段落文本框”，然后在右侧展开的面板中勾选“按文本缩放段落文本框”，接着单击“确定”按钮，如图12-311所示，即可将固定的文本框设置为可变的文本框。

图12-311

12.4 文本转曲操作

美术文本和段落文本都可以转换为曲线，转曲后的文字无法再进行文本的编辑，但是转曲后的文字具有曲线的特性，可以使用编辑曲线的方法对其进行编辑。

12.4.1 文本转曲的方法

选中美术文本或段落文本，然后单击右键，在弹出的菜单中左键单击“转换为曲线”菜单命令，即可将选中文本转换为曲线，如图12-312所示；也可以执行“对象>转换为曲线”菜单命令；还可以直接按Ctrl+Q组合键转换为曲线，转曲后的文字可以使用“形状工具”对其进行编辑，如图12-313所示。

图12-312

图12-313

12.4.2 艺术字体设计

艺术字体设计表达的含意丰富多彩，常用于表现产品的属性和企业的经营性质。运用夸张、明暗、增减笔画形象以及装饰等手法，以丰富的想象力，重新构成字形，既加强了文字的特征，又丰富了标准字体的内涵。

艺术字广泛应用于宣传、广告、商标、标语、企业名称、展览会，以及商品包装和装潢等。在CorelDRAW X7中，利用文本转曲的方法，可以在原有字体样式上对文字进行编辑和再创作，如图12-314所示。

图12-314

★ 重点 ★

实战：绘制书籍封套

实例位置　下载资源>实例文件>CH12>实战：绘制书籍封套.cdr
素材位置　下载资源>素材文件>CH12>08.cdr、09.jpg
视频位置　下载资源>多媒体教学>CH12>实战：绘制书籍封套.flv
实用指数　★★★★☆
技术掌握　文字转曲的编辑方法

书籍封套效果如图12-315所示。

图12-315

01 新建一个空白文档，然后设置文档名称为“书籍封套”，接着设置“宽度”为128mm、“高度”为165mm。

02 双击“矩形工具”创建一个与页面重合的矩形，并填充颜色为白色，轮廓线填充颜色为（C:0，M:78，Y:36，K:20），然后复制该矩形框，设置“宽度”为124mm、“高度”为157mm，接着填充颜色为（C:0，M:78，Y:36，K:20），最后去掉轮廓线，如图12-316所示。

03 导入下载资源中的“素材文件>CH12>08.cdr”文件，然后放置在页面上方的位置，如图12-317所示。

图12-316

图12-317

04 导入下载资源中的“素材文件>CH12>09.jpg”文件，放置在页面下方的位置，如图12-318所示，然后单击“透明度工具”，接着设置“透明度类型”为“均匀透明度”、“合并模式”为“反转”、“透明度”为0，效果如图12-319所示。

图12-318

图12-319

05 使用“阴影工具”按住鼠标左键在对象上由上到下拖曳，接着在属性栏上设置“阴影的不透明度”为22、“阴影羽化”为2，如图12-320所示。

06 使用“文本工具”输入美术文本，然后在属性栏上设置“字体”为AvantGarde-Book，第1行“字体大小”为11pt、第2行“字体大小”为29pt、第3行“字体大小”为13pt，文本对齐为“强制调整”，接着填充整个文本颜色为（C:0，M:100，Y:60，K:0），效果如图12-321所示。

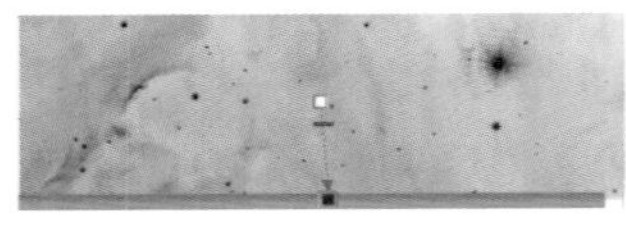
图12-320

图12-321

07 选中前面的文本，然后按Ctrl+Q组合键转换为曲线，接着单击属性栏上的“取消组合对象”按钮，再按Ctrl+K组合键拆分曲线，最后选中第二行转曲文本并在垂直方向适当拉长进行调整，效果如图12-322所示。

图12-322

08 使用“文本工具”输入美术文本，然后在属性栏上设置“字体”为AvantGarde-Thin、“字体大小”为9pt，接着填充颜色为白色，最后放置于页面的下方，选中文本执行“对象>对齐与分布>在页面水平居中”菜单命令进行对齐，如图12-323所示，最终效果如图12-324所示。

图12-323

图12-324

实战：组合文字设计

实例位置 下载资源>实例文件>CH12>实战：组合文字设计.cdr
素材位置 无
视频位置 下载资源>多媒体教学>CH12>实战：组合文字设计.flv
实用指数 ★★★★☆
技术掌握 转曲文字的编辑

组合文字效果如图12-325所示。

图12-325

01 新建一个空白文档，然后设置文档名称为“组合文字”，接着设置“宽度”为200mm、“高度”为170mm。

02 单击“文本工具”输入美术文本，然后设置“字体”为DiscoDeckCondensed、“字体大小”为24pt、“文本对齐”为“居中”，接着按Ctrl+Q组合键转换为曲线，如图12-326所示。

03 为了更方便地编辑文字，可以按Ctrl+K组合键拆分转曲的文字，然后使用“形状工具”调整文字的外形，使文字外形可以用矩形、圆角矩形、圆形和半圆等图形组合形成，如图12-327所示。

图12-326 　图12-327

04 使用“矩形工具”和“椭圆工具”在文字上绘制出与文字上的图形近视或相同的图形，然后按Ctrl+Q组合键把绘制的图形转换为曲线，接着使用“形状工具”适当调整，使绘制的图形能重新组合成文字的外形，如图12-328所示。

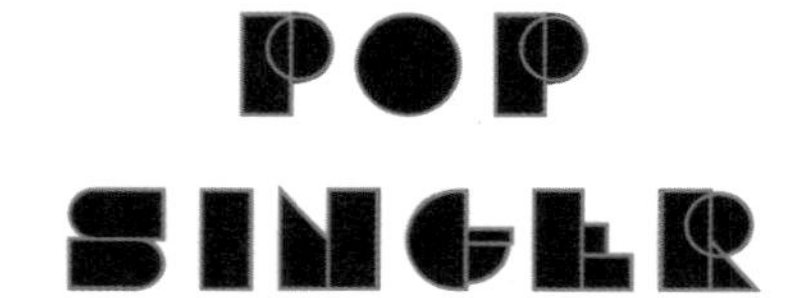

图12-328

05 使用“矩形工具”绘制一个矩形，然后填充深红色（C:44，M:100，Y:100，K:12），如图12-329所示，接着绘制一个矩形长条，填充颜色为（C:26，M:100，Y:100，K:0），再复制多个，使其在垂直方向上等距离分布，并按Ctrl+G组合键进行组合对象，如图12-330所示，最后移动群组的矩形长条到深红色矩形上面，效果如图12-331所示。

图12-329

图12-330

图12-331

06 按照上面的方法绘制出另外两组矩形条图案，其中第1组图案的矩形颜色为（C:0，M:54，Y:39，K:0）、矩形长条颜色为（C:0，M:36，Y:35，K:0），如图12-332所示，第2组图案的矩形颜色为（C:31，M:93，Y:100，K:0）、矩形长条颜色为（C:0，M:45，Y:39，K:0），如图12-333所示。

图12-332

图12-333

07 将前面绘制的3组矩形条图案分别组合对象，然后选中3组图案同时旋转20°，如图12-334所示。

08 选中第1个的矩形条图案，然后复制多个，接着分别嵌入到文字上面的几何图形内，如图12-335所示。

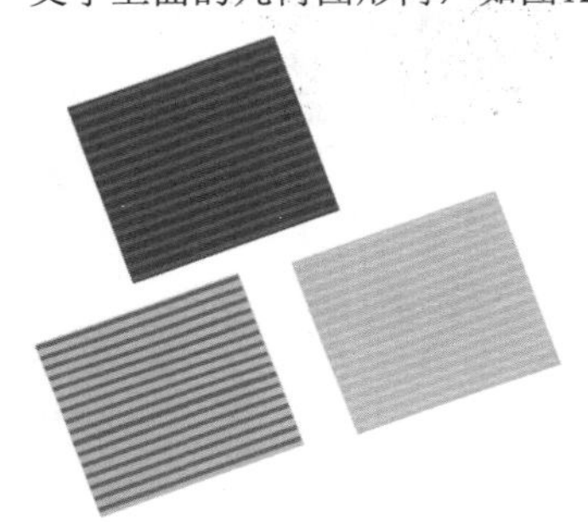

图12-334

图12-335

09 选中第2个的矩形条图案，然后复制多个，接着分别嵌入到文字上面的几何图形内，如图12-336所示。

10 选中第3个的矩形条图案，然后复制多个，接着分别嵌入到文字上面的几何图形内，如图12-337所示。

图12-336

图12-337

11 选中第1个字母上的矩形，然后填充颜色为（C:0，M:84，Y:80，K:0），接着使用“颜色滴管工具”在刚填充的矩形上进行颜色取样，再分别填充到文字上的其他图形内，如图12-338所示。

12 选中第2行第1个字母下方的圆角矩形，然后填充颜色为（C:0，M:36，Y:35，K:0），接着使用“颜色滴管工具”在刚填充的圆角矩形上进行颜色取样，再分别填充到文字上的其他图形内，如图12-339所示。

图12-338

图12-339

13 选中最后一个未填充的图形，然后填充颜色为（C:31，M:100，Y:100，K:0），如图12-340所示，接着删除图形后面的文字，效果如图12-341所示。

图12-340

图12-341

技巧与提示

当两个图形几乎完全重合时，要删除后面的对象，可以使用“形状工具”单击要选择的图形，然后单击“选择工具”，接着按Delete键，即可删除所选对象。

14 适当调整图形的位置和大小，然后放置在页面中间，效果如图12-342所示。

图12-342

15 双击“矩形工具”创建一个与页面重合的矩形（作为图形背景），然后单击“交互式填充工具”，接着在属性栏上设置“渐变填充”为“矩形填充”、两个节点填充颜色分别为（C:10，M:20，Y:11，K:0）和白色，填充效果如图12-343所示。

图12-343

16 选中页面中全部的文字图形，然后执行“位图>转换为位图”菜单命令，弹出“转换为位图”对话框，接着修改“分辨率”为400，再单击“确定”按钮，如图12-344所示，即可将文字图形转换为位图。

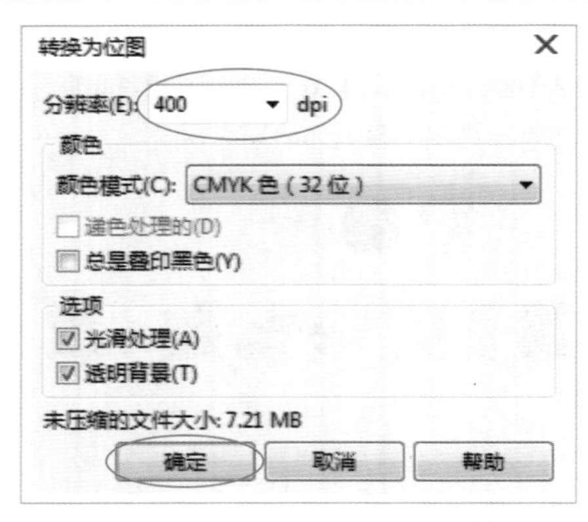

图12-344

17 选中文字图形，然后执行“位图>三维效果>浮雕”菜单命令，打开“浮雕”对话框，接着在对话框中设置“浮雕色”为“原始颜色”、“深度”为18、“层次”为252，再单击“确定”按钮，如图12-345所示，设置后的效果如图12-346所示。

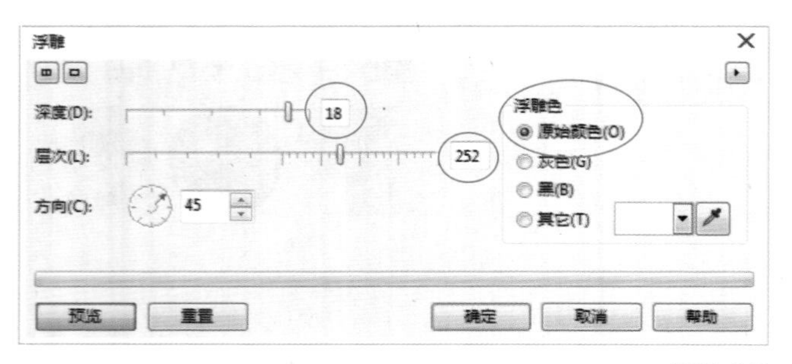

图12-345

图12-346

18 选中文字图形，然后执行“位图>艺术笔触>木版画”菜单命令，打开“木版画”对话框（不改变原对话框的设置），接着单击“确定”按钮，如图12-347所示，最终效果如图12-348所示。

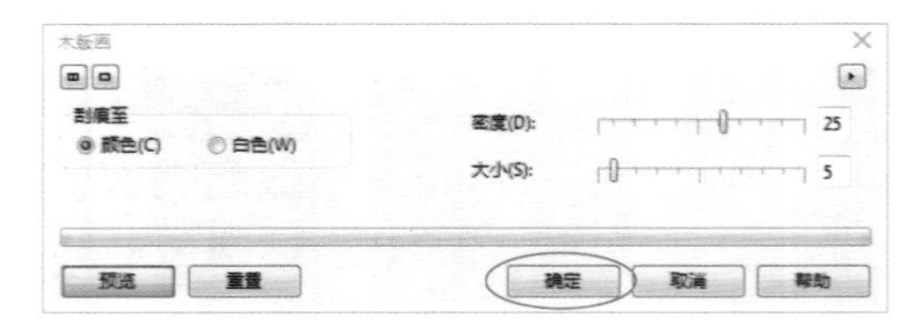

图12-347

图12-348

12.5 字库的安装

在平面设计中，只用Windows系统自带的字体很难满足设计需要，因此需要在Windows系统中安装系统外的字体。

12.5.1 由C盘进入字体文件夹

使用鼠标左键单击需要安装的字体，然后按Ctrl+C组合键复制，接着单击“计算机”，打开C盘，依次单击打开文件夹“Windows>Fonts”，再单击字体列表的空白处，按Ctrl+V组合键粘贴字体，最后安装的字体会以蓝色选中样式在字体列表中显示，如图12-349所示，待刷新页面后重新打开CorelDRAW X7，即可在该软件的“字体列表”中找到装入的字体，如图12-350所示。

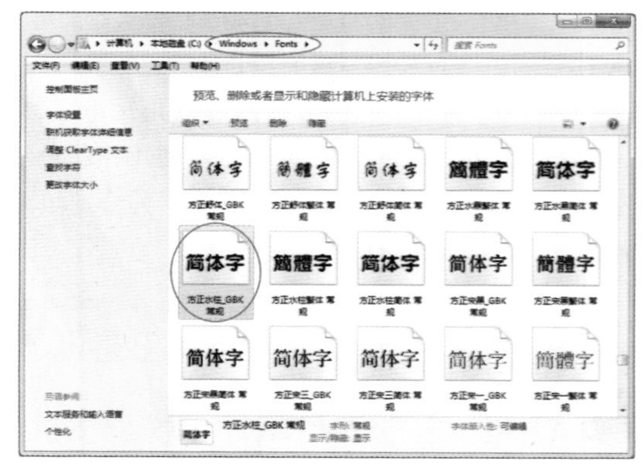

图12-349

图12-350

12.5.2 由控制面板进入字体文件夹

使用鼠标左键单击需要安装的字体，然后按Ctrl+C组合键复制，接着依次单击“计算机>控制面板”，再双击“字体”打开字体列表，如图12-351所示，此时在字体列表空白处单击，按Ctrl+V组合键粘贴字体，最后安装的字体会以蓝色选中样式在字体列表中显示，如图12-352所示，待刷新页面后重新打开CorelDRAW X7，即可在该软件的“字体列表”中找到装入的字体，如图12-353所示。

图12-351

图12-352

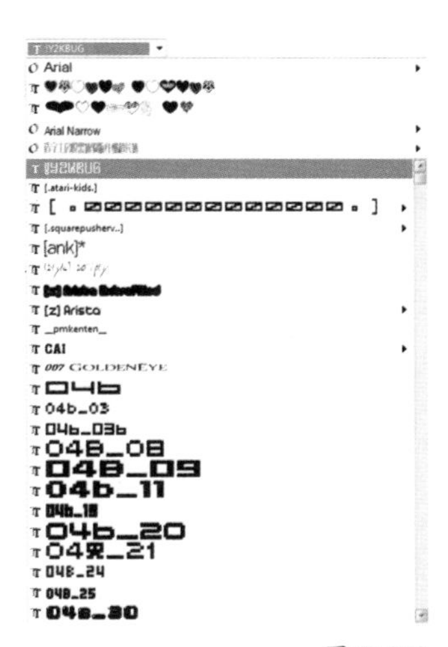

图12-353

第13章 表格

Learning Objectives 学习要点

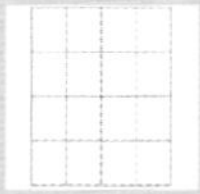

Employment direction 从业方向

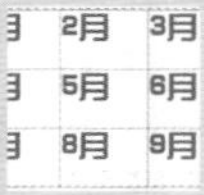

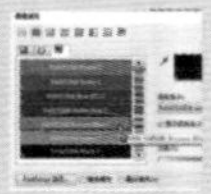

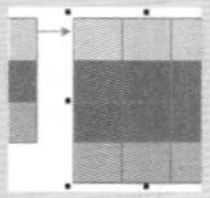

版面设计 插画设计 服装设计 平面设计 品牌设计 产品设计

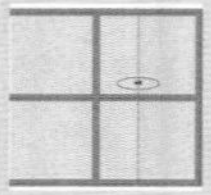

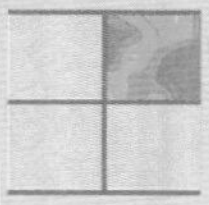

工具名称	工具图标	工具作用	重要程度
表格工具		绘制、选择和编辑表格	中

13.1 创建表格

在创建表格时，既可以直接使用工具进行创建，又可以在菜单中使用相关命令进行创建。

13.1.1 表格工具创建

单击“表格工具”，当光标变为时，在绘图窗口中按住鼠标左键拖曳，即可创建表格，如图13-1所示。创建表格后可以在属性栏中修改表格的行数和列数，还可以将单元格进行合并、拆分等。

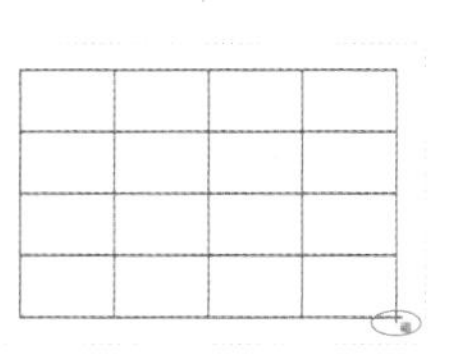

图13-1

13.1.2 菜单命令创建

执行“表格>创建新表格”菜单命令，弹出“创建新表格”对话框，在该对话框中可以对将要创建的表格进行“行数”、“栏数”以及高宽的设置，设置好对话框中的各个选项后，单击“确定”按钮，如图13-2所示，即可创建表格，效果如图13-3所示。

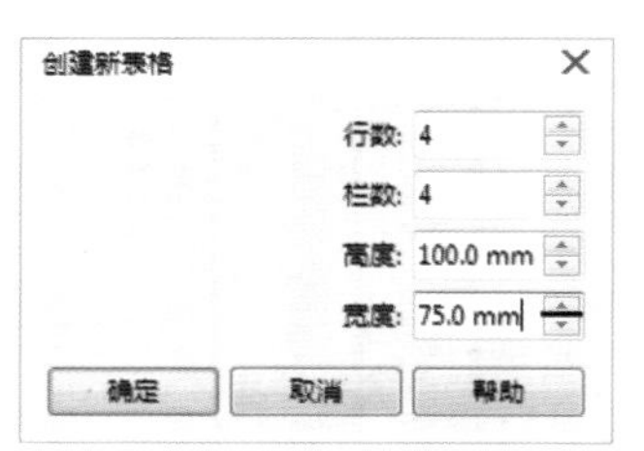

图13-2

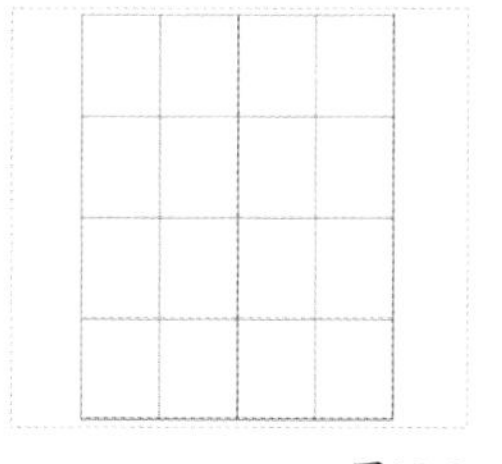

图13-3

技巧与提示

除了使用以上方法创建表格外，还可以由文本创建表格。首先使用“文本工具”输入段落文本，如图13-4所示，然后执行“表格>将文本转换为表格”菜单命令，弹出“将文本转换为表格”对话框，接着勾选“逗号”，最后单击“确定”按钮，如图13-5所示，即可创建表格，如图13-6所示。

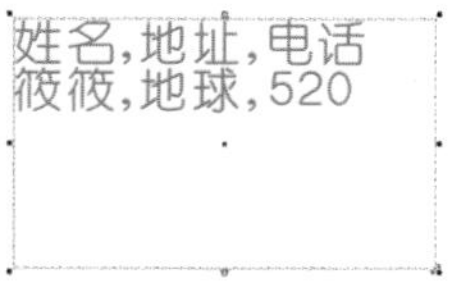

姓名,地址,电话
筱筱,地球,520

图13-4

图13-5

姓名	地址	电话
筱筱	地球	520

图13-6

13.2 文本表格互转

创建完表格以后，可以将表格转换成纯文本，当然也可以将得到的纯文本转换为表格。

13.2.1 表格转换为文本

执行“表格>创建新表格”菜单命令，弹出“创建新表格”对话框，然后设置“行数”为3、“栏数“为3、“高度”为100mm、宽度为130mm，接着单击“确定”按钮，如图13-7所示。

在表格的单元格中输入文本，如图13-8所示，然后执行“表格>将表格转换为文本”菜单命令，弹出“将表格转换为文本”对话框，接着勾选“用户定义”选项，再输入符号“*”，最后单击“确定”按钮，如图13-9所示，转换后的效果如图13-10所示。

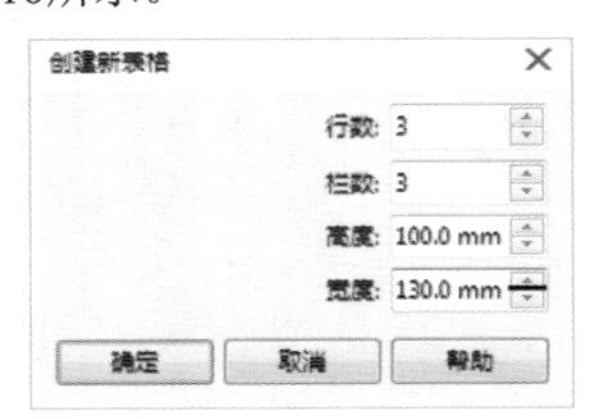

图13-7

图13-8

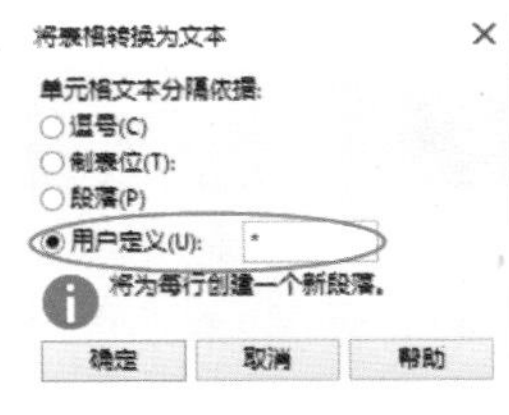

图13-9

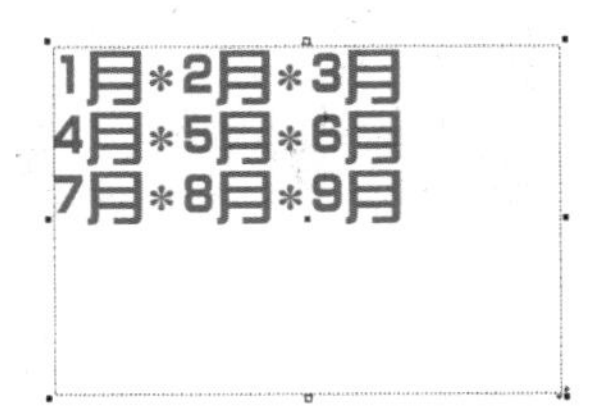

图13-10

技巧与提示

在表格的单元格中输入文本，可以使用“表格工具”单击该单元格，当单元格中显示一个文本插入点时，即可输入文本，如图13-11所示；也可以使用“文本工具”单击该单元格，当单元格中显示一个文本插入点和文本框时，即可输入文本，如图13-12所示。

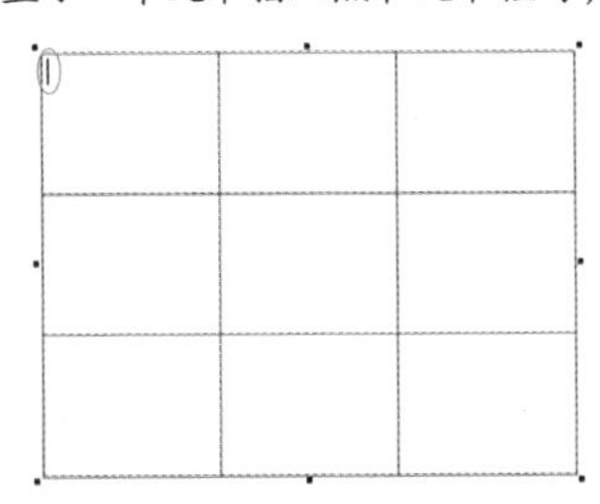

图13-11

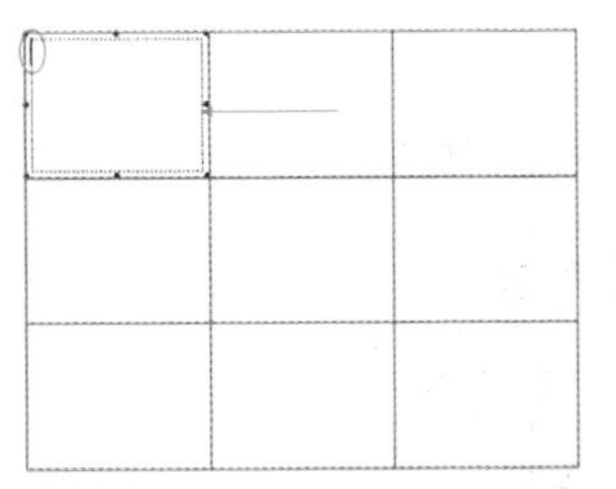

图13-12

13.2.2 文本转换为表格

选中前面转换的文本，然后执行“表格>文本转换为表格”菜单命令，弹出“将文本转换表格”对话框，接着勾选“用户定义”选项，再输入符号“*”，最后单击“确定”按钮，如图13-13所示，转换后的效果如图13-14所示。

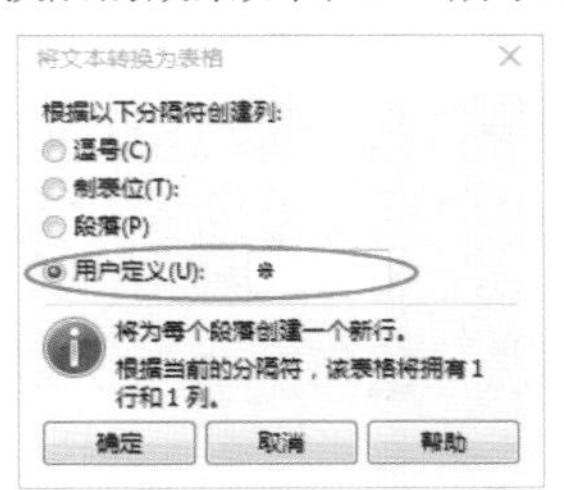

图13-13

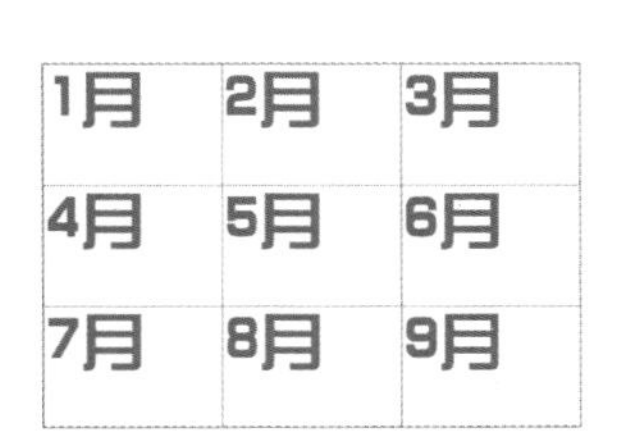

图13-14

13.3 表格设置

创建完表格以后，我们可以对表格的行数、列数以及单元格属性等进行设置，以满足实际工作的需求。

13.3.1 表格属性设置

“表格工具”的属性栏如图13-15所示。

图13-15

表格工具属性栏参数介绍

行数和列数：设置表格的行数和列数。

背景：设置表格背景的填充颜色，如图13-16所示，填充效果如图13-17所示。

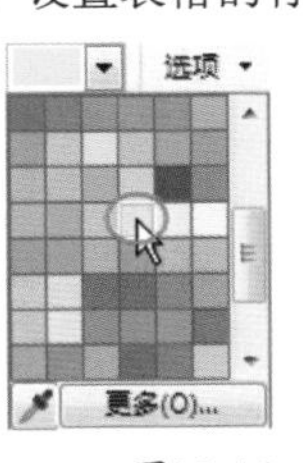

图13-16

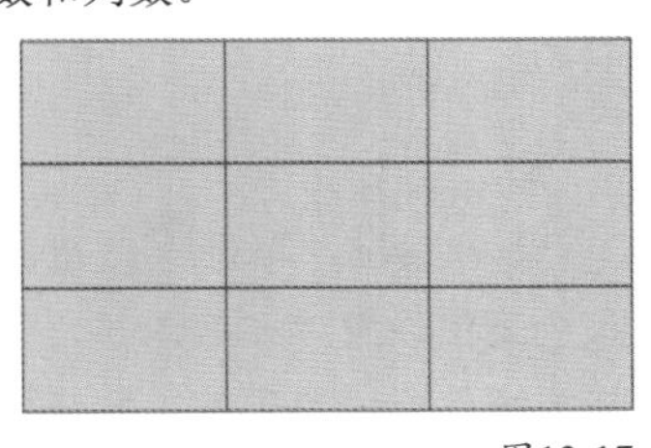

图13-17

编辑颜色：单击该按钮可以打开“均匀填充”对话框，在该对话框中可以对已填充的颜色进行设置，也可以重新选择颜色为表格背景填充，如图13-18所示。

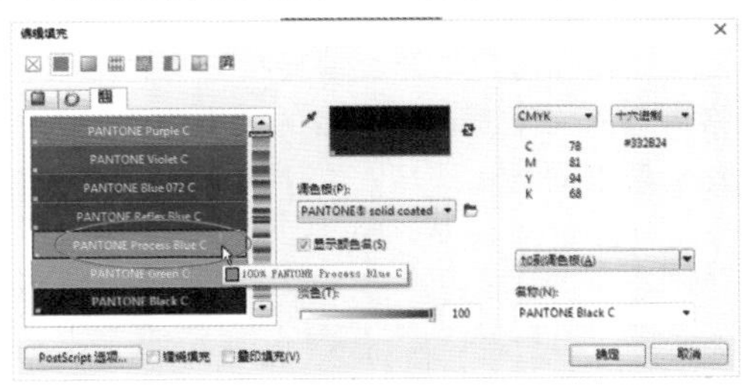

图13-18

边框：用于调整显示在表格内部和外部的边框。单击该按钮，可以在下拉列表中选择所要调整的表格边框（默认为外部），如图13-19所示。

轮廓宽度：单击该选项按钮，可以在打开的列表中选择表格的轮廓宽度，也可以在该选项的数值框中输入数值，如图13-20所示。

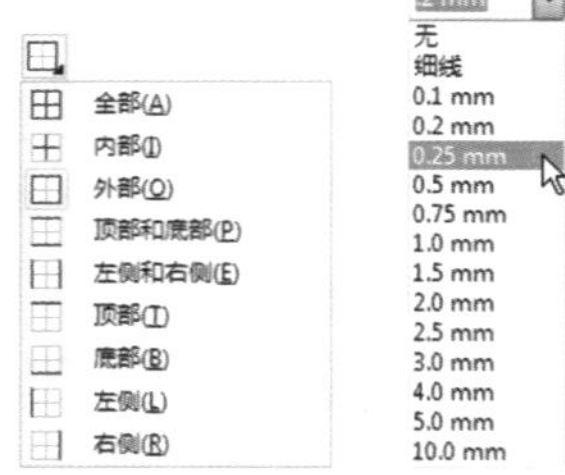

图13-19 图13-20

轮廓颜色：单击该按钮，可以在打开的颜色挑选器中选择一种颜色作为表格的轮廓颜色，如图13-21所示，设置后的效果如图13-22所示。

轮廓笔：双击状态栏下的轮廓笔工具，打开“轮廓笔”对话框，在该对话框中可以设置表格轮廓的各种属性，如图13-23所示。

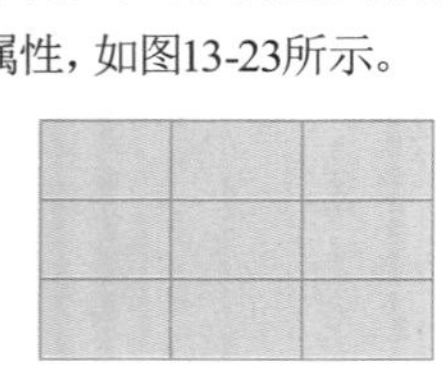

图13-21 图13-22 图13-23

技巧与提示

打开“轮廓笔”对话框，可以在“样式”选项的列表中为表格的轮廓选择不同的线条样式，拖曳右侧的滚动条可以显示列表中隐藏的线条样式，如图13-24所示，选择线条样式后，单击“确定”按钮，即可将该线条样式设置为表格轮廓的样式，如图13-25所示。

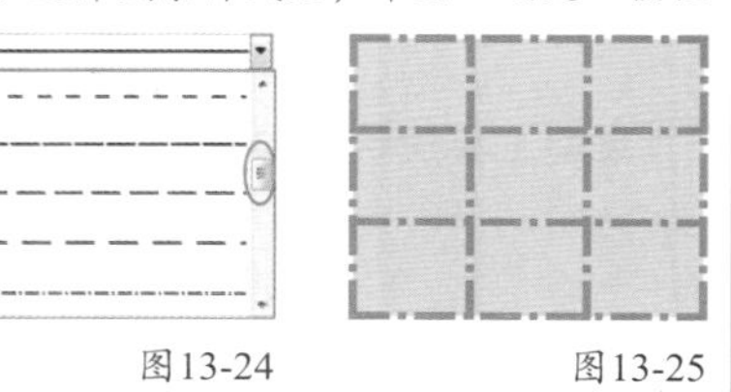
图13-24 图13-25

选项：单击该按钮，可以在下拉列表中设置“在键入时自动调整单元格大小”或“单独的单元格边框”，如图13-26所示。

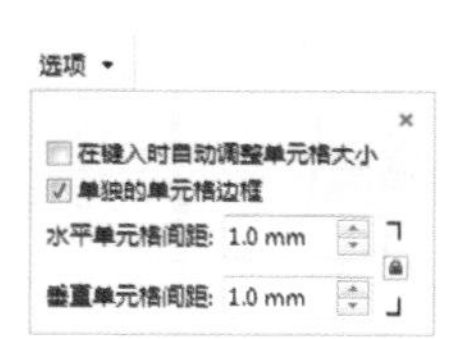

图13-26

在键入时自动调整单元格大小：勾选该选项后，在单元格内输入文本时，单元格的大小会随输入的文字的多少而变化。若不勾选该选项，文字输入满单元格时，继续输入的文字会被隐藏。

单独的单元格边距：勾选该选项，可以在“水平单元格间距”和“垂直单元格间距”的数值框中设置单元格间的水平距离和垂直距离，如图13-27所示。

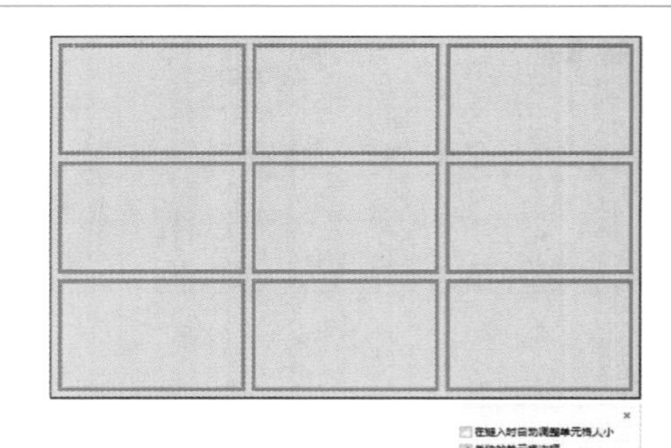
图13-27

★重点★

实战：绘制明信片

实例位置 下载资源>实例文件>CH13>实战：绘制明信片.cdr
素材位置 下载资源>素材文件>CH13>01.jpg、02.jpg
视频位置 下载资源>多媒体教学>CH13>实战：绘制明信片.flv
实用指数 ★★★★
技术掌握 表格工具的使用方法

明信片效果如图13-28所示。

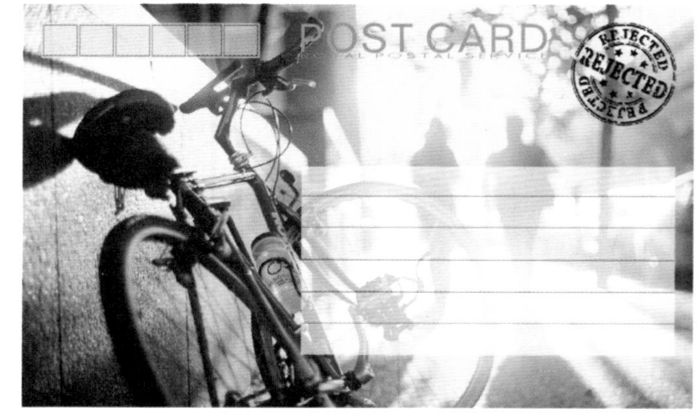

图13-28

01 新建一个空白文档，然后设置文档名称为“明信片”，接着设置“宽度”为296mm、“高度”为185mm。

02 双击“矩形工具”创建一个与页面重合的矩形，然后导入下载资源中的“素材文件>CH13>01.jpg”文件，如图13-29所示。

03 单击“表格工具”，然后在属性栏上设置“行数和列数”为1和6，接着在页面左上方绘制出表格，设置“背景色”为（C:0，M:0，Y:0，K:20）、“边框选择”为“无”，再单击“选项”下拉菜单，勾选“单独的单元格边框”，效果如图13-30所示。

图13-29 图13-30

04 选中表格，然后单击“透明度工具”，在属性栏上设置“透明度类型”为“均匀透明度”、“透明度”为30，效果如图13-31所示。

05 单击“表格工具”，然后在属性栏上设置“行数和列数”为6和1，接着在页面左上方绘制出表格，设置“背景色”为白色、“边框”为“无”，如图13-32所示。

图13-31

图13-32

06 选中表格，然后单击“透明度工具”，在属性栏上设置“透明度类型”为“均匀透明度”、“透明度”为30，接着适当调整位置，效果如图13-33所示。

07 导入下载资源中的“素材文件>CH13>02.cdr”文件，然后放置在页面右上方，接着适当调整位置，效果如图13-34所示。

图13-33

图13-34

08 使用“文本工具”输入美术文本，然后在属性栏上设置“字体”为Folio Bk BT、“字体大小”为50pt，接着填充颜色为（C:0，M:60，Y:100，K:0），效果如图13-35所示。

09 使用“文本工具”在前面输入的文本下方输入美术文本，然后在属性栏上设置“字体”为AF TOMMY HIFIGER、“字体大小”为8pt，接着设置颜色为（C:0，M:60，Y:100，K:0），最终效果如图13-36所示。

图13-35

图13-36

★ 重 点 ★

实战：绘制梦幻信纸

实例位置 下载资源>实例文件>CH13>实战：绘制梦幻信纸.cdr
素材位置 下载资源>素材文件>CH13>03.jpg、04.cdr
视频位置 下载资源>多媒体教学>CH13>实战：绘制梦幻信纸.flv
实用指数 ★★★★☆
技术掌握 表格工具的使用方法

信纸效果如图13-37所示。

图13-37

01 新建一个空白文档，然后设置文档名称为“信纸”，接着设置“宽度”为210mm、“高度”为297mm。

02 导入下载资源中的“素材文件>CH13>03.jpg”文件，然后放置在页面内与页面重合，如图13-38所示。

03 导入下载资源中的“素材文件>CH13>04.cdr”文件，然后拖曳到页面右上方的位置，接着单击“透明度工具”，设置“透明度类型”为“无”、“合并模式”为“乘”，效果如图13-39所示。

图13-38

图13-39

04 单击“矩形工具”绘制一个矩形，然后填充颜色为（C:20，M:0，Y:0，K:20），如图13-40所示。

05 选中矩形，然后单击“透明度工具”，设置“透明度类型”为“均匀透明度”、“透明度”为60，效果如图13-41所示。

图13-40

图13-41

06 单击“表格工具”，然后在属性栏上设置“行数和列数”为13和1，接着在页面上绘制出表格，再设置“背景色”为“无”、“边框”为“无”，如图13-42所示。

图13-42

07 执行“文本>插入字符”菜单命令，打开“插入字符”泊坞窗，然后设置“字体”为Dingbats1、接着在字符列表中单击需要的字符，再单击“复制”按钮，如图13-43所示，最后调整大小插入的字符如图13-44所示。

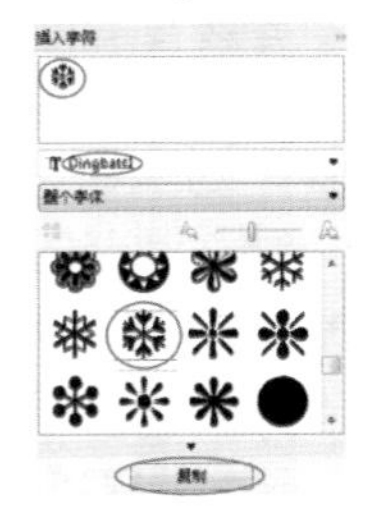

图13-43

图13-44

08 选中前面插入的雪花字符，然后复制多个，接着调整为不同大小，散布在页面右侧，再全部填充轮廓线为（C:100，M:88，Y:57，K:17）、“轮廓宽度”为0.25mm，效果如图13-45所示。

09 使用“文本工具”在页面内输入美术文本，然后在属性栏上设置“字体”为AF TOMMY HIFIGER、“字体大小”为31pt，接着填充颜色为（C:100，M:88，Y:57，K:17），最后适当调整位置，最终效果如图13-46所示。

图13-45

图13-46

13.2.2 选择单元格

当使用“表格工具”选中表格时，移动光标到要选择的单元格中，待光标变为加号形状时，单击鼠标左键即可选中该单元格，如果拖曳光标可将光标经过的单元格按行、按列选择，如图13-47所示；如果表格不处于选中状态，可以使用“表格工具”单击要选择的单元格，然后按住鼠标左键拖曳光标至表格右下角，即可选中所在单元格（如果拖曳光标至其他单元格，即可将光标经过的单元格按行、按列选择）。

当使用“表格工具”选中表格时，移动光标到表格左侧，待光标变为箭头形状时，单击鼠标左键，即可选中当行单元格，如图13-48所示，如果按住左键拖曳，可将光标经过的单元格按行选择。

移动光标到表格上方，待光标变为向下的箭头时，单击鼠标左键，即可选中当列单元格，如图13-49所示，如果按住左键拖曳，可将光标经过的单元格按列选择。

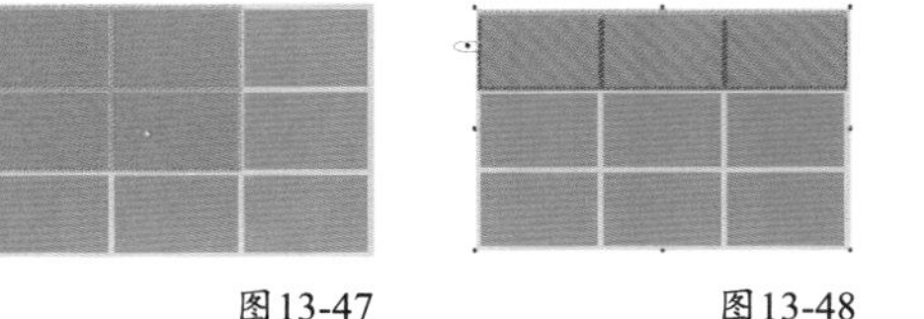

图13-47　图13-48　图13-49

疑难问答

问：还有其他方法选择单元格吗？

答：执行“表格>选择”菜单命令，可以观察到该菜单列表中的各种选择命令，如图13-50所示，分别执行该列表中的各项命令可以进行不同的选择（要注意的是，在执行“选择”菜单命令之前，必须要选中表格或单元格，该命令才可用）。

图13-50

13.3.3 单元格属性栏设置

选中单元格后，“表格工具”的属性栏如图13-51所示。

图13-51

表格工具属性栏选项介绍

页边距：指定所选单元格内的文字到4个边的距离。单击该按钮，弹出如图13-52所示的设置面板，单击中间的按钮，即可以对其他3个选项进行不同的数值设置，如图13-53所示。

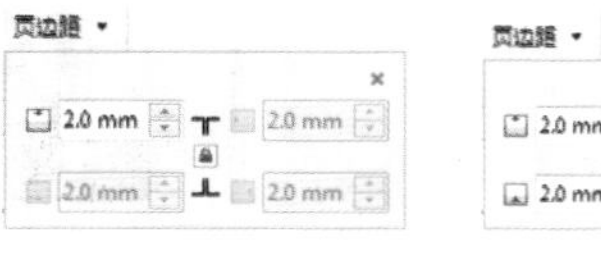

图13-52

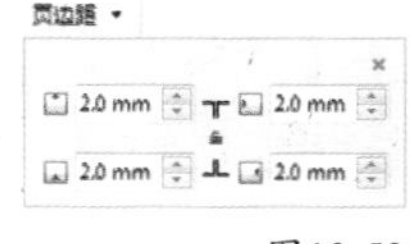

图13-53

合并单元格：单击该按钮，可以将所选单元格合并为一个单元格。

水平拆分单元格：单击该按钮，弹出“拆分单元格”对话框，选择的单元格将按照该对话框中设置的行数进行拆分，如图13-54所示，效果如图13-55所示。

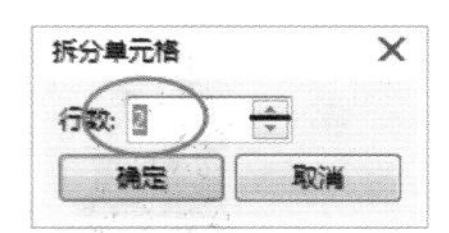

图13-54

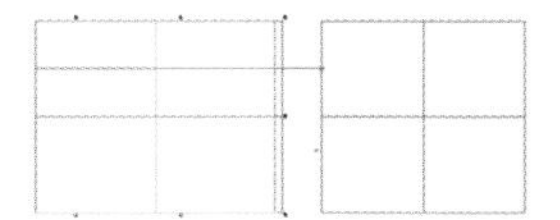

图13-55

垂直拆分单元格 ：单击该按钮，弹出“拆分单元格”对话框，选择的单元格将按照该对话框中设置的行数进行拆分，如图13-56所示，效果如图13-57所示。

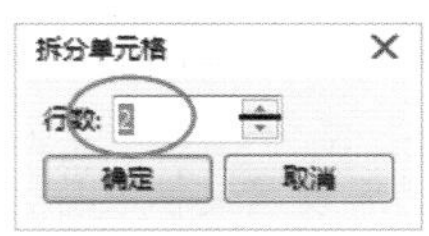

图13-56

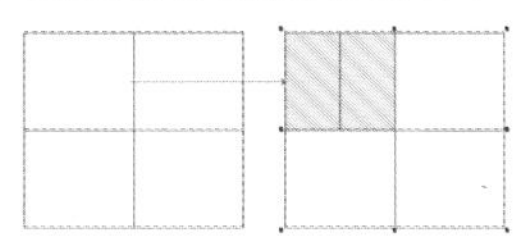

图13-57

撤销合并 ：单击该按钮，可以将当前单元格还原为没合并之前的状态（只有选中合并过的单元格，该按钮才可用）。

实战：绘制日历卡片

实例位置 下载资源>实例文件>CH13>实战：绘制日历卡片.cdr
素材位置 下载资源>素材文件>CH13>05.cdr~08.cdr
视频位置 下载资源>多媒体教学>CH13>实战：绘制日历卡片.flv
实用指数 ★★★★☆
技术掌握 表格工具的使用方法

日历卡片效果如图13-58所示。

图13-58

01 新建一个空白文档，然后设置文档名称为“日历卡片”，接着设置“宽度”为210mm、“高度”为230mm。

02 双击“矩形工具” 创建一个与页面重合的矩形，然后填充颜色为（C:7，M:0，Y:9，K:0），接着去除轮廓，如图13-59所示。

03 使用“文本工具” 输入美术文本，然后在属性栏上设置“字体”为BauerBodni Blk BT、“字体大小”为59pt，接着填充颜色为（C:0，M:0，Y:0，K:90），再放置在页面上方，最后适当拉长，效果如图13-60所示。

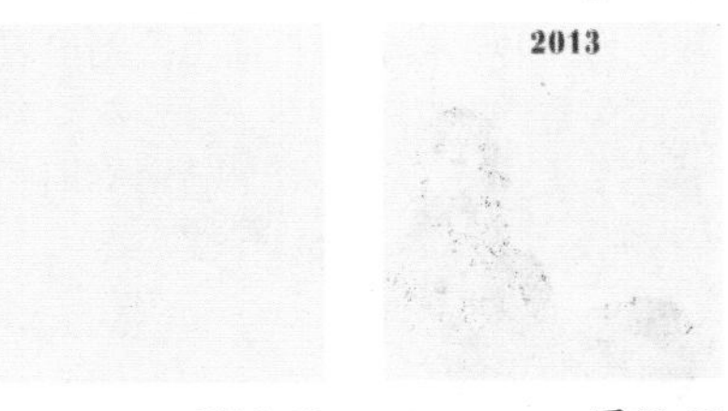

图13-59　　图13-60

04 导入下载资源中的“素材文件>CH13>05.cdr”文件，然后适当调整大小，接着放置在文本的左侧，如图13-61所示。

05 导入下载资源中的“素材文件>CH13>06.cdr”文件，然后适当调整大小，接着放置在页面右侧，如图13-62所示。

图13-61　　图13-62

06 使用“文本工具” 输入段落文本，然后在属性栏上设置“字体”为Arial，再设置第1行文本的“字体大小”为12pt、第2行文本的“字体大小”为8pt、剩余文本的“字体大小”为7pt，接着填充第1列文本（不包括第1行）为红色（C:2，M:100，Y:100，K: 0），效果如图13-63所示。

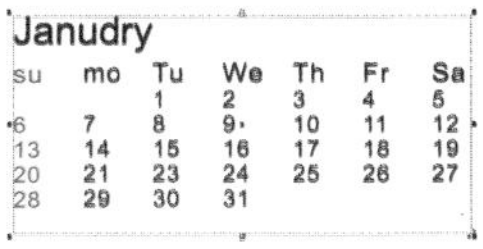

图13-63

07 选中文本，然后执行“表格>文本转换为表格”菜单命令，弹出“将文本转换为表格”对话框，接着勾选“制表位”选项，最后单击“确定”按钮 ，如图13-64所示，转换后的表格如图13-65所示。

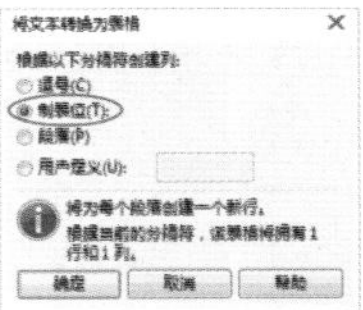

图13-64 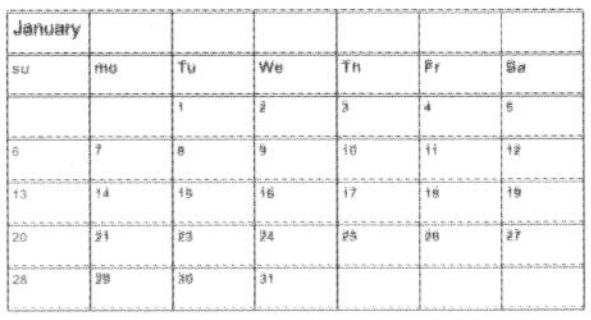　　图13-65

08 使用“表格工具” 选中表格中的第1行单元格，然后在属性栏上单击“合并单元格”按钮 ，效果如图13-66所示。

09 使用“表格工具” 选中表格中的所有单元格，然后单击属性栏上的“页边距”按钮 ，接着在打开的面板中单击 按钮，再设置文本页边距均为0mm，最后单击 按钮，如图13-67所示，适当调整表格大小。

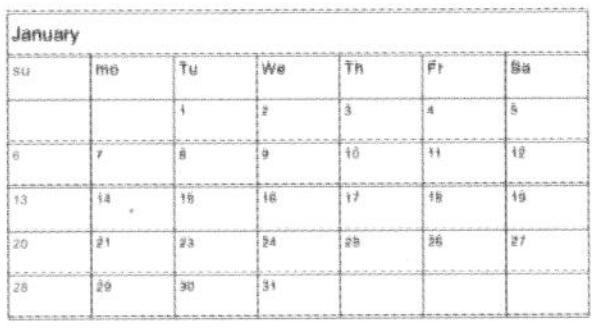

图13-66 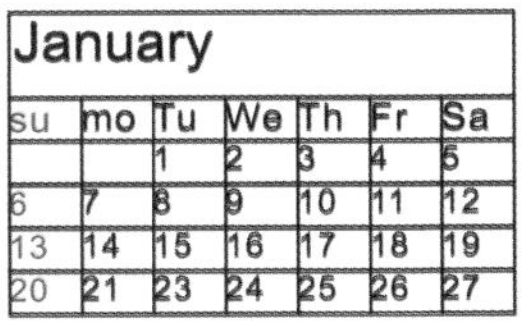　　图13-67

10 使用“文本工具” 单击表格中的第1个单元格，然后使用“形状工具” 调整该单元格中文本的位置，接着使用“选择工具” 适当调整表格大小，效果如图13-68所示。

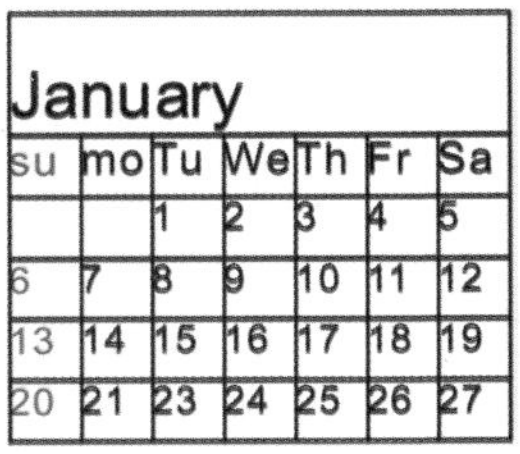

图13-68

11 使用“表格工具”选中前面绘制的表格，然后在属性栏上单击“边框选择”按钮，在打开的列表中选择“全部”，如图13-69所示，接着设置“轮廓宽度”为“无”。

January

su	mo	Tu	We	Th	Fr	Sa
		1	2	3	4	5
6	7	8	9	10	11	12
13	14	15	16	17	18	19
20	21	23	24	25	26	27

图13-69

技巧与提示

在该案例中，使用多个表格会影响系统的反应和操作速度，此时可以按Ctrl+Q组合键将表格转换为曲线，然后删除转曲后的表格。

12 按照以上的方法制作出其他文本的表格，然后放置在页面上方，接着分别选中每个表格按Ctrl+Q组合键转换为曲线，效果如图13-70所示。

13 导入下载资源中的“素材文件>CH13>07.cdr”文件，然后放置在页面的左侧，如图13-71所示。

图13-70

图13-71

14 导入下载资源中的“素材文件>CH13>08.cdr”文件，然后放置在页面下方，最终效果如图13-72所示。

图13-72

★重点★

实战：绘制时尚日历

实例位置　下载资源>实例文件>CH13>实战：绘制时尚日历.cdr
素材位置　下载资源>素材文件>CH13>09.jpg、10.jpg、11.cdr
视频位置　下载资源>多媒体教学>CH13>实战：绘制时尚日历.flv
实用指数　★★★★☆
技术掌握　表格工具的使用方法

日历效果如图13-73所示。

图13-73

01 新建一个空白文档，然后设置文档名称为“日历”，接着设置“宽度”为297mm、“高度”为183mm。

02 导入下载资源中的“素材文件>CH13>09.jpg”文件，然后拖曳到页面上，接着适当调整位置，效果如图13-74所示。

03 导入下载资源中的“素材文件>CH13>10.jpg”文件，然后拖曳到页面下方，接着适当调整位置，再接着选中素材文件，单击“透明度工具”，设置“透明度类型”为“无”、“合并模式”为“如果更亮”，效果如图13-75所示。

图13-74

图13-75

04 导入下载资源中的“素材文件>CH13>11.cdr”文件，然后拖曳到页面右侧，并适当调整位置，如图13-76所示，接着向外复制一份，调整大小和位置，再填充颜色为（C:0，M:63，Y:0，K:0），效果如图13-77所示。

图13-76

图13-77

05 使用“文本工具”输入美术文本，然后设置“字体”为TPF Quackery、“字体大小”为39pt，接着填充颜色为（C:0，M:100，Y:0，K:0），如图13-78所示。

06 单击“表格工具”，然后在属性栏上设置“行数和列数”为6和7，接着在页面上绘制出表格，如图13-79所示。

图13-78

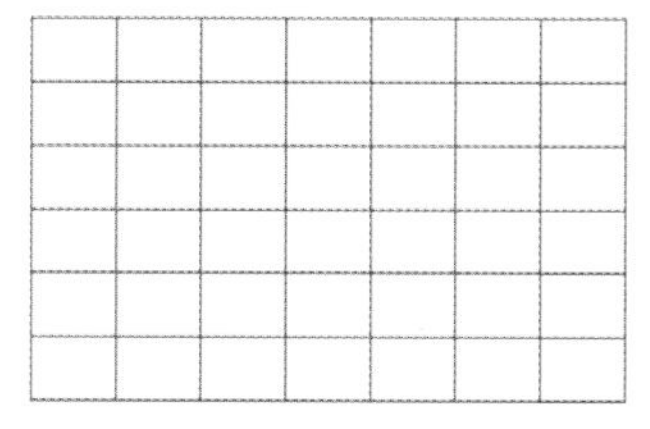

图13-79

07 使用“文本工具”字在表格内单击输入美术文本，然后设置第一行“字体”为AVGmdBU、“字体大小”为12pt，剩余文本的“字体”为Busorama Md BT、“字体大小”为12pt，如图13-80所示，接着选中表格按Ctrl+Q组合键转换为曲线，再将表格框删除，如图13-81所示，最后填充颜色为（C:0，M:100，Y:0，K:0），并适当调整位置，最终效果如图13-82所示。

Su	Mo	Tu	We	Th	Fr	Sa
		1	2	3	4	5
6	7	8	9	10	11	12
13	14	15	16	17	18	19
20	21	22	23	24	25	26
27	28	29	30	31		

图13-80

Su	Mo	Tu	We	Th	Fr	Sa
			2	3	4	5
6	7	8	9	10	11	12
13	14	15	16	17	18	19
20	21	22	23	24	25	26
27	28	29	30	31		

图13-81

图13-82

13.4 表格操作

创建完表格以后，我们可以对表格进行更深入的操作，如插入行和列、删除单元格及填充表格等。

13.4.1 插入命令

选中任意一个单元格或多个单元格，然后执行“表格>插入”菜单命令，可以观察到在“插入”菜单命令的列表中有多种插入方式，如图13-83所示。

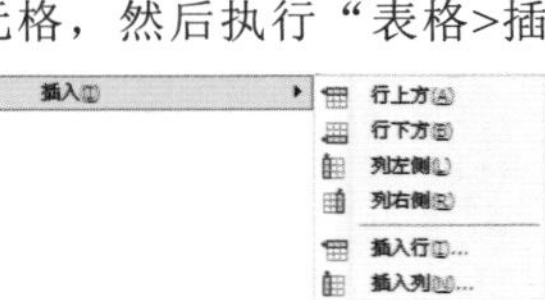

图13-83

行上方

选中任意一个单元格，然后执行“表格>插入>行上方”菜单命令，可以在所选单元格的上方插入行，并且插入的行与所选单元格所在的行属性相同（例如：填充颜色、轮廓宽度、高度和宽度等），如图13-84所示。

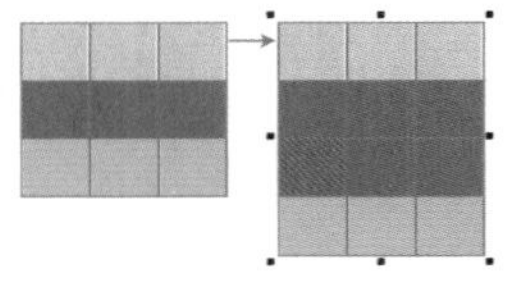

图13-84

行下方

选中任意一个单元格，然后执行“表格>插入>行下方”菜单命令，可以在所选单元格的下方插入行，并且插入的行与所选单元格所在的行属性相同，如图13-85所示。

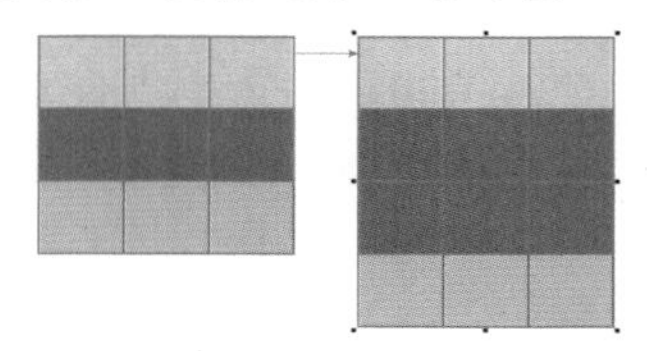

图13-85

列左侧

选中任意一个单元格，然后执行“表格>插入>列左侧”菜单命令，可以在所选单元格的左侧插入列，并且插入的列与所选单元格所在的列属性相同，如图13-86所示。

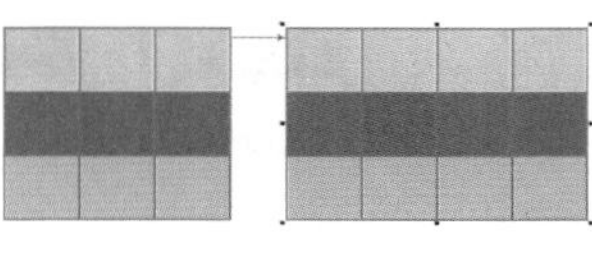

图13-86

列右侧

选中任意一个单元格，然后执行“表格>插入>列右侧”菜单命令，可以在所选单元格的右侧插入列，并且所插入的列与所选单元格所在的列属性相同，如图13-87所示。

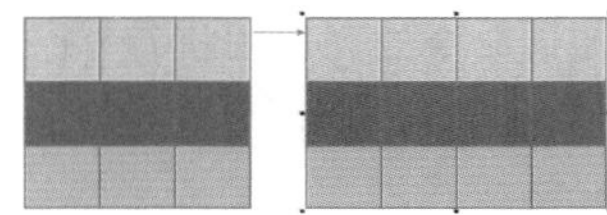

图13-87

插入行

选中任意一个单元格，然后执行“表格>插入>插入行”菜单命令，弹出“插入行”对话框，接着设置相应的“行数”，再勾选“在选定行上方”或“在选定行下方”，最后单击“确定”按钮 确定 ，如图13-88所示，即可插入行，如图13-89所示。

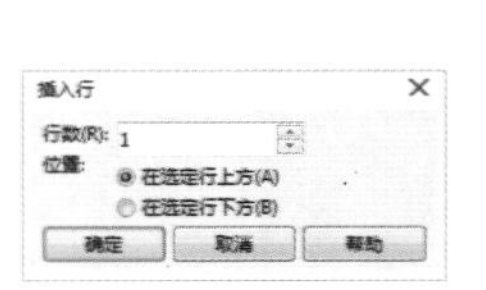

图13-88

图13-89

插入列

选中任意一个单元格，然后执行“表格>插入>插入列”菜单命令，弹出“插入列”对话框，接着设置相应的“栏数”，再勾选“在选定列左侧”或“在选定列右侧”，最后单击“确定”按钮 确定 ，如图13-90所示，即可插入列，如图13-91所示。

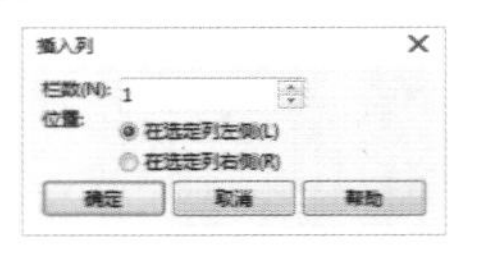

图13-90

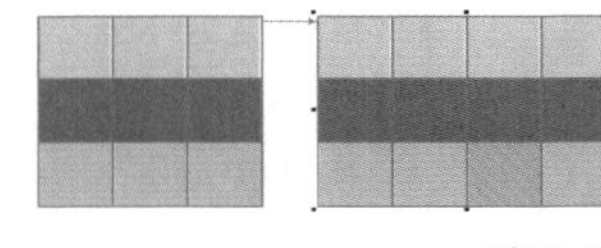

图13-91

疑难问答

问：选中多个单元格执行"插入"命令是什么效果？

答：选中多个单元格时，执行"插入行"菜单命令，会在选中的单元格上方或是下方插入与所选单元格相同行数的行，并且插入行的其他属性（填充颜色、轮廓宽度等）与邻近的行相同，如图13-92所示。

选中多个单元格时，执行"插入列"菜单命令，会在选中的单元格左侧或是右侧插入与所选单元格相同列数的列，并且插入列的其他属性与邻近的列相同，如图13-93所示。

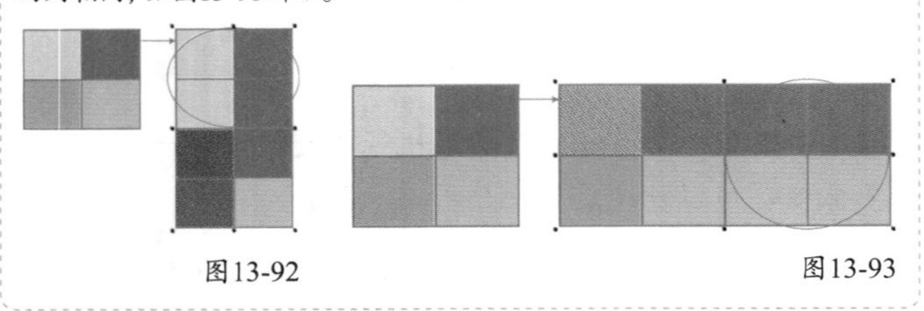

图13-92　　图13-93

13.4.2 删除单元格

要删除表格中的单元格，可以使用"表格工具"将要删除的单元格选中，然后按Delete键，即可删除；也可以选中任意一个单元格或多个单元格，然后执行"表格>删除"菜单命令，在该命令的列表中执行"行"、"列"或"表格"菜单命令，如图13-94所示，即可对选中单元格所在的行、列或表格进行删除。

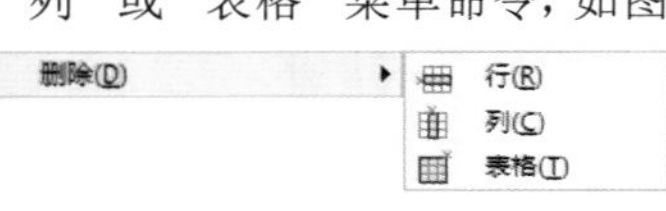

图13-94

13.4.3 移动边框位置

当使用"表格工具"选中表格时，移动光标至表格边框，待光标变为垂直箭头↕或水平箭头↔时，按住鼠标左键拖曳，可以改变该边框的位置，如图13-95所示；如果将光标移动到单元格边框的交叉点上，待光标变为倾斜箭头↖时，按住鼠标左键拖曳，可以改变交叉点上两条边框的位置，如图13-96所示。

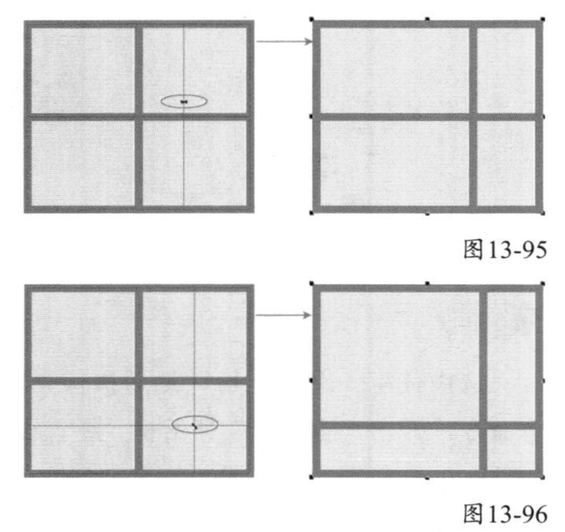

图13-95

图13-96

13.4.4 分布命令

当表格中的单元格大小不一时，可以使用分布命令对表格中的单元格进行调整。

使用"表格工具"选中表格中所有的单元格，然后执行"表格>分布>行均分"菜单命令，即可将表格中的所有分布不均的行调整为均匀分布，如图13-97所示；如果执行"表格>分布>列均分"菜单命令，即可将表格中的所有分布不均的列调整为均匀分布，如图13-98所示。

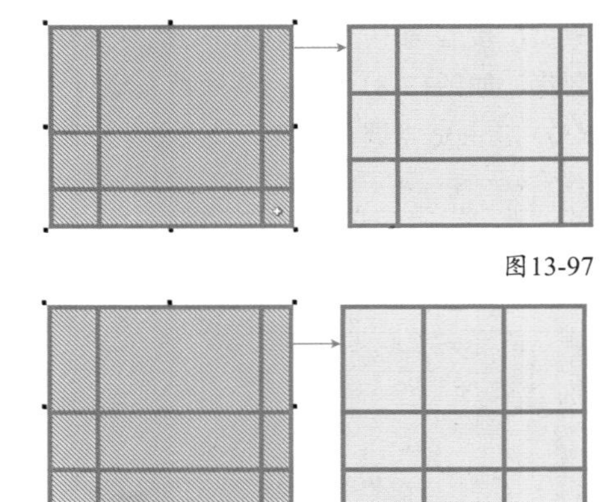

图13-97

图13-98

技巧与提示

在执行表格的"分布"菜单命令时，选中的单元格行数和列数必须要在两个或两个以上，"行均分"和"列均分"菜单命令才可以同时执行。如果选中的多个单元格中只有一行，则"行均分"菜单命令不可用；如果选中的多个单元格中只有一列，则"列均分"菜单命令不可用。

13.4.5 填充表格

填充单元格

使用"表格工具"选中表格中的任意一个单元格或整个表格，然后在调色板上单击鼠标左键，即可为选中单元格或整个表格填充单一颜色，如图13-99所示；也可以双击状态栏下的"填充工具"，打开不同的填充对话框，然后在相应的对话框中为所选单元格或整个表格填充单一颜色、渐变颜色、位图或底纹图样，如图13-100~图13-103所示。

图13-99

图13-100

图13-101

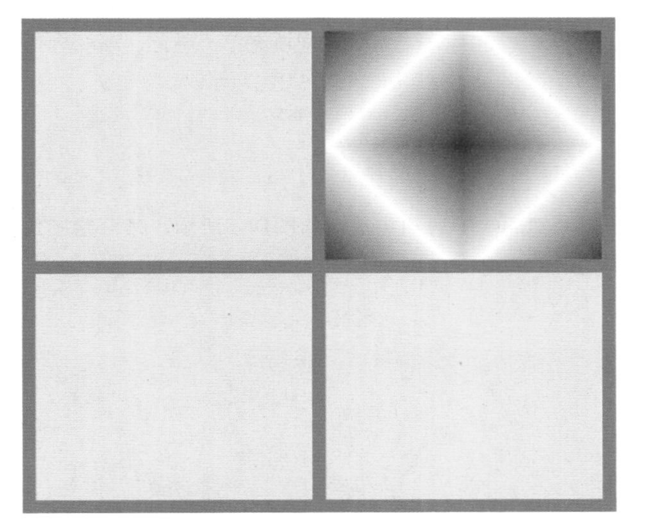

图13-102

图13-103

填充表格轮廓

填充表格的轮廓颜色除了通过属性栏设置，还可以通过调色板进行填充。首先使用“表格工具”选中表格中的任意一个单元格（或整个表格），然后在调色板中单击鼠标右键，即可为选中单元格（或整个表格）的轮廓填充单一颜色，如图13-104所示。

图13-104

第14章 综合实例：插画设计篇

Learning Objectives 学习要点

Employment direction 从业方向

版面设计

插画设计

服装设计

平面设计

品牌设计

产品设计

14.1 综合实例：精通卡通人物设计

- 实例位置：下载资源>实例文件>CH14>综合实例：精通卡通人物设计.cdr
- 素材位置：下载资源>素材文件>CH14>01.jpg
- 视频位置：下载资源>多媒体教学>CH14>综合实例：精通卡通人物设计.flv
- 实用指数：★★★★☆
- 技术掌握：卡通插画的制作方法

卡通人物效果如图14-1所示。

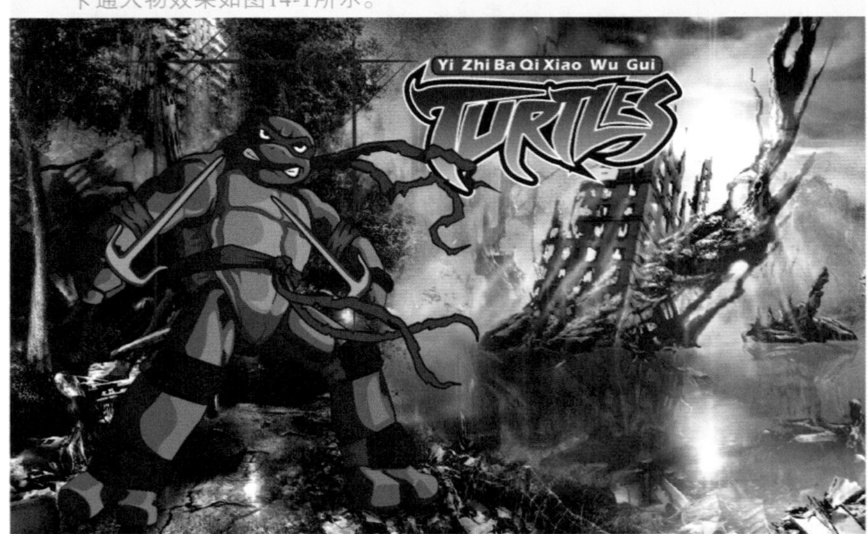

图14-1

01 新建一个空白文档，然后设置文档名称为“角色插画”，接着设置页面大小“宽”为260mm、“高”为200mm。

02 首先绘制角色的基本造型。使用“钢笔工具”绘制角色的身体，如图14-2所示，然后绘制左边的手臂，再复制到另一边，如图14-3和图14-4所示。

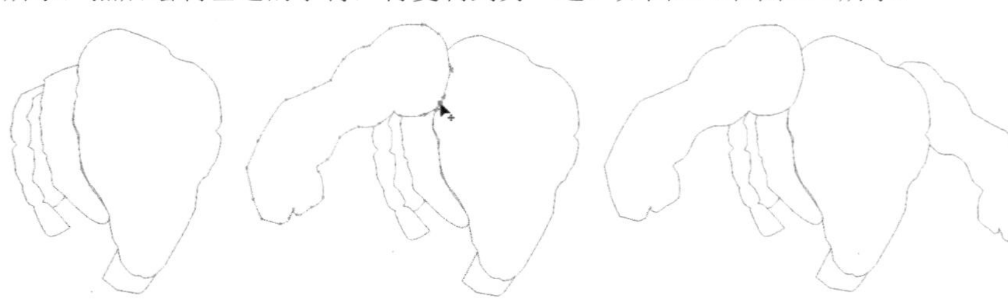
图14-2 图14-3 图14-4

03 调整手臂的位置，然后绘制肩和头部，如图14-5所示，接着绘制角色的腿部，并调整位置，如图14-6所示。

图14-5 图14-6

04 选中角色露出龟壳的部分，然后填充颜色为（C:64，M:48，Y:100，K:5），如图14-7所示，接着由胸前到后面依次填充龟壳的颜色为（C:33，M:42，Y:100，K:0）、（C:64，M:58，Y:100，K:17）、（C:75，M:65，Y:100，K:44）、（C:84，M:75，Y:96，K:67），如图14-8所示。

图14-7

图14-8

05 选中角色基本结构的轮廓，然后设置“轮廓宽度”为1mm、颜色为黑色，如图14-9所示，接着使用“钢笔工具”绘制四肢的关节护腕，再由深到浅依次填充颜色为（C:80，M:71，Y:98，K:58）、（C:65，M:68，Y:84，K:33），最后设置“轮廓宽度”为1mm，效果如图14-10所示。

图14-9

图14-10

06 使用“钢笔工具”绘制阴影，如图14-11所示，然后填充颜色为（C:82，M:66，Y:96，K:49），再去掉轮廓线，接着将阴影排放在护腕下面，效果如图14-12所示。

图14-11

图14-12

07 使用“钢笔工具”绘制角色的结构线，然后设置“轮廓宽度”为1mm，如图14-13所示，接着绘制角色的脚趾，填充颜色为（C:64，M:48，Y:100，K:5），再去掉轮廓线，如图14-14所示。

图14-13

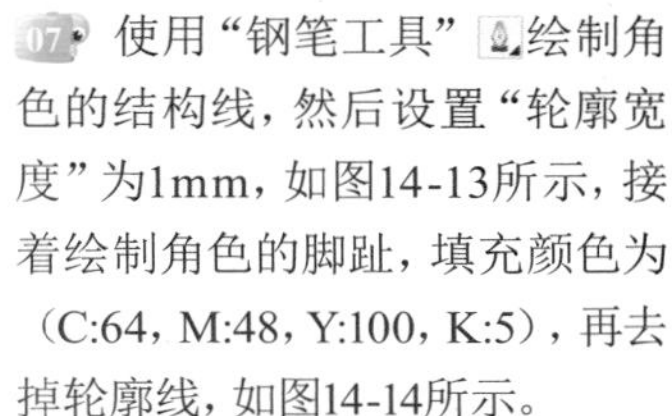

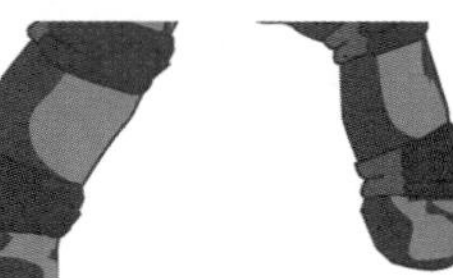
图14-14

08 使用“钢笔工具”绘制暗部区域，然后填充颜色为（C:84，M:69，Y:100，K:59），接着绘制下半身的高光区域，填充颜色为（C:49，M:32，Y:93，K:0），最后去掉轮廓线，如图14-15所示。

09 使用“钢笔工具”绘制上半身的高光区域，然后填充颜色为（C:43，M:22，Y:96，K:0），再右键去掉轮廓线，如图14-16所示。

图14-15

图14-16

10 下面绘制龟壳的细节。使用“钢笔工具”绘制龟壳上的块面间隙，然后填充颜色为（C:66，M:60，Y:100，K:22），如图14-17所示，接着绘制胸部与侧面结合处的阴影，再填充颜色为（C:71，M:65，Y:100，K:39），最后全选去掉轮廓线，如图14-18所示。

图14-17

图14-18

11 绘制龟壳前胸的高光，然后填充颜色为（C:23，M:31，Y:82，K:0），再去掉轮廓线，如图14-19所示，接着绘制护腕的高光和阴影区域，填充高光颜色为（C:58，M:61，Y:75，K:11）、填充阴影区域颜色为（C:68，M:74，Y:93，K:48），如图14-20和图14-21所示。

图14-19　图14-20　图14-21

12 绘制护腕正面的阴影区域，然后填充颜色为（C:85，M:78，Y:87，K:67），再去掉轮廓线，如图14-22和图14-23所示。

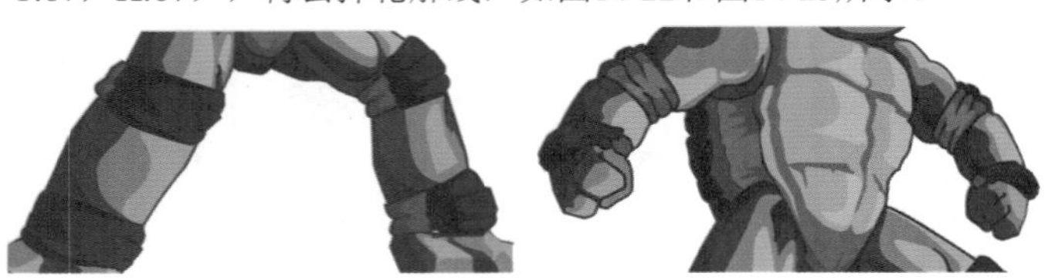

图14-22　图14-23

13 下面绘制腰带和眼罩。使用“钢笔工具”绘制腰带和眼罩的轮廓，然后填充颜色为（C:45，M:97，Y:93，K:15），再设置“轮廓宽度”为1mm，如图14-24所示，接着绘制阴影区域，填充颜色为（C:62，M:97，Y:91，K:571），并去掉轮廓线，如图14-25所示。

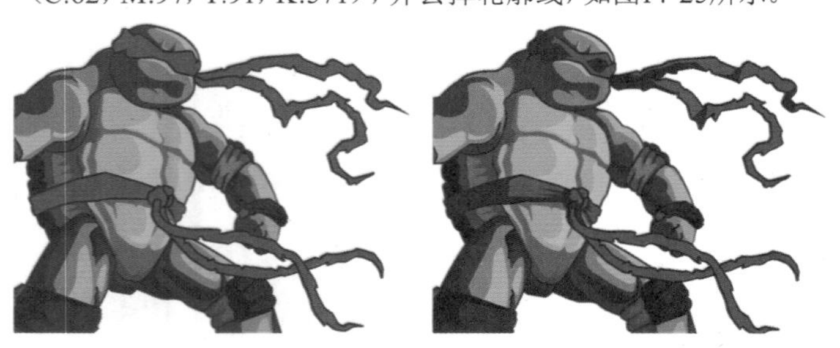

图14-24　图14-25

14 下面绘制角色的面部。使用“钢笔工具”绘制眼睛和嘴，然后填充颜色为白色，再设置嘴的“轮廓宽度”为1mm，如图14-26所示，接着绘制眼球、鼻孔、牙齿，填充颜色为黑色，如图14-27所示。

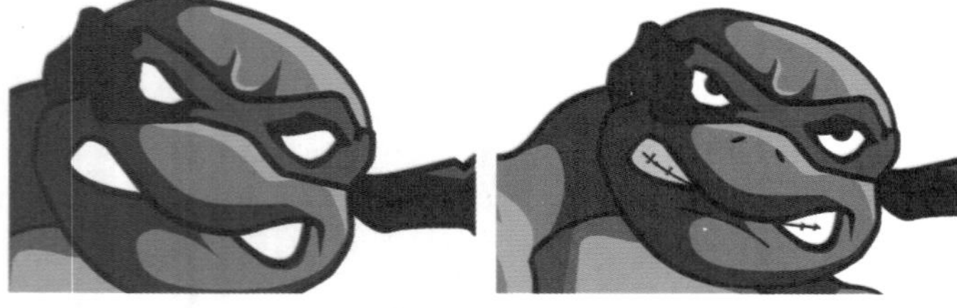

图14-26　图14-27

15 绘制龟壳上的明暗交界线，然后设置“轮廓宽度”为0.5mm、轮廓线颜色为（C:78，M:73，Y:100，K:60），如图14-28所示，接着绘制腰带上的交界线，如图14-29所示。

图14-28　图14-29

16 绘制角色的武器。使用“钢笔工具”绘制叉子，然后填充叉子颜色为（C:32，M:28，Y:27，K:0），接着填充手柄颜色为（C:67，M:74，Y:90，K:47），如图14-30所示。

17 绘制叉子的阴影，然后填充颜色为（C:76，M:69，Y:64，K:25），再去掉轮廓线，如图14-31所示，接着绘制手柄处的褶皱阴影，最后填充颜色为黑色，如图14-32所示。

图14-30　图14-31　图14-32

18 将绘制好的叉子组合对象，然后复制在另一只手中，再调整大小进行组合对象，如图14-33所示，接着使用“阴影工具”拖动阴影效果，在属性栏设置“阴影淡出”为90，效果如图14-34所示。

图14-33　图14-34

19 使用“椭圆形工具”绘制椭圆，然后填充颜色为（C:75，M:67，Y:97，K:45），再去掉轮廓线，如图14-35所示，接着将椭圆复制排放在矩形周围，如图14-36所示，最后将矩形组合对象拖曳到角色后面，如图14-37所示。

20 使用“钢笔工具”绘制标志文字，然后选中进行合并，如图14-38所示，接着在“渐变填充”对话框中设置“类型”为“线性渐变填充”、“旋转”为272.9°，再设置“节点位置”为0%的色标颜色为（C:85，M:65，Y:100，K:49）、“节点位置”为100%的色标颜色为黄色，最后单击“确定”按钮完成填充，如图14-39所示。

图14-35

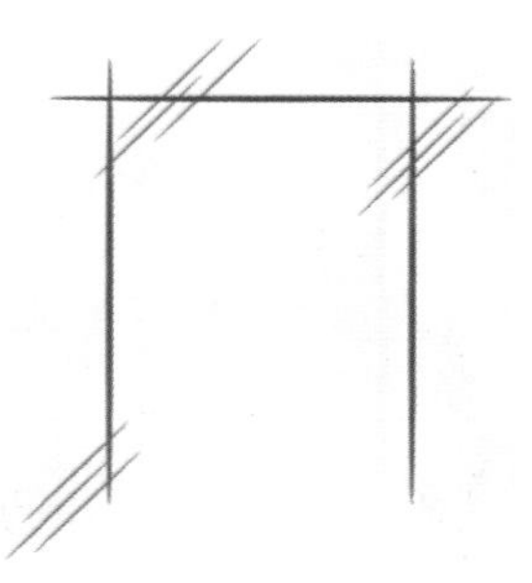

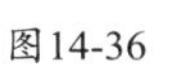

图14-36　图14-37

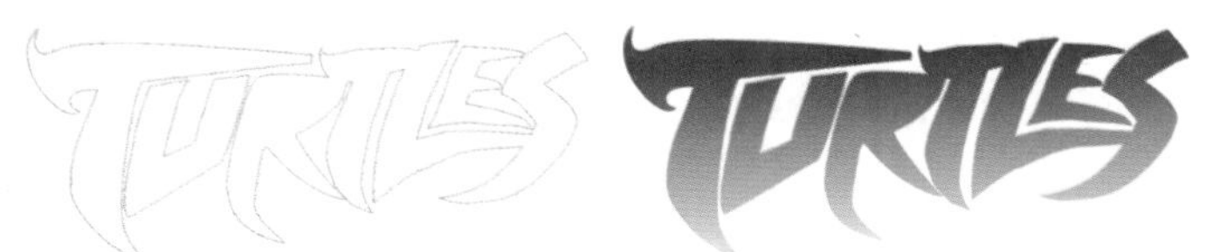

图14-38　　图14-39

21 使用“轮廓图工具”拖曳外轮廓，然后填充轮廓对象颜色为黑色，如图14-40所示，接着设置文字对象的“轮廓宽度”为1mm、颜色为白色，如图14-41所示。

图14-40　　图14-41

22 在文字上方绘制一个矩形，在属性栏设置“圆角”为2.35mm，然后填充矩形颜色为（C:45，M:99，Y:95，K:15），再设置“轮廓宽度”为1mm、颜色为（C:62，M:94，Y:89，K:57），如图14-42所示，接着使用“文本工具”输入文本，填充颜色为白色，如图14-43所示。

图14-42　　图14-43

23 导入下载资源中的“素材文件>CH14>01.jpg”文件，然后放置在页面中心，并调整人物的位置，最终效果如图14-44所示。

图14-44

14.2 综合实例：精通时尚插画设计

- 实例位置：下载资源>实例文件>CH14>综合实例：精通时尚插画设计.cdr
- 素材位置：下载资源>素材文件>CH14>02.cdr、03.cdr
- 视频位置：下载资源>多媒体教学>CH14>综合实例：精通时尚插画设计.flv
- 实用指数：★★★★☆
- 技术掌握：时尚插画的制作方法

时尚插画效果如图14-45所示。

图14-45

01 新建一个空白文档，然后设置文档名称为“时尚插画”，接着设置页面大小为A4、页面方向为“纵向”。

02 首先绘制插画场景。双击“矩形工具”创建一个与页面等大的矩形，然后在“编辑填充”对话框中设置“渐变填充”为“线性渐变填充”，再设置“节点位置”为0%的色标颜色为（C:0，M:50，Y:10，K:0）、“节点位置”为100%的色标颜色为（C:77，M:60，Y:0，K:0），接着单击“确定”按钮完成填充，如图14-46所示。

图14-46

03 使用“椭圆形工具”绘制一个圆形，然后填充颜色为白色，如图14-47所示，接着去除轮廓线，放置在页面左上方，并适当调整位置，如图14-48所示。

图14-47

图14-48

04 使用“钢笔工具”绘制背景，如图14-49所示，然后填充颜色为黑色，接着将背景放置在页面的适当位置，效果如图14-50所示。

05 导入下载资源中的“素材文件>CH14>02.cdr”文件，然后拖曳至页面左上方，接着适当调整位置，如图14-51所示。

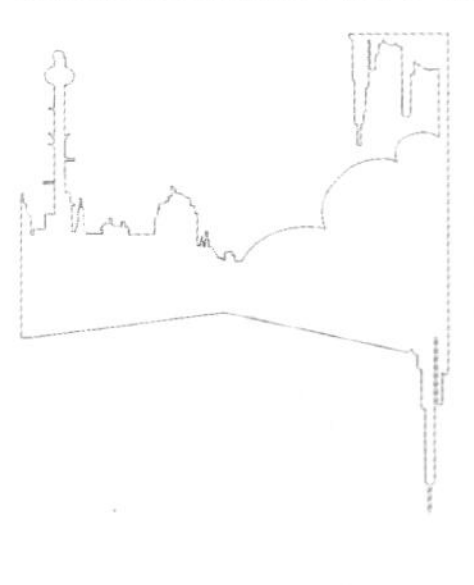
图14-49

图14-50

图14-51

06 下面绘制汽车。使用“钢笔工具”绘制汽车的轮廓，如图14-52所示，然后填充颜色为（C:0，M:0，Y:100，K:0），效果如图14-53所示。

07 使用“钢笔工具”绘制汽车的阴影，然后填充颜色为黑色，接着移动至汽车下方，如图14-54所示。

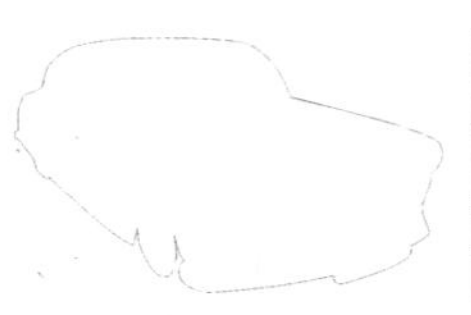
图14-52

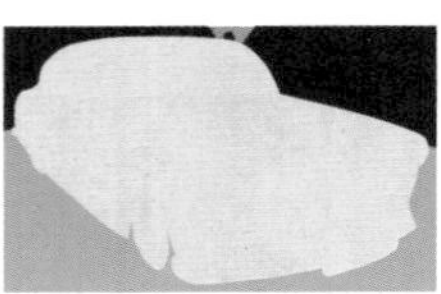
图14-53

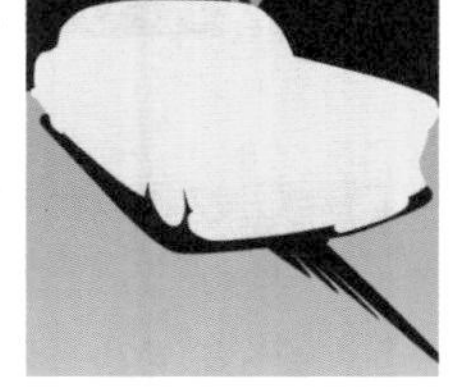
图14-54

08 使用“钢笔工具”绘制汽车的挡风玻璃，然后填充颜色为（C:0，M:0，Y:0，K:90），并去除轮廓线，如图14-55所示。

09 向内复制两份，然后由里到外分别填充颜色为（C:100，M:100，Y:100，K:100）、（C:0，M:0，Y:0，K:100），接着去除轮廓线，最后全选对象进行组合，如图14-56所示。

图14-55

图14-56

10 使用“钢笔工具”绘制玻璃的反光，如图14-57所示，然后填充颜色为（C:0，M:20，Y:0，K:20），并去除轮廓线，如图14-58所示。

图14-57

图14-58

11 使用“钢笔工具”绘制汽车的窗户，然后填充颜色为（C:0，M:0，Y:0，K:90），并去除轮廓线，如图14-59所示。

12 向内复制两份，然后由里到外分别填充颜色为（C:100，M:100，Y:100，K:100）、（C:0，M:0，Y:0，K:100），接着去除轮廓线，最后全选对象进行组合，如图14-60所示。

13 使用“钢笔工具”绘制车窗的反光，然后填充颜色为（C:0，M:20，Y:0，K:20），并去除轮廓线，如图14-61所示，接着适当调整位置，效果如图14-62所示。

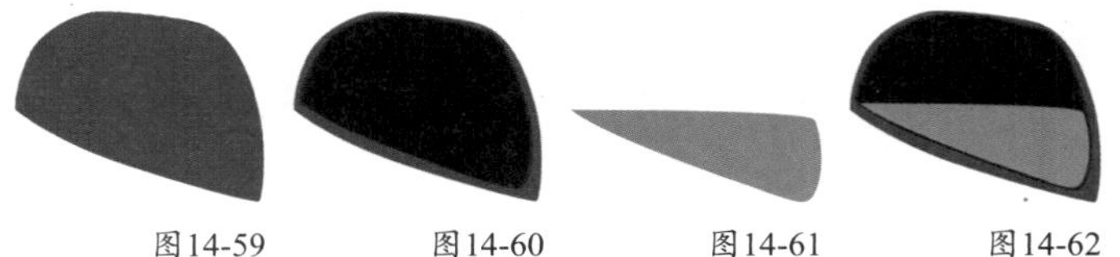
图14-59　图14-60　图14-61　图14-62

14 使用“钢笔工具”绘制一个不规则的长条矩形，然后填充颜色为（C:0，M:0，Y:0，K:90），接着复制一份，填充颜色为（C:0，M:0，Y:0，K:100），如图14-63所示，并适当调整位置，最后全选窗户进行组合对象，效果如图14-64所示。

图14-63　图14-64

15 使用“椭圆形工具”绘制汽车的车轮，然后填充颜色为（C:0，M:0，Y:0，K:90），如图14-65所示，接着向内复制三份，由里到外分别填充颜色为白色、（C:100，M:100，Y:100，K:100）、（C:0，M:0，Y:0，K:100），再去除轮廓线，全选对象进行组合，如图14-66所示，最后适当调整位置，如图14-67所示。

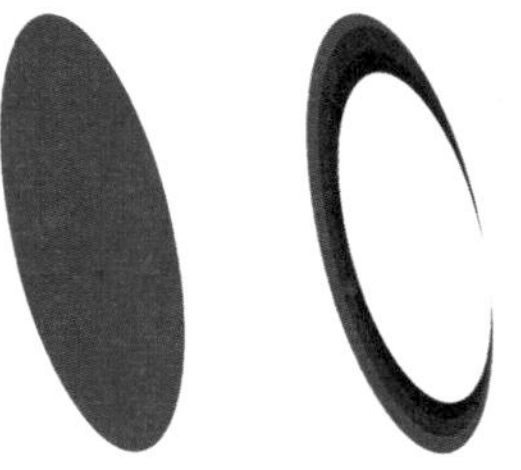
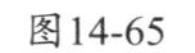
图14-65　图14-66

图14-67

16 使用“钢笔工具”绘制汽车的侧面，然后填充颜色为黑色，如图14-68所示，接着绘制车头，填充颜色为黑色，如图14-69所示。

图14-68

图14-69

17 使用“钢笔工具”绘制车灯，然后填充颜色为白色，如图14-70所示。

18 使用“钢笔工具”绘制车头中间部分，然后由深到浅依次填充颜色为黑色、白色，如图14-71所示。

图14-70

图14-71

19 使用“钢笔工具”在页面左下方绘制矩形，复制一份调整大小，然后填充颜色为白色，如图14-72所示。

20 导入下载资源中的“素材文件>CH14>03.cdr”文件，然后移动到汽车的左边，最后适当调整位置，如图14-73所示。

21 使用“文本工具”在汽车右上方输入美术文本，然后设置“字体”为Busorama Md BT、“字体大小”为68pt，接着填充颜色为白色，最后按Ctrl+Q组合键转换为曲线，最终效果如图14-74所示。

图14-72

图14-73

图14-74

14.3 综合实例：精通人物插画设计

- 实例位置：下载资源>实例文件>CH14>综合实例：精通人物插画设计.cdr
- 素材位置：下载资源>素材文件>CH14>04.jpg
- 视频位置：下载资源>多媒体教学>CH14>综合实例：精通人物插画设计.flv
- 实用指数：★★★★☆
- 技术掌握：人物插画的制作方法

人物插画效果如图14-75所示。

图14-75

01 新建一个空白文档，然后设置文档名称为“人物插画”，接着设置页面“宽”为254mm、“高”为179mm。

02 首先绘制人物基本型。使用“钢笔工具”绘制人物的外部轮廓，填充颜色为黑色，如图14-76所示，接着绘制头发，然后在“编辑填充”对话框中选择“渐变填充”方式，设置“类型”为“线性渐变填充”，再设置“节点位置”为0%的色标颜色为（C:88，M:88，Y:75，K:65）、“节点位置”为100%的色标颜色为（C:64，M:76，Y:65，K:24），“旋转”为54.9°，如图14-77所示。

图14-76

图14-77

03 使用“钢笔工具”绘制头发丝，然后选中头发丝填充颜色为（C:75，M:79，Y:72，K:48），再设置“轮廓宽度”为细线、轮廓线颜色为黑色，如图14-78所示，接着绘制头发暗部区域，填充颜色为（C:76，M:82，Y:74，K:56），再接着绘制往下的头发暗部区域，在“编辑填充”对话框中选择“渐变填充”方式，设置“类型”为“线性渐变填充”，再设置“节点位置”为0%的色标颜色为（C:87，M:87，Y:75，K:64）、“节点位置”为100%的色标颜色为（C:76，M:80，Y:73，K:52），最后去掉轮廓线，效果如图14-79所示。

图14-78

图14-79

04 使用"钢笔工具"绘制脸部的轮廓，然后填充颜色为(C:0，M:14，Y:20，K:0)，接着绘制眉毛、睫毛，填充颜色为黑色，再绘制眼白、眼球、瞳孔、眼睛高光的轮廓，由外到里依次填充颜色为(C:0，M:0，Y:40，K:40)、(C:0，M:0，Y:0，K:100)、黑色、白色，最后绘制嘴唇，填充颜色为(C:0，M:40，Y:20，K:20)，效果如图14-80所示。

05 使用"钢笔工具"绘制衣服的轮廓，然后填充颜色为（C:0，M:40，Y:20，K:20），如图14-81所示。

图14-80

图14-81

06 绘制衣服的阴影区域，然后由浅到深依次填充颜色为（C:0，M:40，Y:0，K:60）、（C:20，M:40，Y:0，K:60），如图14-82所示，接着绘制胸前衣服区域，再由深到浅依次填充颜色为（C:0，M:40，Y:20，K:0）、（C:9，M:40，Y:21，K:0）、（C:0，M:40，Y:20，K:20），轮廓线为黑色，如图14-83所示。

图14-82

图14-83

07 使用"钢笔工具"绘制衣服袖口，然后填充颜色为(C:74，M:69，Y:85，K:44)，并去掉轮廓线，接着绘制袖口的亮部和阴影区域，填充亮部颜色为(C:0，M:0，Y:20，K:80)，再设置"轮廓宽度"为细线，颜色填充为黑色、填充阴影区域颜色为(C:0，M:0，Y:0，K:100)，最后去除轮廓线，如图14-84所示。

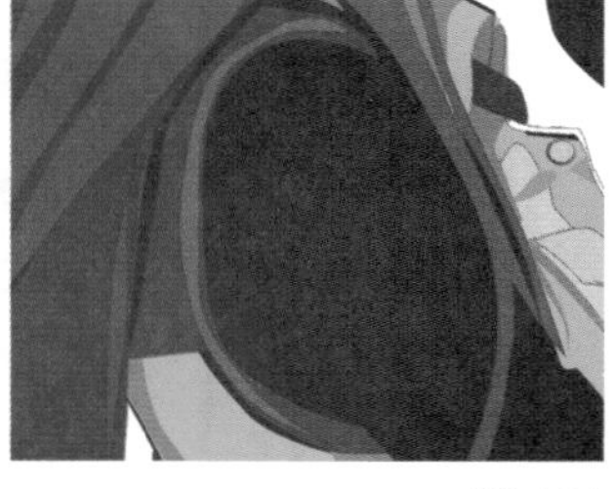

图14-84

08 下面绘制护腕。使用"钢笔工具"绘制护腕，填充颜色为（C:74，M:69，Y:85，K:44），然后绘制护腕的亮部和阴影区域，填充亮部颜色为（C:0，M:0，Y:20，K:80）、填充阴影区域颜色为（C:0，M:0，Y:0，K:100），如图14-85所示，接着使用"椭圆形工具"绘制一个椭圆，填充颜色为黑色，并设置"轮廓宽度"为2.0mm，填充轮廓颜色为（C:0，M:60，Y:80，K:0），效果如图14-86所示。

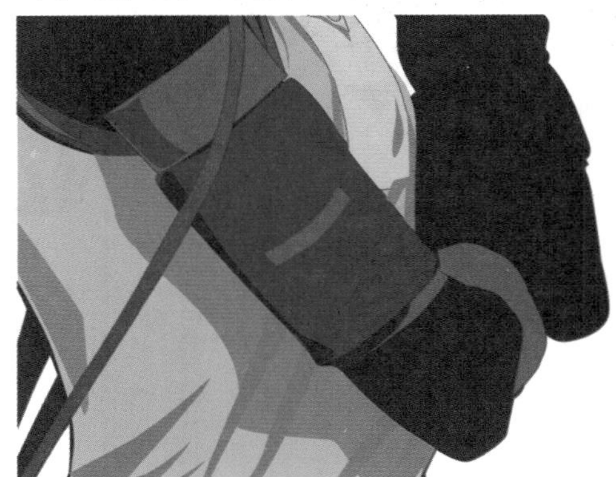

图14-85

图14-86

09 使用"钢笔工具"绘制手臂，然后填充颜色为（C:0，M:14，Y:20，K:0），再去掉轮廓线，如图14-87所示，接着绘制手臂的阴影，填充颜色为（C:7，M:27，Y:14，K:0），最后去掉轮廓线，效果如图14-88所示。

图14-87

图14-88

10 使用“钢笔工具”绘制手套的外部轮廓，然后填充颜色为（C:0，M:0，Y:80，K:20），如图14-89所示，接着绘制手套褶皱暗部区域，填充颜色为黑色，如图14-90所示。

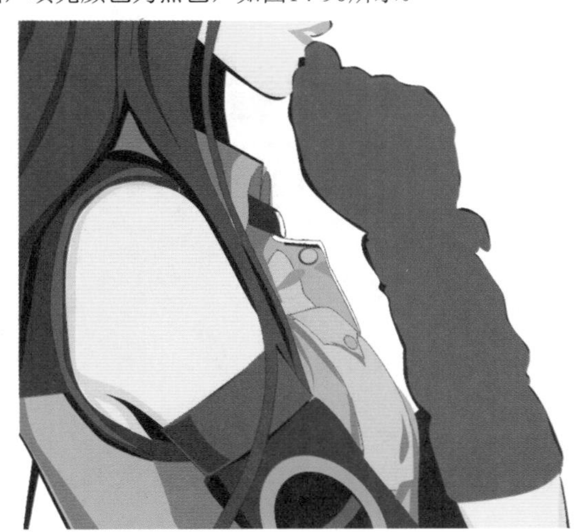
图14-89

图14-90

11 下面绘制手套的暗部，然后填充颜色为（C:74，M:69，Y:85，K:44），如图14-91所示，接着绘制手套的高光区域，再填充颜色为白色，最后去掉轮廓线，效果如图14-92所示。

图14-91

图14-92

12 将对象全选进行组合对象，然后导入下载资源中的“素材文件>CH14>04.jpg”文件，放置在页面中心，并调整人物的位置，最终效果如图14-93所示。

图14-93

第15章

综合实例：文字设计篇

Learning Objectives
学习要点

Employment direction
从业方向

版面设计　插画设计

服装设计　平面设计

品牌设计　产品设计

15.1 综合实例：精通折纸文字设计

- 实例位置：下载资源>实例文件>CH15>综合实例：精通折纸文字设计.cdr
- 素材位置：下载资源>素材文件>CH15>01.jpg
- 视频位置：下载资源>多媒体教学>CH15>综合实例：精通折纸文字设计.flv
- 实用指数：★★★★☆
- 技术掌握：折纸文字的制作方法

折纸文字效果如图15-1所示。

图15-1

01 新建一个空白文档，然后设置文档名称为“折纸文字”，接着设置“宽度”为180mm、“高度”为140mm。

02 使用“文本工具”输入美术文本，然后设置“字体”为Atmosphere、“字体大小”为255pt、“文本对齐”为“居中”，如图15-2所示。

03 选中文本，然后按Ctrl+Q组合键转换为曲线，接着使用“形状工具”框选住第1个文字中间的矩形，如图15-3所示，再按Delete键删除，效果如图15-4所示。

012
345

图15-2　图15-3　图15-4

04 选中转曲后的文本，然后按Ctrl+K组合键拆分曲线，拆分后如图15-5所示，接着选中第1个文字，按Ctrl+L组合键合并，如图15-6所示，再使用“形状工具”调整文字的外形，调整后如图15-7所示。

图15-5

图15-6　　图15-7

技巧与提示

在调整文字的外形时，需要拖动辅助线来进行对齐。

05 使用“钢笔工具”在第1个文字上绘制出与该文字上方笔画相同的图形，如图15-8所示，然后单击“交互式填充工具”，接着在属性栏上选择“渐变填充”为“线性渐变填充”，再设置第1个节点的填充颜色为（C:47，M:100，Y:100，K:27）、第2个节点的填充颜色为（C:0，M:100，Y:100，K:0），填充完毕后去除轮廓，效果如图15-9所示。

图15-8　　图15-9

技巧与提示

在绘制以上的图形时，可以使用“形状工具”对不满意的地方进行调整，并且所绘制图形的边缘要与对应文字的边缘完全重合。

06 绘制出与第1个文字左边笔画相同的图形，如图15-10所示，然后单击“交互式填充工具”，接着在属性栏上选择“渐变填充”为“线性渐变填充”，再设置第1个节点的填充颜色为（C:47，M:100，Y:100，K:27）、第2个节点的填充颜色为（C:0，M:100，Y:100，K:0），填充完毕后去除轮廓，效果如图15-11所示。

图15-10　　图15-11

技巧与提示

在绘制与文字笔画相同的图形时，为了易于区分，在绘制前可以单击“轮廓笔工具”，打开“轮廓笔”对话框，然后在“颜色”选项对应的颜色挑选器中选择颜色来设置所绘制图形的轮廓颜色，如图15-12所示。

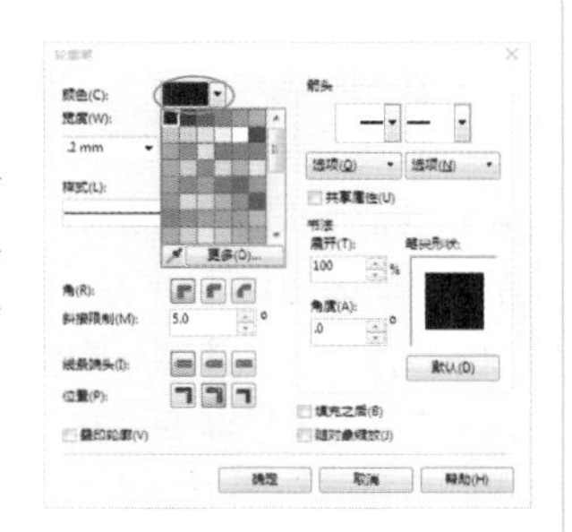

图15-12

07 绘制出与第1个文字右边笔画相同的图形，如图15-13所示，然后单击“交互式填充工具”，接着在属性栏上选择“渐变填充”为“线性渐变填充”，再设置第1个节点的填充颜色为（C:47，M:100，Y:100，K:27）、第2个节点的填充颜色为（C:0，M:100，Y:100，K:0），填充完毕后去除轮廓，效果如图15-14所示。

08 绘制出与第1个文字下方笔画相同的图形，如图15-15所示，然后单击“交互式填充工具”，接着在属性栏上选择“渐变填充”为“线性渐变填充”，再设置第1个节点的填充颜色为（C:55，M:100，Y:100，K:45）、第2个节点的填充颜色为（C:0，M:100，Y:100，K:0），填充完毕后去除轮廓，效果如图15-16所示。

图15-13　　图15-14　　图15-15　　图15-16

技巧与提示

在使用“交互式填充工具”时，如果多个图形的填充设置相同，可以先使用“属性滴管工具”将已填充对象的“填充”属性应用到其余的图形上，然后再通过属性栏设置或是拖曳对象上的虚线，这样可以有效提高绘制的速度。

09 调整文字上各个图形的前后顺序，效果如图15-17所示，然后在文字左上方绘制一个梯形，如图15-18所示，接着单击“交互式填充工具”，在属性栏上选择“渐变填充”为“线性渐变填充”，再设置第1个节点的填充颜色为（C:3，M:100，Y:100，K:2）、第2个节点的填充颜色为（C:11，M:100，Y:100，K:6），填充完毕后去除轮廓，效果如图15-19所示。

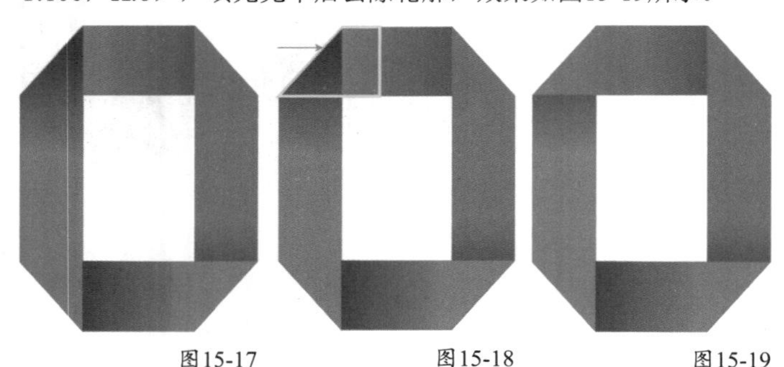

图15-17　图15-18　图15-19

10 按照前面介绍的方法，绘制出第2个文字上的图形，如图15-20所示，然后单击“交互式填充工具”，接着在属性栏上选择“渐变填充”为“线性渐变填充”，再设置第1个节点的填充颜色为（C:65，M:3，Y:0，K:0）、第2个节点的填充颜色为（C:100，M:86，Y:52，K:25），填充完毕后去除轮廓，效果如图15-21所示。

图15-20　图15-21

11 选中文字下方的图形，然后单击“交互式填充工具”，接着在属性栏上选择“渐变填充”为“线性渐变填充”，再设置第1个节点的填充颜色为（C:65，M:3，Y:0，K:0）、第2个节点的填充颜色为（C:100，M:86，Y:52，K:25），填充完毕后去除轮廓，效果如图15-22所示。

12 绘制出第3个文字上的图形，如图15-23所示，然后选中序号为1的图形，接着单击“交互式填充工具”，在属性栏上选择“渐变填充”为“线性渐变填充”，再设置第1个节点的填充颜色为（C:0，M:0，Y:100，K:0）、第2个节点的填充颜色为（C:40，M:50，Y:100，K:0），填充完毕后去除轮廓，效果如图15-24所示。

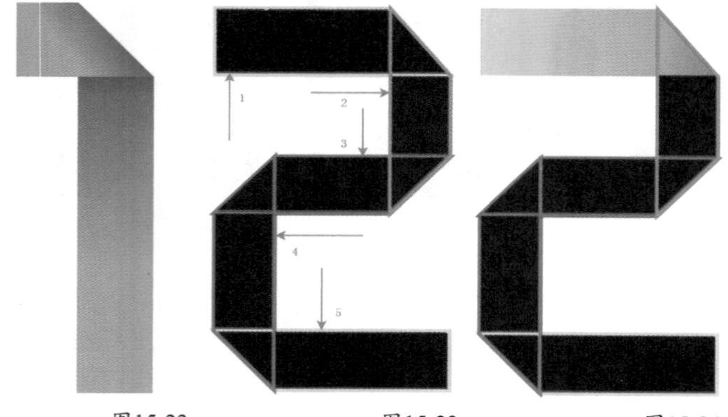

图15-22　图15-23　图15-24

13 选中序号为2的图形，然后单击“交互式填充工具”，接着在属性栏上选择“渐变填充”为“线性渐变填充”，再设置第1个节点的填充颜色为（C:0，M:0，Y:100，K:0）、第2个节点的填充颜色为（C:40，M:50，Y:100，K:0），填充完毕后去除轮廓，效果如图15-25所示。

14 选中序号为3的图形，然后单击“交互式填充工具”，接着在属性栏上选择“渐变填充”为“线性渐变填充”，再设置第1个节点的填充颜色为（C:0，M:0，Y:100，K:0）、第2个节点的填充颜色为（C:40，M:50，Y:100，K:0），填充完毕后去除轮廓，效果如图15-26所示。

图15-25　图15-26

15 选中序号为4的图形，然后单击“交互式填充工具”，接着在属性栏上选择“渐变填充”为“线性渐变填充”，再设置第1个节点的填充颜色为（C:0，M:0，Y:100，K:0）、第2个节点的填充颜色为（C:40，M:50，Y:100，K:0），填充完毕后去除轮廓，效果如图15-27所示。

16 选中序号为5的图形，然后单击“交互式填充工具”，接着在属性栏上选择“渐变填充”为“线性渐变填充”，再设置第1个节点的填充颜色为（C:0，M:0，Y:100，K:0）、第2个节点的填充颜色为（C:40，M:50，Y:100，K:0），填充完毕后去除轮廓，效果如图15-28所示。

图15-27　图15-28

17 绘制出第3个文字上的图形，如图15-29所示，然后选中序号为1的图形，接着单击“交互式填充工具”，在属性栏上选择“渐变填充”为“线性渐变填充”，再设置第1个节点的填充颜色为（C:34，M:0，Y: 35，K:0）、第2个节点的填充颜色为（C:85，M:55，Y:90，K:30），填充完毕后去除轮廓，效果如图15-30所示。

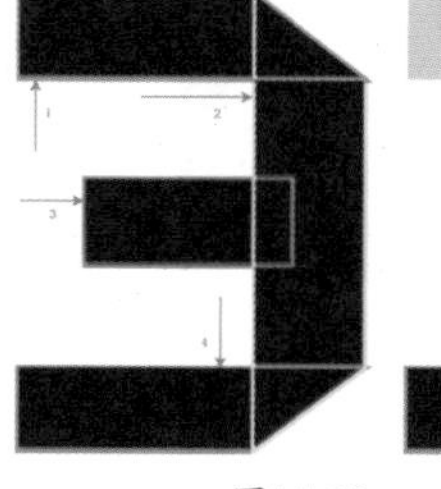

图15-29　图15-30

18 选中序号为2的图形，然后单击“交互式填充工具”，接着在属性栏上选择“渐变填充”为“线性渐变填充”，再设置第1个节点的填充颜色为（C:34，M:0，Y: 35，K: 0）、第2个节点的填充颜色为（C:85，M:55，Y:90，K:30），填充完毕后去除轮廓，效果如图15-31所示。

19 选中序号为3的图形，然后单击“交互式填充工具”，接着在属性栏上选择“渐变填充”为“线性渐变填充”，再设置第1个节点的填充颜色为（C:34，M:0，Y: 35，K: 0）、第2个节点的填充颜色为（C:85，M:55，Y:90，K:30），填充完毕后去除轮廓，效果如图15-32所示。

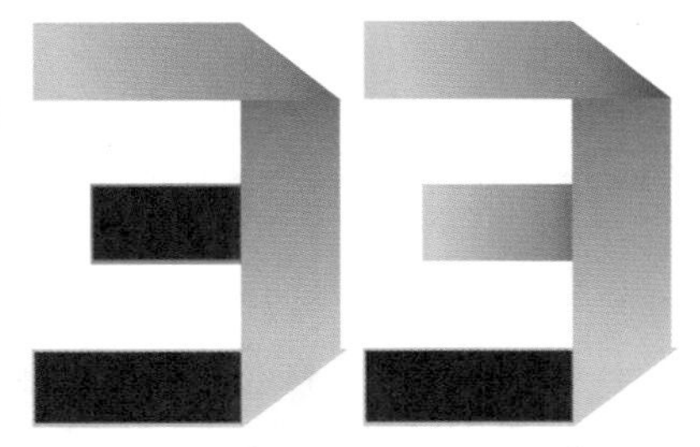
图15-31　　图15-32

20 选中序号为4的图形，然后单击“交互式填充工具”，接着在属性栏上选择“渐变填充”为“线性渐变填充”，再设置第1个节点的填充颜色为（C:34，M:0，Y: 35，K: 0）、第2个节点的填充颜色为（C:85，M:55，Y:90，K:30），填充完毕后去除轮廓，效果如图15-33所示。

21 绘制出第4个文字上的图形，然后选中序号为1的图形，接着单击“交互式填充工具”，在属性栏上选择“渐变填充”为“线性渐变填充”，再设置第1个节点的填充颜色为（C:69，M:100，Y:17，K:10）、第2个节点的填充颜色为（C:0，M:100，Y:0，K:0），如图15-34所示，填充完毕后去除轮廓，效果如图15-35所示。

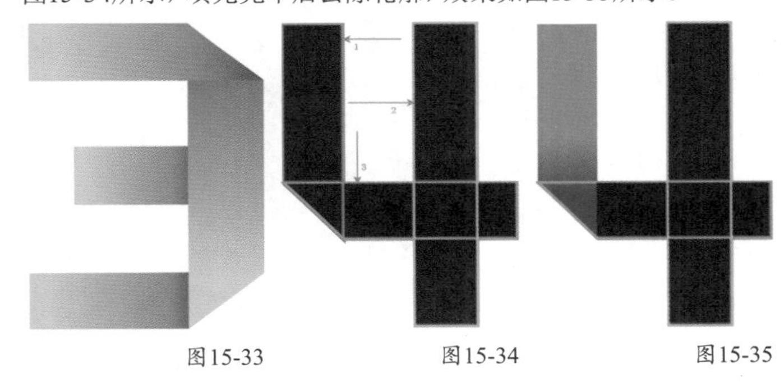

图15-33　　图15-34　　图15-35

22 选中序号为2的图形，然后填充颜色为（C:0，M:100，Y:0，K:0），接着去除轮廓，效果如图15-36所示。

23 选中序号为3的图形，然后单击“交互式填充工具”，接着在属性栏上选择“渐变填充”为“线性渐变填充”，再设置第1个节点和第2个节点的填充颜色均为（C:0，M:100，Y:0，K:0），再添加一个节点，设置该节点的填充颜色为（C:69，M:100，Y: 17，K:10），填充完毕后去除轮廓，效果如图15-37所示。

图15-36　　图15-37

24 绘制出第5个文字上的图形，如图15-38所示，然后选中序号为1的图形，接着单击“交互式填充工具”，在属性栏上选择“渐变填充”为“线性渐变填充”，再设置第1个节点的填充颜色为（C:40，M:0，Y:100，K:0）、第2个节点的填充颜色为（C:71，M:52，Y:100，K:12），填充完毕后去除轮廓，效果如图15-39所示。

25 选中序号为2的图形，然后单击“交互式填充工具”，接着在属性栏上选择“渐变填充”为“线性渐变填充”，设置第1个节点的填充颜色为（C:40，M:0，Y:100，K:0）、第2个节点的填充颜色为（C:71，M:52，Y:100，K:12），填充完毕后去除轮廓，效果如图15-40所示。

图15-38　　图15-39　　图15-40

26 选中序号为3的图形，然后单击“交互式填充工具”，接着在属性栏上选择“渐变填充”为“线性渐变填充”，再设置第1个节点的填充颜色为（C:40，M:0，Y:100，K:0）、第2个节点的填充颜色为（C:71，M:52，Y:100，K:12），填充完毕后去除轮廓，效果如图15-41所示。

27 选中序号为4的图形，然后单击“交互式填充工具”，接着在属性栏上选择“渐变填充”为“线性渐变填充”，再设置第1个节点的填充颜色为（C:40，M:0，Y:100，K:0）、第2个节点的填充颜色为（C:71，M:52，Y:100，K:12），填充完毕后去除轮廓，效果如图15-42所示。

28 选中序号为5的图形，然后单击“交互式填充工具”，接着在属性栏上选择“渐变填充”为“线性渐变填充”，再设置第1个节点的填充颜色为（C:40，M:0，Y:100，K:0）、第2个节点的填充颜色为（C:71，M:52，Y:100，K:12），填充完毕后去除轮廓，效果如图15-43所示。

图15-41　　图15-42　　图15-43

29 分别组合每个文字对象上填充的图形，然后删除图形后面的文字，接着移动图形到页面中间，再适当调整位置和大小，效果如图15-44所示。

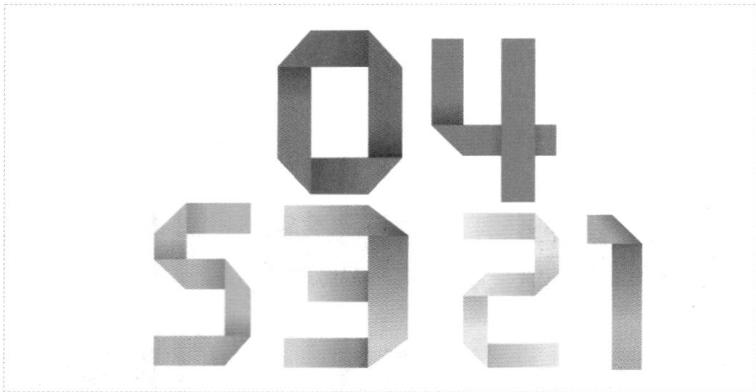

图15-44

30 选中第1个文字图形，然后单击“阴影工具”，按住鼠标左键在对象上由下到上拖动，接着在属性栏上设置“阴影角度”为113°、“阴影的不透明度”为26、“阴影羽化”为4，效果如图15-45所示。

31 分别选中其余的文字图形，然后在属性栏上单击“复制阴影效果属性”按钮，接着单击第1个文字图形，将该文字图形的阴影效果应用到其余文字图形，效果如图15-46所示。

图15-45　　图15-46

知识链接

有关如何使用“复制阴影效果属性”按钮进行阴影效果复制的具体操作方法，请参阅“10.4 阴影效果”下的相关内容。

32 导入下载资源中的“素材文件>CH15>01.jpg”文件，然后移动到文字图形后面，接着调整位置，使其与页面重合，效果如图15-47所示。

图15-47

33 选中所有的文字图形，然后在原来的位置复制一份（加强阴影的效果），最终效果如图15-48所示。

图15-48

15.2 综合实例：精通立体文字设计

- 实例位置：下载资源>实例文件>CH15>综合实例：精通立体文字设计.cdr
- 素材位置：无
- 视频位置：下载资源>多媒体教学>CH15>综合实例：精通立体文字设计.flv
- 实用指数：★★★★☆
- 技术掌握：立体文字的设计方法

立体文字效果如图15-49所示。

图15-49

01 新建一个空白文档，然后设置文档名称为“立体文字”，接着设置页面大小为“A4”、页面方向为“横向”。

02 双击“矩形工具”创建一个与页面重合的矩形，然后填充颜色为（C:0，M:30，Y:0，K:0），如图15-50所示。

03 使用“文本工具”在页面内输入美术文本，然后在属性栏上设置“字体”为Arial、“字体大小”为250pt，接着单击“加粗”

按钮🅱，再填充颜色为（C:0，M:68，Y:39，K:0），如图15-51所示。

图15-50

图15-51

04 使用“矩形工具”在第1个文字上绘制一个矩形，然后按Ctrl+Q组合键转换为曲线，接着使用“形状工具”调整外形，使其与文字呈如图15-52所示的效果。

05 选中前面绘制的图形，然后在原位置复制一个，接着水平翻转，再水平移动到右侧，使两个对象间相邻的两条边重合，最后适当调整，使两个图形外侧的边缘与文字的边缘对齐，如图15-53所示。

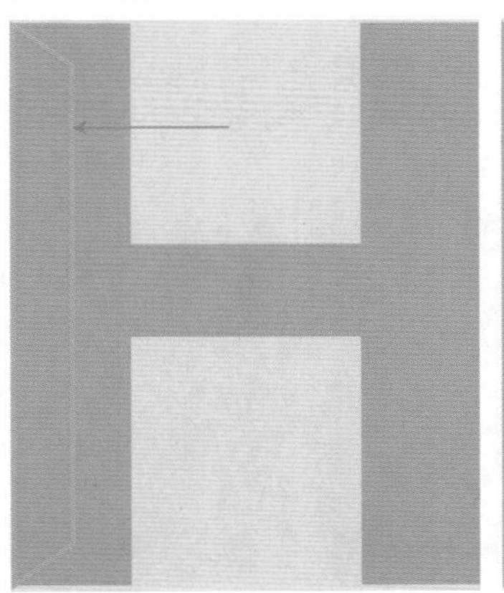

图15-52

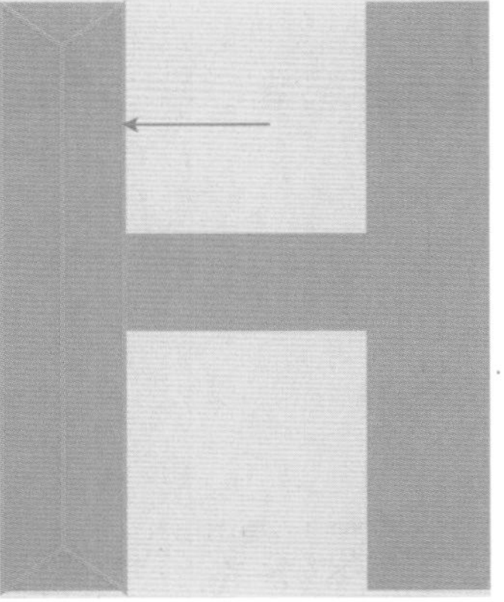

图15-53

06 使用“贝塞尔工具”绘制一个三角形，然后放置在前面绘制的两个图形的上方，如图15-54所示，接着复制一个垂直移动到下方，效果如图15-55所示。

图15-54

图15-55

07 选中第1个文字上的图形，然后复制一份，接着水平移动到文字右侧，与文字右侧的边缘重合，如图15-56所示，最后绘制出与该文字中间笔画相同的图形，如图15-57所示。

图15-56

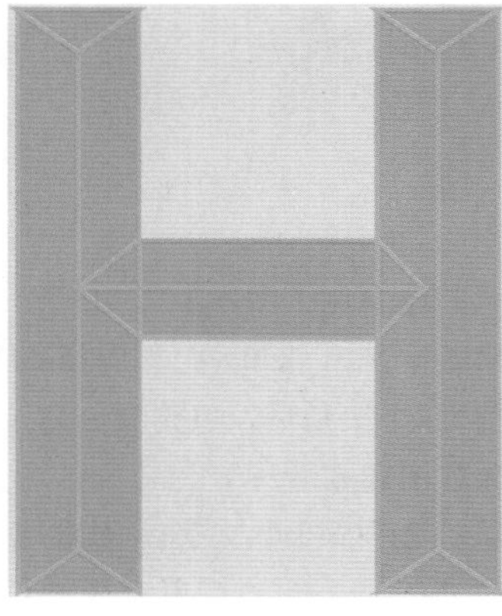

图15-57

08 按照以上方法绘制出其余文字上的图形轮廓，如图15-58所示。

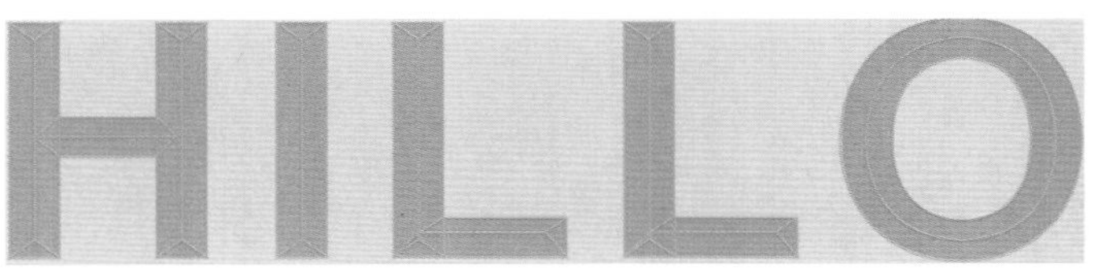

图15-58

技巧与提示

在绘制最后一个文字上的图形时，该图形必须是由两个圆环组合而成，两个圆环相邻的边必须重合。

09 选中第1个文字上左侧的图形，然后单击“交互式填充工具”，接着在属性栏上选择“渐变填充”为“线性渐变填充”，再设置第1个节点的填充颜色为（C:5，M:38，Y:4，K:0）、第2个节点的填充颜色为（C:27，M:64，Y:19，K:0），效果如图15-59所示。

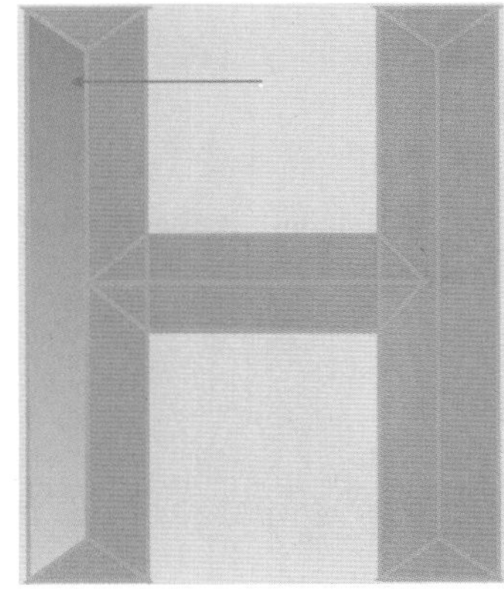

图15-59

10 单击“属性滴管工具”，然后在第1个文字左侧的图形上进行“填充”属性取样，接着应用到文字上面相应的图形中，效果如图15-60所示。

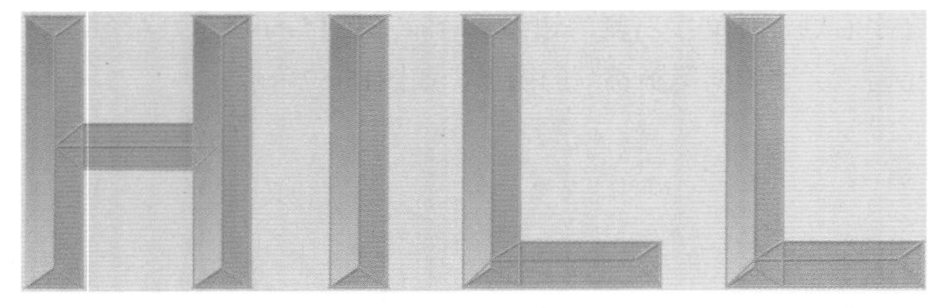

图15-60

11 选中位于文本上方的5个三角形，然后填充颜色为（C:0，M:21，Y:0，K:0），如图15-61所示，接着选中位于文本下方的前面3个三角形，填充颜色为（C:34，M:75，Y:27，K:0），效果如图15-62所示。

12 选中第1个文字左侧未填充的图形，然后单击“交互式填充工具”，接着在属性栏上选择“渐变填充”为“线性渐变填充”，再设置第1个节点的填充颜色为（C:5，M:38，Y:4，K:0）、第2个节点的填充颜色为（C:27，M:64，Y:19，K:0），效果如图15-63所示。

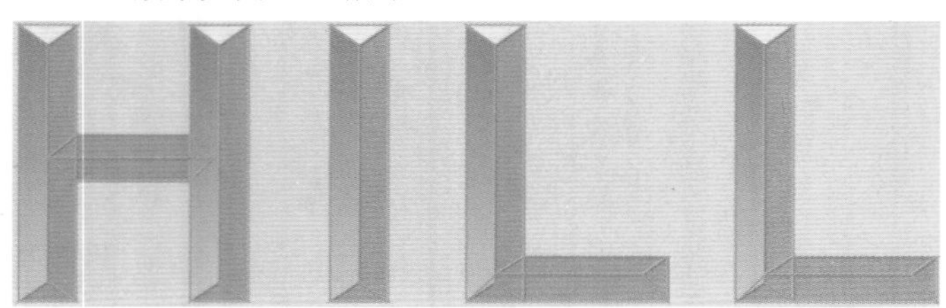

图15-61

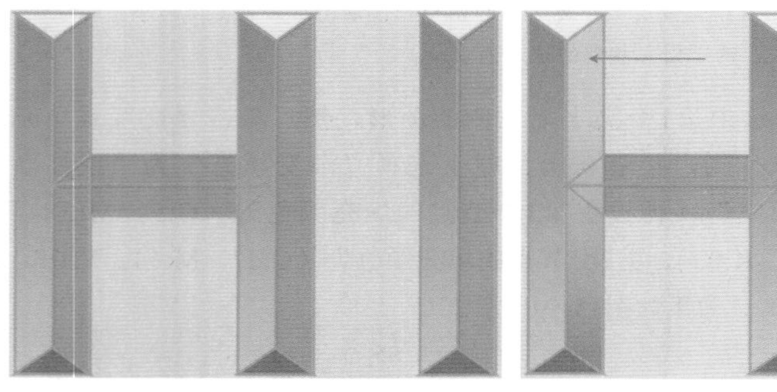

图15-62　图15-63

13 使用“属性滴管工具”在前面填充的图形上进行“填充”属性取样，接着应用到文字上面相应的图形中，效果如图15-64所示。

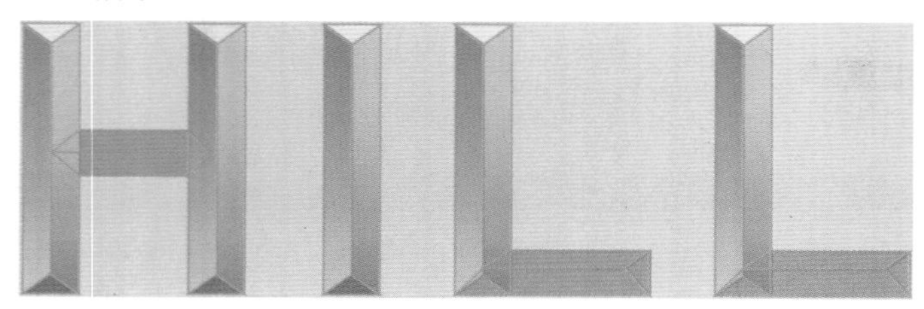

图15-64

14 选中第1个文字中间偏上的图形，然后填充颜色为（C:0，M:21，Y:0，K:0），如图15-65所示，接着填充下方的图形颜色为（C:34，M:75，Y:27，K:0），如图15-66所示，再使用“颜色滴管工具”将下方图形上的颜色应用到文字上面相应的图形中，效果如图15-67所示。

15 选中第3个文字上未进行填充的四边形，然后单击“交互式填充工具”，接着在属性栏上选择“渐变填充”为“线性渐变填充”，再设置第1个节点的填充颜色为（C:5，M:38，Y:4，K:0）、第2个节点的填充颜色为（C:24，M:69，Y:17，K:0），效果如图15-68所示。

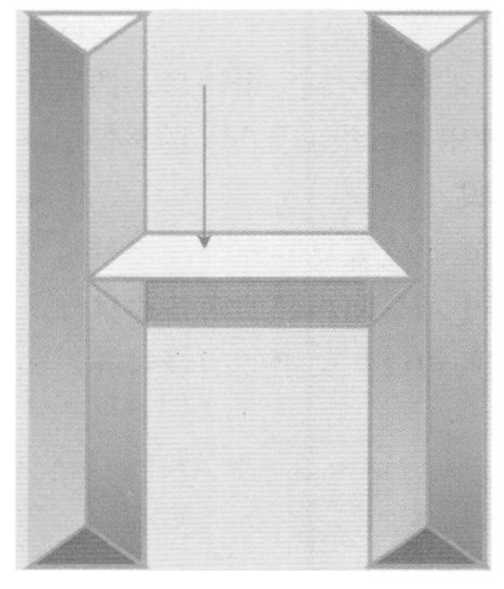

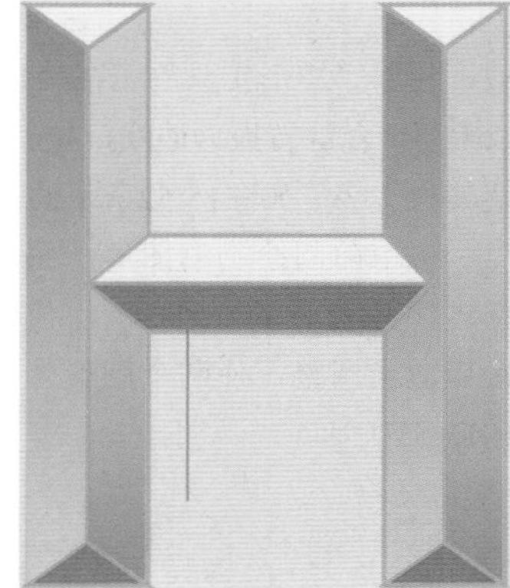

图15-65　图15-66

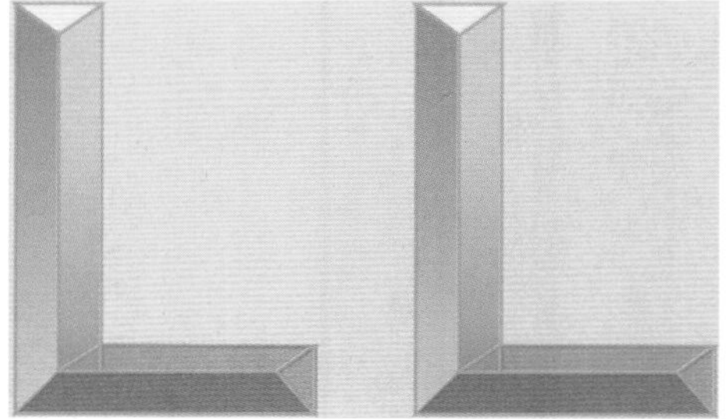

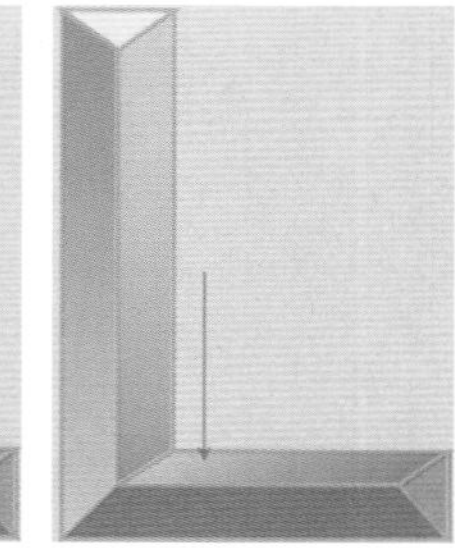

图15-67　图15-68

16 使用“属性滴管工具”在前面填充的四边形上进行“填充”属性取样，然后应用到第4个文字上相同的图形中，效果如图15-69所示。

17 选中第3个和第4个文字上未填充颜色的三角形，然后填充颜色为（C:23，M:70，Y:18，K:0），如图15-70所示。

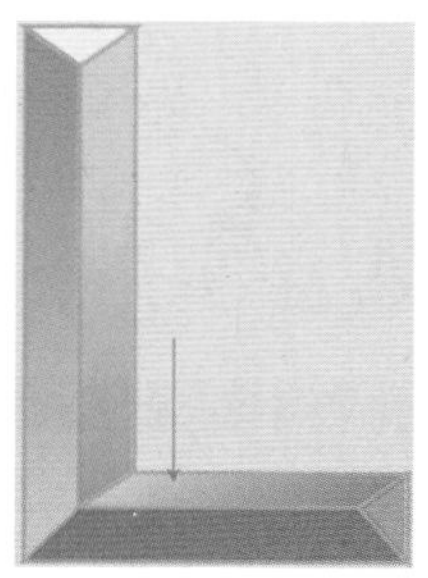

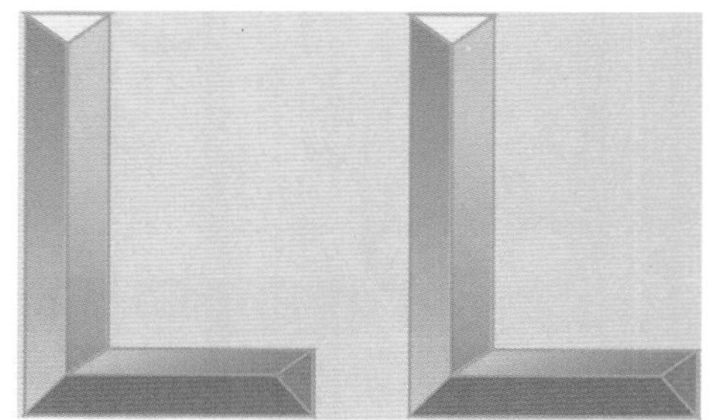

图15-69　图15-70

18 选中最后一个文字外侧的圆环，然后单击“交互式填充工具”，接着在属性栏上选择“渐变填充”为“线性渐变填充”，再设置第1个节点的填充颜色为（C:0，M:21，Y:0，K:0）、第2个节点的填充颜色为（C:34，M:75，Y:27，K:0），效果如图15-71所示。

19 选中文字内侧的圆环，然后单击“交互式填充工具”，接着在属性栏上选择“渐变填充”为“线性渐变填充”，再设置第1个节点的填充颜色为（C:0，M:21，Y:0，K:0）、第2个节点的填充颜色为（C:34，M:75，Y:27，K:0），效果如图15-72所示。

图15-71

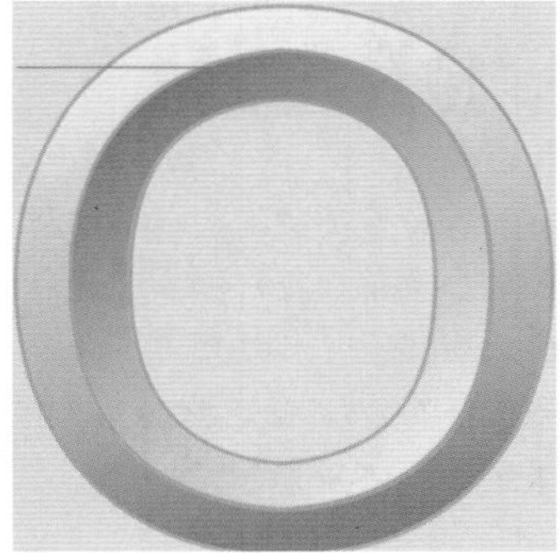

图15-72

20 选中文本上所有的图形，然后使用鼠标右键在调色板中单击☒图标，去除图形轮廓，接着删除图形后面的文本，效果如图15-73所示。

图15-73

21 使用“形状工具”适当调整第3个和第4个文字的形状，效果如图15-74所示，接着分别群组每个文字上的图形，再适当调整文字图形间的距离，如图15-75所示。

图15-74

图15-75

22 选中页面内所有的文字图形，然后适当放大，接着在垂直方向上稍微拉长，再移动到页面水平居中的位置，如图15-76所示。

23 选中页面内的所有文字图形，然后单击“阴影工具”，按住鼠标左键在对象上由下到上拖动，接着在属性栏上设置“阴影角度”为81%、“阴影的不透明度”为9%、“阴影羽化”为6%、“阴影淡出”为69%，最终效果如图15-77所示。

图15-76

图15-77

15.3 综合实例：精通封面文字设计

- 实例位置：下载资源>实例文件>CH15>综合实例：精通封面文字设计.cdr
- 素材位置：下载资源>素材文件>CH15>02.jpg
- 视频位置：下载资源>多媒体教学>CH15>综合实例：精通封面文字设计.flv
- 实用指数：★★★★☆
- 技术掌握：书籍封面文字的设计方法

书籍封面文字效果如图15-78所示。

图15-78

01 新建一个空白文档，然后设置文档名称为“书籍封面文字”，接着设置“宽度”为210mm、“高度”为270mm。

02 双击“矩形工具”创建一个与页面重合的矩形，然后填充颜色为（C:60，M:45，Y:58，K:0），接着去除轮廓，如图

15-79所示。

03 选中前面绘制的矩形，然后在原位置复制一个，接着填充颜色为（C:34，M:24，Y:29，K:0），如图15-80所示。

图15-79　　图15-80

需要快捷地在原位置复制对象，可以先选中该对象，然后按Ctrl+C组合键复制，接着按Ctrl+V组合键粘贴。

04 选中前面复制的矩形，然后稍微向中心缩小的同时复制一个，接着选中两个矩形，在属性栏上单击“移除前面对象”按钮，修剪后效果如图15-81所示。

05 选中修剪后的图形，然后单击“透明度工具”，接着在属性栏上设置“透明度类型”为“均匀透明度”、“合并模式”为“常规”，效果如图15-82所示。

图15-81　　图15-82

06 使用“文本工具”输入美术文本，然后在属性栏上设置“字体”为Apple Garamond、第1行文本“字体大小”为97pt、第2行文本“字体大小”为114pt、“文本对齐”为“居中”，接着选中第2行文本，单击“加粗”按钮，再使用“形状工具”适当调整文本的行距，效果如图15-83所示。

07 选中文本，然后执行“位图>转换为位图”菜单命令，弹出“转换为位图”对话框，接着单击“确定”按钮，如图15-84所示。

THE YOUNG
DREAM

图15-83　　图15-84

08 保持位图文本的选中状态，然后执行“位图>颜色转换>半色调”菜单命令，弹出“半色调”对话框，接着设置“青”为0°、“品红”为30°、“黄”为60°、“黑”为45°、“最大点半径”为7，最后单击“确定”按钮，如图15-85所示，效果如图15-86所示。

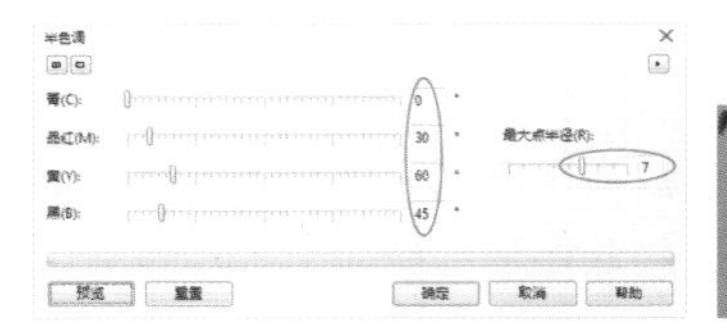

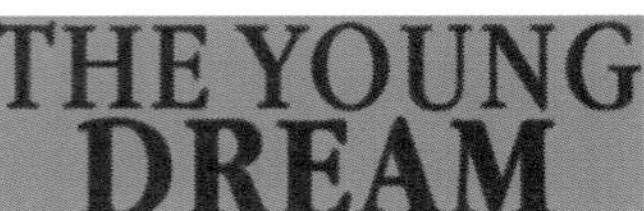

图15-85　　图15-86

09 保持位图文本的选中状态，然后执行“位图>杂点>添加杂点”菜单命令，弹出“添加杂点”对话框，接着设置“层次”为100、“密度”为100，最后单击“确定”按钮，如图15-87所示，效果如图15-88所示。

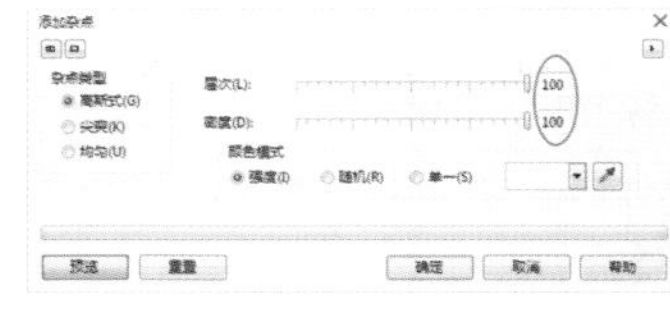

图15-87　　图15-88

10 保持位图文本的选中状态，然后执行“位图>创造性>散开”菜单命令，弹出“散开”对话框，接着单击按钮解锁后，再设置“水平”为28、“垂直”为14，最后单击“确定”按钮，如图15-89所示，效果如图15-90所示。

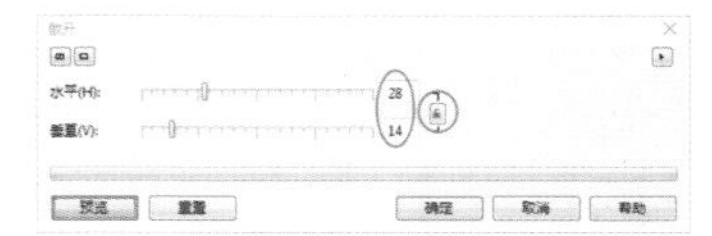

图15-89　　图15-90

11 按照以上对话框的设置，再执行两次“位图>创造性>散开”菜单命令，效果如图15-91所示。

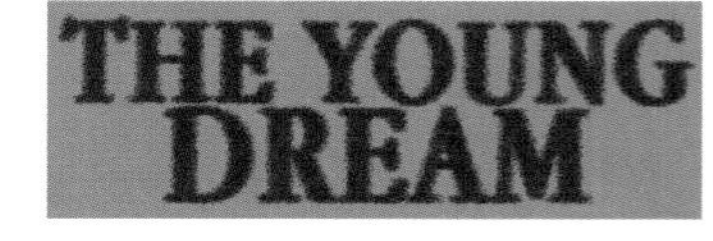

图15-91

12 保持位图文本的选中状态，然后单击“透明度工具”，接着在属性栏上设置“透明度类型”为“底纹填充”、“合并模式”为“减少”、“底纹库”为“样本9”、“透明度挑选器”为“泡泡糖”，效果如图15-92所示。

13 选中位图文本，然后复制一个，接着单击“透明度工具”，在属性栏上更改“合并模式”为“反显”，效果如图15-93所示。

图15-92

图15-93

14 选中白色的位图文本，然后在原位置复制一个，效果如图15-94所示，接着选中这两个文本，按Ctrl+G组合键进行组合对象，再移动到第1个深色文本上面，最后适当调整位置，效果如图15-95所示。

图15-94

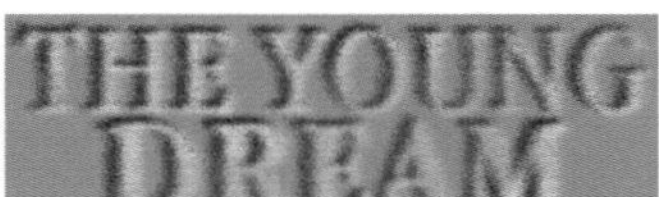

图15-95

15 选中3组文本，然后移动到页面上方水平居中的位置，效果如图15-96所示。

16 使用“文本工具”输入美术文本，然后在属性栏上设置“字体”为Arial、“字体大小”为172pt，接着单击“粗体”按钮，效果如图15-97所示。

图15-96

图15-97

17 选中前面输入的文本，然后单击“透明度工具”，接着在属性栏上设置“透明度类型”为“底纹填充”、“合并模式”为“减少”、“底纹库”为“样本9”、“透明度挑选器”为“泻湖”，效果如图15-98所示。

18 使用“文本工具”输入美术文本，然后在属性栏上设置第1行文本的“字体”为Arial、“字体大小”为49pt，第2行文本的“字体”为Asenine Wide、“字体大小”为18pt，第3行文本的“字体”为Arno Pro Caption、“字体大小”为12pt，接着选中第1行文本单击“粗体”按钮，再设置整个文本的“文本对齐”为“居中”，效果如图15-99所示。

图15-98

NEVER GIVE UP
All things come to those who wait
WWW.LUYUANYUAN.COM

图15-99

19 使用“形状工具”适当调整文本的行距，调整后如图15-100所示，然后使用“文本工具”选中第1行和第2行文本填充白色，接着选中第3行文本填充颜色为（C:93，M:88，Y:89，K:80），效果如图15-101所示。

图15-100 图15-101

20 选中前面填充颜色的文本，然后单击“透明度工具”，接着在属性栏上设置“透明度类型”为“底纹填充”、“合并模式”为“常规”、“底纹库”为“样本9”、“透明度挑选器”为“泡泡糖”，效果如图15-102所示。

21 适当调整页面内两组矢量文本的位置，调整完毕后选中两组文本按快捷键C使其垂直居中对齐，效果如图15-103所示。

NEVER GIVE UP
All things come to those who wait
WWW.LUYUANYUAN.COM

图15-102

图15-103

22 导入下载资源中的“素材文件>CH15>02.jpg”文件，然后执行“对象>图框精确剪裁>置于图文框内部”菜单命令，将图片素材嵌入到矩形内，接着将页面内的矢量文本转换为曲线，最终效果如图15-104所示。

图15-104

技巧与提示

在绘制时，除了使用“形状工具”做适当调整外，还要配合“选择工具”调整对象间的距离、位置和对象的大小。

15.4 综合实例：精通炫光文字设计

- 实例位置：下载资源>实例文件>CH15>综合实例：精通炫光文字设计.cdr
- 素材位置：下载资源>素材文件>CH15>03.cdr~05.cdr
- 视频位置：下载资源>多媒体教学>CH15>综合实例：精通炫光文字设计.flv
- 实用指数：★★★★★
- 技术掌握：发光文字的设计方法

炫光文字效果如图15-105所示。

图15-105

01 新建一个空白文档，然后设置文档名称为“炫光文字”，接着设置“宽度”为160mm、“高度”为120mm。

02 双击“矩形工具”创建一个与页面重合的矩形，然后单击“交互式填充工具”，接着在属性栏上选择“渐变填充”为“椭圆形渐变填充”，两个节点填充颜色分别为（C:82，M:88，Y:92，K:76）和（C:45，M:100，Y:98，K:13），填充完毕后去除轮廓，效果如图15-106所示。

图15-106

03 导入下载资源中的“素材文件>CH15>03.cdr”文件，然后放置在页面水平居中的位置，如图15-107所示，接着单击“透明度工具”，在属性栏上设置“透明度类型”为“均匀透明度”、“合并模式”为“Add”，效果如图15-108所示。

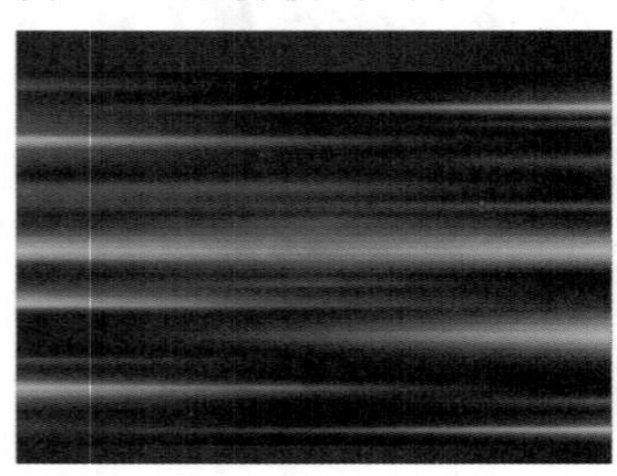

图15-107

图15-108

技巧与提示

制作如上图所示的光晕效果，可以先使用“网状填充工具”在对象上添加多个节点，然后填充颜色并调整各个节点位置来达到渐变射线的效果，如图15-109所示，接着使用“透明度工具”进行透明度设置，最后将其放置在辐射渐变的对象上面，即可制作出光晕效果。

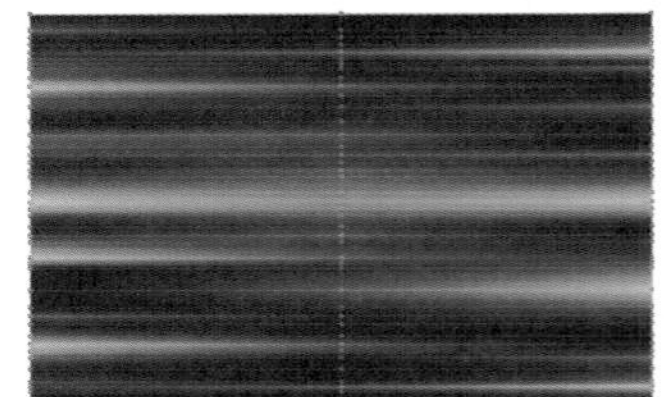

图15-109

04 导入下载资源中的“素材文件>CH15>04.cdr”文件，然后放置在页面水平居中的位置，如图15-110所示，接着单击“透明度工具”，在属性栏上设置“透明度类型”为“均匀透明度”、“合并模式”为Add，效果如图15-111所示。

图15-110

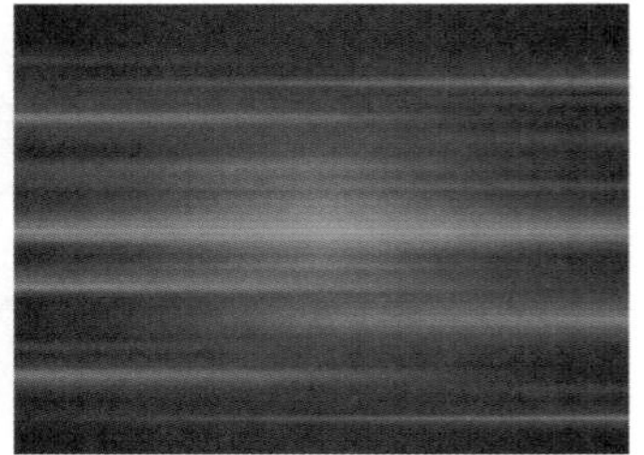

图15-111

05 使用“椭圆工具”绘制一个圆形，然后单击“交互式填充工具”，接着在属性栏上选择“渐变填充”为“椭圆形渐变填充”，设置第1个节点的填充颜色为（C:58，M:91，Y:100，K:51）、第2个节点的填充颜色为（C:58，M:91，Y:100，K:51），再添加一个节点，设置该节点的填充颜色为（C:58，M:91，Y:100，K:51）、“节点位置”为50%，设置完毕后去除轮廓，效果如图15-112所示。

06 选中前面绘制的圆形，然后单击“透明度工具”，接着在属性栏上设置“透明度类型”为“均匀透明度”、“合并模式”为“Add”，“透明度”为60，最后移动对象到页面内，效果如图15-113所示。

图15-112　　图15-113

07 使用“椭圆工具”绘制一个圆形，然后单击“交互式填充工具”，接着在属性栏上选择“渐变填充”为“椭圆形渐变填充”，设置第1个节点的填充颜色为（C:48，M:94，Y:100，K:22）、第2个节点的填充颜色为（C:0，M:0，Y:00，K:100），再添加两个节点，设置添加的第1个节点填充颜色为（C:44，M:90，Y:100，K:30）、“节点位置”为50%，第2个添加的节点填充颜色为（C:57，M:91，Y:100，K:47）、“节点位置”为38%，设置完毕后去除轮廓，效果如图15-114所示。

08 选中前面绘制的圆形，然后单击“透明度工具”，接着在属性栏上设置“透明度类型”为“均匀透明度”、“合并模式”为“Add”、“透明度”为60，再移动对象到页面内，效果如图15-115所示。

图15-114　　图15-115

09 使用“椭圆工具”绘制一个圆形，然后单击“交互式填充工具”，接着在属性栏上选择“渐变填充”为“椭圆形渐变填充”，设置第1个节点的填充颜色为（C:26，M:93，Y:100，K:0）、第2个节点的填充颜色为（C:0，M:0，Y:100，K:100），再添加两个节点，设置添加的第1个节点的颜色为（C:9，M:91，Y:95，K: 0）、“节点位置”为41%，设置添加的第2个节点的填充颜色为（C:82，M:88，Y:92，K:76）、“节点位置”为26%，设置完毕后去除轮廓，效果如图15-116所示。

10 选中前面绘制的圆形，然后单击“透明度工具”，接着在属性栏上设置“透明度类型”为“均匀透明度”、“合并模式”为“Add”、“透明度”为60，再移动对象到页面内，效果如图15-117所示。

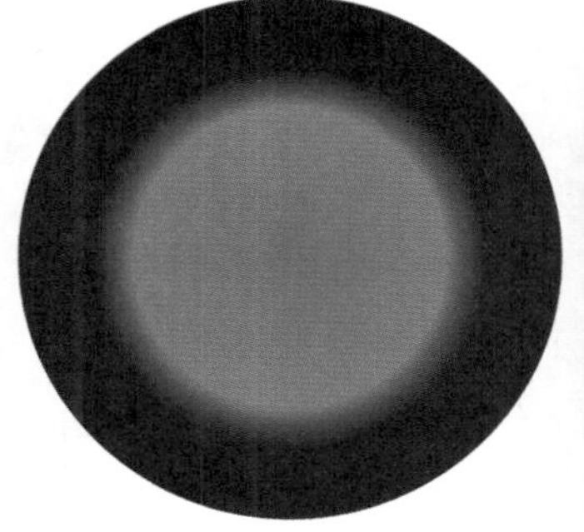

图15-116　　图15-117

11 使用“椭圆工具”绘制一个圆形，然后单击“交互式填充工具”，接着在属性栏上选择“渐变填充”为“椭圆形渐变填充”，设置第1个节点的填充颜色为（C:76，M:90，Y:95，K:72）、第2个节点的填充颜色为（C:93，M:88，Y:89，K:80），再添加一个节点，设置该节点的填充颜色为（C:73，M:91，Y:96，K:70）、“节点位置”为18%，设置完毕后去除轮廓，效果如图15-118所示。

12 选中绘制的圆形，然后单击“透明度工具”，接着在属性栏上设置“透明度类型”为“均匀透明度”、“合并模式”为“Add”、“透明度”为60，再移动对象到页面内，效果如图15-119所示。

图15-118　　图15-119

13 按照以上的方法适当调整圆形的“节点位置”和“边界”，再制作出多个圆形，然后放置在页面内，接着选中所有的圆形，复制多个，再调整为不同的大小，散布在页面内，最后按Ctrl+G组合键将所有的圆形进行群组，效果如图15-120所示。

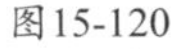

图15-120

14 使用“文本工具”字输入美术文本，然后在属性栏上设置“字体”为Arial、“字体大小”为125pt，接着单击“粗体”按钮，如图15-121所示。

15 选中前面输入的文本，然后复制一个，接着按Ctrl+Q组合键转换为曲线，再设置“轮廓宽度”为1mm，最后移除文本的填充颜色，效果如图15-122所示。

图15-121 　图15-122

16 选中转曲的文本轮廓，然后按Ctrl+Shift+Q组合键将轮廓转换为可编辑对象，接着打开“渐变填充”对话框，设置“类型”为“线性渐变填充”、“旋转”为90°，再设置“节点位置”为0%的色标颜色为白色、“节点位置”为15%的色标颜色为（C:4，M:13，Y:38，K:0）、“节点位置”为47%的色标颜色为白色、“节点位置”为82%的色标颜色为（C:4，M:13，Y:38，K:0）、“节点位置”为100%的色标颜色为（C:4，M:13，Y:38，K:0），最后单击“确定”按钮，如图15-123所示，效果如图15-124所示。

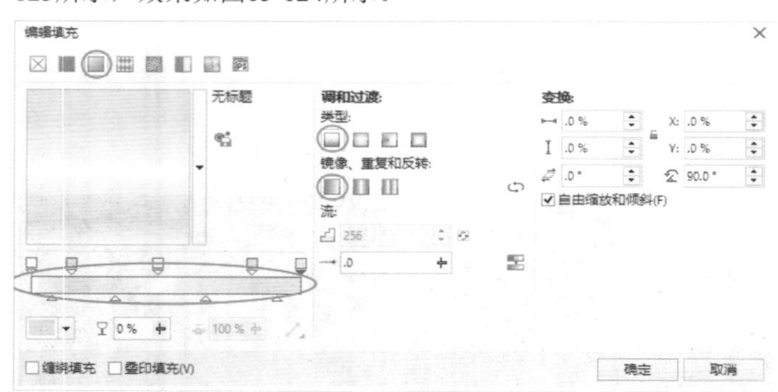

图15-123

图15-124

17 选中前面填充的文本轮廓，然后移动到页面水平居中的位置，如图15-125所示。

图15-125

18 选中文本对象，然后打开“编辑填充”对话框，接着选择“渐变填充”为“线性渐变填充”、“旋转”为-90°，再设置“节点位置”为0%的色标颜色为（C:4，M:13，Y:38，K:0）、“位置“为29%的色标颜色为白色、“位置”为54%的色标颜色为（C:4，M:13，Y:38，K:0）、“位置”为74%的色标颜色为（C:35，M:66，Y:100，K:0）、“位置”为100%的色标颜色为（C:4，M:13，Y:38，K:0），最后单击“确定”按钮，如图15-126所示，效果如图15-127所示。

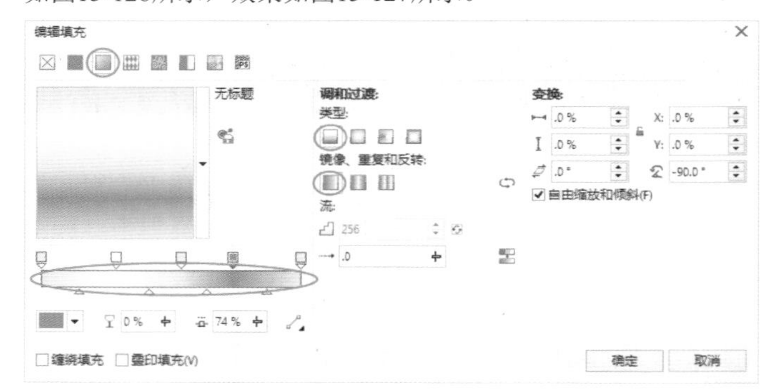

图15-126

图15-127

19 选中填充的文本，然后移动到文本轮廓内部，效果如图15-128所示。

图15-128

20 选中填充的文本，复制一个，然后使用“裁剪工具”框住文本的上半部分，接着双击左键，裁剪后效果如图15-129所示。

图15-129

21 选中裁剪后的文本，然后打开“编辑填充”对话框，接着设置“渐变填充”为“线性渐变填充”、“旋转”为90°，再设置“节点位置”为0%的色标颜色为白色、“位置”为50%的色标颜色为（C:9，M:87，Y:61，K:0）、“位置”为100%的色标颜色为（C:75，M:89，Y:86，K:69），最后单击“确定”按

钮 确定 ，如图15-130所示，效果如图15-131所示。

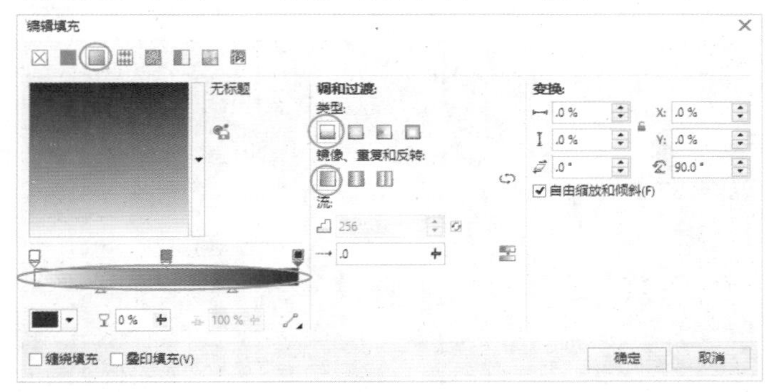

图15-130

图15-131

22 选中页面内的矢量文本，然后单击“透明度工具”，接着在属性栏上设置“透明度类型”为“均匀透明度”、“合并模式”为“屏幕”、“透明度”为20，再按Ctrl+Q组合键转换为曲线，效果如图15-132所示。

23 选中裁剪后的文本，然后单击“透明度工具”，接着在属性栏上设置“透明度类型”为“均匀透明度”、“合并模式”为“屏幕”、“透明度”为0，再移动到转曲文本的上面，效果如图15-133所示。

图15-132　　图15-133

24 导入下载资源中的“素材文件>CH15>05.cdr”文件，然后放置在文字上面，如图15-134所示，接着单击“透明度工具”，在属性栏上设置“透明度类型”为“均匀透明度”、“合并模式”为Add、“透明度”为31，效果如图15-135所示。

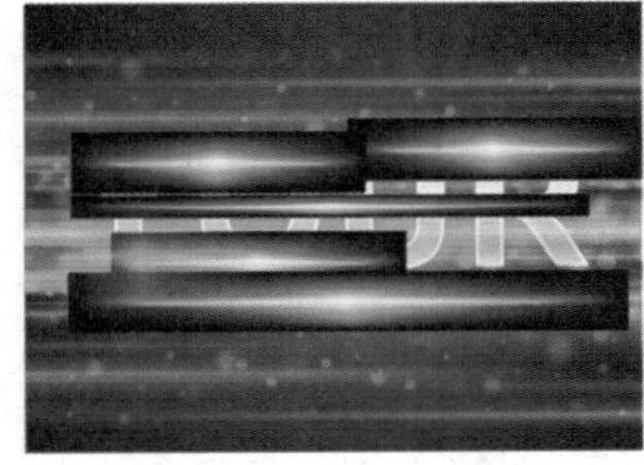

图15-134　　图15-135

疑难问答

问：使用CorelDRAW X7可以制作以上光束吗？

答：制作以上光束的方法与制作光晕的方法类似，首先绘制好对象，然后使用“网状填充工具”在对象上添加多个节点，接着使填充的渐变颜色呈光束的形状，如图15-136所示，再单击“透明度工具”，在属性栏上设置“透明度类型”为“均匀透明度”、“合并模式”为Add，最后移动对象到深色背景上，即可看到光束的效果，如图15-137所示。

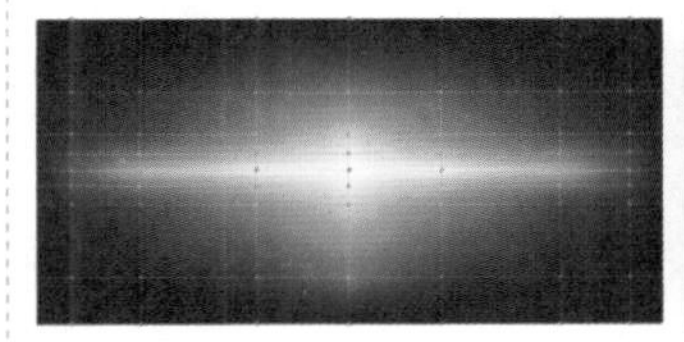

图15-136　　图15-137

如果要调节光束的明暗度，可以通过设置“开始透明度”的数值，来调节光束的明暗。

25 使用“文本工具”输入美术文本，然后在属性栏上设置“字体”为Arial、“字体大小”为30pt，接着单击“交互式填充工具”，在属性栏上选择“渐变填充”为“椭圆形渐变填充”，设置第1个添加的节点的颜色为（C:4，M:13，Y:38，K:0）、第2个节点的填充颜色为（C:4，M:0，Y:22，K:0），效果如图15-138所示。

BELIEVE IN YOURSELF

图15-138

26 移动文本到页面下方水平居中的位置，然后单击“透明度工具”，接着在属性栏上设置“透明度类型”为“均匀透明度”、“合并模式”为“屏幕”、“透明度”为20，最终效果如图15-139所示。

图15-139

15.5 综合实例：精通发光文字设计

- 实例位置：下载资源>实例文件>CH15>综合实例：精通发光文字设计.cdr
- 素材位置：下载资源>素材文件>CH15>06.cdr、07.cdr
- 视频位置：下载资源>多媒体教学>CH15>综合实例：精通发光文字设计.flv
- 实用指数：★★★★★
- 技术掌握：发光文字的设计方法

发光文字效果如图15-140所示。

图15-140

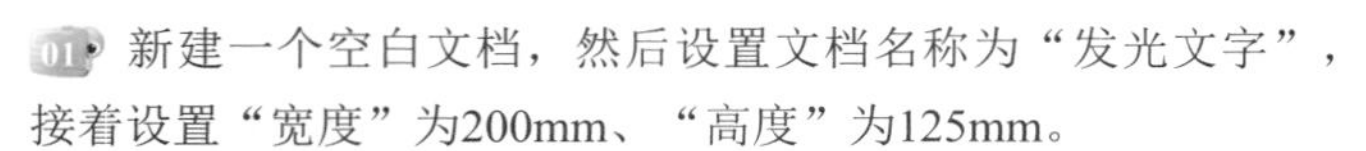

01 新建一个空白文档，然后设置文档名称为“发光文字”，接着设置“宽度”为200mm、“高度”为125mm。

02 双击“矩形工具”创建一个与页面重合的矩形，然后填充颜色为（C:93，M:93，Y:70，K:61），接着去除轮廓，如图15-141所示。

03 选中前面绘制的矩形，然后执行“位图>转换为位图”菜单命令，弹出“转换为位图”对话框，接着单击“确定”按钮，如图15-142所示，即可将矩形转换为位图。

图15-141　　图15-142

04 保持对象的选中状态，然后执行“位图>杂点>添加杂点”菜单命令，弹出“添加杂点”对话框，接着设置“层次”为100、“密度”为100，最后单击“确定”按钮，如图15-143所示，效果如图15-144所示。

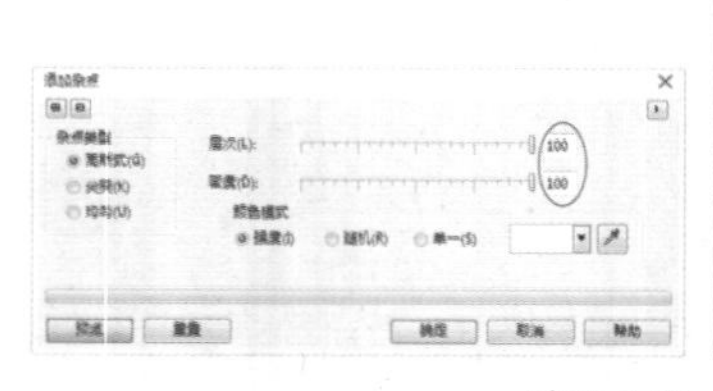

图15-143　　图15-144

05 保持对象的选中状态，然后执行“位图>创造性>散开”菜单命令，弹出“散开”对话框，接着设置“水平”为73、“垂直”为52，最后单击“确定”按钮，如图15-145所示，效果如图15-146所示。

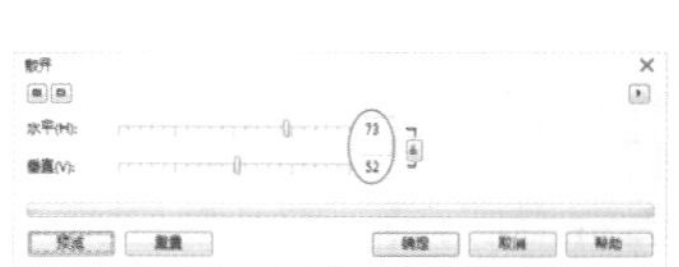

图15-145　　图15-146

06 双击“矩形工具”创建一个与页面重合的矩形，然后放置在前一个矩形的上面，接着单击“交互式填充工具”，在属性栏上设置“填充类型”为“Postscript填充”、“Postscript填充底纹”为“彩色交叉引用”，填充完毕后去除轮廓，效果如图15-147所示。

07 选中前面填充的矩形，然后单击“透明度工具”，接着在属性栏上设置“透明度类型”为“均匀透明度”、“合并模式”为“减少”，效果如图15-148所示。

图15-147　　图15-148

08 使用“文本工具”在页面内输入美术文本，然后在属性栏上设置“字体”为Arctic、“字体大小”为218pt，如图15-149所示，接着移除填充颜色，再填充轮廓颜色为白色，如图15-150所示。

图15-149　　图15-150

09 选中文本，然后按Ctrl+Q组合键转换为曲线，接着按Ctrl+K组合键拆分曲线。

10 使用“椭圆工具”在文字轮廓的边缘绘制一个圆形，然后设置“轮廓宽度”为0.1mm、轮廓颜色为（C:100，M:0，Y:0，K:0），接着复制一个，如图15-151所示，再单击“调和工具”，按住左键由复制的圆形向另一个圆形拖动，如图15-152所示。

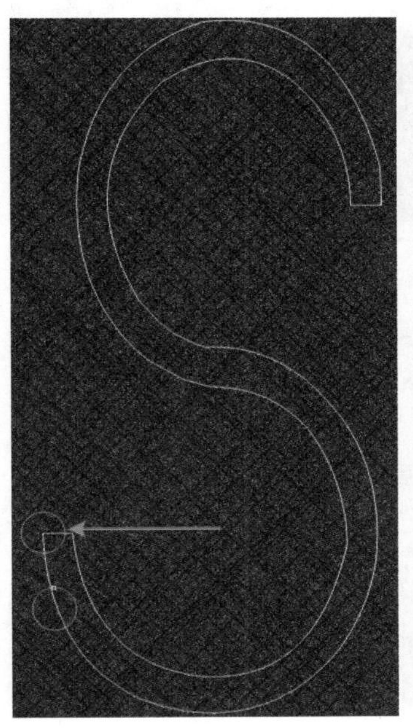

图15-151

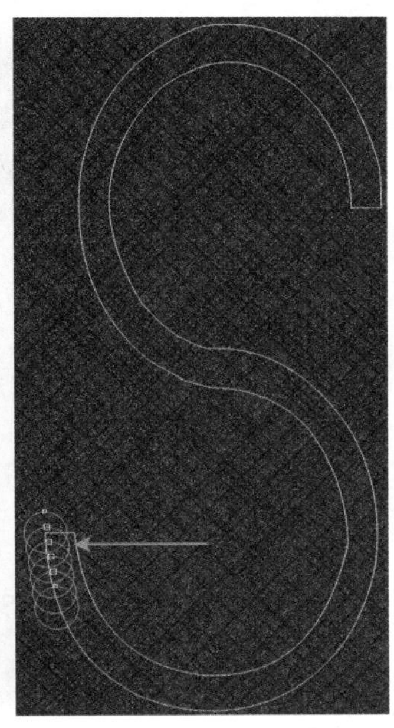

图15-152

11 保持前一步的操作状态，然后在属性栏上单击“路径属性”按钮，选择“新路径”，如图15-153所示，接着当光标变为形状时，使用鼠标左键单击第1个文字的轮廓，再设置“调和步长”为500。

12 使用“调和工具”拖动调和对象的两个节点到文字轮廓上的节点的两侧，使圆环完全包围文字轮廓，如图15-154所示。

新路径
显示路径
从路径分离(E)

图15-153

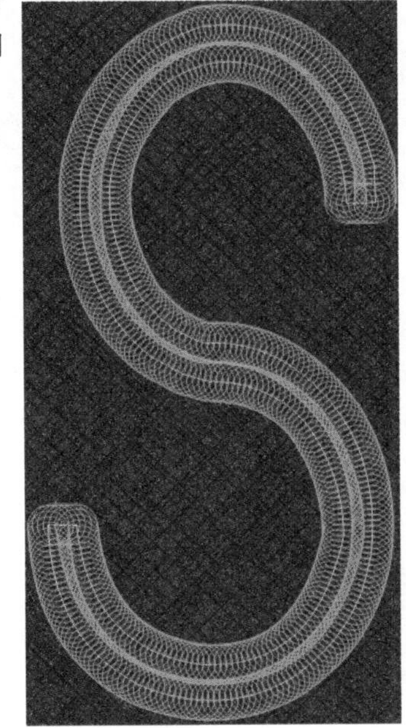

图15-154

13 按照以上的方法制作出其余文字上的圆环，其中第2个文字上调和对象的“调和步长”为450、颜色为（C:40，M:0，Y:100，K:0），第3个文字上调和对象的“调和步长”为450、颜色为（C:0，M:100，Y:0，K:0），第4个文字上调和对象的“调和步长”为380、颜色为（C:0，M:0，Y:100，K:0），第5个文字上调和对象的“调和步长”为400、颜色为（C:0，M:100，Y:100，K:0），效果如图15-155所示。

14 导入下载资源中的“素材文件>CH15>06.cdr”文件，然后单击“透明度工具”，接着在属性栏上设置“透明度类型”为“均匀透明度”、“合并模式”为Add、“透明度”为31，接着移动到第1个文字上方，效果如图15-156所示。

图15-155

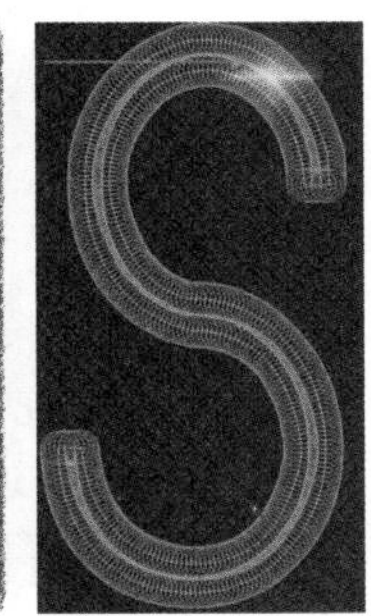

图15-156

15 选中设置后的星星素材，然后复制多个，接着分别放置在如15-157所示的位置。

16 导入下载资源中的“素材文件>CH15>07.cdr”文件，然后放置在文字上面，如图15-158所示，接着单击“透明度工具”，在属性栏上设置“透明度类型”为“均匀透明度”、“合并模式”为“Add”、“透明度”为31，最终效果如图15-159所示。

图15-157

图15-158

图15-159

15.6 综合实例：精通荧光文字设计

- 实例位置：下载资源>实例文件>CH15>综合实例：精通荧光文字设计.cdr
- 素材位置：无
- 视频位置：下载资源>多媒体教学>CH15>综合实例：精通荧光文字设计.flv
- 实用指数：★★★★☆
- 技术掌握：荧光文字的设计方法

荧光文字效果如图15-160所示。

图15-160

01 新建一个空白文档，然后设置文档名称为“荧光文字”，接着设置“宽度”为260mm、“高度”为170mm。

02 双击“矩形工具”创建一个与页面重合的矩形，然后单击“交互式填充工具”，接着在属性栏上设置“填充类型”为“Postscript填充”、“Postscript填充底纹”为“瓦”，最后去除轮廓，效果如图15-161所示。

03 双击“矩形工具”创建一个与页面重合的矩形，然后放置在底纹矩形上面，接着单击“交互式填充工具”，在属性栏上设置“渐变填充”为“线性渐变填充”、两个节点的填充颜色分别为（C:88，M:84，Y:82，K:71）和（C:86，M:76，Y:73，K:51），填充完毕后去除轮廓，效果如图15-162所示。

图15-161

图15-162

04 选中前面填充的矩形，然后单击“透明度工具”，接着在属性栏上设置“透明度类型”为“均匀透明度”、“合并模式”为“常规”、“透明度”为4，效果如图15-163所示。

05 使用“文本工具”输入美术文本，然后在属性栏上设置“字体”为Century Gothic、“字体大小”为100pt，接着单击“加粗”按钮，再填充颜色为（C:88，M:84，Y:82，K:71），效果如图15-164所示。

图15-163

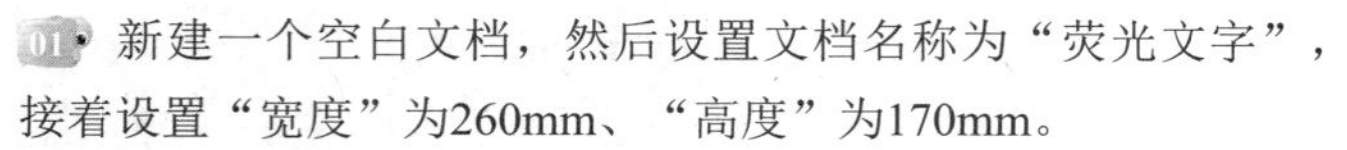

图15-164

06 选中前面输入的文本，然后移动到页面内，接着单击“透明度工具”，在属性栏上设置“渐变透明度”为“线性渐变透明度”、“合并模式”为“Add”、“透明度”为100%，效果如图15-165所示。

07 保持文本的选中状态，然后单击“阴影工具”，按住鼠标左键在对象上拖动，接着设置“阴影角度”为273°、“阴影羽化”为7，效果如图15-166所示。

图15-165

图15-166

08 选中文本对象，然后在原位置复制一份，接着单击“透明度工具”，在属性栏上更改“透明度类型”为“均匀透明度”、“合并模式”为“屏幕”，效果如图15-167所示。

图15-167

09 使用“贝塞尔工具”绘制出第一个文字的线条样式（“轮廓宽度”为默认的0.2mm），然后填充颜色为（C:62，M:0，Y:3，K:0），如图15-168所示。

图15-168

技巧与提示

在使用“贝塞尔工具”绘制文字的线条样式时，所绘制的线段要尽量与对应文字的笔画平行，并且在绘制时可以拖动辅助线来进行对齐，如图15-169所示。

图15-169

10 选中前面绘制的图形，然后复制一个，接着执行“位图>转换为位图”菜单命令，弹出“转换为位图”对话框，最后单击“确定”按钮，如图15-170所示。

图15-170

11 保持对象的选中状态，然后执行“位图>模糊>高斯式模糊”菜单命令，弹出“高斯式模糊”对话框，接着设置“半径”为9，最后单击“确定”按钮，如图15-171所示，效果如图15-172所示。

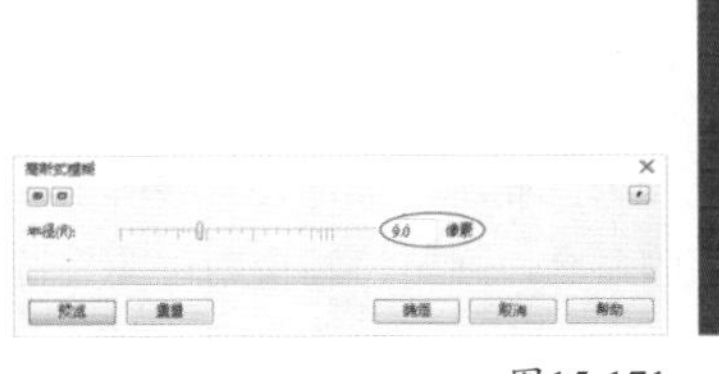

图15-171 图15-172

12 选中前面设置模糊效果的对象，然后移动到第一个文字上面，如图15-173所示，接着单击“透明度工具”，在属性栏上设置“透明度类型”为“均匀透明度”、“合并模式”为“强光”、“透明度”为0，效果如图15-174所示。

13 保持对象的选中状态，然后在原位置复制一份，效果如图15-175所示，接着选中前面绘制的文字线条样式复制一份，再更改“轮廓宽度”为0.5mm、轮廓颜色为（C:78，M:28，Y:0，K:0），如图15-176所示。

图15-173 图15-174

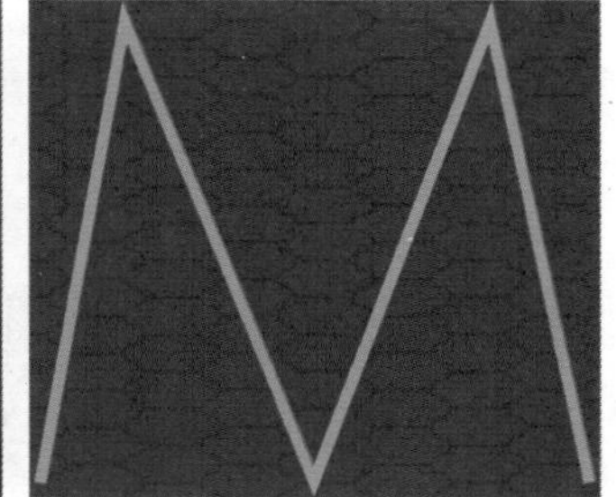

图15-175 图15-176

14 选中“轮廓宽度”为0.5mm的文字线条样式，然后执行“位图>转换为位图”菜单命令，弹出“转换为位图”对话框，接着单击“确定”按钮，如图15-177所示。

图15-177

15 保持对象的选中状态，然后执行“位图>模糊>高斯式模糊”菜单命令，弹出“高斯式模糊”对话框，接着设置“半径”为6，再单击“确定”按钮，如图15-178所示，最后移动对象到第一个文字上面，效果如图15-179所示。

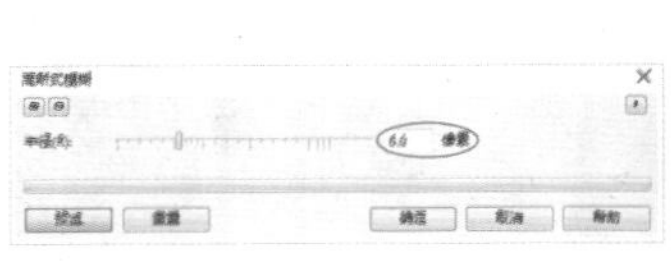

图15-178 图15-179

16 选中前面设置模糊效果的对象，然后单击“透明度工具”，接着在属性栏上设置“透明度类型”为“均匀透明度”、“合并模式”为“Add”、“透明度”为0，效果如图15-180所示。

图15-180

17 选中“轮廓宽度”为0.2mm的文字线条样式，然后填充轮廓颜色为白色，如图15-181所示，接着执行“位图>转换为位图”菜单命令，弹出“转换为位图”对话框，最后单击“确定”按钮 确定 ，如图15-182所示。

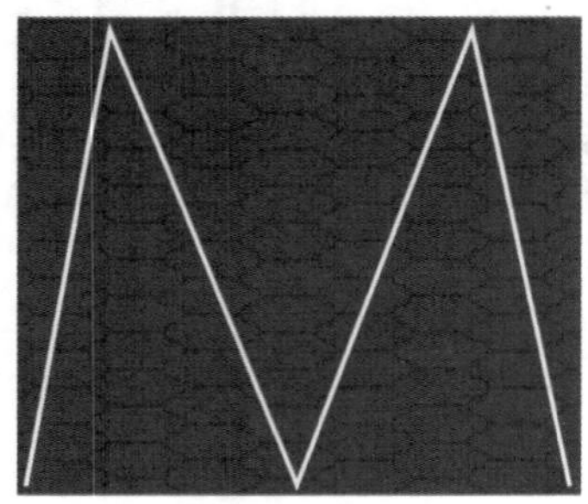

图15-181　图15-182

18 保持对象的选中状态，然后执行“位图>模糊>高斯式模糊”菜单命令，弹出“高斯式模糊”对话框，接着设置“半径”为3，再单击“确定”按钮 确定 ，如图15-183所示，最后移动对象到第一个文字上面，效果如图15-184所示。

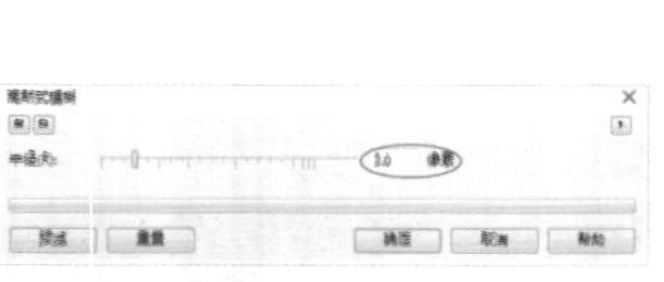

图15-183　图15-184

19 选中前面设置模糊效果的对象，然后单击“透明度工具”，接着在属性栏上设置“透明度类型”为“均匀透明度”、“合并模式”为“Add”、“透明度”为0%，效果如图15-185所示。

图15-185

20 选中第一个文字上面设置模糊效果的所有对象，然后在原位置复制一份，接着按Ctrl+G组合键进行群组，效果如图15-186所示。

21 按照以上的方法制作出其余文字上的荧光效果，如图15-187所示。

图15-186　图15-187

在绘制以上文字的文字线条样式时，有的文字无法使用“贝塞尔工具”一次性完成，此时可以单独绘制后，然后再一起选中，接着在属性栏上单击“合并”按钮，即可将原本不连续的线段焊接为一个对象。

为了使绘制的文字线条样式与文字笔画尽量平行，可以先粗略地绘制出线段，然后再使用“形状工具”进行调整。

22 选中两组重合的文本和文本上面的所有对象，然后适当调整大小，接着在垂直方向上稍微拉长，再放置在页面水平居中的位置，效果如图15-188所示。

图15-188

23 使用“椭圆工具”绘制一个椭圆，然后填充颜色为（C:61，M:0，Y:1，K:0），接着去除轮廓，如图15-189所示，再执行“位图>转换为位图”菜单命令，弹出“转换为位图”对话框，最后单击“确定”按钮 确定 ，如图15-190所示。

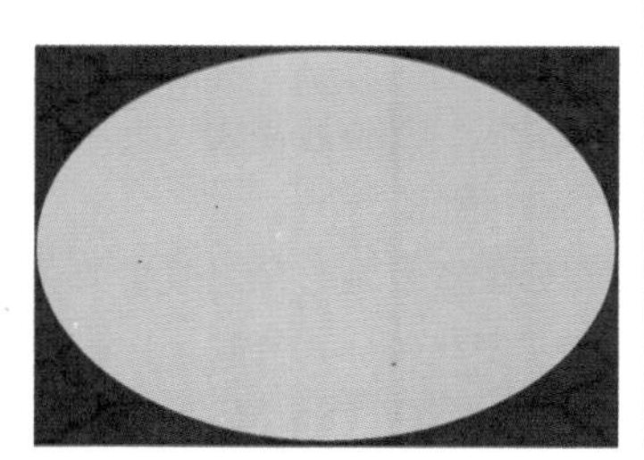

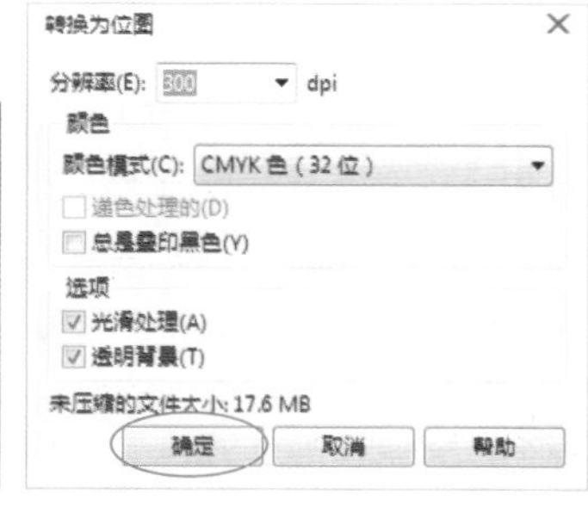

图15-189　图15-190

24 选中椭圆，然后执行“位图>模糊>高斯式模糊”菜单命令，弹出“高斯式模糊”对话框，接着设置“半径”为10，最后单击“确定”按钮，如图15-191所示，效果如图15-192所示。

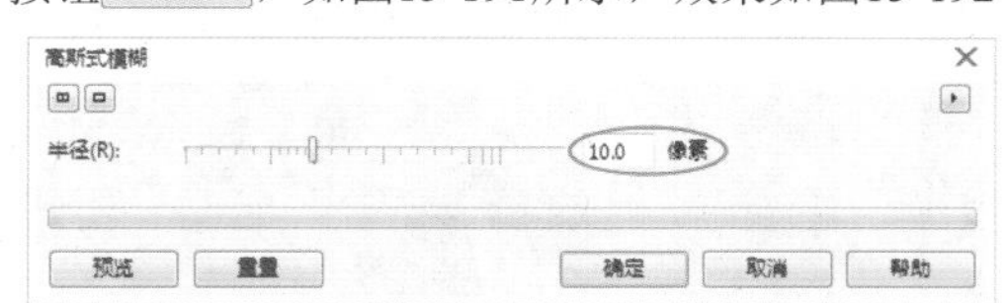

图15-191

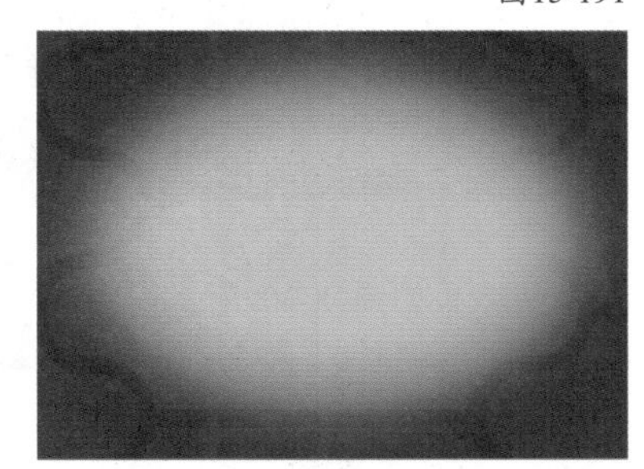

图15-192

25 选中设置模糊效果的椭圆，然后单击“透明度工具”，接着在属性栏上设置“透明度类型”为“均匀透明度”、“合并模式”为“Add”、“透明度”为0，效果如图15-193所示。

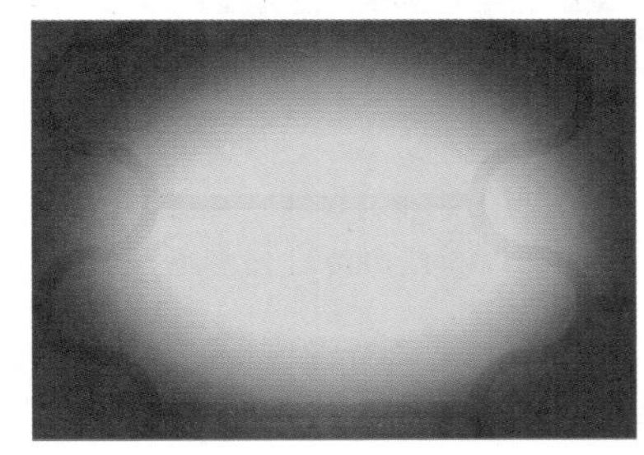

图15-193

26 选中椭圆，然后复制多个，接着移动到文本对象的荧光部分上面，再根据荧光部分的倾斜角度对椭圆进行旋转，效果如图15-194所示。

图15-194

27 使用“矩形工具”绘制一个矩形长条，然后填充颜色为（C:62，M:0，Y:3，K:0），接着去除轮廓，如图15-195所示，再执行“位图>转换为位图”菜单命令，弹出“转换为位图”对话框，最后单击“确定”按钮，如图15-196所示。

图15-195

图15-196

28 选中矩形长条，然后执行“位图>模糊>动态模糊”菜单命令，弹出“动态模糊”对话框，接着设置“间距”为424，最后单击“确定”按钮，如图15-197所示，效果如图15-198所示。

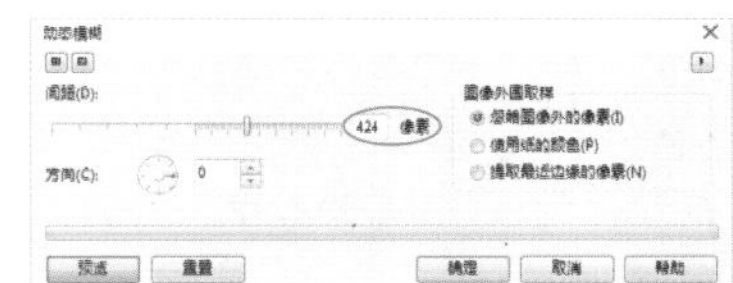

图15-197

图15-198

29 选中模糊后的矩形长条，然后单击“透明度工具”，接着在属性栏上设置“透明度类型”为“均匀透明度”、“合并模式”为“常规”，效果如图15-199所示。

图15-199

30 选中矩形长条，然后复制多个，接着移动到文字的各个边缘，再根据文字边缘的倾斜度和长度来调整矩形长条的角度和长度，最终效果如图15-200所示。

图15-200

15.7 综合实例：精通彩钻文字设计

- 实例位置：下载资源>实例文件>CH15>综合实例：精通彩钻文字设计.cdr
- 素材位置：下载资源>素材文件>CH15>08.jpg~09.jpg、10.cdr
- 视频位置：下载资源>多媒体教学>CH15>综合实例：精通彩钻文字设计.flv
- 实用指数：★★★★★
- 技术掌握：钻石文字的设计方法

钻石文字效果如图15-201所示。

图15-201

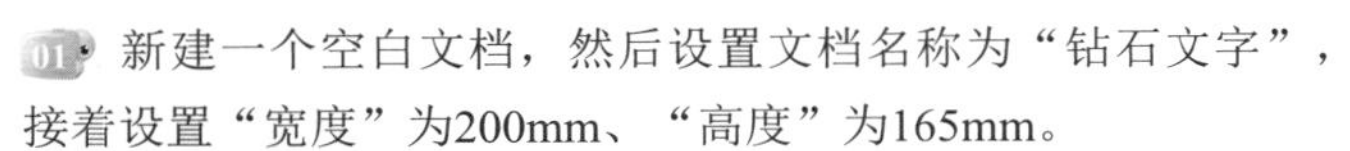

01 新建一个空白文档，然后设置文档名称为“钻石文字”，接着设置“宽度”为200mm、“高度”为165mm。

02 双击“矩形工具”创建一个与页面重合的矩形，然后填充颜色为（C:93，M:88，Y:89，K:80），接着去除轮廓，效果如图15-202所示。

03 选中矩形，然后执行“位图>转换为位图”菜单命令，弹出“转换为位图”对话框，接着单击“确定”按钮，如图15-203所示，即可将矩形转换为位图。

图15-202

图15-203

04 保持对象的选中状态，然后执行“位图>杂点>添加杂点”菜单命令，弹出“添加杂点”对话框，接着设置“层次”为100、“密度”为100，最后单击“确定”按钮，如图15-204所示，效果如图15-205所示。

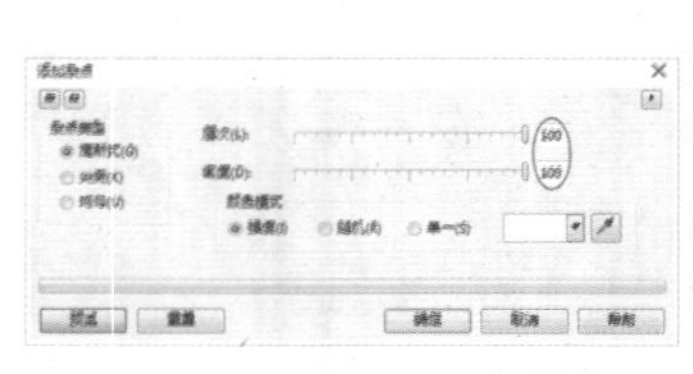

图15-204

图15-205

05 双击“矩形工具”创建一个与页面重合的矩形，然后填充颜色为（C:93，M:88，Y:89，K:80），效果如图15-206所示。

06 选中前面绘制的矩形，然后向中心缩小的同时复制一个，接着选中两个矩形，在属性栏上单击“移除前面对象”按钮，修剪后效果如图15-207所示。

图15-206

图15-207

在上一步的操作中，修剪后图形的轮廓为默认的黑色（C:0，M:0，Y:0，K:100），图形的“轮廓宽度”为默认的0.2mm。

07 导入下载资源中的“素材文件>CH15>08.jpg”文件，然后移动到页面内与页面重合，如图15-208所示，接着单击“透明度工具”，在属性栏上设置“透明度类型”为“均匀透明度”、“合并模式”为Add、“透明度”为85，效果如图15-209所示。

图15-208

图15-209

08 使用“文本工具”输入美术文本，然后在属性栏上设置“字体”为Athenian、“字体大小”为140pt，接着填充青色（C:100，M:0，Y:0，K:0），如图15-210所示。

FEVER

图15-210

09 选中前面输入的文本，然后按Ctrl+Q组合键转换为曲线，接着按Ctrl+K组合键拆分曲线，拆分后如图15-211所示，再选中第5个文字，按Ctrl+ L组合键结合，效果如图15-212所示。

图15-211

图15-212

10 导入下载资源中的“素材文件>CH15>09.jpg”文件，然后选中第1个文字，移动到钻石图片上面，如图15-213所示，接着选中图片和文字，再单击属性栏上的“相交”按钮，修剪后移出文字和文字后面修剪形成的文字图形，如图15-214所示。

图15-213　　图15-214

11 选中第1个文字，然后在属性栏上设置“轮廓宽度”为1mm，如图15-215所示，接着按Ctrl+Shift+Q组合键将轮廓转换为可编辑对象，再移出轮廓内的文字，如图15-216所示。

图15-215　　图15-216

12 选中前面制得的文字轮廓，然后在“编辑填充”对话框中选择“渐变填充”方式，设置“类型”为“线性渐变填充”、“镜像、重复和反转”为“默认渐变填充”，再设置“节点位置”为0%的色标颜色为白色、“位置”为28%的色标颜色为（C:66，M:58，Y:89，K:17）、“位置”为65%的色标颜色为（C:14，M:7，Y:24，K:0）、“位置”为90%的色标颜色为（C:71，M:57，Y:71，K:14）、“位置”为100%的色标颜色为白色，“填充宽度”为94.0 %、“水平偏移”为0%、“垂直偏移”为0%、“旋转”为180°，最后单击“确定”按钮，如图15-217所示，效果如图15-218所示。

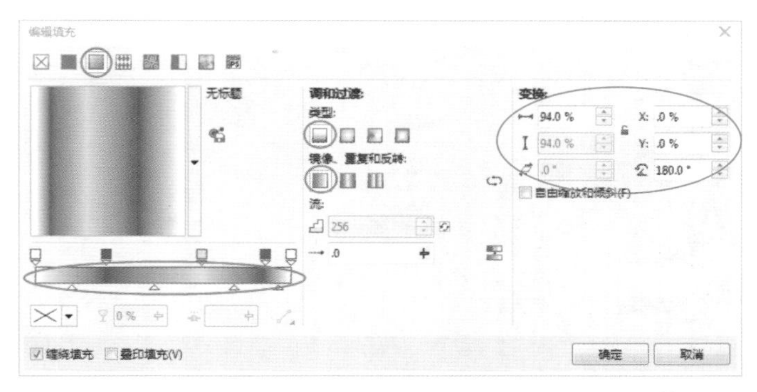

图15-217

图15-218

13 选中第1个文字，然后在属性栏上设置“轮廓宽度”为1.75mm，如图15-219所示，接着按Ctrl+Shift+Q组合键将轮廓转换为可编辑对象，再移出轮廓内的文字，如图15-220所示，最后删除该文字。

图15-219　　图15-220

14 选中前面制得的文字轮廓，然后在“编辑填充”对话框中选择“渐变填充”方式，设置“类型”为“线性渐变填充”、“镜像、重复和反转”为“默认渐变填充”，再设置“节点位置”为0%的色标颜色为（C:4，M:3，Y:3，K:0）、“位置”为28%的色标颜色为（C:71，M:64，Y:100，K:34）、“位置”为65%的色标颜色为（C:21，M:11，Y:33，K:0）、“位置”为90%的色标颜色为（C:78，M:65，Y:93，K:45）、“位置”为100%的色标颜色为（C:4，M:3，Y:3，K:0），“填充宽度”为114.248 %、“水平偏移”为0%、“垂直偏移”为0%、“旋转”为-124.8°，最后单击“确定”按钮 确定 ，如图15-221所示，效果如图15-222所示。

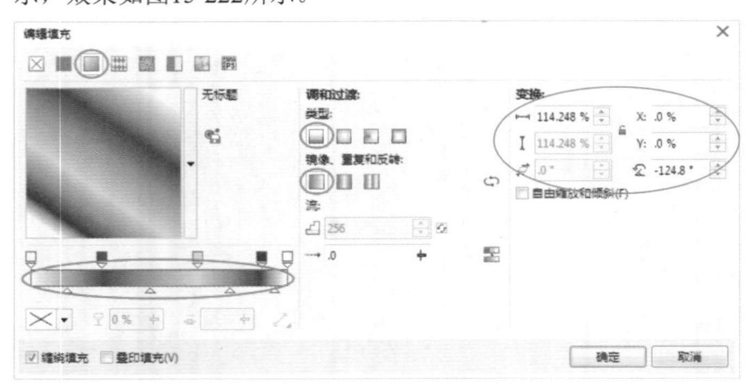

图15-221

图15-222

15 选中填充的第1个文字轮廓，然后放置在第2个文字轮廓上面，如图15-223所示，接着选中修剪形成的文字图形，再移动到两个文字轮廓的上面，最后适当调整各图形的位置（制得第一个文字图形），效果如图15-224所示。

图15-223　　图15-224

16 按照以上的方法绘制出其余的文字图形，然后移动到页面水平居中的位置，接着选中所有文字图形按快捷键T，使其底端对齐，再按Ctrl+G组合键进行组合对象，效果如图15-225所示，最后删除钻石图片。

图15-225

技巧与提示

为了提高绘制速度，在填充其余文字的轮廓时，可以使用“属性滴管工具”在前面填充的两个文字轮廓上进行“填充”属性取样，然后应用到相应的轮廓上。

17 绘制星形。使用“多边形工具”绘制一个正八边形，如图15-226所示，接着使用“形状工具”单击对象上的任意一个节点，再向图形内部拖动，使其呈如图15-227所示的形状。

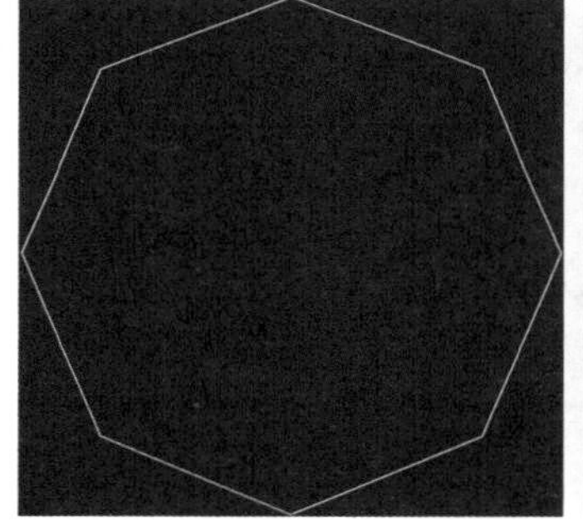

图15-226　　图15-227

18 选中前面绘制的图形，然后按Ctrl+Q组合键转换为曲线，接着使用“形状工具”调整图形水平方向上的两个端点处的节点，使其呈如图15-228所示的形状，再调整图形垂直方向上的两个端点处的节点，使其呈如图15-229所示的形状。

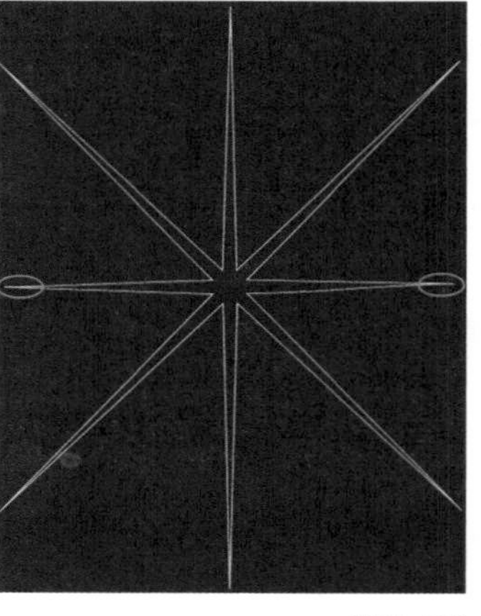

图15-228

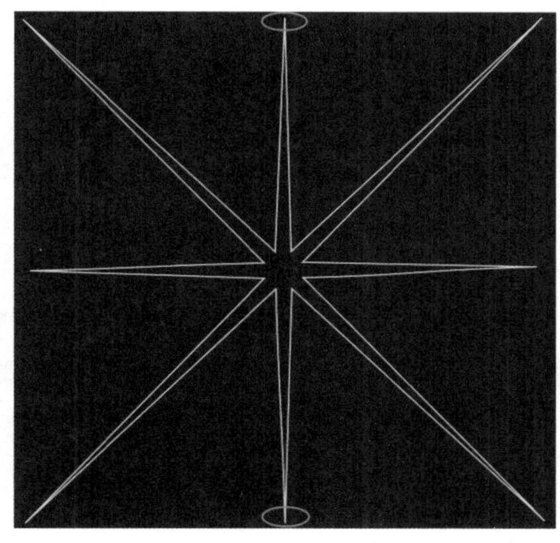

图15-229

19 选中前面绘制的星形（八边形），然后填充白色，接着去除轮廓，如图15-230所示，再复制多个，并调整为不同的大小和倾斜角度，最后放置在文字图形上面，效果如图15-231所示。

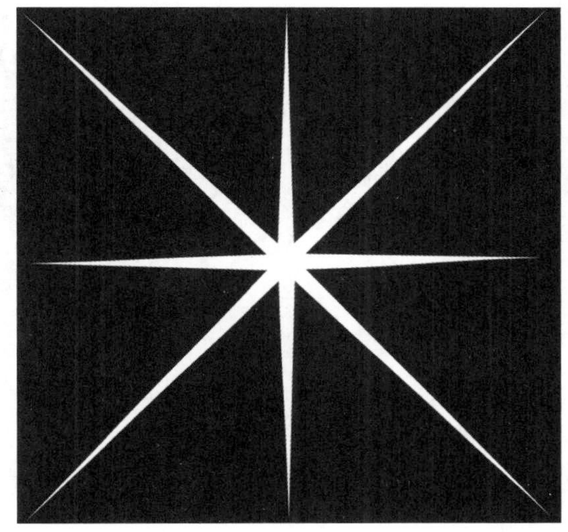

图15-230

图15-231

20 选中所有的文字图形和星形对象，然后按Ctrl+G组合键进行组合对象，接着在原位置复制一份，再单击属性栏上的“垂直镜像”按钮，最后按住Shift键移动到原始对象下方，使其呈镜像效果，如图15-232所示。

图15-232

21 保持对象的选中状态，然后单击“透明度工具”，接着在属性栏上设置“渐变透明度”为“线性渐变透明度”、“合并模式”为“常规”，效果如图15-233所示。

图15-233

22 导入下载资源中的“素材文件>CH15>10.cdr”文件，然后放置在页面下方，最终效果如图15-234所示。

图15-234

第16章 综合实例：版式设计篇

Learning Objectives 学习要点

Employment direction 从业方向

版面设计

插画设计

服装设计

平面设计

品牌设计
产品设计

16.1 综合实例：精通咖啡卡片设计

- 实例位置：下载资源>实例文件>CH16>综合实例：精通咖啡卡片设计.cdr
- 素材位置：下载资源>素材文件>CH16>01.jpg、02.cdr、03.cdr、04.jpg
- 视频位置：下载资源>多媒体教学>CH16>综合实例：精通咖啡卡片设计.flv
- 实用指数：★★★★☆
- 技术掌握：名片的版面编排方法

咖啡卡片效果如图16-1所示。

图16-1

技巧与提示

名片的标准尺寸分为以下3种。

横版：方角=90mm×55mm；圆角=85×54mm。

竖版：方角=50mm×90mm；圆角=54×85mm。

方版：90mm×90mm或90mm×95mm。

一般的名片都为矩形或是圆角矩形，都是按照以上的标准尺寸来制作，但也有一些名片是异形的，或不是按照标准尺寸的，如图16-2所示。

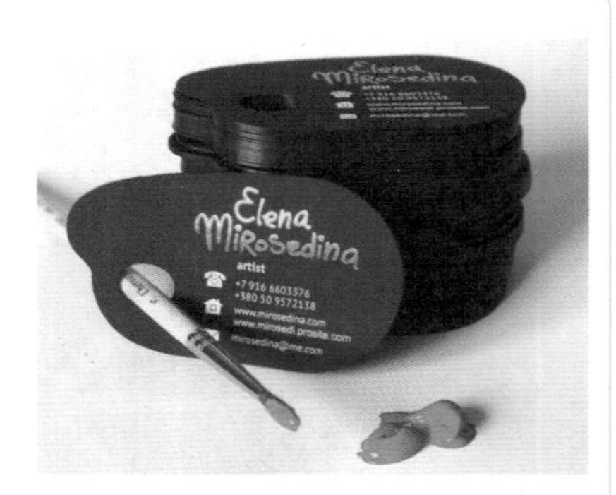

图16-2

01 新建一个空白文档，然后设置文档名称为“精通咖啡卡片设计”，接着设置“宽度”为180mm、“高度”为150mm。

02 使用“矩形工具”□绘制一个矩形，然后在属性栏上设置“宽度”为90mm、“高度”为55mm，如图16-3所示。

03 导入下载资源中的“素材文件>CH16>01.jpg”文件，然后执行“对象>图框精确剪裁>置于图文框内部”菜单命令，接着适当调整位置，效果如图16-4所示。

图16-3

图16-4

04 导入下载资源中的“素材文件>CH16>02.cdr”文件，然后适当调整大小，接着放置在名片正面的右下方，效果如图16-5所示。

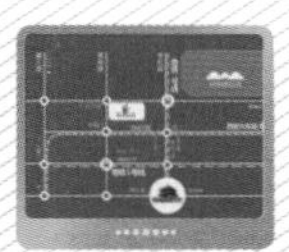

图16-5

05 使用“文本工具”字在图标的右侧输入美术文本，然后在属性栏上设置“字体”为Bordeaux Heavy、“字体大小”为12pt，接着填充颜色为（C:59，M:91，Y:100，K:51），最后适当调整位置，效果如图16-6所示。

图16-6

技巧与提示

在使用“文本工具”字输入文本时，如果所输入的文本内容较少，可以使用输入美术文本的方法输入，对美术文本进行属性设置可以直接通过属性栏来进行设置；如果所输入的文本内容较多，即可使用输入段落文本的方法来输入，设置段落文本的属性可以在属性栏上单击“文本属性”按钮，打开“文本属性”泊坞窗来进行设置。

06 适当调整大小，接着放置在名片正面的右下方，效果如图16-7所示。

07 单击“文本工具”字在名片的右下方输入文本，然后设置“字体”为“Adobe宋体Std L”、“字体大小”为8pt，接着填充颜色为（C:55，M:86，Y:100，K:38），效果如图16-8所示。

图16-7　　图16-8

08 单击“文本工具”字在右下方输入文本，然后设置“字体”为Busorama Md BT、“字体大小”为7pt，接着填充颜色为（C:55，M:86，Y:100，K:38），效果如图16-9所示。

09 绘制名片的背面。使用“矩形工具”□绘制一个与正面相同大小的矩形，然后导入下载资源中的“素材文件>CH16>03.cdr”文件，接着执行“对象>图框精确剪裁>置于图文框内部”菜单命令，最后适当调整位置，效果如图16-10所示。

图16-9　　图16-10

10 使用“矩形工具”□绘制一个长条矩形，然后双击“渐层工具”，在“编辑填充”对话框中选择“渐变填充”方式，设置“类型”为“线性渐变填充”、“镜像、重复和反转”为“默认渐变填充”，再设置“节点位置”为0%的色标颜色为（C:73，M:73，Y:67，K:25）、“节点位置”为38%的色标颜色为（C:93，M:88，Y:89，K:80）、“节点位置”为74%的色标颜色为（C:76，M:71，Y:73，K:40）、“节点位置”为100%的色标颜色为（C:93，M:88，Y:89，K:80），如图16-11所示，效果如图16-12所示。

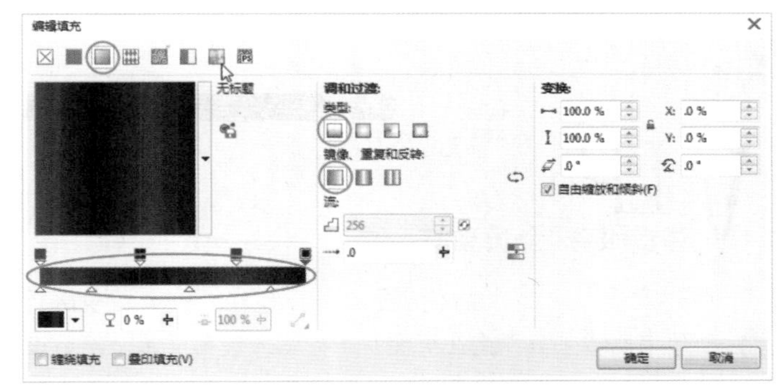

图16-11

图16-12

11 单击“文本工具”字在长条矩形上方输入文本，然后设置“字体”为Busorama Md BT、“字体大小”为9pt，接着填充颜色为（C:51，M:98，Y:100，K:35），最后适当调整位置，效果如图16-13所示。

12 使用“矩形工具”□在长条矩形下方绘制一个矩形，填充颜色为（C:35，M:27，Y:25，K:0），效果如图16-14所示。

图16-13　　图16-14

13 使用“文本工具”字在矩形左侧输入文本，然后设置“字体”为“迷你简祥隶”、“字体大小”为10pt，填充颜色为黑色，如图16-15所示。

图16-15

14 选中名片正面的文字，然后复制一份，移动到名片背面右下方，如图16-16所示，接着使用“文本工具”字在右下侧输入文本，再设置“字体”为“Adobe宋体Std L”、“字体大小”为10pt，最后填充颜色为（C:59，M:91，Y:100，K:51），效果如图16-17所示。

图16-16　　图16-17

15 使用“文本工具”字在页面左下方输入段落文本，然后设置“字体”为“迷你简祥隶”、“字体大小”为7pt、颜色为黑色，如图16-18所示。

图16-18

16 选中名片正面第一行的文字和图标，然后复制一份，拖曳到段落文本上方，并适当调整位置，接着选中名片背面的文本内容，按Ctrl+Q组合键转换为曲线，最后组合名片背面的所有内容，如图16-19所示。

图16-19

17 选中名片页面，然后单击“阴影工具”，按住鼠标左键在三角形上拖曳，再设置“阴影的不透明度”为71、“阴影羽化”为2、“阴影颜色”为黑色，如图16-20所示。

图16-20

18 导入下载资源中的“素材文件>CH16>04.jpg”文件，然后执行“对象>图框精确剪裁>置于图文框内部”菜单命令，接着适当调整位置，如图16-21所示，最后移动到页面中间，最终效果如图16-22所示。

图16-21

图16-22

16.2 综合实例：精通横版名片设计

- 实例位置：下载资源>实例文件>CH16>综合实例：精通横版名片设计.cdr
- 素材位置：下载资源>素材文件>CH16>05.cdr、06.cdr
- 视频位置：下载资源>多媒体教学>CH16>综合实例：精通横版名片设计.flv
- 实用指数：★★★★☆
- 技术掌握：横版名片的版面编排方法

横版名片效果如图16-23所示。

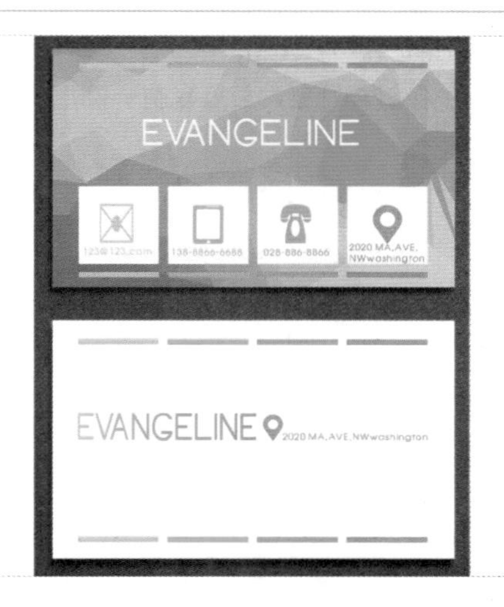

图16-23

01 新建一个空白文档，然后设置文档名称为“横版名片”，接着设置“宽度”为150mm、“高度”为150mm。

02 绘制名片的正面。使用“矩形工具”绘制一个矩形，然后在属性栏上设置“宽度”为90mm、“高度”为55mm，如图16-24所示。

03 导入下载资源中的“素材文件>CH16>05.cdr”文件，然后执行“对象>图框精确剪裁>置于图文框内部”菜单命令，接着适当调整位置，最后去掉轮廓线，效果如图16-25所示。

图16-24

图16-25

04 使用“矩形工具”绘制一个矩形，设置“宽度”为18mm、“高度”为18mm，然后填充白色，接着去除轮廓线，最后将矩形水平复制3个，效果如图16-26所示。

图16-26

05 使用“矩形工具”绘制一个矩形，设置“宽度”为18mm、“高度”为1.228mm，然后将矩形复制3个，接着填充第1个矩形的颜色为（C:0，M:32，Y:90，K:0），填充第2个矩形的颜色为（C:0，M:69，Y:84，K:0），填充第3个矩形的颜色为（C:0，M:92，Y:30，K:0），填充第4个矩形的颜色为（C:0，M:98，Y:16，K:0），如图16-27所示，再接着将4个矩形全选进行组合对象，最后复制一份，放置在页面下方，效果如图16-28所示。

图16-27

图16-28

06 导入下载资源中的“素材文件>CH16>06.cdr”文件，将素材文件拖曳到白色的矩形中，再适当调整位置，如图16-29所示。

07 使用“文本工具”输入美术文本，设置“字体”为Avante、“字体大小”为6pt，然后将文本拖曳到4个白色矩形框中，接着填充最左边文本颜色为（C:0，M:32，Y:90，K:0），填充第2个文本颜色为（C:0，M:69，Y:84，K:0），填充第3个文本颜色为（C:0，M:92，Y:30，K:0），填充第4个文本颜色为（C:0，M:98，Y:16，K:0），最后适当调整位置，效果如图16-30所示。

图16-29

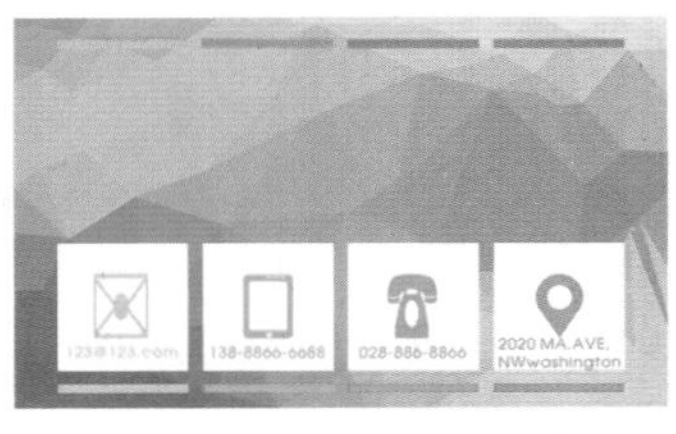

图16-30

08 使用“文本工具”输入美术文本，设置“字体”为Old Republic、“字体大小”为37pt，然后填充颜色为白色，接着将文本拖曳到页面中心的位置，效果如图16-31所示。

09 绘制名片的背面。单击“矩形工具”在名片背面绘制一个矩形，再设置“宽度”为18mm、“高度”为1.228mm，然后将矩形复制3个，接着填充第1个矩形的颜色为（C:0，M:32，Y:90，K:0），填充第2个矩形的颜色为（C:0，M:69，Y:84，K:0），填充第3个矩形的颜色为（C:0，M:92，Y:30，K:0），填充第4个矩形的颜色为（C:0，M:98，Y:16，K:0），再接着将4个矩形全选进行组合对象，最后复制一份，放置在页面下方，效果如图16-32所示。

EVANGELINE
123@123.com
138-8866-6688
028-886-8866
2020 MA.AVE.
NWwashington

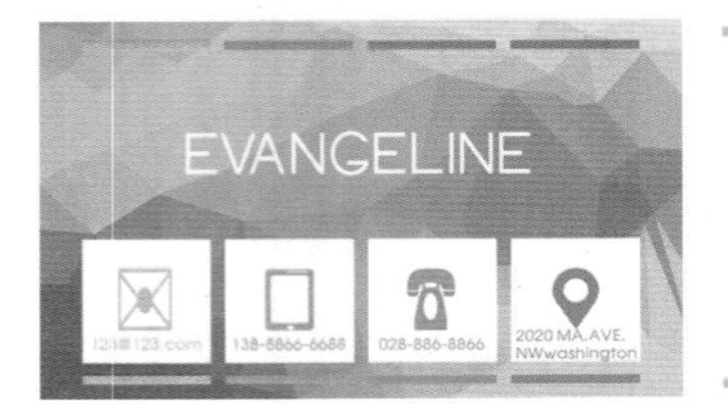

图16-31　图16-32

10 使用“文本工具”输入文本，然后设置“字体”为Old Republic、“字体大小”为37pt，接着双击“渐层工具”，在“编辑填充”对话框中选择“渐变填充”方式，设置“类型”为“线性渐变填充”、“镜像、重复和反转”为“默认渐变填充”，再设置“节点位置”为0%的色标颜色为（C:0，M:32，Y:90，K:0）、“节点位置”为30%的色标颜色为（C:0，M:69，Y:84，K:0）、“节点位置”为60%的色标颜色为（C:0，M:92，Y:30，K:0）、“节点位置”为100%的色标颜色为（C:0，M:98，Y:16，K:0），最后单击“确定”按钮，如图16-33所示，效果如图16-34所示。

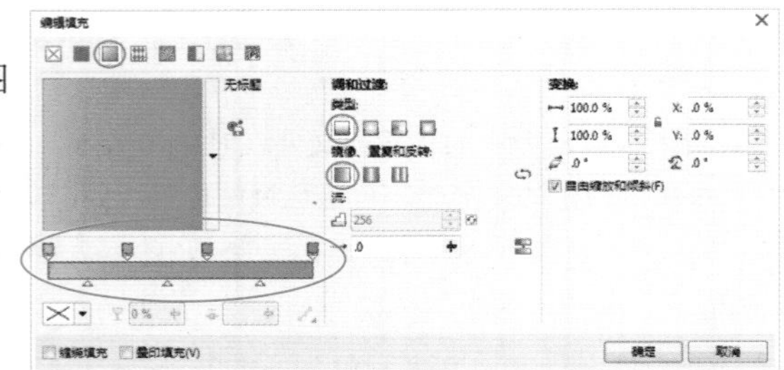

图16-33

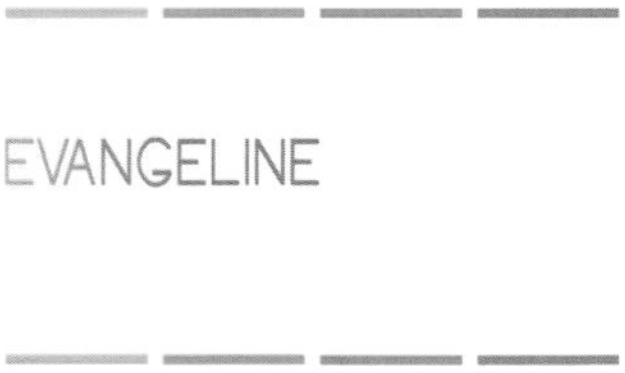

EVANGELINE

图16-34

11 使用“文本工具”输入文本，然后设置“字体”为Avante、“字体大小”为6pt、填充颜色为（C:0，M:98，Y:16，K:0），如图16-35所示。

12 复制之前导入素材图案，将素材文件拖曳到文本间的适当位置，效果如图16-36所示。

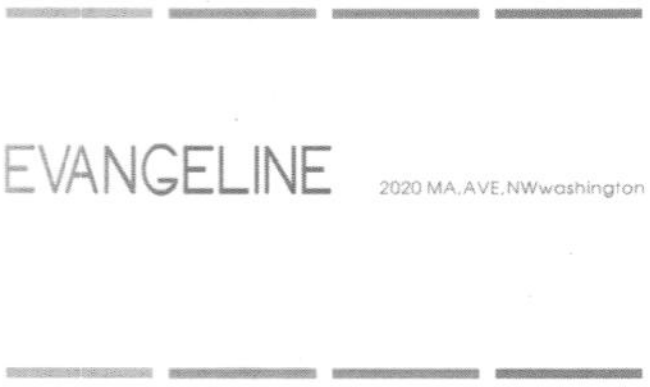

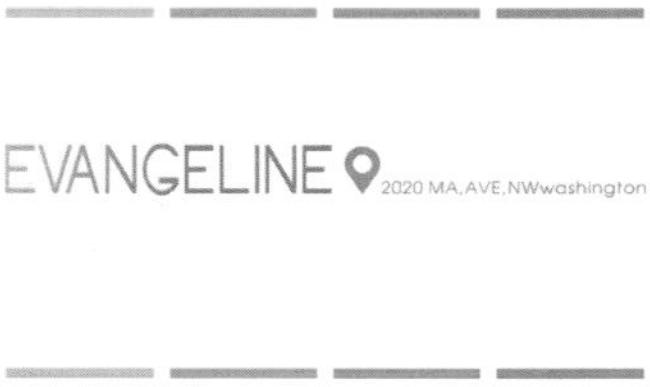

EVANGELINE
2020 MA.AVE.NWwashington

EVANGELINE
2020 MA.AVE.NWwashington

图16-35　图16-36

13 选中名片页面，然后单击“阴影工具”，按住鼠标左键在三角形上拖曳，再设置“阴影的不透明度”为60、“阴影羽化”为2、“阴影颜色”为黑色，如图16-37所示。

14 选中名片内包含的所有文本内容，然后按Ctrl+Q组合键转换为曲线，接着分别按Ctrl+G组合键组合名片背面和名片正面的所有内容，再选中组合后的两个对象按L键使其左对齐，如图16-38所示。

EVANGELINE
EVANGELINE
2020 MA.AVE.NWwashington

EVANGELINE
EVANGELINE

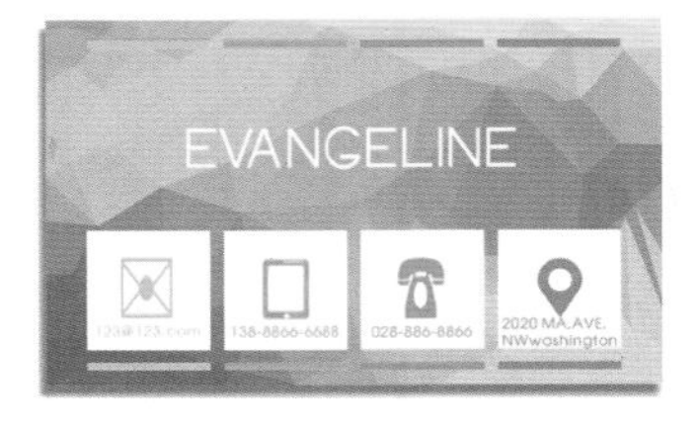

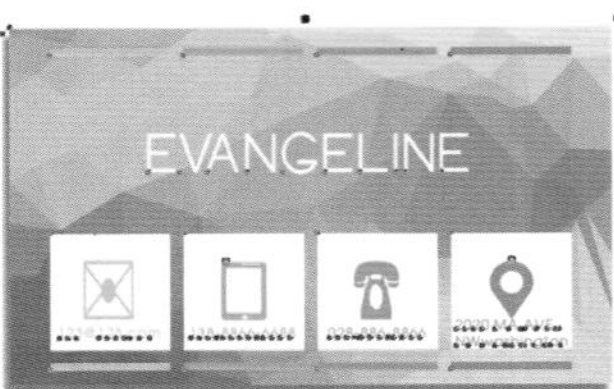

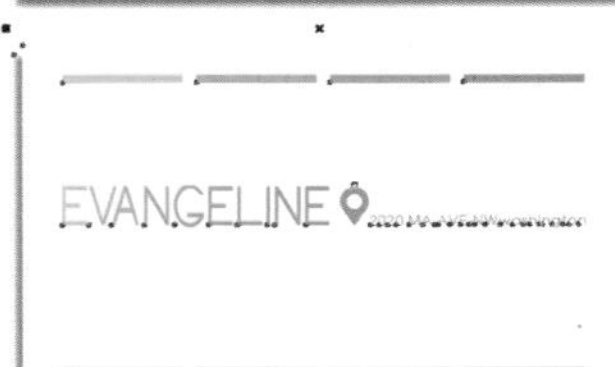

图16-37　图16-38

15 导入下载资源中的“素材文件>CH16>04.jpg”文件，然后执行“对象>图框精确剪裁>置于图文框内部”菜单命令，接着适当调整位置，如图16-39所示，最后移动到页面中间，最终效果如图16-40所示。

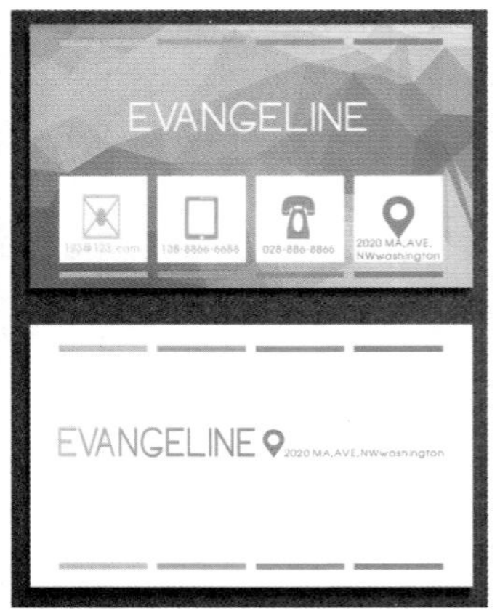

EVANGELINE
EVANGELINE
2020 MA.AVE.NWwashington

图16-39　图16-40

技巧与提示

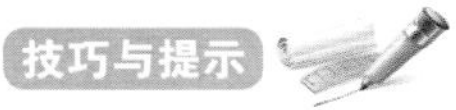

绘制好的名片在输出后选用与名片匹配的纸张或是进行一些特殊工艺的处理，会使面片更具有质感和视觉效果，如图16-41所示。

STUDIOLAB

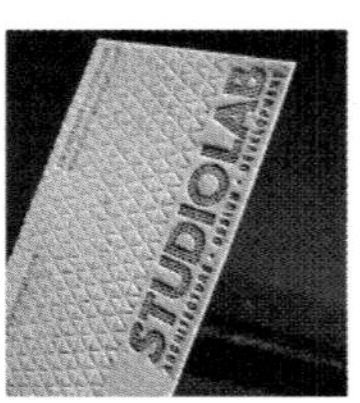

图16-41

16.3 综合实例：精通杂志内页设计

- 实例位置：下载资源>实例文件>CH16>综合实例：精通杂志内页设计.cdr
- 素材位置：下载资源>素材文件>CH16>07.jpg~09.jpg
- 视频位置：下载资源>多媒体教学>CH16>综合实例：精通杂志内页设计.flv
- 实用指数：★★★★★
- 技术掌握：杂志内页的版面编排方法

杂志内页效果如图16-42所示。

图16-42

01 新建一个空白文档，然后设置文档名称为“杂志内页”，接着设置“宽度”为142.5mm、“高度”为180mm。

02 执行“工具>选项”菜单命令，弹出“选项”对话框，然后在“页面尺寸”选项下输入“出血”的值为0.5mm，如图16-43所示。

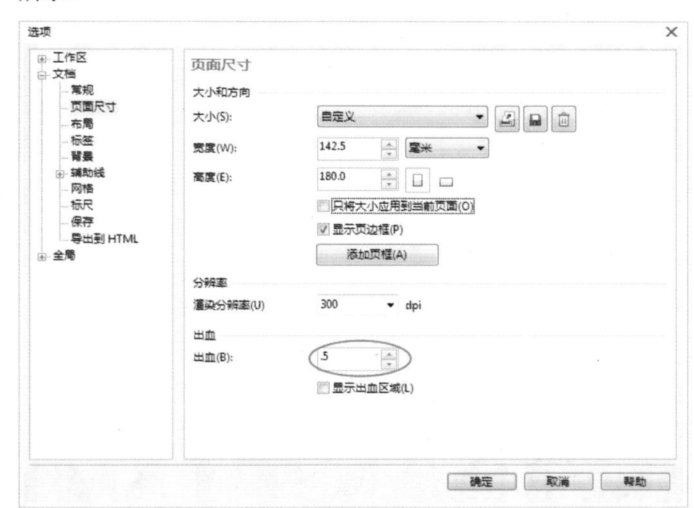

图16-43

绘制杂志内页时，设置出血值是为了避免文件在输出后的装订过程中裁切到版面内的部分。

03 在“选项”对话框中单击左边的“布局”选项，然后在显示的选项组中勾选“对开页”，接着设置“起始于”为“右边”，再单击“确定”按钮 确定 ，如图16-44所示。

问：为什么要设置成对开页呢？

答：因为设置成对开页后，杂志中的每一个页面都可以成为独立的页面，这样便于页面拼版以及文件在输出后进行不同方式的装订。

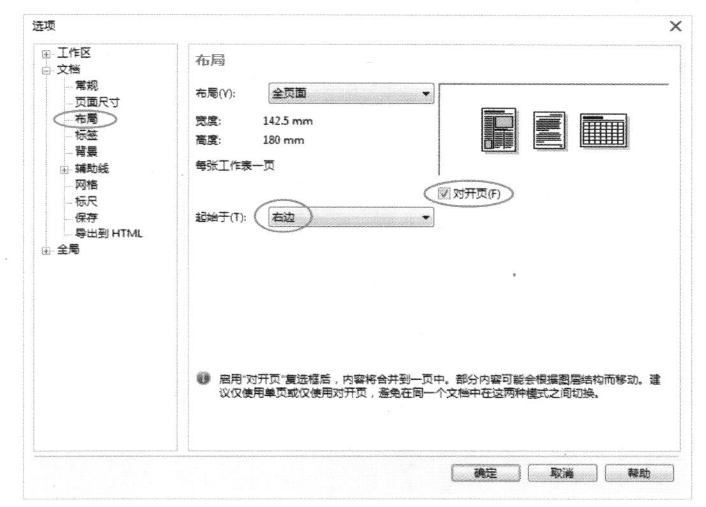

图16-44

04 使用“挑选工具”拖动“辅助线”来设置杂志的内页边距为10mm、外页边距为10mm，如图16-45所示。

05 导入下载资源中的“素材文件>CH16>07.jpg”文件，然后使用“刻刀工具”从图片的右上角进行裁切，如图16-46所示，最后删除裁切后的右边部分。

图16-45

图16-46

知识链接

有关使用“刻刀工具”裁切图片的具体操作方法，请参阅“6.11 刻刀工具”下的相关内容。

06 使用“矩形工具”绘制一个矩形，然后调整矩形的大小，使矩形的四条边与设置好的辅助线重合，如图16-47所示，接着使用“形状工具”将裁切的图片调整为三角形，再放置在矩形左侧，效果如图16-48所示。

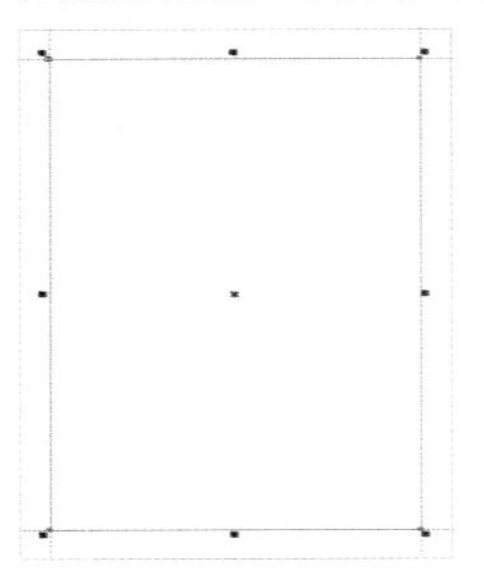

图16-47

图16-48

07 导入下载资源中的“素材文件>CH16>08.jpg”文件，然后将图片放置在左边页面的上方，效果如图16-49所示。

图16-49

08 使用“表格工具”在裁切图片的右下方绘制出如图16-50所示的表格，然后填充整个表格的轮廓为灰色（C:0，M:0，Y:0，K:70），接着按Ctrl+Q组合键转换为曲线，效果如图16-51所示。

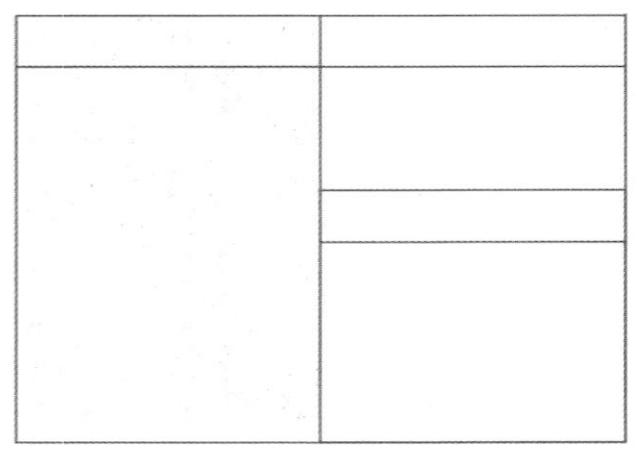

图16-50

图16-51

技巧与提示

使用“表格工具”在绘制如上图所示的表格时，要对表格中相应的单元格进行水平拆分。

09 使用“文本工具”输入文本，然后设置“字体”为Bodoni Bd BT、“字体大小”为33pt，接着将与左边图片重合的文字填充为白色，其余填充为黄色（C:47，M:63，Y:100，K:11），如图16-52所示。

图16-52

10 选中前面输入的文本，然后在原位置复制一份，接着更改文字“E”的颜色为白色，如图16-53所示，再按Ctrl+Q组合键转换为曲线，最后按Ctrl+U组合键取消组合对象。

图16-53

11 使用“形状工具”调整转曲后的文字“E”，使其移除掉不与裁切图片重叠的部分，如图16-54所示，然后选中取消组合对象的文本和该文本下面的文本，按Ctrl+G组合键进行组合对象。

图16-54

12 使用“文本工具”在相应的单元格中输入文本，然后设置文本的“字体”为Microsoft Himalaya、“字体大小”为33pt，如图16-55所示，接着在其余的表格中输入文本，再设置标题的（包括句首的数字）“字体”为Arial、“字体大小”为8pt，内容的“字体”为Microsoft Himalaya、“字体大小”为7pt，最后使用“形状工具”适当调整文本的字距和行距，效果如图16-56所示。

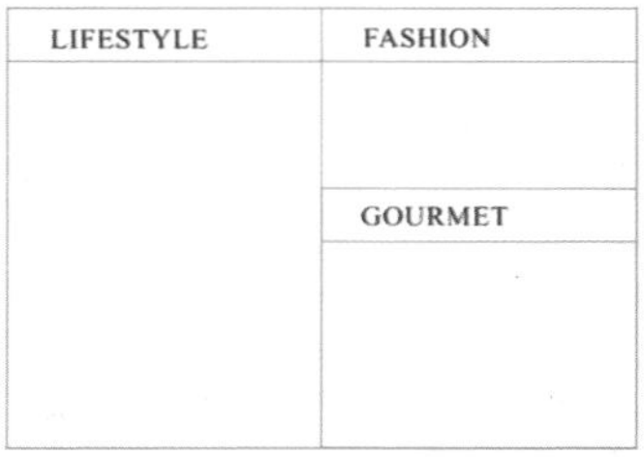

LIFESTYLE	FASHION
	GOURMET

图16-55

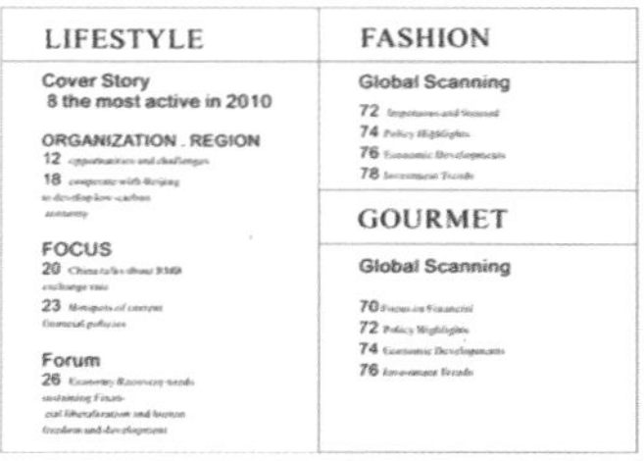

LIFESTYLE	FASHION
Cover Story 8 the most active in 2010 ORGANIZATION . REGION 12 18 FOCUS 20 23 Forum 26	Global Scanning 72 74 76 78
	GOURMET
	Global Scanning 70 72 74 76

图16-56

在对文本进行编辑时，可以根据文本中文字的重要性和内容属性对文字的字体、大小以及颜色进行不同的设置，使整个文本更有节奏感并且主次分明。

13 使用“椭圆工具”绘制一个圆形，然后填充颜色为（C:50，M:100，Y:18，K:0），接着单击“文本工具”在圆形内输入文本，再设置“字体”为Arial、“字体大小”为8pt、颜色为白色，最后适当旋转文字，效果如图16-57所示。

14 选中前面绘制的圆形和圆形上的文本，然后按Ctr+G组合键进行组合对象，接着移动对象到表格的右上方，效果如图16-58所示。

图16-57

图16-58

15 使用“文本工具”在左边页面的左下角输入页码，然后设置“字体”为MicrosoftHimolaya、“字体大小”为40pt，如图16-59所示，接着按Ctrl+Q组合键转换为曲线，再使用“形状工具”稍微移动文字“7”，最后按Ctrl+G组合键进行组合对象，效果如图16-60所示。

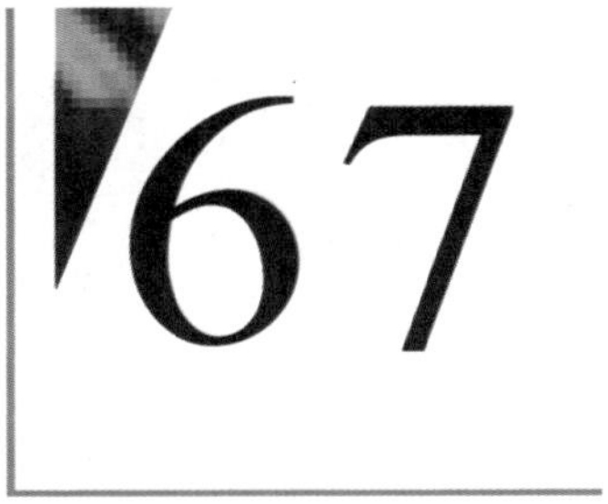

图16-59

图16-60

进行页码设置可以通过执行“布局>插入页码”菜单命令插入页码。

16 导入下载资源中的“素材文件>CH16>09.jpg”文件，然后使用“形状工具”适当裁切，接着放置在右边页面的上方，效果如图16-61所示。

图16-61

17 使用“文本工具”输入文本，然后设置第1行文字的“字体”为Kaufmann BT、“字体大小”为16pt，第2行文字的“字体”为Aparajita、“字体大小”为8pt，其余3行的“字体”为Arial、“字体大小”为8pt，接着使用“形状工具”调整后面3行文字的位置，效果如图16-62所示，再选中整个文本按Ctrl+Q组合键转换为曲线，最后移动文本与左侧辅助线贴齐，效果如图16-63所示。

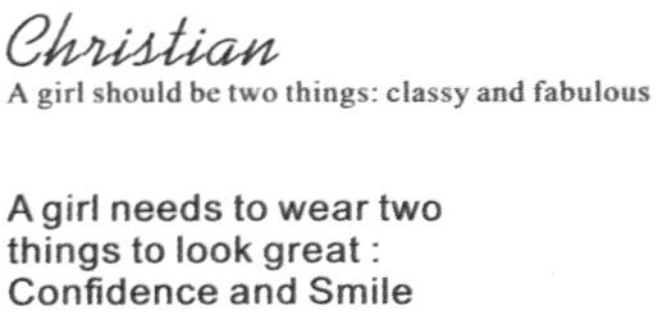

Christian
A girl should be two things: classy and fabulous

A girl needs to wear two
things to look great :
Confidence and Smile

图16-62

图16-63

18 使用“矩形工具”在右侧页面绘制一个矩形，如图16-64所示，然后单击“透明度工具”，接着在属性栏设置“渐变透明度”为“线性渐变透明度”、“合并模式”为“亮度”、“透明度”为100，设置后去除轮廓，最终效果如图16-65所示。

图16-64

图16-65

16.4 综合实例：精通跨版式内页设计

- 实例位置：下载资源>实例文件>CH16>综合实例：精通跨版式内页设计.cdr
- 素材位置：下载资源>素材文件>CH16>10.jpg
- 视频位置：下载资源>多媒体教学>CH16>综合实例：精通跨版式内页设计.flv
- 实用指数：★★★★★
- 技术掌握：跨版式内页的版面编排方法

跨版式内页效果如图16-66所示。

图16-66

01 新建一个空白文档，然后设置文档名称为“跨版式内页”，接着设置“宽度”为142.5mm、“高度”为200mm。

02 执行“工具>选项”菜单命令，弹出“选项”对话框，然后在“页面尺寸”选项下输入“出血”的值为0.5mm，如图16-67所示，接着单击左边的“布局”选项，在展开的选项组中勾选“对开页”，再设置“起始于”为“左边”，最后单击“确定”按钮，如图16-68所示。

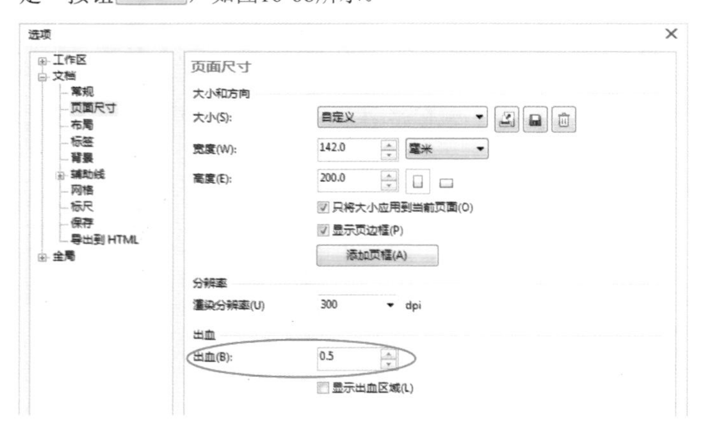

图16-67

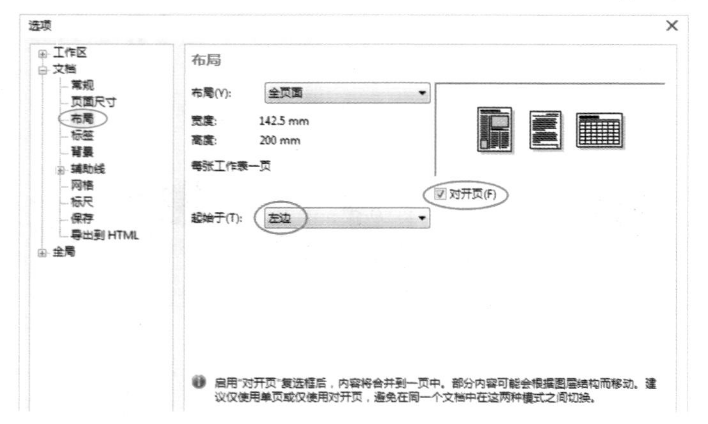

图16-68

03 使用“挑选工具”拖动“辅助线”来设置杂志的内页边距为10mm、外页边距为10mm，如图16-69所示。

04 导入下载资源中的“素材文件>CH16>10.jpg”文件，接着移动图片到两个页面中心的位置，如图16-70所示。

图16-69　　图16-70

技巧与提示

当版面设计中有跨版编排的图片时，在两个页面的交接处可以分别设置5mm的出血值，这样可以避免文件输出后在装订过程中跨版图片被裁切或是掩盖。

05 使用“矩形工具”在左侧页面绘制一个与素材文件相同高度的矩形，然后填充颜色为（C:100，M:100，Y:0，K:0），如图16-71所示，接着单击“透明度工具”，在属性栏上设置“透明度类型”为“均匀透明度”、“合并模式”为“常规”、“透明度”为50，最后去除轮廓线，效果如图16-72所示。

图16-71

图16-72

06 使用“文本工具”输入标题文本，然后设置标题的“字体”为Avante、“字体大小”为47pt，接着填充标题文字的颜色为白色，如图16-73所示。

07 使用“文本工具”字在标题文本下方输入文本，然后设置文字的“字体”为Avante、“字体大小”为8pt、“文本对齐”为“居中对齐”，接着填充文字的颜色为白色，最后适当调整文本的位置，如图16-74所示。

图16-73

图16-74

08 使用“文本工具”字在右边页面的右上方输入文本，然后设置“字体”为Arial Black、“字体大小”为7pt、“文本对齐”为“左对齐”，接着填充文字的颜色为白色，如图16-75所示。

09 使用“文本工具”字在前面输入的文本下方输入文本，然后设置“字体”为Arial Black、“字体大小”为7pt、“文本对齐”为“左对齐”，填充文字的颜色为白色，接着移动文本使其与上方文本左对齐，效果如图16-76所示。

图16-75

图16-76

10 使用“文本工具”字在前面输入的文本下方输入文本，然后设置“字体”为Arial Black、“字体大小”为7pt、“文本对齐”为“左对齐”，填充文字的颜色为白色，接着移动文本使其与上方文本左对齐，效果如图16-77所示。

图16-77

11 使用“矩形工具”□在右侧页面绘制一个与页面相同高度的矩形，然后填充颜色为黑色，如图16-78所示，接着单击“透明度工具”，在属性栏上设置“透明度类型”为“线性渐变透明度”、“合并模式”为“常规”、“节点透明度”为71、“旋转”为180°，最后去除轮廓，效果如图16-79所示。

图16-78

图16-79

12 使用“文本工具”字在页面的左下角输入页码，然后设置“字体”为AvantGarde-Thin、“字体大小”为24pt，填充颜色为白色，接着按Ctrl+Q组合键转换为曲线，最后按Ctrl+G组合键进行组合对象，效果如图16-80所示。

图16-80

13 执行“编辑>全选>辅助线”菜单命令，按Delete键将辅助线删除，最终效果如图16-81所示。

图16-81

16.5 综合实例：精通地产招贴设计

- 实例位置：下载资源>实例文件>CH16>综合实例：精通地产招贴设计.cdr
- 素材位置：下载资源>素材文件>CH16>11.jpg、12.jpg、13.cdr
- 视频位置：下载资源>多媒体教学>CH16>综合实例：精通地产招贴设计.flv
- 实用指数：★★★★☆
- 技术掌握：地产招贴的制作方法

地产招贴效果如图16-82所示。

图16-82

01 新建一个空白文档，然后设置文档名称为“地产招贴”，接着设置页面大小为“A4”，页面方向为“纵向”。

02 双击“矩形工具”□创建一个与页面重合的矩形，然后在“编辑填充”对话框中选择“渐变填充”方式，设置“类型”为“线性渐变填充”、“镜像、重复和反转”为“默认渐变填充”，再设置“节点位置”为0%的色标颜色为（C:100，M:90，Y:67，K:53）、“节点位置”为100%的色标颜色为（C:98，M:82，Y:60，K:35），最后单击“确定”按钮，如图16-83所示，填充完毕后去除轮廓，效果如图16-84所示。

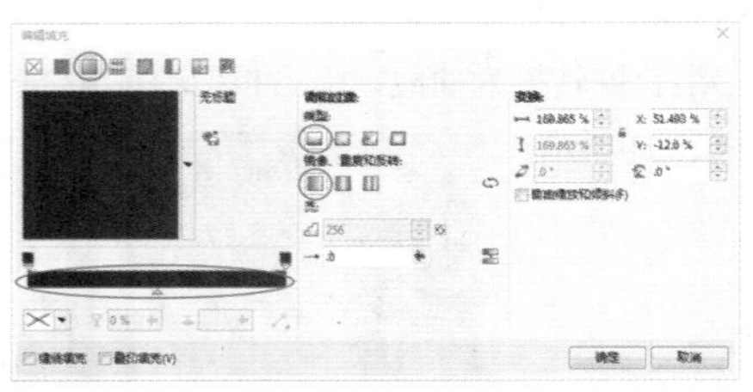
图16-83　图16-84

03 使用“矩形工具”□在页面内绘制一个矩形，然后在“编辑填充”对话框中选择“渐变填充”方式，设置“类型”为“椭圆形渐变填充”、“镜像、重复和反转”为“默认渐变填充”，再设置“节点位置”为0%的色标颜色为（C:100，M:90，Y:67，K:53）、“节点位置”为64%的色标颜色为（C:87，M:54，Y:47，K:27）“节点位置”为100%的色标颜色为（C:98，M:82，Y:60，K:35），最后单击“确定”按钮，如图16-85所示，填充完毕后去除轮廓，效果如图16-86所示。

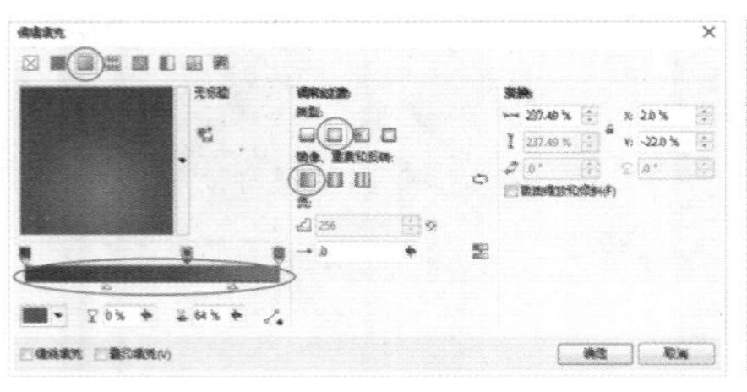
图16-85　图16-86

04 选中前面绘制的矩形长条，然后执行“对象>图框精确剪裁>置于图文框内部”菜单命令，将矩形条嵌入到蓝色渐变矩形内，效果如图16-87所示。

图16-87

05 使用“矩形工具”□在页面内绘制一个矩形，然后在“编辑填充”对话框中选择“渐变填充”方式，设置“类型”为“椭圆形渐变填充”、“镜像、重复和反转”为“默认渐变填充”，再设置“节点位置”为0%的色标颜色为（C:100，M:90，Y:67，K:53）、“位置”为42%的色标颜色为（C:0，M:0，Y:0，K:90）、“位置”为100%的色标颜色为（C:0，M:0，Y:0，K:90），最后单击“确定”按钮，如图16-88所示，填充完毕后去除轮廓，效果如图16-89所示。

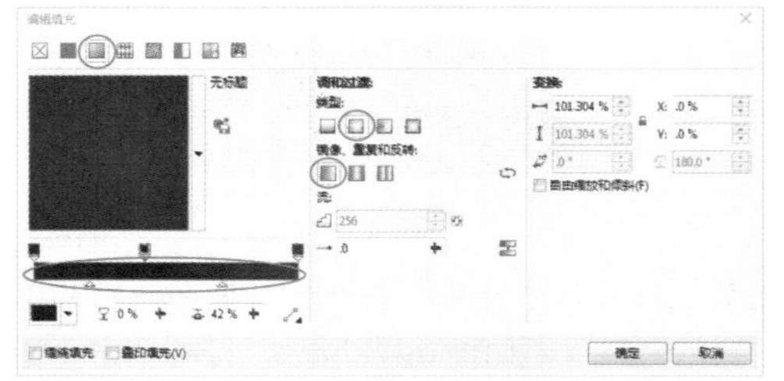
图16-88　图16-89

06 使用“矩形工具”□绘制一个矩形，然后在“编辑填充”对话框中选择“渐变填充”方式，设置“类型”为“线性渐变填充”、“镜像、重复和反转”为“默认渐变填充”，再设置“节点位置”为0%的色标颜色为（C:95，M:80，Y:59，K:35）、“节点位置”为100%的色标颜色为（C:100，M:93，Y:73，K:66），“填充宽度”为89.981 %、“水平偏移”为4.872 %、“垂直偏移”为8.933%、“旋转”为-156.9°，最后单击“确定”按钮 确定 ，如图16-90所示，填充完毕后去除轮廓，效果如图16-91所示。

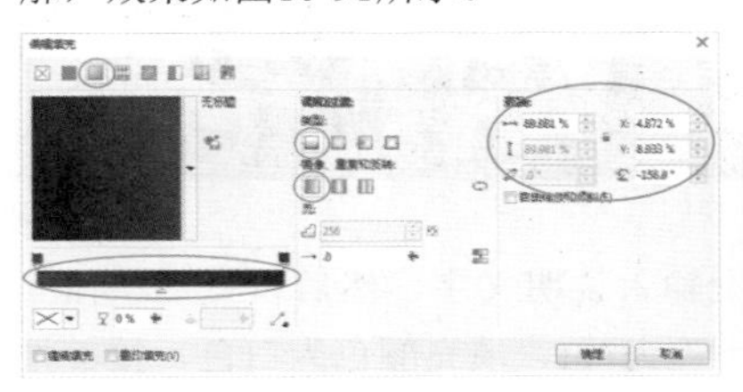

图16-90 图16-91

07 选中前面填充的矩形，然后移动到页面右侧，如图16-92所示，接着复制一个，再移动到页面右下角，最后适当旋转，效果如图16-93所示。

图16-92 图16-93

08 选中页面下方的矩形，然后按Ctrl+Q组合键转换为曲线，接着使用“形状工具”适当调整外形，调整后如图16-94所示。

图16-94

09 导入下载资源中的“素材文件>CH16>11.jpg”文件，然后使用“形状工具”适当调整图片的形状，接着移动图片到矩形上面，效果如图16-95所示。

10 导入下载资源中的“素材文件>CH16>12.jpg”文件，然后移动图片到下方渐变色块的上面，接着使用“形状工具”适当调整图片的形状，效果如图16-96所示。

图16-95 图16-96

11 导入下载资源中的“素材文件>CH16>13.cdr”文件，然后移动素材到页面左下角，接着多次按Ctrl+PageDown组合键将该素材移动到渐变色块的后面，效果如图16-97所示。

12 使用“文本工具”在页面上方输入标题文本，然后设置第1行英文的“字体”为Aldine40 1 BT、“字体大小”为20pt、“文本对齐”为“全部调整”，接着选中第一个单词更改“字体大小”为47pt，再设置中文文字的字体为“文鼎CS中宋”、“字体大小”为27pt，最后按Ctrl+Q组合键转换为曲线，效果如图16-98所示。

图16-97 图16-98

13 选中前面输入的文本，然后在“编辑填充”对话框中选择“渐变填充”方式，设置“类型”为“椭圆形渐变填充”、“镜像、重复和反转”为“默认渐变填充”，再设置“节点位置”为0%的色标颜色为（C:56，M:60，Y:100，K:11）、“节点位置”为100%的色标颜色为（C:2，M:6，Y:47，K:0），“填充宽度”为187.528 %、“水平偏移”为43.0 %、“垂直偏移”为-11.982 %，最后单击“确定”按钮，如图16-99所示，效果如图16-100所示。

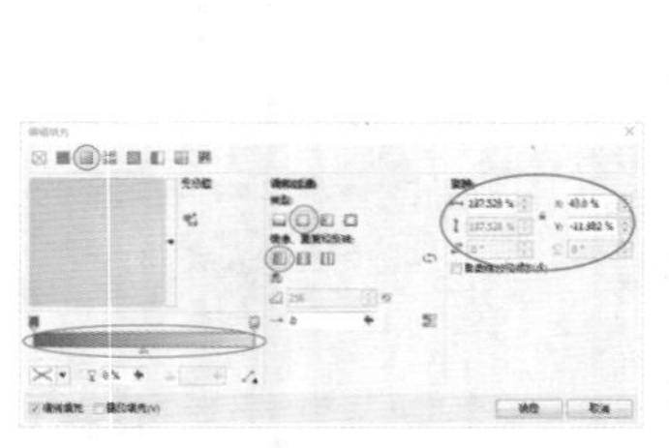

图16-99

图16-100

14 使用“文本工具”在标题文本下方输入文本，然后设置“字体”为微软雅黑、“字体大小”为8pt，接着填充白色，如图16-101所示，再按Ctrl+Q组合键转换为曲线，最后移动文本使其与标题文本左对齐，效果如图16-102所示。

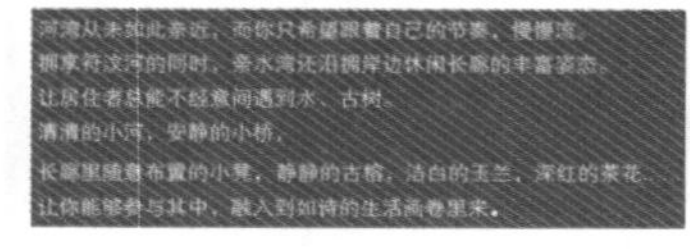

图16-101

图16-102

15 使用“文本工具”在矩形横条上输入文本，然后设置“字体”为Arabic Typesetting、“字体大小”为20pt、“文本对齐”为“右对齐”，接着更改最后一个单词的字号为52pt，再填充白色，最后按Ctrl+Q组合键转换为曲线，效果如图16-103所示。

16 使用“文本工具”在矩形横条下方输入文本，然后设置“字体”为微软雅黑、“字体大小”为8pt，接着选中第一个逗号“，”前的文字（包括逗号）更改字号为20pt，再填充文本为白色，最后按Ctrl+Q组合键转换为曲线，效果如图16-104所示。

图16-103

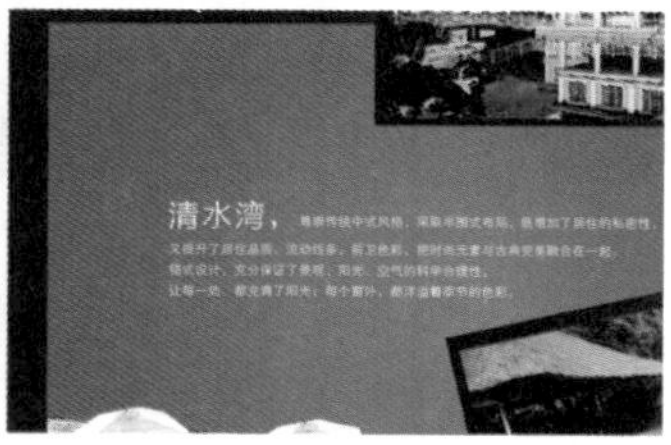

图16-104

17 使用“文本工具”在页面上方的图片上输入说明文字，然后设置“字体”为微软雅黑、“字体大小”为8pt，接着按Ctrl+Q组合键转换为曲线，如图16-105所示。

图16-105

18 在页面下方的图片上输入说明文字，然后设置“字体”为微软雅黑、“字体大小”为8pt、填充颜色为白色，接着按Ctrl+Q组合键转换为曲线，如图16-106所示，最终效果如图16-107所示。

图16-106

图16-107

16.6 综合实例：精通站台广告设计

- 实例位置：下载资源>实例文件>CH16>综合实例：精通站台广告设计.cdr
- 素材位置：下载资源>素材文件>CH16>14.cdr、15.cdr、16.jpg~18.jpg、19.cdr
- 视频位置：下载资源>多媒体教学>CH16>综合实例：精通站台广告设计.flv
- 实用指数：★★★★★
- 技术掌握：站台广告的制作方法

站台广告效果如图16-108所示。

图16-108

01 新建一个空白文档，然后设置文档名称为“站台广告”，接着设置“宽度”为290mm、“高度”为250mm。

02 双击“矩形工具”创建一个与页面重合的矩形，然后填充浅黄色（C:0，M:3，Y:12，K:3），接着去除轮廓，效果如图16-109所示。

03 使用“矩形工具”绘制一个矩形，然后填充红色（C:37，M:96，Y:98，K:2），如图16-110所示，接着按Ctrl+Q组合键转换为曲线，再使用“形状工具”调整外形，调整后效果如图16-111所示。

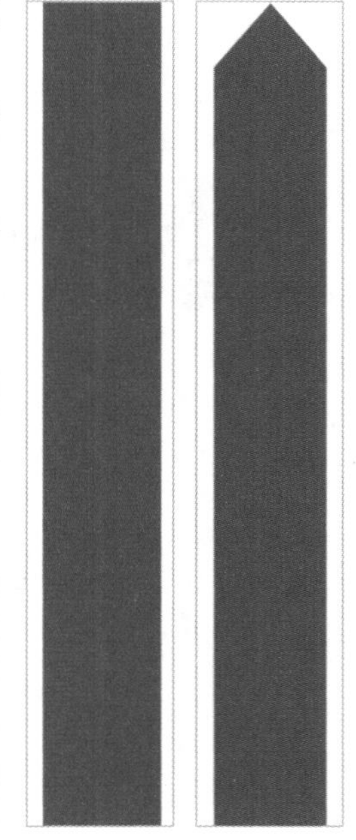

图16-109 图16-110 图16-111

04 选中前面绘制的图形，然后在垂直方向上镜像复制一个，如图16-112所示，接着选中两个图形按Ctrl+L组合键合并。

05 制作红色色条。选中合并后的图形，然后在水平方向上复制多个，接着按Ctrl+G组合键进行组合对象，效果如图16-113所示。

图16-112 图16-113

技巧与提示

为了较快捷地复制以上对象，可以在按住Ctrl键的同时在水平方向上移动对象，然后单击右键复制一个，接着多次按Ctrl+D组合键重复上一步的操作，即可在水平方向上复制多个该对象，并且在复制第一个对象时所复制的对象与原始对象间没有空隙，如图16-114所示。

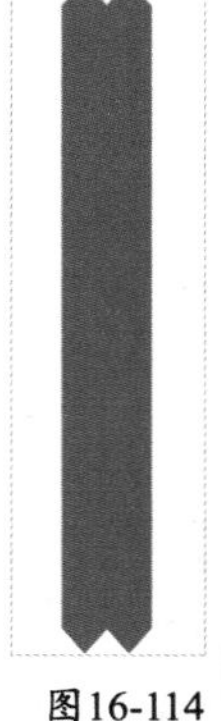

图16-114

06 选中红色色条，然后移动到页面下方，如图16-115所示，接着导入下载资源中的“素材文件>CH16>14.cdr”文件，再移动到红色色条上方，最后多次按Ctrl+PageDown组合键放置在红色色条后面，效果如图16-116所示。

图16-115

图16-116

07 使用“矩形工具”绘制一个矩形，然后填充白色，接着去除轮廓，再放置在红色色条上方，最后复制一个放置在红色色条下方，效果如图16-117所示。

图16-117

08 导入下载资源中的“素材文件>CH16>15.cdr”文件，然后移动到红色色条右侧，如图16-118所示，接着单击“文本工具”在地图上输入说明信息，再设置“字体”为微软雅黑”、颜色为白色，最后使用“选择工具”调整字体的大小，效果如图16-119所示。

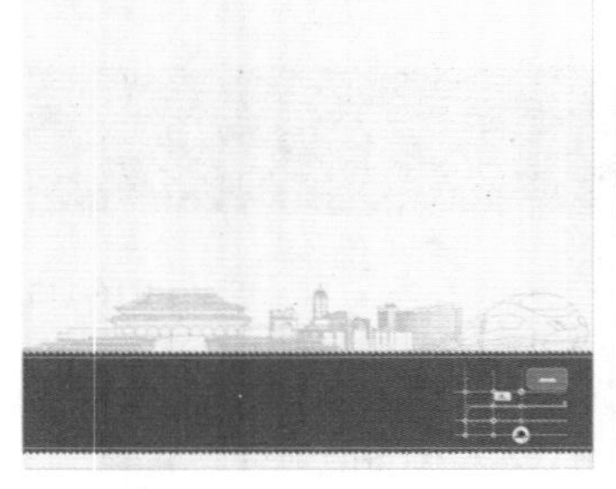

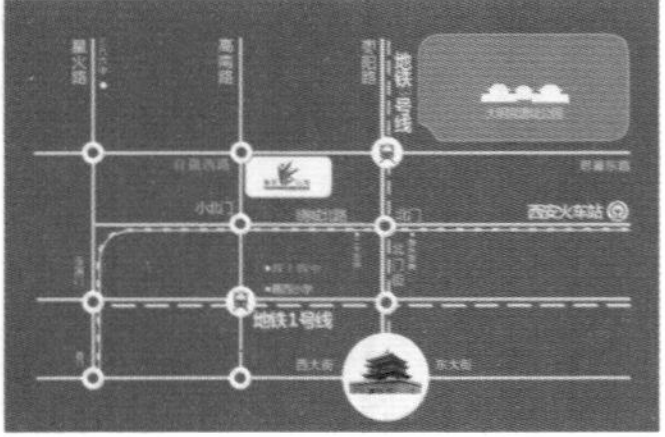

图16-118

图16-119

09 单击“文本工具”在红色色条左侧输入文本，然后设置“字体”均为“微软雅黑”、颜色均为白色，接着使用“选择工具”调整字号，再选中各个标题文字，在属性栏上单击“加粗”按钮，最后按Ctrl+Q组合键转换为曲线，效果如图16-120所示。

图16-120

10 使用“贝塞尔工具”绘制一段直线，然后设置“轮廓宽度”为“细线”、轮廓颜色为白色，如图16-121所示，接着复制多个放置在文本信息中进行文本内容的划分，如图16-122所示。

图16-121

图16-122

11 使用“手绘工具”绘制一条直线，然后在属性栏上设置“线条样式”为“虚线”、“轮廓宽度”为0.176，接着填充白色，再复制一条分别放置在如图16-123所示的位置。

图16-123

12 使用“文本工具”在页面右下角输入文本，然后设置“字体”为微软雅黑”、“字体大小”为8pt、颜色为（C:67，M:78，Y:93，K:33），接着调整文本使其与地图对象右对齐，再按Ctrl+Q组合键转换为曲线，效果如图16-124所示。

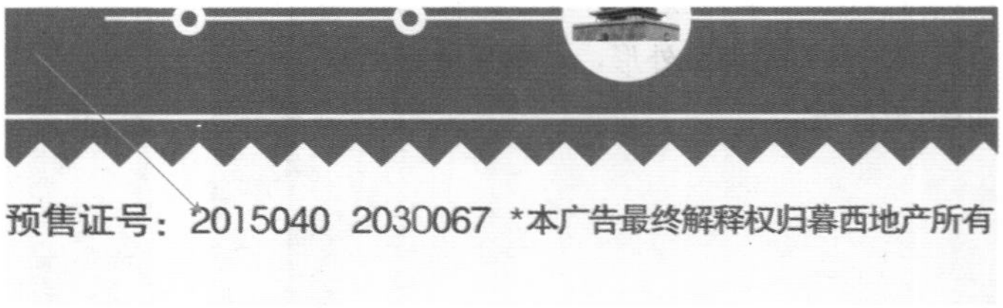

图16-124

13 导入下载资源中的“素材文件>CH16>16.jpg”文件，然后使用“形状工具”对图片进行裁切，接着放置在页面左侧，效果如图16-125所示。

图16-125

14 导入下载资源中的“素材文件>CH16>17.jpg、18.jpg”文件，然后按照以上方法对图片进行裁切，接着放置在页面左侧，再选中导入的3张图片，按L键使其左对齐，效果如图16-126所示。

图16-126

15 使用“标注形状工具”在页面内绘制出对象，然后填充轮廓颜色为红色（C:37，M:96，Y:98，K:2），如图16-127所示，接着单击“文本工具”在对象内输入文本，再设置“字体”为方正大标宋简体、“字体大小”为6pt，如图16-128所示。

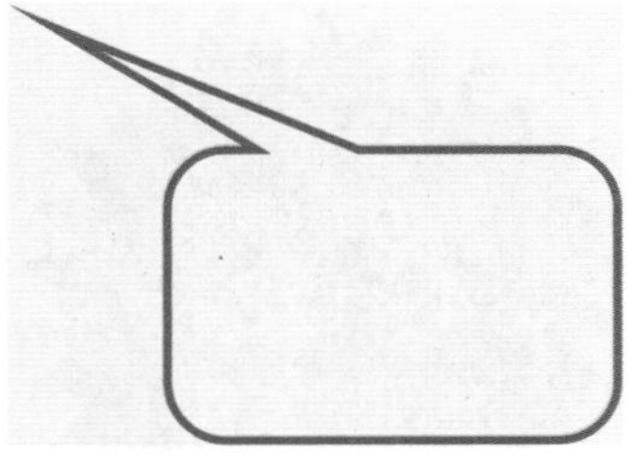

图16-127

图16-128

16 选中前面输入的文本，然后按Ctrl+Q组合键转换为曲线，接着按Shift键加选标注对象，再按Ctrl+G组合键进行组合对象。

17 选中前面组合对象的对象，然后复制两份，接着分别放置在3张图片的左上角，如图16-129所示。

图16-129

18 使用“文本工具”分别在3个图片对象左侧输入说明文本，然后设置“字体”均为“Adobe仿体Std R”、“字体大小”均为8pt，接着选中3组文本，再单击“将文本更改为垂直方向”按钮，最后按Ctrl+Q组合键转换为曲线，效果如图16-130所示。

图16-130

19 使用“文本工具”在第一张图片右侧输入文本，然后设置中文的“字体”为“微软雅黑、“字体大小”为12pt，接着设置英文的“字体”为“Arial、“字体大小”为7pt、颜色为红色（C:37，M:96，Y:98，K:2），再选中输入的两组文本按Ctrl+Q组合键转换为曲线，效果如图16-131所示。

图16-131

20 使用“文本工具”在页面中间输入标题文本，然后设置“字体”为方正大标宋简体、“字体大小”为50pt、颜色为红色（C:37，M:96，Y:98，K:2），接着选中文本中的句点“.”更改字号为100pt，再使用“形状工具”向下移动句点“.”，最后按Ctrl+Q组合键将文本转换为曲线，效果如图16-132所示。

图16-132

21 使用“文本工具”在标题文本下方输入内容文本，然后设置“字体”为造字工房悦黑体验版常规体、“字体大小”为10pt，接着调整文本位置，使其与标题文本左对齐，再按Ctrl+Q组合键转换为曲线，效果如图16-133所示。

22 使用“文本工具”字在前面输入文本的下方输入文本，然后设置文本的字体为“Adobe仿体Std R”、“字体大小”为14pt，接着调整文本位置，使其与上方文本左对齐，再按Ctrl+Q组合键转换为曲线，效果如图16-134所示。

图16-133　　图16-134

23 使用“星形工具”在页面内绘制出对象，然后在属性栏上设置“点数或边数”为30、“锐度”为16、“轮廓宽度”为0.2mm，接着填充颜色为（C:37，M:96，Y:98，K:2），再更改“轮廓宽度”为“无”，效果如图16-135所示。

图16-135

24 选中前面绘制的星形对象，然后移动到页面右上角，如图16-136所示，接着单击“文本工具”字在星形对象内输入文本，再设置“字体”为微软雅黑、第1行文本字号为11pt、第2行文本字号为18pt、颜色为白色，最后使用“形状工具”适当调整文本的字距和行距，效果如图16-137所示。

图16-136

图16-137

25 使用“文本工具”字在前面所输入文本的行距之间输入文本，然后设置“字体”为微软雅黑、“字体大小”为21pt、颜色为白色，如图16-138所示，接着更改文本中部分文字的大小，如图16-139所示，再使用“形状工具”调整文本中个别文字的位置和文本的字距，效果如图16-140所示，最后按Ctrl+Q组合键转换为曲线。

26 使用“文本工具”字在前面输入的文本右侧输入文本，然后设置“字体”为迷你简硬笔行书，并调整好字体大小，同时设置颜色为白色，接着使用“形状工具”调整文本的行距，再按Ctrl+Q组合键转换为曲线，效果如图16-141所示。

图16-138　　图16-139

图16-140　　图16-141

27 导入下载资源中的“素材文件>CH16>19.cdr”文件，然后单击“文本工具”字在标志左侧输入文本，接着设置“字体”为微软雅黑、“字体大小”为16pt，如图16-142所示，再使用“形状工具”调整文本的字距和文字的位置，效果如图16-143所示，最后按Ctrl+Q组合键转换为曲线。

图16-142

图16-143

28 使用“矩形工具”绘制一个矩形条，然后填充红色（C:37，M:96，Y:98，K:2），接着去除轮廓，最后移动到标志下方，效果如图16-144所示。

图16-144

29 使用“文本工具”在前面绘制的矩形条上输入文本，然后设置“字体”为华文行楷、“字体大小”为10pt、颜色为白色，如图16-145所示，接着使用“形状工具”调整字距，再按Ctrl+Q组合键转换为曲线，效果如图16-146所示。

图16-145

图16-146

30 使用“文本工具”在矩形条右侧的下方输入文本，然后设置“字体”为BauerBodni BT、“字体大小”为10pt、颜色为（C:33，M:51，Y:100，K:22），接着按Ctrl+Q组合键转换为曲线，再选中标志包含的所有内容，按Ctrl+G组合键进行组合对象，效果如图16-147所示。

图16-147

31 移动组合后的标志对象到页面左上方，最终效果如图16-148所示。

图16-148

16.7 综合实例：精通摄影网页设计

- 实例位置：下载资源>实例文件>CH16>综合实例：精通摄影网页设计.cdr
- 素材位置：下载资源>素材文件>CH16>20.jpg~30.jpg
- 视频位置：下载资源>多媒体教学>CH16>综合实例：精通摄影网页设计.flv
- 实用指数：★★★★☆
- 技术掌握：网页的版面编排方法

摄影网页效果如图16-149所示。

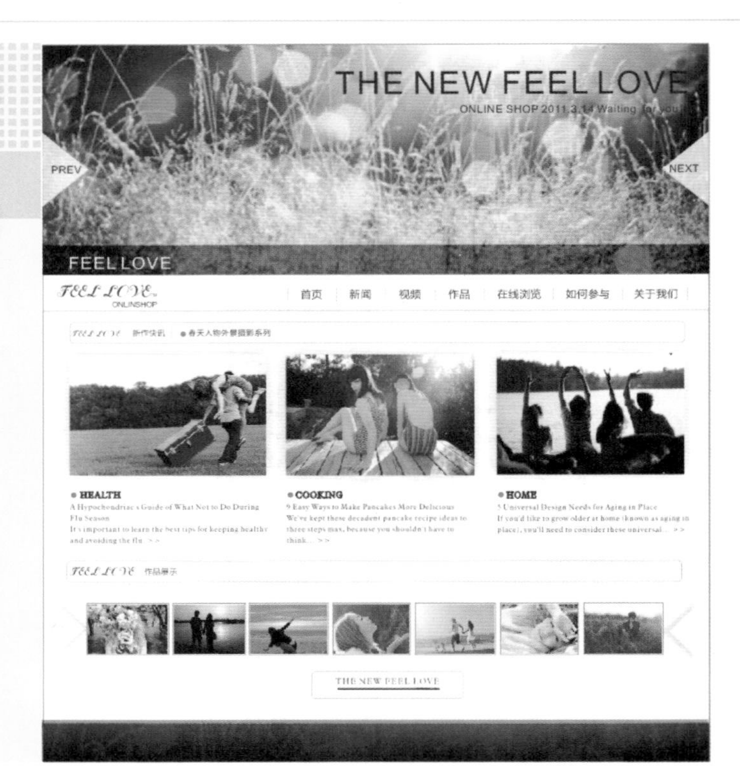

图16-149

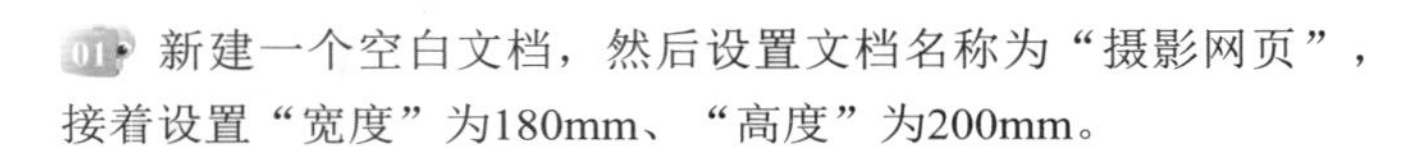

01 新建一个空白文档，然后设置文档名称为“摄影网页”，接着设置“宽度”为180mm、“高度”为200mm。

02 双击“矩形工具”□创建一个与页面重合的矩形，然后填充白色，接着填充轮廓颜色为（C:0，M:0，Y:0，K:70），最后设置“轮廓宽度”为0.2mm，如图16-150所示。

03 导入下载资源中的“素材文件>CH16>20.jpg”文件，然后适当调整图片（版头图片），接着放置在页面上方，效果如图16-151所示。

图16-150

图16-151

04 使用“多边形工具”○在版头图片左侧绘制一个三角形，然后填充白色，接着旋转-90°，如图16-152所示，再单击“透明度工具”，在属性栏上设置“透明度类型”为“均匀透明度”、“合并模式”为“常规”、“透明度”为20，设置完毕后去除轮廓，效果如图16-153所示。

图16-152

图16-153

05 选中前面绘制的三角形，然后复制一个，接着水平移动到版头图片右侧，再水平翻转，效果如图16-154所示。

图16-154

06 使用“矩形工具”□绘制一个与页面同宽的矩形长条，然后填充黑色（C:0，M:0，Y:0，K:100），如图16-155所示，接着单击“透明度工具”，再设置属性栏上的“透明度类型”为“均匀透明度”、“合并模式”为“减少”，设置完毕后去除轮廓，最后移动到版头图片下方，效果如图16-156所示。

图16-155

图16-156

07 使用“文本工具”字在版头图片上输入标题文本，然后设置“字体”为Arial、“字体大小”为25pt、“文本对齐”为“右对齐”、颜色为（C:0，M:0，Y:0，K:100），接着更改第2行的字号为9pt，效果如图16-157所示。

图16-157

08 分别在两个三角形和矩形条上输入文本，然后设置三角形上的文本字体为Arial、“字体大小”为8pt，接着设置矩形条上的文本字体为Arial、“字体大小”为14pt，颜色为白色，效果如图16-158所示。

图16-158

09 使用“矩形工具”□绘制一个与页面同宽的矩形，然后设置“高度”为10mm、“轮廓宽度”为0.2mm，接着填充轮廓颜色为（C:0，M:0，Y:0，K:60），再放置在版头图片下方，效果如图16-159所示。

图16-159

10 使用“文本工具”字在前面绘制的矩形框内输入文本，然后设置第一行前面两个单词的字体为BodoniClassicChancery、“字体大小”为12pt，接着设置后面两个字母的字体为Arial、“字体大小”为4pt，再设置最后一行字体为Arial、“字体大小”为6pt，最后设置文本的对齐方式为“右对齐”，效果如图16-160所示。

图16-160

11 在矩形框的右边输入文本，作为网页导航，然后设置“字体”为微软雅黑、“字体大小”为8pt，如图16-161所示，接着使用“矩形工具”□绘制一个矩形竖条，填充灰色（C:0，M:0，Y:0，K:70），再去除轮廓，最后使其平均分布在文本词组中间，效果如图16-162所示。

图16-161

图16-162

12 使用“矩形工具”□绘制一个矩形，然后在属性栏上设置“宽度”为166mm、“高度”为6mm、“圆角”为1.5mm、“轮廓宽度”为0.2mm，接着填充边框颜色为（C:0，M:0，Y:0，K:50），再移动到页面水平居中的位置，效果如图16-163所示。

图16-163

13 使用“文本工具”字在圆角矩形内输入文本，然后设置“字体”为微软雅黑、“字体大小”为6pt，如图16-164所示，接着选中上方矩形框左侧的文本复制一个，再放置在圆角矩形左侧，最后只保留该文本中的前两个单词，效果如图16-165所示。

图16-164

图16-165

14 选中前面绘制的矩形竖条，然后复制一个，接着放置在矩形框内（中文文本的间隔处），如图16-166所示。

图16-166

15 使用“椭圆工具”○绘制一个圆形，然后填充颜色为洋红（C:9，M:94，Y:0，K:0），接着去除轮廓，如图16-167所示，再移动到圆角矩形内的矩形竖条后面，最后适当调整大小，效果如图16-168所示。

图16-167

图16-168

16 使用“选择工具”拖动辅助线到圆角矩形的左右两侧边缘，如图16-169所示。

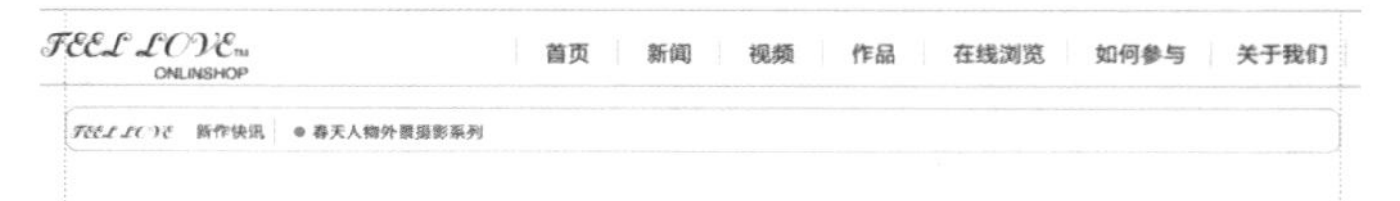

图16-169

17 导入下载资源中的“素材文件>CH16>21.jpg~23.jpg”文件，然后将图片调整为相同高度，接着适当缩小，使位于两端的图片贴齐圆角矩形两侧的辅助线，如图16-170所示。

图16-170

18 选中21.jpg~23.jpg文件，然后执行“对象>对齐与分布>对齐与分布”菜单命令，接着在打开的泊坞窗中依次单击“顶端对齐”按钮和“水平分散排列间距”按钮，如图16-171所示，效果如图16-172所示。

疑难问答

问：为什么执行以上操作后图片是重叠的？

答：因为执行“对象>对齐与分布>对齐与分布”菜单命令，之前所导入的图片有重叠现象，在执行该命令之前，图片之间不能有重叠，而且在执行该命令之前，图片间的间距会直接决定执行该命令后的图片间距。

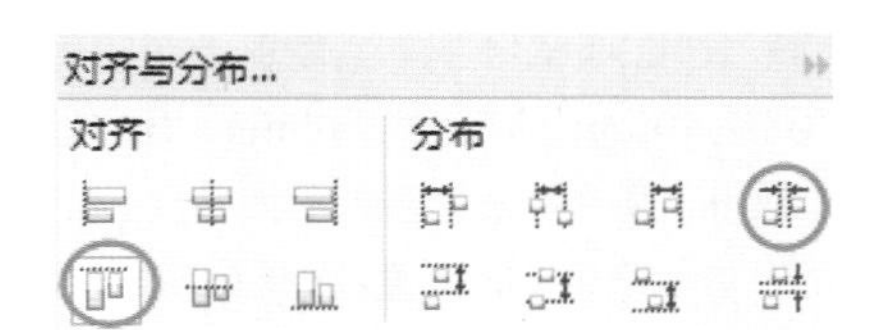

图16-171

图16-172

19 选中21.jpg文件，然后单击“阴影工具”，按住鼠标左键在图片上拖曳，接着在属性栏上设置“阴影偏移”为（x：0mm，y：0mm）、“阴影的不透明度”为22、“阴影颜色”为（C:9，M:90，Y:100，K:0），效果如图16-173所示。

图16-173

20 按照以上方法为另外的两张图片设置相同的阴影效果，如图16-174所示。

图16-174

21 使用“文本工具”分别在导入的3张图片下方输入文本，然后设置3组文本标题的“字体”为Aldine721LtBT、“字体大小”为7pt、轮廓颜色为黑色（C:0，M:0，Y:0，K:100），正文的“字体”为Aldine721LtBT、“字体大小”为6pt，接着调整文本的位置，使其与相对应的上方图片左对齐，效果如图16-175所示。

图16-175

22 接着使用“形状工具”调整3组标题文字的位置，使其均向右平移适当距离，效果如图16-176所示。

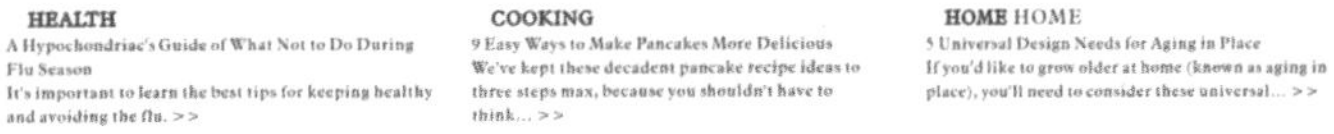

图16-176

23 选中前面绘制的洋红色圆形，然后复制3个，接着分别放置在图片下方的标题文字前面，效果如图16-177所示。

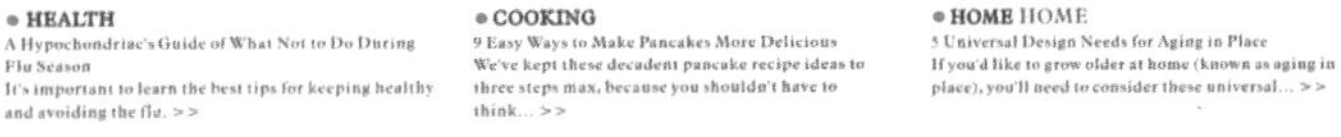

图16-177

24 选中前面绘制的圆角矩形和矩形内的标题文字，然后复制一份，接着垂直移动到文本下方，如图16-178所示。

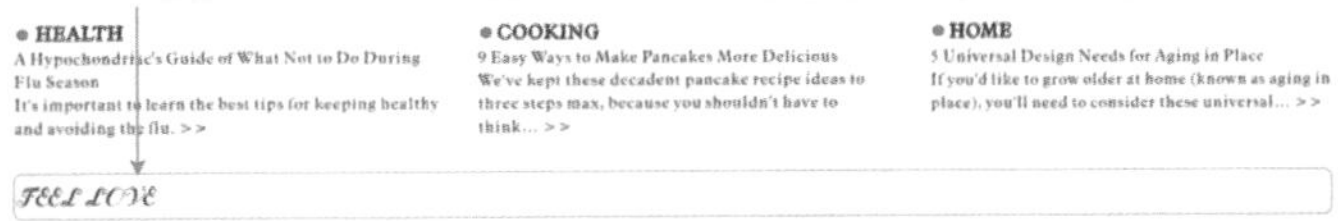

图16-178

25 单击“文本工具”在页面下方的圆角矩形内输入文本，然后设置“字体”为微软雅黑、“字体大小”为6pt，接着适当调整位置，效果如图16-179所示。

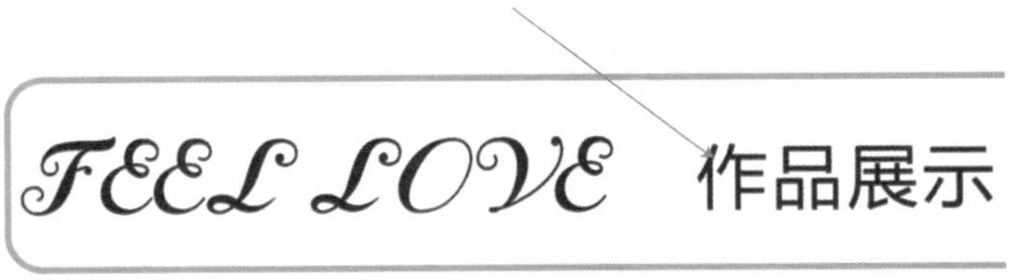

图16-179

26 选中前面绘制的三角形，然后复制一个，接着单击“阴影工具”，按住鼠标左键在三角形上拖动，再设置属性栏上的“阴影偏移”为（x：1.6mm、y：0mm）、“阴影的不透明度”为20、“阴影羽化”为20、“阴影颜色”为（C:0，M:0，Y:0，K:80），设置完毕后的效果如图16-180所示。

27 选中前面设置阴影的三角形，然后复制一个，接着适当缩小，再水平翻转，最后放置在原始对象左侧，效果如图16-181所示。

图16-180　　图16-181

28 选中设置阴影效果的两个三角形，然后按Ctrl+G组合键进行组合对象，接着在水平方向上复制一份，再水平翻转，最后分别放置在页面的左右两侧，效果如图16-182所示。

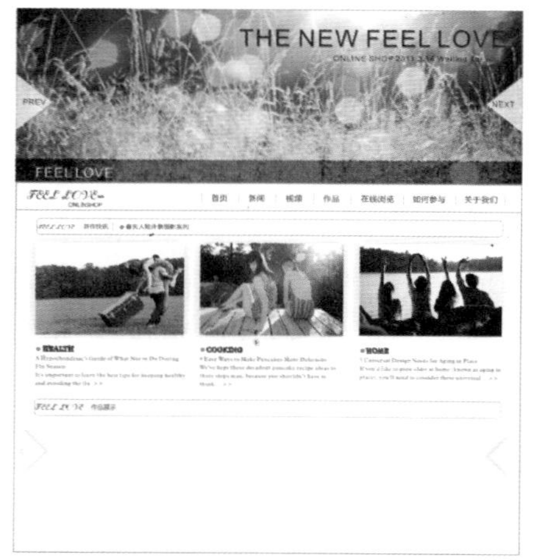

图16-182

29 导入下载资源中的“素材文件>CH16>24.jpg~30.jpg”文件，然后选中导入的7张图片，调整为相同高度，接着按T键使其顶端对齐，再打开“对齐与分布”泊坞窗，单击“水平分散排列间距”按钮，如图16-183所示，最后移动图片到页面水平居中的位置，效果如图16-184所示。

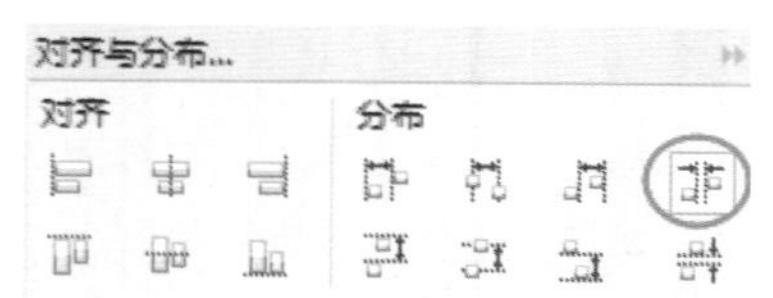

图16-183

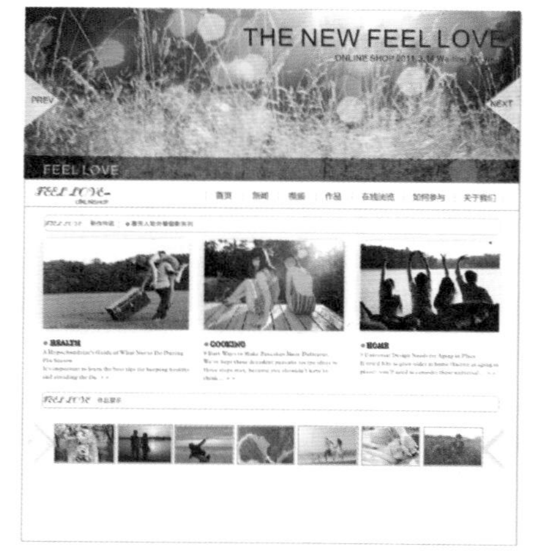

图16-184

30 使用“矩形工具”绘制一个矩形，然后在属性栏上设置“宽度”为40mm、“高度”为8mm、“圆角”为1.5mm、“轮廓宽度”为0.2mm，接着填充轮廓颜色为（C:0，M:0，Y:0，K:50），再移动到页面下方水平居中的位置，效果如图16-185所示。

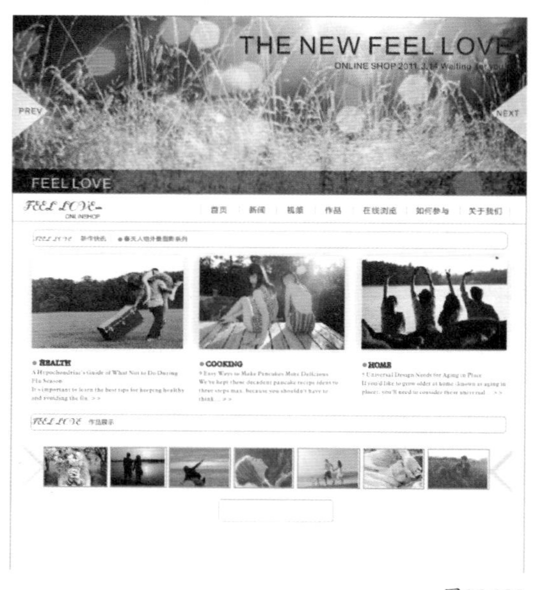

图16-185

31 选中页面最上方的标题文本，然后复制一份，接着更改“文本对齐”为“居中”，第1行的“字体”为Aldine721LtBT、“字体大小”为7.5pt，第2行的字号为4pt，如图16-186所示，再移动到页面下方的矩形内，效果如图16-187所示。

THE NEW FEEL LOVE
ONLINE SHOP 2019.3.14 Waiting for you！

图16-186

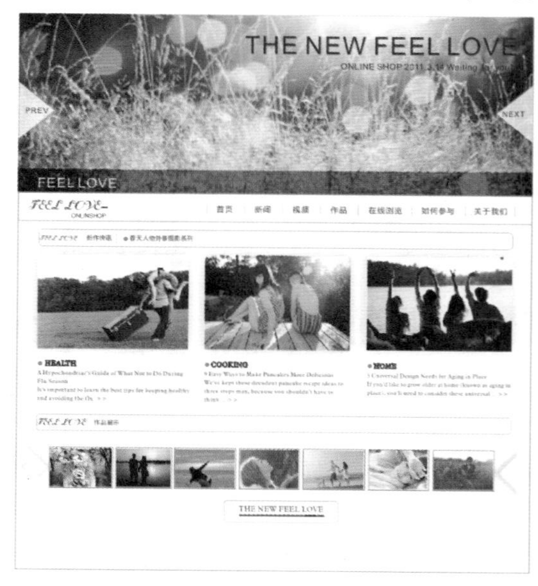

图16-187

32 选中版头图片，复制一份，然后使用“裁剪工具”保留图片中间颜色丰富的部分，如图16-188所示，接着放置在页面下方，效果如图16-189所示。

图16-188　　图16-189

33 使用“矩形工具”绘制一个矩形，然后在“编辑填充”对话框中选择“渐变填充”方式，设置“类型”为“线性渐变填充”、“镜像、重复和反转”为“默认渐变填充”，再设置“节点位置”为0%的色标颜色为（C:0，M:0，Y:0，K:90）、“节点位置”为100%的色标颜色为（C:90，M:85，Y:87，K:80）、“节点位置”为80%的色标颜色为（C:0，M:0，Y:0，K:90），“填充宽度”为100%、“水平偏移”为0%、“垂直偏移”为0%、“旋转”为-90°，最后单击“确定”按钮，如图16-190所示，填充完毕后去除轮廓，效果如图16-191所示。

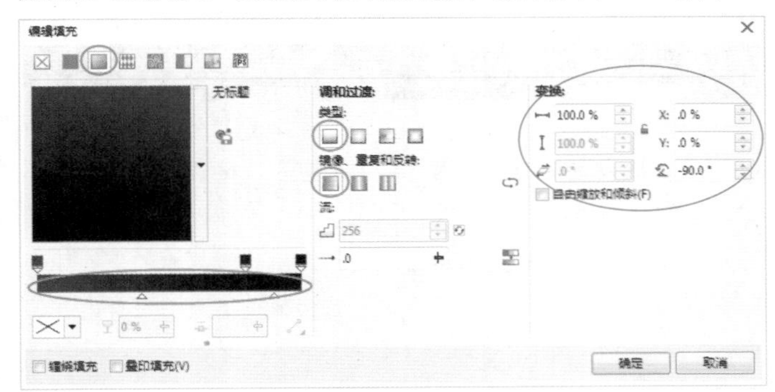

图16-190

图16-191

34 移动渐变矩形到裁切后的版头图片上面，然后调整位置，使两个对象重合，如图16-192所示，接着单击“透明度工具”，再设置属性栏上的“透明度类型”为“均匀透明度”、“合并模式”为“常规”、“透明度”为15，设置后的效果如图16-193所示。

图16-192

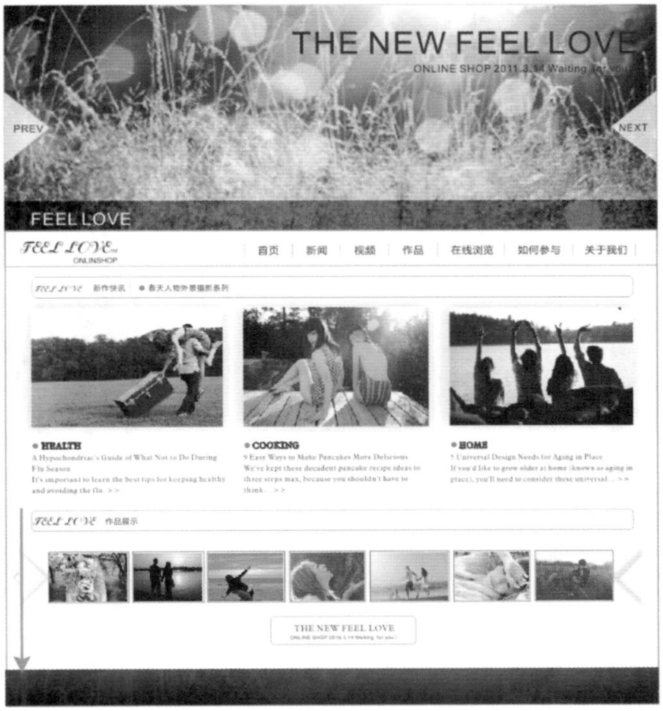

图16-193

35 单击“阴影工具”，按住鼠标左键在渐变矩形条上拖动，然后在属性栏上设置“阴影角度”为90、“阴影的不透明度”为50、“阴影羽化”为2，接着将页面内的文本对象转换为曲线，最终效果如图16-194所示。

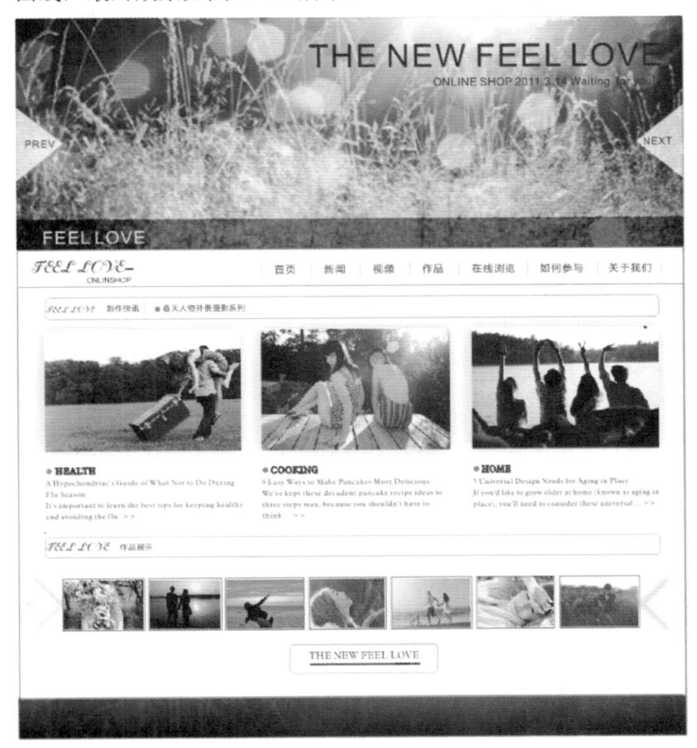

图16-194

第17章 综合实例：服饰设计篇

Learning Objectives 学习要点

Employment direction 从业方向

版面设计 插画设计

服装设计

平面设计

品牌设计

产品设计

17.1 综合实例：精通男士夹克设计

- 实例位置：下载资源>实例文件>CH17>综合实例：精通男士夹克设计.cdr
- 素材位置：下载资源>素材文件>CH17>01.cdr、02.jpg、03.jpg、04.jpg
- 视频位置：下载资源>多媒体教学>CH17>综合实例：精通男士夹克设计.flv
- 实用指数：★★★★☆
- 技术掌握：男士夹克的体现方法

男士夹克效果如图17-1所示。

图17-1

01 新建一个空白文档，然后设置文档名称为“男士夹克”，接着设置页面大小“宽”为279mm、“高”为213mm。

02 导入下载资源中的“素材文件>CH17>01.cdr”文件，然后将其中的男性体型轮廓拖曳到页面中调整位置，接着使用“钢笔工具”绘制左半边的衣身，并调整形状，如图17-2所示。

03 选中绘制的半边衣身，然后原位置复制一份，再将镜像轴定到右边，接着进行水平镜像，并调整位置，如图17-3所示。

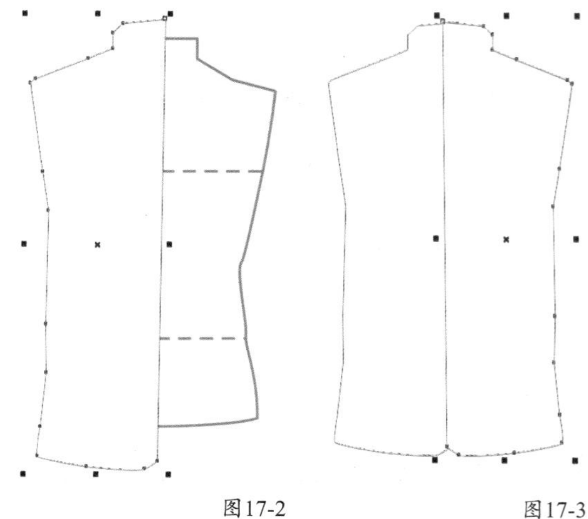

图17-2 图17-3

04 选中左右两边的衣身，然后执行“对象>造形>合并”菜单命令，将衣身合并为一个对象，接着删除多余的节点，如图17-4所示。

05 接下来绘制衣袖。使用“钢笔工具”绘制衣袖，然后调整衣袖与衣身的位置，如图17-5所示。

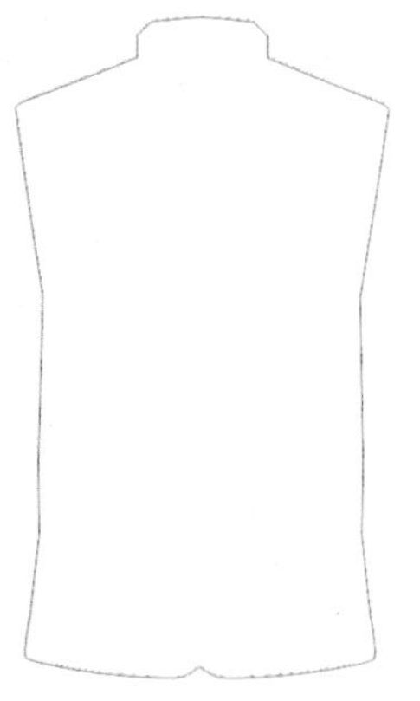

图17-4

图17-5

06 将衣袖复制一份，然后水平镜像到另一边，并调整位置，如图17-6所示，接着选中衣袖和衣身执行“对象>造形>合并”菜单命令合并为一个对象，最后调整衣身与衣袖的形状，删除多余的节点，如图17-7所示。

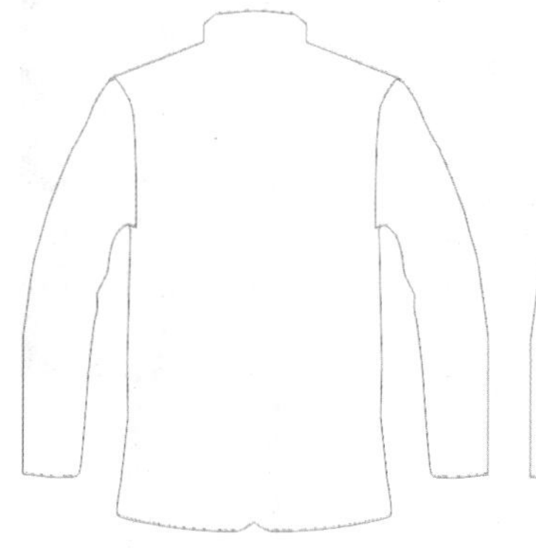

图17-6

图17-7

07 下面绘制衣身的细节。使用“钢笔工具”绘制敞开的门襟分割线，然后调整形状，删除多余的节点，如图17-8所示。

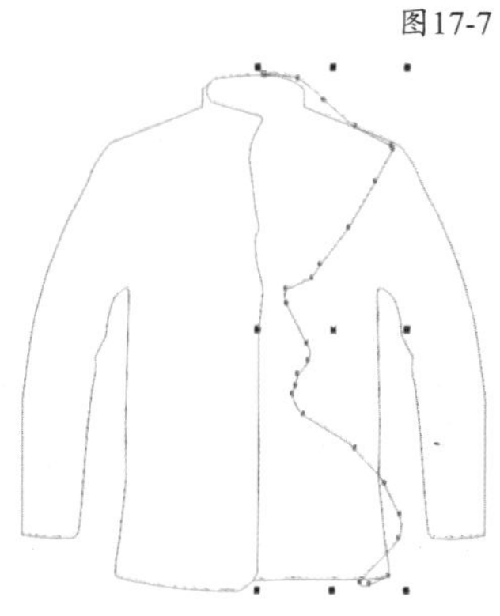

图17-8

08 使用“钢笔工具”绘制夹克的里层棉布区域，如图17-9所示。

09 导入下载资源中的“素材文件>CH17>02.jpg”文件，然后选中布料执行“对象>图框精确剪裁>置于图文框内部”菜单命令，把布料放置在衣身中，效果如图17-10所示。

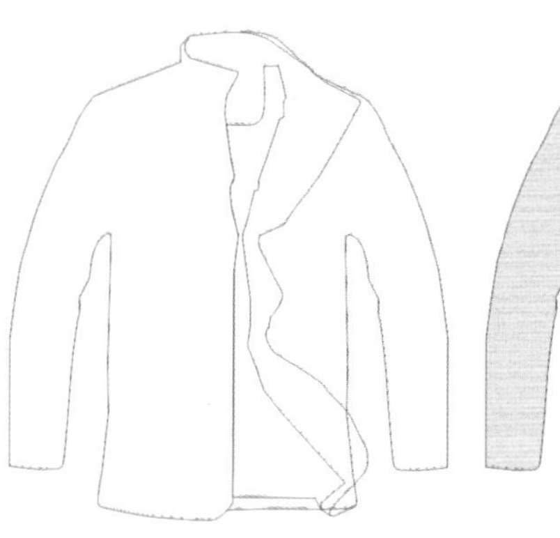

图17-9

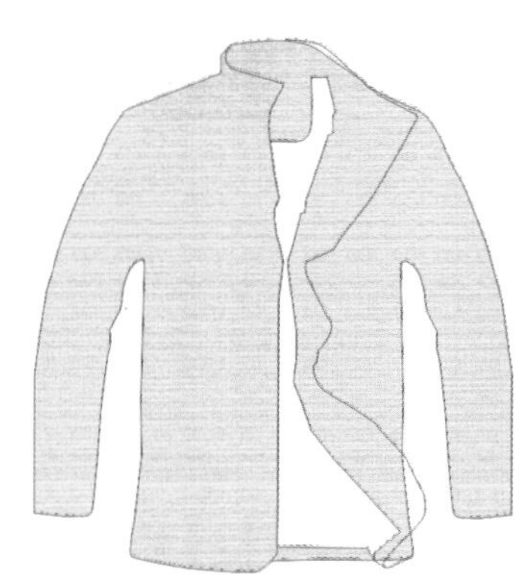

图17-10

10 导入下载资源中的“素材文件>CH17>03.jpg”文件，然后执行“对象>图框精确剪裁>置于图文框内部”菜单命令，把布料放置在里层棉布区域中，效果如图17-11所示。

11 选中衣身，然后设置“轮廓宽度”为0.5mm、颜色为（C:75，M:85，Y:75，K:51），接着调整衣身的轮廓，再填补衣摆留空的位置，效果如图17-12所示。

图17-11

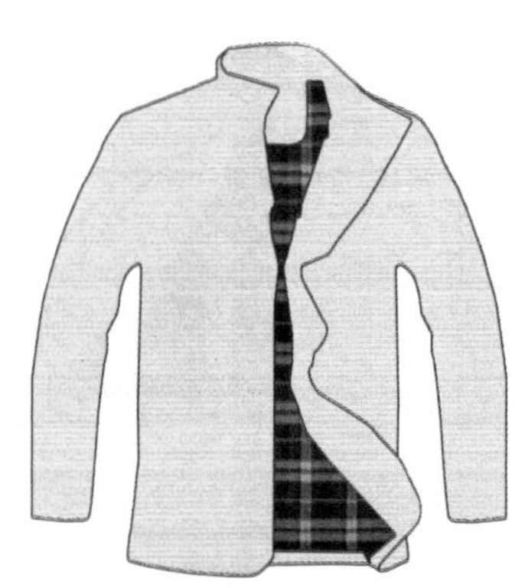

图17-12

12 使用“钢笔工具”绘制夹克衣身的分割线和缝纫线，如图17-13所示，然后设置分割线的“轮廓宽度”为0.5mm、颜色为（C:75，M:85，Y:75，K:51），接着设置缝纫线的“轮廓宽度”为0.5mm、颜色为（C:33，M:38，Y:51，K:0）、再设置“线条样式”为“虚线”，效果如图17-14所示。

13 使用“钢笔工具”绘制夹克衣身上其他的装饰块面，然后按上面的方法设置分割线和缝纫线，效果如图17-15所示。

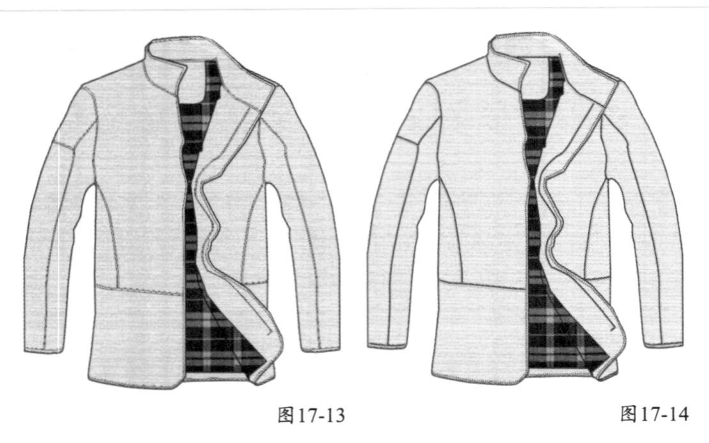

图17-13　　图17-14

图17-15

14 使用“钢笔工具”绘制夹克的衣兜，如图17-16所示，然后将衣身的贴图复制置入在衣兜区域，如图17-17所示，接着在衣兜上绘制缝纫线，如图17-18所示。

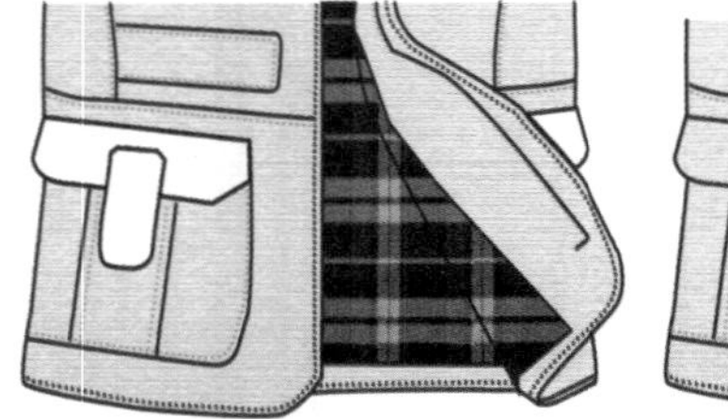

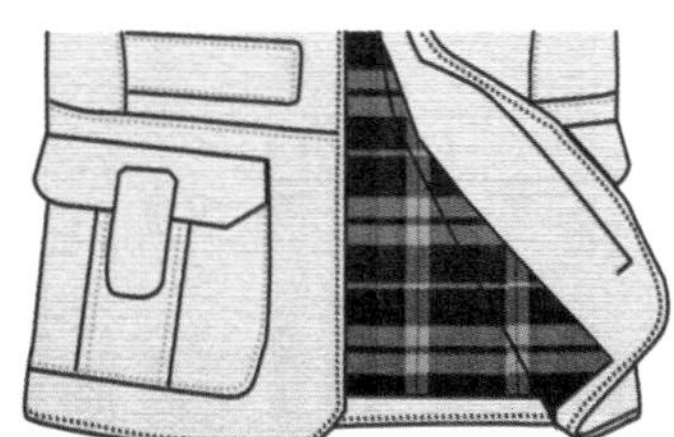

图17-16　　图17-17

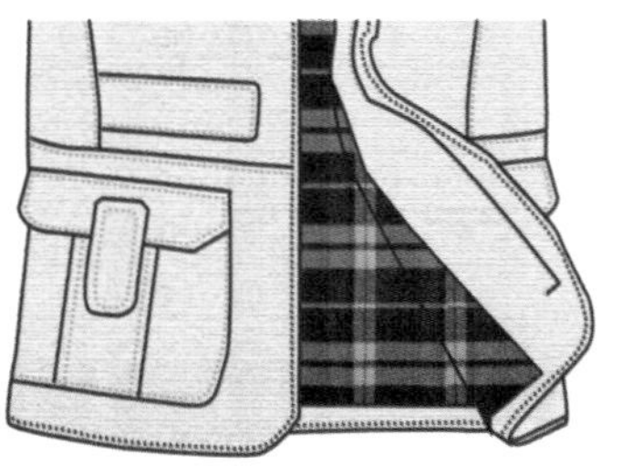

图17-18

15 使用同样的方法绘制肩部修饰，如图17-19所示，然后使用“矩形工具”绘制领口的商标，再设置“圆角”为2mm，接着填充颜色为（C:33，M:38，Y:51，K:0），最后设置“轮廓

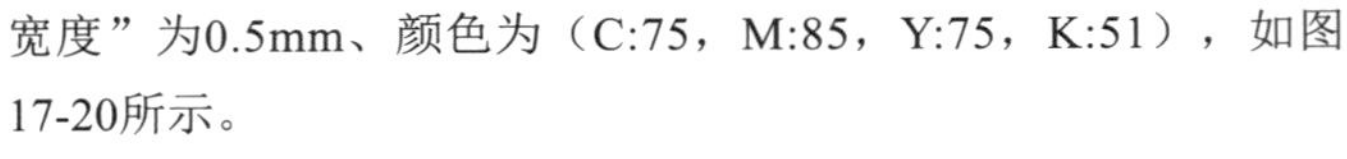

宽度”为0.5mm、颜色为（C:75，M:85，Y:75，K:51），如图17-20所示。

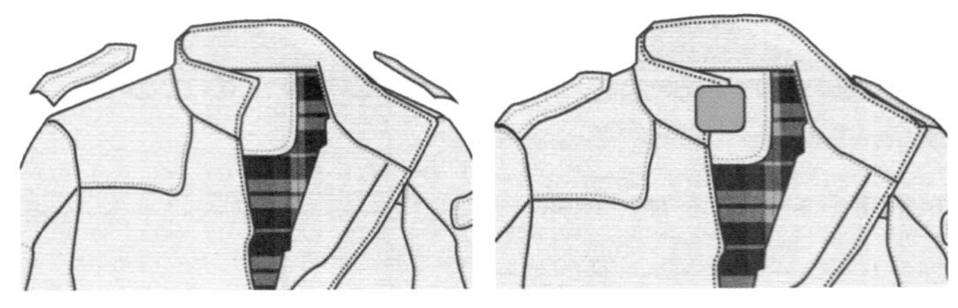

图17-19　　图17-20

16 使用“形状工具”调整标志的形状，然后向内复制一份，接着更改轮廓线颜色为白色，再设置“线条样式”为“虚线”，效果如图17-21所示。

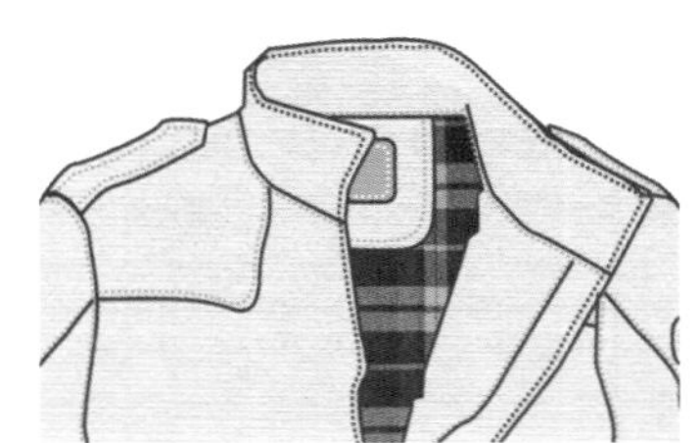

图17-21

17 使用“矩形工具”绘制两个矩形，然后填充颜色为（C:33，M:38，Y:51，K:0），如图17-22所示，接着绘制矩形排放在两个矩形相接的位置，如图17-23所示，最后使用白色矩形进行修剪，效果如图17-24所示。

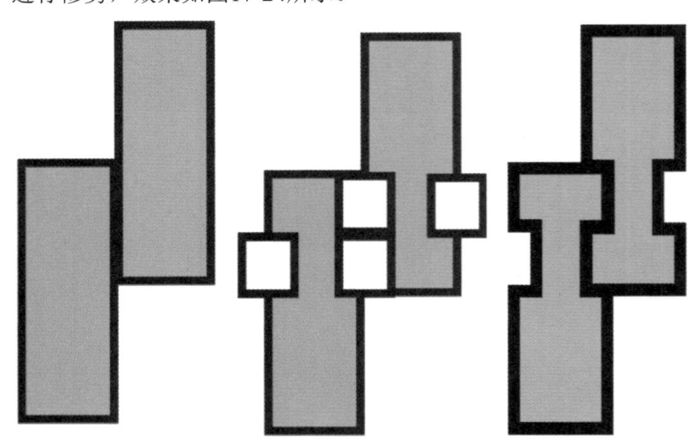

图17-22　　图17-23　　图17-24

18 将修剪好的对象组合，然后水平方向进行复制，再进行对象组合，如图17-25所示，接着使用“矩形工具”绘制一个矩形，最后将矩形放置在拉链后面，填充颜色为黑色，如图17-26所示。

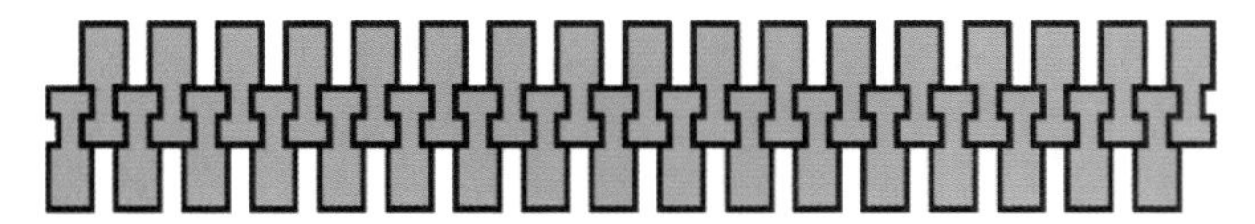

图17-25

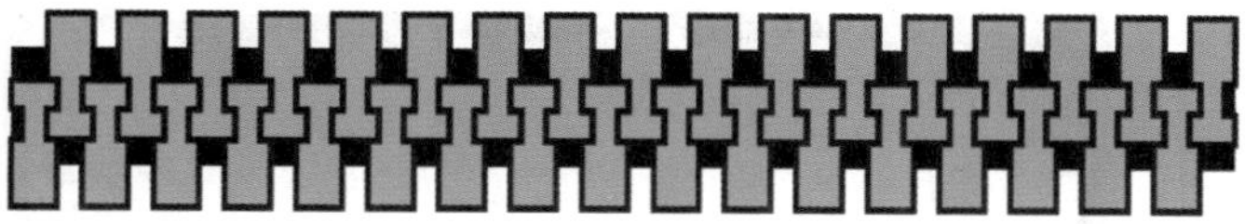

图17-26

19 选中拉链执行“对象>图框精确剪裁>置于图文框内部”菜单命令，把拉链放置在矩形中，如图17-27所示，接着使用“钢笔工具”绘制拉链的接合处和缝纫线，设置缝纫线的宽度为0.25mm，如图17-28所示。

图17-27

图17-28

20 使用“矩形工具”绘制矩形，然后使用“形状工具”调整形状，再向内复制两份，接着从内向外依次填充颜色为白色、（C:0，M:40，Y:60，K:20）、（C:75，M:85，Y:75，K:51），最后去掉轮廓线，如图17-29所示。

21 使用“矩形工具”绘制矩形，然后设置“圆角”为1mm，再向内进行复制，从内向外依次填充颜色为（C:30，M:30，Y:24，K:0）、（C:75，M:85，Y:75，K:51），接着去掉轮廓线，如图17-30所示，最后复制一份修改内部形状，填充内部矩形颜色为（C:0，M:40，Y:60，K:20），如图17-31所示。

图17-29 图17-30 图17-31

22 绘制拉锁头，如图17-32所示，然后从外向内依次填充颜色为（C:75，M:85，Y:75，K:51）、（C:0，M:20，Y:20，K:60）、（C:0，M:40，Y:60，K:20），接着去掉轮廓线，如图17-33所示。

23 将拉链组合在一起，并调整位置，如图17-34所示，然后将拉链旋转拖曳到衣身上，如图17-35所示。

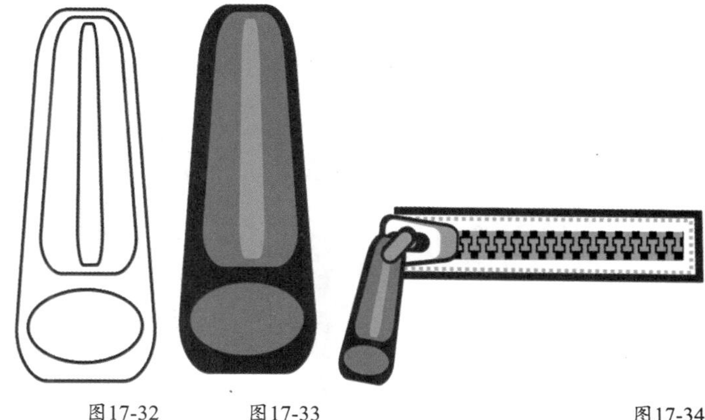

图17-32 图17-33 图17-34

图17-35

24 使用“椭圆形工具”绘制扣子，然后从外向内依次填充颜色为（C:75，M:85，Y:75，K:51）、（C:0，M:20，Y:20，K:60）、（C:0，M:40，Y:60，K:20），接着右键去掉轮廓线，如图17-36所示，最后将绘制好的扣子复制拖曳在夹克上，如图17-37所示。

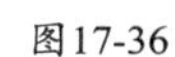

图17-36

图17-37

25 使用“钢笔工具”绘制夹克的阴影和褶皱，然后使用“透明度工具”拖动透明效果，如图17-38所示。

图17-38

26 导入下载资源中的“素材文件>CH17>04.jpg”文件，然后拖曳到页面中，如图17-39所示，接着将夹克拖曳到页面左边，如图17-40所示。

图17-39

图17-40

27 使用“椭圆形工具”绘制4个椭圆，然后从左到右依次填充颜色为（C:4，M:15，Y:23，K:0）、（C:49，M:77，Y:100，K:29）、（C:75，M:85，Y:75，K:51），（C:40，M:46，Y:55，K:9），接着输入夹克文字，最终效果如图17-41所示。

图17-41

17.2 综合实例：精通牛仔衬衫设计

- 实例位置：下载资源>实例文件>CH17>综合实例：精通牛仔衬衫设计.cdr
- 素材位置：下载资源>素材文件>CH17>01.cdr、04.jpg、05.jpg~07.jpg
- 视频位置：下载资源>多媒体教学>CH17>综合实例：精通牛仔衬衫设计.flv
- 实用指数：★★★★☆
- 技术掌握：牛仔衬衫的制作方法

牛仔衬衫效果如图17-42所示。

图17-42

01 新建一个空白文档，然后设置文档名称为“牛仔衬衫”，接着设置页面大小“宽”为279mm、“高”为213mm。

02 导入下载资源中的“素材文件>CH17>01.cdr”文件，然后将其中的男性体型轮廓拖曳到页面中，接着使用“钢笔工具”绘制右半边的衣身，并调整形状，如图17-43所示。

03 选中绘制的半边衣身，然后原位置复制一份，再将镜像轴定到左边，接着进行水平镜像，并调整位置，如图17-44所示。

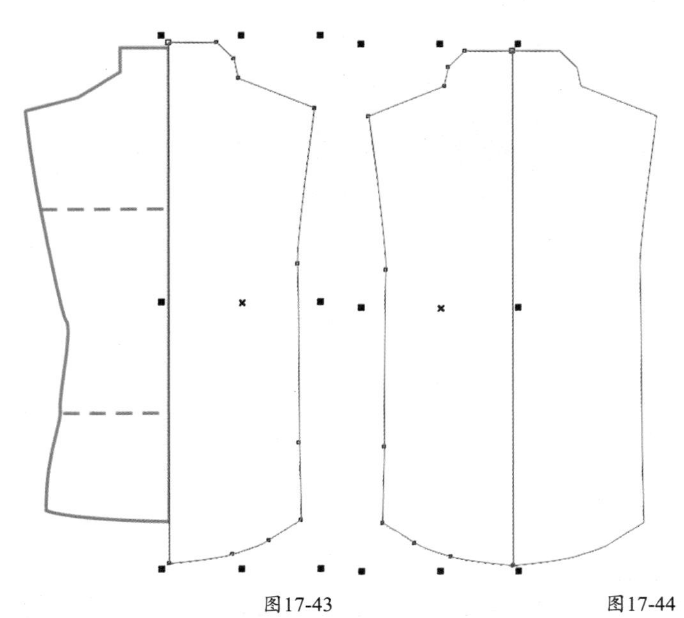

图17-43 图17-44

04 选中左右两边的衣身，然后执行“对象>造形>合并”菜单命令，将衣身合并为一个对象，接着删除多余的节点，如图17-45所示。

05 接下来绘制衣袖。使用“钢笔工具”绘制衣袖，然后调整衣袖与衣身的位置，如图17-46所示，接着将衣袖复制一份，再水平镜像到另一边，并调整位置，如图17-47所示。

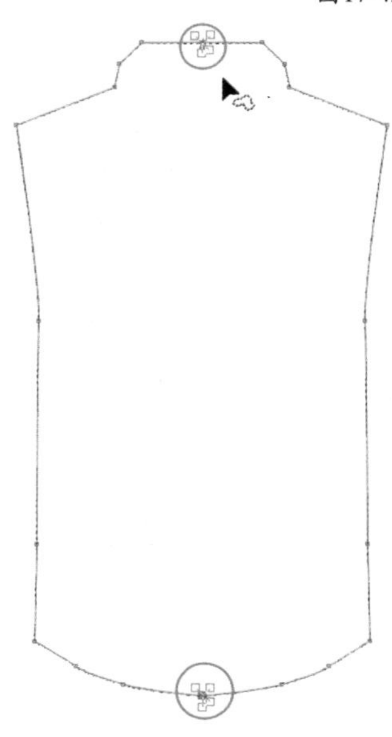

图17-45

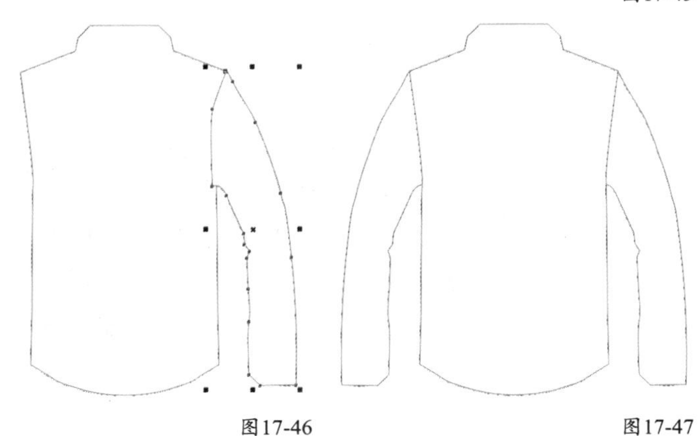

图17-46 图17-47

06 使用“钢笔工具”绘制衬衫的领口，然后使用“形状工具”调整形状，如图17-48所示。

图17-48

07 导入下载资源中的“素材文件>CH17>06.jpg”文件，然后选中布料执行“效果>调整>色度/饱和度/亮度”菜单命令，打开“色度/饱和度/亮度”对话框，再选中“主对象”，设置“饱和度”为43、“亮度”为-1，接着单击“确定”按钮完成设置，如图17-49所示。

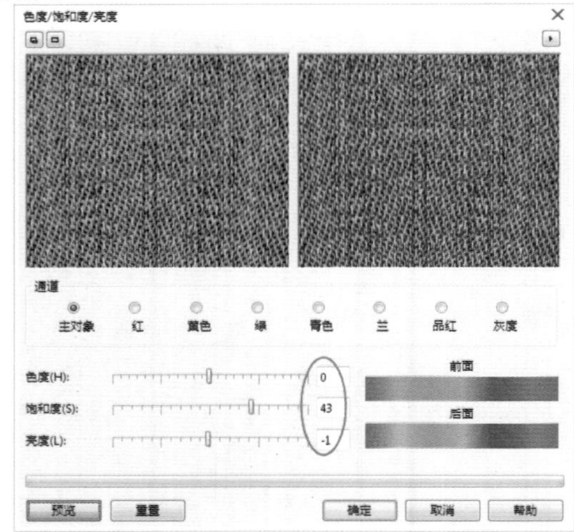

图17-49

08 选中布料，然后执行“效果>调整>亮度/对比度/强度”菜单命令，打开“亮度/对比度/强度”对话框，再设置“亮度”为-37、“强度”为45，接着单击“确定”按钮完成设置，如图17-50所示。

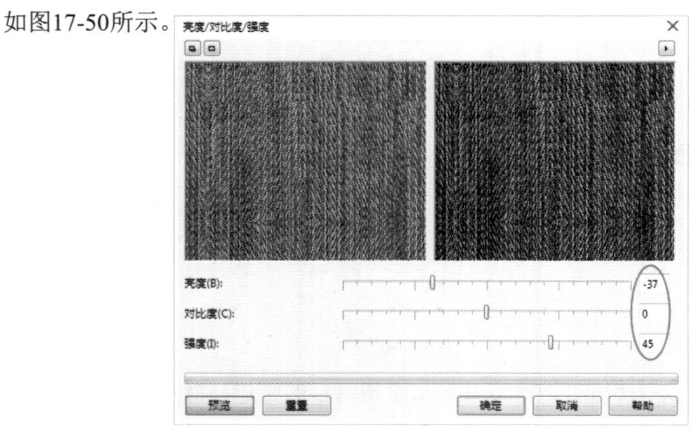

图17-50

09 选中调整好的布料复制两份，然后进行旋转，接着执行“对象>图框精确剪裁>置于图文框内部”菜单命令，把布料放置在衣身中，如图17-51所示。

10 将领口复制一份，然后使用“钢笔工具”绘制两条曲线，如图17-52所示，接着使用曲线修剪领口，再拆分对象删除上半部分。

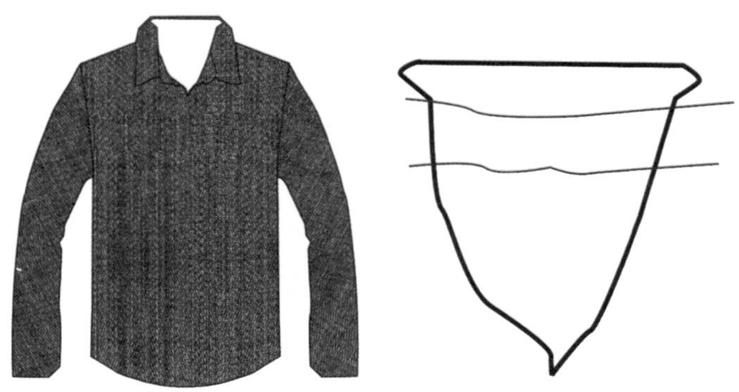

图17-51　　图17-52

11 导入下载资源中的“素材文件>CH17>07.jpg”文件，然后执行“效果>调整>亮度/对比度/强度”菜单命令，打开“亮度/对比度/强度”对话框，再设置“亮度”为17、“强度”为45，接着单击“确定”按钮完成设置，如图17-53所示。

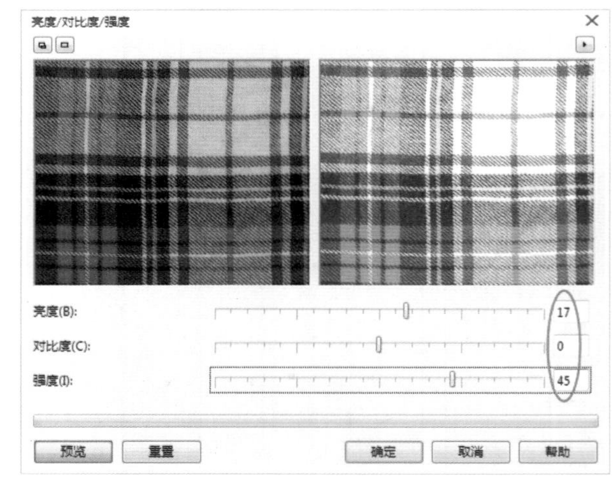

图17-53

12 选中调整好的布料复制一份备用，然后执行“对象>图框精确剪裁>置于图文框内部”菜单命令，把布料放置在领口中，再设置“轮廓宽度”为0.25mm，如图17-54所示。

图17-54

13 将编辑好的领口拖曳到衣身内，然后将领口的填充去掉，如图17-55所示，接着使用“钢笔工具”绘制衬衫的门襟和敞开的下摆，如图17-56所示。

图17-55

图17-56

14 导入下载资源中的“素材文件>CH17>05.jpg”文件，然后进行复制，再执行“对象>图框精确剪裁>置于图文框内部”菜单命令，把布料放置在衣领和下摆中，如图17-57所示。

15 下面绘制衣身的褪色效果。使用“椭圆形工具”绘制一个椭圆，然后填充颜色为白色，再右键去掉轮廓线，如图17-58所示，接着选中椭圆执行“位图>转换为位图”菜单命令，将椭圆转换为位图。

图17-57

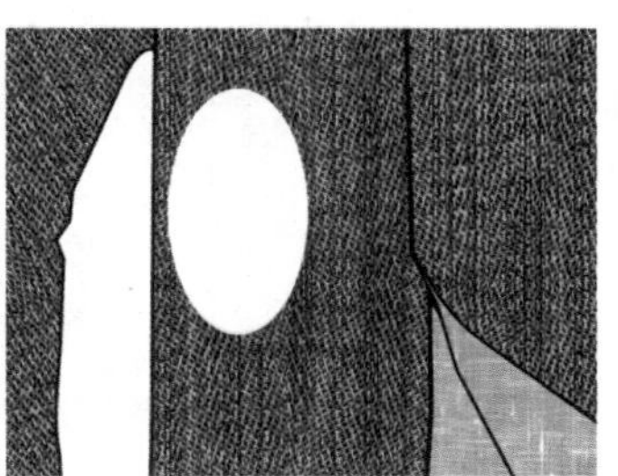

图17-58

16 选中转换的位图执行“位图>模糊>高斯式模糊”菜单命令，打开“高斯式模糊”对话框，然后设置“半径”为70像素，再单击“确定”按钮完成模糊，如图17-59所示。

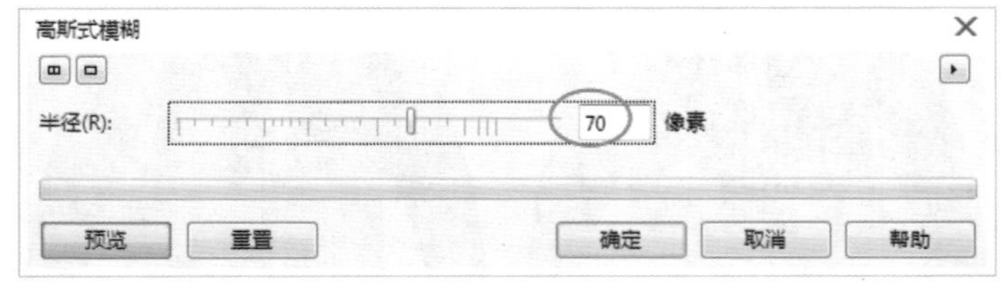

图17-59

17 将编辑好的模糊效果复制排放在衣身的相应褪色区域，接着选中褪色区域单击“透明度工具”，在属性栏设置“透明度类型”为“均匀透明度”、“透明度”为30，效果如图17-60所示。

18 选中褪色区域，然后执行“对象>图框精确剪裁>置于图文框内部”菜单命令，把褪色区域分别放置在衣身中，如图17-61所示。

图17-60

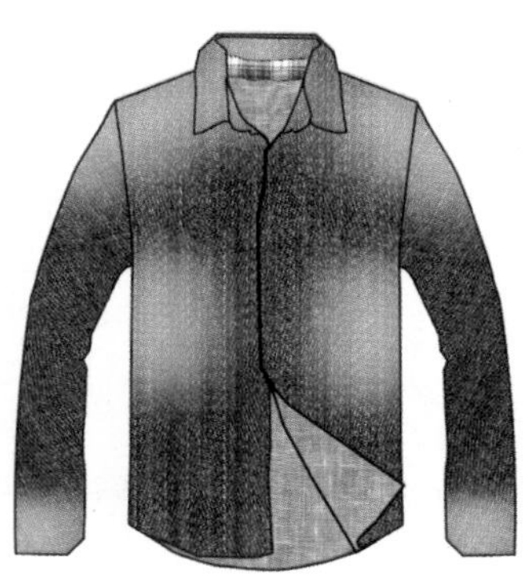

图17-61

19 使用“钢笔工具”绘制领口敞开处，然后将布料置入，如图17-62所示，然后使用“矩形工具”绘制矩形，填充颜色为（C:25，M:18，Y:22，K:0），再设置轮廓线颜色为（C:20，M:0，Y:0，K:80），接着将矩形向内复制一个，更改填充颜色为（C:2，M:0，Y:7，K:0），最后更改“线条样式”为“虚线”，效果如图17-63所示。

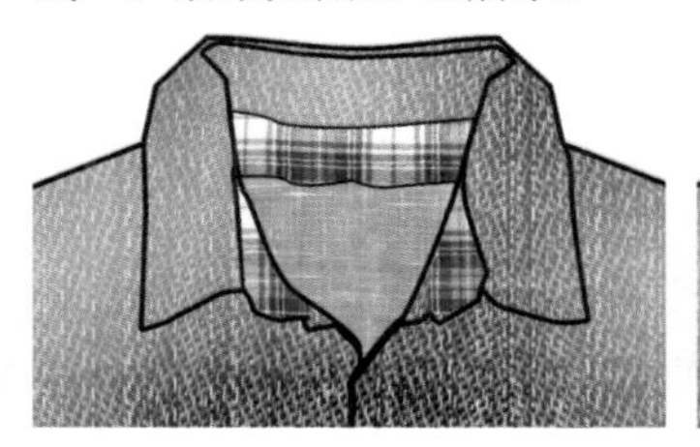

图17-62

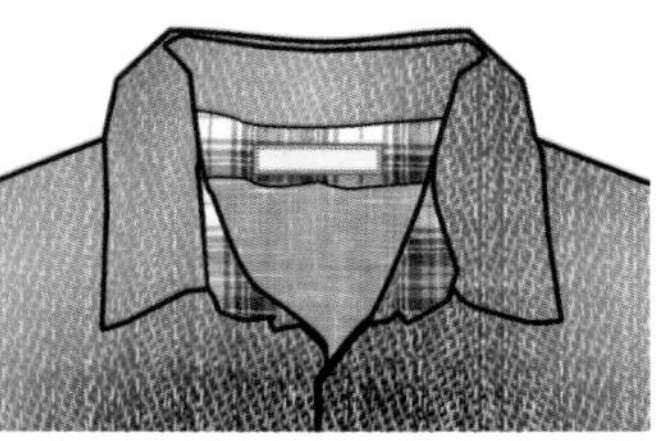

图17-63

20 使用“钢笔工具”绘制尺码标，然后填充颜色为黑色，再复制一份进行移位，更改下方对象的颜色为（C:0，M:0，Y:20，K:80），接着右键去掉轮廓线，最后使用“文本工具”输入文本，如图17-64所示。

21 下面丰富衣身。使用“钢笔工具”绘制缝纫线和分割线，然后设置轮廓线“宽度”为0.5mm、轮廓线颜色为（C:100，M:96，Y:58，K:19），接着选中缝纫线，设置“线条样式”为“虚线”，如图17-65所示。

图17-64

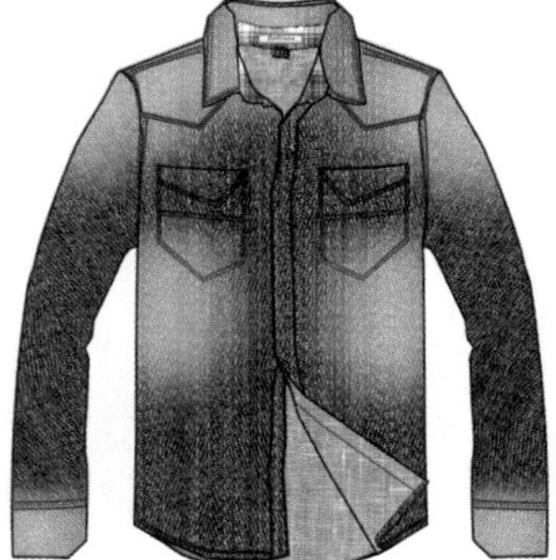

图17-65

22 使用“钢笔工具”绘制领口的阴影，然后填充颜色为（C:100，M:97，Y:68，K:62），接着使用“透明度工具”拖动透明渐变效果，如图17-66所示。

23 下面制作袖口。使用“钢笔工具”绘制袖口，然后执行“对象>图框精确剪裁>置于图文框内部”菜单命令，把布料放置在袖口中，如图17-67所示。

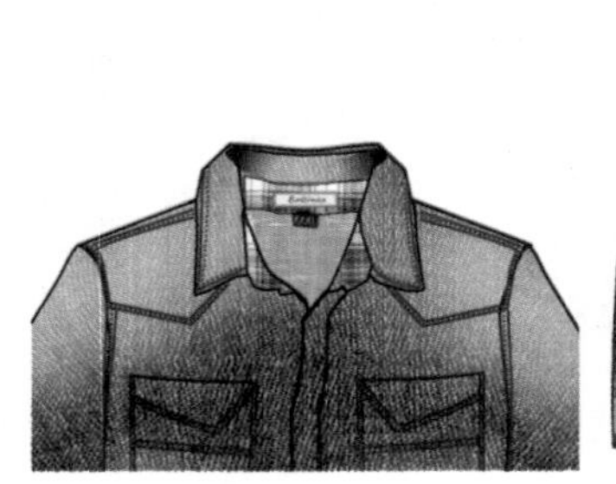

图17-66

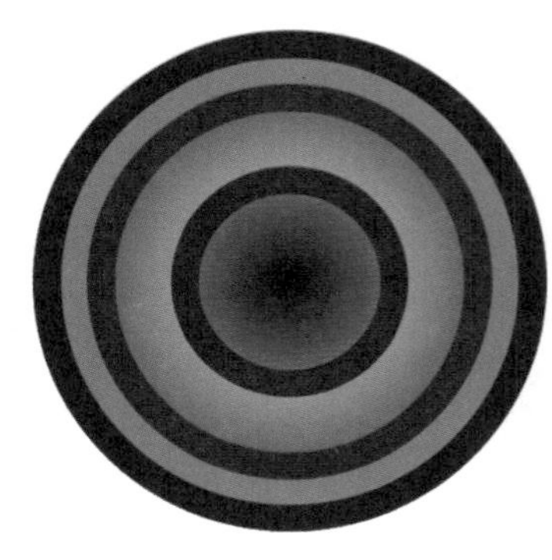

图17-67

24 下面绘制扣子。使用“椭圆形工具”绘制一个圆形，然后填充颜色为（C:0，M:20，Y:20，K:60），再设置轮廓线颜色为（C:100，M:97，Y:68，K:62），如图17-68所示。

25 将圆形向内复制，然后在“编辑填充”对话框中选择“渐变填充”方式，设置“类型”为“椭圆形渐变填充”，再设置“节点位置”为0%的色标颜色为（C:71，M:82，Y:100，K:63）、“节点位置”为100%的色标颜色为（C:0，M:60，Y:100，K:0），接着单击“确定”按钮完成填充，最后更改轮廓线颜色为（C:71，M:82，Y:100，K:63），如图17-69所示。

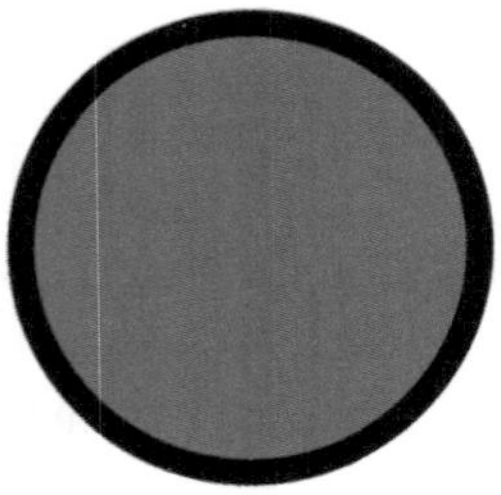

图17-68

图17-69

26 将前面绘制的扣子复制一份，然后选中中间的圆形，在“渐变填充”对话框中更改“节点位置”为100%的色标颜色为（C:0，M:0，Y:60，K:0），接着单击“确定”按钮完成填充，如图17-70所示。

图17-70

27 将圆形向内缩放，然后在“编辑填充”对话框中选择“渐变填充”方式，设置“类型”为“椭圆形渐变填充”，再设置“节点位置”为0%的色标颜色为（C:0，M:60，Y:80，K:0）、“节点位置”为100%的色标颜色为黑色，接着单击“确定”按钮完成填充，如图17-71所示。

图17-71

28 把前面绘制的扣子复制排放在衬衫上，如图17-72所示，然后使用“钢笔工具”绘制衬衫的阴影，再填充颜色为（C:100，M:97，Y:68，K:62），如图17-73所示。

图17-72

图17-73

29 使用“钢笔工具”绘制衣摆的阴影，然后填充颜色为（C:20，M:0，Y:0，K:80），如图17-74所示，接着使用“透明度工具”为阴影拖动透明渐变效果，如图17-75所示。

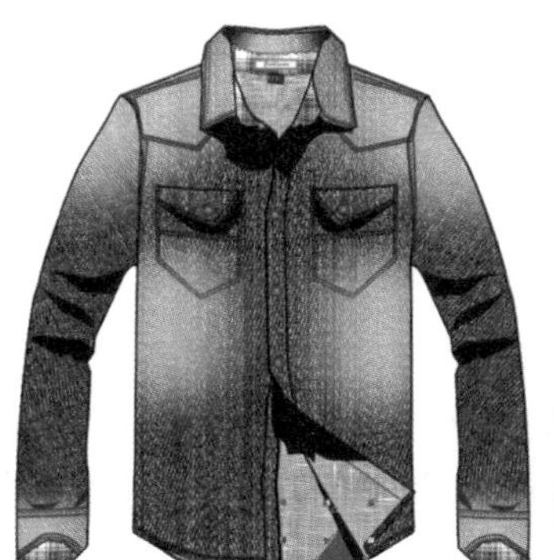

图17-74

图17-75

30 用同样的方法将衣褶绘制完毕，效果如图17-76所示，然后导入下载资源中的“素材文件>CH17>04.jpg”文件，再执行“效果>调整>替换颜色”菜单命令，打开“替换颜色”对话框，接着吸取“原颜色”为黑色、设置“新建颜色”为（C:91，M:81，Y:53，K:20）、“色度”为-158、“饱和度”为44、“亮度”为6，最后单击“确定”按钮 确定 完成替换，如图17-77所示。

图17-76

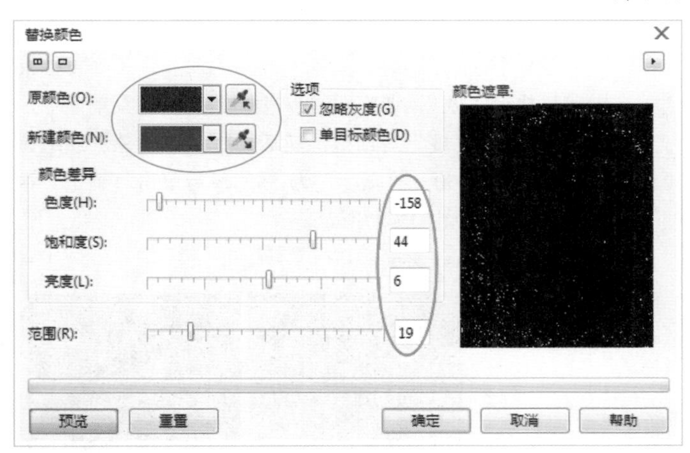

图17-77

31 将背景拖曳到页面中，然后将衬衫拖曳到页面左边，再进行旋转，如图17-78所示，接着使用“椭圆形工具”绘制圆形，最后缩放复制4个。

32 选中圆形，然后从左到右依次填充颜色为（C:23，M:2，Y:2，K:0）、（C:96，M:69，Y:16，K:0）、（C:0，M:0，Y:0，K:52）、（C:2，M:61，Y:100，K:2）、（C:0，M:84，Y:77，K:0），接着右键去掉轮廓线，如图17-79所示。

图17-78

图17-79

33 使用“文本工具”输入美工文字“牛仔衬衫”，然后填充颜色为（C:100，M:96，Y:58，K:19），最终效果如图17-80所示。

图17-80

17.3 综合实例：精通男士休闲裤设计

- 实例位置：下载资源>实例文件>CH17>综合实例：精通男士休闲裤设计.cdr
- 素材位置：下载资源>素材文件>CH17>01.cdr、04.jpg、07.jpg、08.jpg
- 视频位置：下载资源>多媒体教学>CH17>综合实例：精通男士休闲裤设计.flv
- 实用指数：★★★★☆
- 技术掌握：男士休闲裤的制作方法

男士休闲裤效果如图17-81所示。

图17-81

01 新建一个空白文档，然后设置文档名称为“男士休闲裤”，接着设置页面大小“宽”为279mm、“高”为213mm。

02 导入下载资源中的“素材文件>CH17>01.cdr”文件，然后将其中的男性体型轮廓拖曳到页面中，接着使用“钢笔工具”绘制左半边的裤腿，并调整形状，如图17-82所示。

03 选中绘制的半边裤腿，然后镜像复制到右边，并调整位置，如图17-83所示，接着选中左右两边的裤腿，再执行“对象>造形>合并”菜单命令，将裤腿合并为一个对象，最后调整形状，删除多余的节点，如图17-84所示。

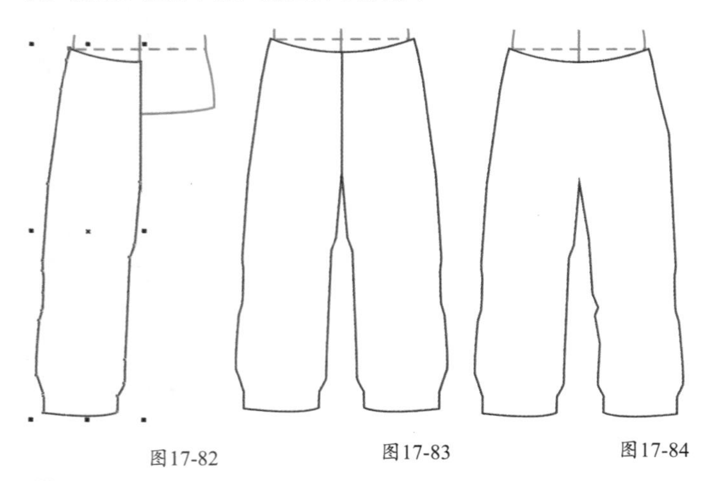

图17-82 图17-83 图17-84

04 使用“钢笔工具”绘制出裤子的前腰围线、腰带位置和前中线，如图17-85所示。

05 导入下载资源中的“素材文件>CH17>08.jpg”文件，然后执行“效果>调整>亮度/对比度/强度”菜单命令，打开“亮度/对比度/强度”对话框，接着设置“亮度”为-60、“对比度”为40、“强度”为15，最后单击“确定”按钮完成设置，如图17-86所示。

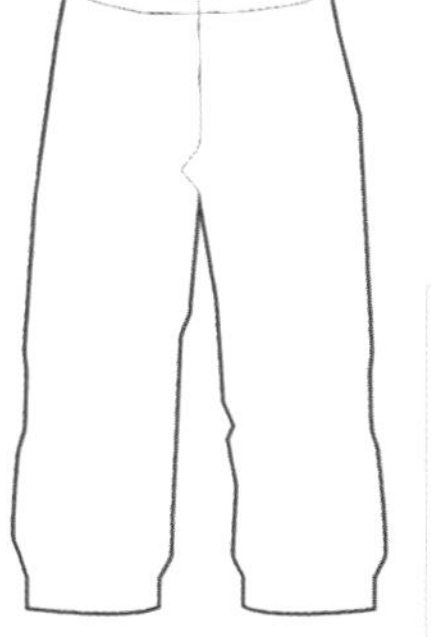

图17-85

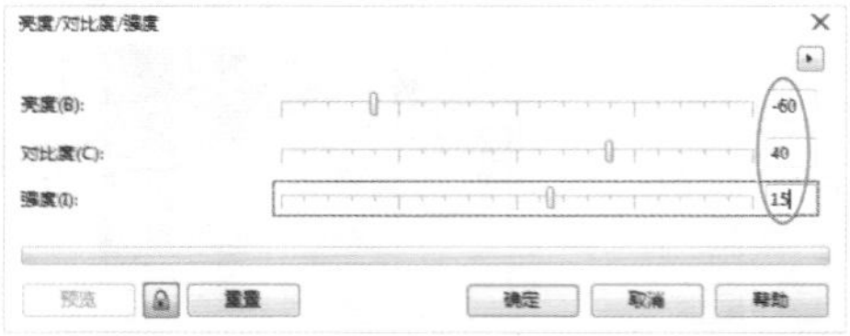

亮度/对比度/强度
亮度(B): -60
对比度(C): 40
强度(I): 15
预览 重置 确定 取消 帮助

图17-86

06 选中布料执行“效果>调整>色度/饱和度/亮度”菜单命令，打开“色度/饱和度/亮度”对话框，然后选择“主对象”通道，再设置“饱和度”为-50、“亮度”为-55，最后单击“确定”按钮完成设置，如图17-87所示。

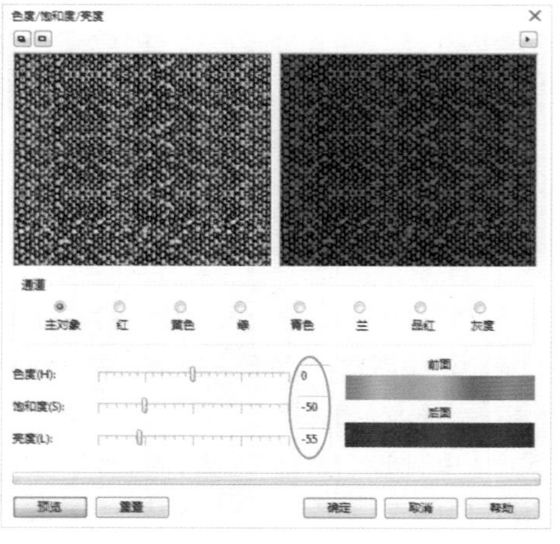

图17-87

07 选中调整好的素材，然后执行“对象>图框精确剪裁>置于图文框内部”菜单命令，把布料放置在裤子内，如图17-88所示。

08 选中裤子的前腰围线和前中线，然后设置“轮廓宽度”为0.5mm、颜色为黑色，接着使用“钢笔工具”绘制缝纫线，再设置“轮廓宽度”为0.5mm、颜色为（C:30，M:30，Y:24，K:0）、“线条样式”为“虚线”，如图17-89所示。

图17-88

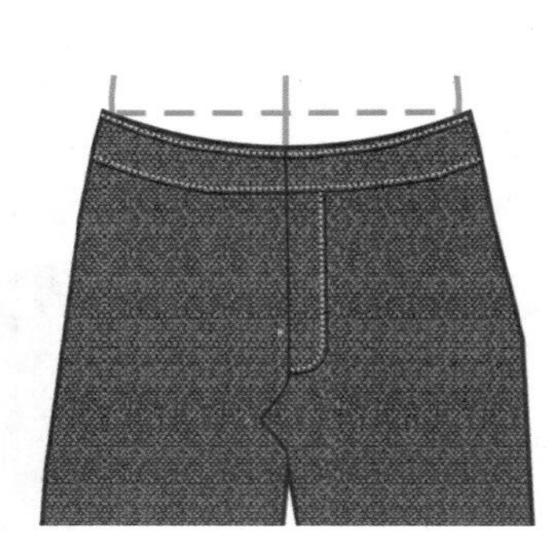

图17-89

09 使用“钢笔工具”绘制裤子的结构线，然后设置“轮廓宽度”为0.5mm，如图17-90所示，接着将结构线复制一份进行缩放，再设置轮廓线颜色为（C:30，M:30，Y:24，K:0）、“线条样式”为“虚线”，如图17-91所示。

图17-90

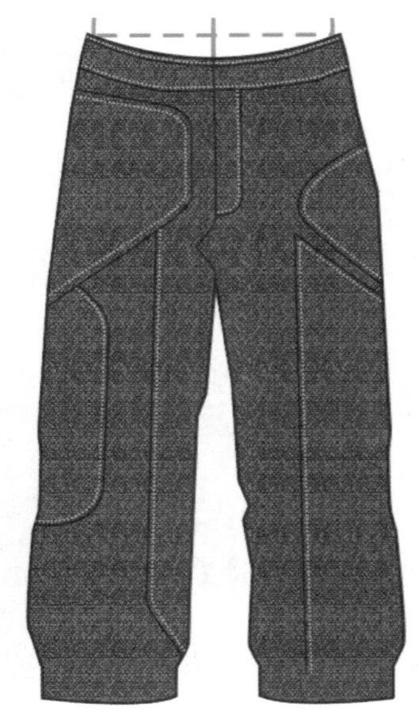

图17-91

10 下面绘制左边的裤兜。用同样的方法绘制左边裤腿上的裤兜块面，如图17-92所示，然后使用“钢笔工具”绘制裤兜的厚度，再填充颜色为（C:71，M:71，Y:71，K:100），接着使用“透明度工具”拖动透明效果，如图17-93所示。

图17-92　图17-93

11 将裤兜的厚度复制一份，然后调整形状放置在厚度上面，接着将布料置入裤兜块面中，如图17-94所示，最后用同样的方法绘制裤兜遮盖块面，再拖放在裤腿上，如图17-95所示。

图17-94

图17-95

12 下面制作链牙。使用“矩形工具”绘制矩形，然后修剪出一组拉链，如图17-96所示，接着将拉链旋转90°进行水平复制，如图17-97所示。

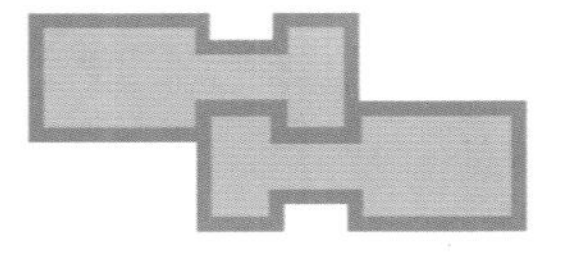

图17-96

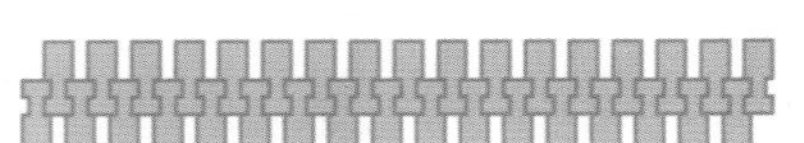

图17-97

13 使用“矩形工具”绘制矩形，然后填充颜色为黑色，接着执行“对象>图框精确剪裁>置于图文框内部”菜单命令，将拉链置入矩形中，如图17-98所示，最后将拉链拖曳到裤兜上，并绘制缝纫线，如图17-99所示。

14 下面绘制拉头。使用“矩形工具”绘制矩形，然后使用“形状工具”调整形状，再向内复制两份，接着从内向外依次填充颜色为白色、（C:30，M:30，Y:24，K:0）、黑色，最后去掉轮廓线，如图17-100所示。

图17-98

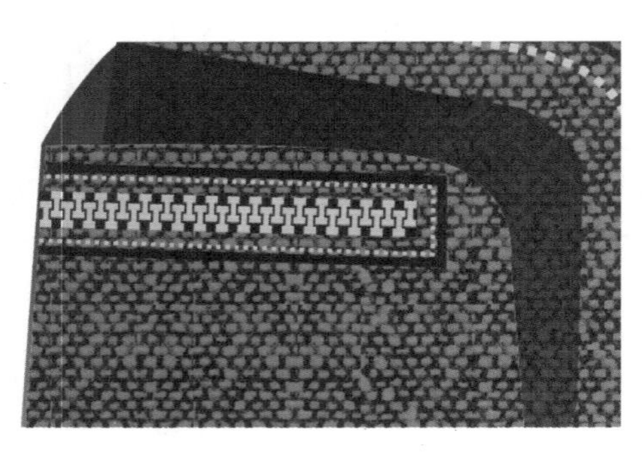

图17-99

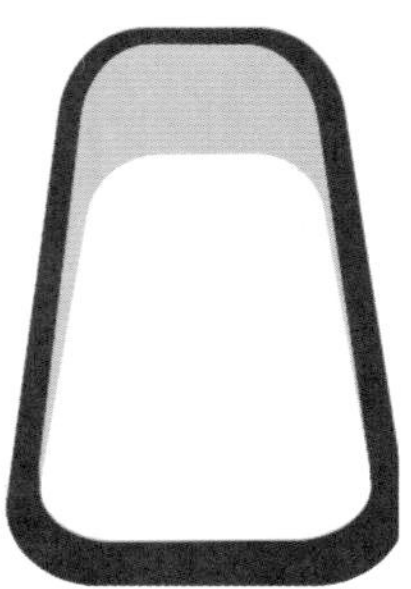

图17-100

15 使用“矩形工具”绘制矩形，然后设置“圆角”为1mm，再向内进行复制，从内向外依次填充颜色为（C:30，M:30，Y:24，K:0）、黑色，接着去掉轮廓线，如图17-101所示，最后复制一份修改内部形状，如图17-102所示。

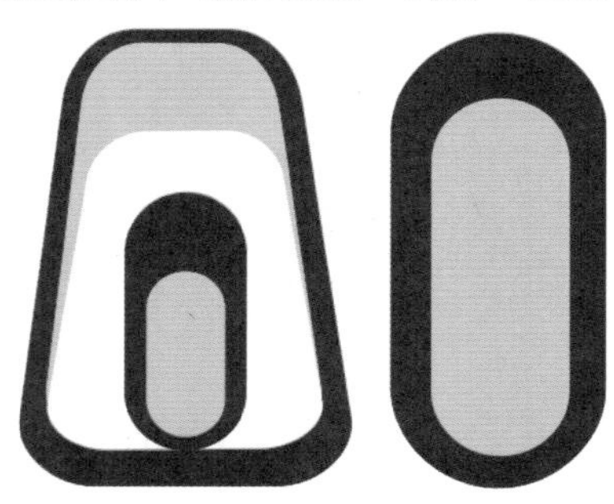

图17-101　图17-102

16 绘制拉头，如图17-103所示，然后从外向内依次填充颜色为黑色、（C:0，M: 0，Y: 0，K:70）、（C:30，M:30，Y:24，K:0），接着去掉轮廓线，如图17-104所示，最后将拉锁组合好，并进行旋转，如图17-105所示。

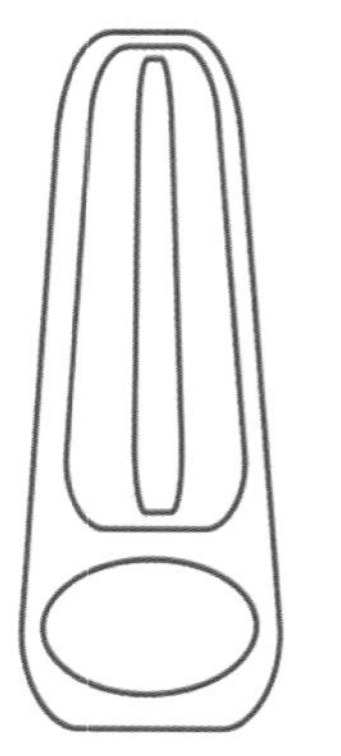

图17-103

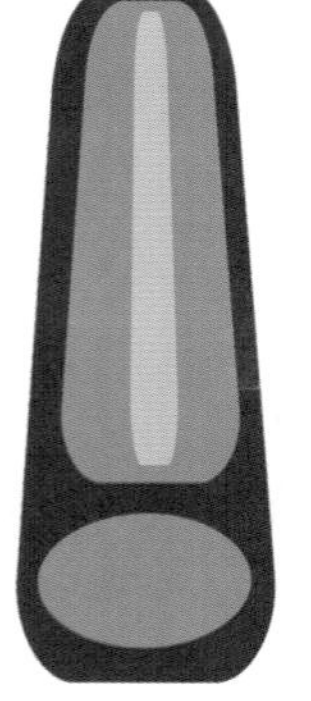

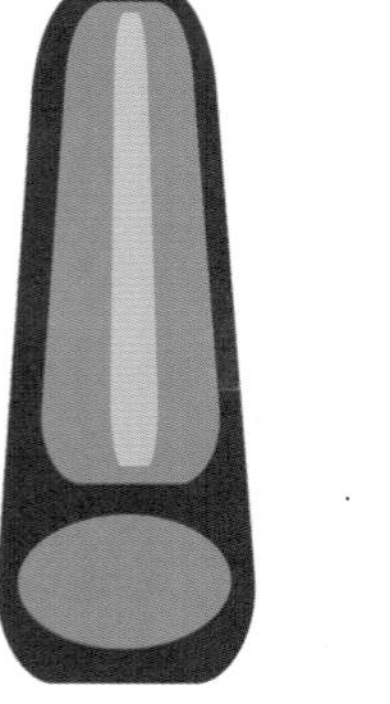

图17-104

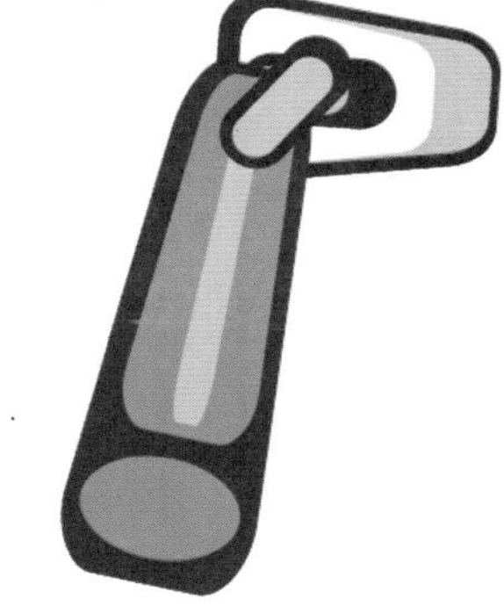

图17-105

17 将拉锁拖曳到拉链上调整位置，如图17-106所示，然后使用同样的方法绘制右边的装饰，接着将拉锁复制镜像到装饰块面上，如图17-107所示。

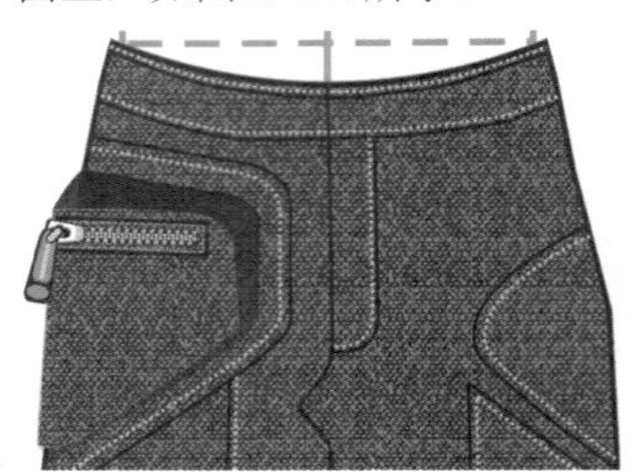

图17-106

图17-107

18 下面绘制腰带部分。使用“矩形工具”绘制矩形，然后在属性栏设置“圆角”为1mm，接着将布料置入，如图17-108所示，最后添加上缝纫线，效果如图17-109所示。

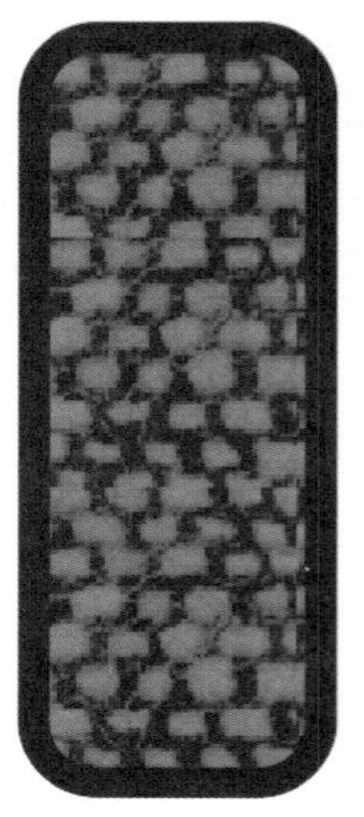

图17-108

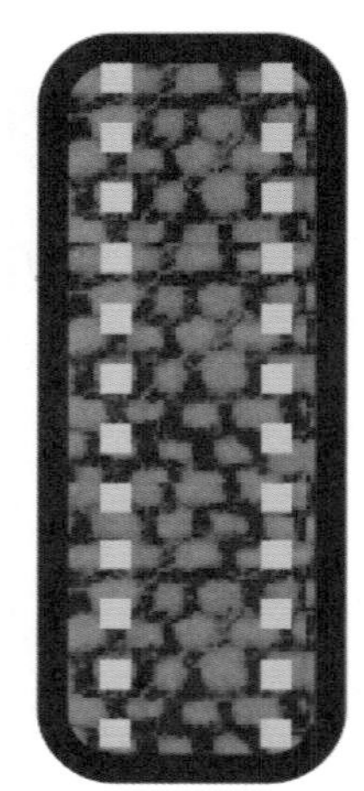

图17-109

19 使用“钢笔工具”绘制腰带，然后填充颜色为（C:43，M:43，Y:43，K:100），如图17-110所示，接着绘制腰带的厚度，再填充颜色为（C:30，M:30，Y:24，K:0），最后去掉轮廓线，如图17-111所示。

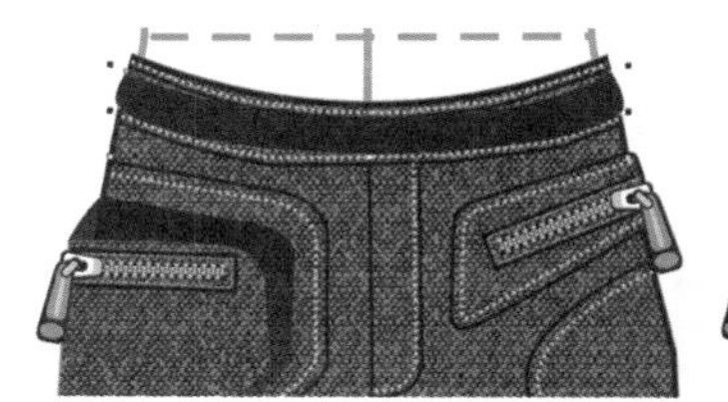

图17-110

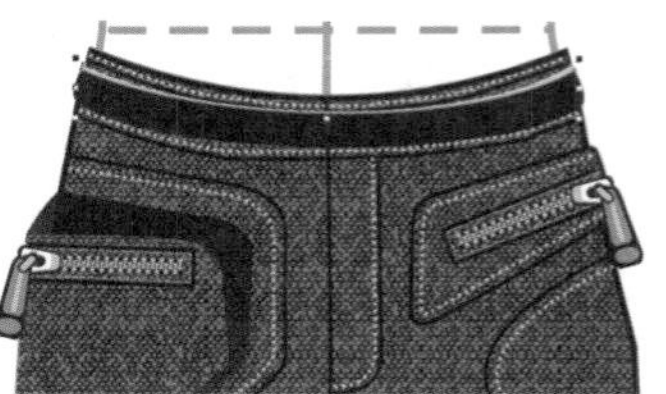

图17-111

20 用同样的方法绘制腰带穿插部分，如图17-112所示，然后拼接在腰带上，如图17-113所示。

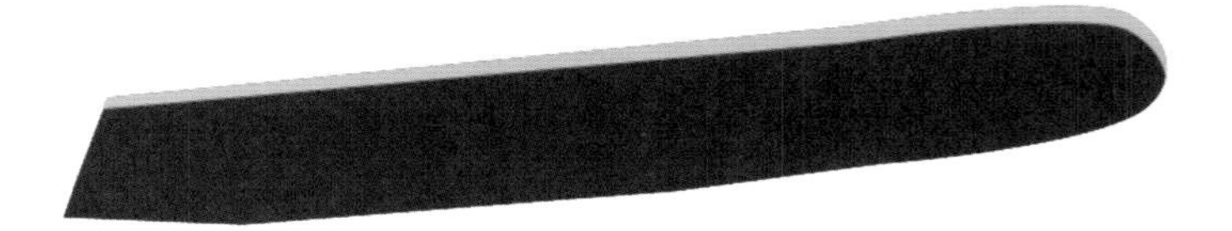

图17-112

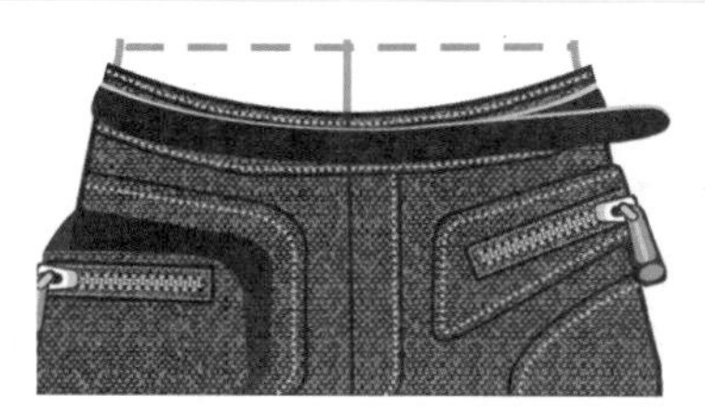

图17-113

21 下面绘制腰带扣头。使用“矩形工具”绘制矩形，然后在属性栏设置“圆角”为1mm，接着向内缩放复制，最后使用内部矩形修剪外部矩形，如图17-114所示。

22 复制一个矩形修剪环状矩形的右边，如图17-115所示，然后将修剪好的对象向内复制一份，接着填充外层对象颜色为黑色、内层对象颜色为（C:30，M:30，Y:24，K:0），如图17-116所示，最后使用同样的方法绘制完腰带扣，如图17-117所示。

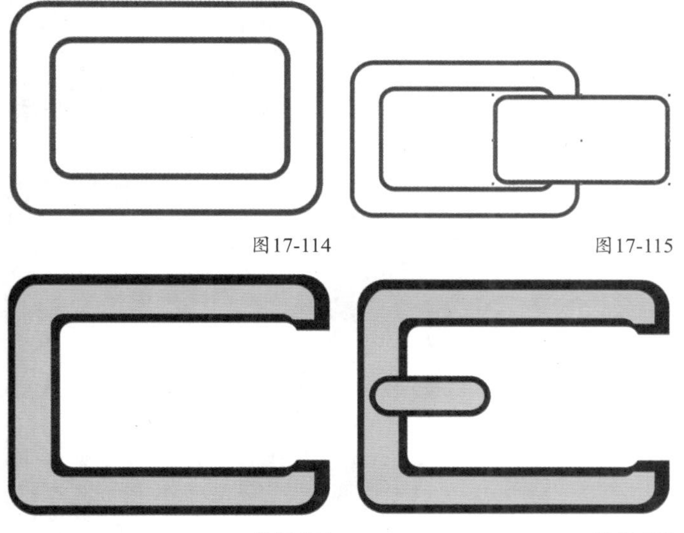

图17-114　图17-115

图17-116　图17-117

23 将绘制好的腰带扣拖曳到腰部，并调整位置，如图17-118所示。

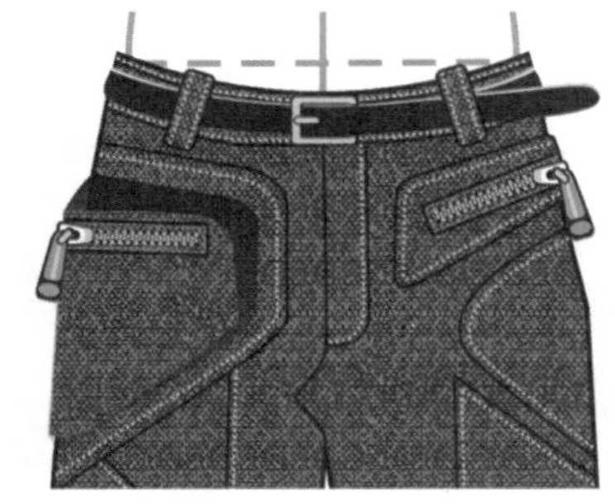

图17-118

24 下面绘制裤腰内侧。使用“钢笔工具”绘制内部轮廓，然后填充最内侧对象的颜色为（C:34，M:36，Y:29，K:55），再右键去掉轮廓线，如图17-119所示，接着将绘制的对象置于裤子后面，最后使用“透明度工具”拖动灰色对象的透明效果，如图17-120所示。

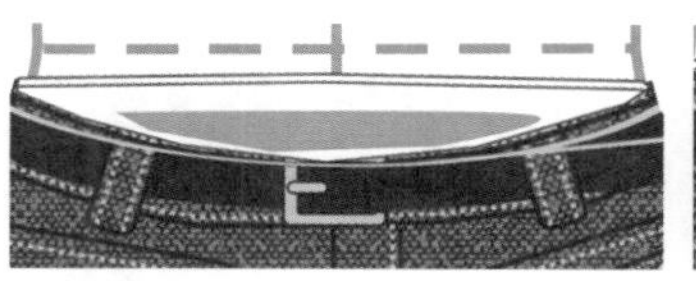

图17-119　图17-120

25 选中裤腰内侧厚度对象，然后把布料置入，调整置入效果，如图17-121所示，接着导入下载资源中的“素材文件>CH17>07.jpg”文件，再执行“对象>图框精确剪裁>置于图文框内部”菜单命令，把布料放置在裤腰内，效果如图17-122所示。

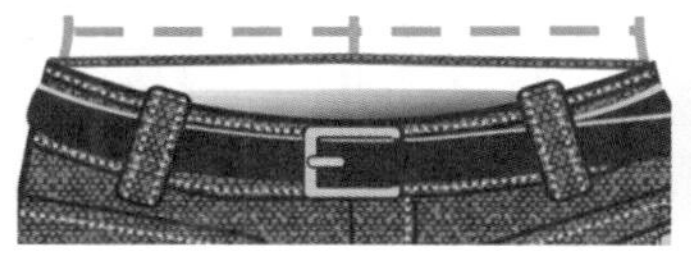

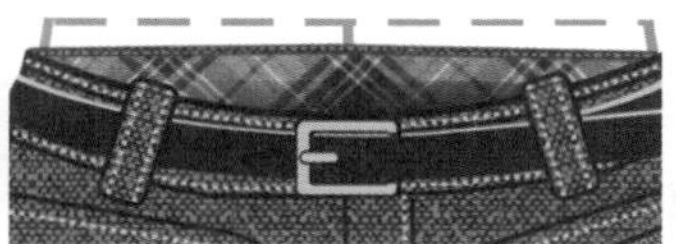

图17-121　图17-122

26 使用同样的方法绘制裤子下方连接的部分，然后再将前面编辑的拉链复制到右边裤腿上，效果如图17-123所示。

27 下面绘制铁环和扣子。使用“椭圆形工具”绘制圆形，然后向内复制一份进行合并，再设置轮廓线宽度为0.5mm，如图17-124所示。

图17-123　图17-124

28 绘制一个圆形，然后在圆形内绘制一个椭圆，接着填充圆形颜色为黑色，再填充椭圆颜色为（C:30，M:30，Y:24，K:0），并去掉轮廓线，如图17-125所示，最后使用“调和工具”进行调和，如图17-126所示。

图17-125　图17-126

29 将铁环和扣子复制拖曳到裤子的相应位置上，并调整大小，如图17-127所示，然后使用“钢笔工具”绘制裤褶和阴影区域，再填充颜色为黑色，如图17-128所示，接着使用“透明度工具”拖动透明渐变效果，如图17-129所示。

图17-127

图17-128

图17-129

30 导入下载资源中的“素材文件>CH17>04.jpg”文件，再执行“效果>调整>替换颜色”菜单命令，打开“替换颜色”对话框，接着吸取“原颜色”为黑色、设置“新建颜色”为（C:76，M:80，Y:78，K:59）、“饱和度”为-3、“亮度”为6、“范围”为19，最后单击“确定”按钮完成替换，如图17-130所示。

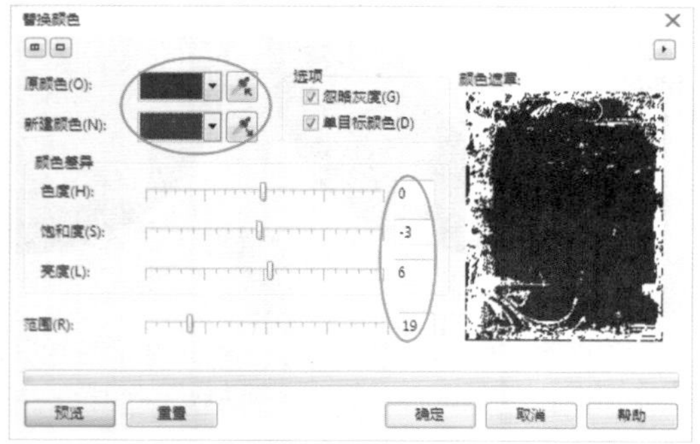

图17-130

31 将调整好的背景拖曳到页面中，然后把绘制好的裤子拖曳到页面左边进行旋转，如图17-131所示，接着使用“椭圆工具”绘制圆形，并进行水平复制，再从左到右依次填充颜色为（C:30，M:30，Y:24，K:0）、（C:53，M:40，Y:40，K:0）、（C:45，M:44，Y:39，K:57）、（C:43，M:43，Y:43，K:100）、（C:42，M:87，Y:79，K:6），最后右键去掉轮廓线，如图17-132所示。

图17-131

图17-132

32 使用“文本工具”输入文本“休闲裤”，最终效果如图17-133所示。

图17-133

17.4 综合实例：精通休闲鞋设计

- 实例位置：下载资源>实例文件>CH17>综合实例：精通休闲鞋设计.cdr
- 素材位置：下载资源>素材文件>CH17>04.jpg、09.jpg
- 视频位置：下载资源>多媒体教学>CH17>综合实例：精通休闲鞋设计.flv
- 实用指数：★★★★☆
- 技术掌握：休闲鞋的制作方法

休闲鞋效果如图17-134所示。

图17-134

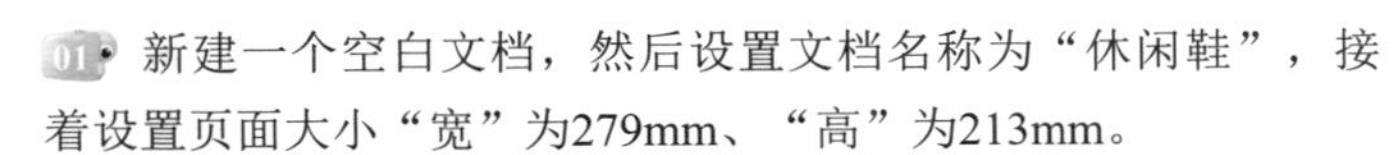

01 新建一个空白文档，然后设置文档名称为“休闲鞋”，接着设置页面大小“宽”为279mm、“高”为213mm。

02 首先绘制鞋底。使用“钢笔工具”绘制鞋底厚度，然后在“编辑填充”对话框中选择“渐变填充”方式，设置“类型”为“线性渐变填充”、“镜像、重复和反转”为“默认渐变填充”，再设置“节点位置”为0%的色标颜色为（C:45，M:58，Y:73，K:2）、“节点位置”为100%的色标颜色为（C:57，M:75，Y:95，K:31），接着单击“确定”按钮完成填充，最后设置“轮廓宽度”为0.5mm、颜色为（C:69，M:86，Y:100，K:64），如图17-135所示。

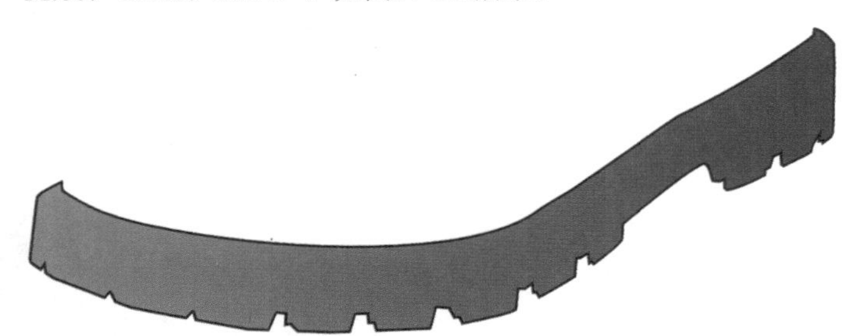

图17-135

03 使用“钢笔工具”绘制鞋底厚度，如图17-136所示，然后填充颜色为（C:68，M:86，Y:100，K:63），再右键去掉轮廓线，如图17-137所示。

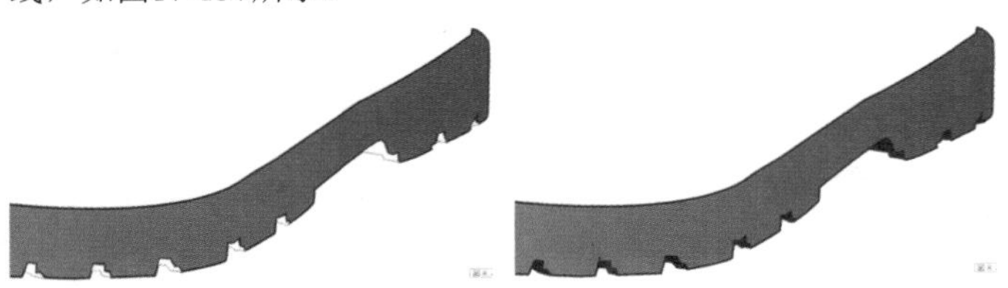

图17-136 图17-137

04 使用“钢笔工具”绘制鞋底和鞋面的连接处，然后填充颜色为（C:53，M:69，Y:100，K:16），再设置“轮廓宽度”为0.75mm、颜色为（C:58，M:86，Y:100，K:46），如图17-138所示，接着绘制缝纫线，设置“轮廓宽度”为1mm、轮廓线颜色为白色，如图17-139所示。

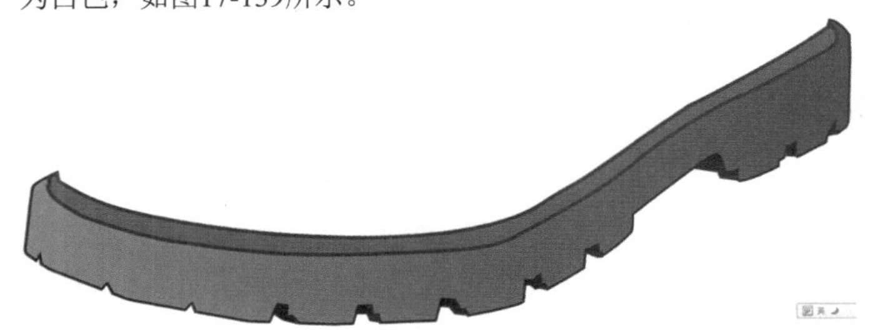

图17-138

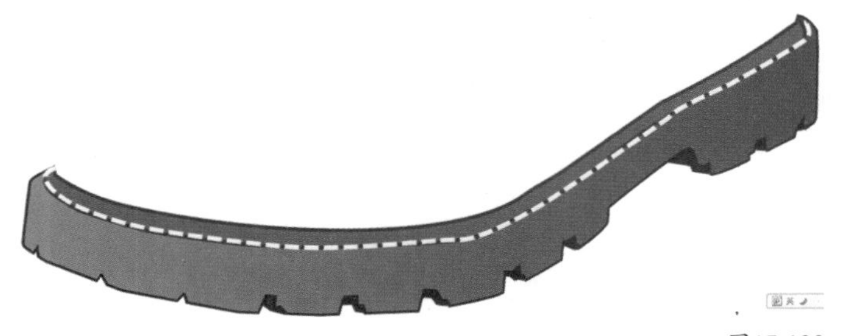

图17-139

05 使用“钢笔工具”绘制鞋面，然后设置“轮廓宽度”为0.5mm、颜色为（C:58，M:85，Y:100，K:46），如图17-140所示。

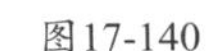

图17-140

06 导入下载资源中的“素材文件>CH17>09.jpg”文件，然后执行“对象>图框精确剪裁>置于图文框内部”菜单命令，把布料放置在鞋面中，如图17-141所示。

图17-141

07 使用“钢笔工具”绘制鞋面的块面，然后设置“轮廓宽度”为1mm、轮廓线颜色为（C:58，M:85，Y:100，K:45），效果如图17-142所示。

图17-142

08 使用“钢笔工具”绘制块面的阴影，然后填充颜色为（C:58，M:85，Y:100，K:45），再右键去掉轮廓线，如图17-143所示。

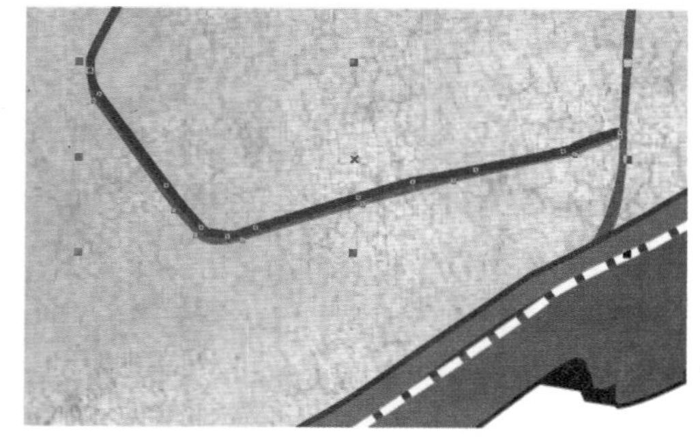

图17-143

09 使用“钢笔工具”绘制鞋面的缝纫线，然后设置“轮廓宽度”为1mm、颜色为（C:58，M:84，Y:100，K:45），如图17-144所示，接着将缝纫线复制一份，再填充轮廓线颜色为白色，最后将白色缝纫线排放在深色缝纫线上面，如图17-145所示。

图17-144

图17-145

10 使用“钢笔工具”绘制鞋舌，然后选中导入的布料执行“效果>调整>颜色平衡”菜单命令，打开“颜色平衡”对话框，再设置“青--红”为28、“品红--绿”为-87、“黄--蓝”为-65，接着单击“确定”按钮完成设置，如图17-146所示。

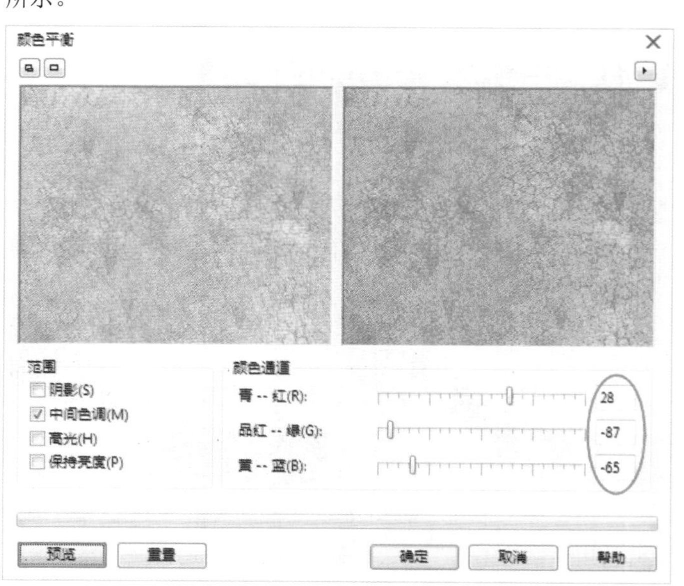

图17-146

11 选中布料，然后执行“效果>调整>色度/饱和度/亮度”菜单命令，打开“色度/饱和度/亮度”对话框，再选择“主对象”、设置“色度”为-2、“饱和度”为15、“亮度”为-32，接着单击“确定”按钮完成设置，如图17-147所示，最后将调整好的布料置入鞋舌中，如图17-148所示。

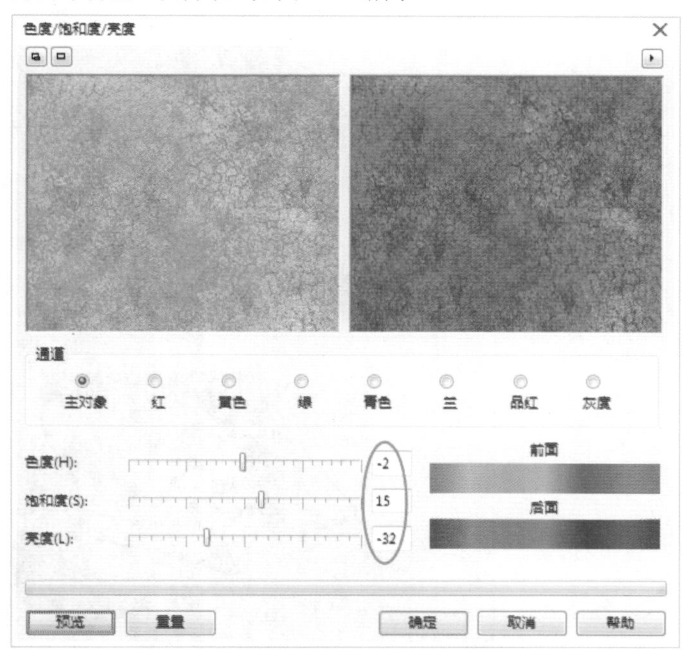

图17-147

图17-148

12 下面绘制脚踝部分。使用“钢笔工具”绘制脚踝处的轮廓，如图17-149所示，然后在“编辑填充”对话框中选择“渐变填充”方式，设置“类型”为“线性渐变填充”、“镜像、重复和反转”为“默认渐变填充”，再设置“节点位置”为0%的色标颜色为黑色、“节点位置”为100%的色标颜色为（C:69，M:83，Y:94，K:61），接着单击“确定”按钮完成填充，如图17-150所示。

13 使用“钢笔工具”绘制鞋面与鞋舌的阴影处，然后填充颜色为（C:68，M:86，Y:100，K:63），再右键去掉轮廓线，如图17-151所示。

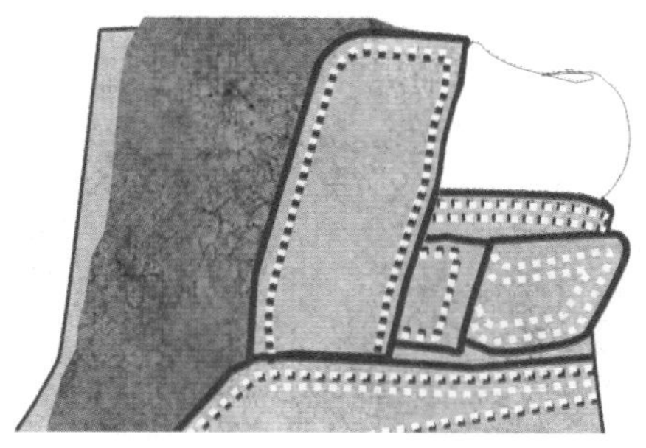

图17-149

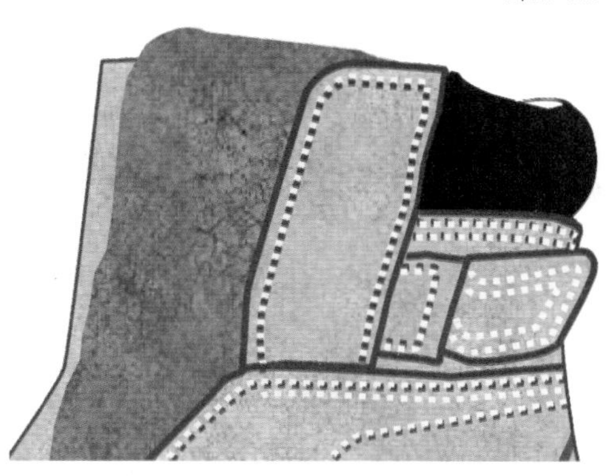

图17-150

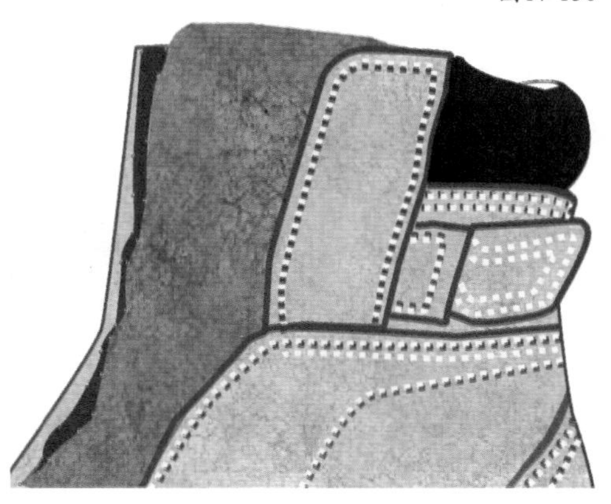

图17-151

14 使用“钢笔工具”绘制鞋舌的阴影，然后填充颜色为黑色，如图17-152所示，接着使用“透明度工具”拖动透明度效果，如图17-153所示。

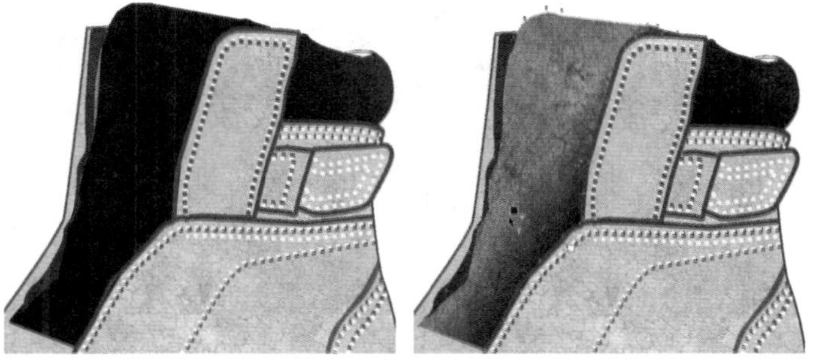

图17-152　　图17-153

15 使用“钢笔工具”绘制鞋面转折区，然后填充颜色为（C:60，M:75，Y:98，K:38），如图17-154所示，接着使用“透明度工具”拖动透明度效果，如图17-155所示。

图17-154

图17-155

16 使用“钢笔工具”绘制鞋面前段鞋带穿插处，然后将布料置入对象中，再设置“轮廓宽度”为1mm、颜色为（C:58，M:84，Y:100，K:45），如图17-156所示。

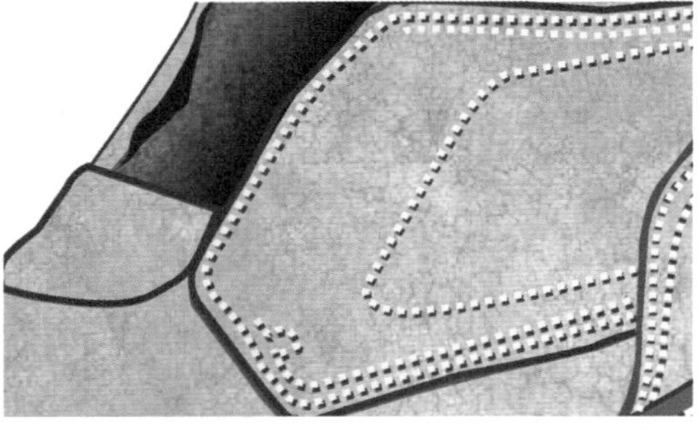

图17-156

17 使用“钢笔工具”绘制缝纫线，然后设置“轮廓宽度”为0.5mm、轮廓线颜色为（C:0，M:0，Y:0，K:40），接着绘制阴影，再填充颜色为（C:51，M:79，Y:100，K:21），如图17-157所示，最后为对象添加缝纫线，效果如图17-158所示。

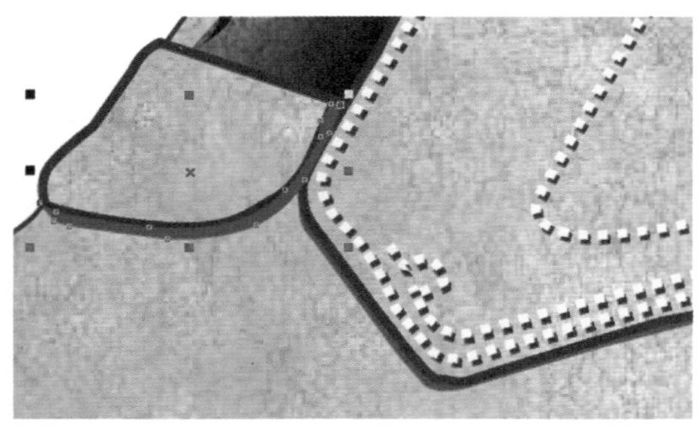

图17-157

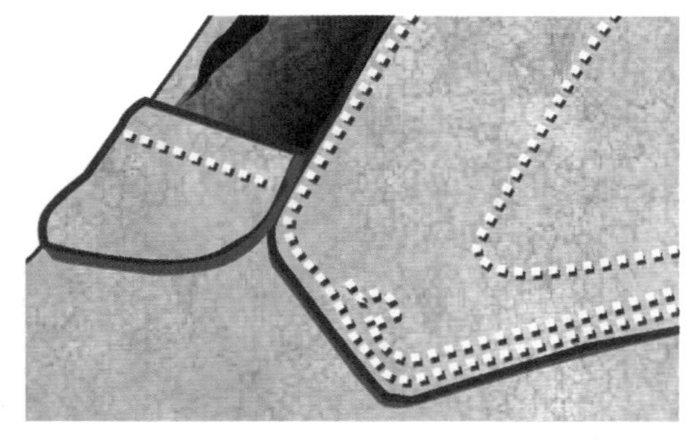

图17-158

18 下面绘制鞋面的阴影。使用“钢笔工具”绘制阴影部分，然后从深到浅依次填充颜色为（C:68，M:86，Y:100，K:63）、（C:60，M:75，Y:98，K:38），再右键去掉轮廓线，如图17-159所示，接着使用“透明度工具”拖动透明度效果，如图17-160所示。

图17-159

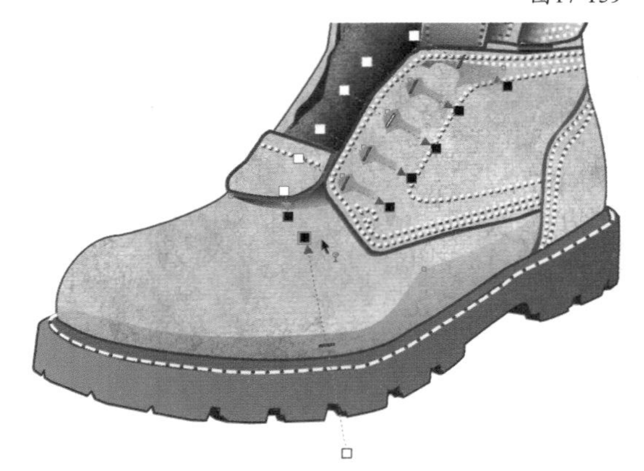

图17-160

19 使用“椭圆形工具”绘制圆形，然后向内进行复制，再合并为圆环，接着填充颜色为（C:44，M:60，Y:75，K:2），最后设置“轮廓宽度”为1mm，如图17-161 所示。

20 使用“椭圆形工具”绘制圆形，然后在“编辑填充”对话框中选择“渐变填充”方式，设置“类型”为“椭圆形渐变填充”、“镜像、重复和反转”为“默认渐变填充”，再设置“节点位置”为0%的色标颜色为黑色、“节点位置”为100%的色标颜色为（C:0，M:20，Y:20，K:60，接着单击“确定”按钮 确定 完成填充，最后去掉轮廓线，如图17-162所示。

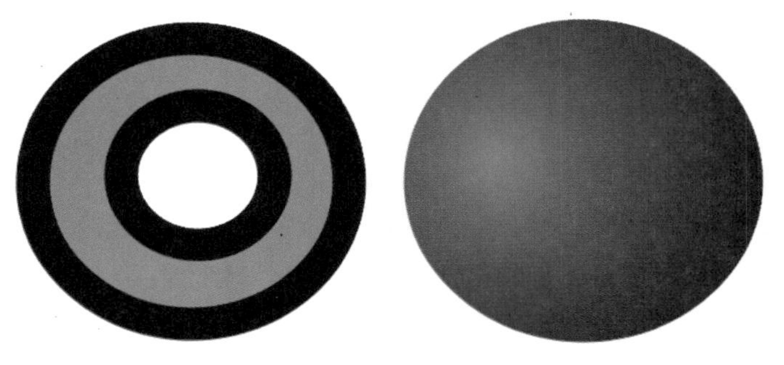

图17-161　　图17-162

21 将前面绘制的圆环和纽扣复制拖曳到鞋子上，如图17-163所示，然后使用“矩形工具”绘制矩形，再设置“圆角”为2.8mm，如图17-164所示。

图17-163

图17-164

22 选中矩形，然后在“编辑填充”对话框中选择“渐变填充”方式，设置“类型”为“线性渐变填充”、“镜像、重复和反转”为“默认渐变填充”，再设置“节点位置”为0%的色标颜色为黑色、“位置”为34%的色标颜色为（C:55，M:67，Y:94，K:17）、“位置”为56%的色标颜色为黑色、“位置”为100%的色标颜色为（C:55，M:67，Y:94，K:17），接着单击“确定”按钮完成填充，如图17-165所示，最后将矩形复制一份拖曳到下方，如图17-166所示。

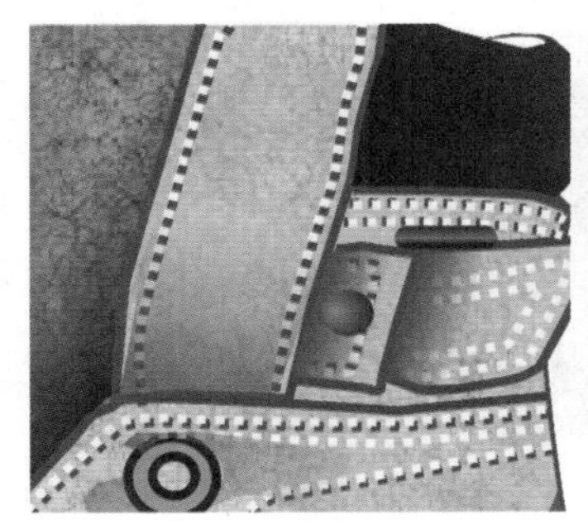

图17-165　图17-166

23 使用“钢笔工具”绘制鞋舌上的标志形状，然后填充颜色为黑色，接着绘制缝纫线，再设置“轮廓宽度”为0.5mm、颜色为白色，如图17-167所示。

24 使用“钢笔工具”绘制标志上的形状，然后从上到下依次填充颜色为（C:0，M:20，Y:20，K:60）、（C:20，M:0，Y:20，K:40），如图17-168所示。

图17-167　图17-168

25 使用“钢笔工具”绘制标志上的形状，然后在“编辑填充”对话框中选择“渐变填充”方式，设置“类型”为“线性渐变填充”、“镜像、重复和反转”为“默认渐变填充”，再设置“节点位置”为0%的色标颜色为（C:0，M:20，Y:100，K:0）、“位置”为19%的色标颜色为（C:41，M:79，Y:100，K:5）、“位置”为42%的色标颜色为（C:35，M:70，Y:100，K:7）、“位置”为100%的色标颜色为（C:0，M:20，Y:100，K:0），接着单击“确定”按钮完成填充，如图17-169所示。

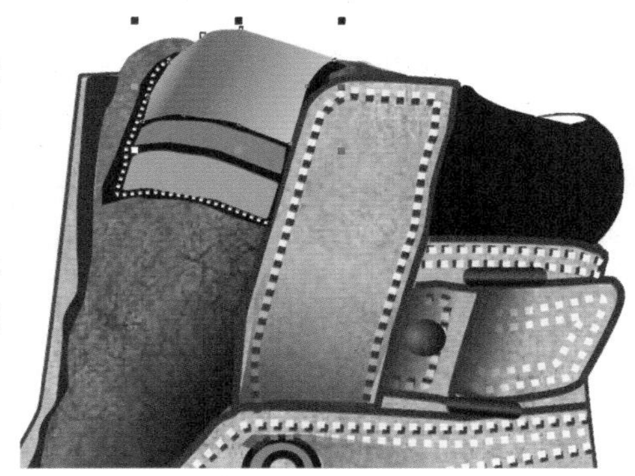

图17-169

26 使用“钢笔工具”绘制鞋带穿插，然后设置“轮廓宽度”为4mm，再从深到浅依次填充颜色为（C:57，M:86，Y:100，K:44）、（C:50，M:77，Y:91，K:18），如图17-170所示。

图17-170

27 使用“钢笔工具”绘制鞋带钩，然后在“编辑填充”对话框中选择“渐变填充”方式，设置“类型”为“线性渐变填充”、“镜像、重复和反转”为“默认渐变填充”，再设置

“节点位置”为0%的色标颜色为黑色、“位置”为34%的色标颜色为（C:54，M:67，Y:92，K:16）、“位置”为56%的色标颜色为黑色、“位置”为100%的色标颜色为（C:55，M:67，Y:94，K:17），接着单击“确定”按钮完成填充，最后去掉轮廓线，如图17-171所示。

28 使用“钢笔工具”绘制鞋带钩底座，然后在“编辑填充”对话框中选择“渐变填充”方式，设置“类型”为“线性渐变填充”、“镜像、重复和反转”为“默认渐变填充”，再设置“节点位置”为0%的色标颜色为黑色、“位置”为56%的色标颜色为（C:100，M:100，Y:100，K:100）、“位置”为100%的色标颜色为（C:55，M:67，Y:97，K:18），接着单击“确定”按钮完成填充，如图17-172所示。

图17-171

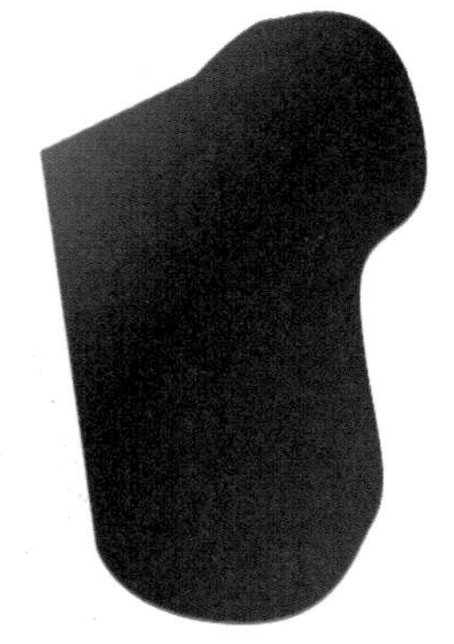

图17-172

29 使用“椭圆形工具”绘制椭圆，然后在“编辑填充”对话框中选择“渐变填充”方式，设置“类型”为“线性渐变填充”、“镜像、重复和反转”为“默认渐变填充”，再设置“节点位置”为0%的色标颜色为（C:54，M:66，Y:90，K:15）、“位置”为56%的色标颜色为（C:71，M:84，Y:93，K:64）、“位置”为100%的色标颜色为（C:54，M:66，Y:90，K:15），接着单击“确定”按钮完成填充，如图17-173所示。

30 将编辑好的对象组合在一起，如图17-174所示，然后绘制侧面的鞋带钩，再使用“属性滴管工具”吸取颜色属性，填充在绘制的侧面鞋带钩上，如图17-175所示，接着将鞋带钩拖曳在鞋子上，如图17-176所示。

图17-173

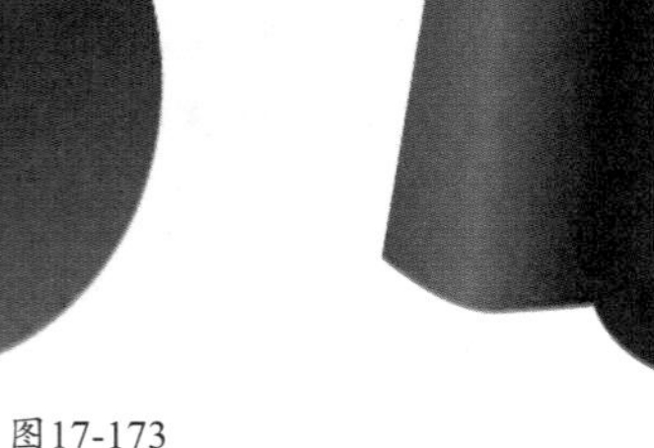

图17-174

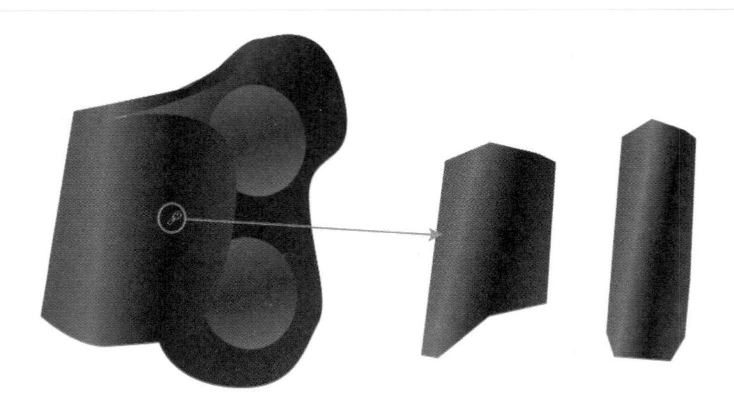

图17-175

图17-176

31 使用“钢笔工具”绘制鞋舌上的布条，然后填充颜色为（C:69，M:86，Y:98，K:64），再设置“轮廓宽度”为0.5mm，接着填充暗部颜色为黑色，如图17-177所示。

图17-177

32 使用“钢笔工具”绘制布条上的条纹，然后填充颜色为（C:43，M:78，Y:100，K:7），再去掉轮廓线，如图17-178所示，接着绘制缝纫线，最后设置“轮廓宽度”为0.5mm、颜色为（C:43，M:78，Y:100，K:7），如图17-179所示。

图17-178

图17-179

33 使用“文本工具”输入标志文本和鞋子侧面的文本，然后填充文本颜色为（C:71，M:85，Y:97，K:65），如图17-180所示。

图17-180

34 导入下载资源中的“素材文件>CH17>04.jpg”文件，然后执行“效果>调整>替换颜色”菜单命令，打开“替换颜色”对话框，再吸取“原颜色”为黑色、设置“新建颜色”为（C:69，M:86，Y:98，K:64）、“色度”为10、“饱和度”为48、“亮度”为4、“范围”为38，接着单击“确定”按钮 确定 完成替换，如图17-181所示，最后将鞋子拖曳到页面右边，如图17-182所示。

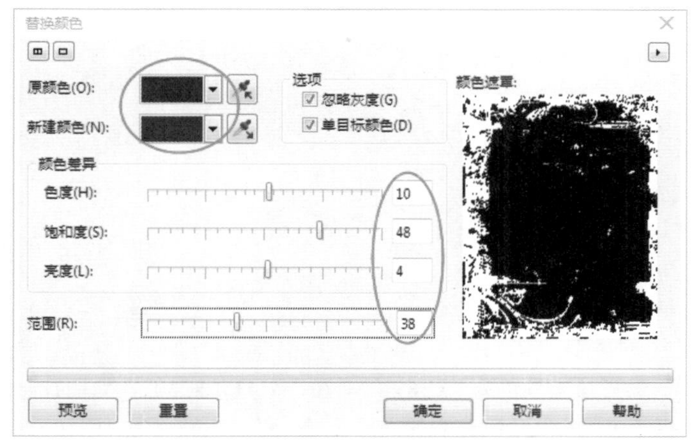

图17-181

图17-182

35 使用“椭圆形工具”绘制圆形，然后进行水平复制，接着从左到右依次填充颜色为（C:9，M:32，Y:84，K:0）、（C:47，M:61，Y:74，K:3）、（C:52，M:78，Y:100，K:23）、（C:57，M:86，Y:100，K:44）、（C:81，M:89，Y:97，K:77），最后右键去掉轮廓线，如图17-183所示。

图17-183

36 使用“文本工具”输入文本“休闲鞋”，最终效果如图17-184所示。

图17-184

第18章

综合实例：工业设计篇

Learning Objectives
学习要点

Employment direction
从业方向

版面设计

插画设计

服装设计

平面设计
品牌设计

产品设计

18.1 综合实例：精通保温壶设计

- 实例位置：下载资源>实例文件>CH18>综合实例：精通保温壶设计.cdr
- 素材位置：无
- 视频位置：下载资源>多媒体教学>CH18>综合实例：精通保温壶设计.flv
- 实用指数：★★★★☆
- 技术掌握：保温壶的制作方法

保温壶效果如图18-1所示。

图18-1

01 新建一个空白文档，然后设置文档名称为“保温壶”，接着设置页面大小为“A4”、页面方向为“横向”。

02 首先绘制壶身。使用“钢笔工具”绘制壶底和壶身，如图18-2所示，然后在壶身上绘制塑料壶盖，如图18-3所示，接着绘制壶底的层次，如图18-4所示。

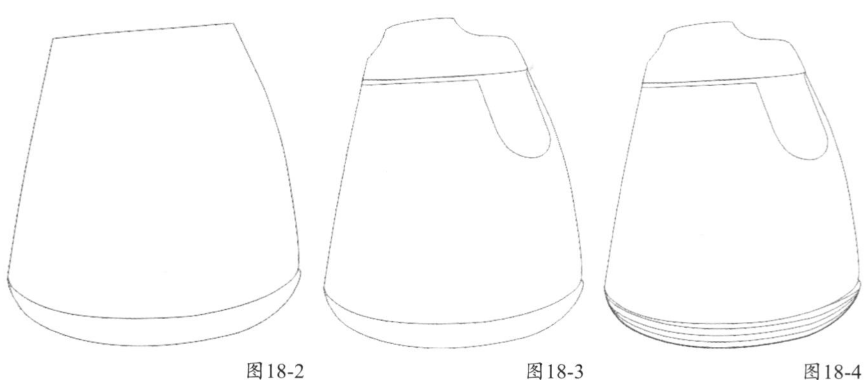

图18-2 图18-3 图18-4

03 选中填充壶身，然后填充颜色为（C:89，M:70，Y:41，K:3），如图18-5所示，接着使用“钢笔工具”绘制壶身的光感区域，再填充颜色为（C:100，M:94，Y:65，K:53），并去掉轮廓线，如图18-6所示。

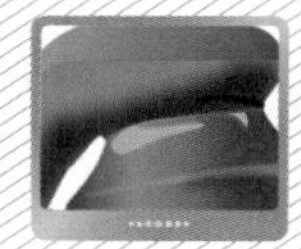

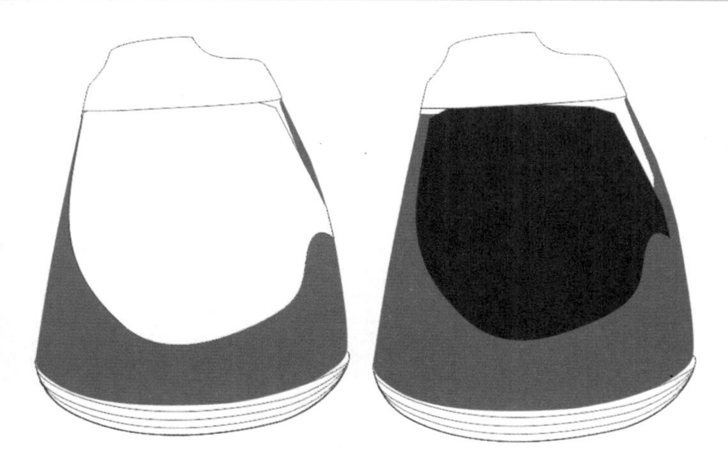

图18-5　　图18-6

04 选中对象，然后执行“位图>转换为位图”菜单命令，将对象转换为位图，接着执行“位图>模糊>高斯模糊”菜单命令，在“高斯式模糊”对话框中设置“半径”为30像素，如图18-7所示，最后调整位置，效果如图18-8所示。

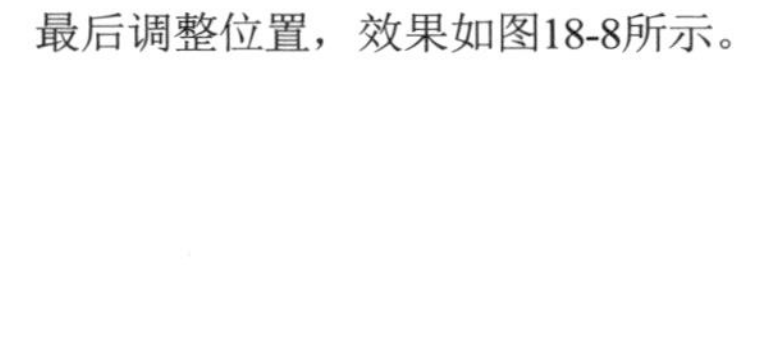

图18-7　　图18-8

05 选中编辑好的位图，然后执行“对象>图框精确剪裁>置于图文框内部”菜单命令，把图片放置在壶身中，如图18-9所示，接着绘制壶身的高光区域，如图18-10所示。

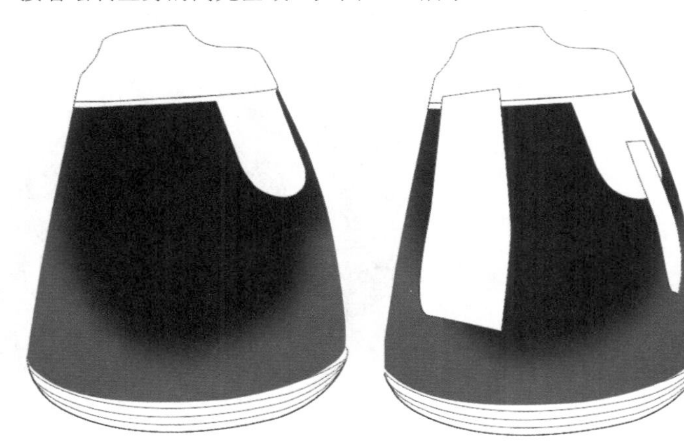

图18-9　　图18-10

06 将高光区域分别转换为位图，然后选中左边的高光，在“高斯式模糊”对话框中设置“半径”为30像素，如图18-11所示，接着调整位置，如图18-12所示。

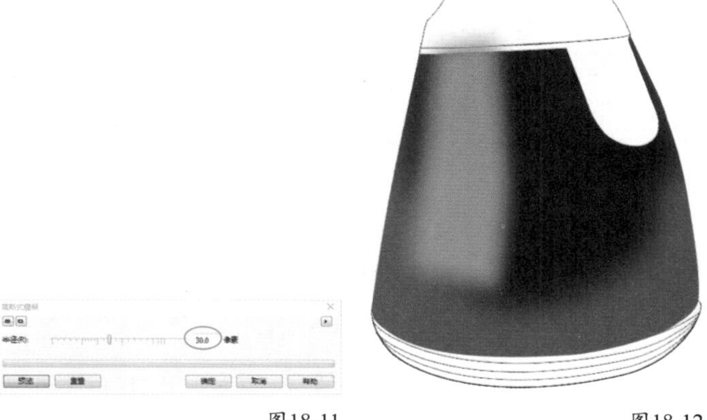

图18-11　　图18-12

07 选中右边的高光，在“高斯式模糊”对话框中设置“半径”为12像素，如图18-13所示，然后调整位置，如图18-14所示，接着使用“透明度工具”拖动透明度效果，如图18-15所示。

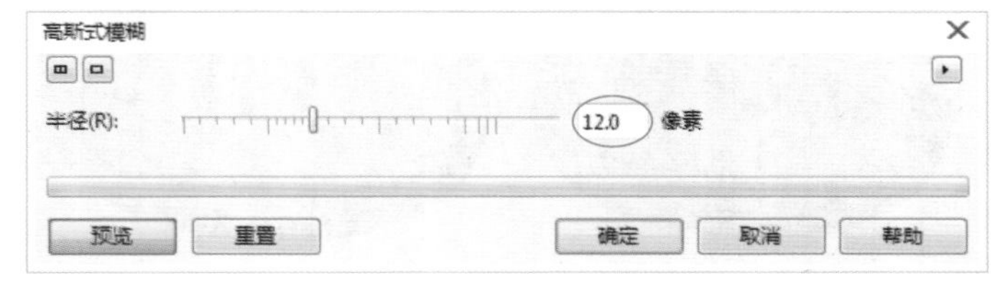

图18-13

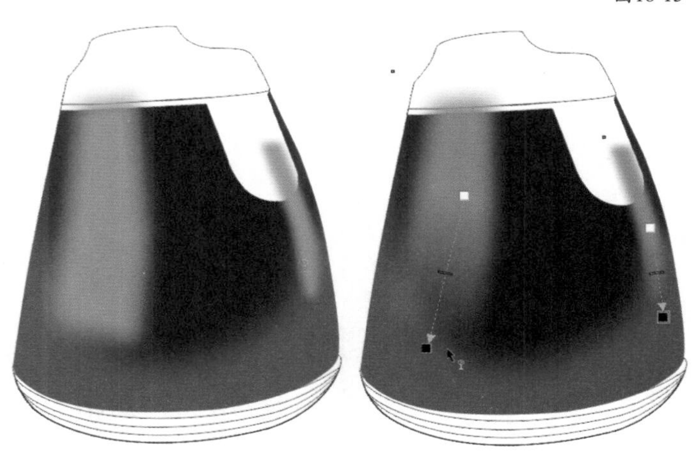

图18-14　　图18-15

08 将高光放置在壶盖下面，如图18-16所示，然后填充壶底颜色由深到浅依次为（C:100，M:100，Y:100，K:100）、（C:0，M:0，Y:0，K:100）、（C:0，M:0，Y:0，K:90）、（C:0，M:0，Y:0，K:80），再右键去掉轮廓线，如图18-17所示。

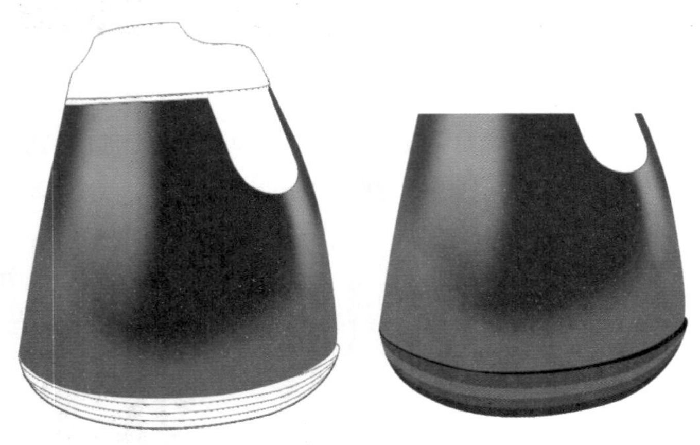

图18-16　　图18-17

09 使用“钢笔工具”绘制水壶底部的阴影区域，然后填充颜色为黑色，再使用“透明度工具”拖动透明度效果，如图18-18所示。

10 使用“钢笔工具”绘制缝的高光区域，然后填充颜色为白色，再使用上述方法调整模糊效果，如图18-19所示。

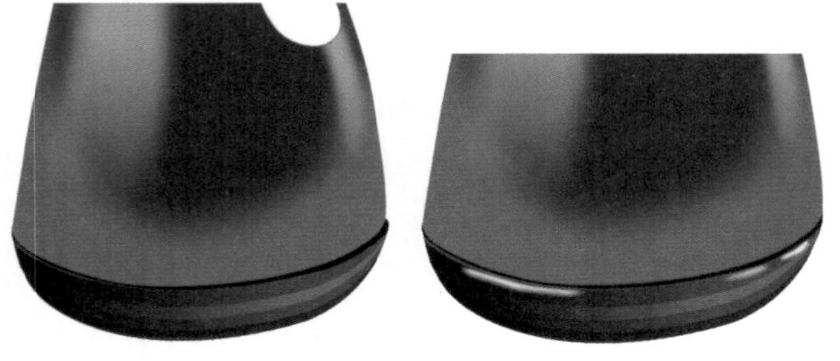

图18-18　　图18-19

11 选中壶盖下面的塑料区域，然后填充颜色为黑色，再单击“透明度工具”拖动透明度效果，如图18-20所示。

图18-20

12 复制一份去掉透明度效果，然后在“编辑填充”对话框中选择“渐变填充”方式，设置“类型”为“线性渐变填充”、“镜像、重复和反转”为“默认渐变填充”，再设置“节点位置”为0%的色标颜色为（C:77，M:71，Y:71，K:39）、“位置”为13%的色标颜色为（C:77，M:71，Y:71，K:39）、“位置”为26%的色标颜色为（C:62，M:51，Y:52，K:0）、“位置”为39%的色标颜色为（C:71，M:61，Y:62，K:12）、“位置”为49%的色标颜色为（C:80，M:74，Y:73，K:48）、“位置”为68%的色标颜色为（C:80，M:74，Y:73，K:48）、“位置”为78%的色标颜色为（C:0，M:0，Y:0，K:70）、“位置”为85%的色标颜色为（C:0，M:0，Y:0，K:70）、“位置”为89%的色标颜色为（C:71，M:63，Y:64，K:16）、“位置”为100%的色标颜色为（C:80，M:74，Y:73，K:48），“填充宽度”为106.478%、“水平偏移”为-4.133%、“垂直偏移”为40.512%、“旋转”为33.1°，接着单击“确定”按钮，如图18-21所示，填充效果如图18-22所示。

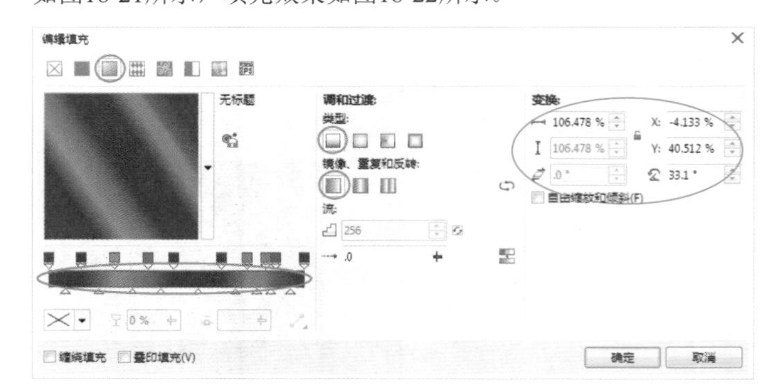

图18-21

图18-22

13 使用“属性滴管工具”吸取填充的颜色属性，然后填充在壶盖上，再调整填充方向，如图18-23所示。

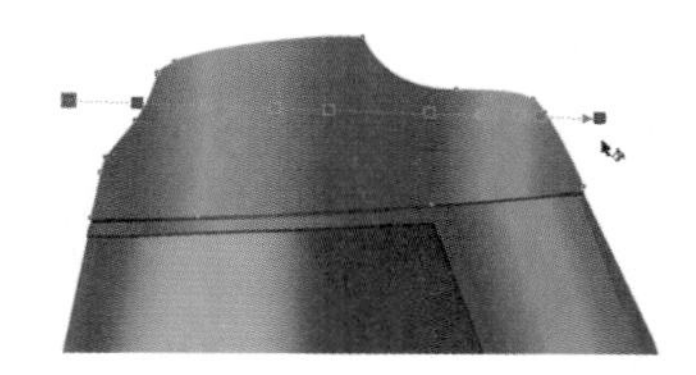

图18-23

14 使用“钢笔工具”绘制壶盖的高光区域，然后填充颜色为（C:58，M:47，Y:49，K:3），如图18-24所示，接着转换为位图，再调整模糊效果，最后使用“透明度工具”拖动透明度效果，如图18-25所示。

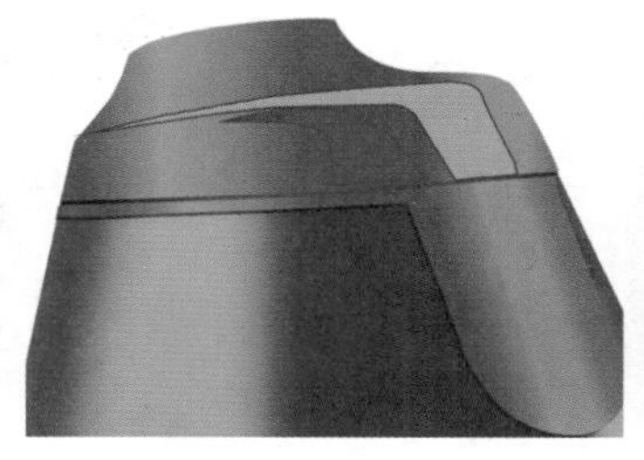

图18-24 图18-25

15 使用“钢笔工具”绘制壶盖转折区域，然后填充颜色为（C:82，M:76，Y:76，K:56），再右键去掉轮廓线，如图18-26所示，接着转换为位图，并调整模糊效果，最后使用“透明度工具”拖动透明度效果，如图18-27所示。

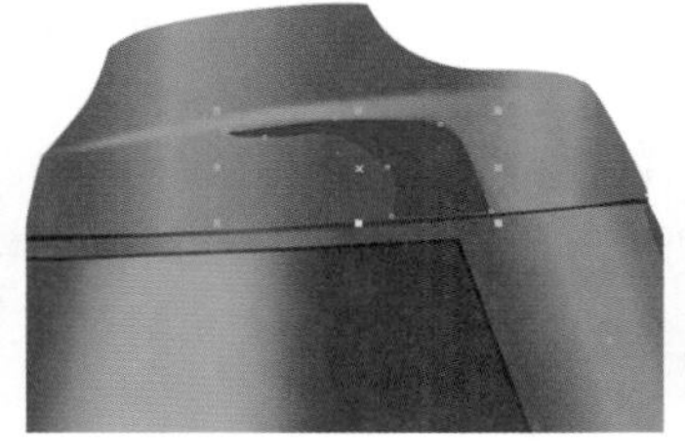

图18-26 图18-27

16 使用“钢笔工具”绘制壶嘴，如图18-28所示，然后填充壶嘴颜色为（C:96，M:84，Y:53，K:23），接着右键去掉轮廓线，如图18-29所示。

图18-28

图18-29

17 使用“钢笔工具”绘制壶嘴的光感区域，然后调整光感位置，如图18-30所示，接着由深到浅依次填充颜色为黑色、（C:100，M:94，Y:65，K:53）、（C:67，M:20，Y:0，K:0），最后右键去掉轮廓线，如图18-31所示。

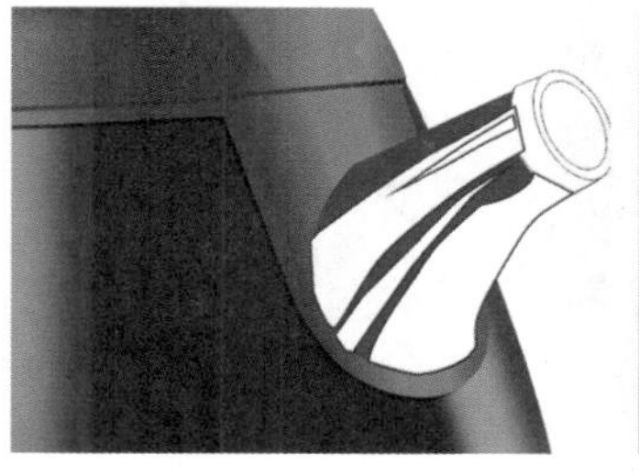

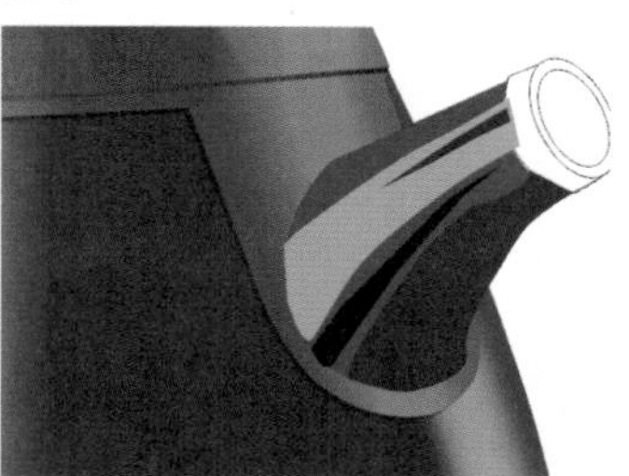

图18-30 图18-31

18 先将壶嘴中间的区域拖曳到壶嘴上，然后分别转换为位图，接着执行“位图>模糊>高斯模糊”菜单命令，打开“高斯式模糊”对话框，再设置“半径”为10像素，最后使用“透明度工具”拖动透明度效果，如图18-32所示。

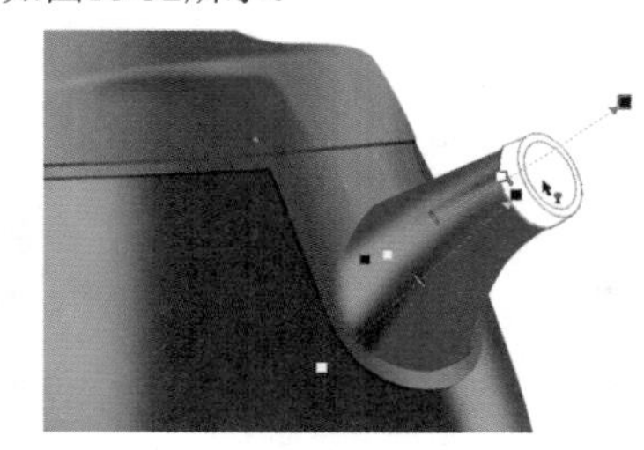

图18-32

19 将下面的阴影区域拖曳到壶嘴上，并调整位置，如图18-33所示，接着使用“透明度工具”拖动透明度效果，如图18-34所示，最后将中间的光感置入壶嘴中。

图18-33 图18-34

20 选中壶嘴不锈钢圈的侧面，然后填充颜色为（C:100，M:94，Y:65，K:53），再去掉轮廓线，如图18-35所示，接着复制一份进行微调位置，最后使用“属性滴管工具”吸取填充的颜色属性，填充在壶盖上，再调整填充方向，如图18-36所示。

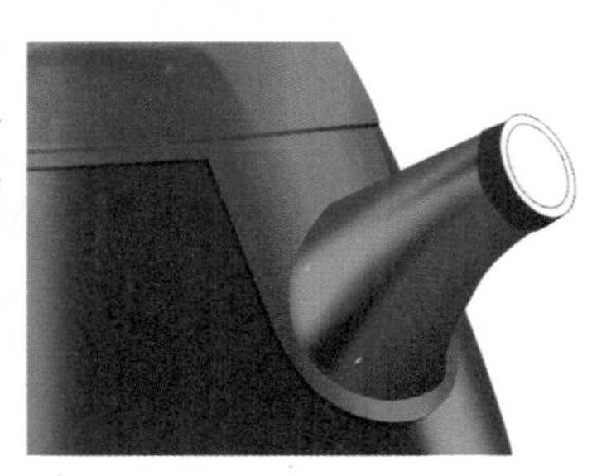

图18-35

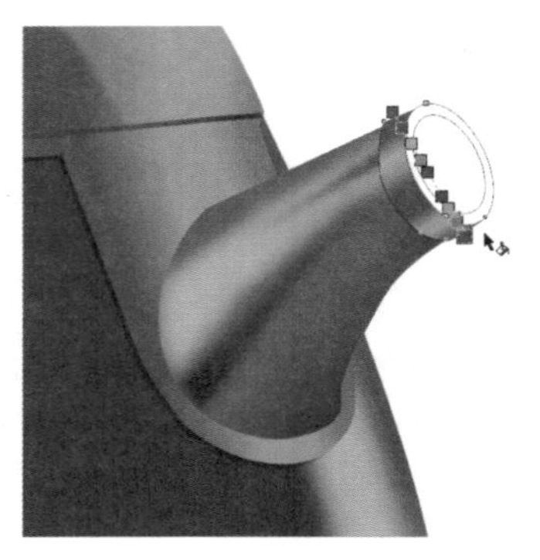

图18-36

21 选中壶口厚度，然后在“编辑填充”对话框中选择“渐变填充”方式，设置“类型”为“线性渐变填充”、“镜像、重复和反转”为“默认渐变填充”，再设置“节点位置”为0%的色标颜色为（C:78，M:73，Y:75，K:45）、“节点位置”为100%的色标颜色为（C:0，M:0，Y:0，K:60），接着单击“确定”按钮 确定 完成填充，如图18-37所示，最后填充壶嘴区域的颜色为黑色，如图18-38所示。

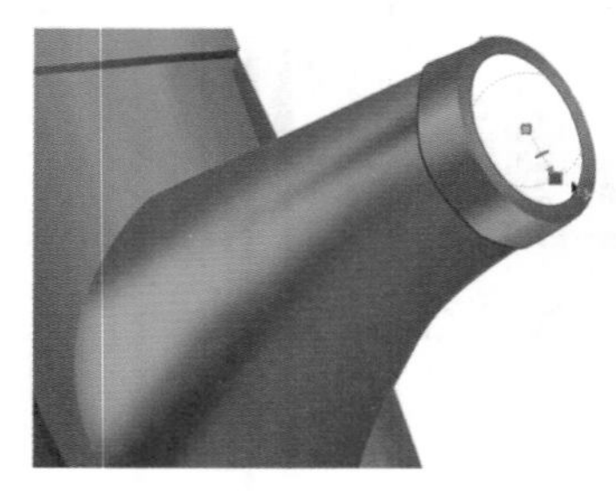

图18-37

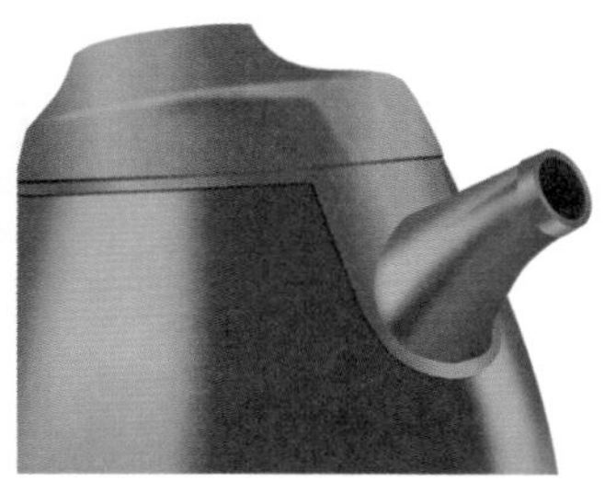

图18-38

22 选中壶嘴侧面复制一份，然后变更颜色为黑色，如图18-39所示，接着把黑色的对象放置在壶嘴侧面下进行微移，如图18-40所示。

图18-39

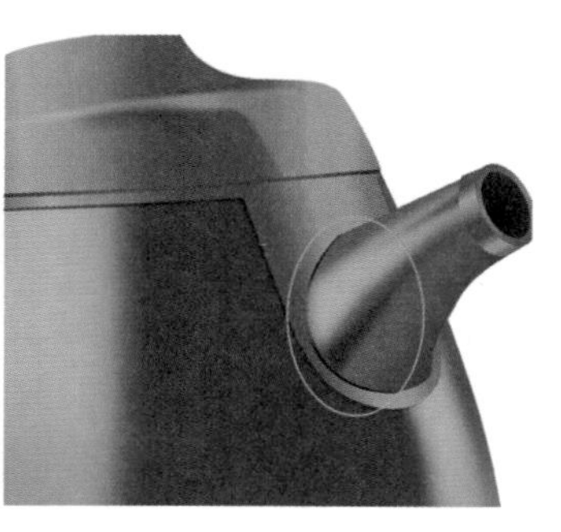

图18-40

23 使用“钢笔工具” 绘制壶把，如图18-41所示，然后选中壶把内侧，填充颜色为（C:63，M:51，Y:53，K:2），如图18-42所示。

24 选中壶把上方区域，然后在“编辑填充”对话框中选择“渐变填充”方式，设置“类型”为“线性渐变填充”、“镜像、重复和反转”为“默认渐变填充”，再设置“节点位置”为0%的色标颜色为（C:67，M:20，Y:0，K:0）、“节点位置”为100%的色标颜色为（C:100，M:94，Y:65，K:53），接着单击“确定”按钮 确定 完成填充，如图18-43所示。

图18-41

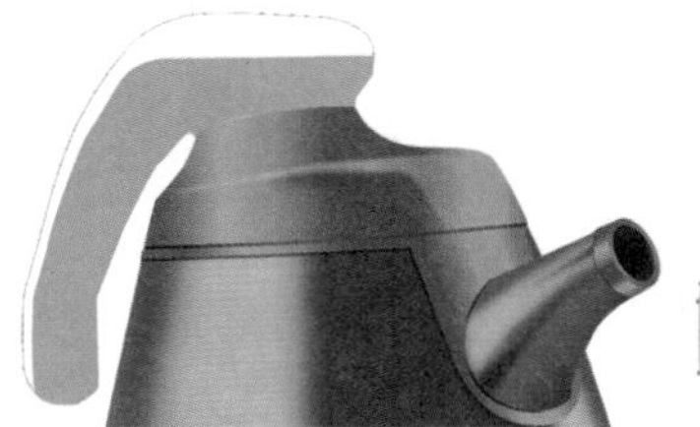

图18-42

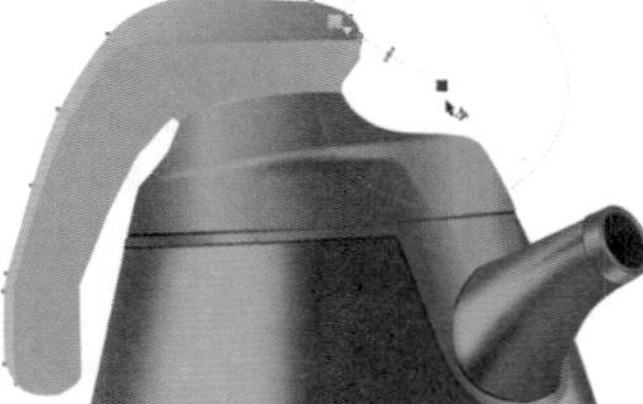

图18-43

25 使用“钢笔工具” 绘制壶把内侧的阴影区域，然后填充颜色为黑色，如图18-44所示，接着将阴影转换为位图，最后设置高斯模糊效果。

26 选中阴影，然后单击“透明度工具” ，然后在属性栏设置“透明度类型”为“均匀透明度”、“透明度”为20，接着选中阴影，再执行“对象>图框精确剪裁>置于图文框内部”菜单命令，把阴影放置在壶把内，效果如图18-45所示。

图18-44

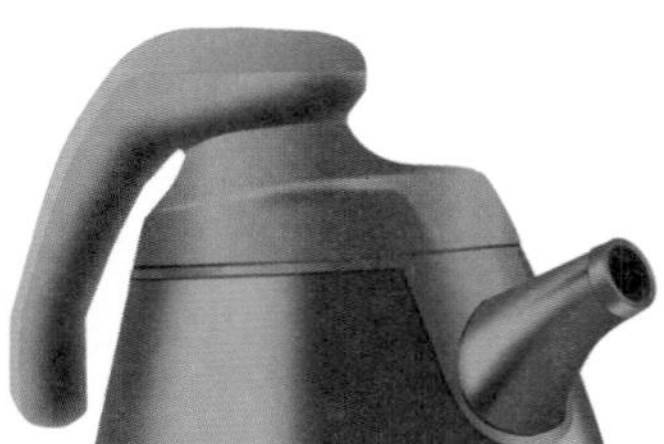

图18-45

27 使用“钢笔工具” 绘制壶把处的光感区域，然后填充颜色为黑色和（C:40，M:30，Y:36，K:0），再右键去掉轮廓线，如图18-46所示。

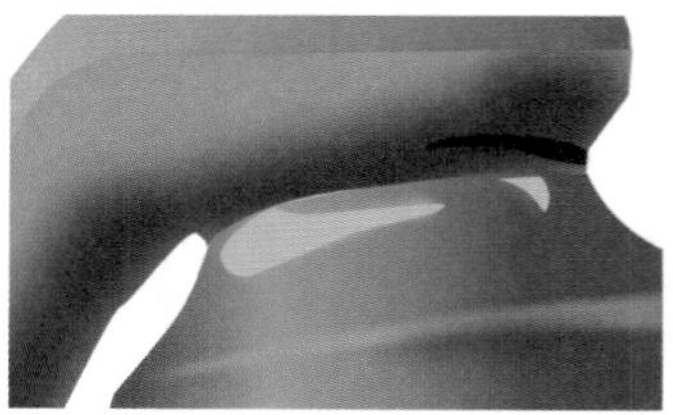

图18-46

28 将光感区域分别转换为位图，然后执行“位图>模糊>高斯模糊”菜单命令，在“高斯式模糊”对话框中分别调整模糊效果，如图18-47所示。

29 使用“钢笔工具”绘制壶把和壶盖的接口曲线，然后分别填充颜色为黑色和（C:40，M:30，Y:36，K:0），接着使用“透明度工具”拖动透明度效果，如图18-48所示。

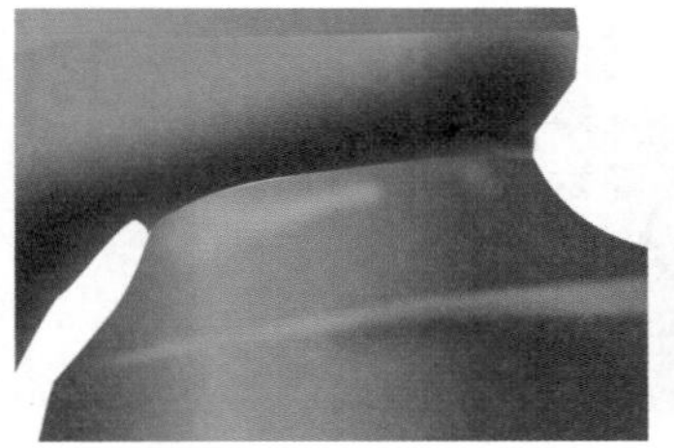

图18-47

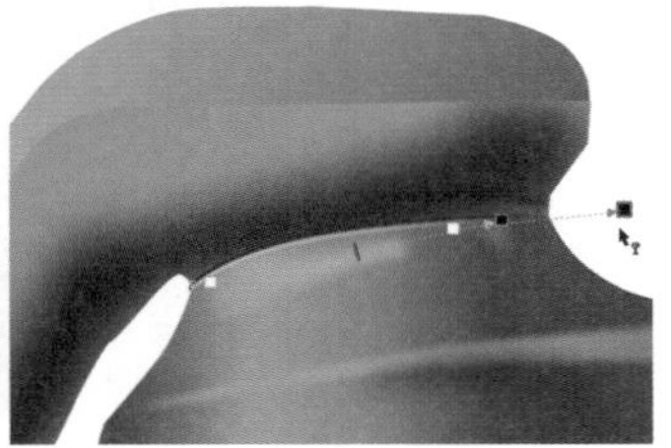

图18-48

30 使用“钢笔工具”绘制壶把的阴影区域，然后填充颜色为（C:78，M:73，Y:75，K:45），再右键去掉轮廓线，接着将阴影转换为位图，如图18-49所示。

图18-49

31 选中阴影区域，然后执行“位图>模糊>高斯模糊”菜单命令，在“高斯式模糊”对话框中设置“半径”为7像素，接着单击“确定”按钮完成模糊，最后使用“透明度工具”拖动透明度效果，如图18-50所示。

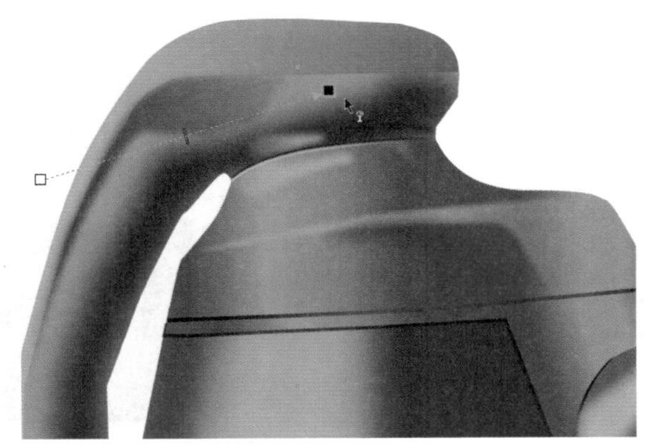

图18-50

32 将绘制好的保温壶群组，然后使用“阴影工具”拖动阴影效果，在属性栏设置“阴影淡出”为60，阴影效果如图18-51所示。

图18-51

33 双击“矩形工具”创建与页面等大的矩形，然后在“编辑填充”对话框中选择“渐变填充”方式，设置“类型”为“线性渐变填充”、“镜像、重复和反转”为“默认渐变填充”，再设置“节点位置”为0%的色标颜色为白色、“节点位置”为34%的色标颜色为（C:37，M:30，Y:31，K:0）、“节点位置”为45%的色标颜色为（C:33，M:27，Y:27，K:0）、“节点位置”为100%的色标颜色为白色，接着单击“确定”按钮完成填充，最后将保温壶拖入页面中，如图18-52所示。

图18-52

18.2 综合实例：精通单反相机设计

- 实例位置：下载资源>实例文件>CH18>综合实例：精通单反相机设计.cdr
- 素材位置：下载资源>素材文件>CH18>01.jpg
- 视频位置：下载资源>多媒体教学>CH18>综合实例：精通单反相机设计.flv
- 实用指数：★★★★☆
- 技术掌握：单反相机的制作方法

单反相机效果如图18-53所示。

图18-53

01 新建一个空白文档，然后设置文档名称为“单反相机”，接着设置页面大小为“A4”、页面方向为“横向”。

02 首先绘制机身。使用“钢笔工具”绘制机身的轮廓，如图18-54所示，然后向内进行复制，如图18-55所示。

图18-54

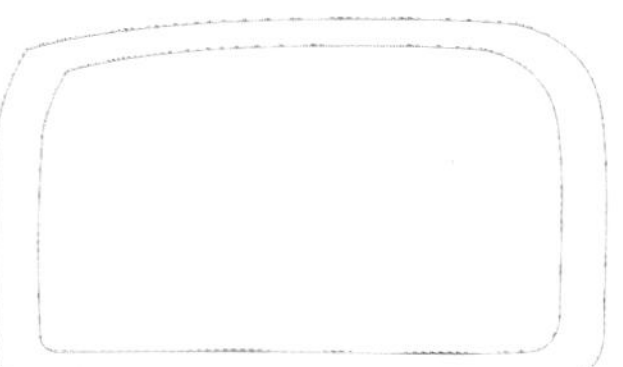

图18-55

03 选中外面的机身轮廓，然后在“编辑填充”对话框中选择“渐变填充”方式，设置“类型”为“线性渐变填充”、“镜像、重复和反转”为“默认渐变填充”，再设置“节点位置”为0%的色标颜色为（C:1，M:50，Y:25，K:0）、“节点位置”为27%的色标颜色为（C:20，M:100，Y:100，K:20）、“节点位置”为100%的色标颜色为（C:100，M:100，Y:100，K:100），“填充宽度”为102.59 %、“水平偏移”为18.768%、“垂直偏移”为1.378%、“旋转”为-91.1°，接着单击“确定”按钮完成填充，如图18-56所示，最后去掉轮廓线。

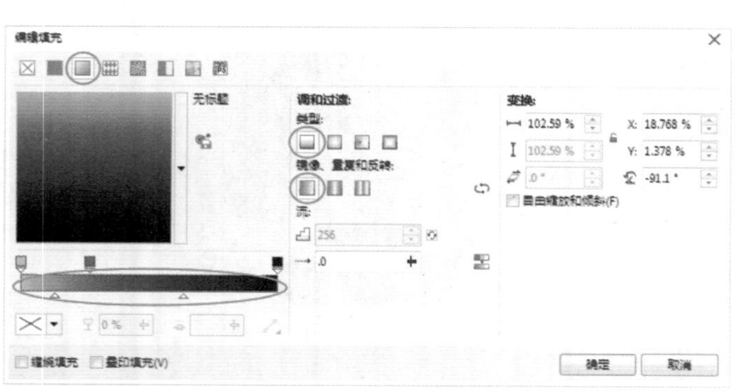

图18-56

04 选中内部机身形状，然后填充颜色为（C:57，M:100，Y:100，K:52），再去掉轮廓线，如图18-57所示，接着使用“调和工具”进行调和，如图18-58所示。

图18-57

图18-58

05 使用“钢笔工具”绘制侧面凸起的结构，如图18-59所示，然后选中凸起结构，在“编辑填充”对话框中选择“渐变填充”方式，设置“类型”为“线性渐变填充”、“镜像、重复和反转”为“默认渐变填充”，再设置“节点位置”为0%的色标颜色为黑色、“位置”为17%的色标颜色为（C:68，M:98，Y:95，K:66）、“位置”为28%的色标颜色为（C:49，M:100，Y:100，K:26）、“位置”为38%的色标颜色为（C:17，M:60，Y:34，K:0）、“位置”为48%的色标颜色为（C:57，M:100，Y:100，K:51）、“位置”为60%的色标颜色为（C:51，M:100，Y:100，K:37）、“位置”为75%的色标颜色为（C:73，M:91，Y:97，K:70）、“位置”为100%的色标颜色为黑色，接着单击“确定”按钮完成填充，最后右键去掉轮廓线，如图18-60所示。

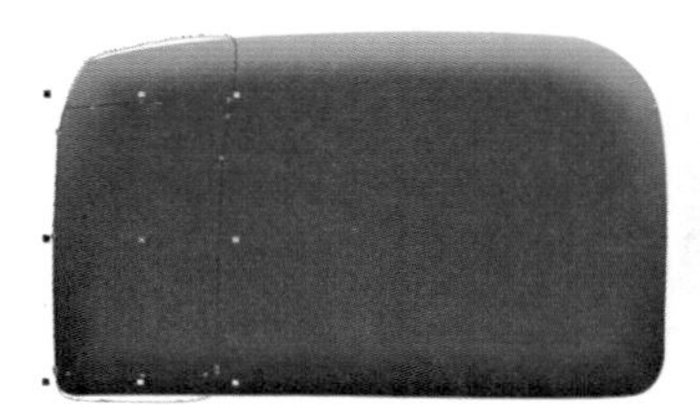

图18-59

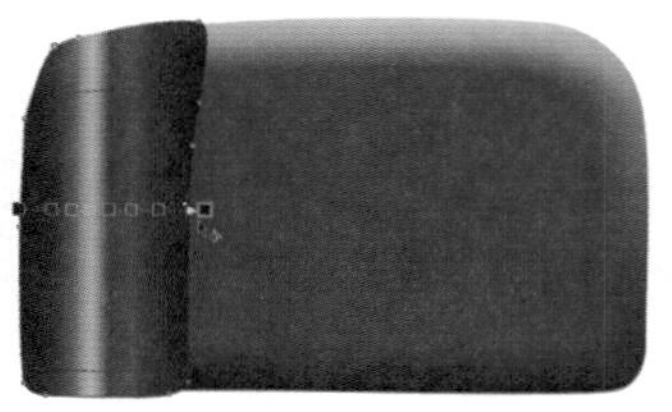

图18-60

06 选中凸起结构上的皮面区域进行复制，然后导入下载资源中的“素材文件>CH18>01.jpg”文件，再执行“对象>图框精确剪裁>置于图文框内部”菜单命令置入在对象中，如图18-61所示。

图18-61

07 选中复制的皮质区域，然后在“编辑填充”对话框中选择“渐变填充”方式，设置“类型”为“线性渐变填充”、“镜像、重复和反转”为“默认渐变填充”，再设置“节点位置”为0%的色标颜色为黑色、“位置”为38%的色标颜色为白色、“位置”为59%的色标颜色为（C:0，M:0，Y:0，K:30）、“位置”为100%的色标颜色为黑色，接着单击“确定”按钮 确定 完成填充，如图18-62所示，最后使用“透明度工具”拖动透明效果，如图18-63所示。

图18-62

图18-63

08 下面绘制机身中间突出部分。使用“钢笔工具”绘制突出的轮廓和高光区域，然后填充突出区域颜色为（C:71，M:96，Y:93，K:69），再填充高光区域颜色为（C:47，M:100，Y:100，K:26），接着选中去掉轮廓线，如图18-64所示，最后使用“调和工具”进行调和，如图18-65所示。

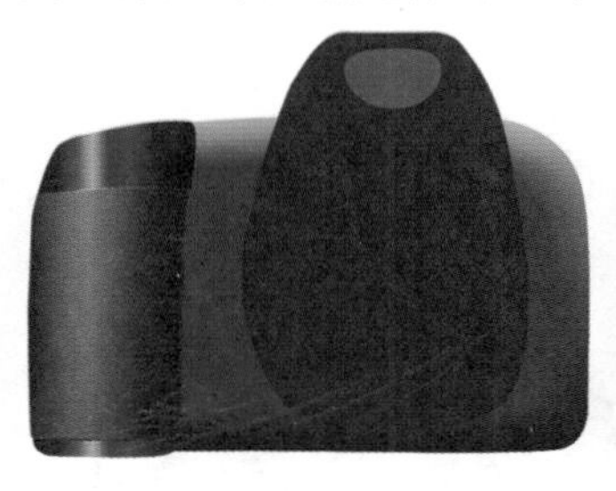

图18-64

图18-65

09 确定好机身结构后，开始刻画左边的突出部分。使用“钢笔工具”绘制皮质的高光区域，然后转换为位图，再执行“位图>模糊>高斯模糊”菜单命令，在“高斯式模糊”对话框中设置“半径”为10像素，如图18-66所示。

10 使用“钢笔工具”绘制斜面的轮廓，然后填充颜色为（C:51，M:100，Y:100，K:37），再右键去掉轮廓线，如图18-67所示，接着使用“透明度工具”拖动透明效果，如图18-68所示。

11 将斜面复制一份，然后更改颜色为（C:0，M:82，Y:25，K:0），再转换为位图，接着执行“位图>模糊>高斯模糊”菜单命令，在“高斯式模糊”对话框中设置“半径”为10像素，如图18-69所示。

图18-66

图18-67

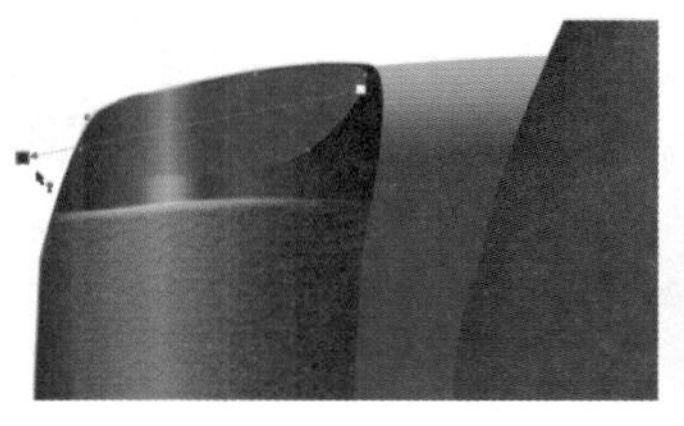

图18-68

图18-69

12 使用“钢笔工具”绘制阴影区域，然后填充颜色为黑色，再转换为位图，如图18-70所示，接着执行“位图>模糊>高斯模糊”菜单命令，在“高斯式模糊”对话框中设置“半径”为20像素，最后使用“透明度工具”拖动透明效果，如图18-71所示。

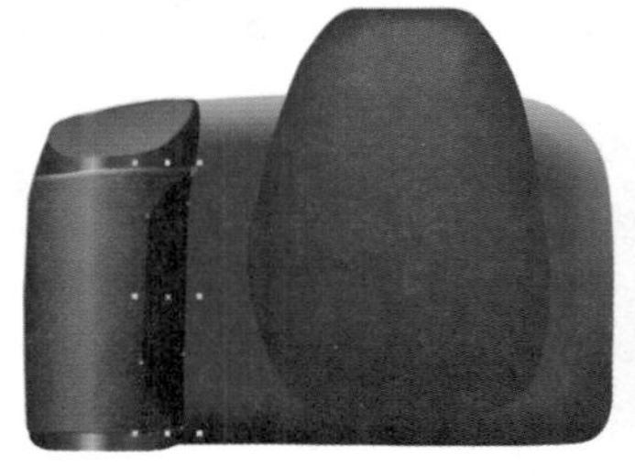

图18-70

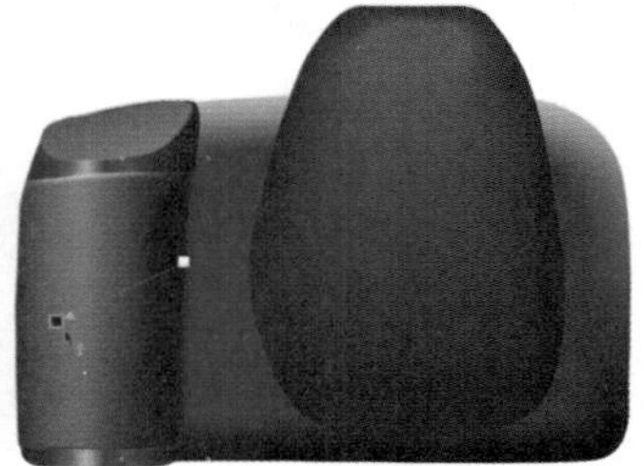

图18-71

13 使用前面所述的方法绘制斜面的白色高光和下面的黑色阴影，如图18-72和图18-73所示。

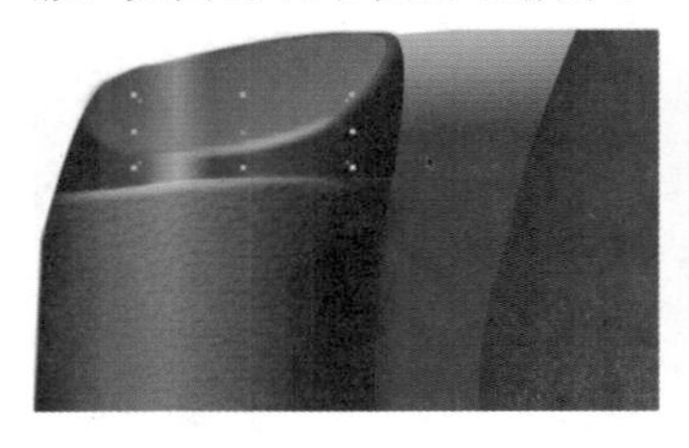

图18-72

图18-73

14 下面绘制快门按键。使用“椭圆形工具”绘制按键阴影处，然后在“编辑填充”对话框中选择“渐变填充”方式，设置“类型”为“线性渐变填充”、“镜像、重复和反转”为“默认渐变填充”，再设置“节点位置”为0%的色标颜色为

（C:0，M:0，Y:0，K:90）、“节点位置”为100%的色标颜色为，接着单击“确定”按钮完成填充，如图18-74所示。

15 复制椭圆进行缩放，然后在“编辑填充”对话框中选择“渐变填充”方式，设置“类型”为“线性渐变填充”、“镜像、重复和反转”为“默认渐变填充”，再设置“节点位置”为0%的色标颜色为黑色、“节点位置”为55%的色标颜色为（C:0，M:0，Y:0，K:60），接着单击“确定”按钮完成填充，如图18-75所示。

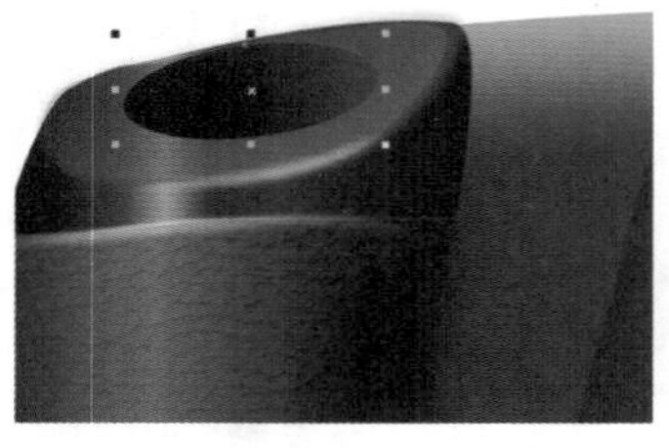

图18-74

图18-75

16 复制阴影椭圆，然后进行缩放，如图18-76所示，接着复制浅色椭圆，再使用“交互式填充工具”改变填充方向，如图18-77所示。

图18-76

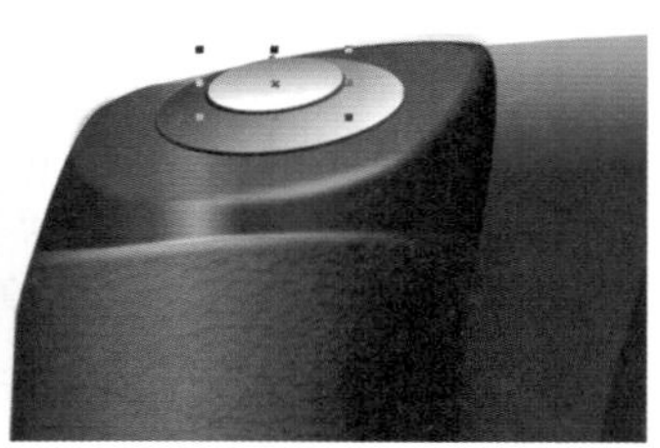

图18-77

17 下面绘制闪光灯。绘制一个圆形，然后在“编辑填充”对话框中选择“渐变填充”方式，设置“类型”为“线性渐变填充”、“镜像、重复和反转”为“默认渐变填充”，再设置“节点位置”为0%的色标颜色为（C:68，M:98，Y:96，K:66）、“节点位置”为100%的色标颜色为（C:51，M:100，Y:100，K:37），接着单击“确定”按钮完成填充，如图18-78所示。

图18-78

18 向内复制圆形，然后在“编辑填充”对话框中选择“渐变填充”方式，设置“类型”为“椭圆形渐变填充”、“镜像、重复和反转”为“默认渐变填充”，再设置“节点位置”为0%的色标颜色为（C:0，M:0，Y:0，K:70）、“位置”为37%的色标颜色为（C:0，M:0，Y:0，K:30）、“位置”为42%的色标颜色为（C:0，M:0，Y:0，K:90）、“位置”为65%的色标颜色为（C:0，M:0，Y:0，K:70）、“位置”为100%的色标颜色为白色，接着单击“确定”按钮完成填充，效果如图18-79所示。

图18-79

19 下面绘制镜头。使用“椭圆形工具”绘制圆形，然后在“编辑填充”对话框中选择“渐变填充”方式，设置“类型”为“椭圆形渐变填充”、“镜像、重复和反转”为“默认渐变填充”，再设置“节点位置”为0%的色标颜色为黑色、“位置”为100%的色标颜色为（C:0，M:0，Y:0，K:60），接着单击“确定”按钮完成填充，如图18-80所示。

图18-80

20 向内复制，然后在“渐变填充”对话框中更改设置“旋转”为137.3°，再单击“确定”按钮完成填充，如图18-81所示，接着向内复制，在“渐变填充”对话框中更改设置“旋转”为321.3°，最后单击“确定”按钮完成填充，如图18-82所示。

图18-81

图18-82

21 向内复制，然后在“编辑填充”对话框中选择“渐变填充”方式，设置“类型”为“线性渐变填充”、“镜像、重复和反转”为“默认渐变填充”，再设置“节点位置”为0%的色标颜色为（C:0，M:0，Y:0，K:80）、“节点位置”为100%的色标颜色为（C:0，M:0，Y:0，K:30），再单击“确定”按钮 完成填充，如图18-83所示。

22 向内复制，然后在“渐变填充”对话框中更改设置“旋转”为141.7°、“节点位置”为0%的色标颜色为黑色、“节点位置”为100%的色标颜色为（C:0，M:0，Y:0，K:60），接着单击“确定”按钮 完成填充，如图18-84所示。

图18-83　　图18-84

23 向内进行复制，然后在“编辑填充”对话框中选择“渐变填充”方式，设置“类型”为“椭圆形渐变填充”、“镜像、重复和反转”为“默认渐变填充”，再设置“节点位置”为0%的色标颜色为（C:73，M:56，Y:48，K:2）、“节点位置”为100%的色标颜色为（C:73，M:56，Y:48，K:2），接着单击“确定”按钮 完成填充，如图18-85所示。

图18-85

24 向内进行复制，然后填充颜色为黑色，如图18-86所示，接着向内复制，再填充颜色为（C:100，M:85，Y:80，K:70），如图18-87所示。

图18-86　　图18-87

25 向内进行复制，然后填充颜色为（C:0，M:0，Y:0，K:80），如图18-88所示，接着向内复制填充相同的颜色，效果如图18-89所示。

图18-88　　图18-89

26 下面绘制镜头的反光。选中中间黑色的圆形，原位置复制一份，然后在“编辑填充”对话框中选择“渐变填充”方式，设置“类型”为“圆锥形渐变填充”、“镜像、重复和反转”为“重复和镜像”，再设置“节点位置”为0%的色标颜色为黑色、“节点位置”为100%的色标颜色为（C:67，M:35，Y:60，K:0），接着单击“确定”按钮 完成填充，如图18-90所示，最后使用“透明度工具” 拖动透明效果，如图18-91所示。

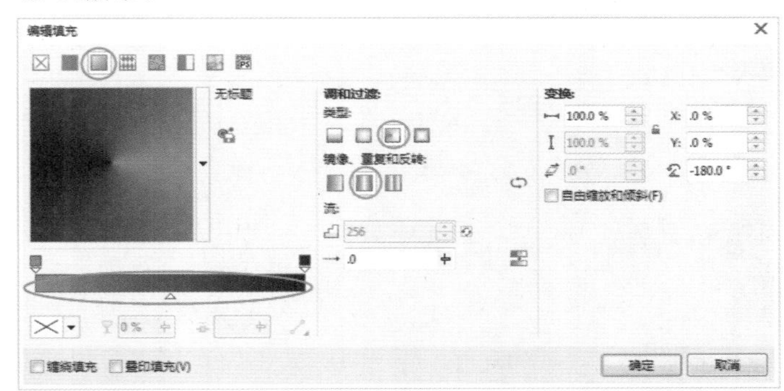

图18-90

图18-91

27 将反光复制一份，然后进行水平镜像，如图18-92所示，接着将反光向内复制，然后在“编辑填充”对话框中选择“渐变填充”方式，设置“类型”为“线性渐变填充”、“镜像、重复和反转”为“默认渐变填充”，再设置“节点位置”为0%的色标颜色为（C:100，M:85，Y:80，K:70）、“位置”为39%的色标颜色为白色、“位置”为66%的色标颜色为白色、“位置”为100%的色标颜色为（C:100，M:85，Y:80，K:70），最后单击“确定”按钮 完成填充，如图18-93所示。

图18-92　　图18-93

28 将白色反光复制一份进行水平镜像，然后在“编辑填充”对话框中选择“渐变填充”方式，设置“类型”为“圆锥形渐变填充”、“镜像、重复和反转”为“重复和镜像”，再设置“节点位置”为0%的色标颜色为（C:100，M:85，Y:80，K:70）、“位置”为21%的色标颜色为（C:20，M:80，Y:0，K:20）、“位置”为39%的色标颜色为白色、“位置”为66%的色标颜色为白色、“位置”为87%的色标颜色为（C:20，M:80，Y:0，K:20）、“位置”为100%的色标颜色为黑色，接着单击“确定”按钮 完成填充，如图18-94所示，效果如图18-95所示。

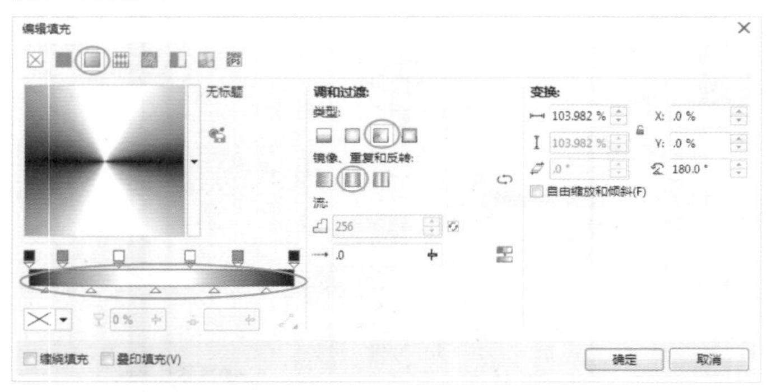

图18-94

图18-95

29 下面绘制标志突起。使用“钢笔工具” 绘制凸起的轮廓，然后填充颜色为（C:71，M:96，Y:91，K:69），再去掉轮廓线，接着向内复制，然后在“编辑填充”对话框中选择“渐变填充”方式，设置“类型”为“线性渐变填充”、“镜像、重复和反转”为“默认渐变填充”，再设置“节点位置”为0%的色标颜色为（C:65，M:100，Y:97，K:63）、“节点位置”为100%的色标颜色为（C:11，M:100，Y:100，K:0），最后单击“确定”按钮 完成填充，如图18-96所示。

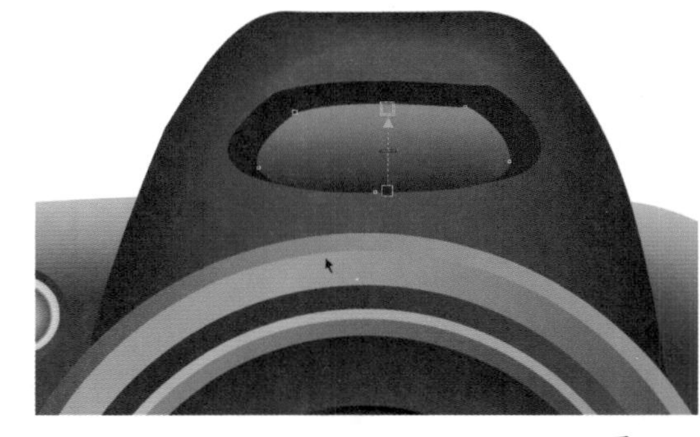

图18-96

30 使用“调和工具” 进行调和，如图18-97所示，然后绘制阴影面，在“编辑填充”对话框中选择“渐变填充”方式，设置“类型”为“线性渐变填充”、“镜像、重复和反转”为“默认渐变填充”，再设置“节点位置”为0%的色标颜色为（C:58，M:98，Y:94，K:51）、“节点位置”为100%的色标颜色为黑色，接着单击“确定”按钮 完成填充，如图18-98所示，最后将阴影放置在镜头后面。

图18-97

图18-98

31 绘制转折处的高光，然后填充颜色为（C:13，M:62，Y:33，K:0），再去掉轮廓线，如图18-99所示，接着转换为位图，最后执行“位图>模糊>高斯模糊”菜单命令，在“高斯式模糊”对话框中设置“半径”为7像素，如图18-100所示。

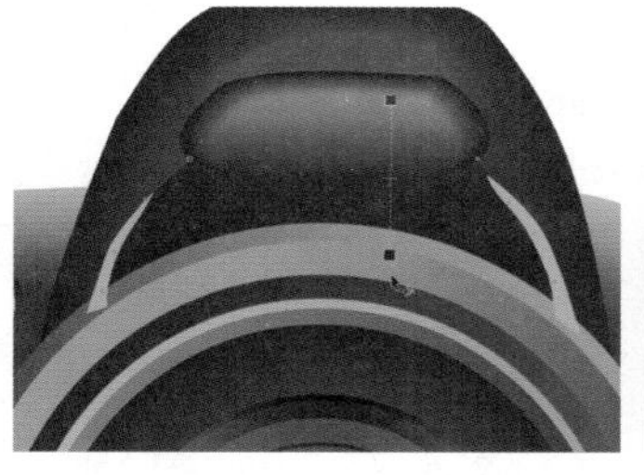

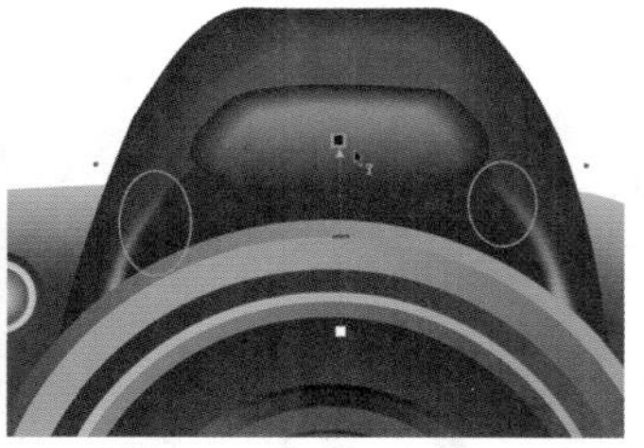

图18-99 图18-100

32 绘制相机上方的高光区域，然后填充颜色为白色，再分别转换为位图，如图18-101所示，接着执行“位图>模糊>高斯模糊”菜单命令，在“高斯式模糊”对话框中调节“半径”大小，最后使用“透明度工具”拖动透明效果，如图18-102所示。

图18-101 图18-102

33 下面绘制旋转按钮。使用“矩形工具”绘制矩形，然后填充外部矩形颜色为黑色，再填充内部矩形颜色为（C:0，M:0，Y:0，K:80），如图18-103所示，接着使用“调和工具”进行调和，最后把调和好的矩形水平复制多个，如图18-104所示。

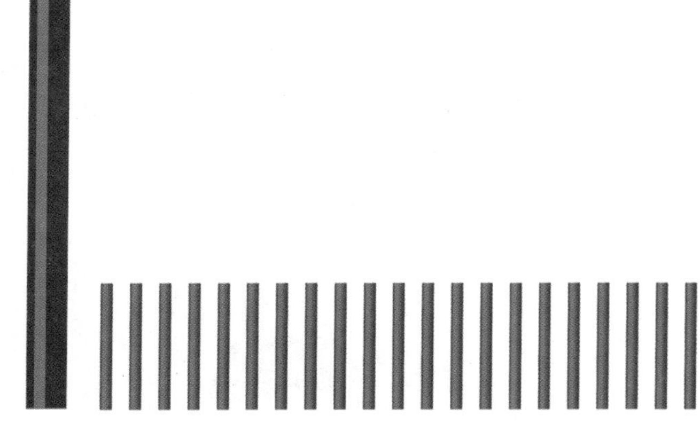

图18-103 图18-104

34 绘制按钮形状，然后在“编辑填充”对话框中选择“渐变填充”方式，设置“类型”为“线性渐变填充”、“镜像、重复和反转”为“默认渐变填充”，再设置“节点位置”为0%的色标颜色为黑色、“位置”为20%的色标颜色为黑色、“位置”为29%的色标颜色为（C:0，M:0，Y:0，K:30）、“位置”为38%的色标颜色为（C:0，M:0，Y:0，K:50）、“位置”为65%的色标颜色为黑色、“位置”为100%的色标颜色为黑色，接着单击“确定”按钮完成填充，如图18-105所示。

图18-105

35 将按钮上的条纹置入按钮中，然后缩放复制在相机上，如图18-106所示，然后使用“钢笔工具”绘制滑动按钮，如图18-107所示，接着填充颜色为黑色和（C:0，M:0，Y:0，K:90），最后使用前面绘制高光的方法为按钮添加高光，如图18-108所示。

图18-106 图18-107

图18-108

36 绘制相机上的其他装饰，如图18-109所示，然后填充上面对象的颜色为（C:69，M:96，Y:97，K:67），再转换为位图添加模糊效果，接着在上面绘制两组重叠的椭圆形，最后填充颜色为黑色和（C:82，M:91，Y:86，K:75），效果如图18-110所示。

图18-109 图18-110

37 填充下面矩形的颜色为（C:13，M:62，Y:33，K:0），然后去掉轮廓线，再向内复制，更改颜色为（C:51，M:100，Y:100，K:37），接着使用“调和工具”进行调和，如图18-111所示。

38 向内进行复制，填充颜色为黑色，然后使用“文本工具”输入文本，填充文本颜色为（C:0，M:0，Y:0，K:60），如图18-112所示。

图18-111

图18-112

39 绘制相机下面的凹陷区域和按钮，如图18-113所示，然后选中凹陷区域由深到浅依次填充颜色为黑色和（C:70，M:96，Y:97，K:68），再去掉轮廓线，接着转换为位图添加模糊效果，如图18-114所示。

图18-113

图18-114

40 填充按钮颜色为（C:72，M:93，Y:87，K:67），然后使用“透明度工具”拖动透明效果，如图18-115所示，接着向左复制，并进行缩放，如图18-116所示。

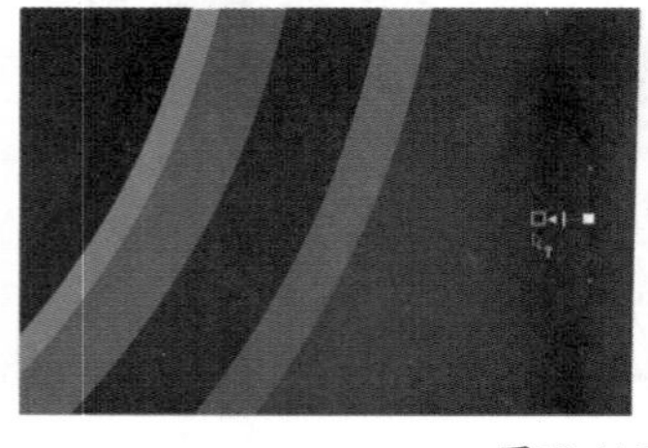

图18-115

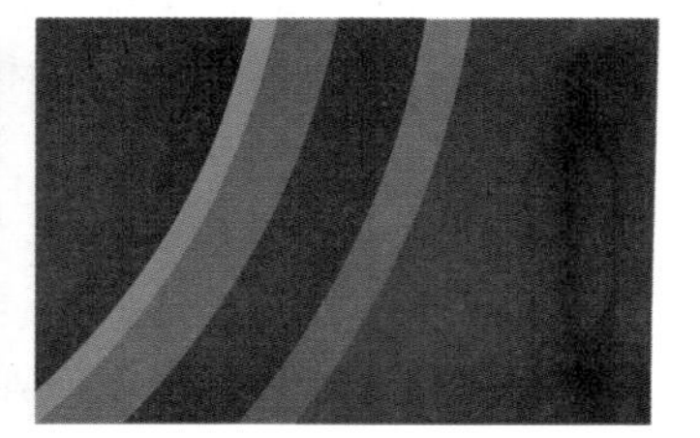

图18-116

41 在相机上绘制转折处的高光，然后填充颜色为白色，再转换为位图添加模糊效果，接着使用“透明度工具”拖动透明效果，最后使用“文本工具”为镜头添加文本，效果如图18-117所示。

图18-117

42 将相机组合对象，然后使用“阴影工具”拖动阴影效果，在属性栏设置“阴影淡出”为80，如图18-118所示，接着复制相机转换为位图，再进行垂直镜像，最后使用矩形修剪位图，如图18-119所示。

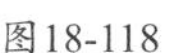

图18-118　图18-119

43 选中倒影，使用“透明度工具”拖动透明效果，如图18-120所示。

图18-120

44 双击“矩形工具”创建与页面等大的矩形，然后在“编辑填充”对话框中选择“渐变填充”方式，设置“类型”为“线性渐变填充”、“镜像、重复和反转”为“默认渐变填充”，再设置“节点位置”为0%的色标颜色为白色、“位置”为34%的色标颜色为（C:37，M:30，Y:31，K:0）、“位置”为45%的色标颜色为（C:33，M:27，Y:27，K:0）、“位置”为100%的色标颜色为白色，接着单击“确定”按钮完成填充，最终效果如图18-121所示。

图18-121

18.3 综合实例：精通概念跑车设计

- 实例位置：下载资源>实例文件>CH18>综合实例：精通概念跑车设计.cdr
- 素材位置：下载资源>素材文件>CH18>02.jpg
- 视频位置：下载资源>多媒体教学>CH18>综合实例：精通概念跑车设计.flv
- 实用指数：★★★★☆
- 技术掌握：跑车的制作方法

跑车效果如图18-122所示。

图18-122

01 新建一个空白文档，然后设置文档名称为“跑车”，接着设置页面“宽度”为470mm、“高度”为297mm。

02 使用“钢笔工具”绘制跑车的轮廓，然后填充颜色为黑色，如图18-123所示，接着绘制跑车上面部分，然后填充颜色为（C:35，M:78，Y:100，K:1），如图18-124所示。

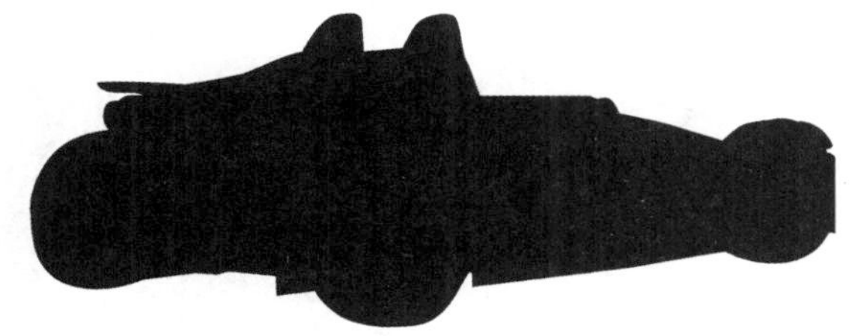

图18-123

图18-124

03 绘制跑车上面部分的亮光区域，然后由深到浅填充颜色为（C:62，M:87，Y:100，K:56）、（C:0，M:0，Y:60，K:0）、（C:0，M:0，Y:40，K:0），并去掉轮廓线，接着使用“透明度工具”拖动透明效果，再接着转为位图添加模糊效果，如图18-125所示，最后绘制高光区域，填充颜色为白色，效果如图18-126所示。

图18-125

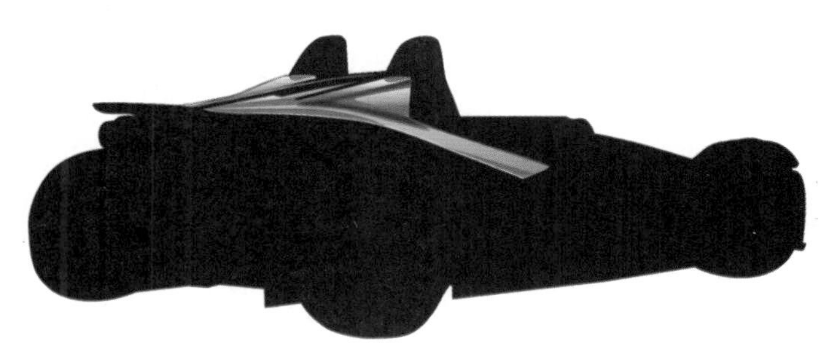

图18-126

04 绘制靠右边的区域，然后在“编辑填充”对话框中选择“渐变填充”方式，设置“类型”为“线性渐变填充”、“镜像、重复和反转”为“默认渐变填充”，再设置“节点位置”为0%的色标颜色为（C:93，M:89，Y:87，K:79）、“节点位置”为30%的色标颜色为（C:95，M:92，Y:82，K:75）、“节点位置”为38%的色标颜色为（C:94，M:89，Y:87，K:78）、“节点位置”为52%的色标颜色为（C:93，M:88，Y:89，K:80）、“节点位置”为69%的色标颜色为（C:0，M:0，Y:0，K:80）、“节点位置”为81%的色标颜色为（C:0，M:0，Y:0，K:70）、“节点位置”为86%的色标颜色为白色、“节点位置”为94%的色标颜色为黑色、“节点位置”为100%的色标颜色为黑色，接着单击“确定”按钮完成填充，最后绘制反光区域，使用“透明度工具”拖动透明效果，如图18-127所示。

图18-127

05 使用“椭圆形工具”绘制一个圆形，然后在“编辑填充”对话框中选择“渐变填充”方式，设置“类型”为“线性渐变填充”、“镜像、重复和反转”为“默认渐变填充”，再设置“节点位置”为0%的色标颜色为黑色、“位置”为41%的色标颜色为黑色、“位置”为76%的色标颜色为（C:56，M:56，Y:56，K:56）、“位置”为88%的色标颜色为白色、“位置”为100%的色标颜色为（C:0，M:0，Y:0，K:100），接着单击“确定”按钮完成填充，如图18-128所示，接着向内绘制一个圆形，填充颜色为（C:0，M:0，Y:0，K:30），最后复制3份，并适当调整位置，如图18-129所示。

图18-128

图18-129

06 下面绘制车尾转折区域，然后由深到浅依次填充颜色为黑色和（C:80，M:79，Y:76，K:59），如图18-130所示。

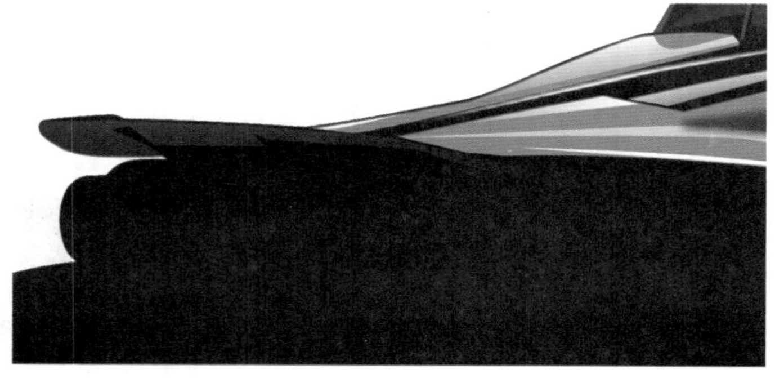
图18-130

07 绘制车灯的位置。绘制一个圆形，然后向内复制8份，由里到外依次填充颜色为白色、（C:55，M:85，Y:77，K:29）、（C:0，M:60，Y:100，K:0）、黑色、（C:87，M:82，Y:71，K:54）、（C:93，M:88，Y:89，K:80）、（C:87，M:82，Y:71，K:54）、黑色、（C:92，M:89，Y:89，K:80），接着全选组合对象，最后单击“确定”按钮，如图18-131所示。

图18-131

08 绘制右上方的车灯。绘制一个圆形，然后向内复制3份，由里到外依次填充颜色为白色、黑色、（C:84，M:79，Y:71，K:51）、（C:85，M:83，Y:82，K:70），接着全选组合对象，如图18-132所示。

图18-132

09 绘制车灯右边区域，然后由深到浅依次填充颜色为黑色、（C:0，M:0，Y:0，K:90）、（C:85，M:83，Y:82，K:70），再绘制阴影区域，使用“透明度工具”拖动透明效果，接着绘制高光区域，填充颜色为白色，如图18-133所示，再接着绘制一个椭圆，向内复制一份，由深到浅依次填充颜色为（C:0，M:0，Y:0，K:90）、（C:0，M:0，Y:0，K:70），最后全选组合对象，复制8份调整到适当位置，如图18-134所示。

图18-133

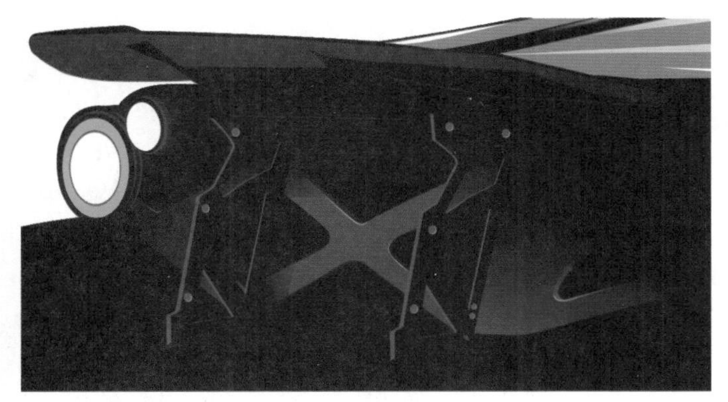

图18-134

10 绘制右边车灯区域，然后向内复制10份，从里到外依次填充颜色为黑色、（C:83，M:82，Y:78，K:64）、（C:85，M:83，Y:82，K:70）、（C:83，M:82，Y:78，K:64）、（C:84，M:82，Y:80，K:66）、（C:87，M:83，Y:83，K:71）、（C:84，M:82，Y:80，K:67）、（C:83，M:80，Y:78，K:63）、（C:0，M:0，Y:0，K:100）、（C:0，M:0，Y:0，K:90）、（C:67，M:59，Y:56，K:5），接着全选组合对象，如图18-135所示，再把左边的车灯复制到右边，最后适当调整位置，如图18-136所示。

图18-135

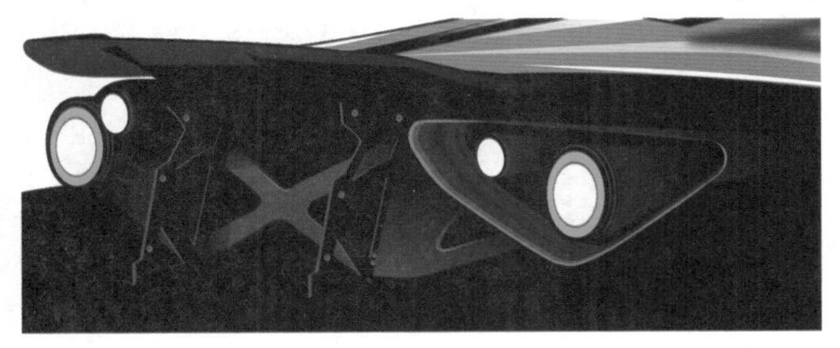

图18-136

11 绘制左边的轮胎，然后在“编辑填充”对话框中选择“渐变填充”方式，设置“类型”为“线性渐变填充”、“镜像、重复和反转”为“默认渐变填充”，再设置“节点位置”为0%的色标颜色为（C:93，M:88，Y:89，K:80）、“节点位置”为70%的色标颜色为（C:95，M:95，Y:95，K:95）、“节点位置”为77%的色标颜色为（C:80，M:76，Y:74，K:52）、“节点位置”为83%的色标颜色为黑色、“节点位置”为100%的色标颜色为黑色，“填充宽度”为99.985 %%、“水平偏移”为0.006%、“垂直偏移”为0.141 %、“旋转”为-90.0°，接着单击“确定”按钮 完成填充，最后向内绘制两个椭圆，由深到浅依次填充颜色为黑色和（C:87，M:84，Y:84，K:72），如图18-137所示。

图18-137

12 绘制轮胎的亮部区域，填充颜色为（C:83，M80，Y:78，K:63），然后在“编辑填充”对话框中选择“渐变填充”方式，设置“类型”为“线性渐变填充”、“镜像、重复和反转”为“默认渐变填充”，再设置“节点位置”为0%的色标颜色为（C:93，M:88，Y:89，K:80）、“节点位置”为22%的色标颜色为（C:82，M:78，Y:76，K:58）、“节点位置”为55%的色标颜色为（C:68，M:60，Y:56，K:6）、“节点位置”为80%的色标颜色为（C:92，M:89，Y:78，K:69）、“节点位置”为90%的色标颜色为（C:81，M:75，Y:70，K:45）、“节点位置”为100%的色标颜色为（C:76，M:69，Y:56，K:15），“填充宽度”为103.617 %、“旋转”为42.0°，如图18-138所示。

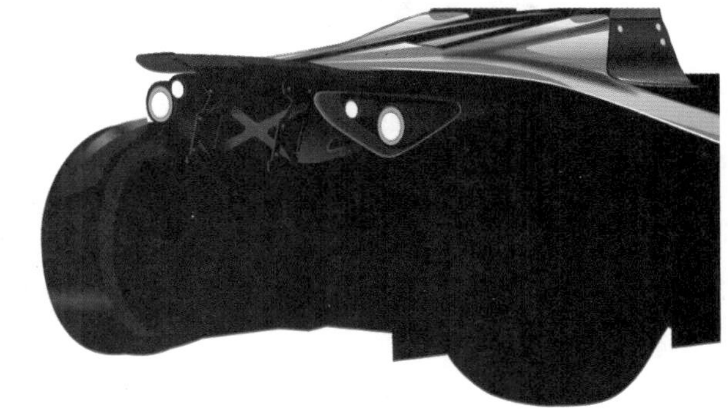

图18-138

13 下面丰富车尾。绘制车尾细节部分，然后由深到浅依次填充颜色为黑色、（C:0，M:0，Y:0，K:50）、（C:0，M:0，Y:0，K:60），并使用“透明度工具”拖动透明效果，接着使用“钢笔工具”绘制转折厚度，在“编辑填充”对话框中选择“渐变填充”方式，设置“类型”为“线性渐变填充”、“镜像、重复和反转”为“默认渐变填充”，再设置“节点位置”为0%的色标颜色为黑色、“节点位置”为21%的色标颜色为（C:0，M:0，Y:0，K:70）、“节点位置”为35%的色标颜色为（C:0，M:0，Y:0，K:50）、“节点位置”为50%的色标颜色为（C:0，M:0，Y:0，K:80）、“节点位置”为66%的色标颜色为（C:0，M:0，Y:0，K:60）、“节点位置”为100%的色标颜色为黑色，“填充宽度”为98 %、“旋转”为90°，如图18-139所示。

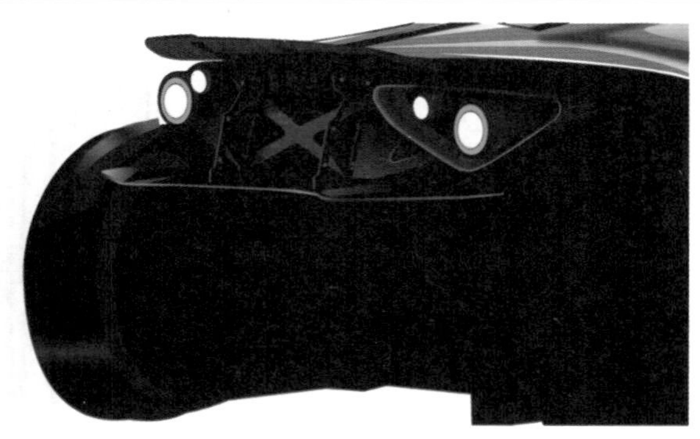

图18-139

14 向下绘制，然后由深到浅依次填充颜色为黑色、（C:84，M:82，Y:80，K:67）、（C:0，M:0，Y:0，K:90），接着使用“透明度工具”拖动透明效果，如图18-140所示。

图18-140

15 绘制排气管，然后在“编辑填充”对话框中选择“渐变填充”方式，设置“类型”为“线性渐变填充”、“镜像、重复和反转”为“默认渐变填充”，再设置“节点位置”为0%的色标颜色为（C:75，M:81，Y:100，K:65）、“节点位置”为21%的色标颜色为（C:66，M:74，Y:91，K:45）、“节点位置”为48%的色标颜色为（C:75，M:76，Y:88，K:58）、“节点位置”为64%的色标颜色为（C:27，M:28，Y:45，K:0）、“节点位置”为75%的色标颜色为（C:65，M:67，Y:95，K:35）、“节点位置”为100%的色标颜色为（C:86，M:83，Y:87，K:72），“填充宽度”为106.644%、“旋转”为-86.9°，接着绘制阴影，填充颜色为黑色，最后使用“透明度工具”拖动透明效果，如图18-141所示。

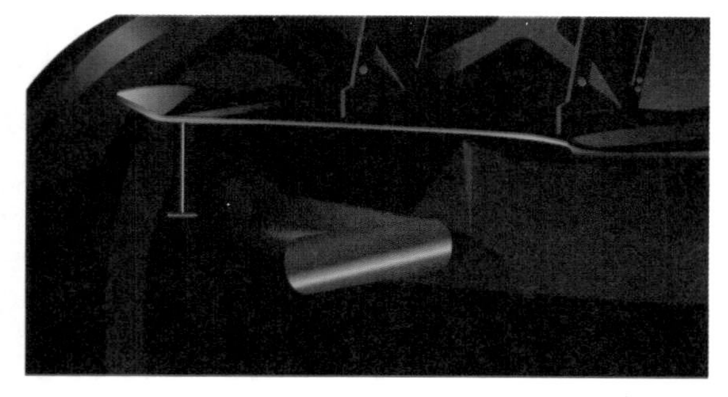

图18-141

16 接着绘制排气孔。绘制一个椭圆，然后在“编辑填充”对话框中选择“渐变填充”方式，设置“类型”为“线性渐变填充”、“镜像、重复和反转”为“默认渐变填充”，再设置“节点位置”为0%的色标颜色为黑色、“节点位置”为11%的色标颜色为黑色、“节点位置”为22%的色标颜色为（C:0，M:0，Y:0，K:100）、“节点位置”为43%的色标颜色为（C:0，M:0，Y:0，K:90）、“节点位置”为52%的色标颜色为（C:0，M:0，Y:0，K:70）、“节点位置”为66%的色标颜色为（C:0，M:0，Y:0，K:70）、“节点位置”为74%的色标颜色为黑色、“节点位置”为100%的色标颜色为黑色，“填充宽度”为97.998%、“旋转”为90°，如图18-142所示。

17 向内复制，然后设置“节点位置”为0%的色标颜色为黑色、“节点位置”为11%的色标颜色为（C:71，M:76，Y:93，K:55）、“节点位置”为19%的色标颜色为（C:68，M:73，Y:86，K:45）、“节点位置”为48%的色标颜色为（C:73，M:76，Y:96，K:60）、“节点位置”为64%的色标颜色为（C:27，M:28，Y:45，K:0）、“节点位置”为75%的色标颜色为（C:65，M:68，Y:98，K:36）、“节点位置”为100%的色标颜色为（C:88，M:84，Y:91，K:77），如图18-143所示。

图18-142

图18-143

18 向内复制，然后填充颜色为黑色，再使用“透明度工具”拖曳透明效果，如图18-144所示，接着全选组合对象，并适当调整位置，效果如图18-145所示。

图18-144

图18-145

19 绘制排气管的下方区域，然后由深到浅依次填充颜色为黑色、（C:86，M:82，Y:82，K:69），接着使用“透明度工具”拖曳透明效果，再选中右边转折处，在“编辑填充”对话框中选择“渐变填充”方式，设置“类型”为“椭圆形渐变填充”、“镜像、重复和反转”为“默认渐变填充”，再设置“节点位置”为0%的色标颜色为黑色、“节点位置”为28%的色标颜色为黑色、“节点位置”为36%的色标颜色为（C:0，M:0，Y:0，K:100）、“节点位置”为40%的色标颜色为（C:0，M:0，Y:0，K:90）、“节点位置”为48%的色标颜色为（C:0，M:0，Y:0，K:90）、“节点位置”为56%的色标颜色为黑色、“节点位置”为100%的色标颜色为黑色，最后单击“确定”按钮完成填充，如图18-146所示。

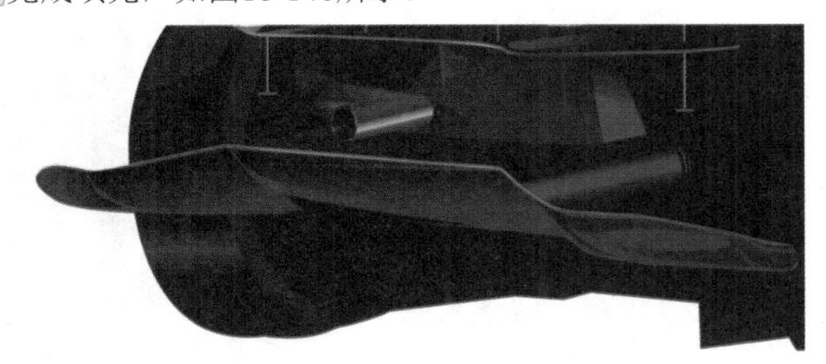

图18-146

20 丰富排气管的下方区域，然后由深到浅依次填充颜色为黑色、（C:86，M:82，Y:82，K:69）、（C:93，M:88，Y:89，K:80）、（C:87，M:83，Y:83，K:71）、（C:84，M:80，Y:79，K:65）、（C:83，M:80，Y:78，K:63）、（C:84，M:79，Y:78，K:62）、（C:80，M:76，Y:73，K:51），接着使用“透明度工具”拖曳透明效果，如图18-147所示。

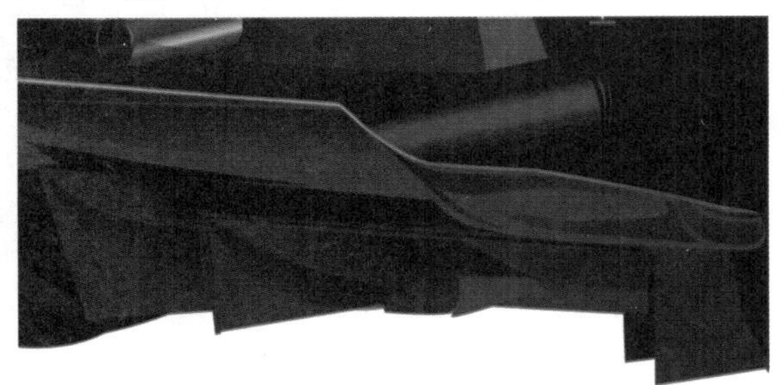

图18-147

21 下面绘制轮胎。绘制一个椭圆，然后在“编辑填充”对话框中选择“渐变填充”方式，设置“类型”为“线性渐变填充”、“镜像、重复和反转”为“默认渐变填充”，再设置“节点位置”为0%的色标颜色为黑色、“节点位置”为22%的色标颜色为黑色、“节点位置”为61%的色标颜色为黑色、“节点位置”为66%的色标颜色为（C:80，M:77，Y:75，K:55）、“节点位置”为76%的色标颜色为黑色、“节点位置”为100%的色标颜色为黑色，最后单击“确定”按钮完成填充，如图18-148所示。

22 向内绘制两个椭圆，然后由深到浅依次填充颜色为黑色和（C:84，M:80，Y:79，K:65），接着全选组合对象，如图18-149所示。

图18-148 图18-149

23 丰富轮胎的细节，然后填充颜色为（C:83，M:79，Y:74，K:56），如图18-150所示，接着向上绘制，在“编辑填充”对话框中选择“渐变填充”方式，设置“类型”为“圆锥形渐变填充”、“镜像、重复和反转”为“默认渐变填充”，再设置“节点位置”为0%的色标颜色为（C:0，M:0，Y:0，K:100）、“节点位置”为3%的色标颜色为（C:0，M:0，Y:0，K:100）、“节点位置”为15%的色标颜色为（C:0，M:0，Y:0，K:90）、“节点位置”为28%的色标颜色为（C:0，M:0，Y:0，K:100）、“节点位置”为32%的色标颜色为黑色、“节点位置”为36%的色标颜色为（C:0，M:0，Y:0，K:80）、“节点位置”为41%的色标颜色为（C:0，M:0，Y:0，K:80）、“节点位置”为51%的色标颜色为（C:0，M:0，Y:0，K:90）、“节点位置”为58%的色标颜色为（C:0，M:0，Y:0，K:80）、“节点位置”为72%的色标颜色为黑色、“节点位置”为100%的色标颜色为黑色，“填充宽度”为308.957 %、“水平偏移”为-55.574 %、“垂直偏移”为55.352 %、“旋转”为64.8°，最后单击“确定”按钮完成填充，如图18-151所示。

图18-150

图18-151

24 向上绘制，然后在“编辑填充”对话框中选择“渐变填充”方式，设置“类型”为“圆锥形渐变填充”、“镜像、重复和反转”为“默认渐变填充”，再设置“节点位置”为0%的色标颜色为（C:93，M:88，Y:89，K:80）、“节点位置”为6%的色标颜色为（C:87，M:87，Y:82，K:69）、“节点位置”为22%的色标颜色为（C:82，M:78，Y:76，K:58）、“节点位置”为39%的色标颜色为（C:0，M:0，Y:0，K:80）、“节点位置”为57%的色标颜色为（C:85，M:80，Y:70，K:51）、“节点位置”为99%的色标颜色为（C:85，M:82，Y:61，K:36）、“节点位置”为100%的色标颜色为（C:74，M:65，Y:54，K:9），“填充宽度”为141.484%、“水平偏移”为-11.685 %、“垂直偏移”为16.861%、“旋转”为79.6°，最后单击“确定”按钮 完成填充，如图18-152所示。

图18-152

25 向上绘制，然后由深到浅依次填充颜色为黑色、（C:84，M:79，Y:78，K:62）、（C:90，M:92，Y:90，K:83），再使用“透明度工具”拖曳透明效果，如图18-153所示，绘制右边凹陷处，接着在“编辑填充”对话框中选择“渐变填充”方式，设置“类型”为“圆锥形渐变填充”、“镜像、重复和反转”为“默认渐变填充”，再设置“节点位置”为0%的色标颜色为（C:93，M:88，Y:89，K:80）、“节点位置”为32%的色标颜色为（C:78，M:74，Y:71，K:45）、“节点位置”为55%的色标颜色为（C:0，M:0，Y:0，K:80）、“节点位置”为80%的色标颜色为（C:85，M:80，Y:70，K:51）、“节点位置”为90%的色标颜色为（C:84，M:80，Y:62，K:36）、“节点位置”为100%的色标颜色为（C:74，M:66，Y:55，K:11），“填充宽度”为104.939%、“水平偏移”为0.001 %、“垂直偏移”为0.09%、“旋转”为46.4°，最后单击“确定”按钮 完成填充，如图18-154所示。

图18-153

图18-154

26 下面绘制车毂。选择“椭圆形工具”绘制一个椭圆，然后填充颜色为（C:87，M:84，Y:84，K:72），接着向内复制，填充颜色为（C:93，M:88，Y:89，K:90），轮廓线填充为白色，如图18-155所示，再接着绘制中心旋转区域，由深到浅依次填充颜色为（C:80，M:75，Y:74，K:50）、（C:0，M:0，Y:0，K:30），如图18-156所示。

图18-155

图18-156

27 选择“文本工具”输入文本，设置“字体”为Arial Black、“字体大小”为16pt，然后填充颜色为（C:0，M:60，Y:80，K:20），如图18-157所示，接着选中文本按Ctrl+Q组合键进行转曲，最后使用“变形工具”对文本进行调整变形，效果如图18-158所示。

SHUANGQIN

图18-157

图18-158

28 丰富轮胎右侧区域，填充颜色为（C:0，M:0，Y:0，K:100），再使用“透明度工具”拖曳透明效果，然后绘制一个不规则圆形，填充颜色为（C:0，M:60，Y:80，K:20），再复制两份依次填充颜色为（C:0，M:20，Y:100，K:0），全选进行组合对象，接着向右绘制，由深到浅依次填充颜色为（C:93，M:88，Y:74，K:50）、（C:0，M:0，Y:0，K:30），最后使用“透明度工具”拖曳透明效果，全选进行组合对象，如图18-159所示。

图18-159

29 绘制轮胎右侧区域，然后在“编辑填充”对话框中选择“渐变填充”方式，设置“类型”为“圆锥形渐变填充”、“镜像、重复和反转”为“默认渐变填充”，再设置“节点位置”为0%的色标颜色为黑色、“节点位置”为20%的色标颜色为（C:86，M:87，Y:85，K:74）、“节点位置”为60%的色标颜色为（C:0，M:0，Y:0，K:90）、“节点位置”为64%的色标颜色为（C:0，M:0，Y:0，K:80）、“节点位置”为66%的色标颜色为（C:0，M:0，Y:0，K:10）、“节点位置”为69%的色标颜色为（C:44，M:44，Y:44，K:49）、“节点位置”为76%的色标颜色为（C:96，M:95，Y:87，K:84）、“节点位置”为100%的色标颜色为黑色，“填充宽度”为99.972%、“水平偏移”为-.152 %、“垂直偏移”为-.014%、“旋转”为90.0°，如图18-160所示。

图18-160

30 向内绘制，然后在“编辑填充”对话框中选择“渐变填充”方式，设置“类型”为“线性渐变填充”、“镜像、重复和反转”为“默认渐变填充”，再设置“节点位置”为0%的色标颜色为（C:0，M:0，Y:0，K:100）、“节点位置”为18%的色标颜色为黑色、“节点位置”为43%的色标颜色为（C83，M:82，Y:78，K:64）、“节点位置”为72%的色标颜色为（C:82，M:82，Y:73，K:57）、“节点位置”为100%的色标颜色为（C:65，M:65，Y:65，K:97），接着单击“确定”按钮 确定 完成填充，如图18-161所示。

图18-161

31 向内绘制一个图形，然后填充颜色为黑色，如图18-162所示，接着绘制一个圆形，在“编辑填充”对话框中选择“渐变填充”方式，设置“类型”为“线性渐变填充”、“镜像、重复和反转”为“默认渐变填充”，再设置“节点位置”为0%的色标颜色为（C:0，M:0，Y:0，K:100）、“节点位置”为6%的色标颜色为（C:70，M:57，Y:56，K:5）、“节点位置”为40%的色标颜色为（C:25，M:16，Y:19，K:0）、“节点位置”为62%的色标颜色为（C:45，M:39，Y:33，K:0）、“节点位置”为78%的色标颜色为（C:67，M:60，Y:55，K:5）、“节点位置”为100%的色标颜色为（C:0，M:0，Y:0，K:100），最后单击“确定”按钮 确定 完成填充，如图18-163所示。

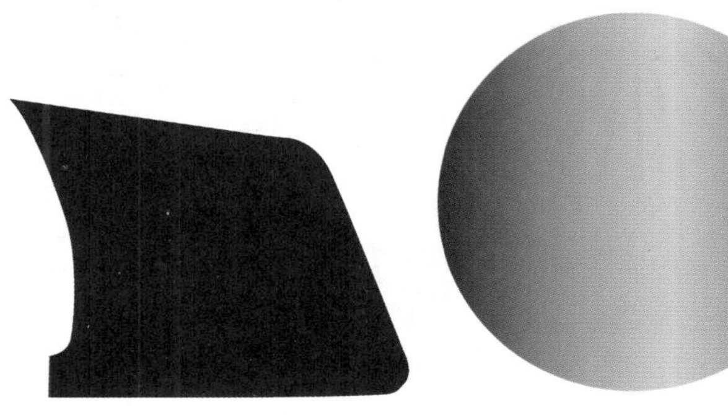

图18-162　　图18-163

32 向内绘制4个圆形，然后由里到外依次填充颜色为黑色、（C:0，M:0，Y:0，K:90）、黑色、（C:0，M:0，Y:0，K:80），接着全选组合对象，如图18-164所示。

33 绘制一个小圆，然后填充颜色为黑色，接着执行“对象>

变换>旋转”菜单命令，设置“旋转角度”为10°、“中心”为x:-0.664mm，y:-10.844mm、“副本”为36，最后单击“应用” 按钮，再全选组合对象并适当调整位置，如图18-165所示。

图18-164

图18-165

34 绘制一个矩形，然后填充颜色为（C:0，M:0，Y:0，K:80），接着执行“对象>变换>旋转”菜单命令，设置“旋转角度”为12°、“中心”为x: -705.144 mm，y: -22.962 mm、“副本”为29，最后单击“应用”按钮，并适当删除4个矩形，如图18-166所示。

35 绘制一个矩形，然后在“编辑填充”对话框中选择“渐变填充”方式，设置“类型”为“线性渐变填充”、“镜像、重复和反转”为“默认渐变填充”，再设置“节点位置”为0%的色标颜色为（C:0，M:0，Y:0，K:80）、“节点位置”为100%的色标颜色为（C:36，M:28，Y:27，K:80），接着单击“确定”按钮完成填充，最后全选组合对象并适当调整位置，如图18-167所示。

图18-166

图18-167

36 向内绘制一个圆形，然后在“编辑填充”对话框中选择“渐变填充”方式，设置“类型”为“线性渐变填充”、“镜像、重复和反转”为“默认渐变填充”，再设置“节点位置”为0%的色标颜色为（C:0，M:0，Y:0，K:100）、“节点位置”为6%的色标颜色为（C:71，M:60，Y:58，K:9）、“节点位置”为12%的色标颜色为（C:47，M:38，Y:36，K:0）、“节点位置”为19%的色标颜色为（C:47，M:38，Y:36，K:0）、“节点位置”为24%的色标颜色为（C:59，M:51，Y:47，K:0）、“节点位置”为40%的色标颜色为（C:57，M:51，Y:47，K:0）、“节点位置”为62%的色标颜色为（C:45，M:39，Y:33，K:0）、“节点位置”为78%的色标颜色为（C:69，M:62，Y:56，K:9）、“节点位置”为100%的色标颜色为（C:0，M:0，Y:0，K:100），接着单击“确定”按钮完成填充，再接着向内绘制一个圆形，填充颜色为黑色，如图18-168所示，最后绘制一个圆形，填充颜色为黑色，并使用“透明度工具”拖曳透明效果，效果如图18-169所示。

图18-168

图18-169

37 绘制一个图形，然后在“编辑填充”对话框中选择“渐变填充”方式，设置“类型”为“线性渐变填充”、“镜像、重复和反转”为“默认渐变填充”，再设置“节点位置”为0%的色标颜色为（C:0，M:0，Y:0，K:100）、“节点位置”为18%的色标颜色为黑色、“节点位置”为43%的色标颜色为（C:83，M:82，Y:18，K:64）、“节点位置”为72%的色标颜色为（C:82，M:82，Y:73，K:57）、“节点位置”为100%的色标颜色为（C:65，M:65，Y:65，K:97），接着单击“确定”按钮完成填充，最后绘制一个图形填充颜色为（C:91，M:92，Y:90，K:83），如图18-170所示，再使用同样的绘制方法绘制两份，全选组合对象，效果如图18-171所示。

图18-170

图18-171

38 丰富细节区域，然后由深到浅依次填充颜色为黑色、（C:83，M:80，Y:78，K:63）、（C:80，M:76，Y:73，

K:51），接着使用“透明度工具”拖曳透明效果，如图18-172所示。

图18-172

39 向车辆后下方绘制，然后由深到浅依次填充颜色为（C:87，M:84，Y:80，K:69）、（C:0，M:0，Y:0，K:60）、（C:80，M:75，Y:70，K:44）、（C:68，M:60，Y:56，K:6）、（C:0，M:0，Y:0，K:70）、（C:0，M:0，Y:0，K:40），接着使用“透明度工具”拖曳透明效果，如图18-173所示。

图18-173

40 下面绘制后轮胎。将前轮胎复制一份，适当调整大小，然后移动至后轮胎位置，如图18-174所示。

图18-174

41 绘制轮胎上方区域，然后在“编辑填充”对话框中选择“渐变填充”方式，设置“类型”为“线性渐变填充”、“镜像、重复和反转”为“默认渐变填充”，再设置“节点位置”为0%的色标颜色为（C:0，M:0，Y:0，K:100）、“节点位置”为12%的色标颜色为（C:0，M:0，Y:0，K:90）、“节点位置”为22%的色标颜色为（C:0，M:0，Y:0，K:90）、“节点位置”为32%的色标颜色为（C:84，M:82，Y:75，K:59）、“节点位置”为73%的色标颜色为（C:93，M:91，Y:77，K:69）、“节点位置”为100%的色标颜色为（C:0，M:0，Y:0，K:70），接着单击“确定”按钮完成填充，如图18-175所示。

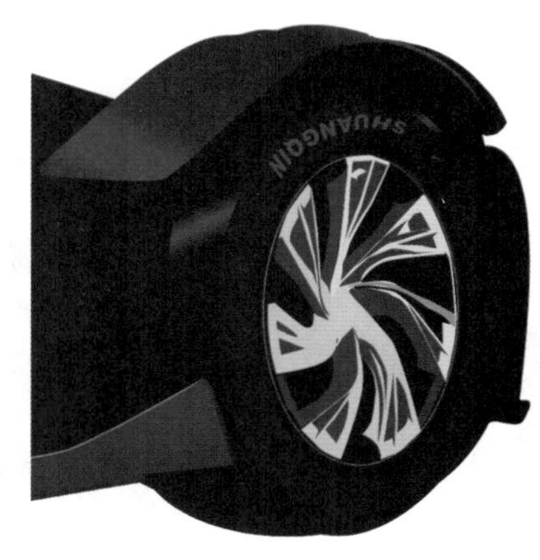

图18-175

42 向上绘制，然后在“编辑填充”对话框中选择“渐变填充”方式，设置“类型”为“圆锥形渐变填充”、“镜像、重复和反转”为“重复和镜像”，再设置“节点位置”为0%的色标颜色为（C:0，M:0，Y:0，K:90）、“位置”为46%的色标颜色为（C:0，M:0，Y:0，K:60）、“位置”为59%的色标颜色为（C:0，M:0，Y:0，K:70）、“位置”为86%的色标颜色为（C:87，M:85，Y:73，K:60）、“位置”为92%的色标颜色为（C:89，M:85，Y:85，K:75）、“位置”为100%的色标颜色为（C:0，M:0，Y:0，K:80），接着单击“确定”按钮完成填充，最后绘制高光，填充颜色为白色，如图18-176所示。

图18-176

43 向上绘制，然后由前到后依次填充颜色为（C:0，M:0，Y:0，K:40）、（C:80，M:75，Y:70，K:44）、（C:89，M:87，Y:76，K:66）、（C:87，M:82，Y:76，K:63），接着使用“透明度工具”拖曳透明效果，如图18-177所示。

图18-177

44 向上绘制，然后由前到后依次填充颜色为（C:93，M:88，Y:89，K:80）、（C:84，M:71，Y:64，K:32）、（C:82，

M:71，Y:65，K:32）、（C:42，M:29，Y:27，K:0）、（C:82，M:73，Y:67，K:38），接着使用“透明度工具”拖曳透明效果，如图18-178所示。

图18-178

45 绘制轮胎左边区域，然后由前到后依次填充颜色为黑色、（C:70，M:67，Y:63，K:20）、（C:84，M:80，Y:71，K:54）、（C:89，M:87，Y:76，K:66）、（C:80，M:75，Y:70，K:44）、（C:89，M:87，Y:76，K:66）、黑色，接着使用“透明度工具”拖曳透明效果，如图18-179所示。

图18-179

46 向左绘制，然后由深到浅依次填充颜色为（C:88，M:86，Y:85，K:86）、（C:95，M:92，Y:91，K:84）、（C:92，M:89，Y:86，K:77）、（C:91，M:89，Y:85，K:75）、（C:63，M:60，Y:57，K:74）、（C:63，M:60，Y:57，K:74）、（C:89，M:85，Y:81，K:68）、（C:80，M:75，Y:70，K:44），接着使用“透明度工具”拖曳透明效果，如图18-180所示。

图18-180

47 丰富左下方区域，然后由深到浅依次填充颜色为（C:93，M:88，Y:89，K:80）、（C:84，M:80，Y:79，K:65）、（C:56，M:47，Y:44，K:0），接着使用“透明度工具”拖曳透明效果，如图18-181所示。

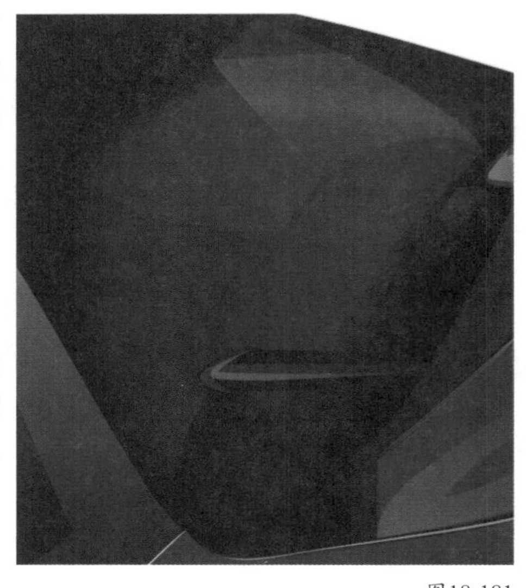
图18-181

48 下面依次向左绘制，然后填充颜色为（C:82，M:78，Y:73，K:53）、（C:68，M:68，Y:68，K:92），接着使用“透明度工具”拖曳透明效果，再转换为位图，添加模糊效果，如图18-182所示。

图18-182

49 向内绘制，然后填充颜色为（C:83，M:79，Y:74，K:56）、（C:0，M:0，Y:0，K:10），接着在“编辑填充”对话框中选择“渐变填充”方式，设置“类型”为“线性渐变填充”、“镜像、重复和反转”为“默认渐变填充”，再设置“节点位置”为0%的色标颜色为黑色、“位置”为59%的色标颜色为黑色、“位置”为93%的色标颜色为（C:0，M:0，Y:0，K:40）、“位置”为100%的色标颜色为（C:0，M:0，Y:0，K:80），最后单击“确定”按钮完成填充，如图18-183所示。

图18-183

50 向内绘制凹陷，然后由里到外依次填充颜色为黑色、（C:87，M:82，Y:70，K:63）、（C:0，M:0，Y:0，K:10），如图18-184所示。

图18-184

51 绘制左边的凹陷处，然后在“编辑填充”对话框中选择“渐变填充”方式，设置“类型”为“线性渐变填充”、“镜像、重复和反转”为“默认渐变填充”，再设置“节点位置”为0%的色标颜色为（C:0，M:0，Y:0，K:70）、“位置”为5%的色标颜色为黑色、“位置”为67%的色标颜色为（C:81，M:75，Y:70，K:45）、“位置”为70%的色标颜色为（C:0，M:0，Y:0，K:70）、“位置”为75%的色标颜色为黑色、“位置”为100%的色标颜色为黑色，接着单击“确定”按钮 完成填充，如图18-185所示。

图18-185

52 向内绘制，然后由里到外依次填充颜色为（C:80，M:0，Y:0，K:80）、（C:87，M:82，Y:70，K:63）、黑色、（C:20，M:20，Y:0，K:0），效果如图18-186所示。

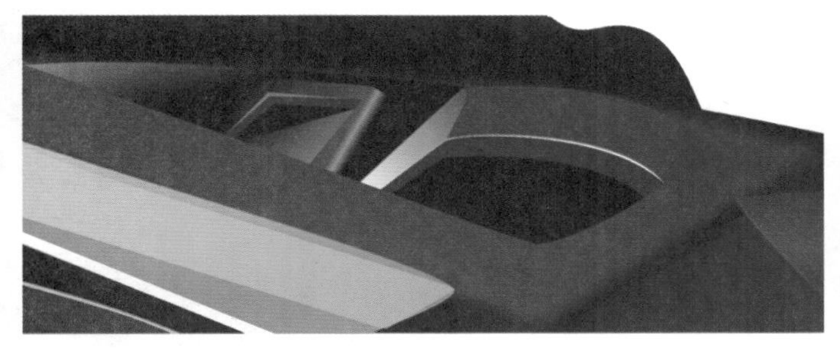
图18-186

53 下面向后绘制，然后由深到浅依次填充颜色为黑色、（C:89，M:84，Y:88，K:75）、（C:87，M:82，Y:70，K:63）、（C:89，M:87，Y:76，K:66），接着使用“透明度工具” 拖曳透明效果，再转换为位图，添加模糊效果，如图18-187所示。

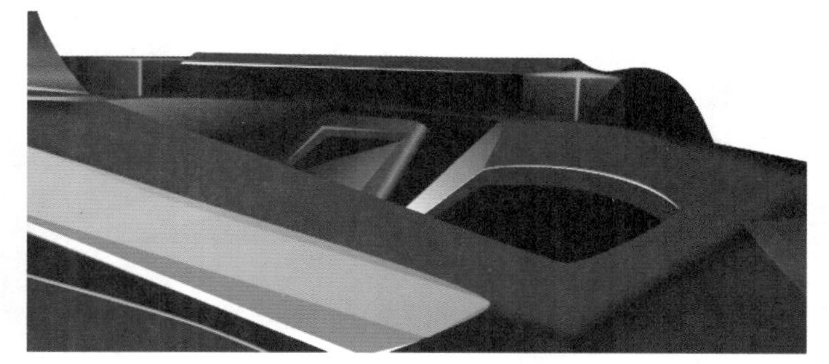
图18-187

54 下面绘制亮部区域，然后由深到浅依次填充颜色为（C:0，M:0，Y:0，K:70）、（C:0，M:0，Y:0，K:30）、白色，接着使用“透明度工具” 拖曳透明效果，如图18-188所示。

图18-188

55 下面绘制轮胎左上方区域，然后由深到浅依次填充颜色为黑色、（C:96，M:95，Y:87，K:84）、（C:96，M:93，Y:79，K:73）、（C:62，M:87，Y:100，K:56）、（C:35，M:78，Y:100，K:1）、（C:0，M:0，Y:20，K:0）、白色，接着使用“透明度工具” 拖曳透明效果，如图18-189所示。

图18-189

56 下面丰富细节区域。绘制一个椭圆，然后复制3份，接着由深到浅依次填充颜色为（C:87，M:85，Y:83，K:72）、（C:57，M:84，Y:75，K:31）、（C:0，M:60，Y:100，K:0），再全选组合对象，如图18-190所示，最后复制7份，适当调整位置，并全选组合对象，如图18-191所示。

图18-190

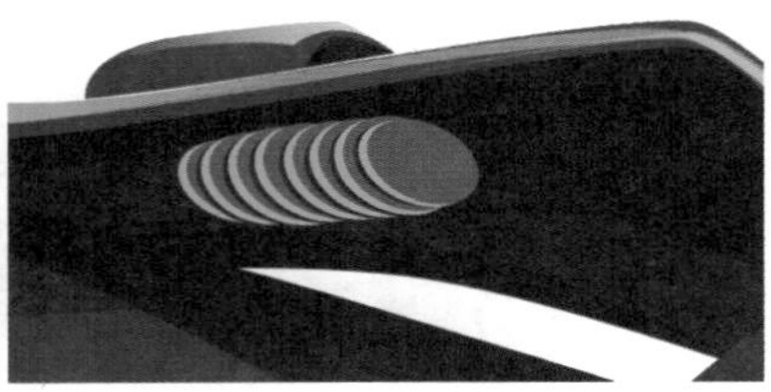

图18-191

57 绘制一个椭圆，然后填充颜色为（C:0，M:60，Y:100，K:0），接着向内复制6份，依次填充颜色为（C:95，M:89，Y:78，K:69）、（C:80，M:71，Y:64，K:29）、（C:88，M:80，Y:67，K:47）、（C:96，M:90，Y:78，K:69）、（C:82，M:73，Y:62，K:28）、（C:95，M:89，Y:78，K:69），最后全选进行组合对象，如图18-192所示。

图18-192

58 向右绘制一个图形，然后在“编辑填充”对话框中选择“渐变填充”方式，设置“类型”为“线性渐变填充”、“镜像、重复和反转”为“默认渐变填充”，再设置“节点位置”为0%的色标颜色为黑色、“位置”为28%的色标颜色为黑色、“位置”为45%的色标颜色为（C:92，M:87，Y:75，K:64）、“位置”为51%的色标颜色为（C:93，M:86，Y:77，K:66）、“位置”为56%的色标颜色为（C:0，M:0，Y:0，K:70）、“位置”为58%的色标颜色为（C:0，M:0，Y:0，K:70）、“位置”为62%的色标颜色为（C:93，M:86，Y:75，K:64）、“位置”为85%的色标颜色为黑色、“位置”为100%的色标颜色为黑色，接着单击“确定”按钮 确定 完成填充，如图18-193所示。

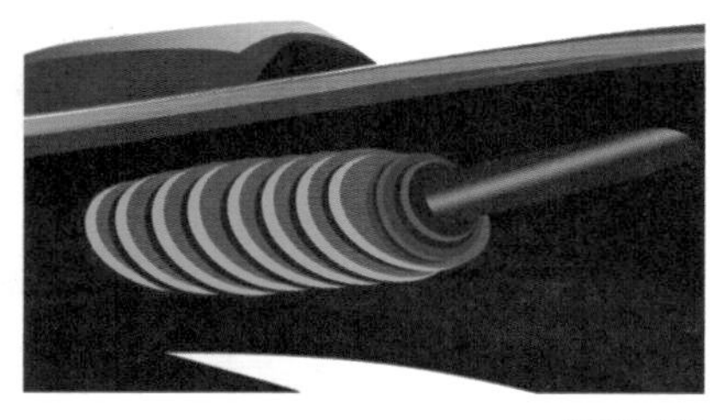

图18-193

59 向右绘制，然后在“编辑填充”对话框中选择“渐变填充”方式，设置“类型”为“线性渐变填充”、“镜像、重复和反转”为“默认渐变填充”，再设置“节点位置”为0%的色标颜色为（C:0，M:0，Y:0，K:70）、“位置”为5%的色标颜色为（C:0，M:0，Y:0，K:90）、“位置”为13%的色标颜色为黑色、“位置”为62%的色标颜色为（C:0，M:0，Y:0，K:50）、“位置”为86%的色标颜色为黑色、“位置”为100%的色标颜色为（C:0，M:0，Y:0，K:80），接着单击“确定”按钮 确定 完成填充，如图18-194所示，再向内绘制，然后填充颜色为（C:95，M:92，Y:82，K:75），最后全选组合对象，并适当调整位置，效果如图18-195所示。

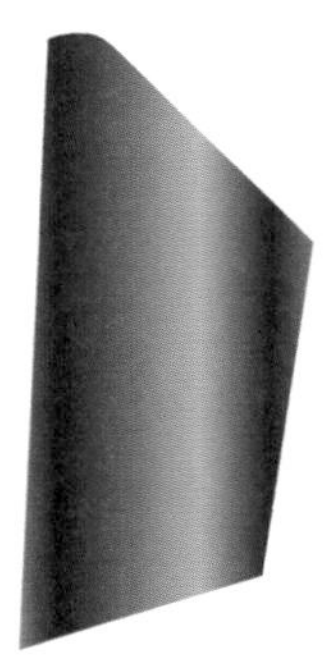

图18-194

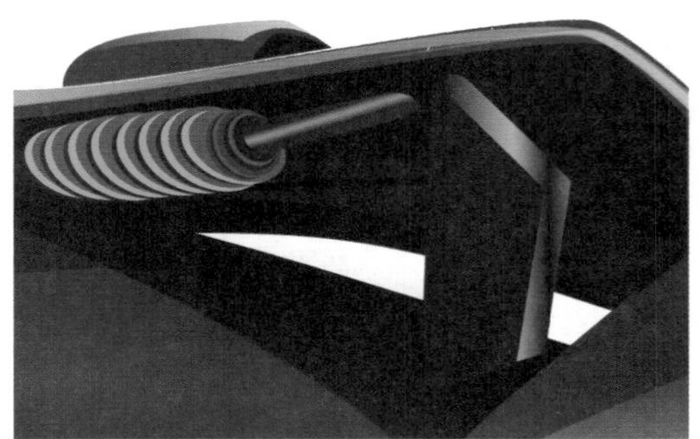

图18-195

60 向下绘制，绘制一个三角形，然后填充颜色为（C:87，M:81，Y:68，K:49），接着向内复制一份，填充颜色为（C:93，M:87，Y:81，K:71），全选组合对象，最后向右复制一份，并适当调整大小和形状，如图18-196所示。

61 绘制一个图形，然后在“编辑填充”对话框中选择“渐变填充”方式，设置“类型”为“线性渐变填充”、“镜像、重复和反转”为“默认渐变填充”，再设置“节点位置”为0%的色标颜色为（C:0，M:0，Y:0，K:70）、“位置”为5%的色标颜色为（C:0，M:0，Y:0，K:90）、“位置”为13%的色标颜色为黑色、“位置”为43%的色标颜色为（C:0，M:0，Y:0，K:10）、“位置”为62%的色标颜色为（C:0，M:0，Y:0，K:50）、“位置”为68%的色标颜色为黑色、“位置”为100%的色标颜色为（C:0，M:0，Y:0，K:80），接着单击“确定”按钮 确定 完成填充，如图18-197所示。

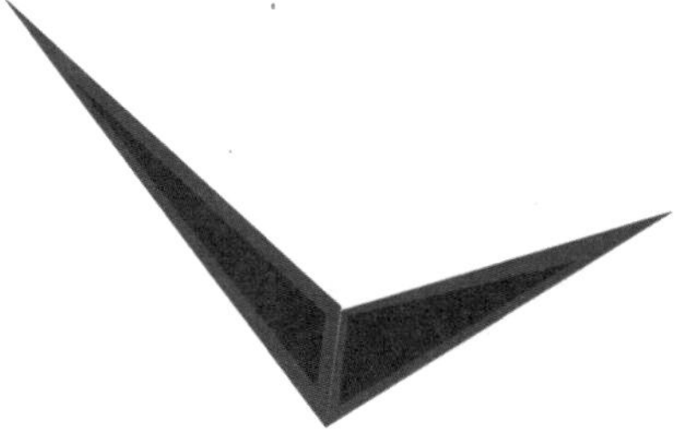

图18-196

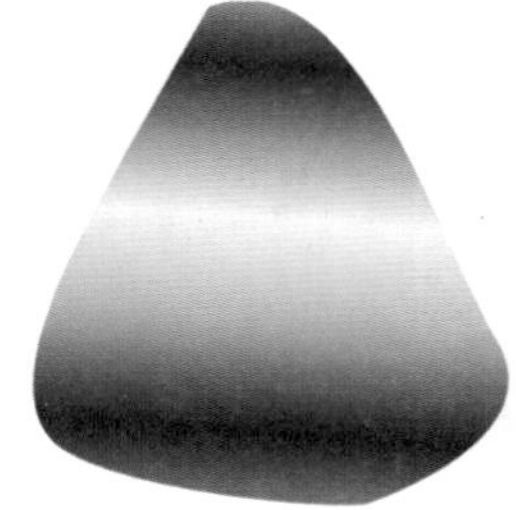

图18-197

62 向内绘制，然后设置“节点位置”为0%的色标颜色为（C:93，M:89，Y:87，K:79）、“位置”为54%的色标颜色为（C:94，M:88，Y:87，K:78）、“位置”为100%的色标颜色为（C:87，M:78，Y:67，K:45），接着单击“确定”按钮 确定 完成填充，如图18-198所示，最后全选组合对象，并适当调整位置，效果如图18-199所示。

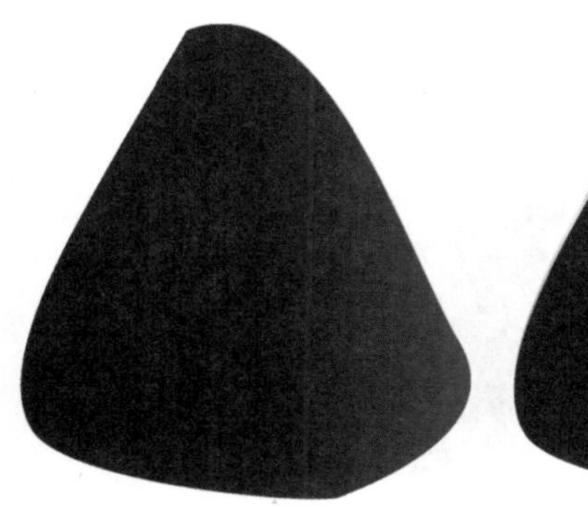
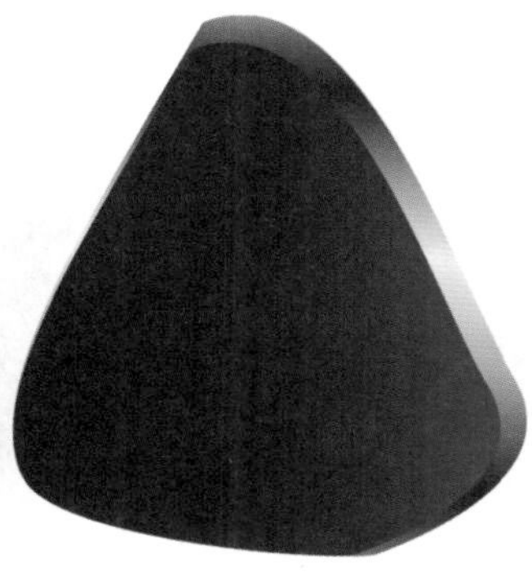

图18-198　　图18-199

63 使用同样的方法再绘制一份，对大小和形状进行适当的调整，然后全选对象进行组合，如图18-200所示，接着复制两份，移动到轮胎左上方位置进行适当调整，如图18-201所示。

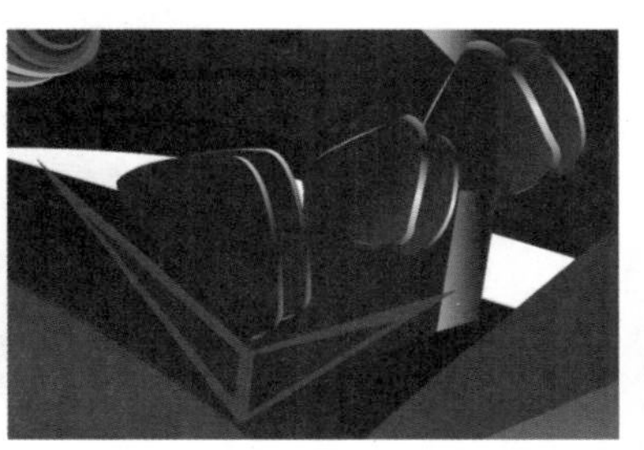

图18-200　　图18-201

64 绘制一个圆形，然后在“编辑填充”对话框中选择“渐变填充”方式，设置“类型”为“线性渐变填充”、“镜像、重复和反转”为“默认渐变填充”，再设置“节点位置”为0%的色标颜色为（C:0，M:0，Y:0，K:70）、“位置”为5%的色标颜色为（C:0，M:0，Y:0，K:90）、“位置”为13%的色标颜色为黑色、“位置”为43%的色标颜色为（C:0，M:0，Y:0，K:10）、“位置”为62%的色标颜色为（C:0，M:0，Y:0，K:50）、“位置”为86%的色标颜色为黑色、“位置”为100%的色标颜色为（C:0，M:0，Y:0，K:80），接着单击“确定”按钮 确定 完成填充，如图18-202所示，最后向内绘制一个圆形，填充颜色为黑色，如图18-203所示。

图18-202　　图18-203

65 绘制一个圆形，然后在“编辑填充”对话框中选择“渐变填充”方式，设置“类型”为“圆锥形渐变填充”、“镜像、重复和反转”为“重复和镜像”，再设置“节点位置”为0%的色标颜色为白色、“位置”为100%的色标颜色为（C:93，M:88，Y:89，K:80），接着单击“确定”按钮 确定 完成填充，如图18-204所示，再适当调整位置，全选组合对象，如图18-205所示，最后将绘制的图形复制两份，拖曳到适当位置调整方向，如图18-206所示。

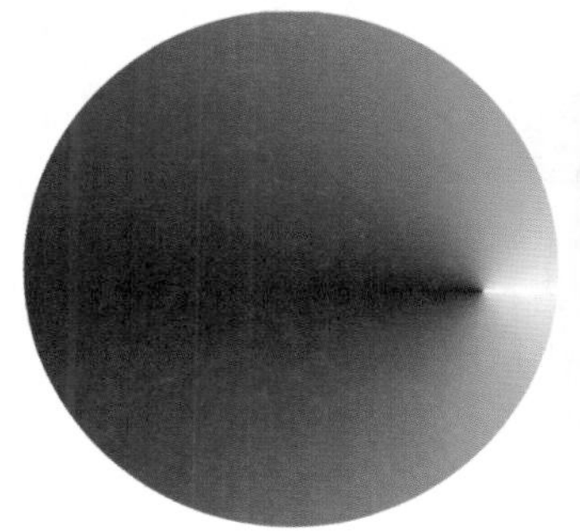

图18-204　　图18-205

图18-206

66 绘制一个图形，然后设置“节点位置”为0%的色标颜色为黑色、“位置”为46%的色标颜色为（C:94，M:89，Y:87，K:79）、“位置”为48%的色标颜色为（C:93，M:84，Y:78，K:65）、“位置”为54%的色标颜色为（C:0，M:0，Y:0，K:70）、“位置”为59%的色标颜色为（C:93，M:89，Y:88，K:79）、“位置”为100%的色标颜色为黑色，接着单击“确定”按钮 确定 完成填充，如图18-207所示，再接着复制一份，适当调整大小和位置，效果如图18-208所示。

图18-207

图18-208

67 下面绘制后视镜，然后由里到外依次填充颜色为白色、（C:85，M:83，Y:82，K:70）、（C:74，M:68，Y:65，K:24）、（C:83，M:83，Y:82，K:70），如图18-209所示。

图18-209

68 绘制一个图形，然后填充颜色为黑色，接着绘制亮部，填充颜色为（C:33，M:26，Y:25，K:0），最后全选对象进行组合，如图18-210所示。

图18-210

69 绘制一个椭圆，然后填充颜色为（C:85，M:83，Y:82，K:70），填充轮廓线颜色为（C:0，M:0，Y:0，K:100），接着设置"轮廓宽度"为0.2mm，如图18-211所示，再向上复制两份，全选组合对象，如图18-212所示，最后复制两份，并适当调整位置，效果如图18-213所示。

图18-211

图18-212

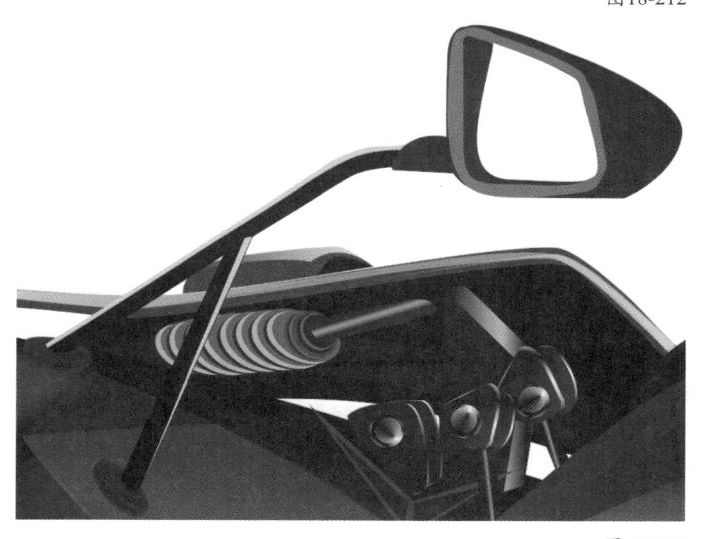

图18-213

70 绘制车灯，然后填充颜色为红色，接着向内复制一份，填充颜色为（C:0，M:20，Y:100，K:0），再转换为位图添加模糊效果，如图18-214所示。

图18-214

71 绘制车灯灯光，然后填充颜色为红色，接着转换为位图添加模糊效果，拖曳至车灯处，如图18-215所示。

图18-215

72 将绘制好的跑车进行组合对象，然后使用“钢笔工具”绘制车底的阴影，填充颜色为黑色，接着转换为位图添加模糊效果，如图18-216所示。

图18-216

73 双击“矩形工具”创建与页面等大的矩形，然后导入下载资源中的“素材文件>CH18>02.jpg”文件，再执行“对象>图框精确剪裁>置于图文框内部”菜单命令置入在对象中，接着绘制一个与页面等大的矩形，填充颜色为（C:0，M:0，Y:0，K:100），最后使用“透明度工具”拖曳透明效果，如图18-217所示。

图18-217

74 使用“文本工具”输入美术文本，然后设置“字体”为BodoniClassicChancery、“字体大小”为24pt，接着填充颜色为白色，将美术文本调整至适当位置，最终效果如图18-218所示。

图18-218

第19章 综合实例：标志设计篇

Learning Objectives
学习要点

Employment direction
从业方向

版面设计

插画设计

服装设计

平面设计

品牌设计

产品设计

19.1 综合实例：精通儿童家居标志设计

- 实例位置：下载资源>实例文件>CH19>综合实例：精通儿童家居标志设计.cdr
- 素材位置：无
- 视频位置：下载资源>多媒体教学>CH19>综合实例：精通儿童家居标志设计.flv
- 实用指数：★★★★☆
- 技术掌握：平面家居标志的制作方法

儿童家居标志效果如图19-1所示。

图19-1

技巧与提示

为了便于网络上信息的传播，其中关于网站的标志，目前有以下3种规格。

第1种：88mm×31mm，这是互联网上最普遍的标志规格。

第2种：120mm×60mm，这种规格属于一般大小的标志。

第3种：120mm×90mm，这种规格属于大型标志。

01 新建一个空白文档，然后设置文档名称为“儿童家居标志”，接着设置“宽度”为180mm、“高度”为140mm。

02 使用“钢笔工具”和“形状工具”绘制出一棵树的轮廓，如图19-2所示，然后按照此方法绘制出树干的轮廓，如图19-3所示。

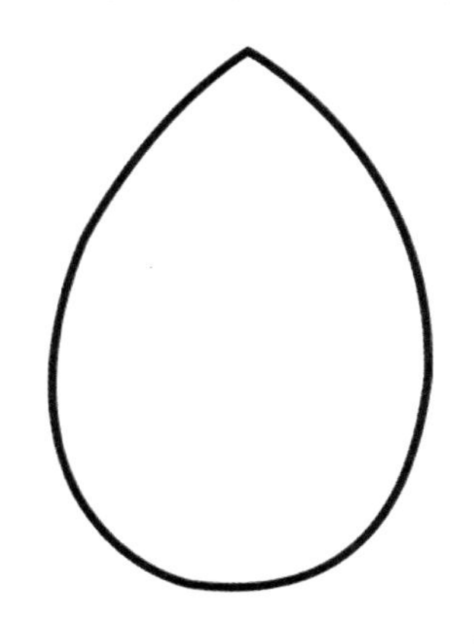

图19-2

图19-3

03 选中树和树干的轮廓，然后在属性栏上单击“修剪”按钮，接着删除修剪后的树干部分，效果如图19-4所示。

04 将前面的图形去除轮廓，然后填充颜色为（C:0，M:96，Y:7，K:0），接着复制两个，分别填充颜色为草绿色（C:39，M:5，Y:95，K:0）和淡蓝色（C:60，M:30，Y:16，K:0），再适当调整大小，最后放置在第一个图形的右侧，效果如图19-5所示。

图19-4　　图19-5

05 使用“钢笔工具”在树的下方绘制出草地的轮廓，如图19-6所示，然后填充绿色（C:89，M:49，Y:93，K:13），接着去除轮廓，效果如图19-7所示。

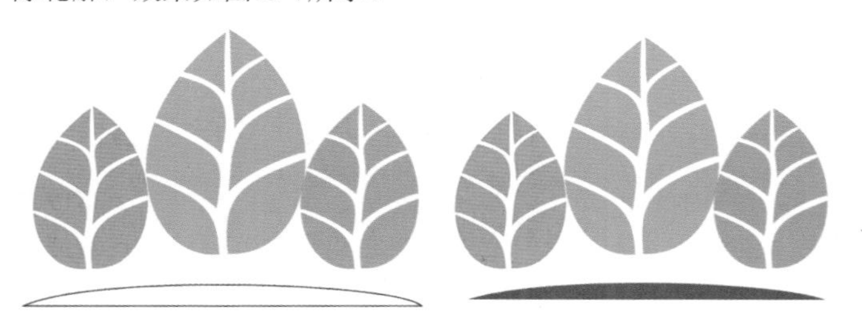

图19-6　　图19-7

06 使用“矩形工具”绘制一个矩形，然后复制两个，接着分别放置在草地与树干垂直对齐的地方，如图19-8所示，最后选中草地和三个矩形，在属性栏上单击“移除前面对象”按钮，效果如图19-9所示。

图19-8　　图19-9

07 使用“形状工具”调节草地上的三个缺口处，使缺口的位置不要过于平滑，然后选中绘制的树和草地，按Ctrl+G组合键进行组合对象，如图19-10所示。

08 使用“文本工具”在图形下方输入文本，然后设置“字体”为Arctic、“字体大小”为19pt、填充颜色为淡蓝色（C:60，M:30，Y:16，K:0），接着更改符号的“字体大小”为72pt，效果如图19-11所示。

图19-10　　图19-11

09 使用“文本工具”在前面的文本右侧继续输入文本，然后设置“字体”为造字工房悦黑体验版纤细体、“字体大小”为14pt、填充颜色为（C:66，M:77，Y:100，K:51），效果如图19-12所示。

10 使用“矩形工具”在文本下方绘制一个矩形条，然后填充颜色为（C:66，M:77，Y:100，K:51），如图19-13所示。

图19-12　　图19-13

11 使用“文本工具”在矩形条下方输入文本，然后设置“字体”为Arctic、“字体大小”为20pt、填充颜色为（C:4，M:86，Y:38，K:0），最终效果如图19-14所示。

图19-14

19.2 综合实例：精通花卉商场标志设计

- 实例位置：下载资源>实例文件>CH19>综合实例：精通花卉商场标志设计.cdr
- 素材位置：无
- 视频位置：下载资源>多媒体教学>CH19>综合实例：精通花卉商场标志设计.flv
- 实用指数：★★★★★
- 技术掌握：商业市场标志的制作方法

花卉商场标志效果如图19-15所示。

图19-15

01 新建一个空白文档，然后设置文档名称为“花卉商场标志”，接着设置“宽度”为190mm、“高度”为160mm。

02 双击“矩形工具”创建一个与页面重合的矩形，然后填充颜色为（C:6，M:2，Y:12，K:0），接着去除轮廓，如图19-16所示。

03 使用“椭圆形工具”在页面内绘制一个圆形，然后填充颜色为（C:18，M:11，Y:27，K:0），接着去除轮廓，如图19-17所示。

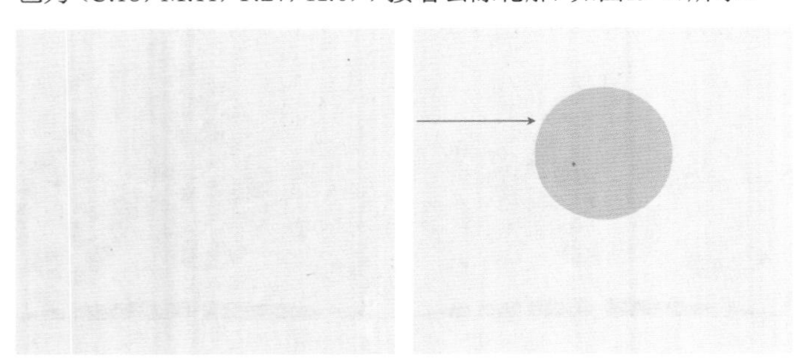

图19-16　图19-17

04 将前面绘制的圆形复制一个，然后填充颜色为（C:0，M:0，Y:0，K:90），接着放置在原始对象的后面，最后适当调整位置，效果如图19-18所示。

05 选中页面内最上面的圆形，然后向中心缩小的同时复制一个，接着填充白色，如图19-19所示。

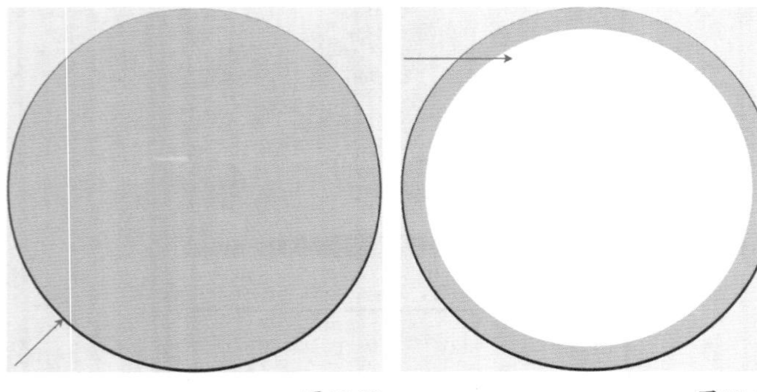

图19-18　图19-19

06 选中页面内最下面的圆形，然后向中心缩小的同时复制一个，接着放置在白色圆形前面（该圆小于白色圆形），如图19-20所示。

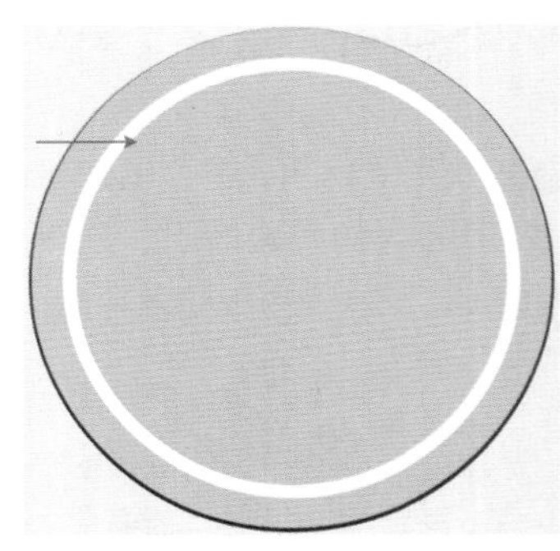

图19-20

07 单击“多边形工具”，然后在属性栏上设置“点数或边数”为57，接着在页面内绘制出对象，如图19-21所示，再使用“形状工具”选中对象上的任意一个节点，按住鼠标左键稍微向外拖曳，最后填充颜色为（C:6，M:2，Y:11，K:0），放置在圆形的前面，效果如图19-22所示。

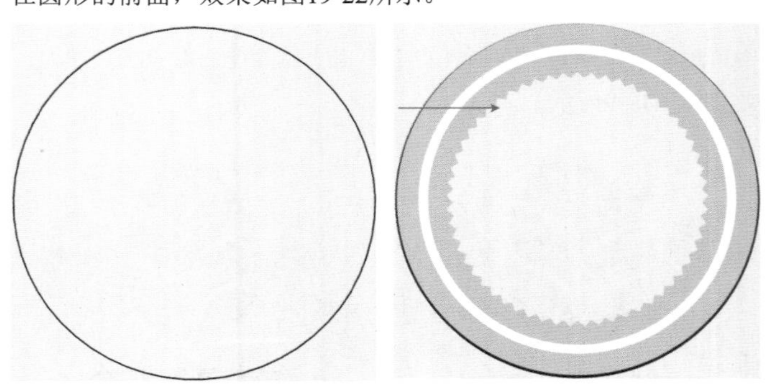

图19-21　图19-22

08 单击“椭圆工具”，然后在属性栏上单击“饼图”按钮，设置“结束角度”为180°，接着绘制出对象，再填充颜色为（C:68，M:23，Y:40，K:0），最后去除轮廓，效果如图19-23所示。

图19-23

09 使用“贝塞尔工具”绘制出花朵的轮廓，然后填充颜色为（C:93，M:57，Y:98，K:34），接着去除轮廓，再放置在半圆的上面，最后按Ctrl+G组合键进行组合对象，效果如图19-24所示。

10 选中前面群组的对象，然后执行“位图>转换为位图”菜单命令，弹出“转换为位图”对话框，接着单击“确定”按钮，如图19-25所示，即可将选中对象转换为位图。

图19-24　图19-25

11 选中转换后的位图对象，然后执行“位图>杂点>添加杂点”菜单命令，弹出“添加杂点”对话框，接着设置“层次”为55、“密度”为55，再单击“确定”按钮，如图19-26所示，效果如图19-27所示。

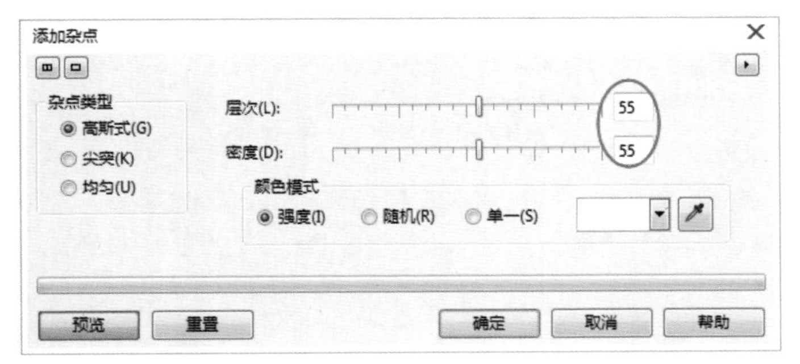

图19-26

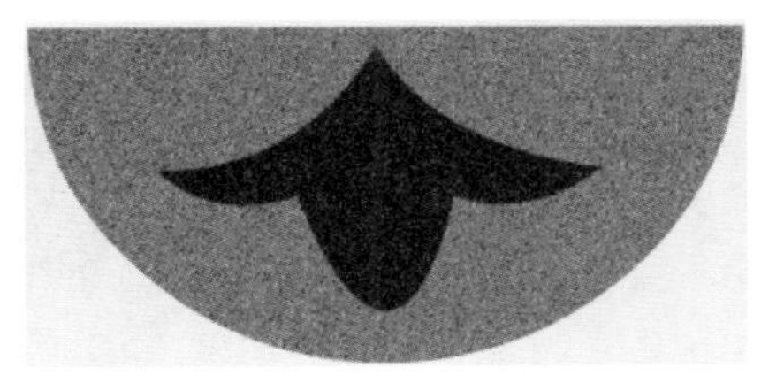

图19-27

12 选中添加杂点的对象，然后移动到页面内最大的圆形上方，接着选中页面内的所有对象，按C键使其垂直居中对齐，如图19-28所示。

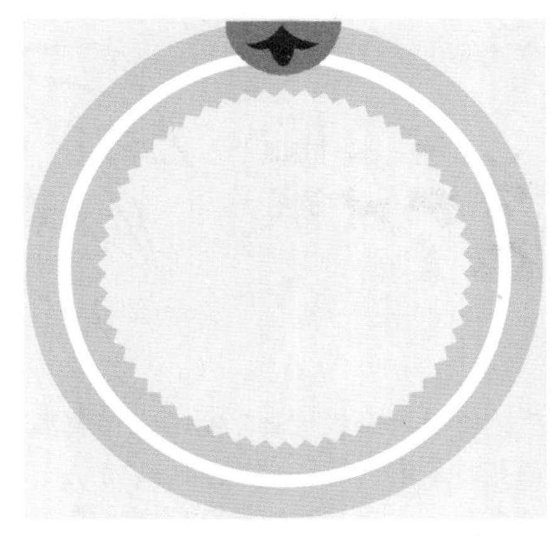

图19-28

13 选中添加杂点的对象，然后执行“位图>三维效果>浮雕”菜单命令，弹出“浮雕”对话框，接着设置“深度”为5、“层次”为81、“浮雕色”为“原始颜色”，再单击“确定”按钮，如图19-29所示，效果如图19-30所示。

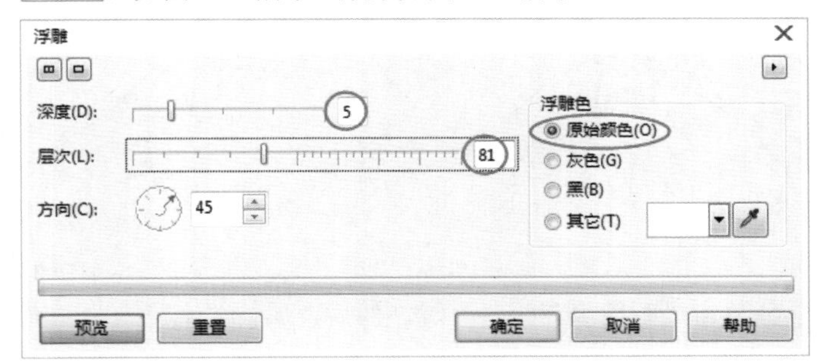

图19-29

图19-30

14 执行“文本>插入符号字符”菜单命令，弹出“插入字符”泊坞窗，然后设置“字体”为Christmas Time，接着在字符列表中选择需要的字符，再单击“复制”按钮，如图19-31所示，插入的字符如图19-32所示。

图19-31　　图19-32

15 使用“形状工具”适当调整插入的字符，使字符中间的花瓣呈闭合形状，如图19-33所示，然后单击“智能填充工具”，接着在属性栏上设置“填充色”为（C:0，M:100，Y:100，K:0），再使用鼠标左键单击字符中的花瓣图形进行智能填充，效果如图19-34所示。

图19-33　　图19-34

16 单击“智能填充工具”，然后在属性栏上更改“填充色”为（C:56，M:48，Y:100，K:2），接着使用鼠标左键单击字符中的叶子图形，如图19-35所示，再使用“选择工具”适当拉大所有的花瓣图形，最后选中所有的花瓣图形放置在叶子图形的前面，效果如图19-36所示。

图19-35　　图19-36

17 选中所有的花瓣图形，然后按Ctrl+G组合键进行组合对象，接着选中花瓣图形和叶子图形复制一份，再填充叶子的颜色为（C:49，M:40，Y:100，K:0），最后适当调整两组对象的位置和角度，效果如图19-37所示。

图19-37

18 将填充对象后面的两个字符删除，然后将填充的对象进行组合（后面统称为花叶对象），如图19-38所示，接着执行“位图>转换为位图”菜单命令，弹出“转换为位图”对话框，最后单击“确定”按钮，如图19-39所示，即可将花叶图形转换为位图。

图19-38　　图19-39

19 选中花叶对象，然后执行“位图>添加杂点”菜单命令，弹出“添加杂点”对话框，接着设置“层次”为100、“密度”为100，最后单击“确定”按钮，如图19-40所示，效果如图19-41所示。

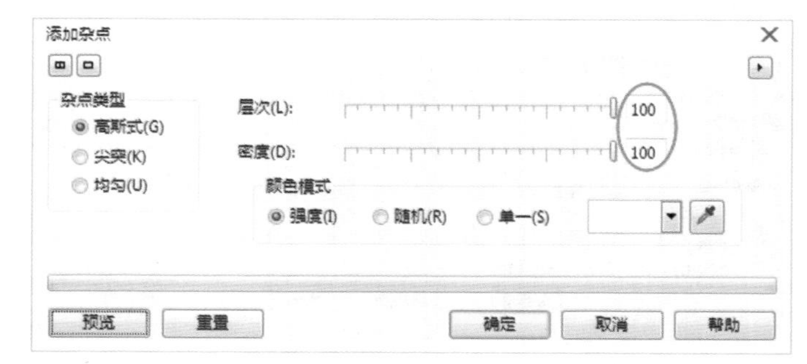

图19-40

图19-41

20 选中花叶对象，然后执行“位图>艺术效果>印象派”菜单命令，弹出“印象派”对话框，接着设置“笔触”为33、“着色”为5、“亮度”为6，最后单击“确定”按钮，如图19-42所示，效果如图19-43所示。

21 选中花叶对象，然后等比例缩小，接着移动到页面内对象的中间，最后适当调整位置，效果如图19-44所示。

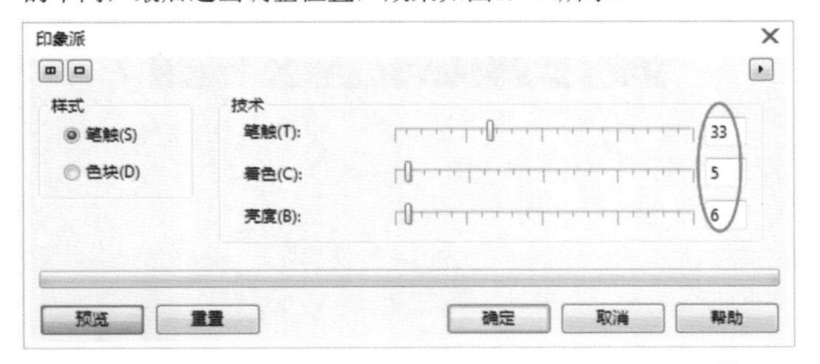

图19-42

图19-43

图19-44

问：为什么执行“印象派”菜单命令后效果不同？

答：在执行该命令时，除了位图本身的像素和该命令对话框中的参数要一致外，位图本身的大小也会影响设置后的效果。在该步骤中，对象在执行“转换为位图”命令时，是等比例放大后再执行的位图效果（对象在转换为位图前大于整个页面），如图19-45所示。

图19-45

22 使用“矩形工具”绘制一个矩形，然后按Ctrl+Q组合键转换为曲线，接着使用“形状工具”调整矩形的轮廓，如图19-46所示，再填充颜色为（C:20，M:79，Y:100，K:0），最后去除轮廓，效果如图19-47所示。

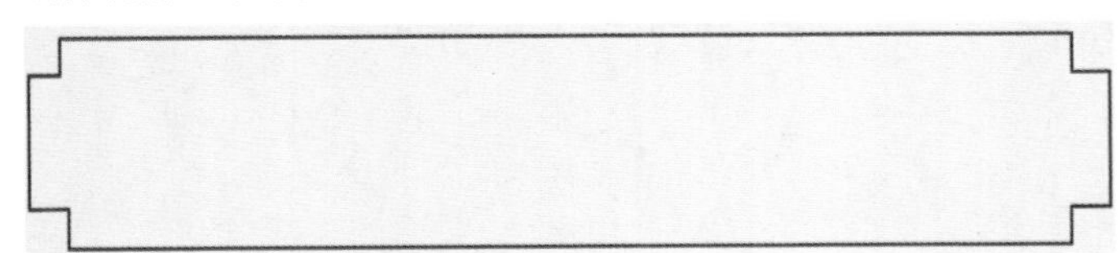

图19-46

图19-47

23 使用“矩形工具”绘制一个矩形，然后填充颜色为（C:58，M:89，Y:100，K:48），接着放置在转曲图形的后面，再选中两个对象，按Ctrl+G组合键进行组合对象，最后移动到花叶对象的前面，效果如图19-48所示。

24 使用“贝塞尔工具”绘制两个三角形，然后放置在页面上最大的圆形后面，接着填充颜色为（C:69，M:58，Y:100，K:21），如图19-49所示。

图19-48

图19-49

25 选中前面群组的图形，然后执行“位图>转换为位图”菜单命令，弹出“转换为位图”对话框，接着单击“确定”按钮，如图19-50所示，即可将对象转换为位图。

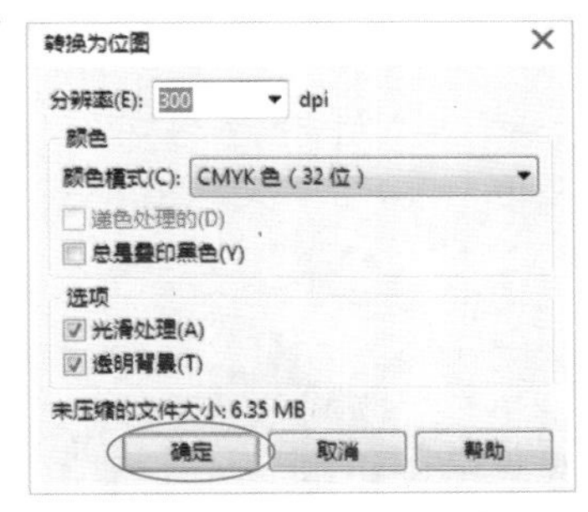

图19-50

26 保持对象的选中状态，然后执行“位图>添加杂点”菜单命令，弹出“添加杂点”对话框，接着设置“层次”为50、“密度”为50，最后单击“确定”按钮，如图19-51所示，效果如图19-52所示。

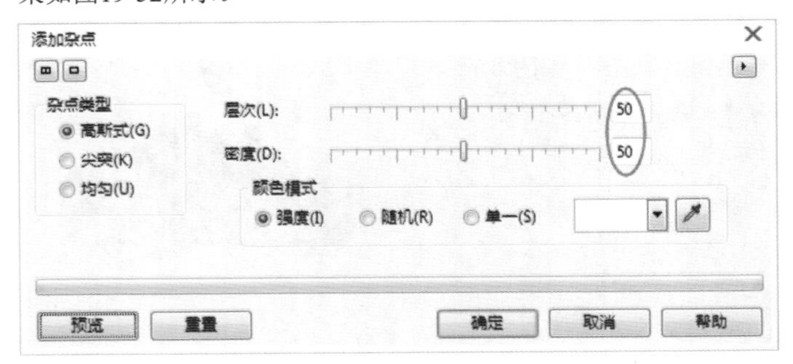

图19-51

图19-52

27 使用“文本工具”在矩形图形的前面输入美术文本，然后在属性栏上设置“字体”为ATNadianne-BookCondensed、“字体大小”为26pt、填充颜色为白色，接着填充轮廓颜色为白色，效果如图19-53所示。

图19-53

28 选中输入的文本，然后单击“阴影工具”，按住鼠标左键在文本上由上到下拖曳，接着在属性栏上设置“阴影角度”为260°、“阴影的不透明度”为42、“阴影羽化”为6，效果如图19-54所示。

29 使用“文本工具”在前面绘制的对象下方输入美术文本，然后在属性栏上设置“字体”为Angelina、“字体大小”为45pt，接着填充文本内部颜色和轮廓颜色均为（C:68，M:23，Y:40，K:0），效果如图19-55所示。

图19-54

图19-55

30 选中前面输入的文本，然后单击“阴影工具”，按住鼠标左键在文本上由上到下拖曳，接着在属性栏上设置“阴影角度”为279°、“阴影羽化”为15，效果如图19-56所示。

图19-56

31 使用“文本工具”在前面输入的文本下方输入美术文本，然后在属性栏上设置“字体”为Arial、“字体大小”为21pt，接着填充颜色为（C:40，M:71，Y:80，K:31），再填充轮廓颜色为白色，效果如图19-57所示。

图19-57

32 选中前面输入的文本，然后单击“立体化工具”，按住鼠标左键在文本上拖曳，接着在属性栏上设置“深度”为3、“灭顶坐标”为（x：1.86mm，y：7.056mm），再单击“立体化颜色”按钮，在打开的面板中单击“使用递减的颜色”按钮，如图19-58所示，效果如图19-59所示。

图19-58

图19-59

33 选中页面内的所有对象，然后按C键使其垂直居中对齐，接着分别选中页面内的文本对象，按Ctrl+Q组合键转换为曲线，最终效果如图19-60所示。

图19-60

19.3 综合实例：精通荷花山庄标志设计

- 实例位置：下载资源>实例文件>CH19>综合实例：精通荷花山庄标志设计.cdr
- 素材位置：下载资源>素材文件>CH19>01.jpg
- 视频位置：下载资源>多媒体教学>CH19>综合实例：精通荷花山庄标志设计.flv
- 实用指数：★★★★★
- 技术掌握：文化园区标志的制作方法

荷花山庄标志效果如图19-61所示。

图19-61

01 新建一个空白文档，然后设置文档名称为“荷花山庄标志”，接着设置“宽度”为180mm、“高度”为150mm。

02 导入下载资源中的“素材文件>CH19>01.jpg”文件，然后移动到页面上与页面重合，如图19-62所示。

03 使用“钢笔工具”绘制出荷花的第1个花瓣的轮廓，然后使用“形状工具”适当调整，效果如图19-63所示。

图19-62

图19-63

技巧与提示

在绘制荷花花瓣的轮廓时，除了使用“形状工具”做适当调整外，还要配合“选择工具”调整花瓣间的距离、位置和大小。

04 使用“钢笔工具”绘制出荷花的第2个花瓣的轮廓，然后使用“形状工具”做适当调整，效果如图19-64所示。

图19-64

05 绘制出荷花的第3个花瓣的轮廓，然后使用“形状工具”适当调整，效果如图19-65所示。

06 绘制出荷花的第4个花瓣的轮廓，然后使用“形状工具”适当调整，效果如图19-66所示。

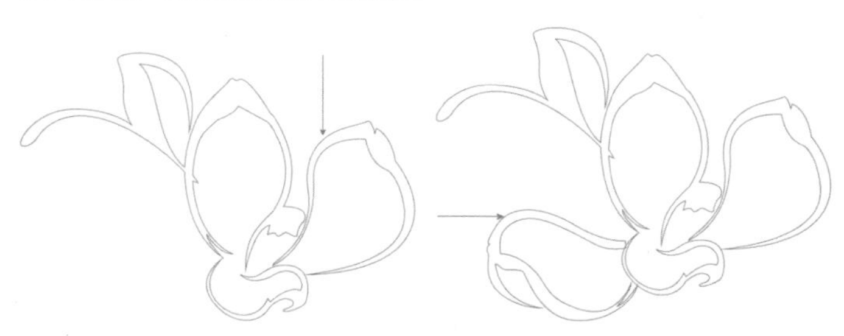

图19-65 图19-66

07 绘制出荷花的第5个花瓣的轮廓，然后使用“形状工具”适当调整，效果如图19-67所示。

08 绘制出荷花的第6个花瓣的轮廓，然后使用“形状工具”适当调整，效果如图19-68所示。

图19-67  图19-68

09 绘制出荷花的第7个花瓣的轮廓，然后使用“形状工具”适当调整，效果如图19-69所示。

10 绘制出荷花的第8个花瓣的轮廓，然后使用“形状工具”适当调整，效果如图19-70所示。

图19-69　　图19-70

11 绘制出荷花的第9个花瓣的轮廓，然后使用“形状工具”适当调整，效果如图19-71所示。

12 使用“钢笔工具”在荷花的中间绘制出多个不规则的形状作为荷花的花蕊，如图19-72所示，然后选中整个荷花图形，接着按Ctrl+G组合键进行组合对象。

图19-71　　图19-72

13 选中荷花图形，然后在“编辑填充”对话框中选择“渐变填充”方式，设置“类型”为“线性渐变填充”、“镜像、重复和反转”为“默认渐变填充”，再设置“节点位置”为0%的色标颜色为（C:51，M:79，Y:100，K:22）、“位置”为12%的色标颜色为（C:24，M:41，Y:100，K:0）、“位置”为28%的色标颜色为（C:51，M:79，Y:100，K:22）、“位置”为52%的色标颜色为（C:51，M:79，Y:100，K:22）、“节点位置”为100%的色标颜色为（C:58，M:84，Y:100，K:44），最后单击“确定”按钮，如图19-73所示，填充完毕后去除轮廓，效果如图19-74所示。

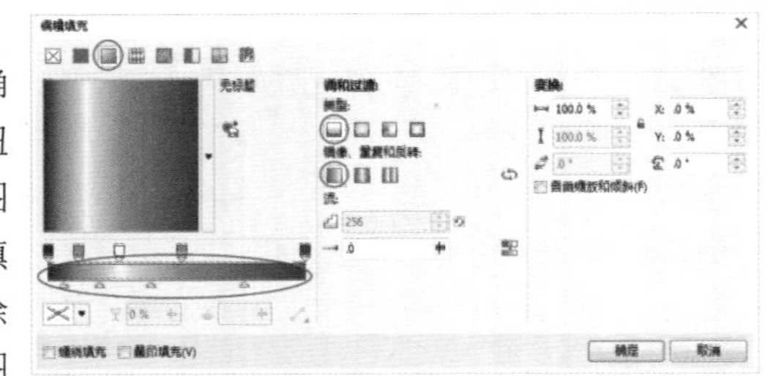

图19-73

图19-74

14 复制一个荷花图形，然后打开“渐变填充”对话框，接着打开“填充挑选器”列表，在该列表中选择“射线-银色”渐变样式，再单击“确定”按钮，如图19-75所示，效果如图19-76所示。

15 选中银色的荷花稍微放大，然后放置在金色荷花的后面，接着适当调整位置，再移动到页面内水平居中的位置，效果如图19-77所示。

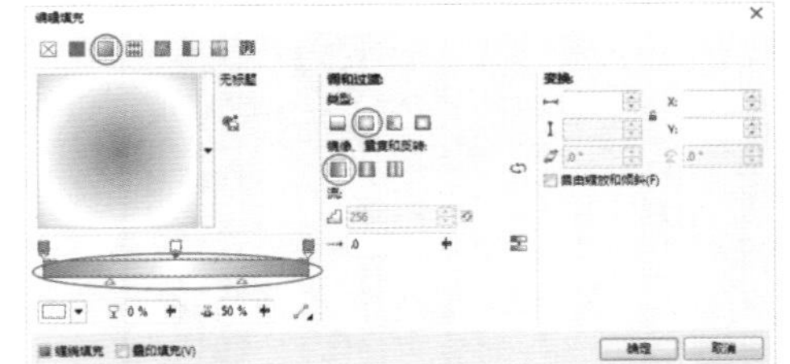

图19-75

图19-76　　图19-77

16 选中银色的荷花，然后单击“阴影工具”，按住鼠标左键在银色的荷花上由上到下拖曳，接着设置属性栏上的“阴影角度”为273°、“阴影的不透明度”为80、“阴影羽化”为3，效果如图19-78所示。

图19-78

17 单击“文本工具”在荷花图形的下方输入美术文本，然后在属性栏上设置“字体”为方正黄草简体、“字体大小”为54pt，接着打开“渐变填充”对话框，再打开“填充挑选器”列表，在该列表中选择“柱面-金色01”渐变样式，最后单击“确定”按钮，如图19-79所示，效果如图19-80所示。

18 单击“文本工具”在前面输入的文本下方输入美术文本，然后在属性栏上设置“字体”为Adobe Arabic、“字体大小”为29pt，接着填充颜色为（C:32，M:55，Y:94，K:0），再选中页面内的所有对象按C键使其水平居中对齐，效果如图19-81所示。

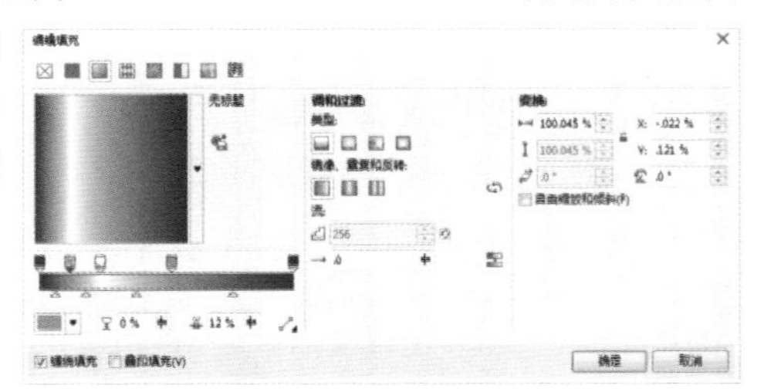

图19-79

图19-80

图19-81

19 使用“贝塞尔工具”在英文文本的左侧绘制一段水平的直线，然后填充轮廓颜色为（C:32，M:55，Y:94，K:0），接着在水平方向上复制一个，再放置在英文文本的右侧，最后适当调整位置，效果如图19-82所示。

图19-82

20 选中英文文本和文本两侧的直线，然后按Ctrl+G组合键进行组合对象，接着选中页面内的所有对象按C键使其垂直居中对齐，再将页面内的文本对象转换为曲线，最终效果如图19-83所示。

图19-83

19.4 综合实例：精通女装服饰标志设计

- 实例位置：下载资源>实例文件>CH19>综合实例：精通女装服饰标志设计.cdr
- 素材位置：无
- 视频位置：下载资源>多媒体教学>CH19>综合实例：精通女装服饰标志设计.flv
- 实用指数：★★★★☆
- 技术掌握：服装标志的制作方法

女装服饰标志效果如图19-84所示。

图19-84

01 新建一个空白文档，然后设置文档名称为“女装服饰标志”，接着设置“宽度”为200mm、“高度”为170mm。

02 双击“矩形工具”创建一个与页面重合的矩形，然后单击“交互式填充工具”，接着在属性栏上设置“渐变填充”为“线性渐变填充”，两个节点填充颜色分别为（C:11，M:7，Y:16，K:0）和（C:2，M:2，Y:7，K:0），填充完成后去除轮廓，效果如图19-85所示。

图19-85

03 绘制千纸鹤的外形。使用“多边形工具”在页面内绘制一个三角形，如图19-86所示，然后复制4个，接着调整为不同的形状、大小和位置，效果如图19-87所示。

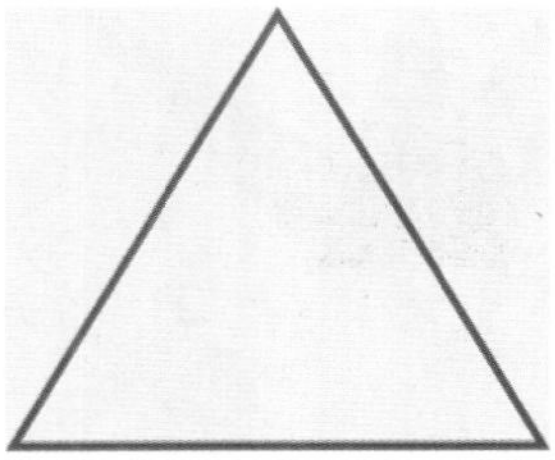

图19-86

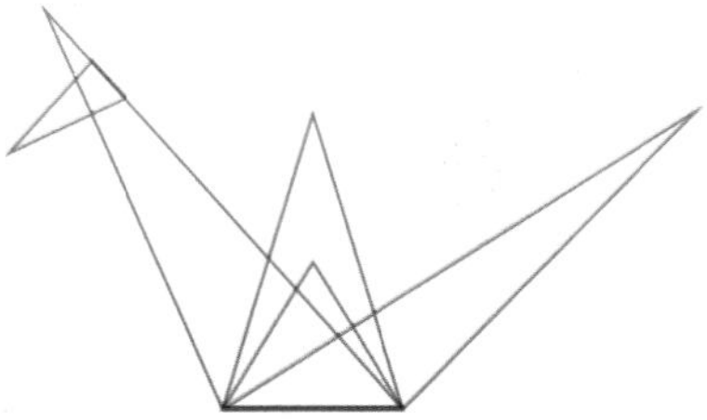

图19-87

04 选中左边的两个三角形，然后按Ctrl+Q组合键转换为曲线，接着使用“形状工具”调整轮廓，调整完毕后，效果如图19-88所示。

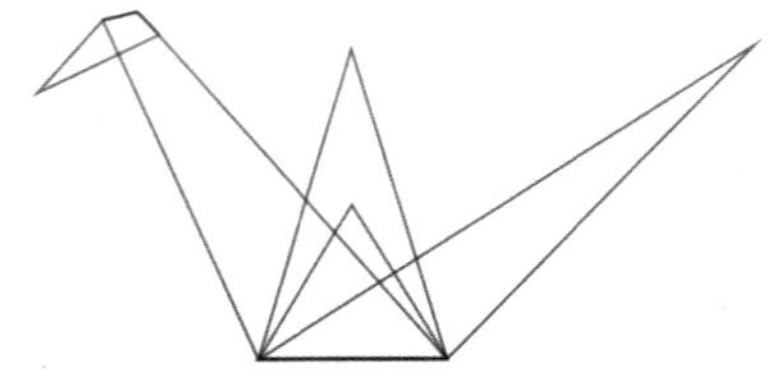

图19-88

05 选中绘制好的千纸鹤外形，然后打开“渐变填充”对话框，接着在“填充挑选器”列表中选择“射线-彩虹色”渐变样式，再更改“填充类型”为“线性渐变填充”，最后单击“确定”按钮，如图19-89所示，填充完成后去除轮廓，效果如图19-90所示。

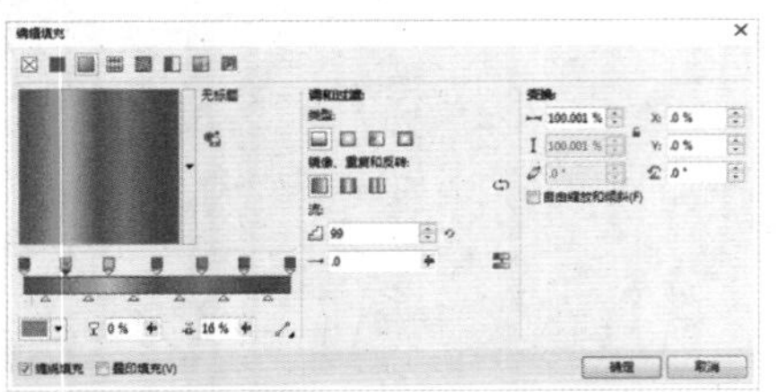

图19-89

图19-90

06 移动千纸鹤到页面内，然后单击“透明度工具”，接着在属性栏上设置“渐变透明度”为“线性渐变透明度”、“合并模式”为“乘”，效果如图19-91所示。

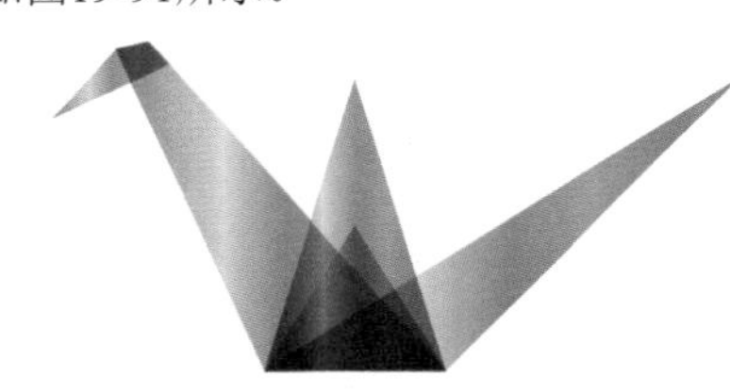

图19-91

07 选中千纸鹤，然后按Ctrl+G组合键进行组合对象，接着在原位置上复制一个，再单击“垂直镜像”按钮，最后移动复制的对象，使两个对象呈镜像效果，如图19-92所示。

08 选中位于下方的千纸鹤，然后单击“透明度工具”，接着在属性栏上设置“透明度类型”为“线性”、“合并模式”为“乘”，效果如图19-93所示。

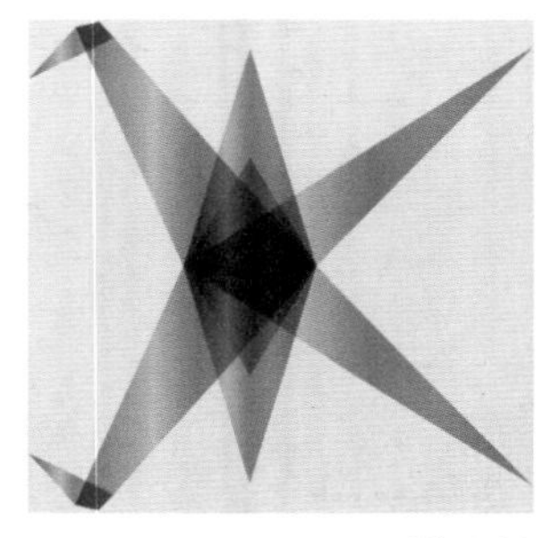

图19-92

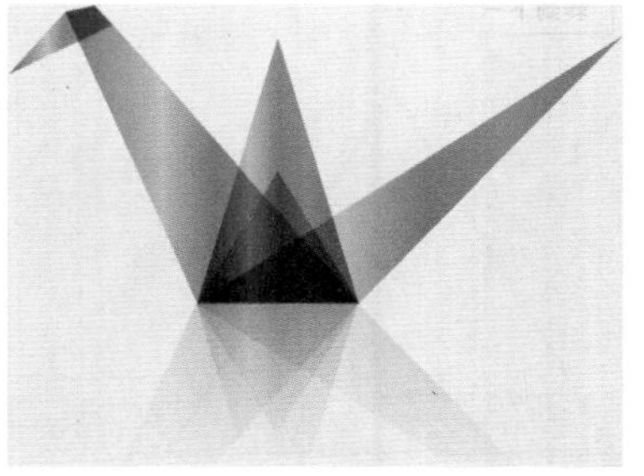

图19-93

09 使用“文本工具”输入美术文本，然后在属性栏上设置“字体”为Asenine Thin、第1行文本“字体大小”为52pt、第2行文本“字体大小”为36pt，接着填充第1行文本颜色为（C:100，M:73，Y:94，K:65）、第2行文本颜色为（C:0，M:0，Y:0，K:100），效果如图19-94所示。

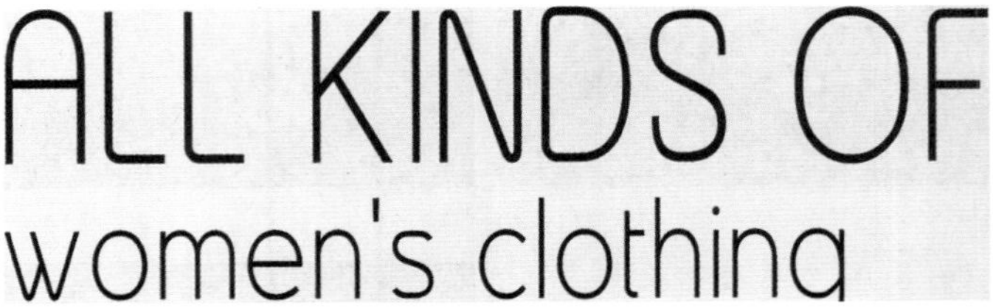

ALL KINDS OF
women's clothing

图19-94

10 选中前面输入的文本，然后单击“阴影工具”，按住鼠标左键在文本上由上到下拖动，接着在属性栏上设置“阴影角度”为270°、“阴影羽化”为2%，效果如图19-95所示。

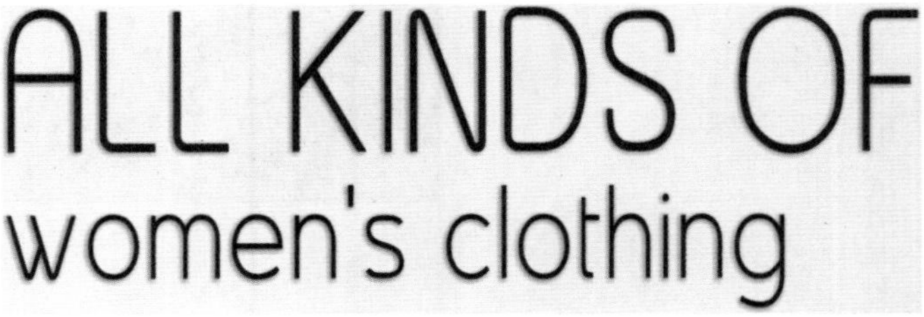

ALL KINDS OF
women's clothing

图19-95

11 移动文本到千纸鹤的左侧，然后适当调整文本和千纸鹤的大小和位置，接着选中文本，按Ctrl+Q组合键转换为曲线，最后组合页面内的对象，使其相对于页面水平居中，最终效果如图19-96所示。

ALL KINDS OF
women's clothing

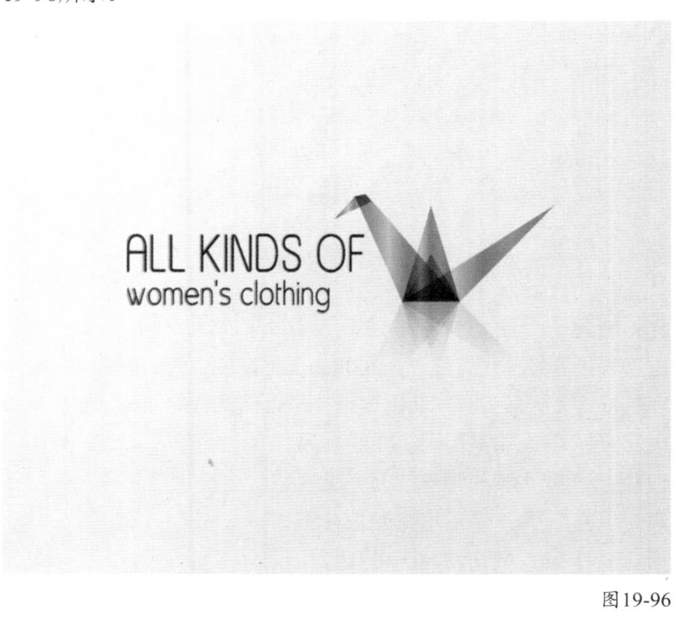

图19-96

附录：本书索引

一、CorelDRAW X7快捷键索引

主界面快捷键	
操作	快捷键
运行 Visual Basic 应用程序的编辑器	Alt+F11
保存当前的图形	Ctrl+S
显示导航窗口	N
打开编辑文本对话框	Ctrl+Shift+T
擦除图形的一部分或将一个对象分为两个封闭路径	X
撤消上一次的操作	Ctrl+Z
撤消上一次的操作	Alt+Backspase
垂直定距对齐选择对象的中心	Shift+A
垂直分散对齐选择对象的中心	Shift+C
垂直对齐选择对象的中心	C
打印当前的图形	Ctrl+P
打开一个已有绘图文档	Ctrl+O
打开大小工具卷帘	Alt+F10
运行缩放动作然后返回前一个工具	F2
运行缩放动作然后返回前一个工具	Z
导出文本或对象到另一种格式	Ctrl+E
导入文本或对象	Ctrl+I
发送选择的对象到后面	Shift+B
将选择的对象放置到后面	Shift+PageDown
发送选择的对象到前面	Shift+T
发送选择的对象到右面	Shift+R
发送选择的对象到左面	Shift+L
将文本更改为垂直排布（切换式）	Ctrl+.
将选择的对象放置到前面	Shift+PageUp
将文本对齐基线	Alt+F12
将对象与网格对齐（切换）	Ctrl+Y
将选择对象的分散对齐页面水平中心	Shift+P
将选择对象的分散对齐页面水平中心	Shift+E
对齐选择对象的中心到页中心	P
绘制对称多边形	Y
拆分选择的对象	Ctrl+K
打开封套工具卷帘	Ctrl+F7
打开符号和特殊字符工具卷帘	Ctrl+F11
复制选定的项目到剪贴板	Ctrl+C
复制选定的项目到剪贴板	Ctrl+Ins
设置文本属性的格式	Ctrl+T
恢复上一次的撤消操作	Ctrl+Shift+Z
剪切选定对象并将它放置在剪贴板中	Ctrl+X
剪切选定对象并将它放置在剪贴板中	Shift+Del
将字体大小减小为上一个字体大小设置	Ctrl+小键盘2
将渐变填充应用到对象	F11
结合选择的对象	Ctrl+L
绘制矩形；双击该工具便可创建页框	F6
打开轮廓笔对话框	F12
打开轮廓图工具卷帘	Ctrl+F9

续表

主界面快捷键	
操作	快捷键
绘制螺旋形；双击该工具打开选项对话框的工具框标签	A
启动拼写检查器；检查选定文本的拼写	Ctrl+F12
在当前工具和挑选工具之间切换	Ctrl+Space
取消选择对象或对象群组所组成的群组	Ctrl+U
显示绘图的全屏预览	F9
将选择的对象组成群组	Ctrl+G
删除选定的对象	Del
将选择对象上对齐	T
将字体大小减小为字体大小列表中上一个可用设置	Ctrl+（小键盘）4
转到上一页	PageUp
将镜头相对于绘画上移	Alt+↑
生成属性栏并对准可被标记的第一个可视项	Ctrl+Backspase
打开视图管理器工具卷帘	Ctrl+F2
在最近使用的两种视图质量间进行切换	Shift+F9
用手绘模式绘制线条和曲线	F5
使用该工具通过单击及拖动来平移绘图	H
按当前选项或工具显示对象或工具的属性	Alt+Backspase
刷新当前的绘图窗口	Ctrl+W
水平对齐选择对象的中心	E
将文本排列改为水平方向	Ctrl+,
打开缩放工具卷帘	Alt+F9
缩放全部的对象到最大	F4
缩放选定的对象到最大	Shift+F2
缩小绘图中的图形	F3
将填充添加到对象；单击并拖动对象实现喷泉式填充	G
打开透镜工具卷帘	Alt+F3
打开图形和文本样式工具卷帘	Ctrl+F5
退出 CorelDRAW 并提示保存活动绘图	Alt+F4
绘制椭圆形和圆形	F7
绘制矩形组	D
将对象转换成网状填充对象	M
打开位置工具卷帘	Alt+F7
添加文本（单击添加美术字；拖动添加段落文本）	F8
将选择对象下对齐	B
将字体大小增加为字体大小列表中的下一个设置	Ctrl+（小键盘）6
转到下一页	PageDown
将镜头相对于绘画下移	Alt+↓
包含指定线性标注线属性的功能	Alt+F2
添加/移除文本对象的项目符号（切换）	Ctrl+M
将选定对象按照对象的堆栈顺序放置到向后一个位置	Ctrl+PageDown
将选定对象按照对象的堆栈顺序放置到向前一个位置	Ctrl+PageUp
使用超微调因子向上微调对象	Shift+↑
向上微调对象	↑
使用细微调因子向上微调对象	Ctrl+↑
使用超微调因子向下微调对象	Shift+↓

续表

主界面快捷键

操作	快捷键
向下微调对象	↓
使用细微调因子向下微调对象	Ctrl+↓
使用超微调因子向右微调对象	Shift+←
向右微调对象	←
使用细微调因子向右微调对象	Ctrl+←
使用超微调因子向左微调对象	Shift+→
向左微调对象	→
使用细微调因子向左微调对象	Ctrl+→
创建新绘图文档	Ctrl+N
编辑对象的节点；双击该工具打开节点编辑卷帘窗	F10
打开旋转工具卷帘	Alt+F8
打开设置 CorelDRAW 选项的对话框	Ctrl+J
全选对象进行编辑	Ctrl+A
打开轮廓颜色对话框	Shift+F12
给对象应用均匀填充	Shift+F11
显示整个可打印页面	Shift+F4
将选择对象右对齐	R
将镜头相对于绘画右移	Alt+←
再制选定对象并以指定的距离偏移	Ctrl+D
将字体大小增加为下一个字体大小设置。	Ctrl+小键盘8
将剪贴板的内容粘贴到绘图中	Ctrl+V
将剪贴板的内容粘贴到绘图中	Shift+Ins
启动这是什么?帮助	Shift+F1
重复上一次操作	Ctrl+R
转换美术字为段落文本或反过来转换	Ctrl+F8
将选择的对象转换成曲线	Ctrl+Q
将轮廓转换成对象	Ctrl+Shift+Q
使用固定宽度、压力感应、书法式或预置的自然笔样式来绘制曲线	I
左对齐选定的对象	L
将镜头相对于绘画左移	Alt+→

文本编辑快捷键

操作	快捷键
显示所有可用/活动的HTML字体大小的列表	Ctrl+Shift+H
将文本对齐方式更改为不对齐	Ctrl+
在绘画中查找指定的文本	Alt+F3
更改文本样式为粗体	Ctrl+B
将文本对齐方式更改为行宽的范围内分散文字	Ctrl+H
更改选择文本的大小写	Shift+F3
将字体大小减小为上一个字体大小设置	Ctrl+小键盘2
将文本对齐方式更改为居中对齐	Ctrl +E
将文本对齐方式更改为两端对齐	Ctr+J
将所有文本字符更改为小型大写字符	Ctrl+Shift+K
删除文本插入记号右边的字	Ctrl+Del
删除文本插入记号右边的字符	Del
将字体大小减小为字体大小列表中上一个可用设置	Ctrl+小键盘4
将文本插入记号向上移动一个段落	Ctrl+↑

续表

文本编辑快捷键

操作	快捷键
将文本插入记号向上移动一个文本框	PageUp
将文本插入记号向上移动一行	↑
添加/移除文本对象的首字下沉格式（切换）	Ctrl+ShiftD
选定文本标签，打开选项对话框	Ctrl+F10
更改文本样式为带下划线样式	Ctrl+U
将字体大小增加为字体大小列表中的下一个设置	Ctrl+（小键盘）6
将文本插入记号向下移动一个段落	Ctrl+↓
将文本插入记号向下移动一个文本框	PageDown
将文本插入记号向下移动一行	↓
显示非打印字符	Ctrl+Shift+C
向上选择一段文本	Ctrl+Shift+↑
向上选择一个文本框	Shift+PageUp
向上选择一行文本	Shift+↑
向上选择一段文本	Ctrl+Shift+↑
向上选择一个文本框	Shift+PageUp
向上选择一行文本	Shift+↑
向下选择一段文本	Ctrl+Shift+↓
向下选择一个文本框	Shift+PageDown
向下选择一行文本	Shift+↓
更改文本样式为斜体	Ctrl+I
选择文本结尾的文本	Ctrl+Shift+PageDown
选择文本开始的文本	Ctrl+Shift+PageUp
选择文本框开始的文本	Ctrl+Shift+Home
选择文本框结尾的文本	Ctrl+Shift+End
选择行首的文本	Shift+Home
选择行尾的文本	Shift+End
选择文本插入记号右边的字	Ctrl+Shift+←
选择文本插入记号右边的字符	Shift+←
选择文本插入记号左边的字	Ctrl+Shift+→
选择文本插入记号左边的字符	Shift+→
显示所有绘画样式的列表	Ctrl+Shift+S
将文本插入记号移动到文本开头	Ctrl+PageUp
将文本插入记号移动到文本框结尾	Ctrl+End
将文本插入记号移动到文本框开头	Ctrl+Home
将文本插入记号移动到行首	Home
将文本插入记号移动到行尾	End
移动文本插入记号到文本结尾	Ctrl+PageDown
将文本对齐方式更改为右对齐	Ctrl+R
将文本插入记号向右移动一个字	Ctrl+←
将文本插入记号向右移动一个字符	←
将字体大小增加为下一个字体大小设置	Ctrl+（小键盘）8
将文本对齐方式更改为左对齐	Ctrl+L
将文本插入记号向左移动一个字	Ctrl+→
将文本插入记号向左移动一个字符	→
显示所有可用/活动字体粗细的列表	Ctrl+Shift+W
显示一包含所有可用/活动字体尺寸的列表	Ctrl+Shift+P
显示一包含所有可用/活动字体的列表	Ctrl+Shift+F

二、本书实战速查表

实战名称	所在页
实战：用旋转制作扇子	54
实战：用镜像制作复古金属图标	56
实战：用大小制作玩偶淘宝图片	57
实战：用倾斜制作飞鸟挂钟	58
实战：用合并制作仿古印章	64
实战：制作精美信纸	68
实战：用手绘制作宝宝照片	71
实战：用线条设置手绘藏宝图	74
实战：绘制卡通插画	78
实战：用贝塞尔绘制卡通壁纸	87
实战：用贝塞尔绘制卡通壁纸	90
实战：POP海报制作	98
实战：用钢笔绘制T恤	102
实战：用钢笔工具制作纸模型	105
实战：用B样条制作篮球	110
实战：用矩形绘制图标	116
实战：用矩形绘制手机	119
实战：用矩形绘制液晶电视广告	122
实战：用矩形绘制日历	126
实战：用椭圆形绘制时尚图案	129
实战：用椭圆形绘制流行音乐海报	131
实战：用椭圆形绘制MP3	134
实战：用星形绘制桌面背景	139
实战：用星形绘制促销单	141
实战：用星形绘制网店店招	144
实战：用图纸绘制象棋盘	147
实战：用心形绘制梦幻壁纸	151
实战：用几何工具绘制七巧板	153
实战：用涂抹笔刷绘制鳄鱼	160
实战：用粗糙制作蛋挞招贴	164
实战：用修剪制焊接作拼图游戏	173
实战：用修剪制作蛇年明信片	175
实战：用造型制作闹钟	179
实战：用裁剪制作照片桌面	182
实战：用刻刀制作明信片	185
实战：绘制电视标板	190
实战：绘制音乐CD	198
实战：绘制音乐海报	202
实战：绘制茶叶包装	207
实战：绘制名片	211
实战：绘制红酒瓶	214
实战：绘制卡通画	229
实战：绘制请柬	233
实战：绘制玻璃瓶	235
实战：用轮廓宽度绘制生日贺卡	246
实战：用轮廓宽度绘制打靶游戏	250
实战：用轮廓颜色绘制杯垫	253

续表

实战名称	所在页
实战：用轮廓样式绘制鞋子	255
实战：用轮廓转换绘制渐变字	258
实战：用平行或垂直度量绘制logo制作图	265
实战：用标注绘制相机说明图	268
实战：用直线连接器绘制跳棋盘	270
实战：用调和绘制国画	280
实战：用轮廓图绘制粘液字	285
实战：用轮廓图绘制电影字体	287
实战：用阴影绘制甜品宣传海报	294
实战：用立体化绘制海报字	302
实战：用立体化绘制立体字	303
实战：用透明度绘制油漆广告	310
实战：用透明度绘制唯美效果	311
实战：制作下沉文字效果	355
实战：制作错位文字	363
实战：绘制诗歌卡片	365
实战：绘制杂志封面	367
实战：绘制杂志内页	369
实战：绘制圣诞贺卡	373
实战：绘制邀请函	381
实战：绘制饭店胸针	382
实战：绘制书籍封套	385
实战：组合文字设计	386
实战：绘制明信片	392
实战：绘制梦幻信纸	393
实战：绘制日历卡片	395
实战：绘制时尚日历	396

三、本书综合实例速查表

实例名称	所在页
综合实例：精通卡通人物设计	400
综合实例：精通人物插画设计	403
综合实例：精通时尚插画设计	405
综合实例：精通折纸文字设计	408
综合实例：精通立体文字设计	412
综合实例：精通封面文字设计	415
综合实例：精通炫光文字设计	418
综合实例：精通发光文字设计	422
综合实例：精通荧光文字设计	424
综合实例：精通彩钻文字设计	428
综合实例：精通咖啡卡片设计	432
综合实例：精通横板名片设计	435
综合实例：精通杂志内页设计	437
综合实例：精通跨版式内设计	440

续表

四、本书疑难问答速查表

续表

五、本书技术专题速查表